REALLEXIKON DER GERMANISCHEN ALTERTUMSKUNDE

BAND XXXIII

gelöscht

Reallexikon der Germanischen Altertumskunde

Von Johannes Hoops

Zweite, völlig neu bearbeitete und stark erweiterte Auflage

mit Unterstützung der Akademie der Wissenschaften in Göttingen

unter fachlicher Beratung von

Prof. Dr. H. Ament, Mainz · Prof. Dr. Dr. Th. Andersson, Uppsala
Prof. Dr. K.-E. Behre, Wilhelmshaven · Prof. Dr. V. Bierbrauer, München
Prof. Dr. Dr. T. Capelle, Münster · Prof. Dr. H. Castritius, Darmstadt
Prof. Dr. Dr. F. X. Dillmann, Versailles · Prof. Dr. K. Düwel, Göttingen
Prof. Dr. A. Hultgård, Uppsala · Dr. I. Ioniţă, Iaşi · Doz. Dr. J. P. Lamm, Stockholm
Prof. Dr. Ch. Lübke, Greifswald · Dr. B. Magnus, Stockholm
Prof. Dr. H.-P. Naumann, Zürich · Doz. Dr. R. Nedoma, Wien · Prof. Dr. W. Nowakowski, Warschau
Doz. Dr. W. Pohl, Wien · Prof. Dr. H. Reichert, Wien · Dir. Dr. H. Reichstein, Kiel
Prof. Dr. A. Roth, Mainz · Prof. Dr. St. Ch. Saar, Potsdam · Prof. Dr. B. Sawyer, Trondheim
Prof. Dr. K. Schäferdiek, Bonn · Prof. Dr. W. Schenk, Bonn · Prof. Dr. K. Schier, München
Prof. Dr. Dr. R. Schmidt-Wiegand, Marburg · Prof. Dr. S. v. Schnurbein, Frankfurt/M.
Prof. Dr. D. Strauch, Köln · Prof. Dr. H. Thrane, Århus · Prof. Dr. Sverrir Tómasson, Reykjavík
Prof. Dr. J. Udolph, Leipzig · Dr. R. Wiechmann, Hamburg · Prof. Dr. D. M. Wilson, London
Prof. Dr. H. Wolfram, Wien · Prof. Dr. R. Wolters, Tübingen
Prof. Dr. I. N. Wood, Leeds · Prof. Dr. St. Zimmer, Bonn

und redaktioneller Leitung von

Prof. Dr. Rosemarie Müller

herausgegeben von

Prof. Dr. Dr. h.c. Heinrich Beck, Bonn · Prof. Dr. Dieter Geuenich, Duisburg
Prof. Dr. Heiko Steuer, Freiburg

Dreiunddreißigster Band
Waagen und Gewichte – Wielandlied

2006

WALTER DE GRUYTER · BERLIN · NEW YORK

Das Abkürzungsverzeichnis befindet sich in Band 11.

∞ Gedruckt auf säurefreiem Papier,
das die US-ANSI-Norm über Haltbarkeit erfüllt.

ISBN-13: 978-3-11-018388-7
ISBN-10: 3-11-018388-9

Bibliografische Information der Deutschen Nationalbibliothek

Die Deutsche Nationalbibliothek verzeichnet diese Publikation in der Deutschen Nationalbibliografie; detaillierte bibliografische Daten sind im Internet über http://dnb.d-nb.de abrufbar.

© Copyright 2006 by Walter de Gruyter GmbH & Co. KG, 10785 Berlin.
Dieses Werk einschließlich aller seiner Teile ist urheberrechtlich geschützt. Jede Verwertung außerhalb der engen Grenzen des Urheberrechtsgesetzes ist ohne Zustimmung des Verlages unzulässig und strafbar. Das gilt insbesondere für Vervielfältigungen, Übersetzungen, Mikroverfilmungen und die Einspeicherung und Verarbeitung in elektronischen Systemen.
Printed in Germany
Datenkonvertierung: META Systems GmbH, Wustermark
Druck: Gerike GmbH, Berlin
Buchbinderische Verarbeitung: Industriebuchbinderei Fuhrmann GmbH & Co. KG, Berlin

Gefördert von dem Bundesministerium für Bildung und Forschung und dem Land Niedersachsen

MITARBEITER DES DREIUNDDREISSIGSTEN BANDES

Dr. A. Abegg, Schleswig
Prof. Dr. Jón Hnefill Aðalsteinsson, Reykjavík
Priv.-Doz. Dr. W. Adler, Saarbrücken
Prof. Dr. Dr. Th. Andersson, Uppsala
Prof. Dr. H. H. Anton, Trier

Dr. R. Bärenfänger, Aurich
Prof. Dr. Dr. H. Beck, Bonn
Dr. A. Becker, Frankfurt
Prof. Dr. K.-E. Behre, Wilhelmshaven
Prof. Dr. H. Bender, Passau
Dr. D. Bérenger, Bielefeld
Dr. J. C. Besteman, Amsterdam
Prof. Dr. V. Bierbrauer, München
Dr. R. Bodner, Innsbruck
Priv.-Doz. Dr. K. Böldl, München
Dr. A. P. Bronisch, Warngau
Prof. Dr. R. Busch, Hamburg

Prof. Dr. Dr. T. Capelle, Münster
Dr. K. Casemir, Göttingen
Prof. Dr. H. Castritius, Darmstadt
Dr. R. Cordie, Morbach-Wederath

Th. Diembach, M. A., Münster
Prof. Dr. K. Dietz, Berlin
Prof. Dr. K. Düwel, Göttingen

I. Eichfeld, M. A., Bonn
Dr. S. Eisenschmidt, Haderslev
Prof. Dr. D. Ellmers, Bremerhaven
Prof. Dr. P. Ernst, Wien
Dr. M. Exner, München

Th. Fischer, M. A., Duisburg
Prof. Dr. O.-H. Frey, Marburg

Prof. Dr. T. Grabarczyk, Łódź
Prof. Dr. A. Greule, Regensburg
Dr. K. Grote, Göttingen
Dr. Ch. Grünewald, Münster
Dr. R. Häussler, Osnabrück

Dr. M. Hardt, Leipzig
Prof. Dr. W. Haubrichs, Saarbrücken
Dr. I. Heindel, Berlin
Prof. Dr. W. Heizmann, München
Dr. M. Hoeper, Freiburg
Dr. C.-M. Hüssen, Ingolstadt
Prof. Dr. A. Hultgård, Uppsala

Priv.-Doz. Dr. J. Insley, Heidelberg

Dr. P. Jackson, Tromsø
Prof. Dr. J. Jarnut, Paderborn
Prof. Dr. H.-E. Joachim, Bonn

Prof. Dr. Dr. G. Keil, Würzburg
Prof. Dr. C. Krag, Bø i Telemark

Doz. Dr. J. P. Lamm, Stockholm
Dr. Ch. Landolt, Zürich
Dr. A. Lane, Cardiff
Prof. Dr. C. Leonardi, Florenz
Prof. Dr. A. Leube, Berlin
Dr. J. Lindenthal, Echzell
Prof. Dr. Ch. Lübke, Greifswald

Prof. Dr. M. Mączyńska, Łódź
D. Menke, M. A., Münster

M. Natuniewicz-Sekula, M. A., Warschau
Doz. Dr. R. Nedoma, Wien
Prof. Dr. H. Nehlsen, München
Dr. E. Neuß, Münster
Dr. M. Nick, Freiburg
Prof. Dr. W. Nowakowski, Warschau
Prof. Dr. H. U. Nuber, Freiburg
Priv.-Doz. Dr. E. Nyman, Uppsala

Prof. Dr. J. Okulicz-Kozaryn, Warschau

Prof. Dr. R. I. Page, Cambridge
Prof. Dr. Ch. F. E. Pare, Mainz
Dr. A. Pesch, Münster
Dr. P. Pieper, Düsseldorf
Prof. Dr. R. Poole, London

Dr. A. Quak, Amsterdam

Dr. G. Rasbach, Frankfurt
Dir. Dr. H. Reichstein, Kiel
Dr. A. Reynolds, London
Dr. S. Ristow, Bonn
Priv.-Doz. Dr. M. Rösch, Gaienhofen-Hemmenhofen

Prof. Dr. P. Scardigli, Florenz
Prof. Dr. W. Schenk, Bonn
Prof. Dr. J. P. Schjødt, Århus
Dr. B. Schmid-Sikimić, Zürich
Prof. Dr. Dr. R. Schmidt-Wiegand, Marburg
Prof. Dr. M. Schmoeckel, Bonn
Prof. Dr. I. Schneider, Innsbruck
Prof. Dr. B. Schneidmüller, Heidelberg
M. D. Schön, M. A., Bad Bederkesa
Dipl. Prähist. P. Schöneburg, Berlin
Prof. Dr. E. Seebold, München
A. Sitzmann, M. A., Wien
K. Sohm, Innsbruck
Priv.-Doz. Dr. W. Spickermann, Osnabrück

Prof. Dr. M. Springer, Magdeburg
Prof. Dr. H. Steuer, Freiburg
Dr. E. Strahl, Wilhelmshaven
Prof. Dr. D. Strauch, Köln

Priv.-Doz. Dr. C. Theune, Berlin
Text. Ing. K. Tidow, Boostedt
Prof. Dr. H. Tiefenbach, Regensburg
Dr. W. Timpel, Weimar

Prof. Dr. J. Udolph, Leipzig

Prof. Dr. B. K. Vollmann, Eichstädt
Prof. Dr. L. E. von Padberg, Everswinkel
Dr. H.-U. Voß, Schwerin

Dr. C. Weber, Bonn
Prof. Dr. G. Weisgerber, Bochum
Prof. Dr. D. Werkmüller, Marburg
Dr. J. Wiethold, Wiesbaden
Prof. Dr. U. Willerding, Göttingen
Prof. Dr. D. M. Wilson, London
Prof. Dr. H. Wolfram, Wien
Oberstudien-Dir. J. Wolters, Lauterbourg

Waagen und Gewichte s. Bd. 35

Wache (Wachehalten, Wachposten)

§ 1: Philologisch-historisch – § 2: Quellenbewertung – a. Beowulf – b. Heliand – c. Nibelungenlied – § 3: Rechtshistorisch

§ 1. Philologisch-historisch. Die germ. Wurzel *wak- vom dt. Vb. *wachen* im Sinne von ‚frisch, munter sein', im Gegensatz zu ‚schlafen', also ‚unachtsam, passiv sein', ist in allen germ. Sprachen vertreten, vgl. got. *wakan* und engl. *to wake*. Aus dieser Wurzel stammen auch *Wache, Wacht* und *wach*. Zur selben Wurzel gehört auch das dt. Kausativvb. *wecken* und das engl. *to watch* (16).

In diesen semant. Bereich paßt auch das germ. Vb. *wardon* ‚den Blick richten auf', ‚die Augen und die Ohren spitzen', ‚lauern', das in dt. *warten*, as. *wardôn*, ae. *weardian*, schwed. *vårda* im Sinne von ‚ausschauen, aufpassen, hüten' vertreten ist. Ableitungen sind *wardu- mask., vgl. got. *daurawards* ‚Türhüter', dt. *Wart*; und *wardô fem., vgl. dt. *Warte* ‚Ort der Ausschau', ‚Wachtturm' (7). In den roman. Sprachen verbreiteten sich bald die dem Germ. entnommenen Formen, wie frz. *garde*, it. *guardia*, span. *guardia* usw., ein Zeichen dafür, daß das germ. Überwachungssystem von den Romanen geschätzt und übernommen wurde (19). Hierzu zu erwähnen sind ital. ON wie Guardistallo (Pisa) und Guastalla (Reggio Emilia), langob. *ward-stall- ‚Wachtstelle'; und zahlreiche, auch südital., ON, die *Guarda-* oder *Guardia-* als erstes Element haben, wie Guarda Ferrarese (Ferrara), Guardavalle (Catanzaro), Guardiabruna (Chieti), Guardia Lombardi (Avellino), Guardia Marina (Cosenza), Guardia Sanframondi (Benevento).

Beim Militär werden die Begriffe Vorhut und Nachhut nachweislich schon bei den Römern gebraucht, mit *primum agmen* (z. B. Liv. 21,34,5) und *agmen extremum* (z. B. Caes. Gall. 2,11,4) wiedergeben. Man geht davon aus, daß Anfang und Ende eines Heeres einen besonderen Schutz, also *Hut* sing. fem. im Sinne von ‚Deckung' (vgl. *Hut* sing. mask. ‚Kopfbedeckung' und die Wendung ‚auf der Hut sein'), gegen evtl. Angriffe brauchen (11).

Im E. Roth. 21 (→ *Leges Langobardorum*) liest man: *Si quis in exercitu ambulare contempserit aut in sculca, dit regi et duci suo solidos XX*. Hier geht es offensichtlich um Kriegsdienstverweigerer. Auch anhand von sonstigen Belegen weist die Auslegung des Wortes *sculca* auf Überwachungsdienst aus einem versteckten Wachtposten hin, was nicht weniger gefährlich und furchterregend ist als Heeresdienst zu leisten und deshalb gesondert erwähnt wird. Das Wort *sculca* (13), falls es sich um eine -k-Bildung zur selben Wurzel wie ahd. *sculinge* ‚latebra, Versteck', mhd. *schûlen* ‚latēre, auf der Lauer liegen' (s. u.) handelt, betont ein wesentliches Merkmal: Wer W. hält, soll versteckt bleiben, sehen, aber nicht gesehen werden. Daher grenzt ggf. die Funktion des Wächters an die des heimlichen Kundschafters. Gamillscheg schreibt das Wort „den schon vulgärlateinischen Soldatenausdrücken" zu – also ein Wanderwort – und vergleicht norw. *skulka* ‚lauern', engl. *to skulk* ‚auf der Lauer liegen' (8), Meyer-Lübke erwähnt (alt)it. (Pisa und Lucca) *scolca* (> altlogudoresisch (Sardinien) *iskolka* ‚Schutzwache zur Verteidigung des Privatbesitzes', altport. *escolca* und datiert das Erscheinen des Wortes, in der Bedeutung ‚Späher' (Person) und ‚Wache' (Dienstleistung), ins 7. Jh. (12). Auf *sculca* lassen sich einige ON in Italien zurückführen, wie z. B. Scurcola Marsicana (L'Aquila), Sgurgola (Frosinone), Sculca di Camigliatello (Cosenza), Scruccula Albiggio (Ancona). Im Byz. gilt σκούλκα (skúlka), σκουλκεύειν (skulkeúein) soviel wie ‚Wache' und ‚Wachehalten' (17). Schuchhardt betont: „Die Ausdrücke Wachtburg, Wachthügel, Wachtturm (oder Wart-) sind … weit verbreitet. Nebenbezeichnungen sind ‚Lausehügel', ‚Lausebusch', aus ‚Lauschhügel' usw. verderbt und heute euphemistisch oft in ‚Luisenhügel' oder dergl. verbessert. Auch ‚Schulenburg' ist zu beachten, vgl. mhd. *schulen* ‚auf der Lauer liegen' (Reinecke Voss: *he schulede unner eenen Boome*)" (15).

Im *Strategikon* des Ps.-Maurikios, Ende des 6./Anfang des 7. Jh.s verfaßt (1), in der u. a. die Kampfweise fremder Völker behandelt, wird behauptet (c. 11,3), daß bei „den blonden Völkern ... wie den Franken, Langobarden und den anderen Völkern mit derselben Lebensart" oft nächtliche Überfälle Schaden anrichteten, „weil sie verstreut lagern". Diese Aussage entspricht keineswegs den Tatsachen, wie aus zahlreichen Qu. hervorgeht.

Nach ihnen zu schließen, wird bei den germ. Stämmen der RKZ, der Spätant. und des frühen MAs eher eine besondere Achtung auf die verschiedenen Aspekte der Überwachung der Lage bei (wichtigen) Menschen und Wertgegenständen (→ Königsschatz) hervorgehoben. Dem it. Familiennamen *Branduardi* ist langob. **brand-ward* ‚Schwertwart', ‚Leibwache' zu entnehmen (→ Langobarden S. 55), die Bezeichnung des Würdenträgers, der sonst als *spatharius* am Hof der ostgot., westgot., burg. und frk. Kg. bekannt ist (14). Besondere Aufmerksamkeit wurde der Schiffs-W. geschenkt, wobei man Tages-, Nacht-, See-, Hafen-W. unterscheiden muß (vgl. z. B. ae. *batweard* ‚Bootwart', *hyðweard* ‚Hafenwart', *landweard* ‚Küstenwart', *ægweard* ‚Seewache', s. u. § 2a).

Eine außergewöhnliche Rolle spielt die W. v. a. beim Militär in der Nacht. „Als die Trümmer der Varianischen Legionen die sich nach *Aliso* gerettet hatten, von dort in einer stürmischen Nacht aufbrachen, um den Rhein zu erreichen, kamen sie ‚an dem ersten und zweiten Wachtposten der Germanen glücklich vorüber, beim dritten aber wurden sie entdeckt' (Dio Cassius 56,22)" (15). Aus dieser Beschreibung gewinnt man den Eindruck, daß es bei den Germ. so viele Wachposten gegeben habe, daß es so gut wie unmöglich war, ihnen zu entgehen.

Eine bemerkenswerte Einrichtung der röm. Ks. war die germ. → Leibwache *(corporis custodes)* (5) (vgl. auch → Römisches Heerwesen § 1d). Dieser v. a. gegen Attentäter gerichtete Schutz lag seit → Augustus in germ. Händen (11; 18). Die germ. Leib-W. hatte sich als die leistungsfähigste und gegen Bestechung sicherste erwiesen. Erwähnenswert sind auch die *Scholae Palatinae*, berittene germ. Gardetruppen im Dienst der röm. Ks. seit → Constantin dem Großen (6).

Die Idee der Sicherheit ist auch mit dem → Geleit verbunden. Im besonderen ist damit eine Schutzbegleitung gegen Beraubung oder Behinderung gemeint, evtl. mit Ehrung und Unterstützung gekoppelt (10). Alles, was mit Schutz und darauffolgender Abwehr zu tun hat, ist im allg. sowohl sprachlich erfaßt als auch meistens juristisch geregelt (s. u. § 3).

§ 2. Quellenbewertung. Aus zwei Werken der agerm. Tradition, → Beowulf (2) und *Heliand* (4) (→ Heliand und Altsächsische Genesis), seien Beispiele von mit ae. *-weard*, as. *-ward* zusammengesetzten Wörtern im Bereich der Überwachungstätigkeiten vorgestellt; aus dem → Nibelungenlied (3) soll die Beschreibung einer Nacht-W. übernommen werden. Dabei ist zu beachten, daß ae. *weard* sing. mask., as. *ward* ‚jemand, der auf jemanden, etwas aufpaßt, jemanden oder etwas betreut'; hingegen ae. *weard* sing. fem. einfach ‚Wache' bedeutet.

a. Beowulf. *batweard* ‚Bootwart' (1900), *biorges weard* ‚Bergwächter' (3066), *eorðweard* ‚Festung' (2334), *eðelweard* ‚Wächter der Heimat = Kg.' (616, 1702, 2210), *goldweard* ‚Goldhüter' (3081), *hlaford* (= *hlaf-weard* ‚Brotwächter', hieraus engl. *Lord*; 267, 2283, 2375, 2634, 2642, 3142, 3179), *hordweard* ‚Horthüter' (1047, 1852, 2293, 2302, 2554, 2593), *hyðweard* ‚Hafenwart' (1914), *land-*

weard ‚Küstenwart' (1890), *renweard* ‚Hallenhüter' (770), *orwearde* ‚ohne Wächter, unbehütet' (3127), *seleweard* ‚Saalhüter', *yrfeweard* ‚Erbwart' (2453, 2731; vgl. den PN Edward); ferner *ægweard* ‚Seewache' (241), *eotonweard* ‚Wache gegen einen Riesen' (668), *ferhweard* ‚Leibwache' (305), *heafodweard* ‚Wache des Hauptes = Totenwache' (2909).

b. Heliand. *Erbiward* ‚Erbwart = Erbe, Nachkomme, Sohn' (79, 86, 99, 103, 149, 194, 580, 764; s. o. § 2a *yrfeweard*), *hebanward* ‚Himmelswächter = Engel' (2599), *hofward* ‚Aufseher des Hofes, des Gutes' (5928), *portun ward* ‚Türhüter' (4951), *skapward* ‚Hüter der Gefäße = Kellermeister' (2033). Christus wird u. a. genannt: *landes ward* (14mal), *liof liudio ward* (984), *heleg himiles ward* (1058), *heðenes ward* (1608). Diese Beispiele ließen sich, v. a. durch die ae. Dichtung, leicht vermehren. Das beweist, daß der Begriff ‚Überwachung' im konkreten und im übertragenen Sinne bei den germ. Stämmen bes. gegenwärtig und nach Funktionen untergliedert war.

c. Nibelungenlied. Episode der Nacht-W. in der Etzelburg, v. 1834–1850: → Hagen und Volker übernehmen sie. Sie wird *schiltwachte* ‚Schildwache' (symbolisch für ‚Schutzwache' gemeint?) genannt: *Dô sie entslâfen wâren und er daz ervant, dô nam der degen widere den schilt an die hant, und gie ûs dem gademe für den türn stân und huote der ellenden vor den Kriemhilde man* ‚als er [Volker] merkte, daß sie eingeschlafen waren, da nahm der Held wieder den Schild zur Hand und ging aus dem Saal vor die Tür und beschützte die Weitgereisten vor Kriemhilds Gefolgsmännern' (v. 1836).

Qu.: (1) Das Strategikon des Maurikios, Einf., Ed. und Indices von G. T. Dennis, Übs. von E. Gamillscheg, 1981. (2) Beowulf and the Fight at Finnsburg, hrsg. von F. Klaeber, ³1950. (3) U. Pretzel, Das Nibelungenlied, kritisch hrsg. und übertr., 1973. (4) E. H. Sehrt, Vollständiges Wb. zum Heliand und zur as. Genesis, ²1966.

Lit.: (5) H. Bellen, Die germ. Leibwache der röm. Ks. des julisch-claudischen Hauses, Akad. der Wiss. und Lit. Mainz, Abhadl. der geistes- und sozialwiss. Kl., 1981, Nr. 1. (6) U. Egelhaaf-Gaiser, Scholae Palatinae, in: N. Pauly XI, 208. (7) H. Falk, A. Torp, Wortschatz der germ. Spracheinheit, ⁵1979 = ⁴1909 (in: A. Fick, Vergl. Wb. der idg. Sprachen 3. Teil), 393. (8) E. Gamillscheg, Romania Germanica. Sprach- und Siedlungsgesch. der Germ. auf dem Boden des alten Römerreiches 1, 1934, 392. (9) J. F. Haldon, Byzantine Praetorians, c. 580–900, 1984, 627 f. (10) B. Koehler, Geleit, in: HRG I, 1481–1489. (11) J. Kromayer, G. Veith, Heerwesen und Kriegführung der Griechen und Römer, 1928, 347, 350–352, 546–548. (12) W. Meyer-Lübke, Roman. Etym. Wb., ³1935, 794, Nr. 7753. (13) E. Morlicchio, Presenze alloglotte nell'Italia dell'anno Mille, in: Italia linguistica anno Mille – Italia linguistica anno Duemila, Atti del XXXIV congresso internazionale di Studi della Società di Linguistica Italiana, 2003, 158 ff. (14) J. F. Niermeyer, Mediae Latinitatis Lexicon Minus, 1954–1976, 982. (15) C. Schuchhardt, Wachtburgen, in: Hoops IV, 472. (16) E. Seebold, Vergl. und etym. Wb. der germ. starken Verben, 1970, 535. (17) E. A. Sophocles, Greek Lexicon of the Roman and Byzantine Periods (from B. C. 146 to A. D. 1100) 2, 1986. (18) M. Speidel, Die Denkmäler der Kaiserreiter (equites singulares Augusti), 1994. (19) W. von Wartburg, Franz. Etym. Wb. 17, 1966, 510–525.

P. Scardigli

§ 3. Rechtshistorisch. Die Aussage von Contamine (6), daß es zu allen Zeiten des MAs Fürsten und Mächtige gegeben habe, die sich mit Bewaffneten umgaben, die in Krieg und Frieden für die Sicherheit ihres Herrn zu sorgen hatten, dürfte auch für die germ. Zeit und die Spätant. Geltung beanspruchen. Für institutionalisierte, d. h. mit einem rechtlichen und sozialen Sonderstatus versehene Leib-W.n (→ Leibwache) der germ. Herrscher, entspr. den primär germ. *corporis custodes* der röm. Kaiser, finden sich in den einschlägigen Qu., insbesondere auch den RQu. der germ. Stämme, jedoch keine Belege. Die in den westgot. Gesetzen (→ *Leges Visigothorum*) des späten 7. Jh.s (L. Vis. 2,1,1; 9,2,8; 9,2,9; 12,1,3 [MGH LL I]) bezeugten *gardingi*, die zu den *fideles regis* zählten, aber im Rang hinter den duces (→ dux) und *comites* (→ comes) standen und deren Zugehörigkeit zum *palatium officium* umstritten ist (9), schuldeten dem Kg. den zur Verteidigung des Reiches gebotenen Kriegsdienst. Dafür daß der → *gardingus* – sei es urspr. oder auch erst im späten 7. Jh. – **speziell** Wachtaufgaben wahrzunehmen hatte, bieten die Qu. keine Anhaltspunkte. Für die bei Du Cange (IV, 31) u. a. wiedergegebene Deutung von *gardingi* im Sinne von *custodes Principis, vel Palatii* (5) findet sich kein Beleg, desgleichen nicht für eine in der ält. Lit. vertretene Qualifizierung als *capitani de las guardias* bzw. als *la garde du roi* (7).

Auch sprachlich führt von den *gardingi*, die von got. *gards* (Haus, Hof) abzuleiten sind, keine Brücke zu den im folgenden zu behandelnden, unstreitig im Kontext von Wachtaufgaben bezeugten Termini wie *wardia*, *guardia* etc. (zu deren got. Wurzeln vgl. § 1).

Gemäß dem oben zitierten Heeresgesetz Kg. → Erwigs (L. Vis. 9,2,9), das drakonische Strafen für die Verletzung der Heeresfolge androht, soll derjenige aus dem Palastdienst, der dem Heeresaufgebot, außer im Fall schwerer Krankheit, nicht Folge leistet, nur dann von den Sanktionen des Gesetzes verschont bleiben, wenn er im Fürstendienst verharrt oder *in wardia cum reliquis fratribus suis laborem sustineat*.

Die Tatsache, daß Erwig den Dienst in der *wardia* als Befreiungsgrund von der Pflicht, dem Heeresaufgebot zu folgen, bes. hervorhebt, belegt – nicht zuletzt in Anbetracht der extremen Strenge des Gesetzes – den besonderen Rang dieses Dienstes.

Daß in Erwigs Gesetz mit *wardia* Wachtdienste angesprochen waren, darf auf Grund späterer Zeugnisse angenommen werden: Die Qu. der Reconquista verbinden mit *guardia* den bewaffneten Wachtdienst, den alle *milites* und *infanzones* als Berittene zu leisten hatten – und der sich insbesondere auf die Bewachung der Grenzstädte und Befestigungen erstreckte (13).

Die in dem Gesetz Erwigs erkennbare Gleichbewertung von Wachtdienst einerseits und Heeresdienst im engeren Sinne andererseits wird auch in den Vorschriften der zu Beginn des 9. Jh.s aufgezeichneten → *Lex Francorum Chamavorum* deutlich. Hinsichtlich des Wachtdienstes wird hier in c. 36 bestimmt: *Si quis wactam aut wardam dimiserit, quando ille comes ei cognitum fecerit, in fredo dominico solidos 4 componere faciat* (MGH LL V, 275). Jemand, der die ihm vom *comes* zugewiesene Wacht oder Warte verläßt, soll also als Buße ein Kg.sfriedensgeld von vier *solidi* (→ Solidus) entrichten. Eine Buße in derselben Höhe ist gemäß der L. Cham. auch dann fällig, wenn jemand dem Heeresaufgebot nicht (bewaffnet) Folge leistet (c. 34).

Wacta und *warda* stehen in den karol. Qu. in der Reihe zentraler öffentlicher Aufgaben, deren Nichterfüllung mit der Heerbann-Buße gesühnt wurde. So wird z. B. a. 811 im *Capitulare Bononiense* in c. 3 bestimmt: *Ut non per aliquam occasionem, nec de wacta nec de scara nec de warda nec pro heribergare neque pro alio banno, heribannum comis exactare praesumat* (MGH LL II, 1 Nr. 74).

Die Immunitätsverleihungen führen in der Regel nicht zu einer Befreiung der Bewohner des gefreiten Gutes vom Heer- und Wachtdienst (vgl. etwa Privileg Karls des Großen a. 775 für die Kirche von Metz [MGH Dipl. Karol. I, n. 91]).

In der Folgezeit ist auch das Recht bezeugt, sich mittels eines Ablösegeldes *(wactaticum, gaitagium)* vom Wachtdienst freizukaufen (11).

Bei den → Angelsachsen bildet im 12. Jh. eine mit Wachtaufgaben betraute *warda (decimatio autem est que alicubi dicitur vulgo warda)* eine Unterabt. der *hundred* (Consultatio Cnuti II c. 19 § 2 d [Liebermann, Ges. d. Ags. I, 618]).

Im Rahmen des in den ma. engl. Städten praktizierten *ward*- Systems – in → London wird vor 1130 ein System von 24 *wardae* eingerichtet, die jeweils einem *alderman* mit einem *wardmota* unterstanden – löst man sich von der Fixierung auf Wachtaufgaben. Zu den Aufgaben gehören nunmehr u. a. die Organsiation der Verteidigung, die Einziehung von Steuern und die Bekanntmachung von Verordnungen (8). Auch im ma. Schottland begegnet der Begriff *ward*. So heißt z. B. das Ritterlehen *tenure by ward and relief*. Die persönliche Bewachung der Kg. erfolgte durch 24 Wächter, die ihrerseits einem *door ward* unterstanden (4).

Häufig lassen die Qu. eine enge Verbindung von Erkundungs- und Spähdiensten mit den Wachtaufgaben erkennen. In der *Constitiutio de Hispanis* Ludwigs des Frommen a. 815, c. 1 werden *explorationes* und *excubiae* wie folgt glossiert: *quod usitatio vocabulo wactas dicunt* (MGH LL II, 1, Nr. 132).

Im Edikt des Langobardenkg.s → Rothari (a. 643) (E. Roth. c. 21) wird bestimmt: *Si quis in exercito ambulare contempserit aut in sculca dit regi et duci suo solidos 20* (MGH LL IV, 16).

Neben dem Heeresdienst steht hier – hinsichtlich der Sanktion für die Dienstverweigerung gleichgestellt – der Dienst in der *sculca*. Beyerle gibt in seiner Übs. der → *Leges Langobardorum sculca* mit ‚Vortrupp' wieder (1). Im späteren *Liber Papiensis* wird *sculca* mit *cabalcata* glossiert (MGH LL IV 300). Gemeint ist ein berittener Trupp, wobei hier Erkundungs- und Wachtaufgaben wohl nur schwer zu trennen sein dürften.

In einer Grenzkontroll- und Paßvorschrift des Langobardenkg.s Ratchis (a. 746), die als kgl. Verfügung über Verwaltungsfragen nicht den Rang der übrigen, dauerhaft gültigen langob. Gesetze einnahm und die wohl aus diesem Grunde nur in zwei Hss. der *Leges Langobardorum* überliefert ist, begegnet *sculca* ein weiteres Mal (Ratchis III,13 [MGH LL IV, 192]).

Es soll mit der – in ihrer Formulierung nicht durchgängig geglückten – Vorschrift (12) verhindert werden, daß aus dem feindlichen Ausland geschickte *sculcae* aufgenommen werden, d. h. Einlaß in langob. Gebiet finden. F. Beyerle (1) spricht hier zutreffend von ‚Ausspähern'. In unmittelbarem Anschluß an die Bestimmungen betreffend die Ausspäher werden in dieser Vorschrift Wachtaufgaben an der Grenze genannt, die von den *iudices,* deren Vertretern und den *clusarii* wahrzunehmen sind.

Wenige J. später (a. 750) ordnet der Langobardenkg. Aistulf an, daß die Falltore *(clusae)* instand zu setzen und W.n *(custodiae)* aufzustellen seien, damit nicht die eigenen Untertanen das Land ohne kgl. Bewilligung verlassen und nicht Fremde ohne eine solche Erlaubnis ins Land eindringen konnten. Wird ein Eindringling *in clusa* getroffen, soll der *iudex* den Wächter *(clusarius),* der dies nicht verhindert hat, bestrafen (I,5 [MGH LL V, 197]).

Im Zuge der schweren kriegerischen Auseinandersetzungen der Langob. mit Byzantinern und Franken um die Mitte des 8. Jh.s bildete die Wachsamkeit eines der höchsten Gebote.

Der in den *Leges Langobardorum* bezeugte terminus *sculca* begegnet auch in byz. Qu. So spricht z. B. das *Strategikon* des Maurikios (3) von der Tarnung der *skulkai*, womit hier Spähtrupps angesprochen sind (I,2). Auch bei den Vorschriften für Soldaten, die zu einem Anschlag ausziehen, ist in dieser Qu. von *skulkai* die Rede, die der Truppe jeweils als Spähtrupp (gleichsam als Vorhut) vorauszuschicken seien (III,16). Theophylaktos Simokates (2) berichtet von W.n der Romäer (weström. Bevölkerung), die letztere in ihrer Muttersprache als *sculca* bezeichnet hätten (VI,9).

Auf der Iberischen Halbinsel ist *sculca* in den Qu. der Reconquista in der Form von *esculca* als Bezeichnung für die Bewachung der Herden belegt (10).

Qu.: (1) F. Beyerle, Die Gesetze der Langob., 1947. (2) Theophylacti Simocattae, Historiae, hrsg. von C. de Boor, 1972. (3) Das Strategikon des Maurikios, Einf., Ed. und Indices von G. T. Dennis, Übs. von E. Gamillscheg, 1981.

Lit.: (4) E. W. S. Barrow, Ward, in: Lex. des MAs, 8, 1997, 2040. (5) Du Cange. (6) Ph. Contamine,

Leib-W. (Garde), in: Lex. des MAs 5, 1991, 1848 f. (7) F. Dahn, Die Könige der Germ. 3, 1871, 108–111. (8) D. Keene, Ward, in: Lex. des MAs 8, 1997, 2040 f. (9) W. Kienast, Gefolgswesen und Patrocinium im span. Westgotenreich, HZ 239, 1984, 23–75. (10) M. A. Ladero Quesada, Heer, Heerwesen (VI Iberische Halbinsel), in: Lex. des MAs 4, 1989, 1997 f. (11) J. F. Niermeyer, Mediae Latinitatis Lexicon Minus, 1954–1976, 1456, s. v. *wactaticum*. (12) G. Tangl, Die Paßvorschrift des Kg.s Ratchis und ihre Beziehung zu dem Verhältnis zw. Franken und Langob. vom 6.–8. Jh., Qu. und Forsch. aus ital. Archiven und Bibl. 38, 1958, 29–66. (13) L. Vones, Guardia (custodia), in: Lex. des MAs 4, 1989, 1760.

H. Nehlsen

Wacho, langob. Kg. (ca. 510–540) aus dem Geschlecht der Lethingen. Sein Vater Unigis, ein Bruder Kg. Tatos, war der Sohn des – nach der offiziösen langob. Überlieferung (Edictus Rothari, Prolog [→ Leges Langobardarum]) – sechsten Kg.s Claffo. Gegen 510, nur wenige J. nach dem Sieg Tatos über die → Heruler (wohl 508) erhob sich W. gegen seinen Onkel, tötete ihn und bestieg selbst den Thron (13, 14 f.; 6, 49–51; 7, 20 f.). W.s herausragende hist. Tat war die Besetzung von Teilen → Pannoniens, wobei die Forsch. in den letzten J. seine Aktionen neu gewichtet und chron. neu geordnet hat. Früher hatte man auf der Basis einer Mitt. des → Paulus Diaconus (Paul. Diac. 2,7), nach der die → Langobarden von 568 zurückgerechnet 42 J. in Pann. verbracht hätten, meist angenommen, daß W. die von Sweben (→ Sweben § 10) beherrschten Prov. *Pannonia I* und *Valeria* 526/27 erobert habe, als die nach dem Tod ihres Kg.s → Theoderichs des Großen (526) durch innere Krisen gelähmten → Ostgoten nicht mehr in der Lage waren, dort ihre Interessen zu wahren (10, 16–23; 17, 12 f. 134 f.; 13, 16; 2, 396 f.; 6, 52; 7, 21; 5, 63; 4, 32 f.). Durch eingehende Text- und Qu.kritik, insbesondere aber durch eine scharfsinnige Analyse der Rolle, die W. als Usurpator in der langob. Überlieferung spielte, konnte Várady 1984 sehr wahrscheinlich machen, daß die ausschließlich ‚norddanubische Phase' der langob. Gesch. nicht erst gegen 526/27, sondern schon kurz nach dem Tode Tatos ihr allmähliches Ende fand. Demnach überschritten unter dem Befehl W.s stehende langob. Verbände bereits um 510 die Donau und besetzten nordpann. Landschaften bis hin zur Drau, ohne daß der Kg. ihre alten Siedlungsgebiete n. jenes Stromes aufgegeben hätte (15, 105–122). Diese Sicht der Ereignisse beginnt sich in der modernen arch. und hist. Forsch. allmählich durchzusetzen (3, 63–73; 1, 104–107; 9, 73; 14, 91–93) (→ Österreich § 4c).

Der erfolgreiche Langobardenkg. spielte auch während der Gotenkriege Ks. → Justinians eine wichtige Rolle. Offenbar schon bei Beginn der kriegerischen Auseinandersetzungen im J. 535 hatte er ein Bündnis mit ihm abgeschlossen, auf das er sich berief, als er 539 ein Hilfsersuchen des Gotenkg.s → Witiges ablehnte (Prok. b. G. 2,22) (4, 70 f.; 9, 74; 11, 88). Mindestens ebenso wichtig für W.s Entscheidung dürfte jedoch die Tatsache gewesen sein, daß er Schwiegervater des seit 537 mit seiner Tochter Wisigarda verheirateten Frankenkg.s → Theudebert I. war, der eine sehr eigene, gotenfeindliche Politik in Italien betrieb und dort 539 eingefallen war (12, 579; 17, 136; 6, 54; 7, 21 f.; 4, 70 f.). W. war überhaupt ein Meister aktiver Heirats- und damit Bündnispolitik. In erster Ehe war er – vielleicht seit 508 – mit der thür. Prinzessin → Radegunde, einer Tochter des Thüringerkg.s → Bisinus, verheiratet, dann ab etwa 512 mit der gep. Prinzessin Austrigusa (→ Ostrogotha) und schließlich mit Silinga, wohl einer Tochter des 508 gefallenen Herulerkg.s → Rodulf (Origo g. Lang., 4) (12, 579; 17, 136 f.; 6, 52; 7, 21; 16, 392 f.). Seine zwei Töchter aus seiner zweiten Ehe mit Austrigusa, Wisigarda und Walderada, wurden 537 bzw. gegen 540 mit dem Frankenkg. Theudebert I. und dessen Sohn → Theudebald verheiratet bzw. verlobt (17, 136 f.; 6, 52 f.;

8, 44 f.; 16, 392 f.). So stärkte er nicht nur sein Bündnis mit den ö. Franken, sondern sicherte auf diese Weise zugleich auch seine Expansion in Pann. ab.

Die Geburt seines Sohnes Waltari in den späten 30er Jahren, der aus seiner dritten Ehe mit Silinga hervorgegangen war, stürzte das Langob.reich in eine schwere dynastische Krise. Bis dahin war Risiulf, ein Sohn des 510 erschlagenen Kg.s Tato, als Erbe des bis dahin söhnelosen W. ausersehen und lebte an dessen Hof. Jetzt aber wollte der mächtige Kg. die Erbfolge seines eigenen Sohnes durchsetzen und verbannte deshalb seinen Vetter unter nichtigen Vorwänden. Risiulf floh zu den → Warnen, wo er indes auf Betreiben W.s bald beseitigt wurde (Prok. b. G. 3,35) (13, 14 f.; 6, 54 f.). Sein Sohn Hildegis flüchtete daraufhin zunächst zu den Sclavenen und später zu den → Gepiden, von wo aus er nach dem Tod W.s gegen dessen Nachfolger Waltari und → Audoin letztlich vergebens agierte, um seine eigenen Thronansprüche durchzusetzen (Prok. b. G. 3,35) (13, 14 f.; 6, 54 f.).

W., der die langob. Herrschaft aus dem N-danubischen Barbaricum auf das Gebiet des *Imperium Romanum* ausgedehnt und dort in Pann. ein machtvolles Reich von europ. Rang begründet hatte, hatte trotz aller Erfolge wegen seiner Anfänge als Usurpator und Mörder des Heldenkg.s Tato und seiner Nachkommen in der langob. Überlieferung einen schweren Stand, zumal ihm nach dem Tod seines kleinen Sohnes dessen Vormund, der Gause (→ Gausus) Audoin und damit der Vater des in der Sicht der Langob. alle überragenden Eroberkg.s → Alboin, auf den Thron folgte (ca. 546). Immerhin erinnerte man sich in Böhmen noch zu Beginn des 9. Jh.s an W. und zeigte einen Palast, in dem er einstmals gewohnt haben soll (Cod. Goth. 2; ablehnend 17, 13; 14, 89).

(1) V. Bierbrauer, Die Landnahme der Langob. aus arch. Sicht, in: M. Müller-Wille, R. Schneider (Hrsg.), Ausgewählte Probleme europ. Landnahmen des Früh- und Hoch-MAs 1, 1993, 103–172. (2) I. Bóna, Der Anbruch des MAs, 1976. (3) Ders., Die Langob. in Pann., in: R. Busch (Hrsg.), Die Langob. Von der Unterelbe nach Italien, 1988, 63–73. (4) N. Christie, The Lombards, 1995. (5) K. P. Christou, Byzanz und die Langob., 1991. (6) H. Fröhlich, Stud. zur langob. Thronfolge, 1980. (7) J. Jarnut, Gesch. der Langob., 1982. (8) Ders., Agilolfingerstud., 1986. (9) Ders., Die Langob. zw. Pann. und Italien, in: R. Bratož (Hrsg.), Slowenien und die Nachbarländer zw. Ant. und karol. Epoche 1, 2000, 73–79. (10) E. Klebel, Langob., Bajuwaren und Slawen, Mitt. Anthrop. Ges. Wien 69, 1939, 41–116 (= in: Ders., Probleme der bayer. Verfassungsgesch., 1957, 1–89). (11) W. Pohl, The Empire and the Lombards: Treaties and Negotiations in the sixth Century, in: Ders. (Hrsg.), Kingdoms of the Empire, 1997, 75–133. (12) Schmidt, Ostgerm. (13) R. Schneider, Kg.swahl und Kg.serhebung im Früh-MA, 1972. (14) F. Stein, „Da erhoben sich die Langob. aus ihren Sitzen und wohnten etliche J. in Rugiland", in: W. Haubrichs u. a. (Hrsg.), Grenzen erkennen – Begrenzungen überwinden, 1999, 35–101. (15) L. Várady, Epochenwechsel um 476, 1984. (16) F. Vianello, Wer war W.?, Zeitschr. für Geschichtswiss. 43, 1995, 389–403. (17) J. Werner, Die Langob. in Pann., Abhandl. der Bayer. Akad. Wiss. Phil.-Hist. Kl. NF 55A, 1962.

J. Jarnut

Wacholder

§ 1: Sprachlich – § 2: Namen – § 3: Botanisch-volkskundlich – § 4: Vorkommen – § 5: Verwendung – § 6: Kulturgeschichtlich

§ 1. Sprachlich. Das Wort W. ist ausschließlich im Dt. belegt (11, II, Sp. 1072 s. v. *Juniperus communis*). Anlaß zur Verwendung bietet zunächst die Notwendigkeit der Übs. von *iuniperus* in 1 Kön 19,4 f. (Elias unter dem W.-Baum), wo zahlreiche Bibelglossen *wechalter(poum)* oder Synonyme nennen (1, I, 430,49; 432,35; 440,55–66; 18, 704 f.), und Ijob 30,4 (W.-Wurzel als Speise äußerster Armut), wo in der Hs. Würzburg M.p.th.f. 147 die vielleicht älteste Bezeugung (9.–10. Jh.) erscheint, allerdings nur in der fragmentarischen Form [ ]haltero (Gen. Pl., 9, 108). Sodann hat das Vorkommen bei Vergil (Verg. ecl. VII,42) einschlägige Glossierungen zur Folge gehabt. Die großen Slg.

des *Summarium Heinrici* (Typen *wecholter, wachalter;* 8, III, 203 [Register]), der *Versus de Arboribus* und der Pflanzenglossare enthalten die Hauptmenge der Bezeugungen, wobei das Wort in einer Fülle von Formen und auch in Kompositionen (*-boum, -dorn; -beri* für die Frucht) auftritt. Neben der Flexion als Mask. ist (sehr viel seltener) das Fem. belegt (*ual-aldra* 1, II, 698,38, Paris 9344, 11. Jh., mittelfrk.).

Zahlreiche Eindeutungen und Umformungen zeigen, daß die Bezeichnung bereits früh undurchsichtig war, und auch die moderne Forsch. ist zu keiner allg. gebilligten Lösung gekommen (dazu 14, 141–160). Der Wortausgang ist das Baum-Suffix germ. *-ðra-/-ðrō-* (12, § 138.3; → Holunder). Durch falsche Abtrennung in Wörtern wie **apal-dra-/*apul-dra-* ‚Apfelbaum' war überdies eine Suffixvar. *-aldra-/-uldra-* entstanden, mit der weitere Baumbezeichnungen gebildet wurden (12, § 141).

Die urspr. Gestalt der Basis ist wegen der Formenvielfalt schwierig zu bestimmen. Eindeutungen von *wahs-* oder *reck-* tauchen bereits im späten 9. Jh. auf. Das Nebeneinander von *-e-* und *-a-* wird auf Ablaut beruhen. Letzteres nehmen Etym. an, die die Wurzel idg. **u̯eĝ-* ‚frisch, kräftig' (13, 1117) zugrunde legen, bei der in Bildungen wie lat. *vigil*, ahd. *wachal* ‚wach' sogar ein *-l-*Formans auftritt (12, § 141). Dagegen rechnet Törnqvist (14, 150 ff.) mit idg. **u̯eg-* ‚weben'. Eine semant. Stütze (10, s. v. *Wacholder*) für das zuerst genannte Etymon aus der Benennung des immergrünen Gewächses bietet vielleicht *quecholder* in der mittelfrk. Glossen-Hs. Oxford, Junius 83 (1, III, 386,18, weiterhin spätere Belege bei 11, II, Sp. 1079 f.), die im Erstglied zu der W.-Bezeichnung ae. *cwicbēam* stimmt (in der Hs. London, Cotton Cleopatra A. III, Mitte des 10. Jh.s, das Wort aber sonst nur für Eberesche und Bergulme, 5 s. v., so daß vielleicht ein Versehen vorliegt: 3, III, 66). Falls darin wirklich eine parallele Tradition im Dt. und Engl. vorliegt, müßte *quec-* nicht bloße Eindeutung sein.

Weitere ält. *iuniperus*-Wiedergaben sind ahd. *krana-uuitu* (2, V, Sp. 379), das den zitierten Beleg alternativ zu *kreozpaum* bereits in einer St. Emmeramer Glossierung des (frühen) 9. Jh.s zeigt (1, IV, 220,6, nur in Kopie des 19. Jh.s erhalten). Diese Bezeichnung ‚Kranich-Holz' ist noch später mdal. sehr verbreitet (11, II, Sp. 1081 ff., dort auch zur Motivierung), während die auf den Standort weisende, zu ahd. *grioz* ‚Sand(boden)' gehörige Bezeichnung nur hier vorkommt (2, IV, Sp. 437). Das als Synonym in den zu Beginn erwähnten Glossierungen (der Elias-Episode) genannte ahd. *sporah-(poum)* ist hingegen häufiger anzutreffen. Etym. wird es an Wörter für Reisig und trockenes Holz angeschlossen (11, II, Sp. 1092; 13, 997).

Als urverwandt mit dem Vorderglied von lat. *iūni-perus* (< **i̯oini-*) ist von einigen die anord. W.-Bezeichnung *einir* (6, 15. 74. 102) betrachtet worden (dazu 17, I, 731), wobei dann germ. **jainia-* (15, 97) den Ausgangspunkt des anord. Wortes darstellt. Allerdings ist bereits die Herleitung des lat. Lexems umstritten. Auch das Verhältnis von mnd. *ênbēre* ‚Wacholder' (11, II, Sp. 1087 f. mit weiteren Formen) zu den entspr. Wörtern der skand. Sprachen ist noch nicht völlig geklärt, wird aber meist als Entlehnungsbeziehung aus diesen gedeutet (4, 225 f.; zustimmend 7, I, 183 s. v. *en*). Ganz jung ist die Neuentlehnung von ndl. *jenever* (< frz. *genièvre* ‚Wacholder', aus vulglat. *jeniperus*), das von dort ins Engl. (*geneva*, davon *gin*) und in die skand. Sprachen (dän., schwed. *genever*) gelangte (16, 286).

(1) Ahd. Gl. (2) Ahd. Wb. (3) P. Bierbaumer, Der botan. Wortschatz des Ae. 1–3, 1975–1979. (4) J. Brüch, Lat. Etym., Idg. Forsch. 40, 1922, 196–247. (5) Dict. of OE, A–E, 2003. (6) W. Heizmann, Wb. der Pflanzennamen im Awnord., 1993. (7) Hellquist, Ordbok 1–2, ³1980. (8) R. Hildebrandt (Hrsg.), Summarium Heinrici 1–3, 1974–1995. (9) J. Hofmann, Ae. und ahd. Glossen aus Würzburg und dem weiteren ags. Missionsgebiet,

PBB (Halle) 85, 1963, 27–131. (10) Kluge-Seebold. (11) Marzell, Wb. (12) Meid, Wortbildungslehre. (13) Pokorny, IEW. (14) N. Törnqvist, Zur Terminologie der Bienenzucht, Studia Neophilologica 17, 1944/45, 97–206. (15) de Vries, Anord. etym. Wb. (16) J. de Vries, F. de Tollenaere, Nederlands etym. woordenboek, 1971. (17) A. Walde, J. B. Hofmann, Lat. etym. Wb. 1–2, ⁵1982. (18) J. C. Wells, Ahd. Glossenwb., 1990.

H. Tiefenbach

§ 2. Namen. Mit dem Namen *Wacholder* werden Holzgewächse unterschiedlicher Höhe und Wuchsform bezeichnet, die zur Familie der Zypressen-Gewächse *(Cupressaceae)* und darin zur artenreichen Nadelholzgattung *Juniperus* gehören. Der wiss. Gattungsname wurde aus dem Lat. übernommen. Wird der dt. Name ohne differenzierenden Zusatz verwendet, ist in der Regel der Gewöhnliche W. *(Juniperus communis* ssp. *communis)* gemeint. Von dieser Art gibt es zahlreiche Unterarten und Formen. Sie betreffen v. a. die Wuchsform (u. a. säulenförmig aufrecht, niederliegend, Zwergform), was sie für die Verwendung im Gartenbau interessant macht.

Im Ahd. (9. Jh.) wurde der immergrüne, mit spitzen Nadelblättern versehene Strauch als *wehhalter* bezeichnet, im 11. Jh. als *wahhalter*. Aus dem Mhd. sind die Namen *wecholter* und *wecheltürre* überliefert. Etwa seit Beginn der frühen Neuzeit hat sich *Wacholder* bzw. *Wachholder* zur Bezeichnung dieser Pflanze durchgesetzt. Über die Bedeutung des Namens gibt es verschiedene Vorstellungen: Er ist zusammengesetzt aus *wach*, was in früher Zeit ‚lebendig, munter' bedeutete, und aus *der/ter,* das ‚Baum' bzw. ‚Strauch' bezeichnet. Danach besagt der Name *Wacholder* soviel wie „der lebendige, immergrüne Baum" (32). Dieser Ableitung entspricht die Ansicht von Hiller/Melzig (16): „Der lebensfrische (immergrüne) Strauch". Damit wird auf das wintergrüne Nadelkleid der Pflanze hingewiesen. Abweichend davon ist die Erklärung von Marzell (24) und Pfeifer (30): Der „Baum, dessen Zweige zum Binden bzw. Flechten verwendet werden". Auffallend ist die große Fülle von regional verbreiteten oder auch nur lokal bekannten Namen des W.s (24: ca. 450 Namen). Dazu gehören auch Bezeichnungen wie *Jachandel, Macholder, Machandel, Kranewitt, Kaddig, Knirk, Knickel, Krammet, Reckholder* oder einfach nur *Holder*. Von diesen Namen hat es wiederum zahlreiche Abwandlungen gegeben. Diese Vielfalt der Namen deutet darauf hin, daß der W. weithin bekannt war und im Leben der Menschen von Bedeutung gewesen sein dürfte.

Außer der genannten Art gibt es den in der alpinen Stufe der Alpen verbreiteten Zwerg-W. *(Juniperus sibirica),* der auch als Unterart des Gewöhnlichen W.s *(Juniperus communis* ssp. *alpina)* aufgefaßt wird. Auf trocken-heißen Standorten der kontinentalen Inneralpen kommt selten der als Sadebaum (auch Sevenbaum, Siebenbaum oder Sadel) bezeichnete, stark giftige Stinkwacholder *(Juniperus sabina)* vor (29).

Weitere W.-Arten haben ihre Heimat in S-Europa und anderen Teilen der Erde. Wie Dragendorff (6) berichtet, werden mehrere davon wegen ihrer Inhaltsstoffe genutzt, so die im Mittelmeer-Gebiet verbreitete Span. Zeder *(Juniperus oxycedrus)*.

§ 3. Botanisch-volkskundlich. Der W. ist windblütig und in der Regel zweihäusig. Die Blüten sind getrenntgeschlechtlich und befinden sich auf weiblichen und männlichen Pflanzen. Die etwa erbsengroßen Beerenzapfen (‚W.-Beeren') entwickeln sich aus den weiblichen Blütenzapfen und benötigen dazu drei Jahre. In diesem Zeitraum werden die drei vorhandenen Samenschuppen fleischig und nehmen eine schwarzbraune Farbe an, die durch eine Wachsschicht bläulich bereift erscheint. Die Verbreitung erfolgt u. a. durch die W.-Drossel (Krammetsvogel) und die Amsel (7).

In Beerenzapfen, Holz, Wurzeln und Nadeln des W.s befinden sich Inhaltsstoffe, die für einen angenehmen Duft sorgen. Etherische Öle der ‚W.-Beeren', die vorwiegend zu den Terpenen gehören, sind die Ursache für deren Gebrauch als Gewürz (→ Gewürze und Gewürzpflanzen). Außerdem ist neben anderen Inhaltsstoffen der Bitterstoff Juniperin vorhanden sowie Gerbstoff und Harz (9). Die Würzkraft der aus S-Europa stammenden Ex. ist größer als derjenigen, die aus n. Regionen kommen (38).

Das breite Wirkungsspektrum der W.-Inhaltsstoffe hat vermutlich dazu beigetragen, daß aus dieser Pflanze hergestellte Zubereitungen früher als Hausmittel verbreitet und beliebt waren, z. B. gegen Würmer (→ Heilmittel und Heilkräuter). Zugleich war es die Ursache dafür, daß der W. eine wichtige Rolle im → Volksglauben bzw. im Aberglauben einnahm und ihm vielerlei Kräfte nachgesagt wurden. So spielte er als ‚Lebensbaum' eine wichtige Rolle in der Volksmed. (1; 17; 20; 32). Z. B. sollte der Einsatz von W. bei Pocken und gegen Warzen helfen. Er galt als seuchenabhaltend und wurde gegen → Pest und Lepra (→ Seuchen) eingesetzt. Sein glimmendes Holz diente dabei als Räuchermittel. Verbunden waren solche Maßnahmen häufig mit kultisch anmutenden Handlungen. Offenbar lag es nahe, den W. als Zauberpflanze einzuschätzen und als Schutz gegen Kobolde und Hexen zu verwenden. Ein kurzer Schlaf ermüdeter Wanderer unter einem W.-Busch galt als kraftbringend. Die immergrünen Zweige und der angenehme Duft waren wohl die Ursache dafür, einen Raum mit W.-Zweigen zu schmücken. Das geschah v. a. in den Jahreszeiten, wo keine anderen grünen Zweige zur Verfügung standen, also im Winter und bis Ostern (26; 31; 35).

Anders als beim Gemeinen W. sind die Blätter beim Stinkwacholder sehr klein, schuppenförmig und stehen dicht an den jungen Zweigen. In ihnen befindet sich ein mehr oder weniger stinkendes etherisches Öl (40), das zu dem dt. Namen dieser W.-Art geführt hat.

Der Sadebaum enthält einige stark giftige Inhaltsstoffe. Daher ist eine Aufnahme in den Körper zu vermeiden. In der Volksheilkunde diente der Sadebaum zur Heilung von Geschwüren. Jedoch fanden seine getrockneten jungen Zweigspitzen auch bei Menstruationsstörungen und zur Abtreibung Verwendung, was durchaus zum Tod der schwangeren Frau führen konnte (3; 16). Wegen seiner besonderen Gefährlichkeit wurde das Anpflanzen des Sadebaums wiederholt verboten (40).

§ 4. Vorkommen. Der W. ist in Bereichen Eurasiens heimisch (8) und in Mitteleuropa ziemlich häufig. Der tiefwurzelnde Strauch kommt bes. an hellen und eher trockenen Standorten auf unterschiedlich mageren Böden vor. Im mittleren und s. Deutschland sind das v. a. Kalksteinböden, weiter n. und ö. eher Sandböden unterschiedlichen Basengehaltes, beispielsweise das Hess. Bergland, die Schwäbische Alb bzw. die Lüneburger Heide und das Emsland. Lediglich in einigen Bereichen des Tieflandes im Elbe-Saale-Raum ist der W. weniger oft zu finden (14; 2).

Durch seine spitzen Nadelblätter wird der W. vor dem Abgefressenwerden durch Tiere geschützt. Er kann daher als zuverlässiger Indikator für Schafweide-Nutzung angesehen werden. So läßt sich auch erkennen, wo früher Weide betrieben wurde. Das gilt ebenso für Magerrasen auf flachgründigen Kalkböden wie auf Sandböden. In beiden Fällen handelt es sich um Zeugnisse einer früheren Weidenutzung auf Flächen, die für den Ackerbau kaum nutzbar waren. Fehlen W. und andere bewehrte Arten in solchen Gebieten, ist damit zu rechnen, daß sie gelegentlich auch gemäht wurden. Dadurch kam es zur Vernichtung etwaigen Aufwuchses von Gehölzen. Aber auch in manchen Waldgebieten ist der W. eine charakteristische Pflanze, wie z. B. von Steffen

(37) aus Masuren berichtet wird. Das Vorkommen von W. und anderen bewehrten Gehölzen wie Weißdorn (*Crataegus* sp.) und Stechpalme *(Ilex aquifolius)* auf den genannten Standorten vermittelt wertvolle Einblicke in die frühere Nutzung der Kulturlandschaft.

Es entsteht natürlich die Frage, ob es zulässig ist, die in der Gegenwart beobachteten Verhältnisse auch für die Vergangenheit anzunehmen. Dies ist zu bejahen, da solche kausalen Beziehungen, die wie Gesetzmäßigkeiten in der Gegenwart gelten, auch in der Vergangenheit ihre Gültigkeit hatten.

§ 5. Verwendung. Für die Verwendbarkeit des W.s sind morphologische und anatomische Eigenschaften ebenso wie der Gehalt an spezifischen Inhaltsstoffen ausschlaggebend. Die Zweige der säulenförmig gewachsenen Sträucher sind meist elastisch, lang und gerade. Sie konnten daher zum Binden Verwendung finden. Das Holz ist gut geeignet zum Drechseln und zur Herstellung von Peitschenstielen. Es läßt sich außerdem zum Räuchern verwenden. W.-Holzkohle ist wegen ihrer großen Brennkraft wertvoll (7).

Etherische Öle wie Pinen und Terpicol bestimmen die Verwendung der ‚W.-Beeren' als Gewürz, das die Beköммlichkeit der Nahrung verbessert. Allerdings sollten sie sparsam eingesetzt werden, da der Genuß größerer Mengen tödlich wirkt. Davon wird sogar im Grimmschen Märchen vom Machandelboom (s. u. § 6) berichtet. Bei der Zubereitung von Speisen dürfen daher nicht zu viele Beeren genommen werden. Verwendet werden sie z. B. im Sauerkraut und zur Herstellung von Marinaden, insbesondere für Fische. Alkoholische Auszüge sind als Verdauungshilfen bekannt, z. B. Genever, Gin und Köhm (7; 18; 33; 34).

Einige Inhaltsstoffe besitzen eine schwach antiseptische Wirkung. Mit geeigneten Präparaten kann bei Verdauungsschwäche und rheumatischen Beschwerden geholfen werden. Die früher verbreitete Verwendung als Diureticum unterbleibt heute, da sie, bes. bei Überdosierung, zur Schädigung der Niere führen kann, was v. a. bei Nierenentzündungen gefährlich ist. Die Verabreichung von W.-Präparaten während der Schwangerschaft ist ebenfalls riskant, weil dies zu ihrem Abbruch führen kann (5; 13; 16; 18; 23).

W.-Beeren haben die gleiche Wirkung wie W.-Lösungen. Zu erwähnen ist schließlich die Verwendung von W.-Beeren bei der Konservierung von Leichen. Dies wurde an dem Fund des Leichnams des Grafen von Sulz aus dem 17. Jh. in der Kirche von Tiengen am Hochrhein (Deutschland) bestätigt. Er war mit einer größeren Menge dieser Früchte ausgefüllt (28; 39). Die Verwendung von Teilen des Sadebaums kann außer der Heilung von Geschwüren auch zur Abtreibung führen (3).

§ 6. Kulturgeschichtlich. Es ist schwierig, begründete Aussagen kulturgeschichtl. Art für Zeiträume und Gebiete zu machen, in denen es noch keine schriftlichen Überlieferungen gab. Allerdings kann man davon ausgehen, daß volkstümliche Verwendungen von Pflanzen und damit im Zusammenhang stehende Verhaltensweisen eher aus ält. als aus jüng. Zeit stammen. Dies dürfte auch für den W. gelten, zumal er offensichtlich in besonderem Maße volkstümlich war.

Dies kommt auch dadurch zum Ausdruck, daß der W. gelegentlich in Märchen und Sagen eine wichtige Rolle spielt (1; 12; 22; 23; 31). Im Grimmschen Märchen vom Machandelboom verhilft z. B. der immergrüne Strauch dem von der Stiefmutter geschlachteten Jungen zu neuem Leben, nachdem seine Schwester seine Knochen sorgfältig unter einem Machandelbaum abgelegt hatte. In mancher Legende wird über wundersame Kräfte des W.s berichtet. Das mag auch der Grund dafür sein, daß der Peitschenstiel bevorzugt aus einem W.-Ast hergestellt wurde. Teufel und Hexen verloren dadurch ihre Macht und konnten dem Fuhrwerk nicht schaden. Unter dem W.-Busch sollte der Eingang zum Zwergenreich liegen.

Ähnliche Kräfte wurden dem Sadebaum nachgesagt. Er schützte in Haus und Stall gegen alles Böse wie Teufel und Hexen. Seine Zweige dienten als Palmzweige und wurden gesegnet. Seine besondere Giftigkeit und die Gefahr des Mißbrauchs führten vielfach zum Verbot seiner Anpflanzung. Auch kam es zur Vernichtung vorhandener Sadebaum-Ex. (22; 23). In diesem Zusammenhang wird der schwäbische Name *Kenderdoad* verständlich.

Für den W. gibt es mehrere Nachweismöglichkeiten im arch. Fundgut. Das sind außer dem Vorhandensein von W.-Beeren und Samen auch Holzreste und Pollenkörner. Die Pollenproduktion ist bei den Vertretern der windblütigen Gattung *Juniperus* recht groß. Der pollenanalytische Nachweis ist jedoch häufig kaum möglich, da die *Juniperus*-Pollenkörner wegen ihrer dünnen Wand nicht bes. erhaltungsfähig sind. Bei den Pollenfunden aus dem Spätglazial hat es sich vermutlich um die niedrigwüchsige Unterart gehandelt. Aus dem Postglazial liegen bislang nur recht wenige Pollenfunde vom W. vor. Das ist in Anbetracht seiner weiten Verbreitung auf extensiv bewirtschafteten, trockenen Weideflächen verwunderlich, jedoch wohl durch die geringe Erhaltungsfähigkeit der Pollenkörner zu erklären. Vermutlich wurden sie oftmals auch nicht als solche erkannt und daher nicht erfaßt.

Funde von W.-Holz bzw. -Holzkohle liegen aus Fst. fast aller ur- und frühgeschichtl. Zeitabschnitte vor, vom Paläol. bis in die Neuzeit (u. a. 36). Die Häufigkeit der Belege ist vergleichsweise gering. Meistens läßt sich nicht erkennen, ob die Entstehung der Belege im Zusammenhang steht mit der damaligen Verwendung des W.-Holzes. So könnte es sich bei Holzkohlenfunden z. B. um die Überreste verkohlten Räucherholzes handeln. Das Vorhandensein verkohlten W.-Holzes in den Überresten germ. Begräbnisplätze wird von Reling/Brohmer (32) erwähnt. Möglicherweise handelt es sich bei diesen Belegen um Spuren einer rituellen Verwendung bei der Leichenverbrennung. W.-Holz – als Syrisches Holz bezeichnet – wurde auch im alten Ägypten genutzt, z. B. zur Herstellung von Sarkophagen, Stöcken und anderen Gerätschaften. Dabei wird es sich wahrscheinlich um *Juniperus oxycedrus* oder um Zedernholz gehandelt haben (4). Im ant. Griechenland und in Rom wurde das ‚Wacholderholz' wegen seiner Stabilität und sehr guten Haltbarkeit ebenfalls bes. geschätzt. Allerdings kamen in diesen Gebieten außer *Juniperus communis* auch *Juniperus oxycedrus* (Stechwacholder) und *Juniperus excelsa* (Baum-W.) als Holzlieferanten in Betracht. Vermutlich wurden die genannten Arten nicht immer korrekt unterschieden und wegen ihrer vorzüglichen Holzqualität auch die Zeder einbezogen (21).

Aus der röm. Ant. liegen schriftliche Zeugnisse vor, aus denen hervorgeht, daß W.-Präparate als Diureticum und bei Hüftschmerzen eingesetzt wurden (10). Auch bei Dioskurides (1. Jh. n. Chr.) wird über die med. Verwendung von *Juniperus*-Arten berichtet (3). Sie wirken harntreibend, Blähungen verhindernd und hustenlindernd. Um 380 erwähnt Paladius die Verwendung des W.s. In den schriftlichen Qu. des frühen MAs fehlen Mitt. über den Gemeinen W. *Juniperus communis* fehlt ebenso im *Macer floridus* (ca. 1050), dem Kräuterbuch des hohen MAs. Erst bei der hl. Hildegard (ca. 1150) und bei Albertus Magnus (ca. 1260) findet der einheimische W. (*Juniperus communis*) Beachtung. Das ist bezeichnend, da von beiden auch die einheimischen Heilpflanzen berücksichtigt werden. Im Arzneibuch Ortolfs von Baierland aus dem 14. Jh. wird ebenfalls die Verwendung des W.s als Heilpflanze angegeben (11).

Funde von Früchten und Samen des W.s liegen inzw. von mehreren Fst. vor. Die Belege stammen überwiegend aus dem MA, sind aber auch in ält. Zeitabschnitten vertreten. In Anbetracht der vielseitigen Verwendungsmöglichkeiten der W.-Beeren wäre eine größere Anzahl von Fundplätzen mit Makroresten des W.s zu erwarten. Das trifft aber auch bei den Diasporenfunden nicht zu. Die Ursache dürfte darin liegen, daß bei der Verwendung von W.-Beeren nur recht wenige davon Gelegenheit hatten, in den verkohlten – für die Erhaltung günstigen – Zustand zu gelangen. Unverkohlte Reste bleiben nur im feuchten, an Sauerstoff armen Milieu erhalten. Fst. mit derartigen Ablagerungen sind v. a. im Bereich der Städte vorhanden. Dort gibt es Reste von Anlagen, die hinreichend tief in den Boden reichen. Es handelt sich um Einrichtungen der Versorgung (mit Wasser), der Entsorgung (von Abfällen und Fäkalien) und der Verteidigung (Stadtgräben).

Über Vorhandensein und Verwendung des Sadebaums (*Juniperus sabina*) in Mitteleuropa liegen schriftliche Qu. vor, die bis in das frühe MA zurückreichen. Aus dem späten 8. Jh. stammt das Lorscher Arzneibuch (19), in dem der Sadebaum als Bestandteil von Arzneien genannt wird. Aus dem frühen 9. Jh. kommen das → *Capitulare de Villis* (ca. 800), der Klosterplan von → Sankt Gallen (ca. 820) und → Walahfrid Strabos *hortulus* (ca. 840), in denen der Sadebaum ebenfalls erwähnt wird. Im hohen MA folgen die Angaben der hl. Hildegard und danach der *Macer floridus* (15; 25; 27). Abgesehen von einer verkohlten Zweigspitze aus dem Neol. von Horgen am Zürichsee, die Schweingruber (36) erwähnt, scheint diese Art bislang aus dem frühen Mitteleuropa noch nicht nachgewiesen zu sein.

(1) H. Abraham, I. Thinnes, Hexenkraut und Zaubertrank. Unsere Heilpflanzen in Sagen, Aberglauben und Legenden, 1995. (2) D. Benkert u.a. (Hrsg.), Verbreitungsatlas der Farn- und Blütenpflanzen O-Deutschlands, 1996. (3) J. Berendes (Hrsg.), Des Pedanios Dioskurides aus Anazarbos Arzneimittellehre in fünf Büchern, 1902, Reprint 1970. (4) G. Buschan, Vorgeschichtl. Botanik der Cultur- und Nutzpflanzen der alten Welt auf Grund prähist. Funde, 1895. (5) M. Daunderer, Lex. der Pflanzen- und Tiergifte – Diagnostik und Therapie, 1995. (6) G. Dragendorff, Die Heilpflanzen der verschiedenen Völker und Zeiten, 1967. (7) R. Düll, H. Kutzelnigg, Taschenlex. der Pflanzen Deutschlands, ^{6}2005. (8) W. Erhardt u.a., Zander – Handwb. der Pflanzennamen, ^{17}2002. (9) F. Fischer, Heilkräuter und Arzneipflanzen, 1966. (10) D. Flach, Röm. Agrargesch., 1990. (11) J. Follan, Das Arzneibuch Ortolfs von Baierland nach der ältesten Hs. (14. Jh.), 1963. (12) O. Geisfelder, Kräutersegen. Heilende Pflanzen aus Mariens Garten, 1997. (13) G. Haerkötter, Heilkräuter gestern und heute. Was Heilkräuter wirklich leisten können, 1983. (14) H. Haeupler, P. Schönfelder, Atlas der Farn- und Blütenpflanzen der Bundesrepublik Deutschland, 1988. (15) J. Harvey, Mediaeval gardens, 1988. (16) K. Hiller, M. F. Melzig, Lex. der Arzneipflanzen und Drogen, 2003. (17) M. Höfler, Volksmed. Botanik der Germ., 1908. (18) H. Jäger, Der Apothekergarten. Anleitung zur Kultur und Behandlung der in Deutschland zu ziehenden med. sowie zu Essenzen gebrauchten Pflanzen, ^{4}1913. (19) G. Keil (Hrsg.), Das Lorscher Arzneibuch, 1989. (20) H. Küster, Wo der Pfeffer wächst. Ein Lex. zur Kulturgesch. der Gewürze, 1987. (21) H. O. Lenz, Botanik der alten Griechen und Römer, 1859, Reprint 1966. (22) H. Marzell, Volksbotanik – Die Pflanze im Dt. Brauchtum, 1935. (23) Ders., Gesch. und Volkskunde der dt. Heilpflanzen, 1967. (24) Ders., Wb. der dt. Pflanzennamen 2, 1972. (25) J. G. Mayer, K. Goehl (Hrsg.), Kräuterbuch der Klostermed. Der „Macer floridus" – Med. des MAs, Reprint 2003. (26) U. Müller-Kaspar (Hrsg.), Handb. des Aberglaubens, 1996. (27) Ders., S. Uzunoglu, Gesund leben aus dem Klostergarten, 2005. (28) U. Mylius, Pathologische Unters. einer Adelsfamilie des 17 Jh.s Ausgrabung 1978 in der Fürstengruft der Pfarrkirche „Maria Himmelfahrt" in Tiengen am Hochrhein, Diss. Med. Freiburg, 1984. (29) E. Oberdorfer, Pflanzensoz. Exkursionsflora für Deutschland und angrenzende Gebiete, ^{8}2001. (30) W. Pfeifer (Hrsg.), Etym. Wb. des Deutschen, ^{3}1997. (31) C. Rätsch, Lex. der Zauberpflanzen aus ethnol. Sicht, 1988. (32) H. Reling, P. Brohmer, Unsere Pflanzen in Sage, Gesch. und Dichtung, ^{6}1922. (33) L. Roth u.a., Giftpflanzen – Pflanzengifte, ^{4}1994. (34) G. Scherf, Pflanzengeheimnisse aus alter Zeit. Überliefertes Wissen aus Kloster, Burg und Bauerngärten, 2004. (35) H. Schöpf, Zauberkräuter, 1986. (36) F. H. Schweingruber, Mikroskopische Holzanatomie, 1978. (37) H. Steffen, Vegetationskunde von O-Preußen, 1931. (38) T. Stobart, Lex. der Gewürze, ^{3}1968. (39) U. Willerding, Paläo-ethnobo-

tan. Befunde und schriftliche sowie ikonographische Zeugnisse in Zentraleuropa, in: W. van Zeist, W. A. Casparie, Plants and ancient man. Studies in palaeoethnobotany, 1984, 75–98. (40) E. Winkler, Sämmtliche Giftgewächse Deutschlands, ³1854, Reprint 1987.

U. Willerding

Wachs. Sprachlich. Die → Biene und die von ihr erzeugten Produkte, der → Honig und das W., waren bereits bei den Idg. bekannt und hoch geschätzt, so auch bei den Germ. Die Wortformen in den germ. Einzelsprachen, ahd., mhd., as. *wahs,* mnd., mndl. *was,* ae. *wæx, weax,* anord. *vax* weisen auf germ. **u̯okso-* ‚Wachs'. Unter Einbeziehung von außergerm. lit. *vãškas,* akslaw. *voskŭ,* russ. *vosk* (mit *-sk-* für *-ks-*) wäre aber auch eine Wurzel **u̯osko-* möglich. Der früher angenommene Zusammenhang mit der idg. Wurzel ?**u̯eg-* ‚weben, knüpfen' (5, 662), und damit auch mit *Wabe, Wacholder, Wickel, wichsen* (1; 2) wird heute stark in Zweifel gezogen und mehrheitlich abgelehnt. Wenn das Wort ebenfalls nicht zu **u̯eis-* ‚fließen' (5, 672) zu stellen ist, bleibt es isoliert. Auffällig ist seine Beschränkung auf Mittel-, N- und O-Europa; im Got. ist es nicht belegt (vgl. auch 1).

(1) Grimm, DWb. 27, 1922, s. v. W. (2) Kluge-Mitzka, ²¹1975, s. v. W. (3) Kluge-Seebold, ²⁴2002, s. v. W. (4) W. Pfeifer, Etym. Wb. des Deutschen, 1993, s. v. W. (5) H. Rix, Lex. der idg. Verben, ²2001.

P. Ernst

Wachstafel. Sprachlich. Das Wort *Tafel* ‚Brett, Platte, Schreibtafel, langer großer (Speise-) Tisch', ahd. *tavala, tabela,* mhd. *tavel(e)* ‚Tafel, Gemälde, (Speise-) Tisch', wurde im 8. Jh. aus spätlat.-frühroman. *tavola* (von lat. *tabula* ‚(Spiel-) Brett, Gemälde, Schreibtafel, Verz., Urk., Landkarte') entlehnt (1–4). Es handelt sich um eine zweite Entlehnung, da das Wort in vorahd. Zeit schon einmal übernommen worden und als ahd. *zabal,* mhd. *zabel* (v. a. in *schachzabel* ‚Schachbrett') ins Dt. gekommen war. Das Kompositum *Wachstafel* konnte demnach erst mit der Übernahme der Sache von den Römern gebildet werden. Im Ahd. ist W. bezeugt bei Notker als *wahstabla* (Entsprechung von lat. *tabula,* Psalm 24, 10), des weiteren in der Glossentradition. Hier lautet das lat. Bezugswort *pugillar* (oder auch *pugillaris*). Die heimischen Entsprechungen variieren: *hanttafala, tafala, wahstafala, wehsitafala* (Nachweise bei 5, 385). (zur sprachlichen Herleitung vgl. auch → Wachs; zum Realienkundlichen → Schreibmaterialien).

(1) Grimm, DWb. s. v. W. (2) Kluge-Mitzka, ²¹1975, s. v. Tafel. (3) Kluge-Seebold, ²⁴2002, s. v. Tafel. (4) W. Pfeifer, Etym. Wb. des Deutschen, 1993, s. v. Tafel. (5) R. Schützeichel (Hrsg.), Ahd. und as. Glossenwortschatz 12, 2004.

P. Ernst

Wachtberg-Fritzdorf

§ 1: Namenkundlich – § 2: Goldbecher – a. Fundumstände – b. Beschreibung – c. Vergleiche und Datierung

§ 1. Namenkundlich. Der urspr. FlN *Wachtberg* ist auf eine 1969 aus den 16 Siedlungen Adendorf, Arzdorf, Berkum, Fritzdorf, Gimmersdorf, Holzem, Klein-Villip, Kürzighoven, Ließem, Niederbachem, Oberbachem, Pech, Villip, Villiprott, Werthoven (umbenannt aus: Pissenheim) und Zülligghoven neu gebildete Gem., Rhein-Sieg-Kr., übertragen worden. Der Name gilt zunächst für den zentral im Gem.gebiet gelegenen *Wachtberg* (258 m), eine vulkanische Höhe, die zusammen mit dem *Hohenberg* (auch *Hömerich,* 263 m) und dem *Stumpeberg* (238 m) das Landschaftsrelief des sog. Drachenfelser Ländchens bestimmt. Im Gegensatz zu den altertümlichen Namen der zusammengeschlossenen Siedlungen ist der neue Gem.name eine junge, durchsichtige Wortbildung, nämlich ein Kompositum aus dem Bestimmungswort *Wacht-,* das mit

Grundwörtern wie *-berg, -hübel* oder *-stein* allg. im Rheinland in der Bedeutung ‚hochgelegener Platz zum Ausschauhalten' verbreitet ist (2, 328).

Fritzdorf ist zuerst aus Anlaß einer Schenkung an das Kloster →Lorsch im Raum Remagen – Altenahr, zusammen mit dem benachbarten Pissenheim-Werthoven, bezeugt: a. 770, Kopie um 1170 *in pago rigorinse, in Pisinhaimo marcha et in Frigbodesdorphe* (Cod. Laureshamenis I, Nr. 11, S. 288). Die Überschrift des kopialen Eintrags von ca. 1170 lautet: *Donatio Wigberti, in Rigemago, Frigdesdorph, Eccendorph, et Ara.* In den Belegreihen der Lit. kommen immer wieder Verwechslungen mit Friesdorf (Stadtteil von Bonn) vor.

Der Name ist morphologisch eine Komposition aus dem Grundwort *-dorf* mit einem zweigliedrigen PN ahd. *Frig-bod* (Erstglied zum Namenstamm germ. **Frija-*) als Bestimmungswort. Die beiden zu diesem PN bei Förstemann (4) angeführten Beispiele sind allerdings aus den Siedlungsnamen des *Cod. Laureshamensis* gewonnen, was zur Vermeidung von Zirkelschlüssen zu beachten ist. Die Verkürzung des Bestimmungswortes, die schon zur Abfassungszeit der Lorscher Überlieferung in der Überschrift erkennbar wird (vgl. oben), hat zum Anschluß an den sehr viel häufigeren, lautähnlichen Namenstamm germ. **Friþ-u-* und den daraus hergeleiteten Kurzformen geführt: a. 1143 Original *Godefridus de Fridesdorph* (Schenker in einer Urk., mit der Ebf. Arnold I. von Köln den Besitz des Klosters Rolandswerth bestätigt; 5, II, Nr. 413).

Die Gesamtheit der rhein. *-dorf*-Namen und ihre räumliche Verteilung im Vergleich zum Typus mit Grundwort *-heim* (→Orts- und Hofnamen § 7b.3) hat Dittmaier (3) gesichtet.

(1) Cod. Laureshamensis, bearb. und neu hrsg. von K. Glöckner 1–3, 1929–1936, Neudr. 1975. (2) H. Dittmaier, Rhein. FlN, 1963. (3) Ders., Die linksrhein. ON auf -dorf und -heim. Sprachliche und sachliche Auswertung ihrer Bestimmungswörter, 1979. (4) Förstem., ON, Sp. 524. (5) Die Regesten der Erzbischöfe von Köln im MA, Bd. 2. 1100 – 1205, bearb. von R. Knipping, 1901.

E. Neuß

§ 2. Goldbecher. a. Fundumstände. Der Goldbecher wurde am 11. 11. 1954 durch den Landwirt Heinrich Sonntag beim Ausheben einer Rübenmiete in W. entdeckt. Nach einiger Zeit kam er an das Rhein. Landesmus. Bonn (Inv.-Nr. 55.9) (Taf. 1). An der Fst. führten Rafael von →Uslar und Peter Tholen vom Rhein. Landesmus. vom 29. 3. bis 7. 4. 1955 Nachgrabungen durch. Dabei fanden sich keine Befunde, die im Zusammenhang mit der Deponierung des Goldbechers standen (6). Lediglich einige wenige Scherben des Gefäßes, in dem der Becher aufbewahrt worden war, konnten noch geborgen werden (Inv.-Nr. 55.782–55.783). Aus diesen Scherben kann ein offenes, becherartiges Gefäß rekonstruiert werden, mit geradem, leicht auskragendem Rand und leichtem Einzug unterhalb der Mündung. Auf dem Mündungsrand finden sich Fingerkuppeneindrücke. Der Scherben ist grob mit Keramikgrus und Quarziten gemagert, die Außenseite nur grob geglättet und von hellbraun-brauner Farbe. Das Keramikgefäß kann in die frühe bis mittlere BZ datiert werden.

b. Beschreibung. Der Goldbecher ist 12,1 cm hoch, die Mündung mißt 11,6 cm im Dm., die größte Br. beträgt 12,2 cm. Bei einer Wandungsstärke von 0,03–0,06 cm wiegt der Becher nur 221 g. Er hat ein Fassungsvermögen von rund einem Liter. Die Herstellung erfolgte in Treib- und Punztechnik (→Punze). Das halbkugelige Unterteil hat einen Omphalosboden, der Standring einen Dm. von nur 1,4 cm. Das einziehende Oberteil ist durch eine deutliche Schulter vom Unterteil abgesetzt. Der schmale Schrägrand ist durch zwei Reihen von Buckelchen verziert, die von außen mit einer punktförmigen Punze in das Blech gedrückt worden sind. Die obere Reihe hat 105, die untere Reihe 95–96 Buckelchen. Am Ansatz des Griffes ist die Reihe der Buckelchen unterbrochen: Offenbar hatte man zunächst den Henkel angebracht und erst danach die Verzierung gepunzt (4; 5).

Der Henkel ist bandförmig geschweift, an den Ansätzen 3,6–3,7 cm und in der Mitte noch 2 cm breit. Parallel zu den Rändern verlaufen je drei tiefe Rillen. Vier Niete stellen die Verbindung zum Gefäßkörper her. Diese wurden durch das umgebogene Henkelblech sowie das Gefäß getrieben. Zw. den Nietköpfen und dem Gefäßkörper sitzen Unterlegscheiben von 0,7 × 0,9 cm Größe. Die flach umgeschlagenen Nietköpfe haben einen Dm. von 0,25–0,4 cm.

Bei Metallanalysen in den 1960er J. stellte man für den Becher aus W. rund 88 Gewichtsprozente Gold und 12 Gewichtsprozente Silber fest. Zudem fanden sich geringe Beimengungen von Kupfer und Blei. Auffällig war der sehr kleine Zinnanteil. Damit gehört das Gefäß in die Materialgruppe B nach Hartmann. Werkstücke aus diesem Material finden sich rund um die Ägäis, aber auch in Bulg., Rumänien, Ungarn bis in den österr. Raum. Nur ganz wenige Funde in NW-Europa gehören in diese Materialgruppe B, wie der Becher aus W. sowie Funde aus Danewerk, Kr. Schleswig und Böhl, Kr. Ludwigshafen. Diese Goldsorte wird als Berggold bezeichnet, die nur bergmännisch gewonnen werden kann (→ Gold § 2). In der 1. Hälfte des 2. Jt.s v. Chr. sind Bergwerke bislang nur im ö. Mittelmeerraum bekannt (1; 2).

c. Vergleiche und Datierung. Der Becher von W. gehört zu einer Gruppe von drei ähnlichen Goldbechern, zu denen der Fund aus Rillaton an der SW-Spitze von England und der aus Eschenz in der Schweiz gerechnet werden (4; 5) (zu beiden: → Goldgefäße § 4b mit Abb. 48). Mit dem glockenförmigen Becher mit kräftigen Treibwülsten aus Rillaton ist die Griffgestaltung und -befestigung vergleichbar, z. B. die parallel zu den Griffkanten verlaufenden Rillen. Das Griffblech ist an den Enden umgeschlagen und am Gefäßkörper mit drei Nieten befestigt, ebenfalls gesichert durch Unterlegscheiben. Das Gefäß wurde 1837 in einem Fürstengrab der Wessex-Kultur gefunden und datiert um 1500 v. Chr.

Der ebenfalls glockenförmige Becher von Eschenz, Kant. Thurgau, ein Einzelfund von 1916, besitzt eine vergleichbare Form, aber das Oberteil ist mit umlaufenden, getriebenen Rippen verziert. Die Unterseite weist Buckelreihen, einen kräftigen Treibwulst sowie eine Zone aus verschiedenen Rippen auf. Das Gefäß hat keinen Henkel.

Entfernt vergleichbar ist zudem die Schale aus Gölenkamp, Gft. Bentheim (→ Goldgefäße § 4b). Diese fand sich 1840 beim Sandgraben und war als Deckel über ein Tongefäß gestülpt. Die Wandung des steilwandigen Bechers ist durch vier umlaufende Treiblinien, drei Buckelreihen und drei glatte Treibwülste kräftig profiliert (4; 5).

Durch die Form- und Technikvergleiche kann der Becher von W. in das 16. Jh. v. Chr. datiert werden.

Für alle diese Goldgefäße ist eine Herstellung im ostmediterranen Raum sicher anzunehmen (3). Dies belegen nicht nur die Ergebnisse der Metallunters., sondern auch Vergleiche hinsichtlich Form und Verzierung. Durch das gerundete Unterteil, das konkav eingeschwungene Oberteil, den schmalen ausbiegenden Rand, die Verzierung mit Punktbuckeln, die Befestigung der Henkel mit Unterlegscheiben und die Form der Henkel weist der Becher aus W. Verbindungen zu Metallgefäßen aus dem mykenischen Bereich und der O-Ägäis auf, wie z. B. Edelmetallgefäßen mit hochstehenden Henkeln aus den Schachtgräbern von Mykenai u. a. Die Wechselbeziehungen zw. dem ägäischen Raum und Mitteleuropa sind über zahlreiche Funde belegt (→ Handel S. 526). Hierzu gehören Edelmetallgefäße des Depotfundhorizontes Hajdusámsón (→ Ungarn § 2b), charakterisiert durch konzentrische Standringe und hoch stehende Henkel. Somit gehen die ältesten Edelmetallgefäße Europas auf mediterrane Vorbilder zurück, wobei die Kulturen im kretisch-mykenischen Raum, in Anatolien und im Orient dazu in unterschiedlicher Gewichtung ihren Beitrag geleistet haben. Bes. intensiv sind offenbar die Verbindungen zw. der Wessex-Kultur und den kretisch-mykenischen Kulturen gewesen, belegt durch Funde von Bernsteinschieber im Mittelmeerraum sowie Fayenceperlen in England und Irland.

Die Verbindungswege sind durch zahlreiche Funde gekennzeichnet und liefen über den Balkan, über Italien sowie über Wasserwege. Als Handelsgüter sind → Zinn aus Cornwall, Bernstein (→ Bernstein und Bernsteinhandel) aus der Nord- und Ostsee sowie Gold, Kupfer und Zinn vom Balkan anzusehen (→ Handel § 10).

Grundsätzlich ist die Form im nordwesteurop. Raum bekannt, wie die sog. Aunjetitzer Tasse (→ Aunjetitzer Kultur), bikonische Tassen der Wessex-Kultur sowie schnurkeramische Becher (→ Neolithikum § 2.5) belegen. Diese datieren in die ausgehende Jungsteinzeit und in die frühe BZ, also um die Wende vom 3. zum 2. Jt. v. Chr. Jedoch gibt es in diesem Raum bislang keine Hinweise auf Werkstätten, die Goldbecher wie solche von Rillaton, Eschenz und W. herstellen konnten. Eindeutig fremdartig sind konzentrische Standringe, der Omphalosboden sowie die waagerechte Wülstung. Somit können die keramischen Gefäße nicht als Vorbilder für den Goldbecher angesehen werden.

Es ist anzunehmen, daß der Becher gezielt niedergelegt wurde. Darauf deutet insbesondere die Aufbewahrung in einem einheimischen, bronzezeitlichen Tongefäß hin, darüber hinaus die Lage nahe einem Verkehrsweg. Der FO des Goldbechers liegt auf einem Höhenrücken, der sich zw. dem Ahrtal im S und der rhein. Lößbörde im NW erstreckt. Der in der Nähe des FOs liegende Weg führte aus dem Rheintal über das Tal der Ahr Richtung Swist, um von hier die Rhein. Lößbörde zu erreichen. Dieser Weg zog sich w. um den Höhenzug herum, auf dem der Becher von W. gefunden wurde. Diese abseits gelegene, waldbestandene Höhe bot eine markante Geländemarke.

Der Höhenrücken selbst dürfte in der ält. BZ (2. Jt. v. Chr.) bewaldet gewesen sein. Allerdings gibt es keine Hinweise mehr auf den urspr. Zustand, da im Laufe der Zeit der alte Boden durch die landwirtschaftl. Nutzung weitgehend abgetragen wurde. So war der Becher urspr. in einer sehr viel größeren Tiefe eingegraben worden, als er nach rund 3500 J. gefunden wurde. Darüber hinaus gibt es keine Indizien für eine vorgeschichtl. Besiedlung des Höhenrückens und der näheren Umgebung von W. Man hatte also für die Deponierung bewußt eine abseits gelegene Stelle gewählt, um den Becher geschützt zu lagern. Die Gründe der Niederlegung sind nicht bekannt.

(1) A. Hartmann, Prähist. Goldfunde aus Europa. Spektralanalytische Unters. und deren Auswertung, Stud. zu den Anfängen der Metallurgie 3, 1970, 100–101, Nr. Au 1262, Taf. 26. (2) Ders., Prähist. Goldfunde aus Europa II. Spektralanalytische Unters. und deren Auswertung, ebd. 5, 1982, 31 f. (3) H. Matthäus, Die Bronzegefäße der kretisch-mykenischen Kultur, 1980, 344–346. (4) W. Menghin, P. Schauer, Magisches Gold. Kultgerät der späten BZ, 1977, 61. (5) T. Springer, Gold und Kult der BZ, in: Gold und Kult der BZ, 2003, 10–12, 278. (6) R. von Uslar, Der Goldbecher von Fritzdorf bei Bonn, Germania 33, 1955, 319–323.

C. Weber

Waffen → Bewaffnung

Waffengattungen → Bewaffnung

Waffennamen

§ 1: Runologisch und literarisch – § 2: England

§ 1. Runologisch und literarisch. W. sind vereinzelt epigraphisch und häufig liter. bezeugt, beziehen sich aber v. a. auf Schwerter (→ Schwertinschriften; → Schwert § 7d) wie *Mærr* (der Berühmte) auf den Schwertzwingen von → Thorsberg und → Vimose oder Sigurds/→ Sigfrids Schwert *Gramr/Balmung* (nord. und dt. Nibelungendichtung; → Nibelungenlied; → Nibelungensagen), → Dietrichs von Bern *Miming* (nord. *Mimungr*) aus der → Dietrichdichtung oder → Rolands *Dur(e)ndart* (frz. und dt. Karlsepik). Eine frühe (Ende 2./Anfang 3. Jh.) Gruppe von „magisch-poetischen (Speer-)Bezeichnungen" (8, 586) bzw. W. (11; 7, 31) ist auf Lanzenspitzen runenschriftlich überliefert und faßt die Funktion dieser Angriffswaffen ins Wort: **tilarids** ‚Zielreiter' (→ Kowel), **ranja** ‚Anrenner' (→ Dahmsdorf), **raunijaʀ** ‚Erprober' (→ Øvre Stabu), nicht jedoch **wagnijo** (auf drei Lanzenspitzen belegt) zum Vb. ‚bewegen' (→ Illerup Ådal, S. 353, → Vimose), vgl. ferner → Mos (9, Nr. 31–35; 2, 141–149; 7, 28–39. 44–50; vgl. auch → Schwertinschriften § 1). Die jeweiligen Benennungen beziehen sich semant. auf das Ziel der Angriffswaffen, nämlich die feindlichen Schutzwaffen und damit die Gegner selbst, die der ‚Zielreiter', der ‚Anrenner' oder ‚Erprober' treffen soll. Es ist kaum anzunehmen, daß diese Wurfwaffen bei Kämpfen benutzt wurden. Da sie vielfach mit silbertauschierten Ornamenten und Symbolen versehen sind, dürfte es sich um Leit-, Prestige- und/oder Repräsentationswaffen gehandelt haben, die am ehesten wohl beim Ritual der Kampferöffnung mit einem Speerwurf über das feindliche Heer (2, 147. 166 f.) geschleudert wurden. Weitere Runeninschr. auf Waffen ebenso wie lat. Inschr. geben den Hersteller *(me fecit)* oder Besitzer *(me possidet)* an (→ Ulfberht-Schwerter). Das gilt auch für einen einzelnen Namen wie **dorih** (Lanzenblatt von → Wurmlingen), der als zweigliedriger PN, nicht aber als Waffenname erklärt wird (2, 157 f.; 12, Nr. 36; 7, 129–131). Weder in den ma. epigraphischen noch den literar. Qu. spielt die Namenbeschriftung einer Waffe eine Rolle (3, 143; 2, 161 ff.; passim).

Wenn auch keine ununterbrochene Tradition der Namentypen von der jüng. RKZ bis in die WZ besteht (12, 235), so bleibt doch bemerkenswert, daß die wesentlichen sprachlichen Mittel zur Namengebung der Waffen in der ma. Überlieferung, wie *Mæringr*, bereits in den frühen Runendenkmälern (→ Runen und Runendenkmäler) begegnen (2, 149).

In den Liedern der *Edda* (→ Edda, Ältere) erscheinen selten Götterwaffen, wie Odins Speer *Gungnir* (der Schwankende), der überdies an der Spitze mit Runen beritzt ist (Sigrdrífomál 17); sein Schwert heißt *Brimir* (Sigrdrífomál 14). Ferner begegnet der runenbeschriebene Schild *Svǫlr* (Grímnismál 38). Mehrfach jedoch sind Heldenwaffen genannt: Sigurd besitzt *Gramr* (zum Adj. *gramr* ‚zornig, feindlich'), findet in Fafnirs Höhle *Hrotti*, Regin schneidet mit *Riðill* Fafnirs Herz heraus; Angantyrs Schwert heißt *Tyrfingr*. Auch hist. Personen besitzen und schenken Schwerter, so gibt → Olaf der Heilige das Schwert *Mæringr* an Björn Hitdœlakappi (4, 56) oder Kg. → Aethelstan schenkt Kg. Hakon dem Guten (→ Hákon góði Aðalsteinsfóstri) *Kvernbítr* (Mühlsteinbeißer) usw. (4, 25. 53).

Olaf selbst erhält schon bei der Geburt das Schwert *Hneitir* (Stoßer), das aus einem Grabhügel genommen sein soll und urspr. einem früheren Kg. Olaf mit Beinamen *Geirstaðarálfr* gehörte. Beim Empfang der Todeswunde in der Schlacht bei → Stiklastaðir läßt er es fallen, ein mitstreitender Schwede nimmt es auf, kämpft damit, behält es heimgekehrt in seinem Besitz und vererbt es seinem Sohn, der es wiederum weitergibt, wobei jedesmal der Name des

Schwertes und seine Gesch. tradiert werden (3, 174 f.).

Einige Schwerter stammen aus einem Hügelaufbruch *(haugbrot)*, z. B. *Skofnungr*, das Skeggi aus dem Grabhügel des → Hrólfr kraki holt (4, 60; 3, 166. 172 f.). Dieses Schwert verleiht Skeggi an Kormak, der es entgegen der Instruktion einsetzt und dadurch beschädigt. Nach mehreren Besitzerwechseln verliert sich seine Spur.

Auf der anderen Seite gibt es Schwerter, die nur bestimmte Personen führen können, z. B. Arthur *Excalibur* oder Siegmund *Gramr*, aus dessen Frg. das gleichnamige Schwert Sigurds geschmiedet wird.

Der Besitzwechsel über mehrere Generationen (oft in derselben Familie) wird im Namen des Schwertes *Ættartangi* (Schwert von Generationen) angezeigt (3, 171 f.). Die Namenkonstanz eines Schwertes bleibt erhalten, auch wenn es – wie gelegentlich berichtet – nach einem Bruch in eine andere Waffe umgeschmiedet wurde, wie das Schwert *Grásíða* („Grauseite' nach der Eisenfarbe der Klinge) in den gleichnamigen Speer Gislis (4, 50. 68; 3, 127).

In der prosaischen und poet. Lit. zählt Falk (4, 47–64) 176 Schwertnamen, deren Benennung verschiedene Motive zugrundeliegen: besondere Merkmale wie z. B. Griff aus Gold oder Horn, der Glanz der Waffe und der besondere Klang der Klinge; bemerkenswerte Umstände oder Ereignisse und damit auch spezifische Funktionen der Waffe wie *Brynjubítr* (Brünnenbeißer) und andere Bildungen auf *-bítr*. Einige Schwerter tragen den Beinamen eines vormaligen Besitzers oder zeigen germ. Stammes- und Geschlechtsnamen, z. B. *Langbarðr*, auch können Gattungsnamen von Tieren zu Schwertnamen werden, wie Wolf oder Schlange (4, 64 f.).

Weiter kommen vor: Namen von Äxten (→ Axt § 1; 4, 115 f.), Schilden (4, 139 u. ö.) und Pfeilen (4, 99 f.); wertvolle Bogen werden nicht erwähnt und entspr. sind für sie keine Namen in den Sagas verzeichnet.

Eine besondere Kategorie bilden die Eberhelme (→ Eber § 7), deren Namen v. a. aus Gliedern bestehen, die ‚Eber' und ‚Helm' bezeichnen (4, 160; 1, 6 ff.). Der „Helm, den König Aðils dem toten Ali abgenommen hat, [wird] abwechselnd *Hildisvín* (Kampfschwein) und *Hildigoltr* genannt" (4, 158; 1, 6 f.).

Wie in der nord. und ags. liter. Überlieferung überwiegen auch bei den W. in der mhd. Heldendichtung die Namen von Schwertern wie *Balmung* (Sigfrid), *Eckesahs* (→ Dietrich von Bern), *Mimming* (Witege, vgl. nord. *Mímungr*), *Nagelring* (Heime), *Mâl* (Wolfhart) u. a. (5, s. v.; 13, IV ff.).

Was die Schwertnamen betrifft, so handelt es sich dabei sowohl um alte germ. Traditionen als auch um Entlehnungen aus frz. Qu., gelegentlich liegen Neubildungen vor. Die Namen charakterisieren ihre Träger und beziehen sich auf Zugehörigkeit und Herkunft (im Frz. bilden eher Zweckbestimmung und Wirkung der Waffe das Motiv der Namengebung). Auch spielen die materielle Beschaffenheit und herausragende Merkmale eine Rolle für die Benennung (13, 60 f.).

Zu den verlorenen Zeugnissen der „Heldensage vor und außerhalb der Dichtung" rechnet Kuhn neben ganzen Sagen auch einzelne Motive, von denen einige bewahrt wurden und in den → Abenteuersagen wieder greifbar werden: „vor allem ein Dutzend Waffennamen, die entweder aus sprachlichen oder kulturgeschichtlichen Gründen oder wegen ihres Vorkommens sowohl in England wie im Norden sehr alt sein müssen, zum Teil sicher aus der Völkerwanderungszeit. Es sind ... die Schwerter *Mimming*, *Mâl (Mâle)* und wohl auch *Eckesahs (daz alte sahs)*, der Helm *Hildegrîm*, in England und im Norden die Schwerter *Hrunting – Hrotti* und *Gyldenhilt – Gullinhialti* ..., in England ferner das Schwert *Nægling*, im Norden das Schwert *Dáinsleif*, die Brünne *Finnsleif* und der Helm *Hildisvín*" (10, 185).

In der einschlägigen Lit. wird nicht durchgehend und konsequent zw. Waffenbezeichnungen und W. geschieden. Im strengen Sinn sind nur die Eigennamen *(nomina propria)* unter die W. zu rechnen, die jeder einzelnen Waffe eine individuelle Wesenheit zusprechen. Dem liegt sprachlich die archaische und wohl magiebestimmte Vorstellung von Waffen als „Wesenheiten mit eigenen Kräften, denen man Namen gab und auf die man Zauber ausüben konnte, daß sie ihrem Besitzer helfen und dem Feind [und zuerst seinen Verteidigungswaffen] schaden sollten" (8, 588; vgl. 11, 219; 6, 124; 13, 61 f.), zugrunde. Die Namengebung der Waffe gibt ihr ein individuelles Gepräge und verleiht ihr innerhalb des Waffenensembles (der Lebenden wie der Toten) eine herausgehobene Stellung (2, 146 f.).

(1) H. Beck, Das Ebersignum im Germ., 1964. (2) K. Düwel, Runeninschr. auf Waffen, in: R. Schmidt-Wiegand (Hrsg.), Wörter und Sachen im Lichte der Bezeichnungsforsch., 1981, 128–167. (3) H. R. Ellis Davidson, The Sword in Anglo-Saxon England, 1962. (4) H. Falk, Anord. Waffenkunde, 1914. (5) G. T. Gillespie, A Catalogue of Persons named in German Heroic Lit. (700–1600). Including named Animals and Objects and Ethnic Names, 1973. (6) Ders., Die Namengebung in der dt. Heldendichtung, in: F. Debus, P. Pütz (Hrsg.), Namen in literar. Texten des MAs, 1987, 115–145. (7) F. E. Grünzweig, Runeninschr. auf Waffen. Waffen und ihre Bezeichnungen im frühen MA, 2004. (8) W. Krause, framea, in: Germ. und Idg. (Festschr. H. Hirt) 2, 1936, 585–589. (9) Krause, RäF. (10) H. Kuhn, Heldensage vor und außerhalb der Dichtung (1952), in: K. Hauck (Hrsg.), Zur germ.-dt. Heldensage, 1961, 173–194. (11) C. J. S. Marstrander, Germ. W., NTfSpr. 3, 1929, 218–235. (12) R. Nedoma, PN in südgerm. Runeninschr., 2004. (13) M. Riedesel, Schwerter und Schwertnamen in der dt.sprachigen Lit. des MAs, Mag.-Arbeit Göttingen 1993.

K. Düwel

§ 2. England. The names of weapons as opposed to kenningar (→ Kenning) applied to weapons, such as the sword-kenningar *beado-lēoma* masc. (Beow. 1523a), *hilde-lēoma* masc. 'battle-light' (i. e. [flashing] sword) (Beow. 1143b; see 1, 302b. 356b) and *hilde-frōfre* fem. 'consolation in battle' (Waldere II,12b; see 11, 37b [for sword-kenningar, see also the discussion of Marquardt (6, 222–225)]), or to the names of owners or smiths inscribed on weapons, such as runic **beagnoþ** (OE *Bēagnōð*) on the 10th-century Thames scramasax (8, 80. 113. 165) or the forms S[I]GEBEREHT (OE *Sigebe(o)rht* [owner]) and BIORHTELM (OE [Kentish] *Biarht-, Biorhthelm* [smith]) inscribed on the late-9th/early-10th-century Sittingbourne knife (7, 113 f. [no. 109]) are relatively rare in OE sources. They are also generally old and belong to the context of Germanic saga. In → Beowulf, the only true weapon-names are the sword-names *Hruntinȝ* (Beow. 1457b. 1490b. 1657b. 1807b) and *Næȝlinȝ* (Beow. 2680b) (→ Schwertinschriften § 1). The first is generally linked with the Old Norse sword-name *Hrotti* (< *hruntan-*), which has been variously linked to Old Norse *hrinda*, OE *hrindan* 'to push, shove' and to Icelandic *hrotti* masc. 'tall person' (2, 75), while the second belongs to OE *nægl* masc. 'nail' and also occurs (as *Nagalunc*) in → Þiðreks saga af Bern. A third sword-name in OE heroic poetry is *Mimminȝ* in Waldere I,3b (11, 15) (→ Walther und Hildegund). This corresponds to Old Norse *Mim(m)ungr* and Old High German *Mimunc,* and Jan de → Vries linked the Scandinavian form to the name of the smith Mimir (9, 387b). This is a difficult question, but we know of the sword *Mimungr* (or *Minnungr*) as a weapon forged by Velent (Weland) in Þiðreks saga (→ Mímir § 1). Again, though the passage in question is somewhat ambiguous, it would seem that the phrase *Weland[es] worc* in Waldere I,2 refers to the sword *Mimminȝ* (see 11, 23). In *Waldere,* it would appear that Þeodric (Dietrich von Bern) intended to present *Mimminȝ* to Weland's son Widia (the Witege of Middle High German lit.) (see 10, 32 f.). The use of the *-ing*-suffix in Germanic sword-names is of high antiquity and is not infrequent (see 5, 54 f. [§ 100c]). A possible sword-name in a non-literary source is inscribed in runes on a 6th-century sword-pommel from the Anglo-Saxon cemetery at Sarre on → Thanet. Unfortunately the reading of the inscription is difficult, but Page has suggested that we may be concerned with a personal name (OE *Ord* or OE *Ordġēat*) or with the substantive OE *ord* masc. 'point' used as a sword-name (3, 6 f.). However, the name element *Ord-* is characteristic of the late OE period, *Ordġēat* indeed being attested only after the Norman Conquest (see 4, 86). A sword-name *Ord*, perhaps with the transferred sense 'the thruster', would be a semantic and typological parallel to the early runic spearhead-names **tilarids** 'Zielreiter' (→ Kowel) and **ranja** 'Anrenner' (→ Dahmsdorf) (see also § 1; → Schwertinschriften).

(1) Beowulf and the Fight at Finnsburg, ed. F. Klaeber, ³1950. (2) E. Björkman, Stud. über die Eigennamen im Beowulf, 1920. (3) S. Chadwick Hawkes, R. I. Page, Swords and Runes in South-East England, The Antiquaries Journ. 47, 1967, 1–26. (4) O. von Feilitzen, Some Unrecorded Old and Middle English Personal Names, NoB 33, 1945, 69–98. (5) F. Kluge, Nominale Stammbildungslehre der agerm. Dialekte, ³1926. (6) H. Marquardt, Die ae. Kenningar. Ein Beitr. zur Stilkunde agerm. Dichtung, 1938. (7) E. Okasha, Hand-List of Anglo-Saxon Non-Runic Inscriptions, 1971. (8) R. I. Page, An Introduction to English Runes, ²1999. (9) de Vries, An. Etym. Wb. (10) Waldere, ed. F. Norman, ²1949. (11) Waldere, ed. A. Zettersten, 1979.

J. Insley

Waffenopfer

§ 1: Allgemein – § 2: W. in der antiken Mittelmeerwelt – § 3: Antike Berichte – § 4: Art und Charakter der W. – § 5: Phasen der W. – a. Neol. – b. BZ – c. Vorröm. EZ – d. Die ersten Heeresbeuteopfer im s. Skand. – e. Ält. RKZ – f. Jüng. RKZ und VWZ – g. Späte VWZ und MZ – h. KaZ und WZ – § 5: Flußfunde

§ 1. Allgemein. Waffen, ob als Grabbeigaben (zum erneuten Aufkommen der Waffenbeigabensitte in der vorröm. EZ vgl. u. a. 98), in Depots (→ Depotfund) oder als Opferniederlegungen in Flüssen (→ Flußfunde), Seen oder Mooren sowie an markanten Geländepunkten sind im arch. Qu.-bestand Mittel- und N-Europas zwar nicht kontinuierlich aus allen Per. der Ur- und Frühgesch. überliefert, aber doch regelhaft und dann jeweils zahlreich in bestimmten Epochen belegt (→ Bewaffnung). Diese Überlieferung anhand bestimmter Bräuche – so auch die W. – spiegeln Gesellschaften, deren Männer während wesentlicher Zeitabschnitte ihres Lebens an Kämpfen und Kriegen beteiligt waren. Für jüng. Epochen wie die MZ und KaZ ist denn auch ausführlich überliefert, daß jährlich Krieg geführt wurde; W., Waffenweihungen und Krieg bilden eine Einheit (allg. → Kriegswesen, auch → Kampf und Kampfweise).

Für den Sieg in Kampf und Krieg war – allg. formuliert – die Hilfe der Götter notwendig; daher weihte man – die eigenen oder die vom Gegner erbeuteten – Waffen einer Gottheit: die Haupterklärung für die unterschiedlich gestalteten W. während der ur- und frühgeschichtl. Epochen. Das eroberte Beutegut gehörte also nicht den siegenden Kriegern, sondern den siegenden und helfenden Göttern, die ihre Kriegsbeute entgegennahmen (77, 40 nach M. Ørsnes → Ejsbøl). Dargestellt sind derartige göttliche Sieghelfer auf Bildblechen der VWZ/MZ wie der Goldscheibe von Pliezhausen (→ Pliezhausen Abb. 39) oder auf den Zierfeldern der skand. → Helme, z. B. von Valsgärde 8 (→ Bilddenkmäler Abb. 116).

Es gibt verschiedene Facetten der W., die umfangreichen Kriegsbeuteopfer einerseits und Einzeldeponierungen von Schwertern oder Lanzen andererseits, Kollektiv-, Stammes- oder Kriegergefolgschaftsopfer und Individualopfer.

W. bestehen entweder aus erbeuteten Waffen, die nach dem siegreichen Kampf geopfert wurden, oder aus eigenen Waffen oder Waffenteilen, die auch vor oder unabhängig von einem speziellen Kampf aufgrund eines Gelübdes geopfert worden sein können. Die Niederlegung von wertvollen Teilen der Ausrüstung in Mooren, Seen oder an markanten Plätzen, so z. B. während der VWZ die silbervergoldeten Schwertscheidenbeschläge von → Nydam (II), die silbernen und verzierten Schnallen und Beschläge aus dem Fund von → Sjörup (→ Sösdala und Sösdala-Stil) oder die goldenen Scheidenmundbleche sowie die vom Schwert abgenommenen goldenen Ringpaare von Gudme (→ Gudme Taf. 9; → Ringschwerter) sind derartige W. von einzelnen oder kleineren → Gefolgschaften von Elitekriegern (32, 208). Darin spiegelt sich die soziale Schichtung der Kriegerges., nicht nur in der unterschiedlichen Qualität der Waffen. Die normiert wirkenden Lanzenspitzen, Speere und Schilde oder die röm., gleichartig verzierten Schwerter samt Aufhängung aus den Heeresbeuteopfern der späten RKZ und VWZ von → Vimose und → Illerup Ådal wirken wie die Ausstattung für eine Gefolgschaft durch den Gefolgschaftsherrn, wie die planvoll beschaffte Ausrüstung für ein bevorstehendes kriegerisches Unternehmen, das im Falle dieser Opfer dann mit einer Niederlage endete (17, 50 f.).

In manchen Epochen wurden Gefäße mit Speiseinhalt, Tiere oder Fleisch, auf dieselbe Weise wie die W. in Seen oder Mooren niedergelegt, was als Opfer im Rahmen eines Fruchtbarkeitskultes interpretiert wird. Einige der südskand. Mooropferplätze dienten zu verschiedenen Zeiten wechselnd oder auch gleichzeitig als Opferplätze mit kriegerischem oder bäuerlichem Charakter (allg. → Opfer und Opferfunde), wobei auch Menschenopfer registriert werden (8; 51; 77; 78), schematisch wird von Frühjahrsbitt- und Herbstdankopfern gesprochen. In → Skedemosse wurden zur selben Zeit friedliche Bauernopfer und Waffen- sowie Goldopfer niedergelegt. Manche der Massendepots der BZ oder die zahlreichen Goldhorte der VWZ mögen einen relig. Bereich zw. W. und Fruchtbarkeitsopfer als Symbol für den Reichtum einer Gruppe oder von Individuen markieren. Die männliche Sphäre scheint bei allen Opfern dieser Art zumeist die weibliche bei weitem zu überwiegen.

Die Deponierungen der Opfer vorrangig in Gewässern, Mooren und Seen sowie in Flüssen (→ Flußfunde) waren gezielt und sind nicht etwa nur durch den Zufall dieser besseren arch. Überlieferungsbedingung als Regelerscheinung zu beschreiben. Gewässer wurden anscheinend als Tore zur anderen Welt gewählt (57, 18 ff.), nicht nur weil die dort geopferten Gegenstände dem weiteren Zugriff entzogen sind. Diese irreversible Niederlegung in Gewässern korrespondiert bei den W.n mit der regelhaften Zerstörung der Waffen, dem Verbiegen und Zerbrechen der Schwerter und Lanzen, dem Zerhacken der Schildbuckel, wenn nicht gar vor der Deponierung alle Waffen auf einem Scheiterhaufen verbrannt worden waren, wodurch die Holzteile verschwunden sind. Die Zerstörung der Opfergabe, formal wie die Tötung eines Tieres oder das Zerschlagen von Gefäßen und die Zerstörung oder das Verbrennen von Waffen, bezeugt, daß die Opfergabe einerseits nicht zurückgenommen werden konnte und sollte, andererseits auch nicht gestohlen werden konnte; und die Zerstörung von aufwendig hergestellten Waffen verpflichtet zur göttlichen Gegenleistung. Doch auch vollständige Waffen als Opfergabe hatten ihren vergleichbaren Wert (33, 38).

Das Opfern der Waffen war Kommunikation zw. dem Jenseits und der diesseitigen Welt der Krieger, ein allg. sichtbares Zeichen, das die komplexen Beziehungen zw. den Kriegern, dem Opfer und den gesellschaftlichen Bedingungen verknüpfte (33, 20). Opfern bedeutete das Herstellen oder Aufrechterhalten einer Beziehung zw. Göttern und Menschen (33, 22). Krieg und Ges., Stamm und Staat bildeten in frühgeschichtl. Gemeinschaften einen funktionalen Zusammenhang (91; 100). Dem Kriegsgott kam eine dominierende Rolle unter den Göttern zu, Kampf war eine hl. Handlung mit rituellem Charakter, Krieg Bestandteil der natürlichen Ordnung, bei kelt. und germ. Völkerschaften ebenso wie bei Griechen und Römern, wie ant. Historiographen überliefert haben (91, 91).

W. bestehen aus kompletten Ausrüstungen (einschließlich des Pferdezaumzeugs bei Reiterkriegern), aus einzelnen Waffen (nur dem Schwert oder am häufigsten einer Lanzenspitze), oder nur aus Waffenteilen als pars pro toto, wie Schwertscheidenbeschlägen oder Teilen des Pferdezaumzeugs (40, 74 f.). Bei den Goldopfern, die außer aus Ringgold u. a. auch aus goldenen Schwertmundblechen bestanden, ist nicht zu entscheiden, ob diese Waffenteile nun der Waffe oder des Goldes wegen geopfert wurden.

Die Zusammensetzung der Bewaffnung in kompletten W.n ergibt sich aus der zur jeweiligen Zeit üblichen Kampfesweise und Kriegführung, auch wenn die Waffe außerdem als Rangzeichen und Statussymbol betrachtet wurde (→ Helm; → Ringschwerter; → Rüstung; → Schwert; → Schild; → Schuppen- und Lamellenpanzer). Die Deponierung von Waffen, die alle einen beträchtlichen Wert hatten, ist zugleich ein Hinweis auf den Rang des Opfers und den Reichtum der Opfernden, denen es möglich war, diese Objekte der Ges. zu entziehen.

In der Regel wird davon ausgegangen, daß es sich bei den Deponierungen um Opfer von Kriegsgerät – und nicht nur von Material – handelt und daß die geopferten Waffen von besiegten Gegnern stammen. Auch einzeln gefundene Schwerter sind W., denn derartige Waffen gehen nicht verloren.

Bei ant. Schriftstellern ist überliefert, daß vor der Schlacht gelobt wird, nach einem Sieg die Bewaffnung des Feindes und weitere Beute den Göttern zu opfern. Doch gibt es außerdem die These, daß Kriegergruppen – kleinere → Gefolgschaften –

ihre eigene kostbare Ausrüstung, Prunkwaffen oder Teile der Bewaffnung geopfert haben, vielleicht um höheren Segen für die Gruppe zu gewinnen. Beispiele sind die W. aus Stabdolchen während der frühen BZ oder aus vergoldeten Schwertscheidenbeschlägen der VWZ.

Nicht nur während der BZ sind Waffenhorte, statt W. zu sein, auch als Selbstausstattung fürs Jenseits zu deuten, so während der BZ in N-Deutschland (66 mit Karten), als die Bewaffnung aus Schwert, Lanze und Beil (in verschiedenen Kombinationen) statt als Grabbeigabe als Depot vergraben wurde. Ebenso können in Gewässern versenkte Waffen sowohl ein W. gewesen sein als auch eine solche Selbstausstattung.

Die arch. Forsch. kann die tatsächlichen Beweggründe kaum jemals nachweisen; denn die arch. faßbaren W. wie auch die anderen Opferbräuche sind nur ein Ausschnitt der einstmals weit komplexeren Rituale. Doch sind die Opferkomplexe und ihre Zusammensetzung zu beschreiben und zu datieren. Die Verbindung zw. Krieg und Kult, Kampf und Opfer ist auch nach dem arch. Befund ein konstituierender Bestandteil des gesellschaftlichen Lebens gewesen. Offen bleibt, welchen Gottheiten die Waffen geopfert wurden. Griech. Überlieferung zeigt, daß nicht nur dem Kriegsgott, sondern sehr unterschiedlichen Göttern geopfert wurde, außer Ares z. B. auch Zeus und Apollo (20a, 978).

§ 2. W. in der antiken Mittelmeerwelt. Waffen (Helme, Brustpanzer und andere Ausrüstungen) aus der Kriegsbeute sind als Weihegaben für alle großen griech. Heiligtümer überliefert (46; 15; 61); meist wurde ein Zehntel der erbeuteten Waffen geweiht (20a, 961). Sie wurden gezeigt, an den Fassaden der Gebäude aufgehängt oder zu Denkmälern aufgetürmt, was auf Triumphaldenkmälern auch bildlich dargestellt wurde (→ Siegeszeichen) (69, 168; 43, 108; 71, 137 ff. 148 ff.). Die Phoker stifteten nach dem Sieg über die Thessaler 2 000 Schilde dem Heiligtum in Delphi (Herodot 8.27). Tausende von Waffen wurden im Heiligtum von Olympia aufbewahrt, die dort anscheinend als Tropaia an Holzpfosten befestigt und auf den Zuschauerrampen aufgestellt waren. Hunderte von Helmen wurden in Olympia gefunden, teils mit der Inschr. des Schenkers versehen, die außerdem auch die Herkunft und den Anlaß nennt. Erbeutete Helme aus Etrurien oder aus dem Vorderen Orient waren darunter, aus der Schlacht von Marathon 490 v. Chr. oder der Seeschlacht von Cumae 474 v. Chr. (73, 93 ff.). Die Inschr. auf einem pers. Helm aus Olympia sagt, daß das Stück von den Athenern aus der Perserbeute dem Zeus geopfert wurde; ein anderer wurde vom griech. Heerführer Miltiades geopfert (3; 4; 69, 168, auch Abb. 4). Komplette Kriegsschiffe wurden geweiht und geopfert (10; 69, 168), durchaus zu vergleichen mit dem W. von → Hjortspring aus der vorröm. EZ und den Booten von → Nydam aus der VWZ. Pausanias (10.11.6) berichtet von der Halle der Athener in Delphi, in der Schiffsteile und Schilde aufgehängt waren, die sie von den Peloponnesiern erbeutet hatten (63, 168; 65, 176 f.). Verfiel ein Tropaion im Laufe der Zeit, dann vergrub man die Weihegaben innerhalb des Heiligtums (20a, 962).

Ebenso stellten Römer Kriegsbeute in Heiligtümern auf (9; 28; 69, 168). Angeblich vergoldete Schilde wurden aus der Samnitenbeute von 310 v. Chr. an die Besitzer der Verkaufsläden am Forum in Rom verteilt, die sie dann an den Galerien über den Geschäften aufgehängt haben (74, 96) (Livius 9.40.16). Im samnitischen Heiligtum in den Abruzzen bei Pietrabbondante *(Bovianum)* (16; 74, 98 f.) wurden bei Grabungen schon im 19. Jh. Helme, Panzer, Beinschienen, Schwerter und Lanzen sowie eine große Zahl von bronzenen Wangenklappen von Helmen gefunden. Diese waren mit Löchern zum Annageln versehen (74, Abb. 65), vergleichbar den getrennt gelegten Wangenklappen im W. vom → Förker Laas Riegel aus der vorröm. EZ. Weitere ähnliche Heiligtümer und Kultplätze mit W.n sind aus Italien bekannt: der Massenfund des 7./6. Jh.s v. Chr. mit Helmen von Trestina in Umbrien (20a, Anm. 17), das Helmdepot von Vetulonia-Mura dell'Arce (s. u. S. 31), das Depot mit Lanzen- und Pilumspitzen von Talamonaccio bei Ortobello, das W. von Carsòli in Süditalien (20a, 964 f.) sowie von Campochiaro, Schiavi d'Abruzzo, Valle d'Asanto (102, 95; 1).

Alle Tempel, deren Errichtung vor einer Schlacht versprochen worden war, wurden später mit den Beutewaffen behängt (74, 97). Friese in Tempeln, Säulenhallen und Triumphbögen zeigten im Bild erbeutete Waffen, das Traiansforum war ein „steinernes Heerlager" (105). Im Triumphzug (69, 169 f.) fuhren Wagen mit der Kriegsbeute aus Gold und Silber und den eroberten Waffen. Auf der → Trajanssäule werden Waffen, die in den Dakerkriegen der J. 101–102 und 105–106 erbeutet worden waren, an einem Waffen- und Trophäendenkmal aufgehängt abgebildet (19; 74, 23 Abb. 10 und 106 Abb. 70a,b). Die Waffenreliefs im Athena-Heiligtum von Pergamon (47; 73, 106 ff. mit Abb. 62; 74, 100–104 mit Abb. 67–69) (→ Bewaffnung Taf. 33: Friese in der Stoa der Athena in Pergamon) und vom Orange-Bogen (→ Orange Abb. 24 und 25) sind mit den Befunden aus den kelt. Heiligtümern von → Gournay und → Ribemont zu vergleichen. Über die Bögen des Tores von Orange, Anfang 1. Jh. n. Chr. und 2. Jh. n. Chr., sind Waffen und Ausrüstungsgegenstände, Sättel und Zaumzeug, flächenhaft verstreut dargestellt, an den Schmalseiten hängen Waffen und Insignien an Holzgestellen, die von Gefangenen flankiert werden (73, 108 ff. mit Abb. 63–64; 74, 107 ff. Abb. 71a,b–72a,b). Waffen wurden auch speziell in Heiligtümern des Mithras-Kultes aufbewahrt (25) (→ Mithras und Mithrazismus). Auch in Italien sind zudem W. in Gewässern und Flüssen bekannt (67).

§ 3. Antike Berichte. Sowohl für den Mittelmeerraum als auch für die mitteleurop. Welt sind zahlreiche Überlieferungen zu W.n der Kelten und Germ. bekannt (36, 145 f.; 39, 112 ff.; 40, 65 ff.; 73, 110 Anm. 468; 107, 562 Anm. 24).

Orosius (5. Jh. n. Chr.) (Historiae Adversum Paganos 5.16.5–6) berichtet für das J. 105 v. Chr. über Ereignisse nach der Schlacht bei Arausio (Orange) zw. einem röm. Heer und den Kimbern und Teutonen: „Die Feinde, die sich beider Lager und gewaltiger Beute bemächtigt hatten, vernichteten alles, was in ihre Hände gefallen war, nach einem unerhörten und bisher unbekannten Ritual, das der Verfluchung diente; Kleidung wurde zerrissen und weggeworfen, Gold und Silber in den Fluß geschleudert, die Panzer der Männer zerschlagen, der Brustschmuck der Pferde zerstört, die Pferde selbst in den Fluten ertränkt, die Menschen mit Stricken um den Hals an Bäumen aufgehangen ...“; alles wird in die Rhône geworfen (36, 145).

Livius (ab urbe condita libri XXII 24) sagt: „Die Bojer brachten die Rüstung des getöteten Feldherrn der Römer und seinen abgeschlagenen Kopf unter Jubelgesängen in ihren heiligsten Tempel" (73, 110 Anm. 468).

Nach Polybios (um 200–120 v. Chr.) (10.19.3) sei es bei den Kelten üblich, Teile der Beute und des eigenen Kriegsgeräts zu zerstören. Als angeblicher Grund wird unsinnige Trunksucht genannt (73, 110 Anm. 468).

Bei Diodor (1. Jh. v. Chr.) ist zu lesen (5.27.4): „Etwas Eigentümliches und Merkwürdiges bei den weiter nördlich wohnenden Kelten ist ein Brauch in den Heiligtümern der Götter – in den Tempeln und den in ihrem Land eingerichteten heiligen Bezirken wird vieles den Göttern geweihtes Gold ausgestreut, und keiner von den Einheimischen rührt es an aus Furcht vor den Göttern ..." (nach Qu. 3, 187; 39, 112 f.).

In Caes. Gall. 6.17.3–5 wird über den Brauch der Gall. berichtet: *Huic, cum proelio dimicare constituerunt, ea, quae bello ceperint, plerumque devovent; cum superaverunt, animalia capta immolant reliquasque res in unum locum conferunt. multis in civitatibus harum rerum extructos cumulos locis consecratis conspicari licet ...* („Ihm [dem Mars] geloben sie, sooft sie einen Kampf beschlossen haben, meist die Kriegsbeute. Nach dem Sieg opfern sie die erbeuteten Tiere und bringen die übrige Beute an einen Ort. Bei vielen Stämmen kann man an einigen Stätten ganze Haufen sehen, die daraus errichtet sind.") (Übs. nach: G. Julius Caesar, Bellum gallicum, hrsg. von G. Dorminger, [7]1981).

Strabon (63 v. bis 19 n. Chr.) zitiert (4.1.13): „Glaubwürdiger ist freilich der Bericht des Poseidonios. Die in Tolosa gefundenen Schätze hätten einen Wert von 15 000 Talenten gehabt, sagt er, wobei ein Teil in Heiligtümern verschlossen und ein anderer Teil in heilige Teiche versenkt war ... Besonders die Teiche, in die sie die Gold- und Silberbarren versenkten, gewährten den Schätzen Schutz vor Diebstahl ..." (nach: J. Malitz, Die Historien des Poseidonios, 1983, 181) (39, 112).

In Tac. ann. 13.57.2 heißt es für das J. 58 v. Chr.: *Sed bellum Hermunduris prosperum, Chattis exitiosius fuit, quia victores diversam aciem Marti ac Mercurio sacravere, quo voto equi vir, cuncta occidione dantur* („Aber der Krieg ging für die Hermunduren günstig, für die Chatten um so verhängnisvoller aus, weil beide für den Fall des Sieges das gegnerische Heer dem Ziu und Wotan [Mars und Merkur] geweiht hatten, ein Gelübde, nach dem Pferd und Mann, kurz alles der Vernichtung anheimfällt"); in Tac. ann. 1.59.3 heißt es zu Ereignissen nach der Varusschlacht: *cerni adhuc Germanorum in lucis signa Romana quae dis patriis suspenderit* („Sehen könne man noch heute in Germanenhainen die römischen Feldzeichen, die er [Arminius] den heimischen Göttern geweiht habe"), und in Ann. 1.61.4: *medio campi albentia ossa, ut fugerant, ut restiterant, disiecta vel aggerata. adiacebant fragmina telorum equorumque artus, simul truncis ar-*

borum antefixa ora („Mitten auf dem Feld bleichende Knochen, zerstreut oder in Haufen, je nachdem die Soldaten die Flucht ergriffen oder Widerstand geleistet hatten. Daneben lagen zerbrochene Waffen und Pferdegerippe, zugleich sah man an den Baumstümpfen vorn angenagelte Menschenschädel") (Übs. nach: P. Cornelius Tacitus, Annalen, hrsg. von E. Heller, 1982). Die hl. Haine der Germ. werden in Tac. Germ. c. 9 und 39 beschrieben, und in c. 40 erläutert Tacitus die Bräuche in einem hl. Hain auf einer Insel (→ Nerthus und Nerthuskult), wo nach dem Ende der kultischen Handlungen Wagen und Tuch im See gewaschen und die Sklaven, die dabei halfen, in diesem See versenkt wurden.

Noch Gregor von Tours *(Liber in gloria confessorum)* schildert Ende des 6. Jh.s einen hl. See, in dem u. a. Textilien und Tiere geopfert wurden (40, 67).

§ 4. Art und Charakter der W. Waffen wurden in Flüsse geworfen, in Seen oder Mooren versenkt, in Höhlen verborgen oder auch an markanten Geländepunkten, z. B. bei großen Steinen, auf herausragenden Höhen oder bei mächtigen (heute nicht mehr nachweisbaren) Bäumen, vergraben. Die oberirdische Opferung von Waffen, z. B. aufgehäuft als Hügel, als Tropaion aufgebaut oder an Bäumen aufgehängt, ist – abgesehen von bildlichen Darst. in der Mittelmeerwelt, z. B. an Monumenten – arch. nicht nachweisbar. Waffen wurden – so in → Uppåkra während der VZ – im nahen Umfeld eines Kultbaus vergraben, andererseits sind Seen und Moore aufgrund der W. als hl. Plätze oder hl. Haine, wie bei ant. Schriftstellern für die Germ. beschrieben, zu deuten.

Einzelne Waffen, die komplette Ausrüstung einzelner Krieger, die Ausstattung größerer milit. Einheiten samt Pferden, faßbar über das Zaumzeug, und Schiffe wurden seit der vorröm. EZ bis in die VWZ im südskand. Raum geopfert, in Seen versenkt, von Schiffen oder meist von Brücken aus, auch vom Rand des Gewässers oder von einem Weg aus hineingeworfen.

Die Waffen wurden zuvor oftmals rituell beschädigt und zerstört, über die Scharten von den Kampfhandlungen hinaus. Sie wurden verbrannt, wobei das Feuer die Holzteile der Schilde, die Lanzenschäfte und die Schwertgriffe aus organischem Material vernichtet hat. Brandspuren sind oftmals noch nachweisbar. Unabhängig von der unterschiedlichen chem. Zusammensetzung der Moore, die entweder zur Zersetzung des Eisens und anderer Metallteile geführt hat, wobei Holz und Leder erhalten geblieben sind, oder umgekehrt, die alle organischen Teile vernichtet und das Metall überliefert hat, sind diese rituellen Zerstörungen zweifelsfrei an den Waffen selbst faßbar.

§ 5. Phasen der W. a. Neol. Schon während des frühen Neol.s wurden dünnnackige Flintäxte, Werkzeug oder Waffen, sowohl als Einzelobjekte auch in größerer Anzahl geopfert: In Sigersdal bei Kopenhagen lagen 13 Äxte beieinander, in Gammerød Maglemose (Mittelseeland) vier Äxte, in Smørumovre (NO-Seeland) zehn Äxte (57, 24 mit Abb. 3). Auch in den nachfolgenden Epochen des Neol.s wurde die Niederlegung von Flintäxten fortgesetzt.

b. BZ. Während der BZ wurden Schwerter und Lanzen- bzw. Speerspitzen sowie Beile und auch Prunkäxte, einzeln oder auch als Gruppen niedergelegt, in Flüssen, Seen oder Mooren versenkt und sind daher als W. anzusprechen (37). Aus der frühen und der späten BZ sind zahlreiche Hort- oder → Depotfunde mit größeren Zahlen gleichartiger Objekte bekannt, deren Deutung zw. Opfergabe und Händlerdepot schwankt. Dazu gehören während der frühen BZ Spangenbarren und Halsringe, auch Randleisten- und Absatzbeile, während der späten BZ und UZ Tüllenbeile oder Sicheln. Offen ist, ob diese Gegenstände (Beile) teilweise als Waffen, als Werkzeuge oder als Schmuck zu betrachten sind oder nur als Gerätegeld (→ Geld §§ 9–10).

Der Fund von Hénon, Bretagne, enthielt 600 sorgfältig in einem Korb oder einem anderen organischen Behälter verpackte und gestapelte Tüllenbeile von insgesamt 180 kg Gewicht, die weniger als Werkzeug oder Waffe, sondern als Gerätegeld anzusehen sind, weil sie praktisch nicht zu verwenden waren (74, 203 Abb. 141). Der Charakter von Kultgegenständen ist beim Paar gehörnter Helme von → Viksø oder den schweren, verzierten Äxten (→ Prunkäxte) unbestritten und ihre Niederlegung in Mooren als Opfer zu deuten. Eine Opferhandlung stellt auch das Versenken der → Stabdolche von → Melz dar (26, 182 und Abb. 314; 86); fast alle Stabdolche und auch die Vollgriffdolche der frühen BZ sind aus Weihefunden bekannt, auch wenn nicht sicher ist, ob Stabdolche auch Waffen und nicht nur Würdezeichen waren.

Die vorherrschenden Fundgruppen aus Flüssen und Mooren waren während der BZ Beile, Lanzen und Schwerter aus der männlichen Sphäre, aber auch Nadeln und anderer Schmuck aus der weiblichen Sphäre (66, 140). Die diachrone Kartierung von Hortfunden aus Mooren, fließenden Gewässern und aus festem Boden z. B. in Niedersachsen zeigt, daß von der frühen bis zur späten BZ Depots, darunter auch W. aus Beilen (Randleistenbeile der frühen BZ, Absatzbeile der ält. BZ, Lappen- und Tüllenbeile der jüng. BZ), Lanzenspitzen und Schwertern – aber auch Ringschmuck und Nadeln – zur selben Zeit sowohl in feuchtem als auch auf festem Grund niedergelegt wurden. Dabei verschiebt sich der Schwerpunkt von den Beilen zu den Lanzenspitzen.

Von den 140 Schwertern der BZ, die im w. Mittelland der Schweiz gefunden wurden (111, 32), stammen 117 aus Gewässern (→ Flußfunde) (41). In → Sankt Moritz wurden drei Schwerter in einem Brunnen bzw. in einer Quelle versenkt, dendrodatiert 1466 v. Chr. (74, 89 ff. Abb. 58–59; 20a, 962). In Berlin-Spandau (94; 74, 141 ff.) wurden zw. 1400–1200 v. Chr. von einer hölzernen Plattform aus mehrere Waffen, vier Schwerter, fünf Dolche, zwei Lanzen, sechs Beile im Wasser versenkt. Fünf Schwerter der Per. V (9. Jh. v. Chr.) sind aus dem Moor bei Buch, Bez. Pankow, Berlin, zu nennen (37, 115 ff.), sieben Schwerter verschiedener Typen aus Stölln, Kr. Havelland, Brandenburg (37, 211 ff.). Frei im Boden liegend fanden sich bei Kehmstedt nahe Nordhausen (Thüringen) sieben Schwerter und eine Lanzenspitze, alle mit der Spitze in dieselbe Richtung weisend, ein W. der ausgehenden BZ (ca. 9./8. Jh. v. Chr.) (60, 71 Abb. 66). Im Flag Fen bei Petersborough in O-England sind ebenfalls mehrere Schwerter, Dolche und Lanzen sowie Beile niedergelegt worden (74, 144 mit Abb. 99–100). In der Siedlung der BZ bei Corcelette am Neuenburger See wurden 37 vollständige und fragmentierte Schwerter gefunden (74, 148).

Etwa 15–20 % der in Niedersachsen gefundenen Beile der Zeitstufen der BZ wurden in Gewässern und Feuchtböden bzw. Mooren entdeckt (66, 148). Benutzte und unbenutzte Beilklingen wurden ausnahmslos ohne Schäfte niedergelegt. Die szenische Darst. auf dem Bildstein von → Anderlingen zeigt drei Personen, von denen die mittlere eine Axt schwingt.

Ob das Axt- bzw. Beilsymbol nun als Attribut einer Wettergottheit angesehen werden sollte, wie später die Lanze und das Schwert als Zeichen des Kriegsgottes, bleibt unbewiesen, so daß durch die Opfer auch nicht der Wechsel von der einen zur anderen verehrten Gottheit angezeigt würde (66, 149).

Während der späten BZ, der UZ, sind v. a. Schilde und Brustpanzer einzeln oder oft in größeren Gruppen im Fluß versenkt oder in Mooren niedergelegt worden. Genannt seien als Beispiele die Schilde von → Fröslunda (16 Stück) (57, 26), → Herzsprung (→ Bronzeschilde; → Schild § 4a), mehrere Fundkomplexe im N von Falster (104, 71 ff.) und im Moor von Beith, Ayrshire (sechs Schilde); Körperpanzer wurden ebenfalls in größerer Anzahl an einem Platz geopfert, so z. B. in Filliges oder in → Marmesse (neun Panzer). Die W. können Beute von fremden Kriegern, aber ebensogut auch die eigenen Waffen einer elitären Gruppe gewesen sein.

Das Depot von Piller in N-Tirol – nur 2 km vom Brandopferplatz auf der Piller Höhe entfernt – ist mit über 350 Bronzen der zahlenmäßig größte Fund der Mittel-BZ in Mitteleuropa mit drei Vollgriffschwertern, einem Griffzungenschwert, Lanzenspitzen, Dolchklingen, einem Helm, zahlreichen Beilen, aber auch Sicheln, Nadeln und anderen Schmucksachen, die zumeist intentionell zerstört sind (der Helm war vollständig zusammengefaltet), und manche Objekte weisen Brandspuren auf (21; 104a). Der Hort war in einer Felsspalte verborgen, und die rituelle Niederlegung ist offensichtlich. Zwar handelt es sich nicht um ein reines W., aber Waffen machen doch einen erheblichen Anteil aus.

c. Vorröm. EZ. Auch während der vorröm. EZ wurden W. in unterschiedlichem Milieu niedergelegt, in Gewässern bei Brükken (so zw. den Schweizer Seen), in Flüssen, in Seen und Mooren (so im s. Skand.), aber auch innerhalb und bei größeren kelt. Siedlungen in und bei Kultbauten (so von N-Frankreich bis S-Deutschland), auch in den Alpen (20a, 965 Abb. 2: Verbreitungskarte zu W.n des 5.–1. Jh.s v. Chr. in Europa).

Diese Niederlegungen als W. sind auch im kelt. Milieu Spiegel einer Männer- und Kriegerges., denn nur manchmal wurde an diesen hl. Plätzen auch Frauenschmuck entdeckt (zur Trennung der männlichen und weiblichen Sphäre auf Opferplätzen 81; 24; 73, 93). Auch für den kelt. Adel waren milit. Macht und Waffengewalt die Grundlage für Wohlstand und Sicherheit, Kampf und Krieg. Waffen waren gewissermaßen die Werkzeuge, mit denen der Wohlstand erwirtschaftet wurde, und nach der erfolgreichen Schlacht wurden sie bzw. die der Besiegten sozusagen in die Hände der Götter gegeben, d. h. in Massen an den Heiligtümern geopfert (73, 93). Wie die oftmals auch einzelne Niederlegung einer Waffe zu deuten ist, bleibt dabei offen (74, 124).

Als W. werden die Gewässerfunde in der Schweiz (73 und dazu 34; 111), v. a. auch der für die LTZ namengebende Fundkomplex von → La Tène erklärt (111, 20 ff.; 27, 58–71), nach wechselnder Deutung als Reste eines Brückenunglücks, des Kampfes auf der Brücke oder einer Hochwasserkatastrophe, und zwar erst seit dem Vergleich mit den dän. Kriegsbeuteopfern der RKZ und VWZ (zur Forschungsgesch. und Deutung maßgeblich 84; 49). Pferde- und Menschenknochen mit Verletzungsspuren an Schädeln und Oberschenkeln weisen auf komplexe Opferhandlungen hin (111, 23).

Die W. von La Tène, Cornaux-Les Sauges und Port an der Zihl beiderseits des Neuenburger Sees sowie von Bern-Tiefenau ähneln sich auffällig (→ Bern, Engehalbinsel Abb. 54: Verbreitungskarte der kelt. Oppida und Heiligtümer; → La Tène Abb. 21 mit Kartierung der W.). Hier wurde Kriegsbeute – auf einer Brücke (Abb. 1) – öffentlich zur Schau gestellt und dann im Fluß versenkt (111, 39 f.) (allg. 62, 87–90 mit Kat.). (Da die Anzahl der geborgenen Waffen mit dem Fortschreiten der Unters. in den Flußbetten bis heute ständig steigt, unterscheiden sich die veröffentlichten Zahlen in der Lit.).

Bei La Tène wurden mehr als 166 Schwerter, 270 Lanzenspitzen und zahlreiche Reste von Schilden geborgen (73, 81 Tab. nur Mindestzahlen); ein Schild ist dendrochron. auf 229 v. Chr. datiert (73, 84; 74, 138 Abb. 94; 75, 144 ff. 146 Abb. 214: Rekonstruktion der Brücke von La Tène, um 200 v. Chr., auf der Trophäen und Weihegaben zur Schau gestellt wurden, die später ins Wasser fielen).

Abb. 1. Brücke von La Tène am Neuenburger See, rekonstruiert mit zur Schau gestellten Waffen als Trophäen, die später im Fluß versenkt wurden. Nach Müller/Lüscher (75, 146 Abb. 214)

Bei Cornaux mit einem Dendrodatum zur Holzbrücke von 120–116 v. Chr. wurden 12 menschliche Skelette, 17 Lanzenspitzen, vier Schwerter sowie Teile von Streitwagen gefunden (111, 26).

Bei Port wurden aus dem alten Lauf der Zihl mehr als 60 Schwerter und 60 Schilde in einem Bereich von 400 m Lg., jeweils in einigen Konzentrationen, geborgen (111: Schwerter Kat. 1–82, Lanzen- und Pfeilspitzen Kat. Nr. 83–158, Helme Kat. Nr. 159–160), datiert in die frühe bis späte LTZ D (73, 84; 111, 34).

Für Bern-Tiefenau werden außer Schmuck, Gürtelbestandteilen, Pferdegeschirr und Wagenbestandteilen, Werkzeug und Gerät v. a. Waffen genannt: über 80 Schwerter, 30 Lanzen und Reste von Schilden und ein Kettenpanzer, Reste von Streitwagen (→ Wagen und Wagenbau, Wagengrab) (73, 37; 74, 120).

Waffenfunde aus Flüssen (→ Flußfunde) gehören zur Regelerscheinung für die LTZ. Helme und Schwerter, ebenso Lanzenspitzen werden zumeist als Einzelstücke geborgen (62, Schwerter Liste 33, Lanzenspitzen Liste 34, Schilde Liste 35). Für Chalon-sur-Saône (62, Nr. 181; diachron: 11; 12) werden elf Schwerter registriert, zum Hort von Mailhac (62, Nr. 510) gehören 16 Knollenknaufschwerter (38, 21: mit nur einer Ausnahme stammen alle Schwerter dieses Typs des 2./1. Jh.s v. Chr. aus Gewässern), und aus dem Rhein bei Mainz (62, Nr. 512) können etwa zehn Schwerter, bei Roermond aus der Maas (62, Nr. 708) fünf Schwerter nachgewiesen werden; aus der Themse 40 Lanzen, auch Schwerter, und aus der

Abb. 2. Rekonstruktion des Heiligtums von Gournay-sur-Aronde. Nach Müller (74, 116 Abb. 77)

Witham (74, 127 ff.) zahlreiche Waffen. Auch diese Schwerter aus Flüssen waren oftmals verbogen und mit Hiebscharten versehen, ähnlich die Lanzen, was für eine absichtliche Zerstörung spricht, die nicht vom Kampf stammt. Selten zu klären ist, ob das W. aus mehreren gleichzeitig versenkten Waffen besteht oder ob alle Waffen einzeln und nacheinander in den Fluß geworfen wurden.

Die kelt. Heiligtümer in N-Frankreich (13) sind durch umfangreiche W. gekennzeichnet, so in Gournay-sur-Aronde (→ Gournay mit Abb. 75: Rekonstruktionsversuch des Heiligtums im 2. Jh. mit aufgehängten Waffen), in → Mirebeau-sur-Bèze, in → Ribemont (mit Abb. 43: Gesamtplan der Kultanlagen), in Montmartin (14), und auch in England (Hayling Island) liegen derartige Befunde vor.

Die rechteckige Palisadeneinfassung in Gournay von etwa 45 × 38 m Seitenlg. wurde innen und außen jeweils von einem Spitzgraben begleitet. Datiert vorwiegend ins 3./2. Jh. v. Chr. waren die Waffen innen an der Palisade und v. a. auch im Eingangsbereich des Heiligtums aufgehängt und stürzten später in den inneren Graben. Wahrscheinlich war die Zahl der einst geopferten Waffen wesentlich größer als bisher nachgewiesen werden konnte, da viel Material verschleppt zu sein scheint. Mehr als 2000 Waffen, etwa 500 vollständige Rüstungen, rund 620 Schwertscheiden, 256 Schwerter, 361 Schilde, 124 Lanzen und Mengen an Tierknochen wurden geborgen. Alle Waffen waren demoliert, Schwerter und Scheiden mehrfach zu Bündeln zusammengebunden (74, 112 ff.). Die Rekonstruktion des Tores mit den dort aufgehängten Waffen (Abb. 2) erinnert an die Darst. im Athena-Heiligtum von Pergamon, die auch gebündelte und zerstörte Waffen zeigen. Die Waffenfunde in Gournay gehören zu unterschiedlichen Formengruppen und spiegeln einen größeren Einzugsbereich aus der gesamten Keltiké, d. h. wohl gegnerische Kriegerverbände aus verschiedenen Landesteilen. Außer den zahlreichen Knochen von geopferten Tieren gehören auch Knochen von Männern und Frauen zu diesem W. Im Eingangsbereich der Anlage von Gournay waren sechs Schädel zur Schau gestellt, ein aus der ant. Lit. und in kelt. Großplastiken mehrfach überlieferter Brauch, z. B. zeigen die Pfeiler von Entremont (Bouches-du-Rhône), 2. Jh. v. Chr., mehrere Köpfe (→ Entremont Taf. 21).

In Ribemont-sur-Ancre in der Picardie wurde nachgewiesen, daß Reste von 80 mumifizierten kopflosen Männern samt ihrer Bewaffnung aus Schwert, Schild und Lanze auf einem Podest aufgebaut waren; außerdem gab es ein Lager von 2000 sorgfältig gepackten Langknochen von Menschen. Rund 5000 Fundstücke bilden die größte Kollektion latènezeitlicher Waffen aus dem frühen 3. Jh. v. Chr. (LT B2–LT C1), gedeutet als W. aus den Resten eines Schlachtfeldes, auf dem rund 1000 Krieger gefallen waren. Diesen war teils der Schädel abgetrennt und zu einem Siegesmal kelt. Ausprägung aufgebaut worden.

In Mirebeau (Dép. Côte-d'Or) wurden 1977/78 elf Schwertscheiden, zwölf Schwerter, zwei Schilde und sechs Lanzen als W. geborgen (73, 78). In Faye-L'Abbesse (Dép. Deux-Sèvres) wurden 1852 neun Schwerter und Scheiden, 38 Lanzenspitzen und 30 Schwertketten u. a. (73, 78) gefunden. Im Heiligtum von La Villeneuve-au-Châtelot (Dep. Aube) mit doppelter Grabeneinfassung wurden seit dem 4. Jh. v. Chr. W. niedergelegt, massiert im Eingangsbereich, aber auch sonst verstreut außen um die Anlage herum (38, 29 Abb. 16).

Im Areal des kelt. Oppidums von → Manching wurden zahlreiche verbogene Waffen ausgegraben (38, 36 Abb. 24; 96; 97; 73, 102), zahlreiche Schwerter und Lanzenspitzen. Die Waffen, über 600 Objekte aus der Zeit um 200 v. Chr., lagen nahe eines Gebäudes, waren teils verbogen, gefaltet oder aufgerollt (74, 117 ff. mit Verbreitungskarte Abb. 79). Die in Manching verstreut geborgenen menschlichen Skelette und Skelettteile entsprechen durchaus den Menschenopfern von La Tène bis Gournay. Auch innerhalb der kelt. Siedlung Basel-Stadt (Gasfabrik) fanden sich kleine Fundkomplexe aus Waffen, Lanzenspitzen und Äxte sowie Werkzeug, die als individuelle Opferniederlegungen gedeutet werden.

Ein Depot des 4./3. Jh.s v. Chr. von Negau in Slowenien (→ Negauer Helm) enthielt mehr als 25 Helme. Acht Helme lagen in einem Depot in Sanzeno im Nonsberg in S-Tirol (74, 157; zu weiteren W.n dieser Zeit vgl. 20a, 965 f. 970 ff.).

Rund 125 Negauer Helme wurden vor langer Zeit in einem W. bei Vetulonia entdeckt. Zwei Helme dieses Typs, gefunden in Olympia, stammen nach den Inschr. aus der Seeschlacht bei Cumae 474 v. Chr. (s. o.).

Andersgeartet ist das W. vom Förker Laas Riegel (→ Förker Laas Riegel Taf. 9) im Gailtal in O-Tirol mit der Weihegabe aus 14 Helmen und einer großen Zahl abgetrennter Wangenklappen (was an die samnitischen W. erinnert), aus neun Schwertern, zumeist in der Scheide, einem Schildbuckel und zahlreichen Randbeschlägen von Schilden sowie Lanzenspitzen. Alle Waffen weisen Brandspuren auf, ein Hinweis auf vorangegangene Opferhandlungen. Sie sind wohl bei einem Kampf erbeutet worden, da einzelne Formen aus ferner Gegend stammen. Der FO liegt an einem Steilhang in 770 m Hh., datiert LT B2 (74, 123 f. mit Farbabb. 83; 20a, 968).

In der NO-Ecke der kelt. → Viereckschanze von Nordheim, Kr. Heilbronn, waren in einer Grube acht bandförmige Schildbuckel dichtgepackt niedergelegt, ohne weitere Teile der Schilde, vielleicht ein Teil-W. (78a, 78 Abb. 39).

Innerhalb von Befestigungen der vorröm. EZ spiegeln mehrfach Konzentrationen von niedergelegten Waffen individuelle und kollektive Opferhandlungen wider. Früher als Niederschlag von Kämpfen gedeutet, zeigen die sorgfältige Analyse der Befundlage und neuer Fundstoff z. B. im Torbereich 4 auf dem Dünsberg (→ Dünsberg mit Plan Abb. 60) bei Gießen aus den Stufen LT C2–D2, daß W. vorliegen (auch → Prospektionsmethoden § 5. Prospektion mit Metallsuchgeräten, S. 504 zum Dünsberg). Es wird geschätzt, daß bis zu 2000 kelt. Lanzenspitzen und 400 röm. Schleudergeschosse aus Blei sowie zahlreiche Wagenteile von unbefugten Metallsuchern mitgenommen worden sein könnten. Die dichte Fundkonzentration vor dem Tor 4 (90, 29 Abb. 10; 87, 125 Abb. 1 und 136 Abb. 2) besteht aus kelt. und röm. Waffenteilen und eine zweite Konzentration zw. Tor 9 und 14 der spätröm. Epoche aus Schwertklingen und Streitäxten. Die 40 Lanzenspitzen und Lanzenschuhe, Schwert- und Schildteile sowie Teile eines Ringpanzers tragen deutliche Spuren absichtlicher Zerstörung, die nicht von einem Kampf herrühren können (93, 141), was auf bewußte Niederlegung vor dem Tor 4 hinweist. Zwei Fundschichten an diesem Tor 4 lassen erkennen, daß eine längere Tradition der kultischen Niederlegung von Waffen, Pferdegeschirr und Wagenteilen von LT C1 bis in die Stufe D2 bestanden hat (93, 143), während die jüng. röm. Fernwaffen, Schleuderbleie und Pfeilspitzen, von Kämpfen stammen können. Somit hat wohl ein Kultbezirk am Strahlenwall s. des Tores 4 vom Dünsberg bestanden.

Vergleichbare Situationen sind auch auf anderen Höhensiedlungen nachgewiesen, so in der Altenburg bei Römersberg (23), in der Altenburg bei Niedenstein (mit dem Massenfund von Waffen am S-Hang) (98), auf dem Wilzenberg (5) und auf dem Eisenberg bei Battenberg, Kr. Waldeck-Frankenberg (93, 143 Anm. 24).

Auf der → Schnippenburg im Ldkr. Osnabrück wurden bisher an mehr als 1500 Stellen Metallgegenstände geborgen, zumeist Werkzeug und Gerät, aber auch Waffen wie Lanzenspitzen, zudem auch zahlreicher Frauenschmuck aus Bronze, datiert ins 3./2. Jh. Der Ort scheint zwar ein Opferplatz, aber mit nur geringen Spuren von W.n, wohl als Individualopfer, gewesen zu sein.

W. gibt es auch auf den zahlreichen Brandopferplätzen (→ Brandopfer § 2) der LTZ (20a, 966; 80; 109). Auf der Pillerhöhe im oberen Inntal wurden außer der Opferung von tausenden von Rindern, Schafen und Ziegen während der EZ Waffen niedergelegt, darunter auch Miniaturvotive (106; 74, 208 f.).

Auf dem Holzer Berg bei Teurnia in Kärnten fanden sich ebenfalls u. a. Waffen, zehn Schildbuckel, eine Lanzenspitze, ein Helm (74, 211; 68). Der Brandopferplatz Ochsenberg bei Wartau (→ Wartau-Ochsenberg) am Rhein, Kant. St. Gallen, barg Waffen, Teile von Schwertern, mindestens acht Lanzenspitzen und außerdem Reste zahlreicher Helme, doch auch Frauenschmuck (75, 148).

Auch während der späten LTZ bzw. der frühen RKZ wurden Schutzwaffen, zumeist Luxuswaffen, einzeln als Opfer in Mooren niedergelegt oder in Flüssen versenkt, wie z. B. der 1857 gefundene Prunkschild mit rundem Buckel, Bronze mit rotem Glas, in der Themse bei Battersea nahe London (1. Jh. n. Chr.), eine der prunkvollsten Weihegaben an einen Gott im ganzen kelt. Bereich (→ Schild), der Schild aus der Witham bei Washingborough, Lincolnshire, aus Bronze, Email und Glas (etwa 2. Jh. v. Chr.); oder ein Schild mit spindelförmigem Buckel, gefunden bei Wandsworth in der Themse (um 100 v. Chr.), ebenso ein Hörnerhelm aus der Themse bei London.

Ob Deponierungen von Miniaturwaffen (→ Miniaturgeräte Abb. 7), so von Schilden (74, 29 f. Abb. 15), als W. oder als Opfer mit einem veränderten relig. Hintergrund anzusprechen sind, bleibt ungeklärt. Vom Heiligtum auf der Pillerhöhe in Tirol stammen über 100 Miniaturschilde, mehrheitlich aus Bronzeblech und einige aus Eisen, 3,4 bis 10,3 cm hoch mit gepunzter, damit angedeuteter Bemalung, der Form nach vergleichbar mit den Hjortspring-Schilden oder Schilddarst. auf Situlen wie der von Certosa (→ Schild); einige Schildchen sind aus Situlenblech geschnitten, was sie auf etwa 500 v. Chr. datiert (106, 243 mit Parallelen in Anm. 84–92; auch 20a, 966 f.). In Mouzon in den Ardennen wurden zuerst längere Zeit normal große Waffen wie Schilde, Ketten- und Schuppenpanzer sowie Lanzenspitzen niedergelegt, dann am Schluß Miniaturvotive (bis 1999 wurden 426 kleine Schwerter, 329 Schilde, 10 Lanzen, alle nur 10–20 cm groß, meist aus Eisen, um Chr. Geb. datiert, gefunden) (74, 124 ff. mit Abb. 85). Der Salisbury Hoard (→ Salisbury Hoard mit Taf. 5b) aus dem 2. Jh. v. Chr. enthielt 24 Miniaturschilde und 46 Miniaturkessel der LTZ und aus der BZ 192 Äxte, 47 Speerspitzen, 9 Dolche und außerdem Werkzeug. Als → Miniaturgeräte wurden häufig Schwerter und Schilde als Amulette in Frauengräbern gefunden, vergleichbar den Miniaturäxten während der WZ, so daß auf dieser Ebene der W. ein Wechsel von der männlichen zur weiblichen Sphäre zu registrieren ist, vielleicht durch die Übertragung der Schutzfunktion von Schilden allg. auf den Schutz von Personen.

In Vincenza wurden 1959 rund 200 verzierte Kleinbleche gefunden, darunter zahlreiche Kriegerdarst. mit Bewaffnung aus Ovalschild und Lanze (87a, 175 Abb. 1.2 und Beilage 3), wozu Reiterdarst. mit derselben Bewaffnung aus Vergleichsfunden bekannt sind, datiert 400–300 v. Chr.

d. Die ersten Heeresbeuteopfer im s. Skand. Die ältesten Heeresbeuteopfer sind im s. Skand. aus der vorröm. EZ überliefert, die W. von → Hjortspring, etwa 350/300 v. Chr. (52, 67–85; 58, 219 ff.; 70, 86 f.; 78, 39 ff.; 85; 107, 562 Abb. 1), aus → Krogsbølle (58, 220; 107, 563 Abb. 2) und, erst jüngst weiter erforscht, auch aus → Ejsbøl (2), hier in das letzte Jh. vor und um Chr. datiert (70, 87), ehe dann in der jüng. RKZ und der VWZ die Serie der großen Kriegsbeuteopfer einsetzte. Die Überlieferung ist durchaus verschieden: In Krogsbølle fehlen Schildreste, in Hjortspring liegen sie in großer Zahl vor (31, 95).

In Hjortspring war die Ausrüstung von etwa 100 Kriegern geopfert worden; nachgewiesen sind Waffen von mindestens 65–70 Kriegern und ein Schiff für 25 Mann. Insgesamt läßt sich rekonstruieren, daß also wohl von vier Schiffen mit 92–100 Mann Besatzung auszugehen ist, die vom Kontinent gekommen sind und deren Ausrüstung nach der Niederlage als W. versenkt wurde (58, 218).

Von Krogsbølle, N-Fünen, sind 25 Speerspitzen aus Eisen, 19 aus Knochen, 6 einschneidige Schwerter und ein zweischneidiges Schwert sowie ein typisches Latèneschwert nachgewiesen (im Stichwort → Krogsbølle werden niedrigere Zahlen genannt), die von einem Weg (dendrodatiert ins 5. Jh. v. Chr. aus ins Moor geworfen wurden (107, 563 Anm. 29).

Aus dem Moor von Moderup auf Fünen sind mehr als 300, mit denen von Hjortspring identische, Knochenspitzen bekannt (52, 78; 58, 220); ähnliche Spitzen wurden im Kildebæk Mose bei Stenøse auf Seeland (52, 79 Abb.) und auch im Pritzerber See im Havelland gefunden (92, 168).

Kleine Moorfunde (allg. zu den ältereisenzeitlichen Heiligtümern im n. Europa [8]) als Individualopfer sind z. B. von Schwelbeck in Holstein mit nur einem Stichschwert oder aus einem Moor im Ksp. Skanderup, Jütland, mit einem einschneidigen zusammengeknickten Schwert sowie aus dem Moor von Lindholmsgård auf Seeland (107, 563 f. mit Abb. 3) bekannt; dazu ist auch der Fundkomplex mit Moorpatina von Kunsersdorf, Brandenburg, mit Bronzekessel und verbogenem zweischneidigen Schwert samt Scheide zu nennen (107,

Abb. 5) oder auch das senkrecht im Moor steckende Latèneschwert im Moor von →Oberdorla (107, 570; weitere Beispiele 31, 95).

Typisch für diese Epoche der vorröm. EZ sind die kleinen W., in denen fast ausschließlich Lanzen bzw. Speere niedergelegt wurden: s. der Ostsee aus dem Malliner See bei →Passentin ein Opfer aus mindestens 51 Lanzen- oder Speerspitzen der späten BZ bzw. frühen EZ (Montelius Periode VI), die samt Schäften ins Moor bzw. ans Ufer des Sees geworfen worden waren und eine einmalige Opferhandlung spiegeln (52, 78; 92, 157 ff.; 107, 564); der Fund von Wöbs bei Bosau in Schleswig-Holstein mit sieben Lanzenspitzen (78, 38 Abb. 34; 7 mit Abb. 1) (5. Jh. v. Chr.); der Hortfund von Blackgården, Tidavad, Västergötland, mit 17 Lanzenspitzen, aber auch einzelnen Schwertern der vorröm. EZ (40, 76; 92, 164 f.) und der von Strand, Buskerud, Norwegen, mit fünf Lanzenspitzen (7, 326), außerdem die W. von Stenlose, O-Seeland, und Moderupgard im n. Fünen (107, 564). Weitere W. in Polen sind: Niemierczyn, pow. Świdwin (Nemmin, Kr. Schivelbein) mit sechs bronzenen Lanzenspitzen, die von einem Bronzeband zusammengehalten wurden, zusammen mit elf eisernen Lanzenspitzen; Nosibądy, pow. Szczecinecki (Naseband, Kr. Neustettin) mit u. a. fünf eisernen Lanzenspitzen; Dargikowo bei Białogard (in der Nähe des Opferplatzes →Butzke, der jedoch keine Waffen enthielt) mit eisernen Lanzenspitzen; Żurawia, ehem. Kr. Szubin, mit einem Schwert; Stary Zamek bei Wrocław mit einem senkrecht im Boden steckenden Schwert der späten vorröm. EZ; Biskupin mit Lanzenspitze, die 2,5 m unter der Oberfläche gefunden wurde (vgl. zu den Waffen als Opfergaben während der vorröm. EZ und RKZ in Polen 72, 135 f. Abb. 2: Karte der Opferfunde, meist aus Flüssen; 78, 42 Abb. 38).

Vergleichbar sind die W. nur aus Lanzen- bzw. Speerspitzen auf Bornholm Balsmyr mit u. a. zwei Lanzenspitzen, in Skand. von Rommelsjö, Gåsinge, Perstorp, Dalby, Nedergården, geborgen auf trockenem Untergrund (7, 327; 40, 72 ff.), parallel zu den größeren Moorfunden (7, 326) von Skedemosse auf Öland, von Finnestorp in Västergötland und von Hassle-Bösarp (101).

Auffällig ist das Nebeneinander von diesen kleineren Depots mit nur einer Waffenart, nämlich Lanze oder Speer, und von großen, komplex zusammengesetzten Heeresausrüstungsopfern. Die Dominanz der Lanzen- oder Speerspitzen entspricht der häufigsten Bewaffnung jener Epoche der vorröm. EZ mit zwei Lanzen bzw. Speeren, während das Schwert noch die Ausnahme war. Doch die Deutung der Lanze als Symbol und Attribut einer bestimmten Gottheit, wie später des Odin, ist nicht zu sichern (107, 562. 566).

Parallel zum Aufkommen der Waffenbeigabensitte in der späteren vorröm. EZ gab es auch Waffendepots auf Gräberfeldern zw. den Bestattungen (64, 41 mit Lit.), so bei den n. Elbgerm. und in Böhmen, gedeutet als Individualopfer von oder für einen Krieger (107, 574 mit Anm. 77). Auf trokkenem Boden sind im s. Skand. öfter Waffen, Schwerter (79) und Speerspitzen, niedergelegt worden, v. a. während der ält. EZ und RKZ.

Schon während der LTZ wurde in Mecklenburg-Vorpommern ein großer Teil der zweischneidigen Schwerter in Flüsse versenkt (107, 568 mit Karte Abb.4); Parallelen sind z. B. auch aus der Weser oder der Maas bekannt (88, 17; 107, 570 mit Anm. 56). Allein aus Polen sind zehn Schwerter aus Flüssen, zwar aus der vorröm. EZ bis zum frühen MA nachgewiesen, Schwerter und Lanzenspitzen wurden v. a. aus der Noteć/ Netze gebaggert (72, 137); nahe Żarnowiec bei Gdańsk wurden vier Lanzenspitzen, eine Axt und Werkzeug geborgen (72, Abb. 7). In Frankreich wurden in der Seine bei Corbeil 67 Lanzenspitzen, in der Marne bei Brasles 30 Stück gefunden; in England, im Trent bei Cliften 10 Lanzenspitzen (92, 167).

e. Ält. RKZ. Aus dieser Epoche sind nur wenige, andersartige W. nachgewiesen. Diskutiert wird die Fundkonzentration auf dem Döttenbichl bei → Oberammergau (112; 113), die aus Werkzeug und Gerät sowie aus Waffen besteht, insgesamt aus 700 Metallgegenständen der Zeit vom späten 2. Jh. v. Chr. bis zur Mitte des 1. Jh.s n. Chr. Während Schußwaffen wie Pfeile wohl von Kämpfen stammen können, wurden die anderen Waffen anscheinend nach ihrer Beschädigung in einem Opferfeuer dort niedergelegt.

Es gibt zahlreiche röm. Werkzeug- und Gerätehorte, aber keine W. auf festem Land, dafür auffällig viele Flußfunde (83). Die Massenfunde aus dem Rhein bei → Hagenbach, → Neupotz und Xanten enthalten zwar auch Waffen, sind aber keine W., sondern wohl bei einzelnen Unfällen versunkenes Beutegut germ. Raubzüge in das Röm. Reich.

Ein Waffenplatz am Lech bei Augsburg-Oberhausen der J. 8/5 v. Chr. bis um 16 n. Chr. umfaßt 10 000 Objekte aus Waffen, Werkzeug und anderen Ausrüstungsgegenständen (→ Oberhausen mit Abb. 62), die bei einer Hochwasserkatastrophe aus einem röm. Speicherbau abgeschwemmt worden sein sollen – der umfangreichste Metallfund aus dem Röm. Reich; die hier stationierten Truppen sind unbekannt. Da die äußerliche Erscheinung der von W.n anderer Epochen entspricht, ist auch nach dieser alternativen Deutung zu fragen (108, 316 Kat. Nr. 13).

Beachtlich ist die Zahl der von der späten LTZ bis ins 3. Jh. in ausgewählten feuchten Plätzen, in Flüssen, Seen und Mooren, versenkten Helme und Schwerter, neben wenigen anderen Teilen der Bewaffnung (88, 18–20. 28–37). Schwerter wurden nicht nur als Einzelstücke, sondern anscheinend auch als rituelle Komplexe geopfert (88, 17 f. Fig. 3), vergleichbar den Opfern in Kultplätzen und den W.n auf trockenem Land.

Im Flußgebiet von Rhein, Waal und Maas wurden röm. Militaria, die Schwerter noch in der Scheide, und Helme, Schildbuckel sowie Reitzeug intakt in die Flüsse geworfen, mit den Prunkhelmen auch Prestigewaffen. Es gibt Konzentrationen nahe röm. Lager, bei Nijmegen, Xanten und Mainz, wo die Flußopfer in der Spät-LTZ einsetzten, aber auch Fundkomplexe andernorts weitab von Lagern, so aus der Maas bei Buggenum, Venlo und Hedel (88, 32: Appendix 2: 45 Helme des 1. Jh.s n. Chr. n. von Köln aus Flüssen, nur noch elf Helme aus dem 2./3., aus der gesamten röm. Zeit wohl 60 Ex., dazu Tab. 2). Es kann sich bei dieser chron. so unterschiedlichen Verteilung nicht um Kampfverluste handeln, sondern nur um intentionelle Opfer, um einen ält., weiterlebenden einheimischen Opferbrauch von Auxiliareinheiten, da Flußopfer eigtl. unröm. sind.

Ein zeitlicher Wechsel der Opfersitte ist zu beobachten: Die vorröm. Tradition der W. in Kultplätzen wurde teilweise abgelöst von Opfern in Flüssen. Zur LTZ wurden im Rhein-Maas-Mosel-Flußsystem in Flüssen und Kultplätzen Schwerter und Helme niedergelegt (88, 15 f. Fig. 1 und 2), dann während des 1. Jh.s n. Chr. Gladii und Helme (88, 29 f. Fig. 6 und 7, 31 Anm. 68 und Appendix 1: Gladii von Kultplätzen und aus Flüssen; Liste Tab. 2 mit 60 röm. Helmen aus den Flüssen dieser Landschaft). Es handelt sich zwar um röm. Waffen, die aber im Besitz der einheimischen Bevölkerung waren und – verbunden mit der röm. Armee – Zeichen der Romanisierung sind.

Beim gallo-röm. Tempel von Empel (→ Umgangstempel Abb. 85), einem Herkules-Heiligtum im Batavergebiet, wurden zw. 125 v. und 250 n. Chr. außer ca. 1 000 kelt. und röm. Münzen sowie 500 Fibeln auch mehr als 150 Frg. röm. Militaria – wie üblich bewußt zerstört – niedergelegt: Gladiusteile, Beschläge vom Schwertgehänge,

Lanzenspitzen, Schildbuckel, Schildgriffe sowie Randbeschläge von Schilden, Teile von Plattenpanzern und Helmfrg. sowie ein vollständiger Reiterhelm, Beschlagteile vom Pferdezaumzeug (88, 31), geopfert wohl von Veteranen, sicherlich einheimische Bataver, nach der Entlassung aus dem Dienst; denn W. waren kein röm. Brauch (20; 88; 89, 489). Der Kultbau war der einheimischen Gottheit Magusanus-Hercules geweiht. Dieser Tempel sowie ähnliche Kultanlagen bei Elst und bei Kessel im Rhein-Maas-Delta, wo während der späten vorröm. EZ 26 Langschwerter und Dolche, acht Speerspitzen sowie Schildteile niedergelegt wurden (88a, 149 ff.), auch bei Blicquy und vielleicht bei Eschweiler sind durchaus mit den kelt. Heiligtümern der Picardie zu vergleichen, nur handelt es sich statt um gall. eher um germ. Tempel. Weitere Heiligtümer gab es bei den Treverern, die dem treverischen Mars entspr. dem niederrhein. Hercules galten, mit W.n in Möhn, Pommern, Dhronecken und Klein-Winternheim (88, 31 Anm. 68).

Im SW der Gallia Belgica wurden Miniaturwaffen im 1. Jh. n. Chr. in einheimisch-ländlichen Kultplätzen wie Mouzon und Bouvellemont in den frz. Ardennen niedergelegt (s. o.) (88, 30 Anm. 64), als letzter Rest der kriegerischen Praxis der W., was einherging mit der Demilitarisierung der ländlichen Gebiete.

Gedeutet werden diese W. als Teil von Übergangsriten *(rite de passage)* im Rahmen des Kriegerlebens. Geopfert wurden die Waffen entweder durch junge Krieger aufgrund eines Gelübdes oder von Veteranen als zeremonieller Abschluß des aktiven Kriegerdaseins, was als Individual- und als Kollektivopfer möglich war. Teile der eigenen Bewaffnung wurden somit den Göttern überlassen (88, 19). Es kann sich nicht um Kriegsbeuteopfer handeln, weil die röm. Armee Auxiliareinheiten nicht erlaubte, Waffen vom Schlachtfeld einzubehalten (88, 32). Da auch die eigenen benötigten Waffen kaum zu opfern waren, ist davon auszugehen, daß erst Veteranen nach dem Ende des aktiven Dienstes den Göttern ihre Waffen opferten, die sie bis dahin beschützt hatten.

In den röm. Rheinprov. waren die Kultbräuche unterschiedlich und spiegeln den Gegensatz zw. friedlich ländlichem und kriegerischem Lebensstil (88, 97 ff.): Die Bataver waren Krieger und Viehzüchter und daher mit Herkules assoziiert. Schwert und Krieg kennzeichneten die Germ. in der Grenzregion am Rhein und weiter im O, während Pflug und Frieden gewissermaßen typisch für den SW der röm. Prov. waren. An der n. Rheinfront bestanden noch die einheimischen Kultanlagen, wo weiterhin große Mengen an röm. Militaria geopfert oder Waffen in Flüssen versenkt wurden (88, 29 ff. Karten Fig. 6 und 7), während in der sw. inneren Zone der Gallia belgica diese kriegerischen Facetten des Kultes verschwanden.

Ein Fundkomplex aus der Mosel (83) mit röm. Waffe, einem Helm, und Münzen wurden wohl von einem germ. Häuptling, der enge Beziehungen zum röm. Militär hatte, als röm. Offizier, im Fluß geopfert. In schon christl. Zeit werden hier persönliche Bräuche in einer von vorchristl. Sitten beherrschten Welt weiter gepflegt (83), so wie im MA ebenfalls intentionell in Flüssen versenkte Waffen keinem christl. Ritual entsprachen.

f. Jüng. RKZ und VWZ. Dies sind die Epochen mit den größten W.n, v. a. im s. Skand. bzw. im w. Ostseegebiet, wo seit der ält. RKZ sich größere Machtstrukturen auf dem Wege zur frühen Staatlichkeit entwickelt hatten, nicht zuletzt unter dem Einfluß des Röm. Reichs, gespiegelt in den zahlreichen Importfunden und in der Ausstattung der sog. →Fürstengräber der RKZ mit röm. Luxusgütern und den röm. Waffen in den Heeresbeuteopfern, v. a. Schwerter (8, 63 ff.; 22; 45; 95; 52, 366–374. 508–548. 556–585; 99, 164 ff.).

Geogr. sind die W. unterschiedlich verbreitet. Während im w. Ostseegebiet und im

Baltikum die Waffen in Mooren geopfert wurden, findet man sie in der Zwischenzone, in Mecklenburg-Vorpommern bzw. zw. Elbe und Weichsel vor allen in Flüssen (31; 107, 561). Diese regionale Ungleichheit von W.n und sonstigen Opfersitten spiegeln unterschiedliche relig. Vorstellungen und Rituale, nicht nur polit.-milit. Wandlungen.

Die Waffen wurden sowohl in funktionstüchtigem Zustand, nur mit den Kampfspuren, geopfert, als auch zuvor zerstört und damit unbrauchbar gemacht, d. h., Schwerter und Lanzen wurden verbogen, oder alle Waffen wurden verbrannt. In Nydam waren Lanzen- und Speerspitzen verbogen, die Schilde zerhackt, und auch die Pferdeknochen weisen Hiebspuren und Einschußlöcher auf. In Illerup oder Ejsbøl Nord, nicht in Nydam, waren die Waffen zuvor verbrannt worden, weshalb nur die zerschlagenen Schildbuckel, nicht aber die Bretter oder die Schiffsniete und -nägel übriggeblieben sind.

Komplette Krieger- und Pferdeausrüstungen wurden in den südwestskand. Seen versenkt, in Nydam auch die Kriegsschiffe. Außer den Waffen wurde auch die persönliche Ausstattung der Männer wie Gürtel, Münzen in der Geldbörse oder Toilettgerät in der Tasche mit geopfert (→ Gürtel; → Feuerzeug; → Tasche).

Im s. Skand. sind bisher aus fast 30 Mooren Kriegsbeuteopfer aus den ersten Jh. nach Chr. bekannt geworden, allein aus Dänemark 20. Rund 50 verschiedene große Niederlegungen milit. Ausrüstungen (54, 16; 78, 41 ff.) mit mehr als 40 000 Waffen und Waffenteilen allein aus dän. Mooren sind zu unterscheiden. Die Zahl der Opferplätze bzw. der einzelnen Opferhandlungen kann noch wesentlich größer sein (45, 45 mit Karte Abb. 1), wie die neuen Unters. in Ejsbøl gezeigt haben. Die W. entstanden nach den bisherigen Befunden manchmal im Abstand von 50, 100 oder gar 200 J. (22, 285. 301; 77, 42), sofern alle Opfer entdeckt sind, was aber wiederum nach den neuen Befunden von Ejsbøl fraglich erscheint. Die Moore sind bei weitem jeweils nicht komplett untersucht.

Seit den modernen Ausgr. und Auswertungen der schon seit dem 19. Jh. bekannten großen Mooropferplätze im s. Skand., die gegenwärtig als Heeresbeuteopfer interpretiert werden, hat das W. als auffällige kulturgeschichtl. Erscheinung einen neuen Stellenwert bekommen (95). Im Lex. beschrieben sind die W. aus den Mooren von → Ejsbøl (2; 52, 562 ff.; 78, 47 ff.), → Hedelisker (45, 47), → Illemose (45, 57 f.), → Illerup Ådal (52, 511 ff.; 78, 59 ff.), → Kragehul (52, 556 ff.), → Krogsbølle, → Nydam (52, 571 ff.; 56; 78, 49 ff.), Porskær (45, 51; 52, 538), → Skedemosse, → Sjörup, → Thorsberg (52, 540 ff.; 78, 43 ff.), Trinnemose (45, 45; 52, 539) und → Vimose (82; 52, 529 ff.). Sie werden in die Phasen B2, C1a und massiv C1b datiert (Illerup, Vimose, Thorsberg, Hedelisker, Porskær, Sjörup), in C2 (Ejsbøl, Nydam, Thorsberg und Kragehul) und D1 ff. (Nydam, auch Ejsbøl, Illerup, Porskær, Kragehul, Skedemosse) (Tab. zur chron. Verteilung der eisenzeitlichen Kriegsbeuteopfer in den großen Mooren in 8, 65 Abb. 9; 77, 43 Abb. 19; 45, 46 Abb. 2; 99, 165 Abb. 33); im Moor von Kragehul wurde v. a. während der VWZ und der frühen MZ geopfert (Abb. 3).

Die Auswertung der W. erlaubt jetzt die Aufteilung der Massenfunde in einzelne große Niederlegungen, so für Illerup, Vimose (jetzt mit drei Niederlegungen) und z. B. Ejsbøl (mit mehreren Konzentrationen: Ejsbøl-Nord mit Waffen von 200 Mann und jetzt Ejsbølgård A [aus dem 1. Jh. v. Chr.], B [um Chr. Geb. und 1. Jh. n. Chr.], C [250–300], D [um 300 n. Chr.], E [um 300 n. Chr.], F [um 400 n. Chr.]). In Nydam sind inzw. die Reste von drei Booten ausgegraben. Die W. dort verteilen sich auf die Niederlegungen Ia (zerschlagenes Eichenboot aus dem frühen 3. Jh. n. Chr. mit Waffen), Ib (Kiefernboot aus dem frühen 4. Jh. mit Waffen), Ic (großes Eichenboot

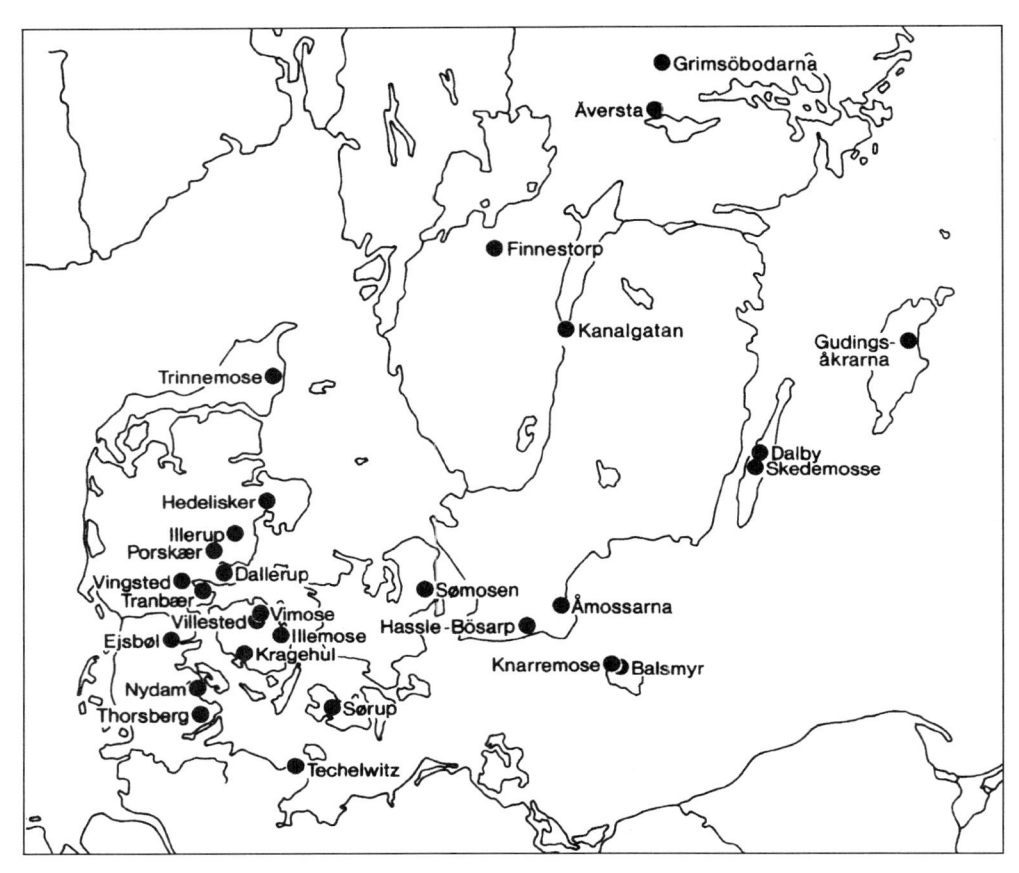

Abb. 3. Verbreitungskarte der Heeresbeuteopfer der jüng. RKZ im s. Skand. Nach Bemmann/Hahne (8, 64 Abb. 8 mit Tab. Abb. 9) und Müller-Wille (77, 36 Abb. 16)

von 350 n. Chr. mit Waffen), Id (großes W. spätes 4. und frühes 5. Jh.), II (100 Silberbeschläge von Schwertscheiden aus dem frühen 5. Jh.), III kleinere Deponierungen (1. Hälfte 5. Jh.), IV (rund 1 000 Gegenstände der Jahrzehnte von 450–475) (Abb. 4).

Diese Ausrüstungen von Heeren bis zu einigen 600 und mehr Kriegern werden gegenwärtig unterschiedlich gedeutet. Nachdem bis zu den modernen Grabungen auch die These vertreten wurde, daß diese Waffenansammlungen durch zahlreiche, sich ständig wiederholende Opferhandlungen zusammengekommen wären (48–50; dazu 45, 60; 70, 86 ff.), herrscht jetzt die These vor, daß es sich um wenige, aber umfangreiche Niederlegungen von Heeresausrüstungen nach einer Schlacht handelt. Die Waffen stammen entweder von Angreifern, die am Ort abgewehrt und besiegt wurden, oder es sind in siegreichem Kampf in der Ferne eroberte Waffenkomplexe, die nach Hause mitgenommen und nach einem Triumphzug geopfert wurden: „Die zurückgekehrten Heere brachten eroberte Kriegsbeute mit, die zum Abschluß des Siegesrituals im Moor geopfert wurden – der Triumf des Sieges" (54, 16), vergleichbar mit Darst. auf der → Trajanssäule oder dem Titusbogen (dazu 45, 60; 70, 88). Auf der Trajanssäule ist die eroberte Kriegsbeute am Fuß einer Figur aufgehäuft, die einen feindlichen, da-

Abb. 4. Waffenkonzentration aus Schwertklingen und großen Lanzenspitzen aus dem jüngsten Waffenopferfund Nydam IV über einer ält. Fundschicht mit Schildbrettern, Bögen, Lanzenschäften, Speeren und Pfeilen aus der jüng. RKZ. Nach Müller-Wille (78, 60 Abb. 67) und P. Vang Petersen (106a, 258 Abb. 101)

kischen Heerführer darstellen soll; so auch wie im Thorsberger Moor Kleidung, Helm und Kettenhemd einem ranghohen, führenden Krieger zuzuordnen sind (70, 88 f. mit Abb. 5, dazu 53). Eine weitere Erklärung ist, daß siegreiche Angreifer an Ort und Stelle des Sieges die Waffen geopfert haben. Zumindest sind die Waffen in allen drei Fällen Überreste einer milit. Niederlage. Schließlich wird angenommen, daß die Waffen zur Ausrüstung skand. Krieger gehörten, die von den Kämpfen im und für das Röm. Reich zurückgekehrt waren, die entweder als röm. Söldner oder als Teil der germ.

Streitkräfte im Kampf gegen die Römer teilgenommen hatten, wofür der erhebliche Anteil röm. Waffen sprechen könnte, und die bei ihrer Rückkehr versucht hatten, Land zu erobern (70, 89). Die Herkunft der Kriegerscharen wird aufgrund der unterschiedlichen Waffenformen erschlossen: Die leichten Waffen (Speere, Lanzen, Schilde) kamen anscheinend aus dem s. Norwegen oder dem ö. Schweden, aber auch vom Kontinent aus NW-Deutschland, während Schwerter röm. Produkte sind. Insgesamt sind diese großen Heeresbeuteopfer der Niederschlag von neuartigen polit.-milit.

Entwicklungen im w. Ostseegebiet, denn Moore waren – wenn man in einem See oder Moor opfern wollte – auch anderweitig vorhanden. Die Heeresbeute- oder auch Gefolgschaftsopfer kommen erst in der jüng. RKZ auf (17); sie fehlen noch in der RKZ Stufe B1, obwohl es schon → Fürstengräber als Grablegen einer neuen Elite gab.

Im Gegensatz zu den kelt. W.n wie Ribemont oder Gournay, bei denen massenhaft getötete Krieger mit geopfert wurden, sind in den germ. Mooropferplätzen gefallene oder getötete Krieger nicht nachweisbar.

Die wenigen, zuvor bekannten Niederlegungen führten früher zur Annahme, daß die großen Heeresbeuten von einem siegreichen Heer überregional für ganz Jütland geopfert wurden (31), d. h., die W. hätten je nach Kriegsausgang von Moor zu Moor gewechselt. Demgegenüber spricht die steigende Zahl der bekannten Niederlegungen jetzt für örtliche Opfer, d. h., in jedem Moor einer Kleinlandschaft wurde in verschiedenen zeitlichen Abständen geopfert. Die Moore sind keine ranggestaffelten Heiligtümer größerer Gemeinschaften oder Kultzentren weiter Gebiet, die später von regionalen, lokalen Opferplätzen abgelöst wurden; die Entwicklung geht nicht von großen Landschaftsheiligtümern zu einmaligen Individualopfern. Vielmehr hat jedes Moor mit seinen W.n seine eigene Gesch. Da die Heeresopfer von Kleinlandschaft zu Kleinlandschaft in Jütland, eingeschlossen von Fjorden, wechseln, kann daraus auf entspr. zahlreiche feindliche Überfälle und auf die Größenordnung der Kriegergruppen geschlossen werden. Diese Kleinlandschaften waren durch Langwälle an den Grenzen von Territorien (→ Grenze; → Wall/Wälle) zusätzlich gesichert, als Verteidigungsanlage und v. a. zur Kontrolle des Fernverkehrs, der Handelswege und dienten als eine territoriale Markierung. Die W. sind das Ergebnis totaler Siege über feindliche Angreifer; die Zahl der anders verlaufenden Kriege mit eigenen Niederlagen ist damit nicht zu erschließen. Der Inhalt der W. in den Mooren ist Ausdruck von Gegensätzen zw. Regionen, von strategischer Planung und übergeordneter Steuerung und Kriegführung, entweder zur Verteidigung gegen Angriffe von Übersee oder aber für eigene Expansionsbestrebungen (45, 63).

Mehrere W. mit einigen Teilen von Waffen, meist von der Schwertscheide und vom Reitzeug, sind in Schonen von den Plätzen Åmossarna, Fulltofta, Sjörup und Sösdala zu nennen, im w. Schweden von → Vännebö, Jönköping und Perstorp (76, 195). Auf Gotland gehört der Hort von → Stora Hammars mit 140 Pfeilspitzen zu dieser Gruppe (76, 195) (Übersicht 76, 196 mit Anm. 19 und Karte Fig. 9).

Herausragend wertvolle W. aus Schwertteilen, meist Scheidenbeschlägen, sind aus mehr als 20 Horten bekannt (31, 56). Aus Sösdala I sind aus der 1. Hälfte des 5. Jh.s mehr als 250 Beschläge aus Silber vom Reitzeug überliefert. In → Sjörup wurden rund 40 silberne Objekte, darunter 20 Beschläge, gefunden, Teile von Kriegerausrüstungen (→ Sösdala und Sösdala-Stil) (39, 76), in Nydam II rund 50 silberne und silbervergoldete Beschläge und in Ejsbøl II silbervergoldete Ortbänder und Gürtelschnallen, datiert in die 2. Hälfte des 5. Jh.s. Weitere derartige Horte aus dem 6. Jh. enthielten goldene Scheidenmundstücke oder goldene Ringpaare von Ringschwertern.

Parallel zu den Mooren mit großen W.n gibt es aus der jüng. RKZ und VWZ auch kleinere Opferplätze individuellen Charakters. Sie enthielten überwiegend nur Lanzen- und Speespitzen, eine besondere Kategorie, wie sie schon für die vorröm. EZ bezeugt ist. In Perstorp, Västergötland, waren Speerspitzen im Kreis angeordnet, wie auch in Gudingsåkrarna zur WZ (s. u.), datiert in die RKZ; in Nederedsten, Bohuslän lagen ein Schwert und 36 Speerspitzen der RKZ und MZ, in Gåsinge, Södermanland, waren es 30 Speerspitzen der RKZ bis MZ, auf Öland Dalby mit ca. 20 Speerspitzen und

Pferdeknochen der Zeit um Chr. Geb. und Dyemoss. In Stora Hammars, Lokrume, Gotland, lagen in 25 cm T. ca. 140 Pfeilspitzen aus Knochen (40, 73–76).

Weitere W. sind bei Hassle-Bösarp (101), Schonen, mit Gürtelteilen der VWZ, Reitzeug und Waffen der RKZ (40, 73), bei Finnestorp, Västergötland mit Schwertern und Zaumzeug belegt, und bei → Skedemosse ist schon eher von Heeresbeuteopfern zu sprechen (78, 38).

In Łubiana in Pommern wurden 27 Lanzen, außerdem auch hunderte von Fibeln aus der ält. und jüng. RKZ bis ins frühe 4. Jh. gefunden (vgl. auch Łagiewniki mit Karte Abb. 8: Mooropferplätze). Kleine W., v. a. mit Lanzen, sind für die RKZ und VWZ auch aus dem Baltikum (77, 37 f.) und in Polen (72) nachgewiesen. Im Balsmyrmose auf Bornholm (31, 92 Anm. 358; 45, 59) lagen zehn Speer- und vier Pfeilspitzen, drei Lanzenschuhe und Werkzeug.

Für das balt. Gebiet sind die W. aus dem Tira Moor, Rucava, mit zwei Schilden, hölzernen Lanzenschäften, einem Trinkhorn u. a. m. des 8. Jh.s zu nennen (40, 63). Weitere W. der RKZ/VWZ im ö. Ostseegebiet sind in (31, 93 Anm. 365; 78, 41 mit Karte Abb. 36), in NO-Polen in (78, 42, Karte Abb. 38; 66) vorgelegt, wobei die meisten aus Flüssen stammen, dazu gehören Schwerter, Lanzen und Sporen. In Polen sind die Funde aus der Noteć/Netze zu nennen, und auch weiter w. kommen W. aus der Oder, aus Ucker, Rednitz, Warnow, Peene und Tollense (Mecklenburg-Vorpommern). Vergleichbare Befunde aus einzelnen Waffen der EZ sind auch für die Flüsse und Gewässer in Schweden und Dänemark registriert worden.

g. Späte VWZ und MZ. Während der VWZ gibt es einige Befunde, die als W. interpretiert werden können. Eine Höhenstation des 4./5. Jh.s wie der Geißkopf bei Offenburg im s. Schwarzwald ruft den Eindruck hervor, daß sich hier ein Kultplatz befunden haben könnte. Denn zahlreiche Waffen, Teile von Schwertern, Lanzenspitzen und Äxte sowie spätröm. Militärgürtelbeschläge machen neben Werkzeug und Gerät den erstaunlich dichten Fundbestand auf der Kuppe dieses Berges aus (vgl. → Zähringer Burgberg) (44, 152 f.). Darunter sind Lanzenspitzen mit Widerhaken wie in den dän. Heeresbeuteopfern. Solche Formen lagen auch in dem Moorfund von Münchhof-Hornberg, Kr. Konstanz (44, Liste 7, Nr. 11), mit vier Lanzenspitzen. Der Komplex des 4. Jh.s wurde schon früher als „Weihefund nordgerm. Art" beschrieben (18, 112 Abb. 87).

W. des 5./6. Jh.s im sw. Ostseegebiet bestehen nach (31, 56 ff.; 76, 198 ff. mit Karten Fig. 11) meist aus einzelnen Schwertern, darunter oft höchst prachtvolle Stücke, die als Individualopfer zu werten sind. Westfinn. und ostbalt. W. aus dem 6.–8. Jh. sind ebenfalls zusammengestellt worden (40, 58. 63 f.). Lanzenfunde der MZ (5.–8.Jh.) als W. sind von Pässen und Höhenwegen in den Alpen bekannt (77, 28 und Karte Abb. 13).

h. KaZ und WZ. Während dieser Epochen wurden weiterhin Schwerter als Opfer in Mooren und Flüssen im sw. Ostseegebiet versenkt (nach 31; 76, 199 Fig. 12). Die Hälfte der Schwerter der WZ und des MAs, die von Dänemark bis Österr. in Mitteleuropa gefunden wurden, kommt aus Flüssen, Seen, Quellen und Mooren (78, 79) (→ Flußfunde). Schwerter sind aus Rhein, Schelde, Loire und Seine zusammengestellt worden und zuerst gedeutet als Ergebnis der Überfälle in den Landschaften, die von Normannen heimgesucht wurden (76, 200), während sie gegenwärtig als W. angesehen werden (s. u.).

W. auf festem Land bzw. in Mooren gibt es auf Gotland von Gane, Ksp. Bäl, mit zwei Dutzend Lanzen des 9./10. Jh.s, von Möllgårds oder Möllegårdsmosse, Ksp. Hörsne, mit mehr als 50 Lanzen des 8. und frühen 9. Jh.s (40, 73), von Lillmyr, Henriksdal, Ksp. Barlingbo, mit mehr als zehn verbogenen Schwertern und Schildbuckeln sowie Pfeilspitzen des 8.–10. Jh.s (40, 70. 72; 76, Fig. 7; 103, 266 Fig. 7; allg. Übersicht bei 76, 188 f. mit Karte Fig. 1; 103). In Uppland wurden in Estuna, Roslagen, 12 Lanzenspitzen und rund 250 Pfeilspitzen für Kampf und Jagd, alle unbeschädigt und manche noch nicht fertiggestellt, ein Typenspektrum des 7.–11. Jh.s, auf trockenem Boden unter Steinen nahe einer Kirche gefunden (76, 188 Anm. 9. 194).

Von Gudingsåkrarna, Vallstena, Gotland, sind zwei Fundkonzentrationen im Abstand von 500 m in einem Moorgelände untersucht (40, 73; 76, 190 Fig. 2 und 210 Fig. 21; 103, 263 ff.; 78, 77); von den rund 500 Lanzen- und Speerspitzen (darunter → Flügellanzen), zumeist verbogen und zerstört (76, Fig. 3 und 4; Zeitstellung nach Funden Tab. Fig. 6), steckten einige mit der Spitze schräg in der Erde, andere waren in einem Kreis gesteckt, viele waren beschädigt, abgebrochen oder verbogen. Es sind Formen der VZ und WZ, datiert vom 7.–11. Jh., die meisten stammen aus dem 9. Jh. Dazu gehören außerdem mehr als zehn Schwerter, Reiterausstattung und Werkzeug. Auch gibt es weitere W. dieser Art auf Gotland (s. o.) (78, 77).

In der Umgebung des Kulthauses von → Uppåkra in Schonen waren drei Konzentrationen von Waffen rund um dieses Kulthaus vergraben, insgesamt 300 Waffen (64, 38 ff. mit Fig. 25; 66, 113 f. Fig. 70 und 71), v. a. Lanzen- und Speerspitzen, Schildbeschläge, auch Teile eines Prunkhelmes (42, 232 Fig. 8; 65, 115 Fig. 72: Augenbrauenbeschlag; → Vendelzeit; → Helm). Die Lanzen- und Speerspitzen sind in die vorröm. EZ, überwiegend in die RKZ (Phase B 1 bis C3/D1) und in die VWZ datiert, außerdem die Schwerter in die WZ (42). Die Bedeutung dieser W. folgt aus der Kontinuität der Opferung. Das Kulthaus wurde über etwa 600–700 J. lang genutzt. Die Waffen wurden wahrscheinlich zuerst im Kulthaus aufgestellt und nach einem Triumph später als Akt symbolischer Tötung zerstört und dann verstreut vergraben (42, 237). Die begrenzte Anzahl der Waffen, die über einen langen Zeitraum niedergelegt wurden, zeigt jedoch auch, daß diese W. nur einen Teilaspekt der Handlungen an diesem Kultort ausmachten. In der Nachbarschaft von Uppåkra gibt es zeitgleiche Mooropferplätze wie Gullåkra, → Hassle-Bösarp und Onslunda (42, 235).

Im Zentral- und Handelsort Tissø (→ Tissø mit Plan Abb. 70) (55, 132 f. Fig. 78: Plan und 79: Waffen) sind W. im Wasser vor der Küstenlinie gefunden worden (78, 78 ff. mit Abb.). Die meisten Waffen gehören in die WZ, doch sind die ältesten Funde schon in die Zeit um 600 n. Chr. zu datieren: Schwerter, Äxte, Lanzenspitzen. Der Name Tissø hängt mit Tir bzw. Tyr, dem Gott des Kriegs zusammen.

Die 12 Schwerter des 8.–11. Jh.s aus dem Hafen von Haithabu wurden alle in der Scheide steckend geborgen und waren daher kein Kampfverlust, sondern wohl auch W. (27, 49).

§ 5. Flußfunde. Waffen wurden zu allen Zeiten seit der BZ in Flüsse versenkt (→ Flußfunde). Für einige Epochen wird die Deutung als Opfer, das im Wasser versenkt worden ist, akzeptiert. Für die jüng. Phasen seit der KaZ und im MA werden jedoch Waffen aus Flüssen nicht regelhaft kultisch als W. gedeutet, da in einer christl. Umwelt derartige Bräuche nicht mehr denkbar seien (zur chron. Gliederung der Gewässerfunde: 81; 77, 29 Abb. 12 Tab.).

Die Zahl von Schwertern und Lanzenspitzen des 8.–12. Jh.s, die in manchen Landschaften Mitteleuropas (S-Deutschland, Rhein und Donau) aus Flüssen geborgen wurden, ist auffallend hoch. Sie wurden einerseits zumeist als Ergebnis von Kampfhandlungen, von Unfällen wie Schiffs- und Fährunglücken, Verlust bei Furtübergängen oder als Hochwasserschäden gedeutet oder aber andererseits als Niederschlag eines bis weit ins hohe MA und gar in die Neuzeit, in christl. Epochen, reichenden Opferbrauches. Dieselben Erklärungsmuster wurden auch für derartige Flußfunde der LTZ und vorröm. EZ vorgeschlagen, ehe sich die Erklärung als W. durchsetzen konnte. Die Diskrepanz bleibt: Akzeptiert man Waffen in Flüssen während urgeschichtl. Epochen als W., dann muß dies auch für das MA diskutiert werden; oder bevorzugt man die These von den Unfällen, des Versenkens der Waffen durch Flüchtende oder schlicht als Kulturschutt für die jüng. Befunde, dann ist dies auch für die Urgesch. zu erwägen (29, 177 ff; 31, 100 ff.; 81, 303 ff.). Die Häufigkeit der Waffenfunde an bestimmten Plätzen und die Kontinuität, teils seit der BZ, spricht jedoch für W. von Gruppen, zumeist aber von Einzelpersonen. Welche Motivation hinter einem solchen W., dem Versenken eines Schwertes im Fluß, stand, bleibt jedoch unbekannt, ob die Opfergabe einer bestimmten Gottheit galt oder nur dem Vernichten der Waffe aus Tabugründen, z. B. nach einem Kampf oder einer Tötung.

Flußopfer sind z. B. in Mecklenburg-Vorpommern kontinuierlich von der vorröm. EZ bis in slaw. Zeit belegt (31, 97 ff.). Aus der Warnow bei Schwaan, Kr. Rostock, stammen drei Schwerter, vier Lanzenspitzen, eine Pfeilspitze und eine Axt aus der RKZ, dann fünf Schwerter und eine Lanze aus der VWZ bzw. MZ, später drei Schwerter, fünf Streitäxte und elf Lanzen aus der slaw. und frühdt. Zeit und außerdem auch neuzeitliche Waffen; aus der Warnow kamen an anderer Stelle auch Funde aus der BZ, fast ausschließlich Angriffswaffen (31, 92 Anm. 360. 99). Aus der Oder von Friedrichsthal bei Schwedt, Kr. Angermünde, kommen drei bronzene, vier silbervergoldete Scheidenbeschläge und ein silberner Schwertknauf aus dem 5. Jh. n. Chr. (31, 102). Sie entsprechen den Stücken von Nydam II, Ejsbøl II, Sjörup und Porskær. Für die Flüsse um Demmin sind Waffenkonzentrationen dokumentiert, Spatha und Sax der MZ, Bruchstücke von ma. und frühneuzeitlichen Schwertern sowie zahlreiche Lanzenspitzen, teils auch aus der MZ (31, 99). Von Lühesand in der Elbe bei Stade bilden Waffen der MZ, drei Schwerter und vier Lanzen das W. einer kleinen Gruppe von Kriegern (31, 56 f. 101).

Ein größerer Teil der → Ulfberht-Schwerter kommt aus Flüssen, ebenso zahlreiche Lanzen (→ Flügellanze) der KaZ und der WZ bzw. des MAs.

Bei zwei Brücken zur poln. Herrscherpfalz auf der Insel Ostrów Lednicki wurden bei arch. Forsch. unter Wasser zahlreiche Waffen und Reiterausrüstungen (Trensen, Sporen, Steigbügel) aus der 2. Hälfte des 10. und der 1. Hälfte des 11. Jh.s gefunden (35; 59; 110): mehr als 50 Lanzen- und Speerspitzen, 150 Streitäxte, teils mit Schaft, sieben Schwerter, ein Helm und ein Kettenhemd, auch Skelette getöteter und ertrunkener Pferde: Frk. und skand. Waffentypen sprechen für ausländische, v. a. skand. Söldner. Das Ganze wird als Ergebnis einer Schlacht im J. 1039 beim Angriff des böhmischen Hz.s Břetislav gedeutet, während der beide Brücken niedergebrannt wurden, worauf verkohlte Konstruktionselemente und Waffen hinweisen. Doch Waffenteile und Axtschäfte mit Feuerspuren sind auch für die LTZ und die RKZ/VWZ nachgewiesen, so daß also auch hier von W.n gesprochen werden könnte.

(1) A.-M. Adam, Dépôts d'armes dans les sanctuaires italiques de IVe au Ier siècle avant J.-C. (im Druck). (2) H. Ch. H. Andersen, Neue Unters. im Moor von Ejsbøl, in: [95], 246–256. (3) H. Baitinger, Waffen und Bewaffnung aus der Perserbeute in Olympia, Arch. Anz. 1999, 125–139. (4) Ders., Die Angriffswaffen aus Olympia, 2001. (5) H. Beck, Der Waffenfund vom Ringwall auf dem Wilzenberg bei Grafschaft, Kr. Meschede (Sauerland), in: Stud. aus Alteuropa 2 (Festschr. R. von Uslar), 1965, 135–141. (6) Ders. u. a. (Hrsg.), Germ. Religionsgesch. Qu. und Qu.probleme, 1992. (7) J. Bemmann, Ein Waffendepot der vorröm. EZ aus Ostholstein, in: Stud. zur Arch. des Ostseeraumes. Von der EZ bis zum MA (Festschr. M. Müller-Wille), 1998, 321–329. (8) Ders., G. Hahne,

Ältereisenzeitliche Heiligtümer im n. Europa nach den arch. Qu., in: [6], 29–69. (9) M. C. Bishop, J. C. N. Coulston, Roman Military Equipment from the Punic Wars to the Fall of Rome, 1993. (10) D. J. Blackman, Ship dedications in sanctuaries, in: Festschr. J. Schäfer zum 75. Geb., 2001, 207–212. (11) L. Bonnamour, Du silex à la poudre – 4 000 ans d'armament en val de Saône, 1990. (12) Ders., Arch. de la Saône. Le fleuve gardien de la mémoire, 2000. (13) J.-L. Brunaux, Die kelt. Heiligtümer N-Frankreichs, in: [39], 55–74. (14) Ders., P. Méniel, La résidence aristocratique de Montmartin (Oise) du IIIe au IIe s. av. J.-C., 1997. (15) L. Burckhardt u. a., Kriegsbeute, in: N. Pauly VI, 835–838. (16) S. Capini, G. de Benedittis, Pietrabbondante. Guida agli scavi arch., 2000. (17) C. von Carnap-Bornheim, Die germ. Gefolgschaft. Zur Interpretation der Mooropfer der jüng. RKZ in Südskand. Ein arch. Diskussionsbeitr., in: E. Straume, E. Skar (Hrsg.), Peregrinatio Gothica III, 1992, 45–52. (18) R. Christlein, Die Alam. Arch. eines lebendigen Volkes, 1978. (19) F. Coarelli, La Colonna Traiana, 1999. (20) C. van Driel-Murray. Wapentuig voor Hercules, in: N. Roymans, T. Derks (Hrsg.), De tempel van Empel. Een Hercules-Heiligdom in het woongebied van de Bataven, 1994, 92–107. (20a) M. Egg, Eisenzeitliche Waffenweihungen im mittleren Alpenraum, in: Kult der Vorzeit in den Alpen. Opfergaben – Opferplätze – Opferbrauchtum 2, 2002, 961–984. (21) Ders., G. Tomedi, Ein Bronzehelm aus der mittelbronzezeitlichen Depotfund von Piller, Gem. Fliess, in N-Tirol, Arch. Korrespondenzbl. 32, 2002, 543–560. (22) Ch. Fabech, Samfundsorganisation, religiøse ceremonier og regional variation, in: Dies., J. Ringtved (Hrsg.), Samfundsorganisation og regional variation. Norden i romersk jernalder og folkevandringstid, 1991, 283–303. (23) L. Fiedler, H. Hendler, Eine Fundkonzentration eiserner Waffen und Werkzeuge auf der Altenburg bei Römersberg, in: O.-H. Frey, H. Roth (Hrsg.), Stud. zu Siedlungsfragen der LTZ, 1984, 99–106. (24) A. P. Fitzpatrick, The Deposition of La Tène Iron Age Metalwork in Watery Contexts in Southern England, in: B. Cunliffe, D. Miles (Hrsg.), Aspects of Iron Age in Central Southern Brit., 1984, 178–190. (25) C. Flügel, J. Obmann, Waffen in Heiligtümern des Mithras, Journ. of Roman Military Equipment Studies 3, 1992, 67–71. (26) U. von Freeden, S. von Schnurbein (Hrsg.), Spuren der Jahrtausende. Arch. und Gesch. in Deutschland, 2002. (27) A. Furger-Gunti, Die Helvetier. Kulturgesch. eines Keltenvolkes, 1984. (28) J. Ganzert, P. Herz, Der Mars-Ultor-Tempel auf dem Augustusforum in Rom, 1996. (29) A. Geibig, Beitr. zur morphologischen Entwicklung des Schwertes im MA. Eine Analyse des Fundmaterials vom ausgehenden 8. bis zum 12. Jh. aus Slg. der Bundesrepublik Deutschland, 1991. (30) Ders., Die Schwerter aus dem Hafen von Haithabu, Ber. über die Ausgr. in Haithabu 33, 1999, 9–91. (31) H. Geisslinger, Horte als Geschichtsqu., dargestellt an den völkerwanderungszeitlichen und merowingerzeitlichen Funden des sw. Ostseeraumes, 1967. (32) Ders., Soziale Schichtung in den Opferdepots der VWZ, in: [51], 198–213. (33) B. Gladigow, Die Teilung des Opfers. Zur Interpretation von Opfern in vor- und frühgeschichtl. Epochen, Frühma. Stud. 18, 1984, 19–43. (34) P. Gleirscher, Rez. zu [73]: Ansammlungen latènezeitlicher Waffen im ö. Alpengebiet, Der Schlern 67, 1993, 249–252. (35) J. Górecki, Waffen und Reiterausrüstung aus Ostrów Lednicki – Zur Gesch. des frühen poln. Staates und seines Heeres, ZAM 29, 2001 (2002), 41–86 mit Gegendarst. von A. Kola, G. Wilke, ZAM 30, 2002 (2003), 213 f. (36) Th. Grane, Röm. Schriftqu. zur Geogr. und Ethnographie Germaniens, in: [95], 126–147. (37) A. und B. Hänsel (Hrsg.), Gaben an die Götter. Schätze der BZ in Europa, 1997. (38) A. Haffner, Allg. Übersicht, in: [39], 9–42. (39) Ders. (Hrsg.), Heiligtümer und Opferkulte der Kelten, 1995. (40) U. E. Hagberg, The Arch. of Skedemosse 2, 1967. (41) S. Hansen, Sacrificia ad flumina – Gewässerfunde im bronzezeitlichen Europa, in: [37], 29–34. (42) B. Helgesson, Tributes to be Spoken of. Sacrifice and Warriors at Uppåkra, in: L. Larsson (Hrsg.), Continuity for Centuries. A ceremonial building and its context at Uppåkra, southern Sweden, Uppåkrastudier 10, 2004, 223–239. (43) H.-V. Herrmann, Olympia. Heiligtum und Wettkampfstätte, 1972. (44) M. Hoeper, Völkerwanderungszeitliche Höhenstationen am Oberrhein. Geißkopf bei Berghaupten und Kügeleskopf bei Ortenberg, 2003. (45) J. Ilkjær, Dän. Kriegsbeuteopfer, in: [95], 44–65. (46) A. H. Jackson, Hoplites and the Gods: The Dedication of Captured Arms and Armour, in: V. D. Hanson (Hrsg.), Hoplites. The Classical Greek Battle Experience, 1991, 228–249. (47) P. Jaeckel, Pergamenische Waffenreliefs, Waffen- und Kostümkunde, Zeitschr. der Ges. für hist. Waffen und Kostümkunde 7, 1975, 94–122. (48) H. Jankuhn, Zur Deutung des Moorfundes von Thorsberg, Forsch. und Fortschritte 12, 1936, 202 und Die religionsgeschichtl. Bedeutung des Thorsberger Fundes, ebd., 365 f. (49) Ders., Die Entwicklung der Auffassung von der Bedeutung der großen Moorfunde, in: Festschr. H. Aubin zum 80. Geb., 1965, 41–53. (50) Ders., Nydam und Thorsberg. Moorfunde der EZ. Schleswig-Holsteinisches Landesmus. für Vor- und Frühgesch. in Schleswig, Wegweiser durch die Slg. H. 3, ^{15}1985. (51) Ders. (Hrsg.), Vorgeschichtl. Heiligtümer und Opferplätze in Mittel- und N-Europa, 1970. (52) J. Jensen, Danmarks Oldtid. Ældre Jernalder 500 f. Kr.–400 e. Kr., 2003. (53) L. Jørgensen, The „warriors, soldiers and conscripts" of the anthrop., in the Late Roman and Migration Period arch., in: B. Storgaard (Red.), Military Aspects of the Aristocracy in Barbaricum in the Roman and Early Migration Periods, 2001, 9–19. (54) Ders., Sieg und Triumpf. Der Norden im Schatten des Röm. Reiches, in: [95], 12–16. (55) Ders., Hov og hørg ved Tissø, in: T. Capelle, Ch. Fischer (Hrsg.), Ragnarok. Odins Verden (Silkeborg Mus.), 2005, 131–142. (56) E. Jørgensen, P. Vang Petersen, Das Nydam Moor. Neue Funde und Beobachtungen, in: [95], 258–284. (57) F. Kaul, Das Moor – das Tor zu einer anderen Welt, in: [95], 18–43. (58) Ders., Der Hjortspring-Fund. Das älteste große Kriegsbeuteopfer in N-Europa, in: [95], 212–223. (59) A. Kola, G. Wilke, Brücken vor 1 000 Jahren. Unterwasserarch. bei der poln. Herrscherpfalz Ostrów Lednicki, 2000. (60) W. Kubach, Vergraben, versenkt, verbrannt – Opferfunde und Kultplätze, in: A. Jockenhövel, W. Kubach (Hrsg.), BZ in Deutschland, 1994, 65–74. (61) E. Künzl, Waffendekor im Hellenismus, Journ. of Roman Military Equipment Studies 8, 1997, 61–89. (62) G. Kurz, Kelt. Hort- und Gewässerfunde in Mitteleuropa – Deponierungen der LTZ, 1995. (63) L. Larsson (Hrsg.), Continuity for Centuries. A ceremonial building and its context at Uppåkra, southern Sweden, Uppåkrastudier 10, 2004. (64) Ders., K.-M. Lenntorp, The Enigmatic House, in: [63], 3–48. (65) Ders., Kulthuset i Uppåkra, in: wie [55], 107–118. (66) F. Laux, Bronzezeitliche Funde aus Mooren, fließenden Gewässern und auf festem Boden, in: R. Busch u. a. (Hrsg.), Opferplatz und Heiligtum. Kult der Vorzeit in N-Deutschland, 2000, 131–151. (67) J. Lavrsen, Weapons in Water. A European sacrificial rite in Italy, Analecta Romana Instituti Danici 11, 1982, 7–25. (68) A. Lippert, Ein latènezeitlicher Opferplatz in Teurnia bei Spittal an der Drau, in: Ders., K. Spindler (Hrsg.), Universitätsforsch. zur prähist. Arch. 8, 1992, 285–304. (69) J. Lund, Wehe den Besiegten!, in: [95], 166–171. (70) U. Lund Hansen, 150 J. W.-Funde. Forsch. und Interpretation, in: [95], 84–89. (71) M. Maaß, Das ant. Delphi. Orakel, Schätze und Monumente, 1997. (72) T. Makiewicz, Waffen als Opfergaben in der vorröm. EZ und der RKZ in Polen, Offa 52, 1995, 133–148. (73) F. Müller, Der Massenfund von der Tiefenau bei Bern. Zur Deutung latènezeitlicher Sammelfunde mit Waffen, 1990. (74) Ders., Götter, Gaben, Rituale. Relig. in der Frühgesch. Europas, 2002. (75) Ders., G. Lüscher, Die Kelten in der Schweiz, 2004. (76) M. Müller-Wille, Opferplätze der WZ, Frühma. Stud. 18, 1984 („Opfer"-Kolloquium in Münster vom 3. bis 6. Oktober 1983), 187–221. (77) Ders., Heidn. Opferplätze im frühgeschichtl. Europa n. der Alpen. Die arch. Überlieferung und ihre Deutung, Ber. aus den Sitzungen der Joachim Jungius-Ges. der Wiss. e.V. Hamburg 7. H. 3, 1989. (78) Ders., Opferkulte der Germ. und Slawen, 1999. (78a) A. Neth, Zum Fortgang der Ausgr. in der zweiten Viereckschanze bei Nordheim, Kr. Heilbronn, Arch. Ausgr. in Baden-Württ. 1999, 2000, 75–79. (79) P. Nicklasson, Svärdet ljuger inte. Vapenfynd från äldre järnålder på Sveriges fastland, 1997. (80) L. Pauli, Einheimische Götter und Opferbräuche im Alpenraum, in: ANRW II, Principat 18/1, 816–871. (81) Ders., Gewässerfunde aus Nersingen und Burlafingen, in: M. Mackensen, Frühkaiserzeitliche Kleinkastelle bei Nersingen und Burlafingen an der oberen Donau, 1987, 281–312. (82) X. Pauli Jensen, Der Moorfund von Vimose, in: [95], 224–238. (83) J. Prins, The ‚fortune' of a late Roman officer. A hoard from the Meuse valley (Netherlands) with helmet and gold coins, Bonner Jb. 200, 2000 (2003), 309–328. (84) K. Raddatz, Zur Deutung der Funde von Latène, Offa 11, 1952, 24–28. (85) K. Randsborg, Hjortspring. Warfare and Sacrifice in Early Europe, 1995. (86) K. Rassmann, U. Schoknecht, Insignien der Macht – Die Stabdolche aus dem Depot von Melz II, in: [37], 43–47. (87) K.-F. Rittersdorfer, Forsch. am Dünsberg, Teil I: Vorber. zu den Ausgr. am Dünsberg 1999–2001, Ber. der Komm. für Arch. Landesforsch. in Hessen 6, 2000/2001, 125–133. (87a) H. Roth, Venetische Exvoto-Täfelchen aus Vicenza, Corso Palladio, Germania 56, 1978, 172–189. (88) N. Roymans, The sword or the plough. Regional dynamics in the romanisation of Belgic Gaul and the Rhineland area, in: Ders. (Hrsg.), From the Sword to the Plough, 1996, 9–126. (88a) Ders., Ethnic Identity and Imperial Power. The Batavians in the Early Roman Empire, 2004. (89) Ders., T. Derks, Der Tempel von Empel. Ein Hercules-Heiligtum im Batavergebiet, Arch. Korrespondenzbl. 23, 1993, 479–492. (90) Ch. Schlott, Zum Ende des spätlatènezeitlichen Oppidums auf dem Dünsberg (Gem. Biebertal-Fellinghausen, Kr. Gießen, Hessen), Forsch. Dünsberg 2, 1999. (91) P. J. Schjødt, Krieg, Staat und Ges., in: [95], 90–102. (92) U. Schoknecht, Ein früheisenzeitlicher Lanzenhort aus dem Malliner Wasser bei Passenthin, Kr. Wahren, Bodendenkmalpflege in Mecklenburg, Jb. 1973, 157–173. (93) J. Schulze-Forster, Forsch. am Dünsberg, Teil II: Kampf und Kult am Dünsberg. Zu den Funden der Ausgr. 1999–2001, in: [87], 135–146. (94) S. Schwenzer, „Wanderer kommst Du nach Spa…". Der Opferplatz von Berlin-Spandau. Ein Heiligtum für Krieger, Händler und Reisende, in: [37], 61–66. (95) Sieg und Triumpf. Der Norden im Schatten des Röm. Reiches, 2003. (96) S. Sievers, Die Waffen von Manching unter Berücksichtigung des Übergangs von LT C zu LT D, Germania 67, 1989, 97–120. (97) Dies., Armes et sanctuaires à Manching, in: J.-L. Brunaux (Hrsg.), Les sanctuaires celtiques et leurs rapports avec le monde mediterranéen, 1991, 146–155. (98)

U. Söder, Vorber. über die Ausgr. auf der Altenburg bei Niedenstein, Schwalm-Eder-Kr., Ber. der Komm. für Arch. Landesforsch. in Hessen 3, 1994/95, 37–46. (99) H. Steuer, Frühgeschichtl. Sozialstrukturen in Mitteleuropa. Eine Analyse der Auswertungsmethoden des arch. Qu.materials, 1982. (100) Ders., Kriegerbanden und Heerkönige – Krieg als Auslöser der Entwicklung zum Stamm und Staat im ersten Jt. n. Chr. in Mitteleuropa. Überlegungen zu einem theoretischen Modell, in: W. Heizmann, A. van Nahl (Hrsg.), Runica – Germanica – Mediaevalia, 2003, 824–853. (101) B. Stjernquist, Das Opfermoor in Hassle Bösarp, Schweden, Acta Arch. 44, 1973, 19–62. (102) G. Tagliamonte, Dediche di armi nei santuari sannitici, Cuadernos de Prehistoria y Arqueología Universidad autónoma de Madrid (CuPAUAM) 28–29, 2002–2003, 95–125. (103) L. Thålin-Bergman, Järn och järnsmide för hemmabruk och avsalu, in: Gutar och vikingar, 1983, 255–280. (104) H. Thrane, Europæiske forbindelser. Bidrag til studiet af fremmede forbindelser i Danmarks yngre broncealder (per. IV–V), 1975. (104a) G. Tomedi, Der bronzezeitliche Schatzfund vom Piller (Gem. Fließ, N-Tirol), 2004. (105) M. Trunk, Das Traiansforum – Ein „steinernes Heerlager" in der Stadt?, Arch. Anz. 1993, 285–291. (106) M. Tschurtschenthaler, U. Wein, Das Heiligtum auf der Pillerhöhe und seine Beziehung zur Via Claudia Augusta, in: E. Walde (Hrsg.), Via Claudia. Neue Forsch., 1998, 227–259. (106a) P. Vang Petersen, Der Nydam-III- und Nydam-IV-Fund. Ausgrabungen völkerwanderungszeitlicher Waffenopfer durch das Nationalmus. Kopenhagen in den J. 1984, 1989 bis 1992. Ein Vorber., in: G. Bemmann, J. Bemmann, Der Opferplatz Nydam. Die Funde der ält. Grabungen Nydam I und Nydam II, 1998, 241–265. (107) T. Völling, W. und Waffenbeigabensitte in der frühgerm. Welt, in: Arch. Forsch. in urgeschichtl. Siedlungslandschaften (Festschr. G. Kossack), 1988, 559–576. (108) L. Wamser (Hrsg.), Die Römer zw. Alpen und Nordmeer. Zivilisatorisches Erbe einer europ. Militärmacht. Kat.-Handb., 2000. (109) R.-M. Weiss, Prähist. Brandopferplätze in Bayern, 1997. (110) G. Wilke, Arch. unter Wasser. Unters. der slaw. Brücken im Lednica-See bei der Insel Ostrów Lednicki, in: wie [7], 195–203. (111) R. Wyss u. a., Gewässerfunde aus Port und Umgebung. Kat. der latène- und römerzeitlichen Funde aus der Zihl, 2002. (112) W. Zanier, Eine Oberammergauer Passion im J. 15 v. Chr.?, Das arch. J. in Bayern 1994, 1995, 97–100. (113) Ders., Der Alpenfeldzug 15 v. Chr. und die augusteische Okkupation S-Deutschland, in: [108], 11–17 und 315 Nr. 9.

H. Steuer

Waffenrecht. Während das neuzeitliche ius armorum das Recht der Landesherren auf Unterhalt einer Armee bezeichnete, wurde W. von Fehr als Beschreibung eines hoch- bzw. spätma. (Ehren-)Rechts neu definiert, auch in Friedenszeiten bewaffnet zu sein (Waffenfähigkeit) und durch Waffengebrauch in → Fehde, Zweikampf und Selbsthilfe (→ Gerüfte) das eigene Recht durchzusetzen (32, 111 ff.). Fragt man aber nach juristischen Regelungen der Frühzeit, die Waffen betreffen, kann man auch für die germ. Zeit auf diese Definition abstellen. Wer über Waffen verfügt, stärkt seine Position. Sind Waffen in der Ges. vorhanden, verleiten sie die Menschen dazu, Konflikte zu beginnen und gewaltsam zu werden. Verbietet die Obrigkeit den Waffenbesitz, stärkt sie den inneren Frieden und gewährt sich selbst einen Machtvorsprung.

In Rom hatte Augustus durch die lex Iulia de vi nicht nur die gewaltsame Durchsetzung von Ansprüchen, sondern alle Wege außerhalb des Gerichts für unrechtmäßig erklärt (vgl. D. 48,7,17, Callistratus; 29, 65 ff.). Zur Verteidigung gegen solche Forderungen sei der Waffengebrauch ebenfalls unzulässig (C. 4.10,9 pr, Diocletian/Maximian, a. 294). Neben diesen Tatbeständen der *vis publica* wurde das Gesetz als *lex Iulia de vi privata* auch allg. auf Waffenbesitz bezogen, welcher grundsätzlich verboten wurde. Nur zum Zweck der Jagd, auf dem Land oder bei einer Seereise (D. 48,6,1 Marcian) bzw. zur Verteidigung (D. 42.1,27 Ulpian; D. 48,6,11,2 Paul) war das Tragen von Waffen gestattet. Der *imperator* garantierte die Rechtssicherheit der Bürger und konnte daher Waffen grundsätzlich verbieten. Auch im nachklass. Recht blieb dies bekannt (Pauli Sententiae 5,26,3).

In auffälligem Kontrast hierzu steht, daß die Germ. ihre Waffen selbst bei den Volksversammlungen trugen und durch ihr Zusammenschlagen abstimmten (27, c. 11; 30, I, 340). Ihre Stellung im Volk wurde also durch die Waffen bestimmt, die dadurch einen hohen Symbolwert erhielten. Durch die Aufnahme der Waffen (später *swertnâme* oder *swertleite,* in der Historiographie meist ‚Wehrhaftmachung') wurden junge Männer zu Kriegern (27, c. 13). Wurde das Schwert nicht vom Vater gegeben, entstand eine adoptionsähnliche Verbindung mit dem Gebenden (→ Waffensohn), die insbesondere zu Kg. gesucht wurde (5, IV,2; 25, I,23). Ohne Waffen öffentlich erscheinen zu müssen, war eine Schmach (28, IV,64). Mit der Wehrhaftmachung entstanden die Pflicht zur Verteidigung des Volkes und die Möglichkeit der Durchsetzung von Forderungen durch Selbsthilfe. Als Soldaten des röm. Heeres konnten germ. Krieger ihre Waffen im Reich behalten.

364 bestätigten → Valentinian I. und → Valens das allg. Verbot der Waffen im Reich (Cod. Theod. [6] 15,15,1 = C. 11,47,1 a. 364). Das Verbot von 431, jedenfalls in Kirchen keine Waffen zu tragen, zeigt, daß es sich zu dieser Zeit nur noch schwer durchsetzen ließ (Cod. Theod. [6] 9,45,4,3 = Brev 9,34,1 = C. 1,12,3, Theodosius/ Valentinianus, a. 431). Schon 440 erlaubte Valentinian dann wegen der drohenden Invasion Geiserichs allg. das Tragen von Waffen, um damit das Reich zu verteidigen (Nov. Val. c. 9, a. 440); eine ähnliche Bestimmung erließ Ks. Maioranus (Nov. Majoriani, c. 8). Jeder Freie durfte daher für sich entscheiden, ob er Waffen tragen wollte. Die Gesetzgeber interessierten sich nicht mehr dafür, ob man Waffen tragen durfte, sondern wer und unter welchen Umständen.

Wann und wie Waffen geführt wurden, findet sich in den RQu. nur selten. Dies war eher eine Frage der Etikette und nur dann eine Frage des Rechts, wenn das Fehlverhalten strafrechtliche Dimensionen annahm. Wir sind daher nur bruchstückhaft über die Regeln des Waffentragens informiert. Die Waffen wurden nicht einmal bei Gelagen abgenommen, obgleich dies gefährliche Situationen schuf (25, I,24; 11, VII,47 ff.). Die folgenden, thematisch, nicht zeitlich oder geogr. geordneten Beispiele sollen mögliche Aspekte juristischer Relevanz der Waffen andeuten, dürfen aber nicht als dogmatisch kohärente Synthese verstanden werden.

Die ält. Lit. lehrte, daß das W. nur Freien zustand (30, I, 400 f.). Dies ist insoweit unrichtig, als Unfreie im Heerzug bewaffnet wurden (30, I, 471) und durch ihren Waffendienst als *pueri regis* geradezu einen besonderen Stand erringen konnten. Die Dichotomie von frei–unfrei ist problematisch in einer Zeit, in der es vielfältige Zwischenformen gab und Unfreie, die in einem besonderen Näheverhältnis zum Kg. standen, durch ein höheres Wergeld geschützt wurden. Anstelle einer solchen modernen abstrakten Kategorisierung wird man vielleicht auf das W. abstellen können, um die Stellung in der Ges. zu ermessen. Die allmähliche Rücknahme des W.s für Bauern ab dem 12. Jh. zeigt deren schwindenden sozialen Status (Reichslandfriede von 1152 [8, Nr. 140] c. 12; 33, 99; Waffenverbote ab dem 12. Jh.: 35, 222). Welche Waffen getragen werden durften, diente auch als Zeichen sozialer Differenzierung (L. Ahistulfi [20] c. 2 und c. 3; Hirðskrá [13], 35).

Waffen dienten zunächst der Verteidigung des Landes. Der Waffenträger hatte die Pflicht, dem Waffenruf zu folgen (L. Vis. [24] IX,2,9; L. Cham. [18] 34 und 37; 30, I, 409; welche Waffen: 36, 541. 545). Jedes J. prüften die Franken im ‚Märzfeld' den Zustand der Waffen ihrer Krieger (30, I, 340 f.). Wer seine Waffen nicht gepflegt hatte, konnte bestraft werden (11, II, 27). Die zum Führen der Waffe nötigen Finger bzw. die Hand wurde teilweise rechtlich bes. geschützt (L. S. [22] 47 § 4 und 5; L. Alam. [16] LVII,53; L. Bai. [17] IV,11). In Skand. behielten die Bauern bis zum hohen MA die Pflicht, zur Verteidigung der Heimat Waffen zu unterhalten (→ Bonde § 2). Ein Kg. hingegen, der u. a. die Waffen nicht mehr führen konnte, durfte gestürzt werden (L. Bai. [17] II.9 = L. Alam. [16] XXXV,1).

Waffen gaben die Möglichkeit, die eigenen Rechte zu verteidigen und Selbsthilfe durch Fehde zu üben (30, I, 401). Wer in England die Waffen abgab, zeigte damit das Ruhen der Fehde an (Alfred [1] § 38.42). Erforderlich war dann nur, möglichst rasch und umfassend die Rechtmäßigkeit des eigenen Vorgehens deutlich zu machen (→ Verklarung). Mit Waffen konnte man im Zweikampf die Rechtmäßigkeit eigener Rechtspositionen nachweisen (L. Grimvaldi c. 4 [20]) bzw. sich durch das Angebot eines solchen Zweikampf vor dem Kg. gegen eine Pfändung schützen (L. Rib. [21] 32.4 und 67.5). Die Waffen und ihr drohender Gebrauch untermauerten damit die Glaubwürdigkeit des Kriegers, auch bei einem Schwur (L. Alam. [16] XLIV und LXXXVI; L. Sax. [23] c. 8; L. Bai. [17] XVII,6; E. Roth [20] c. 366; 30, II, 546 f.; dazu 31, 570).

Verschiedentlich wurde dem Umgang mit Waffen eine juristische Bedeutung zugemessen. Das Verschenken von Waffen konnte ein Symbol der Kommendation sein (34, 434), doch betonte die L.Vis., daß der Beschenkte nicht die Freiheit verlor, seinen Dienstherrn zu wechseln (L. Vis. [24] V,3,1 bei *patrocinium* und V,3,2 bei *saiones*). Wer seine Waffe verlieh, konnte für die damit vollzogene Tötung haftbar gemacht werden (E. Roth. [20] c. 307 und c. 308; Alfred [1] § 17.19; Erich [7], Buch III, 13). Bereits das Zücken einer Waffe durfte als Angriff gewertet werden. Es machte bußpflichtig, auch wenn niemand verletzt wurde (L. Gundobada [19] c. 37; L. Sax. [23] c. 8; Hlothaere-Eadric [14] 13 und 14; Alfred [1] § 36.39). Wer mit gezücktem Schwert in ein Haus zog, konnte zur Verteidigung straflos getötet werden (L. Vis. [24] VI,4,2).

Bei den Alamannen war es verboten, im Hof des Bf.s oder des Priesters Waffen zu tragen (L. Alam. [16] IX und X). Wer bei den W-Goten Kirchenasyl suchte, verlor dies, wenn er die Waffe zückte (L. Vis. [24] IX,3,1 und 3,2). Nicht das Tragen von Waffen, sondern deren drohender Gebrauch wird hier sanktioniert. In England wurde ebenso erst das Schwingen der Waffe vor einem Bf., nicht bereits das Tragen, als ungehörig angesehen (Alfred [1] § 15.15).

Karlmann verbot allen Geistlichen, Waffen zu tragen (Cap. 10, c. 2, a. 742 [3, 25]; ebenso Pippin Cap. 16, c. 16, [3, 41]; Ben. Lev. [2] III,123 und III,398). Erneut wurde an das Verbot, Waffen in der Kirche mit sich zu führen, erinnert (Ben. Lev. [2] III,278; Graugans [10], XV,263). Unter Ludwig dem Frommen wurden Bußen mit abgelegten Waffen öffentlich bekundet (Cap. 193, c. 3, a. 829 [4, 18]; ferner Agobard c. 198 a. 833, 4, 57]).

Karl der Große verbot es nach 803, Waffen zu den Gerichtsversammlungen mitzubringen (Cap. 67, c. 1, [3, 156]; erneuert im rheinfrk. Landfrieden von 1179, c. 14 [8, Nr. 277]). In Skand. blieb jedoch das ‚Waffenthing' erhalten (Hakonarson [15], Thingfahrt 5.1, 5.3 und 12; Gulathing [12], VIII. Odelseinlösung 267 und IX. Wehrordnung 309; Frostothing [9] X,3). Allg. untersagte Karl der Große das Tragen von Waffen in der Heimat zu Friedenszeiten (Cap. 44, c. 5, [3, 123]; Ansegis III c. 4 [3, 425]; Ben. Lev. [2] I,247 und II,271; 36, 437 und 510). Damit setzte er sich nicht dauerhaft durch. Temporäre und personelle Verbote von Waffen wurden durch die Gottes- und Landfrieden vorgenommen. Wer trotz geschworenen Friedens Waffen trug, sollte nach dem Sachsenspiegel wie bei der → Handhaften Tat mit Ächtung bestraft werden (Ssp. [26] II,71 § 2).

Qu.: (1) Alfred, hrsg. von K. A. Eckhardt, Leges Anglo-Saxonum 601–925, 1958, 72–135. (2) Benedicti Capitularia, hrsg. von G. H. Pertz, MGH LL II, 1837 Nachdr. 1965, Anhang 17–158. (3) Cap. regum francorum, hrsg. von A. Boretius, MGH Cap. I, 1881. (4) Cap. regum francorum, hrsg. von A. Boretius, V. Krause, MGH Cap. II, 1897. (5) Cassiod. var., hrsg. von Th. Mommsen, MGH AA 12, 1894 Neudr. 1981. (6) Cod. Theod., hrsg. von Th. Mommsen, I/2, 1905. (7) Erichs seeländisches Recht, übs. von C. Frhr. von Schwerin, Dän. Rechte, Germ.rechte 8, 1938, 1–156. (8) Friderici I. Constitutiones, hrsg. von L. Weiland, MGH Const.

I, 1893. (9) Frostopingsbók, übs. von R. Meißner, Norw. Recht, Das Rechtsbuch des Frostothings, Germ.rechte 4, 1939. (10) Graugans, übs. von A. Heusler, Germ.rechte 9, 1937. (11) Greg. Tur., Zehn Bücher Gesch., Ausgewählte Qu. zur dt. Gesch. des MAs 2–3 (Frhr. vom Stein Gedächtnisausg.), bearb. von R. Bucher 1, ⁸2000; 2, ⁹2000. (12) Das Gulathingsbuch, übs. von R. Meißner, Germ.rechte 6, 1935. (13) Hirðskrá, übs. von R. Meißner, Das norw. Gefolgschaftsrecht, Germ.rechte 5, 1938. (14) Hlothaere-Eadric, hrsg. von K. A. Eckhardt, Leges Anglo-Saxonum 601–925, 1958, 40–45. (15) Landrecht des Kg. Magnus Hakonarson, hrsg. von R. Meißner, Germ.rechte NF 2, 1941. (16) L. Alam., hrsg. von K. Lehmann, Neuaufl. K. A. Eckhardt, MGH LL nat. Germ. V/1 1966. (17) L. Bai., hrsg. von E. Schwind, MGH LL nat. Germ. V/2, 1926. (18) L. Cham., hrsg. von K. A. Eckhardt, Die Gesetze des Karolingerreiches 714–911, Germ.rechte 2, 1934, 50–59. (19) L. Gundobada, hrsg. von F. Beyerle, Gesetze der Burgunden, Germ.rechte 10, 1936. (20) L. Lang., hrsg. von F. Beyerle, Die Gesetze der Langob., 1947. (21) L. Rib., hrsg. von K. A. Eckhardt, Die Gesetze des Karolingerreiches 714–911, Germ.rechte 2, 1934, 138–207. (22) L. S., hrsg. von K. A. Eckhardt, L. S. 100 Titel-Text, Germ.rechte NF, 1953. (23) L. Sax., hrsg. von K. A. Eckhardt, Die Gesetze des Karolingerreiches 714–911, Germ.rechte 2, 1934, 16–33. (24) L. Vis., hrsg. von K. Zeumer, MGH LL nat. Germ. I, 1902. (25) Paul. Diac., hrsg. von L. Bethmann, G. Waitz, MGH SS rer. Lang., 1878, Nachdr. 1988, 12–187. (26) Ssp., hrsg. von K. A. Eckhardt, Ssp. Landrecht, Germ.rechte NF, 1955. (27) Tac. Germ., erl. von R. Much, hrsg. von W. Lange, ³1967. (28) Tac. hist., übs. von K. F. Bahrdt, hrsg. von H. Conrad, Tac. Hist. und Ann. 2, 1918.

Lit.: (29) A. Bürge, Zw. Eigenmacht und Recht: Zur Praxis der *lex Iulia de vi (privata)* von Seneca bis Mark Aurel, in: Iurisprudentia universalis (Festschr. T. Mayer-Maly), 2002, 65–84. (30) Grimm, Rechtsalt. (31) Brunner, DRG II. (32) H. Fehr, Das Waffenrecht der Bauern im MA, ZRG GA 35, 1914, 111–211 und ZRG GA 38, 1917, 1–114. (33) Ders., Dt. Rechtsgesch., ⁶1962. (34) R. Schröder, E. Frhr. von Künßberg, Lehrb. der dt. Rechtsgesch., ⁷1932. (35) C. Frhr. von Schwerin, Grundzüge der dt. Rechtsgesch., ²1941. (36) G. Waitz, Dt. Verfassungsgesch. 4, ²1885.

M. Schmoeckel

Waffensohn. Die Waffensohnschaft zählt zu den künstlichen → Verwandtschaften. Sie unterscheidet sich dadurch von der Zieh- oder Pflegesohnschaft *(fosterage)* (→ Vormundschaft), daß Zieh- oder Pflegeväter zumeist niederen Ranges als das Pflegekind waren, während der W. vom Adoptivvater zumindest in der Theorie abhängig wurde (10, 363 f.). Die besondere Aufgabe eines Ziehvaters war es, den jungen Mann ‚anstelle des Vaters' das Waffenhandwerk zu lehren, wie es von → Alarich I. berichtet wird (11, 150). Die Annahme, bereits → Tacitus meine die Waffensohnschaft, berücksichtigt nicht den Wortlaut der Stelle, die besagt: Das Recht des Waffentragens werde auf der → Volksversammlung verliehen, wobei einer der Fürsten, der Vater oder die Blutsverwandten dem jungen Mann Schild und → Framea übergeben (6, c. 13,1). Das gleiche gilt für den beliebten, jedoch wegen des rund 700jährigen Zeitunterschieds bedenklichen Vergleich zw. Tacitus und → Paulus Diaconus. Dieser berichtet nämlich von → Alboin († 572/73), er habe nach langob. Brauch nicht eher „unter die Tischgenossen seines Vaters → Audoin († 558) Aufnahme gefunden, als bis er vom König eines fremden Volkes die Waffen erhalten hatte" (9, 153, zu 4, I,23 f.). Keine der beiden Stellen berichtet jedoch vom Vollzug einer Adoption, was mit der Beobachtung von H. Kuhn übereinstimmt, diese Einrichtung sei bei den Germ. erst unter röm. Einfluß bekannt geworden (→ Adoption S. 84). Im röm. Sinne ist von Adoptionen allerdings bei Paulus Diaconus sehr wohl die Rede. Der Exarch Gregor verspricht dem forlanischen → *dux* Taso (nach 611) die übliche rituelle Bartschur, um ihn zu adoptieren. Er läßt ihn in einen Hinterhalt locken, töten und rasiert das abgetrennte Haupt des Unglücklichen, um sein Versprechen dem Wort nach zu halten. → Karl Martell sandte um 737 seinen zweiten Sohn → Pippin den Jüngeren zum Langobardenkg. → Liutprand, der „durch das Abschneiden der Haare sein Vater wurde". Nach Kuhn handelte es sich dabei um eine „Scheinadoption, die es möglich machte, ein Kind aus der väterlichen Vormundschaft zu lösen" (→ Adoption S.

84; 8, 184 f., zu 4, IV,38 und VI,53). In beiden Fällen ist die interregnale Anwendung der röm.-rechtlichen *capillatura* oder *barbartoria* gemeint. Es war aber auch erst (ost)röm. Staatsklugheit, die die ‚barbarische' Waffensohnschaft geschaffen hat. Die *adoptio per arma*, die Annahme eines W.s, bezeichnet zwar → Cassiodor als ein *inter gentes praeconium* und einen *mos gentium* (1, IV,2,1 f.), Beispiele sind aber ausdrücklich allein für die oströmische Barbarenpolitik vom Ende des 5. Jh.s an und für die → Ostgoten, ihre gelehrigsten Schüler, bezeugt, die damit ihre Beziehung zu Byzanz wie zu anderen *gentes* zu regeln suchten. Merow. und westgot. Adoptionen sind zwar auch bekannt, doch fehlt das eindeutige *filius per arma* bzw. *armis factus* der byz. und ostgot. Qu. (7, 54 Anm. 125 und 127). Die ältesten zeitgenössischen Zeugnisse betreffen daher → Theoderich den Großen, seinen herulischen W. → Rodulf und seinen Schwiegersohn Eutharich (→ Amaler).

In der 2. Hälfte des J.es 476 nannte Ks. Zenon den Gotenkg. Theoderich seinen Freund und machte ihn zum *patricius* und obersten → Heermeister. Frühestens damals könnte der Ks. den Gotenkg. nach gentilem Brauch als W. adoptiert haben (7, 28 ff. und 11, 271, zu 3, 289). Theoderich selbst nahm anscheinend nach kaiserlichem Vorbild um 507 den Herulerkg. Rodulf zum W. an und sandte ihm nach barbarischer Sitte Pferde, Schilde und anderes Kriegsgerät. Die beiden Gesandten, die Rodulf das lat. Begleitschreiben *patrio sermone* ‚verdeutschten', sagten dem Kg., er werde nun „unter den Völkern den ersten Platz einnehmen". Davon hatten die → Heruler allerdings wenig, als sie – wohl bereits um 508 – gegen die → Langobarden kämpfen mußten. Die Heruler wurden von ihren früheren Knechten vernichtend geschlagen; Theoderich konnte nichts tun, außer einem Teil der Überlebenden – sein W. fiel in der Schlacht – polit. Asyl anzubieten (11, 318, zu 1, IV,2,1 ff., die dort gebotene Datierung 507/11 wird man eher auf 507/08 einschränken). Im J. 515 hatte Theoderich den westgot. Amaler Eutharich mit seiner Erbtochter → Amalaswintha verheiratet und ihn gleichzeitig zum Nachfolger designiert. Nachdem Justinus I. (518–527) die Herrschaft angetreten hatte, erkannte der neue Ks. Theoderichs Nachfolgeordnung an. Dabei wurde Eutharich von Justinus ‚nach barbarischer Sitte' als W. adoptiert, erhielt das röm. Bürgerrecht und trat als Flavius Eutharicus Cilliga 519 – mit dem Ks. gemeinsam, aber vor ihm genannt – das Konsulat an. Die Legitimierung von Theoderichs Nachfolger umfaßte alle Elemente von dessen eigenem flavischen Kgt., nämlich Zugehörigkeit zu den Amalern, Designation durch den Vorgänger, Adoption durch den Kaiser, Verleihung von Bürgerrecht und Konsulat. Versuche Athalarichs und → Totilas an diese Tradition anzuschließen, scheiterten (11, 328 f. und 7, 29–31, zu 1, VIII,1,3 f.). Als Amalaswintha Ende 526 den Amaler Tuluin zum vizekgl. *patricius* des Westens und *senator* ernannte, schien es ihr nötig, ihm das Beispiel eines sagenhaften Gesimunds vorhalten zu lassen, der als amalischer W. hätte Kg. werden sollen, doch die Herrschaft für die echten Kg.skinder bewahrte. Die Beschwörung der amalischen Tradition wie Solidarität blieb erfolglos. Tuluin zählte bald zu den gefährlichsten Feinden Amalaswinthas und wurde von ihr 533 beseitigt (11, 255 und 335, zu 1, VIII,9,8). Die 533/51 entstandenen *Getica* des → Jordanes (12, 208) berichten, der Theoderich-Vater Thiudimir habe 467/68 in der Nähe des Plattensees → Hunimund, den Kg. der nordpann. → Sweben, samt seinem Heer gefangen. Um wieder freizukommen, ließ sich der Swebenkg. zum W. Thiudimirs machen, hielt jedoch die darin eingegangene Verpflichtung in keiner Weise ein. Schon 469 standen die Sweben mit anderen Völkern in der Schlacht an der → Bolia gegen die O-Goten (11, 264 f., zu 3, 274 ff.) (→ Goten § 13). Ob der span. Swebenkg. Remismund 465 der W. Theoderichs

II. wurde oder nur Waffen als Zeichen der Anerkennung ohne Adoption erhielt, kann nicht entschieden werden. Die *Getica* erwähnen bloß die Anerkennung des Swebenkg.s in untergeordneter Stellung, während → Hydatius zwar die Waffenleihe erwähnt, aber nichts von einer Adoption sagt (7, 54 Anm. 127 und 11, 206, wo die Waffensohnschaft für möglich gehalten wird, zu 3, 234 und 2, 226).

Die *adoptio per arma* „stellte eine Verbindung der bei den Germanen seit alters gebräuchlichen ehrenden Waffengaben mit Elementen des römischen Adoptionsgedankens dar. ... Die Aufnahme der Waffensohnschaft in das Instrumentarium kaiserlicher Barbarenpolitik zeigt die Fähigkeit der oströmischen Diplomatie, unter Berücksichtigung einer fremden Mentalität und bei strikter Wahrung des eigenen Standpunktes flexibel auf neue Situationen zu reagieren" (7, 39). Die aktuell überlieferten Fälle von Waffensohnschaft stehen daher in der Spannung zw. behauptetem allg. gentilen Brauch und bezeugter Beschränkung auf die byz. und ostgot. Überlieferung, zw. hohen polit. Erwartungen und tatsächlicher Bedeutungslosigkeit. In bezeichnender Weise diskutiert → Prokop von Caesarea den Wert der barbarischen Waffensohnschaft für die oström. Politik, allerdings am Beispiel der oström.-pers. Beziehungen. Eine derartige Adoption verpflichtete wie andere *foedera* (→ foederati) auch zu nichts. War es vorstellbar, daß ein amalischer W. das Gotenreich erbte, konnte ein W. des *Augustus* das Römerreich – abgesehen von der praktischen Unmöglichkeit einer solchen Herrschaftsübertragung – auch in der Theorie nicht erben, weil er durch die *adoptio per arma* kein erbberechtigter Ks.sohn wurde (7, 33, zu 5, I,11,19 ff.).

Qu.: (1) Cassiodor, Variae epistolae, hrsg. von Th. Mommsen, MGH AA 12, 1894. (2) Hydatus Lemicus, Continuatio chronicorum Hieronymianorum, hrsg. von Th. Mommsen, MGH AA 11, 1894, 1 ff., oder hrsg. von A. Tranoy, SC 218/19, 1974. (3) Iordanes Getica, hrsg. von Th. Mommsen, MGH AA 5, 1, 1882, 53 ff. (4) Paul. Diac., hrsg. von L. Bethmann, G. Waitz, MGH SS rer. Lang., 1878, 12 ff. (5) Procopius, De bello Persico I–II. De bellis libri VIII, Werke 2–4, hrsg. von O. Veh, 1966, 1970, 1971. (6) Tac. Germ., hrsg. von M. Winterbottom, 1975.

Lit.: (7) D. Claude, Zur Begründung familiärer Beziehungen zw. dem Ks. und barbarischen Herrschern, in: E. K. Chrysos, A. Schwarcz (Hrsg.), Das Reich und die Barbaren, 1989, 25–36. (8) M. Diesenberger, Hair, sacrality and symbolic capital in the Frankish kingdoms, in: R. Corradini u. a. (Hrsg.), The Construction of Communities in the Early MA, 2003, 173–212. (9) Much, Germania. (10) Wenskus, Stammesbildung. (11) H. Wolfram, Die Goten. Von den Anfängen bis zur Mitte des 6. Jh.s, ⁴2001. (12) Ders., Got. Stud. Volk und Herrschaft im frühen MA, 2005.

H. Wolfram

Wagen und Wagenbau, Wagengrab

§ 1: Vorgeschichte, Allgemein – § 2: Spät- und Endneolithikum – § 3: Früh- und Mittelbronzezeit – § 4: Urnenfelderzeit – § 5: Hallstattzeit – § 6: Ältere Latènezeit – § 7: Jüngere Latènezeit – § 8: Römische Kaiserzeit – § 9: Römische Provinzen – a. Forschungsgesch. – b. Qu. – c. Art und Typ der W., wagenbautechnische Einzelheiten – d. W. im Alltag – e. W. im Grabbrauch – f. W. im Kult – § 10: Merowingerzeit – § 11: Wikingerzeit – a. W. – b. W.-Kästen – c. W.-Teile – d. Bildqu.

§ 1. Vorgeschichte, Allgemein. Die Entwicklung des Wagens in vorgeschichtl. Zeit ist Gegenstand mehrerer zusammenfassender Arbeiten (z. B. 63; 78), zusätzlich vermitteln Tagungsbände einen guten Überblick zum aktuellen einschlägigen Forsch.sstand für das Neol. und die BZ (21; 38; 86); für die ält. (59) als auch für die jüng. EZ (71) liegt detaillierte Lit. zum Thema Wagen (W.) vor (vgl. auch → Fahren und Reiten; → Fürstengräber §§ 2–3; → Prestigegüter; → Kultwagen; → Rad).

Die frühe Entwicklungsgesch. des W.s in Europa unterscheidet sich wesentlich von derjenigen anderer Kulturräume. Während in Europa der W. wohl als Nutzfahrzeug Eingang fand – als Lastfahrzeug für den Transport über kurze Entfernungen im bäuerlichen Milieu und möglicherweise als Reise-W. in nomadisierenden Gesellschaften −, weisen Bild- und Schriftqu. darauf hin, daß der W. im Vorderen Orient vor dem 2. Jt. v. Chr. kaum im Alltagsleben, sondern vielmehr im Kampf eingesetzt wurde. Wieder in anderen Räumen wie etwa Ägypten oder China wurde der W. erst viel später, im Verlauf des 2. Jt.s v. Chr. eingeführt. Erst der zweirädrige, von einem schnellen Pferdegespann gezogene Streit-W. wurde in vielen Teilen der Alten Welt rezipiert. Im Verlauf der BZ kam es mit dem vierrädrigen Zeremonial-W. (→ Kultwagen) wieder zu einer mitteleurop. Eigenentwicklung, die auch während der EZ anhielt. In dieser Hinsicht unterscheidet sich Mitteleuropa stark vom Mittelmeerraum, wo sich beispielsweise in der Ägäis im Verlauf des 2. und 1. Jt.s eine völlig andere Traditionslinie mit der Weiterentwicklung des zweirädrigen Streit-W.s abzeichnet. In Hinblick auf diese recht komplexen regionalen Unterschiede beschränken sich nachfolgende Ausführungen in erster Linie auf die mitteleurop. W.-Entwicklung (vgl. darüber hinaus zum N: → Egemose; → Husby; → Havor; Trudshøj/Skallerup [→ Bronzegefäße Abb. 55]; → Pestruper Gräberfeld; → Rappendam; → Trundholm; → Vorrömische Eisenzeit § 3b; SO: → Frög; → Dürrnberg Taf. 21c, 23; → Milavče; → Raeter § 3; → Situlenkunst § 3; W: → Ribemont; → Spanien und Portugal mit Verbreitungskarte Abb. 53; Abb. mit bes. Thematik: → Epona Taf. 23; → Felsbilder Abb. 47, Taf. 19).

§ 2. Spät- und Endneolithikum. Die Anfänge von W. und → Rad sind seit langem Gegenstand intensiver Forsch. Die Problematik ist komplex, da neben dem W. (W.-Funde, Wagendarst., Radspuren) auch thematisch verwandte Fragen, wie nach den Zugtieren, dem Joch (→ Kummet), und dem Wegebau (→ Wege; → Bohlenwege; Straßendörfer) berücksichtigt werden müssen. Derzeit wird in der Forsch. versucht, den Gebrauch des W.s aus dem Kontext mit einer Reihe weiterer Neuerungen während des Neol.s zu verstehen, wie etwa Kupfer- und Goldmetallurgie, Bergbau, Salzsiederei, Textilverarbeitung (Webstuhl), aber auch Astronomie, die natürlich nicht alle gleichzeitig auftraten (s. 49; 25, 38). Bes. aufschlußreich ist nach wie vor die von Sherratt (73) vorgelegte Hypothese einer ‚Secondary Products Revolution', die für das Spätneol. neben dem Tier als Fleischlieferant auch tierische ‚Nebenprodukte' wie Zugkraft (Pflug, W.), Milch und Wolle einbezieht.

Die ältesten Nachweise von W. liegen aus der Mitte bzw. der 2. Hälfte des 4. Jt.s v. Chr. in Fundzusammenhängen der Badener-, Horgener-, Wartberg- und Trichterbecherkulturen vor, gleichzeitig mit ersten Radspuren (3; 18; 87) und Darst. von Rindergespannen und frühesten gesicherten Jochfunden. Auf der Grundlage dieser Daten wird in der aktuellen Forsch. angenommen, daß der W. in den Jh. nach der Mitte des 4. Jt.s v. Chr. sehr schnell in einem weiten geogr. Raum übernommen wurde. Da W.-Funde aus der jüng. Maikop-Kultur der kaukasischen Steppe bzw. Wagendarst. aus der Späturuk-Phase Mesopotamiens ebenfalls um die Mitte bzw. am Beginn der 2. Hälfte des 4. Jt.s v. Chr. erstmals auftreten, ist die Erfindung des W.s − in der eurasischen Steppe, im Zweistromland oder in Mitteleuropa − nicht eindeutig auszumachen. Ein Konsens in dieser Frage wurde bisher nicht erreicht; manche Autoren plädieren sogar für unabhängige Entwicklungen des W.s in verschiedenen Kulturräumen − was aber nicht plausibel ist, da gerade ihr gleichzeitiges Auftreten für Abhängigkeiten spricht (12, 16; 4).

Über die Funktion des W.s im Neol. ist sehr wenig bekannt. Allg. wird angenommen, daß Rinderpaare (→ Rind) als Zugtiere sowohl vor den W. als auch vor den → Pflug gespannt wurden, der W. also im

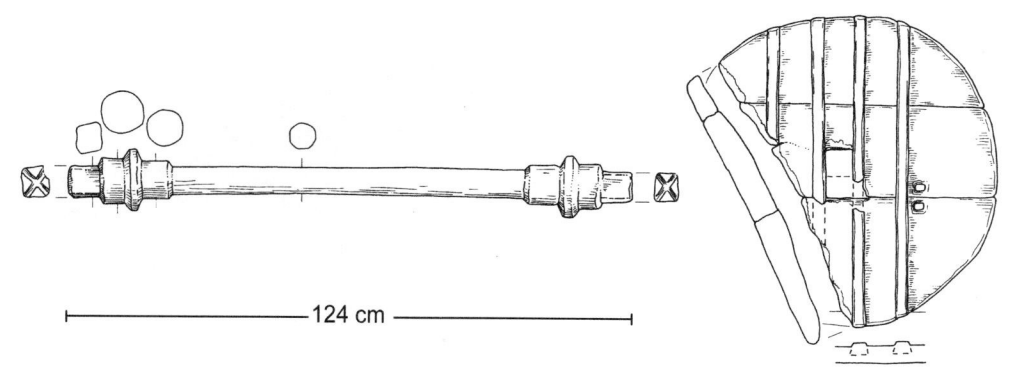

Abb. 5. Achse und Scheibenrad von Stare gmajne, Laibacher Moor, Slowenien. Nach Velušček (81, 53 Abb. 6)

landwirtschaftl. Alltag genutzt wurde. Da das Fehlen ausgebauter Straßen das Fahren über weite Strecken nicht erlaubte, wird der W. nicht als Reise-, sondern vielmehr als Lastfahrzeug genutzt worden sein.

Für neol. W. sind Scheibenräder charakteristisch; als schwere Nutzfahrzeuge wurden sie wohl immer von zwei Rindern gezogen. Sowohl zwei- als auch vierrädrige W. sind belegt. Grundsätzlich ist ferner zw. W. mit starrer bzw. mit rotierender Achse zu unterscheiden. Während die starre Achse genausogut für zwei- oder vierrädrige W. verwendet werden kann, deuten rezente ethnographische Parallelen darauf hin, daß die im zirkumalpinen Raum bevorzugte rotierende Achse wohl hauptsächlich für zweirädrige Karren eingesetzt wurde (69). Zahlreiche Radfunde stammen aus Feuchtbodenkontexten der späten Trichterbecher- und Einzelgrabkulturen N-Europas bzw. der Horgener-, Goldberg III- und Schnurkeramikkulturen in SW-Deutschland und der Schweiz (3; 18; 70). Bes. hervorzuheben sind Räder aus der Zeit der Horgener Kultur von Seekirch ‚Stockwiesen' und Alleshausen ‚Grundwiesen' im Federseemoor sowie von Zürich ‚AKAD' in der Schweiz (68a–70). Ferner sind mitunter gut erhaltene Achsen aus dem ‚Großen Moor' bei Diepholz (Kr. Diepholz) und dem ‚Meerhusener Moor' bei Tannenhausen (Kr. Aurich) anzuführen (13). Selten sind Achsen im Verbund mit Rädern überliefert, wie etwa 1976 bei den Ausgr. in Zürich ‚Pressehaus' (68). Ein weiterer wichtiger Neufund stammt aus Stare gmajne im Laibacher Moor, mit 14C-Daten um das 34./32. Jh. v. Chr. (Abb. 5; Mitteilung A. Velušček und K. Čufar, Ljubljana). Die dreiteiligen Scheibenräder (Dm. 72 cm) sind mit Einschubleisten zusammengehalten; die 124 cm lg. rotierende Achse weist auf einen W. mit einem 90 cm br. Fahrgestell hin (81; 82).

Die weitaus größte Zahl von insgesamt über 250 W.-Funden des Spät- und Endneol.s stammt aus Kurganen des südosteurop. Steppengürtels; allein aus der Steppe des Kubangebiets sind bislang 140 W.-Gräber bekannt (27; 79). Die W.-Grabsitte ist für die Grubengrab- und Katakombenkultur charakteristisch, deren Verbreitung im W bis Nordostbulg. reicht (Plačidol, Hügel I/1, mit vier Scheibenrädern: 56, 107–109). Frühe Beispiele liegen in der jüng. Maikop-Kultur aus modernen Ausgr. vor – wie z. B. aus Starokorsunskaja, Hügel 2/18 oder Kodyri, Hügel 14/7 –, sie datieren an den Beginn der 2. Hälfte des 4. Jt.s v. Chr. (48, 436; 79). Die offensichtlich große Bedeutung des W.s hängt möglicherweise mit der seminomadischen Lebensweise in der Grubengrab-Katakombenkultur bzw. mit den für

Radfahrzeuge günstigen Bedingungen der Steppenlandschaft zusammen: Hier könnte der W. vielseitiger verwendet gewesen sein (Lastwagen, Reise-W., Wohnwagen) als in Mitteleuropa (Lastwagen).

Bildliche Darst. von W. treten – ähnlich wie die W.-Funde – um die Mitte des 4. Jt.s v. Chr. in Erscheinung. Die Darst. eines vierrädrigen W.s auf einem Trichterbecher von Bronocice, SO-Polen (4; 54) ist ein bes. frühes Beispiel; die Abb. eines zweirädrigen W.s auf einer Steinplatte des Galeriegrabes der Wartburg-Kultur von Züschen, Schwalm-Eder-Kreis, ist gleichzeitig oder datiert etwas jüng. (65, 142 ff.). Bes. aufschlußreich für das Aussehen spätneol. W. sind Tonmodelle der klass. Badener Kultur aus Budakalász (Abb. 6a) und Szigetszentmárton (37a; 47). Einige ält. W.-Modelle mit einfachen W.-Kästen, z. T. mit Rinderprotomen, stammen sogar aus einer Frühphase der Badener Kultur (Boleráz-Stufe) – um oder nach der Mitte des 4. Jt.s v. Chr.; hervorzuheben ist ein Beispiel aus Balatonberény (47).

Etwa zur gleichen Zeit, d. h. um die Mitte bzw. in der 2. Hälfte des 4. Jt.s v. Chr., treten Darst. von Rindergespannen im Bereich der Trichterbecherkulturen (Bytyń, Krężnica Jara, Wojnocice: 3; 49) und in der Wartberg-Kultur auf (Warburg, Galeriegrab I: 28). Wie auch im Falle der Rinderbestattungen der Badener Kultur (z. B. Alsónémedi und Budakalász, Kom. Pest: 5, Taf. 90, 1–3; 39, Taf. 8; 9, 1–5) ist nicht eindeutig, ob die dargestellten Rinderpaare als W.- oder als Pfluggespanne gemeint waren. Möglich ist, daß Zugtiere – sei es für den W. oder für den Pflug – überhaupt erst in dieser Zeit eingesetzt wurden. Jedenfalls sind aus Europa bisher keine Pflugspuren bekannt, die vor 3600/3400 v. Chr. datiert werden können (3; 18; 25). Das erste gesicherte Joch – ein zw. 3384 und 3370 v. Chr. datiertes Bruchstück aus Arbon-Bleiche 3 am Bodensee – gehört ebenfalls in diese Zeit (43); besser erhaltene Ex. aus Chalain, Dép. Jura,

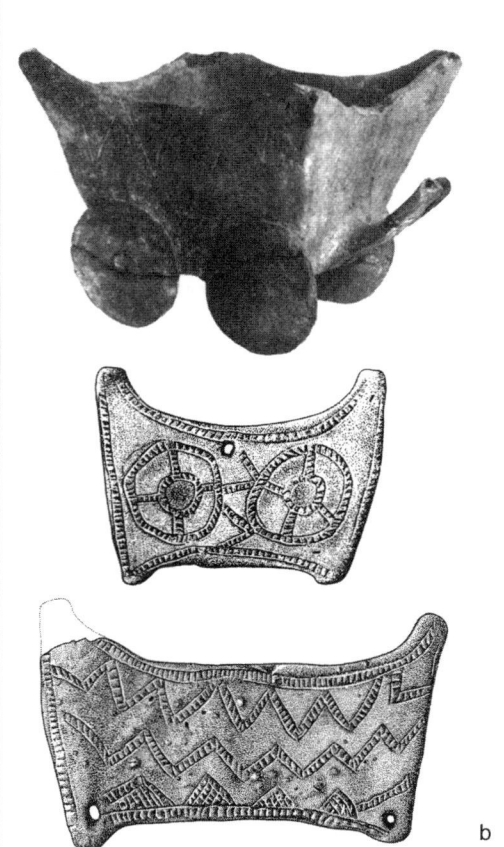

Abb. 6. Tönerne Wagenmodelle aus Ungarn. a. Budakalász, Grab 177; b. Pocsaj-Leányvár. Nach Mesterházy (51) und Piggott (63)

und Vinelz, Kant. Bern, werden etwas später datiert (6; 62; 85). Unklar ist, ob die schon früher belegte Stangenschleife (Pfyn-Altheimer-Kultur, 38. Jh. v. Chr.) von einem Rindergespann gezogen wurde (38; 46).

Aus heutiger Sicht ist es naheliegend, die Einführung des W.s um die Mitte des 4. Jt.s anzunehmen, in der Zeit der Boleráz- und Tripol'e C2-Stufe sowie der jüng. Maikop-Kultur. Künftige Forsch.sergebnisse werden wohl ein differenzierteres Bild dieses Innovationshorizonts ergeben, wobei die Frage der kulturhist. Priorität der ‚Wagenprovinz' des südosteurop. Steppengürtels als bes. aufschlußreich erscheint.

§ 3. Früh- und Mittelbronzezeit. Ähnliche Nutzfahrzeuge mit Scheibenrädern blieben in der BZ – und sogar in der EZ – weiterhin in Gebrauch (UZ: z. B. 64; EZ: z. B. 35, 449 Abb. 9). Tonmodelle von W. mit vier Scheibenrädern gewinnen während der ält. und mittleren BZ sogar an Bedeutung – v. a. in der Wietenberg-, Otomani- und Mad'arovce-Kultur des Karpatenbeckens. Gut erhaltene Beispiele kennen wir etwa aus der Slowakei (Nižná Myšl'a: 55), Siebenbürgen (Pietriş-Gherla, Vărşand: 7; 8) und NO-Ungarn (Pocsaj-Leányvár: 51; vgl. auch 9). Ein Beispiel aus der Gyulavarsánd-Kultur von Pocsaj-Leányvár (Abb. 6b) zeigt deutlich die Form eines Lastwagens mit hochgezogenen Ecken.

In der BZ erfuhr die Konstruktion von Rädern bedeutende Innovationen. Scheibenräder – meist aus drei Segmenten zusammengesetzt – mit eingeschobener Nabenbüchse sind erstmalig in der Früh-BZ belegt (13; z. B. Rostrup, Kr. Ammerland, ins 22./21. Jh. v. Chr. datiert). Entspr. Scheibenräder mit halbmondförmigen Aussparungen sind erst seit der entwickelten Früh-BZ bekannt (Radnadeln: 42; 72, Taf. 33; gut erhaltene Ex. der jüng. BZ stammen aus dem Aschener Moor, Kr. Diepholz, und Kühlungsborn, Kr. Bad Doberan, s. 13). Wann die sog. Strebenräder in Europa eingeführt wurden, ist unsicher (45; für eine Vorform der Strebenräder, wie aus Mercurago, vgl. 70, 309 Abb. 15).

Während der ält. BZ tritt mit der Einführung des Pferdes (→ Pferd; → Pferdegeschirr) als Zugtier eine entscheidende Änderung in der Gesch. des W.s in Mitteleuropa ein. Mit dieser Neuerung geht notwendigerweise die Entwicklung von Zaumzeug sowie die Konstruktion leichterer Fahrzeugtypen einher. Eine wesentliche Voraussetzung für die Entwicklung des neuen W.-Typs war das Speichenrad als wichtigste Innovation im bronzezeitlichen W.-Bau (s. dazu Radnadeln, Speichenraddarst., Radmodelle).

Im Wolga-Ural-Gebiet, im Vorderen Orient und in der Ägäis wurden Pferdepaare zunächst nicht vor bäuerliche Nutzfahrzeuge bzw. Lastwagen gespannt, sondern als Zugtiere für den leichten und schnellen Streit-W. eingesetzt, wie zahlreiche bildliche Darst. in aller Deutlichkeit zeigen (unter der neueren Lit., siehe z. B. 31–33; 50; 61). Als älteste Streit-W. gelten z. Zt. die Funde aus den W.-Gräbern der Abaševo-Kultur zw. Wolga und dem s. Ural, z. B. aus Sintašta (Abb. 7), für die 14C-Messungen eine Datierung ins ausgehende 3. Jt. v. Chr. und in das 1. Viertel des 2. Jt.s v. Chr. erlauben (37, 239). Dort finden sich in reichen W.-Gräbern Scheibenknebel, die ebenfalls im Karpatenbecken seit der Stufe BZ A2 sowie – etwas später – in der Ägäis auftreten und als Zeugnis für die Ausbreitung des Streit-W.s gelten. Ungefähr gleichzeitig damit erscheint seit dem Beginn des 2. Jt.s v. Chr. ein eigener donauländischer Schirrungstyp, nämlich der Stangenknebel (→ Pferdegeschirr § 3), der vermutlich ebenfalls für Zugpferde entwickelt wurde (zur Frage des Reitpferds, s. 1; 2; 16; zu den Trensenknebeln allg., s. 31–33; und heute v. a. 10). Ein enger Zusammenhang zw. donauländischen Trensenknebeln der ält. und mittleren BZ mit ö. Beispielen aus der südruss. Steppe ist evident (s. die Verbreitungskarten in: 10, 106–113 Abb. 12–17). Nach

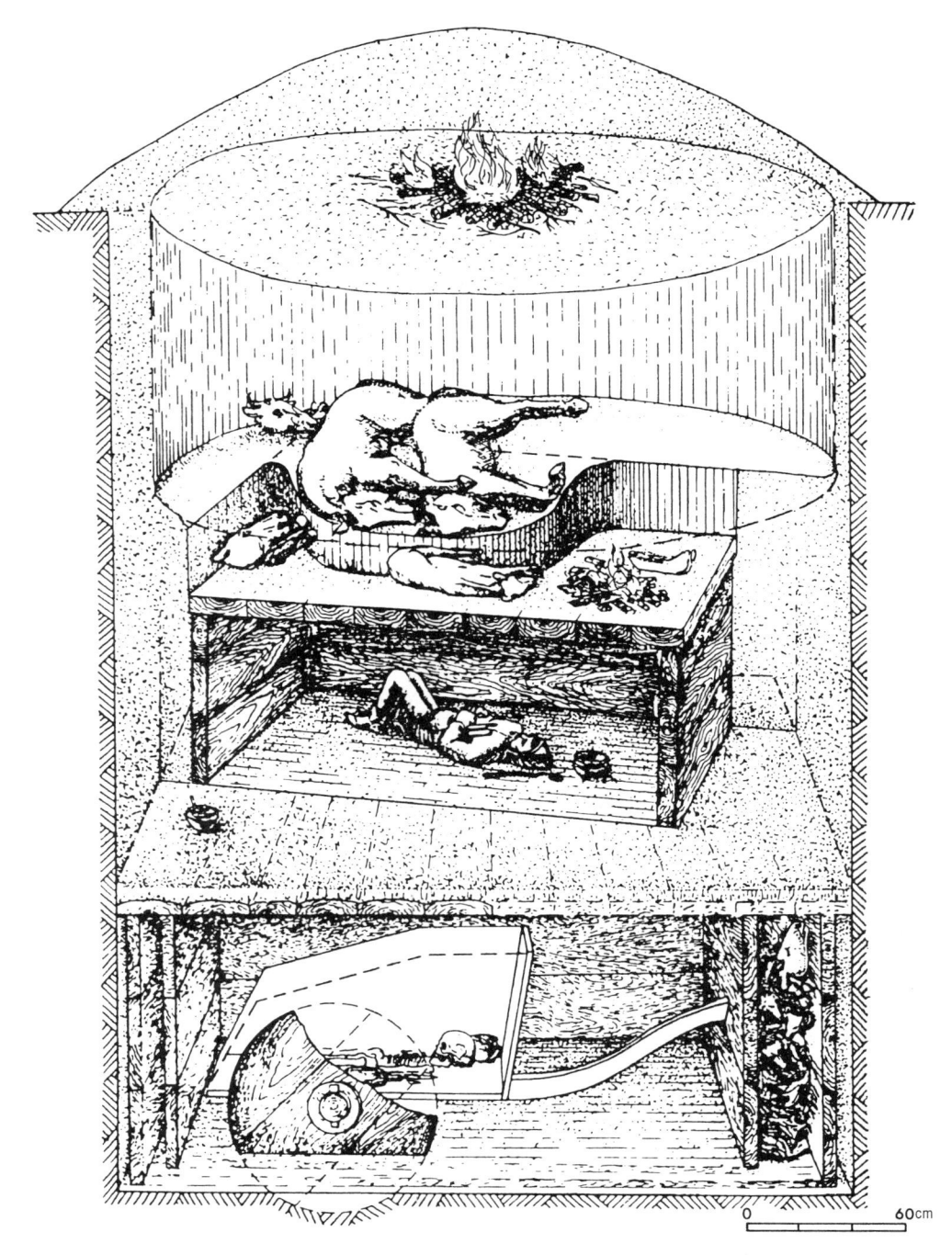

Abb. 7. Rekonstruktion des Totenrituals der Gräber 10 und 16 von Sintašta, Bez. Cheljabinsk. Nach Penner (61, 107 Abb. 25)

14C-Datierungen zu urteilen, sind beide Fundgruppen älter als die ägäischen Trensenknebel des 16. Jh.s v. Chr. (Mykene, Gräberrund A). In der heutigen Forsch. spielt das Wolga-Ural-Gebiet eine zunehmend wichtige Rolle für die Frage nach der Entstehung des Streit-W.s (44).

Zweirädrige Streit-W. sind um diese frühe Zeit in Mitteleuropa nicht belegt und, falls sie vollständig aus organischen Materialien bestanden, vielleicht nicht zu erwarten. Allerdings weisen die seit dem 1. Viertel des 2. Jt.s v. Chr. (Stufe BZ A2) bekannten bronzenen Radsymbole, Tonmodelle und bildliche Darst. in Form von Speichenrädern auf das Bestreben, Räder leichter zu konstruieren (tönerne Radmodelle: 7; 8; 66, 171 f.; 76; 77). In diesen Zusammenhang gehören wohl die zwei Bronzeräderpaare von Obišovce (O-Slowakei) und Arcalie (Siebenbürgen), die vermutlich von zweirädrigen W. stammen. Ohne weitere Beifunde muß ihre genaue Zeitstellung unsicher bleiben – eine Datierung in die frühe oder ält. UZ ist zwar wahrscheinlich, doch auch mittelbronzezeitliches Alter ist nicht auszuschließen (59, 19–21; Arcalie: 84, 4 Abb. 1). Beide Entwicklungen – die leichtere Bauweise des W.s mit Speichenrädern und die neuen Scheiben- und Stangenknebel – machen eine Nutzung von Pferde-W. seit dem 1. Viertel des 2. Jt.s wahrscheinlich. Es handelt sich wohl nicht um Lastwagen, sondern um Gefährte, die wegen ihrer Schnelligkeit und prunkvollen Wirkung geschätzt wurden. Vieles spricht dafür, daß der zweirädrige Pferde-W. Ausdruck einer gesellschaftlichen Elite war.

Da aussagekräftige Darst. und Befunde erst gegen Ende der mittleren BZ bekannt sind (v. a. Vel'ké Raškovce, Slowakei: 83), ist es noch ungewiß, wie der neue W.-Typ eingesetzt wurde. Anzunehmen ist, daß der W. der BZ auch im relig. Milieu eine symbolische Bedeutung besaß. Das Kultwägelchen von Dupljaja, Banat (Abb. 8), ist für unser Verständnis der symbolischen Bedeutung

Abb. 8. Kultwägelchen von Dupljaja, Banat. Lg. 25,5 cm, Hh. 16 cm. Nach Vasić (80)

des W.s bes. wichtig (11; 58). Es ist aus Ton gefertigt und mit drei Rädern ausgestattet, davon tragen zwei Räder den etwa halbkugelförmigen W.-Kasten, ein Rad ist zw. zwei Entengestalten angebracht, die das W.-Gespann bilden. Auf dem Vorderteil des W.-Kastens, dessen Boden mit einem eingeritzten vierspeichigen Rad versehen ist, sitzt ein weiterer Wasservogel. Im W. selbst steht ein männliches tönernes Idol. Das Kultwägelchen von Dupljaja ist ein deutlicher Beleg für die Integration des W.s in bronzezeitliche relig. Vorstellungen. In der Kombination von W. bzw. Rad und Wasservogel sehen wir eine Ideensynthese, die in der UZ ihre volle Blüte erfuhr und wohl als Attribut einer Gottheit verstanden werden kann (40; 41; vgl. zur Problematik → Vogel-Sonnen-Barke). Spätestens ab dieser Zeit ist damit zu rechnen, daß der W. nicht nur als Nutzfahrzeug oder Prestigegefährt diente, sondern auch als relig. Symbol. Um 1300 v. Chr. wird sogar auf den Seiten der Steinkiste von → Kivik, Schonen, ein W. mit Fahrer im Rahmen von Zeremonien abgebildet, die höchstwahrscheinlich relig. Charakter besaßen (67, 33 Abb. 13, 7). Ebenfalls unterstreichen die zahlreichen Streitwagendarst. auf den Felszeichnungen Südskand.s (Übersicht bei 63, 116–119; Frännarp: 15) die außerordentliche Bedeutung des W.s.

§ 4. Urnenfelderzeit. Mit dem Beginn der jüng. BZ – ab ca. 1300 v. Chr. – setzt ein neuer Abschnitt für die Nutzung des W.s in Europa ein. Um diese Zeit treten Metallbeschläge auf, die von aufwendigen Prunk- bzw. Zeremonial-W. stammen, die für bes. Zwecke – nicht landwirtschaftl. Art – gebaut wurden (→ Kultwagen). Sie fanden wohl in kultischen Handlungen und als prestigeträchtige Rangabzeichen Verwendung (60).

Gleichzeitig treten im Raum n. der Alpen die ersten W.-Gräber Mitteleuropas mit ebensolchen Metallbeschlägen auf. Die W.-Grabsitte war zunächst von kurzer Dauer und auf das 13. und 12. Jh. v. Chr. (BZ D bis Ha A1) beschränkt. In den Stufen Ha A2 und B1 fehlen W.-Gräber vollständig – von einzelnen W.-Teilen in Gräbern von Lorsch und Mühlheim-Lämmerspiel in Hessen abgesehen (19, 28 Abb. 8, 10; 30, Taf. 141, E2). Erst in der späten UZ (Ha B2/3) treten W.-Gräber wieder vereinzelt auf. Die Sitte wird dann in der HaZ ungleich häufiger v. a. im Gebiet zw. O-Frankreich und Böhmen.

Obwohl einzelne Beschläge auch aus Depotfunden stammen, spielen die W.-Gräber der frühen und ält. UZ eine bes. wichtige Rolle, da sie Informationen zu verschiedenen Aspekten des W.s liefern – nicht nur über die Räder, sondern auch über den W.-Kasten und das Zaumzeug. Inzw. kennen wir über ein Dutzend dieser frühen W.-Gräber mit einer Verbreitung, die vom Genfer See im W bis zum Weinviertel im O streut (60). Dabei weisen Zaumzeugfunde auf die Verwendung von Pferdepaaren als Zugtiere hin. Die bronzenen Achskappen aus den oberbayer. Gräbern von Hart an der Alz (drei Achskappen) und Poing (zwei ungleiche Achskappenpaare) zeigen, daß es sich um vierrädrige W. handelt (→ Poing mit Abb. 51–52). Auch die lenkbare Vorderachse ist in der UZ als bekannt vorauszusetzen, wie beispielsweise aus dem Drehschemelfutter vom Aschener Moor, Kr. Diep-

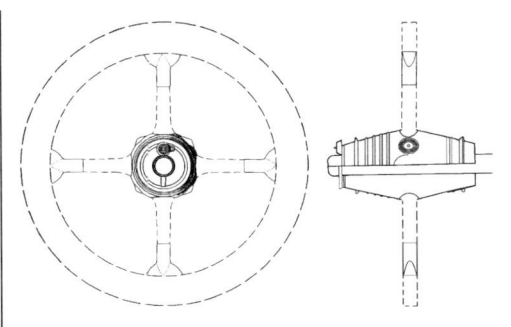

Abb. 9. Rekonstruktion eines Rades der ält. UZ aus Hart an der Alz, Oberbayern. Nach Pare (60, 360 Abb. 4)

holz, hervorgeht, das mit einem 14C-Datum in diese Zeit datiert ist (13).

Die Funde von Hart an der Alz erlauben die Rekonstruktion eines vierspeichigen Rades, auf dessen leicht konischer Radnabe gegossene Bronzebeschläge sitzen (Abb. 9). Diese Beschläge sind außen mit einem kantigen Grat und weiter nach innen mit vier niedrigen Rippen versehen. Die verdickten Speichenenden dieser Räder finden Parallelen in Bronzefunden und Raddarst. aus dem Karpatenbecken und SO-Europa, die wohl auf die Einführung eines neuen ägäischen Speichenradtyps hinweisen (57).

W.-Gräber der frühen und ält. UZ enthalten zahlreiche Bronzebeschläge, die einen gewissen Eindruck von der W.-Kastenkonstruktion vermitteln. Es handelt sich hauptsächlich um hornartige Tüllenaufsätze, säulenförmige Bestandteile von Balustraden, profilierte Zylinder, lange Nägel und Bolzen, tordierte Stäbe und stern- bzw. wasservogelförmige Ornamente. Wichtig für das Aussehen der W. in dieser Zeit sind u. a. hornartige Tüllenaufsätze, die wohl an den Enden der W.-Kästen angebracht waren. Damit nahm der Kasten – wie auf den eisenzeitlichen Darst. von zwei- und vierrädrigen Sitzwagen aus dem südostalpinen Raum von Mechel, Moritzing, Sanzeno und Vače (59, 214) ersichtlich – die Form einer symmetrischen Barke an.

Die Gesch. des ‚Prunkwagens' während der mittleren und jüng. UZ (Ha A2–B1) zu entwerfen, wird durch fehlende einschlägige Grabfunde erschwert. Erst für die späte UZ (Ha B2/3) stehen einige wenige Grabfunde zur Verfügung, die uns bedeutende Informationen zum W.-Bau liefern. Am wichtigsten sind das späturnenfelderzeitliche Grab von Künzing, Kr. Deggendorf (unveröffentlicht, freundliche Mitteilung Ch. Clausing und M. Egg, Mainz), und die reiche Bestattung der Per. V im ‚Lusehøj' bei Voldtofte auf Fünen (75). Eine nicht unbedeutende Rolle spielt ferner das Grab von Wehringen, Kr. Augsburg, das schon zur frühen HaZ gerechnet wird (59, 315–317).

Bei diesen Rädern waren nicht nur die Naben, sondern auch die Speichen und Felgen manchmal mit gegossenen Beschlägen versehen. Die hölzerne Felge des Rads von Kemnitz, O-Prignitz, wurde sogar von sechs Beschlägen vollständig verdeckt. Insgesamt besitzen sie mit den gegossenen Bronzerädern der Coulon-Gruppe (→ Stader Räder) viele Ähnlichkeiten (59, 30–33).

Zu einer weiteren Form des W.s gehören W.-Teile der Egemose-Gruppe, die von G. Jacob-Friesen (34) zusammenfassend behandelt wurde. Die betreffenden Fundkomplexe enthalten rippenverzierte Röhren und Handgriffe, Tüllen mit gehörnten Vogelprotomen, Röhrenknöpfe und gegossene Achskappen. Die bronzenen Handgriffe und die Röhren an diesen W. machen eine Rekonstruktion mit D-förmigem W.-Kasten mit rückseitigen Handgriffen wahrscheinlich. Dies ist insofern wichtig, als man für den urnenfelderzeitlichen ‚Prunkwagen' eher von vierrädrigen Fahrzeugen mit rechteckigem W.-Kasten ausgeht, wie sie aus der HaZ hinreichend bekannt sind (59). Daß jedoch zweirädrige W. mit D-förmigen Kästen in der jüng. BZ wohl auch in Verwendung waren, beweisen nicht nur die norw. und schwed. Felszeichnungen (63, 116–119), sondern auch die Kriegerstelen SW-Spaniens (Abb. 10), für die – ähnlich wie für die Beschläge der Egemose-Gruppe – eine Datierung zw. dem 10. und 8. Jh. v. Chr. angenommen werden kann. Es ist also nicht von der Hand zu weisen, daß es sich bei den W. der Egemose-Gruppe um eine zweirädrige W.-Konstruktion handelte, die unter ital. – und letztendlich ostmediterranem – Einfluß entstanden ist.

Die Gesch. des W.s während der BZ prägen Innovationen, die sich im arch. Fund-

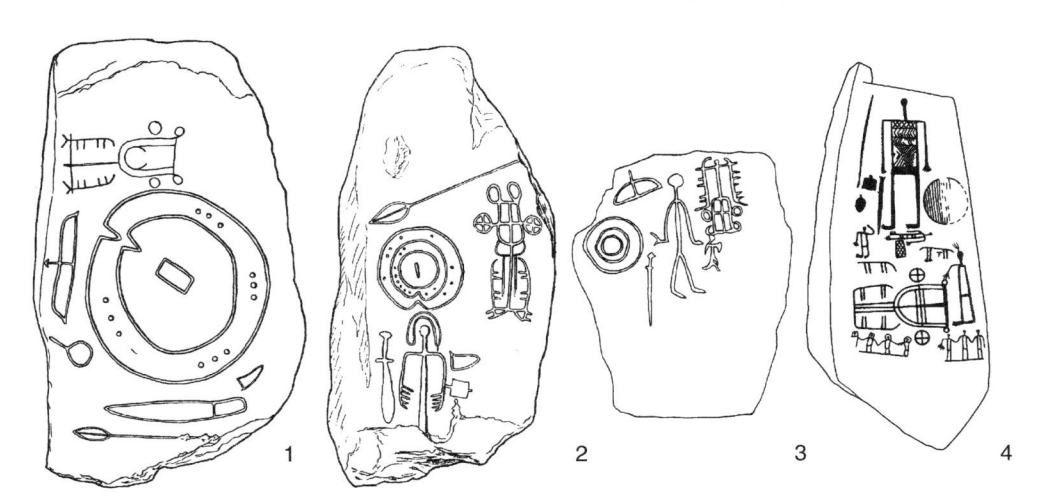

Abb. 10. Südwestspan. Stelen mit Wagendarst. Nach Pare (60, 367 Abb. 11)

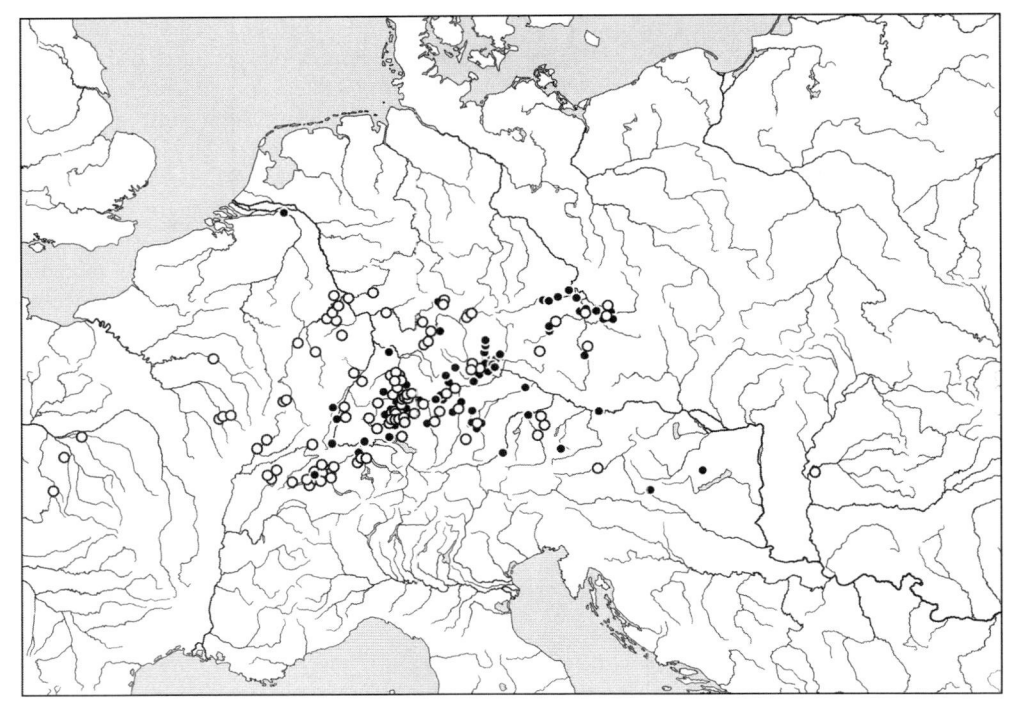

Abb. 11. Verbreitung hallstattzeitlicher Wagengräber. Schwarze Punkte: ält. HaZ (Ha C); offene Kreise: jüng. HaZ (Ha D). Nach Pare (59)

bild vornehmlich als elitär-ideologisch und weniger wirtschaftl. begründet finden. So wird der leichte Pferde-W. als Ableger der Streitwagenprovinz der Ural- und nordpontischen Steppe bzw. des Vorderen Orients eingeführt. Dabei ist es kein Zufall, daß diese Neuerung sich gerade in der Zeit (BZ A2b–c) in Mitteleuropa ausbreitete, in der weiträumige Handelsbeziehungen, befestigte Höhensiedlungen und prunkvolle Metallgegenstände einen Höhepunkt erreichten.

Darauf folgte in der jüng. BZ die Entwicklung des vierrädrigen Pferde-W.s, der oft reich mit Bronzebeschlägen geschmückt wurde. Im Vergleich zu den leichten zweirädrigen W. der ält. und mittleren BZ, war Geschwindigkeit wohl nicht die wichtigste Eigenschaft jener Fahrzeuge. Die ähnlichen Beigabenkombinationen in den W.-Gräbern der UZ und HaZ (W., Waffe, Trinkgeschirr [→ Trinkgefäße und Trinkgeschirr]) zeigen, daß der W. nun einen festen Platz in der Selbstdarst. der Elite gewonnen hat. Die häufige Kombination mit anderen Symbolen wie Wasservogel und Gefäß weist auf die große Rolle von Rad und W. innerhalb der ideologischen (relig. bzw. kosmologischen) Vorstellungen der BZ.

§ 5. Hallstattzeit. In dieser Zeit hat sich in Mitteleuropa die Zahl der W.-Gräber vervielfacht (zum Hallstatt-W. ausführlich Pare (59); vgl. auch → Grafenbühl; → Hohenasperg; → Hohmichele; → Magdalenenberg; → Vilsingen; → Vix). Abb. 11 zeigt die Gesamtverbreitung der über 240 Gräber mit W.-Beigabe. Die ältesten Belege stammen aus Mittelböhmen, Oberösterr., Bayern und der Schwäbischen Alb. In der Spät-HaZ kommt es zur Ausbreitung der W.-Grabsitte nach W bis zum Mittelrhein und nach W-Frankreich. Parallel zu den W.-

Gräbern findet sich eine große Zahl von Bestattungen ohne W., aber mit paarweise für ein Pferdegespann ausgelegtem Geschirr, manchmal sogar mit Joch. Gräber mit paarweise beigegebenem Zuggeschirr für Pferde sind aus dem Raum zw. O-Frankreich im W bis nach Mähren und W-Transdanubien im O bekannt. Die ö. angrenzenden Gebiete, v. a. im Karpatenbecken, auf der Balkanhalbinsel und in der südruss. Steppe unterscheiden sich im Gegensatz dazu durch die Beigabe nur eines Geschirrs, das für ein Reitpferd gedacht war. Während im Verbreitungsgebiet der W-Hallstattkultur sowohl die Gräber mit W.- als auch mit Pferdegeschirrbeigabe auf die große Bedeutung des W.s hindeuten, dürfte das Pferdegeschirr aus Gräbern im O auf Reitpferde hinweisen (→ Kleinklein; → Stična) (59, 197 Abb. 135).

Wenngleich die arch. Evidenz auf eine starke Verwurzelung des vierrädrigen Hallstatt-W.s in einheimischen urnenfelderzeitlichen Traditionen schließen läßt, darf nicht außer acht gelassen werden, daß wichtige Neuerungen im W.-Bau und in der Schirrung aus Nachbargebieten übernommen wurden. Das Pferdgeschirr der ält. HaZ beispielsweise verrät viele Einflüsse aus dem Bereich der späturnenfelder-/frühhallstattzeitlichen präskythischen Kulturen der südruss. Steppe und des Karpatenbeckens (→ Reiternomaden) (53). Die W.-Beschläge dagegen weisen auf Einflüsse aus Mittelitalien: Das gilt insbesondere für die eisernen Radreifen, die vor der ält. HaZ n. der Alpen gänzlich unbekannt waren (59, 168 Abb. 112).

Gegenüber dem urnenfelderzeitlichen Bestattungsritus, bei dem der W. oft zusammen mit der Leiche verbrannt wurde, bietet der unverbrannte Zustand des W.s in den Gräbern der HaZ weit bessere Möglichkeiten für eine Rekonstruktion (wie z. B. der W. aus einem Grab von Diarville, Dép. Meurthe-et-Moselle, Taf. 2b). Obwohl organische Reste nur höchst selten erhalten blieben, erlauben die metallenen Beschläge mit ihren Holzabdrücken wichtige Erkenntnisse. Die Räder wurden mit Beschlägen für Radnaben, Speichen und Felgen versehen, die mitunter noch eine zuverlässige Rekonstruktion gestatten. Es handelte sich durchweg um Speichenräder, fast immer mit sechs bis zwölf Speichen. Die Felgen wurden aus einem einzigen zu einem Kreis zusammengebogenen Felgenholz hergestellt. Mitunter wurde ein zusätzlicher Felgenkranz aus Segmenten angebracht. Die Radnaben konnten unterschiedliche Formen annehmen: Die Gestaltung der Radnabenbeschläge änderte sich während der HaZ verhältnismäßig schnell, so daß ihre Entwicklung recht genau verfolgt werden kann. Die Radbeschläge aus Wehringen, Kr. Augsburg, zeigen z. B. noch rein urnenfelderzeitlichen Charakter. Die Räder von Großeibstadt, Kr. Rhön-Grabfeld, dagegen, mit ihren eisernen Radreifen mit langköpfigen Felgennägeln und profilierten Radnaben, deuten schon auf einen ital. Einschlag hin und gelten als typisch für die ält. HaZ. Die konische Gestaltung der Radnaben und die Radreifen mit großen rechteckigen Nagelköpfen sind für die darauffolgende jüng. HaZ (Ha D1) charakteristisch. Die zylindrischen Radnaben vom Typ Cannstatt, gerippte Speichenhülsen und breite flache Radreifen sind für die Spätzeit (Ha D2/3) beispielhaft.

In manchen Fällen sind noch weitere Teile des W.s mit Metall beschlagen. Einige ganz hervorragende Ex. wurden sogar vollständig mit Eisen- oder Bronzeblech verkleidet, die eine komplette und gesicherte W.-Rekonstruktion erlauben. Bestes Beispiel dafür ist der W. aus dem modern ausgegrabenen Fürstengrab von Eberdingen-Hochdorf in Württ. (→ Hochdorf; → Textilien Abb. 34).

Eine eingehende Studie solcher W.-Beschläge sowie die genaue Position der W.-Teile in den Grabkammern erlauben eine

Vorstellung vom Aussehen der typischen Hallstatt-W. Der W. besaß fast immer vier Speichenräder von etwa 70–95 cm Dm. Der Unterbau des W.s, der eher als klein zu bezeichnen ist (Radabstand 1,1–1,3 m, Achsenabstand 1,4–1,9 m), war wohl mit einer lenkbaren Vorderachse versehen. Der W.-Kasten besaß niedrige Seiten (8,5–15 cm hoch) und hatte eine langrechteckige Form, ungefähr doppelt so lang wie breit (Lg. zw. 1,4 und 1,9 m, Br. zw. 0,59 und 0,84 m). Mittels eines Scharnieres war die in senkrechter Richtung bewegliche Deichsel mit der Vorderachse verbunden. Am Ende der Deichsel saß das Joch für das Pferdegespann.

Leichte Konstruktionsweise und geringe Größe des Kastens legen nahe, daß die W. nicht für die Beförderung großer Lasten konzipiert waren. Sie waren darauf angelegt, daß auf ihnen ein bis zwei Personen sitzen konnten, und eingesetzt wurden sie vermutlich für kürzere Reisen oder festliche Aufzüge. Ein genaueres Bild von der Gesellschaftsschicht, die zum Fahren eines solchen W.s berechtigt war, läßt sich nicht geben, doch da die reichsten Beigaben der W-Hallstattkultur immer aus W.-Gräbern stammen, ist davon auszugehen, daß der Besitz solcher W. wohl der führenden gesellschaftlichen Elite vorbehalten war.

§ 6. Ältere Latènezeit. Für die auch aus der ält. LTZ (LT A–B) zahlreich überlieferten W.-Gräber bestehen gegenüber der HaZ einige gravierende Unterschiede. Zum einen wurde in der Früh-LTZ fast ausschließlich mit zweirädrigen W. bestattet, im Gegensatz zu den vierrädrigen W. der HaZ. Bereits vom Ende der HaZ sind etwa neun zweirädrige W. bekannt (meist im Bereich der → Hunsrück-Eifel-Kultur, vgl. auch 71, 309 Tab. 50; s. auch Estissac, Dép. Aube und Mondelange, Dép. Haute-Marne). Da in der Früh-LTZ der Großteil der W.-Gräber auch Waffen enthält (Schwert, mehrere Wurfspeere), liegt die Vermutung nahe, daß die zweirädrigen W. als Streit-W. eingesetzt wurden, wofür es auch in der hist. Überlieferung der Römer und Griechen Hinweise gibt (→ Parabaten) (vgl. auch 71, 292–297). Kostspieliges Training wie aufwendige Herstellung und Unterhaltung eines Streitwagengespannes dürfte wohl ausschließlich der Aristokratie möglich gewesen sein. Andererseits zeigen eindeutige Frauengräber mit W.-Beigabe – wie das bekannteste Beispiel des ‚Fürstinnengrabes' von → Waldalgesheim, Kr. Mainz-Bingen –, daß der zweirädrige W. nicht nur im Kampf, sondern auch als Reise-, Prozessions- oder Zeremonialgefährt zur Anwendung kam.

Der Verbreitungsschwerpunkt der W.-Beigabe verlagerte sich in der Früh-LTZ recht deutlich nach N (Abb. 12). Die Zentren liegen nun in der Marne-Gruppe NO-Frankreichs (→ Marnekultur; → Eigenbilzen), in der Hunsrück-Eifel-Kultur des Mittelrheingebiets und in Böhmen. In der Champagne sind W.-Bestattungen der Stufe Lt A äußerst zahlreich – vielleicht ist die häufige Verwendung des W.s hier auf die für das Fahren gut geeignete offene Weidelandschaft des Kreidebodens der Champagne zurückzuführen (71, 310). Dagegen lassen sich im süddt.-österr. N-Alpenraum, dem Gebiet mit den zahlreichsten W.-Gräbern aus der HaZ, nur vereinzelt älterlatènezeitliche W.-Gräber nachweisen.

In den W.-Gräbern der ält. LTZ blieben nur sehr selten Reste des W.-Kastens erhalten, der sich in der Regel in Form eines quadratischen, etwa 1 m × 1 m großen Schattens auf dem Boden der Grabgrube abzeichnet. Manchmal sind bei bes. aufwendigen W. noch durchbrochen gearbeitete Metallplatten als Seitenverzierung des W.-Kastens erhalten. Bogenförmige Beschläge von den W.-Kastenseiten sind aus einigen W.-Gräbern, etwa → Besseringen im Saarland, bekannt (29; vgl. Abb. 13).

Ausgrabungsbefunde sowie bildliche Darst. machen deutlich, daß die Achse des W.s am hinteren Ende des W.-Kastens befe-

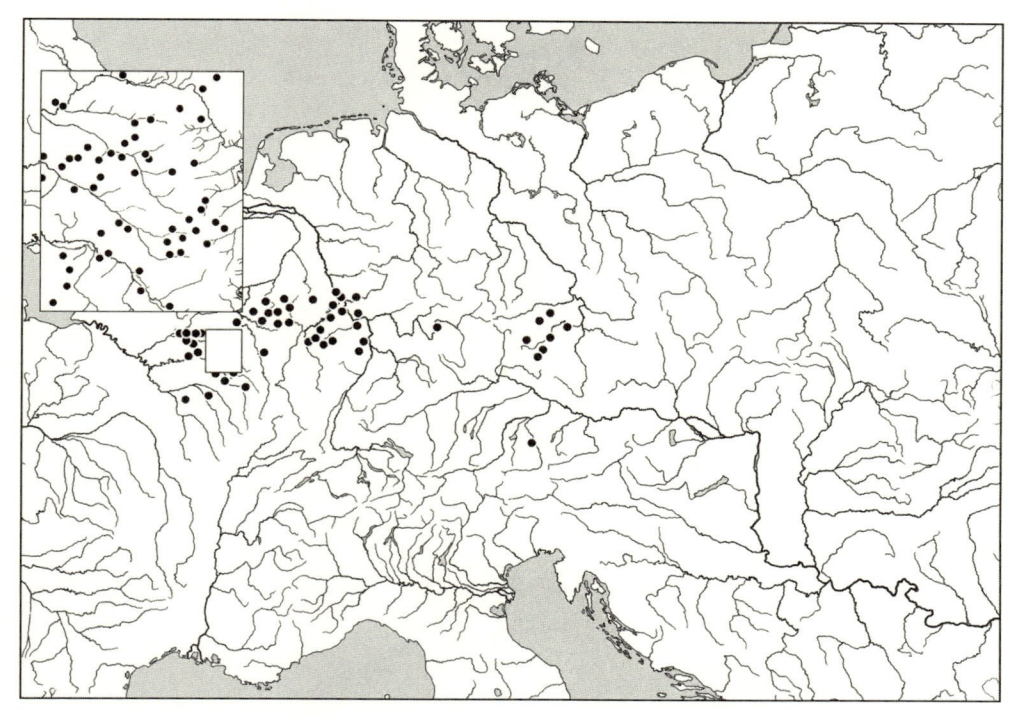

Abb. 12. Verbreitung der Wagengräber der Stufe LT A. Nach Schönfelder (71, 301 Abb. 186)

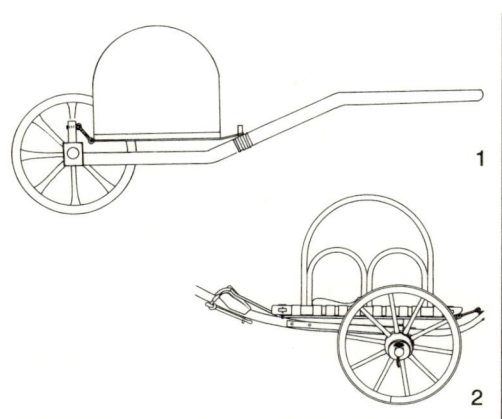

Abb. 13. Rekonstruktionsvorschläge für zweirädrige Wagen der ält. LTZ. 1 nach Metzler (52); 2 nach Furger-Gunti (26)

stigt wurde. Ösenstifte bzw. Doppelösenstifte sind häufig in W.-Gräbern gefunden: sie dienten zur flexiblen Aufhängung des W.-Kastens am Unterwagen, wie schon bei den vierrädrigen W. am Ende der HaZ (z. B. Taf. 3b). Ihre Funktion erschließt sich aus gut dokumentierten Befunden, z. B. in Grosbous-Vichten, Luxemburg (Abb. 13,1). Die W.-Plattform wurde mit den Doppelösenstiften am Achsblock befestigt.

Ähnlich wie zur HaZ beträgt der Dm. der Räder durchschnittlich 90 cm, obwohl Werte zw. 70 cm und 120 cm bekannt sind. Der Radabstand der W. mißt fast regelhaft 1,3 m. Vermutlich war diese Einheitlichkeit sowohl Ursache als auch Wirkung von tiefen Spurrinnen auf vielbefahrenen Straßen. Form und Konstruktion der Räder sind gegenüber der HaZ wegen der selteneren Metallbeschläge nicht so gut überliefert. Die Naben der Früh-LTZ waren weniger breit und nicht mehr Träger aufwendiger Dekoration; meist besaßen die W. einfache eiserne Nabenringe (Ausnahmen sind einige kompliziert gerippte Ex., z. B. Mühl-

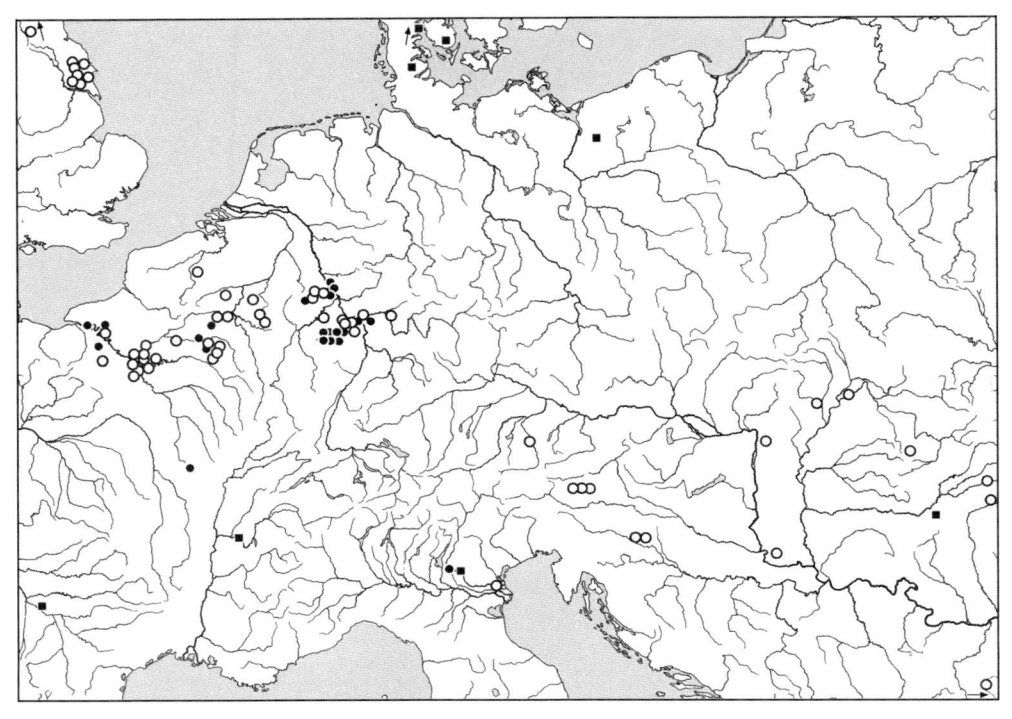

Abb. 14. Verbreitung der Wagengräber der Stufe LT B–C (offene Kreise) und der Stufe LT D (schwarze Punkte). Gräber mit vierrädrigen Wagen sind mit einem schwarzen Viereck gekennzeichnet. Nach Schönfelder (71, 301 Abb. 186–187, mit Ergänzungen)

heim-Kärlich, Kr. Mayen-Koblenz, s. 36). Die Felgen wurden aus einem einzigen Holzspan zu einem Kreis gebogen. Manche eisernen Radreifen besitzen eine Nagelung im Abstand von 20–40 cm, aber auch nagelfreie Radreifen sind bekannt. Achskappen sind aus der ält. LTZ nur selten, dagegen reich verzierte Achsnägel relativ häufig bezeugt.

Aus manchen W.-Gräbern sind Hinweise auf die Länge der Deichsel zu ermitteln. Entweder war die Grabgrube mit einem Fortsatz für Deichsel und Joch versehen (z. B. → Somme-Bionne, Dép. Marne), oder die Jochbeschläge weisen auf die urspr. Position des Deichselabschlusses hin (z. B. Somme-Tourbe, ‚La Gorge Meillet', Dép. Marne: 23). In der Früh-LTZ ist die Beigabe von Trensenpaaren und Zaumzeug typisch für W.-Gräber der Champagne.

Geschwungene Schlußstücke von Jochen stammen aus Somme-Tourbe und Somme-Bionne (Dép. Marne), aber auch aus Waldalgesheim (Kr. Mainz-Bingen).

§ 7. Jüngere Latènezeit. Die Verbreitungskarte der W.-Gräber aus der jüng. LTZ (LT C–D) zeigt einen deutlichen Rückgang dieser Sitte (Abb. 14). Gegenüber der Hallstatt- und ält. LTZ gewinnen jedoch neben Grabfunden nun Siedlungs- und Depotfunde (u. a. sog. ‚Massenfunde' von Waffenweihungen) an Bedeutung. Die Verbreitung von jüngerlatènezeitlichen W.-Gräbern deckt sich weitgehend mit der älterlatènezeitlicher W.-Bestattungen; hinzu kommen einige Gebiete im W, z. B. das Pariser Bekken und der Unterlauf der Seine. Zu den neuen Gebieten mit W.-Gräbern zählen ferner die engl. Gft. Yorkshire (‚Arras-Kultur':

74) und sogar Schottland (14). Die geogr. abgelegenen Gräber mit zweirädrigen W. zw. der Steiermark und dem Karpatenraum lassen sich mit nur einer Ausnahme den Stufen LT B2 und C zuweisen. Die nach O gerichtete Ausbreitung der W.-Grabsitte – es handelt sich um Brandbestattungen von Männern – hängt wohl mit der hist. überlieferten kelt. Expansion zusammen.

Die nun auf dem Kontinent übliche Sitte der Einäscherung des Verstorbenen und die damit verbundene Mitverbrennung des W.s mindern gegenüber früheren Stufen die Qualität arch. Überlieferung, so daß eine Rekonstruktion der jüngerlatènezeitlichen W. häufig nicht möglich ist. Meist handelt es sich um zweirädrige Fahrzeuge; vierrädrige W. sind nur in etwa acht Fällen belegt. Soweit überliefert, waren die Räder verhältnismäßig groß, mit Dm. über 90 cm. Die Radreifen waren meist nagelfrei auf die Biegefelgen aufgezogen. In den seltenen Fällen, in denen eine Aussage möglich ist, besaßen die Räder acht oder zehn Speichen. Wie in der ält. LTZ waren die Radnaben wohl einfach zylindrisch; schlichte glatte eiserne Nabenringe wurden im heißen Zustand auf die Naben aufgezogen und nicht mit Nägeln befestigt. Einige aufwendigere Nabenringe aus Bronze oder Eisen besaßen erhabene Rippen oder Wülste (z. B. → Dejbjerg, Dänemark; → Kappel, Württ.: s. 71, 150 ff.).

Eine spezielle Art des zweirädrigen Streit-W.s vermitteln Abb. auf Münzen des 1. Jh.s v. Chr. (Abb. 15), in einem Falle auch auf einer Grabstele des 3. Jh.s v. Chr. aus Padua (Taf. 2a). Bei diesen W. sind die Seiten aus zwei niedrigen halkreisförmigen Bögen gebildet (24). Bogenförmige Brüstungen von ähnlichen W.-Kästen sind aus frühlatènezeitlichen Gräbern überliefert (s. o.). Bei anderen zweirädrigen W. zeigen verzierte bronzene W.-Kastenteile, eiserne Beschläge mit Emailarbeiten oder Zierbleche in Durchbruchsornamentik, daß es sich hier nicht um Nutzfahrzeuge oder Kampf-W.,

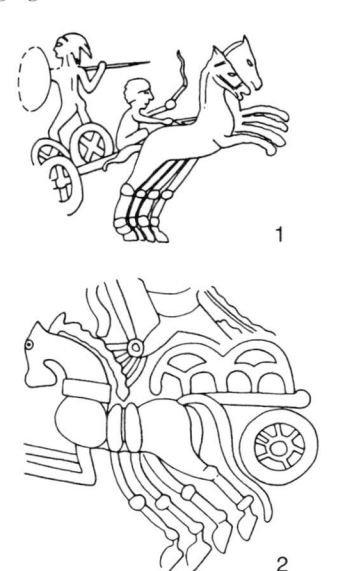

Abb. 15. Streitwagendarst. auf einem röm. Denarius der Zeit kurz nach den Gall. Kriegen (1) sowie auf einer kelt. Münze des Stammes der Remer (2). Nach Schönfelder (71, 291 Abb. 183)

sondern um ausgesprochene Prunkgefährte handelt (siehe z. B. Nanterre, Dép. Hauts-de-Seine; Heimbach-Weis, Kr. Neuwied: s. 71, 212 f. Abb. 131–132).

Zu den W.-Gräbern der jüng. LTZ zählen etwa acht Beispiele von vierrädrigen Fahrzeugen an der Peripherie bzw. außerhalb der kelt. Welt (Abb. 14), in Aquitanien (Boé), im Ostseebereich (z. B. Dejbjerg), im Grenzgebiet der röm. Prov. (Verna) und im dakischen Kulturraum (Cugir). Da sie 300–350 J. nach dem Ende der hallstattzeitlichen Sitte der Bestattung mit vierrädrigen W. auftreten, ist nicht von einer Kontinuität auszugehen. Die vierrädrigen W. – etwa aus Dejbjerg, Ringkøbing amt, Dänemark, oder Boé, Dép. Lot-et-Garonne – sind z. T. ausgesprochen als Prunkgefährte zu bezeichnen (vgl. dazu 71); die Holzteile des W.s von Boé sind beispielsweise flächig mit unterschiedlichen Opus-interrasile-Blechen verkleidet, dazu waren die eisernen Zierleisten des W.-Kastens mit Email- und Bronzede-

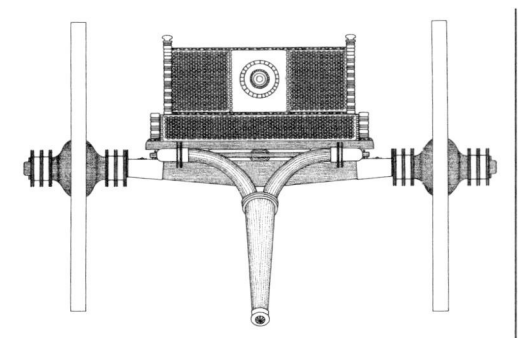

Abb. 16. Rekonstruktionsversuch der Vorderansicht des spätlatènezeitlichen Wagens von Boé, Dép. Lot-et-Garonne. Nach Schönfelder (71, 125 Abb. 83)

kor verziert (Abb. 16). Hier handelt es sich eindeutig um ein Zeremonialgefährt.

Sowohl die zwei- als auch die vierrädrigen W. wurden wohl immer von einem Pferdegespann gezogen, das mit einem Nackenjoch versehen war. Die Form der Joche wird nach Originalfunden beispielsweise aus La Tène (W-Schweiz), Ezinge (Prov. Groningen, Niederlande), und aus Bredmose von Lundgaardshede (Dänemark) überliefert (71, 221 Abb. 136; 223 Abb. 137). In der Stufe LT D wird das Joch mit einem reichen Metallbesatz (Führungsringen, Jochaufsätzen und Endbeschlägen) versehen.

Das allmähliche Ausklingen der W.-Grabsitte und das gleichzeitige Auftreten von → Reitergräbern spiegelt die Verdrängung des Streit-W.s durch die Kavallerie im letzten vorchristl. Jh. wider (17). Während Streit-W. z. Zt. der kelt. Wanderungen nach Italien bzw. nach SO-Europa und Kleinasien in den Schriftqu. (u. a. Livius X, 28, 8; Polybius II, 23, 4; Lukianos 8, 195) beschrieben werden, zeigt das Fehlen von Streit-W. in dem von Julius Caesar beschriebenen Kriegsgeschehen, daß mindestens seit 58 v. Chr. der Krieg mit dem Streit-W. auf dem Kontinent unüblich geworden war. Caesar begegnete in Gallien lediglich der kelt. Reiterei und der Infanterie. Nach der Beschreibung Caesars wird deutlich, daß Kriegsführung mit Streit-W. lediglich auf den britischen Inseln weiterlebte (z. B. Caes. Gall. 4,33,1). Hier stieß das röm. Heer mit dem kelt. *essedum* und sogar mit dem gefürchteten *covinnus,* dessen Räder mit geschweiften, sichelartigen Messern bewaffnet waren, zusammen (*essedum*: Caes. Gall. 4,33; *covinnus*: Lukianos 8,195; Tac. Agr. 36,3).

Zur Funktion der zweirädrigen W. ist es wichtig zu betonen, daß sie in der jüng. LTZ sowohl in Männer- als auch in Frauengräbern gefunden werden. „Damit kann der zweirädrige Wagen in Mitteleuropa auf keinen Fall als charakteristische Beigabe für eines der beiden Geschlechter gewertet werden" (71, 319). Aus diesem Grund sind sie nicht einfach als Kampfmittel bzw. Streit-W. zu bewerten, vielmehr sind zusätzliche Funktionen als Reise-, Prozessions- und Zeremonialgefährt zu erwägen. Die vierrädrigen W. sind teilweise sehr aufwendig gebaut und verziert. Demnach waren sie genausowenig für den alltäglichen Gebrauch wie für den Einsatz im Krieg geeignet. Solche W. sind als Beigabe in Männergräber der obersten gesellschaftlichen Schicht gelangt und dienten wohl hauptsächlich zur Statusrepräsentation des Verstorbenen.

Das Bild von verschiedenen W.-Typen im vorgeschichtl. Europa wird von ungleichmäßigen Entwicklungsgeschwindigkeiten geprägt. Während sich der bäuerliche Lastwagen um 3500 v. Chr. schnell verbreitete und in den folgenden Jt. nur recht zögerlich technologisch verbessert wurde, zeigen die metallbeschlagenen Zeremonial-W. eine vielfältige Entwicklung v. a. während der UZ und HaZ. Zügig umgesetzte technologische Fortschritte zeichnen sich ebenfalls bei den zweirädrigen Streit-W. ab. Daher bietet sich der W. als ein bes. wichtiges Beispiel dafür an, wie nicht nur wirtschaftl., sondern auch ideologische oder kriegerische Bedingungen zu technologischem Fortschritt führen können.

(1) D. W. Anthony, The earliest horseback riders and Indo-European origins: New evidence from the steppes, in: Die Idg. und das Pferd (Festschr. B. Schlerath), 1994, 185–195. (2) Ders., Horse, wagon and chariot: Indo-European languages and arch., Antiquity 69, 1995, 554–565. (3) J. A. Bakker, Die neol. W. im n. Mitteleuropa, in: [21], 283–294. (4) Ders. u. a., The earliest evidence of wheeled vehicles in Europe and the Near East, Antiquity 73, 1999, 778–790. (5) J. Banner, Die Péceler Kultur, 1956. (6) D. Baudais, Le mobilier en bois des sites littoraux de Chalain et de Clairvaux, in: Néolithique Chalain-Clairvaux. Fouilles anciennes. Présentation des coll.s du Musée de Lons-le-Saunier 1, 1985, 177–199. (7) Gh. I. Bichir, Autour du problème des plus anciens modèles de chariots découvertes en Roumanie, Dacia 8, 1964, 67–86. (8) I. Bóna, Clay models of Bronze Age wagons and wheels in the Middle Danube basin, Acta Arch. Acad. Scientiarum Hungaricae 12, 1960, 83–111. (9) M. Bondár, Das frühbronzezeitliche W.-Modell von Börzönce, Communicationes Archæologicæ Hungariæ 1990, 1991, 77–91. (10) N. Boroffka, Bronze- und früheisenzeitliche Geweihtrensenknebel aus Rumänien und ihre Beziehungen. Alte Funde aus dem Mus. für Gesch. Aiud Teil 2, Eurasia Antiqua 4, 1998, 81–136. (11) D. Bošković, Quelques observations sur le char cultuel de Dupljaja, Arch. Jugoslavica 3, 1959, 41–45. (12) St. Burmeister, Der W. im Neol. und in der BZ: Erfindung, Ausbreitung und Funktion der ersten Fahrzeuge, in: [21], 13–40. (13) Ders., Neol. und bronzezeitliche Moorfunde aus den Niederlanden, NW-Deutschland und Dänemark, in: [21], 321–340. (14) S. Carter, F. Hunter, An Iron Age chariot burial from Scotland, Antiquity 77, 2002, 531–535. (15) J. Coles, Chariots of the Gods? Landscape and Imagery at Frännarp, Sweden, Proc. of the Prehistoric Soc. 68, 2002, 215–246. (16) U. Dietz, Zur Frage vorbronzezeitlicher Trensenbelege in Europa, Germania 70, 1992, 17–36. (17) G. Dobesch, Überlegungen zum Heerwesen und zur Sozialstruktur der Kelten, in: E. Jerem (Hrsg.), Die Kelten in den Alpen und an der Donau, 1996, 13–71. (18) E. Drenth, A. E. Lanting, On the importance of the ard and the wheeled vehicle for the transition from the TRB West Group to the Single Grave culture in the Netherlands, in: P. Siemen (Hrsg.), Early Corded Ware Culture. The A-Horizon – fiction or fact?, 1997, 53–73. (19) W. Ebel-Zepezauer, Steinkisten der Urnenfelderkultur aus Mühlheim-Dietesheim und Mühlheim-Lämmerspiel, Kr. Offenbach am Main, Stud. und Forsch. Stadt und Kr. Offenbach a. M. 14, 1992, 22–46. (20) M. Egg, R. Lehnert, Der vierrädrige W. aus dem Grabhügel 7, Grab 1 von Diarville, „Devant Giblot" (Dép. Meurth-et-Moselle), Jb. RGZM 47, 2000, 301–328. (21) M. Fansa, St. Burmeister (Hrsg.), Rad und W. Der Ursprung einer Innovation, 2004. (22) St. Foltiny, The oldest representations of wheeled vehicles in Central and Southeastern Europe, American Journ. of Arch. 63, 1959, 53–58. (23) É. Fourdrignier, Double Sépulture gauloise de La Gorge-Meillet, territoire de Somme-Tourbe (Marne). Étude sur les chars gaulois et les casques dans la Marne, 1878. (24) O.-H. Frey, Eine neue Grabstele von Padua, Germania 46, 1968, 317–320. (25) J. Fries-Knoblach, Neol. Pflüge und Ackerfluren aus arch. Sicht, in: Zu den Wurzeln europ. Kulturlandschaft – experimentelle Forsch. (Festschr. G. Lang), 2005, 27–44. (26) A. Furger-Gunti, Der kelt. Streit-W. im Experiment. Nachbau eines *essedum* im Schweiz. Landesmus., ZAK 50, 1993, 213–222. (27) A. Gej, Der W. in der Novotitarovskaja-Kultur, in: [21], 177–190. (28) K. Günther, Die Kollektivgräber-Nekropole Warburg I–V, 1997. (29) A. Haffner, Die w. Hunsrück-Eifel-Kultur, 1976. (30) F.-R. Herrmann, Die Funde der Urnenfelderkultur in Mittel- und S-Hessen, 1966. (31) H.-G. Hüttel, Bronzezeitliche Trensen in Mittel- und O-Europa, 1981. (32) Ders., Zur Abkunft des danubischen Pferd-W.-Komplexes der Alt-BZ, in: B. Hänsel (Hrsg.), SO-Europa zw. 1600 und 1000 v. Chr., 1982, 39–63. (33) Ders., Zur arch. Evidenz der Pferdenutzung in der Kupfer- und BZ, in: wie [1], 197–215. (34) G. Jacob-Friesen, Skjerne und Egemose: W.-Teile s. Provenienz in skand. Funden, Acta Arch. (København) 40, 1969, 122–158. (35) H.-E. Joachim, Latènezeitliche Siedlungsreste in Mechernich-Antweiler, Kr. Euskirchen, Bonner Jb. 179, 1979, 443–464. (36) Ders., Die frühlatènezeitlichen W.-Gräber von Mühlheim-Kärlich, Kr. Mayen-Koblenz, Beitr. zur Urgesch. des Rheinlandes III. Rhein. Ausgr. 19, 1979, 507–556. (37) E. Kaiser, Rez. von [61], PZ 75, 2000, 239–241. (37a) N. Kalicz, Ein neues kupferzeitliches W.-Modell aus der Umgebung von Budapest, in: Festschr. R. Pittioni 1, 1976, 188–203. (38) J. Köninger u. a. (Hrsg.), Schleife, Schlitten, Rad und W. Zur Frage früher Transportmittel n. der Alpen, 2002. (39) J. Korek, Ein Gräberfeld der Badener Kultur bei Alsónémedi, Acta Arch. Acad. Scientiarum Hungaricae 1, 1951, 35–54. (40) G. Kossack, Pferd und W. in der frühen EZ Mitteleuropas – Technik, Überlieferungsart und ideeller Gehalt, in: Münchner Beitr. zur Völkerkunde 1 (Festschr. L. Vajda), 1988, 131–144. (41) Ders., Bronzezeitliches Kultgerät im europ. Norden, in: Chronos. Beitr. zur Prähist. Arch. zw. N- und SO-Europa (Festschr. B. Hänsel), 1997, 497–514. (42) W. Kubach, Zum Beginn der bronzezeitlichen Radnadeln, Arch. Korrespondenzbl. 1, 1971, 35–37. (43) U. Leuzinger, Das vermutete Joch von Arbon-Bleiche 3, Schweiz, in: [38], 107 f. (44) J.

Lichardus, J. Vladár, Karpatenbecken-Sintašta-Mykene. Ein Beitr. zur Definition der BZ als hist. Epoche, Slovenská Arch. 44, 1996, 25–93. (45) M. A. Littauer, J. Crouwel, The origin and diffusion of the cross-bar wheel?, Antiquity 51, 1977, 95–105. (46) M. Mainberger, „Rätselhafte Holzobjekte" des Pfahlbauneol.s – ein Transportgerätetyp vor der Erfindung von Rad und W.?, Arch. Korrespondenzbl. 27, 1997, 415–422. (47) J. Maran, Die Badener Kultur und ihre Räderfahrzeuge, in: [21], 265–282. (48) Ders., Kulturkontakte und Wege der Ausbreitung der W.-Technologie im 4. Jt. v. Chr, in: [21], 429–442. (49) I. Matuschik u. a., Technik, Innovation und Wirtschaftswandel. Die späte Jungsteinzeit, in: W. Menghin, D. Planck (Hrsg.), Menschen, Zeiten, Räume – Arch. in Deutschland, 2002, 156–161. (50) W. Messerschmidt, Der ägäische Streit-W. und seine Beziehungen zum nordeurasisch-vorderasiatischen Raum, Acta Praehist. et Arch. 20, 1988, 31–44. (51) K. Mesterházy, Agyag kocsímodell Pocsajrób, Arch. Ért. 103, 1976, 223–230. (52) J. Metzler, Ein frühlatènezeitliches Gräberfeld mit W.-Bestattungen bei Grosbous-Vichten, Arch. Korrespondenzbl. 16, 1986, 161–177. (53) C. Metzner-Nebelsick, Der „Thrako-Kimmerische" Formenkreis aus der Sicht der Urnenfelder- und HaZ im sö. Pann., 2002. (54) S. Milisauskas, J. Kruk, Die Wagendarst. auf einem Trichterbecher aus Bronocice in Polen, Arch. Korrespondenzbl. 12, 1982, 141 f. (55) L. Olexa, Hlinený model vozíka z Nižnej Myšle. Študijné Zvesti Archeologického Ústavu Slovenskej Akadémie Vied 20, 1983, 69–77. (56) I. Panayotov, V. Dergachov, Die Ockergrabkultur in Bulg. Darst. des Problems, Studia Praehistorica 7, 1984, 99–116. (57) C. F. E. Pare, Wheels with thickened spokes, and the problem of cultural contact between the Aegean World and Europe in the Late Bronze Age, Oxford Journ. of Arch. 6, 1987, 43–61. (58) Ders., From Dupljaja to Delphi: the ceremonial use of the wagon in later prehist., Antiquity 63, 1989, 80–100. (59) Ders., Wagons and Wagon-Graves of the Early Iron Age in Central Europe, 1992. (60) Ders., Die W. der BZ in Mitteleuropa, in: [21], 355–372. (61) S. Penner, Schliemanns Schachtgräberrund und der europ. NO. Stud. zur Herkunft der frühmykenischen Streitwagenausstattung, 1998. (62) P. Pétrequin u. a., Eine neol. Stangenschleife vom Ende des 31. Jh.s v. Chr. in Chalain (Fontenu, Jura, Frankreich), in: [38], 55–65. (63) St. Piggott, The Earliest Wheeled Transport. From the Atlantic Coast to the Caspian Sea, 1983. (64) Ch. Pugin u. a., Une roue du Bronze final sur la station littorale de Corcelettes (Grandson, VD), Arch. der Schweiz 11, 1988, 146–154. (65) D. Raetzel-Fabian, Calden. Erdwerk und Bestattungsplätze des Jungneol.s. Architektur-Ritual-Chron., 2000. (66) J. Rageth, Der Lago di Ledro im Trentino und seine Beziehungen zu den alpinen und mitteleurop. Kulturen, Ber. RGK 55, 1974, 73–259. (67) K. Randsborg, Kivik, arch. and iconography, Acta Arch. (København) 64, 1993, 1–147. (68) U. Ruoff, Die schnurkeramischen Räder von Zürich Pressehaus, Arch. Korrespondenzbl. 8, 1978, 275–283. (68a) Ders., S. Jacomet, Die Datierung des Rades von Zürich-Akad und die stratigraphische Beziehung zu den Rändern von Zürich-Pressehaus, in: [38], 35–37. (69) H. Schlichterle, Die jungsteinzeitlichen Radfunde vom Federsee und ihre kulturgeschichtl. Bedeutung, in: [38], 9–34. (70) Ders., W.-Funde aus den Seeufersiedlungen im zirkumalpinen Raum, in: [21], 295–314. (71) M. Schönfelder, Das spätkelt. W.-Grab von Boé (Dép. Lot-et-Garonne). Stud. zu W. und W.-Gräbern der jüng. LTZ, 2002. (72) E. Schubert, Stud. zur frühen BZ an der mittleren Donau, Ber. RGK 54, 1973, 1–106. (73) A. Sherratt, Plough and pastoralism. Aspects of the secondary products revolution, in: Pattern of the Past (Studies in honour of D. Clark), 1981, 261–305. (74) I. M. Stead, The Arras Culture, 1979. (75) H. Thrane, Lusehøj ved Voldtofte – en sydvestfynsk storhøj fra yngre broncealder, 1984. (76) K. Tihelka, Nejstarší hliněné napodobeniny čtyřramenných kol na území ČSR, Památky Arch. 45, 1954, 219–224. (77) A. Točík, Nitriansky Hrádok – Zámeček. Bronzezeitliche befestigte Ansiedlung der Mad'arovce-Kultur 1. Materialia Arch. Slovaca 3, 1981. (78) W. Treue (Hrsg.), Achse, Rad und W. Fünftausend J. Kultur- und Technikgesch., 1986. (79) V. Trifonov, Die Maikop-Kultur und die ersten W. in der südruss. Steppe, in: [21], 167–176. (80) R. und V. Vasić, Bronzezeitliche und eisenzeitliche Vogeldarst. im Zentralbalkan, PZ 78, 2003, 156–189. (81) A. Velušček, Ostanki eneolitskega voza z Ljubljanskega barja, Arh. vestnik 53, 2002, 51–57. (82) Ders., Ein Rad mit Achse aus dem Laibacher Moor, in: [38], 38–42. (83) J. Vizdal, Erste bildliche Darst. eines zweirädrigen W.s vom Ende der mittleren BZ in der Slowakei, Slovenská Arch. 20, 1972, 223–231. (84) St. Winghart, Betrachtungen über die Bauweise hölzerner Speichenräder der Bronze- und UZ, Achse Rad und W. 5, 1995, 4–13. (85) J. Winiger, Das Spätneol. der W-Schweiz auf Rädern, Helvetia Arch. 18, 1987, 78–109. (86) E. Woytowitsch, Die W. der Bronze- und frühen EZ in Italien, 1978. (87) B. Zich, Die Ausgr. chronisch gefährdeter Hügelgräber der Stein- und BZ in Flintbek, Kr. Rendsburg-Eckernförde. Ein Vorber., Offa 49/50, 1992/93, 15–31.

Ch. F. E. Pare

§ 8. Römische Kaiserzeit s. Bd. 35

§ 9. Römische Provinzen. a. Forschungsgesch. Die Erforschung römerzeitlicher W. beruhte zunächst vorwiegend auf der Auswertung ant. Schrift- und Bildqu. Seit Beginn des 20. Jh.s fanden dann auch arch. Zeugnisse immer mehr Berücksichtigung. Die Forschungsgesch. bis zum Ende des 20. Jh.s faßt Zinn umfassend zusammen (20, 142). In erster Linie beschäftigen sich die Arbeiten mit der Klassifizierung und dem Aufbau römerzeitlicher W., wobei bes. die Rekonstruktion verschiedener W.-Typen oder die Klärung wagenbautechnischer Details im Vordergrund stand (Abb. 17) (z. B. 11; 13; 16). Ausgehend von dem Massenfund im Rhein bei Neupotz (→ Neupotz mit Taf. 6) wurde versucht, alle bisherigen Kenntnisse zu Bauelementen und Rekonstruktionen zusammenzuführen (19). Dennoch sind noch immer etliche Rekonstruktionsdetails unsicher und umstritten.

In allg. Werken zum römerzeitlichen Transport- und Verkehrswesen sowie zur ant. Wirtschaft findet man in der Regel gute Zusammenfassungen zum W. und W.-Bau in der Römerzeit (Auswahl: 2–4; 7; 14; 18, alle mit ält. bzw. weiterführender Lit.) (siehe auch → Fahren und Reiten).

b. Qu. Zur Beurteilung des wagenbautechnischen Niveaus stehen hauptsächlich drei Qu.gattungen zur Verfügung: die lat. Terminologie der Landfahrzeuge, Darst. von Transportszenen mit W. sowie arch. Funde von Fahrzeugen und Fahrzeugteilen.

Die liter. Qu. überliefern eine hohe Zahl an W.-Bezeichnungen, die aber nur eine allg. Gattungszuweisung erlauben. Bautechnische Details, wie z. B. die Zahl der Räder oder der Aufbau und das Aussehen des W.-Kastens, werden jedoch nur selten beschrieben. Eine Auswahl von W.-Bezeichnungen einschließlich Erl. findet sich beispielsweise bei Garbsch (7, 46) und Polfer (14, 276 ff.). Sprachlich haben viele W.-Bezeichnungen einen kelt. Ursprung (6, 192; 14, 278 mit Nachweis). Man darf wohl von einem Einfluß der kelt. Stellmacherei auf den römerzeitlichen W.-Bau ausgehen.

Bildliche Darst. in Relief (z. B. → Epona Taf. 23b) und auf Mosaiken, seltener in Rundplastik und Malerei, zeigen W.-Gespanne mit Kutscher und Ladung, den gedeckten Reise-W. und W. mit Ladegut wie z. B. Fässer (→ Faß § 2). Zu den arch. Funden zählen weiterhin Teile von W. aus Eisen, die eine konstruktive Verwendung besaßen, und Bronze, die eher Verzierungen und Gußstücke waren. Dieses sind u. a. figürliche Appliken vom Kasten-W. und figürlich oder mit Tieren verzierte W.-Aufsätze (Gurthalter) zur Aufhängung der Fahrgastkabine.

W.-Teile liegen z. T. in großer Anzahl u. a. aus Siedlungen, Straßenstationen und Militärlagern vor. Wichtig sind auch Hort- und Gewässerfunde, die wie im Falle von Neupotz die Reste von drei bis vier W. erbrachten (Taf. 3; 5; 19, 320) (vgl. auch → Hagenbach). Darüber hinaus gibt es Funde aus Gräbern, wo bei günstiger Fundüberlieferung metallene W.-Teile an der gleichen Stelle lagen, wo sie einst am hölzernen W. saßen (11; 1).

c. Art und Typ der W., wagenbautechnische Einzelheiten. Obwohl es viele Wagendarst. gibt und gleichzeitig zahlreiche Namen für diese überliefert sind, lassen sich die arch. Funde nicht immer mit ihnen in Übereinstimmung bringen (3, 145). Teilweise kritisiert wird eine unkritische Übernahme von Konstruktionsdetails aus Wagendarst. und Miniaturmodellen (20, 145).

Allg. sind ein- und zweiachsige W. zu unterscheiden (Taf. 4). Für einachsige W. sind beispielsweise die Bezeichnungen *covinnus, cisium, carpentum* und *birota* überliefert. Die zweiachsigen W. (u. a. *plaustrum, raeda* und *carruca*) können eine drehbare oder starre Vorderachse aufweisen. Ein starres Fahrgestell wird für *plaustrum* und *raeda* angenommen.

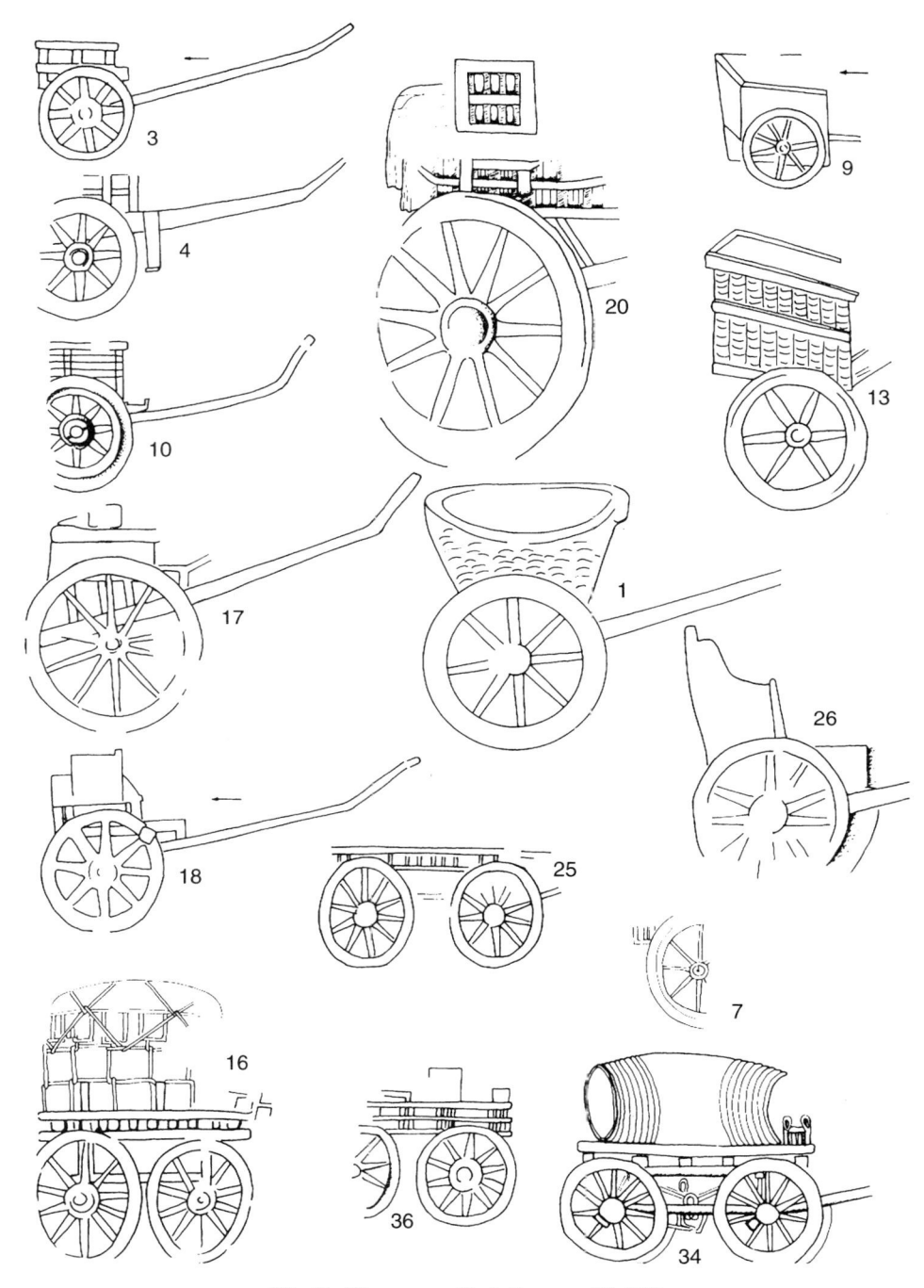

Abb. 17. Wagentypen. Nach Raepsaet (15, 255)

Über die im W.-Bau bevorzugt verwendeten Hölzer berichten ant. Schriftqu. (18, 103; 19, 257 mit Anm. 1). Demnach war Holz von Zypressen, Feigenbaum und Pappel (→ Espe) gut für Räder geeignet. Speichen wurden aus → Kornelkirschen- und Eichenholz angefertigt. Aus hartem Holz wie → Eiche, → Ulme, Stechpalme und → Esche wurden W.-Achsen hergestellt. Die W.-Kästen bestanden aus → Tannen- und Rotbuchenholz (→ Buche). Nur selten haben sich W.-Bestandteile aus Holz erhalten. Zu nennen sind hier beispielsweise die in einem Brunnen des Limeskastells Zugmantel gefundenen Räder und die Funde von Neupotz (17; 19).

Die W.-Bestandteile, sowohl Konstruktionselemente als auch Verzierungselemente, lassen sich in verschiedene Typen bzw. Formen klassifizieren, die auch unterschiedliche Verbreitungsgebiete in den w. und ö. Prov. aufweisen können (detailliert zu verschiedenen Bauteilen 19).

Häufig weisen die Räder der römerzeitlichen W. acht Speichen auf. Ihre Anzahl läßt sich allerdings meist nicht genau bestimmen, weil die Holzteile nur ausnahmsweise erhalten sind (Taf. 3a). So sind auch mehr (bis zu zwölf) oder weniger Speichen belegt (Abb. 18). Die eisernen Radreifen wurden warm auf die Felge gezogen, gelegentlich – hauptsächlich in den ö. Prov. – wurden sie durch einzelne Nägel zusätzlich auf der Felge befestigt (7, 55; 19, 269 ff.). Die römerzeitlichen Reifen zeigen keine so breite Formenvielfalt wie die früheren. Es überwiegt ein halbkreisförmiger Querschnitt.

Die röm. W.-Achsen waren vierkantig, die beiden Enden (Achsschenkel), auf denen die Räder liegen, rundstabig. Als Beschläge begegnen an den Achsschenkeln Eisenringe, Endkappen und Achsnägel als Sicherung der Räder. Auch die Achse selbst und das Radinnere wurden mit eisernen Beschlägen verstärkt (19, 272 ff.). Die römerzeitlichen Achsnägel (Taf. 3b) sind Weiterentwicklungen der kelt. Formen (12, 72 ff.;

Abb. 18. Relativ gut erhaltenes Speichenrad aus dem Römerkastell bei Bad Homburg v. d. H., 2. Jh. n. Chr. Nach Treue (18, 135)

7, 58 f.; 19, 275 ff.). Kennzeichnend für die Achsnägel des 1.–2. Jh.s sind der halbmondförmige Kopf (Typ 1), für die Achsnägel mit dreieckigem Kopf (Typ 2) werden Datierungen vom 1.–4. Jh. genannt (19, 276).

W.-Bremsen sind bisher noch nicht durch eindeutige Befunde und schriftliche Hinweise nachgewiesen (18, 108). Die auf einigen Wagendarst. erkennbaren unter dem W.-Kasten hängenden Haken könnten als Vorrichtung zur Blockierung der Hinterräder gedient haben (vgl. auch zur Problematik arch. Nachweise 19, 305).

Dem Fahrgestell lassen sich ebenso diverse Beschläge und Metallteile zuordnen (19, 279 ff.). Dazu gehören Reibnägel und Bolzen, Reibnagelführungen, Langfuhrbeschläge, Deichselbeschläge sowie Schemelstützen und -beschläge.

Eine Auswahl von W.-Kastenbeschlägen einfacher Lastwagen *(plaustrum)* behandelt Visy (19, 296 ff.). Aufgrund von Funden und Bilddarst. erfolgten Rekonstruktionen des mit einer beweglichen Vorderachse ausgestatteten, zweiachsigen Reise-W.s, der *carruca* (16; 7, 47 ff.; 8). Hier war der W.-Kasten aufgehängt, was eine bessere Federung dieses Reise-W.s zur Folge hatte. Die federnde Karosserieaufhängung gilt als Neuentwicklung der Römer (7, 45 f.; 9, 75 ff.). Man trennte den W.-Kasten vom Fahrgestell und hängte ihn mit Gurten an Haken auf, die an senkrecht von den Achsenden hochgezogenen Trägern angebracht waren. Das bewirkte, daß die von Bodenunebenheiten verursachten Stöße nicht unmittelbar von Rad und Achse auf die Karosserie und damit auf die Insassen übertragen wurden. Die Erfindung der W.-Kastenaufhängung ist sowohl durch Eisenbeschläge aus W.-Funden als auch durch Darst. auf römerzeitlichen Reliefs belegt (18, 107 f.). Mit dem Ende der Römerzeit veschwanden die gefederten W. und tauchten erst im 15. Jh. wieder auf (9, 77; 3, 147 Anm. 195).

Neben der durch Funde und bildliche Darst. nachgewiesenen Verzierung und Ausstattung (z. B. Baldachin, Schmuck mit kleinen Bronzeplastiken) gehörten nach der liter. Überlieferung teilweise auch Entfernungsmesser und Reiseuhren zur Ausstattung der W. (2, 27).

Gleichgewichtig zu den Anspannmethoden und ihrer Effezienz sowie der Belastbarkeit der W. kommt auch dem hohen Niveau des römerzeitlichen W.-Baus ein großer Stellenwert bei der Einschätzung des Landtransports für das kaiserzeitliche Wirtschaftsleben zu (14).

d. W. im Alltag. W. dienten einerseits zum Personentransport *(benna).* Darunter gab es spezielle Reise-W. *(carrucca, cisium, covinnus, essedum, raeda),* auch mit prunkvoller Ausstattung (Taf. 4b). Die *carruca* war der meistgebrauchte Reise-W. Er war durch ein Verdeck geschlossen und konnte in einen Schlaf-W. *(carruca dormitoria)* verwandelt werden. *Birota* und *carpentum* waren einachsige Reise-W., die als Repräsentations-W. für Würdenträger überliefert sind. So hatte der *carpentum* einen geschlossenen W.-Kasten mit Aufbau. Nach Darst. auf Münzen der frühen Kaiserzeit ist anzunehmen, daß v. a. die Kaiserinnen in diesem Fahrzeug ausfuhren (3, 146; 9, 68). Zahlreiche W.-Typen wurden andererseits im Rahmen des öffentlichen Transportwesens, des *cursus publicus* (→ Straßen § 2b), eingesetzt sowie zur Heeresversorgung genutzt. Schwere vierrädrige Lastwagen *(plaustrum, sarracum)* fanden beim Gütertransport Verwendung. Daneben gab es spezielle Renn.-W. für die circensischen Spiele, wie Abb. auf zahlreichen Reliefs und Mosaikböden belegen.

e. W. im Grabbrauch. Bei den W.-Gräbern muß zw. Gallien und den Nordwestprov. einerseits sowie den ö. Prov. andererseits unterschieden werden. Nur wenige Funde von W.-Resten aus westprov.-röm. Gräbern des 2./3. Jh.s sind bekannt (1; 10; 20, 176). Sie zeichnen sich durch eine reiche Beigabenausstattung und aufwendigen Grabbau aus. Durch die schriftliche Überlieferung und bildliche Darst. von W.-Fahrten ist keine Verwendung des W.s beim Bestattungsvorgang ('Jenseitsreise') zu belegen. Wagenfahrtdarst. gehören in der *Gallia Belgica* und den germ. Prov. zu den Alltagsszenen auf Grabdenkmälern. W. finden sich v. a. als persönlicher Besitz bei der prov.-röm. Oberschicht und dürften daher auch im Grab als Zeichen repräsentativer Selbstdarst. und hoher sozialer/ökonomischer Stellung zu interpretieren sein (1). Aus dem kaiserzeitlichen → Pannonien sind dagegen zahlreiche Gräber mit Resten von zwei- und vierrädrigen W. bekannt (20, 195 f. mit Nachweisen). Sie datieren von trajanisch-hadrianischer Zeit bis in das frühe 3. Jh. Die pann. Reliefs mit W.-Szenen werden als Darst. der Jenseitsreise gedeutet (20, 265). Die Sitte der W.-Bestattung wird hier in die gleiche Richtung ausgedeutet, wobei dem W. als Statussymbol dabei seine Rolle nicht abgeschrieben wird.

f. W. im Kult. Bisher ist die Verwendung des W.s bei Kultfeierlichkeiten nur für den stadtröm. Bereich nachweisbar belegt

(18, 96 ff.). In den Prozessionen wurden auf W. Götterstatuen bzw. -symbole transportiert. W. dienten als Ehrenfahrzeug für Priesterinnen und Matronen. Kultische Bedeutung besaß auch der Triumph-W.

(1) A. Abegg, Gräber der Oberschicht in den röm. Nordwestprov., in: Herrschaft – Tod – Bestattung. Zu den vor- und frühgeschichtl. Prunkgräbern als arch.-hist. Qu., Internationale Fachkonferenz Kiel 2003 (im Druck). (2) H. Bender, Röm. Reiseverkehr. Cursus publicus und Privatreisen, 1978. (3) Ders., Verkehrs- und Transportwesen in der RKZ, in: H. Jankuhn u. a. (Hrsg.), Unters. zu Handel und Verkehr der vor- und frühgeschichtl. Zeit in Mittel- und N-Europa 5, 1989, 108–154. (4) Ders., Röm. Straßen- und Reiseverkehr, in: L. Wamser (Hrsg.), Die Römer zw. Alpen und Nordmeer, 2000, 255–263. (5) H. Bernhard u. a., Der röm. Schatzfund von Hagenbach, 1990. (6) H. Chapman, Roman vehicle construction in the north-west provinces, in: S. McGrail (Hrsg.), Woodworking Techniques before A. D. 1500, 1982, 187–193. (7) J. Garbsch, Mann und Roß und W. Transport und Verkehr im ant. Bayern, 1986. (8) Ders., Zwei Nachbauten ant. W. in der Prähist. Staatsslg. München, Das Arch. J. in Bayern 1986, 1987, 207–209. (9) M. Junkelmann, Die Reiter Roms, 1. Reise, Jagd, Triumph und Circusrennen, 1990, 68–77. (10) G. Kossack, W. und faltbarer Sessel in Gräbern röm. Prov., BVbl. 65, 2000, 97–107. (11) H. Lehner, Ein galloröm. W. aus Frenz an der Inde im Kr. Düren, Bonner Jb. 128, 1923, 28–62. (12) W. H. Manning, Catalogue of the Romano-British Iron Tools, Fittings and Weapons in the British Mus., 1985. (13) E. von Mercklin, W.-Schmuck aus der RKZ, Jb. des Dt. Arch. Inst.s 48, 1933, 84–176. (14) M. Polfer, Der Transport über den Landweg – ein Hemmschuh für die Wirtschaft der RKZ?, Helinium 31, 1991, 273–295. (15) G. Raepsaet, Attelages antiques dans le nord de la Gaule. Les systèmes de traction par équidés, Trierer Zeitschr. 45, 1982, 215–273. (16) Ch. W. Röring, Unters. zu röm. Reise-W., 1983. (17) Saalburg-Jb. 3, 1912, 68 ff. (18) W. Weber, Der W. in Italien und in den röm. Prov., in: W. Treue (Hrsg.), Achse, Rad und W. Fünftausend J. Kultur- und Technikgesch., 1986, 85–108. (19) Zs. Visy, W. und W.-Teile, in: E. Künzl, Die Alam.beute aus dem Rhein bei Neupotz. Plünderungsgut aus dem röm. Gallien, 1. Unters., 1993, 257–327. (20) F. Zinn, Unters. zu Wagenfahrtdarst. auf prov.-röm. Grabdenkmälern, Kölner Jb. 34, 2001, 141–266.

A. Abegg

§ 10. Merowingerzeit s. Bd. 35

§ 11. Wikingerzeit. a. W. Der W.-Bau der WZ kann ohne Metallbeschläge auskommen. Ein arch. Nachweis von W. ist daher oft schwierig. Teile von W. finden sich v. a. in Gräbern und Mooren, seltener in Depotfunden und Siedlungen. Wesentlich ergänzt wird das arch. Material durch Bildqu. (20, 289). Die aus Skand. bekannten W.-Funde vom Neol. bis zum hohen MA hat Schovsbo monographisch vorgelegt (21, mit Forschungsgesch. S. 13–18). Im allg. gewinnt man den Eindruck, daß der W. in der WZ allmählich eine größere Bedeutung erlangt. Darauf weist auch der zunehmende Ausbau von Straßen, Wegen, Furten und Brücken hin (→ Fahren und Reiten § 6; → Wege; vgl. auch 18, 13 f.).

Der einzige vollständig erhaltene W. der WZ liegt aus dem Schiffsgrab von → Oseberg, Vestfold, Norwegen, vor, in dem im J. 834 oder wenig später zwei Frauen bestattet worden sind (3, 157). Neben mehreren → Schlitten und zahlreichen anderen Holzgegenständen konnte hier 1904 auch ein nahezu vollständig erhaltener W. freigelegt werden (Abb. 19). Der vierrädrige W. hat eine Lg. von 5,5 m (mit Deichseln, 2,6 m ohne Deichseln), eine größte Br. von 1,5 m und eine Hh. von 1,2 m (8, 3; 22, 37). Die Spurweite beträgt 1 m und ist damit etwas schmaler als bei dän. W., die zu dieser Zeit eine Spurweite von 1,1–1,2 m aufweisen (20, 291). Die Räder weisen einen Dm. von etwa 1 m auf und sind zusammengesetzt aus einem Felgenkranz mit sechs breiten Planken (Buche) und zwölf Speichen (Eiche), die in tonnenförmige Naben (Buche) eingesetzt sind. Auf den Achsen (Eiche) mit rechteckigem Querschnitt liegt der nach hinten gegabelte Langbaum (Buche) auf. Auf der Vorderachse sind zwei im Tierstil verzierte Holzplanken (Buche) angebracht, an denen die zwei Deichseln (Esche) befestigt sind. Über den Achsen, Langbaum und Deichselbefestigung liegen zwei Hölzer auf, auf denen die zwei in menschlichen Köpfen endenden Böcke (hinten Eiche, vorne Bu-

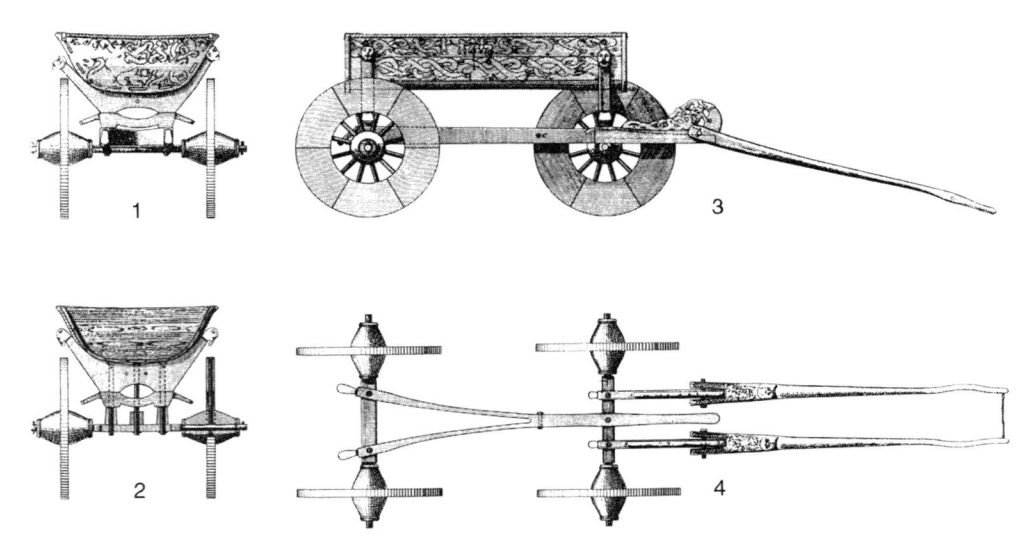

Abb. 19. Osebergwagen. 1 von hinten; 2 Querschnitt durch die Vorderachse; 3 von der Seite; 4 Fahrgestell von oben. Nach Grieg (8, Taf. 1; 21, 33)

che) ruhen. Auf diese konnte der abnehmbare W.-Kasten (Eiche) plaziert werden (8, 3–24; 22, 38). Der etwa 2 m lg., 1 m br. und 0,4 m hohe, halbrunde Kasten besteht aus neun Planken, die in Klinkerbauweise durch Eisenniete zusammengehalten und mit Kalfaterungsmaterial abgedichtet worden sind. Die Planken sind an den Enden mit den halbrunden Giebelbrettern verzapft. Einzelne Winkelbeschläge verstärken die Konstruktion. Die Giebelbretter und die jeweils zwei oberen Seitenplanken sind reich mit Tierstilornamentik verziert (8, 12 f.; 20, 290; 21, 32). Aufgrund des recht weit in die Doppeldeichsel hineinreichenden Langbaumes und der drei, die Vorderachse mit den Böcken verbindenden Eichendübel (Abb. 19), ist man davon ausgegangen, daß der W. nicht lenkbar gewesen ist (4, 81). Ein in den 1990er J. am Wikingerschiffsmus. in Oslo angefertigter Nachbau hat jedoch gezeigt, daß der Wenderadius mit W.-Kasten 12,3 m und ohne Kasten 4,9 m beträgt (1). Dennoch deuten fehlende Abnutzungsspuren an den Felgen daraufhin, daß der W. kaum bewegt worden ist (20, 291; 21, 32–34), und auch die aufwendigen Schnitzarbeiten am W.-Kasten und Fahrgestell belegen, daß es sich bei dem Oseberg-W. nicht um einen Arbeits-W. für den täglichen Gebrauch handelte, sondern wohl eher um ein Prozessionsfahrzeug (8, 33; 4, 81).

b. W.-Kästen. Weitere Gräber mit vollständigen W. als Beigabe sind aus der WZ in Skand. bisher nicht bekannt. Hingegen liegen inzw. etwa 40 Gräber vor, in denen ein trogförmiger W.-Kasten, ähnlich dem vollständig erhaltenen aus Oseberg, als Sarg Verwendung fand (5, 61 ff. 661 f. Fundliste 57). Das Hauptverbreitungsgebiet dieser Bestattungsform ist Jütland und S-Schleswig, aber auch von den dän. Inseln und Schonen sowie Mittelschweden sind W.-Kästen bekannt. Sie datieren fast ausschließlich in die 1. Hälfte und die Mitte des 10. Jh.s. Im Befund mit fehlender Holzerhaltung sind die W.-Kästen an mehreren parallel verlaufenden Längsreihen (meist 4 oder 6) aus Eisennieten und -nägeln zu erkennen (Abb. 20). An den Enden finden sich winkelförmige Eckbeschläge, an den

Wagen und Wagenbau, Wagengrab 75

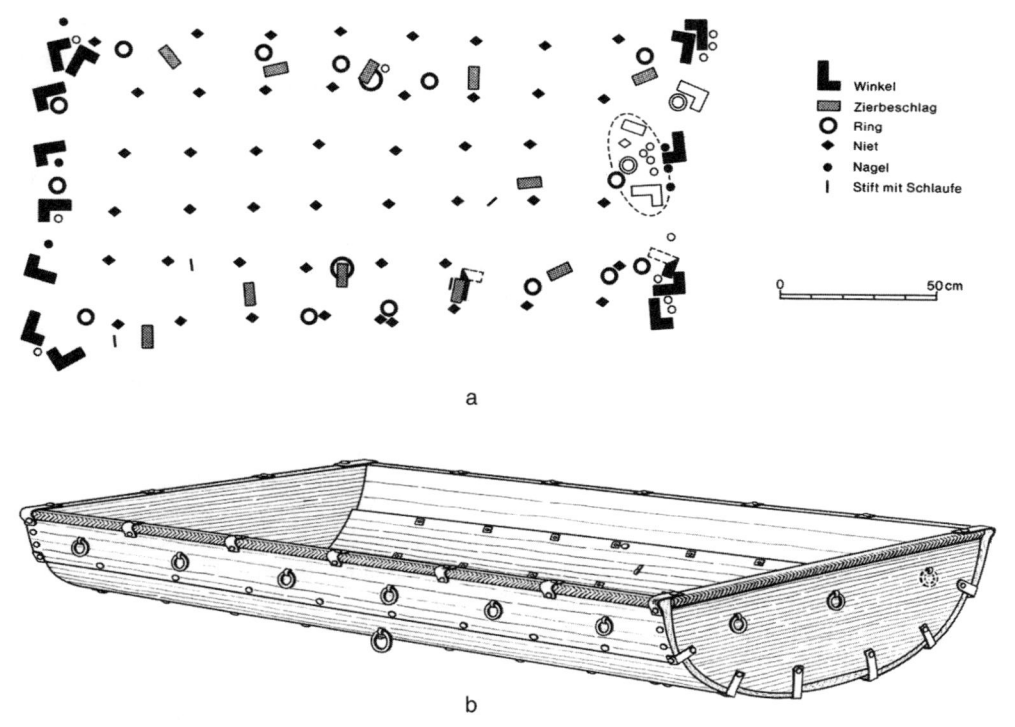

| Winkel
▰ Zierbeschlag
○ Ring
♦ Niet
• Nagel
I Stift mit Schlaufe

Abb. 20. Thumby-Bienebek. Wagenkasten aus Kammergrab 54A. Befund und Rekonstruktion. Nach Müller-Wille (15, 144)

Längsseiten können sich Eisenringe und andere Anhänger befinden (15, 140–145). Die Lg. der W.-Kästen liegt zw. 1,8 und 2,2 m, die Br. zw. 0,9 und 1,2 m. Die Hh. wird etwa 0,4–0,5 m betragen haben. Obwohl Form und Konstruktion dieser Kästen bereits im 19. Jh. bei Ausgr. erkannt wurde (z. B. → Jelling-N-Hügel; 12, 35 f. 73; Hvilehøj, Mitteljütland; 6, 140 ff. 170 ff.), gelang erst in den 1970er J. bei der Unters. wikingerzeitlicher Gräberfelder in Mitteljütland (Fyrkat [→ Fyrkat § 2b], Sønder Onsild; 19; 18, 9 f.) und Schleswig-Holstein (→ Thumby-Bienebek, Oldenburg; 14, 13–17; 7) die korrekte Ansprache des Befundes als W.-Kasten. Die geringe Größe der Gräber – meist handelt es sich um Kammergräber – läßt vermuten, daß nicht der vollständige W. mitgegeben worden ist. Der Großteil der Gräber weist eine weit umfangreichere Beigabenausstattung auf als benachbarte Bestattungen. Die Beigaben deuten darauf hin, daß eine Bestattung in einem W.-Kasten sozial hochgestellten Frauen vorbehalten war (18, 12 f.). Neben Schmuck und Tafelgeschirr findet sich in mehreren W.-Kastengräbern auch Zaumzeug (→ Pferdegeschirr) für zwei Pferde, die gelegentlich in einer separaten Grabgrube beigesetzt worden sind. In diesen Gräbern finden sich manchmal auch Reste von Eisenketten, die aus etwa 5–10 cm lg., länglichen und in der Mitte zusammengedrückten Ringen gefertigt worden sind. Die erhaltenen Kettenlängen aus dän. Funden liegen zw. 1,4–5,3 m (2). An den Kettenenden waren flache Eisenhaken oder Ringe angebracht (17, 54 f. 81). Es wird vermutet, daß diese Ketten die Verbindung zw. Vorderachse und Brustblattgeschirr hergestellt haben (13, 178 f.

Abb. 8). Zu dem Brustblattgeschirr, das wohl am Anfang der WZ auch nach Skand. gelangte, gehört vermutlich auch ein Krummsiel (→ Kummet § 3), durch welches die Zügel geführt wurden. Aufwendig mit Tierornamentik verzierte Kummetbeschläge sind in erster Linie aus reich ausgestatteten skand. Frauenbestattungen belegt (13, 178 f.).

c. W.-Teile. Bei den erhaltenen hölzernen W.-Teilen aus Mooren, Siedlungen (z. B. Haithabu; 9 [→ Haiðaby mit § 5]) und Grabhügeln (Jelling-S-Hügel [→ Jelling § 2]; sowie 21, 234 Kat.-Nr. 80) handelt es sich in erster Linie um Räder, seltener um Achsen, Langbäume und Deichseln (20, 295). In der ält. WZ wurde die tonnen- oder balusterförmige Nabe des Rades in der Regel aus Erle gefertigt, die zehn oder zwölf Speichen waren aus Eichenholz gearbeitet (20, 295; 21, 93 f. 173). Der recht breite Felgenkranz aus fünf oder sechs Planken, die gelegentlich mit eingeritzten, konzentrischen Rillen und Kerben verziert sind, hat seinen Ursprung bereits in der EZ. Wie die Nabe besteht auch die Felge meist aus Erle. Im Laufe der WZ wird der Felgenkranz schmaler und ist in der Regel, wie dann schließlich im MA, aus Buche gefertigt. Der Rad-Dm. beträgt von der EZ bis ins MA etwa 1 m (20, 295; 21, 86). Der mittlere Teil der Achse besteht aus einer waagerecht liegenden Planke, die mit Hilfe von senkrecht stehenden Holzdübeln mit dem Unterwagen verbunden ist. Aus dem 11. und 12. Jh. liegen Achsenmittelstücke mit rechteckigem Querschnitt vor. Die nach oben gerichtete Schmalseite ist in der Mitte konkav und weist zu den Enden hin zwei rechteckige Einkerbungen für die Aufnahme des Langbaumes auf (20, 296; 21, 104 f. 175). Der zu diesen Achsen gehörende W.-Typ ist bisher unbekannt, möglicherweise handelt es sich um einen leichteren, zwei- oder vierrädrigen Personen-W. (ebd.). Der Langbaum kann wie bei dem Oseberg-W. aus einer gespaltenen (Buchen)-Planke oder aus einer natürlich gewachsenen Eichenastgabel bestehen. Seit der RKZ wird die Last nicht mehr vom Langbaum getragen, sondern von den Achsen (20, 296; 21, 112–115. 176 f.). Aus der WZ sind zwei Deichselformen bekannt: Zum einen Deichseln aus Astgabeln ähnlich dem Langbaum, an denen zwei Pferde oder Ochsen gespannt werden konnten, zum anderen gerade, etwa 2 m lg. Holzstücke mit rechteckigem Querschnitt und einer Durchbohrung an dem verdickten Ende, die in die W.-Achsen passen. Diese äußeren Deichseln waren wie die oben beschriebenen Eisenketten an den äußeren Enden der Vorderachse, zw. Nabe und Achsnagel angebracht (20, 296 f.; 21, 122 f. 178). Letztere Deichselkonstruktion ist erst seit dem 13. Jh. arch. belegt und war in Skand. bis in die Neuzeit in Gebrauch (13, 179 Abb. 8, 3.4). Die Abb. auf dem Osebergteppich deuten jedoch an, daß diese Konstruktion möglicherweise bereits in der WZ bekannt war. Zu erwähnen ist außerdem die Doppeldeichselkonstruktion wie sie der Oseberg-W. aufweist. Sicher in die WZ zu datierende Teile des Vorderwagens und des Aufbaus fehlen in dem aus Feuchtböden bekannten Fundmaterial (20, 296).

d. Bildqu. Die frühma. Bildqu. ergänzen die wenigen erhaltenen Bodenfunde. Auch hier spielt das Grab von Oseberg eine zentrale Rolle. Auf dem fragmentarisch erhaltenen Bildteppich sind neben Reitern und anderen Personen auch mehrere W. dargestellt. Es lassen sich mehrere W.-Typen sowie die oben beschriebene Anschirrung mit Ketten oder Stangen und Mähnenstuhl erkennen (→ Pferdegeschirr mit Abb. 14). Auf einem Textilfrg. ist ein W. mit halbrundem W.-Kasten und doppelter Deichsel zu erkennen, in dem vermutlich eine Frau sitzt (Abb. 21,1). Eine ähnliche Darst. findet sich auch auf einem der drei gotländischen Bildsteine mit W.-Darst. (→ Alskog [dazu 11, Abb. 135], die Steine

Abb. 21. Oseberg. Bildteppich mit Wagendarst. Nach Krafft (10, 30–32)

von Ekeby, Levide [11, Abb. 304], und das Plattenfrg. von Grötlingbo [16, 103] weisen nur eine sehr schematische Darst. von W. auf, die kaum detaillierte Rückschlüsse auf die W. der WZ ermöglichen). Mehrmals auf dem Osebergteppich sind schwer beladene Fahrzeuge dargestellt (Abb. 21,2). Der Aufbau dieser W. besteht aus auf den zwei Bökken ruhenden Bodenplanken und schräg stehenden Planken an den Längsseiten. Die Schmalseiten sind offen. Belege für diesen W.-Typ sind v. a. durch Moorfunde seit der EZ bis in die Neuzeit bekannt. Dieser Leiter-W. ähnliche Arbeits-W. fand in der Landwirtschaft bis in das 20. Jh. Verwendung (20, 293). Schließlich ist noch ein W. mit einem offenen Aufbau und hohen Schmalseiten abgebildet, auf dem zwei Bänke oder Stühle befestigt sind (Abb. 21,3). Dieser W.-Typ ist im arch. Fundmaterial nicht dokumentiert. Es scheint sich um eine Art Reise-W. zum Transport von Personen zu handeln (20, 292 f.).

(1) B. E. Aarseth, Se den svinger – Osebergvogna. Uniforum (persönl. Mitt.). (2) S. W. Andersen, T. Hatting, En vikingegrav fra Vestsjælland, Årbog for historisk samfund for Sorø amt 65, 1978, 24–33. (3) N. Bonde, A. E. Christensen, Dendrokronologisk datering af tømmer fra gravkamrene i Oseberg, Gokstad og Tune, Univ. Oldsaksamling Årbok 1991/92, 153–160 (= engl. Antiquity 67, 1993, 575–583). (4) A. E. Christensen, Vogni nordisk forhistorie, Viking 28, 1964, 63–88. (5) S. Eisenschmidt, Grabfunde des 8. bis 11. Jh.s zw. Kongeå und Eider. Zur Bestattungssitte der WZ im s. Altdänemark, 2004. (6) C. Engelhardt, Jernalderens gravskikke i Jylland, Aarbøger 1881, 79–184. (7) I. Gabriel, Das Gräberfeld auf dem slaw. Burgwall von Oldenburg in Holstein, Die Heimat 83, 1976, 141–148. (8) S. Grieg, Kongsgaarden, in: A. W. Brøgger, H. Schetelig (Hrsg.), Osebergfundet 2, 1928, 3 ff. (9) H. Hayen, Der Landtransport: W.-Reste aus Haithabu, in: H. Jankuhn u. a. (Hrsg.), Arch. und naturwiss. Unters. an ländlichen und frühstädtischen Siedlungen im dt. Küstengebiet vom 5. Jh. v. Chr. bis zum 11. Jh. n. Chr., 2. Handelsplätze des frühen und hohen MAs, 1984, 251–253. (10) S. Krafft, Fra Osebergfunnets Tekstiler. Fragmenter og rekonstruerte mønstre, 1955. (10a) Dies., Pictorial Weavings from the Viking Age. Drawings and Patterns of Textiles from the Oseberg Finds, 1956. (11) S. Lindqvist, Gotlands Bildsteine 1–2, 1941–1942. (12) F. Magnusen, Ch. Thomsen, Efterretninger om Monumenterne ved Jellinge, samt de i Aarene 1820 og 1821 der foretagne Undersøgelser, Antiqvariske Annaler 4, 1827, 64–139. (13) M. Müller-Wille, Ein Reitergrab der jüng. WZ aus Süderbrarup (Angeln), in: Festg. K. Tackenberg zum 75. Geb., 1974, 175–197. (14) Ders., Das wikingerzeitliche Gräberfeld von Thumby-Bienebek (Kr. Rendsburg-Eckernförde) 1, 1976. (15) Ders., Das wikingerzeitliche Gräberfeld von Thumby-Bienebek (Kr. Rendsburg-Eckernförde) 2, 1987. (16) E. Nylén, J. P. Lamm, Bildsteine auf Gotland, 1981. (17) A. Pedersen, Søllested – nye oplysninger om et velkendt fund, Aarbøger 1996, 37–111. (18) E. Roesdahl, Vognen og vikingerne, Skalk 1978, Nr. 4, 9–14. (19) Dies., J. Nordquist, De døde fra Fyrkat, Nationalmuseets Arbejdsmark 1971, 15–32. (20) P. O. Schovsbo, Vikingernes vogne. En skitse, Hikuin 10, 1984, 289–300. (21) Ders., Oldtidens vogne i Norden. Arkæologiske undersøgelser af mose- og jordfundne vogndele af træ fra neolitikum til ældre middelalder, 1987. (22) T. Sjøvold, Die Wikingerschiffe in Oslo, 1985.

S. Eisenschmidt

Wagenburg → Frau; → Karrodounon; → Katalaunische Felder; → Trajanssäule

Wagengrab → Wagen und Wagenbau, Wagengrab

Wageningen. Namenkundlich. Der Name des Ortes ist erst im 11. Jh. mit Sicherheit belegt: *actum est apud Wachoningon* (1125, Fälschung?, Kopie 2. Hälfte des 12. Jh.s) und *villicus de Wagenunge persolvet* (12. Jh.) (1, 380). Ob sich der Beleg *in pago Felua … in uilla Uuaganuuega … quicquid in illis locis habuisti* aus dem J. 838 (Kopie Ende 11. Jh.) (1, 380) auch auf W. bezieht, ist nicht sicher. Es ist möglich, daß mit diesem Namen der sog. Diedenweg gemeint ist, eine Straße, die zu einer Furt im Rhein führte. Jedenfalls scheint die direkte Umgebung der Villa schon in karol. Zeit besiedelt gewesen zu sein (2). Der heutige Ort liegt etwas weiter und bietet keine Funde ält. als das 12. und 13. Jh. Es liegt nahe zu vermuten, daß der jetzige Name auch vom Worte *wagan* ‚Wagen' abgeleitet worden ist und etwa ‚Wagenführer, Fuhrmann' bedeutet. Weniger ist dagegen eine Ableitung von einem PN **Wagan* anzunehmen.

<small>(1) R. Künzel u. a., Lexicon van Nederlandse toponiemen tot 1200, 1988. (2) J. A. J. Vervloet, Einige Bemerkungen zur angewandten hist. Geogr. in den Niederlanden. Mit besonderer Berücksichtigung W.s, der Stadt und ihres Umlandes", Siedlungsforschung. Arch.-Gesch.-Geogr. 7, 1989, 149–165.</small>

A. Quak

Zum Arch. s. Bd. 35

Wagrier

§ 1: Namenkundlich – § 2: Historisch – § 3: Beziehungen der W. zu Dänen und Schweden

§ 1. Namenkundlich. Die W. sind als Teilstamm der slaw. → Abodriten bezeugt, als ihr Hauptort wird → Starigard/Oldenburg genannt.

Die hist. Überlieferung des Stammes- und auch Landschaftsnamens W./Wagrien wurde anfangs unterschiedlich interpretiert. Die Überlieferung setzt seit der Mitte des 10. Jh.s ein: *Waaris* (→ Widukind von Corvey), a. 1012–1018 (Kopie 14.Jh.; → Thietmar von Merseburg) *Wari*, um a. 1075 *Aldinburg civitas ... Slavorum, qui Waigri dicuntur, per Waigros* (→ Adam von Bremen), a. 1150 (Fälschung um a. 1180, Kopie 17. Jh.) *regioni Slaviae Waghere*, a. 1189 *in partes Wagriae*, 12. Jh. (Kopie 14. Jh.) *Wairis, Wagiri, Wagricae, per Wagirorum provinciam, Wagirensium provinciam, Wairensis provinciae, in Wagiram, in Wagira, in Wagirensi terra* (Helmold von Bosau), a. 1213 *in Wagria*, a. 1418 *to ... Wageren*, a. 1651–1652 *von dem Wagerlande, das Land Wagern, Wager- oder new Holsten Lande, Wagren, Wageren* (Belege nach 6, 21).

Schon früh (1929) hatte Vasmer erkannt (10, 803), daß *Wagrien/Wagrier* nicht aus dem Slaw. gedeutet werden kann, Versuche, etwa eine Verbindung mit russ. *otvaga* ‚Mut' herzustellen, überzeugen nicht. Eine Zusammenstellung ält., wertloser Versuche mit kritischen Anm. bietet Steinhauser (7, 95 f.). Aber auch eine Erklärung aus dem Nd. wollte nicht gelingen. Daher erwog Vasmer eine Verbindung mit anord. *vágr* ‚Meeresbucht' (10, 803), das in den germ. Sprachen sichere Entsprechungen besitzt in got. *wēgs* ‚heftige Bewegung (des Meeres)', ahd. *wâg, wâk* ‚bewegtes, wogendes Wasser, Wasserstrom, Wasserschwall', mhd. *wâc* ‚bewegtes, wogendes Wasser, Wasserstrom, Wasserschwall', nhd. *Woge*. Für diese Verbindung spricht v. a. „die gut bezeugte Länge des *ā* in diesem Namen. Wir haben dafür den Beweis in der Schreibung *Waari* ..., ferner in der Wiedergabe *Waigri*" (10, 806).

Umstritten war jedoch zunächst die Wortbildung (dazu ausführlich auch 7, 96 f.), wobei es auch um die Landesbezeichnung *Wagria* ging. Vasmer nahm zunächst eine Ableitung mit *-ia* von dem nordgerm. Wort an, ähnlich etwa wie in *Germani : Germania, Galli : Gallia*, zog aber dann eine direkte Ableitung des Stammesnamens *Wagri* von *vágr* vor (10, 804). Einige J. später revidierte er jedoch seine Auffassung und sah in dem Namen eine Bildung mit dem in germ. Stammesnamen beliebten Element *-wariz, -warjaz*: „Aus diesem Grunde möchte ich heute von dem latinisierten *Wagiri* ausgehen und es auf nord. **Vágverjar* zurückführen, altgerm. **vágvarjos*" (10, 858).

Dabei ist die Forsch. bis heute geblieben (unberechtigte Zweifel bei Trautmann [8, 5; 9,158]), zusammenfassend heißt es bei Schmitz (vgl. auch 7, 97 f.): „Dem Landschaftsnamen liegt eine slaw. Stammesbezeichnung zugrunde: Die Landschaft Wagrien wurde nach den Wagriern benannt, einem Teilstamm der Obodriten. Bei dem Stammesnamen der Wagrier handelt es sich um die Übernahme eines germ. (wikingerzeitlichen oder altgerm.) Bewohnernamens **Wāgwarijōz*, an. **Vágverjar*, der mit mit dem Suffix **-warija-* gebildet wurde, vgl. as. ahd.

wāg m. ‚bewegtes Wasser, Woge, Furt', mhd. *wāc,* mnd. *wāch* m., *wāge* f. dass., an. *vāgr* m. ‚See, Meer, Bucht, Meerbusen', norw. *vaag* ‚kleine Bucht, Woge', schwed. *vag* ‚Woge', got. *wēgs* ‚Sturm, Pl. Wogen', ags. *wǣg*, afries. *wēg* … und ags. *warian* ‚bewahren, hüten, bewohnen', an. *vera* ‚sein, bleiben, Aufenthalt', as. ahd. *wesan* ‚sein, verweilen, bleiben', nhd. *war(en)* … Der Stammesname bezeichnet ‚Bewohner am Meer, am Wasser, Meer-' oder ‚Buchtanwohner'. Das Wort *-warijaz* begegnet … im Germanischen in PN *(Hahwar, Stainawarijaʀ),* in allgemeinen Bezeichnungen, vgl. ae. *burgwǣre* ‚Stadtbewohner', an. *skipverjar* ‚Schiffer' und besonders in Stammes- und Einwohnernamen, die von Fluß- oder Landschaftsnamen abgeleitet wurden … Die latinisierten Formen *Wagrica, Wagira, Wagria, Waigri* (Ende 12. Jh.) entstanden durch Ausfall des anlautenden *w* in *-warijōz,* das im Deutschen mit dem aus dem Lateinischen entlehnten Suffix *-āri-* (*-ārius*), heute *-er,* zusammenfiel" (6, 21 f.). Ergänzt wird diese Deutung durch Hinweise auf ähnlich gebildete Namen wie *Vikverjar/*Skand., wikingerzeitliche Einw.namen am Oslofjord, ‚Bewohner der Landschaft Vik', *Amsivarii* zu *Amsia* ‚Ems' (→ Ems § 1), *Ripuarii* zu *Ripa* ‚Rheinufer', *Chattuarii* zu *Chatti* (→ Chatten § 1), *Baiuvarii* zu germ. **Bajōz* ‚Bojer' oder **Baja* ‚Bojerland', *Stormarn,* Ende 11. Jh. *Sturmarii,* 1318 *Stormeren,* germ. **Sturmwarijōz* ‚Einw. von **Sturma, *Sturmi*' (2, 366 f.).

Zu diesem Bildungselement (s. auch → Bajuwaren § 1) ist schon früher gearbeitet worden (1; 3, 201–208), in letzter Zeit wurden die Forsch. weitergeführt (4; 5). Man darf als Grundbedeutung wohl ‚Be- oder Anwohner von …' ansetzen.

(1) W. Foerste, Die germ. Stammesnamen auf *-varii,* Frühma. Stud. 3, 1969, 60–70. (2) W. Laur, Die ON in Schleswig-Holstein mit Einschluß der nordelbischen Teile von Groß-Hamburg und der Vierlande, 1960. (3) P. von Polenz, Landschafts- und Bez.snamen im frühma. Deutschland, 1. Namentypen und Grundwortschatz, 1961. (4) L. Rübekeil, Diachrone Stud. zur Kontaktzone zw. Kelten und Germ., 2003. (5) W. P. Schmid, *Vidivarii,* in: Sprach- und Kulturkontakte im Poln. (Festschr. A. de Vincenz), 1987, 349–358. (6) A. Schmitz, Die Orts- und GewN des Kr.es Ostholstein, 1981. (7) W. Steinhauser, *Wagrien,* BNF 4, 1953, 95–98. (8) R. Trautmann, Die Elb- und Ostseeslav. ON 1–2, 1948–1849. (9) Ders., Die slaw. ON Mecklenburgs und Holsteins, ²1950. (10) M. Vasmer, Schr. zur slav. Altkde und Namenkunde, hrsg. von H. Bräuer 2, 1971.

J. Udolph

§ 2. Historisch. Die W. und ihr Stammesgebiet im ö. Holstein (Wagrien) erscheinen in den schriftlichen Qu. des 11. und 12. Jh.s in den Formen *Wagri, Wagiri, Waari, Wayri* und *Wairi* bzw. *Wagirensis provincia, Wagira terra, Wagria, Wagria, Vulgaria* (3). (Zur Interpretation des Namens vgl. § 1; 9, 120 f.; 12; 13, 71 f.).

Die W., deren Stammesterritorium (9, 98–118) nach drei Seiten natürliche Grenzen aufwies (im N und O die Ostsee, im S die Trave) und nach W durch den → Limes Saxoniae begrenzt wurde, erscheinen im J. 967 in der Chronik des Widukind von Corvey erstmals in den schriftlichen Qu. (5, III/68; 3, II, Nr. 143). Damals war ihr Land mit der Hauptburg → Starigard Schauplatz von kriegerischen Auseinandersetzungen, die durch den Anspruch der W. mit ihrem Fürsten *(subregulus)* Selibur auf Unabhängigkeit von den ‚eigtl.' → Abodriten ausgelöst worden waren, deren Fürsten in der Mecklenburg an der Wismarer Bucht als ‚Samtherrscher' residierten. Die faktische Zweiteilung der Abodriten geht aber schon auf die Mitte des 9. Jh.s zurück (8, 158 f.) und wird durch die Formulierung in der Völkerliste des sog. Bayer. Geographen dokumentiert, wonach ihr ‚Stammesgebiet' *(regio)* „auf ihre zwei Fürsten verteilt war" *(per duces suos partite)* (11, 7). Die Niederwerfung Seliburs mit sächs. Hilfe ermöglichte die Einsetzung eines Bf.s in Starigard und die Zuordnung Wagriens zu der neuen Diöz. im Verbund des Ebt.s Hamburg-Bremen. Doch blieb die Oberherrschaft der mecklenburgischen Abodriten (zeitweise unter Aufsicht der sächs. Herzöge aus der Familie der Billunger) ebenso unsicher wie die Lage des Christentums. Schließlich gewann der heidn. W.-Fürst Kruto nach dem Tod des Abodritenfürsten Gottschalk (1066) sogar die Herrschaft über den gesamten Verband der Abodriten (9, 128–138); in heidn. Zeit befand sich ein der gentilen Gottheit Prove geweihter Eichenhain unweit von Starigard (2, II, 108). Im 12. Jh. verlegte der abodritische Samtherrscher Heinrich den Mittelpunkt seiner Herrschaft nach Wagrien und residierte in → Alt-Lübeck (6; 9, 108–118; 10).

§ 3. Beziehungen der W. zu Dänen und Schweden. Die Verhältnisse der W. in bezug auf die nord. Völker werden v. a. durch eine Vielzahl von Funden in Starigard/Oldenburg gekennzeichnet, aber auch durch eine Reihe von schriftlichen Nachrichten, deren Zuordnung nicht immer eindeutig ist (zur ält. Lit. vgl. 15). Als eine Konstante sind dabei, offenbar in Reaktion auf Freundschafts- und Ehebündnisse zw. den eigtl. Abodriten und den Dänen, recht gute Beziehungen der W. nach Schweden festzustellen (7, 270; 8, 163). Gemeinsam mit dem schwed. Kg. → Erik dem Siegreichen griffen Slaven, vielleicht W., nach 990 Dänemark an (4, II, 35; 3, III, Nr. 257), Eriks Sohn Kg. Olaf Skotkonung (→ Óláfr skötkonungr) war mit der abodritischen (wagrischen?) Fürstentochter Estred verheiratet (4, II, 39; 3, III, Nr. 344), und sein Sohn Edmund, der von einer slaw. Fürstentochter *(dottir jarls af Vindlandi)* Edla (ob identisch mit Estred?) abstammte, wurde für lange Zeit zu seinen slaw. Verwandten *(til Vindlandz)* geschickt, wo er in gentilrelig. Verhältnissen lebte (1, c. 88; 3, III, Nr. 344 a). Am Ende des 11. Jh.s beseitigte der christl. Abodritenfürst Heinrich mit dän. Hilfe den heidn. W.-Fürsten Kruto (1090), und nach Heinrichs Ermordung (1127) herrschte der dän. Thronanwärter Knud Laward († 1131) über die W. (9, 237–251), bevor unter den Grafen von Schauenburg (Schaumburg) Kriege, Mis-

sion und Zuzug von Siedlern aus dem W das allmähliche Aufgehen der slaw. W. in der neuen Bevölkerung Wagriens einleitete (9).

Qu.: (1) Heimskringla. Nóregs konunga sǫgur, hrsg. von Finnur Jónsson, 1911. (2) Helmold von Bosau: Slawenchronik, hrsg. von H. Stoob, ⁴1983. (3) Ch. Lübke, Regesten zur Gesch. der Slaven vom J. 900 an 1–5, 1984–1988. (4) Magistri Adam Bremensis gesta Hammaburgensis ecclesiae pontificum, hrsg. von W. Trillmich, Qu. des 9. und 11. Jh. zur Gesch. der Hamburgischen Kirche und des Reiches, (Frhr. vom Stein-Gedächtnisausg. 11), ⁵1978. (5) Widukindi monachi Corbeiensis rerum gestarum Saxonicarum libri tres, hrsg. von P. Hirsch, MGH SS in usum schol. 60, 1935.

Lit.: (6) Forsch.sprobleme um den slaw. Burgwall Alt Lübeck 1–2, 1984–88. (7) B. Friedmann, Unters. zur Gesch. des abodritischen Fürstentums bis zum Ende des 10. Jh.s, 1986. (8) W. H. Fritze, Probleme der abodritischen Stammes- und Reichsverfassung und ihrer Entwicklung vom Stammesstaat zum Herrschaftsstaat, in: H. Ludat (Hrsg.), Siedlung und Verfassung der Slawen zw. Elbe, Saale und Oder, 1960, 141–219. (9) W. Lammers, Das Hoch-MA bis zur Schlacht von Bornhöved, Gesch. Schleswig Holsteins 4/1, 1981. (10) M. Müller-Wille, Ma. Grabfunde aus der Kirche des slaw. Burgwalles von Alt Lübeck, 1996. (11) A. V. Nazarenko, Nemeckie latinojazyčnye istočniki IX–XI vekov. Teksty, perevody, kommentarij (Dt. lat.sprachige Qu. des 9.–11. Jh.s. Texte, Übs., Kommentare), 1993, 7–51. (12) E. Rzetelska-Feleszko, Wagria, Wagrowe, in: Słownik starożytności słowiańskich 6, 1977, 293. (13) A. Schmitz, Slav. ON in Schleswig-Holstein, in: M. Müller-Wille (Hrsg.), Starigard/Oldenburg. Ein slaw. Herrschersitz des frühen MAs in Ostholstein, 1991, 63–72. (14) J. Strzelczyk, Wagria, Wagrowie, in: wie [12], 293–296. (15) M. Vasmer, Beitr. zur slaw. Altkde. Wikingisches bei den W-Slaven, Zeitschr. für slav. Philol. 7, 1930, 142–150.

Ch. Lübke

Wahrsagen und Weissagen

§ 1: Allgemein – § 2: Historisch-literarische Beispiele – § 3: Ausklang

§ 1. Allgemein. Die Neugier, was die Zukunft bringen werde, hat die Menschen immer gereizt, darüber näher nachzuforschen, und man hat verschiedenes versucht, um dahinterzukommen, was man von der kommenden Zeit zu erwarten hatte. Im anord. Brauchtum, das sich mit verschiedenen Relig. in N-Europa vor den Tagen des Christentums verbindet, waren Frauen, *völvur* oder *völur* (Sing. *völva* ‚Seherin, Weissagerin') genannt, von Anfang an auf dem Gebiet der Weissagung sehr erfolgreich (1; 6; 14) (→ Seherinnen). Daneben scheint es ein allg., vorchristl. Bestandteil der Götterverehrung gewesen zu sein, die Zukunft zu erforschen. Dies nannte man *að ganga til fréttar* ‚das Orakel befragen gehen', *fella blótspán* ‚den Opferspan fällen' oder *gá blótsins* ‚das Opfer beachten' (3; 13; 19; 20), und in den awnord. Qu. kommen solche Erzählungen oft vor. Bes. üblich war es, bei den die Zukunft betreffenden Fragen *að ganga til fréttar* oder *að fella blótspán,* wenn schicksalsschwere Entscheidungen getroffen werden sollten, z. B. bei der Um- oder Ansiedlung eines Hofes oder bei einer bevorstehenden Schlacht (3; 4).

§ 2. Historisch-literarische Beispiele. In der → *Landnámabók* heißt es über den ersten Siedler in Island: „... Ingólfr brachte ein großes Opfer und suchte das Orakel über sein Schicksal ... Die Auskunft wies Ingólfr nach Island" (3, S 7; H 7). Über einen anderen aus der Schar der Landnahmemänner in Island, die mit dem Norwegerkg. Haraldr unzufrieden geworden waren, wird in der → *Eyrbyggja saga* berichtet: „Þórólfr machte ein großes Opfer und ging, um von Thor ein Orakel zu erfahren ... ob er sich mit dem König vergleichen oder das Land verlassen sollte ... Das Orakel wies Þórólfr nach Island" (5, c. 4). Über einen dritten Landnahmemann in Island, Vébjǫrn Sygnakappi, heißt es, er habe bei der Landnahme geopfert, aber das Opfer nicht beachtet, und er sei daher in Seenot geraten (3, S 149; H 120).

In der → *Fagrskinna, Nóregs konunga tal* (‚Aufzählung der Kg. Norwegens'), wird von Jarl Hákon berichtet, der unschlüssig war, ob er sich auf eine Schlacht einlassen sollte: „... Er fällte den Opferspan und es offenbarte sich ihm, als ob der Tag ihm ratsam sein würde zu kämpfen, und er sieht da zwei Raben, wie sie laut krächzen und dem Heer folgen ..." (12, c. 27). In der → *Hervarar saga* findet sich folgende Erzählung über die Reaktion auf eine Hungersnot in Reiðgotaland: „Da wurden Lose gemacht von den Wissenden und der Opferspan gefällt, und es erging das Orakel, daß niemals Wohlstand nach Reiðgotaland kommen würde, bevor nicht jener Knabe geopfert wäre, der der vornehmste im Land war." (9, c. 7).

Die *völva* sollte ihre Weissagung aus einem *vǫlr* ‚Stab' gewinnen und wurde deshalb als ‚Frau mit Stab' bezeichnet. Die Tätigkeit der *völva* konnte sich nach den Qu. in menschlicher wie auch mythol. Ges. vollziehen. Üblich war es v. a., daß Großbauern und Häuptlinge die *völva* zu sich nach Hause einluden und Feste für sie abhielten, und jeder zum Hof Gehörige konnte zu ihr gehen und seine individuelle Weissagung erhalten. Selbst Odin (→ Wotan-Odin) suchte eine *völva* auf, wenn es in der Götterwelt kritisch wurde. In jüngeren Qu. zeigt sich die *völva* nicht nur als Seherin, sondern auch als → Norne (1; 4; 5).

Seherinnen und *völur* blicken in Europa auf eine lange Tradition zurück. So nennt Tacitus zwei geschätzte Seherinnen, → Veleda und Álfrún, und berichtet, welche Ehre ihnen erwiesen wurde (Tac. Germ. c. 8).

Ber. über *völur* und Seherinnen finden sich in Eddaliedern (→ Edda, Ältere), in der *Snorra Edda* (→ Edda, Jüngere), in → Isländersagas, → Königssagas und → Fornaldarsagas. In der → *Vǫluspá* vermittelt die *völva* dem Odin tiefgehendes Wissen von der Schöpfungszeit an und folgt den Ereignissen in groben Zügen bis zum Weltende in den Ragnarök (→ Ragnarök, ragnarökr). Dort wird die *völva* als auf einer Wissensebene mit den Göttern stehend und ihnen sogar um einen Schritt voraus, was verborgenes Wissen betrifft, gewürdigt. In *Baldrs draumr* wird berichtet, Odin habe die Grabesruhe einer längst verstorbenen *völva* gestört, um von ihr eine Weissagung über das Schicksal Baldrs zu erhalten (1; 2; 19; 20). In jüng. Qu., den Isländersagas und Fornaldarsagas, wird die *völva* mit → Zauber in Verbindung gebracht und einige werden daher auch als *seiðkona* ‚Zauberin' bezeichnet (11).

Wenn eine Hungersnot über das Land kam, war es die Aufgabe der Verantwortlichen im geistlichen und weltlichen Bereich, in jeder Hinsicht die Initiative zu ergreifen, um herauszufinden, wie lange die mißliche Lage andauern würde. In solchen Fällen scheinen sie sich gern an eine *völva* gewandt zu haben. In der → *Eiríks saga rauða* wird ausführlich beschrieben, welche Ehre der Þorbjǫrg lítilvǫlva ‚Kleinvölva' erwiesen wurde und wie diese Ehrung bekräftigt wurde, als sie auf Bitten des Gebietsherrschers nachforschte, wann sich die Hungersnot auf Grönland lindern würde: „Und als sie hereinkam, fühlten sich alle Männer verpflichtet, sie ehrwürdig zu begrüßen. Sie nahm das entgegen, wie ihr die Männer gefielen. Þorkell nahm sie am Arm und führte sie zu dem Platz, der für sie vorbereitet war. Þorkell bat sie, die Augen über Gesinde und Gefolge schweifen zu lassen und ebenso über das Haus. Sie machte nicht viele Worte über all das. … Und als die Tafel aufgehoben wurde, da geht der Hausherr Þorkell zu Þorbǫrg und fragt, wie es ihr erschiene umherzublicken oder wie es da mit dem Haus oder der Art und Weise der Männer gefiele oder wie schnell sie das erkennen würde, was er sie gefragt hatte und was die Männer am dringendsten zu erfahren wünschten. Sie sagte, sie würde nichts kundtun vor dem kommenden Morgen, nachdem sie die Nacht über geschlafen hätte. Um am Morgen, nach vergangenem Tag, wurde ihr alles an Ausrüstung zur Verfügung gestellt, was sie brauchte, um den Zauber auszuführen." (6, c. 4).

Man stellte Þorbjǫrg lítilvǫlva alles zur Verfügung, worum sie bat, und Guðríðr Þorbjarnardóttir wurde gedrängt, ein heidn. Lied zu singen *(Varðlokur, Varðlokk);* sehr viel scheint den Leuten daran gelegen zu haben, daß die *völva* alles bekam, was sie an Hilfsmitteln brauchte, um den Zauber bis zu Ende durchzuführen. An dieser Stelle bekam Guðríðr eine lichtere Zukunft in Aussicht gestellt als einer der sonstigen Anwesenden. Über ihren Nachkommen stand ein hellerer Strahl als die *völva* je einen gesehen hatte, und Guðríðr wurde die Stammmutter dreier Bf. In der *Eiríks s.* wird bes. betont, daß vieles so verlaufen sei, wie es einem jedem geweissagt worden war (6, c. 4).

In der *Vatnsdœla s.* (4, c. 22) wird von einer Seherin Þórdís auf Spákonufell (,Seherinnenberg') erzählt, die „von großem Wert und in vielerlei Hinsicht kundig" genannt wird und darüber hinaus „vorausschauend und in die Zukunft blickend und dazu ausersehen, Großes zu tun". Sie trug nach der Erzählung mit Gesetzesverdrehungen und Zaubereien zur Lösung von Klagen und Prozessen auf dem Thing bei, und wollte sich einer ihrer Widersacher nicht fügen, so raubte sie ihm für eine gewisse Zeit seine Erinnerung, so daß die Klage in sich zusammenfiel und eine vorteilhafte Einigung erreicht wurde. Die Episode erinnert an die → *Ynglinga saga* (c. 6–7), in der es heißt, Odin habe Männern Verstand und Kraft genommen und sie anderen gegeben. Þórdís unterstützte Männer während des Kampfes und ging sogar so weit, sie unter ihren Schutz zu nehmen und zwei Kämpfer zur Schlacht auszustatten, die verabredet hatten, auf einer Insel gegeneinander vorzugehen.

In der *Örvar-Odds s.* (→ Örvar-Oddr) wird folgendes von einer einflußreichen *völva*, ihrer Arbeitsmethode und ihrem Vorgehen berichtet: „Eine Frau heißt Heiðr. Sie war eine Seherin und Zauberin *(vǫlva ok seiðkona)* und wußte durch ihre Klugheit von noch nicht geschehenen Dingen. Sie begab sich zu einem Festmahl und weissagte den Männern dort in bezug auf ihre Fahrten im Winter und ihr künftiges Schicksal. Sie hatte 15

Jungen und 15 Mädchen bei sich" (11, c. 2). Ingjaldr in Berurjóðr bereitete ein Festmahl vor und lud die *völva* mit ihrer gesamten Begleitung dazu ein; als das Festmahl zu Ende war und die Männer sich zur Ruhe begaben, führte sie *náttfararseið* ,nachtfahrenden Zauber' mit ihren Leuten durch. Am Morgen wies Ingjaldr seine Leuten auf ihre Plätze, und die *völva* sagte jedem Einzelnen, was ihn oder sie auf ihrem künftigen Lebensweg erwartete. Örvar-Oddr wollte nichts über sein Schicksal erfahren, aber die *völva* erzählte ihm ungefragt, er würde 300 J. leben, außer Landes fahren und überall, wohin er käme, sehr bedeutend sein; aber hier in Berurjóðr würde ihm der Schädel seines Pferdes Faxi zum Tod gereichen. „Von allen Frauen sag du am elendsten über mein Geschick voraus," sagte Oddr. Als Reaktion auf die Weissagung erschlug er Faxi und vergrub den Schädel. Danach reiste er weit in anderen Ländern umher und vollbrachte große Taten, und als er im Alter heim nach Berurjóðr kam, kroch eine Giftschlange aus dem Schädel des Pferdes und versetzte Oddr den tödlichen Biß (11, c. 31). In beiden Qu. ist das Weissagen mit Zauber verbunden, was für das verhältnismäßig junge Alter der Saga spricht.

In der *Hrólfs s. kraka* (→ Hrólfr kraki) wird von einer *völva* berichtet, die bei ihrer Tätigkeit Weissagung und Telepathie vermischt. Die Söhne von Kg. Hálfdan, den Kg. Fróði erschlagen hatte, waren auf der Flucht vor ihrem Vatermörder und kamen in Verkleidung zu einem Festmahl in die Halle des Fróði: „Da war eine *völva* gekommen, die Heiðr hieß. Kg. Fróði bat sie, ihre Kunst zu gebrauchen, und erfahren zu dürfen, was sie über die Jungen sagen konnte". Der Kg. bereitete der *völva* ein stattliches Festmahl, wies ihr dann einen Platz auf einem hohen Zaubersockel an, fragte sie, was sie sähe und bat um eine schnelle Antwort. Die *völva* gab zu Beginn ihrer Rede zu verstehen, daß die Jungen in der Halle waren, und da warf Signý, die Schwester der Brüder, der *völva* einen Goldring zu, und darauf sagte diese, ihre Weissagung sei falsch und ihre gesprochenen Worte eine Lüge gewesen. Die *völva* stieg nun von dem Sockel und sprach auf dem Weg hinaus die weissagenden Worte, daß die Jungen Kg. Fróði töten würden, „wenn man sie nicht schnell erschlägt, und das wird nicht geschehen". Diese Weissagung der *völva* bewahrheitete sich innerhalb kurzer Zeit (10, c. 3).

§ 3. Ausklang. Nach der Einführung des Christentums, als die gängige, althergebrachte Verehrung der Götter ausgerottet war (bis auf seltene geheime Opfer an einzelnen Stellen), werden noch verschiedene Formen der alten Relig. eine Zeitlang weitergelebt haben. Wahrscheinlich sind auch die *völur* darunter gewesen, und sie könnten noch eine Weile dazu genutzt worden sein, den Menschen besondere Weissagungen über die Zukunft zu liefern. In der Erzählung über den Zauber der Þorbjǫrg lítilvölva zeigt sich diese Mischung der Relig., als eine christl. Frau eine der Hauptaufgaben in heidn. Zeit übernimmt. Natürlich versuchte die Kirche mit Nachdruck, dies ebenso wie andere Überreste heidn. Brauchtums auszurotten, die nach und nach aus der christl. Ges. verschwanden.

Qu: (1) Eddadigte 1. Vǫluspá, Hávamál, hrsg. von Jón Helgason, 1962. (2) Eddadigte I.1. Gudadigte, hrsg. von Jón Helgason, 1962. (3) Landnámabók, hrsg. von Jakob Benediktsson, Ísl. Fornr. 1, 1968. (4) Vatnsdæla s. og Kormáks s., hrsg. von Einar Ól. Sveinsson, Ísl. Fornr. 8, 1939. (5) Eyrbyggja s., hrsg. von Einar Ól. Sveinsson, Ísl. Fornr. 4, 1935. (6) Eiríks s. rauða, hrsg. von Matthías Þórðarson, Ísl. Fornr. 4, 1935. (7) Snorri Sturluson, Edda, hrsg. von Guðni Jónsson, 1935. (8) Ders., Heimskringla I, hrsg. von Bjarni Aðalbjarnarson, Ísl. Fornr. 26, 1941. (9) Hervarar s. ok Heiðreks, hrsg. von Guðni Jónsson, Bjarni Vilhjálmsson, Fornaldarsögur Norðurlanda 1, 1943, 189–242. (10) Hrólfs s. kraka og kappa hans, hrsg. von Guðni Jónsson, Bjarni Vilhjálmsson, Fornaldarsögur Norðurlanda 2, 1944, 1–93. (11) Örvar-Odds s., hrsg. von Guðni Jónsson, Bjarni Vilhjálmsson, Fornaldarsögur Norðurlanda 3, 1943, 282–399. (12) Fagrskinna – Nóregs konunga tal, hrsg. von Bjarni Einarsson, Ísl. Fornr. 29, 1984, 55–373.

Lit.: (13) Jón Hnefill Aðalsteinsson, Blót í norrænum sið, 1997. (14) Ders., Spádómar, in: Frosti F. Jóhannsson (Hrsg.), Íslensk þjóðmenning 7, 1990, 193–215. (15) M. Eliade, Shamanism, 1974. (16) Vésteinn Ólason, Íslensk bókmenntasaga 1, 1992. (17) R. Simek, Hugtök og heiti í norrænni goðafræði, 1993. (18) D. Strömbäck, Sejd, 1935. (19) G. Turville-Petre, Myth and Relig. of the North, 1964. (20) de Vries, Rel.gesch. I.

Jón Hnefill Aðalsteinsson

Waid

§ 1: Sprachlich – § 2: Botanisch – § 3: Vorkommen – § 4: Quellen und Befunde zu Anbau und Verarbeitung von W. – § 5: Kulturgeschichtlich

§ 1. Sprachlich. Der W., auch unter dem Namen Färber-W. bekannt, trägt den wiss. Namen *Isatis tinctoria*. Bei dem Gattungsnamen *Isatis* handelt es sich um den griech. Namen dieser Pflanze Ἰσάτις. Die Römer nannten sie *vitrum*. Im Ahd. und Mhd. hieß die Pflanze *weit*, ebenso im Mnd. Um ca. 800 n. Chr. wird sie im → *Capitulare de Villis* unter dem Namen *waisdum* oder *weisdo* geführt. Die hl. Hildegard bezeichnet sie als *weyt*. Der Artname *tinctoria* weist darauf hin, daß die Pflanze zum Färben dient. Wie der aus dem Germ. stammende dt. Name *Waid* besagt, handelt es sich um die Farbe Blau (5; 17). Zum Sprachlichen vgl. weiter Grimm, DWb., s. v. W.

§ 2. Botanisch. Die lebhaft gelb blühende Pflanze besitzt große, lockere Blütenstände (Doldentrauben), die zur Blütezeit von April bis Juli weithin leuchten. Die verhältnismäßig kleinen Einzelblüten besitzen vier Kronblätter, sechs Staubblätter und einen Fruchtknoten. Dieser Blütenbau der Kreuzblüten zeigt, daß der W. zur Familie der *Brassicaceae* (*Cruciferae*, Kreuzblütler) gehört. Die zweijährige Pflanze bildet in ihrem ersten J. eine Rosette, aus der im zweiten die bis zu 120 cm hohen, blütentragenden Stengel herauswachsen. Die Blätter bekommen durch einen Wachsüberzug eine blaugrüne Färbung. Sie enthalten das farblose Glycosid Isatan, aus dem nach Gärung schließlich der blaue Farbstoff Indigo entsteht. Außerdem sind Quercetin und Kämpferol vorhanden. Bei den Früchten handelt es sich um einsamige Schließfrüchte. Ihre flache, gestreckt ovale bis abgerundet dreieckige Gestalt ist für Pflanzen dieser Familie ungewöhnlich. Bei ihrer Reife bekommen die meisten Früchte einen schwarzblauen Glanz und hängen herab (21; 30).

Einige Arten der gleichen Gattung wurden in ihrer Heimat früher ebenfalls für die Blaufärberei verwendet. Es sind dies *Isatis allepica* (Griechenland, Kleinasien und Vorderer Orient), *Isatis alpina* (W-Alpen und Apennin) sowie *Isatis indigotica* (N-China) (24).

§ 3. Vorkommen. Der W. stammt aus W-Asien und ist bes. in den Steppen rings um den Kaukasus verbreitet. Er gelangte als Färbepflanze nach Mitteleuropa, wo er angebaut und zur Herstellung des blauen Farbstoffes Indigo genutzt wurde. Die angebauten Formen unterscheiden sich von den wilden bzw. verwilderten durch größere Blätter und eine größere Biomasseproduktion. Andere für → Kulturpflanzen typische Merkmale fehlen jedoch.

Trotz wiederholter Versuche, den W.-Anbau weiterzuführen bzw. wieder aufzunehmen, ist er in Deutschland praktisch eingestellt. Aus den W.-Kulturen ist er verwildert und heute in manchen Gebieten Mitteleuropas eingebürgert. Er kommt hier heute als Ruderalpflanze auf sommerwarmen, trockenen, nährsalzreichen und meist kalkhaltigen Böden zerstreut vor (5; 19). Dabei bevorzugt er v. a. die klimatisch günstigen Gebiete in der Nähe der größeren Flußtäler an → Elbe, Saale, → Rhein, Mosel, → Main und Neckar. Als Pionierpflanze findet er geeignete Standorte an Wegen und Dämmen, in Steinbrüchen und lückigen → Magerrasen sowie im Bahngelände (6; 1).

§ 4. Quellen und Befunde zu Anbau und Verarbeitung von W. Erkenntnisse über Anbau, Nutzung und Verwendung von Färber-W. in der Vergangenheit lassen sich mit Hilfe verschiedener Qu. gewinnen. Für Zeiträume und Regionen, in denen es noch keine schriftliche Überlieferung gegeben hat, können neben Funden von Pflanzenresten auch Reste der materiellen Kultur herangezogen werden. Bei ersteren handelt es sich v. a. um die charakteristisch gestalteten Früchte und ihre Samen. Während bislang bereits einige derartiger pflanzlicher Makroreste erfaßt werden konnten, ist der Nachweis von Belegen der materiellen Kultur offenbar schwieriger. Hier wäre u. a. an Reste spezieller Gerätschaften zu denken, die bei der Ernte oder bei der Verarbeitung der Blätter eingesetzt wurden. Obwohl derartige Geräte aus jüng. Zeit bekannt sind, liegen aus der Vergangenheit wohl noch keine entspr. frühen Funde vor.

Das betrifft v. a. die Stecheisen, die zur W.-Ernte verwendet wurden. Die Ernte der Blätter erfolgte mit Hilfe dieses Gerätes im zweiten Anbaujahr, kurz bevor sich die hohen Stengel mit den Blütenständen entwickelten. Bei sorgfältiger Durchführung der Erntearbeiten regenerierten die W.-Pflanzen so gut, daß sogar zwei bis drei Ernten der Blätter erfolgen konnten.

Von den aus hartem Gestein angefertigten, etwa mannshohen Mühlrädern der W.-Mühlen gibt es jedoch eine größere Anzahl, so daß Müllerott (18) allein aus Thüringen 152 Ex. erfassen und fotografisch dokumentieren konnte. Rekonstruktionen dieser eigentümlichen Mühlen befinden sich im Gelände der Internationalen Gartenausstellung (iga) in Erfurt sowie in dem nahe Gotha gelegenen alten W.-Dorf Pferdingsleben. Ihre sehr großen Mühlsteinräder machen sie unübersehbar. Durch die in ihre Schmalseite eingearbeiteten Querrillen unterscheiden sie sich von normalen Mühlrädern zum Mahlen von Getreide und erinnern an riesige Zahnräder. Sie laufen senkrecht stehend auf ihrer Schmalseite auf einer Unterlage – ebenfalls aus hartem Gestein – in einer Kreisbahn. In deren Mittelpunkt befindet sich eine senkrecht angebrachte Achse, die durch eine Querstange mit dem Mühlsteinrad verbunden ist. Außerhalb davon folgen die Tiere, die – wie bei einem Göpel im Kreis gehend – die W.-Mühle in Betrieb setzen.

Die frisch geernteten W.-Blätter wurden im Rollbereich des Mühlsteins ausgebreitet. Auf diese Weise entstand eine breiige Masse, die einem Gärprozeß ausgesetzt wurde. Zahlreiche zeitgenössische Bildzeugnisse lassen erkennen, wie die Mühle funktionierte. Außer dem Pferdeführer war ein zweiter Mann an der W.-Mühle tätig: Mit Hilfe eines langen Stockes sorgte er dafür, daß alle Blätter von dem Mahlstein zerdrückt wurden. Eine weitere Person formte aus dem Blätterbrei Kugeln, die etwa die Größe eines Tennisballs hatten. Aus der Zeit um 1400 stammt eine in diesem Zusammenhang interessante Plastik, die sich über dem Eingangsportal der Kathedrale von Amiens (Frankreich) befindet. Sie zeigt einen Sack, der mit Kugeln gefüllt ist, und dahinter zwei Personen. Die Interpretation, es sei hier ein Sack gemeint, der mit W.-Bällchen gefüllt war, ist naheliegend. Eine weitere Person breitete diese W.-Bälle auf besonderen Gerüsten zum Trocknen aus. In Fässern oder Säcken verpackt kam der W. dann in den Handel. Wann diese Art der W.-Verarbeitung entstanden ist, bleibt derzeit noch unklar. Genauer datierbare Reste derartiger oder entspr. Anlagen sind bei arch. Ausgr. bislang wohl noch nicht entdeckt worden. Es ist jedoch davon auszugehen, daß stets ein Blätterbrei hergestellt werden mußte, um zu dem erstrebten blauen Farbstoff zu gelangen. Das ergibt sich auch aus dem sog. Stockholmer Papyrus, der aus Vorderasien stammt und in das 3. bzw. 4. Jh. n. Chr. zu datieren ist. Danach sollen die W.-Blätter bei ihrer Verarbeitung zerquetscht werden (18).

In zahlreichen ehemaligen W.-Dörfern Thüringens sind noch W.-Höfe erhalten, so z. B. in Pferdingsleben. Es handelt sich dabei um Bauernhöfe mit meist auffällig großen Gebäuden. Diese dienten der Lagerung und Trocknung des Erntegutes bzw. der W.-Bälle. Auch die in das Gebäude führende Toreinfahrt ist bemerkenswert groß. Spuren des W.-Handels sind auch in den Städten vorhanden, die die Berechtigung dazu besaßen. Das waren in Thüringen ‚die fünf W.-Städte', nämlich außer → Erfurt noch Arnstadt, Gotha, Langensalza und Tennstedt. Dort standen die als Steinbauten errichteten W.-Häuser. Hier verarbeiteten die sog. W.-Knechte die angelieferten W.-Kugeln sowie Ballenware zu dem färbenden Pulver. Damit betrieben die W.-Junker für längere Zeit einen schwunghaften und rentablen W.-Handel.

Interessant sind schließlich alte Flurbezeichnungen und Straßennamen wie ‚In den Waidäckern', ‚An der Waidmühle', ‚Färberwaidweg' und ‚Waidpfad'. Sie weisen nicht nur auf den Anbau von Färber-W. in der Vergangenheit hin, sondern zeigen auch die Lage der Anbauflächen in der Landschaft. Das gilt entspr. für die Lokalisierung des W.-Handels durch Namen wie ‚Waidgasse' oder ‚Waidhaus'.

Die verschiedenen Qu., die zur Erforschung des Anbaus und der Verarbeitung von W. sowie über den W.-Handel in Thüringen noch vorhanden sind, wurden von Hebeler/Müllerott (7) in einer informativen Karte erfaßt und ausgewertet.

§ 5. Kulturgeschichtlich. In der Zeit der Dreifelderwirtschaft erfolgte der W.-Anbau auf der Brache (→ Bodennutzungssysteme). Der 2–3 J. dauernden Kulturzeit des W.s entspr. wurde die ‚Brachezeit' für die betroffenen Felder jeweils verlängert. Schaftrieb schadete W.-Feldern nicht, da die scharfschmeckenden W.-Blätter von den → Schafen nicht gefressen wurden. Da sie die im Geschmack milderen Blätter zahlreicher Unkrautarten nicht verschmähten, trug Schaftrieb sogar zur Bekämpfung der → Unkräuter auf den W.-Feldern bei.

Die aus dem W. gewonnene blaue Farbe (→ Farbe und Färben; → Wau) gehört zu den Indigo-Farbstoffen (‚dt. Indigo'). Sie wurde v. a. zur Blaufärbung von Textilien verwendet, und zwar bes. für den Blaudruck. Das ist ein Verfahren, durch das mit Hilfe von Modeln Bilder oder Texte so auf den Stoff übertragen werden, daß diese weiß auf blauem Grund stehen. Da der blaue W.-Farbstoff ein wichtiges und wertvolles Handelsgut war und über weite Entfernungen gehandelt wurde, kann die Verbreitung von Blaudruckprodukten wie Tischdecken, Kopftüchern und Kleiderstoffen nur wenig über die frühen Anbaugebiete des W.s aussagen. Hinzu kommt, daß auch mit dem W.-Farbstoff selbst ein lebhafter Handel stattfand. Deshalb ist anzunehmen, daß auch außerhalb der W.-Anbaugebiete Blaufärberei vorhanden war, die auf der Grundlage von W.-Blau, das aus anderen Landschaften stammte, gearbeitet hat. Allerdings dürfte die Zahl der Blaudruckbetriebe in der Nähe von W.-Anbaugebieten größer gewesen sein als in weiter entfernten Regionen. Heute existieren in Deutschland nur noch wenige solche Firmen, z. B. in Einbeck (Niedersachsen) und in Neustadt (Schleswig-Holstein). Auch in Ungarn und Polen werden nach dem traditionsreichen Verfahren noch heute Blaudrucktextilien hergestellt.

Über die frühe Nutzung der W.-Pflanze informieren zahlreiche schriftliche Qu., von denen einige bes. wichtige in der Tab. zusammengestellt sind.

In der griech.-röm. Ant. waren demnach der W. und seine Verwendungsmöglichkeiten in der Heilkunde sowie als Farbstofflieferant bekannt. In den ant. Texten wird interessanterweise v. a. über die Körperbemalung (→ Tätowierung) berichtet. Sie er-

Tab. Schriftliche Qu. über die Verwendung des Färberwaids in der Ant. nach den Angaben verschiedener Autoren (2; 3; 18; 24)

Datierung	Autoren	Verwendung von Waid
1. Jh. v. Chr.	Dioskurides	Blätter als Wundpflaster und gegen Ödeme
	Vitruv	Lieferant eines blauen Farbstoffs
	Caesar	Körperfarbe bei Britanniern
1. Jh. n. Chr.	Plinius der Ältere	Körperfarbe bei Daciern und Sarmaten, Blätter als Pflaster
	Ovid	grün(blaue) Körperfarbe bei Britanniern
	Pomponius Mela	Körperfarbe
ca. 100 n. Chr.	Tacitus	(blau)schwarze Körperfarbe bei Germanen
2. Jh. n. Chr.	Herodes Atticus	Körperfarbe

folgte bei den von den Römern als Barbaren bezeichneten Völkerschaften im Zusammenhang mit kriegerischen Auseinandersetzungen, wohl um den Gegner zu erschrecken. Sie wurde aber auch im kultischen Bereich vorgenommen. Wenn in diesen Texten gelegentlich von rötlichen oder grünlichen Farbtönen sowie von schwarzer Farbe berichtet wird, so kann dies an verschiedenartigen Beimischungen zum W.-Blau liegen. Es ist unwahrscheinlich, daß hier eine Fehldeutung schriftlich überlieferter Pflanzennamen vorliegt, kann aber nicht völlig ausgeschlossen werden.

Funde pflanzlicher Großreste erlauben hingegen eine sichere Aussage über das tatsächliche frühe Vorhandensein des Färber-W.s. Im folgenden werden einige wichtige Nachweise dieser Färbepflanze genannt: Bei dem derzeit ältesten Beleg des Färber-W.s in Mitteleuropa handelt es sich um fünf Abdrücke in Keramikscherben aus der HaZ, die auf der → Heuneburg bei Hundersingen an der oberen Donau gefunden wurden (13). Sie werden in den Zeitraum des 6. und 5. Jh.s v. Chr. datiert. Stika (25) erfaßte im zentralen Neckar-Gebiet W.-Belege, die aus der späten HaZ bis frühen LTZ stammen. Über Belege aus → Fellbach-Schmiden/Rems-Murr-Kreis (Baden-Württ.), die aus dem 2. Jh. v. Chr. stammen, berichtet Körber-Grohne (15).

Aus der ält. RKZ (1.–2. Jh. n. Chr.) stammen Fruchtreste und Samen dieser Art von der → Feddersen Wierde, einer Wurt im Marschenbereich an der ndsächs. Nordseeküste bei Bremerhaven (12). Über W.-Belege aus der jüng. RKZ von → Ginderup/Thy (Dänemark) berichtet Jessen (9). Dort wurden neben 18 verkohlten Samen in einer Kulturschicht 40 in einem Gefäß befindliche Samen festgestellt. Über eisenzeitliche Funde aus SW-Deutschland informiert Rösch (20), über solche aus der späten EZ von Dragonby (Großbritannien) van der Veen (27). Römerzeitliche W.-Nachweise liegen ebenfalls aus Bayern (16) und den Niederlanden (4) vor. Chem. Analysen des Prachtmantels aus dem → Thorsberger Moor bei Süderbrarup (Schleswig-Holstein) (23) ergaben, daß dieses Kleidungsstück aus dem 3. Jh. n. Chr., das mehrere blaue Farbtöne zeigt, mit Indigo gefärbt worden war. Das ist auch insofern interessant, als in den etwa zeitgleichen röm. Texten kaum über das Färben von Textilien berichtet wird. Wesentlich jüng. ist der Nachweis aus dem wikingerzeitlichen Schiffsgrab von → Oseberg (Norwegen, 9. Jh.). Über die dort in einem Gefäß gefundenen unverkohlten W.-Samen berichtet Holmboe (8). Etwa gleich alt sind die von Tomlinson (26) untersuchten Nachweise aus York (England, 9.–10. Jh.). Vom gleichen Ort beschreibt Walton Rogers (28) Reste aus dem Zeitraum des 9.–13. Jh.s.

Eigentümlicherweise gibt es bislang aber nur recht wenige W.-Funde aus dem hohen und späten MA. Das mag damit zusammenhängen, daß die Pflanze vor Beginn der Blütezeit geerntet wird. Daher sind Funde ihrer Diasporen eigtl. nur dort zu erwarten, wo der W. auch angebaut wurde. Seine Belege liegen vor u. a. aus dem MA des Rheinlandes (11) sowie aus → Aachen (13. Jh.; 10) und Göttingen (Spätes MA; 29). Aus der KaZ gibt es wiederum zahlreiche schriftliche Belege, die von der Nutzung der W.-Pflanzen berichten. Es beginnt mit der Forderung Karls des Großen im *Capitulare de villis,* daß den Frauenarbeitshäusern (→ Frauenarbeitshaus) u. a. auch W. zur rechten Zeit zur Verfügung stehen solle. Bei der hl. Hildegard wird die Pflanze um 1150 unter dem Namen *weyt* geführt. Albertus Magnus nannte sie um 1250 *sandix.* In einer Regensburger Ratsverordnung aus dem J. 1259 werden W.-Färber erwähnt. Über den ältesten W.-Anbau in Schwaben liegen Nachr. aus dem J. 1276 vor. Konrad von Megenberg berichtet um 1300 über den W.-Anbau im Gebiet um Erfurt (3; 14; 18; 21; 22).

Aus den Funden von Makroresten des Färber-W.s geht hervor, daß diese Pflanze vermutlich während der ält. vorröm. EZ (HaZ) nach Mitteleuropa gelangt ist. Dort wurde sie zum Färben genutzt, da der W.-Farbstoff relativ stabil ist und nicht so leicht ausbleicht, wie das bei einheimischen Arten der Fall ist, die ebenfalls zur Herstellung von blauer Farbe verwendet werden können. Während der RKZ war die Nutzung dieser Färbepflanze hier wahrscheinlich schon recht verbreitet.

In zahlreichen Schriftqu. des MAs und der frühen Neuzeit sind Angaben enthalten, die den W.-Anbau und die W.-Nutzung betreffen: Seit dem 13. Jh. wird über W.-Anbau am Niederrhein berichtet. Der W.-Anbau auf Äckern ist für Thüringen durch Urk. von 1248, 1303 und 1304 bezeugt. Das gilt entspr. für manche Bilddarst.: So sind auf einer Grabplatte von 1569 in der Liebfrauenkirche zu Arnstadt (Thüringen) zwei W.-Mühlsteine abgebildet. W.-Mühlsteine sind auch im Wappen des Ritters Friedrich von Lichtenhain bei Jena zu sehen (18).

Die Blütezeit des W.-Anbaus in Deutschland lag im hohen und späten MA. Während des 13. Jh.s wurde W. in vielen Landschaften Mitteleuropas angebaut. Damals war W. die wichtigste Färbepflanze in Deutschland, wurde aber auch in Frankreich kultiviert. Im Thür. Becken hat der W.-Anbau eine besondere Rolle gespielt (in ca. 300 Dörfern!). Außer dem großen Anbaugebiet um Erfurt gab es noch weitere Zentren des W.-Anbaus in Deutschland, so in Brandenburg, in der Lausitz, um → Magdeburg und am Niederrhein. Da die blaue W.-Farbe so begehrt war, lohnten sich Anbau, Verarbeitung und Handel von W. Die W.-Bauern erreichten ebenso wie die W.-Händler einen vergleichsweise großen Wohlstand. Das änderte sich erst in der frühen Neuzeit, nachdem der Seeweg nach Indien erschlossen war und das aus der Indigo-Pflanze *(Indigofera tinctoria)* gewonnene, billigere (und bessere?) Indigo importiert wurde (18; 24). Diese zweite Blütezeit der Blaufärberei endete erst um 1900, als die noch preiswerteren, synthetisch hergestellten Farben aus den neu entstandenen chem. Fabriken zur Verfügung standen und auf den Markt kamen.

(1) D. Benkert u. a. (Hrsg.), Verbreitungsatlas der Farn- und Blütenpflanzen Deutschlands, 1996. (2) J. Berendes (Hrsg.), Des Pedanios Dioskurides aus Anazarbos Arzneimittellehre in fünf Büchern, 1902, Reprint 1970. (3) K. und F. Bertsch, Gesch. unserer Kulturpflanzen, ²1949. (4) R. T. J. Cappers, Botanical macro-remains of vascular plants of the Heveskesklooster terp (the Netherlands) as tools to characterize the past environment, Diss. Groningen 1994. (5) R. Düll, H. Kutzelnigg, Taschenlex. der Pflanzen Deutschlands. Ein botan.-ökologischer Exkursionsbegleiter zu den wichtigsten Arten, 2005. (6) H. Haeupler, P. Schönfelder (Hrsg.), Atlas der Farn- und Blütenpflanzen

der Bundesrepublik Deutschland, 1988. (7) W. Hebeler, H. Müllerott, Denkmale des W.-Anbaus in Thüringen mit Angaben zur territorialen Zugehörigkeit um 1500, 1989. (8) J. Holmboe, Nytteplanter og ugraes i Osebergfundet, Osebergfundet 5, 1921, 1–78 und 281–284. (9) K. Jessen, Planterester fra den ældre Jernalder i Thy. Pflanzenreste aus der ält. EZ in Thy (Jylland), Botanisk Tidskr. 42, 1933, 257–288. (10) K.-H. Knörzer, Textilpflanzenfunde aus dem ma. Aachen, Decheniana 137, 1984, 226–233. (11) Ders. u. a., Pflanzenspuren. Archäobotanik im Rheinland. Agrarlandschaft und Nutzpflanzen im Wandel der Zeiten, 1999. (12) U. Körber-Grohne, Geobotan. Unters. auf der Feddersen Wierde, 1967. (13) Dies., Pflanzliche Abdrücke in eisenzeitlicher Keramik. Spiegelbild damaliger Nutzpflanzen?, Fundber. aus Baden-Württ. 6, 1981, 165–211. (14) Dies., Nutzpflanzen in Deutschland. Kulturgesch. und Biologie, 1987. (15) Dies., Der Schacht in der kelt. Viereckschanze von Fellbach-Schmiden (Rems-Murr-Kr.) in botan. und stratigr. Sicht, in: G. Wieland, Die kelt. Viereckschanzen von Fellbach-Schmiden (Rems-Murr-Kr.) und Ehningen (Kr. Böblingen), 1999, 85–149. (16) H. Küster, Kulturpflanzen, in: M. Henker u. a. (Hrsg.), Bauern in Bayern. Von der Römerzeit bis zur Gegenwart, 1992, 58 f. (17) H. Marzell, Wb. der dt. Pflanzennamen 2, 1972. (18) H. Müllerott, Qu. zum W.-Anbau in Thüringen mit einem Exkurs in die anderen W.-Anbaugebiete Europas und Vorderasiens, 1992. (19) E. Oberdorfer, Pflanzensoz. Exkursionsflora für Deutschland und angrenzende Gebiete, 2001. (20) M. Rösch, New approaches to prehistoric land-use reconstruction in south-west Germany, Vegetation Hist. and Archaeobotany 5, 1996, 65–79. (21) L. Roth u. a., Färbepflanzen – Pflanzenfarben, 1992. (22) G. Scherf, Pflanzengeheimnisse aus alter Zeit. Überliefertes Wissen aus Kloster-, Burg- und Bauerngärten, 2004. (23) K. Schlabow, Textilfunde der EZ in N-Deutschland, 1976. (24) H. Schweppe, Handb. der Naturfarbstoffe. Vorkommen, Verwendung, Nachweis, 1993. (25) H.-P. Stika, Approaches to reconstruction of early Celtic land-use in the central Neckar region in southwest Germany, Vegetation Hist. and Archaeobotany 8, 1999, 95–103. (26) P. Tomlinson, Use of vegetative remains in the identification of dyeplants from waterlogged 9th–10th century A. D. deposits at York, Journ. of Arch. Science 12, 1985, 269–283. (27) M. van der Veen, The plant macrofossils from Dragonby, in: J. May, Dragonby. Report on excavations at an Iron Age and Romano-British settlement in North Lincolnshire 1, 1996, 197–211. (28) P. Walton Rogers, Textile production at 16–22 Coppergate, The Arch. of York 17, 1997, 1687–1867. (29) U. Willerding, Ur- und Frühgesch. des Gartenbaues, in: G. Franz, Gesch. des dt. Gartenbaues, 1984, 39–68. (30) D. Zohary, M. Hopf, Domestication of Plants in the Old World, ²1994.

U. Willerding

Waise

§ 1: Sprachlich – § 2: Altertumskundlich

§ 1. Sprachlich. Die Etym. der Bezeichnung für ein ‚Kind, dessen Eltern verstorben sind', die zunächst nur im Dt. und Fries. existiert, ist nicht zufriedenstellend geklärt. Gegen die ält. Ansicht, ahd. *weiso* mask., mhd. *weise* mask./fem., mnd. mndl. *wēse*, ndl. *wees* sei zu ahd. *wīsan* ‚(ver)meiden' und lat. *dīvidere* ‚trennen, zer-, ab-, ein-, austeilen' zu stellen und mit diesen auf eine idg. Wurzel *$ueidh$-, $uidh$- ‚trennen' (9, 1127; 10, 294: *h_2uied^h- ‚verletzend, tödlich treffen') zu stellen, von der auch das Wort *Witwe* abstammt (sc 5; 8), spricht sich Mayrhofer aus. Er weist nach, daß nur *Witwe* auf idg. *$ueidh$- zurückgeführt werden kann und alle anderen damit in Zusammenhang gebrachten Wörter, so auch *Waise,* anders erklärt werden müssen (7). Seebold setzt als Grundlage die idg. Wurzel *uei- ‚drehen' (9, 1120; dazu *Weide*) (→ Weide § 1) für lat. *vītāre* ‚meiden', toch. *wik-* ‚vermeiden, sich fernhalten von, verzichten auf' und eben auch *Waise* an (6; 11, 547 f.). Im Nhd. setzt sich ab dem 18. Jh. das Fem. durch, die heutige Schreibung mit *ai* entstammt der bair.-österr. Schreibweise, die von Martin Luther übernommen wird und die die graphische Homonymentrennung *Waise / Weise* ermöglicht, insbesondere da *Waise* bis ins 18. Jh. hinein fast ausschließlich als mask. gebraucht wird. (8). Die Bezeichnungen *Vollwaise* für ‚Kind, das beide Elternteile verloren hat' und *Halbwaise* für ‚Kind, das nur einen Elternteil verloren hat' werden erst in der 2. Hälfte des 20. Jh.s üblich. (Vgl. weiter Grimm, DWb., s. v. W.).

§ 2. Altertumskundlich. Obwohl es kein einheitliches germ. → Recht gab, zeigt sich in der Behandlung elternloser Kinder offenbar Übereinstimmung bei den meisten germ. Stämmen. Bei den Germ. scheint die Versorgung von verwaisten Unmündigen allg. so selbstverständlich gewesen zu sein, daß sie in den schriftlichen Rechtsaufzeichnungen so gut wie nie explizit erwähnt wird und bestenfalls die Vormundschaft näher ausgeführt wird. Darauf deutet auch das Fehlen eines gemeingerm. Wortes für *Waise*. Der oder die Verwaiste war also rechtlich nicht verselbständigt, was aber nicht mit der → Rechtlosigkeit von → Sklaven verwechselt werden darf.

In diesem Sinn spielte bei den Germ. die Bindung von Eltern und Kindern aneinander keine so ausschließliche Rolle wie die spätere und heutige Kleinfamilie, es ist immer auch die Verwandtschaft väterlicherseits und mütterlicherseits mitzuberücksichtigen. Zu bedenken ist auch, daß in einer Kriegsges. Kinder schnell zu W.n werden können und ihr Weiterleben möglichst reibungslos gesichert werden soll. So ist für den Status des W.n in der germ. Ges. in erster Linie ein sozial-rechtlicher Aspekt und kein moralischer ausschlaggebend: Das elternlose Kind wird nicht aus Mitleid oder Fürsorge, sondern aus rechtlich-finanziellen Überlegungen in die Familie der nächsten Verwandten aufgenommen. Letztlich sollen die Kinder auch die Versorgung der → Alten garantieren.

Das germ. Recht war nicht auf das Individuum, sondern auf die Gemeinschaft bezogen. Der einzelne → Freie war bestimmt durch seine → Verwandtschaft, und diese wurde gebildet durch seine Angehörigkeit zur → Hausgemeinschaft (alle Mitglieder eines Hauses, auch die → Unfreien, über die der Hausherr die Munt hatte), zur → Familie, zur Magschaft (alle Blutsverwandten) und schließlich zur Sippe. Die Sippe ist ein agnatischer Familienverband, der alle Männer und Frauen umfaßt, die die durch Männer definierten Nachkommen eines gemeinsamen Stammvaters waren (4, 18; vgl.

auch 1; 2). Die Sippe war soziale, materielle und gesellschaftliche Absicherung der Einzelnen, so wie wieder der Einzelne seiner Sippe gegenüber Verpflichtungen wie die → Blutrache zu erfüllen hatte. Im Gegensatz zur ält. Forsch. (19. Jh.), die die Sippe in erster Linie als erwiesene Rechtsgemeinschaft (→ Rechtsverband) sah, faßt man sie heute nicht als Rechtsbegriff, sondern als Versorgungsverband auf (ausführlich unter → Sippe). Die Sippe sollte in erster Linie Bedürftige versorgen, das waren die Unmündigen, Alten, Kranken, Irren und implizit eben auch die W.n.

Das Entscheidende an dieser Vorstellung war der Erhalt der Erbberechtigung (→ Erbrecht). Diesem Zweck diente die Munt oder → Vormundschaft (siehe auch 3), die zunächst ein Recht des Vormunds war und erst später als Pflicht zur Unterstützung der Unmündigen aufgefaßt wurde. Der Vormundschaft war unterworfen, wer nicht selbstmündig war und weder unter väterlicher noch unter ehelicher Gewalt stand (→ Eherecht), also in erster Linie Minderjährige (die Altersgrenze in den einzelnen germ. Rechtsvorstellung sind unterschiedlich) und verwitwete (→ Witwe) oder unverheiratete Frauen. Das Recht zur Vormundschaft gründete auf der agnatischen Blutsverwandtschaft: Erstberechtigt war der nächste Schwertmage, soweit er nicht selbst unter Vormundschaft stand (näheres → Vormundschaft § 2b). Eine Adoption in unserem heutigen Sinn haben die Germ. nicht gekannt, es konnten aber uneheliche Kinder in der → Geschlechtsleite in die Sippe und damit in die Erbfolge aufgenommen werden. Die Versorgung von ‚Witwen und W.n‘ war in der germ. Ges. demnach genau festgelegt und wohl geordnet; die besondere Schutzbedürftigkeit dieser Gruppe und damit verbundene moralisch-ethische Verpflichtungen entstammen frühchristl. Vorstellung.

(1) Conrad, DRG I. (2) U. Eisenhardt, Dt. Rechtsgesch., ³1999. (3) A. Erler, Vormundschaft, in: HRG V, 1050–1055. (4) R. Hoke, Österr. und

dt. Rechtsgesch., ²1996. (5) Kluge-Mitzka, ²¹1975, s. v. W. (6) Kluge-Seebold, ²⁴2002, s. v. W. (7) M. Mayrhofer, Vedisch *vidhú-* „vereinsamt" – ein idg. Mythos?, in: Stud. zur Sprachwiss. und Kulturkunde (Gedenkschr. W. Brandenstein), 1968, 103–105. (8) W. Pfeifer, Etym. Wb. des Deutschen, 1993, s. v. W. (9) Pokorny, IEW. (10) H. Rix, Lex. der idg. Verben, ²2001. (11) E. Seebold, Vergl. und etym. Wb. der germ. starken Verben, 1970.

P. Ernst

Waitz, Georg

§ 1: Werdegang – § 2: Politisches Wirken – § 3: Wissenschaftliche Leistung

§ 1: Werdegang. W. (* 9. 10. 1813 in Flensburg, † 25. 5. 1886 in Berlin) gehörte zu den bedeutendsten Historikern des 19. Jh.s. Zu seinen Forsch.sschwerpunkten zählten die ma. Gesch., die Erschließung ihrer Qu. sowie die Darst. der Verfassungsstrukturen seit germ. Zeit. Bereits während seiner Flensburger Schulzeit weckte v. a. Niebuhrs „Römische Geschichte" sein Interesse an hist. Studien, bekannte W. in einer autobiographische Skizze, die er seinem Buch „Deutsche Kaiser von Karl dem Großen bis Maximilian" (1862) voranstellte. Dennoch begann er im J. 1832 zunächst ein rechtswiss. Studium an der Univ. Kiel. Ein J. später wechselte er an die Berliner Univ., um dort Vorlesungen von F. K. von Savigny, K. G. Homeyer und K. Lachmann zu hören (16, 603). Den größten Einfluß übte jedoch L. von Ranke auf W. aus. Er bewegte W., der Gesch. einen stärkeren Stellenwert in seinen Stud. einzuräumen. In jener Zeit begann Ranke in Berlin seine ‚historischen Übungen' mit einer Gruppe Studenten, zu denen auch W. gehörte (12, 220; 19, 124; 27, 482). Als Ranke die Univ. dazu veranlassen konnte, einen Preis für eine Unters. über Heinrich I. zu stiften, reichten seine Schüler W. von Giesebrecht, S. Hirsch, R. Köpke und W. entspr. Arbeiten ein (16, 603 f.; 25, 6 f.). Die Studie von W. erhielt den ersten Preis und ihre ins Dt. übertragene und erweiterte Fassung bildete den ersten Bd. des neubegründeten Unternehmens der „Jahrbücher des deutschen Reichs unter dem sächsischen Hause"(3). Inzw. sich ganz dem Studium der Gesch. widmend, promovierte er 1836 mit einer quellenkritischen Arbeit zum sog. *Chronicon Urspergense* (20, 59). Auf Empfehlung Rankes wurde er noch im gleichen J. neben L. Bethmann der erste ‚gelehrte Gehilfe' von G. H. Pertz, der in Hannover die Leitung der MGH innehatte (4, 273; 7; 8; 12, 221–224). In den J. 1837–1842 unternahm er zahlreiche Reisen, die dem Besuch von Bibl. und Archiven in Deutschland und Frankreich dienten und bedeutende Hs.funde lieferten (16, 605). 1841 entdeckte W. in der Merseburger Dombibl. auf dem Vorsatzblatt einer aus dem 9. Jh. stammenden Hs. zwei ahd. Gedichte, deren Veröffentl. er J. Grimm (→ Grimm, Jacob und Wilhelm) überließ und die als → Merseburger Zaubersprüche bekannt geworden sind (6). Er steuerte für die Bde des „Archivs" mehrere quellenkritische Aufsätze bei und besorgte Qu.editionen für die Reihe der *Scriptores* (12, 225. 228–236; 20, 60 f.). Die Verbindung zu den MGH blieb auch bestehen, als der 28jährige W. 1842 die ordentliche Professur für Gesch. in Kiel übernahm (20, 61 f.; 24) und 1849 an die Göttinger ‚Georgia Augusta' wechselte, an der er für über ein Vierteljahrhundert wirkte (11, 175–178; 25, 13 ff.). Als es zur Ablösung von Pertz und zur Neuorganisation der MGH kam, wurde W. im J. 1875 erster Präsident der neugegründeten Zentraldirektion, der er bis zu seinem Tod im J. 1886 vorstand. (12, 522–618; 17, 44–52). Das Jahrzehnt, in dem W. die Leitung der Monumenta innehatte, bewertet ihr erster Chronist, H. Breßlau, als „die Glanzzeit ihrer Geschichte" (12, 617; vgl. auch 17, 50).

§ 2. Politisches Wirken. Der gebürtige Flensburger W. nahm regen Anteil an der pol. Entwicklung in den Hzt. Schleswig und Holstein. Als die holsteinischen Stände gegen den „Offenen Brief" (1846) des dän. Kg.s Rechtsverwahrung einlegten und W. sich an dem Protest beteiligte, erhielt er einen Verweis der dän. Regierung (16, 606 f.; 24, 100 f.). Im Revolutionsjahr 1848 führte die Erhebung gegen Dänemark zur Bildung einer provisorischen Regierung, der sich W. anschloß. Im Auftrag der neuen Regierung nach Berlin entsandt, setzte er sich erfolgreich dafür ein, daß die in Holstein einmarschierten preuß. Truppen den Befehl erhielten, die Eider zu überschreiten (23, 143 ff.; 24, 103 f.). Während er in Berlin die Interessen der Hzt. vertrat, wurde er in Abwesenheit im Wahlbez. Kiel mit absoluter Mehrheit zum Abgeordneten in die Frankfurter Nationalversammlung gewählt und zählte damit zu den nicht wenigen Historikern, die in Frankfurt polit. aktiv waren. W. schloß sich der ‚Casino-Partei' an, die sich für einen liberal-konstitutionellen Bundesstaat einsetzte und der auch F. Chr. Dahlmann und J. G. Droysen angehörten. Später trat er der Fraktion des ‚Weidenbusches' (Kleindeutsche) bei. In der Paulskirche war er zusammen mit Dahlmann, G. Beseler und Droysen Mitglied im wichtigen Verfassungsausschuß (15; 23, 152 ff.). Nachdem er im Mai 1849 gemeinsam mit H. von Gagern aus der Nationalversammlung ausgetreten war, nahm er an der Gothaer Versammlung (Juni 1849) teil. Nach 1849 betätigte sich W. nicht mehr aktiv als Politiker (14, 18; 25, 12).

§ 3. Wissenschaftliche Leistung. Großen Einfluß auf die Geschichtsschreibung des 19. Jh.s hatte W. durch sein Hauptwerk, die achtbändige „Deutsche Verfassungsgeschichte" (1; zum Rang des Werkes: 10, 99–134; 21, 547 f.; 31). Unter strikter Anwendung der hist.-philol. Methode entwarf W. das Bild einer germ.-dt. → Verfassung als einem Kontinuum von taciteischer Zeit bis zur Mitte des 12. Jh.s. Noch in seine Kieler Zeit fällt die Entstehung des ersten Bd.es, der durch eine Vorlesung über die *Germania* des → Tacitus und sein Mitwirken an der Feier zur Erinnerung des Vertrages von → Verdun, der sich 1843 zum tausendsten Mal jährte, angeregt wurde. Während der erste Bd. die Frühzeit behandelt und in erster Linie auf der Auswertung der *Germania* von Tacitus beruht, widmet sich der zweite Bd. der MZ, wobei W. v. a. auf → Urkunden, → Formulae, die → *Lex Salica* und → Gregor von Tours zurückgreift. Bd. 3 und 4 berücksichtigen die Entwicklung der karol. Verfassung, die W. „als ein Musterbild staatlicher Ordnung galt" (10, 131). Die vermeintliche Aushöhlung und den allmählichen Zerfallsprozeß jener Ordnung behandeln die Bde 5–8, die den Zeitraum von der Mitte des 9. Jh.s „bis zur vollen Herrsch. des Lehnswesens" umfassen. Seine Darst. der agerm. Verfassung trägt, so Böckenförde, „ganz die Züge des liberalkonstitutionellen Verfassungsstaates", dem sich W. verpflichtet fühlte (10, 102). Entspr. greift er auf die zeitgenössische und idealisierte Vorstellung von der agerm. Freiheit zurück, auf der die pol. Macht gründet. Da für W. jene in den Händen der → Genossenschaft (Gemeine) (→ Gemeinfreie) liegt und er noch keine Adelsherrschaft kennt, kennzeichnet er die germ. *principes* des Tacitus eher als erwählte Beamte, die ihre Stellung nicht ihrer Herkunft, sondern dem Amt verdanken (10, 102–106; 21, 547; 24, 96). Das Kgt. charakterisiert W. als ein eng mit der Volksfreiheit verbundenes und aus dem Wahlakt entstandenes „echt germanisches Erzeugnis" (1, I, 159; 10, 105). Mit H. von Sybel geriet er hierüber in eine Kontroverse. Nach Sybel basierte das germ. Kgt. nicht auf Volksfreiheit und Wahlakt, sondern auf röm. Grundlagen (20, 64 ff.; 31, 710). Trotz aller Kritik, die auch die Darst.sweise betrifft, hatte W. mit seiner quellennahen Schilderung das Fundament geschaffen, auf dem die weitere verfassungsgeschichtl. Forsch. aufbauen konnte (30, 6. 10). Der bleibende Wert des Werkes liegt in der immensen Qu.kenntnis seines

Verf.s und in einer akribischen – methodisch abgesicherten – Qu.analyse (10, 133; 21, 547; 31, 708).

Zu seiner „Verfassungsgeschichte" und zur editorischen Arbeit für die MGH treten Veröffentl. zur schleswig-holsteinischen Gesch. (24, 97 ff. 103; 30, 7 f.). Sein Wirken als akademischer Lehrer in Göttingen wurde für die Geschichtswiss. bes. fruchtbar (14, 19 ff.; 25, 18 f.). Aus seinen ‚historischen Übungen', die er in seiner Wohnung abhielt, sind nicht wenige bedeutende Historiker ‚der nächsten Generation' hervorgegangen (11, 175 ff.; 9, 65; 26; 28, 92–100 mit einem Verz. der Teilnehmer).

Ebenso bleibt sein Name mit der von Dahlmann begründeten „Quellenkunde zur Deutschen Geschichte" (Dahlmann-Waitz) verbunden, die von W. fortgeführt wurde und in den J. 1869, 1874 und 1883 erheblich erweiterte Auflagen erfuhr (9, 69; 13, 1104; 20, 60). Die von seinem Schüler und Schwiegersohn E. Steindorff erstellte Bibliogr. umfaßt insgesamt 743 Veröffentl., von denen allein 190 auf Arbeiten im Rahmen der MGH entfallen (32).

Werke in Auswahl: (1) Dt. Verfassungsgesch. 1–8, 1844–1878; ³1880–1882. (2) Gesammelte Abhandl., erster und einziger erschienener Bd.: Abhandl. zur dt. Verfassungs- und Rechtsgesch., hrsg. von K. Zeumer, 1896. (3) Jb. des Dt. Reichs unter Kg. Heinrich I, ³1885; 4., ergänzte Aufl. 1963.

Briefe: (4) E. Dümmler, W. und Pertz, Neues Archiv der Ges. für ält. dt. Geschichtskunde 19, 1894, 269–282. (5) W. Erben, G. W. und Theodor Sickel, Nachr. der Ges. der Wiss. zu Göttingen 1926, 51–196. (6) B. Friemel, Briefwechsel zw. Jacob Grimm und G. W.: eine unvollendete Ed. in Ludwig Deneckes Nachlaß, Zeitschr. für Germanistik 11, 2001, 614–619. (7) M. Krammer, Aus G. W.' Lehrjahren, Neues Archiv der Ges. für ält. dt. Geschichtskunde 38, 1913, 701–707. (8) E. E. Stengel, Jugendbriefe von G. W. aus der Frühzeit Rankes und der Monumenta Germaniae, HZ 121, 1920, 234–255.

Nachrufe und Würdigungen: (9) R. L. Benson, L. J. Weber, G. W. (1813–1886), in: H. Damico, J. B. Zavadil (Hrsg.), Medieval scholarship: biographical studies on the formation of a discipline, 1. Hist., 1995, 63–75. (10) E.-W. Böckenförde, Die dt. verfassungsgeschichtl. Forsch. im 19. Jh.: Zeitgebundene Fragestellungen und Leitbilder, 1961. (11) H. Boockmann, Geschichtsunterricht und Geschichtsstudium in Göttingen. Formen und Gegenstände in Beharrung und Wandel, in: Ders., H. Wellenreuther (Hrsg.), Geschichtswiss. in Göttingen, 1987, 161–185. (12) H. Breßlau, Gesch. der MGH, 1921. (13) A. Erler, G. W., in: HRG V, 1103 f. (14) H. Ermisch, Zur Erinnerung an G. W., 1913. (15) E. Fraenkel, G. W. im Frankfurter Parlament, Phil. Diss. Breslau 1923. (16) F. Frensdorff, G. W., in: Allg. dt. Biogr. 40, 1896, 602–629 (mit der ält. Lit.). (17) H. Fuhrmann, „Sind eben alles Menschen gewesen": Gelehrtenleben im 19. und 20. Jh., dargestellt am Beispiel der MGH und ihrer Mitarbeiter. Unter Mitarbeit von M. Wesche, 1996. (18) W. von Giesebrecht, Worte der Erinnerung an Kg. Ludwig II., Leopold von Ranke und G. W., HZ 58, 1887, 181–185. (19) G. P. Gooch, Gesch. und Geschichtsschreiber im 19. Jh., 1964. (20) H. Grauert, G. W., Hist. Jb. 8, 1887, 48–100. (21) F. Graus, Verfassungsgesch. des MAs, HZ 243, 1986, 529–589. (22) H. Grundmann, Gedenken an G. W.: 1813–1886, Forsch. und Fortschritte 37, 1963, 314–317. (23) H. Hagenah, G. W. als Politiker, Veröffentl. der schleswig-holsteinischen Universitätsges. 31, 1930, 134–217. (24) K. Jordan, G. W. als Professor in Kiel, in: Festschr. P. E. Schramm 2, 1964, 90–104. (25) A. Kluckhohn, Zur Erinnerung an G. W., 1887. (26) G. Monod, G. W., Revue historique 31, 1886, 382–390. (27) H. von Sybel, G. W., HZ 56, 1886, 482–488. (28) E. Waitz, G. W.: Ein Lebens- und Charakterbild zu seinem hundertjährigen Geburtstag: 9. Oktober 1913, 1913. (29) W. Wattenbach, Gedächtnisrede auf G. W., in: Abhandl. der kgl. Akad. der Wiss. zu Berlin, 1886, 1–12. (30) L. Weiland, G. W., in: Abhandl. der kgl. Ges. der Wiss. zu Göttingen 33, 1886, 3–15. (31) J. Weitzel, G. W. (1813–86), Dt. Verfassungsgesch., in: V. Reinhardt (Hrsg.), Hauptwerke der Geschichtsschreibung, 1997, 707–710.

Bibliogr.: (32) E. Steindorff, Bibliogr. Uebersicht über G. W.' Werke, Abhandl., Ausg., kleine kritische und publicistische Arbeiten, 1886.

Th. Fischer

Walagothi → Generatio regum et gentium

Walahfrid Strabo

§ 1: Leben und Werk – § 2: Strabos Einstellung in bezug auf seine germanisch-swebisch-‚deutsche' Herkunft

§ 1. Leben und Werk. W. S. ist vielleicht der größte Schriftsteller der dritten karol. Generation nach → Alcuin und → Hrabanus Maurus. Sein Werk in Versen und Prosa weist – auch wenn ein großes Opus fehlt, das sein Genie voll zur Geltung gebracht hätte – einen hohen liter. Wert auf. Geboren wurde er im J. 808 oder 809 in Schwaben und ertrank im Alter von nur 40 J. am 18. August 849 bei einer Überquerung der Loire während einer Reise zu Karl dem Kahlen im Auftrag → Ludwigs des Deutschen. Seine erste Ausbildung erhielt er im Kloster → Reichenau, wo er bei den Meistern der Klosterschule, Erlebald und Wetti, unter anderen mit Grimaldus und Gottschalk dem Sachsen studiert hat. Bereits mit 18 J. verfaßte er die *Visio Wettini* und wurde daraufhin in die berühmte Schule von Hrabanus Maurus nach Fulda geschickt. Aus dieser Zeit (827–829) und aus dem Unterricht durch Hrabanus stammen wahrscheinlich sein Kommentar zu den Psalmen und die Epitome von Hrabanus' eigenem Kommentar zum Pentateuch. Im J. 829 hielt er sich am Hofe Ludwigs des Frommen und seiner Frau Judith auf, vielleicht als Lehrer ihres Sohns Karl, der später der Kahle genannt wurde (die Ausübung der Lehrtätigkeit ist in Zweifel gezogen worden von Fees; 10). W. S. empfand große Verehrung für Judith, die er folgendermaßen anspricht: *Corde humili vobis fidissimus esse statui* („ich habe in aller Demut beschlossen, Euch überaus treu zu sein") (Carm. V, 23 a, vv. 4–5, MGH Poetae Latini Aevi Carolini II, ed. E. Dümmler, 1884, 378) (generell 9; 14), und lernte am Hof viele Gelehrte kennen, wie Agobard von Lyon und Modoin von Autun. Im J. 838 wird er von Ludwig dem Frommen zum Abt von Reichenau ernannt und bleibt nach dessen Tod Lothar treu (Carm. V 76, v. 13: *pugnabunt omnia pro te* ‚alles wird zu deinen Gunsten geschehen'). Dieser Haltung verdankt er jedoch das Exil, bis er im J. 842 durch die Intervention seines ehemaligen Mitbruders Grimaldus, inzw. Kanzler Ludwig des Deutschen, nach Reichenau zurückkehren kann.

Schon die ersten Werke, zw. 826 und 829 entstanden, sind von hohem Niveau. Das berühmteste ist die *Visio Wettini* (2), eine originelle Hexameter-Übertragung des Prosawerks von Heito (4), wobei die Dichtung in liter. Hinsicht viel gelungener ist als die Prosa. Die Vision, die sich in der Todesnacht des Reichenauer Lehrmeisters Wetti zw. dem 2. und dem 3. November 824 ereignete, beschreibt eine Reise ins Jenseits, die im Vergleich zur vorhergehenden Lit. einzigartige Neuerungen aufweist: zw. Hölle und Paradies erscheint das Purgatorium. Unter den Personen, die Wetti in seiner Vision trifft, befinden sich Zeitgenossen (und W. S. nimmt in Acrosticha die Namen auf, die Heito ausgelassen hatte, unter ihnen den von → Karl dem Großen, der wegen seiner sexuellen Sünden im Purgatorium ist). Bei den Verstorbenen entspricht die Strafe deren Schuld, und die Verurteilung der zeitgenössischen Mächtigen und des Klerus ist allgegenwärtig. Die dichterischen Qualitäten W. S.s sind ganz offensichtlich: Die einfache und eintönige Prosa Heitos, der W. S. in der Erzählung der Tatsachen ziemlich getreu folgt, wird in den Versen lebendig, bes. durch Anwendung der direkten Rede und ausgereifte Kenntnis der Rhetorik.

In diesen ersten Jahren, vor dem Leben am Hof, finden sich in W. S.s Werk zwei in Versen gedichtete Heiligenviten, *De vita et fine Mammae monachi* und *De beati Blathmaic vita et fine* (3; 8). Es handelt sich um zwei Märtyrer, von denen der erste im 3. Jh. in Caesarea in Kappadokien, der zweite auf Iona in Schottland im J. 825 getötet wurde. Im ersten Fall übertrug W. S. frühere Heiligenviten in Verse (BHL [Bibliotheca hagiographica latina antiqua et mediae aetatis] 5192), im zweiten verfügte er über keine Qu. und schrieb einen kurzen Text (BHL 1368), der die reifste dichterische Leistung aus seiner Zeit in Reichenau-Fulda darstellt. In Fulda oder etwas später, offensichtlich auch durch

Hrabanus' Einfluß, kommentiert W. S. Bücher der Bibel: den Pentateuch, die Psalmen und die katholischen Briefe, Werke die teilweise oder vollständig unediert geblieben sind (15; 23). Für den Pentateuch stellt W. S. eine Epitome des Kommentars von Hrabanus her, worauf er im Vorwort zum Buch Exodus hinweist (*quorum ego ultimus Strabo, ipsam, ... brevitate ... notavi:* ,ich, Strabo, der letzte seiner Schüler, habe die Auslegung von Hrabanus zusammengefaßt') und im Vorwort zum Buch Leviticus (*brevissimam adnotationem ego Strabus tradente domno Hrabano abbate ..., adbreviare curavi:* ,ich, Strabo, habe die Epitome des Leviticus besorgt, die mir vom Abt Hrabanus aufgetragen worden ist') (MGH, Epistolae, V, p. 516). Der Kommentar zu den Psalmen geht, Vers für Vers, sehr synthetisch vor, in seiner Art ähnlich wie die *Glossa ordinaria,* ein berühmtes Werk des 12. Jh.s, das lange Zeit W. S. zugeschrieben wurde (11). Die Ankunft am Hof Ludwigs des Frommen wird durch ein großes dichterisches Werk angezeigt, die *Versus de imagine Tetrici* aus dem J. 829 (22), das dem Thema der polit. Macht und des Herrscherbilds gewidmet ist. W. S. spricht im Dialog mit Scintilla, dem inneren Genius, der den ,furor poeticus' hervorruft, und fragt nach dem positiven Abbild dieser Macht. Es ist nicht dasjenige des Kg.s → Theoderich des Großen – im Gedicht Tetricus genannt –, des Schrecklichen, des Häretikers, dessen mit Gold überzogenes Reiterstandbild von Karl dem Großen nach Aachen gebracht wurde. Vielmehr ist es das lebende Vorbild Ludwigs des Frommen, den W. S. in einem nur von Scintilla beschriebenen Kg.szug darstellt, in dem auf den Herrscher seine Kinder, Judith und der Sohn Karl folgen, der Erzkanzler Hilduin, → Einhard, genannt der Große, und der Freund Grimaldus. Die karol. Dynastie wird folgendermaßen verherrlicht: *aurea, quae prisci dixerunt saecula vates, tempore, magne, tuo, Caesar, venisse videmur.* (De imagine Tetrici, vv. 94–95) (,das goldene Zeitalter, das die Dichter der Antike ankündigten, sehen wir in deiner Zeit verwirklicht, o großer Herrscher'). Der Herrscher wird als ein neuer Moses gesehen (v. 100), als Haupt des christl. Volkes, entspr. der Vorstellung, die sich bis zu Eusebius von Caesarea zurückverfolgen läßt. In diesem Sinne muß W. S. an eine Ausgabe der *Vita Karoli* Einhards gedacht haben, die somit in den Zusammenhang der ,Erneuerung' gegen die Barbarei gestellt wird, deren Verfechter Karl ist. Davon zeugt auch die Ausgabe von Thegans *Gesta Hludivici.* Am Hof bewundert W. S. Einhards kluges Ausbalancieren im Kampf zw. den karol. Mächtigen, ohne sich dem Lob für Ludwig zu entziehen (24, 267). Dort scheint W. S. zwei weitere hagiographische Werke geschrieben zu haben, und zwar nicht mehr in Versen, sondern in Prosa. Inzw. ist er wegen seines Talents ein anerkannter Schriftsteller und wird am Hof gefördert. Der Abt Gozbert bittet ihn um eine Vita des hl. Gallus; und W. S. kann sich der Bitte nicht entziehen (MGH SS rer. Merov. IV, pp. 280–337) (5), weil es sich um einen Hl. handelt, der wie er in Alemmanien gelebt hat. Es ist für ihn ein ,Ruf' aus seinem Heimatland, wo der erkrankte Gallus Halt machen mußte, während → Kolumban die Reise nach Italien schon fortsetzte. In der Vita (BHL 3247–3249) ist Gallus als Eremit dargestellt, der es dennoch nicht ablehnt, dem Volk zu predigen. Dabei wird er vom Bf. Johannes unterstützt, der das Latein des Gallus *ad utilitatem barbarorum* übersetzt, um *praedicationis dulcedine auditorum corda* zu erneuern. Gallus ist kein Mönch, er ähnelt einem Märtyrer, weil er die Welt ablehnt, und zugleich einem Bekenner, weil er den Glauben mit dem Wort bezeugt: *martyrii laborem et palmam confessor adeptus est.* Mönch ist hingegen Otmar, der das Kloster zu Ehren des hl. Gallus erbaut hat; auch seine Vita schreibt W. S. (BHL 6386) (MGH SS. II, pp. 41–47), und zwar in lebendiger und gelehrter Prosa. In dem zehnjährigen Aufenthalt am Hof schrieb er Gedichte in den verschiedensten Versmaßen, die meisten von großer Originalität: darunter sind Briefe in Versen, ,titutli' für Hl. und Kirchen, Gedichte, die Machthabern gewidmet sind, sowie Gedichte für die verschiedensten Gelegenheiten. Er hat die Fähigkeit, den Alltag in Poesie umzuwandeln (16; 12; 19). Nach seiner Ernennung zum Abt im J. 838 verfaßte W. S. neben drei Homelien *De cultura hortorum* (1; 17; 21), ein berühmtes kurzes Gedicht, in dem er die Pflanzen seines Gartens in ihren natürlichen und med. Eigenschaften beschreibt (→ Sankt Gallen). Zu diesem Zweck benutzt er ant. Qu. (Columella), aber v. a. seine unmittelbare Erfahrung in der Pflege des Gartens. Immer schreibt er in einer eleganten Sprache mit großem Bilderreichtum und faßt dabei die Pflanzen als Zeichen eines ruhigen Lebens auf: *plurima tranquillae cum sint insignia vitae* (v. 1). Aus diesen J. datiert auch ein Werk von großer Gelehrsamkeit, der *Liber de exordiis et incrementis quarundam in observationibus ecclesiasticis rerum* (s. §2). Auch hierbei nimmt W. S. sich vor, in aller Kürze das Werk eines anderen Autors vorzustellen, nämlich das große liturgische Werk des Amalarius von Metz. Dennoch entwirft er in diesem Fall einen anderen Text, der nicht mit der Vorlage vergleichbar ist. W. S. läßt hier einen ungewöhnlichen historiographischen Sinn erkennen: Er will in der Tat die Herkunft und die hist. Entwicklung all dessen darlegen, was das kirchliche Leben betrifft, und nicht so sehr dessen allegorische Bedeutungen enthüllen. Von Anfang an vergleicht er den christl. Gottesdienst mit dem heidn. (cap. 1); er achtet sehr auf die dt. Terminologie der kirchlichen Fachausdrücke (cap. 7). Über das Problem der Bilder stellt er genau das Thema in seinen theol. Termini; er verweist auf das Konzil von Konstantinopel von 754 und das von Paris von 825, auf die Intervention von Ludwig dem Frommen und die Häresie von Claudius von Turin (cap. 8). Wahrscheinlich in der letzten Schaffensper. schreibt er auch ein Formelbuch, d. h. eine Slg. von Briefvorlagen; in seiner Jugend hat er Anmerkungen zur lat. Metrik verfaßt (MGH Formulae Merovingici et Carolini Aevi, pp. 364–377; zur Metrik s. 13; s. auch 7, 45). In mehr als einer Hs. sind Anm. und von ihm selbst verfasste Schr. erhalten (7, 34–51; 20; 18; 6). In diesen, wie auch in einigen anderen Werken, finden sich Spuren seiner Zweisprachigkeit; in der Fuldaer Zeit scheint er unter anderem ein Werk *De nomine et partibus eius* geschrieben zu haben, dessen Inhalt Übs. von lat. Termini des menschlichen Körpers ins Dt. enthielt.

Werke: (1) De cultura hortorum, hrsg. von E. Dümmler, MGH Poetae Latini Aevi Carolini 2, 1884, Neudr. 1984. (2) Visio Wettini, Die Vision Wettis, Übs., Einf. und Erläuterung von H. Knittel, 1986. (3) Zwei Legenden. Balthmac, der Märtyrer von Iona (Hy). Mammes, der christl. Orpheus, hrsg. von M. Pörnbacher, 1997.

Lit.: (4) J. Autenrieth, Prosaniederschrift der Visio Wettini von W. S. redigiert?, in: Geschichtsschreibung und geistiges Leben im MA (Festschr. H. Löwe), 1978, 172–178. (5) W. Berschin, La Vita S. Galli, in: Le origini dell'abbazia di Moggio ei suoi rapporti con l'Abbazia svizzera di San Gallo, 1994, 79–84. (6) Ders., W. S. und die Reichenau, 2000. (7) B. Bischoff, Ma. Stud. 2, 1967. (8) M. Brooke, The Prose and Verse Hagiography of W. S., in: Charlemagne's Heir. New Perspectives of the Reign of Louis the Pious (814–840), 1990, 551–564. (9) F. Brunhölzl, Hist. de la littérature latine du MA I/2, 1991, 102–115, 287–291. (10) I. Fees, War W. S. der Lehrer und Erzieher Karls der Kahlen?, in: Stud. zur Gesch. des MAs (J. Petersohn zum 65. Geb.), 2000, 42–61. (11) K. Froelich, Walafrid Strabo and the Glossa Ordinaria. The Making of a Myth, Studia Patristica 27, 1993, 192–196. (12) P. Godman, Louis the Pious and his Poets, Frühma. Stud. 19, 1985, 271–288. (13) J. Huemer, Zu W. S., Neues Archiv der Ges. für ält. dt. Geschichtskunde 10, 1885, 166–169. (14) K. Langosch, B. K. Vollmann, Die dt. Lit. des MAs. Verfasserlex. 10, ²1999, 584–603. (15) A. Önnerfors, Über W. S.s Psalter-Kommentar, in: Lit. und Sprache im europ. MA (Festschr. K. Langosch), 1973, 75–121. (16) Ders., W. S. als Dichter, in: H. Maurer (Hrsg.), Die Abtei Reichenau. Neue Beitr. zur Gesch. und Kultur des Inselklosters, 1974, 83–113. (17) C. Roccaro, Walahfridus Strabo Augiensis abbatis Hortulus, 1979. (18) P. G. Schmidt, Karol. Autographen, in: P. Chiesa, L. Pinelli (Hrsg.), Gli autografi medievali. Problemi paleografici e filologici, 1994, 137–148. (19) F. Stella, La poesia carolingia latina a tema biblico, 1993, 240–244 und passim. (20) W. M. Stevens, Computus-Handschriften in W. S.s, in: P. L. Butzer u. a. (Hrsg.), Science in Western and Eastern Civilization in Carolingian Times, 1993, 363–381. (21) H.-D. Stoffler, Der Hortulus des W. A. Aus dem Kräutergarten des Klosters Reichenau, 1978. (22) J. M. Vélez Latorre, Allegoría i ideología: sobre una nueva lectura del De imagine Tetrici de Walafrido Estrabón, in: Actas del II Congreso hispánico de latín medieval, 1998, 887–893. (23) Ders., La paráfrasis bíblica en cuatro textos de Walafrido Estrabón, in: Poesía latina medieval (siglos V–XV). Actas del IV Congreso del Internationales Mittellateinerkomitee, 2005, 351–356. (24) G. Vinay, Altomedioevo latino, 1978.

C. Leonardi

§ 2. Strabos Einstellung in bezug auf seine germanisch-swebisch-,deutsche' Herkunft. Bei der Erörterung dieser Frage empfiehlt es sich, bei → Beda venerabilis anzusetzen, der mehr als ein Jh. vor W. S. eine Gesch. seines Stammes („Kirchengeschichte der Angeln") verfaßt hat. Nach eigenem Ber. hat Beda konsequent Glaubensbekenntnis, Vaterunser und das Johannesevangelium in die Sprache des Volkes übersetzt, dem er selbst angehörte. Beda hat nicht nur die Namen der Monate, wie sie in seiner Muttersprache lauteten, überliefert, sondern am Ende seines Lebens ein in engl. Sprache gedichtetes Sterbelied hinterlassen. Auch bei W. S.s Werk (9) scheint gelegentlich das Bewußtsein seiner Herkunft und Muttersprache hindurch. Wie Bedas Werk ist auch das W. S.s fest im Lat. verankert, das mit der Christianisierung (→ Bekehrung und Bekehrungsgeschichte; → Christentum der Bekehrungszeit), zusammen mit dem obligatorischen Gebrauch der Schrift (→ Mündlichkeit und Schriftlichkeit), als formvollendete, offizielle, der allg. Verständigung im Bereich der Kirche und deren Umgebung dienende Sprache (→ Kirchensprache) eingeführt wurde (2).

So drückt sich W. S. in seinem „Leben des heiligen Gallus" aus: „die Namen derer freilich, die Zeugen des aufzuschreibenden Stoffes sind oder waren, übergehen wir wegen ihres barbarischen Klanges, damit sie nicht die Würde der lateinischen Sprache schädigen *(ne Latini sermonis inficiant honorem)*" (Vita S. Galli 2,9). Das ist keineswegs W. S.s persönlicher Standpunkt, sondern setzt denjenigen der ‚welschen' (→ Volcae) *notabiles* voraus, mit denen W. S. zu tun hatte. Er schreibt es sonst Gottes Gnade *(hanc a Domino gratiam meruit)* zu, daß der Ire Gallus (→ Irische Mission; → Sankt Gallen § 1) „gute Kenntnis nicht nur der lateinischen, sondern auch der barbarischen Sprache hatte" (Vita S. Galli 1,6). In der Vorrede zur Vita des hl. Gallus findet sich die Richtigstellung seinem Vorgänger gegenüber in dem sog. alten Gallusleben: „Als ich unlängst das Werk selbst durchlas, fand ich, daß vom Verfasser dieser Schrift das Land, das wir Alemannen oder Sweben bewohnen, öfters *Altimania* genannt wird; doch auf der Suche nach dem Ursprung dieses Namens fand ich bei keinem der Schriftsteller, deren Bekanntschaft uns bisher bereichert hat, eine Erwähnung desselben. Wenn ich mich nicht irre, so ist die Benennung von den Neueren nach der hohen Lage der Provinz gebildet worden. Denn nach den zuständigen Schriftstellern heißt der Teil Alemanniens oder Swebiens, der zwischen den Penninischen Alpen und dem südlichen Donauufer liegt, Rätien; was weiterhin an der Nordseite der Donau liegt, gehört zu Germanien". Nach weiteren geogr. Ausführungen fährt W. S. fort: „Weil also Sweben mit Alemannen gemischt den Teil Germaniens jenseits der Donau, den Teil Rätiens zwischen Alpen und Donau und den Teil Galliens bis an den Araris besiedelt haben, wobei die richtigen alten Namen erhalten blieben, wollen wir von den Bewohnern den Namen ihrer Heimat ableiten und sie Alemannien oder Swebien nennen. Es gibt also zwei Namen, die aber ein Volk bezeichnen: mit dem ersten benennen uns die umliegenden Völker, die Latein sprechen [vgl. franz.

Allemagne]; mit dem zweiten pflegen uns die Barbaren zu bezeichnen" (4).

W. S. empfindet sich selbst durchaus als Grenzgebietsbewohner, und es erstaunt nicht wenig, daß der Name *Walahfrid* dies etwa zum Ausdruck bringt, ohne daß man in den tieferen Sinn der Zusammensetzung von *walah* und *frid(u)*, falls es einen gibt, einzudringen vermag. Zum Thema ‚welsch' erwähnt Much (10), in Verbindung mit dem zu den *Germani cisrhenani* (→ Linksrheinische Germanen) gehörigen Stamm der *Eburones* (→ Eburonen), den PN *Catuvolcus*, als germ. *Hapu-walhaz* ‚der Kampf-Kelte, der kriegerische Kelte' zu deuten, beiläufig die PN ahd. *Siguualah* und ausgerechnet *Friduualah*, zu denen sich der PN *Catuvolcus* leicht gesellen ließe. Zufällig ist *Fridu-walah* die Umkehrung von *Walah-fridu(s)* und bestätigt somit den Zusammenhang des PN mit germ. *friþu-* mask. ‚Umhegung, Einfriedigung; Schutz, Friede, Liebe' und germ. *walha-/walah-* ‚nicht germanisch, eher romanisch'. Wie und wann W. S. diesen Namen erhalten hat, muß im dunkeln bleiben; aber er entspricht irgendwie der angedeuteten ‚Grenzgebietsmischstimmung', die für W. S. bezeichnend ist. Der Beiname *Strabo* ‚der Schielende' weist auf einen Schönheitsfehler hin, worüber W. S. sich lustig machte (Carm. V,12,7).

W. S. ist ein glänzender und raffinierter Dichter in lat. Sprache (s. § 1). Doch weiß er auch über seine Muttersprache und die eigene germ. Kultur Bescheid (1). Seine Kompetenz kommt v. a. in seinem der kirchlichen Liturgie gewidmeten Werk *Libellus de exordiis* (5) voll zur Geltung (→ Theodiscus §1) (etwa im c. 7, mit der Überschrift *Quomodo Theotisce domus Dei dicatur* „Wie das Gotteshaus auf ‚deutsch' bezeichnet wird"). Um sich die Gunst gewisser Mächtiger nicht zu verscherzen, zeigt sich W. S. dessen bewußt, daß es ein Wagnis ist, etwas *secundum nostram barbariem, quae est Theotisca* „in unserer barbarischen [Sprache], die ‚deutsch' ist" vorzustellen. W. S. betont immer wieder die Ohnmacht seiner Muttersprache dem Lat. gegenüber, als wolle er in etwa *simiarum informes natos inter augustorum liberos computare* ‚unförmige Affenjungen mit Kaiserkindern gleichstellen'. Nach dieser *captatio benevolentiae* stellt W. S. allerdings in besagtem Kapitel 7 fest: 1. Wir Barbaren/Sweben haben viel, v. a. Griech., von den „Barbaren/Germanen, die Militärdienst unter röm. Führung geleistet haben" *(barbaros in Romana republica militasse)*, gelernt; 2. im Vordergrund stehen die Goten, die eigtl. als arianische *(non recto itinere* ‚auf Umwegen') Christen (→ Arianische Kirchen) unweit der Griechen weilten, „die eine mit unserem ‚Deutschen' gleichzustellende Sprache sprachen" *(nostrum, id est Theotiscum, sermonem habuerint)* und die Heilige Schrift *(divinos libros)* eigenständig übersetzten; 3. bedeutende Handschriften *(monimenta)* dieser Übs. existierten noch zu W. S.s Lebzeiten.

Diese letzte könnte womöglich als Anspielung auf den *Codex Argenteus* (→ Codices Gotici) aufgefaßt werden, der vielleicht, wie das Reiterbild → Theoderichs des Großen, aus Ravenna entwendet und wie dieses nach → Aachen gebracht worden sein könnte (s. u.). In seinem Hexameter-Gelegenheitsgedicht *De imagine Tetrici* (6), mit dem er sich 829 am Hof Ludwigs des Frommen einführte, tritt W. S., wohl im Zuge des im 9. Jh. wieder auflebenden Bilderstreites, als gemäßigter (siehe Libellus de exordiis, Kap. 8 ‚De imaginibus et picturis') Bilderstürmer auf, indem er für die Entfernung von Theoderichs Standbild plädiert, das → Karl der Große vor seinem Palast in Aachen hatte aufstellen lassen (11). Diese Umstellung entnimmt man dem Ber. des Agnellus von Ravenna (1. Hälfte des 9. Jh.s): *Karolus rex Francorum ... pulcerrimam imaginem ... Franciam deportare fecit atque in suo eam firmare palatio qui Aquisgranis vocatur* (a. 801) (8). W. S.s ausgezeichneter lat. liter. Bildung verdanken wir u. a. den Austausch des ‚barbarischen' Namens *Theoderich* wegen der Ähnlichkeit mit dem ‚klass.' *Tetricus*. C.

Pius Esuvius Tetricus (12) war nämlich einer der gall. Gegenks. in der 2. Hälfte des 3. Jh.s n. Chr. (vgl. → Postumus), von dem wir in der *Historia Augusta* (H. A., Tyranni triginta, 24–25) lesen (7). W. S. kannte dieses Werk, denn die Hs. B der *Historia Augusta* aus dem 9. Jh., die sich in der Bayer. Staatsbibl. in Bamberg befindet, stammt aus Fulda (Fulda § 2; → Hrabanus Maurus) (2).

(1) G. Baesecke, Hrabans Isidorglossierung, Walahfrid Strabus und das ahd. Schrifttum, ZDA 58, 1921, 241–279. (2) W. Berschin, Die Anfänge der lat. Lit. unter den Alem., in: W. Hübener (Hrsg.), Die Alem. in der Frühzeit, 1974, 121–133. (3) J.-P. Callu u. a. (Hrsg.), Hist. Auguste, tom I, 1re partie, 1992, XCVI. (4) C. Dirlmeier, K. Sprigade, Qu. zur Gesch. der Alam. von Marius von Avenches bis Paulus Diaconus, 1979, 34 ff. (5) A. L. Harting-Correa, W. S.'s Libellus de exordiis et incrementis quarundam in observationicis ecclesiasticis rerum. A Transl. and liturgical Comm., 1996. (6) M. W. Herren, The ‚De imagine Tetrici' of W. St. Ed. and translation, Journ. of Medieval Latin 1, 1991, 118–139. (7) E. Hohl, Scriptores Historiae Augustae 2, 1965, 123 f. (8) O. Holger-Egger (Hrsg.), Agnellus, Liber pontificalis eccl. Ravennatis, 94, in: MGH, SS. rer. Lang. et Ital., 1878, 338. (9) K. Langosch, B. K. Vollmann, W. S., in: Die dt. Lit. des MAs. Verfasserlex. 10, ²1999, 584–603. (10) R. Much, Volcae, in: Hoops IV, 425. (11) W. Schmidt, Das Reiterstandbild des ostgothischen Kg.s Theoderich in Ravenna und Aachen, Jb. für Kunstwiss. 6, 1873, 1–51. (12) E. Stein, Esuvius, in: RE VI, 1909, 696–705.

P. Scardigli

Walberberg → Vorgebirgstöpfereien

Walcheren

§ 1: Namenkundlich – § 2: Archäologisch

§ 1. **Namenkundlich.** Der Name dieser Insel in der ndl. Prov. Zeeland ist zum ersten Mal 785–97 als Bezeichnung für eine Villa: *ad quandam uilla Walichrum nomine* (diese und die weiteren Belege: 4, 381 f.) belegt. Im J. 837 ist die Rede von einer Insel: *in insula quae Vualacra dicitur* (Annales Bertiniani), die von den Normannen geplündert wurde. Weitere Belege aus dem 8.–12. Jh. sind u. a. *Gualacras* [um 841], *UUalacra* [972], *insula Walachran nominata* [um 1025], *villam Walcras* [um 1040] und *Walechron* [um 1138].

Über die Bedeutung des Namens ist man sich nicht einig. Gysseling meinte, daß man ihn als Dat. Pl. *walch-warum auffassen sollte, dessen erster Teil *walch* ‚feuchtes, überschwemmtes Land' und dessen zweiter Teil eine Form von *warja- ‚Bewohner' sei (2). Im Hinblick auf die überlieferten Formen müßte man dabei annehmen, daß sich anlautendes *ch* in bestimmten Positionen zu *k* entwickelt habe, wobei man auf de Tollenaere (5) verweisen kann. Dieser behauptet, daß diese Entwicklung vorkomme, wenn starker Nebenton im zweiten Element und eine Verlagerung der Silbengrenze eintrat. Nach Blok (1) sei das zweite Element im Namen in den ältesten Belegen allerdings schon stark reduziert, so daß wohl kaum Nebenton vorhanden war. Eher müsse man eine Lautentwicklung von anlautendem -*k* + *h*- zu *ch* annehmen, wie er auch im ndl. ON *Lochem* (< *Lôk-hêm*) und im Appellativ ndl. *lichaam* (< *lîk-hamo*) ‚Körper' eingetreten sei. Somit sei der Name *Walcheren* wohl aufzufassen als eine Zusammensetzung von *walk ‚feucht' zu der Wurzel von ndl. *wolk* ‚Wolke' und dem Element *hara ‚Hügel, sandiger Hügelrücken'. Vermutlich stand das zweite Element im Pl. Das erklärt die unterschiedlichen Formen der Überlieferung: -*as* [837] als romanisierte Form und -*on* [1138] als altndl. Dat.form. Dagegen spricht nur, daß das Element *hara normalerweise ziemlich lange erhalten bleibt.

Wahrscheinlich war der Name urspr. eine Bezeichnung für die sog. *oude duinen* ‚die alten Dünen', dem Dünengebiet, wo heutzutage der Ort Domburg liegt. Dieses Gebiet war schon früh besiedelt, und hier lag auch das Heiligtum der → Nehalennia. Vermutlich befand sich hier später eine Kirche, was die Namen der Nachbarorte Oost- und Westkapelle erklärt (3). Die Kirche sei dann spätestens in der 1. Hälfte des 12. Jh.s als Folge von Überschwemmungen verschwunden.

(1) D. P. Blok, W., een raadselachtige naam, Walacria. Een kroniek van W., 1987, 8–11. (2) M. Gysseling, Etym. von W., Handelingen van de Koninklijke Commissie voor Toponymie en Dialectologie 20, 1946, 49–62. (3) A. C. F. Koch, Opmerkingen over Middeleeuws W. vóór de 13e eeuw, in: Zeeuwsch Genootschap der Wetenschappen (Middelburg). Archief vroegere en latere meded., 1958. (4) R. Künzel u. a., Lexicon van Nederlandse toponiemen tot 1200, 1988. (5) F. de Tollenaere, De etym. van varken, Tijdschr. voor Nederlandse Taal- en Letterkunde 67, 1954, 119–127.

A. Quak

§ 2. Archäologisch. W. ist die westlichste große, im äußeren Scheldemündungsgebiet gelegene Insel der ndl. Prov. Zeeland. Das von wechselnden Wasserarmen durchzogene Innere der Insel war ebenso wie ihr Küstenverlauf (auch im Dünenbereich) vor der Eindeichung ständigen Veränderungen unterworfen (→ Niederlande § 8); heute ist sie durch eine Landbrücke an das Festland angebunden.

Die ältesten Funde stammen im Gegensatz zu der n. Nachbarzone erst aus der jüng. vorröm. EZ (→ Niederlande § 10.9), als die überschlickten Moore hinter den Dünen genutzt wurden. Nennenswerte Siedlungen oder Gräber konnten aus dieser Zeit jedoch bisher noch nicht identifiziert werden (1; 2).

Deutlicher werden die Anzeiger für eine intensive Nutzung von W. in der RKZ (1). Außer zahlreichen Fst. mit röm. Scherben, u. a. → Terra Sigillata, verweisen v. a. die Steindenkmäler zu Ehren der → Nehalennia aus den Jahrzehnten um 200 n. Chr. auf Handel und Seefahrt, für die der Schutz der Göttin erbeten oder für deren erfolgreichen Verlauf ihr gedankt wurde.

Seit dem Früh-MA (4) ist W. als Stützpunkt von seefahrenden Händlern genutzt worden (→ Friesenhandel). Aus der KaZ sind an der Küste bei → Domburg zahlreiche Spuren einer umfangreichen Niederlassung mit zugehörigen Gräbern überliefert.

Wohl veranlaßt zum Schutz gegen die Normannen (→ Normannen § 2) entstanden auf W. mehrere Ringwälle (→ Niederlande § 3), deren Umfang und Bebauungsstruktur in Middelburg und Souburg heute noch gut zu erkennen sind (3).

Auf W. geborgenes Fundmaterial wird im Zeeuws Mus. in Middelburg verwahrt.

(1) W. A. van Es u. a. (Hrsg.), Archeologie in Nederland, 1988. (2) P. J. van der Feen, Geschiedenis van de bewoning van W. tot 1250, Verslagen van landbouwkundig onderzoekingen 58,4. De bodemkartering van W., 1952, 147–160. (3) M. van Heeringen u. a. (Hrsg.), Vroeg-Middeleeuwse ringwalburgen in Zeeland, 1995. (4) P. Henderiks, W. van de 6e tot de 12e eeuw, Meded. van het Koninklijk Zeeuwsch Genootschap der Wetenschappen 1993, 113–156.

T. Capelle

Wald

§ 1: Begriff und W.-Formen – § 2: Strukturen – § 3: Materialien und Methoden – § 4: Wälder in Mitteleuropa – § 5: Der W. als Lieferant der Ressource Holz – § 6: Weitere Ressourcen aus dem W. – § 7: Ergebnisse

§ 1. Begriff und W.-Formen. Das Wort ‚Wald' für größere, dicht mit Bäumen bestandene Flächen war sowohl dem Ahd. *(wald)* als auch dem As. bekannt und ist im Mhd. *walt* (53) mit nur geringem Unterschied bezeugt.

Die Frage nach der Bedeutung des Begriffes ‚Wald' von der Spätant. bis weit in das MA erfordert eine differenzierende Betrachtung der ‚mit Bäumen bestandenen Fläche'. Sie kann zur Erfassung wesentlicher Elemente der verschiedenartigen Baumbestände führen. Das ist möglich mit Hilfe von Merkmalen ihrer Binnenstruktur, der Größe und Abgrenzung, der Lagebeziehungen und spezifischer Funktionen, die in den verschiedenen Beständen jeweils gegeben sind. Dies zeigt sich auch am Beispiel der

Begriffe Hag und Hain. Mit ihnen werden Sonderformen des W.es bezeichnet. Beiden gemeinsam ist meistens die verhältnismäßig geringe Größe. Beim → Hag handelt es sich um kleine, meist linear erstreckte Wäldchen, die eine Begrenzung durch Zäune haben können. Er dient oft der Trennung von Flächen unterschiedlicher Nutzung bzw. verschiedenen Besitzes.

Auch beim Hain handelt es sich um eine meist relativ kleine Fläche, der allerdings die lineare Erstreckung fehlt. Die Bäume stehen hier vorwiegend in etwas größerer Entfernung voneinander, wobei der Baumbestand durchaus so locker sein kann wie bei einem Landschaftspark. Ein Hain kann aber auch andere Funktionen haben und beispielsweise der Ort eines Heiligtums sein (→ Fesselhain), also eine besondere Rolle im Leben des Menschen spielen. Die vergleichsweise offene Binnenstruktur eines Hains kann als Folge von W.-Weide oder Holzentnahme entstanden bzw. das Ergebnis planmäßiger Anlage sein, wie z. B. in der planvollen Gestaltung eines Landschaftsgartens. Ohne regelnden Einfluß des Menschen entsteht im Lauf der Zeit auch aus einem Hain eine W.-Vegetation, sofern es sich – wie in Mitteleuropa allg. verbreitet – um ein natürliches W.-Land handelt.

Einfacher sind Abgrenzung und Gliederung verschiedener Wälder, wenn schon im Namen ihre floristische Zusammensetzung zum Ausdruck kommt. Das geht aus Bezeichnungen wie Orchideen-Rotbuchen-W., Eichen-Mischwald oder Erlen-Bruch-W. hervor. Dem Sachkundigen erschließen sich auf diese Weise bereits Informationen über die ökologischen Verhältnisse sowie die Biomasseproduktion in diesen Wäldern. Das gilt ähnlich für Zusätze, die im Zusammenhang mit der Lage in der Landschaft stehen. Begriffe wie Auen-W., Berg-W., Hang-W. und Schlucht-W. machen dies deutlich. Andere Bezeichnungen weisen auf die Behandlung bzw. Nutzung des W.es durch den Menschen hin: Hude-W. (→ Hude [Hute]), Niederwald, Mittelwald oder Hochwald.

Mehrere lat. Wörter hängen mit dem Phänomen W. zusammen wie *nemus, saltus* und *silva*. Für deren Gebrauch bestehen unterschiedliche Übs., die verschiedene Bedeutungen wiedergeben: Bauer u. a. (4) Blase u. a. (12). Für *nemus* steht in der Regel Hain, W. mit Weiden und Triften, Park, Baumpflanzung, aber auch hl. Hain; dagegen für *saltus* Berg-W., W.-Gebirge, W.-Schlucht, Schlucht, Engpaß, schließlich Weideplatz, Viehtrift, Landgut, Alm, W.-Weide; *silva* verdeutlicht hingegen Forst, Gehölz, Park, Menge, Fülle, Vorrat, Baum, Strauch, aber auch Gestrüpp. Offenbar enthielten diese drei Wörter in ihrem Bedeutungsschwarm auch Tätigkeiten, die auf den so benannten Flächen stattfanden bzw. ausgeübt wurden. Ein Bedarf an differenzierenden Aussagen über Wälder hatte damals wohl noch nicht bestanden, weder bei den Römern noch im dt. Sprachraum. Es gab jedoch die Möglichkeit, durch spezifizierende Adj. eine Einschätzung der Wälder zu geben. Dies zeigt auch der Tacitus-Text über die *silvae horridae* Germaniens (76).

In der schriftlichen Überlieferung der röm. Agrarautoren und in der Spätant. fallen gelegentlich recht spezielle Beschreibungen von Wäldern auf, z. B. im Zusammenhang mit der Eichelmast (u. a. 24; 43). Gewöhnlich werden aber nur die weniger aussagenden Begriffe *silva* oder *saltus* benutzt, so daß allenfalls aus dem größeren Zusammenhang auf die Beschaffenheit des fraglichen W.es geschlossen werden kann.

Auch das Wort ‚Wald' wird häufig für unterschiedliche Flächen verwendet, die mit Bäumen bestanden sind. Da sich solche Bereiche oftmals durch ihre Ausdehnung und Binnenstruktur unterscheiden, wäre es günstiger, Begriffe zu verwenden, die die jeweils charakteristischen Eigenschaften berücksichtigen.

Ähnliche Probleme ergeben sich im Zusammenhang mit dem Wort ‚Forst' (→ Forst

§ 1). Dem heutigen Verständnis entspr. wird darunter eine planmäßige Anpflanzung von Holzarten verstanden, die oftmals gebietsfremd sind, wie z. B. → Lärche, Sitka-Fichte und Weymuthskiefer. In Texten aus dem MA sind mit Forst aber häufig ganz normale Wälder gemeint, an denen allerdings häufig ein herrschaftliches Interesse besteht. Dies kann im Zusammenhang mit der → Jagd, der Nachhaltigkeit der Ressource Holz oder sogar der Erhaltung von Natur stehen (9; 10; 18; 31; 46; 47; 66).

§ 2. Strukturen. Deutschland ist von Natur aus nahezu vollständig bewaldet gewesen, inzwischen sind noch etwa 30 % der Fläche von Wäldern bedeckt. Demnach ist der W.-Anteil infolge der starken anthropogenen Eingriffe in die Landschaft offenbar ziemlich geschrumpft. Hierdurch haben sich zahlreiche Determinanten der ökologischen Zusammenhänge ergeben, die u. a. das Temperatur- und Niederschlagsklima betrafen (50). Diese Entwicklung setzte mit der Einführung des → Ackerbaus durch die Bandkeramiker (→ Bandkeramik) ein und erreichte ihr Maximum während des MAs bzw. in der frühen Neuzeit.

Der Anteil der einzelnen Holzarten im W. hat sich durch die Eingriffe des Menschen sehr verändert (Tab. 1). Bedeckten die Nadelhölzer → Fichte, → Kiefer und → Tanne in der Zeit um Chr. Geb. zusammen nur 19 % der Fläche Deutschlands, so ist ihr Anteil bis ins 20. Jh. auf 71 % angestiegen. Dies resultiert v. a. aus der Aufforstung in der Neuzeit, bei der die schnellwüchsigen und viel Nutzholz liefernden Nadelhölzer bevorzugt wurden. Entspr. nahm der Anteil der Laubhölzer ab. Dabei fiel der Anteil der Rotbuche (→ Buche) von 36 % auf 14 %; sie blieb damit die häufigste Laubbaumart. Die → Eiche steht mit ihrem Rückgang von 32 % auf 10 % nach wie vor an zweiter Stelle der Laubhölzer.

Die Bäume in den Wäldern sorgen mit ihren unterschiedlich geformten Baumkronen dafür, daß die einfallende Lichtmenge nicht ungehindert auf den Erdboden gelangen kann. Nach der Laubentfaltung im Mai steht daher den auf dem W.-Boden wachsenden Pflanzen die für die Photosynthese erforderliche Lichtenergie oftmals nicht mehr zur Verfügung. Nur wenige Pflanzen der Krautschicht sind in der Lage, mit der geringen Lichtmenge am Boden eines sommerlichen Rotbuchenwaldes zurechtzukommen. Dazu gehören z. B. Haselwurz *(Asarum europaeum)* und Waldmeister *(Galium odoratum)*. Als wintergrüne Arten haben sie die Möglichkeit, bei Temperaturen ab ca. 5 °C auch noch nach dem Laubfall im Herbst in gewissem Umfang Biomasse zu produzieren. Daraus wird verständlich, daß in der Krautschicht dunkler Laubwälder zahlreiche Frühjahrsblüher vorhanden sind. Sie entwickeln ihre Blütenpracht bereits vor der Laubentfaltung der Bäume. Es handelt sich dabei überwiegend um Geophyten, die ihre im Frühjahr angelegten Vorräte in Überdauerungsorganen wie Wurzelstöcken und Zwiebeln speichern. Dort bleiben die Vorräte, bis sie im nächsten Frühjahr mobilisiert und für den zeitigen Austrieb der Pflanze gebraucht werden. Wenn etwa Ende Mai die Laubentfaltung der Gehölze abgeschlossen ist und deswegen nur noch wenig Licht auf den Boden fällt, sind die oberir-

Tab. 1. Umgestaltung der Wälder in Deutschland seit dem Beginn des MAs, Angabe der Werte in Prozent der jeweiligen Waldfläche. Nach Firbas (22)

Holzarten	Zusammensetzung der urspr. Wälder, in % der Gesamtfläche	Zusammensetzung der heutigen Forsten
Rotbuche	36	14
Eiche	32	10
Erle	6	2
Mischlaubholz	7	3
Kiefer	13	44
Fichte	3	25
Tanne	3	2
Laubholz	81	29
Nadelholz	19	71

dischen Teile vieler Kräuter bereits verschwunden. Die einheimischen Frühjahrsblüher können sich daher v. a. in den sommergrünen Laubwäldern ausbreiten.

→ Sträucher und heranwachsende, aber noch recht niedrige Bäume bilden die Strauchschicht. Der Jungwuchs der Bäume besitzt häufig Wuchsformen, die an einen Kandelaber erinnern. Ihre Verzweigungen befinden sich überwiegend in einer Höhe, die etwa der durchschnittlichen Schneehöhe entspricht. Dabei handelt es sich um Folgen des Verbisses durch → Rehe und anderes Wild im Winter. Bes. betroffen ist der Jungwuchs von → Ahorn *(Acer* sp.) und → Esche *(Fraxinus excelsior).* Dies trägt dazu bei, daß der Anteil dieser Arten im Bestand häufig geringer ist, als es dem Verbreitungspotential entspricht.

Eine Moosschicht ist in vielen Wäldern nicht ausgebildet. Dafür sorgt der jährliche Laubfall im Herbst. Daher wachsen → Moose überwiegend dort, wo ihre Existenz nicht durch die Laubschicht gefährdet wird. Das sind auf dem Boden liegende Steine sowie Baumstümpfe. Auch im unteren Bereich von Baumstämmen können Moose gedeihen. Von dort aus können sich sog. Moosschürzen bilden, die sich hangabwärts entwickeln.

Das bei Regenwetter am Baumstamm herabrinnende Wasser spült das Fallaub weg und führt zugleich zur Auswaschung des Bodens. Das begünstigt die Entwicklung vieler eher säureliebender Moosarten. Bei genügender Luftfeuchtigkeit entstehen auch weiter oben am Baumstamm Gruppen von niederen Pflanzen, insbesondere Algen und Flechten. Sie bevorzugen dabei die Wetterseite, so daß auf diese Weise ein zuverlässiger Indikator für die Himmelsrichtungen entsteht.

Die Gliederung in mehrere Schichten ist in natürlichen Nadelwäldern ähnlich wie die oben beschriebene, sofern der Bestand schon etwas ält. und damit lichter ist. In dichten Nadelholzforsten ist es hingegen meistens so dunkel, daß dort keine Pflanzen gedeihen können, die auf die Photosynthese mit Hilfe von Chlorophyll angewiesen sind. In der oftmals mächtigen Nadelstreuschicht fehlen daher die grünen Bodenpflanzen meistens vollständig.

Am Abbau der Streuschicht sind zahlreiche Pilzarten beteiligt. Dennoch entsteht im Fichtenforst häufig eine wechselnd mächtige Rohhumusschicht. In ihr werden viele organische Stoffe festgelegt und dadurch dem Zugriff der Remineralisierer entzogen. Dadurch wird der für natürliche Wälder in Mitteleuropa typische Stoffkreislauf gestört (17; 52), so daß es zu einer Verarmung des Bodens kommt. Zusätzlich sorgen die im Rohhumus entstehenden Säuren für eine Auswaschung, was oftmals am Vorhandensein gebleichter Quarzkörner zu erkennen ist. Die fortschreitende Auswaschung des Bodens führt schließlich zur Podsolierung, die die Entstehung eines deutlichen Bleichhorizontes zur Folge hat. Im Boden von Laubwäldern entstehen durch die Tätigkeit von im Boden lebenden Tieren und zahlreichen Mikroorganismen Stoffe, die im Zuge des Stoffkreislaufes den Pflanzen wieder zur Verfügung stehen.

Eine Verarmung des Bodens kann sich auch bei lang andauernder und ersatzloser Entnahme von Holz und anderen Pflanzenprodukten einstellen. Diese Gefahr besteht v. a., wenn es sich um Böden auf basenarmen Ausgangsgesteinen handelt. Die früher sehr verbreitete Gewinnung von Laubstreu zum Einstreuen im Stall sowie die von Laubheu und Schneitelzweigen als Futter für die herbivoren Haustiere können das Ausmaß der Biomasseproduktion solcher Wälder erheblich beeinträchtigen (→ Viehhaltung und Weidewirtschaft).

In der Nähe menschlicher Siedlungen dürfte der W. schon seit Beginn der Seßhaftigkeit im 6. Jt. v. Chr. mehr oder weniger stark beeinflußt worden sein. Abgesehen von Stammholz für den Hausbau wurden auch dünne Ruten benötigt, um daraus die mit Lehm verputzten Flechtwände herzustellen. Dabei wurde das natürliche Regenerationsvermögen der Holzarten genutzt. Stämme etwa gleichen Dm.s ließen sich in herangewachsenen Niederwäldern gewinnen, dünne Zweige von den Austrieben der Stockausschläge bzw. des Kopfholzes. Da die Reaktionsweise der Gehölze auf die Entnahme von Stämmen oder jungen Austrieben automatisch erfolgt, ist mit dem Vorhandensein entspr. Wuchsformen von Bäumen und Sträuchern schon für die Wälder der Linienbandkeramiker zu rechnen. Gleiches gilt für die W.-Weide; sie wurde sicherlich bereits von den Bandkeramikern betrieben. Die Haustiere weideten im siedlungsnahen W., verbissen die jungen Austriebe und fraßen die Keimpflanzen der Laubgehölze ab. So trugen sie bereits sehr früh zur Auflichtung der Wälder bei. Es handelte sich dabei vorwiegend um Eichenmischwälder, in denen neben Eiche auch Ahorn, Esche und → Ulme wuchs.

§ 3. Materialien und Methoden. Die Erforschung von Zustand und Entwicklung der Wälder in der Vergangenheit beruht auf mehreren unterschiedlichen Qu. Es handelt sich dabei in erster Linie um direkte Reste ehemaliger Vegetation (→ Vegetation und Vegetationsgeschichte). Dazu gehören neben den Pollenkörnern v. a. die Makroreste von Pflanzen wie Früchte und Samen (Diasporen) sowie Holz und Holzkohle. Aber auch die Reste von Knospen und Blüten können interessante Ergebnisse bei der Erfassung früherer W.-Verhältnisse liefern. Die stratigr. Situation, in der sich die bei arch. Ausgr. geborgenen Pflanzenreste befanden, können häufig Aufschluß darüber geben, welche Funktion die erhaltenen Pflanzenteile früher gehabt haben. Dabei bieten Funde in Feuchtablagerungen in der Regel umfangreichere Informationen als die, die aus durchlüfteten Böden erschlossen werden. Dies liegt daran, daß remineralisierende Mikroorganismen in sauerstoffarmen Feuchtablagerungen nicht existieren können. Diese Befunde lassen sich bei den Ergebnissen aus der kaiserzeitlichen Marschsiedlung → Feddersen Wierde (39) und der frühma. Wurt → Elisenhof (7) im Marschen- und Wurtengebiet (→ Wurt und Wurtensiedlungen) an der Nordseeküste ebenso erkennen wie aus den Feuchtsedimenten von Seen und Mooren des Alpenvorlandes. Das geht aus den umfangreichen Unters. neol. und bronzezeitlicher Siedlungen hervor, die seit Heer (28) durchgeführt wurden (→ Seeufersiedlungen; → Federsee) (33–35; 57; 58).

Der Zustand früher Wälder läßt sich mit Hilfe zahlreicher Holzfunde klären. Dazu eignet sich im Fachwerk verbautes Holz bes. gut. Dies gilt ebenso für die Baumstämme, die in einem Moorweg enthalten sind. Sind in diesen Hölzern die Spuren vieler Äste auf kleinem Raum vorhanden, so weist das auf eine ehemals starke Verzweigung des betreffenden Baumes hin. Eine derartige hohe Verzweigungsdichte kommt aber nur bei einem relativen Freistand von Bäumen zustande. Die für solche Entwicklungen erforderlichen Bedingungen bestehen nur beim Einzelstand der Bäume bzw. im Mittelwald, wo die Kronen der Bäume genügend Raum zu einer entspr. dichten Verzweigung haben.

Auch zeitgenössische Bilder können Einblick in die Wälder bzw. Gehölze früherer Zeiten bieten (u. a. 19). Auf alle Fälle ist davon auszugehen, daß es damals niederwaldartig genutzte Gebüsche mit Stockausschlag ebenso gegeben hat wie Kopfholzbäume oder durch Schneitelung verformte Baumstämme. Aus der Häufigkeit solcher Motive in Bildern läßt sich vermutlich auch auf die Verbreitung der entspr. Wuchsformen in der Umgebung von Siedlungen schließen.

Das gilt ebenso für die schriftlichen Qu. So kann z. B. in frühen Reiseber. auch über die Wegbarkeit von Wäldern berichtet werden. Eine Fortbewegung durch einen Hallen-Rotbuchen-Hochwald war sicher einfacher als durch einen Nieder- oder Mittelwald mit seinem zahlreichen Gestrüpp. Das gilt in gleicher Weise für den Reiter wie für den Fußgänger oder selbst einen Wagen.

In schriftlichen Qu., beispielsweise bei Bestandsaufnahmen im Erbfall, existiert eine recht detaillierte Beschreibung der Wälder in der n. von Göttingen gelegenen Herrschaft Plesse aus dem J. 1580. Sie geht zurück auf eine Bereisung des Gebietes, die nach dem Tod des letzten Plessers nötig geworden war (72).

Über frühe W.-Verhältnisse können auch herrschaftliche Anordnungen und Erlasse sowie Abrechnungen über den Holzverkauf informieren. So wird bereits im frühen 9. Jh. im → *Capitulare de Villis* die sorgfältige Pflege der herrschaftlichen Wälder angeordnet. Vermutlich war eine derartige Verordnung erforderlich, weil zu starke und ungeregelte W.-Nutzung sowie mangelnde W.-Pflege verbreitet waren. Zugleich kommt es zu dem bislang ältesten Rodungsverbot in Mitteleuropa (47). Aus dem J. 1158 stammt z. B. eine Urk., in der Ks. Friedrich I. dem Zisterzienserkloster in Neuenburg/Elsaß im ‚Heiligenforst' die W.-Weide gestattet, wovon er die Schafe ausschließt: ... *et in perpetuum donavimus ut animalia eorum utantur pascuis in sacra sylva ovibus tantum exceptis.* Die entspr. Ausnahme der Schafe wird in einer nur wenig jüng. Urk. aus dem J. 1164 gefordert. Sie wurde im Zusammenhang mit der Erteilung von Privilegien an diese Stadt erhoben (9). Derartige und ähnliche schriftliche Aussagen über den W. sowie seine Nutzung und seinen Schutz im MA existieren in größerer Anzahl, sie deuten darauf hin, daß die Wälder auch durch die Nutzung als W.-Weide gefährdet waren und des besonderen Schutzes bedurften (18; 46).

Den Schr. der röm. Agrarschriftsteller ist zu entnehmen, daß mit der W.-Nutzung verbundene Probleme bereits in der Ant. bestanden (24; 65). Das Klima im Mediterran-Gebiet sorgte dafür, daß Rodungen und anthropozoogene Schädigungen der Wälder in der Regel zu noch viel stärkeren Folgeschäden führten, als das aus Mitteleuropa bekannt ist. Nach → Rodung und Beweidung wurde im Mittelmeergebiet durch die Bodenerosion häufig der Lockerboden quantitativ abgespült. Bemühungen um eine Wiederbewaldung waren nur dann von Erfolg, wenn die betreffenden Flächen durch hinreichend hohe Mauern oder entspr. Hekken vor dem Abfressen durch weidende → Ziegen und → Schafe (Ovicapriden) geschützt wurden.

§ 4. Wälder in Mitteleuropa. Von der urspr. nahezu vollständig bewaldeten Fläche Mitteleuropas hat sich derzeit nur noch etwa ein Drittel erhalten. Auf der Grundlage ausgedehnter vegetationsgeschichtl. und anderer geobotan. Forsch. wurde es möglich, die Großgliederung der naturnahen Wälder für die Zeit um Chr. Geb. zu rekonstruieren (22; 17). Trotz der in diesem Zeitraum stellenweise schon recht dichten Besiedlung ist davon auszugehen, daß es sich dabei noch um die naturnahen Wälder handelt. Wie aus Abb. 22 zu ersehen ist, hat es mehrere W.-Typen gegeben (in Klammern stehende Signaturen 1–8):

– In den Gebieten w. von Elbe und oberer Oder bestanden Rotbuchenmischwälder (3) mit z. T. höheren Anteilen von Eichen.
– In den größere Höhen erreichenden Mittelgebirgen wuchsen montane Rotbuchenwälder mit Bergahorn, Fichte bzw. Tanne (u. a. → Harz [Gebirge], Thür. Wald, Erzgebirge, Vogesen, → Schwarzwald; 5).
– Ö. bzw. n. dieser Rotbuchengebiete dehnten sich bis weit hinein nach Polen Wälder aus, in denen Kiefern und Eichen vorherrschten (6).
– Auf den fruchtbaren Böden der Jungmoränengebiete w. bzw. s. der Ostseeküste stockten Rotbuchenwälder (4, 2) sowie nach O anschließend Laubmischwälder

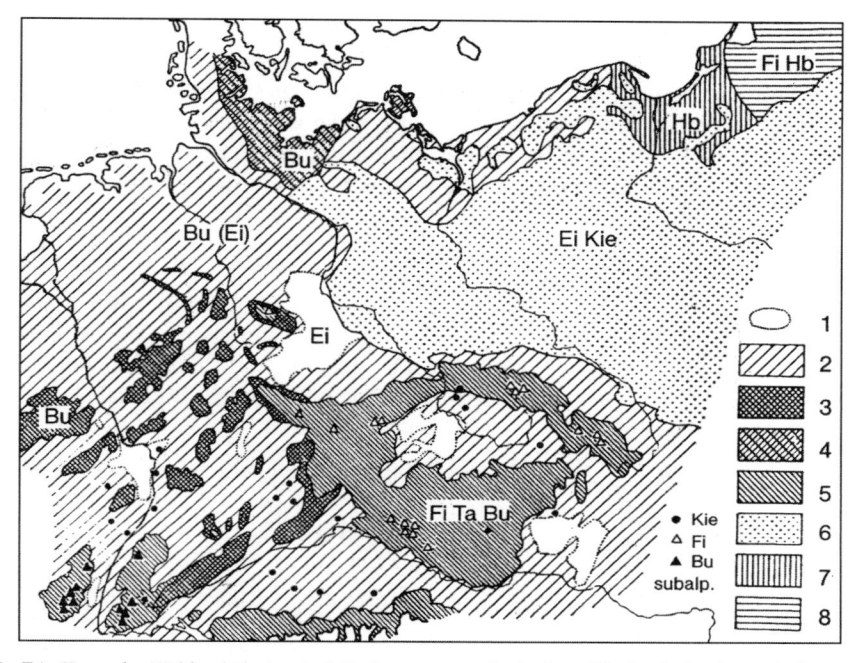

Abb. 22. Die Karte der Waldverhältnisse in Mitteleuropa vermittelt einen Eindruck darüber, wie die verschiedenen Waldtypen in der Zeit um Chr. Geb. in Mitteleuropa angeordnet waren. Diese Rekonstruktion beruht v. a. auf der Auswertung pollenanalytischer Unters. durch Firbas (22). Einige Ergänzungen erfolgten in jüng. Zeit auf der Grundlage neuerer geobotan. Befunde nach Ellenberg (17) – Erklärung der Signaturen: 1 Eichenmischwälder mit wenig Rotbuche in den Trockengebieten (Niederschläge unter 500 mm/Jahr); 2 Rotbuchen-Mischwälder mit vielen Eichen in Tieflagen; 3 Rotbuchenwälder im Bereich der niedrigen Mittelgebirgslagen; 4 Rotbuchenwälder im Bereich der Jungmoränen; 5 Rotbuchenwald der Berglagen mit Tanne bzw. Fichte (schwarze Dreiecke: subalpiner Rotbuchenwald); 6 Kiefernwälder auf Sandböden mit geringem Anteil von Laubholz; 7 Laubmischwälder mit viel Hainbuche; 8 wie 7, mit Fichte

mit großem Hainbuchenanteil (7) und schließlich auch mit Fichte (8).
– Im mitteldt. Trockengebiet und in Inner-Böhmen mit Jahresniederschlägen unter 500 mm waren Eichenmischwälder verbreitet, wobei der Anteil der Rotbuche gering war (1).

Abb. 22 verdeutlicht, daß Gliederung und Verbreitung der einzelnen W.-Typen offensichtlich weitgehend durch die klimatischen Bedingungen bestimmt waren. Das zeigt ihre Verteilung in Zonen, die v. a. mehr oder weniger in N-S-Richtung verlaufen und in west-ö. Folge angeordnet sind. Die von der Rotbuche beherrschten Gebiete lagen vorwiegend in Regionen mit subatlantisch bzw. montan getöntem → Klima. Nach O wird das Klima zunehmend kontinental, so daß die Rotbuche nicht mehr konkurrenzkräftig ist. Zusätzlich kam der Bodengüte eine gewisse Bedeutung zu (→ Boden in Mitteleuropa), wie bes. an der Verbreitung der W.-Typen im Bereich der Ostseeküste zu ersehen ist. Die geringen Niederschläge der beiden Trockengebiete ergeben sich v. a. aus ihrer Lage im Lee der benachbarten Mittelgebirge. Die Vorkommen azonaler Sonderstandorte auf sehr feuchten (z. B. → Moore und Flußauen) oder sehr trockenen Standorten (sehr flachgründige Felsstandorte) konnten in dieser Übersichtskarte nicht erfaßt werden, das betrifft ebenso zahlreiche andere Sonderstandorte (z. B. Schluchtwälder).

Innerhalb der verschiedenen oben genannten W.-Zonen sind zahlreiche W.-Gesellschaften vorhanden, die hier nicht behandelt werden, vgl. dazu Dierschke (15), Ellenberg (17) und Pott (54).

§ 5. Der W. als Lieferant der Ressource Holz. Bereits seit dem Paläol. hat der Mensch eine Vielfalt unterschiedlicher Ressourcen genutzt, die von den Pflanzen seiner Umwelt geliefert wurden (Tab. 2). Dies galt für das Offenland des Spätglazials wie für die natürlichen und anthropogenen Wälder des Holozäns. Seinem jeweiligen Bedarf entspr. entnahm der Mensch der Natur das, was er gerade brauchte (aneignende oder entnehmende Wirtschaftsweise). Solange die Quantität der entnommenen Biomasse nicht größer war als die Menge, die von den Pflanzen im etwa gleichem Zeitraum neu produziert wurde, blieben die ökologischen Strukturen und Abläufe weitgehend erhalten (17). Eine Voraussetzung dafür war allerdings, daß die Qualität der nachgelieferten auch der der entnommenen Biomasse in etwa entsprach. Das war infolge der Regenerationsfähigkeit der Pflanzen für lange Zeit weitgehend möglich. Daher kann W.-Nutzung, die vor Beginn der Seßhaftigkeit stattfand, als mehr oder minder ressourcen-schonend und somit nachhaltig angesehen werden. Das betrifft insbesondere die Entnahme und Neuproduktion von Holz. Die Ursache dafür ist die Regenerationsfähigkeit der Gehölze, aus deren Stümpfen sich innerhalb kurzer Zeit, infolge des guten Austriebsvermögens, eine Menge von Stockausschlägen entwickeln. Das gilt entspr. für Kopfholz und Schneitelbäume. Wesentlich sind dabei mindestens drei Faktoren:

– Die Menschen entnehmen der Natur nur die Pflanzenteile, die sie gerade bzw. in nächster Zeit brauchen.
– Die Menschen entnehmen in der Regel nur soviel pflanzliche Biomasse, wie sie gerade bzw. in Kürze benötigen.
– Die Menschen sind noch nicht seßhaft, sie bleiben daher nur so lange an einem Platz, wie von den begehrten Pflanzen bzw. Pflanzenteilen noch ausreichende Mengen vorhanden sind.

Der Mensch hat durch Ackerbau und ortsgebundene Lebensweise ernsthafte Schäden in den Pflanzenbeständen der Wälder verursacht, ebenso wie die Entdeckung neuer Werkstoffe und die Entwicklung von leistungsfähigeren Produktionstechniken zu entspr. Veränderungen im Umgang mit den natürlichen Ressourcen geführt hat. Auch die Haltbarkeit der Gebäude dürfte zum längeren Bleiben am gleichen Ort beigetragen haben.

Wie aus Funden von Holz und Holzkohle (in den Pfostenlöchern) hervorgeht, wurde als Bauholz nach Möglichkeit das haltbare und elastische Eichenholz bevorzugt. Durch die Messung des Dm.s von Pfostenlöchern konnte ermittelt werden, daß zum Bau der bandkeramischen Häuser von Langweiler und Rödingen, Nordrhein-Westfalen, bevorzugt Baumstämme von etwa 15 cm Dm. verwendet wurden. Ihr

Tab. 2. Der Wald als Ressourcenlieferant für den Menschen seit dem Paläol. Nach Jäger (36) und Willerding (78)

Verwendete Pflanzenteile
Blüten	Rinde
Früchte und Samen	Wurzeln
ganze Pflanzen	Moose
Holz	Flechten
	Pilze

Lieferung von
Bauholz	Lagermaterial
Bindematerial	für Mensch und Tier
Energie	Nahrung
Farbstoff	für Mensch und Tier
Faserstoff	Pech, Teer, Harz
Flechtholz	Schmuck
Gerbstoff	Werkholz
Heildrogen	Zuschlag bei
Isoliermaterial	techn. Prozessen

Anteil beträgt ca. 50 % der jeweils verbauten Stämme; größere Pfosten mit einem Dm. von ca. 50 cm wurden in diesen Siedlungen nur selten verwendet, die Dm. der restlichen Stämme lagen zw. 20–35 cm (45). Ähnliche Werte lassen sich auch bei Häusern und → Hütten anderer Räume und Zeitstellung ermitteln. Das gilt entspr. für Blockhäuser (→ Bauarten § 3b). Wenn Eichen in Nähe der Siedlungen nicht oder nicht in ausreichender Menge vorhanden waren, wurden auch andere Holzarten beim Bau verwendet, wie z. B. in der frühma. Wurt Elisenhof/Eider (Schleswig-Holstein). Hier dominiert → Erle *(Alnus glutinosa)* mit einem Anteil von etwa 60 % unter dem Bauholz, dagegen macht Eichenholz nur etwa 20 % aus (7).

Neben seiner Verwendung als Baumaterial war Holz als Werkstoff für unterschiedliche Verwendungszwecke erforderlich. Für die Herstellung hölzerner Gerätschaften wie Töpfe, Schüsseln und Teller wurde häufig Ahorn, Esche, Ulme und Eiche bevorzugt, wobei sich unterschiedliche Verwendung des Werkholzes aus dem jeweiligen räumlich und zeitlich bedingten Angebot erklären lassen (u. a. 7; 35; 78). Hervorzuheben sind die aus Schneitelknollen hergestellten Gefäße, wie sie insbesondere aus dem neol. Pfahlbau von Burgäschisee-Süd beschrieben worden sind. Für Daubengefäße wurde nach Möglichkeit Nadelholz verwendet, für Schüsseln war es häufig Fichte (74). Auch Birkenrinde diente zur Herstellung von Gefäßen bzw. Behältern, aber auch als Unterlage ('Backblech') beim Backen (34). Wichtig war Holz (→ Holz und Holzgeräte) auch für die Handhabung von Gerätschaften aus Stein, Bronze oder Eisen. Das betrifft Messer ebenso wie Dechsel, Beil (→ Beil mit Abb. 43–46), → Axt und Ackergeräte. Dabei wurde häufig das Holz der Esche bevorzugt eingesetzt. Dies gilt ähnlich auch für Waffen, z. B. für Pfeile (→ Bogen und Pfeil § 3 mit Abb. 43), Lanzen und Speere (6; 21; 61; 63; 64; 73). Dazu nahm man nicht einfach Stöcke entspr. geringen Dm.s, weil deren Flugverhalten ziemlich unkalkulierbar gewesen wäre. Wie der Verlauf der Jahresringe zeigt, sind derartige Hölzer vielmehr aus dem Material etwas dickerer Stämme geschnitten und in einer Dreheinrichtung zugerundet worden. Dadurch waren sie gleichsam ausgewuchtet und somit besser einsetzbar.

Als Lieferant von Energie ist Holz so lange führend gewesen, bis es durch die Erschließung fossiler Reste von Biomasse verdrängt wurde. Das vollzog sich erst in der Neuzeit, obwohl Kohle vereinzelt schon früher zur Energieerzeugung erschlossen worden war. Wärmeenergie wurde ebenso im Haushalt wie bei der Herstellung mancher Gerätschaften benötigt. Außer der Wärme im Wohnbereich der Häuser diente sie dem Garen von Speisen (→ Speisen und Speisebereitung). Das lodernde → Feuer auf einem → Herd oder einfacher Feuerstelle sorgte zugleich für Licht in deren Nähe. Wurde in diesen Zusammenhängen bereits eine große Menge von Holz benötigt, so gab es weiteren Bedarf für die Heizenergie, besonders für den Betrieb von Brennöfen, in denen die Keramik gebrannt wurde (→ Töpferei und Töpferscheibe). Nach Möglichkeit wurde dazu das Holz der Rotbuche verwendet, da hier die erreichten Brenntemperaturen hoch genug waren. Ihr Heizwert liegt bei ca. 2,69 Mill. kcal je Festmeter und ist damit etwas geringer als der der Eiche (2,84). Wegen seiner guten Spaltbarkeit und der sauberen Verbrennung ist das Buchenholz bevorzugt verwendet worden (29). Hierzu paßt der Befund an mehreren hochma. Töpferöfen von Einbeck, Niedersachsen. Dort herrschte entweder die → Holzkohle von Buche oder Eiche vor (80).

Das gilt entspr. für die Herstellung von → Glas. Die Glashütten lagen durchweg im W. und brauchten außer Pottasche (als Fließmittel) große Mengen an Brennholz

(2). Sobald die Wälder im Umkreis der Glashütten erschöpft waren, wurden die Anlagen zur Glasherstellung verlegt. So trug der enorme Holzbedarf der ‚wandernden Glashütten' zur schnell fortschreitenden Zerstörung der urspr. bzw. natürlichen Laubmischwälder bei. War die Umgebung einer W.-Glashütte ihrer Holzvorräte beraubt, kam es auf den so entstandenen Freiflächen schnell zu einer Wiederbesiedlung durch Gehölze. Diese Pionierholzbestände enthielten jedoch überwiegend Holzarten, deren Energiepotential wesentlich geringer war als das der Ausgangsbestände. Zur Entwicklung naturnaher Wälder kam es erst allmählich, sofern weitere Störungen durch gesteigerte Holzentnahme unterblieben.

Zur Verhüttung von Erzen waren wesentlich höhere Temperaturen erforderlich als zu den vorgenannten technischen Prozessen (→ Verhüttung und Metalltechnik). Die ließen sich durch die Verwendung von → Holzkohle erreichen. Zunächst wurde sie in Grubenmeilern hergestellt (→ Meiler). Die ähneln kleineren Bombentrichtern oder auch manchen Wurfgruben von Baumstürzen. Meistens ist die ehemalige Funktion einer Grube nur durch eine Bohrung bzw. Ausgrabung zu klären. Bei einem Grubenmeiler ist in der Regel erkennbar, daß sich die Grubenfüllung in Färbung und Textur von dem normalen Boden in der Umgebung unterscheidet. Bei der Entnahme der Holzkohle blieben stets Reste davon am Grund der Grube zurück, so daß deren Grund durch eine unterschiedlich mächtige Holzkohlenlage markiert wird. Wesentlich einfacher ist es, die durchweg aus etwas jüng. Zeit stammenden Platzmeiler zu erkennen: Die kreisrunde Meilerplatte liegt stets horizontal und ist häufig durch vergleichsweise dicke Schichten mit Holzkohle markiert. Die Bodenvegetation unterscheidet sich häufig von der angrenzender Bereiche. Häufig befinden sich mehrere Platzmeiler in enger Nachbarschaft zueinander. In hängigem Gelände kann das wie Stufen einer sehr großen Treppe wirken. Das gilt bes. dann, wenn mehrere Meiler dicht beieinander liegen, z. B. in der Nähe eines alten (Hohl-)Weges (30; 44).

Kommt es in einem Gebiet zu einer weitgehend synchron erfolgten Holzentnahme, so entsteht auf der gleichen Fläche – als natürliche Reaktion der Baumstümpfe auf den Eingriff – ein Sortiment von Baumstämmen nahezu gleichen Dm.s. Diese standen dann für den Bau von Häusern oder die Anlage von Moorwegen zur Verfügung. Bei Fachwerkhäusern in Mitteldeutschland ist die Dichte der Verzweigungsstellen häufig groß. Das spricht dafür, daß viele verbaute Pfosten, Träger und Balken von Bäumen stammen, die im Mittelwald herangewachsen sind. Von Moorwegen liegen wohl noch keine entspr. Beobachtungen vor. In Anbetracht des oftmals nahezu identischen Dm.s solcher Bäume kann davon ausgegangen werden, daß Mittelwaldbestände in der Nähe von Siedlungen früher weit verbreitet waren. Jüng. Stockausschläge eigneten sich ebenso wie die Austriebe von Sträuchern für die Herstellung von Flechtwerkwänden und wurden – wie die Funde zeigen – auch dafür verwendet. Der Bewurf solcher Flechtwerkwände mit Lehm diente zur Abdichtung der Wände gegen Wind und Regen. Er wirkte sich zudem als Schutz vor Feuer aus, da die Lehmschicht das leicht brennbare Flechtholz quantitativ bedeckte.

Die zahlreichen Funde von Bau-, Flecht- und Werkholz zeigen, daß das holzverarbeitende Haus- und Handwerk schon recht früh gut entwickelt gewesen ist (→ Zimmermannskunst; → Böttcherei). Zugleich geben sie Auskunft über die Zusammensetzung der Wälder, ihre Nutzung durch den Menschen und damit auch über ihren Zustand. Wie die aus Tannenholz gefertigten frühma. Faßbrunnen von → Haiðaby (→ Faß § 2 mit Abb. 25) (8) oder die hochma. Fichten-Daubengefäße aus Höxter (74) zeigen, werden dabei ggf. auch Holzimporte und somit Handelsstrukturen deutlich (vgl. → Tanne § 2).

§ 6. Weitere Ressourcen aus dem W. Der W. lieferte außerdem größere Mengen von Wildobst (→ Obst und Obstbau) für die Ernährung der Menschen (→ Nahrung). Besondere Bedeutung hatte dabei – neben anderen lebenswichtigen Stoffen – ihr Vitamingehalt, der meist recht hoch ist. Erfahrungsgemäß hängt der Ertrag an Früchten u. a. mit der jeweiligen Lichtmenge zusammen. Das war für die frühen Menschen von großer Bedeutung, da am Rande der Rodungsflächen hinreichend helle Gehölzbestände anzunehmen sind (→ Vegetation und Vegetationsgeschichte § 3). Eine Rodungsinsel war daher im Optimalfall an ihrer Grenze zum W.-Rand von einem mehr oder minder breiten Gürtel von Wildobstpflanzen umgeben. Da diese Arten überwiegend fleischige Früchte besitzen, erfolgt die Verbreitung der Diasporen v. a. durch Vögel. Zahlreiche Vogelarten tummeln sich bevorzugt am W.-Rand und scheiden dabei die harten und unverdaubaren Nüßchen bzw. Samen aus. Auf diese Weise konnten innerhalb recht kurzer Zeit hinreichend große Wildobstflächen entstehen, die für die Versorgung benachbarter Siedlungen ausreichen. Hinzu kommt, daß abgesehen von den quasinatürlichen W.-Mantel- und Saumgesellschaften sich manche Wildobstarten auch in Hecken ansammeln und längs von Wegen gedeihen. Das betrifft z. B. W.-Erdbeeren und Blaubeeren ebenso wie Heckenrosen und Holunder. Vermutlich war die Entwicklung solcher siedlungsnahen Wildobstflächen auch eine Ursache dafür, daß es n. der Alpen offensichtlich keine frühen Bemühungen um die Zucht von Kulturobst gegeben hat.

Wie viele Funde zeigen, war die Haselnuß (→ Hasel und Haselnuß) von Beginn ihrer Einwanderung im frühen Postglazial an eine geschätzte Sammelfrucht. Sie besitzt einen hohen Nährwert (ca. 60 % Fett, 10 % Kohlenhydrate; 11). Ihre Haltbarkeit – bei trockener und luftiger Lagerung – ließ sie nahezu ständig verfügbar sein. Aus manchen Grabfunden geht hervor, daß sie häufig als Grabbeigabe Verwendung gefunden hat. In Abfallschichten sind häufig sehr kleine Trümmer von Haselnußschalen enthalten. Größere Schalenstücke, die im Bereich früh- und hochma. Erzverhüttungsöfen im Harz geborgen wurden, verdanken ihre gute Erhaltung der Kontamination mit Schwermetall-Ionen. Zugleich kann das als Hinweis auf den Verzehr durch die schwerarbeitende Bevölkerung angesehen werden.

Obwohl manches Detail dieser Rekonstruktion noch nicht endgültig geklärt werden konnte, ist es wahrscheinlich, daß die oben zusammengestellten Ergebnisse die Situation der frühen Wälder weitgehend richtig erfaßt haben. Die hier vorgelegte Darst. besitzt als Modellvorstellung für Zustand und Nutzung der frühen Wälder Mitteleuropas bereits einen hohen heuristischen Wert. Neue paläoethnobotan. Funde und Befunde werden vermutlich zur Präzisierung und Erweiterung der Erkenntnisse führen. Dabei wird es wohl v. a. um die Verbesserung der Kenntnisse über die heute weitgehend vergessenen oder selten gewordenen sog. Nebennutzungen gehen (9; 18). Als Hauptnutzung gilt heute nur noch die Gewinnung von Bau- und Brennholz. Seit geraumer Zeit ist allerdings die Einsicht über die ökologische Bedeutung der Wälder hinzugekommen. Sie hat bereits oftmals zu einem verantwortungsvolleren Umgang mit den Wäldern geführt. Die in Tab. 3 und 4 genannten zahlreichen Nebennutzungen früherer Zeiten wurden allerdings nicht wieder aufgenommen, da sie häufig durch ihre ersatzlose Entnahme von Biomasse zur Verarmung der Standorte geführt haben. Die Produkte, die früher durch diese Nebennutzungen erreicht wurden, werden heute durch Erzeugnisse der Landwirtschaft und der chem. Industrie ersetzt. Zu letzterem

Tab. 3. Der Wald als Ressourcenlieferant für den Menschen: Holz und Rinde. Nach Willerding (78)

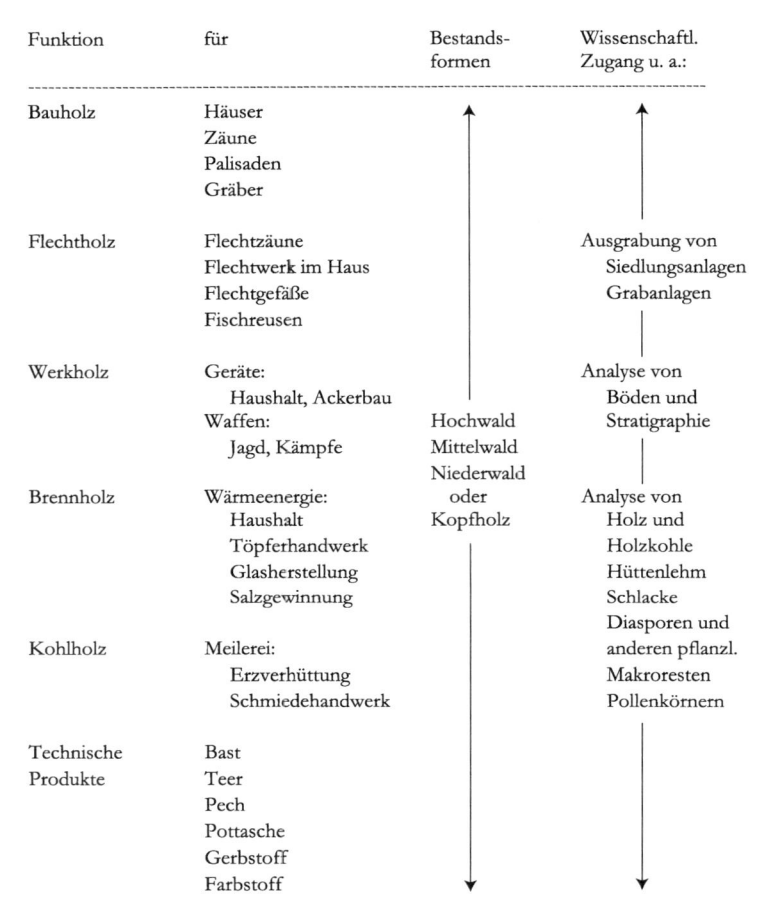

Funktion	für	Bestands-formen	Wissenschaftl. Zugang u. a.:
Bauholz	Häuser Zäune Palisaden Gräber	↑	↑

Flechtholz	Flechtzäune
	Flechtwerk im Haus
	Flechtgefäße
	Fischreusen
			Ausgrabung von
			  Siedlungsanlagen
			  Grabanlagen

Werkholz	Geräte:
	  Haushalt, Ackerbau
	Waffen:
	  Jagd, Kämpfe
		Hochwald
		Mittelwald
		Niederwald
		oder
		Kopfholz
			Analyse von
			  Böden und
			  Stratigraphie

Brennholz	Wärmeenergie:
	  Haushalt
	  Töpferhandwerk
	  Glasherstellung
	  Salzgewinnung
			Analyse von
			  Holz und
			  Holzkohle
			  Hüttenlehm
			  Schlacke

Kohlholz	Meilerei:
	  Erzverhüttung
	  Schmiedehandwerk
			Diasporen und
			anderen pflanzl.
			Makroresten
			Pollenkörnern

Technische Produkte	Bast Teer Pech Pottasche Gerbstoff Farbstoff	↓	↓

werden insbesondere die Überreste fossiler Biomasse benötigt.

Lianen konnten ebenso wie windende Pflanzen als Bindematerial verwendet werden, z. B. beim Hausbau. Aus manchen Holzarten waren Farbstoffe zu gewinnen. So liefert z. B. die Rinde der Esche *(Fraxinus excelsior)* je nach Behandlung blaue oder braune Farbstoffe. Aus den Früchten des Schwarzen → Holunders *(Sambucus nigra)* ließen sich blaue und rote Farbstoffe herstellen und aus der Fruchthaut der → Schlehe *(Prunus spinosa)* ein schwarzer Farbstoff (51). Ob dieses Potential von den frühen Menschen tatsächlich genutzt wurde, ist allerdings unklar, weil die Braunfärbung der bislang gefundenen Textilgewebe auch durch die Lagerung im Moor oder in Eichen-Baumsärgen (→ Baumsargbestattung) zustande kommen kann. Auch der Kontakt zu Metallen kann zur Erhaltung von Textilien führen; in diesem Fall sorgen die in das Gewebe eingedrungenen Metall-Ionen ebenfalls für eine Braunfärbung der Reste (→ Textilien § 3 mit Taf. 12).

Zahlreiche Pflanzen des W.es enthalten Inhaltsstoffe, die sie als Heilpflanzen (→ Heilmittel und Heilkräuter) ausweisen.

Tab. 4. Der Wald als Ressourcenlieferant für den Menschen: Laub. Nach Willerding (78)

Nutzungs-formen	für	Folgen	Wissenschaftl. Zugang u. a.:
Waldweide	Viehfutter	Waldauflichtung, Anreicherung bewehrter Gehölze: *Crataegus*, *Ilex europaea*, *Prunus spinosa*, *Rosa* oder *Juniperus communis*	↑ Pollenanalyse | Analyse pflanzlicher Makroreste | Bodenkundliche Analyse | Stratigraphische Analyse | Siedlungsarch.-Analyse ↓
Schneitelwirtschaft Astschneitelung Kopfschneitelung	Viehfutter-vorrat	Entzug von Biomasse, Standortsverarmung	
Laubabstreifen	Viehfutter-vorrat	Entzug von Biomasse, Standortsverarmung	
Entnahme von Laubstreu	Stallstreu	Entzug von Biomasse, Düngung des Ackers	
	Veraschung	Standortsverarmung, Düngung des Ackers	
Verbrennung von Blättern und Zweigen	Pottasche-gewinnung zur Glasherstellung	Standortsverarmung	

So kann z. B. die Rinde von → Weiden *(Salix* sp.) auf Grund ihres Gehaltes an Acetylsalicylsäure (ASS) als Mittel gegen Fieber eingesetzt werden. Auch manche krautige Pflanze des W.-Bodens kann der Erhaltung oder Wiederherstellung der Gesundheit dienen. Dazu kann die frische Pflanze ebenso verwendet werden wie die getrocknete Droge (→ Rauschmittel), die Zubereitung als Tee oder der wäßrige bzw. alkoholische Auszug.

Auch als Bestandteil der Nahrung kommen manche Kräuter des W.es in Betracht. Der Giersch *(Aegopodium podagraria)* wurde z. B. musartig zubereitet (→ Gemüse), diente aber auch als Heilpflanze, wie der Artname *podagraria* und der dt. Name *Zipperleinskraut* zeigt. Die Art ist heute als lästiges Gartenunkraut (→ Unkräuter) bekannt und stammt aus mitteleurop. Wäldern auf guten Böden. Ob und wann die Verwendung solcher Pflanzen als Heilkräuter bzw. als Nahrungspflanzen eingesetzt hat, ist meistens kaum zu klären. Erst der Beginn der schriftlichen Überlieferung, die in Mitteleuropa während der KaZ eingesetzt hat, kann zur Klärung beitragen. Allerdings ist häufig damit zu rechnen, daß die Nutzung solcher Arten als Heil- und Nahrungspflanzen auf einer alten Tradition beruht.

Vermutlich hing diese Nutzung mit dem Versuch der Behebung einer Notsituation zusammen. So wurde z. B. die gemahlene Rinde mancher Baumarten in wechselnd großen Anteilen dem → Brot oder anderem Backwerk zugefügt, wenn die Getreidevorräte nicht ausreichten (16; 49; 70; 71; 82). Der Verzehr solcher Baumrindenbrote war in Notzeiten recht verbreitet, v. a. bei der ärmeren Bevölkerung. Solchen ‚Hungerbroten' konnte selbst Holz in Form von Sägespänen beigemischt sein. Zum Strecken des Brotes fanden auch andere Pflanzen des W.es Verwendung, so z. B. getrocknete Pilze, Tannen- und Fichtenzapfen (82). In der röm. Ant. wurden außer Rinde sogar dünne Zweige und Blätter dem Backteig zugesetzt (20).

Ebenso wie heute dürften sich die Menschen früherer Zeiten an Farbe, Form und Duft der Blüten zahlreicher Pflanzenarten des W.es erfreut haben, bes. im Frühjahr, wenn die Farbenpracht der blühenden Geophyten den W.-Boden in einen farbigen Teppich verwandelt. Später im J. blühten v. a. Arten, die bevorzugt in lichten Wäldern und am W.-Rand wuchsen. Das sind u. a. Duftendes Veilchen *(Viola odorata)*, Märzenbecher *(Leucojum vernum)*, Duftender Himmelschlüssel *(Primula officinalis)*, Akelei *(Aquilegia vulgaris)* und Pfirsichblättrige Glockenblume *(Campanula persicifolia)*. Hinzu kommt, daß diese einheimischen Arten den Weg aus Wäldern und von W.-Rändern in die Gärten des MAs gefunden hatten. Das ist auf zeitgenössischen Bildern zu erkennen (5) und ergibt sich z. T. auch aus den schriftlichen Qu. (68; 77). Neben der Freude über die Schönheit dieser Pflanzen war vermutlich auch die ihnen beigemessene Bedeutung im relig. Bereich eine wichtige Triebkraft für diese Entwicklung. Aus derartigen Zusammenhängen darf wohl abgeleitet werden, daß auch der frühe Mensch bereits aufgeschlossen war für Schönes (→ Schönheitsmittel). Auch das Material für Schmuck konnte wiederum der W. liefern, z. B. für Holzperlen. Wie durchbohrte Steinkerne der Schlehe *(Prunus spinosa)* aus dem neol. Pfahlbau von Sipplingen/Bodensee zeigen (60), fanden auch diese zur Anfertigung von Ketten Verwendung und wurden auf einem Faden zusammengefügt. Noch viel schwieriger als die Durchbohrung solcher Objekte waren die Bohrarbeiten bei den kleinen und sehr harten Teilfrüchten (Klausen) des Purpur-Steinsamens *(Lithospermum purpureo-caeruleum)*. Aus dem Neol. liegen die Reste von wenigen solcher Ketten vor, die aus den Klausen dieser Art angefertigt sind. Wegen ihrer leuchtend weißen Farbe erinnern sie etwas an Perlenketten. Der Steinsame kommt noch heute in lichten Wäldern an wärmebegünstigten Standorten in Mitteleuropa vor. Manches aus pflanzlichem Material hergestellte Schmuckstück mag ebenso wie einige Pflanzenteile auch als Amulett gedient haben.

Die mikroskopischen Unters. von Seilen, Stricken und → Tauen lassen erkennen, daß zur Herstellung solcher Materialien der → Bast einiger Baumarten Verwendung gefunden hat. Beim Bast handelt es sich um die faserreiche Schicht, die sich zw. Holz und Rinde befindet. Wegen ihrer bes. langen Fasern wurden die Baste von Eiche und → Linde bevorzugt verwendet, denn die Faserlänge wirkt sich positiv auf Haltbarkeit und Weiterverarbeitung der Fasern aus. Bei der sog. Röste wird der Bast ins Wasser gelegt. Dadurch kommt es dank der Tätigkeit von Mikroorganismen zur Trennung der Fasern vom übrigen Gewebe. Nach dem Trocknen wird der Bast gehechelt, d. h. die einzelnen, noch zusammenhängenden Fasern werden mechanisch getrennt. Wie Pfahlbaufunde zeigen, dienten dazu u. a. kleine Bündel von Schlehendornen (56).

Im frühma. Haiðaby wurden entspr. Funde festgestellt, die aus dem Bast von Linde *(Tilia* sp.), Eiche *(Quercus* sp.) und Weide *(Salix* sp.) verfertigt waren (40). Reste von Eichenbast wurden ebenfalls im hochma. Bergbau-Bereich von Altenberg, Siegerland, geborgen (13. Jh.; 79). Aus der frühma. Wurt Elisenhof beschreibt Behre (7) Schlingen und Schnüre, die aus dünnen biegsamen Zweigen der → Birke *(Betula* sp.) oder Weide gedreht waren.

Daß die Nutzung von Baumbasten eine lange Tradition hat, zeigen Funde aus Feuchtbodensiedlungen im Alpenvorland (→ Textilien § 4a), die bereits aus dem

Neol. stammen: So ist Eichenbast aus der Cortaillod- und der Egolzwiler Kultur erfaßt. In der Schnurkeramik war v. a. Bast der Linde verwendet worden. In anderen frühen Fundkomplexen sind Belege für die Verwendung von Weidenbast vorhanden (33). Außer den bereits genannten Holzarten sind nach Körber-Grohne (41) auch die Baste von Ulme (*Ulmus* sp.) und Zitterpappel *(Populus tremula)* (→ Espe) zur Herstellung von Stricken und Seilen gut geeignet.

Zu erwähnen ist auch die Brennessel *(Urtica dioica)*, mit deren natürlichem Vorkommen in feuchten Auenwäldern zu rechnen ist. Aus ihren Fasern wurden mit Hilfe von Spindeln Fäden gesponnen, die u. a. für die Herstellung von Textilien und Netzwerk Verwendung gefunden haben.

Zahlreiche ur- und frühgeschichtl. Funde zeigen, daß die Menschen schon früh → Felle und Häute verwendet haben. Beide würden aber schnell vergehen, wenn sie nicht so behandelt wären, daß sie vor baldiger Verwesung geschützt und für einen längeren Zeitraum haltbar gemacht werden. Dies erfolgte in jüng. Zeit durch den Einsatz von Gerbstoffen (→ Gerberei). Die sind bes. in der Rinde frisch geschlagener Eichen und Fichten enthalten (11; 13; 62; 69). Die Rinden der beiden einheimischen Eichenarten haben einen Gerbstoffgehalt von 8–10 %. Die als Tannine bezeichneten Gerbstoffe sorgen dafür, daß aus ungegerbten Tierhäuten geschmeidiges und haltbares Leder entsteht (→ Leder- und Fellbearbeitung). Vermutlich wurden die Felle anfangs nur mit Fetten behandelt, um sie haltbarer und elastisch zu machen. Noch bis ins frühe 20. Jh. fand das Gerben mit Hilfe von Eichenlohe statt. Dabei handelt es sich um Eichenrinde, die während des Saftsteigens im Frühjahr (IV/V) von ca. 18jährigen Eichenstämmen mit einem Dm. von 15–20 cm abgeschält wird. Das erfolgte mit Hilfe eines Schlitzmessers in möglichst langen Bahnen. Diese wurden zum Trocknen an den geschälten Eichenstämmen aufgehängt und schließlich in die Dörfer überführt. Dort fand der Gerbvorgang in hölzernen Lohkästen oder gemauerten Lohgruben statt. Dazu wurde das zu gerbende Material für längere Zeit gewässert, wobei das Leder die vom Wasser ausgelaugten Gerbstoffe aufnahm (55). Diese bewirken die Vernetzung der in den tierischen Häuten vorhandenen Proteinmoleküle. Durch die Verbindung von Gerbstoff und Protein entstehen wasserunlösliche Polymerisate, die Stabilität und Elastizität des Leders bewirken. Sie sind auch die Ursache dafür, daß Mikroorganismen Leder nicht abbauen können (11). Wann die Methode des Gerbens mit Eichenlohe begonnen hat, ist bislang noch unbekannt. Da Felle und Leder seit alters her wichtige Werkstoffe des Menschen waren, ist damit zu rechnen, daß entspr. Verfahrensweisen schon recht früh entstanden sind. Weil in vielen Pflanzenarten Gerbstoffe enthalten sind, muß nicht immer die Eiche als Gerbstofflieferant genutzt worden sein. Da für den Röstvorgang besondere Wasserbehälter erforderlich sind, sollten derartige Einrichtungen auch bei Ausgr. erfaßt werden. Das ist aber offenbar bislang nicht der Fall. Wohl aus diesem Grund fehlen in den „Studien zur funktionalen Deutung archäologischer Siedlungsbefunde" von Andraschko (1) sämtliche Aussagen über frühe Lohgruben. Möglicherweise sind Lohgruben, deren Wände aus Holzbrettern bestanden, bisher nicht als solche richtig erkannt worden.

Durch die Entnahme großer Rindenpartien erhält der betroffene Baum ein eigentümliches Aussehen. Die ihrer Rinde beraubten Stämme gehen ein und trocknen aus. Dabei entsteht ein silbrig-weißer Farbton. Dient eine etwas größere W.-Fläche der Gewinnung von Eichenlohe, bekommen die so entstandenen Eichenschälwälder ein nahezu gespenstisches Aussehen. Nach Entnahme der trockenen Stämme sorgen Stockausschläge für die Regeneration des Eichen-

W.es, der während der Regenerationsphase das Aussehen eines Niederwaldes hat.

Zur Gewinnung und Nutzung von Harz, Teer und → Pech berichtet Voss (69). Gall (25; 26) stellt Funde von Teeröfen aus Thüringen vor. Die weite Verbreitung solcher frühen technischen Einrichtungen spiegelt sich in der Häufigkeit des ONs Teerofen in Mecklenburg-Vorpommern wider.

Vergleichsweise dicke Lagen vom Adlerfarn *(Pteridium aquilinum)* in manchen Pfahlbauhütten deuten darauf hin, daß es sich dabei um Reste der Polsterung von Liegestätten handeln kann. Je nach dem Fundzusammenhang kommen aber auch Reste von Stalleinstreu in Betracht. Diese Interpretation trifft bes. dann zu, wenn sich größere Mengen von Fliegenpuppen in dem Material befinden (67). Sind Lagen von Blättern, Blütenkätzchen und mehr oder weniger kurzen Stücken junger Zweige in den Resten von Pfahlbauhütten vorhanden, so ist zu vermuten, daß es sich um die Überreste von Laubfutter bzw. Schneitelzweigen handelt (33; 57). Wie lange und mit welchen Problemen die W.-Streunutzung noch im 19. Jh. versehen gewesen ist, geht aus einer Veröffentl. von 1864 hervor (23).

Auch das von einigen einheimischen Holzarten gebildete Harz (→ Pech) war eine wertvolle Ressource, die mindestens seit dem Neol. genutzt wurde. So diente z. B. Birkenteer als Klebemasse für die Befestigung von Steinklingen in der Holzschäftung von Werkzeugen. Aus der neol. Siedlung von Hornstaad am Bodensee liegen einige Klumpen mit Zahnabdrücken vor. Dabei ist noch unklar, ob es sich hierbei um den Nachweis neol. ‚Kaugummis' handelt, oder ob der Birkenteer vor seiner Verarbeitung gekaut wurde (33; 60). Auch für das Abdichten kleinerer Spalten und Risse war dieses Material geeignet, z. B. bei kleineren Schäden an Keramik. Der hohe Gehalt der Birkenrinde an Birkenharz (ca. 40 %) war die Grundlage für ihre Verwendung als Schutz gegen Feuchtigkeit.

Daher wurde sie in Pfahlbauten als wasserdichte Unterlage für den Herd verwendet (33). Wie Funde aus neuerer Zeit deutlich machen, diente Birkenrinde auch als Isoliermaterial.

Bei den meisten Ressourcen, die der W. für den ur- und frühgeschichtl. Menschen bereithielt, handelte es sich um Teile von Pflanzen (Tab. 2–4). Wie v. a. Funde aus dem Pfahlbaugebiet zeigen, fanden aber auch ganze Pflanzen und ihre Anhäufungen Verwendung. So dienten größere Moospolster offenbar zur Isolierung von Spalten und zum Stopfen von Löchern in den Wänden und Dächern der Hütten. Dabei wurden Arten bevorzugt, die eine plattenartige Wuchsform besitzen und daher entspr. leicht vom Substrat abgehoben werden konnten. Dazu gehören insbesondere Nekkermoos *(Neckera crispa)* und Trugzahnmoos *(Anomodon viticulosus)*. Diese Arten wachsen an ält. Baumstämmen bzw. an Kalkfelsen. Vermutlich wurden die Moospolster auch als Polstermaterial beim Sitzen und Liegen benutzt (28; 33). Das Zahnmoos fand auch zum Abdichten (Kalfatern) der Holzbohlen des bandkeramischen Kastenbrunnens von Kückhoven, Kr. Erkelenz, Verwendung (38). Zum Kalfatern geeignete Seile wurden ebenfalls aus Moosen hergestellt und im Schiffsbau eingesetzt. Aus dem relativ hochwüchsigen Frauenhaarmoos *(Polytrichum commune)* hergestellte Mooszöpfe gab es noch im MA; sie dienten ebenfalls zum Kalfatern (z. B. → Utrechter Schiff; zur weiteren Verwendung: 75).

Von → Pilzen wurden die ganzen sporenbildenden ‚Fruchtkörper' gesammelt. Das Pilzmyzel verblieb im jeweiligen Substrat Boden oder Holz. Bei Ausgr. im Bereich von Feuchtbodensiedlungen sind bislang allerdings nur korkartig harte Porenpilze *(Polyporaceae)* festgestellt worden. Darunter befinden sich auch Belege des Zunderporlings (Feuerschwamm, *Polyporus fomentarius)*; vermutlich diente das Material dieser auch in Haiðaby nachgewiesenen Art zur Herstellung von Feuer. Belege für Vorhandensein und Verwendung von Hutpilzen fehlen. Selbst in den für die Erhaltung organischer Substanz günstigen Feuchtsedimenten bleiben die sehr wasserhaltigen und daher hinfälligen Pilze nicht erhalten.

Die bes. im ö. Mitteleuropa und in O-Europa verbreitete W.-Bienenhaltung trug ebenfalls zu einer Veränderung der Wälder bei. Da die meisten einheimischen Baumarten windblütig sind, konnten die → Bienen im W. zunächst nur wenig Nektar sammeln. Im W Deutschlands waren urspr. kaum Nadelhölzer verbreitet (Abb. 22). Daher stand dort neben dem normalen Bienenhonig zunächst nur wenig Tannenhonig als Süßstoff zur Verfügung. Er verdankt seine Entstehung Blattläusen, die einen zuckerhaltigen Saft ausscheiden, den sog. Honigtau. Diese an Zucker reichen Tröpfchen werden von Bienen wie Blütennektar aufgesogen. In ihrem Honigmagen erfolgt ein von Enzymen gesteuerter Prozeß, bei dem der fertige Honig entsteht. Dieser wird dann in den Waben des Bienenstockes gespeichert. Wildbienen legten den in hohlen Baumstämmen an, in denen dafür geeignete Hohlräume entspr. Abmessungen enthalten waren. Später gab es die Klotzbeuten. Das waren Abschnitte dickerer Baumstämme, in denen sich hinreichend große, für den Wabenbau geeignete Höhlen befanden. Wie aus ma. Abb. zu ersehen ist, hat es bereits damals die noch heute bekannten aus Stroh hergestellten Bienenkörbe gegeben.

Die in Resten von → Met oder Honig gefundenen Pollenkörner insektenblütiger und daher meist mit leuchtenden Farben versehenen Blüten müssen daher nicht aus Offenlandschaften stammen. Viele der nachgewiesenen Arten (z. B. 32; 59) können aus den aufgelichteten Wäldern der *Zeidler* (westdt.) bzw. *Beutner* (ostdt.) kommen (36). Dafür kommen ebenso aufgelichtete Hochwälder wie Mittel- und Niederwälder in Betracht.

Im Zuge dieser Rundum-Nutzung des W.es kam es zu mancher Schädigung und Vernichtung der Bestände; es begann damit, daß der W. mehr liefern mußte, als im gleichen Zeitraum und am selben Ort nachwachsen konnte. Dadurch ergaben sich schon frühzeitig manche Störungen im Ökosystem W., z. B. Bodenerosion bereits im Neol. Derartige Entwicklungen wurden zuerst sichtbar in den Gebieten, in denen die W.-Vegetation aus klimatischen Gründen ohnehin Probleme hatte. Das betrifft in besonderem Maße die Wälder im Nahbereich der durch Kälte oder Trockenheit bedingten W.-Grenze. Übermäßige Nutzung oder solche, die für den jeweiligen Standort falsch und daher gefährlich war, führten häufig zur Vernichtung von Wäldern (u. a. 14; 17; 22; 42).

§ 7. Ergebnisse. Wälder sind als Lieferanten zahlreicher Ressourcen schon für den frühen Menschen von großer Bedeutung gewesen. Im Lauf der menschlichen Gesch. nahm die Anzahl der jeweils genutzten unterschiedlichen Ressourcen zu. Dabei hatte der Mensch sich für lange Zeit, bis weit in die Neuzeit hinein, mit den vorgefundenen Ressourcen begnügt, indem er seiner jeweiligen Umwelt die einzelnen benötigten Pflanzenteile entnahm. Er hat dann – vermutlich recht schnell – gelernt, das begehrte Material so zu behandeln, daß sich eine Verbesserung der Nutzbarkeit ergab. Später ging man dazu über, einzelne Stoffe zu isolieren und ihrer Verwendung zuzuführen. Auch hierbei ergab sich eine Verbesserung der Nutzbarkeit und des Nutzungserfolges (z. B. Moosstopfen und mit Pech abdichten). Schließlich wurden einzelne Stoffe, deren Wirkung und Wirksamkeit sich herausgestellt hatte, durch unterschiedlich arbeitende Techniken aus den Pflanzen der Wälder gewonnen, z. B. Farbstoffe und Gerbstoffe.

Wie stark sich diese Überforderung und Zerstörung des W.es auf das Schicksal des

Menschen, ja ganzer Bevölkerungsgruppen ausgewirkt haben, ist in vielen Regionen Europas und des Nahen Ostens zu erkennen. So wurden z. B. in Jütland durch anthropogene Sandverwehung große Gebiete so unwirtlich, daß ganze Siedlungen und ihre Feldfluren übersandet und damit vernichtet wurden. Entspr. fand auch in anderen großen Sandgebieten statt, so in der Lüneburger Heide und im Nürnberger Reichswald. In den Lößgebieten Mitteleuropas lösten eine zu weitgehende Rodung ebenso wie eine nicht an das Relief angepaßte Bearbeitungsform des Ackerlandes einen starken Abtrag des Lößbodens aus, dem manche Siedlung zum Opfer gefallen ist. Als Folge solcher Formen von Landnutzung entstanden mächtige Auenlehmablagerungen, die den Bereich zahlreicher Bach- und Flußauen überdecken. Zeugnisse für die ehemalige Verbreitung des Ackerlandes sind insbesondere Wölbäcker (→ Hochacker) und nach N exponierte Ackerterrassen, die in vielen Wäldern und Heidegebieten (→ Heide) zu entdecken sind. Bei Terrassensystemen, die nach S oder W orientiert sind, handelt es sich jedoch überwiegend um Relikte alter Weinbergskulturen.

Anthropozoogene Einflüsse sorgten auch im Hochgebirge für eine Verschiebung der W.-Grenze, wobei die verbleibenden W.-Flächen ziemlich stark reduziert wurden. Die intentionelle Rodung für die Alpweidewirtschaft führte in einzelnen Regionen zu einer erheblichen Absenkung der W.-Grenze (→ Alm-(Alp)wirtschaft). Zudem bewirkte W.-Weide durch Rinder eine Änderung in der Zusammensetzung der Wälder. Aus den in höheren Lagen urspr. vorhandenen Ahorn-Rotbuchenwäldern entwickelten sich zunehmend Bestände, in denen der Anteil der Nadelhölzer stark zunahm. Das betraf v. a. die Fichte *(Picea abies)*. Das Weidevieh bevorzugt nämlich die Blätter und jungen Zweige der Laubhölzer sowie deren Jungwuchs und vernichtet daher die Laubholzpflanzen weitgehend. Die Zweige und Nadeln der Nadelhölzer werden normalerweise verschmäht und nur bei extremem Futtermangel als Futter angenommen. Das gilt entspr. auch für die höheren Lagen der Mittelgebirge (81).

Auch an der Trockengrenze des W.es im kontinentalen O Europas kam es zu einer anthropozoogenen Reduktion der W.-Flächen und damit zu einer Ausweitung des Offenlandes. Dieses wurde entweder als Ackerland genutzt, oder es entwickelte sich im ehemaligen Bereich von W.-Steppe und Trockenwald eine steppenähnliche Vegetation. Auch hier dürfte die Haltung größerer Herden an der Änderung bzw. Vernichtung der urspr. W.-Vegetation maßgeblich beteiligt gewesen sein (→ Steppenheidetheorie § 2).

Die vielfältige Nutzung der pflanzlichen Ressourcen wirkte sich auf die W.- bzw. Gehölzbestände so aus, daß es für die unterschiedlichen Ressourcen auch verschiedene Zustandsformen des W.es gegeben hat (vgl. Tab. 3 und 4). Durch diese Beziehungen zw. Ressourcentyp und W.-Zustand kam es zu einer Vielfalt unterschiedlicher W.-Formen, die als Diversifizierung der Standorte zu betrachten ist (3; 18). Diese sind heute infolge der anderen Anforderungen an den W. häufig nur noch als hist. Nutzungsformen des W.es zu verstehen. Früher waren sie Ausdruck einer starken Dynamik in der W.-Nutzung, die sich nach den jeweiligen Erfordernissen veränderte. Dabei hat sich im Zuge der starken Abnahme der verschiedenen Nutzungsformen inzwischen das ehemalige Mosaik von W.-Formen weitgehend aufgelöst und ist einer allgemeinen Uniformität der Wälder bzw. Forsten gewichen. Dies blieb natürlich nicht ohne Auswirkungen auf die jeweiligen Vegetationsverhältnisse solcher Landschaften, wobei die Tendenz zur Egalisierung und damit zur floristischen Verarmung der verbleibenden Bestände geführt hat.

Für den Schutz von Wäldern setzten sich zunehmend die Träger der weltlichen bzw. geistlichen Herrschaft ein. Dort wurde spätestens seit der KaZ dafür gearbeitet, daß die Kenntnisse über die Bedeutung der Ressourcen, die der W. dem Menschen liefern konnte, möglichst verbreitet wurden. Dabei kam es sicherlich auch auf die Einsicht in die Vielseitigkeit dieser Ressourcen an, die wohl nach dem Beginn der Ackernutzung und der damit verbunden Produktion von Kulturpflanzen häufig übersehen wurden. So hat es offensichtlich schon recht früh Bemühungen um die Erhaltung der Nachhaltigkeit gegeben. Wenn diese nicht zum Maßhalten und damit zum Erfolg führten, entstanden Schäden an den betreffenden Wäldern, die häufig die Aufgabe und Verlegung der Siedlung zur Folge hatten (→ Wüstung; → Wüstungsnamen). Diese Bemühungen hatten häufig den Erfolg, daß auch der Wildbestand in den Wäldern erhalten blieb und den Jagderfolg der herrschaftlichen Kreise ermöglichte.

(1) F. M. Andraschko, Stud. zur funktionalen Deutung arch. Siedlungsbefunde in Rekonstruktion und Experiment, 1995. (2) H.-G. Bachmann, W.-Wirtschaft und Glashütten im Spessart, in: A. Jokkenhövel, Bergbau, Verhüttung und W.-Nutzung im MA, 1996, 181–188. (3) E. Bauer u.a., W. und Holz im Wandel der Zeit, 1986. (4) H. Bauer u.a., Heinichens Lat.-dt. Schulwb., ^{10}1931. (5) L. Behling, Die Pflanze in der ma. Tafelmalerei, 1957. (6) K.-E. Behre, Der Wert von Holzartenbestimmungen aus vorgeschichtl. Siedlungen (dargestellt an Beispielen aus N-Deutschland), Neue Ausgr. und Forsch. in Niedersachsen 6, 1969, 348–358. (7) Ders., Die Pflanzenreste aus der frühgeschichtl. Wurt Elisenhof, 1976. (8) Ders., Ernährung und Umwelt der wikingerzeitlichen Siedlung Haithabu, 1983. (9) C. H. von Berg, Gesch. der Dt. Wälder bis zum Schlusse des MAs. Ein Beitr. zur Culturgesch., 1871. (10) A. Bernhardt, Die W.-Wirtschaft und der W.-Schutz, 1869. (11) S. Bickel-Sandkötter, Nutzpflanzen und ihre Inhaltsstoffe, 2001. (12) H. Blase u.a., F. A. Heinichens Lat.-dt. Schulwb., ^{9}1917. (13) W. von Bremer, E. Konstanty, Gerbstoffe, in: J. von Wiesner (Hrsg.), Die Rohstoffe des Planzenreichs 1, 1927, 810–964. (14) H. Brockmann-Jerosch, Baumgrenze und Klimacharakter. Pflanzengeogr. Komm. der Schweiz. Ges., 1919. (15) H. Dierschke, Pflanzensoz. Grundlagen und Methoden, 1994. (16) H. Eiselen (Hrsg.), Brotkultur, 1995. (17) H. Ellenberg, Vegetation Mitteleuropas mit den Alpen in ökologischer, dynamischer und hist. Sicht, ^{5}1996. (18) S. Epperlein, W.-Nutzung, W.-Streitigkeiten und W.-Schutz in Deutschland im hohen MA, 1993. (19) B. Eschenburg, Landschaft in der dt. Malerei, 1987. (20) U. Fellmeth, Brot und Politik. Ernährung, Tafeln, Luxus und Hunger im ant. Rom, 2001. (21) F. S. M. Feindt, G. Fischer, Preliminary report on the identification of wood samples from the Merovingian burial ground, Liebenau (Kr. Nienburg, Lower Saxony), in: J. M. Renfrew (Hrsg.), New Light on Early Farming, 1991, 105–108. (22) F. Firbas, Spät- und nacheiszeitliche W.-Gesch. Mitteleuropas n. der Alpen 1–2, 1949–1952. (23) C. Fischbach, Die Beseitigung der W.-Streunutzung für Land- und Forstwirthe, insbesondere auch für Gesetzgeber, 1864. (24) D. Flach, Röm. Agrargesch., 1990. (25) W. Gall, Zwei neue Teeröfen bei Heyda, Kr. Ilmenau, Ausgr. und Funde 36, 1991, 230–234. (26) Ders., Ein neuzeitlicher Teerofen bei Motzlar, Lkr. Bad Salzungen, ebd. 38, 1993, 267–270. (27) J. N. Haas, P. Rasmussen, Zur Gesch. der Schneitel- und Laubfutterwirtschaft in der Schweiz – eine alte Landwirtschaftspraxis kurz vor dem Aussterben, Dissertationes Botanicae 196, 1993, 469–489. (28) O. Heer, Die Pflanzen der Pfahlbauten, Neujahrsbl. der naturforschenden Ges. für das J. 1866, 68, 1865, 1–54. (29) B. Herrmann, Hinweise auf die zur Leichenverbrennung benutzten Holzarten, in: Gedenkschr. J. Driehaus, 1990, 91–96. (30) M.-L. Hillebrecht, Die Relikte der Holzkohlewirtschaft als Indikatoren für W.-Nutzung und W.-Entwicklung. Unters. an Beispielen aus S-Niedersachsen, 1982. (31) F. von Hornstein, W. und Mensch. W.-Gesch. des Alpenvorlandes Deutschlands, Österr.s und der Schweiz, 1951. (32) H. Jacob, Pollenanalytische Unters. von merowingerzeitlichen Honigresten, Alt-Thüringen 16, 1979, 112–119. (33) S. Jacomet u.a., Archäobotanik am Zürichsee, 1989. (34) Dies. u.a., Die ersten Bauern, 1990. (35) Dies. u.a., Ökonomie und Ökologie neol. und bronzezeitlicher Ufersiedlungen am Zürichsee, 1997. (36) H. Jäger, Pflanzliche Ressourcen in ma. und frühneuzeitlichen Kulturlandschaften, Hamburger Werkstattreihe zur Arch. 4, 1999, 88–99. (37) A. Jockenhövel (Hrsg.), Bergbau, Verhüttung und W.-Nutzung im MA, 1996. (38) K.-H. Knörzer, Kalfatern vom Neol. bis zum MA, Hamburger Werkstattreihe zur Arch. 4, 1999, 83–87. (39) U. Körber-Grohne, Geobotan. Unters. auf der Feddersen Wierde, 1967. (40) Dies., Botan. Unters. des Tauwerks der frühma. Siedlung Haithabu und Hinweise zur Unterscheidung einheimischer Gehölzbaste, Ber. und Ausgr.

in Haithabu 11, 1977, 64–111. (41) Dies., The determination of fibre plants in textile, cordage and wickerworks, in: wie [21], 93–104. (42) H. Küster, Gesch. des W.es. Von der Urzeit bis zur Gegenwart, 1998. (43) H. O. Lenz, Botanik der alten Griechen und Römer, 1859, Reprint 1966. (44) T. Ludemann, Zwei Kohlplätze im Mittleren Schwarzwald, Mitt. des Badischen Landesver.s für Naturkunde und Naturschutz NF 16, 1995, 319–334. (45) H. Luley, Urgeschichtl. Hausbau in Mitteleuropa, 1992. (46) K. Mantel, Die Ebersberger W.-Ordnung aus dem 13. Jh. Ein Bild ma. Forstwirtschaftsgesch., Forstwiss. Centralbl. 53, 1931, 8–31. (47) Ders., Forstgeschichtl. Beitr., 1965. (48) E. Manz, Vegetation und standörtliche Differenzierung der Niederwälder im Nahe-Moselraum, 1993. (49) A. Maurizio, Die Getreide-Nahrung im Wandel der Zeit, 1916. (50) H. Mayer, W.-Bau auf soz.-ökologischer Grundlage, ⁴1992. (51) H. und C. Opitz, Von Pflanzenfarben und Färberpflanzen. Über den Umgang mit einigen heimischen Pflanzenfarbstoffen, Beitr. Naturkunde Osthessens 9/10, 1975, 3–36. (52) H.-J. Otto, W.-Ökologie, 1994. (53) W. Pfeifer (Hrsg.), Etym. Wb. des Deutschen, ³1997. (54) R. Pott, Die Pflanzengesellschaften Deutschlands, 1992. (55) W. Ranke, G. Korff, Hauberg und Eisen. Landwirtschaft und Industrie im Siegerland um 1900, 1980. (56) A. Rast-Eicher, Die Verarbeitung von Bast, in: M. Höneiser (Hrsg.), Die ersten Bauern, 1. Pfahlbaufunde Europas, 1990, 119–122. (57) M. Rösch, Veränderungen von Wirtschaft und Umwelt während Neol. und BZ am Bodensee, Ber. RGK 71, 1990 (1991), 161–186. (58) Ders., Archäobotan. Unters. in der spätbronzezeitlichen Ufersiedlung Hagnau-Burg (Bodenseekr.), Forsch. und Ber. Vor- und Frühgesch. Baden-Württ. 47, 1996, 239–312. (59) Ders., Evaluation of honey residues from Iron Age hill-top sites in Southwestern Germany: Implications for local and regional land use and vegetation dynamics, Vegetation Hist. and Archaeobotany 8, 1999, 105–112. (60) H. Schlichtherle, B. Wahlster, Arch. in Seen und Mooren. Den Pfahlbauten auf der Spur, 1986. (61) W. H. Schoch, Zur frühen Nutzung pflanzlicher Ressourcen: Die Holzanalyse, Hamburger Werkstatttreihe zur Arch. 4, 1999, 43–49. (62) P. Schütt u. a. (Hrsg.), Lex. der Forstbotanik 1992. (63) F. R. Schweingruber, Prähist. Holz. Die Bedeutung von Holzfunden aus Mitteleuropa für die Lösung arch. Probleme, 1976. (64) Ders., Mikroskopische Holzanatomie. Formenspektren mitteleurop. Stamm- und Zweighölzer zur Bestimmung von rezentem und subfossilem Material, 1978. (65) A. Seidensticker, W.-Gesch. des Altert.s 1–2, 1886, Reprint 1966. (66) C. L. Stieglitz, Geschichtl. Darst. der Eigenthumsverhältnisse an W. und Jagd in Deutschland von den ältesten Zeiten bis zur Ausbildung der Landeshoheit, 1832, Reprint 1974. (67) J. Troels-Smith, Stall-feeding and field-manuring in Switzerland about 6000 years ago, Tools and Tillage 5, 1984, 13–25. (68) D. Vogellehner, Garten und Pflanzen im MA, in: G. Franz (Hrsg.), Gesch. des dt. Gartenbaues, 1984, 69–98. (69) R. Voss, Die Nutzung von Harz, Teer und Pech in ur- und frühgeschichtl. Zeit. Eine Auswahl. Beitr. Ur- und Frühgesch. Mitteleuropas 7, 1995, 117–124. (70) M. Währen, Brot und Getreidebrei von Twann aus dem 4. Jt. vor Chr., Arch. der Schweiz 7/1, 1984, 2–6. (71) Ders., Brot und Getreide in der Urgesch., in: Die ersten Bauern. Pfahlbaufunde Europas 1, 1990, 117–118. (72) U. Willerding, Beitr. zur Gesch. der Eibe. Unters. über das Eibenvorkommen im Pleßwald bei Göttingen, Plesse-Archiv 3, 1968, 96–155. (73) Ders., Holzreste aus dem alam. Gräberfeld von Fellbach-Schmiden, Rems-Murr-Kr., Fundber. aus Baden-Württ. 7, 1982, 541–553. (74) Ders., Paläo-ethnobotan. Befunde zum MA in Höxter/Weser, Neue Ausgr. und Forsch. Niedersachsen 17, 1986, 319–346. (75) Ders., Landnutzung und Ernährung, in: D. Denecke u. a., Göttingen – Gesch. einer Univ.sstadt 1, 1987, 437–464. (76) Ders., Klima und Vegtation der Germania nach vegetationsgeschichtl. und paläo-ethnobotan. Qu, in: G. Neumann, H. Seemann (Hrsg.), Beitr. zum Verständnis der Germania des Tacitus 2, 1992, 332–373. (77) Ders., Zur frühen Gesch. des Gartenbaus in Mitteleuropa. Gesch. des Gartenbaus und der Gartenkunst 1, 1994, 127–148. (78) Ders., Zur W.-Nutzung vom Neol. bis in die Neuzeit, Alt-Thüringen 30, 1996, 13–53. (79) Ders., Pflanzen- und Seilreste des 13. Jh.s aus der Bergbausiedlung Altenberg im Siegerland, in: C. Dahm u. a., Der Altenberg. Bergwerk und Siedlung aus dem 13. Jh. im Siegerland 2, 1998, 184–189. (80) Ders., Einbeck, Negenborner Weg. – Holzkohlen-Funde aus der ma. Töpferei Einbeck-Negenborner Weg 1, 1998, 175–187. (81) Ders., Die Landschaft Harz, Arbeitsh. Denkmalpflege Niedersachsen 21, 2000, 47–54. (82) H. Wiswe, Kulturgesch. der Kochkunst, 1970.

U. Willerding

Waldalgesheim

§ 1: Namenkundlich – § 2: Archäologisch

§ 1. **Namenkundlich.** Der urspr. Name von W. war einfach *Algesheim*. Durch den Zusatz *Wald-* soll der Ort im Kr. Kreuznach von Gau-Algesheim im Kr. Mainz-Bingen unterschieden werden (2, 192). Die ältesten Erwähnungen beider Orte (766 *Alagastesheim in pago Wormatiensi* und um 800 *in pago Nachgowe in Algastesheim*) finden sich im *Codex Laureshamensis,* einem 1170–1195 zusammengestellten Kopialbuch des Klosters → Lorsch (4, 74 f.; 1, 125 f.). Wenn sich beide Nennungen auf Wald- bzw. Gau-Algesheim beziehen, dann ist die Deutung der Namen problemlos; es handelt sich um -*heim*-Namen (→ Orts- und Hofnamen § 7b.2), die durch den Gen. des PN *Alagast* näher bestimmt werden. *Algesheim* bedeutet also ‚Heim des Alagast' (4, 74). Es fällt allerdings auf, daß die Form *Alagastesheim* bzw. *Algastesheim* außer im *Codex Laureshamensis* sonst nicht belegt ist. Die weiteren Formen für W. lauten: 1194–98 *Algesheim,* 1267 *Alginsheim,* 1150 *Algesheim,* 1486 *Algysheym*; für Gau-Algesheim: 1034, 1112 *Alginsheim,* 1194–98 *Algesheim,* 1109 *Algensheim.* Die Differenz zu *Alagastesheim* wird durch die Annahme einer Koseform *Al(a)g- īn* zu *Alagast* erklärt (4, 74). Es bietet sich aber auch die ungezwungenere Möglichkeit eines Namenwechsels von *Alagast* zu *Alg-win* an. *Algwinesheim* entwickelte sich a. 1034 lautgesetzlich zu *Alginsheim* usw. *Algwin* kann als Kompositum aus germ. *algi-* ‚Elch' (in anord. *elgr*) (vgl. den Ansatz *Alg-* bei 3, 29) und ahd. *wini* ‚Freund' gedeutet werden. Der zu erwartende Umlaut wird durch die Konsonantenverbindung -*lgw*- verhindert. In *Alginsheim* wird -*i*- zu -*e*- abgeschwächt (> *Algensheim*), und -*n*- fällt in der Dreierkonsonanz aus (> *Algesheim*).

(1) W. Haubrichs, Der Cod. Laureshamensis als Qu. frühma. Siedlungsnamen, in: R. Schützeichel (Hrsg.), ON und Urk. Frühma. ON-Überlieferung, 1990, 119–175. (2) H. Kaufmann, Westdt. ON: mit unterschiedlichen Zusätzen: mit Anschluß der ON des w. angrenzenden germ. Sprachgebiets, 1958. (3) Ders., Ergbd. Förstem. PN. (4) Ders., Rheinhess. ON. Die Städte, Dörfer, Wüstungen, Gewässer und Berge der ehemaligen Prov. Rheinhessen und die sprachgeschichtl. Deutung ihrer Namen, 1976.

A. Greule

§ 2. Archäologisch. Das im J. 1869 zufällig entdeckte Frauengrab aus W. gehört trotz fünfmaliger Fundbergungen und Raubgrabungen zu den Schlüsselfunden der LTZ. Etwa 330–320 v. Chr. angelegt, enthielt das Grab ein komplettes Ensemble von Tracht- und Schmuckteilen einer Fürstin in Gestalt von Hals-, Arm- und Beinringen (Taf. 14b), Schmuck- und Gürtelscheiben sowie von Amuletten. Standesgemäß ist Trinkgeschirr, und zwar eine Kanne (typgleich mit → Reinheim Abb. 29; → Eigenbilzen Abb. 89) und ein Eimer, mitgegeben worden. In die gleiche Kategorie gehört die Beigabe eines zweirädrigen Streitwagens mit Joch und Trensen (→ Wagen und Wagenbau, Wagengrab). Die Verzierungen der Gegenstände weisen einerseits stilistisch ält. Elemente des sog. Frühen Stils kelt. Kunst auf (z. B. bei der Kanne), zeigen andererseits v. a. typische Merkmale des zeitgemäßen, nach dem Fundkomplex benannten ‚W.-Stils' (Dekorbeispiel: → Pferdegeschirr Abb. 4,3) (1).

Neben importierten Gegenständen des Mittelmeergebiets (Eimer, Schnecken, Perlen) (→ Griechisch-etruskischer Import) weisen andere Gegenstände sowohl Bezüge nach W und S als auch regional spezifische Elemente auf (Trachtensemble der Fürstin) (2).

In W. war für die gegenüber anderen zeitgleichen Funden (vgl. Fürstengräber § 3; → Reinheim mit Verbreitungskarte Abb. 28 und Verweisen; → Schwarzenbach) isolierte Standortwahl neben klimatischer und ackerbaulicher Gunst die Tatsache ausschlaggebend, daß oberflächig anstehende Eisen-Mangan-Erze abgebaut werden konnten (→ Hunsrück-Eifel-Kultur § 4). Die Fürstin muß mit Erzen als Rohprodukte oder mit Halbfabrikaten gehandelt haben, wie die mitgegebenen Fundstücke des Grabes ausweisen. Sie besaß also neben relig. und kulturellen Kompetenzen weitreichende ökonomische Beziehungen (→ Handel S. 531).

Aufgrund der stilistischen Momente, der Datierung des Eimers, des Halsrings und der

Beinringe wird das Waldalgesheimer Grab im allg. an den Übergang der Stufe LT B1 zu B2 gestellt, also an den Beginn des letzten Viertels des 4. Jh.s v. Chr. (→ Latènekultur und Latènezeit S. 122). Diese Datierung wird durch die Vermutung gestützt, daß die Goldringe (→ Torques) aufgrund ihres Gewichts und Metallgehaltes sowohl aus Münzgold ält. Dareiken als auch aus jüng. Philipp-Stateren (→ Münzwesen, keltisches § 3 mit Taf. 16,15) gefertigt worden sind, die ab 345/42 v. Chr. im Umlauf waren. Eine neuere relativchron. Einordnung setzt das Fürstinnengrab in eine jüng. Phase der Stufe LT B1b (3).

(1) O.-H. Frey, Zu den figürlichen Darst. aus W., in: Th. Stöllner (Hrsg.), Europa celtica. Unters. zur Hallstatt- und Latènekultur, 1996, 95–115. (2) H.-E. Joachim, W. Das Grab einer kelt. Fürstin, 1995. (3) Ch. Möller, Das Grab von Leimersheim, Kr. Germersheim (Pfalz), Arch. Korrespondenzbl. 30, 2000, 421–422.

H.-E. Joachim

Waldarten → Wald

Waldere → Walther und Hildegund

Waldgänger

§ 1: Sprachlich – § 2: Gründe für den Waldgang – § 3: Verfahren – § 4: Umfang der Friedlosigkeit – a. Zeitlich – b. Örtlich – § 5: Rechtsfolgen – a. Persönliche – b. Vermögensrechtliche

§ 1. Sprachlich. Im germ. MA, wo Missetaten gewöhnlich durch Selbsthilfe gerächt wurden, griff die Gemeinschaft nur dann ein, wenn sie durch die Tat selbst betroffen war: durch die Ächtung oder Friedloslegung des Täters. Das Wort *Acht* wird hergeleitet von ahd. *achta*, mhd. *âht(e), eht*, mnd. *achte*, ags. *oht* und meint den Zustand des Verfolgten (mhd. *æhtære*, Ächter), die Friedlosigkeit. Im N finden sich dafür die Worte aschwed. *friþlösa,* westnord. *friðlauss,* adän. *frithlösæ,* afries. *fretholâs,* ae. *fiðeléas* (58, 18), mhd. *vridelôs,* westnord. *utlegð,* isl. *sekþ,* daraus haben Rechtshistoriker den Begriff ‚Friedlosigkeit' gebildet (55, 930) (→ Friedlosigkeit [Acht]).

Die Folge der Verurteilung wegen einer unbüßbaren Missetat (z. B. Neidingswerk [→ Níð]) war in Deutschland die Acht, in anderen Ländern die schwere Friedlosigkeit. Das → Urteil stieß den Täter aus dem Friedens- und Rechtsverband aus: Er wurde rechtlos (→ Rechtlosigkeit), d. h. er wurde gerichtsunfähig, konnte also weder → Richter noch Urteiler, Fürsprech oder → Zeuge sein, konnte nicht vor Gericht klagen und – wenn verklagt – sich nicht durch → Eid reinigen (*Si vero proscripti in proscriptione imperatoris per annum et diem fuerint, exleges erunt et omni iure de cetero carebunt. Taliter proscriptos nec imperator nec iudex alius a proscriptione absolvere debet, nisi prior actori satisfecerint* [§ 10, Rheinfrk. Landfriede von 1179, 29, Nr. 16, S. 21]; vgl. 48, I, 416). Zugleich wurde er dem Rächer und seiner Partei gegenüber unheilig, verlor also seine → Mannheiligkeit und wurde der Allgemeinheit gegenüber friedlos (aschwed. *útlægher*), anorw. *útlagr ok úheilagr,* aisl. *sekr ok óhelgi,* ostnord. *utlæger, utlagher,* adän., aschwed. *frithlös,* bei Reichsfriedlosigkeit wurde er aschwed. *biltugher;* ags. *útlah* (58, 18), mhd. *êlos,* mnd. *ûtlagh,* mlat. *exlex, exsul, extorris* (vgl. 31, II, 134; 45, 66 f.). Noch § 30 des Mainzer Reichslandfriedens von 1235 (29, Nr. 58, S. 71 f.; vgl. 48, I, 411. 416 ff.) setzte rechtlos und friedlos gleich. Als Flüchtling mußte er sich deshalb in den Wäldern verbergen (ags. *fliema,* vgl. *afliemed* ‚geächtet'; 58, 18), zum Walde oder in die Einöde fliehen, konnte aber auch das Land (ohne Erlaubnis zur Rückkehr) verlassen (12, Ia c. 73, S. 122). Der kirchlich Friedlose (= Exkommunizierte) hieß in England *utlah wið God* oder *Godes flieman* (II Cn, c. 66 = Hn, c. 11, 14. 13, 10, [21, I, 352 = 557]; vgl. 58, 21).

In Skand. und Island hieß er Waldgänger (awnord. *skógarmaðr* oder *skóggangsmaðr*) oder wurde doch mit dem Wald in Verbindung gebracht (z. B. Ftl IV: 19. 22. 42; Gtl 189; 12, Ia c. 44 [S. 51 f.]; vgl. 32, II, 115 ff; 42, II, 334), zuweilen sogar *urðarmaðr* (Geröllmann, Egils s. c. 81, [10, 278]; vgl. 45, §§ 41, 112; VGL I, Drb 14: pr; VGL II, Drb 28; vgl. 32, I, 141 ff.; VSjLL III: 13; EsjLL II: 18), ags. *vealdgenga*, frk. *homo qui per silvas vadit* (E. Chilp. c. 115 [24, Capitulatio IV, 433, vgl. 60, V, 157 f.; 45, § 79; 36, II, 607, Fußnote 12]), der die Ges. der Menschen meiden mußte (L. S. 100 Titel, c. 18). Er hieß auch ‚Wolf' (aschwed. *vargher*, westnord. *vargr*, ags. *wearh*, mlat. → *Wargus* [P. L. S. 65 Titel, c. 55 § 2]) eigtl. ‚Würger', vgl. die Beschreibung der Friedlosigkeit in den *trygða mál* → *Grágás* (12, Ia, c. 115, S. 206; → *Tryggða-mál*) und trug ae. *wulfes héafod* (ein Wolfshaupt, vgl. 58, 20). Dabei ist die Bedeutung der *varg*-Worte noch immer strittig (50, 11 ff.; 66, 472 ff.; 54, 349 ff.; 71, V, 1149 ff.). Frz. und genuesische Qu. des 13. Jh.s nannten den Vorgang *forestare* (Du Cange III², 554). Die norw., dän. und schwed. Rechte kennen den Waldgang zwar der Sache, nicht aber dem Namen nach. Auch in den ae. RQu. ist das Wort *wealdgenga* nicht nachweisbar, wie es denn einen gemeingerm. Waldgangsbegriff kaum gegeben haben dürfte. Hierher gehört auch der Begriff → Fehde (and. langob. *faida*), der von Vb. got. *fijan*, ahd. *fiên* etc. in der Bedeutung ‚hassen' kommt, vgl. ahd. *fêhida*, ae. *fæhð* (von ae. *fáh*, feindlich, verfolgt), meint er eigtl. nur den von Todfeindschaft Verfolgten (vgl. VSjælL, YR, Text I, c. 87, [6, VII, 355: *oc wæræ sithæn fegh ok frithlæs* ‚er sei dann todgeweiht und friedlos']). Der Ächter (= der Geächtete) galt als Feind des Kg.s und des Volkes (*nobis et populo nostro inimicus*; vgl. 69, 158), der z. B. bei Ladungsungehorsam (→ Ladung) die Huld des Kg.s verlor (L. S. 100 Titel, c. 91, § 1 am Ende: *extra sermonem regis ponere*; vgl. 48, I, 350 ff. 413 f.) und damit friedlos wurde. Die Gelnhäuser Urk. von 1180 (29, Nr. 17, S. 22) sagt: *proscriptionis nostrae inciderit sententiam*.

§ 2. Gründe für den Waldgang. Friedloslegung stand auf gewisse Meintaten (mhd. *meinwerk*, ahd. *firina*, got. *fairina*, westnord. *niþingsverk*), die eine niedere und verwerfliche Gesinnung verraten, z. B. Hausfriedensbruch (→ Hausfrieden), → Grabraub, → Mord und Mordbrand, widernatürliche Unzucht, Treubruch (zur Verletzung des Asylschutzes vgl. II Em c. 2 [21, I, 188 f.]), später auch Bruch des Kg.sfriedens, durch die sich der Täter außerhalb der Gemeinschaft stellte. Hinzu kam die Friedlosigkeit bei Ladungs- und Urteilsungehorsam, z. B. bei → Totschlag (L. S. 100 Titel, c. 91 § 1). Der → Treueid auf den Kg. ermöglichte es im Frankenreich seit 802, in England seit 1066, jedes schwere Verbrechen als dessen Bruch mit Friedlosigkeit zu belegen (vgl. die Aufzählung bei 58, 31 f.). In Schweden hat die Stärkung von Kgt. und Kirche zur Eidschwurgesetzgebung geführt (erste Fassung: 1260er J. durch Birger Jarl in ÖGL, Eþ c. 1–16 [27, II, 28–37], erneuert in der Alsnö-Verordnung von 1279 [7, I, Nr. 799, S. 650 ff.; dort falsch datiert, vgl. 59, 103 ff.]), die z. B. in den Svea-Rechten zur *biltugh*-Legung im ganzen Reiche führte (UL, Mb 16: 3; SdmL, Mb 31: 3; vgl. 61, 599 f.). Auch in Dänemark verschärfte Kg. Waldemar II (1202–41) das Strafrecht, indem er eine Reichsfriedlosigkeit durchzusetzen suchte (SkL, Tillæg II [6, I, 2, 733 = 27, IX, Add. B 5, S. 219]). Im späteren MA ist die Friedlosigkeit auf Bußsachen und zivile Schuldklagen erstreckt worden, wenn das Gericht den Schuldner zur Erfüllung verurteilte (58, 28; 48, I, 449. 455 f.), auch gab es Achtklauseln in Schuldverträgen (63, 37 f.).

§ 3. Verfahren. Eine ält. Meinung (74, 164. 226; 60, V, 59. 723. 726; 34, 62 ff.; 67, 493 ff.; 31, I, 136) glaubte, daß die germ.

Völker Friedensverbände gewesen seien, so daß der Friede aller gebrochen war, wenn einem einzelnen Unrecht geschah. Deshalb sollte der Täter bereits mit Vollendung der Tat von selbst friedlos sein. Das darf jedoch als überholt gelten (kritisch schon: 45, 67; 58, 24; ferner 51, 34 ff.; 39, 130 ff.; 41, I, 7 ff.; 73, 55 f.; 72, 269 ff.; 69, 46 ff.; 64, 151 f.; 68, 140 ff.; 61, 593; 33, 229 ff.; 53, 28; 54, 336 ff.; 70, 80; 55, 930 f.). Die selbsttätig eintretende Friedlosigkeit sah die ält. Meinung dadurch bestätigt, daß bei nächtlichem → Diebstahl der Dieb bußlos getötet werden durfte. Diese Regelung findet sich bereits in den XII Tafeln (8. 14 [vgl. 52, § 51.2]) und ist aus Dig. 48. 8. 9 in die L. Vis. (VII, 2, 15 f.) und die L. Bai. (9: 6) eingedrungen (vgl. die ähnlichen Regelungen in L. Sax. c. 32; L. Burg. XXVII: 7. 8; E. Roth. c. 253 [1a, 482]; L. Thur. c. 36; L. Bai. Titel 12–16 [4, II, 98]; As IV, c. 6 [21, I, 172]; vgl. 54, 336), doch versuchte man später, den handhaften Täter vor Gericht zu bringen, statt ihn zu töten (vgl. Wi c. 25. 26. 28 [21, I, 14; II, 249, Sp. 2 oben] = [19, 54]; Ine 21 [21, I, 98 = 19, 144] vgl. 54, 336 ff.). Ein anderer Überlieferungsstrang leitet sich von Exodus 22: 2 her (wo der nächtliche Dieb bußlos erschlagen werden darf), *Aelfred* hat die Regelung übernommen (Af, Einl., c. 25 [21, I, S. 34 ff. = 19, 80]), und der *Quadripartitus* (20, 115) zitiert Exodus 22: 2 wörtlich. Im MA schreibt der *Liber Extra* (c. 2 X 5. 12 [5, II, Sp. 793]) vor, daß der Täter Buße tun mußte, wenn die Tötung des Diebes vermeidbar war.

Auch die bußlose Tötung des Ehebrechers auf handhafter Tat findet sich schon in Dig. 48. 5. 24. 4 und entspricht der Darst. in Numeri 25: 8 (vgl. Deuteronium 22: 22), diese Regelungen haben die → Volksrechte wohl in christl. Zeit aufgenommen (vgl. L. Burg. c. 68; L. Vis. III: 2, 6 und III: 4, 4; L. Rom. Burg. 25; L. Rib. c. 77; L. Bai. VIII: 1; E. Roth. c. 212; vgl. 54, 343). Gleichwohl war der handhafte Dieb oder Ehebrecher (→ Ehebruch) nicht friedlos (das in Gtl 160; Ftl IV: 20; Bj II: 18 stehende Wort *útlagr* hat hier die Bedeutung *úheilagr* ‚ohne gesetzlichen Schutz', vgl. 72, 266 ff.), denn er stand nicht außerhalb jeder Gemeinschaft, und nicht jedermann durfte ihn erschlagen, sondern nur der Bestohlene oder der gehörnte Ehemann, er war also ihrem natürlichen Rachestreben preisgegeben, war nach nord. Terminologie *úheilagr* (unheilig) und durfte deshalb bußlos erschlagen werden. Ob dieses Tötungsrecht → Notwehr war (so: 54, 346), erscheint fraglich. Zudem folgte auch bei der handhaften Tat ein → Prozeß, der die Unheiligkeit des Vortäters und die Bußlosigkeit des Täters feststellen mußte (vgl. 72, 163 ff.).

Hinzuweisen ist allerdings darauf, daß die Landfriedensgesetze des hohen MAs eine selbsttätig mit der Tat eintretende Acht kennen (z. B. § 1 *const. contra incendiarios* [29, Nr. 20, S. 25; 48, I, 457 f.]). Vermutlich ist hier die *poena latae sententiae* des kanonischen Rechts nachgebildet worden, die im 7. Jh. vereinzelt erschien, in c. 64. 76 C XI. q. 3 (5, I, Sp. 660. 664) erwähnt ist, sich seit dem 3. Laterankonzil von 1179 (c. 6, [4, 214] = c. 26 X II. 28 [5, II, Sp. 418]) und v. a. im 13. Jh. ungemein vermehrt hat (vgl. c. 1, X 5. 8; c. 3, X 5. 17; c. 48, X 5. 39; 46, IV, 811; V, 130–134). Die Zusätze *ipso iure, ipso facto* oder *eo ipso* zeigen an, daß hier die *poena* bereits mit der Erfüllung des Tatbestandes – auch ohne Urteilsspruch – verwirkt war (vgl. 51, 45 ff.).

Die Friedloslegung geschah durch Urteilsspruch, as. *utlaga bebeodan, (ge)cweðan, gecyðan* (II Cn. c. 13, 2, Inscriptio [21, I, 316 f.]; Inscriptio Cn III, 47 [21, I, 613 f.]; vgl. 58, 24]), ahd. *firzellan* zu mhd. *zal* ‚Rede', aschwed. *læggia biltugher* (zur Etym. vgl. 74, 68 ff.), in Schweden in feierlicher Form durch Hinausschwören, aschwed. *utsværia* (vgl. 74, 72 ff.), in Deutschland durch Ächtungsformeln (48, I, 416; 42, I, 58; 69, 112 ff.). Hier wird der Vorgang auch als ‚bannen' bezeichnet, womit der weltliche → Bann gemeint ist. Acht und kirchlicher

Bann sind allerdings seit dem hohen MA aneinander gekoppelt, so z. B. in § 7 der *constitutio contra incendiarios* von 1186 (28, I, Nr. 318, S. 449 f. = 29, Nr. 20, S. 25) und in § 7 der *confoederatio cum principibus ecclesiasticis* von 1220 (28, II, Nr. 73, S. 89 ff. = 29, Nr. 39, § 7, S. 43; vgl. 67, 527, Fußnote 78; für England: V Atr c. 29 = VI 36 [21, I, 245 = 257]; Af 1, 7 [21, I, 16]; VIII Atr 40 f. = II Cn 4, 1 [21, I, 268 = 310], vgl. 58, 35).

In Island wurde der Täter friedlos mit der Urteilsbestätigung (12, Ia, c. 47 am Ende [S. 83: *Engi maðr dræpr fyR enn sva sem domr dömir hann eptir vapna tac* ‚keiner wird früher erschlagbar – so ihn das Gericht verurteilt – als nach dem Rühren der Waffen'], was nach Maurer [60, IV, 299 ff.] hier das Ende der Thingzeit bedeutet), ebenso in Schonen (SkL c. 145 am Ende [6, I, 1, 112]). Dagegen billigten die RQu. Seelands (ESjL c. II, 18 [6, V, 93]), Västergötlands (VGL I, Mb 1 : 3 = VGL II Db 4) und Upplands (UL, Kgb 9 : 3 [27, III, 94]) dem Täter eine Fluchtfrist (anorw. *fimtargrið*) von einem Tag und einer Nacht zu (*ætæ hema a daghurþi a sægnærþingi ok i skoghæ at natværþi* ‚Er esse am Morgen des Schlußthings daheim und im Walde zur Nacht'). Die → *Gulaþingsbók* (Gtl c. 203 [23, I, 72]) gewährte fünf Tage, das Jütsche Recht (JyL II: 22 [6, II, 182]) einen Monat und einen Tag, doch verkürzte sie Thords Art. 71 auf drei Tage und drei Nächte (6, Tillaeg till, Bd. IV, Text I, S. 96) und der Rezeß von 1547, § 12 auf Nacht und Tag (15, IV, 217–236, Zitat 221: *Tha haffue han Dags Rum och Nat at römme*). Auch ein Toter konnte noch unheilig gelegt werden (72, 27 ff. 246 ff.). Beging der W. weitere Missetaten während seiner Acht, so konnten sie nicht vor Gericht gebracht werden (Ldnb. c. 12 [18, 13 f.] = 1, c. V: 1 [S. 145 f.]; Njáls s., c. 78 [22, 172 f.] = 14, c. 78 [S. 170]; Grettis s., c. 51 [13, 184] = 25, c. 51 [S. 131]; 45, § 112). Auf derselben Linie liegt, daß ein Kind, das er während der Acht mit seiner Ehefrau zeugte (*vargdropi* ‚Wolfstropfen'), nicht erbte (12, Ia, c. 118 [S. 224]).

§ 4. Umfang der Friedlosigkeit. a. Zeitlich. Zwar war der Waldgang grundsätzlich unsühnbar und dauerte nach den Gesetzen lebenslang (die Verjährung nach 20 J. in Grettis s., c. 77 [13, 268 f.] = 25, c. 77 [S. 191] steht einsam), es gab jedoch Wege, davon gelöst zu werden: So konnte in Island der Achtleger einen Vergleich mit dem W. eingehen und ihn begnadigen; dies hatte der Rechtsprecher dann als *syknuleyfi* (Achterlaß) kundzumachen (12, Ia, c. 116 [S. 209]; c. 117 [S. 212]). Auch wurde ein W. der Acht ledig, wenn er drei andere seinesgleichen erschlug (12, Ia, c. 110 [S. 187 f.]; 12, II, c. 382 [S. 399 f.]; Grettis s., c. 55 [13, 200]; c. 56 [13, 201]), oder wenn in Norwegen ein wegen Neidingswerks verurteilter W. wahre Kunde eines Kriegsangriffs brachte, Gtl 178. In frk. Zeit konnte man wohl die Acht (oder die Todesstrafe) durch Zahlung einer Buße an Kläger und Kg. ablösen (vgl. die Fälle in L. S. 100 Titel, c. 86, § 4. 87, § 2 [8, 220. 222]; Capitulare II *Pactus pro tenore pacis*, c. 79 [8a, 389]; vgl. 34, 64, der auf 2, I, Nr. 3, c. 9, 16 [S. 5. 7] und Nr. 7, c. 11 f. [S. 17] verweist; 36, II, 799, Fußnote 23; vgl. 48, I, 461 f.). In England konnte der Kg. oder ein vom Gericht bevollmächtigter Beamter gegen Zahlung des → Wergeldes die Friedlosigkeit aufheben (Hundredgemot c. 3, 1 [21, I, 192]; II Cn. c. 13 [21, I, 316]; VIII Atr c. 2 = I Cn. c. 2, 4 = Hn c. 11, 1a. 79, 5 [21, I, 263 = 280 = 556, 595]) und ihm das Bürgerrecht wiederverleihen, was seit → Aethelred *(ge)inlagian* hieß (vgl. 58, 35 f.). In Island konnte das Gericht die strenge Acht mildern oder aufheben *(syknuleyfi)*. In minderschweren Fällen war auch im N *friðkaup* (Friedenskauf) möglich, so in Dänemark (EsjællL III: 46 [6, V, 323 ff.]; AO III: 1 [6, VII, 69]; JyL II: 22 [6, II, 183]). In Norwegen waren *tryggvakaup* (Gtl c. 244 [23, I, 81]) und *landkaup* (Ftl III, 24 [23, I, 156]) und *skógarkaup* (Ftl IV, 35 [23, I, 169]) gebräuchlich, während *friðkaup* erst in MLL IV: 6 (wohl aus Dänemark übernommen) auftaucht (23, II, 53; vgl. 69, 158 ff.). Im Hoch-

MA gelang auch die Lösung aus der Aberacht (§ 10 Rheinfrk. Landfriede 1179, Text oben § 1). Über die Achtlösung im spätma. Dänemark vgl. 37, 616 f.

Neben der schweren Friedlosigkeit entwickelte sich in Skand. eine mildere, lösbare Friedlosigkeit, die in Norwegen *utlegð* im engeren Sinne, in Gotland *vatubanda*, in Island *fjörbaugsgarðr* (Lebensringzaun) hieß (vgl. 74, 80 ff.). Dort mußte der Ächter dem Goden (→ Gode, Godentum) drei Mark zahlen und binnen drei J. das Land verlassen. Tat er es nicht, so fiel er in die strenge Friedlosigkeit. Auf dem europ. Festland war die Acht wegen Ladungsungehorsams zunächst auf J. und Tag begrenzt. Sie sollte den Säumigen veranlassen, sich freiwillig zu stellen. Verstrich die Frist fruchtlos, so wurde über ihn die Aberacht verhängt, die ihn völlig und dauernd friedlos machte. Auch die ostfälische Verfestung und der vom Grafen verhängte frk. Vorbann *(fürbann, forisbannitio)* stellten eine leichtere Form der Acht dar: Sie waren vorläufige Maßnahmen, die einen an die Allgemeinheit gerichteten Festnahmebefehl mit dem Verbot jeglicher Unterstützung (ahd. *meziban*, mnd. *meteban*, aschwed. *matban* ‚Speisebann') verbanden (→ Friedlosigkeit S. 618 f.; 49, 79). Dem Vorbann konnten Reichsacht und Aberacht folgen (48, I, 450 ff.).

b. Örtlich. Die Friedlosigkeit des W.s war zunächst auf den Bez. des Gerichts beschränkt, das sie verhängte. Dem entsprach in Island die *heraðssekþ*, in Schweden die Friedlosigkeit im Thingbereich (ÖGL, Drb. 3: 4 [27, II, 50] = [26, 76]: *um alt þat þingunötit*) oder im Rechtsbereich. Nur die vom Kg. oder seinem Hofgericht verhängte Acht (ÖGL, Eþ 8: *bilthugha vara um alt rikit* [27, II, 34 = 26, 62; 62, 143 ff.]) galt im ganzen Reich. In England erstreckte Æthelreds nordengl. Gesetz die Friedlosigkeit auf das ganze Land (Atr III, 10 [21, I, 230]; vgl. 58, 26; 57, 19, Fußnote 2. 110; 74, 65 f.), ohne jedoch unlösbar zu sein (VGL II, O. 1: 13 [27, I, 118]; vgl. VGL IV: 2 [27, I, 314] = 7, I, Nr. 799, S. 652; 60, V, 158). Die *Grágás* (12, Ia, c. 55 [S. 96]) unterscheidet zw. *skógarmenn ferjande* (führbaren Waldmännern), mit gemildertem Waldgang, die frei ins Ausland reisen durften und dort befriedet waren sowie *skógarmenn óölir ok óferjande* (unnährbaren und unführbaren Waldmännern), die auch im Ausland der → Rache ausgesetzt waren.

§ 5. Rechtsfolgen. a. Persönliche. Der W. war hauptsächlich dem Rachestreben der geschädigten Partei ausgesetzt, war aber zugleich Feind der ganzen Rechtsgemeinschaft, so daß ihn jedermann fortan bußlos töten durfte (47, 178; 48, I, 415). Ob es dagegen die Pflicht aller war, ihn zu verfolgen (so: 35, 445 ff.; 48, I, 418), darf für die Frühzeit und für den skand. N verneint werden (45, 67; 44, 9, Fußnote 10). Da der W. rechtlos war, konnte er weder klagen noch einen Eid schwören. Seine Frau wurde zur → Witwe, seine Kinder zu → Waisen. Die Sippenbande zerrissen, er wurde erbunfähig. Niemand durfte ihn (auch seine → Sippe nicht) unterstützen und kirchlich begraben (12, Ia c. 2 [S. 12]; 12, II c. 9 [S. 13]; 12, III, c. 3 [S. 11]). Strafbarer Hilfe *(lögmæt björg)* machte sich schuldig und verfiel dadurch dem *fjörbaugsgarðr* (12, Ia, c. 73 [S. 122 f.]), wer ihn außer Landes schaffte (er war *óferjandi*), ihn speiste (er war *óæll, non alendus*, unterlag auch dem adän. *matban*, ahd. *meziban*, mnd. *meteban, miteban*; vgl. L. S. 100 Titel, 91 § 2: *et quicumque eum aut paverit aut [ad] ospitalem collegerit, ... propterea solidus XV ... componat*). Wer ihn behauste, ihn geleitete (12, II c. 306 [S. 343]) oder ihm auch nur Rat erteilte, wurde bußfällig. Der W. war *óráðandi öll bjargráð* (12, II, c. 166 [S. 198]; c. 332 [S. 359]; vgl. die Beschreibung der Friedlosigkeit in den *griða mál* [Friedensformel] der → *Grettis saga Ásmundarsonar* c. 72 [13, 256 f. = 25, 181 f.] und für Dänemark JyL II: 23 [6, II, 182]; Verordnung vom Mai 1284 für N-Jütland in: 17, I,

Text I, § 7, S. 117; vgl. Text II, § 3d, S. 125 f.; für England: Ine c. 30 [21, I, 102], vgl. II Ew c. 5, 2 [21, I, S. 144]; II Cn c. 15a = Hn c. 10, 1. 12, 3 [21, I, 318 = 556, 558]; vgl. 58, 36 f.). Doch war eine dreitägige Unterbringung straflos, falls dem Gastgeber die Friedlosigkeit unbekannt war (*óvísældi*, 12, Ia, c. 77 [S. 126 f.], vgl. anorw. *óvísavargr* [unwissentlicher Wolf, Gtl. c. 202; Ftl IV, 41; → Wargus]). Dagegen war niemand – weder in Island noch in anderen skand. Ländern – verpflichtet, den W. zu töten: *eigi er manne scylt at drepa scogar mann* (12, Ia, c. 110 [S. 189]; 12, II, c. 382 [S. 401]). Erst zu Beginn der Neuzeit verpflichtete das erstarkte Kgt. in Dänemark seine Vögte und Amtleute, die W. ergreifen und hinrichten zu lassen (Rezeß von 1537, § 7 und von 1539, § 1 [15, IV, 176, 191]). Um die W. unschädlich zu machen, gab die *Grágás* (12, Ia, c. 102, 110 [S. 178, 189]; 12, II, c. 313, 382 [S. 348, 401]; 12, III, Tillæg I till A. M. 315. fol. Litr. A, c. 8 [S. 454; vgl. XLIII]) einen Anreiz, indem sie auf ihn ein Kopfgeld (*skógarmannsgjöld*) aussetzte, ähnlich in England (36, I, 233, Fußnote 6). Die Verhältnisse in Island waren aber so frei, daß mächtige Häuptlinge sich über dieses Unterstützungsverbot hinwegsetzen konnten, (vgl. Grettis s., c. 51 [13, 183] und 45, § 119 f.). Die → Sagas berichten zudem über private Kopfgelder (Grettis s., c. 46 [13, 165]. c. 52 [13, 186]. c. 59 [13, 211]; Njáls s., c. 82 [22, 179]. c. 87 [22, 192]).

b. Vermögensrechtliche. Auch das Vermögen des W.s wurde friedlos (aisl. *sektarfé*); Ftl IV: 27: *þá er hinn útlagr oc allt fé hans er hann á* ,da ist er friedlos und sein ganzes Gut'; vgl. Ftl V: 21, Gtl c. 162 (23, I, 167. 181. 63). In einem besonderen Verfahren wurde seine Fahrhabe verteilt – aisl. *féransdómr* (12, Ia, c. 48 ff. [S. 83]; Hákonarbók c. 38 [23, I, 273]), aschwed. *boskipti* (VGL I, bardagher balkær c. 7; VGL II, Frith balkær c. 11 [27, I, 22. 116]; ÖGL, Eþ 1: 8 [27, II, 30 = 26, 58]; vgl. 43, 28 f.), adän. *skyflæ* (JyL II: 22 [6, II, 182]), für England vgl. 59, 34 – z. B. auf den Geschädigten, den Kg. und die Hundertschaft (ÖGL, Eþ 8; 9 [27, II, 34 = 26, 62]) – mit Ausnahme des Frauen-, Kindes- oder Gesellschafteranteils (vgl. ECf 19, 2 gegen Hn 43, 7. 88, 14 [21, I, 645 gegen 569. 604]). Sein Grundbesitz, einschließlich des → Odals (Ftl IV: 4), wurde gefront, d. h., zugunsten des Kg.s und/oder des Geschädigten eingezogen (vgl. L. S. c. 56, § 6 [24, 213]: *et omnes res suas erunt in fisco aut [eius] cui fiscus dare voluerit*; Cap. 5 zur L. S., c. 8 [11, 75. 236]; sowie die unechte Urk. Chilperichs I. [† 584], [16, I, Nr. 21, S. 61]: *et quanta, cuiusque possessionem habere videtur, legibus amittat ...*; vgl. Em II, 1, § 3 [21, I, S. 188]; Ftl V, 13; III, 23; vgl. 30, 106 f.; 36, I, 237, Fußnote 32, der die Texte gibt; dagegen geht Fischer [39, 13 ff.] auch von einer Wüstung bei Ladungsungehorsam aus). Ob allerdings die Wüstung in das 8. Jh. hinaufreicht, erscheint zweifelhaft, denn das von Brunner (36, I, 236 f.) dafür angeführte *capitulare Saxonicum* vom 28. Okt. 797 (2, I, Nr. 27, c. 8, S. 72) behandelt zwar eine Wüstung, die aber keine Friedlosigkeitsfolge, sondern eine Zwangsmaßnahme für Rechtsverweigerung war (54, 333). Fischer (39, 18) sieht darin den Einbau sächs. Rechts in das neue frk. Kg.srecht, ohne sich hinsichtlich des Zusammmenhangs mit der Friedlosigkeit festzulegen. Die Wüstung gehört vornehmlich dem Hoch- und Spät-MA Flanderns und Frankreichs an (38, 341 ff.; 48, I, 421 f. 437 ff.; 39, 20 ff.; 57, 1587 ff.). Die nord. Qu. kennen sie als Friedlosigkeitsfolge nicht; auch die *Staðarhólsbók* der *Grágás* c. 381; 382 (12, II, 398. 402; vgl. 38, 353 f.) ist kein Beleg, da die dortige Wüstung nicht das Haus des Friedlosen traf, sondern das eines Dritten, wo sich der Friedlose verborgen hatte.

Abk.: Add. = Additamenta: Æb = Ärfþa balk; Af = Aelfred; AO = Arvebog og Orbodemål; ÆR = Ældre Redaktion; Af = Aelfred; AS = Aethelsthan; Atr = Aethelred; Bj = Bjarkö-Ret; Bb = Bygda balkar; Btl = Borgatingsloven; Cn = Cnut; DL = Dalalagh; Db = Drapa balkar; DrVd = Drapamal mæþ vaþa; Drvl = Drapa mal mæþ vilia; ECf = L. Edwardi Confessoris; Em = Eadmund; Ew = Eadweard; ESjL = Eriks Sjællandske Lov; Eþ = Eþsöres balkar; Erfð = Erfðaþattr; ES = Eghna salur; Etl = Eidsivathingslov; Ew = Eadweard; Ftl = Frosthingslov Gb = Giptamals balkar; GL = Gutalagh; Gtl = Gulathingslov; Hb = Höghmala balkar; HL = Helsingelagh; Hn = Leges Henrici; Hu = Hundredgemot; Jb = Jorda balkar; JyL = Jyske Lov; Kgb = Konunga balkar; Kkb = Kyrkobalkar; Kmb = Köpmåla balkar; Kpb = Kaupabálkr; Krb = Kristindómsbálkr, Kristnu balk; Kvg = Kvennagiptingar; Mb = Af mandrapi; MELL = Magnus Erikssons Landslagh; MEStL = Magnus Erikssons Stadslagh; Mh = Manhelgds balkar, Mannhelgi; MLB = Magnus Lagaböters Bylov; MLL = Magnus Lagaböters Landslov; O = Orbodemål; ÖGL = Östgötalagh; Rb = Rättegångs balkar, Rättlösabalkar; Sb = Saramals balkar; SdmL = Södermannalagh; SjKL = Sjællandske Kirkelov; SkL = Skånske Lov, Skånelagh; SkKL = Skånske Kirkelov; Tb = Tjuva balkar, Tyvebolken; UL = Uplandslagh; Vaþ = Uaþa mal ok sara mal; VGL = Västgötalagh; VmL = Västmannalagh; VSjL = Valdemars Sjællandske Lov; Wi = Wihtræd; YR = Yngre Redaktion; þjb = þjófabálkr.

Qu.: (1) W. Baetke (Übs.), Islands Besiedlung und älteste Gesch., Thule 23, 1928. (1a) F. Beyerle (Bearb.), Die Gesetze der Langob., 1947. (2) A. Boretius, V. Krause (Bearb.), MGH Capitularia regum Francorum 1, 1883; Neudr. 1984; Bd. 2, 1890/97, Neudr. 2001. (3) G. Cederskiöld u. a. (Hrsg.), Anord. Sagabibl. 1–18, 1892–1929. (4) Conciliorum Oecumenorum decreta, ed. Centro di Documentazione, Istituto per le Scienze Religiose, hrsg. von J. Alberigo u. a., ²1962. (5) Corpus Iuris Canonici, hrsg. von A. Friedberg 1–2, 1879, Nachdr. 1995. (6) DGL Bd. I, 1, 2: SkL; Bd. II: JyL, Text 1; Bd. III: JyL, Text 2–4; Bd. IV: JyL Texte 5–6; Tillæg zu Bd. IV: Knud Mikkelsens Glosser, Dansk Text og Thords Artikler; Bd. V: ESjL, Text 1–2; Bd. VI: ESjL, Text 3–5, 1937; Bd. VII: VSjL, Arvebog; Bd. VIII: VSjL ÆR und YR, SjKL. (7) Diplomatarium Svecanum, hrsg. J. G. Liljegren u. a. I, 1829; II, 1837; III, 1842/50. (8) L. S., 100 Titel-Text, hrsg. von K. A. Eckhardt, 1953. (8a) P. L. S. Bd. II,2: Kapitularien und 70-Titel-Text, bearb. von K. A. Eckhardt, 1956. (9) Edictus Domni Chilperici Regis, hrsg. K. A. Eckhardt, P. L. S., Capitulare IV, c. 115, S. 433. (10) Egils s. Skallagrimssonar, hrsg. Finnur Jónsson, Anord. Sagabibl. 3, 1894. (11) H. Geffcken, L. S. zum akademischen Gebrauche, 1898. (12) Grg. Ia und Ib (Konungsbók), Grg. II (Staðarhólsbók), Grg. III (Skálholtsbók m.m.), hrsg. von Finnur Jónsson. (13) Grettis s. Ásmundasonar, hrsg. R. C. Boer, Anord. Sagabibl. 8, 1900. (14) A. Heusler (Übs.), Die Gesch. vom weisen Njal, Thule 4, 1922. (15) J. L. A. Kolderup-Rosenvinge, Samling af gamle danske Love, Teil 4. Danske Recesser og Ordinantser af Kongerne af den Oldenborgske Stamme med Indledning og Anmærkninger, 1821–1824. (16) Th. Kölzer, Die Urk. der Merowinger, MGH Diplomata regum Francorum e stirpe Merowingica 1–2, 2001. (17) E. Kroman (Hrsg.), Den Danske Rigslovgivning indtil 1400, 1971. (18) Landnámabók Íslands, hrsg. Finnur Jónsson, 1925. (19) Leges Anglo-Saxonum 601–925, bearb. K. A. Eckhardt, ²1974. (20) F. Liebermann (Bearb.), Quadripartitus. Ein engl. Rechtsbuch von 1114, 1892. (21) Liebermann, Ges. d. Ags. (22) Brennu-Njálssaga (Njála), hrsg. Finnur Jónsson, Anord. Sagabibl. H. 13, 1908. (23) NGL. (24) P. L. S., MGH Leges sectio I, Tom. IV, 1, hrsg. K. A. Eckhardt, 1962. (25) H. Seelow (Übs.), Grettis Saga. Die Saga von Grettir dem Starken, 1998. (26) D. Strauch (Übs.), Das Ostgötenrecht (Östgötalagen), 1971. (27) SGL. (28) L. Weiland (Bearb.), MGH Leges, sectio IV: Constitutiones et acta publica imperatorum et regum 1 (911–1197), 1893, Neudr. 2003; Bd. 2 (1198–1272), 1896, Neudr. 1963. (29) K. Zeumer (Hrsg.), Quellenslg. zur Gesch. der dt. Reichsverfassung in MA und Neuzeit 1, ²1913.

Lit. (30) K. von Amira, Das anorw. Vollstreckungsverfahren, 1874, Neudr. 1964. (31) Amira-Eckhardt. (32) K. von Amira, Nordgerm. Obligationenrecht, Bd. I: Aschwed. Obligationenrecht, 1882, Bd. II: Westnord. Obligationenrecht, 1895; Neudr. 1973. (33) G. Åqvist, Frieden und Eidschwur. Stud. zum ma. germ. Recht, 1968. (34) H. Brunner, Abspaltungen der Friedlosigkeit, ZRG GA 11, 1890, 62–100. (35) Ders., Forsch. zur Gesch. des dt. und frz. Rechts. Gesammelte Aufsätze, 1894. (36) Brunner, DRG. (37) W. Christensen, Dansk Statsforvaltning i det 15. Århundrede, 1903. (38) A. Coulin, Die Wüstung. Ein Beitr. zur Gesch. des Strafrechts unter besonderer Berücksichtigung des dt. und frz. Hoch-MAs, Zeitschr. für vergl. Rechtswiss. 32, 1915, 326–501. (39) E. Fischer, Die Hauszerstörung als strafrechtliche Maßnahme im dt. MA, 1957. (40) P. Gædeken, Retsbrudet og Reaktionen derimod i gammeldansk og germansk Ret, 1934. (41) J. Goebel, jr., Felony and Misdemeanor. A Study in the Hist. of English Criminal Procedure 1, 1937. (42) Grimm, Rechtsalt. (43) R. Hemmer, Studier rörande straffutmätningen i medeltida svensk rätt, 1928. (44) Ders., Die Missetat im aschwed. Recht. Eine entwicklungsgeschichtl. Übersicht, 1965. (45) A. Heusler, Das Strafrecht der Isländersagas, 1911. (46) P. Hinschius, System des katholischen Kirchenrechts 4–5, 1888–1895. (47) R. His, Das Strafrecht der Friesen im MA, 1901. (48) Ders., Das Strafrecht des dt. MAs 1, 1920, Neudr. 1964. (49) Ders., Gesch. des dt. Strafrechts bis zur Karolina, 1928, Neudr. 1967. (50) M. Jacoby, wargus, vargr ‚Verbrecher' ‚Wolf', eine sprach- und rechtsgeschichtl. Unters., 1974. (51) P. J. Jørgensen, Manddrabsforbrydelsen i den skaanske Ret fra Valdemarstiden, 1922. (52) M. Kaser, R. Knütel, Röm. Privatrecht, ¹⁷2003. (53) E. Kaufmann, Acht, in: HRG I, 25–32. (54) Ders., Zur Lehre von der Friedlosigkeit im germ. Recht, in: Beitr. zur Rechtsgesch. (Gedächtnisschr. H. Conrad), 1979, 329–365. (55) K. Kroeschell, Friedlosigkeit, in: Lex. des MAs 4, 1989, 930 f. (56) L. Laubenberger, Wüstung als Strafe, in: HRG V, 1586–1591. (57) K. Lehmann, Der Königsfriede der Nordgerm., 1886. (58) F. Liebermann, Die Friedlosigkeit bei den Ags., in: Festschr. H. Brunner zum 70. Geb., 1910, 17–37. (59) J. Liedgren, Alsnö stadgas språk och datering, in: Rättshistoriska Studier 11, 1985, 103–117. (60) K. Maurer, Vorlesungen über anord. Rechtsgesch., Bd. 1/1. Anorw. Staatsrecht, 1907; Bd. 4. Das Staatsrecht des isl. Freistaates, 1909; Bd. 5. Aisl. Strafrecht und Gerichtswesen, 1910, Neudr. 1966. (61) P. Meyer u. a., Fredløshed, in: Kult. hist. Leks. IV, 592–608. (62) H. Munktell, Till frågan om fredlöshetens utveckling, in: Festskr. S. Th. Engströmer, Uppsala Universitets Årsskrift 1, Nr. 6, 1943, 143–165. (63) W. Ogris, Achtklausel in Schuldverträgen, in: HRG I, 37 f. (64) W. Schlesinger, Herrschaft und Gefolgschaft in der germ.-dt. Verfassungsgesch., HZ 176, 1953, 225–275 (= in: H. Kämpf [Hrsg.], Herrschaft und Staat im MA, 1956, 135–190 [hier zit.]). (65) R. Schmidt-Wiegand, Wargus. Eine Bezeichnung für die Unrechtstäter in ihrem wortgeschichtl. Zusammenhang, in: Dies., Stammesrecht und Volkssprache. Ausgewählte Aufsätze, 1991, 472–480. (66) R. Schröder, E. Frhr. von Künßberg, Lehrb. der dt. Rechtsgesch., ⁷1932. (67) C. Frhr. von Schwerin, Bespr. zu [40], ZRG GA 57, 1937, 493–503. (68) K. von See, Anord. Rechtswörter. Philol. Stud. zur Rechtsauffassung und Rechtsgesinnung der Germ., 1964. (69) H. Siuts, Bann und Acht und ihre Grundlagen im Totenglauben, 1959. (70) D. Strauch, Acht, in: Lex. des MAs 1, 1980, 79–81. (71) Ders., Wargus, Vargr, ‚Verbrecher', ‚Wolf', in: HRG V, 1149–1152. (72) P. E. Wallén, Die Klage gegen den Toten im nordgerm. Recht, 1958. (73) T. Wennström, Fredlösheten, Vetenskaps-Societeten i Lund. Årsbok, 1933, 51–85. (74) W. E. Wilda, Das Strafrecht der Germ., 1842, Neudr. 1960.

D. Strauch

Waldgeister

§ 1: Allgemein – § 2: Bezeichnungen und Vorstellungen – § 3: Forschungsgeschichte

§ 1. Allgemein. Unter dem Sammelbegriff W. werden verschiedene hist., inhaltlich und kulturgeogr. zu differenzierende Vorstellungen der niederen Mythol. und des Volksglaubens zusammengefaßt, die von übernatürlichen, weder menschlichen noch göttlichen Wesen (→ Geisterglaube) mit bewohnendem, besitzendem und beschützendem Verhältnis zum Naturbereich des → Waldes handeln. Gestalten dieser Art sind anthropomorph, aber auch in verschiedene Tier- und Pflanzenformen wandelbar. Sie treten weder überall noch ausschließlich dort auf, wo Wald vorhanden ist, sondern an Orten, an denen ein bestimmter kultureller Bezug zu seinem Ökosystem, wie z. B. die → Jagd oder Holzarbeit, gegeben ist.

Frühneuzeitliche Dämonologien faßten die W. v. a. als Personifikationen der sie umgebenden Natur auf. Etwa ordnete Th. B. von Hohenheim, genannt Paracelsus (1493–1541), die *Syluestres* den *Lufftleuten* zu, welche er – neuplatonischen Lehren folgend – als diejenigen Elementargeister ansah, die den Menschen nach den → Wassergeistern am nächsten stehen (Liber de nymphis, sylvis ..., Tract. III). Zum einen kann der Teufel mit ihnen buhlen und sie zu → Dämonen werden lassen; zum anderen streben sie die Verbindung mit einem Irdischen zur Akquisition einer Seele an (Liber de nymphis, sylvis ..., Tract. III; 13, 83 f.). Daß sie dabei als zumindest zeitweilig körperlich vorgestellt werden, zeigt bereits eine Beichtfrage im *Decretum* Burchards von Worms (um 965–1025), die auf *agrestes feminae, quas silvaticas vocant, quas dicunt esse corporeas* Bezug nimmt (4, I, 358 f.; 13, 79).

§ 2. Bezeichnungen und Vorstellungen. Zu den Nachr. des Früh-MAs über W. gehört die Eustachiuslegende (7. Jh.), die von *agrestium fana quos vulgus faunus vocat* berichtet (4, I, 68; 13, 81). Volkssprachliche Bezeichnungen finden sich in den ahd. Glossierungen lat. Begriffe (→ Glossen und Glossare). Deren Verf. waren bestrebt, Wesen der niederen Mythol. als teuflische Vorspiegelungen *(praestigia)*, Aufhocker und Alp zu dämonisieren; ähnlich wie schon Augustinus (354–430) *Silvanos et faunos* mit dem *Incubus* vermengt hatte (Aug. civ. XV, 23; 6, 66). Ausläufer ält. Sinngehalte traten dabei um so stärker zurück, desto mehr sie mit den röm. Wald- und Feldgenien verschmolzen. Ein Beispiel dafür ist der Schrat (ahd. *scrato, sraʒ, screʒ;* mhd. *schrat[e], schraʒ, schraʒ, schräwaʒ, schräwaʒe;* anord. *skratti* ‚Zauberer, Troll'; schwed. *Skratte* ‚Kobold, Narr'; 14, 1240 f.), der im *Summarium Heinrici* (um 1010) mit *fauni, satiri, pilosi* und *incubi* identifiziert wird, jedoch auch das häufig glossierte *larvę/larva* (der schädliche Tote; 6, 57 ff.) abdeckt. Während ein Wesen dieses Namens ab dem 12. Jh. als *waldscrato (-sraʒ)* belegt ist (14, 1241) und sich im 13. Jh. als harmloser → Hausgeist *(schretel)* wiederfindet, galt es in vorchr. Zeit als unruhiger Toter, dem – wie den nord. *landvættir* (→ Vættir) – zum Schutz einer Familie oder eines Ortes Opfer dargebracht wurden (6, 65–73). Burchard v. Worms berichtet von kleinen Schuhen und Bögen, die den *satyri* und *pilosi* geschenkt wurden (8, 155).

Eine Vermengung verschiedener Wesen der niederen Mythol. zeigt sich auch bei ahd. *holzvro(u)we* bzw. *holzm(o)uwa (-muia),* das mit *lamia, strgya, masca* und *dryas* glossiert wird. Als dt. Syn. begegnen *wildaʒ wîp, drut, alp* u. *unhulde*, im 13. Jh. aber auch *merminne* und *merwîp* (7; → Wassergeister § 2). Die damit bezeichneten Wesen sind Nachtfahren, bei denen es sich um Feen, aber auch Hexen handelt (7, 114 f.). Der Glaube an sie berührt sich mit dem Vorstellungskreis um *Holda/Hulda,* die sich als Einzelgestalt von den Kollektivwesen der *Hollen/Holden/Hulden* (etwa dem norw. *hulderfolk*) abhebt. Ma. bayer. Hss. erklären *huldie* und *habundie* als *de Schredin* bzw. *de schrätlin* (17, 164). In Frankreich wurde aus der ant. *Habundia/Abundantia/Satia,* einer allegorischen Figur des Überflusses, die *Dame Habonde,* welche die *bonne dames* anführte (7, 164).

Damit umfaßt der Sammelbegriff W. eine Reihe synkretistischer Gestalten, die sich sowohl mit Unholden (→ Zwerge, → Mahr[t], Alp, Lamia) als auch Hulden (Fee, Nachtfrau, Percht, Abundia/Satia) berühren. Ihr Bild speist sich aus verschiedenen soziokulturellen und psychomentalen Bezügen. Unabhängig vom Gesetz der Oikotypen ist den Ausläufern vorchr. Vorstellungen gemeinsam, daß sie die dritte Funktion der → Dumézilschen Dreifunktionentheorie repräsentieren (6, 72). Dabei ist das Verhalten der W. Menschen gegenüber grundsätzlich ambivalent und der Verkehr mit ihnen an Tabus gebunden. Ein „ursprünglicher u. für die Jägertraditionen konstitutiver Zug", der jedoch nicht auf die Gesamtheit der W. angewandt werden kann, ist die Tierherren-Vorstellung (3, 286). Beispiele dafür finden sich v. a. in der skand. Überlieferung. Dort ist der Glaube an W. ein Teilaspekt der umfassenderen *Rå*-Vorstellungen, mit denen eine ganze Gruppe übernatürlicher Wesen als das oder die Herrschende(n) *(rådande)* über einen bestimmten Naturbereich aufgefaßt wird (16, 162; 3, 286). Das *skogsrå* (Wald-*Rå*) kann sich in der Gestalt von Waldfrauen *(skogsfru, skogsnuva)* zeigen, die häufig als heilkundig gelten und Beziehungen mit Irdischen anstreben; ebenso begegnet es aber auch als Skogsman (3, 284–289).

§ 3. Forschungsgeschichte. Die Gelehrten der romantisch-mythol. Schule des 19. Jh.s und ihre Rezipienten konfrontierten das umfangreiche ethnographische Material über W. (vgl. 12) mit der abstrakten Idee eines Hineinragens vorchr. Mythen und Kulte in die Gegenwart (→ Wassergeister § 3). Unter Hinweis auf → Saxo Grammaticus, der die → Walküren *silvestres* und *nymphae* nennt, versuchte Jacob Grimm (→ Grimm, Jacob und Wilhelm) Verwandtschaften der *holzvrouwen* mit Schicksalsfrauen und Göttinnen der agerm. Mythol. nachzuweisen (4, I, 357–362). Wilhelm → Mannhardt (10, I, 145–154) und nach ihm James George → Frazer faßten die W. als Vegetationsdämonen auf und sahen den Glauben an sie im germ. → Baumkult begründet. Zwar versuchten andere Autoren die W. stärker auf → Seelenvorstellungen zurückzuführen (vgl. z. B. 2, 152–158); doch blieb dabei das Verhältnis zw. der (zeitweilig) im Baum wohnenden Menschenseele und einer womöglich ebenfalls vorhandenen Baumseele letztlich ungeklärt (vgl. 15, 167).

Gegen analogistische Deutungen dieser Art kann mit Granberg eingewandt werden, daß „der Waldgeist u. die weibl. Göttinnen der anord. Myth. ... zwei gänzlich getrennten Vorstellungsgebieten" angehören (3, 299); wie auch jede „Stütze für irgendeine Auffassung" fehlt, „die den Waldgeist von Beginn an eine Baumseele sein lässt" (3, 284). In vielen Fällen sind jene Wesen, die zu weitreichenden mythol. Spekulationen Anlaß gaben, am angemessensten als lokale Kinderschreckgestalten zu interpretieren (vgl. 1; 9). Wichtige Beitr. zur Erforschung der W.-Vorstellungen haben u. a. motiv- und begriffsgeschichtl. (z. B. 5; 16), ethnolog. (11), erwerbsgeogr. (3) und wahrnehmungspsychologische (z. B. 18, 20 ff.) Zugänge geleistet.

(1) R. Beitl, Korndämon und Kinderscheuche. Habil., 1933. (2) W. Golther, Handb. der Germ. Mythol., 1895. (3) G. Granberg, Skogsrået i yngre nordisk folktradition, 1935. (4) Grimm, Dt. Mythol. (5) C. Lecouteux, Eine Welt im Abseits. Zur niederen Mythol. und Glaubenswelt des MAs, 2000. (6) Ders., Der Schrat, in: [5], 55–73. (7) Ders., Von der Lamia zur Lamîch, in: [5], 105–115. (8) Ders., Das Mahl der Feen oder letzte Spuren eines alten Brauchs, in: [5], 139–167. (9) L. Mackensen, Tierdämonen? Kornmetaphern!, Mitteldt. Bl. für Volkskunde 8, 1933, 109–121. (10) Mannhardt, WuF. (11) I. Paulson, Wald- und Wildgeister im Volksglauben der finn. Völker, Zeitschr. für Volkskunde 57, 1961, 1–25.

(12) Pehl, W., in: Handwb. dt. Abergl. IX, 55–62. (13) W.-E. Peuckert, Dt. Volksglaube im Spät-MA, 1978. (14) W. Pfeifer, Etym. Wb. des Deutschen, ^{5}2000. (15) F. Ranke, Die dt. Volkssagen, 1910. (16) L. Röhrich, Europ. Wildgeistersagen, in: Ders., Sage und Märchen, 1976, 142–195. (17) M. Rumpf, Frau Holle, in: EM V, 159–168. (18) L. Weiser-Aal, Volkskunde und Psychologie. Eine Einf., 1937.

R. Bodner

Waldgirmes

§ 1: Allgemein – § 2: Umwehrung, Straßen und Wasserversorgung – § 3: Innenbebauung – § 4: Forum – § 5: Datierung und Fundmaterial

§ 1. Allgemein. Bei Geländebegehungen war in W., Lahn-Dill-Kr., Hessen, auf einer hochwasserfreien Terrasse etwa 1300 m n. der Lahn seit 1990 germ. und röm. Keramik aus der Zeit um Chr. Geb. geborgen worden. Diese Funde führten ab 1993 zu großflächigen Ausgr. und umfangreichen geophysikalischen Prospektionen, in deren Verlauf eine 7,7 ha große zivile röm. Siedlung aus augusteischer Zeit untersucht wird (z. B. 1; 3–7; 9; 10). Innenbebauung und Funde legen nahe, daß es sich dabei um eine im Aufbau befindliche Stadt handelte.

Aus der näheren Umgebung sind zwei Marschlager bekannt. Die mit einem Spitzgraben befestigte SW-Ecke des einen Lagers fand sich unmittelbar ö. der Siedlung. Der 2,9 ha große Umriß des bislang undatierten Lagers wurde durch geomagnetische Prospektion ermittelt; eine gleichzeitige Existenz mit der benachbarten Siedlung ist unwahrscheinlich, da es die Straße vor deren O-Tor blockierte. In einer Entfernung von 1,9 km lag das 1985 aus der Luft entdeckte, 21ha große Marschlager von Lahnau-Dorlar (8). Es war von einem bis zu 3,1 m br. und 2,5 m tiefen Spitzgraben umgeben, eindeutige Anzeichen für eine feste Innenbebauung fehlten. Das spärliche Fundmaterial ist halternzeitlich (→ Haltern).

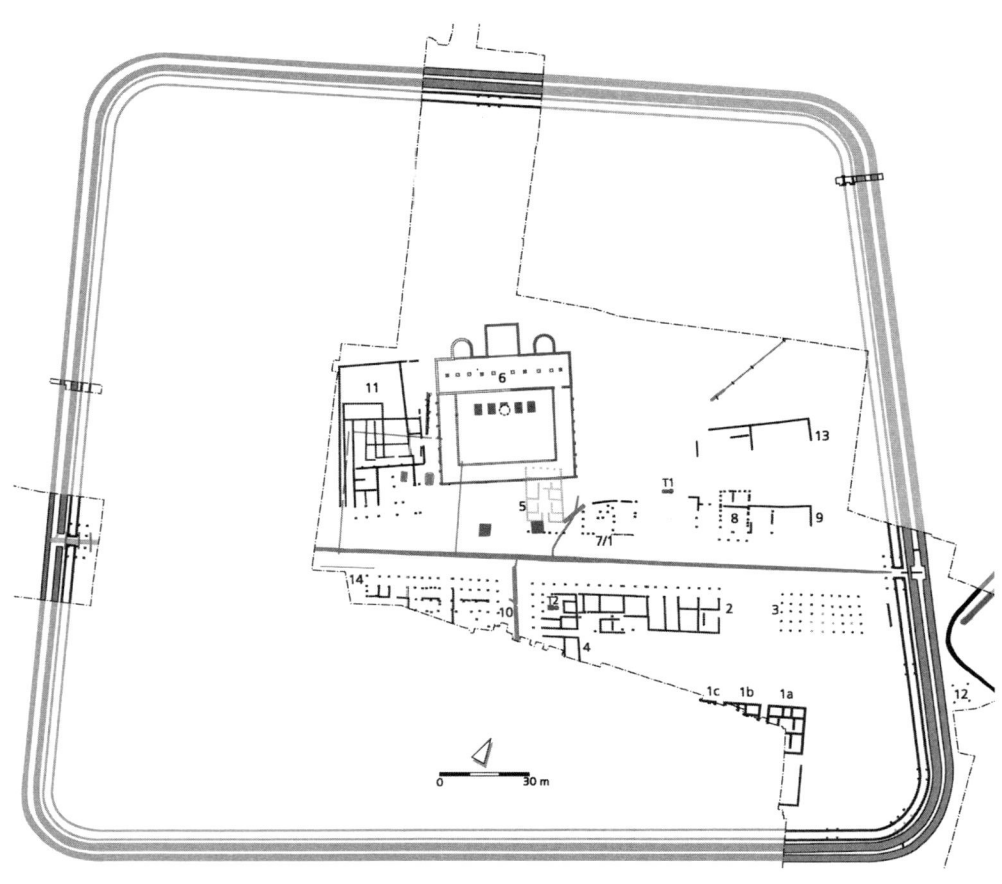

Abb. 23. Lahnau-Waldgirmes. Vereinfachter Gesamtplan, Stand 2004

§ 2. Umwehrung, Straßen und Wasserversorgung. Die Siedlung (Abb. 23) war mit einer Holz-Erde-Mauer und zwei vorgelagerten Spitzgräben befestigt und urspr. durch mindestens drei Tore erschlossen. Das O- und das W-Tor besaßen je zwei hinter die Holz-Erde-Mauer zurückspringende Seitentürme und eine einfache Durchfahrt. Neben den Erdbrücken wurden die Grabenköpfe der Spitzgräben durch jüng. Sohlgräben überlagert. Ein weiteres, heute überbautes Tor ist aufgrund der Straßenführung sicher im S anzunehmen. Im N fand sich anstelle des dort zunächst vermuteten Tores ein Turm auf sechs Pfosten, ein zweiter, ähnlich dimensionierter Turm stand in der SO-Ecke der Anlage. An der W- bzw. S-Seite standen die übrigen drei ergrabenen Türme auf vier Pfosten.

Vom O-Tor führte eine durchgehende Straße bis zum W-Tor, im Zentrum zweigte eine weitere Straße nach S ab. Nachgewiesen sind die Straßen durch in deren Mitte verlaufende Wassergräben, die an der Abzweigung durch einen flachen Überlauf verbunden waren und vermutlich der Brauchwasserversorgung dienten. Ein auf einer Lg. von etwa 32,5 m nachgewiesenes Gräbchen im NO könnte ebenfalls der Wasserzufuhr gedient haben, entweder als holzverschalter Kanal oder in Form einer hölzernen Deuchelleitung. Reste von Bleirohren belegen darüber hinaus die Existenz einer Frischwasserleitung.

§ 3. Innenbebauung. Befestigung und Straßenführung legten zunächst eine Interpretation als Militärlager nahe. Die im Verlauf der Grabungen aufgedeckte Bebauung unterscheidet sich jedoch sowohl in ihrer Struktur als auch in den einzelnen Gebäuden wesentlich von der Innenbebauung zeitgleicher augusteischer Militärlager. Eindeutige milit. Bauten wie Kasernen wurden bisher nicht nachgewiesen und insbesondere im S und W gleicht die Bebauung mit vorgelagerten Portiken entlang der Straßen eher einer Aufteilung in *insulae* als den *scamna* von Militärlagern. Atriumhäuser, Tabernen und insbesondere das als Forum zu interpretierende, 2 200 m² große Bauwerk im Zentrum verweisen ebenso wie das Fundspektrum in den zivilen Bereich. Befestigung und neun der bisher ergrabenen mindestens 14 Innenbauten wurden durch Brand zerstört. Die übrigen vier Gebäude bzw. Gebäudeteile waren unverbrannt, zuvor abgebrochen und teilweise durch jüng. Bauten ersetzt worden.

Im sö. Viertel der Anlage waren die Gebäude 1a–1c und 2–4 entlang der Straßen bzw. der s. Umwehrung aufgereiht. Bei den Häusern 1a–1c handelte es sich um drei in Größe und Grundriß vermutlich identische Wohnbauten, deren Innenaufteilung an Atriumhäuser erinnert. Ihre Eingänge lagen im N, bei Gebäude 1a legt der Befund einen im S anschließenden Hof oder Garten nahe. Im Grundriß des 60 × 12 m großen Gebäudes 2 lassen sich wahrscheinlich drei einzelne, teilweise unterschiedlich fundamentierte und ausgerichtete Bauten identifizieren. Im O-Teil waren die an Tabernen erinnernden Räume zur Straße hin geöffnet, während der Mittelteil nach S ausgerichtet war. Mehrere Gruben und ein eingegrabenes Faß legen eine handwerkliche Tätigkeit in diesem Gebäudeteil nahe. Für den zur N-S-Straße ausgerichteten W-Teil wird diese durch den Töpferofen T2 belegt, auf den die Raumaufteilung Rücksicht nimmt. Bei Gebäude 3 handelt es sich um einen Speicher aus einzeln gesetzten Pfosten mit erhöhtem Boden. Eine Interpretation als Speicherbau kommt auch für den außerhalb der Umwehrung auf vier Einzelpfosten errichteten Bau 12 in Betracht. Die Funktion des nur teilweise ergrabenen Gebäudes 4, dessen vorderer Raum zur N-S verlaufenden Straße offen war, ist nicht zu erschließen.

Im gegenüberliegenden sw. Viertel wurden bisher zwei Gebäude teilweise aufgedeckt, weitere Bauten deuten sich in der geophysikalischen Prospektion an. An der Straßenabzweigung lag das 15 m br. und mindestens 17 m lg., wenigstens einmal umgebaute Gebäude 10. Es war nach N und O ausgerichtet, da im W Hinweise auf eine geschlossene Außenwand gefunden wurden. Nach einer knapp 5 m br. Gasse folgte im W das 24 m br. und mindestens 12 m lg. Gebäude 14. Sein O-Teil stand auf Einzelpfosten, während sich im W-Teil eine Reihe aus drei zur Straße offenen Räumen fand, bei denen es sich ebenfalls um Tabernen handeln dürfte.

Im NW wurde eine mehrphasige Bebauung aufgedeckt. Die ältesten Befunde bestanden aus flachen Gräbchen, die ein etwa quadratisches 1 700 m² großes Areal umgrenzten. Zwei Gruben in der n. Hälfte dieses Areals sind auf Grund ihrer Ausrichtung dieser Phase zuzuweisen. In der ö. Grube fand sich auf der Sohle ein begonnenes, massiv vermörteltes Steinfundament, die w. Grube war steril verfüllt. Unter der Voraussetzung, daß eine dritte Grube weiter w. vorgesehen war, zeigt das Areal eine so deutliche Symmetrie mit den Dimensionen des später errichteten Forums, daß ein Zusammenhang beider Planungen anzunehmen ist. Weitere Gräbchen gehörten zum unverbrannt abgebrochenen Gebäude 11a mit teilweise schiefwinkligen Räumen und größeren Hofarealen. Die jüngste Bebauung bestand aus dem 370 m² großen Gebäude 11b mit zur Straße geöffneten Räumen und vorgelagerter Portikus.

Die beiden unverbrannt abgebrochenen Gebäude 9 und 13 im NO dürften auf Grund ihrer Orientierung auf die Umwehrung zu den ältesten Bauten in diesem Areal zählen, ebenso wie der Befundkomplex 7/1, der aus z. T. angespitzten und eingerammten Einzelpfosten bestand, deren Standspuren keinerlei Hinweise auf einen Brand aufwiesen. Eine Interpretation als Gebäude erscheint damit fraglich, es könnte sich um die nicht überdachte Einzäunung eines Materiallagers handeln. Das vor der Errichtung des Forums niedergelegte, 12 × 15 m große Atriumhaus 5 besaß sowohl im N als auch im S vorgelagerte Portiken. Das eigtl. Gebäude entsprach in Größe und Raumaufteilung weitgehend den erhaltenen Teilen der Gebäude 1a–1c. Dennoch deutet die Anlage des Hauses an herausgehobener, zentraler Stelle auf eine besondere Funktion in den ersten J. der Stadtgründung. Lediglich das an der Straße über der W-Hälfte von Bau 9 errichtete, 9 × 16,4 m große Gebäude 8 entsprach im NO der Bebauung in den übrigen Vierteln. Der Töpferofen T1 und mehrere Gruben belegen auch für dieses Areal handwerkliche Tätigkeiten.

§ 4. Forum. Von besonderer Bedeutung für die Interpretation als Stadtgründung ist das 54 × 44,8 m große Gebäude im Zentrum der Anlage (2). Seine Fundamente bestanden aus 0,4–0,45 bzw. 0,6 m br., teilweise bis zu drei Lagen hoch erhaltenen Steinmauern, deren urspr. Vermörtelung partiell noch nachweisbar war. Auf diesen Sockelmauern war das Gebäude in Fachwerk errichtet. Drei 6 bzw. 6,2 m br. Flügel umgaben im O, S und W einen 32,7 × 25,1 m großen Innenhof, der im N durch eine 44,8 × 11,8 m große Halle abgeschlossen wurde. In ihrer Längsachse stand eine Reihe von urspr. zehn Stützen, von denen vier Pfosten von 0,5 × 0,5 m Stärke in Gruben eingesetzt waren. Die übrigen saßen auf quadratischen, 0,5 m breiten Steinfundamenten auf. An der n. Längsseite der Halle lagen drei Annexbauten. Ein quadratischer, 100 m² großer zentraler Saal wird von zwei etwa 6 m br. und ebenso tiefen Apsiden flankiert. Das Gebäude zeigt signifikante Unterschiede zu den *principia* der zeitgleichen Militärlager. Ein axial auf die *principia* bezogenes und architektonisch mit diesen verbundenes *praetorium* fehlt ebenso wie die charakteristische Raumreihe hinter der Querhalle. An ihrer Stelle lagen die Annexbauten, die das Gebäude mit Forumsanlagen der späten Republik und der frühen Kaiserzeit verbinden, während sich bei den *principia* eine vergleichbare Ausgestaltung der Rückseite erst ab dem 2. Jh. n. Chr. findet.

Für die augusteische Zeit ist W. damit ö. des Rheins der erste und bisher einzige Beleg für eine zivile röm. Siedlung, wobei insbesondere das Forum und seine Ausstattung den monumentalen und urbanen Charakter dieser Gründung verdeutlichen.

A. Becker

§ 5. Datierung und Fundmaterial. Die röm. Stadtanlage von W. bestand im 1. Jahrzehnt nach Chr. Aufgrund der kelt. Münzfunde (*triquetrum* oder Dreiwirbelstatere) sowohl vom Oppidum → Dünsberg als auch aus der röm. Stadtanlage von W. ergeben sich enge Beziehungen zum Mittel- und Niederrheingebiet. Zwar endeten typische Münzprägungen des Dünsberges mit der Aufgabe der Siedlung, aber es tauchten sowohl im Rheingebiet n. von Köln als auch im Lahntal (so auch in W.) Münzen auf, welche die Ikonographie dieser kelt. Prägungen aufnahmen, wohl also von Stammesgruppen weiter geprägt wurden (→ Ubier § 2; → Münzwesen, keltisches).

Die z. Zt. 270 Münzen datieren das Ende der röm. Siedlung in W. in die J. um 9 n. Chr., als die Siedlung in der Folge der röm. Niederlage gegen eine Koalition germ.

Stämme, die sog. ‚Schlacht im Teutoburger Wald', aufgegeben wurde. Unter den rund 180 ansprechbaren Münzen aus W. lassen sich fast zwei Drittel als Lugdunum-Asses der Ser. 1 (7–5 v. Chr.) bestimmen, wovon elf Gegenstempel des Varus tragen. Aufgrund des im Vergleich etwa zu Haltern sehr geringen Anteils der früheren Nemausus-Prägungen ist ein etwas späterer Beginn der Siedlung in W. anzunehmen (zum num.-chron. Hintergrund vgl. auch → Gegenstempel; → Lugdunum; → Nemausus).

Die übrigen Funde wie Keramik und röm. Fibeln lassen sich gut in den sog. Halternhorizont einordnen. Andererseits fallen eklatante Unterschiede auf. Zum einen ergaben die bisherigen Ausgr. keine Hinweise auf eine regelrechte Belieferung des Ortes, etwa mit Terra Sigillata, vielmehr erweckt das keramische Fundspektrum den Eindruck, mitgebracht worden zu sein. Zum anderen unterscheidet sich W. durch einen mit 17 % sehr hohen Prozentsatz an handgemachter Keramik von den zeitgleichen röm. Anlagen. Doch nicht nur der hohe Anteil fällt auf, sondern auch die Fundsituation, denn die einheimische Keramik kommt immer mit röm. vermischt in den Befunden vor. Dadurch wird deutlich, daß es keine unterschiedlichen Besiedlungsphasen am Ort, sondern eine gleichzeitige und gemeinsame Nutzung der Anlage gab. Betrachtet man die Funktionen der unterschiedlichen Keramiken, fällt auf, daß unter den Drehscheibenwaren typisches Kochgeschirr – etwa Kochtöpfe – unterrepräsentiert erscheint. Möglicherweise übernahmen die einheimischen Gefäße teilweise diese Funktion. Fundsituation und Interpretation der Geschirre zeigen ein gemeinsames Leben von röm. und einheimischen Gruppen.

Im Unterschied zu den bekannten zeitgleichen röm. Anlagen, die als milit. Stützpunkte gebaut und genutzt wurden, unterstützen auch die weitgehend fehlenden Militaria in W. dessen Interpretation als zivile Stadtgründung. Lediglich eine Pilumspitze und ein Helmbuschhalter sind dem röm. Militär zuzuweisen. Kennzeichnend für die sich aus zugezogenen Römern und Einheimischen zusammensetzende Bevölkerung am Ort ist auch eine Grube, in der neben röm. Keramik ein rautenförmiger germ. Schildbeschlag gefunden wurde. Die übrigen Eisenfunde, sieht man von Schuh- und Baunägeln ab, gehören dem handwerklichen Bereich an, wobei Werkzeuge zur Metallbearbeitung deutlich überwiegen; darunter ist ein röm. Lötkolben eines der herausragenden Fundstücke.

Sind in der Keramik quantitativ keine Belieferungswege erkennbar, werden solche in anderen Fundgruppen deutlich. Petrographische Unters. ergaben, daß der Muschelkalk, aus dem die fünf Postamente im Innenhof des Forums bestanden, aus Vorkommen um das lothringische Metz stammt. Auf der mittleren dieser Basen stand vermutlich das Abbild des Ks.s Augustus zu Pferde, dessen teilweise sehr kleinen Frg. im gesamten bisher untersuchten Areal zutage gekommen sind. Diese etwa lebensgroße Statue bestand aus blattvergoldeter Bronze und war Sinnbild der röm. Herrschaft über dieses Territorium. Stammen die Architekturteile aus Lothringen, so wurde die Statue sicherlich in Italien hergestellt und in Teilen nach W. gebracht. Gerade für die Schwertransporte kommt als Verkehrsweg eigtl. nur die Lahn in Frage, über den diese schweren und fragilen Lasten aus dem Rheingebiet stromaufwärts getreidelt wurden.

Die in fast allen Fundgattungen in W. sichtbare Heterogenität, ist auch im Fibelspektrum zu beobachten. Neben bekannten röm. Fibelformen, die sich gut in den ‚Halternhorizont' einordnen lassen, befinden sich im Fundgut von W. jedoch auch geschweifte Fibeln, Fibeln der Form Almgren 2a und auch frühe Augenfibeln (geschlossene Augen; Almgren 46).

Funde seltener Qualität wie etwa die silberne Scheibenfibel mit Lotosdarst. oder die Glasmosaikperle mit Abb. des ägypt. Stiergottes, aber auch die Glasperle mit Blattgoldzier weisen auf hochgestellte oder weitgereiste Menschen hin, die am Bau oder an der Planung der Stadt in W. beteiligt waren. Herstellungstechnik und Ikonologie der Stücke weisen in den ital. und levantinischen Raum.

Die Stadtgründung von W. diente der Verwaltung des umliegenden Territoriums und war damit eine Zelle röm. Herrschaft über die Region.

G. Rasbach

Lit. (Auswahl): (1) A. Becker, Lahnau-W. Eine augusteische Stadtgründung in Hessen, Historia 52, 2003, 337–350. (2) Ders., H.-J. Köhler, Das Forum von Lahnau-W., in: Arch. in Hessen. Neue Funde und Befunde (Festschr. F.-R. Herrmann), 2001, 171–177. (3) Ders. u. a., Der röm. Stützpunkt von W. Die Ausgr. bis 1998 in der spätaugusteischen Anlage in Lahnau-W., Lahn-Dill-Kr., 1999. (4) Ders., G. Rasbach, Der spätaugusteische Stützpunkt Lahnau-W. Vorber. über die Ausgr. 1996–1997, Germania 76, 1998, 673–692. (5) Diess., W. Eine augusteische Stadtgründung im Lahntal, Ber. RGK 82, 2001 (2002), 591–610. (6) Diess., Die spätaugusteische Stadtgründung in Lahnau-W., Arch., architektonische und naturwiss. Unters. Mit Beitr. von S. Biegert u. a., Germania 81, 2003, 147–199. (7) S. von Schnurbein, Augustus in Germania and his new ‚town' at W. east of the Rhine, Journ. of Roman Arch. 16, 2003, 93–107. (8) Ders., H.-J. Köhler, Dorlar. Ein augusteisches Römerlager im Lahntal, Germania 72, 1994, 193–203. (9) Ders. u. a., Ein spätaugusteisches Militärlager in Lahnau-W. (Hessen), ebd. 73, 1995, 337–367. (10) A. Wigg, Neu entdeckte halternzeitliche Militärlager in Mittelhessen, in: W. Schlüter, R. Wiegels (Hrsg.), Rom, Germanien und die Ausgr. von Kalkriese, 1999, 419–436.

A. Becker, G. Rasbach

Waldnutzung → Wald

Waldrecht → Wald

Waldsassen → Holtsati; → Länder- und Landschaftsnamen

Waldseton/Waltsaze → Holtsati

Wale und Walfang

§ 1: Zoologisch – § 2: Altertumskundlich

§ 1. Zoologisch. W. (Cetacea) sind morphologisch und physiologisch hochspezialisierte, an das Leben im Wasser angepaßte Säugetiere, die in rund 80 Arten alle Weltmeere und einige Flußsysteme in Asien und S-Amerika bewohnen (7). In den europ. Gewässern kommen 32 Arten vor. Die größten W. erreichen bei einer Lg. von über 30 m ein Körpergewicht bis zu 150 t (Blauwal, das größte auf der Erde lebende Tier), die kleinsten sind nur etwa 130 cm lg. und wiegen nur etwa 25 kg (La Plata Delphin). Der spindelförmige Körper ist unbehaart, die Hinterextremität völlig rückgebildet. Als Antriebsorgan dient die horizontal liegende Schwanzflosse (die Fluke). Die physiologische Leistungsfähigkeit mancher Arten ist beispiellos. So haben Beobachtungen vom Flugzeug aus gezeigt, daß abgetauchte Pott-W. *(Physeter catodon)* erst nach mehr als einer Stunde an die Wasseroberfläche kommen müssen, um Luft zu holen (5). Ungewöhnlich sind auch die Tauchtiefen, die in einem verbürgten Fall bis zu 3 000 m reichten. Zu den herausragenden Leistungen mancher Walarten zählen auch die jahreszeitlichen Wanderungen, in deren Verlaufe bis zu 20 000 km zurückgelegt werden (Buckel-W. *Megaptera novaeangliae*).

W. zeichnen sich durch ein hochentwickeltes Sozialleben aus. Die meisten Arten leben in Verbänden, den sog. Schulen, die artbedingt wenige bis zu Tausende von Tieren umfassen können (7). Der Orientierung dienen Klicklaute (ein hochentwickeltes Echolotsystem), der Verständigung untereinander Grunz-, Pfeif- und andere Laute.

Die zool. Systematik gliedert die W. in zwei Gruppen, in die der Zahn-W. (Odontoceti) mit Pottwal, Tümmler, Delphin, Schweinswal u. a. und in die Barten-W. (Mysticeti) mit Blauwal, Finnwal, Buckelwal u. a. Die Kiefer der Zahn-W. tragen bis zu 240 Zähnen, in der Mundhöhle der Barten-W. befinden sich vom Gaumen herabhängende, zu Seihapparaten umgebildete Hornplatten.

§ 2. Altertumskundlich. In Norwegen entdeckte → Felsbilder gaben Anlaß zur Vermutung, daß bereits im Neol. von Booten aus Jagd auf W. gemacht wurde (16). Auch die in vorgeschichtl. Siedlungen S-Schwedens und Dänemarks entdeckten Walknochen und -zähne wurden als ein Beleg dafür angesehen, daß man schon in der Vorzeit den Meeressäugern aktiv nachstellte (9; 10). Ob indessen eine aktive Bejagung in so früher Zeit tatsächlich stattgefunden hat, wird man angesichts der dafür notwendigen, damals nicht verfügbaren technischen Ausrüstung in Frage stellen dürfen. Wenn überhaupt waren allenfalls die kleinen, mehr in Küstennähe auftretenden Schweins-W. *(Phocoena phocoena)* mögliche Beuteobjekte. Der eigtl. kommerzielle Walfang wurde erst im ausgehenden MA von den Basken betrieben (2), in NW-Europa wohl auch schon von den → Normannen (8.–10. Jh.) (1). Die meisten der bei Ausgr. in Küstensiedlungen Schwedens, Dänemarks, Deutschlands und der Niederlande (3; 9; 10–13) geborgenen Walknochen und Zähne stammen mit an Sicherheit grenzender Wahrscheinlichkeit von gestrandeten, dem Tode preisgegebenen Tieren, die schon verendet waren oder noch lebend den Küstenbewohnern als begehrte, da zahlreiche Rohstoffe wie Fleisch, Walrat, Fett, Tran, Knochen, Sehnen, Haut u. a. liefernde Beute in die Hände fielen.

Daß die weltweit vorkommenden Walstrandungen keine seltenen Naturereignisse sind, zeigen die seit Anfang des letzten Jh.s systematisch durchgeführten Beobachtungen in England, den Niederlanden und Deutschland. So konnten an den Küsten der Britischen Inseln im zurückliegenden Jh. innerhalb von 50 J. 1550 Strandungen registriert werden, darunter v. a. solche vom Schweinswal, aber auch von größeren Arten wie Großer Tümmler, Gemeiner Delphin oder Weißschnauzendelphin und weiteren 18 Spezies (4). An der ndsächs. Küste wurden im Verlaufe von 10 J. 374 Strandungen vom Schweinswal gemeldet (15, 176). Aber auch die großen Hochseeformen wie der Pottwal und der Schwertwal verirren sich immer wieder in die Küstengewässer. So sind an der ndl. Küste im 16.–18. Jh. mindestens 18 Strandungen von Pott-W.n bekanntgeworden (12).

Bei Ausgr. auf der kaiserzeitlichen, an der ndsächs. Küste gelegenen Dorfwarft → Feddersen Wierde konnten neben Zehntausenden von Haustierknochen auch 27 Reste von W.n geborgen werden, die sich sechs verschiedenen Spezies haben zuweisen lassen (Schweinswal, Schwertwal, Weißschnauzendelphin, Großer Tümmler und Grindwal), darunter ein sehr großes Knochenfrg., das mutmaßlich von einem Pottwal *(Physeter catodon)* stammt (12). Auf der ins frühe MA weisenden Warft → Elisenhof an der schleswig-holsteinischen W-Küste konnten anders als auf der Feddersen Wierde nur zwei Walreste entdeckt werden: der Wirbel eines Schweinswals und ein großes Frg. einer nicht näher bestimmbaren Art (13). Auch im binnenländisch gelegenen Haithabu (→ Haiðaby) fanden sich unter den Tierknochen einige Frg. von sehr großen W.n, die tierartlich nicht zugeordnet werden konnten. Dagegen ist für die Wikingersiedlung der Schwertwal *(Orcinus orca)* eindeutig nachgewiesen, von dem ein Zahn vorliegt. Sicher belegt ist für diesen Platz durch eine Reihe von Wirbeln auch der Weißschnauzendelphin *(Lagenorhynchus albirostris)* (14).

Glaubt man schriftlichen Überlieferungen (z. B. Aristoteles, Plinius der Ältere) (7; 16), waren den Menschen des klass. Altert.s

W. (v. a. Delphine) eine geläufige Erscheinung. Bildqu. (auf Vasen, Münzen u. a.) lassen daran ebenfalls keinen Zweifel (17). Auch die Mythol. hat sich ihrer bemächtigt. So sind Delphine Attribute des griech. bzw. röm. Meeresgottes. Und die Legende berichtet, daß der griech. Sänger Arion, auf einem Schiff gefangen, seinen Häschern durch einen Sprung ins Meer entkam und dort von Delphinen ans rettende Ufer getragen wurde (6). Auch biblische Qu. wissen von einem riesigen Meeresungeheuer, einem ‚Walfisch' zu berichten, in dessen Bauch sich Jonas mehrere Tage aufhielt (Jona 2,1–2.11). Anderen Reiseberichten zufolge wurden von W.n ganze Boote mitsamt ihrer Besatzung verschluckt (7; 9).

(1) K. R. Allen, Conservation and Management of Whales, 1980. (2) H. Benke, Menschlicher Einfluß und Schutzmaßnahmen, in: Handb. der Säugetiere Europas, 6. Meeressäuger. Teil I, W. und Delphine – Cetacea, 1994, 112–124. (3) A. T. Clason, Animal and Man in Hollands Past, Palaeohistoria 13 A, 1967. (4) E. C. Fraser, Report on Cetacea strandet on the British Coasts vom 1938 to 1974, 1948. (5) R. Gambell, Physeter catodon Linnaeus, 1758 – Pottwal, in: wie [2], 625–646. (6) H. Hunger, Lex. der griech. und röm. Mythol., 1974. (7) O. Keller, Die Ant. Tierwelt, 1909. (8) M. Klima, Verhalten, Verbreitung, in: wie [2], 103–108 und 109–111. (9) J. Lepiksaar, Zahnwalfunde in Schweden, Bijdragen Dierkunde 36, 1966, 3–16. (10) U. Møhl, Seal and whale hunting in the Danish coasts, Kuml 1970, 297–329. (11) G. Nobis, Zur Fauna des ellerbekzeitlichen Wohnplatzes Rosenhof in Schleswig-Holstein, Schr. des naturwiss. Ver.s für Schleswig-Holstein 45, 1975, 5–30. (12) H. Reichstein, Die Fauna der Feddersen Wierde, Feddersen Wierde 4, 1991. (13) Ders., Die Säugetiere und Vögel aus der frühgeschichtl. Wurt Elisenhof, Elisenhof 6, 1994. (14) Ders., Die wildlebenden Säugetiere von Haithabu, Ber. über die Ausgr. in Haithabu 30, 1991. (15) W. Schultz, Über das Vorkommen von W.n in der Nord- und Ostsee (Ord. Cetacea), Zool. Anz. 185, 1970, 172–264. (16) E. J. Slijper, Whales, 1976. (17) St. Vidali, Archaische Delphindarst., 1997.

H. Reichstein

Wales

§ 1: General – § 2: Historical – § 3: Archaeological – § 4: Inscriptions – § 5: Viking time

§ 1. General. W. is defined both geogr. and culturally as not being England. Physically it is the mountainous peninsula jutting out of western Brit., bounded to the S by the Bristol Channel/Severn Estuary and to the W and N by the Irish Sea (Abb. 24). Culturally too it is not England though finally conquered by the English state in the 13th century. The 5th–11th centuries were a key formative period for Welsh identity. At the beginning ca. 400 A. D. W. was the western edge of a Roman province of an Empire which stretched east to the Euphrates and part of a Brittonic-speaking population (→ Briten) which occupied Brit. from the English Channel to at least as far north as southern Scotland (→ Schottland). By the end of our period Brittonic languages – Welsh, Cornish and Cumbric – were restricted to limited parts of the west and north with the English language now dominant in all the richer parts of Brit. (11). The term *Wales* itself is an English-derived word for a foreigner i. e. a Briton though *walh* also came to mean a slave. The term *Cymru,* the

Abb. 24. Christian kingdoms in Wales

native term for W., and *Cymry*, the term for the people, derive from a Brittonic word which loosely means 'fellow countrymen' (6, 703–736).

The hist. and arch. sources for W. in this period are limited and much poorer than those for → England or Ireland (→ Irland). There is little that can be regarded as contemporary hist. for the 5th or 6th centuries and even when we have source material for the 7th–11th centuries much of it is patchy, some external, and often it leaves just as many questions as answers (8, 198–216).

§ 2. Historical. In the 5th and 6th century W. is part of a wider Brittonic world engaged in the process of Romano-British collapse, local kingdom formation, and migration period movement. The early 6th century Christian polemicist → Gildas gives us a unique glimpse of warrior kings carving a bloody path to local power in dynasties which seem to have been founded by the mid 5th century. Later genealogies claim all the Welsh dynasties stretch back to this period or to the 4th century to claim marital foundation with Roman figures such as the temporarily successful usurper Magnus Maximus. Throughout Brit. multiple competing kingdoms seem to emerge with W. no exception, though the evidence is often sketchy in the extreme (8, 85–102).

Anglo-Saxon settlement and conquest (→ Angelsachsen) seized the richer lands of SE Brit. and by the 7th century Brittonic kingdoms were confined to the W and N. W. is in some sense recognisable as a geogr. entity by the early mid 7th century though the eastern boundary with an emergent dominant English → Mercia may not have been clear till well into Penda's reign and was contested for centuries after (8, 112–116). Anglo-Saxon expansion in the 7th century was only stopped by the mountains and continuing threats to the low-lying coastal southern and northern fringes were to persist right into the Norman period.

Irish settlement is hist. and arch. attested and seems to have taken place by the early 5th century – in Dyfed, SW W. with an Irish ruling dynasty; in Breconshire in southern mid W. and in Gwynedd in NW W. though arguably with less long term impact (Abb. 24) (6, 704–710; 13, 49–53).

The Welsh kingdoms were often in conflict with each other as well as their English neighbours and though dominant dynasties appear no unitary kingdom emerged. At times one king might achieve near total hegemony but lesser kings could always seek support in England. Norman piecemeal conquest of the best lands from the later 11th century (→ Normannen § 1 f.) complicated the picture and the last attempts at national state building came too late to resist the rising imperial power of the 13th century English kings (13, 64–76; 14, 77–90).

Another key formative process of this period, apart from kingdom emergence, is the adoption of Christianity and indeed a modern popular view is of W. as a 'land of saints' and the 5th and 6th centuries as the 'Age of the Saints'. In fact we know little of how W. became Christian. Apart from some slight evidence of two martyrs at the legionary fortress of Caerleon there is little evidence of Christianity in Roman W. No early saints' lives exist though several Breton saints are supposed to have been educated in south W., including Samson who has an allegedly 7th century *Vita* which does refer to W. Again Gildas is our key early source: in his eyes the British are bad Christians with a conventional if corrupt church. One king in north W. seems to have become a learned monk before returning to the wicked and violent path of internecine royal warfare. Numerous Welsh place-names combine the element *llan* (an enclosure) with a personal name popularly seen as a founding saint wandering the countryside setting up churches. In some case these are obscure figures who may be early founders or aristocratic patrons, in others where multiple churches are dedicated to one saint such as David we are looking at monastic expansionism not foot-weary holy men (8, 141–194).

The concept of a distinctively Celtic Church throughout the Celtic realms is now rejected by most modern scholars. The Welsh Church seems to be descended from the Romano-British church but remained conservative in practice as the western churches altered – W. hanging on to the older calendar for Easter till as late as 768 (→ Ostern S. 336 f.), well after Ireland and Scotland conformed to continental and English practice in the 7th and early 8th centuries. By the time of the Norman Conquest of England the Welsh church was firmly Roman but had practices on celibacy and clerical inheritance that allowed it to be pilloried by the Benedictine reformers. The failure to create a metropolitan centre – opposed by → Canterbury – helped ensure the Welsh church would be seen as out of step and in need of radical reform by the Anglo-Norman incomers (13, 57 f.; 14, 90–99).

The arch. evidence is similar to the hist. in being generally poor for this period and uneven both geogr. and chron.

§ 3. Archaeological. The end of the Roman occupation sees the apparent abandonment of most forms of Romanised settlement. The problem, of course like most of Brit., is the absence of datable native artefacts in the 5th century. Roman pottery and coins appear to go out of use or at least new imports stop and there is no easy way of demonstrating continuing curation and use of 4th century types though it has been theorised by some scholars. As far as we can tell Roman towns and villas, which are in any case confined to the eastern borders and SE coastlands, go out of use or at least do so as towns and high status residences (2). The evidence of Wroxeter on the central border has been influential in arguments for continuity of town life or the possible transition of towns into centres of ecclesiastical or secular lordship (7, 108–110. 147) but the reliability of this evidence has recently been challenged and the absence of artefactual evidence for substantial continued use makes the case for urban survival unconvincing. No evidence has been found for continuing town activity at Caerwent, the most Romanised of the → *civitas* capitals in W., though the town is thought to give its name to the local post-Roman kingdom of Gwent and both 14C-dated burials and documentary sources suggest that the ecclesiastical takeover of the site seems likely (3). Continued use of villa sites is equally difficult to prove (generally → Villa § 7). A major villa with a post-Roman cemetery is known from just north of the possibly early, and traditionally important, monastic church of Llantwit Major but the date of the church site is unknown. Another major cemetery beside a villa is known from the later monastic site of Llandough and the model of villa to monastery or early church can be hypothesised elsewhere (15, 36–39; 8, 189 f.).

Our evidence improves later in the 5th century when imported ceramics from the Aegean and North Africa are found on sites throughout the Celtic West (→ Handel § 17). A short phase of imports lasting into the mid 6th century allows us to date sites in W. as well as western England. In W. this material is largely confined to hillfort sites, such as Dinas Powys and Dinas Emrys, and we seem to be able identify high status networks which link W. and Dumnonia. It is noticeable that no such material has been recognised on Roman sites in W. and a substantial shift in political centres seems indicated (1, 153–167). Low status sites are hard to recognise though occasional 14C dates and the odd piece of datable metalwork show continued or renewed use of hut groups of native Roman period origin. There is of course no reason to believe there was massive settlement discontinuity though some population decline seems likely. The problem is poverty of finds on acidic sites and problems of recognition. A second phase of imports of pottery (E-ware) and glass vessels is thought to indicate contacts with western France in the later 6th and 7th centuries showing continuing hillfort use (4). When the imports stop after the mid 7th century our evidence becomes rare in the extreme. Only a handful of sites, such as the unique Welsh crannog site of Llangorse (5; 15, 16–25), can be shown to date to the 8th–11th centuries and it seems as if high status use of hillforts ceases. The absence of any emerging urbanism and the failure to adopt coinage suggests that Welsh social structure and perhaps environment preclude W. from following the significant economic processes recognisable in England (→ England § 2) at this time (8, 57 f.).

§ 4. Inscriptions. One key and impressive body of evidence for early W. is provided by short inscriptions on crude upstanding stone monuments. Some 150 inscriptions are known which seem to date to the 5th–7th centuries (6, 752–755). These are in Latin and the Irish → ogam script, sometimes on the same monument, and they record names and words in Latin, Irish and Brittonic (18). These indicate the presence of high status individuals in a multilingual society where spoken Latin and Roman terms such as magistrate still had meaning (→ Latein § 6). The inscriptions decline in the 7th century by which time the epigraphic forms are showing the influence of Insular bookhands and Latin is probably becoming restricted to ecclesiastical use. Crosses continue to be erected in the later centuries with occasional short inscriptions of a different type. However few of the sculpted stones reach the quality known from England, Ireland or Scotland (15, 50–76).

§ 5. Viking time. The impact of the Vikings was felt in W. as in the rest of the British Isles (→ Wikinger § 2). Yet again the limitations in the hist. and arch. evidence raise doubts about the reliability of our view. It has been thought that W. was relatively unscathed by the Scandinavian invasions. Raids on monasteries are recorded but the evidence of conquest is negligible compared to England, Ireland or Scotland. Scandinavian place-names show a pattern of coastal naming which may be indicative of seafaring influence as late as the Norman period (→ Orts- und Hofnamen § 14) (12). However more recent assessments have suggested Viking settlement along the N coast, and perhaps in Anglesey, as well as less clearly defined activity in the SW. W. was certainly part of a Hiberno-Norse Irish Sea maritime world and periods of local Scandinavian overlordship seem possible. Welsh kings married into this world and used Viking mercenaries when the opportunity offered (9). Only one arch. site has been discovered which illustrates this – the recently excavated site of Glyn, Llanbedrgoch – where a native pre-Viking enclosure of some status shows all the hallmarks of 10th to early 11th century Viking activity such as hack silver (→ Hacksilber), lead weights, coinage and rectangular hall houses (→ Halle) (17). A few pieces of stone sculpture affirm this evidence of Irish Sea Scandinavian influence. However what is perhaps striking is the absence of Viking impact. W. ends the Viking Age without signs of radical change. No equivalents of Viking → Dublin or → York can be cited though excavation might still produce a Welsh parallel for a monastic settlement like → Whithorn in its Hiberno-Norse phase (10).

W. entered our period as the British edge of the Roman Empire. By the end of it a Welsh cultural identity could be recognised. The Welsh language (Cymraeg) had emerged with a strong literary and oral consciousness. There was no political unity though powerful kings were trying to emulate their neighbours in England and Ireland in carving out larger lordships, and perhaps a unitary Welsh kingdom was a possibility. However the mountains which kept out Anglo-Saxon and Scandinavian conquerors made nation building difficult and in the end W. was absorbed into England while retaining a distinct identity and language to the modern period.

> (1) L. Alcock, Economy, Soc. and Warfare among the Britons and Saxons, 1987. (2) C. J. Arnold, Early Medieval Wales, AD 400–1000: an introduction, in: Idem, J. L. Davies (Ed.), Roman & Early Medieval W., 2000, 143–147. (3) R. J. Brewer, The Romans in Gwent, in: M. Aldhouse-Green, R. Howell (Ed.), The Gwent County Hist., 1. Gwent in Prehist. and Early Hist., 2004, 215–232. (4) E. Campbell, The arch. evidence for external contacts: imports, trade and economy in Celtic Brit. AD 400–800, in: K. R. Dark (Ed.), External Contacts and the Economy of Late Roman and Post-Roman Brit., 83–96. (5) Idem, A. Lane, Llangorse: a tenth-century royal crannog in W., Antiquity 63, 1989, 675–681. (6) T. Charles-Edwards, Language and Soc. among the Insular Celts AD 400–1000, in: M. J. Green (Ed.), The Celtic World, 1995, 703–736. (7) K. Dark, Brit. and the End of the Roman Empire, 2000. (8) W. Davies, W. in the Early MA, 1982. (9) C. Etchingham, North W., Ireland and the Isles: the Insular Viking zone, Peritia 15, 2001, 145–187. (10) P. Hill, Whithorn and St Ninian: the excavation of a Monastic Town 1984–1991, 209–250. (11) E. James, Brit. in the first millennium, 2001. (12) H. R. Loyn, The Vikings in W., 1976. (13) K. L. Maund, Dark Age W. c.383 – c.1063, in: P. Morgan (Ed.), The Tempus Hist. of W. 25,000 BC–AD 2000, 2001, 49–53. (14) A. H. Pryce, Frontier W. c.1063–1283, in: ibd., 77–90. (15) M. Redknap, The Christian Celts: Treasures of Late Celtic W., 1991. (16) Idem, Early Christianity and its monuments, in: [6], 752–755. (17) Idem, Viking-Age settlement in W. and the evidence from Llanbedrgoch, in: J. Hines et al. (Ed.), Land, Sea and Home, 2004, 139–175. (18) P. Sims-Williams, Celtic inscriptions of Brit.: phonology and chron. c 400–1200, 2003.

A. Lane

Walhall s. Bd. 35

Waliser → Wales

Walküren s. Bd. 35

Walkürenlied. The W., in Icelandic known as *Darraðarljóð* (1–5), survives only in → *Njáls saga* (c. 157) (4). It praises an unnamed 'young king' who has won a victory over the Irish. The saga identifies him as Sigtryggr silkiskegg (silk-beard) and the battle as that of → Clontarf, fought in 1014 (8), but these identifications are difficult to harmonize with the other sources on Clontarf (7) and there is a better match with the victory won by the similarly-named Viking king Sigtryggr caech (squinty) in 919 at → Dublin (3; 5) (→ Sigtrygg von Dublin). But given the long history of the joint kingdom of Dublin and → York (18), we cannot exclude that the poem refers to a different, now obscure battle.

The central figures in *Darraðarljóð* are the valkyries who assist the young king. The poem appears to be built on an extended metaphor in which the tenor is the valkyries' wielding of weapons and the vehicle their work on a piece of weaving (20). It opens in the manner of a work song, with the valkyries as speakers (5; 14). In v. 1, they describe the *skothríð,* or initial volleys of thrown weapons. In v. 2–3, they urge each other to join in the ensuing hand-to-hand fighting. In v. 4–6 occurs the famous refrain *Vindum, vindum / vef darraðar* 'let us wind, let us wind / the interweaving of the pennant[s]'. Here, if the rare word *darrað[r]* is correctly interpreted as 'pennant' (5; 14), the entire spectacle of battle is epitomized as an intertwining of the various banners carried by each force. In the terms of the metaphor, the valkyries as weavers wind up this 'fabric' on the windlass-like beam at the top of the loom, so as to facilitate the weaving of a further length of fabric. V. 7–8 announce the defeat of the Irish and the death of an earl, evidently on their side, and foreshadow the death of a 'mighty king', presumably their high king; henceforward, people hitherto confined to the coastal fringes (the Vikings; → Wikinger) will rule 'the lands'. In v. 9–11, the valkyries predict further victories for the young king, concluding with an incitation to ride 'out'.

In *Njáls s.*, the prose narrative depicts the valkyries in an outhouse *(dyngja)* engaged in weaving. Their purpose is to determine the outcome of the battle by magic, an unusual conception of valkyries that aligns them with the Norns (15; 20) (→ Nornen). They are witnessed by a person called Dǫrruðr. This interpretation of the poem is probably secondary (5; 20), in line with other reports of supernatural events in this part of the saga. Its use of an observer who approaches a quasi-sacral space and sees mythological figures in action bears resemblances to Starkaðr's admission to witness the deliberations of the gods in *Gautreks s.* The name Dǫrruðr appears to be based on folk etymology on *darrað[r]*, though associations with Óðinn-names (→ Wotan-Odin) may have played a part in the interpretation (6).

In metre and style, *Darraðarljóð* resembles the poems of the Poetic Edda (→ Edda, Ältere). It is narrated in 'running commentary' format, also found in *Liðsmannaflokkr* (5). Its original milieu was probably the York-Dublin kingdom, and Egill Skalla-Grímsson (→ *Egils saga Skalla-Grímssonar*) re-used the key part of its refrain in his *Hǫfuðlausn* (5; 19). Possibly the extant form of the poem represents a re-composition, after the style of 12th-century *sögukvæði* (16), but an allusion to the Jǫrmunrekkr legend in a form not seen elsewhere may indicate greater antiquity. In his novel "The Pirate", Walter Scott claims that a version entitled (in translation from the Norn) "The Magicians" or "The Enchantresses" was known on Orkney as late as the 18th century.

In virtue of its central metaphor, *Darraðarljóð* provides a uniquely rich, though not always intelligible, source for medieval terminology relating to the warp-weighted (or vertical) loom (5; 9–14; 17; 20).

Ed.: (1) Edd. min. (2) Skj. Vols 1A–2A (tekst efter håndskrifterne) and 1B–2B (rettet tekst), reprint 1967 (A) and 1973 (B). (3) N. Kershaw (Ed.), Anglo-Saxon and Norse Poems, 1922. (4) Brennu-Njáls s., ed. Einar Ól. Sveinsson, Ísl. Fornr. 12, 1954. (5) R. Poole, Viking Poems on War and Peace, 1991.

Lit.: (6) U. Dronke (Ed.), Poetic Edda. I. Heroic Poems, 1969. (7) F. Genzmer, Das W., ANF 71, 1956, 168–171. (8) A. Goedheer, Irish and Norse Traditions about the Battle of Clontarf, 1938. (9) Elsa Guðjónsson, Nogle bemærkninger om den islandske vægtvæv, vefstaður, By og Bygd 30 (Festskrift til M. Hoffmann), 1983–84 (1985), 116–128. (10) Idem, Járnvarðr Yllir. A Fourth Weapon of the Valkyries in Darraðarljóð?, Textile Hist. 20, 1989, 185–197. (11) Idem, Some Aspects of the Icelandic Warp-Weighted Loom, Vefstaður, ebd. 21, 1990, 165–179. (12) G. Heiberg, Oppsta'veven, Maal og Minne 1940, 1–6. (13) M. Hoffmann, The Warp-Weighted Loom. Studies in the Hist. and Technology of an Ancient Implement, 1964, reprint 1982. (14) A. Holtsmark, Vefr Darraðar, Maal og Minne 1939, 74–96. (15) E. Neumann, Der Schicksalsbegriff in der Edda, 1955. (16) Guðrún Nordal et al. (Ed.), Íslensk bókmenntasaga 1, 1992. (17) R. Poole, Darraðarljóð 2: ǫrum hrælaðr, Maal og Minne 1985, 87–94. (18) A. Smyth, Scandinavian York and Dublin, 1987. (19) M. Townend, Whatever happened to York Viking poetry?, Saga-Book 27, 2003, 48–90. (20) K. von See, Das W., PBB (Tübingen) 81, 1959, 1–15.

R. Poole

Wall/Wälle s. Bd. 35

Wallerfangen

§ 1: Archäologisch – § 2: Montanarchäologisch

§ 1. Archäologisch. Unter den zahlreichen Bodendenkmälern im Raum W., Kr. Saarlouis, sind neben den Spuren alten Bergbaus (s. u.) und mächtigen Steinbrüchen der frühen Neuzeit bes. hervorzuheben: galloröm. Felsreliefs, eine Höhenbefestigung der HaZ auf dem Limberg, am Fuße des Limbergs ein größeres Gräberfeld der HaZ und frühen LTZ, zu dem ein Prunkgrab mit goldplattiertem Ringschmuck der Stufe Ha D gehört (Taf. 5a), sowie eine Konzentration von Hortfunden der UZ.

Höhensiedlung: Der Limberg ist ein steiler, 150 m hoher Bergrücken, der gegenüber der Primsmündung weit nach O ins Saartal vorstößt. Von dort ließ sich nicht nur die Schiffahrt auf der Saar kontrollieren, sondern auch die Kreuzung der Verkehrswege von → Trier nach Saarbrücken und von Mainz (→ Mogontiacum) nach → Metz, an welcher dem Berg gegenüber am rechten Saarufer der röm. → Vicus von Pachten/Dillingen entstand. Der Limberg gehört während Ha D und LT A–B zum Grenzraum von → Hunsrück-Eifel-Kultur und W-Hallstattkultur bzw. w. Frühlatènekreis (24, 72 Abb. 110). Durch das Primstal konnte man in das Kerngebiet der Hunsrück-Eifel-Kultur gelangen. Nach drei Seiten fallen die Flanken des Limbergs steil ab. Lediglich von W her gibt es einen bequemen, aber schmalen Zugang zum Plateau, der durch Abschnittswälle gesperrt war. Drei Wälle sind im Gelände erkennbar (8; 23; 24; 26). Davon sind der w. Wall I (an der schmalsten Stelle des Höhenrückens gelegen) und der ö. Wall III eher schlecht erhalten und wenig erforscht. Besser bekannt ist der mittlere Wall II, der sich eindrucksvoll auf 230 m Lg. und 15 m Br. noch 3 m hoch erhebt. Ihm ist ein bis zu 2 m tiefer und 20 m br. Graben vorgelagert. Die Gesamtfläche, die durch den Wall I abgeriegelt wird, beträgt rund 30 ha (Wall II: etwa 5,5 ha; Wall III: etwa 3 ha). Die 1964 von R. Schindler durchgeführten Ausgr. umfassen lediglich Wallschnitte. Siedlungsreste sind noch nicht bekannt, datierbare Kleinfunde sind rar. Das zeitliche Verhältnis der drei Wälle bleibt noch zu klären.

Der Schnitt durch Wall II hatte eine zweischalige Steinmauer mit einem Lehmkern (2,5 m br., erhaltene Hh. bis 1,8 m) ergeben. Spuren einer versteifenden Holzkonstruktion waren nicht vorhanden. An der Innenseite konnte eine gegen die Mauer geschüttete Erdrampe nachgewiesen werden, an der Außenseite ein 9 m br. Sohlgraben. Der durch frühneuzeitliche Abgrabungen stark beschädigte Wall III erbrachte Reste von zwei Mauern. Die ält. war eine durch Brand zerstörte Holz-Erde-Mauer (ohne Nägel), die jüng. eine nur noch in Spuren nachweisbare Steinmauer. Die Konstruktion von Wall I ist noch unklar. Datierbare Kleinfunde sind nur bei Wall III zutage gekommen. Die Keramikscherben weisen in die Stufen Ha C und Ha D. Möglicherweise gehören einige Stücke auch bereits in die Stufe Ha B3 (8, 52). Ein Hühnerknochen aus dem Bereich des Walles III, der als Hinweis auf mediterrane Verbindungen gewertet wurde (3; 8, 52 f.), läßt sich nicht sicher der EZ zuweisen. Die Besiedlung bzw. fortifikatorische Nutzung des Limbergplateaus reicht möglicherweise in die UZ zurück und umfaßt mindestens die HaZ. Die Wälle lassen mehrere Phasen erkennen, von der eine durch Feuer zerstört worden war.

Prunkgrab: Am Fuße des Limbergs sind auf der ersten Saarterrasse über eine Strecke von rund 500 m Reste eines Gräberfeldes registriert worden (8, 43–50; 18, 253–256; 26, 56–65). Systematische Ausgr. fanden nicht statt. Die Funde, bes. Ringschmuck, gehören überwiegend der Stufe Ha D an, aber auch die Früh-LTZ ist vertreten. Es dürfte sich um Reste eingeebneter Hügelgräber handeln. Herausragend ist ein Prunk-Frauengrab (→ Prunkgräber) der Stufe Ha D3, das 1854 bei Erdarbeiten gefunden und recht sorgfältig geborgen und dokumentiert worden war (7; 8, 43–50; 11; 18, 255 f. Taf. 60). Holzreste weisen wahrscheinlich auf eine Grabkammer hin, Textilien wurden in größerem Umfang beobachtet. Zu den Trachtbeigaben gehören: ein goldplattierter Halsring, ein goldplattierter Armring, ein hohler goldener Armring, ein bronzener Beinring sowie Teile eines Gürtelgehänges.

Hortfunde: Im Raum W. konzentrieren sich die Fst. von Horten der UZ (8, 39–43; 16). Vier sind dicht s. des Limbergs zu lokalisieren, einer fand sich am gegenüberliegenden Ufer der Saar in Saarlouis-Roden. Bedeutend ist das Depot vom ‚Eichenborn' aus der Stufe Ha B3 (Taf. 5b). Sein Inventar umfaßt 63 Objekte, u. a.: 1 Schwert vom Mörigen-Typ, 3 Lappenbeile, 1 Tüllenbeil, 1 zweiteilige bronzene Gußform für ein Lappenbeil, 4 Trensenknebel, 2 Gebißstangen, 2 Phaleren, 1 Klapperblech, 3 Anhänger für Klapperbleche, 4 Balusterröhrchen, 14 Blecharmringe. Wagenteile und Pferdegeschirr sind stark vertreten.

Zwar nicht mehr erhalten, aber wegen der Fundposition bes. interessant, ist ein Beilhort vom Hansenberg, der bereits in den 40er J. des 19. Jh.s entdeckt worden war. 30 Tüllen- und Lappenbeile waren kreisförmig arrangiert, wobei das größte Beil im Zentrum des Kreises lag.

Eine Beziehung zw. der hallstattzeitlichen Höhenbefestigung auf dem Limberg und dem späthallstattzeitlichen Prunkgrab am Fuß des Berges ist in hohem Maße wahrscheinlich. Diese Situation ist charakteristisch für die späte HaZ. Die Konzentration von Horten der UZ weist den Raum um den Limberg als kultisches und gesellschaftliches Zentrum auch dieser Epoche aus. Welche Rolle der Limberg dabei gespielt hat, ist noch offen.

Galloröm. Felsreliefs. Im ‚Blauwald' finden sich an einem steilen, schwerzugänglichen Hang zwei in den anstehenden Sandsteinfelsen eingearbeitete Reliefs aus röm. Zeit (4, 84 f. 104 Taf. 17,1; 18, 259 f. Taf. 117 f.; 26, 189 Abb. 119), die unter der Bezeichnung ‚Die drei Kapuziner' bekannt sind. Heute sind nur noch zwei der urspr. wohl drei halblebensgroßen Gestalten erkennbar, eine männliche und eine weibliche.

Der Mann ist durch einen Schlägel als der Gott Sucellus zu identifizieren, für die Frau bietet sich eine Deutung als seine Gefährtin Nantosvelta an (13) (vgl. → Hammer § 2b; → Bilddenkmäler S. 573 f.).

W. Adler

§ 2. Montanarchäologisch. In W., Ortsteil St. Barbara, liegt unterhalb der Schloßbergstraße das einzige Besuchern zugängliche röm. Bergwerk Mitteleuropas. In dieser Lagerstätte kommt Azurit, das ehedem gutbezahlte Bergblau $2CuCO_3 \cdot Cu(OH)_2$, fast rein vor. Die wegen der reichen Metallfunde in W. oft geäußerte Vermutung, das Kupfererz sei prähist. genutzt worden, kann nicht belegt werden (30). Die Geländestufe zw. Saartal (180 m) und dem Plateau des Saargaus (340 m) besteht aus Buntsandstein, dessen obere Schichten aus bis zu 20 m mächtigem Voltziensandstein gebildet werden. Der Azurit ist im Oberen Buntsandstein und in gewissen, an bestimmte Horizonte gebundenen Lettenlagen oder Bröckelbänken unregelmäßig verteilt und meist in geringer Konzentration in Größe und Form einzelner Suppenlinsen eingelagert (6; 19; 31). Dieses ‚Bergblau' wurde mindestens seit der Römerzeit und bis in das MA und die frühe Neuzeit gewonnen (9; 15; 32).

Nach röm. Preismaßstab erbrachte das Erz als Blaupigment mehr als das Zehnfache des Kupferwertes. Jüngste archäometrische Unters. zeigen, daß Azurit zu röm. Zeit v. a. als Rohstoff für Ägypt. Blau benutzt wurde (→ Farbe und Färben); dabei stieg der Wert nochmals um ein Vielfaches. Glimmer und andere Tonmineralien in den Azuritlinsen enthalten viel Aluminium, das für die eigtl. blaue Verbindung im künstlichen Blaupigment Ägypt. Blau, Cuprorivait $(CaCuSi_4O_{10})$, nicht gebraucht wird, ja sogar stört. Der Aluminiumgehalt blauer Pigmente ist aber ein charakteristisches Kennzeichen für Ägypt. Blau aus den Azuritlinsen von W.; es läßt sich nachweisen in zahl-

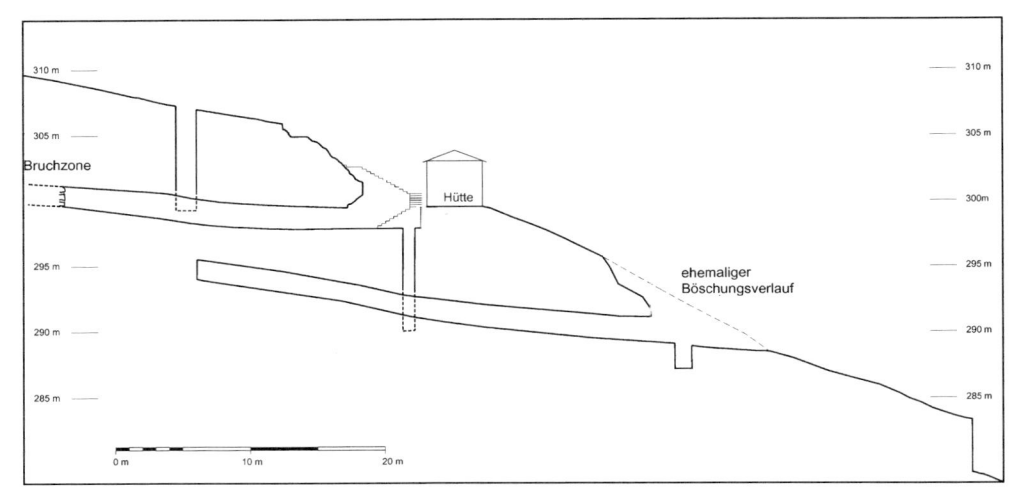

Abb. 25. Stollenanlage Emilianus, röm. Azuritbergbau, Schnittdarst., St. Barbara, Gem. Wallerfangen

reichen Funden blauer Pigmentkugeln oder auf röm. Wandmalereien (12).

Der Emilianus-Stollen ist ein Bergwerk aus der Römerzeit (Abb. 25 und Taf. 6), das, wie Ausgr. zeigen, unverändert und ungestört auf die Gegenwart überkommen ist. Es wurde bereits im 19. Jh. durch seine Inschr. bekannt. Sie war der Anlaß zur Entdeckung des röm. Bergwerks durch Schindler (26):

INCEPTA OFFI | CINA EMILIANI | NONIS MART

‚Emilianus hat den Betrieb in den Nonen des März eröffnet'

Diese einzigartige sog. Okkupationsinschr. besagt, daß ein Unternehmer namens Emilianus die Konzession zur Eröffnung dieses Bergwerksbetriebes erworben und den Betrieb fristgerecht am 7. März begonnen hatte. Diese Inschr. basiert auf dem röm. Bergrecht, das eine fristgerechte Aufnahme des Betriebes erzwang, wollte man die erneute Vergabe der Konzession vermeiden (10).

Erste Ausgr. 1964 erfolgten durch Schindler (28; 29) am völlig durch Sedimente verschlossenen Mundloch des Oberen Emilianus-Stollens, sie wurden seit 1966 in Zusammenarbeit mit dem Dt. Bergbau-Mus. Bochum fortgesetzt. Es waren die ersten größeren montanarch. Ausgr. in Deutschland (→ Montanarchäologie). Bei Freilegung des Bereichs vor dem Mundloch wurde der Schacht des Unteren Emilianus-Stollens entdeckt. Er wurde ebenfalls von diesem Mus. seit 1992 freigezogen und führte 1998 zur Entdeckung des Stollenmundlochs. 1999 wurde der gefährdete Eingangsbereich des Stollens auf Veranlassung des Kr.es Saarlouis durch Stahlausbau gesichert. 1996 wurde mit der Ausgrabung und umfangreichen Sicherungsarbeiten am sog. Stollen Bruss rund 130 m weiter w. begonnen.

Der Obere Emilianus-Stollen besaß eine vom Hang aus erschlossene Lettenbank (6; 14). Sein Querschnitt ist mannshoch und rechteckig bis leicht trapezförmig mit gerundeten Ecken und weist an den Wänden, die typischen Spuren etwa fußbreiter Vortriebsschrame auf (21; 33). Er ist heute noch rund 21 m lg. Von 6–15 m steht der Stollen in vollem Querschnitt mit markanten Werkzeugspuren. Die Sohle steigt langsam an, so daß das stark zusickernde Wasser gut durch eine seitliche Rinne ablaufen konnte und noch immer kann. An Firste und Stößen sind deutliche Spuren der hauptsächlich als Werkzeug eingesetzten Keilhaue (einseitiger, spitzer Pickel) zu sehen. Bei den Grabungen fand sich bislang nur der Stiel eines solchen schweren Werkzeugs.

In dem bis heute erhaltenen Stollenbereich fand kein eigtl. Abbau statt, denn die Lettenbank war hier weitgehend taub. Allerdings steht zu vermuten, daß im verbrochenen hinteren Bereich ab 21 m weiträumige Hohlräume ehemaligen Abbaus bestanden, die später zu Bruch gingen. Die Sohle dieses Stollenbereichs jedenfalls setzt sich deutlich bergwärts fort.

Überraschenderweise wurde rechts dicht neben dem Stollen ein Schacht entdeckt, er hat rund 1 m Dm. und endet 0,9 m über der Stollensohle. Wahrscheinlich war der Schacht nur zum Luftaustausch angelegt worden, weshalb es nicht nötig war, ihn bis zur Sohle des Stollens zu teufen. Fest steht, daß der Schacht bereits zur Römerzeit bestand, denn die beim Freiräumen des Stollens gemachten Funde lagen unten im Bereich des Schuttkegels des Schachtes auf der Stollensohle, sind also durch diesen in den Stollen gelangt. Dazu gehören Keramikscherben, eine Lanzenspitze, Hölzer und einzelne Knochen von drei Erwachsenen. Sie stammen anscheinend aus der das Schachtmundloch einst umgebenden Ringhalde und sind später durch den Schacht in den Stollen gerutscht. Dies ist um so eher möglich, als der Schacht in der frühen Neuzeit von den Blaugräbern (s. u.) anscheinend zu Prospektionszwecken freigeräumt und sogleich aufgegeben worden war. Jedenfalls erwies sich, daß die 1964/65 gefundenen Hölzer (Holztrog, Steigbaum [→ Steigbäume]) ins frühe 16. Jh. datieren. Die anthrop. Reste mögen von verstorbenen röm. Bergleuten stammen, die man im Aushub der Halde verscharrt und nicht begraben hat, denn im röm. Bergbau wurden Sklaven, Gefangene und zum Bergbau Verurteilte *(damnati ad metallum)* eingesetzt.

Der Untere Emilianus-Stollen wurde am selben Hang 8,8 m tiefer, fast genau unterhalb des Oberen Emilianus-Stollens, in den Berg getrieben (33; 34). Da er von einem ebenfalls rechts dicht danebenliegenden Schacht angeschnitten wird, sich also der oben beschriebene Befund wiederholt, wird diese Anlage dem Bergwerk des Emilianus zugerechnet und als Unterer Emilianus-Stollen bezeichnet. Er wurde zu Prospektionszwecken stark ansteigend vorgetrieben und endet nach 34 m an einer gut erhaltenen Ortsbrust. Da er vollständig außerhalb der Lagerstätte liegt, mußte er ertraglos bleiben.

Die bergseitige Hälfte des unteren Stollens war durch die Freiräumung des Schachtes in den 60er J. zugänglich geworden, die talseitige jedoch war bis zur Firste mit feinstem Ton völlig zusedimentiert. Da der Stollen an keiner steilen Felswand angesetzt, sondern in den schrägen Hang vorgetrieben worden war, blieb das Deckgebirge in seinem vorderen Bereich zu schwach, um dauerhaft stehen zu bleiben. Das war auch den röm. Bergleuten schon bewußt. Sie stellten deshalb hölzerne Stützstempel in Abständen von rund 0,5 m, deren untere Reste noch in situ angetroffen wurden. Dieser Untere Emilianus-Stollen war in jüng. Zeiten nicht geöffnet worden, befand sich nach dem Freiräumen also noch im Originalzustand und läßt alle Spuren des typischen röm. Pickels, der Keilhaue, gut erkennen (5).

Vor diesem Stollen wurde die Öffnung eines Schachtes (Gesenk) angetroffen. Er war aber nach nur 1,60 m Teufe aufgegeben worden, unter Zurücklassung einer hölzernen Schaufel und des erwähnten Keilhauenstiels.

Die Bergwerke des Emilianus standen im 2./3. Jh. nach Chr. in Betrieb. Datierbare Proben von Pigmenten und Wandmalereien belegen aber eine Azuritproduktion schon in der 1. Hälfte des 1. Jh.s n. Chr. und Spitzenleistungen der Farbindustrie mit Erzen aus W. noch unter → Constantin dem Großen (12).

Eine marktbeherrschende Blüte erlebte der Bergbau im Raum W. im ausgehenden MA und der frühen Neuzeit, als Wallerfanger Bergblau (Azurro della Magna = Azurro del Almagna, Dt. Blau) bis nach Italien verhandelt wurde (1; 2; 15; 17; 20; 25; 35). Damals war W. der Hauptort des dt. Bellistums (Verwaltungs- und Gerichtsbez.) im Hzt. Lothringen.

Der ersten urkundlichen Erwähnung von 1492 geht nach einem jüngst erstellten 14C Datum an Holzreisig in einer Rinne im Boden des oben genannten Stollens Bruss ein Betrieb(sversuch?) im 10. Jh. voraus, über den aber bislang noch nicht mehr bekannt ist. Damit könnte eine frühma. Burg in Beziehung stehen (27). Seit 1492 beherrscht unter den Herzögen von Lothringen Wallerfanger Bergblau für Wandmalereien und Gemälde den Markt. In der Stadt W. genossen die ‚Blaugräber' wichtige Privilegien; Eigenlehen-Bergbau zahlreicher Blaugräber hat zahlreiche Spuren in Form von Schachtpingen in den Wäldern hinterlassen. Ein vom Dt. Bergbau-Mus. im J. 1968 untersuchter Schacht hatte mehr als 27 m Teufe. Unter Tage kam eine für St. Barbara spezielle Abbaumethode zum Einsatz, die ‚Keilreihenmethode' genannt wird.

Absatzschwierigkeiten, vielleicht im Zusammenhang mit dem Aufkommen eines neuen Blaupigments (Kobaltblau), Konkurrenz aus Schwaz in Tirol sowie der Beginn des 30jährigen Krieges, der 1635 mit der Zerstörung von W. in diesem Raum seinen Höhepunkt erreichte, brachten den Bergbau schließlich trotz aller Subventionen zum Erliegen. Im 18. und 19. Jh. scheiterten mehrere Versuche zur Nutzung der Lagerstätte zur Kupferproduktion mit den neuen Laugverfahren (2, 22).

(1) H. Ammann, Azzuro della Magna, in: Festschr. J. F. Niermeyer, 1967, 333–344. (2) Ch. Bartels, N. Engel, Spätma. und frühneuzeitlicher Bergbau in W./Saar und seine Spuren, in: Man and Mining – Mensch und Bergbau (Festschr. G. Weisgerber), 2003, 37–50. (3) J. Boessneck, Zu den Tierknochenfunden aus W. (Hallstatt C/D), Ber. der Staatlichen Denkmalpflege im Saarland 12, 1965, 35–37. (4) E. Bräuner, Gallo-röm. Felsbilder, ebd. 15, 1968, 83–112. (5) A. Brunn, Neue Ausgr. am Emilianusstollen in St. Barbara, Unsere Heimat 19, 1994, 140–144. (6) H.-G. Conrad, Röm. Bergbau, Ber. der Staatlichen Denkmalpflege im Saarland 15, 1968, 113–131. (7) R. Echt, Von W. bis Waldalgesheim. Ein Beitr. zu späthallstatt- und frühlatènezeitlichen Goldschmiedearbeiten, 1994. (8) Ders., Deponierungen der späten UZ, Höhenbefestigung und Prunkgrab der HaZ in W., Kr. Saarlouis, in: R. Echt (Hrsg.), Beitr. zur EZ und zur gallo-röm. Zeit im Saar-Mosel-Raum, 2003, 29–73. (9) N. Engel, Vorstoß in die Blausteingruben von gestern, Unsere Heimat 20, 1995, 111–124. (10) D. Flach, Die Bergwerksordnungen von Vipasca, Chiron 9, 1979, 399–448. (11) A. Haffner, Die w. Hunsrück-Eifel-Kultur, 1976, 210–215, Taf. 13,1–8. (12) L. Heck, Blaue Pigmentkugeln aus der röm. Villa von Borg – Frühe chem. Industrie auf der Basis des Azuritbergbaus zw. Mosel und Saar, Metalla (Bochum) 6, 1999, 13–39. (13) Ders., Die Pachtener „Pilatusbrieder", die „Drei Kapuziner" und die Officina Emiliani", Unsere Heimat 4, 1998, 145–149. (14) J. Kölb, Das Kupfererzbergwerk des Emilianus bei St. Barbara. Teil 1: Der Kupferbergbau der Römer, Saarbrücker Bergmannskalender 1990, 299–314. (15) Ders., Mit W.er Bergblau malte auch Albrecht Dürer. Teil 2: Azuritgewinnung unter den lothringischen Herzögen (1492–1635), ebd. 1992, 278–298. (16) A. Kolling, Späte BZ an Saar und Mosel, 1968, 197 f. Taf. 44–48. (17) Th. Liebertz, Die Blaubergwerke bei Walderfingen, in: W. und seine Gesch., 1953, 306–324. (18) H. Maisant, Der Kr. Saarlouis in vor- und frühgeschichtl. Zeit, 1971, 251–263. (19) G. Müller, Kurzgefaßte Darst. des Bergbaugebietes bei W., 1967. (20) Ders., Zur Bergbautechnik des hist. Bergbaus bei W./Saar, Der Aufschluss 18, 1967, 256–272. (21) Ders., Zur Diagnose röm. Bergbauspuren im Buntsandstein des Saar-Mosel-raumes, Der Anschnitt 20, 1968, 27–33. (22) Ders., Das Bergbauunternehmen des Jean-Jacques Sau(e)r in Dt.-Lothringen von 1747–1752, Selbstverlag Saarbrücken, 2004. (23) W. Reinhard, in: S. Rieckhoff, J. Biel, Die Kelten in Deutschland, 2001, 484–487. (24) Ders., Die kelt. Fürstin von Reinheim, 2004, 72, 74–77. (25) H. Rücklin, Die alten Azuritbergwerke in der Umgebung von St. Barbara, Abhandl. zur Saarpfälzischen Landes- und Volksforsch. 1, 1937, 109–121. (26) R. Schindler, Stud. zum vorgeschichtl. Siedlungs- und Befestigungswesen des Saarlandes, 1968, 45–67, 78–88, Beil. 1. (27) Ders., Eine frühma. Turmburg in Düren, Kr. Saarlouis, Kölner Jb. 9, 1967/68, 152–161.

(28) Ders., Das röm. Kupferbergwerk von W. (St. Barbara), in: Führer zu vor- und frühgeschichtl. Denkmälern 5, Mainz 1966, 160–164. (29) Ders., Das röm. Kupferbergwerk bei St. Barbara, Saarheimat 9, 1965, 115–117. (30) Ders., Kupfervorkommen im mittleren Saartal und ihre vermutliche Bedeutung für das Siedlungs- und Befestigungswesen, in: Stud. zum vorgeschichtl. Siedlungs- und Befestigungswesen des Saarlandes, 1968, 24–42. (31) H. Schneider, Saarland, 1991. (32) C. Simon, Kupfer- und Bleierzablagerungen im bunten Sandsteine und Vogesensandsteine der Umgebung von Saarlouis und St. Avold, Berg- und Hüttenmännische Zeitung 25, 1866, H. 48–51, 412–415, 421–423, 430–433, 440 f. (33) G. Weisgerber, W.er Bergblau – seit der Römerzeit stark gefragt, Arch. in Deutschland 2001, H. 2, 8–13. (34) Ders., O. Sprave, Neue Ausgr. in den röm. Bergwerken von St. Barbara, Gem. W./Saar, Fischbacher Hefte zur Gesch. des Berg- und Hüttenwesens 6, 2000, 38–47; auch ebd. Beih. 1/2000, 7–16 (2. Montanhist. Kolloquium). (35) A. Weyhmann, Der Bergbau auf Kupferlasur (Azur) zu W. a.d. Saar unter den lothringischen Herzögen (1492–1669), Wirtschaftsgeschichtl. Stud. 1, 1911.

W. Adler, G. Weisgerber

Wallersdorf. In W., Ldkr. Dingolfing-Landau, kamen in einem Garten bei der Kirche seit 1973 immer wieder kelt. Goldmünzen zum Vorschein. Doch erst 1987 informierte der Finder die zuständigen Stellen. Bei einer daraufhin vorgenommenen arch. Unters. fanden sich noch zahlreiche Münzen, die schon in früherer Zeit vom Pflug über mehrere Quadratmeter zerstreut worden waren. Reste eines Behältnisses, in welchem der Schatz deponiert worden sein könnte, wurden dabei nicht entdeckt (2; 3).

Es konnten insgesamt 366 Münzen nachgewiesen werden. Sie befinden sich jetzt in der Arch. Staatssammlung in München. Weitere 10–20 Stücke waren in früherer Zeit eingeschmolzen worden. Kellner geht davon aus, daß damit der „wesentliche Teil" des Depots erfaßt sei. Ein weiterer Altfund eines Regenbogenschüsselchens (→ Münzwesen, keltisches § 3) „aus der Gegend von W." könnte ebenfalls zum Fund gehören (4, 194 Nr. 2132). Leider ist das Stück aber verschollen.

Von den vorhandenen 366 Goldmünzen bilden die glatten Regenbogenschüsselchen-Statere des Typs V A (nach 4) mit 364 Vertretern den Hauptanteil im Fund. Daneben ist noch ein Viertelstater des Typs V D mit Kreuzrückseite sowie ein boischer Stater der sog. Nebenreihe III b (1, 42 ff.) vorhanden. Außer letztgenannter Münze, deren Verbreitungsgebiet in N-Böhmen liegt (→ Münzwesen, keltisches § 3), sind alle anderen Münzen als am Ort einheimisch anzusprechen (6, 88 ff.). Aufgrund ihrer hohen Rauhgewichte von durchschnittlich 7,892 g können die Statere des Typs V A im Fund in die Zeit um 200 v. Chr. datiert werden (6, 87 ff.; 8, 106. 125 f.). Ein nur wenig späterer Ansatz ist für den Viertelstater des Typs V D mit 1,980 g zu beanspruchen. Was den Stater der Boier betrifft, sind die Datierungen Castelins überholt, jedoch ohne daß diesen ein tragfähiges Chron.gerüst gefolgt wäre, was insbesondere mit dem Mangel arch. Fundkontexte erklärt werden kann (9). Die Datierung der Regenbogenschüsselchen legt somit eine Deponierungszeit des Fundes um 200/180 v. Chr. nahe, wodurch W. als der früheste in der Reihe der großen Schatzfunde mit Regenbogenschüsselchen in S-Deutschland gelten kann (6, 87 ff.; 7, 117 ff.; 8, 125).

Alle Münzen des Fundes wurden metallanalytisch untersucht (5, 307 Nr. B171, 319 ff. Nr. B580 ff. 343 Nr. B1362). Obwohl die glatten Statere des Depots schwerer sind als die Regenbogenschüsselchen der späteren Funde von Großbissendorf und → Sontheim, besitzen sie alle mit 15–24 % Silber- und 4–9 % Kupferanteil sehr gleichartige Legierungszusammensetzungen (5, 254 ff.).

Die mit nur wenigen Stempeln geprägten ‚glatten' Regenbogenschüsselchen weisen zum größten Teil keinerlei Umlaufspuren auf, weshalb anzunehmen ist, daß die Münzen nur kurze Zeit nach ihrer Prägung thesauriert und nicht einzeln einem Geldverkehr entzogen worden waren (2; 3; 12). Zudem datiert das Depot in eine Zeit, in welcher noch keine Rede von einer ausgeprägten kelt. Geldwirtschaft sein kann (7, 140). Der Zweck der Münzen liegt daher weniger im ökonomischen Bereich, sondern vielmehr in ihrer Eigenschaft als Wertobjekt zur Anhäufung großer Beträge (→ Geld § 3), welche mit Bezug auf die schriftliche Überlieferung für ‚diplomatische' → Geschenke, → Gaben an Untergebene, Heiratsmitgiften, Bestechungsgelder, aber auch für Tribut- und Soldzahlungen verwendet werden konnten (7, 139). Ihre Benutzung für Großzahlungen innerhalb größerer Handelstransaktionen ist zwar ebenfalls vorstellbar, findet aber in den ant. Schriftqu. keine Erwähnung.

(1) K. Castelin, Die Goldprägung der Kelten in den böhmischen Ländern, 1965. (2) M. Egger u.a., Der kelt. Münzschatz von W., Ldkr. Dingolfing-Landau, Niederbayern, Das Arch. J. in Bayern 1988, 1989, 87–89. (3) H.-J. Kellner, Der kelt. Münzschatz von W., 1989, 8–16. (4) Ders., Die Münzfunde von Manching und die kelt. Fundmünzen aus S-Bayern, 1990. (5) G. Lehrberger u.a. (Hrsg.), Das prähist. Gold in Bayern, Böhmen und Mähren. Herkunft – Technologie – Funde, 1997. (6) M. Nick, Gabe, Opfer, Zahlungsmittel – Zu den Strukturen kelt. Münzgebrauchs in Mitteleuropa 1, Diss. Freiburg i. B. 2001. (7) Ders., Am Ende des Regenbogens… – Ein Interpretationsversuch von Hortfunden mit kelt. Goldmünzen, in: C. Haselgrove, D. Wigg-Wolf (Hrsg.), Iron Age Coinage and Ritual Practices, 2005, 115–155. (8) B. Ziegaus, Der Münzfund von Großbissendorf. Eine num.-hist. Unters. zu den spätkelt. Goldprägungen in S-Bayern, 1995. (9) Ders., Datierung boischer Münzen durch eine Analyse von Schatzfunden, in: [5], 213–221.

M. Nick

Walnuß

§ 1: Sprachlich – § 2: Botanisch-archäologisch – a. Botan. – b. Kulturgeschichtl. – c. Archäobotan. Funde

§ 1. Sprachlich. In den ält. germ. Sprachen sind zwei Bezeichnungen für die W. belegt. Es sind dies ahd. *nuzboum, nozboum,* *boumnuz* (1, I, 1302; 4, II, 217 f.; 14, 437; 22, 137. 837; 30, I, 470; 30, VII, 154 f.; 31, 225; 36, 72. 447), ae. *hnutbēam* (3, I, 84; 3, II, 64; 3, III, 138; 7, 548, Suppl. 556) sowie ae. *wealhhnutu* (3, III, 249; 7, 1174), me. *walnote* (8, 666; 18, 187), mnd. *walnut, walnot,* mndl. *walnot(e), walnoot* (25, II, 1053), anord. *val(s)hnot, valhnet* (13, III, 845; 15, 61. 130), adän. *walnut, walnot,* aschwed. *valnut, valnot(h), valnöt(h)* (19, 116; 23, I, 782 ff.; 34, III, 907 f., Suppl. 1033), neben ahd. *welisch nusbom* (30, X, 359), mhd. *walhisch/ wälhisch nuz* (11, 386; 24, III, 652; 25, II, 1053). Mit dem Erstglied in der Bedeutung ‚welsch, südländisch' wird die W. (*Juglans regia* L.) als im Gegensatz zur Haselnuß (*Corylus avellana* L.) nicht-einheimische Nußart gekennzeichnet (21, 971; 28, 990; 33, 860; 29, 1535; 39, 641), vgl. auch ae. *frencissen hnutu* ‚französische Nuß' (3, II, 64; 10, 122) sowie die lat. Entsprechung *nux gallica* (2, 173; 5, 1580; 17, 1958 f.; 38, 142 f.).

W.-Bäume werden um 800 in den Inventaren der beiden karol. Hofgüter Asnapium und Treola (6, 255; 12, 182), dem → *Capitulare de Villis* (9, 63; 12, 183) sowie dem St. Galler Klosterplan (12, 186; 35, 245. 252 f.) verzeichnet. Verwendet wird dabei die lat. Bezeichnung *nucarius* (5, 1479; 27, II, 943) im Gegensatz zu *avellanarius* als Bezeichnung der Haselnuß (2, I, 99). Seit dem Beginn des 9. Jh.s ist in ahd. Glossen die Bezeichnung *nuzboum* bzw. *boumnuz* nachgewiesen. Die Bedeutung ‚Walnuß' ergibt sich aus den lat. Lemmata *iuglandis, iuglans* (30, VII, 154; 36, 447; 22, 837; vgl. auch 3, III, 137 f.) bzw. *nux gallica, nux rotunda, nux regia* (30, I, 470; 14, 437; 36, 72) im Unterschied zu ahd. *hasalboum, hasalnuz,* womit die einheimische Haselnuß gemeint ist (1, IV, 748. 749 f.; 30, IV, 196. 198 f.).

Die Bezeichnung von *Juglans regia* als ‚Nußbaum' bzw. ‚Baumnuß' ist sowohl im Ahd. wie auch im Ae. verbreiteter und älter als ‚Walnuß'. Den mehrfachen Belegen von *hnutbēam* im Ae. steht nur ein einziger für *walhhnutu* in der Hs. Cotton Cleopatra AIII gegenüber, wo lat. *nux* mit *hnutbēam* und *walhhnutu* glossiert wird (37, 320). Aus dem Ahd. belegt ist nur die Glosse *welisch nusbom* in der späten Glossenhs. der Berner Burgerbibl. Cod. 723 aus der 2. Hälfte des 15. Jh.s (30, X, 359).

Allg. wird angenommen, daß die Bezeichnung ‚Walnuß' im Bereich des Niederrhein aufgekommen sei. Nach Weisgerber kam im 5./6. Jh. für die durch die Römer nach Gallien gebrachte und dort weitverbreitete *Juglans regia* bei den am Niederrhein wohnenden germ. Nachbarn die Bezeichnung **walhhnutu* auf (41, 34. 40 f. 60 f.), worauf seiner Meinung nach nicht nur die Belege in den ält. germ. Sprachen beruhen (akzeptiert von 28, 990; 29, 1535; 21, 971; 39, 641), sondern auch mlat. *nux gallica* sowie das davon abhängige afrz. *noix gaug(u)e, gaille* (41, 35 f. 41. 60 f.; 33, 860; 29, 1535). Diese Ansicht findet in der Chron. der Belege keine rechte Stütze. Der erste Beleg für ‚Walnuß' in einer germ. Sprache überhaupt findet sich in der genannten ae. Glossenhs. von ca. 1050. Dagegen ist *nux gallica* schon in med. Hss. seit dem 9. Jh. belegt (20, 15; 32, 126; vgl. 41, 36 f.). Dies spricht doch eher umgekehrt dafür, daß die Bezeichnung ‚Walnuß' dem lat. *nux gallica* nachgebildet wurde (16, 553; 28, 990; 49, IV,36; 49, XVII,491). Dies mag auf niederrhein. Boden erfolgt sein, aber kaum so früh, daß sie schon von den in England landnehmenden Ags. mitgebracht wurde. Die Übernahme dürfte erst zu einem vergleichsweise späten Zeitpunkt erfolgt sein (vgl. 33, 860). Für diese Sicht der Übernahme spricht auch die spärliche und späte Bezeugung im Ahd.

(1) Ahd. Wb. 1, 1968 und 4, 1986–2002. (2) J. André, Le noms de plantes dans la Rome antique, 1985. (3) P. Bierbaumer, Der botan. Wortschatz des Ae. 1–3, 1975, 1976, 1979. (4) E. Björkman, Die Pflanzennamen der ahd. Glossen, Zeitschr. für dt. Wortforsch. 2, 1902, 202–233; 3, 1902, 263–307; 6, 1904–1905, 174–198. (5) F. Blatt, Novum Glossarium Mediae Latinitatis ab anno DCCC usque ad annum MCC, M–N, 1959–1969. (6) A. Boretius, Capitularia in regum Francorum, MGH Legum sectio 2, Bd. 1, 1883. (7) Bosworth-Toller, Anglo-Sax. Dict. (8) H. Bradley, F. H. Stratmann, A Middle-English Dict., 1958. (9) C. Brühl, Capitulare de villis. Cod. Guelf. 254 Helmst. der Hz. August Bibl. Wolfenbüttel, Dokumente zur dt. Gesch. in Faksimiles 1:1, 1971. (10) O. Cockayne, Leechdoms, Wortcunning, and Starcraft of Early England Teil 3, Rerum Britannicarum Medii Aevi Scriptores, or Chronicles and memorials of Great Brit. and Ireland during the MA, 1866. (11) Diefenbach, Gloss. (12) R. von Fischer-Benzon, Altdt. Gartenflora, 1894. (13) Fritzner, Ordbog. (14) H. Götz, Lat.-ahd.-nhd. Wb., 1999. (15) W. Heizmann, Wb. der Pflanzennamen im Awnord., 1993. (16) J. Hoops, Waldbäume und Kulturpflanzen im germ. Altert., 1905. (17) D. R. Howlett u. a., Dict. of Medieval Latin from British Sources, Fasc. 7, 2002. (18) T. Hunt, Plant Names of Medieval England, 1989. (19) H. Jenssen-Tusch, Nordiske Plantenavne, 1867–71. (20) J. Jörimann, Frühma. Rezeptarien, 1925. (21) Kluge-Seebold, ²⁴2002. (22) G. Köbler, Wb. des ahd. Sprachschatzes, 1993. (23) J. Lange, Ordbog over Danmarks plantenavne 1, 1959. (24) M. Lexer, Mhd. Handwb. 3, 1878. (25) Marzell, Wb. (26) I. Müller, Die pflanzlichen Heilmittel bei Hildegard von Bingen, 1982. (27) J. F. Niermeyer u. a., Mediae Latinitatis Lexicon Minus 1–2, ²2002. (28) C. T. Onions u. a., The Oxford Dict. of English Etym., 1966. (29) W. Pfeifer, Etym. Wb. des Deutschen 2, ²1993. (30) R. Schützeichel, Ahd. und as. Glossenwortschatz 1–12, 2004. (31) E. Seebold u. a., Chron. Wb. des dt. Wortschatzes. Der Wortschatz des 8. Jh.s (und früherer Qu.), 2001. (32) H. E. Sigerist, Stud. und Texte zur frühma. Rezeptlit., 1923. (33) J. A. Simpson, E. S. C. Weiner, The Oxford English Dict. 19, ²1989. (34) K. F. Söderwall, Ordbok öfver svenska medeltids-språket 1–2,1–2, 1884–1918, 1891–1900, 1900–1918. (35) W. Sörrensen, Gärten und Pflanzen im Klosterplan, in: J. Duft (Hrsg.), Stud. zum St. Galler Klosterplan, 1962, 193–277. (36) T. Starck, J. C. Wells, Ahd. Glossenwb., 1990. (37) W. G. Stryker, The Latin-OE Glossary in MS Cotton Cleopatra AIII, 1952. (38) A. Thomas, Notes lexicographiques sur les recettes médicales du haut MA publiées par le Dr. H. E. Sigerist, in: Archivum Latinitatis Medii Aevi 5, 1930, 97–166. (39) de Vries, Anord. etym. Wb. (49) W. von Wartburg, Frz. Etym. Wb. 4, 1952 und 17, 1966. (41) L. Weisgerber, Nux Gallica, Idg. Forsch. 62, 1956, 34–61.

W. Heizmann

§ 2. Botanisch-archäologisch. a. Botan. Die W. ist die von einer lederartigen grünen Außenschale überzogene verholzte Frucht des bis 25–30 m hohen W.-Baumes

Juglans regia L. aus der gleichnamigen Familie der W.-Gewächse (Juglandaceae). Der W.-Baum ist bereits aus dem Tertiär bekannt und heute als gepflanzter Nußbaum (→ Fruchtbäume) in den temperaten Zonen weltweit verbreitet. Glaziale Refugien dürften sich in den Schluchtwäldern W- und S-Anatoliens und SO-Europas sowie in Syrien befunden haben. Seine durch den Menschen geförderte großräumige Ausbreitung erfolgt erst nach 1500 v. Chr. (17; 18). Die W. hat heute natürliche Standorte in den Gebirgen SW-Asiens und der Balkanhalbinsel (20, 10).

Der windblütige Baum besitzt wechselständige, unpaarig gefiederte Laubblätter und ist einhäusig getrenntgeschlechtlich. Die männlichen Blütenstände sitzen in den Achseln abgefallener vorjähriger Laubblätter, die weiblichen Blüten in ährigen Blütenständen an den Enden der diesjährigen Zweige. Aus den Blüten entwickeln sich rundovale Früchte mit grünlicher, später bei Vollreife braunschwarzer, lederartiger Schale und hart verholztem Endokarp, die botan. einsamige Steinfrüchte (19, 241) oder steinfruchtartige Braktealfrüchte sind (33, 41), aber allg. als → Nüsse bezeichnet werden. Form und Größe der Nüsse variieren bei den verschiedenen Sorten und Varietäten.

Der W.-Baum ist spätfrostempfindlich, liebt Sommerwärme und nicht zu kalte Winter. Er ist etwa ab dem 15. J. fruchttragend und gilt als wertvoller Obst- und Nußbaum. Seine fett- und eiweißreichen Samen stellen im n. Mitteleuropa seit der Römerzeit eine beliebte Nahrungsergänzung dar. Die vollreifen Nüsse werden zw. Mitte September und Ende Oktober geerntet, anschließend von der äußeren, lederartigen Fruchtschale befreit und getrocknet. Sie sind lange lagerfähig. Der durchschnittliche Ertrag je Baum beträgt etwa 50 kg. Nach dem Öffnen der hart verholzten inneren Fruchtwand können die eiweiß- und fettreichen Samen verzehrt oder zur Gewinnung von gelblich-grünlichem, dünnflüssigem W.-Öl ausgepreßt werden (→ Ölpflanzen).

Der W.-Baum enthält vorwiegend in Blättern, Früchten und Rinde als Inhaltsstoffe die Farb- und Bitterstoffe Hydrojuglon bzw. Juglon, ferner Gerbstoffe (Ellag- u. Gallussäure), Flavonoide, Saponine, Eiweiße, fette und ätherische Öle, Ascorbinsäure, Citrullin und Calciumoxalate (21). Juglon (5-Hydroxy-1,4-naphthochinon) entsteht bei Verletzungen oder beim Absterben pflanzlichen Gewebes aus Hydrojuglon-ß-glykosid und sorgt für die Schwarzfärbung absterbender oder verletzter Pflanzenteile. Es wirkt phyto- und fungitoxisch, so daß schon Varro darauf verweist, daß W.-Bäume das Erdreich rings um sich herum unfruchtbar machen (Varro rust. I,16,6) (10).

Pollenkörner der W. sind eindeutig zu bestimmen. Sie sind periporat; dabei sind die 8–24 kleinen Keimporen unregelmäßig über die Oberfläche des Pollenkorns verteilt. Da der W.-Baum im n. Mitteleuropa nicht heimisch ist, sondern erst seit der Römerzeit gepflanzt wurde, sind hier Pollenkörner als Siedlungszeiger zu werten. Es muß jedoch auch mit Ferntransport aus Regionen s. der Alpen gerechnet werden.

b. Kulturgeschichtl. Die Heimat des W.-Baumes ist in einem Gebiet zw. Klein- und Vorderasien und China zu suchen. Spätestens in der Römerzeit gelangte er von Klein- und Vorderasien nach S-Europa und von dort weiter ins w. Mittelmeergebiet sowie in die röm. Prov. n. der Alpen (29, 246) (vgl. → Hehn, Victor; → Klima). Dort wurde er seitdem als geschätzter Obstbaum in den Nutzgärten kultiviert. Pflanzung und Pflege werden von Columella (Colum. De arboribus 20) (2) und später, im 4. Jh. n. Chr., von Palladius ausführlich beschrieben (Opus agriculturae II,15,14) (6). → Plinius bemerkt, daß sie ihre Bedeutung eingebüßt hätten, jedoch bei Hochzeitsfeierlichkeiten eingesetzt würden (Plin. nat. XV,86–

91) (7). Im MA und in der Frühen Neuzeit waren W.-Bäume fester Bestandteil der Obst- und Nutzgärten von Klöstern, Städten und ländlichen Siedlungen (→ Gartenbau und Gartenpflanzen). Wegen seiner Insekten vertreibenden Ausdünstungen wurde der Baum früher auch gerne in die Nähe von Kloakenanlagen gepflanzt.

Vom W.-Baum sind Früchte, Blätter, Rinde und Holz nutzbar. Die Samen der W. werden entweder direkt verzehrt, Speisen und süßen Zubereitungen zugesetzt oder zu W.-Öl ausgepreßt. W.-Öl enthält Linolsäure, Ölsäure und Linolensäure und ist nicht sehr lange haltbar. Es dient zur Zubereitung von → Salaten und anderen Speisen. In röm. Zeit war die Nutzung der W. zur Verfeinerung von Speisen bekannt (Apicius, De re coquinaria 6,5,3) (1; 11, 174), teilweise wurden sie auch geröstet (11, 71). Das durch Pressen gewonnene W.-Öl wurde jedoch als widerlich beurteilt und gering geschätzt (Plin. nat. XV,28; XXIII,88) (7; 8). Unreife Nüsse können in → Essig eingelegt oder zu Likör verarbeitet werden. Die Blätter dienen zur Bereitung von Tee oder getrocknet als Tabakersatz. Als Farb- und Bitterstoff (→ Farbe und Färben) färbt das bei reifen Früchten in der äußeren Fruchtschale enthaltene Juglon menschliche Haut, Haare bzw. Wolle sowie pflanzliche Fasern gelbbraun bis schwarz. Schon den Römern war dies bekannt (Plin. nat. XV,87) (7). Blätter und Fruchtschalenextrakte *(Folia Juglandis, Cortex Fructus Juglandis)* dienten aufgrund ihres hohen Gerbstoffanteils in der Volksmed. als adstringierende und entzündungshemmende Heilmittel (→ Heilmittel und Heilkräuter). Dioskorides zufolge schadet die W. jedoch dem Magen und kann Kopfschmerzen erzeugen (De materia medica 1,178) (3). Leonhart Fuchs empfiehlt, einen mit Honig gesottenen Sud der grünen Schale gegen Geschwüre im Mund- und Rachenraum einzusetzen (New Kreüterbuch, c. 142) (4); außerdem sollen Walnüsse gegen Gifte und Eingeweidewürmer helfen (Dioskorides, De materia medica 1,178 [3]; Plin. nat. XXIII,8 [8]; New Kreüterbuch, c. 142 [4]; Uffenbach 1610, 81 [9]). Aufgetragenes W.-Öl soll gegen äußerliche Parasiten wie Milben wirken (Lonicerus 1679, 84) (5). Ein Aufguß von W.-Blättern besitzt insektizide Wirkungen und wurde bes. bei Haustieren angewandt (20, 14).

Das Holz ält. W.-Bäume ist hart, zäh, elastisch und gut polierbar und deshalb ein beliebtes, hochwertiges Nutzholz (→ Holz und Holzgeräte). Es dient für Möbel und Furniere (Lonicerus 1679) (19, 241; 20, 13). Früher wurde es auch als Schaftholz für Armbrüste und Gewehre verwendet (20, 13). Im Volksglauben gilt die W. als ein weit verbreitetes Fruchtbarkeitssymbol (32).

c. Archäobotan. Funde. Frühe Schalenfunde der W. aus Anfang des 20. Jh.s durchgeführten Grabungen in den jungneol. und frühbronzezeitlichen → Seeufersiedlungen von Wangen, Arbon-Bleiche und Litzelstetten (16; 33) am Bodensee konnten bei modernen Ausgr. bisher nicht bestätigt werden (vgl. 25, 138 ff.) und müssen aus chron.-stratigr. Gründen als unsicher gelten. Aus SW-Deutschland, der Schweiz, dem angrenzenden Frankreich und aus Luxemburg sind erst für die röm. Epoche Makrorestfunde von W.-Schalen sicher belegt. Einerseits handelt es sich um Funde aus röm. Brandgräbern und Aschengruben (14; 31; 36), die als Speiseopfer und Grabbeigabe anzusprechen sind, andererseits um unverkohlte Funde aus Brunnen und Kloaken von zivilen und milit. Siedlungen, die als Speise- und Küchenabfälle zu interpretieren sind (12; 13; 26–28; 35). Da die Früchte auch verhandelt worden sein können, belegt dies nicht die lokale Pflanzung von W.-Bäumen. Bemerkenswert sind dagegen die Nachweise unverkohlter Zweigreste aus einem Brunnen des O-Kastells von Welzheim, Rems-Murr-Kr., sowie aus dem Brunnen eines röm. Gutshofes bei Mundelsheim, Kr. Ludwigsburg, die eine lokale

Pflanzung sehr wahrscheinlich machen (29; 35). Die zahlreichen röm. Makrorestfunde werden durch pollenanalytische Nachweise ergänzt, die ab röm. Zeit häufig sind. Einzelne frühere, vermutlich eisenzeitliche Pollenkornfunde von *Juglans* können auf Fernflug von länger bestehenden halbnatürlichen Vorkommen im Tessin und in Oberitalien zurückgehen (36, 144). N. der röm. besetzten Gebiete stammen früheste Funde der W. aus dem Früh-MA. Bemerkenswert sind Walnüsse als Speise- und Totenbeigabe in alam. Gräbern von → Oberflacht (20, 10) sowie in einem frk. Grab von Krefeld-Gellep (→ Gelduba) (24). Zu den frühen Funden im N gehören auch die reichen wikingerzeitlichen Funde aus Haithabu (→ Haiðaby) (15, 50) sowie Einzelfunde aus dem Schiffsgrab von → Oseberg (23) und aus → Lund (22). Die große Variabilität der Nüsse aus Haithabu wird als Hinweis auf Fernhandel interpretiert (15, 50). Bei archäobotan. Unters. spätma. und frühneuzeitl. Kloaken und von Abfallschichten in den Städten werden Nußschalen regelmäßig nachgewiesen, da W.-Bäume im MA und in der Frühen Neuzeit wichtige und weit verbreitete Fruchtbäume in den Nutzgärten waren (New Kreüterbuch, c. 142) (4).

Qu.: (1) Marcus Gavius Apicius, De re coquinaria, hrsg. von R. Maier, 1991. (2) Lucius Iunius Moderatus Columella, De Re rustica, Libri Duodecim incerti auctoris de arboribus, hrsg. von W. Richter, 1983. (3) Pedanius Dioscorides, De materia medica, Cap. 183. (4) Leonhart Fuchs, New Kreüterbuch, 1543. (5) Adamus Lonicerus [Adam Lonitzer], Kreuterbuch, künstliche Conterfeytunge der Bäume/Stauden/Hecken/Kräuter/Getreyd/Gewürtze. Mit eigtl. Beschreibung derselben nahmen in sechserley Sprachen ..., 1679, reprint 1962. (6) Rutilius Taurus Aemilianus Palladius, De l'agriculturae [= opus agriculturae], 1999. (7) Plinii Secundi Naturalis Historiae liber XV, hrsg. von R. König, 1981. (8) Plinii Secundi Naturalis Historiae liber XXIII, hrsg. von R. König, 1993. (9) P. Uffenbach, Kräuterbuch deß uralten und in aller Welt berühmtesten Griech. Scribenten Pedacii Dioscoridis Anazarbæi [....], 1610, reprint 1964. (10) Marcus Terentius Varro, Libri tres de re rustica, hrsg. von D. Flach, 1996–1998.

Lit.: (11) J. André, Essen und Trinken im alten Rom, 1998. (12) J. Baas, Die Obstarten aus der Zeit des Römerkastells Saalburg im Taunus bei Bad Homburg v. d. H., Saalburg-Jb. 10, 1951, 14–28. (13) Ders., Kultur- und Wildpflanzenreste aus einem röm. Brunnen von Rottweil-Altstadt, Fundber. Baden-Württ. 1, 1974, 373–416. (14) W.-D. Becker, U. Tegtmeier, Datteln, Feigen, Mandeln, Nüsse – Südfrüchte aus dem röm. Xanten, Arch. in Rheinland 1997, 1998, 188–191. (15) K.-E. Behre, Ernährung und Umwelt der wikingerzeitlichen Siedlung Haithabu. Die Ergebnisse der Unters. der Pflanzenreste, 1983. (16) K. Bertsch, Die Walnüsse der Bodenseepfahlbauten, Vorzeit am Bodensee 1, 1953, 33–40. (17) S. Bottema, On the hist. of the walnut (*Juglans regia* L.) in south-eastern Europe, Acta Botanica Neerlandica 29, 1980, 343–349. (18) Ders., The holocene hist. of walnut, sweet chestnut, manna-ash and plane tree in the eastern Mediterranean, in: J.-M. Luce, Paysage et alimentation dans le monde grec, Pallas 52, 2000, 35–59. (19) W. Franke, Nutzpflanzenkunde, ²1981. (20) G. Hegi, Illustrierte Flora von Mitteleuropa III/1, ²1957. (21) R. Hegnauer, Chemotaxonomie der Pflanzen 4, 1966. (22) H. Hjelmqvist, Frön och frukter från det äldsta Lund, Arch. Lundensia 2, 1963, 223–270. (23) J. Holmboe, Nytteplanter og ugræs i Osebergfundet, Osebergfundet 5, 1927, 3–78. (24) M. Hopf, Walnüsse und Esskastanien in Holzschalen als Beigaben im frk. Grab von Gellep (Krefeld), Jb. RGZM 10, 1963, 200–203. (25) S. Jacomet u. a. (Hrsg.), Die jungsteinzeitliche Seeufersiedlung Arbon – Bleiche 3. Umwelt und Wirtschaft, 2004. (26) K.-H. Knörzer, Römerzeitliche Pflanzenfunde aus Neuss, Novaesium 4, 1970. (27) Ders., Pflanzenreste aus einem Brunnen in Butzbach, Saalburg-Jb. 30, 1973, 74–114. (28) M. König, Die Pflanzenfunde, in: E. Goddard, Eine Brunnenfüllung aus dem röm. vicus Dalheim, Hémecht 46, 1994, 763–817. (29) U. Körber-Grohne, U. Piening, Die Pflanzenreste aus dem Ostkastell von Welzheim mit besonderer Berücksichtigung der Graslandpflanzen, in: Dies. u. a. (Hrsg.), Flora und Fauna im Ostkastell von Welzheim, 1983, 17–88. (30) G. Lang, Quartäre Vegetationsgesch. Europas, 1994. (31) Ph. Marinval, Étude carpologique d'offrandes alimentaires végétales dans les sépultures gallo-romaines: réflexions préliminaires, in: A. Ferdière (Hrsg.), Monde des morts, monde des vivants en Gaule rurale, 1993, 45–65. (32) H. Marzell, Gesch. und Volkskunde der dt. Heilpflanzen, ²1938. (33) E. Neuweiler, Die prähist. Pflanzenreste Mitteleuropas, Vjs. Naturforsch. Ges. Zürich 50, 1905, 23–134. (34) E. Schaarschmidt, Die Walnussgewächse, Neue Brehm-Bücherei 591, 1988. (35) H.-P. Stika, Römerzeitliche Pflanzenreste aus Baden-Württ., 1996.

(36) J. Wiethold, Die Pflanzenreste aus den Aschengruben. Ergebnisse archäobotan. Analysen, in: A. Miron (Hrsg.), Arch. Unters. im Trassenverlauf der Bundesautobahn A 8 im Ldkr. Merzig-Wadern, 2000, 131–152.

J. Wiethold

Walroß → Robben

Walrunen

§ 1: Quellenlage – § 2: Interpretation

§ 1. Quellenlage. Der Terminus W. ist ausschließlich im Anord. und Ae. (und jeweils in einem einzigen Beleg) bezeugt. Das erste Glied des Kompositums, anord. *valr*, mask., ae. *wæl*, neutr., steht für ‚Toter (Gefallener) auf der Walstatt', das zweite (anord. *rún* fem., ae. *rūn*, fem.) für ‚geheimes Wissen, Rune'. Der Sinn des Kompositums darf also in ‚Verborgenes, geheimes Wissen, das die Walstatt-Toten betrifft' gesucht werden.

Der ae. Beleg ist → Cynewulf, vermutlich einem Geistlichen (der 2. Hälfte des 8. oder der 1. Hälfte des 9. Jh.s) zuzuschreiben, der in seinen vier selbst signierten Gedichten den Stil der herkömmlichen heroischen Dichtung auf Stoffe der lat. Tradition übertrug. In „Elene" erzählt er von einer Heiligen, der Mutter Ks. → Constantins des Großen (= Helena), die Christi Kreuz suchte und fand. Das Stilmittel der W. verwendet er in den Zeilen 27 ff.:

   Fyrdleoð agol
wulf on wealde, wælrune ne mað.
Urigfeðera earn sang ahof,
laðum on laste

   Das Fahrtlied stimmte an
Der Wolf im Walde,
   die *wælrune* verbarg er nicht.
Der taubefiederte Adler begann zu singen
Auf der Spur der Feinde.

Vom dritten Walstatt-Tier, dem Raben, heißt es in Zeile 52 f.:

Hrefen uppe gol,
wan ond wælfel.

Der Rabe sang auf
gierig und grausam den Waltoten.

Mit Stilmitteln dieser Art beschreibt der Autor die zum Kampfe aufbrechenden Gegner und Anhänger Ks. Constantins.

Im Anord. ist *valrúnar* als *hapax legomenon* belegt in *Helgakviða Hundingsbana* II,12:

Þó tel ek slœgian Sigmundar bur,
er í valrúnom vígspioll segir

Doch nenne ich (als) listig,
    den Sohn Sigmunds,
der in Walrunen Kampfessprüche sagt.

Was solche ‚Kampfessprüche' (*vígspioll*) sind, wird aus dem Kontext klar: In Str. 8 wird vom ‚Bärenfang im Bragalundr' (*biorno taka í Bragalundi*) und vom ‚Sättigen des Adlergeschlechtes mit Waffenspitzen' (*ætt ara oddom seðja*) gesprochen (weitere Belege: Helgakviða I, 35, 44, 45). Es ist deutlich, daß Adler und Rabe zu den Walstatt-Tieren zählten (eine entfernte Reminiszenz an aasfressende Wesen). Sie zu füttern, galt in der Dichtersprache als verhüllendes Reden über Kampf und Tod. Auch der Bärenfang wird hier angeschlossen (dazu auch → Grottasöngr, Str. 13). Der Bezug ist anders als bei Adler und Rabe – der Bär wurde als gefährliches Wildtier gesehen und ihn zu überwältigen, galt als eine Heldentat. Die Wendung *beitask birni* (im Sinne von ‚sich auf eine übermächtige Gefahr einlassen') läßt auch hier den Bären in einer übertragenen Bedeutung erkennen (3; 8).

§ 2. Interpretation. Aus der Quellendarst. leiten sich weiterführende Fragen ab. Wie verhält sich die anord. Qu.lage zu den ae. Parallelen? In welchem Kontext ist das verhüllende Reden zu verstehen?

Hofmann hat vermutet (wie teilweise schon S. Bugge vor ihm), daß die anord.

Termini *valrún, bjǫrn* und *vígspjǫll* ae. Einfluß zu verdanken sind (5). Dort ist vom → Beowulf bis in die me. Zeit hinein *beorn* im Sinne von Mann, Krieger ein häufig gebrauchtes Dichterwort (der urspr. Bezug auf das Tier kam außer Gebrauch). Im N sei dies als ‚Bär' mißverstanden worden. Zur ae. Dichtersprache zählen auch *spell-*Komposita (‚Kunde' von Krieg, Unglück etc.) und das schon genannte *wælrun*.

Unabhängig von der Diskussion um ae. Einfluß oder heimisches Erbe stellt sich die Frage nach der Auffassung, die dem tatsächlichen Gebrauch verhüllender Rede als Stilmittel zugrunde lag. Hier tut sich im Blick auf die Poetik der Zeit ein weiterer Horizont auf.

Auch → Snorri Sturluson spricht in seinen *Skáldskaparmál* von *fela í rúnum eða í skáldskap* (in Runen oder Dichtkunst verbergen), von *myrkt mæla* (dunkel sprechen), *hulit er kveðit* (verhüllt ist gesprochen), wenn von Stilfiguren die Rede ist, die als → Heiti und → Kenning bezeichnet werden. Snorri bringt das Beispiel des goldreichen Riesen Ölvaldi. Dessen drei Söhne teilen sich den Hort des Vaters, indem jeder soviel fortnimmt, wie er im Munde fassen kann. Was im Munde getragen wird, ist normalerweise das Wort, die Rede. Eine Kenning für Gold lautet daher ‚Wort oder Rede des oder der Riesen' (6). Es sind gerade die Kenningar mit metaphorischer Ablenkung, d.h. mit ablenkender Wirkung des Bestimmungswortes, die als eigene Leistung → skaldischer Dichtung gelten und die zur Verrätselung und Verhüllung des Gesagten beitragen.

Was hier auf der Ebene der Stilmittel diskutiert wird, findet auf der höheren Ebene der Dichtung selbst, ihrer Gattungen und Einzelwerke eine Entsprechung. Seit Fiktionsbewußtsein und Wahrheitsanspruch in Konkurrenz traten, bewegt die Diskussion das Thema der in der Dichtung verhüllten und verborgenen Wahrheit. Die Lehre vom *integumentum*, vom tieferen Sinn in weltlicher und poet. Gestalt, gab dem MA die Rechtfertigung, in heidn. Mythen, fabelhaften Erzählungen und vorchristl. Dichtung verborgene Wahrheiten zu finden (2; 4; 7).

Snorri Sturluson verknüpft im sog. *Eptirmáli* seiner *Edda* beides, die stilistische Ebene der skaldischen Sprache (mit ihrer verborgenen Rede) und die Erzählung alter Mythen (mit dem damit verbundenen und verborgenen Wahrheitsproblem) (1).

(1) H. Beck, Snorri Sturlusons Sicht der paganen Vorzeit, Nachr. der Akad. der Wiss. in Göttingen. I. Philol.-Hist. Kl., Nr. 1, 1994, 39 ff. (2) H. Brinkmann, Ma. Hermeneutik, 1980, 169–214. (3) Egilsson, Lex. Poet., s.v. *hrafn, ulfr, orn*. (4) W. Haug, Lit.theorie im dt. MA, 1985, 106 ff., 224 ff. (5) D. Hofmann, Nord.-Engl. Lehnbeziehungen der WZ, 1955, 132–145, bes. 133–135. (6) R. Meissner, Die Kenningar der Skalden, 1921, 227. (7) H. Schlaffer, Poesie und Wissen, 1990, 84. (8) K. von See u.a. (Hrsg.), Kommentar zu den Liedern der Edda 4, 2004, 626, 673, 682.

H. Beck

Walstatt. W., das Schlachtfeld *(vígvǫllr)* der im Kampf durch Waffengewalt gefallenen Krieger *(valr)*, war eine Bezeichnung, die sich auf die Kämpfenden bezog, die auf dem Schlachtfeld eines Kampfes gefallen waren. Von besonderem Interesse ist dabei, daß der *valr*, der Gefallene des Schlachtfeldes, nicht als solcher, d.h. nicht unter dieser urspr. Bezeichnung nach → Walhall *(Valhǫll)* kam, wie schon Neckel vor fast 100 J. bemerkte: „Valhǫll ist in der Tat nicht die Halle des *valr*. Ihre Bewohner heißen niemals *valr*, vielmehr ist ihr eigentlicher Name *einheriar* ... Die mit *valr* regelmäßig verbundene Vorstellung weist nicht nach Valhǫll, sondern auf ein irdisches Schlachtfeld." (12). Der etym. Ursprung des *valr*-Begriffs ist nicht ganz klar (12, 28–34).

Das Schlachtfeld, *vígvǫllr*, war in alter Zeit ein bedeutungsschwerer Begriff mit mythol. wie auch irdischen Konnotationen. Die nord. Götter hatten ein eigenes abgegrenztes und abgemessenes Schlachtfeld an einem festgelegten Ort, wo sie mit den Mächten des Chaos und der Zerstörung rangen. In den → *Vafþrúðnismál* heißt es in Str. 18:

Vígríðr heitir vǫllr
er finnaz vígi at
Surtr ok in sváso goð;
hundrað rasta
hann er á hverian veg,
sá er þeim vǫllr vitaðr.

Das Feld heißt Wigrid,
wo sich finden zum Kampfe
die seligen Götter und Surt;
der Meilen hundert mißt's im Gevierte,
die Stätte ist ihnen bestimmt.
(Übs. nach Gering)

Das irdische Schlachtfeld hingegen war nicht an einen bestimmten Ort gebunden. Das auserkorene Schlachtfeld, auf dem die Schlacht stattfinden sollte, wurde jedoch – soweit wir wissen – jedes Mal neu bestimmt und vermessen sowie mit Haselnußstöcken abgesteckt. Auf diese Art legte laut der → *Egils saga Skalla-Grímssonar* der engl. Kg. Aðalsteinn das Schlachtfeld für → Óláfr skötkonungr fest und lud ihn zum Schlachtort auf der Vinheiðr: *er vǫllrinn var haslaðr, þá váru þar settar upp heslistengr allt til ummerkja* ,als das Feld bestimmt war, wurden dort überall Haselnußstöcke aufgestellt zur Abgrenzung' (4, c. 52). In der → *Heimskringla* (Hákonar s. góða c. 24) wird von Hákon Aðalsteinsfóstri berichtet, der auf ähnliche Art den Eiríkssöhnen auf Rastarkálfr das Feld absteckte, als sie während seiner Herrschaft in Norwegen auf Raubzug gingen.

Die Vorstellungen der N-Europäer über die Auswahl der Männer und ihren Aufenthaltsort nach dem Tod waren unterschiedlich. Jan de → Vries hebt die Inkonsequenz dieser Vorstellungen über die → Totenreiche hervor, wenn er schreibt: „Sobald wir uns aber der frühgermanischen Zeit nähern, finden wir zwei einander augenscheinlich sich durchaus ausschließende Vorstellungen: jene des lebenden Leichnams und jene der körperlosen Seele" (15, 217).

Wie de Vries andeutet, existieren Vorstellungen vom → Lebenden Leichnam, die teilweise auf alten Erzählungen vom Aufbrechen eines Grabhügels beruhen und daher neuerer und strengerer Qu.kritik nicht standhalten (7; 15, 217 ff.). Nach den Skaldengedichten (→ Skaldische Dichtung) und der *Snorra-Edda* (→ Edda, Jüngere) bestimmten sich die Auswahl der Männer sowie ihr Aufenthaltsort nach dem Ableben z. T. danach, wie sie zu Tode gekommen waren. In groben Zügen war die Einteilung so, daß die mit Waffen Getöteten ihren Aufenthalt bei Odin (→ Wotan-Odin) als dem Kriegsgott erhielten, während die an Krankheit Gestorbenen in die Unterwelt zu → Hel kamen, die auf See Gebliebenen hingegen zu Rán (→ Wassergeister). Zu Odin begaben sich demnach all jene nach ihrem Tod, die auf dem Schlachtfeld gefallen waren. Auch wenn die Qu. nicht immer so eindeutig sind, wie wir es gern hätten, lassen sie doch eindeutig erkennen, daß der Aufenthalt bei Odin unabhängig davon war, ob die Männer in einer großen Schlacht, beim → Holmgang, Einzelkampf oder einer anderen wie auch immer gearteten Auseinandersetzung mit Waffen fielen.

Die Ber. über die unterschiedlichen Schicksale nach dem Tode erfahren Unterstützung von Zeugnissen in Gedichten und Str. von → Skalden des wohl 10. Jh.s. In seinem → *Sonatorrek* (Verlust der Söhne) sagt Egill, Odin habe seinen Sohn zu sich in die Welt der Götter geholt. Es ist bemerkenswert, daß weder der Sohn Egils, der ertrank, noch der, der auf dem Krankenbett starb, erwähnt wird (8, c. 13; 13). Aus etwa der gleichen Zeit stammt die Str. von Helgi Trausti, in der er sagt, er habe – nachdem er den Geliebten seiner Mutter getötet hat – das Odinsopfer dargebracht, d. h. den tapferen Sohn des Þormóðr dem Odin dargebracht (2; 13).

Alte Beschreibungen von den Regeln und Riten, die beim Abstecken des Schlachtfeldes oder bei der Vorbereitung anderen Totschlags eingehalten wurden, sind unklar, und die Erzählungen darüber im alten Schrifttum sind nur überblicksartig kurz. Dennoch gibt es einen guten Abschnitt über dieses Vorgehen bei den Vor- und Nachbereitungen zu einem Holmgang in der → *Kormáks saga,* in dem sich die sog. Holmgangsgesetze finden, die oberflächliche Ähnlichkeit mit dem Geschehen in der *Egils s. Skalla-Grímssonar* zeigen (4; 5).

Die → Walküren hatten sich nach den Skaldengedichten und der *Snorra-Edda* auf Odins Anordnung auf jedem Schlachtfeld aufzuhalten, wo sie den Männern Todesahnungen eingaben und die Entscheidung trafen, wer in der Schlacht fallen und wer siegreich daraus hervorgehen sollte. Das Vorgehen der Walküren wird bes. deutlich in den → *Hákonarmál,* wo es heißt:

Gǫndul ok Skǫgul
sendi Gautatýr,
at kjósa of konunga;
hverr Yngva ættar
skyldi með Óðni fara
ok í Valhǫllu vesa (Str. 1).

Gǫndull und Skǫgull sandte Gautatýr, um die Kg. auszuwählen; jeder aus dem Geschlecht des Yngvi sollte zu Odin kommen und in Walhall sein.

An späterer Stelle findet sich im Gedicht ein lebendiges Bild vom Verhalten und Vorgehen der Walküren auf dem Schlachtfeld, das sich im Wortwechsel der Walküren mit dem Heerkg. → Hákon góði Aðalsteinsfóstri offenbart:

Gǫndul þat mælti
studdisk geirskapti:
„Vex nú gengi goða,
es Hǫkoni hafa
með her mikinn
heim bǫnd of boðit" (Str. 2).

Gǫndull sprach dies, stützte sich auf den Speerschaft: „Es wächst nun das Gefolge der Götter, da die Götter Hákon mit großem Heer nach Hause eingeladen haben".

Als Kg. Hákon hörte, daß er in der Schlacht unterliegen sollte, beklagte er sich bei der Walküre, und sie antwortete, sie, die Walküren, hätten ihm bereits in der ersten Schlacht, die er geführt hätte, den Sieg gewährt und seine Feinde in die Flucht geschlagen.

Das Schlachtfeld war ein Zwischenziel, eine ‚Raststätte' auf dem Weg des Kriegers zum Kriegsgott, und über das blutige Schlachtfeld führte dem Namen nach einer der wenigen Wege des Kämpfenden zu diesem Aufenthaltsort. Daher war es für den tapferen, kühnen Krieger so erstrebenswert, sein Leben im Kampf zu lassen, damit er Aufnahme bei Odin fand und an dem, wie man sagte, ruhmreichen Leben der *einherjar* (Einzelkämpfer, die Bewohner von Walhall) teilhaben konnte. Diese Auffassung des Kriegers wird ganz deutlich in der Erzählung von Egill ullserkr, einem Gefolgsmann von Hákon Aðalsteinsfóstri, der sich in hohem Alter erbot, seinem Kg. auf das Schlachtfeld zu folgen: *Þat óttuðumk ek um hríð, er friðr þessi inn mikli var, at ek myndi verða ellidauðr inni á pallstrám mínum, en ek vilda heldr falla í orrosto ok fylgja hǫfðingja mínum.* ‚Das fürchtete ich eine Zeit lang, als dieser Friede so lange dauerte, daß ich am Alter auf meinem Strohbett sterben würde, aber ich möchte lieber in der Schlacht fallen und meinem Fürsten folgen.' (6, c. 23). Der Traum des Kämpfenden scheint es nach diesen Worten gewesen zu sein, sich seinen Anteil am Kampfrausch der Krieger Odins zu sichern; zu ihrem Vorgehen im irdischen Leben heißt es im ersten Kap. der → *Ynglinga saga* so: ... *fóru brynjulausir ok váru galnir sem hundar eða vargar, bitu í skjǫldu sína, váru sterkir sem birnir eða griðungar. Þeir drápu mannfólkit, en hvártki eldr né járn orti á þá. Þat er kallaðr berserksgangr.* ‚... sie gingen ohne Brünne und waren wie von Sinnen und rasend wie Hunde oder Wölfe, bissen in ihre Schilde, waren stark wie Bären oder Stiere. Sie erschlugen die Menschen, und weder Feuer noch Eisen konnte ihnen etwas anhaben. Das nennt man Berserkergang.' (6, c. 6). W., das Schlachtfeld, war das Tor, durch das die Krieger gingen, um sich mit der großen Gefolgsschar des Kriegsgottes zu vereinen.

Qu.: (1) Eddadigte II. Gudadigte, hrsg. von Jón Helgason, 1962. (2) Edda Snorra Sturlusonar með skáldatali, hrsg. von Guðni Jónsson, 1935. (3) Íslendingabók, Landnámabók, hrsg. von Jakob Benediktsson, Ísl. Fornr. 1, 1968. (4) Egils s. Skalla-Grímssonar, hrsg. von Sigurður Nordal, Ísl. Fornr. 2, 1933. (5) Kormáks s., hrsg. von Einar Ól. Sveinsson, Ísl. Fornr. 8, 1936, 201–302. (6) Snorri Sturluson, Heimskringla I, hrsg. von Bjarni Aðalbjarnarson, Ísl. Fornr. 26, 1941.

Lit.: (7) Jón Hnefill Aðalsteinsson, Wrestling with a Ghost in Icelandic Popular Belief, in: A Piece of Horse Liver. Myth, Ritual and Folklore in Old Icelandic Sources, 1998, 143–161. (8) Ders., Trúarhugmyndir í Sonatorreki, 2001. (9) O. Bø, Holmgang, in: Kult. hist. Leks. VI, 653–656. (10) E. F. Halvorsen, Valhall, in: ebd. XIX, 464 f. (11) Magnússon, Orðsifjabók. (12) G. Neckel, Walhall. Stud. über germ. Jenseitsglauben, 1913. (13) F. Ström, Döden o. de döda, in: Kult. hist. Leks. III, 432–438. (14) D. Strömbäck, Några drag ur äldre och nyare isländsk folktro, in: Island. Bilder från gammal och ny tid, 1931, 51–77. (15) de Vries, Rel.gesch. I.

Jón Hnefill Aðalsteinsson

Walsum s. Bd. 35

Walternienburg-Bernburger Gruppe
→ Neolithikum

Waltersdorf. Landschaft und Lage. Der Fundplatz W. (Siedlungs- und Grabfunde; Ldkr. Dahme-Spreewald) liegt unmittelbar s. Berlins auf der von wasserführenden Talrinnen und Niederungen durchzogenen sandig-lehmigen Grundmoränenplatte des Teltow (2). Als Zentrum einer seit der BZ intensiv erschlossenen Siedlungskammer hat sich eine an der O-Seite des Teltow erstreckende subglaziale Schmelzwasserrinne ergeben (1). Der zu ihr abfallende, 400 × 500 m große kaiserzeitliche Siedlungsplatz wurde 1968–1981 auf einer Fläche von 1,2 ha freigelegt. Zwei weitere Grabungsareale (W. II) am s. Siedlungsrand schnitten einen spätkaiserzeitlichen Werkstattplatz, einen völkerwanderungszeitlichen Friedhof sowie eine mittelslaw. Siedlung an (5–7).

Siedlungsablauf und -struktur. Der germ. Siedlungsplatz belegt eine Konstanz von der augusteischen Zeit („Situlenhorizont") bis in das 5. Jh. n. Chr. Die Siedlung erfuhr bes. in der späten RKZ einen deutlichen Ausbau, wobei sie sich nun auch in die Randzonen der Niederung erstreckte. Offenbar ist nur der Werk- und Arbeitsplatz der ausgedehnten Siedlung um einen heute verlandeten Tümpel durch die Grabungen erfaßt worden. Das bestätigen die 51 freigelegten Grubenhäuser (→ Hütte), deren konzentrierte Anordnung, das Auftreten von diesen separierter kleiner Pfostengebäude und zwei Werkstattplätze zur Eisengewinnung. Die Grubenhäuser von etwa 13,5 m^2 Nutzfläche waren einheitlich in der Konstruktion des Achtpfostenhauses errichtet. Ihr Verwendungszweck als Arbeitshütte oder Vorratsraum ist mehrfach belegbar. Nur wenige verfügten über eine Feuerstelle. In einigen von ihnen sind nach der Aufgabe rituelle Hundegräber (→ Hund und Hundegräber) mit einer Speisemitgabe angelegt. Im n. Grabungsteil wurden ein- und zweischiffige Wohngebäude von etwa 5 m Lg. sowie mehrere Neunpfostenspeicher freigelegt.

Wirtschaft. Angebaut wurde Weizen, Gerste, Hafer und Lein (3). Einige Drehmühlsteine aus Grauwacke wurden aus der Nordlausitz importiert. Es dominierte in der Tierhaltung das Rind (54 %), vor Schwein, Schaf/Ziege, Pferd und Hund.

Gejagt wurden u. a. Hirsch, Reh, Elch, Ur oder Wisent, Braunbär, Wolf, Fuchs, Fischotter, Biber. Gefischt wurden Wels, Hecht, Barsch, Blei und Schleie. Als technische Anlagen (Röstöfen) zur Eisengewinnung sind zwei Konzentrationen von mehr als 60 Feuerstellen sowie ein sog. Amboßstein zu interpretieren (→ Eisenverhüttung).

Kulturgeschichtliche Beziehungen. Die germ. Siedlung von W. gehört nach dem geborgenen Fundgut zum elbgerm. Kulturkreis (→ Elbgermanen). Dabei ist die nachgewiesene Siedlungskonstanz vom 1. bis zum 5. Jh. n. Chr. von Bedeutung, da für O-Brandenburg bisher im späten 2. Jh. n. Chr. eine ethnische Zuwanderung aus dem Oder-Weichsel-Gebiet vermutet wird (4).

(1) B. Fischer, Die spätkaiserzeitlichen Brandgräber von Braunsdorf, Lkr. Oder-Spree, Veröffentl. des Mus.s für Ur- und Frühgesch. Potsdam 32, 1998, 63–86. (2) B. Krüger, W. Eine germ. Siedlung der Kaiser- und VWZ im Dahme-Spree-Gebiet, 1987. (3) E. Lange, Ergebnisse pollenanalytischer Unters. zu den Ausgr. in W. und Berlin-Marzahn, ZfA 14, 1980, 243–248. (4) A. Leube, Die RKZ im Oder-Spree-Gebiet, 1975. (5) Ders., Germ. Röstöfen zur Eisengewinnung aus W., Kr. Königs Wusterhausen, Ausgr. und Funde 26, 1981, 90–93. (6) Ders., Ein mittelslaw. Siedlungsplatz von W., Kr. Königs Wusterhausen, ZfA 16, 1982, 275–282. (7) Ders., Siedlungs- und Grabfunde des 3. bis 5. Jh.s von W., Kr. Königs-Wusterhausen, ebd. 26, 1992, 113–130.

A. Leube

Waltharius. Das 1 456 (1 455) Hexameter zählende lat. Kleinepos (39; 40) gestaltet die auch im ae. Stabreimgedicht *Waldere* (Frg.), im mhd. Strophenepos → Walther und Hildegund (Frg.), in der → *Þiðreks saga af Bern* und (mit starker Veränderung) in der poln. Walthersage behandelte Erzählung vom aquitanischen (span.) Kg.ssohn Walther, der zusammen mit der Kg.stochter Hildegund und Hagen von Tronje als Geisel am Hof Kg. Etzels aufwächst, dort zum geschätzten Heerführer avanciert, dann aber, von Hildegund begleitet, unter Mitnahme des Hunnenschatzes flieht, (sich der nachsetzenden Hunnen erwehren muß,) auf dem Weg in die Heimat von (Kg. Gunther und seinen Gefolgsleuten, darunter) Hagen gestellt und zur Herausgabe des Schatzes aufgefordert wird, diesen jedoch verteidigt, bis der Streit (mit der zur Kampfunfähigkeit führenden Verwundung Walthers, Hagens und Gunthers) endet, so daß Walther heimkehren kann, um Hildegund zu heiraten und die Herrschaft anzutreten.

Die Sage besteht aus einem Geflecht von (z. T. nur rudimentär realisierten) Erzähltypen/-motiven: Vergeiselung, Aufenthalt im Exil, Flucht aus dem Exil, Verfolgung von Flüchtenden, Hortsage (Gewinnung eines Horts, Forderung nach seiner Herausgabe, Verteidigung des Horts), Kampf von zwölfen gegen einen, Rettung einer Frau durch den Helden mit Hilfe von Wunderpferd und Wunderwaffen, Begegnung mit dem Freund/Feind an der Grenze, glückliche Heimkehr. Die Motive haben z. T. ihre Entsprechung im germ. Sagenkreis um Etzel und die Burg. (→ Dietrichdichtung; → Atlilieder; → Nibelungenlied), z. T. in der orientalisch-mediterranen Wandererzählung von der kühnen Befreiung einer Frau aus der Hand eines Herrschers (Gaiferosromanze; 12; 26).

Die romanhafte Errettung bildet das Grundgerüst der Walthersage, nicht jedoch ihren Schwerpunkt. Dieser liegt in der Bestimmung des fremden Hofes als Etzelhof und der Bestimmung der Verfolger als Hunnen und/oder Burg. (Franken), die Frau und Hort (zurück)fordern. Daß dem so ist, zeigt sich darin, daß signifikante Elemente des Entführungsromans (gemeinsamer Ritt auf dem Wunderpferd, Rast, Begegnung mit dem Krieger an der Grenze) (21) zumeist nur noch andeutungsweise vorhanden sind, während die mit der Etzel- und der Burg.sage verknüpfte Motivik fast den gesamten Erzählraum einnimmt. Dies gilt —

von der späten poln. Walthersage abgesehen (41) – für die oben genannten liter. Ausformungen der Sage ebenso wie für die im Nibelungenlied und im *Biterolf* nachweisbaren Anklänge, so daß die Annahme der nachträglichen ‚Nibelungisierung' eines urspr. nur Exil und Flucht aus dem Hunnenland umfassenden Plots (34) weniger für sich hat als die Annahme, die Walthersage sei von Anfang an aus den genannten drei Bausteinen zusammengefügt worden. Nur ein solches Konstrukt ermöglichte neben der Einbettung der Sage in die den Rezipienten vertraute Umgebung der VWZ (‚heroic age') auch die „Inszenierung von Wertkonflikten" (18, 209) (Hagen zw. Freundschafts- und Gefolgschaftsbindung) und die Aufnahme der Vasallenproblematik (48, 134–137) (starker Vasall gegen schwachen Kg.). Dabei deuten die nicht unerheblichen Erzählvar. in den schriftlichen Ausformungen der Sage darauf hin, daß den Verf. ein in Prosa- oder Liedform tradiertes, lockeres Motivcluster als mündliches Substrat zu Gebote stand, über das sie relativ frei verfügen konnten.

Der lat. W. schöpft aus demselben Reservoir – die These, wonach der W. ein ‚Urlied' sei, auf das alle uns bekannten Sagenfassungen zurückgingen (30), wurde rasch widerlegt (38) und wird heute nicht mehr vertreten – und nimmt sich dieselbe Freiheit der Varianz. Germ.-frk. Sagentradition verpflichtet sind Typik und Motivik, Schilderungsstrategien (44) und formelhafte Wendungen (27); in v. 405–407 findet sich sogar der nahezu wörtliche Anklang an ein bekanntes Heldenlied (→ Hunnenschlachtlied, Str. 14) (13, 26).

In der Freiheit der Neugestaltung geht das lat. Werk jedoch erheblich weiter als die volkssprachigen Gegenstücke, bezieht es doch seinen Reiz aus der Amalgamierung germ.-frk. und ant. Erzählkunst (5). Dem klass. Erbe verdankt sich die epische Großform der *poesis* (v. 1456); aus ihm kommen auch die zahlreichen Zitate (Vergil, Ovid, Statius, Prudentius [39, App.; 50] neben Lucan [8; 10] u. a.), die weit über den reinen *ornatus* hinaus Teil der poet. *inventio* sind. So haben etwa in den Kampfschilderungen (v. 644–1061, 1280–1305) das Variieren der Kampftechnik, die detaillierte Beschreibung der Verwundungen und das Verächtlichmachen des Gegners nur in der ant., nicht in der germ. Tradition ihre Entsprechung (44).

Zur lat. Umprägung der Sage gesellt sich – ähnlich wie im *Waldere* (37) – ihre Verchristlichung. Sie zeigt sich etwa in Walthers geschlechtlicher Enthaltsamkeit (v. 426 f.), seinem Gottvertrauen (v. 552 f.), seiner demütigen Entschuldigung für stolze Worte (v. 561–565) und seinem Gebet für die Erschlagenen (v. 1161–67), v. a. aber in Hagens Klage über die zerstörerische Macht der Habgier (v. 857–875). Der Befund wurde verschieden gedeutet. Man wertete diese Verse als Beweis dafür, daß der W.-Dichter dem germ. Heldenideal verständnislos gegenüberstand (14), oder betrachtete sie umgekehrt als Interpolationen, die den genuin paganen Charakter des W. nicht tangieren (7). Man kann jedoch in dem Neben- und Ineinander von heldenepisch-laikalen und theol.-klerikalen Elementen auch den Versuch sehen, ein neues Idealbild des christl. Adelskriegers zu zeichnen, in dem germ.-frk. Adelsethos mit christl. Reflexion über die Legitimität von Gewaltanwendung eine Verbindung eingehen: Walther ist auf der einen Seite ein erfolgreicher Troupier (v. 173–214) und gewandter Scout (v. 326–357), der jede Kampftechnik und -taktik perfekt beherrscht (v. 668–1061, 1226–1395) und es heldenhaft mit einem zahlenmäßig überlegenen Feind aufnimmt. Auf der anderen Seite besitzt er nicht nur die oben genannten christl. Tugenden, sondern macht mit seinem Gebet für die Getöteten auch klar, daß er nicht aus Haß, Rachsucht oder Habgier getötet hat, sondern als Beschützer Hildegunds (v. 602, 819 f.) und Verteidiger seines Besitzes und seiner Ehre in einem ihm von ‚Räubern' aufgezwungenen Kampf (v. 602 f., 641–643 u. ö.), den er nicht einmal durch freiwillige Zahlung eines ‚Lösegeldes' (v. 611–614) hat abwenden können (42, 1212 f.). In eine solche Interpretation ließe sich auch das motivliche Sondergut des W. integrieren: Gunther und Hagen sind – gegen die gesamte Tradition – keine Burg., sondern Franken, weil der Dichter seine Adelslehre in den Raum des frk. Reiches hineinspricht. Aus demselben Grund entfällt der Kampf mit den Hunnen nach der Flucht; ein solcher würde von der zentralen Stoßrichtung ablenken: „im Frankenreich hat Habgier das Recht verdrängt" (31). Die Begründung für das Nichtzustandekommen der Verfolgung gibt dem Dichter außerdem die Möglichkeit, die verheerende Wirkung von Trunksucht und Wut an einem sonst vorbildlichen Herrscher (→ Attila) zu demonstrieren. Ferner besitzt Waltharius eine von Wieland geschmiedete Brünne, nicht aber, wie Waldere, das Schwert Mimming: Der Dichter brauchte ein im Kampf zerspringendes Schwert, um (nach Prudentius) die Folgen von Wut *(ira)* vorzuführen.

Auch andere Deutungen der dichterischen Intention betonen den Einfluß der christl.-klerikalen Sichtweise des Verf.s auf die Umformung des Stoffes: der Dichter rücke das Verlöbnis Waltharius – Hiltgunt ins Zentrum, um dem Adel die kirchliche Ehelehre nahezubringen (46), und er bediene sich des (teilweise bitteren) Humors, um das germ. (und das ant.) Heroentum und dessen liter. Gestaltung der Lächerlichkeit preiszugeben (24).

Das Interesse des MAs am W. bezeugt die ungewöhnlich hohe Anzahl von zwölf ganz oder fragmentarisch erhaltenen und ca. 15 erschlossenen Textzeugen (39, 2–9; zur Hs. I vgl. jetzt 15). Der älteste Textzeuge ist ein aus Lorsch stammendes Frg. (Hamburg, SB u. UB, Ms in scrin. 17, Frg. 1), das „auf Grund seiner Schrift ... etwa in das letzte Viertel des X. Jh.s gesetzt werden kann" (6, 66). Die übrigen Hss. datieren vom 11. bis zum 15. Jh.

Wann, wo und von wem der W. verfaßt wurde, ist heftig umstritten (Forsch.süberblicke in 3; 25; 28; 42, 1178–1182; 11, 31–35; 4). Die Datierungen reichen von der frühen KaZ bis zur 2. Hälfte des 10. Jh.s bzw. – bei Annahme einer Überarbeitung durch Ekkehart IV. (35) – bis ins 1. Viertel des 11. Jh.s. Als mögliche Autoren wurden genannt: Grimald (Erzkanzler Ludwigs des Deutschen), der Dichter Ermoldus Nigellus (47, 101–123), ein *frater Geraldus,* der für einen *summus pontifex* Erckambald 22 dem W. vorangestellte Dedikationsverse dichtete (17; 19), Ekkehart I. von St. Gallen, oder ein namentlich nicht bekannten Autor des 9. oder 10. Jh.s. Als Entstehungsorte wurden die Hofschule, die Reichenau, St. Gallen oder der Bf.ssitz des oben genannten *summus pontifex* Erckambald vorgeschlagen. Keine der vorgetragenen Thesen konnte bisher ungeteilte Zustimmung erlangen. Am wenigsten Beifall fanden Grimald und Ermoldus Nigellus, und *frater Geraldus* wird wegen der stilistischen und versifikatorischen Differenzen zw. Widmung und Epos (28, 8; 9) nur noch von wenigen (32; 7, 55) als Autor des Epos betrachtet. Die Akzeptanz von Ekkehart I. hat in letzter Zeit wieder zugenommen (42, 1173–1176. 1186 f.; 4, 72), obwohl die in Kap. 70 von Ekkeharts IV. *Casus s. Galli* genannte *Vita Waltharii manu fortis* sich gegen eine Identifizierung mit dem W. zu sperren scheint. Daher hat auch die Anonymus-These weiterhin starke Befürworter (23, 635 f.; 22).

Trotz der genannten Schwierigkeiten zeichnet sich in der jüng. Forsch. in einem Punkt Konvergenz ab: es verstärken sich die Bedenken gegen eine frühkarol. Entstehung des W., sei es wegen dessen versifikatorischer Technik (9, 165: nach 840–860), oder wegen des Eindringens von ‚Chanson de geste'-Thematik (48, 134–137), wegen der (den Beginn des Epos bestimmenden) hist. und regionalen Einbettung (18, 225), wegen des poet. Flairs (16, 72–78) oder wegen der (in der veränderten Gentilzugehörigkeit Gunthers und Hagens sich manifestierenden) Kritik am frk. Kgt. (42, 1185 f.).

Wie auch immer die aufgeworfenen Fragen beantwortet werden, fest steht, daß die *Waltharii poesis* (v. 1456) ein kulturgeschichtl. hochbedeutsames Zeugnis für den fruchtbaren Dialog darstellt, den germ.-frk. Tradition mit lat. Bildung und christl. Lebenslehre führten.

(1) H. Althof, Waltharii Poesis. Das Waltharilied Ekkehards I. von St. Gallen 1–2, 1899–1905. (2) G. Becht, Sprachliches in den Vitae S. Wiboradae (II). Dabei: Ein W.-Zitat in der jüng. Vita, Mlat. Jb. 24/25, 1989/1990 (1991), 1–9. (3) W. Berschin, Ergebnisse der W.-Forsch. seit 1951, DA 24, 1968, 16–45. (4) F. Bertini, Problemi di attribuzione e di datazione del W., Filologia mediolatina 6/7, 1999/2000, 63–77. (5) A. Bisanti, Il *Waltharius* fra tradizioni classiche e suggestioni germaniche, Pan 20, 2002, 175–204. (6) B. Bischoff, Die Abtei Lorsch im Spiegel ihrer Hs., ²1989. (7) F. Brunhölzl, W. und kein Ende?, in: Festschr. P. Klopsch, 1988, 46–55. (8) E. D'Angelo, Lucano nel ‚Waltharius'?, Studi Medievali 32, 1991, 159–190. (9) Ders., Indagini sulla tecnica versificatoria nell'esametro del *Waltharius*, 1992. (10) Ders., Memoria culturale e trascrizione dei testi. Su due *lectiones singulares* della tradizione manoscritta del ‚Waltharius' in: C. Leonardi (Hrsg.), La critica del testo mediolatino, 1994, 339–349. (11) Ders. (Hrsg, Übs., Komm.), W. Epica e saga tra Virgilio e i Nibelunghi, 1998 (mit ält. Lit.). (12) P. Dronke, W. – Gaiferos, in: U. und P. Dronke, Barbara et antiquissima carmina, 1977, 27–79 (= in: Ders., Latin and Vernacular Poets of the MA, 1991). (13) F. Genzmer (Übs.), Edda, 1. Heldendichtung, Thule. Anord. Dichtung und Prosa 1, ⁴1934. (14) Ders., Wie der W. entstanden ist, GRM 35, 1954, 161–178. (15) J. Green, W.' Frg.s from the Univ. of Illinois at Urbana-Champaign, ZDA 133, 2004, 61–74. (16) P. Godman (Hrsg, Übs., Komm.), Poetry of the Carolingian Renaissance, 1985. (17) H. F. Haefele, Geraldus-Lektüre, DA 54, 1998, 1–22. (18) W. Haubrichs, Helden und Historie. Vom Umgang mit der mündlichen Vorzeitdichtung an der Wende zum 2. Jt., in: A. Hubel, B. Schneidmüller (Hrsg.), Aufbruch ins zweite Jt. Innovation und Kontinuität in der Mitte des MAs, 2004, 205–226. (19) A. Haug, Gerald und Erckambald – Zum Verf.- und Datierungsproblem des W., Jb. für internationale Germanistik 34, 2002, 189–225. (20) Ders., Die Zikade im ‚Waltharius' – Bemerkungen zum Autor und zum Publikum, Mlat. Jb. 39, 2004, 31–43. (21) W. Haug, Von der Schwierigkeit heimzukehren. Die Walthsage in ihrem motivgeschichtl. und literaturanthrop. Kontext, in: Verstehen durch Vernunft (Festschr. W. Hoffmann), 1997, 129–144 (= in: Ders., Die Wahrheit der Fiktion. Stud. zur weltl. und geistl. Lit. des MAs und der frühen Neuzeit, 2003, 315–329). (22) P. C. Jacobsen, Gesta Berengarii und W.-Epos, DA 58, 2002, 205–211. (23) P. Klopsch, W., in: Die dt. Lit. des MAs. Verfasserlex. 10, ²1999, 627–638. (24) D. M. Kratz, *Waltharius* and *Ruodlieb*: A New Perspective, in: C. Leonardi (Hrsg.), Gli umanesimi medievali. Atti del II. congresso dell „Internationales Mittellateinerkomitee", 1998, 307–313. (25) K. Langosch, W. Die Dichtung und die Forsch., 1973. (26) V. Millet, W.-Gaiferos. Über den Ursprung der Walthersage und ihre Beziehung zur Romanze von Gaiferos und zur Ballade von Escriveta, 1992. (27) A. H. Olsen, Formulaic Tradition and the Latin W., in: Heroic Poetry in the Anglo-Saxon Period (Festschr. J. B. Bessinger, Jr.), 1993, 265–282. (28) A. Önnerfors, Das W.-Epos. Probleme und Hypothesen, 1988. (29) Ders., Classica et Mediaevalia. Kl. Schr. zur lat. Sprache und Lit. der Ant. und des MAs, 1998, 86–146. (30) F. Panzer, Der Kampf am Wasichenstein. W.-Stud., 1948. (31) J. Peeters, Gunthraius – die Fehler eines Kg.s, Amsterdamer Beitr. zur ält. Germanistik 34, 1991, 33–48. (32) F. L. Pennisi, Funzioni narrative, strutture e ‚codici' del ‚Waltharius', Orpheus NS 4, 1983, 286–341. (33) E. E. Ploss (Hrsg.), W. und Walthersage. Eine Dokumentation der Forsch., 1969 (mit ält. Lit.). (34) W. Regeniter, Sagenschichtung und Sagenmischung. Unters. zur Hagengestalt und zur Gesch. der Hilde- und Walthersage, 1971. (35) D. Schaller, Von St. Gallen nach Mainz? Zum Verf.problem des W., Mlat. Jb. 24/25, 1989/1990 (1991), 423–437. (36) O. Schumann, W.-Lit. seit 1926, Anz. für dt. Altert. und dt. Lit. 65, 1951/52, 13–41. (37) U. Schwab, Heroische Maximen, homiletische Lehren und gelehrte Reminiszenzen in einigen Stücken christl. Heldenepik, bes. in England, in: H. Beck (Hrsg.), Heldensage und Heldendichtung im Germ., 1988, 213–244. (38) K. Stackmann, Ant. Elemente im W. Zu Friedrich Panzers neuer These, Euphorion 45, 1950, 231–248 (= in: [33], 388–405). (39) K. Strecker (Hrsg.), W., in: MGH Poetae, VI, 1–85. (40) Ders. (Hrsg.), Prolog des Geraldus zum W., in: MGH Poetae, V, 405–408. (41) M. Szyrocki, Auf den Spuren eines poln. Waltherromans, in: H.-Ch. Gf. von Nayhauss, K. A. Kuczyński (Hrsg.), Im Dialog mit der interkulturellen Germanistik, 1993, 215–221. (42) B. K. Vollmann, W., in: W. Haug, B. K. Vollmann (Hrsg, Übs., Komm.), Frühe dt. Lit. und lat. Lit. in Deutschland 800–1150, 1991, 163–259, 1169–1222 (mit ält. Lit.). (43) Ders., Freundschaft und Herr-

schaft. Zur *amicitia*-Idee im ‚W.', in der ‚Ecbasis captivi' und im ‚Ruodlieb', in: Mentis amore ligati (Festschr. R. Düchting), 2001, 509–520. (44) N. Voorwinden, Latin Words, Germanic Thoughts – Germanic Words, Latin Thoughts. The Merging of Two Traditions, in: R. North, T. Hofstra, Latin Culture and Medieval Germanic Europe, 1992, 113–128. (45) N. Wagner, Zu den PN im ‚Waltharius'. zw. Textkritik und Namenkunde, in: *triuwe*. Stud. zur Sprachgesch. und Literaturwiss. (Gedächtnisbuch für E. Stutz), 1992, 109–125. (46) J. O. Ward, After Rome: Medieval Epic, in: A. J. Boyle (Hrsg.), Roman Epic, 1993, 261–293. (47) K. F. Werner, *Hludovicus Augustus*. Gouverner l'empire chrétien – Idées et réalités, in: P. Godman, R. Collins (Hrsg.), Charlemagne's Heir. New Perspectives on the Reign of Louis the Pious (814–840), 1990, 3–123. (48) A. Wolf, Heldensage und Epos. Zur Konstituierung einer ma. volkssprachlichen Gattung im Spannungsfeld von Mündlichkeit und Schriftlichkeit, 1995. (49) J. M. Ziolkowski, Fighting Words: Wordplay and Swordplay in the *Waltharius*, in: K. E. Olsen u. a. (Hrsg.), Germanic Texts and Latin Models. Medieval Reconstructions, 2001, 29–51. (50) O. Zwierlein, Das W.-Epos und seine lat. Vorbilder, Ant. und Abendland 16, 1970, 153–184.

B. K. Vollmann

Walther und Hildegund s. Bd. 35

Wamba

§ 1: Quellen – § 2: Politische Geschichte und Bedeutung – a. Salbung – b. Aufstand des Paulus – c. Die Abdankung W.s

§ 1. Quellen. W. (672–680) gehört zu den Kg. im W-Gotenreich von Toledo (→ Westgoten; → Goten § 15) von denen nur ein insgesamt konturloses Bild überliefert ist. Er berief keine Reichskonzilien ein, so daß eine der wichtigsten Qu. für das W-Gotenreich von Toledo, die einen Eindruck von der Dynamik des polit. Geschehens vermittelt, für die Zeit W.s weitgehend ausfällt. Der *Liber iudicum*, die westgot. Gesetzessammlung, überliefert drei Gesetze W.s, darunter Vorschriften zum Heeresaufgebot, die aufgrund der Erfahrungen bei der Niederschlagung des septimanischen Aufstandes erlassen sein dürften (s. u. § 2c; 10, IV,2,13, VI,5,21, IX,2,8) (→ *Leges Visigothorum*). Von diesem Aufstand berichtet der Metropolit Julian von Toledo (680–690) ausführlich in seiner *Historia Wambae regis* (4). Auffällig sind die Analogien, die Julian zw. W. und dem biblischen Kg. Saul zieht, den er idealisierend als altbiblischen gottesfürchtigen Kg. schildert, sowie eine Anzahl von allegorisch zu verstehenden Formulierungen und Nachrichten (30, 599 ff.; 31, 418 f.), die den Verdacht wecken, daß Julians Ber. nicht exakt den Tatsachen entsprochen haben dürfte (12, 89 ff.). Die tatsächliche Persönlichkeit W.s hinter dieser Typisierung ist kaum auszumachen. Julian von Toledo kam es vielmehr auf den exemplarischen Wert seiner *Historia* an, die wahrscheinlich erst unter W.s Nachfolger Kg. → Erwig (680–687) (18, 136; 17, 185 ff.) möglicherweise als Schulwerk zur Erziehung des jungen hispano-got. Hofadels diente (16, 12 f. 20 ff.). Einzigartig und kaum zu überschätzen ist hingegen ihr Wert als Zeugnis für die westgot. Reichsideologie, wie sie von Kirche und Kgt. z. Zt. Julians von Toledo propagiert wurde (14). Weitere Qu., etwa die *Chronica (Laterculus) regum Visigothorum* (9, 461; 6, 468 f.), überliefern vereinzelte Detailinformationen zu W.: Die nachwestgot. mozarab. Chronik von 754 berichtet von der baulichen Erneuerung → Toledos durch W., der die Stadt durch eine Inschr. am Stadttor dem Schutz der Hl. anvertraute (5, 35). Die asturische Chronik Alfonsos III. aus dem späten 9. Jh. liefert Details zur Abdankung W.s und erwähnt für seine Regierungszeit den vereitelten Anlandungsversuch einer sarazenischen Flotte (→ Sarazenen) an der iberischen Küste (1, 33; 2, 116 f.), für den es allerdings keine Bestätigung durch andere Qu. gibt (1, 114 ff.; 7, 137).

§ 2. Politische Geschichte und Bedeutung. a. Salbung. Bedeutend war Kg. W. für die Gesch. des toledanischen Reiches

v. a. durch seine Kg.ssalbung und die Art seiner Abdankung. Sowohl sein Herrschaftsantritt und das Ende seiner Herrschaft bedeuteten staatsrechtlich entscheidende Wendepunkte in der polit. Gesch. des W-Gotenreiches. Zum ersten Mal begegnet W. auf dem 10. Konzil von Toledo (655) als *vir inluster* aus dem Hofkreis um Kg. → Recceswinth (8, 322; 3, 544; 20, 162; zum Namenkundlichen 33, 450). Unmittelbar nach dem Tod Kg. Recceswinths wird er in Gerticos (Prov. Salamanca) vom versammelten Hofadel zum Kg. ausgerufen. Julian von Toledo berichtet, wie W. sich zunächst angeblich gegen diese Entscheidung sträubt, dann aber Drohungen nachgibt und sich daraufhin nach Toledo, der *urbs regia,* begibt, um dort den Thron zu besteigen und sich in der Palastkirche der Apostel Peter und Paul zum Kg. salben zu lassen (4, 1–4) (→ Toledo §§ 2–3). Diese → Salbung ist die erste eindeutig dokumentierte Kg.ssalbung im christl. Abendland. Nach ihm wurden sämtliche Kg. im Reich von Toledo gesalbt. Die Salbung war fortan die unverrückbare, sakrale Besiegelung einer im Prinzip änderbaren weltlichen Entscheidung (13, 347) (→ Sakralkönigtum § 15c).

b. Aufstand des Paulus. Während einer milit. Expedition gegen die Basken erreicht W. die Nachricht vom Aufstand des Grafen Hilderich von Nîmes im Bündnis mit Verschwörern aus dem Adel und dem hohen Klerus. W. schickt den Hz. Paulus nach NO-Spanien, um die Erhebung niederzuschlagen. Dieser jedoch verbündet sich mit den Aufständischen, gewinnt auch den Hz. der *Tarraconensis* für sich und läßt sich zum Kg. salben (4, 217,5–8). W. zieht mit dem Heer über die Pyrenäen und erobert in rascher Folge die städtischen Zentren des Aufstandes Maguelonne, Narbonne und Nîmes. Die gefangenen Aufrührer läßt er im Triumphzug durch Toledo führen (4, 9–30). Die Hintergründe des Aufstandes bleiben allerdings in der *Historia Wambae regis* im dunkeln. Die distanzierte Haltung des Adels in den nö. iberischen und gall. Reichsgebieten zum Zentrum des Reiches in Toledo, die schon für die Zeit der Kg. Liuva und → Leovigild festzustellen ist und die später erneut im Gefolge der Wirren um die Thronfolge Witizas mit den Münzprägungen eines Kg.s Achila in den nö. Landesteilen und → Septimanien begegnet (6, 469; 9, 461; 21, 262 ff.), dürfte hierbei eine Rolle gespielt haben. Auf Sezessionsbestrebungen deutet auch die Selbsttitulation des Paulus als *rex unctus orientalis* (4, 217; 25, 118).

c. Die Abdankung W.s. Indizien deuten darauf hin, daß W. durch eine Intrige von der Macht entfernt wurde. Die Akten des 12. Konzils von Toledo (681) berichten, daß W. die Sterbesakramente erhielt und in den Stand eines Pönitenten versetzt wurde, als man – am Abend des 14. 10. 680 (8, 386; 3, VI, 151; 6, 468; 9, 461) – sein nahes Ende erwartete. Damit war er nach Kirchen- und Reichsrecht regierungsunfähig (8, 53. 210. 238 f. 244 f. 387 ff.; 3, V, 233 f. 311 ff. 325 ff.; 3, VI, 155 ff.). Er mußte sich in ein Kloster zurückzuziehen (1, 33 f.; 2, 116 f.; 29, 105 ff.). Als Nachfolger bestimmte er in seinem Abdankungsschreiben den Grafen Erwig (8, 386 f.; 3, VI, 152). Die Konzilsversammlung bestätigte die Rechtmäßigkeit von Erwigs Thronfolge durch dessen göttliche Prädestination, die sich in der Entscheidung des von Gott inspirierten Kg.s W. manifestierte, entband das Volk von seinem Treueeid gegenüber W. und verpflichtet es zur Treue zu Erwig (3, VI, 154; 8, 387). Die Designation eines neuen Kg.s durch den Vorgänger war von nun an ein staatsrechtlich akzeptiertes Instrument der Thronfolge im W-Gotenreich. Gleichzeit verbot das Konzil für die Zukunft strikt, einen bewußtlosen Menschen in den Stand eines Pönitenten zu versetzen, wiederholte aber gleichzeitig das Verbot für Pönitenten, *ad militare cingulum* zurückzukehren (8, 387 ff.;

3, VI, 155 ff.). V. a. diese Entscheidung sowie die gewundene Formulierung, daß W. die Pönitenz erhalten habe *dum inevitabilis necessitudinis teneretur eventu,* belegen, daß W. nicht auf eigenen Wunsch in den Stand eines Pönitenten versetzt wurde, und dokumentieren die Zweifel der Konzilsväter an der Rechtmäßigkeit des Vorgehens. Daß sie das Ergebnis dennoch akzeptierten, dürfte an der traditionellen Auffassung des hispano-got. Klerus zur Gültigkeit von Sakramenten und Weihen gelegen haben (12, 56 f.) sowie unter der Maßgabe erfolgt sein, *pax et ordo* und somit die Stabilität der Kg.sherrschaft und damit des Reiches möglichst nicht zu gefährden (28, 295 ff.).

200 J. später deuteten die asturischen Chroniken die Abdankung W.s als Folge eines Staatsstreiches. Die Chronik von Albelda vermerkt knapp, Erwig habe W. der Herrschaft beraubt. Die Chronik Alfonsos III. berichtet genauer, Erwig habe dem Kg. einen Trank aus *spartus,* vermutlich eine Ginsterpflanze (oder Pfriemengras, span. *esparto*), verabreicht, der zur Bewußtlosigkeit W.s geführt habe (1, 22. 33 f.; 2, 170. 116). Abgesehen davon, daß dieser Ber. legendenhafte Züge trägt (24, 19 f.) und man bezweifeln darf, daß man damals wirklich dem Kg. einen bitter schmeckenden Sud aus Spartein unbemerkt in einen Trank mischen und die Substanz so genau dosieren konnte, daß tatsächlich eine Lähmung eintrat – die im übrigen eher für die Wirkung eines Opiats als für das sonst nirgends als Gift verwendete Spartein spricht (23, 79) –, nicht aber der Tod, ist der Wert dieser Nachricht auch durch den langen zeitlichen Abstand zu den Ereignissen eher gering. In der mozarab. Chronik von 754 steht nichts darüber (5, 38). Schließlich spricht die sog. antiwitizanische Legende, die im 8. Jh. ihren Ursprung hat und die der gesamten Sippe des Kg.s Witiza die Schuld für den Untergang des Gotenreiches zuweist (13, 258 ff.) – Erwig war der Großvater Witizas – gegen die Glaubwürdigkeit dieser Nachricht. Auch natürliche Ursachen können zu einem Kollaps W.s geführt haben, der dann allerdings geistesgegenwärtig ausgenutzt wurde, um den kranken Kg. von der Herrschaft zu entfernen. Daß W. aus seiner Starre erwachte und seinen Thronfolger designierte, erleichterte die Übertragung der Herrschaft auf Erwig. Thronansprüche der Sippe W.s wurden durch die Vermählung von Erwigs Tochter Cixilo mit einem Neffen W.s, dem späteren Kg. Egica, befriedigt (1, 34; 2, 118 f.).

Die Vermutung, daß der Metropolit Julian dieses Vorgehen gutgeheißen hat, ja sogar am Thronsturz W.s beteiligt war, stützt sich auf die von seinem Biographen Felix bezeugten guten Beziehungen zu Erwig und darauf, daß Julian von der Thronfolge Erwigs profitierte (24, 12; 29, 107 ff.). Das 12. Konzil von Toledo, dessen Akten die Federführung Julians verraten (26, 246 ff.; 29, 105 ff.; 18, 135; 19, 229 ff.; 12, 102 ff.; 29, 106), konzedierte ihm im 6. Kanon als Metropoliten von Toledo quasi die Rechte eines Primas über die gesamte westgot. Reichskirche (22, 377 f.). Julians Motive lagen hypothetisch im Konflikt zw. Kg. W. und der Reichskirche begründet. Sie deuten sich in der Ernennung eines speziellen Hofbf.s durch W. unter Umgehung Julians sowie in der Gründung eines neuen Bt.s im Kloster Aquis und an weiteren Orten an. Denn diese Entscheidungen wurden vom 12. Konzil von Toledo suspendiert, das für die zukünftige willkürliche Schaffung von Bf.ssitzen mit Kirchenstrafen drohte (3, VI, 160 ff.; 8, 389 f.; 26, 240. 258; 29, 110 f.). Auch W.s Militärgesetzgebung, vermutlich eine Konsequenz aus Schwierigkeiten bei der Sammlung eines Heeres gegen Paulus (27, 155 ff.), deutet auf gespannte Beziehungen zur Kirche hin. Denn darin schloß er den gesamten Klerus, Bf. wie einfache Kleriker, in die Wehrpflicht und in die Teilnahme am allg. Aufgebot unter Androhung schwerer Strafen ein. Bezeichnenderweise findet sich in Erwigs entspr. Gesetz kein

Hinweis auf eine Beteiligung des Klerus im Kriegsfall (10, IX,2,9). Anzunehmen ist beim Thronsturz des W. und der Thronfolge des Erwig auch das Einverständnis der Mitglieder des Hofadels, die die Vorgänge, wie sie dem Konzil berichtet wurden, mit ihrer Unterschrift bezeugten und die unmittelbare Thronfolge des Erwig offenbar unterstützten (15, 585). Eine Fälschung (29, 102 f.) der dem Konzil vorgelegten Dokumente gegen den Willen auch nur von Teilen des Hofadels wäre kaum unwidersprochen geblieben.

Die asturische Chronik Alfonsos III. überliefert ferner, daß W. noch sieben J. nach seiner Absetzung im Kloster lebte und von dort gegen Erwig konspirierte, indem er die Auflösung der Ehe seines Neffen mit der Tochter Erwigs betrieb (1, 34 f.; 2, 116 ff.). Doch auch diese Nachricht dürfte entspr. der antiwitizanischen Legende in der Absicht begründet liegen, die Verbindung der Sippe W.s zur Sippe Witizas zu kaschieren, der eben nicht nur ein Abkömmling Egicas, sondern auch der wambanischen Familie gewesen ist (13, 268 f.). Mit Recht wurde deshalb darauf hingewiesen, daß der *Tomus regius* zum 13. Konzil von Toledo (683) mit Hinweis auf die *retroactis divae memoriae praecessoris nostri Wambae regis temporibus* belegt, daß W. zu diesem Zeitpunkt bereits nicht mehr am Leben war (8, 412; 3, VI, 220; 24, 18; 32, 231; 29, 112).

Qu.: (1) Y. Bonnaz (Hrsg.), Chroniques asturiennes (fin IXe siécle), 1987. (2) J. Gil Fernández (Hrsg.), Crónicas asturianas. Crónica de Alfonso III (Rotense y „A Sebastián"). Crónica Albeldense (y „Profética"), übs. von J. Moralejo. Estudio Preliminar de Juan I. Ruiz de la Peña, Publ. del Dep. de Hist. Medieval 11, 1985. (3) G. Martínez Díez, F. Rodríguez (Hrsg.), La colección canónica hispana, V.: Concilios hispanos: segunda parte; VI.: Concilios hispanos: tercera parte, Monumenta Hispaniae sacra. Ser. Canónica 5–6, 1992–2002. (4) W. Levison (Hrsg.), Sancti Iuliani Toletanae sedis episcopi historia Wambae regis, in: J. Nigel Hillgarth (Hrsg.), Sancti Iuliani Toletanae sedis episcopi opera 1, CChrSL 115, 1976, 214–255. (5) J. E. López Pereira (Hrsg.), Crónica mozárabe de 754.

Ed. crítica y traducción, Textos Medievales 58, 1980. (6) Th. Mommsen (Hrsg.), Laterculus regum Visigothorum, in: Chron. min. saec. IV.V.VI.VII. Bd. 3, MGH AA 13, 1961, 461–469. (7) J. Prelog (Hrsg.), Die Chronik Alfons' III. Unters. und kritische Ed. der vier Redaktionen, Europ. Hochschulschr. R. III: Gesch. und ihre Hilfswiss. 134, 1980. (8) J. Vives Gatell u. a. (Hrsg.), Concilios visigóticos e hispano-romanos, España cristiana. Textos 1, 1963. (9) K. Zeumer (Hrsg.), Chronica regum Visigothorum, in: [10], 457–461. (10) Ders. (Hrsg.), Leges Nationum Germanicarum. Tomus I. L. Vis., MGH Legum sectio 1, 1902, Nachdr. 1973.

Lit.: (12) A. P. Bronisch, Die Judengesetzgebung im katholischen Westgotenreich von Toledo, 2005. (13) Ders., Reconquista und Hl. Krieg. Die Deutung des Krieges im christl. Spanien von den Westgoten bis ins frühe 12. Jh., 1998. (14) Ders., Die westgot. Reichsideologie und ihre Weiterentwicklung im Reich von Asturien, in: F.-R. Erkens (Hrsg.), Das frühma. Kgt. Ideelle und relig. Grundlage, 2005, 161–189. (15) K. Bund, Thronsturz und Herrscherabsetzung im Früh-MA, 1979. (16) R. Collins, Julian of Toledo and the Education of Kings in Late Seventh-Century Spain, in: Ders., Law, Culture and Regionalism in Early Medieval Spain, 1992, Nr. III. (Überarbeitete Version seines Aufsatzes: R. Collins, Julian of Toledo and the Royal Succession in Late Seventh-Century Spain, in: P. H. Sawyer, I. N. Wood [Hrsg.], Early Medieval Kingship, 1977, Nachdr. 1979, 30–49). (17) G. García Herrero, Sobre la autoría de la Insultatio y la fecha de composición de la Historia Wambae de Julián de Toledo, in: Arqueología, paleografía y etnografía, Bd. 4: Monográfico: Jornadas internacionales „Los visigodos y su mundo". Ateneo de Madrid. Noviembre de 1990, 1998, 185–213. (18) Y. García López, La cronología de la „Historia Wambae", Anuario de Estudios Medievales 23, 1993, 121–139. (19) Dies., Estudios críticos y literarios de la „Lex Wisigothorum", 1997. (20) L. A. García Moreno, Prosopografía del reino visigodo de Toledo, 1974, Nachdr. 1997. (21) J. M. Jover Zamora (Hrsg.), España visigoda, T. 1. Las invasiones, las sociedades, la iglesia. Introducción por R. Menéndez Pidal, Prólogo por M. C. Díaz y Díaz, ²1999. (22) J. M. Lacarra, La Iglesia visigoda en el siglo VII y sus relaciones con Roma, in: Le Chiese nei regni dell' Europa occidentale e i loro rapporti con Roma sino all' 800, 1960, 353–412. (23) L. Lewin, Die Gifte in der Weltgeschichte. Toxikologische, allg.verständliche Unters. der hist. Qu., 1920. (24) F. X. Murphy, Julian of Toledo and the Fall of the Visigothic Kingdom in Spain, Speculum 28, 1952, 1–21. (25) J. Orlandis Rovira, Historia del Reino Visigodo Español. Los acontecimientos, las instituciones, la sociedad, los protagonistas, 2003. (26) Ders., D. Ramos-Lisson, Die Synoden auf der iberischen Halbinsel bis zum Einbruch des Islam (711), 1981. (27) D. Pérez Sánchez, El ejército en la sociedad visigoda, 1989. (28) A. Suntrup, Stud. zur polit. Theol. im frühma. Okzident. Die Aussage konziliarer Texte des gall. und iberischen Raumes, 2001. (29) S. Teillet, La déposition de W., un coup d'état au VIIe siècle, in: De Tertullien aux Mozarabes (Mél. offerts à J. Fontaine) 2, 1992, 99–113. (30) Dies., Des Goths à la nation gotique. Les origines de l'idée de nation en Occident du Ve au VIIe siècle. Les origines de l'idée de nation en Occident du Ve au VIIe siècle, 1984. (31) Dies., L'Historia Wambae est-elle une oeuvre de circunstance?, in: Los Visigodos. Historia y Civilización, 1986, 415–424. (32) E. A. Thompson, The Goths in Spain, 1969. (33) H. Wolfram, Die Goten. Von den Anfängen bis zur Mitte des sechsten Jh.s. Entwurf einer hist. Ethnographie, ³1990.

A. P. Bronisch

Wand → Bauteile des Hauses

Wandalen

§ 1: Historisch – a. Anfänge, Frühgesch. – b. Lugier, Hasdingen, Silingen – c. Die W. an der Peripherie des Römerreichs – d. Struktur und Verfaßtheit der frühen W. – e. Der Beitrag der Goten zur wandal. Identität – f. Der Aufbruch nach Gallien – g. Stationen in Gallien und Aufbruch nach Spanien – h. Die *gentes* in Spanien – i. Das wandal. Kgt. und eine neue Ethnogenese in Spanien – j. Vom Übergang nach N-Afrika bis zur Eroberung Karthagos – k. Die Staatsgründung von 442 und das *regnum Vandalorum* bis zum Tode Geiserichs (477) – l. ‚La Galerie des Rois': Von Hunerich bis Hilderich – m. Staat und Ges. im wandal. N-Afrika – n. Der ‚Tyrann' Gelimer und der Untergang des W.-Reichs – § 2: Archäologisch – a. Przeworsk-Kultur – b. Das Ende der Przeworsk-Kultur und die Zeit bis 429 – c. Das W.-Reich in N-Afrika (429–533/34)

§ 1. Historisch. a. Anfänge, Frühgesch. W. (*Vandali,* zu den lat. und griech. Var. vgl. 55, 253–256 sowie 23, 145) sind erstmals bei dem ält. → Plinius (Plin. nat. 4,99) und bei → Tacitus als eine germ. Großgruppe belegt (Tac. Germ. 2,2: *Vandilios;* → Genealogie § 2), von Tacitus zusätzlich mit dem Prädikat eines *verum et antiquum nomen* ausgestattet. In eine deutlich frühere Per. als die Abfassungszeit der Werke der genannten Autoren führen uns sehr viel spätere Qu. in der Gestalt einer Herkunfts- und Wandersage, in der die W. allerdings eher die Staffage zum höheren Ruhm einer anderen *gens,* der →Langobarden, bilden. In deren → Origo gentis erlangen die Winiler mit göttlicher Hilfe den Schlachtensieg über die W. und zugleich den neuen Namen Langob. (Origo g. Lang.1; Paul. Diac. I, 7–10; → Origo gentis § 3; → Langobardische Sagen § 2). Dabei stellt sich grundsätzlich die Frage, ob aus solchen Erzählungen, deren Eingebundenheit in ein magisch-mythisches Weltverständnis noch selbst in christl. Zeit deutlich erkennbar ist, hist. Migrationen und Siedelvorgänge rekonstruiert werden können. Hier scheint Skepsis zu überwiegen (vgl. → Langobarden § 7), lassen sich doch in den ant. Ber. ethnographische Topoi und liter. Versatzstücke zuhauf nachweisen. Andererseits kann auch unter Verwendung eines Topos ein realer geschichtl. Vorgang beschrieben und kann gerade in den Namen von Personen, Orten und Regionen eine echte, alte Überlieferung bewahrt sein. Von daher ist es nicht müßig, den Versuch zu unternehmen, den Schauplatz der kriegerischen Auseinandersetzung zw. Langob. und W. und deren Zeitstellung annäherungsweise festzulegen.

Als erste Station nach der Auswanderung der Langob. von der Insel *Scadanan* (→ Skandinavien) auf das Festland und damit gleichzeitig als die Region, in der die Schlacht zw. W. und Langob. stattfand, nennt Paulus Diaconus *Scoringa,* und zwar dreimal (→ Scoringa). Anscheinend lag ihm eine gegenüber der Origo g. Lang. erweiterte Tradition vor. Die Etym. von Scoringa weist auf eine Küstenlandschaft, und zwar auf eine Landschaft mit Steilküste (31, 5: „Land der Felsvorsprünge, Felsenland"; 39, 299: „Uferland") hin, die jedenfalls s. der → Ostsee zu suchen ist. Dafür in Frage käme die Insel

→ Rügen und das ihr unmittelbar gegenüberliegende Festland, gerade wenn man die nächste Station der Migration *Mauringa* (‚Moorland'; → Mauringa/Maurungani) im heutigen w. Mecklenburg und den schließlich erreichten Lebensraum *Golaida* (‚Heideland') w. der Niederelbe lokalisiert (31, 6–9). Die Erzählstruktur mit schließlich zwei, die Wanderung unterteilenden Dreiergruppen (als weitere Stationen langob. Wanderung nennt Paulus Diaconus *Anthaib, Bainaib, Burgundaib*) weist auf frühe, wohl in Versform gebrachte mündliche Überlieferung hin und läßt auch daran denken, daß der Schlachtensieg der Langob. über die W. als primordiale Tat sich tief in das kollektive Gedächtnis eingrub und als realhist. anzusehen ist. Gegen hohes Alter und Authentizität der ersten Dreiergruppe spricht auch nicht, daß die zweite Dreiergruppe in ihrer Geschlossenheit erst im 6. Jh. möglich war (→ Origo gentis § 3c), können wir doch davon ausgehen, daß solche Überlieferungen immer wieder ergänzt und aktualisiert wurden.

Für die Ermittlung der Zeitstellung des Kampfes zw. Langob. und W. ist damit allerdings wenig gewonnen. Der den Namen tragende und bewahrende Traditionskern (zu Begriff und Bedeutung → Stammesbildung, Ethnogenese § 2; zur Problematik bei den W. vgl. 35, 62) der W. mag seinerseits erst kürzlich nach *Scoringa* zugewandert sein, vielleicht aus Jütland, dessen nördlichster Teil noch heute Vendsyssel heißt (58, 66; vgl. → Germanen, Germania, Germanische Altertumskunde § 16h; anders 39, 299 f.). Diese Vorgänge wird man lediglich grob in die drei letzten vorchristl. Jh. einordnen und als Teil großräumiger Migrationsprozesse von Völkern wie z. B. den → Bastarnen und → Skiren am ö. Rand des kelt. Kulturraums (→ Kelten) verstehen können, die zudem weitgehend außerhalb des ant. Beobachtungsradius lagen. Autoren wie der ält. Plinius oder Tacitus, denen in der 2. Hälfte des 1. Jh.s n. Chr. von ihren Gewährsleuten auch die W. genannt wurden, machten sich anscheinend nicht die Mühe, über deren Siedelgebiet etwas in Erfahrung zu bringen und dies zu berichten. Das Schweigen des Tacitus – von dem flüchtigen Hinweis auf das *nomen verum et antiquum* der W. abgesehen – könnte allerdings auch darin begründet sein, daß in seiner Zeit der Name der W. durch den der → Lugier ersetzt war, die W. in diesen gewissermaßen aufgegangen waren und der W.-Name erst später wieder aufgenommen und revitalisiert wurde (Beispiel für einen solchen Vorgang wären die → Sweben).

b. Lugier, Hasdingen, Silingen. Nennt → Dio Cassius im Rahmen seines Ber.s über den letzten Okkupationsfeldzug des → Drusus im J. 9 v. Chr. die ‚wandal. Berge', wohl das Riesengebirge oder die Sudeten insgesamt, als Quell- und Ausgangsgebiet der → Elbe (Cass. Dio 55,1,3), so findet sich bei Tacitus in seiner Schilderung der Verhältnisse im ö. Teil der *Germania magna*, für die er die Bezeichnung *Suebia* verwendet (Tac. Germ. 38–46), kein Hinweis auf die W. Vielmehr setzt er in einem großen Gebiet zw. → Oder und → Weichsel das *Lugiorum nomen* an (Tac. 43,2; → Lugier § 2), womit er – wenn man seinen Sprachgebrauch in Rechnung stellt – einen übergreifenden Verband im Kopf hat. Entspr. nennt er fünf als *civitates* bezeichnete Untergliederungen, nämlich Harii, → Helvecones, Manimi, → Helisii und Naharnavali, von denen er zudem behauptet, diese seien lediglich die mächtigsten unter den zum Lugierverband zählenden Gruppierungen. Solche Unterabt. der Lugier kennt auch → Ptolemaeus und führt diese in der Form Lougioi-Iomannoi/Omannoi, Lougioi-Idounoi (→ Dounoi) und Lougioi-Bouroi an (Ptol. 2,11,10). Es ist unschwer zu erkennen, daß die taciteischen *Manimi* den Lougioi-Iomannoi/Omannoi des Ptolemaeus entsprechen. Die *Buri* ordnet Tacitus allerdings aufgrund ihrer Sprache und Lebensweise den Sweben zu (Tac. Germ. 43,1).

Zur Entstehung und zum Charakter wie zur Struktur und Verfaßtheit des Lugierverbands sind verschiedene Theorien vorgelegt worden (→ Lugier § 2b; vgl. auch 63, 229–236), deren gemeinschaftlicher Nenner die Annahme einer kultischen Komponente als gemeinschaftsbildend und identitätsstiftend ist (→ Kultverbände § 3e). Vergleichsweise unstrittig ist die Auffassung, daß zu irgendeinem Zeitpunkt – vielleicht nach einer Per. paralleler Geltung – der W.-Name gegenüber dem Namen *Lugier* in den Hintergrund trat und erst nach neuen Wanderungsbewegungen und dadurch bedingten, von uns nicht rekonstruierbaren ethnogenetischen Prozessen in dem weiten Gebiet ö. der Oder und n. der → Donau später wieder in Geltung kam. Das könnte die Erklärung dafür sein, daß Ptolemaeus wie Tacitus die W. nicht in der Gegend verzeichnen, in der sie zu den Lebzeiten dieser Autoren eigtl. anzusetzen wären.

In hist. hellerer Zeit, als die W. durch ihre Reichsbildung zunächst im heutigen Spanien und anschließend in N-Afrika für die Römer eine feste Größe wurden und man sich mit ihnen intensiver befaßte, benannte man nicht nur deren Kg.sgeschlecht, sondern auch bisweilen das Gesamtvolk mit → Hasdingen. Diese pars pro toto-Benennung korrespondiert dem weit verbreiteten Muster, ein Volk nach einer sozialen Klasse zu benennen. Die Bedeutung des Wortes selbst – ‚Langhaarträger' – weist einen kultischen Bezug aus und paßt ebenfalls eher auf die kgl. *gens* als auf den gesamten Sozialverband der W. Es wäre allerdings zu überlegen, ob nicht erst die erfolgreichen Auseinandersetzungen der *Astingorum stirps* mit den Römern im 5. Jh. die Voraussetzung dafür geschaffen haben, Hasdingen synonym für W. zu verwenden. Dem steht allerdings das Zeugnis des Dio Cassius entgegen, der im Rahmen seiner Schilderung der → Markomannenkriege an zwei Stellen von den Hasdingen spricht (wo nur die W. gemeint sein können: Cass. Dio 71,11,6; 71,12,1 f.), bei der Darst. der Folgeereignisse aber ausschließlich den W.-Namen verwendet (vgl. Cass. Dio 72,2,4). Da wir den Dio Cassius-Text für die fragliche Per. nur in späten und verkürzenden Exzerpten besitzen, ist die Überlegung nicht von der Hand zu weisen, daß wir die Gleichsetzung von Hasdingen mit W. dem Kenntnisstand der Exzerptoren verdanken (anders → Hasdingen S. 28). Ein enger Zusammenhang zw. Hariern und Hasdingen (als dem angeblichen Herrschergeschlecht der → Harier) ist auf jeden Fall aufzugeben.

Als zeitweilige Träger des W.-Namens jedenfalls in der Spätant. werden auch die Silingen genannt: *Vandali cognomine Silingi* (Hydat. 49; vgl. Isid. hist. Goth. Wand. Sueb. 73). Auch hier stellt sich die Frage, ob diese Zuordnung (bzw. Selbstzuordnung) in frühe Zeiten zurückreicht oder ob sie nicht erst ein Ergebnis des großen Aufbruchs in den W unter Führung der Hasdingen-W. bald nach 400 war. Nach Ptolemaeus 2,11,10 wohnten die Silingen s. der → Semnonen, wiederum s. von ihnen und beiderseits der Elbe siedelten die → Kaloukones (Ptol. ebd.). In unsere heutigen geogr. Bezeichnungen übersetzt wäre ihr Siedelgebiet in der Niederlausitz zu suchen (58, 67). Da die Silingen offensichtlich ihren Namen im ma. *pagus Silensis* und dem *mons Slenz* – möglicherweise mit dem Zobten gleichzusetzen, für den auch die bei Ptol. 2,11,13 genannte Polis → *Limios alsos* ins Spiel gebracht wird – hinterließen und damit einer ganzen Landschaft – Schlesien – den Namen gaben, umfaßte ihr Siedelgebiet zusätzlich noch Mittelschlesien links der Oder (42, 21 f.; 58, 67; 54, 5. 15; 39, 300; zum Namen *Silingi* vgl. auch 26, 50). Für die von Ludwig → Schmidt (54, 4. 33. 39) vorgeschlagene Gleichsetzung der Silingen mit den Naharnavalen – wegen des bei diesen ansässigen lugischen Zentralkults der *Alcis* (→ Alci; → Kultverbände § 3e) – oder die von Rudolf → Much ins Auge gefaßte mit den Hariern (42, 27) lassen sich allerdings keine wirklich stichhaltigen Argumente anführen. Ebenso ist ungewiß, ob das von Ptolemaeus 2,11,13 als Polis Germaniens genannte → Kolankoron im Gebiet der Silingen lokalisiert werden kann.

c. Die W. an der Peripherie des Römerreichs. Seit der 2. Hälfte des 2. Jh.s n. Chr. gerieten die W. in das Blickfeld röm. Beobachter und v. a. der röm. Militärs. Dieses Interesse hing mit dem großen Markomannenkrieg unter Ks. → Marc Aurel zusammen, in dessen Verlauf nicht nur neue barbarische Kampfverbände, sondern auch ganze Wandergemeinschaften über die mittlere und untere Donau auf Reichsgebiet vorstießen und nach heftigen Kämpfen zurückgewiesen wurden. Die Rolle der W., sprich Hasdingen (wenn diese Bezeichnung damals bereits für W. stehen konnte, s. o.), war dabei eher marginal, ihre Vorstöße wuchsen sich nicht zu einer wirklichen Bedrohung des Imperiums aus. Entspr. wenig detailliert und aussagekräftig sind die auf uns gekommenen Ber., in denen sie häufig lediglich summarisch als Bestandteil langer Völkerkat. aufgezählt werden (→ Pannonien § 2). Die zeitweise prekäre milit. Lage Roms versuchten sie im J. 171 oder 172 unter Führung von → Raos und Raptos in der Weise für sich zu nutzen, indem sie in → Dakien einfielen und dort Ansiedlung, finanzielle Unterstützung und den Status von Bundesgenossen forderten. Dem röm. Oberkommandierenden Sex. Cornelius Clemens, dem als *consularis trium Daciarum* die gesamten röm. Streitkräfte der dakischen Prov. unterstanden (→ Rumänien und Republik Moldau § 4), gelang es jedoch, sie unter Zurücklassung von Frauen und Kindern zu einem Kriegszug gegen die Kostoboken zu bewegen, die damals anscheinend ebenfalls in den Karpatenraum vorstießen (dazu vgl. 54, 7). Nach ihrem Sieg verfolgten die W. jedoch weiter ihren urspr. Plan und bedrohten Dakien erneut, so Cass. Dio 71,12,1. Über das Schicksal ihrer Frauen und Kinder erfahren wir nichts. Und wiederum gelang es der röm. Diplomatie, die W. unter Schonung der eigenen milit. Ressourcen zu unterwerfen, indem sie die dem Römerreich bereits vertraglich verpflichteten Lakringen – ,die Übermütigen' (28, 25 unter 2.2.1) – gegen die W. einsetzten. Nach einer empfindlichen Niederlage gegen jene mußten sich die W. verpflichten, alle Feindseligkeiten gegen Rom einzustellen und milit. Hilfe gegen die Reichsfeinde zu leisten; im Gegenzug billigte ihnen Rom ein Ansiedlungsrayon und Jahresgelder zu. Und eigens wird betont, daß die W. im großen und ganzen ihren Verpflichtungen nachgekommen wären (Cass. Dio 71,12,2 f.). Die damals bezogenen Wohnsitze sind wohl im Bereich der oberen Theiß zu suchen, wo sich die W. in einer Gemengelage mit anderen barbarischen Gruppen befanden (54, 7. 9; 65, 143). Ob sie sich vor dem Friedensschluß des J.es 180 unter Ks. → Commodus zwischenzeitlich wieder den Reichsfeinden angeschlossen hatten und zu den Zielgruppen der kaiserlichen *expeditio Burica* (CIL III 5397; Cass. Dio 72,3,1 f; vgl. 54, 8; → Markomannenkrieg § 1d) gehörten, ist strittig. Die Bedingungen des genannten Friedensschlusses Roms mit den → Markomannen und → Quaden sprechen eher gegen eine solche Annahme. Diesen wurde nämlich darin untersagt, gegen die benachbarten Jazygen (→ Sarmaten), Buren und W. Krieg zu führen (Cass. Dio 72,2,4). Es spricht jedenfalls einiges für die Annahme, daß die W. im großen Markomannenkrieg nicht zu den offiziellen Kriegsgegnern Roms gehörten. Die sog. Völkertafel in der Biogr. des Ks.s Marc Aurel (H. A., Marc. 22,1), die insgesamt 16 Kriegsgegner aufführt, nennt die W. jedenfalls nicht (allerdings werden sie H. A., Marc. 17,3 unter den besiegten Völkern genannt, vgl. 39, 301). Auch die in den Dio-Exzerpten geschilderten Auseinandersetzungen (Cass. Dio 71,12,1–3) mit Kostoboken und Lakringen lassen eher an eine allerdings recht einseitige Partnerschaft mit Rom denken. Es ist offensichtlich, daß die angebliche Beteiligung der W. am großen Markomannenkrieg über einen Umweg in die wiss. Lit. gelangt ist: Sowohl Buri als auch die Viktovalen werden häufig zum lugischen Großverband gerechnet und als Folge davon die Viktovalen — ‚die Kampftüchtigen' — als W. (oder auch als Harier) aufgefaßt (42, 23; vgl. auch 68, 67). Die Viktovalen hingegen galten — wie auch die Lakringen — als Gegner Roms im Markomannenkrieg (H. A. Marc. 14,1) und fanden entspr. auf der sog. Völkertafel neben 15 anderen *gentes* Platz (H. A. Marc. 22,1). Als selbständige *gens* sind sie für das J. 334 und noch einmal zum J. 358 im n. Ungarn bzw. in einem Teil Dakiens bezeugt (Amm. 17,12,19; vgl. 54, 6 f.; 58, 72). Nach Eutr. VIII, 2, 2 besaßen sie mit Taifalen (→ Goten § 12; 68, 67–73) und → Terwingen die einstige Römerprov. Dakien.

Die flüchtige, streiflichtartige Erwähnung der W. in den Qu. ermöglicht kaum die Rekonstruktion eines in sich schlüssigen, komplexen Bildes ihrer Situation im 3. Jh. So soll Ks. Caracalla die Markomannen und W. gegeneinander aufgehetzt haben (Cass. Dio 77,20,3), ohne daß wir über die Hintergründe in Kenntnis gesetzt werden (→ Markomannen § 1e). Eine andere Dimension und Qualität kriegerischer Auseinandersetzung wurde jedoch mit dem Generalangriff auf die röm. Reichsgrenze an der unteren Donau unter Federführung der → Goten erreicht, den man gewissermaßen als ein Vorspiel zum Hunnensturm (→ Hunnen) von 375 und der Radagais-Invasion (→ Radagais) von 405 ansehen kann. Jord. Get. 90–92 schildert die langanhaltenden Kämpfe zw. einem multiethnischen Barbarenheer unter got. Führung — darunter die Hasdingen/W. — und den Römern z. Zt. des Ks.s Philippus Arabs (reg. 244–249) und des späteren Ks.s Decius (reg. 249–251). Wie H. Wolfram (→ Kniva; 68, 55–57) überzeugend darlegt, gehören die fälschlicherweise mit dem Gotenkg. → Ostrogotha in Verbindung gebrachten, hochdramatischen Ereignisse in die Zeit der Herrschaft des Nichtamalers (→ Amaler) Kniva, nicht in die Ostrogothas am Ende des 3. Jh.s. Danach stand eine der barbarischen Heeressäulen des sog. Skythischen Kriegs unter dem Befehl einer Anführerzweiheit, nämlich von Argaith und Guntherich, die bis zum thrakischen Philippopolis gelangte und diese Stadt belagerte. Im J. 250 wurde Philippopolis erobert, im Hochsommer 251 kam es dann bei Abrittus (heute Razgrad, Bulg.) zur Entscheidungsschlacht, in der Ks. Decius und sein Sohn Herennius Etruscus getötet wurden. Es ist offensichtlich, daß die in der Biogr. der drei Ks. mit Namen Gordian gegebene Information, der Skythenkg. Argunt habe die *regna finitimorum* verwüstet (H. A. Gord. tres 31,1), einen Reflex auf jene Vorgänge darstellt; der Name Argunt ist nämlich nichts anderes als eine Kontraktion der Namen Argaith und Guntherich, eine in den Biogr. der *Historia Augusta* häufig vorkommende Spielerei mit PN.

An den sich in den nächsten Jahrzehnten fortsetzenden Kämpfen im ‚Skythischen Krieg', in dem auch zunehmend maritime Aktionen seitens der barbarischen Angreifer eine Rolle spielten (68, 57–65), waren die W. nach Ausweis der Qu. nicht beteiligt. Sie dürften sich in ihr Siedelgebiet an der oberen Theiß zurückgezogen haben; erst für das J. 270 berichtet → Dexippos von Athen als Zeitgenosse dieser Ereignisse von einem Feldzug Ks. Aurelians (reg. 270–275) gegen die W. Diese wurden — wohl in der ungar. Tiefebene — von den Römern geschlagen und zum Friedensschluß gezwungen: Die W. verpflichteten sich, 2 000 Reiter zum röm. Heer zu stellen — die Aufstellung der dann in Ägypten stationierten *ala VIII Vandilorum* (Not. Dign. or. 28,25) könnte eine Konsequenz der wandal. Niederlage gewesen sein (54, 11; 39, 302; vgl. auch 30,

140) –, und zusätzlich mußten die beiden namentlich nicht genannten Kg. und auch die Führungsschicht zur Wahrung und Garantie des Friedens mit dem Imperium Geiseln stellen (Dexipp. frg. 7,1 f.). Nach Dexipp. frg. 7, 4 zog der Ks. anschließend mit den neuen Truppen und auch den Geiseln nach Italien.

Der zeitlich nächstfolgende Konflikt gehört dann bereits in die Regierungszeit des Ks.s Probus (reg. 276–282): Nach → Zosimos I, 67,3 und 68,1–3 besiegte der Ks. sowohl die Longionen unter ihrem Anführer Semnon als auch Burgunden und W. am Fluß Lech (39, 303; → Burgunden § 5 läßt die Frage der Lokalisierung – am Rhein oder am Lech – offen). Als Anführer der Barbaren wird ohne eine gentile Zuordnung ein gewisser Igillos genannt (Zos. I, 68,3). Die Nennung der W. im Kontext mit Burg. und Longionen (= Lugier) durch den relativ späten Zosimos macht den gesamten Ber. hinsichtlich seiner Richtigkeit verdächtig. Deshalb ist auch daran gedacht worden, in den zusammen mit den Burgunden genannten W. – zumal auch die Lugier im selben Kontext begegnen – die Silingen zu sehen, die sich demnach aus ihren schlesischen Wohnsitzen auf den Weg in den SW bzw. W gemacht hätten (54, 9). Die Stationen der W-Wanderung der Silingen, von denen allein ihr Endpunkt im s. Spanien wirklich bekannt ist, stellen ein Rätsel dar, was in der Forsch. dazu geführt hat, auf W. bezogene Nachrichten über deren Bewegungen, soweit sie nicht zu der bekannten Marschrichtung der Hasdingen/W. passen, auf die Silingen zu beziehen. Ein Aufenthalt etwa im mittleren Maingebiet oder ein von Jord. Get. 141 für das J. 380 überlieferter Einfall der W. in Gallien, mit dem die Silingen in Verbindung gebracht werden (54, 10), sind bloße und kaum begründete Vermutungen. Wenn in der Biogr. des Ks.s Probus summarisch davon gesprochen wird, unter diesem Ks. seien verschiedene Barbarengruppen – darunter die W. – auf röm. Reichsboden angesiedelt worden, hätten aber die Verträge gebrochen und seien dafür empfindlich bestraft worden (H.A., Prob. 18,2 f.), so ist durchaus denkbar, daß hier Verhältnisse vom Ende des 4. Jh.s auf die Regierungszeit des Probus zurückprojiziert wurden (→ Greutungen § 2b).

Sicheren Boden betreten wir hingegen mit einem Hinweis aus einer 291 gehaltenen panegyrischen Rede auf den Ks. Maximianus (reg. 285–305) auf einen unmittelbar vorausgegangenen Krieg zw. den damals verbündeten → Terwingen und Taifalen einerseits und → Gepiden und W. andererseits (Paneg. 11,17,1). Es scheint sich dabei um einen Rivalitätskrieg landsuchender Sozialverbände gehandelt zu haben, der – aus einer anderen Perspektive – in einem ausführlichen Ber. bei Jord. Get. 96–100 seinen Niederschlag gefunden hat. Aus der für beide Seiten verlustreichen Schlacht *ad oppidum Galtis* (→ Galtis) seien die Goten als Sieger hervorgegangen. Eigens vermerkt Jordanes in seiner Darst. die Gleichartigkeit von Kampfesweise und Bewaffnung der Kontrahenten (Jord. Get. 99 f.).

d. Struktur und Verfaßtheit der frühen W. Die meisten Zeugnisse aus einer eher dürftigen Überlieferung, die zudem durch das Fehlen einer spezifischen *origo gentis* auffällt, beziehen sich auf Anführerschaft und Kgt. (→ dux; → Häuptling, Häuptlingtum; → Heerkönigtum; → König und Königtum; → Sakralkönigtum). Und diese wenigen Zeugnisse weisen auf eine bemerkenswerte Kontinuität im Hinblick auf die Anführerschaft der W. hin: Ausgehend von der langob. Herkunfts- und Wandersage sind insgesamt vier Anführerzweiheiten belegt, darunter drei auch namentlich. Dafür wird in der Forsch. häufig eine besondere relig.-sakrale Einbindung und Legitimierung von Herrschaft verantwortlich gemacht und diese als dioskurisches Kgt. (→ Dioskuren) in einen Zusammenhang mit der in vielen, auch außereurop.

Kulturkreisen nachweisbaren Erscheinung jünglingshafter göttlicher Zwillinge bzw. Brüder gestellt, deren Repräsentanz und Agentur auf Erden das Doppelkgt. darstelle (66, 1–17. 225–247; 46, 1–6; 42, 27. 36–41). Allerdings findet sich in den Erzählungen der bisher vorgestellten Qu. kein einziger Hinweis auf die Sakralität der jeweiligen Anführerzweiheit. Geheilt wird dieses Defizit auch nicht dadurch, daß man sehr komplexe Zusammenhänge konstruiert, die dadurch gekennzeichnet sind, daß auf einer Hypothese die nächste errichtet wird, so als sei die vorhergehende Hypothese durch die nächste in gesichertes Wissen verwandelt worden. Konkret bedeutet ein solches Vorgehen, daß man das wandal. Doppelkgt. und seine relig. Verankerung auf die Lugier und den lugischen, von den Naharnavalen betreuten Zentralkult der *Alcis* zurückführt (vgl. zur Kritik → Sakralkönigtum § 13g). Den nord. natürlichen Verhältnissen entspr. wären die Dioskuren als Elch- bzw. Hirschreiter (→ Elch; → Hirsch) vorzustellen (urspr. vielleicht sogar selbst als Elche oder Hirsche), die Doppelkg. als ihre Abbilder, die für den ständigen Kommunikationsfluß zu den göttlichen Zwillingen zu sorgen hätten und in dieser Funktion die Garanten göttlicher Hilfeleistung darstellten (vgl. 46, 4–6).

Die Verankerung wandal. Doppelanführerschaft im Numinosen und Sakralen läßt sich allerdings auf eine andere Weise als die durch den Umweg über die Lugier und die Elchgötter der Naharnavalen deutlich machen. Es steht außer Zweifel, daß die Namen der beiden Kg.spaare *Ambri* und *Assi* bzw. *Raos* und *Raptos* ausschließlich in kultische Zusammenhänge verweisen (66, 232 f.). Es handelt sich um Kurzformen, die jeweils alliterieren und sonst nirgends vorkommen, also den Charakter von Tabunamen haben. Drei der vier Namen – *Assi, Raos, Raptos* – lassen sich etym. mit Holz in Verbindung bringen (,Esche', ,Rahe', ,Balken') und offenbaren damit ihre Verbindung zu den aus kaum bearbeiteten einfachen Stöcken oder Pfählen hergestellten, menschengestaltigen Holzidolen, die aus dem N Deutschlands arch. bekannt sind (→ Götterbilder § 4; → Idole und Idolatrie § 1; 38, 92 f.). Das Besondere dabei ist die Parallelität der Benennungen (wie sie bei Raos und Raptos auch vorliegt), so daß es naheliegt, auch für *Ambri* ein Etymon anzunehmen, das eine Deutung in Richtung auf ein einfaches, aus Holz gefertigtes Idol zuläßt. Und in der Tat gibt es Überlegungen, die *Ambri* mit einem germ. Wort *ambra-* für ,Holzpflock', ,Stock' in Verbindung bringen (42, 37 f.).

Wenn die Namen der beiden Kg.spaare unmißverständlich auf – nur ansatzweise anthropomorph gestaltete – Holzidole hinweisen und damit ihren kultischen Charakter offenbaren, wäre dies auch ein Beweis für das Dioskurische und damit sakral Verankerte des wandal. Kgt.s, ohne daß man dazu den Kult der *Alcis* bei den Naharnavalen bemühen müßte. Eine ins Auge fallende Entsprechung stellt dabei das die gesamte Gesch. Spartas ausfüllende Doppelkgt., dessen dioskurischer Charakter unstrittig ist. Dieses wurde symbolhaft in zwei durch Querhölzer verbundenen Balken, δόκανα genannt, dargestellt, dieses Gestell sogar auf die Feldzüge mitgenommen (42, 39; 66, 5 f.). Wenn in der anord. Überlieferung in einem Verz. der Seekg. *Vandill* und *Vinnill* – alliteriert und in Reimbindung – aufgeführt werden (42, 30; 66, 232), kann dies auch als Hinweis und Beleg für die fest verwurzelte Tradition einer kultisch legitimierten Doppelanführerschaft angesehen werden. In einer auf Kampf und Krieg kaprizierten Ges. ist die Gewißheit, daß die Anführer die göttlichen Schlachtenhelfer schlechthin repräsentieren, eine entscheidende mentale Voraussetzung für die Überzeugung von der eigenen Überlegenheit und Sieghaftigkeit. Von einer sakralen Funktion der wandal. Doppelanführerschaft – etwa in Form von rituellen Handlungen bis hin zur Krankenheilung wie bei den ‚wundertätigen Kg.' (dazu vgl. 4) – finden sich allerdings in den Qu. keine Spuren.

Es läßt sich mit Hilfe von Analogieschlüssen vermuten, daß die Macht des sakral legitimierten Doppelkgt.s zwar eingeschränkt, andererseits jedoch die Chance auf eine Zentralisierung der Macht in Richtung auf ein Heerkgt. keineswegs verbaut war. Schon die Zweiheit der Anführerschaft setzte absoluten Ansprüchen gewisse Grenzen, und dazu kam, daß nach dem zeitgenössischen Ber. des Dexippos (frg. 6) die ἄρχοντες nahezu dasselbe Ansehen genossen wie die Kg. selbst. Erst → Geiserich konnte erfolgreich – und zwar in N-Afrika, nachdem sich das Kgt. durch die ständigen Migrationen mehr und mehr ein Übergewicht verschafft hatte – die Ansprüche des Adels auf Teilhabe an der Macht zunichte machen. Abzugehen ist allerdings von der ganz im Banne der Vorstellung einer gemeingerm. Freiheit stehenden Auffassung, die wandal. freie Bevölkerung wäre in Form einer Landesgem. organisiert gewesen und hätte die für sie schicksalhaften Fragen mitentschieden oder sogar entschieden, so z. B. den für den Übergang nach Afrika bindenden Beschluß gefaßt (54, 34). Selbst für die in ihren alten Wohnsitzen an der oberen Theiß und in der ungar. Tiefebene verbliebenen Teile der W. ist eine polit. Organisation, in der die Gemeinfreien das Sagen hatten, nicht denkbar, sofern diese Restgruppe überhaupt noch polit. organisiert war. Die von Prok. b.V. I, 22, 1–11 erzählte schöne, von den W. in Afrika erinnerte Erzählung läßt sich keineswegs in dem Sinn ausdeuten, bei den Zurückgebliebenen hätten mehr oder weniger herrschaftsfreie Verhältnisse existiert: Prokop berichtet nämlich, z. Zt. Geiserichs seien Gesandte aus der alten Heimat in Karthago eingetroffen und hätten die Bitte geäußert, die Ausgewanderten sollten ein für alle Mal ihren Eigentumsanspruch auf die von ihnen verlassenen Ländereien aufgeben; Geiserich habe dieses Ansinnen auf Anraten eines alten und vornehmen Mannes allerdings abgelehnt (Prok. b.V. I, 22,10 f.). Die Historizität der Gesandtschaft selbst sollte man nicht vorschnell aufgeben – auch bezüglich anderer völkerwanderungszeitlicher *gentes* (Burg.; → Heruler) gibt es Nachrichten zu über riesige Entfernungen hinweg aufrechterhaltenen Kontakten zw. Auswanderern und Zurückgebliebenen –, wohingegen Anlaß und Absicht der Gesandtschaft als Konstrukt erkennbar sind, orientiert sich Prokop doch hier an den Modalitäten von Auswanderungs- und Ansiedlungsvorgängen, wie sie ihm aus der Überlieferung über die ‚Große griech. Kolonisation' zw. 750 und 550/500 v. Chr. vertraut waren (zum ant. Kolorit dieser Erzählung vgl. 64, 184–187).

Kaum sichere Aussagen lassen sich zu dem Problem treffen, in welchem Maße die W. des 2. und des 3. Jh.s bereits in ihrer Akkulturation an die Lebens- und Kampfesweise der Steppenvölker fortgeschritten waren. Gemeint ist damit die zunehmende Unfähigkeit zur bäuerlichen Produktion mit der Konsequenz, auf ständige Tribute und Subsidien durch Rom und durch andere barbarische *gentes,* auf Ausplünderung unterworfener Bevölkerungsgruppen und im besten Fall auf Pferdezucht und Viehwirtschaft angewiesen zu sein (→ Reiternomaden § 1; 36, 199 f.). Die sog. Verreiterung barbarischer Gruppen dürfte der Hauptgrund für die Kurzlebigkeit der meisten völkerwanderungszeitlichen Reichsgründungen gewesen sein. Zunächst war die ‚Verreiterung' jedoch mit einer hohen Dynamik, mit größerer Kräftekonzentration und strafferer milit. Organisation, mit überlegener Kampftechnik und besseren Waffen verbunden. Ob das wandal. Heer im 3. Jh. in ‚Fünfhundertschaften' – als Vorläufer der späteren ‚Tausendschaften' beim Übergang nach N-Afrika – organisiert war, ist nicht zu beweisen. Wenn Dexipp. frg. 7,3 berichtet, 500 Mann der W., die gerade ein Bündnis mit den Römern unter Ks. Aurelian geschlossen hatten, hätten den Gesamtverband verlassen und wären raubend und plündernd durch die Gegend gezogen, so ist diese Angabe wohl kaum für eine Rekonstruktion der Heeresorganisation der W. zu verwerten; die Zahl 500 ist vielmehr ein röm. Ordnungs- und Strukturprinzip, das gern zur Beschreibung des Militärwesens bei den Fremdvölkern benutzt wurde.

e. Der Beitrag der Goten zur wandal. Identität. Das Bewußtsein, zu einer bestimmten Gruppe zu gehören und das eigene Schicksal mit dem der Gruppe gleichzusetzen, konnte durch außergewöhnliche Taten und Erfolge gestärkt und auf Dauer angelegt werden. Dafür ist durch die Anthrop. der Begriff der primordialen Tat (vgl. 68, 48 in bezug auf die got. Gesch.) eingeführt worden. Aber auch Mißerfolge konnten anscheinend das Gemeinschafts- und Zusammengehörigkeitsgefühl entscheidend fördern, zumal dann, wenn man sich wie bei den W. des Eingreifens seitens jünglingshafter Reitergötter gewiß war. Es hat den Anschein, als sei die wandal. Identität durch die langandauernde kriegerische Auseinandersetzung mit got. Verbänden eher geformt und gestärkt worden als durch die unmittelbare Begegnung mit dem Römerreich in dessen Rand- und Kontaktzone an mittlerer und unterer Donau. Der zeitgenössisch überlieferte Konflikt mit Terwingen und Taifalen wurde bereits erwähnt; in den 30er J. des 4. Jh.s hat dann ein weiterer Konflikt mit den Terwingen die wandal. Identitätsbildung befruchtet. Eine unmittelbare Folge der Niederlage der W. unter ihrem Kg. → Visimar ('der Wohlberittene') gegen die Scharen des Gotenkg.s Geberich könnte die von Jord. Get. 115 berichtete Aufnahme von W. auf Reichsboden und in röm. Diensten gewesen sein (39, 303; 64, 122; 35, 64; anders 68, 72); wie die geogr. Präzisierung der zuvor von den W. eingenommenen Wohnsitze nahelegt (Jord. Get. 113 = Dexipp. frg. 30; Jord. Get. 114), geht auch Jord. Get. 115 wohl unmittelbar auf → Cassiodor zurück und sollte nicht einfach in den Wind geschlagen werden (36, 88 Anm. 305). Andererseits ist es äußerst unwahrscheinlich, daß es sich bei der Ansiedlung in Pann. um den wandal. Traditionskern, d. h. um den Kg. und die Führungsschicht, gehandelt hat. Um diesen herum vollzog sich wohl vielmehr an der Peripherie des Reiches eine neue Ethnogenese durch die Aufnahme eines Teils der sog. ‚Herren-Sarmaten'. Von diesen berichtet nämlich → Ammianus Marcellinus, diese hätten sich zu den Viktovalen geflüchtet, Ks. Constantius II. (reg. 337–361) habe jene aber später unter den Schutz des Reiches gestellt (Amm. XVII, 12,19). Ob allerdings die Viktovalen damals in einer engen Beziehung zum wandal.-hasdingischen Traditionskern standen, vielleicht sogar in ihn integriert wurden, bleibt eine reine Vermutung. Auf got.-wandal. Auseinandersetzungen zum Nachteil der W. verweist schließlich auch der Sieger- und Prunkname *Vandalarius* eines Gotenkg.s. Dessen zeitliche und familiäre Einordnung (vgl. 68, 253 f. 256. 307) ist auf Grund einer verworrenen und widersprüchlichen Überlieferung allerdings nicht zuverlässig zu ermitteln.

Der Hunnensturm in den J. seit 375 trug zur Neuformierung gentiler Einheiten in einem erheblichen Maße bei. Merkwürdigerweise fehlen jedoch entspr., auf die W. zu beziehende Nachrichten, es sei denn, man bringt Jord. Get. 141 damit in Verbindung, der für das J. 380 berichtet, die W. seien in Gallien eingefallen (s. o.). Daß man unter diesen W. die Silingen hat verstehen wollen, macht eine gewisse Ratlosigkeit der Forsch. hinsichtlich der Stationen ihres Aufbruchs aus ihrem schlesischen Siedelgebiet deutlich; möglicherweise verwechselte Jordanes lediglich die W. mit den Alem.

f. Der Aufbruch nach Gallien. Z. Zt. des Einfalls der Alarich-Goten (→ Alarich I.; 68, 158–160) in → Italien im J. 401 erhoben sich auch die barbarischen Föderaten Roms (→ foederati) in → Raetien und → Noricum und erhielten durch einen Plünderungszug von W. in Raetien einen zusätzlichen Schub (Claud. bell. Poll. 363–403. 414 f.; vgl. 16, 39 f.; 18, 172). Der Aufstand wurde durch eine *vicina manus* – vielleicht durch die Truppen des *dux Raetiae* Iacobus (22, 92) – schnell niedergeschlagen, das von den Alarich-Goten belagerte Mailand (→ Mediolanum) durch ein neu aufgestelltes röm. Heer unter Einbeziehung auch wandal. Kontingente entsetzt. Die Invasion der Goten Alarichs endete schließlich in den got. Niederlagen von Pollentia und → Verona (68, 158–160). Die zunächst in Raetien und Noricum eingefallenen, anschließend z. T. in den Dienst des Reiches gestellten W. werden allg. mit dem hasdingischen Verband im Theiß-Gebiet gleichgesetzt, der vielleicht zuvor schon Aufgaben im Grenzschutz übernommen hatte. Es ist allerdings in Erwägung zu ziehen, in ihnen Silingen zu sehen, die – vielleicht nach 401/ 402 in Raetien und Noricum angesiedelt – sich später der hasdingisch geführten Völkerlawine angeschlossen hätten (39, 304; 64, 180–183; 18, 172; 36, 88 mit Anm. 305). Dann wären die Hasdingen/W. erst in den J. um 405 in den Sog der riesigen, unter Führung des Radagais stehenden Völkerlawine geraten, die sich sowohl nach Italien, aber auch Raetien, Noricum und Pann. überrollend, nach Gallien und schließlich nach Spanien ergossen und auf dem Durchzug noch weitere barbarische Gruppen integriert hätte. Die schließlich bei Fiesole in Italien bis zur Vernichtung geschlagenen Goten unter Führung des Radagais stellten nämlich nur einen Teil der Angreifer dar, wenn wir die Angabe der *Chronica Gallica* a. 452 c. 52 ernst nehmen, wonach sich die Völkerlawine bald in drei Teile bzw. Heeressäulen unter verschiedenen Anführern – *per diversos principes* – aufgespalten hätte. Dieser Einfall bedeutete zunächst einmal den Zusammenbruch des gesamten Grenzverteidigungssystems von Oberpann. bis hinunter zur Mündung der Drave in die Donau. Zudem liefen auch die vertragsmäßig an Rom gebundenen Föderaten in diesem Gebiet sowie selbst provinzialröm. Kolonen zu den Angreifern über. Eine andere Heeressäule setzte sich anscheinend aus verschiedenen Alanen-Gruppen (→ Alanen) zusammen; eine von ihnen ging später unter Führung des Kg.s Goar wieder zu den Römern über, eine andere unter dem Kg. Respendial gelangte – vielleicht zusammen mit silingischen W. – bis nach Spanien. Der dritten Heeressäule unter dem W.-König → Godegisel werden sich die den W. so lange benachbarten Quaden angeschlossen haben, die in den Qu. fortan Sweben genannt werden (36, 89–92; → Sweben § 11). Die alanisch dominierte Gruppe wurde nach dem Rheinübergang durch den Abfall ihres Führers Goar zu den Römern geschwächt, war später jedoch noch so schlagkräftig, um die W. vor dem Untergang zu bewahren (Greg. Tur. hist. Franc. II, 9 nach → Renatus Profuturus Frigeridus). Die Alanen des Goar wiederum dürften sich hauptsächlich aus dem alanischen Teil des Dreivölkerverbands rekrutiert haben, der bereits von Ks. → Gratian in Pann. angesiedelt worden war (→ Safrax § 3). Wann und wo sich die Silingen in die Marsch an den Rhein und dann nach Gallien und Spanien eingeklinkt haben, ist nicht belegt. Das Zusammentreffen wird irgendwo an der oberen Donau geschehen sein, wenn sich denn die Silingen seit etwa 401 in Ufernoricum oder in Raetien aufhielten (s. o.).

Der Zeitpunkt und die unmittelbare Vorgesch. des Rheinübergangs sind in der Forsch. umstritten, ist doch die Qu.lage dazu äußerst dürftig und zudem sehr unterschiedlich auslegbar. Der Zeitpunkt des Rheinübergangs – nach Fred. II, 60 bei Mainz (→ Mogontiacum) – ist durch die Angabe in der Chronik des Prosper Tiro (Prosper, chron. 1230 a. 406; vgl. auch Prosper continuatio Havn. a. 406) auf den Tag genau festgelegt, nämlich auf den 31. 12.

406 (daß innerhalb eines Tages das Überqueren des Rheins bewerkstelligt wurde, setzt voraus, daß die Römerbrücke von Mainz noch voll funktionsfähig war, wovon man allerdings durchaus ausgehen kann). Wenn man den Rheinübergang ein J. vorverlegt (32, 325–331 mit guten Gründen), würde sich allerdings eine ganze Reihe von Ungereimtheiten in der röm. Reichspolitik, so v. a. die Untätigkeit des Heermeisters → Stilicho, in Luft auflösen. Was die kriegerischen Auseinandersetzungen im Zusammenhang dieses Rheinübergangs betrifft, so hat sich bezüglich der Interpretation der sehr bescheidenen Überlieferung eine Forsch.stradition durchgesetzt, die jedoch alles andere als stringent und überzeugend ist. Es geht dabei um das Verständnis einer Orosius-Stelle (→ Orosius) und zweier Angaben aus den ‚Frankengeschichten' des Gregor von Tours. Oros. VII, 40,3 ist eine undifferenzierte Aufzählung des Einbruchs und Vormarschs der Alanen, Sweben, W. und *aliae gentes* in Gallien samt der pauschalisierenden Bemerkung, diese hätten (die) Franken aufgerieben; vor den Pyrenäen sei dieser Vormarsch dann zum Stillstand gekommen. Greg. Tur. hist. Franc. II, 2 faßt sich noch weitaus kürzer und weiß vom Einbruch der W. unter Kg. Gunderich in Gallien, dem die Sweben gefolgt seien, mit denen man sich wiederum später in die Haare geraten sei. In Greg. Tur. hist. Franc. II, 9 hingegen ist ein Zitat aus dem Geschichtswerk des Renatus Profuturus Frigeridus wiedergegeben, das eine existenzbedrohende Situation während des Vormarschs der W. wiedergibt. In einer Schlacht gegen (die) Franken sei der W.-König → Godegisel gefallen und beinahe 20 000 seiner Krieger seien getötet worden, und nur das Eingreifen der Alanen unter ihrem Kg. Respendial habe die W. vor der völligen Auslöschung bewahrt (69, 70–86 ersetzt unter Verweis auf die besten Hss. den Alanennamen durch der der Alem.; die Verwechslung kann jedoch auch den Kopisten der ‚Frankengeschichten' passiert sein, die also den Alem.-Namen irrtümlich an die Stelle des Alanen-Namens gesetzt hätten). Respendial ist mit der communis opinio in der Forsch. als Kg. der Alanen (bzw. eines Teils der Alanen) anzusehen.

Eine von Adrien de Valois (Valesius) begründete Forsch.stradition (vgl. 69, 74–81. 95) lokalisiert diese Beinahe-Katastrophe der W. noch ö. des Rheins (39, 304; 35, 64; vgl. auch 69, 77 Anm. 28), mit der dann zwingenden Konsequenz, Franken hätten bereits zu dieser Zeit ö. des Rheins etwa im Untermaingebiet gesiedelt (→ Franken § 17; → Orts- und Hofnamen § 7). Dabei wird völlig außer acht gelassen, daß Gregor von Tours ausdrücklich darauf hinweist, daß der Ber. des Frigeridus über die Rettung der W. durch die Alanen Respendials im direkten (zeitlichen) Zusammenhang mit der Erwähnung der Eroberung Roms durch Alarich im J. 410 stehe (richtig schon 44, 940, s. v. Respendial). Zur hist. Fiktion wird also nicht die Schlacht zw. W. und Franken als solche, sondern deren zeitliche Ansetzung in die unmittelbare Vorgesch. des Rheinübergangs (69, 95). Es läßt sich noch ein weiteres Argument für die Auffassung Wynns anführen, die Schlacht zw. W. und Franken und der Tod Godegisels gehöre in das J. 410 und damit nach Spanien. Das gesamte c. 9 des 2. Buches der ‚Frankengeschichten' ist eine Art verfassungsgeschichtl. Exkurs zur Frage, wann die Franken erstmals einen Kg. über sich gehabt hätten. Gregor von Tours muß schließlich bekennen, darüber in seinen Qu. für die Frühzeit der Franken diesbezüglich nichts gefunden zu haben. Daß Frigeridus in der Schilderung der Kämpfe zw. Franken einerseits und W. bzw. anschließend Alanen andererseits nur den Franken keinen Kg. zuordnet, erklärt sich daraus zur Genüge, daß es frk. Föderaten waren, die – wohl unter röm. Kommando und in Spanien – gegen W. und Alanen zu Felde zogen (vgl. 69, bes. S. 92 f.). Wenn nun unsere Qu. in bezug auf die Gallieninvasion der W. neben Godegisel auch Gunderich (Prosper Havn. a. 406; Greg. Tur., hist. Franc. II, 2) und sogar Geiserich (Greg. Tur. Glor. Mart. c. 12; 52, 247 f.) als Anführer und Kg. der W. nennen, bedeutet dies für die Herrscherchron. nicht allzu viel: Die Ergänzungen zur Chronik des Prosper Tiro in der *Continuatio Havniensis Prosperi* (Prosper Havn.) gehen ausschließlich auf Gregor von Tours' ‚Frankengeschichten' zurück (69, 79. 100–106); auch wurden barbarische Namen ungern von den lat. Autoren angeführt, wie schon das Beispiel des Tacitus lehrt, zudem darüber hinaus häufig verwechselt bzw. auf die jeweils bekannteste Persönlichkeit einer *gens* projiziert.

Eine späte Qu. thematisiert relativ ausführlich die über Gallien und Spanien sich ergießende Völkerlawine, ohne allerdings in der Forsch. wirklich ernst genommen zu werden. Maßgebend dafür ist das Verdikt, daß späte Qu. die zugrundeliegende Wirklichkeit in einem Ausmaß verformen, das eine Rekonstruktion nicht mehr möglich macht. Es handelt sich dabei um eine bei Fredegar (II, 60) vorfindliche Erzählung von einem W.-König Chrocus (→ Krokus) und seinem gemeinsam mit Sweben und Alanen durchgeführten Einfall ins röm. Germanien und Gallien; sein Nachfolger mit Namen → Thrasamund hätte die W. später nach N-Afrika geführt. Danach soll Chrocus die Römerbrücke bei Mainz für den Übergang über den Rhein *ingeniosae* (hier als Adverb zu verstehen) benutzt haben, eine Information, die hingegen in der Forsch. durchgehend berücksichtigt wird. Es ist offensichtlich, daß Fredegar hier Greg. Tur., hist. Franc. II, 2 ausgestaltet, wo berichtet wird, daß die W. unter Kg. Gunderich Gallien verheert und sich schließlich nach Spanien begeben hätten, wohin ihnen die Sweben, d.h. die Alem., nachgefolgt seien, die Galizien *(Gallitiam)* in Besitz genommen hätten; dort sei es zu einem Krieg zw. W. und Sweben gekommen. Fredegar verlegt Streit und Krieg zw. W. und Alem./Sweben nach Gallien und läßt Chrocus nach zahlreichen Schandtaten in Gallien schließlich bei Arles in (röm.) Gefangenschaft geraten, die wiederum mit seinem schimpflichen Tod endet. Es ist offensichtlich, daß eine Reihe von Einzelheiten im Ber. Fredegars auf Geschehnisse zu beziehen sind, die in die Zeit der frk. Expansion ins Mittelrhein- und Moselgebiet gehören (1, bes. 4–12), so etwa die Belagerung von Trier, anläßlich welcher sich die Bewohner der Stadt in die befestigte Arena gerettet hätten. Andererseits könnten einige der von Fredegar genannten Schauplätze durchaus in die Zeit der Gallieninvasion der W., Sweben und Alanen gehören und mag vielleicht auch Trier kurzzeitig (und erfolglos) von ihnen belagert worden sein. Daß der W.-König bei Fredegar Chrocus heißt, geht auf eine Verwechslung mit dem Alem.-König Chrocus zurück, der nach Greg. Tur., hist. Franc. I, 34 bei Arles durch das Schwert hingerichtet wurde. Die Historizität des W.-Königs Chrocus läßt sich auch damit nicht retten, daß man Chrocus den Silingen zuweist (so 39, 305).

Alle diese Überlegungen zur Lokalisierung des Rheinübergangs der barbarischen Verbände weisen ein schwerwiegendes, mit den bisher geäußerten Hypothesen nicht zu heilendes Manko auf. Die von Hieronymus, ep. 123,15 genannten, von diesen verwüsteten Örtlichkeiten passen kaum in eine einheitliche Marschrichtung, zumal wir davon ausgehen müssen, daß diese möglichst schnell die Rheinzone verlassen wollten. → Straßburg, → Speyer, → Worms und all die anderen genannten Städte (vgl. 32, 331) verwüstet zu haben, würde bedeuten, sich nach dem bei Mainz angenommenen Rheinübergang in verschiedene Richtungen aufgespalten und sich erst nach mindestens einigen Wochen auf die Römerstraße in Richtung → Köln und anschließend in das nö. Gallien (Köln-Tongern-Bavai, vgl. → Belgie §§ 8–9) begeben zu haben. Auch ist offensichtlich, daß für die Rekonstruktion der Stationen der Invasion von 405/406 der Attilazug nach Gallien von 450/451 Pate gestanden hat. Ein zweites, bisher nicht beachtetes Argument gegen die communis opinio in der Forsch. ist die Nichterwähnung der Alem. in den Qu., durch deren Gebiet die Völkerlawine gezogen sein muß, wenn sich der Rheinübergang bei Mainz abgespielt hatte. Diese werden jedoch erst wenige J. später als neue Bündnispartner Roms − und zwar eines Usurpatorenregimes (7, 65) − genannt. Als Lösung dieser Widersprüche bietet sich an, als Ausgangs- und Versammlungsgebiet der W. und Quaden/Sweben den norisch-rät. Raum anzunehmen, in dem die W. bereits wenige J. zuvor (s. o.) nachweisbar sind. Das röm. Straßensystem in Raetien und vielleicht der Maxima Sequanorum benutzend und damit einen schwierigen Rheinübergang vermeidend, wären sie linksrhein. über Straßburg, Speyer und Worms nach Mainz gezogen und hätten dabei die üblichen Verwüstungen und Plünderungen angerichtet, ohne sich mit Belagerungen aufzuhalten. Wenn man die Notiz der *Chronica Gallica* a. 452 c. 52 ernst nimmt, der mit dem Namen Radagais verbundene Völkersturm hätte aus drei Heeressäulen bestanden, dann liegt auch die Annahme nahe, daß die Vereinigung der alanisch geführten Gruppe unter Respendial mit der wandal. Heeresgruppe erst irgendwann jenseits des Rheins in Gallien oder sogar erst in Spanien erfolgte. Dann würde auch das Frigeridus-Zitat bei Greg. Tur. hist. Franc. II 9 überhaupt erst Sinn machen, wo es heißt, im J. der Eroberung Roms durch die Alarich-Goten, d. h. 410, und nach vorausgegangener Trennung von den Alanen Goars habe der Alanen-Kg. Respendial sein Heer vom Rhein abgezogen und sei den W. zu Hilfe geeilt. Nach der hier vorgeschlagenen Rekonstruktion zogen die W. unter ihrem Kg. Godegisel zusammen mit den Quaden/Sweben von Raetien unter Benutzung des röm. Straßen- und Wegesystems durch die Maxima Sequanorum und die Germania I (→ Germanen, Germania, Germanische Altertumskunde § 8) in die nordostgall. Prov., während die alanisch dominierte Großgruppe als dritte Heeressäule der Radagais-Invasion die n. Route zum Mittelrhein benutzend die Alem. umging und bei Mainz den Rhein passierte. Diese N-Gruppe mag auch eine got.-terwingische Komponente gehabt haben, die − nach Abspaltung auf dem Marsch zum Mittelrhein − wiederum Ausgangs- und Kristallisationspunkt der thür. Ethnogenese gewesen sein könnte (25, bes. 13−33).

g. Stationen in Gallien und Aufbruch nach Spanien. Von Anfang 406 (so 32, bes. 325−331) oder 407 bis in den Spätsommer/Herbst 409 hielten sich die W., Sweben und Alanen in den germ. und v. a. in den gall. Prov. des Römerreichs auf. Eine Konsequenz des Einbruchs in die germ.-gall. Prov. und des Aufenthalts im n. Gallien war die Reorganisation der röm. Grenzverteidigung in Form des Mainzer Dukats (51). Für den 28. 9. bzw. den 13. 10. 409 vermeldet Hydatius 42 dann ihr Eindringen in Spanien. Bezüglich ihres Aufenthalts links des Rheins und speziell in den n. gall. Prov. gibt uns die Überlieferung nur ungefähr Aufschluß. Und was den südgall. Raum betrifft, so stehen hierfür entweder ganz summarische Angaben oder lediglich zufällige streiflichtartige Einblicke zur Verfügung, die − aus dichterischen und hagiogr. Qu. stammend − als nicht zu berücksichtigen eingestuft werden (so 32, 332. 338; anders allerdings 15, 79−101; 16, 43−47). Deshalb ist letztendlich auch nicht zu ermitteln, wann die W., Sweben und Alanen − einzeln oder geschlossen − das s. Gallien durchzogen und ob sie sich aus eigenem Antrieb, nachdem sie die Ressourcen im n. Gallien verbraucht hatten, oder von irgendwelchen röm. Autoritäten gerufen in Bewegung setzten. Die sehr pauschalen Angaben Salvians (→ Salvianus) über den Zerstörungskorridor, den die W. in Germanien und Gallien hinterließen (Salv. de gub. dei VII, 12), lassen sich kaum auf ein Itinerar reduzieren, vielmehr lediglich mit der Quintessenz des Orientius, Commonit. II, 184, auf den Punkt bringen: *uno fumavit Gallia tota rogo*. Was die Eroberung der stark befestigten Städte im s. Gallien betrifft, scheinen die Heerscharen unter wandal. Führung immer wieder an ihre Grenzen gestoßen zu sein: Von Bazas und von Toulouse (32, 331), vielleicht auch zuvor von Reims zogen sie unverrichteter Dinge wieder ab (39, 305; 32, 331). Man wird auch davon ausgehen können, daß es in Gallien zu keinen geregelten Ansiedlungsmodalitäten bezüglich der W. und der ihnen angeschlossenen *gentes* mit den röm. Autoritäten vor Ort, also mit den aus Brit. aufs Festland herübergekommenen Usurpatoren, gab. Vielmehr war es schon als Erfolg der röm. Seite anzusehen, die Barbaren zeitweilig aus den Italien benachbarten Regionen Galliens abgedrängt zu haben (39, 306).

Die ant. Autoren, jeweils zeitgenössische Propaganda und Polemik innerhalb der röm. Führungsschicht aufgreifend, berichten immer wieder von Verrat an der röm. Sache durch die eine oder andere polit. Gruppierung. Beliebt ist der Vorwurf, der Gegenseite das Herbeiholen barbarischer Verbände vorzuwerfen, was durchaus auf fruchtbaren Boden fallen und wirkmächtig werden konnte (→ Stilicho). So soll auch der damals in Spanien amtierende → Heermeister Gerontius die W., Sweben und Alanen zur Unterstützung seiner Usurpation und zur Bekämpfung des in Arles residierenden (Gegen-)Ks.s Constantin III. ins Land geholt haben (2, 137. 140 f. 156; 44, 508, s. v. Gerontius). Auch sollen die zur Bewachung der Pyrenäenpässe abgestellten *Honoriaci,* eine wohl überwiegend aus Barbaren gebildete Eliteeinheit des spätröm. Heeres, ihren Pflichten nicht nachgekommen sein (vgl. 69, 96). Sicher ist lediglich, daß es nach dem Einfall in Spanien zu vertraglichen Regelungen zw. dem röm. Machthaber in Spanien Gerontius und den *gentes* gekommen ist (69, 90 Anm. 83 und 98 mit Anm.114). Die Annahme einer früheren Allianz zw. Gerontius und den Barbaren ist nun davon abhängig, wann die Usurpation des Gerontius und die damit verbundene Ausrufung seines Gefolgsmanns Maximus zum Ks. erfolgt sind. Kulikowski (32, 332. 339. 341; vgl. auch 44, 745, s. v. Maximus) datiert diesen Vorgang in den (Früh-)Sommer 409; daraufhin hätten sich die *gentes* in Bewegung gesetzt. Die Revolte des Gerontius ist jedoch frühstens im August 410, möglicherweise sogar erst im Frühjahr 411 erfolgt (2, 137; 69, 89. 92. 97 f.; 44, 508 bleibt der Zeitpunkt der Usurpation offen), und Gerontius' Arrangement mit den *gentes* gehört in das J. 411, nachdem sich die Barbaren fest im n. Spanien etabliert hatten und an ihre Rückführung nicht mehr zu denken war.

Die ant. Historiographie und Ethnographie zeichneten sich durch ein dezidiertes Bestreben nach Ordnung und Systematisierung der zunächst so fremden barbarischen Welt aus, Neues wurde ohne große Umstände Altbekanntem zugewiesen, so etwa die Goten den Skythen. Auf diese Weise wurden die W. zu einer Untergruppe der got. Völker (Prok. b. V. I, 2,2), was nach sprachl. Gesichtspunkten durchaus zutrifft (23, 133–202). Auch hinsichtlich der Mentalität, der Lebensweise und der materiellen Kultur waren die Unterschiede zu anderen völkerwanderungszeitlichen Großgruppen minimal; das auch für den Gesamtverband verbindliche Wertesystem der Führungsschicht war durchgängig von einer krieger-aristokratischen Mentalität geprägt (vgl. zu den Verhältnissen und Einstellungen etwa bei den Franken 52, 285–376). Wurden andere Gruppen in den Verband aufgenommen, mögen zwar kulturelle und sprachliche Unterschiede noch eine gewisse Zeit existiert haben, Krieg, Plünderung, durch Ausbeutung fremder menschlicher Ressourcen ausgeglichene Unproduktivität blieben jedoch die wesentlichen Charakteristika und Grundlagen der eigenen Existenz. So ist zwar der Hinweis richtig, daß uns die auf Stereotypen fixierten ant. Beobachter weitgehend im Stich lassen, wenn wir sie danach befragen, wer die W. wirklich waren, welchen Veränderungen bewirkenden Einflüssen sie in den wenigen J. zw. ihrem Aufbruch aus der unmittelbaren Kontaktzone des Römerreichs n. der mittleren und unteren Donau und der Invasion in Spanien unterlagen (vgl. 32, 341–343). Andererseits können wir jedoch von aus der Akkulturation an die Steppenvölker resultierenden Konstanten im Verhalten und in der Lebensweise ausgehen, die weder z. Zt. des Aufenthaltes in Germanien und Gallien noch in Spanien eine Veränderung erfuhren. Erst im gut 100 J. bestehenden W.-Reich in N-Afrika ist ein weite Bereiche tangierender Transformationsprozeß überhaupt in Gang gekommen.

h. Die *gentes* in Spanien. Die Qu. lassen uns darüber im unklaren, welcher Weg über die Pyrenäen von den *gentes* eingeschlagen wurde. Demougeot erschließt aus den ersten Konsequenzen der Invasion, sie hätten die w. Pässe des Gebirges passiert, weil der röm. Oberkommandierende in Spanien, Gerontius, seine Truppen im O-Teil der span. Prov. *Tarraconensis* wegen der bevorstehenden Auseinandersetzung mit dem Usurpatorenregime Constantins III. konzentriert hätte (18, 444 f.). Das Invasionsunternehmen hätte sich aus dem sö. Gallien *(Narbonnensis)* in Richtung auf den w. Teil der Pyrenäen bewegt, die mit der Bewachung der Übergänge betrauten barbarischen Föderaten Roms − als *Honoriaci/Honoriani* organisiert − hätten keinen Widerstand geleistet. Nach Oros. VII, 40,9 schlugen sich die *Honoriaci* auf die Seite der Invasoren und profitierten sogar von der Invasion. In der Tat könnten sich die Vorgänge so abgespielt haben, ohne daß man

aber hierzu über Vermutungen wirklich hinauskommt. Das Hauptmanko aller Überlegungen zum Aufenthalt der *gentes* in Gallien, ihrem Marsch in den S und ihrem Einfall in Spanien liegt darin, daß unisono ungesichert davon ausgegangen wird, die verschiedenen barbarischen Verbände seien von ihrem Marsch zum Rhein bis hin zu ihrem Übertritt über die Pyrenäen nach Spanien zusammengeblieben. Damit wären sie allein schon logistisch völlig überfordert gewesen; und auch die Versorgung dieser unproduktiven Massen war leichter zu bewerkstelligen, wenn sie von der röm. Provinzialbevölkerung Einzelverbänden gegenüber geleistet werden mußte. Die von den Qu. genannten Schauplätze von Plünderungen und Eroberungen bzw. Eroberungsversuchen lassen sich nur dann auf einen Nenner bringen, wenn man von Aufspaltungen der *gentes* sowohl in Gallien als auch beim Übergang über die Pyrenäen und den unmittelbar darauf folgenden Ereignissen ausgeht. Nimmt man den bei Gregor von Tours, hist. Franc. II, 9 erhaltenen Ber. des Renatus Profuturus Frigeridus ernst (s. o.), so haben die Alanen unter Respendial erst in Spanien die W. vor der Vernichtung durch frk. Föderaten (unter röm. Kommando) bewahrt. An der Funktionsfähigkeit des röm. Straßensystems von Gallien nach Spanien einschließlich der Paßstraßen wie auch an den intakten Seeverbindungen, und zwar nicht nur im Mittelmeer ist jedenfalls nicht zu zweifeln (2, 152 f.).

Aus der Gesch. der RKZ lassen sich viele Beispiele für Usurpationen anführen, die erst aus einer unmittelbaren Bedrohung durch Reichsfeinde entstanden sind. So hat auch der röm. Machthaber in Spanien Gerontius die Eindringlinge zunächst − und mit Hilfe frk. Föderaten − auch erfolgreich bekämpft, war jedoch nach dem Eingreifen der Alanen gezwungen, sich mit ihnen zu arrangieren, zumal seine Ablösung durch den in Arles residierenden Usurpator Constantin III. mit Heeresmacht betrieben wurde. Gerontius proklamierte seinen Klienten Maximus zum Ks. und schloß in dessen Namen mit den *gentes* Frieden (Prok. b. V. I, 3,2 f.; Hydat. 49; Oros. VII, 40,10. 41,7. 43,14; vgl. 39, 307 f; 18, 447–449; vgl. auch 2, 141). Schulz (56, 88 mit Anm. 28. 181) hingegen datiert den Vertrag in das J. 412 und nennt als Vertragsabschließende den Ks. in Ravenna, Honorius, und Godegisel. Damals war die Autorität Ravennas in Spanien jedoch noch nicht wiederhergestellt. Dieser Friedensschluß begründete eine unbefristete Bundesgenossenschaft und bedeutete die Einquartierung der Neuankömmlinge nach dem Prinzip der *hospitalitas* in dafür festgelegten Regionen Spaniens (Hydat. 49: *ad inhabitandum…provinciarum… regiones*), beinhaltete jedoch keineswegs eine staatsrechtlich sanktionierte Abtretung von Reichsgebiet. Es war wohl eine Einquartierung nach der Drittelnorm, und sie schuf für die betroffenen Grundeigentümer keine irreversiblen Verhältnisse, sollten die Einquartierten einmal abgezogen sein. Durch ein Gesetz der Zentrale in Ravenna wurde nämlich später verfügt, daß die W.-Zeit nicht auf die 30jährige Verjährungsfrist, innerhalb der man Rechtsansprüche geltend machen konnte, angerechnet werden dürfe. Diese von Prokop, b. V. I, 3,3 überlieferte Regelung bezog sich auf die in Spanien nach der Ansiedlung der W. unter Kg. Godegisel (!) eingetretenen veränderten Eigentumsverhältnisse. Die Einquartierungen betrafen sowohl das flache Land wie auch die Städte (2, 150) und hatten für die einzelnen *gentes* getrennt in verschiedenen Prov. Spaniens zu erfolgen: Den Hasdingen-W. wurde die ö. *Gallaecia*, den Sweben der dem Meer zugewandte Teil dieser Prov. zugeteilt, die Silingen kamen in die *Baetica*, die Alanen in den Prov. *Lusitania* und *Carthaginiensis* unter (Hydat. 49). Nach Oros. VII, 40,9 entschied darüber der Zufall des Loses. Aus dieser Verteilung läßt sich erkennen, wie es um die Machtverhältnisse zw. den barbarischen Verbänden bestellt war. Der alanische Verband dominierte zwar zu dieser Zeit unter den barbarischen *gentes* auf span. Boden (Hydat. 68; vgl. 2, 156), aber die totale Ungleichheit der zur Ansiedlung zugewiesenen Prov. ist doch sehr auffällig. Die Schätzungen über die Zahl der Angesiedelten helfen hier nicht weiter, weil es sich dabei um reine Spekulationen handelt und die geschätzten Zahlen zudem total überhöht sind (so in 2, 148). Die Besserstellung der Alanen bis zu ihrem Untergang als polit. Verband wäre jedoch in gewisser Weise verständlich, wenn man ihren Sieg über die Franken – wie vorgeschlagen – in Spanien lokalisiert und im J. 410 geschehen sein läßt.

Man wird davon ausgehen können, daß bei den vertragschließenden Parteien ein unterschiedliches Verständnis von der Gültigkeit der Vereinbarungen existierte. Die legale Regierung in Ravenna fühlte sich in keiner Weise an die von einem Usurpatorenregime (Gerontius, Maximus) ausgehandelten Abmachungen gebunden und arbeitete mit einer Rechtsfiktion dergestalt, daß sie die W.-Zeit in Spanien als ungeschehen deklarierte und einfach übersprang. Das hatte den Vorteil, daß Eigentumsansprüche röm. Grundbesitzer aus der Zeit vor 409/410 noch Jahrzehnte nach dem Weggang der W. nach N-Afrika mit Aussicht auf Erfolg eingeklagt werden konnten. Die *gentes* wiederum sollten es bald zu spüren bekommen, daß die Verträge mit Usurpatoren das Papier nicht wert waren, auf das sie geschrieben waren.

Den Vertragsabschlüssen mit den regionalen röm. Machthabern war nach den Ber. der Qu. eine Welle der Brandschatzungen, Plünderungen und dadurch ausgelöster Unbilden wie Hungersnot und Pest vorausgegangen (Hydat. 48 f.; 39, 307; 18, 447). Der Widerstand der Einheimischen in den Städten und befestigten Orten brach anscheinend relativ schnell zusammen, die Provinzialbevölkerung fand sich mit der *dominantium servitus* (Hydat. 49) ab, so als ob sie lediglich die Herren getauscht hätten. Nach

Orosius VII, 41,4–7 entwickelten sich sogar anscheinend relativ schnell einigermaßen erträgliche Verhältnisse, spielten sich im Alltagsleben durch die Umstände erzwungen Formen von Pragmatismus und Koexistenz ein, die auch sogleich die Kontakte mit den nicht von der Ansiedlung betroffenen Regionen Spaniens prägten (vgl. 2, 142–145). Die polit. Führung der *gentes* schätzte allerdings die Position der röm. Zentrale in Ravenna falsch ein. Da nach dem Untergang des Gerontius und auch Constantins III. in Gallien dort eine weitere Usurpation erfolgte, wiegte man sich in Spanien vor einem direkten Eingreifen der röm. Zentralregierung in einer trügerischen Sicherheit. Im J. 413 war aber auch diese Usurpation beendet, und mit dem Erscheinen der W-Goten im sö. Gallien und damit in der unmittelbaren Nachbarschaft der span. Prov. trat eine neue und um vieles gefährlichere Macht auf den Plan, von der man zunächst nicht wußte, welche Politik sie einschlagen und welche Option sie wahrnehmen würde.

Der weström. Zentrale in Ravenna war es durch geschickte Diplomatie gelungen, die W-Goten unter → Athaulf auf den span. Kriegsschauplatz zu schicken (68, 169 f.), mit dem Auftrag, die W., Alanen und Sweben zu vertreiben. Dies kam den got. Interessen insoweit gelegen, als der seit Mitte September 415 regierende westgot. Kg. Valia wie schon → Alarich I. N-Afrika als ‚Land der Verheißung' im Visier hatte. Die W-Goten durchzogen die iberische Halbinsel und schickten auch eine Vorausabteilung über das Meer. Das Unternehmen scheiterte jedoch kläglich (zweifellos wegen der maritimen Unerfahrenheit der Goten), der Gesamtverband wurde durch Abspaltungen geschwächt (von denen sowohl die röm. Autoritäten als auch die barbarischen *gentes* in Spanien profitiert haben dürften, begegnen uns doch wiederholt got. Gruppen in N-Afrika) und mußte sich schließlich den Römern unterwerfen und in den Dienst des Reiches treten (39, 308 f.; 68, 176 f.; zu Form und Inhalt des Vertrags von 416 vgl. 56, 86–89). Zw. 416 und 418 führten die W-Goten des Valia einen regelrechten – und erfolgreichen – Vernichtungsfeldzug zunächst gegen die Silingen und anschließend gegen die Alanen. Der Silingenkg. Fredbal wurde zunächst dank einer List gefangengenommen und nach Ravenna überstellt (Hydat. 62a: *Fredibalum regi gentis Wandalorum ...*; von 5, 55 nicht in die Edition aufgenommen, da als ein späterer Zusatz erkannt; die Zuordnung Fredbals zu den Silingen ist eine Hypothese), die Silingen in einer Vernichtungsschlacht nahezu ausgerottet. Ähnlich erging es den Alanen unter ihrem Kg. Addax; ihre Reste unterstellten sich den W. (Hydat. 62a. 63. 67. 68; Oros. VII, 43,15; Apoll. Sidon. carm. 2,362 ff.; vgl. 53, 460 f.; 54, 25; 39, 309; 35, 66; 68, 177). Anfang 418 wurden die W-Goten allerdings von dem mächtigsten Mann im weström. Reich, dem Heermeister Constantius (dem späteren Ks. Constantius III.) nach Gallien abberufen (Hydat. 69).

Über die Gründe des für die betroffenen *gentes* – W. und Sweben – überraschenden Abzugs der W-Goten kann man lediglich spekulieren; möglicherweise war er die Konsequenz einer von vornherein befristeten Allianz. Der röm. Zentrale in Ravenna müßte es doch bewußt gewesen sein, daß die span. Prov. damit keineswegs von den Barbaren befreit waren. Und mit der Ansiedlung der W-Goten im sw. Gallien kam ein starker und siegreicher barbarischer Verband wieder näher an die Kerngebiete des Reiches heran. Auch war zu erwarten, daß sich W. wie Sweben nicht auf Dauer mit der nicht bes. attraktiven Region im NW der iberischen Halbinsel zufrieden geben würden. Denkbar ist allerdings eine Strategie Ravennas, die fortan wieder auf die eigene Militärmacht, nicht ausschließlich auf Föderaten, setzen wollte, um damit von einer allzu großen Abhängigkeit von barbarischen Verbänden loszukommen. Die Wiederherstellung des Grenzschutzes am Rhein nach 413 in Form des Mainzer Dukats ist als Folge dieses Politik- und Strategiewechsels anzusehen. Auch mag eine Rolle gespielt haben, daß der Westgotenkg. Valia mit der swebischen Kg.sfamilie eng verwandt war (8, bes. S.16). Die nach den Ereignissen von 416–418 eingetretene Konsolidierung der Position der in Spanien verbliebenen barbarischen *gentes* gehörte zweifellos jedoch zu den nichtintendierten Folgen der röm. Politik, die eigtl. ganz andere Ziele verfolgte.

i. Das wandal. Kgt. und eine neue Ethnogenese in Spanien. Das Kgt. der W. war kein wie auch immer vorgestelltes Volkskgt.; es war relig. legitimiert und in der bes. Form des Doppelkgt.s im Numinosen verankert (s. o.). Wenn es sich im Zuge der Auseinandersetzungen mit den Goten und dann den Römern zum Heerkgt. wandelte, bedeutete dies keine neue und andere Legitimation. Visimar und Godegisel hatten wohl keinen Mitkg. zur Seite, jedenfalls geben die Qu. darauf keinen Hinweis. Anzunehmen, die genannten Kg. und deren Nachfolger, z. B. Geiserich, seien durch Wahl seitens der wandal. Heeresversammlung zur Herrschaft gelangt (so z. B. 29, 126), ist verfehlt und einem unhaltbaren Konstrukt der Forsch. v. a. des 19. Jh.s verdankt, die die Gemeinfreiheit bei den Germ. aufs Podest erhoben hatte. Von einem Mitspracherecht des Adels in den für die Gemeinschaft entscheidenden Themen wird man allerdings ausgehen können.

Eine zeitgenössische Qu., Renatus Profuturus Frigeridus (bei Gregor von Tours, hist. Franc. II, 9) datiert den Schlachtentod des Godegisel in das J. 410 und nach Spanien, Prokop, sich auf wandal. Gewährsmänner berufend, bestätigt dies an zwei Stellen in seinem imposanten Geschichtswerk (Prok. b.V. I, 3,2.3, 23). Übereinstimmend damit ist bezeugt, daß die Regierungszeit seines Sohnes → Gunderich 18 J. betrug und sein Todesj. 428 war (Isid. hist. Goth. Vandal. Sueb. 73; Hydat. 79). Zusätzlich behauptet Prokop (b. V. I, 3,23–25. 32–34), Gunderich und Geiserich hätten in Spanien gemeinsam regiert und auch mit dem röm. General Bonifatius (44, 239 f., s. v. Bonifatius) ein konspiratives Abkommen bezüglich einer Invasion N-Afrikas geschlossen (von welchem Bonifatius aber abgesprungen wäre). Nach Gefangennahme und gewaltsamem Tod des Gunderich im Kampf mit Germ. in Spanien sei Geiserich Alleinherrscher geworden und habe die W. nach Afrika geführt (Prokop b.V. I, 3,33 f.). Warum die lat. Chroniken das Mitkgt. des Geiserich unterschlagen, ist schwer zu erklären; auf Grund seiner Herkunft als νόθος mag er zunächst nicht als gleichberechtigt angesehen worden sein und mußte erst den Beweis seiner alles übertreffenden Tüchtigkeit erbringen. Näher liegt jedoch folgende Annahme: Die Silingen und Alanen, die dem durch die W-Goten veranstalteten Gemetzel entkommen waren, hatten sich den W. unterstellt, war doch gerade ihre Führungsschicht mehr oder weniger vernichtet worden und die Chance auf ein eigenes Kgt. nicht mehr gegeben. Dadurch wurde die zuvor schon vorhandene polyethnische Struktur des wandal. *exercitus* verstärkt, ein neuer, die Herrscherstellung des hasdingischen *stirps regia* voll anerkennender Sozialverband war im Entstehen begriffen. Wenn Liebeschuetz vom Beginn eines ‚Alano-Vandal people' spricht (35, 66), kennzeichnet er damit den Sachverhalt einer neuen Stammesbildung; von einer ‚realen Personalunion' (39, 309) sollte man diesbezüglich jedoch nicht sprechen. Die Erneuerung des Doppelkgt.s hingegen dürfte der neuerlichen Ethnogenese Rechnung getragen haben (vgl. auch 21, 29: ‚Samtherrschaft').

Gestärkt und neu formiert durch den Anschluß barbarischer Restgruppen wandten sich die W. gegen die Sweben und schlossen deren Heeresmacht *in montibus Nerbasis* (Hydat. 71) ein; einem überlegenen röm. Heer unter dem röm. General Asterius (44, 171, s. v. Asterius), interessanterweise unterstützt durch einen hohen röm. zivilen Funktionär namens Maurocellus (44, 738, s. v. Maurocellus), gelang es jedoch, die Blockade zu durchbrechen und das swebische Heer vor dem Untergang zu bewahren (Hydat. 74; vgl. 54, 26; 39, 308; 35, 66; 50, 84). Und anschließend erlitten die W. auf dem Weg von der *Gallaecia* in den S Spaniens bei Bracara noch eine empfindliche Niederlage. Diese Entwicklung ist zeitlich in die J. 419–420 einzuordnen, nicht bereits in das J. 418, in dem die Goten Valias die Alanen entscheidend besiegten. Nach Chron. Gall. a. 452 c. 85 fand im J. 420 die Usurpation eines gewissen Maximus statt, in dem der beim Sturz des Gerontius verschonte Usurpator von 410/11 zu sehen ist (44, 745, s. v. Maximus). Dabei stellt sich die Frage, auf welche Kräfte in Spanien sich Maximus bei seiner neuerlichen Usurpation stützen konnte. Denkbar wäre, daß er ein Kandidat der Provinzialrömer war, die mit dem Regime in Ravenna unzufrieden waren. Maximus könnte aber auch eine Galionsfigur der W. unter Gunderich und Geiserich gewesen sein (59, 63, so auch 50, 84 f.), die ihn nach der Niederlage gegen die Reichstruppen unter Asterius schnell wieder fallen lassen mußten. Jedenfalls wurde der gefangengenommene und nach Ravenna überstellte Usurpator im Rahmen der Tricennalien des Ks. Honorius (reg. 393–423) zur Schau gestellt und dann hingerichtet. Auf die nach der *Baetica* ausgewichenen W. (54, 26; 35, 66) sollte jedenfalls bald darauf eine weitere große Bewährungsprobe zukommen. Im J. 422 wurde der zum Heermeister ernannte Flavius Castinus (44, 269 f., s. v. Castinus) mit der Unterwerfung der W. beauftragt, seine anfänglichen, mit got. Föderaten erreichten milit. Erfolge brachten die W. vor allem versorgungsmäßig in eine äußerst schwierige Lage, so daß sie bereits an Kapitulation gedacht hätten. Castinus strebte anscheinend die völlige Vernichtung und Auflösung der W. als Sozialverband an und ließ sich deshalb auf eine offene Feldschlacht ein, die allerdings mit einer völligen Niederlage der röm. Seite endete (Hydat. 77; Chron. Gall. a. 452 c. 107; vgl. 54, 26; 39, 309 f.; 18, 508 mit Anm. 136; 35, 66). Die Gründe für diese schwere Niederlage suchen die Qu. unterschiedlich einerseits im Verrat der got. Föderaten (Hydat. 77), andererseits in Uneinigkeit und Rivalität innerhalb der röm. Armeeführung (Prosper, chron. 1278). Die Spaltung der eigens für Spanien zusammengestellten Expeditionsarmee verlief anscheinend quer durch alle Einheiten, ob barbarischer oder röm. Herkunft (50, 87–90). In diesem Zusammenhang bereitet auch die richtige Einschätzung der Notiz bei Salv. de gubern. dei VII 11 Schwierigkeiten, die W. hätten in dieser Schlacht im Vertrauen auf das ‚Buch des göttlichen Gesetzes' den Römern ‚göttliche Aussprüche' entgegengerufen und ihnen das im ‚Hl. Buch' Geschriebene kundgetan gerade wie die Stimme Gottes selbst, wohl um damit den Ausgang der Schlacht zu einem Gottesurteil hochzustilisieren (vgl. 39, 310). Sagt uns dies – wenn wir dieser Angabe überhaupt Vertrauen schenken –, daß die W. spätestens in Spanien das Christentum in der homöischen Form (→ Arianische Kirchen) angenommen hatten? Und was ist von der Behauptung zu halten, Geiserich sei von der christl. Orthodoxie zum sog. Arianismus abgefallen (Hydat. 89)?

Die W. oder zumindest die Führungsschicht der neuen, um silingische und alanische Gruppen verstärkten *gens* könnten also auf ihrem langen Weg von ihrer alten Heimat an der Theiß bis nach Spanien durch Kontakte mit anderen homöischen barbarischen Gruppen wie Goten und Burg. ihr Heidentum aufgegeben und das Christentum in der devianten Form des Arianismus angenommen haben. Daß Gunderich bei der Plünderung der Schätze der dem Hl. Vincentius geweihten Kirche in Sevilla (Hispalis) plötzlich verstarb – sein überraschender Tod wurde sofort als Strafe Gottes ausgelegt (Hydat. 89) –, kann sowohl als Ausweis seines Heidentums als auch seines homöischen Christentums angesehen werden. Die Herrschaftsstruktur in Form des Doppelkgt.s spricht allerdings für eine noch deutlich vorhandene Verwurzelung in einer magisch-mythischen Welt; man kann wohl dennoch davon ausgehen, daß zumindest Teile der *gens Vandalorum et Alanorum* Christen welcher Denomination auch immer gewesen sind.

Die die damalige Welt so verblüffende Vertrautheit der W. mit der Seefahrt und mit maritimen Operationen ist das Ergebnis einer ganz wenige J. in Anspruch nehmenden Umstellung des wandal. Militärwesens von der nahezu ausschließlichen Dominanz der Reiterei auf kombinierte Land- und Wasseroperationen mit der damit verbundenen stärkeren Berücksichtigung auch von Fußkämpfern. Röm. Schiffe requirierend und die nautische Erfahrung röm. Seeleute nutzend wagten sie sich nach der Eroberung wichtiger mittelmeerischer Hafenstädte, hier v. a. *Carthago Spartaria* (Cartagena), aufs offene Meer und plünderten die Balearen und sogar die Küstengebiete des röm. Mauretaniens (Hydat. 86; vgl. 18, 508; 35, 67). Diese ersten maritimen Erfahrungen waren wichtige Voraussetzungen des späteren Übergangs nach N-Afrika und dienten anscheinend bereits der Vorbereitung und Rekognostizierung. Zusätzlich konnten die W. auch die Informationen abschöpfen, die Goten von ihrem gescheiterten Versuch, in N-Afrika Fuß zu fassen, an die wandal. Führung übermittelten; kleine got. Gruppen waren nämlich sowohl in Spanien beim Rückzug Valias 418 zurückgeblieben, als auch in N-Afrika mittlerweile ständig stationiert, etwa in Form von Feldtruppen *(comitatenses)* unter röm. Oberbefehl. Man wird von einem ständigen und auch ergiebigen Kommunikationsfluß als Voraussetzung von sorgfältiger Planung und Strategie seitens der W. ausgehen können.

j. Vom Übergang nach N-Afrika bis zur Eroberung Karthagos. Unabhängig davon, ob man Prokops Mitteilung vom Bündnis zw. dem röm. Machthaber in N-Afrika Bonifatius und den beiden W.-Königen Gunderich und Geiserich (Prok. b. V. I, 3,25) Glauben schenken will oder nicht, ist jedenfalls naheliegend anzunehmen, daß Gunderich und Geiserich N-Afrika schon seit längerem im Visier hatten und sich mit ihren Scharen dort niederlassen wollten, zumal die polit. Lage dort äußerst instabil und verworren war, war doch der ranghöchste röm. Militär, der *comes Africae* Bonifatius, von der Zentrale in Ravenna abgefallen, was wiederum einen Bürgerkrieg ausgelöst hatte (19, 111–114; 21, 41–43). Andererseits mochte den W. N-Afrika immer noch wie ein ‚gelobtes Land' erscheinen und war gleichzeitig als Kornkammer Italiens wie keine andere Region des W-Reichs dazu geeignet, die röm. Regierung in Ravenna unter Druck zu setzen und Vorteile für die eigene *gens* herauszuschlagen. Auch hatte der allg. wirtschaftl. Niedergang v. a. in der W-Hälfte des Römerreichs N-Afrika erst spät erreicht, Zeugnissen von Niedergang und Verfall stehen solche von Beharrung und Konsolidierung, sogar neuerlichem Aufschwung gegenüber (6; 33; 34).

Der plötzliche Tod Gunderichs machte Geiserich zum alleinigen Machthaber; die Söhne des Gunderich waren noch im Kindesalter und konnten höchstens nominell an der Herrschaft beteiligt werden, mit ihrer Mutter zusammen sind sie später noch in N-Afrika nachweisbar. Als die W. im Frühjahr 429 gerade im Begriff waren, aus dem S Spaniens abzuziehen und sich auf die Küste zubewegten, um nach N-Afrika überzusetzen, rückte ihnen ein swebisches Heer unter dem Befehl eines gewissen Hermigar allzu schnell nach. Eine wandal. Streitmacht unter Geiserich – v. a. oder sogar ausschließlich Reiterverbände – eilte zurück und brachte den Sweben bei Emerita (Mérida) eine Niederlage bei; der Anführer der Sweben fand in den Fluten des Guadiana den Tod (Hydat. 90; vgl. 54, 30; 21, 49 f.). Die von Gregor von Tours, hist. Franc. II 2, erzählte schöne Gesch. von dem Stellvertreterkampf der beiden *gentes* stellt den Ausgang der Auseinandersetzung allerdings geradezu auf den Kopf — der swebische Vertreter *(puer)* besiegt den Vertreter der W. —, daraufhin verlassen diese Spanien. Diese Darst. ist vielleicht als ein Versuch zu werten, den für viele unverständlichen Übergang der W. nach N-Afrika und damit in eine ungewisse Zukunft zu erklären.

Durch die Zeitverzögerung, die der Kampf mit den Sweben mit sich gebracht hatte, konnten die Scharen des Geiserich — neben W. und Alanen werden auch Goten (Possid., vit. August. 28) und dazu Provinzialrömer genannt — sich erst im Mai 429 nach N-Afrika einschiffen (54, 30 f.; 16, 155–163; 21, 49–51; 35, 67 f.). Mittlerweile hatte sich die polit. Großwetterlage in der Weise zuungunsten der W. geändert, daß der röm. Oberbefehlshaber in N-Afrika Bonifatius von Ravenna wieder in Gnaden aufgenommen worden war. Selbst wenn dieser tatsächlich mit den W. konspiriert haben sollte, mußte jetzt mit dessen Kampfbereitschaft und Gegnerschaft gerechnet werden. Ihm standen allerdings kaum mehr als 10 000 Mann zur Abwehr der Invasoren zur Verfügung, wenn man die Ist-Stärke der röm. Verbände realistisch einschätzen will (vgl. 35, 67 f.; zur großen Diskrepanz zw. Ist- und Sollstärke in den spätröm. Armeen und bei den Limitantruppen vgl. 9).

Nach dem Zeugnis des Victor von Vita I, 2 soll Geiserich unmittelbar nach der Landung an der afrikanischen Küste alle Angekommenen gezählt und diese dann in 80 Tausendschaften aufgegliedert haben. Sowohl die Zahl 80 000 — nach Prok. b. V. I, 5,19 habe das Volk der W. und Alanen beim Betreten N-Afrikas allerdings insgesamt nur 50 000 Menschen gezählt — als auch der Zeitpunkt der Volkszählung wirft Probleme auf. Die Zahl 80 000 kann annähernd nur unter der Voraussetzung stimmen, daß damit auch Frauen, Kinder und andere Nichtkombattanten mit eingeschlossen waren; und selbst dann wäre sie noch hoch genug. Die 80 Tausendschaften sind als neu organisierte, quasi künstliche Untergruppen der Invasoren aufzufassen, die nun an die Stelle ält. familialer oder sippenähnlicher Verbände traten. Jede Tausendschaft hatte unter dem Kommando eines *millenarius* eine entspr. Anzahl von Kriegern zu stellen. Damit kommt man auf eine Zahl von höchstens 10–15 000 Kriegern, größere Heere werden die W. auch später kaum auf die Beine gestellt haben (16, 162; 35, 67 f.). Wenn Victor von Vita das wandal. Heeresaufgebot — bezogen wohl auf die Zeit der Entstehung seiner „Geschichte der Verfolgungen" um 490 — als klein und schwach bezeichnet (Vict. Vit. I, 2), so wird man dies bereits auf die Verhältnisse beim Übergang nach N-Afrika beziehen können. Eine Zählung derjenigen, die der wandal. Führungsschicht nach N-Afrika folgen wollten, hätte eigtl. nur vor der Einschiffung wirklich Sinn gemacht; dann wäre die Ermittlung der Kapazität des erforderlichen Schiffsraums auf eine reelle Grundlage gestellt worden. Dem Organisationstalent des Geiserich ist eine solche Maßnahme auch durchaus zuzutrauen. Als Lösung bleibt die Annahme, daß Victor von Vita sich entweder geirrt hat, daß also vor der Einschiffung gezählt wurde oder daß — was wiederum Sinn macht — zwei Zählungen stattfanden, nämlich beim Aufbruch und dann nach der Landung, beide Volkszählungen aber von dem katholischen Bf. Victor zusammengeworfen wurden.

Die barbarischen Scharen unter Führung Geiserichs schifften sich in *Iulia Traducta* (heute Tarifa) aus, ihre Anlandung fand wohl bei *Tingis* (heute Tanger) statt (*Septem Fratres,* heute Ceuta, ist ebenfalls möglich, jedenfalls an einem Küstenort der *Mauretania Tingitana* [vgl. 54, 30; 21, 50; 57, 52]). Die von den Hafenstädten im röm. Spanien requirierten Schiffe und Boote sind sicher nicht zurückgeschickt worden, sie dürften den Grundstock der maritimen Aus- und Aufrüstung der W. gebildet haben, die sie in den nächsten Jahrzehnten zu den Beherrschern des w. Mittelmeers machen sollte. Organisierter milit. Widerstand war in dieser zum Zuständigkeitsbereich röm. Stellen in Spanien gehörenden Prov. nicht zu erwarten; der *comes Africae* Bonifatius war für sie nicht zuständig. Ziel der Invasoren war von Anfang an die reiche Prov. *Africa Proconsularis* mit der Hauptstadt Karthago, dem polit., wirtschaftl., kulturellen und relig. Zentrum des gesamten röm. N-Afrika. Um Karthago zu erreichen, mußte der wandal. *exercitus,* dessen schlagkräftigster Kern aus der Reiterei bestand, und der schwerfällige, Frauen, Kinder und alte Leute umfassende, zudem mit deren Verproviantierung belastete Troß auf eine über 2 000 km lange, z. T. sehr schwierige Route die Mittelmeerküste entlang geschickt werden. Deshalb ist von der Forsch. daran gedacht worden, daß mindestens das Anfangsteilstück des Weges nach Karthago weiter zur See bewältigt worden sei, wie denn überhaupt wegen des schwierigen Geländes der Verkehr zw. den mauretanischen Prov. *Tingitana* und *Caesariensis* traditionell zu Schiff bewerkstelligt wurde (vgl. 54, 47. 60). Sicher ist, daß sich die Invasoren nur möglichst kurz in der ressourcenarmen *Tingitana* aufhalten wollten; schon aus diesem Grund lag ein Schiffstransport – und zwar so lange wie es strategisch geraten erschien – durchaus nahe. Endgültige Sicherheit in dieser Frage wäre allerdings erst durch neue dokumentarische Qu. zu erreichen. Legt man für den Marsch in das ö. N-Afrika die Benutzung des röm. Straßensystems zugrunde, wie das in der Regel geschieht, so hätten die Invasoren eine ganze Reihe von – befestigten – Städten und anderen Örtlichkeiten passieren müssen. Darunter waren auch am Meer gelegene Städte, deren Einnahme wohl kombinierte Land- und Seeoperationen erforderlich machte. Nach den Schilderungen des Bf. Victor von Vita hist. persec. I, 9 (vgl. 54, 61 f.; 21, 51) legten die W. dabei eine große Meisterschaft an Einschüchterungspraktiken, Grausamkeiten und terroristischen Übergriffen an den Tag, um die Städte als Widerstandsnester auszuräuchern; ihr von Geiserich angefachter relig. Fanatismus (vgl. 54, 34. 61 f.) soll das übrige dazu beigetragen und im besonderen die katholische Geistlichkeit getroffen haben. Auf dem langen Weg in die *Africa Proconsularis* und damit nach Karthago scheiterten die eigtl. im Belagerungswesen unerfahrenen W. lediglich bei dem Versuch der Einnahme des numidischen *Cirta* (heute Constantine), zumal sich die röm. Eliteformationen unter dem Befehl des Bonifatius auf die nordafrikanische Kernprov. zurückgezogen hatten und dort die Invasoren erwarteten.

Der entscheidende Schlag gegen die Römerherrschaft in N-Afrika gelang den W. zunächst jedoch nicht. Ein Überrumpelungsversuch Karthagos, das stark befestigt war und durch Einheiten des Bewegungsheeres geschützt wurde, schlug nämlich fehl, der wandal. *exercitus* spaltete sich daraufhin anscheinend auf, ein Teil von ihm wandte sich in w. Richtung zurück und traf im Juni 430 vor Hippo Regius ein, das aber von seinen Einw. und röm. Truppen unter dem Befehl des Bonifatius hartnäckig verteidigt wurde, eine andere Abt. wandte sich südwärts und streifte plündernd und mordend durch die Prov. *Byzacena* (vgl. 54, 62). Nach Prok. b. V. I, 3,31 erlitt Bonifatius vor seinem Rückzug hinter die Mauern von Hippo Regius noch eine Niederlage auf dem Schlachtfeld. Hippo Regius überstand sogar eine 14 Monate dauernde Belagerung, während deren der Hl. Augustinus am 28. 8. 430 verstarb (Prosper, chron. 1304; Possid. vit. August. 29). Nachdem die W. unter großen Verlusten im Juli 431 abgezogen waren, verließen auch die Verteidiger die Stadt; möglicherweise wollte man die eigene Militärmacht unter kluger Abschätzung der

Kräfteverteilung auf die *Proconsularis* und die Hauptstadt Karthago konzentrieren und die W. zunächst einmal sich selbst überlassen. Ob Geiserich die mindestens in Teilen zerstörte Stadt zwischenzeitlich als seine Residenz betrachtete (vgl. 21, 53), ist nicht zu entscheiden. Jedenfalls dürfte es dem röm. Oberbefehlshaber in N-Afrika Bonifatius nicht entgangen sein, daß zu seiner Unterstützung ein Expeditionskorps aus Konstantinopel in Bewegung gesetzt worden war. Das Kommando führte der höchstrangige Militär des ö. Römerreichs Fl. Ardaburius Aspar (44, 166, s. v. Aspar); nach der Landung der oström. Armee kam es nach Prokop b. V. I 3,35 zu einer gewaltigen Schlacht, in der die W. den Sieg davongetragen haben sollen (54, 63 f.; 18, 509; 21, 53). Jedenfalls ging damals Bonifatius nach Italien zurück, während sich Aspar mit seinen Truppen nach Karthago begab. Dort trat Aspar am 1. Januar 434 das Konsulat an, kehrte aber bald darauf wieder nach Konstantinopel zurück.

Die großen Verluste auf beiden Seiten, aber auch die mißlungene Koordination des Vorgehens zw. Ravenna und Konstantinopel dürfte die Bereitschaft zum Einlenken begünstigt haben. In Hippo Regius schlossen die Regierung in Ravenna, vertreten durch den kaiserlichen Gesandten Trygetius (44, 1129, s. v. Trygetius), und der W.-König im J. 435 einen Vertrag ab, der den Aufenthalt der W. in N-Afrika rechtlich sanktionierte (Prosper, chron. 1321: *Pax facta cum Vandalis data eis ad habitandum Africae portione*; zum Charakter des Vertrags vgl. 56, 93). In welchen Gebieten genau sich die W. niederließen (ob dies nach dem Prinzip der *hospitalitas* geschah, ist durchaus strittig, vgl. 56, 93), wo sie dann auch Regierungsverantwortung zu übernehmen hatten, ist nicht eindeutig zu klären. V. a. aber ist nicht wirklich ersichtlich, ob auch Teile der *Africa Proconsularis* dazugehörten oder nicht (vgl. 21, 54; 18, 510; 57, 53). Jedenfalls wurden ihnen küstennahe Gebiete in den Prov. *Mauretania Sitifensis* und in *Numidia* zugewiesen. Das für 437 berichtete gewaltsame Vorgehen gegen Funktionsträger der katholischen Orthodoxie (Prosper, chron. 1327; vgl. 54, 65 f.; 21, 55; 57, 53) mag in der Weise zu erklären sein, daß sich Geiserich − obwohl nicht im Besitz eines röm. Militäramtes − als oberste röm. Instanz in dem von ihm beherrschten Gebiet verstand. Die röm. Militärmachthaber des 5. Jh.s hatten sich nämlich immer wieder in relig. Fragen eingemischt, so daß der Kg. möglicherweise seine Stellung in ähnlicher Weise − hier zur Stärkung des Arianismus − zu nutzen gedachte. Damals soll Geiserich auch fünf katholische Römer aus seiner Umgebung, die mit den W. von Spanien nach Afrika gekommen waren, umgebracht bzw. versklavt haben, weil sie sich weigerten, von der katholischen Orthodoxie abzufallen (vgl. 54, 66). Geht man jedoch davon aus, daß die W. in den ihnen zugewiesenen Gebieten einen Föderatenstatus (→ Einquartierungssystem § 3) einnahmen, lastete auf ihnen ein Kat. erheblicher Verpflichtungen gegenüber dem Römerreich. Sie hätten dann die Stellung der röm. Feldtruppen − *comitatenses* − eingenommen, wären in den Städten garnisoniert gewesen und nicht etwa auf Landgüter oder Dörfer verteilt worden (vgl. 57, 53; anders 35, 69). Wenn Prokop, b. V. I, 4,13, bemerkt, Geiserich habe in bemerkenswerter Umsicht und weiser Selbstbeschränkung dem Ks. in Ravenna eine jährliche Tributleistung zugesagt, so dürfte damit die Zusage von jährlichen Getreide- und Öllieferungen nach Italien gemeint sein (vgl. 54, 65; 21, 54). Die in diesem Zusammenhang ebenfalls überlieferte Geiselstellung seitens der W. − der Kg.ssohn Hunerich wurde nach Ravenna ausgeliefert − gehört wohl ebenfalls zu den Vertragsbedingungen des J.es 435 (56, 94).

In den auf den Vertragsabschluß unmittelbar folgenden J. führten die W. bereits Raubzüge über See durch, eine sehr schnell zur Gewohnheit werdende Betätigung. Ziele waren Sizilien und andere Inseln des w. Mittelmeeres (Prosper, chron. 1330. 1332, ohne explizit die W. zu nennen). Begünstigt wurden diese Vorstöße durch die Massierung röm. Streitkräfte in Gallien zur Bekämpfung der Burg. und der Bagauden. Daß Geiserich im Oktober 439 (zu in den Qu. unterschiedlich angegebenen Jahres- und Tagesdaten vgl. 54, 67 Anm. 1; 50, 37–42) – vielleicht in einer kombinierten Land- und Seeaktion – Karthago überfiel und im Handstreich auch einnehmen konnte, kam so überraschend nicht (vgl. 54, 66; 16, 171 f.; 21, 54 f.). Mit dem Fall von Karthago und dem damit verbundenen Zusammenbruch des röm. Widerstands in den noch unter direkter röm. Herrschaft stehenden Prov. *Africa Proconsularis, Byzacena* und geringen, nö. Teilen der *Tripolitania* mußte sich kurz oder lang ein neues völkerrechtliches Verhältnis zw. W-Rom und den W. herauskristallisieren. Der lakonische Kommentar des span. Chronisten Hydatius ist dafür bezeichnend genug: *Carthagine magna fraude decepta die XIIII kl. Novembris omnem Africam rex Gaisericus invadit* (Hydat. 115).

Wie konnte die stark befestigte röm. Metropole N-Afrikas in einem Handstreich von den W. eingenommen werden? Eine Erklärung dafür mag gewesen sein, daß die röm. Autoritäten nicht mit einem plumpen Vertragsbruch seitens der W. rechneten. Das würde aber eine totale Blauäugigkeit und Unerfahrenheit im Umgang mit barbarischen *gentes* und deren Führern bedeuten, was nach den bisherigen Erfahrungen seit dem letzten Viertel des 4. Jh.s allerdings äußerst unwahrscheinlich ist. Objektive Gründe für das Versagen der röm. Militäradministration lassen sich hingegen durchaus feststellen: An ihrer Spitze stand keine überzeugende und einflußreiche Persönlichkeit mehr, wie etwa in den Tagen des Bonifatius oder des O-Römers Aspar, zudem hatten die milit. Probleme des W-Reichs in Gallien die gesamte Aufmerksamkeit der Zentrale in Ravenna auf diesen Kriegsschauplatz gelenkt (→ Aetius). Und für die christl. Autoren wie Victor von Vita und andere wiederum war der Untergang der Römerherrschaft in N-Afrika die allen deutlich vor Augen geführte unmittelbare Bestrafung durch Gott wegen des sündhaften, von Luxus, Völlerei und Unzucht geprägten Lebenswandels v. a. der Bewohner Karthagos.

Die Einnahme Karthagos und anschließend die Unterwerfung der Bevölkerung weiter Gebiete der *Proconsularis* und der *Byzacena* zeitigten die üblichen Folgen barbarischer Expansion und Eroberung: Plünderungen, Zerstörungen, Verfolgung und Verbannung – in diesem Falle des katholischen Klerus – und Enteignungen (→ Einquartierungssystem § 3). Die grundbesitzenden *senatores* und die Kurialen (Stadträte) speziell von Karthago konnten zw. Knechtschaft und Verbannung wählen, sie flohen sowohl in den W als auch in den O des Römerreichs, Bischöfe wie Quodvultdeus von Karthago (40, 947–949) nach Italien; Kirchengeräte und -schätze wurden geplündert, das Kirchenvermögen der arianischen Geistlichkeit überstellt (54, 67 f.; 43, 57–59; 29, 129). Auf die Einnahme Karthagos folgte sogleich eine offensive wandal. Kriegführung mit Zielrichtung Sizilien und Unteritalien, die von W-Rom – zeitweise mit Unterstützung aus Konstantinopel – nur mühsam und mit großen Anstrengungen aufgehalten werden konnte. Es war aber wohl allen Beteiligten bzw. Betroffenen klar, daß der vertrags- und rechtlose Zustand, wie er trotz des Trygetius-Friedens eingetreten war, nicht von Dauer sein konnte.

k. Die Staatsgründung von 442 und das *regnum Vandalorum* bis zum Tode Geiserichs (477). Was den 435 abgeschlossenen Präliminarvertrag – von Ravenna zudem nicht mehr ratifiziert – betrifft, so ist es keineswegs erwiesen, daß die W. unter Geiserich damit rechtsförmlich in den Dienst des Römerreichs gestellt wurden, während der Vertrag von 442 jedenfalls als die Geburtsstunde eines souveränen, völkerrechtlich unabhängigen Barbarenstaats angesehen werden kann. Er verpflichtete die W. wohl zur Neutralität und vollzog die Teilung der wichtigsten nordafrikanischen Prov. zw. den Vertragspartnern *certis spatiis* (Prosper, chron. 1347). Beim weström. Reich verblieben lediglich die beiden Mauretanien und der w. Teil Numidiens, die W. erhielten den ö. Teil Numidiens, die *Proconsularis, Byzacena* und Teile Tripolitaniens, vielleicht auch *Mauretania Tingitana* (wenn identisch mit der *Abaritana,* vgl. Vict. Vit. I, 13) zugesprochen (16, 172–175). Diese nach röm. Kriterien vollzogene und in die röm. Rechtsordnung eingepaßte Aufteilung ließ es allerdings durchaus zu, daß in der Wahrnehmung der Regierung in Ravenna die wandal. Territorien nach wie vor Hoheitsgebiete des Reiches waren und dementspr. weiter in den Regelungsbereich kaiserlicher Rechtssetzung fielen (56, 92–95).

Mit dem Vertrag von 442 läßt sich auch ein neues, vom Kgt. ausgehendes Herrschafts- und Reichsverständnis verbinden, das die Ereignisse vor der Eroberung Karthagos im Oktober 439 zur Vorgesch. herabstufte, an ant., den Provinzialrömern durchaus vertraute Traditionen anknüpfte und die Zeitrechnung nach Regierungsjahren einführte, der eine ‚era-like quality' bescheinigt wird (14, 45–63, bes. 59). Entspr. weist der *Laterculus regum Wandalorum et Alanorum* für Geiserich eine Regierungszeit von 37 J., drei Monaten und sechs Tagen aus (14, 59 mit Anm. 122). Ob damit auch die Propagierung eines neuen Begriffs und Verständnisses von Kgt. und rex-Titel – etwa im ant.-röm. Sinne – verbunden war, muß zumindest offen bleiben. Die neuen Untertanen – Provinzialrömer, noch in intakten Stammesorganisationen lebende Bevölkerung wie die Mauren (67, bes. S. 832 f.), kleine Gruppen von Germ. wie etwa die Goten, die bereits vor den W. in N-Afrika waren, schließlich Juden und judaisierende Gruppen wie etwa die *Caelicolae* (zu den Juden vgl. 10, 32–34; 16, 106 Anm. 1. 341 f.; 24, bes. S. 449. 454. 456–458; 37, 131 f.) – könnten diese Neuerung durchaus so verstanden haben. Sie zielte langfristig auf eine Identitätsstiftung (zur Problematik vgl. 45, 95–104) unter all diesen verschiedenen ethnischen (und relig.) Gruppen, wenn nicht mit der *gens Vandalorum et Alanorum,* so doch mit dem W.-Reich ab. Neben dieser ideell-ideologischen Seite brachte die endgültige Anerkennung der wandal. Herrschaft in N-Afrika durch die Regierung in Ravenna auch beträchtliche materielle Auswirkungen mit sich, deren Voraussetzungen und Modalitäten in der Forsch. allerdings durchaus strittig sind. Gesichert ist, daß nach 439 v. a. in der *Proconsularis* im großen Stil Enteignungen vorgenommen wurden, von denen die reiche senatorische Oberschicht und die Mitglieder der Kurie Karthagos sowie die katholische Kirche betroffen waren (54, 72–74. 184 f.; 43, 57–59; 29, 127–129; 35, 69; 57, 54). Was jedoch mit diesen expropriierten Gütern geschah, ist hingegen weniger klar, einmal davon abgesehen, daß der in N-Afrika traditionell große Fiskalbesitz dem Kg. unmittelbar zufiel (Die Annahme, daß der Kg. das Obereigentum am gesamten Grund und Boden beanspruchte, geht wohl doch deutlich zu weit, anders [21, 58]). Wurden diese Ländereien an die wandal. Krieger und die Mitglieder des Adels als steuerfreier und erblicher Besitz verteilt oder erhielten diese lediglich Steueranteile und erst vielleicht in einer späteren Phase auch den direkten Zugriff auf das Land selbst? Die ält., auf den Angaben von Victor von Vita und Prokop beruhende Auffassung (Vict. Vit. I, 13; Prok. b.V. I, 5,11–17), daß es sich bei den *sortes Vandalorum* um wirkliche Landzuteilungen und nicht um Zuweisung von Erträgen handelte, setzt sich mittlerweile zu Recht wieder mehr und mehr durch (vgl. 29, 128 mit Anm. 23). Nur so macht auch die Mitteilung Prokops (b.V. I, 8,25) überhaupt einen Sinn, Geiserich habe sogleich nach

Landnahme und Festsetzung der W. in N-Afrika die Steuerkataster für ungültig erklärt und vernichten lassen. Damit war jede Grundlage für die Zuweisung von Steueranteilen an die wandal. Krieger entfallen. Vielmehr wurde – v. a. oder sogar ausschließlich in der *Proconsularis* (bzw. *Zeugitana*, vgl. Vict. Vit. I, 13) – dem wandal., in Tausendschaften organisierten Kriegerverband ein bestimmtes Ansiedlungsrayon zugewiesen und dieses anschließend intern an die einzelnen Haushaltungen verteilt, und zwar einschließlich des freien und unfreien dort lebenden Personals (so 54, 72). In wieweit auch die der kgl. Familie zugewiesenen Staatsdomänen teilweise zur Verteilung kamen, ist nicht belegt, der Kg.sbesitz hatte jedenfalls beachtliche Dimensionen (vgl. Vict. Vit. I, 17, und 44).

Enteignungen großen Stils betrafen – zusätzlich zu den Einschränkungen und Verboten bezüglich des katholischen Gottesdienstangebots in den wandal. Siedelgebieten (Vict. Vit. I, 17 f.) – die katholische Kirche und deren Eigentum; die konfiszierten Gebäude samt Inventar und Ländereien wurden zur Ausstattung des arianischen Klerus und dessen Gem. verwendet (54, 67 f. 73–75; 29, 129 f.; 35, 79). Die Botschaft des Kg.s war eindeutig: Im Kerngebiet des wandal. Herrschaftsbereichs sollte die arianische Geistlichkeit an die Stelle der katholischen treten, ein Ziel, das um 490 fast erreicht schien, wenn die Information von Victor von Vita stimmt, es hätten damals lediglich noch drei katholische Bf. amtiert (Vict. Vit. I, 29). Der katholischen Orthodoxie fühlten sich auch die röm. Großgrundbesitzer eng verbunden. In der *Proconsularis* schlug damals auch ihre Stunde, sie wurden enteignet, mußten ihre Wertsachen abliefern, in einigen Fällen anscheinend sogar ein Sklavendasein führen, so daß es nicht verwundert, daß ein Großteil von ihnen die Flucht ergriff und dabei sogar bis in den O des Römerreichs gelangte. Bevorzugtes Ziel war wie beim katholischen Klerus jedoch Italien, wie aus der 24. Novelle Valentinians III. vom J. 451 hervorgeht. In der *Byzacena* hingegen kam es zu keinem systematischen Wechsel hinsichtlich des Grundbesitzes; die röm. *possessores* konnten z. T. bleiben, z. T. kehrten sie später wieder zurück, erhielten ihre Güter vielleicht sogar restituiert oder sie konnten diese zumindest zurückkaufen (43, 58–61; 29, 128; zu den ‚Tablettes Albertini' vgl. 16, 98. 112. 179. 234. 257 f. 277 f. 312. 318 f. 343). Der Vorbildcharakter dieser röm. Oberschicht für den Lebensstil, für die Neigungen und Vorlieben der wandal. Oberschicht läßt sich gleichsam überall mit den Händen fassen (54, 188–196; 16, bes. 228–230; 21, 141–144; 29, 142; 13, 34–36), ein Faktum, das man mit *reconquête sociale* auf den Begriff bringen wollte.

Hatten sich Geiserich und die wandal. Führungsschicht zunächst wohl von der Illusion leiten lassen, der Herrschaft der W. durch eine soziale, kulturelle und relig. Vereinheitlichung – im Sinne einer göttlichen Mission und ausgestattet mit dem dafür nötigen Selbstbewußtsein (54, 34. 61) – auf ewige Zeiten Bestand zu verleihen, so läßt sich diesbezüglich zumindest phasenweise ein gewisses Umdenken feststellen. In dem Maße, wie Geiserich auf die Befindlichkeiten seines Vertragspartners in Ravenna wieder stärker einging – der Kg.ssohn Hunerich lebte als Geisel in Ravenna am Ks.hof –, verbesserte sich auch die Lage der katholischen Kirche und ihres Klerus. Ende Oktober 454 konnte mit Deogratias wieder ein katholischer Bf. für Karthago ordiniert werden, vielleicht ein Fingerzeig darauf, daß weitere ausgewiesene Bf. in ihre Sprengel zurückkehren konnten und sogar ein allg. Relig.sfriede angestrebt wurde (54, 77; 16, 290). Was waren die Gründe für dieses allerdings nur nicht lange währende ‚Tauwetter'? Sie lagen wohl v. a. in einer kurzzeitigen Umorientierung der wandal. Außenpolitik gegenüber dem W-Reich. Die Anwesenheit Hunerichs in Ravenna und seine engen Kontakte zur kaiserlichen Familie, seine Rückkehr nach Karthago um 445 anscheinend mit der Aussicht auf eine kaiserliche Braut und das Bestreben, in Zukunft als zuverlässige Vertragspartner gelten zu können, bewogen den Kg., auf Piraterie und Raubzüge im Mittelmeer und an den Küsten Italiens zu verzichten und auch gegenüber den den W. zutiefst verhaßten W-Goten stillzuhalten, als diese dem W-Reich gegen die hunnische Invasion in Gallien zu Hilfe eilten (→ Katalaunische Felder). Daß dennoch Gerüchte über ein geheimes Einverständnis zw. Attila und Geiserich die Runde machten, erstaunt bei dem notorisch schlechten Ruf der W. keineswegs, zumal der Versuch der W-Goten, über eine Heiratsverbindung die W. als Bundesgenossen zu gewinnen, gründlich danebengegangen war (Jord. Get. 184; vgl. 54, 76; 3, 148–150). Jedenfalls hielten die guten Beziehungen zu Ravenna bis zur Ermordung Ks. Valentinians III. im März 455 an. Es war wohl diese polit. Großwetterlage, die es mit sich brachte, daß die Katholiken vorerst aus der unmittelbaren Schußrichtung kgl. relig. Aktivitäten herausgenommen wurden und daß mit Deogratias ein allseits verehrter Bf. in Karthago (vgl. 16, 195 f.; 29, 130 f.) amtieren konnte. Deogratias starb bereits 457, und Geiserich verhinderte nicht nur, daß ihm ein Nachfolger gewählt wurde, sondern kehrte zu einer Politik der Verfolgung und Ausschaltung des katholischen Klerus zurück mit dem Ziel, das Kirchenvolk der arianischen (Staats-)Kirche zuzuführen. Auch die anderen Bf.s-sitze in der *Proconsularis/Zeugitana* und der *Byzacena* mußten, wenn sie frei wurden, vakant bleiben, nach Victor von Vita I, 29 waren davon insgesamt 164 Bistümer betroffen. Am Ende der Berichtszeit Victors sollen lediglich noch drei katholische Bf. amtiert haben (54, 93–95; 29, 131 mit Anm. 41). Bei der Rigidität und Glaubensfestigkeit der katholischen Christen N-Afrikas, traditionell gepaart mit einer hohen Bereitschaft zum Martyrium und gekennzeichnet durch eine besondere Verehrung der Märtyrer, waren Unruhen und Widerstand geradezu vorprogrammiert. Entspr. mußte das staatliche Vorgehen darauf ausgerichtet sein, möglichst Martyrien zu vermeiden. Auch wenn Victor von Vita I, 29 von einer großen Zahl von Märtyrern und Bekennern spricht, sind uns doch nur verhältnismäßig wenige Fälle namentlich bekannt; die Politik der Märtyrervermeidung war anscheinend also durchaus erfolgreich. Ebenso einschneidend und wirkmächtig wie die Taktik, die katholischen Gem. ohne Hirten und damit führungslos zu belassen, wäre die auf den Ratschlag der arianischen Bf. hin ergangene Verfügung Geiserichs gewesen, in seiner und in der Hofhaltung seiner Söhne nur noch Arianer zu beschäftigen (Vict. Vit. I, 43). Diese Maßnahme wird in der Regel als ein auf dieses Personal angewandter Zwang zur Konversion zum Arianismus angesehen (54, 94; 16, 226 mit Anm. 7; 21, 133 f.; 29, 135), versüßt durch Geldgeschenke und andere Vorteile (Vict. Vit. I, 47 f.). Aus einer genauen Unters. der namentlich überlieferten Fälle ergeben sich jedoch Zweifel an der Historizität dieser Verfügung; der Gedanke liegt vielmehr nahe, in dem angeblichen Erlaß Geiserichs eine Rückprojizierung einer späteren Maßnahme – aus der Zeit der schweren Katholikenverfolgung unter Hunerich – zu sehen. Sollte bereits Geiserich zu diesem Zwangsmittel gegriffen haben, so bietet sich hier die Erklärung an, es könnte sich lediglich um eine auf die Zukunft gerichtete Maßnahme gehandelt haben. Katholiken wären also im Hofdienst belassen worden, weitere sollten jedoch nicht mehr eingestellt werden, und allein die arianische Wiedertaufe sollte als *billet d'entrée* für die Tätigkeit am Kg.shof gelten (43, 63–65).

Der W.-Name ist im kollektiven Gedächtnis der Völker und Nationen untrennbar mit der Eroberung und systematischen, vierzehn Tage andauernden Plünderung Roms, der – zwar nur noch nominellen – Hauptstadt des Römerreichs und Sitz des altehrwürdigen Senats, verbunden. Schon bei den Zeitgenossen muß dieses Ereignis einen ungeheuren Eindruck hinterlassen haben, entspr. breit war auch der Niederschlag in der Ber.erstattung (vgl. 54, 78). Das Unternehmen wurde von Seiten der W. als Rachefeldzug gegen einen Usurpator – Petronius Maximus – gerechtfertigt, der die Ks.witwe Eudoxia anscheinend unter Anwendung von Zwang geehelicht und seinem Sohn die Ks.tochter Eudokia als Gattin zugeführt hatte. Anscheinend sah Geiserich das Vertragsverhältnis mit dem W-Reich durch die Ermordung Valentinians III. als beendet an und konnte sich wohl zusätzlich auch auf eine Heiratsverabredung – die ins Auge gefaßte Ehe zw. Hunerich und der Ks.tochter Eudokia – berufen. Daß die Ks.witwe Eudoxia die W. herbeigerufen haben soll, bezeichnen bereits die zeitgenössischen Qu. als ein bloßes Gerücht. Schon gut zwei Monate nach der Ermordung Valentinians III. ging die wandal. Flotte in Portus an der Tibermündung vor Anker, wo die aus W. und Mauren bestehenden Landungstruppen ausgeschifft wurden und sofort auf Rom zumarschierten. Zahlreiche Angehörige der senatorischen Führungsschicht, aber auch Petronius Maximus selbst, versuchten, sich durch die Flucht in Sicherheit zu bringen, der Usurpator fand dabei den Tod. Am 2. 6. 455 rückten die W. unter Führung Geiserichs in Rom ein, wo sie der Bf. der Stadt, Leo I., feierlich empfing und dabei angeblich erreicht haben soll, daß die W. auf Zerstörung und Brandstiftung verzichteten und sich mit der bloßen Plünderung begnügten, zudem v. a. die kirchlichen Gerätschaften schonten: Chron. Gall. a. 511: *sine ferro et igne Roma praedata est* (vgl. 54, 77–81; 16, 194–196; 21, 64). Jedenfalls weilten die W. zwei Wochen in Rom und machten v. a. im Ks.palast, in den zu Museen gewordenen heidn. Tempeln und in den Stadthäusern der Senatsaristokratie gewaltige Beute (Prok. b.V. I, 5,1–4). Beutegut wurden damals auch Teile der vom späteren Ks. Titus aus dem Tempel von Jerusalem geraubten Schätze (Prok. b.V. II, 9,5). Eines der damit wohl völlig überladenen Schiffe, das – wohl bes. wertvolle – Statuen an Bord hatte, soll auf der Fahrt nach Karthago untergegangen sein (Prok. b.V. I, 5,5). Vielleicht der wichtigste Bestandteil des Raubzugs war jedoch die ‚Menschenbeute': Tausende von Fachkräften, Senatoren (wegen des zu erwartenden Lösegelds), darunter auch der Sohn des Aetius, und die Ks.witwe Eudoxia mit ihren Töchtern Eudokia und Placidia mußten sich nach Karthago einschiffen lassen (Prok. b.V. I, 5,3; Hydat.167; vgl. 54, 81). Eudokia wurde schon bald mit Hunerich verheiratet, die *Augusta* Eudoxia und ihre andere Tochter Placidia schließlich auf Verlangen wohl noch Ks. Markians nach Konstantinopel geschickt (Prok. b.V. I, 5,6; vgl. 21, 64; 3, 150).

Insgesamt war die Reaktion W- und O-Roms auf die geradezu als Blasphemie anzusehende Ausplünderung Roms unerwartet zurückhaltend, wofür sich allerdings auch stichhaltige Gründe anführen lassen. Weniger die Vergeiselung der kaiserlichen Familie, die man als Pfand ausspielen konnte, als vielmehr das Druckmittel, Italien von der Getreidezufuhr abzuschneiden, sowie die letztendlich noch ungeklärte Machtfrage im W-Reich verschafften den W. nicht lediglich eine hoch willkommene Verschnaufpause, sondern ermöglichten ihnen in N-Afrika selbst die Konsolidierung und sogar den Ausbau ihrer Herrschaft. Die nordafrikanischen Restgebiete des W-Reichs – v. a. die strategisch wichtigen Regionen an der Mittelmeerküste – wurden nun der Herrschaft Geiserichs unterstellt (Vict. Vit. I, 13); inwieweit sich damals eine große Anzahl maurischer Stämme mehr oder weniger widerstandslos – wie Apoll. Sidon. 5,335 ff. behauptet – den W. unterstellte und von ihnen als Hilfstruppen in Anspruch genommen werden konnte, ist jedoch zweifelhaft. Courtois (16, 176 mit Anm. 6) hält ihre namentliche Aufzählung durch Apollinaris Sidonius für eine ‚liste ‚poétique' sans le moindre rapport avec la realité'.

Victor von Vita stellt ergänzend zu seiner Nachricht über die Ausdehnung der wandal. Herrschaft in N-Afrika lapidar fest, Geiserich habe nach dem Tode Valentinians III. neben vielen anderen Inseln im Mittelmeer auch die großen Inseln Sardinien, Sizilien, Korsika und die Balearen seiner Herrschaft unterstellen können (Vict. Vit. I, 13). Wie intensiv die herrschaftliche Durchdringung und organisatorische Erfassung in diesem Inselreich wirklich war, ist schwer zu ermitteln. Sicher unterhielten die W. dort eine ganze Reihe von Stützpunkten und Häfen, die sie ungestört anlaufen konnten und die ihnen mehr als nur eine lose Kontrolle über das w. Mittelmeer erlaubten und es ihnen v. a. ermöglichten, jederzeit die Küsten Italiens, Galliens und Spaniens zu erreichen und zu bedrohen (vgl. 16, 185–193). Bis zum Ende der wandal. Staatlichkeit konnten die Stützpunkte auf den Balearen, Sardinien und Korsika auch behauptet werden. Komplizierter stellen sich die Verhältnisse auf Sizilien dar, die denen nicht völlig unähnlich waren, als sich Karthager einerseits, die Griechen und später die Römer andererseits um die Insel gestritten und sie zeitweise unter sich aufgeteilt hatten. Hier setzte sich das W-Reich kräftig zur Wehr und verbuchte zwei durchaus aufsehenerregende milit. Erfolge gegen die W. Im J. 456 konnten röm. Truppen – beide Male unter Führung des späteren ‚Generalissimus' → Rikimer (vgl. auch → Cassiodor § 1) – wandal. Expeditionskorps bei Agrigent bzw. auf Korsika besiegen (Apoll. Sidon. 2,367 ff.; Hydat. 176. 177). Die Folge war, daß sich die W. mit jährlich wiederkehrenden Überfällen auf die Städte an den Küsten Siziliens begnügten, sich dabei auch immer wieder blutige Köpfe holten und sich wohl erst nach 468 und auch nur kurzzeitig auf der Insel festsetzen konnten (vgl. 16, 190–193).

Mit dem Regierungsantritt des energischen Ks.s Maiorian (reg. 457–461) im W-Reich drohte der wandal. Herrschaft in dem Kernland N-Afrika selbst eine ernsthafte Gefahr. Dieser Ks. hatte die barbarischen Völker im Ostalpen-Mitteldonau-Raum als wirkliche Kraftreserve des weström. Reiches entdeckt und erschlossen und aus ihnen ein gewaltiges Heer rekrutieren können. Damit wollte Maiorian nichts weniger als die Kaisermacht im W durch die Unterwerfung von Burg., W-Goten, Sweben und schließlich auch W. im vollen Umfang wiederherstellen (16, 199 f.; 21, 66 f.; vgl. 36, bes. 107). Es handelte sich um einen gigantischen, durch unser Mehrwissen nur im nachhinein als aussichtslos zu apostrophierenden Versuch, der letztendlich an der geschickten Taktik Geiserichs, aber auch an Uneinigkeit und Verrat auf röm. Seite sowie mangelnder Unterstützung durch O-Rom scheiterte (54, 85 f.). Im Zusammenhang dieses Unternehmens erzählt Prokop die schöne Geschichte, der Ks. selbst habe unerkannt Karthago aufgesucht, sei sogar von Geiserich selbst in den Arsenalen herumgeführt worden, um die Stimmung unter den Einheimischen wie auch das wandal. Militärpotenzial zu erkunden (b. V. I, 7,6–10; vgl. 54, 85). Nach den ersten maritimen Mißerfolgen gab Maiorian das Unternehmen auf und schloß mit Geiserich einen für die W. anscheinend recht günstigen Friedensvertrag ab (54, 86; 16, 199 f.; 56, 184), der wiederum den Sturz und die Ermordung des Ks.s zur Folge hatte und zu einer mehrere Monate andauernden Vakanz auf dem Ks.thron im W-Reich führte. Als die W. durch diese Geschehnisse beflügelt erneut ihre Taktik der Raub- und Plünderungszüge nach Sizilien und Unteritalien wieder aufnahmen, schaltete sich der Ostks. Leo I. auf diplomatischem Weg ein. Das Ergebnis der Verhandlungen war ein Friedensvertrag mit beträchtlichen Zugeständnissen beider Seiten: Die W. entließen die Ks.witwe Eudoxia und ihre jüng. Tochter Placidia nach Konstantinopel (für den zukünftigen Gemahl der Placidia, Olybrius, erhob Geiserich die Forderung, jenem das Ks.tum im W-Reich zu übergeben); für die Herausgabe der kaiserlichen Frauen wurde ein beträchtliches Lösegeld gezahlt, und überdies sagten die oström. Unterhändler zu, das Vermögen Valentinians III. und des Aetius Geiserich zu überstellen (Geiserich stellte sich somit als Erbe sowohl des Ks.s als auch des mächtigen Aetius dar). Daß O-Rom darüber keineswegs die Verfügungsgewalt besaß, dürfte Geiserich nicht unbekannt geblieben sein; ihm ging es wohl um den Besitz eines Rechtstitels, auf den er sich berufen konnte (54, 86; 16, 200; 21, 67; 56, 185). Der Machthaber im W-Reich, Rikimer, war in die Verhandlungen nicht eingebunden, obwohl er allein die materielle Seite hätte erfüllen müssen. Da Rikimer sich weigerte, nicht von ihm gegebene Zusagen zu erfüllen, nahm Geiserich seine Politik der – großen – Nadelstiche und Überfälle gegen ungeschützte Küstenregionen Italiens und Siziliens wieder auf, indem jährlich im Frühling wandal. Flottenkontingente ihre afrikanischen Häfen zu Raubzügen ins w. Mittelmeer verließen.

Die große röm. Offensive gegen das W.-Reich provozierte Geiserich allerdings selbst durch seinen Versuch, eine Angriffskoalition mit W-Goten und Sweben gegen das Reich zu verabreden, und durch die Ausdehnung der wandal. Raubzüge über See auf die Inseln in der Adria, die Küstenstädte der Peloponnes und die Inseln in der Ägäis. Geiserich fühlte sich hinsichtlich der Ernennung des neuen Ks.s im W-Reich, Anthemius, im Frühjahr 467 von O-Rom übergangen und lehnte gegenüber dem Gesandten Ks. Leos I., Phylarchos, jede Übereinkunft schroff ab (54, 88; 16, 200 f.). Noch im selben J. wurde zunächst der Vorstoß einer Flotte des W-Reichs unter dem Heermeister Marcellinus nach Afrika durch widrige Winde aufgehalten; die eigtl. *expeditio ad Africam* unter Federführung des O-Reichs stand allerdings erst bevor.

Mit riesigen Kosten, an denen sich auch das W-Reich beteiligte, wurden eine große Flotte und ein Heer von angeblich über 100 000 Mann zusammengebracht und nach einem wohldurchdachten Kriegsplan gegen N-Afrika zu Land von Ägypten aus gegen Tripolis und zur See gegen Karthago in Bewegung gesetzt; gleichzeitig sollte der w. Heermeister Marcellinus die W. aus Sardinien und Sizilien vertreiben. Dieses grandiose Unternehmen scheiterte grandios – trotz geglückter Landung am Kap Bon in N-Afrika –, teils durch die Unfähigkeit und wohl auch Bestechlichkeit des kaiserlichen Oberbefehlshabers Basiliskos, des Schwagers des Ostks.s Leo I., teils durch die geschickte Verteidigungsstrategie der W. Zudem wurde der durchaus erfolgreich agierende Marcellinus von seinem Rivalen Rikimer in Sizilien ermordet (vgl. 54, 89–91; 16, 202–205; 21, 68 f.). Die W. gewannen die Seeherrschaft im Mittelmeer wieder zurück, neue vom W-Reich ausgehende milit. Aktionen blieben im Sande stecken, zumal Rikimer den Ks. Anthemius in einem Bürgerkrieg beseitigen konnte. Mit der Erhebung des Ancius Olybrius zum Westks., eines Schwagers des wandal. Kronprinzen Hunerich, hatte sich Geiserich auf der ganzen Linie durchgesetzt (54, 92). Mit O-Rom war wohl bald nach der gescheiterten großen Expedition gegen das wandal. N-Afrika ein Friedensvertrag abgeschlossen worden (56, 185), der die W. nicht daran hinderte, nach dem Tode des Ks.s ihre Raubzüge gegen die Städte an der griech. Küste wieder aufzunehmen, wobei es sogar gelang, die Stadt Nikopolis in Epirus einzunehmen. Die Verhandlungen mit einer von Leos Nachfolger Zeno nach Karthago geschickten Gesandtschaft führten schließlich zum Abschluß eines unbefristeten – da mit einer Ewigkeitsformel ausgestatteten – zweiseitigen Friedensvertrags, der wohl auch eine Neutralitätsklausel enthielt (56, 95. 185). Geiserich mußte einerseits einige Zugeständnisse machen – freie Relig.sausübung für die Katholiken in der Hauptstadt Karthago und Rückkehr der verbannten Geistlichen (aber nicht die Erlaubnis zur Wiederbesetzung des Bf.sstuhls in Karthago), Rückgabe der der kgl. Familie zugefallenen Gefangenen ohne Lösegeld, Möglichkeit des Freikaufs der anderen versklavten Gefangenen bei Einverständnis der neuen Eigentümer –, andererseits wurde sein Reich jetzt in seinem damaligen Umfang, und zwar einschließlich Siziliens von einem Ks. anerkannt, der auf Grund der Agonie an der Spitze des W-Reichs für das gesamte Römerreich sprechen konnte (54, 92 f.). Was Sizilien betraf, so einigte sich Geiserich sehr bald mit dem neuen Machthaber in Italien, → Odowakar. Nach Victor von Vita I, 13 kam es zu einer Art Teilung der Insel, mit der Verpflichtung Odowakars, für seinen Teil einen Tribut an Geiserich als seinen Oberherrn für Sizilien zu entrichten. Courtois (16, 192 f.) konnte jedoch überzeugend nachweisen, daß damals keineswegs etwa im W der Insel ein direkt von den W. beherrschtes Territorium entstand, sondern daß vielmehr der Tribut für die ganze Insel gezahlt wurde und die W. sich ganz zurückzogen. Odowakar war allerdings damit zum Klienten seines *dominus* Geiserich geworden. Die Annahme liegt nahe, daß Geiserich einen großen Entwurf in seinem Kopf hatte, nämlich die Gewinnung Italiens mit Rom, Mailand und Ravenna für seinen mit einer Frau aus der letzten legitimen Ks.dynastie verheirateten Sohn Hunerich. Geiserichs Enkel Hilderich ließ sich später und zu Recht als Sproß der theodosianischen wie der hasdingischen Dynastie feiern.

Am Ende eines langen Lebens hatte Geiserich, ‚der gewaltigste Kämpfer unter allen Männern' (Prok. b.V. I, 3,24), der ‚Kg. des Landes und des Meeres' (Theophan. 5941), seinen Nachfolgern eine durchaus aussichtsreiche Option auf die Herrschaft über ganz Italien hinterlassen; N-Afrika und Italien vereinigt hätten die zentrale röm. *praefectura Italiae* des spätröm. Imperiums wiedererstehen lassen und damit gleichberechtigt neben O-Rom und die neuen Machthaber in Gallien – W-Goten und Burg. – treten können (vgl. 16, 185: Geiserich – allerdings in einem anderen Zusammenhang – als „le continuateur de Dioclétien"). Seine per Gesetz (sog. Testament) verordnete neue Thronfolgeordnung speiste sich vielleicht auch aus dieser Perspektive: Jeweils der älteste männliche Nachkomme Geiserichs sollte beim Tode eines W.-Kg.s dessen Nachfolge antreten (54, 157–162; 16, 237–240; 21, 114 f.). Diese einem Senioratsprinzip folgende Sukzessionsordnung sollte die Nachfolge von Kinderkg. verhindern und das traditionelle, nur selten unterbrochene Doppelkgt. bei den W. ersetzen (vgl. 11). Als Geiserich am 24. 1. 477 hochbetagt starb (16, 395. 409), konnte sein ältester Sohn Hunerich problemlos die Herrschaft antreten.

l. ‚La Galerie des Rois': Von Hunerich bis Hilderich. An Tatkraft, Durchsetzungsvermögen, diplomatischem Geschick, aber auch an Glück und Erfolg kam keiner der Nachfolger Geiserichs an diesen auch nur annähernd heran. Für die auf ihn folgende Per. läßt sich vielmehr ein Prozeß dauernden und sich steigernden Niedergangs beobachten, der allerdings auch sich ändernden Rahmenbedingungen und schon unter Geiserich bestehenden strukturellen Defiziten geschuldet wird und deshalb nicht nur der mangelnden Statur der späteren Hasdingen-Kg. angelastet werden kann. Die Schwächemomente im milit. Bereich – sowohl die Flotte als auch die Landstreitkräfte betreffend – gerade angesichts der übernommenen Aufgaben und der weitgespannten Ziele schon in der Blütezeit der W.-Herrschaft konnten von Courtois (16, 205–209) überzeugend herausgearbeitet werden, hinzu kam die weitgehend ungeklärte Machtfrage im Hinblick auf die indigene Bevölkerung (verallgemeinernd in den

Qu. *Mauri*/Mauren genannt) in den Rand- und Kontaktzonen des W.-Reichs. Auch stärkere Figuren als die auf Geiserich folgenden vier Kg. hätten sicherlich der Macht der Verhältnisse Tribut zollen müssen.

Die von katholischen Autoren monopolisierte Überlieferung kennzeichnet Hunerich als einen fanatischen Gegner des Katholizismus, dem schließlich als letztes Mittel die Anordnung einer mit der Wiedertaufe verbundenen Zwangsbekehrung zum Arianismus eingefallen war. Strittig ist, ob diese auch theol. umstrittene Maßnahme Ausdruck seines relig. Fanatismus war oder ob hierfür nicht noch andere Überlegungen, etwa allg.- bzw. strukturpolit. Art, eine Rolle spielten (→ Hunerich § 2). Immerhin ist glaubhaft überliefert, daß sich seine Ehefrau Eudokia nach 16jähriger Ehe im J. 472, also noch in der Regierungszeit Geiserichs, nach Jerusalem flüchtete, weil ihr der am Hofe herrschende krude Arianismus unerträglich geworden war (Theophan. 5964). Von Bemühungen seinerseits, seine Gattin zurückzugewinnen, ist nichts überliefert, obwohl Hunerich gegenüber Konstantinopel – nach anfänglichen provokativ vorgetragenen Forderungen (54, 99 f.) – eine Politik des Ausgleich an den Tag legte und sich sogar zu Zugeständnissen gegenüber den Katholiken N-Afrikas bereit fand. So konnte nach deutlich über 20jähriger Vakanz mit Eugenius wieder ein Bf. für Karthago gewählt und ordiniert werden (im J. 480 oder 481). Im Gegenzug verlangte Hunerich vom Ks. allerdings die ungehinderte Ausübung des arianischen Gottesdiensts in der Ks.stadt und in den ö. Prov. (Vict.Vit. II, 4; vgl. 20, 958). Diese erstaunliche Nachgiebigkeit, die zudem Odowakar im Besitz Siziliens beließ, geschah aber allein aus einem rein taktische Kalkül; vorrangiges Ziel war für den überzeugten und militanten Arianer Hunerich, der sich auch offiziell *rex Vandalorum et Alanorum* (Vict. Vit. II, 39. III, 3) nannte, die Umstoßung der Thronfolgeordnung Geiserichs zu Gunsten seines Sohnes Hilderich. Dieses Vorhaben rief eine heftige Opposition in der wandal. Führungsschicht, speziell unter den Gefolgsleuten Geiserichs, und in der kgl. Familie selbst hervor. Weder vor deren Vertretern noch vor der arianischen Geistlichkeit (!) machte ein hartes kgl. Strafgericht mit dem Vorwurf der Verschwörung halt, weltliche wie geistliche Würdenträger wurden auf grausame Weise umgebracht, oder sie mußten zumindest in eine Verbannung ohne Wiederkehr gehen (54, 100 f.; 20, 958 f.). Und noch im J. der oström. Okkupation N-Afrikas (533) hofften die Invasoren mit dem Hinweis auf die Nachfolgeregelung Geiserichs und die widerrechtliche Thronaneignung durch → Gelimer propagandistische Wirkung zu erzielen. In diesen polit. Zusammenhang gehört zweifellos das Angebot des Kg.s an die in Karthago versammelten katholischen Bf., mit einem Eid die Herrschaftsnachfolge Hilderichs zu unterstützen und dafür als Gegenleistung wieder in ihre Diöz. zurückkehren zu können (Vict. Vit. III, 19 f.). Gleichzeitig sollten die Bf. allerdings ihre Kommunikation mit der Reichskirche einstellen. Für dieses eine Peripetie in der Relig.spolitik darstellende Angebot wird man mit Claude (12, bes. 340–342. 346–348) den geradezu verzweifelten Versuch des Kg.s verantwortlich machen können, dem widerstrebenden Reichsvolk der W. und Alanen die Provinzialrömer nun gleichberechtigt an die Seite stellen zu wollen.

Mit dem Scheitern des in gewisser Weise zukunftsweisenden Konzepts einer Erweiterung des Reichsvolks – die katholischen Bf. lehnten die Konstituierung einer von der Reichskirche völlig getrennten Landeskirche ab – geriet die katholische Kirche endgültig ins Visier des Kg.s. Das für den 1. 2. 484 anberaumte Relig.sgespräch aller katholischen und arianischen Bf. N-Afrikas in Karthago – allein 466 katholische Bf. sollen daran teilgenommen haben – erbrachte keine Übereinkunft zw. den Relig.sparteien und ging schließlich in Tumulten unter, woran offensichtlich der arianische ‚Patriarch' Cyrila von Karthago die Schuld trug. Zwei kgl. Edikte – vom 7. und vom 25. 2. 484 – waren die Folge, die in der Tradition der kaiserlichen Ketzergesetzgebung standen und diese Gesetzgebung auch ausführlich referierten (Vict. Vit. III, 3–14). Noch während die Konferenz tagte und stritt, ließ der Kg. durch ein 1. Edikt sämtliche katholischen Kirchen in N-Afrika zunächst vorübergehend schließen (Vict. Vit. III, 2), ein Kahlschlag wurde dann in dem 2. Edikt (Vict. Vit. III, 3–14; vgl. auch Vict. Tonnun. a. 466) verkündet: Alle Katholiken hatten bis zum 1. 6. 484 – unter Androhung schwerer Strafen bei Widersetzlichkeit – zum Arianismus überzutreten, die an den Strafverfahren beteiligten Richter hatten bei Nachlässigkeit und mangelnder Strenge mit hohen Strafen zu rechnen (54, 104 f.; 16, 297–299; 20, 961 f.; 21, 80–82; sorgfältige Analyse des Texts in 43, 74–82). Der Hof- und Staatsdienst wurde dabei sofort von Katholiken gesäubert, sollten sich diese nicht bekehren. Die Anwendung der Edikte geschah allerdings durchaus unterschiedlich, wobei am härtesten der katholische Klerus getroffen wurde. Und ob die Resultate von Verfolgung und Zwangsbekehrung wirklich so bescheiden waren, wie allg. angenommen wird, ist keineswegs ausgemacht. Einmal ist zu berücksichtigen, daß Hunerich bereits am 22. 12. 484 verstarb und daß mit seinem leidvollen, als unmittelbaren Ausfluß göttlichen Strafgerichts betrachteten und von katholischen Autoren nach einem biblischen Motiv ausgestalteten Tod (60, bes. S. 158–160) von seinem Nachfolger Gunthamund (reg. 484–496) der ‚Kirchenkampf' allmählich eingestellt wurde. Zum anderen ist es offensichtlich, daß die Gewaltmaßnahmen viele Zwangsbekehrungen von Laien und Klerikern zur arianischen Kirche zur Folge hatten, wobei regionale Unterschiede – zw. den Kerngebieten des W.-Reichs und seinen Randzonen – wohl stark ins Gewicht fielen.

Daß sich die Lateransynode vom 13. 3. 487 ausschließlich mit den Bedingungen befaßte, die den Zwangsbekehrten *(lapsi)* die Wiederaufnahme in die katholische Kirchengemeinschaft ermöglichen sollten, ist Hinweis auf die Größenordnung des Bekenntniswechsels genug (54, 108; 20, 961 f.).

Hunerichs Nachfolger wurde getreu der Thronfolgeordnung Geiserichs dessen ältester noch lebender Enkel Gunthamund (23, 162 s. v. Gunthamundus), der Neffe seines Vorgängers. Er gilt als wenig profilierte Durchschnittspersönlichkeit, mit der innen- wie außenpolit. ein gemäßigterer Kurs eingesetzt haben soll (54, 108–111; 16, 265 f. 299–301; 20, 962–964; 21, 84–88). Von einer wirklichen Wende in der Unterdrückungs- und Verfolgungspolitik gegenüber den Katholiken kann allerdings keine Rede sein, von einigen allerdings Aufsehen erregenden Einzelmaßnahmen einmal abgesehen. Im J. 487 konnte Eugenius auf seinen Bf.ssitz Karthago zurückkehren und die Kirche des Hl. Agileus wieder in Besitz nehmen, die sich zum kirchlichen Zentrum der Katholiken in Karthago entwickeln sollte (61, 177 f.). Sonst jedoch blieben die katholischen Kirchen bis zum 10. 8. 494 (falsches Datum – 495 – in 16, 299) geschlossen; erst von diesem Zeitpunkt an konnten die katholischen Kleriker aus dem Exil zurückkehren und wieder über den Kirchenbesitz verfügen. Immerhin weisen die zahlreichen Klostergründungen aus jener Zeit auf eine weitgehend ungehinderte Ausbreitung des Mönchtums katholischer Prägung hin. Wenn der Bf. von Rom, Gelasius, noch im J. 496 von Verfolgern *(persecutores)* spricht, die bis auf seine Tage *(hodie)* von Verfolgungen nicht ablassen, so ist dies wohl als eine Attacke auf die arianischen W. und deren Klerus insgesamt und nicht auf den Kg. allein aufzufassen (61, 179; anders 21, 86). Die außenpolit. Situation hatte sich zudem mit der Etablierung der ostgot. Macht in Italien grundlegend gewandelt, was sich in der Eingliederung Siziliens in das Reich Theoderichs (→ Theoderich der Große) manifestierte (16, 193; 20, 964). Diese Veränderungen in der polit. Großwetterlage waren wohl nicht allein für die religionspolit. Zugeständnisse v. a. gegen Ende der Regierungszeit Gunthamunds verantwortlich; die Machtübernahme der arianischen O-Goten in Italien hätte doch eigtl. zur Beibehaltung, ja Verschärfung des gewalttätigen Vorgehens gegen die Katholiken N-Afrikas ermuntern können. Daß dies gerade nicht der Fall war, dürfte eher mit der Zunahme der Konflikte mit den in ihren traditionellen Stammesorganisationen lebenden maurisch-berberischen *gentes* in den Randgebieten des wandal. Herrschaftsbereichs in Verbindung gestanden haben. Einmal mögen die Plünderungs- und Raubzüge von weit herkommenden, nomadisch lebenden Gruppen zugenommen haben, zum anderen erhöhte sich anscheinend generell der Organisationsgrad indigener Bevölkerungen in den bisher von den W. kontrollierten Grenzgebieten. Die Forsch. erkennt diesen neu entstandenen Gebilden, deren Anfänge allerdings teilweise weit zurückreichten, geradezu die Qualität von Staaten oder Kg.reichen zu (54, 109 f.; 16, 333–339; 21, 86 f.). Zunehmend gleichgewichtig traten also neben die Relig.sfrage die kulturellen Unterschiede zw. W., Provinzialrömern und dem maurisch-berberischen Bevölkerungssubstrat als schwer überwindbare Hindernisse für einen Prozeß der Annäherung, Anpassung und Integration. Andererseits ist kaum zu übersehen, daß bereits unter der Regierung Gunthamunds, bezogen zumindest auf die wandal. Oberschicht, ein von kultureller Aneignung gekennzeichneter Romanisierungsprozeß um sich griff (54, 188–195; 20, 964; 21, 88. 141–144; 29, 140–142; 13, 34–36; 23, 91–93), der dann auch die Lebensverhältnisse und -gewohnheiten der einfachen W. beeinflußt haben wird.

Nach dem Tode Gunthamunds (am 3. 9. oder 3. 10. 496) folgte ihm als nächstältester Thronanwärter unangefochten sein Bruder → Thrasamund (23, 174 f. s. v. Thrasamundus); die Ansprüche des Hunerichsohns Hilderich spielten anscheinend keine Rolle mehr. Seine Herrschaft dauerte knapp 27 J. – er starb am 7. 6. 523 – und war einerseits geprägt durch eine dezidierte Orientierung an der röm. Kultur, andererseits aber auch durch den Versuch, den Katholizismus durch geistige Anstrengung und durch Überzeugungskraft, aber auch durch Verlockung und Bestechung v. a. der katholischen Amtsträger zu überwinden (54, 111 f.; 16, 301–304; 20, 964 f.; 21, 88 f.; 43, 69–71). Thrasamund griff sogar zu Gunsten der arianischen Glaubensüberzeugung zur Feder und setzte sich intensiv mit dem führenden Kopf der Katholiken in N-Afrika, Fulgentius von Ruspe, auseinander, was ihn aber nicht daran hinderte, den katholischen Klerus zu verfolgen, wenn er nicht zur Konversion bereit war. Zunächst war durch kgl. Dekret untersagt worden, verwaiste Bf.sstühle wieder zu besetzen; weil sich die Gem. nicht daran hielten, griff der Kg. dann zum bewährten Mittel der Exilierung, und zwar häufig nach Sardinien. Unter den Verbannten befand sich auch der Bf. Eugenius von Karthago (54, 112–114; 16, 301–304; 20, 966 f.; zu den Verbanntenzahlen vgl. 21, 92).

Die ostgot., durch Heiratsverbindungen befestigte Allianzpolitik zw. den völkerwanderungszeitlichen Reichen bezog auch im J. 500 die W. mit ein; der verwitwete Thrasamund schloß damals die Ehe mit der ebenfalls verwitweten Schwester Theoderichs, Amalafrida. Zu deren beachtlicher Mitgift gehörten das Gebiet von Lilybaeum auf Sizilien und 6 000 Bewaffnete, von denen sie nach N-Afrika begleitet wurde (20, 965; 3, 151 f.), wodurch das bereits vor der W.-Invasion von 429 vorhandene got. Element in N-Afrika zweifellos gestärkt wurde. Jedenfalls hielt die got. Heirat Thrasamund nicht das, was sich Theoderich davon versprochen hatte. Als es um die Existenz des Reichs der W-Goten gegen die frk. Bedrohung und Expansion ging, hielten sich die W. zurück, leisteten später sogar dem westgot. Usurpator Gesalech finanzielle Hilfe. Wenige J. später kamen die Beziehungen allerdings wieder ins Lot, zunächst durch ein von reichen Geschenken (die allerdings umgehend zurückgeschickt wurden: Cassiod. var. V, 43. 44) begleitetes Entschuldigungsschreiben Thrasamunds und im J. 519 durch die Zustellung wilder Tiere für die in Rom abzuhaltenden Spiele anläßlich des Konsulatsantritts des Eutharich, des Schwiegersohns Theoderichs (54, 114 f.; 20, 966; 3, 152).

Ansehen und Macht Thrasamunds litten jedoch v. a. durch das weitere Vordringen maurischer Stämme auf bisher von den W. kontrolliertes Gebiet (54, 115–117; 21, 90 f.); wenn sich auch die eigtl. Gebietsverluste erst in der Regierungszeit seines Nachfolgers einstellten, so war nicht zu übersehen, daß die wandal. Staatsführung, der über Jahrzehnte hinweg spektakuläre Erfolge gegen das Römerreich gelungen waren, gegen den äußerst mobilen Feind aus den Bergen, den Steppen und Wüsten kein wirkliches Rezept besaß. Das Problem mit den Mauren war ungelöst und sollte auch nach der Eroberung des W.-Reichs durch O-Rom weiter bestehen (16, 341–352). Mauren ist als eine Art Sozionym und gleichzeitig als ein die ethnisch-kulturellen Verhältnisse und Verschiedenheiten berücksichtigender Sammelname anzusehen, der in N-Afrika für alle die stand, die noch in eine Stammesgemeinschaft integriert waren und weder in den Städten noch in ländlichen, Gebietskörperschaften attachierten Siedlungen lebten (so 67, 833 mit Anm.23 und 31). Der berühmte Fund von mit Tinte beschriebenen Täfelchen aus Zedernholz (,Tablettes Albertini'), auf denen in den J. von 493 bis 496 Landerwerb und die Bedingungen der Landbearbeitung protokolliert wurden, ist auch ein Beleg für die stetig wachsende Gefährdung des Lebens in der sw. *Byzacena* durch eben die Mauren (16, 343).

Thrasamund mißtraute den Fähigkeiten und der Standfestigkeit des präsumtiven Thronerben Hilderich im Hinblick auf die seit Geiserich praktizierten Prinzipien wandal. (Relig.s-)Politik, darin bestärkt wohl auch von der Königin Amalafrida. Deshalb nahm ihm der Kg. die eidliche Verpflichtung ab, weder die verbannten Katholiken zurückzuholen noch den Kirchenbesitz zu restituieren. Als Thrasamund im Mai 523 starb, umging Hilderich (23, 164 f. s. v. Hildirix) die eidliche Verpflichtung dadurch, daß er noch vor seinem formellen Regierungsantritt am 7. 5. 523 die Rückkehr der verbannten Bf. anordnete, den Kirchenbesitz zurückgab und für die verwaisten Bistümer Neuwahlen zuließ (54, 117; 16, 267–269; 20, 968; 21, 94 f.). Anscheinend setzte der *gemini diadematis heres* Hilderich (Anthol. Lat. n. 215) mit seinem radikalen Kurswechsel auf eine wirkliche Aussöhnung mit der katholischen Bevölkerungsmehrheit und deren Sachwalter, dem katholischen Klerus. Neu besetzt wurde sogleich der Bf.sstuhl in Karthago, ebenso die Abhaltung von Konzilien sofort ermöglicht; und am 5. 2. 525 konnte der neue karthagische Bf. Bonifatius ein gesamtafrikanisches Konzil eröffnen, an dem freilich die Bf. aus der Mauretania Caesariensis *dura belli necessitas* nicht teilnehmen konnten. Trotz der geringen Teilnehmerzahl handelte es sich um ein Reichskonzil, das sich wohl auf kgl. Wunsch hin vorgenommen hatte, die Rechte des Bf.s von Karthago gegenüber dem Bf. von Rom zu stärken und die Bildung einer von Rom unabhängigen Landeskirche anzuvisieren (54, 118; 20, 968; 21, 95 f.; 12, 350 f.). Für die Arianer am Hof, für den arianischen Klerus und die breite Masse der W. war der Kurswechsel Hilderichs schlicht Hochverrat und vielleicht auch der ausschlaggebende Grund für den späteren Sturz des Kg.s und die Usurpation Gelimers. Dieser Kurswechsel wirkte sich auch auf die Außenpolitik aus: Der Annäherung an Konstantinopel entsprach die Abkehr von der Allianz mit den

O-Goten (Prok. b.V. I, 9,4 f.). Möglicherweise kam Hilderich durch einen Schlag gegen die Kg.switwe und deren milit. Gefolge einer Verschwörung zuvor. Amalafrida wurde gefangengesetzt, ihr got. Gefolge umgebracht. Der von Theoderich geplante Rachefeldzug kam durch den Tod des Amalers nicht mehr zustande, sein Nachfolger Athalarich mußte sich mit einem schriftlichen Protest begnügen (54, 118 f.; 20, 969; 68, 308).

Allerdings war es erst das im Kampf mit den Mauren, die v. a. immer wieder in die *Byzacena* eindrangen, erlittene milit. Fiasko, das das Regime Hilderichs zum Einsturz brachte. Eine vernichtende Niederlage des wandal. Heeres unter dem ‚Achilles der W.' Hoamer, dem Neffen des Kg.s, gegen die Mauren unter Führung eines gewissen Antalas setzte hier den Schlußpunkt. Eine breite, vom Heer und von der Führungsschicht getragene Umsturzbewegung (54, 121 f.; 20, 969; 21, 97 f.; 43, 72; 12, 351–353), in der der Nächstberechtigte in der Thronfolge, ein Urenkel Geiserichs mit Namen Gelimer (23, 156 f. s. v. Geilamir), eine tragende Rolle spielte, setzte Hilderich mit dem Vorwurf der Unfähigkeit und des Hochverrats zu Gunsten des Ks.s in Konstantinopel ab (am 15. 6. 530) und kerkerte den Kg. und seine Familienangehörigen, darunter auch Hoamer, ein. Eine Demarche aus Konstantinopel des Inhalts, Gelimer solle den alten Kg. wenigstens nominell weiter herrschen lassen, wurde mit einer strengeren Inhaftierung Hilderichs und der Blendung Hoamers beantwortet. Gelimers Herrschaftsantritt stieß dabei auf einhellige Zustimmung des Staatsvolks, lediglich in katholischen Kreisen N-Afrikas – sicher auch da nicht einhellig – und im Ausland, d. h. in O-Rom und in den vom Ks. in Konstantinopel abhängigen Staaten, wurde der neue Kg. durchgängig als Tyrann bezeichnet und damit die Illegitimität seiner Herrschaft zum Ausdruck gebracht (54, 121 f.; 16, 269; 21, 98). Aus der Sicht Gelimers war es jedenfalls nicht unbedingt zu erwarten, daß O-Rom unter → Justinian I. seinen diplomatischen Demarchen auch Taten folgen lassen würde.

m. Staat und Ges. im wandal. N-Afrika. Überblickt man die 100 J. wandal. Herrschaft vom Übergang nach N-Afrika bis zur Absetzung Hilderichs und den anschließend einsetzenden Kampf um den Fortbestand der Staatsgründung Geiserichs, so läßt sich eine Reihe parallel – manchmal auch zeitlich versetzt – verlaufender gegenläufiger Entwicklungen und Tendenzen beobachten, die zu dem Schluß führen, daß dieses polit. Gebilde nicht auf die Dauer angelegt sein konnte. (Wieviel zu dieser Überlegung allerdings unser Mehrwissen beiträgt, ist schwer einzuschätzen). In den Augen der katholischen Gegner der W. war ihr von Geiserich gegründetes und von seinen Nachkommen über mehrere Generationen hinweg behauptetes *regnum* ein auf Raub und Gewalt gegründeter Staat, dem auch offiziell zunächst die völkerrechtliche Anerkennung versagt blieb. Trotz Katholikenverfolgung und immer wieder aufflammenden Expansionsgelüsten und daraus resultierenden Kriegszügen gliederte sich jedoch das W.-Reich allmählich in die Völkerfamilie rund um das Mittelmeer ein. Von Hilderich abgesehen stellten sich ihre Kg. allerdings auf dieselbe Stufe wie der Ks. in Konstantinopel, ließen sich nicht in die Familie der Herrscher unter dem Ks. als Familienoberhaupt einordnen. Keiner von ihnen handelte je im röm. Auftrag oder ordnete sich durch die Übernahme eines Amtes in das spätröm. Beamtenrecht ein, wie das bei den Kg. der anderen völkerwanderungszeitlichen Reiche üblich war. Die unter Geiserich erreichte Macht und Stärke des Kgt.s, die an dessen Nachfolger mehr oder weniger ungeschmälert weitergegeben wurde, soll allerdings mit einer fortschreitenden Entmündigung der freien W. und Alanen einhergegangen sein (21, 114 f). Eine solche

Sicht geht letztendlich auf die in der Verfassungsgeschichtsforsch. des 19. Jh.s vorherrschende Meinung von der germ. Freiheit und polit. Gleichheit zurück. Danach seien Volkswille und Adelsmacht auch in N-Afrika von den Kg. in entscheidenden Situationen beachtet worden, auch wenn sich die Gewichte zu Gunsten des Kgt.s verschoben hätten und an die Stelle des Geschlechts-(Geburts-)adels ein neuer, allein dem Kg. verpflichteter Dienstadel getreten sei (54, 154–164). Hierbei wird die Sakralität der Herrscherstellung der Hasdingen-Kg. (s. o.) übersehen oder mindestens zu gering eingeschätzt, die dann im Fortgang der wandal. Gesch. mit Elementen des Heerkgt.s angereichert werden konnte; beides zusammen ergab die Ausnahmestellung des *rex Vandalorum et Alanorum* und führte – gegründet auf die außerordentlichen milit. Erfolge – zu einem „herrscherlichen Despotismus" (21, 115), wie wir ihn sonst weder im Römerreich noch in den anderen völkerwanderungszeitlichen Staaten auf Reichsboden, vielleicht nicht einmal im Frankenreich, wiederfinden. Der neue (Dienst-)Adel orientierte sich entspr. an Kg. und Herrscherfamilie und hatte keine Gelegenheit, ein davon losgelöstes Selbstverständnis und ein Eigengewicht zu entwickeln. Von daher erstaunt es auch nicht, daß – wenn vielleicht auch nur in Einzelfällen – Personen urspr. unfreien Standes in höchste Positionen aufsteigen konnten (vgl. die Karriere des versklavten Goten Godas, der es zum Statthalter auf Sardinien brachte und in der Zeit des Überlebenskampfes des W.-Reichs sogar nach dem Kgt. strebte, Prok. b.V. I, 10,25).

Der wandal., heterogen – aus W., Alanen, Goten, Sweben, später zunehmend auch aus Mauren – zusammengesetzte *exercitus* zählte wohl nie mehr als ca. 15 000 Mann, entspr. gering war auch die Volkszahl der in N-Afrika landnehmenden und sich ansiedelnden Barbaren insgesamt. Ihnen standen nach Schätzungen 2,5–3 Millionen Provinzialrömer gegenüber (vgl. 29, 122 mit Anm. 3); dazu kamen noch die Mauren in weniger zugänglichen Gebieten innerhalb des *regnum Vandalorum* und die maurisch-berberische Bevölkerung, die in den Grenz- und Kontaktzonen des Reiches lebte und nominell nicht zum W.-Reich gehörte, aber immer wieder durch Raub und Zerstörung auf sich aufmerksam machte (16, 340 ff.; 20, 990–992; 21, 147–159). Gerade aber die maurischen *gentes* stellten bei dem für das Staatsvolk charakteristischen Menschenmangel ein immer wichtiger werdendes Rekrutierungspotenzial für den *exercitus* dar. Nimmt man – wie es unerläßlich ist – den relig. Gegensatz zw. arianischen W., katholischen Provinzialrömern und den größtenteils wohl heidn. Mauren hinzu, so kann es nur als eine erstaunliche Leistung gewürdigt werden, daß bei diesen immensen inneren Widersprüchen das W.-Reich überhaupt so lange Bestand hatte.

Ein wesentlicher Grund dafür ist die weitgehende Aufrechterhaltung der überkommenen spätröm. Verwaltungsstruktur und die Betrauung der Aufgaben in der kgl. Hofhaltung und der Staatsverwaltung einschließlich der Rechtspflege mit darin erfahrenen Provinzialrömern (54, 169–183; 16, 248–260; 20, 983–985; 21, 111–117. 128–137; 35, 74–76. 83; zur Sonderstellung des Sebastianus, eines Mitglieds der Reichsaristokratie, vgl. 54, 174. 176; 49, bes. 153 f.). Diese Tatsache hat in der Forsch. dazu geführt, auch für das W.-Reich von einem dualistischen Staatsaufbau analog etwa den Verhältnissen im ostgot. Italien zu sprechen (43, 73). Allerdings kennen wir im Vergleich zu diesen namentlich relativ wenige staatliche Funktionsträger aus den traditionellen spätröm. Eliten im Dienst der wandal. Reichsverwaltung. Das dürfte wohl in erster Linie dem Zufall der Überlieferung geschuldet sein; das Fehlen eines Gesetzeswerks oder der Aufzeichnung der staatlichen Korrespondenz vergleichbar etwa den Varien Cassiodors mögen dafür Erklärung genug sein. Hinzukommt auch die Fokussierung der erhaltenen Qu. auf die Auseinandersetzung zw. Katholiken und Arianern. Jedenfalls können wir davon ausgehen, daß die staatliche Verwaltung auf vielen Ebenen von Provinzialrömern versehen und beaufsichtigt wurde, und daß auch im kommunalen Bereich die auf die Schicht der Kurialen gestützte städtische Selbstverwaltung noch einigermaßen funktionierte (16, 257; zum Städtewesen vgl. 33 und 34, vgl. auch 48, bes. 16–18). Wie anders sollen die zahlreichen Belege für *flamines perpetui* und *sacerdotales* (43, 67 f.; 13, 661 f.; 6, 554 mit Anm. 12) gedeutet werden als der Beweis für die Existenz einer allerdings längst christl. gewordenen städt. Oberschicht? Und wenn Hunerich in seinem Edikt von 484 die ganze Palette städtischer Würdenträger aufzählt (die bei Nichtbefolgung des Konversionsgebots mit hohen Geldstrafen belegt wurden), so ist dies kein aus bloßer Wiederholung der Ks.gesetzgebung bestehender Gesetzestraditionalismus, sondern spiegelt die gesellschaftl. Schichtung in den Städten N-Afrikas zur damaligen Zeit wieder. Victor von Vita III, 10 nennt unter den von der Strafandrohung Betroffenen *principales, sacerdotales, decuriones, negotiatores* (43, 78 f.; 13, 60), also Angehörige der *ordines civitatum*, die wie in den Zeiten davor Träger der Honoratiorenverwaltung der Städte waren und auch die Steuern einzuziehen hatten (54, 180; 20, 984; 21, 131 f.). Aufrechterhaltung und Förderung der lokalen, auf die städtische Führungsschicht gestützten Selbstverwaltung wurden unter den W. sogar noch bedeutsamer, weil eine Zwischeninstanz zw. kgl. Regierung und den städtischen und ländlichen Gem. in Form der traditionellen Provinzverwaltung anscheinend weitgehend aufgegeben worden war (16, 257). Das wirkliche Verschwinden bzw. der Rückgang der ‚curial patronage' (6, 555), womit wohl eine Kultur von Stiftungserwartung und -bereitschaft gemeint ist, können nicht als Beweis dafür ins Feld geführt werden, daß die Städteverwaltung in N-Afrika in der W.-Zeit zusammengebrochen war. Der Zufall der Überlieferung und der Rückgang in Mode und Praxis des Inschr.setzens dürften vielmehr zu der Ansicht geführt haben, die W. hätten dem Städtewesen in N-Afrika den Todesstoß versetzt.

Auch im Wirtschaftsleben, ob bezogen auf die agrarische Produktion, den Austausch von Gütern im Inland, den Fernhandel sowohl im w. als auch im ö. Mittelmeer und die Münzgeldwirtschaft, läßt sich gegenüber der Per. der unmittelbaren Römerherrschaft keine Zäsur erkennen. Zudem konnten neueste Forsch. zeigen, daß sich diese Kontinuität sogar mehr oder weniger bruchlos über das 6. Jh. und die W.-Zeit hinaus fortsetzte (vgl. 6, 559–569). Unter der ‚paix vandale' entwickelte sich nach den Gesetzen des Marktes, nur selten unterbrochen von dirigistischen Eingriffen des Staates, ein beträchtlicher Binnenhandel und ein über Karthago und andere Küstenstädte abgewickelter Außenhandel mit den für N-Afrika traditionellen Exportschlagern als da waren Getreide, Öl, Marmor, wilde Tiere einerseits und Importen „von kostbaren Stoffen, Schmuck und anderen Luxusartikeln" andererseits (16, 316–323; 21, 132–137; 48, 16–18; zur Münzprägung 14, 54–59).

Die Betrachtung des wandal. Kriegswesens, d. h. von Heer und Flotte (54, 164–169; 16, 230–233; 21, 123–128), ist deshalb so wichtig, weil sie neben den schon festgestellten grundsätzlichen gesellschaftl. Widersprüchen ein Schlüssel für das Verständnis des gewissermaßen sang- und klanglosen Untergangs des zeitweise so expansiven W.-Reichs ist. Die Armee der W. war und blieb hauptsächlich eine in Tausendschaften gegliederte Truppe von Reitern, die zudem für den Fernkampf nicht ausgebildet und auch nicht ausreichend bewaffnet war. Infanterieformationen waren nicht in genügender Zahl vorhanden, zur Belagerung von Festungen fehlte ebenfalls die Ausbildung und Ausrüstung, umgekehrt ließen die W. die Städte N-Afrikas meist unbefestigt. Den sich in die Berge und Wüsten zurückziehenden Mauren konnten die wandal. Reiter häufig nicht folgen oder sie zeigten sich deren Kamelreitern unterlegen. Die zahlenmäßige Schwäche des wandal. Aufgebots konnte nur durch die Anwerbung maurischer Söldner – v. a. als Besatzungen der wandal. Außenbesitzungen – ausgeglichen werden. Wie leistungsfähig die wandal. Flotte wirklich war, ist keineswegs unumstritten (Ganz absurd die These von den W. als den Lehrmeistern der Wikinger; zur „True Story of the Vandals" vgl. 48, 14). Daß die W. keine Seefahrer waren und bis zuletzt von röm. Schiffbau und von einem Schiffspersonal, das sich aus der Küstenbevölkerung N-Afrikas rekrutierte, abhängig waren, ist offensichtlich. Courtois (16, 205–209) konnte überzeugende Argumente für seine Auffassung vorlegen, daß es eine eigtl. wandal. Kriegsmarine gar nicht gab und daß die wandal. Flotten v. a. dazu bestimmt waren, Truppen zur Plünderung und Brandschatzung an den Küsten des Mittelmeers anzulanden oder die wandal. Stützpunkte auf den Mittelmeerinseln zu versorgen und zu verstärken. Die Kriegsmarine der W. war in Wirklichkeit also eine Transportflotte.

In der Forsch. dominiert heute die Fragestellung, in welche Richtung sich Staat und Ges. der W. in den bereits apostrophierten 100 J. bewegten und sich noch weiter bewegt hätten, wäre die oström. Reconquista von 533/534 nicht erfolgreich gewesen. Das die Lösung darstellende neue Stichwort lautet dazu ‚Afrikanisierung' (6, 558). In seinem großen, Modelle der kulturellen Evolution am Beispiel des röm.-wandal.-maurischen N-Afrika konstruierenden Entwurf kommt Moderan (41) zu dem Ergebnis, nicht Romanisierung, Wandalisierung oder Berberisierung hätten am Ende einer durch O-Rom unterbundenen Entwicklung gestanden, sondern ‚la africanisation'. Gemeint ist damit die Erhaltung der Gesamt-

heit und Zusammengehörigkeit der afrikanischen Prov., die Schaffung einer selbständigen, arianisch geprägten Landeskirche in der *Proconsularis* und die Trennung von den Mauren im Sinne der afrikanischen Römer (Zur Diskussion zu einer wandal. Identität vgl. 47, 131–141 und die grundsätzlichen Überlegungen in 45).

n. Der ‚Tyrann' Gelimer und der Untergang des W.-Reichs. Gelimers Usurpation führte sogleich zu einer außenpolit. Isolierung des W.-Reichs und zu einer Gegnerschaft der Katholiken N-Afrikas auf Grund der durchaus berechtigten Erwartung des Endes der zuvor unter Hilderich eingeschlagenen katholikenfreundlichen Politik. Auch die Frontstellung gegen die verschiedenen maurischen Gruppen und die davon ausgehenden Gefahren konnte in keiner Weise abgebaut werden, obwohl Gelimer Entschluß- und Tatkraft nicht abgesprochen werden kann und ihm angeblich auch ein Sieg gegen ein maurisches Heer gelungen sein soll (54, 121; 16, 269; 20, 969 f.). Zudem wurden Gelimer durch Aufstände Tripolitanien und die Insel Sardinien entzogen, zu deren Bekämpfung Gelimer wiederum einen Teil seiner Streitkräfte einsetzte, anscheinend in Unkenntnis dessen, daß O-Rom zu einem großen W.-Krieg rüstete. Ks. Justinian I. hatte als Auftakt seines großen Konzepts einer *recuperatio imperii* das W.-Reich ins Visier genommen und im Sommer 533 unter dem Kommando Belisars (→ Belisarios) auf 500 Schiffen ein 15–16 000 Mann umfassendes Expeditionskorps nach N-Afrika entsandt. Dieses Heer konnte mit einer Zwischenstation in Sizilien ungehindert nach N-Afrika segeln und am 30. oder 31. 8. 533 beim Vorgebirge *Caput Vada* (an der O-Küste des heutigen Tunesiens) an Land gehen. Auf dem Vormarsch nach Karthago gerierten sich die O-Römer als Befreier von der wandal. Unterdrückung und der arianischen Häresie, ohne damit großen Eindruck und massenhaften Abfall von den W. unter den Provinzialrömer zu erreichen (54, 125–130; 16, 269–271. 353–335). Gelimer scheint den Ernst der Lage durchaus erkannt zu haben, denn er schickte mit einem Schnellsegler den wandal. Kg.s-hort nach Hippo Regius, mit der Anweisung, diesen bei einem unglücklichen Ausgangs des Krieges nach Spanien in Sicherheit zu bringen (→ Königsschatz; vgl. auch 27, bes. S. 272). Eine unmittelbare Folge der Landung des oström. Heeres unter Belisar war auch der (sogleich in die Tat umgesetzte) Befehl Gelimers, Kg. Hilderich und dessen ebenfalls sich in Gefangenschaft befindliche, aus Römern bestehende Entourage umzubringen und die in Karthago anwesenden oström. Kaufleute in Haft zu nehmen (Prok. b.V. I, 17,11 f., I, 20,5). Über die folgenden milit. Auseinandersetzungen, die im Sept. und Dez. 533 – bei *Ad Decimum* ca. 15 km s. von Karthago und später bei *Tricamarum* – jeweils mit einer Niederlage der W. endeten, liegt eine ausführliche Darst. Prokops (b.V. I, 18 ff.) vor. Bei *Ad Decimum* waren die W. keineswegs chancenlos gewesen, und *Tricamarum* wurde erst durch die übereilte Flucht Gelimers zu Gunsten der oström. Armee entschieden; für den Erfolg Belisars war zudem wichtig, daß er sogleich nach der ersten siegreichen Schlacht Karthago in Besitz genommen und wieder befestigt hatte (ausführlich 54, 131–139). Gelimer floh mit wenigen Gefolgsleuten in ein schwer zugängliches Gebirgsmassiv namens *Pap(p)ua* (Lage ist umstritten, vgl. 16, 184. 348) irgendwo w. von Hippo Regius und plante wohl mit Unterstützung maurischer Gruppen eine Art Guerillakrieg. Dort hielt er sich bis Ende März/Anfang April 534, mußte sich dann aber – hoffnungslos von jeglicher Unterstützung abgeschnitten – einer Eliteformation aus dem Heer Belisars ergeben. Als Gegenleistung erhielt er die Zusage seiner Erhebung in den Patriziat und der Zuweisung von Landbesitz und reichen Einkünften. Zunächst nach Karthago verbracht, wurde er mit seiner Familie nach Konstantinopel weitergereicht und dort bei der sogar zweimal (!) veranstalteten Triumphfeier mitgeführt und zur Schau gestellt. Gezeigt wurde dabei auch der wandal. Kg.sschatz, der Belisar bereits in Hippo Regius in die Hände gefallen war. Ausgestattet mit Domänenbesitz in Galatien führte Gelimer, vereint mit seiner Familie, das sorglose Leben eines kaiserlichen Pensionärs. Sein arianisches Bekenntnis wollte er nicht aufgeben, weswegen ihm die Patricius-Würde nicht erteilt wurde (54, 141–143). Auch die wandal. Außenposten – die Inseln im Mittelmeer und die Stützpunkte im äußersten nordafrikanischen W des wandal. Herrschaftsbereichs – konnten ohne große Mühe durch Detachements des oström. Expeditionsheeres für den Ks. in Konstantinopel gewonnen werden.

Mit der Gefangennahme des Kg.s und seiner Familie, der Zerschlagung und Auflösung der wandal. Armee und der sofortigen Installierung neuer Verwaltungsstrukturen in N-Afrika nach den Vorgaben aus Konstantinopel war das Reich der W. untergegangen. Zwar gab es noch von W. und Mauren gemeinsam getragenen Widerstand gegen die restituierte Römerherrschaft und mit Guntarith im J. 546 sogar einen wandal. Prätendenten, ‚das Rad der Geschichte' ließ sich jedoch nicht mehr zurückdrehen, zu sehr hatten sich die objektiven Bedingungen in N-Afrika geändert (54, 144–147; 16, 342; 20, 973 f.; 21, 109 f.; 6, 560 f.).

Zu den ma. wie frühneuzeitl. Geschichtsbildern und pseudologischen Gleichsetzungen, die die W. und ihre Gesch. polit. instrumentalisierten, vgl. 62, 329–353; zu dem im Kontext protonationaler Debatten entstandenen Begriff ‚vandalisme' (Vandalismus) und zu dessen erstaunlicher ‚Karriere' vgl. 17.

(1) H. H. Anton, Trier im Übergang von der röm. zur frk. Herrschaft, Francia 12, 1984, 1–52. (2) J. Arce, The Enigmatic Fifth century in Hispania: Some Hist. problems, in: H.-W. Goetz u. a. (Hrsg.),

Regna and Gentes. The Relationship between late antique and early medieval peoples and kingdoms in the transformation of the Roman world, 2003, 135–159. (3) G. M. Berndt, Die Heiratspolitik der hasdingischen Herrscher-Dynastie, Mitt. Ver. für Gesch. Univ. Paderborn 15, 2002, 145–154. (4) M. Bloch, Die wundertätigen Könige (Vorwort von J. Le Goff. Übs. und Nachwort von C. Märtl), 1998. (5) R. W. Burgess, The Chronicle of Hydatius and the Consularia Constantinopolitana, 1993. (6) A. Cameron, Vandal and Byzantine Africa, in: CAH XIV, ²2000, 552–569. (7) H. Castritius, Die spätant. und nachröm. Zeit am Mittelrhein, im Untermaingebiet und in Oberhessen, in: Alte Gesch. und Wissenschaftsgesch. (Festschr. K. Christ), 1988, 57–78. (8) Ders., Zur Sozialgesch. der Heermeister des Westreichs. Einheitliches Rekrutierungsmuster und Rivalitäten im spätröm. Militäradel, MIÖGF 92, 1984, 1–33. (9) Ders., Die Wehrverfassung des spätröm. Reiches als hinreichende Bedingung zur Erklärung seines Untergangs? Zur Interdependenz von wirtschaftl.-finanzieller Stärke und milit. Macht, in: R. Bratož (Hrsg.), W-Illyricum und NO-Italien in der spätröm. Zeit, 1996, 215–232. (10) Ders., Zur Konkurrenzsituation zw. Judentum und Christentum in der spätröm.-frühbyz. Welt, Aschkenas. Zeitschr. für Gesch. und Kultur der Juden 8, 1998, 29–44. (11) Ders., Das vandal. Doppelkgt. und seine ideell-relig. Grundlagen, Veröffentl. Inst. für frühma. Forsch., Österr. Akad. Wiss. (im Druck). (12) D. Claude, Probleme der vandal. Herrschaftsnachfolge, DA 30, 1974, 329–355. (13) F. M. Clover, The Late Roman West and the Vandals, 1993. (14) Ders., Timekeeping and Dyarchie in Vandal Africa, Antiquité Tardive 11, 2003, 45–63. (15) P. Courcelle, Hist. littér. des grandes invasions germaniques, 1964. (16) Ch. Courtois, Les Vandales et l'Afrique, 1955, Neudr. 1964. (17) A. Demandt, Vandalismus. Gewalt gegen Kultur, 1997. (18) E. Demougeot, La formation de l'Europe et les invasions barbares II/2, 1979. (19) H.-J. Diesner, Die Laufbahn des *comes Africae* Bonifatius und seine Beziehungen zu Augustin, in: Kirche und Staat im spätröm. Reich, ²1964, 100–126. (20) Ders., Vandalen, in: RE Suppl. X, 957–992. (21) Ders., Das Vandalenreich. Aufstieg und Untergang, 1966. (22) K. Dietz, W. Czysz, Die Römer in Schwaben, in: A. Kraus (Hrsg.), Schwaben. Handb. der bayer. Gesch. III/2, 2002, 46–95. (23) N. Francovich Onesti, I Vandali. Lingua e storia, 2002. (24) R. González-Salinero, The Anti-Judaism of Quodvultdeus in the Vandal and Catholic Context of the 5th Century in North Africa, Rev. des Etudes Juives 155, 1996, 447–459. (25) H. Grahn-Hoek, Stamm und Reich der frühen Thür. nach den Schriftqu., Zeitschr. des Ver.s für thür. Gesch. 56, 2002, 7–90. (26) A. Greule, FluN als Gebiets- und PN-Gruppennamen, in: E. Eichler u. a. (Hrsg.), VN – Ländernamen – Landschaftsnamen, 2004, 43–52. (27) M. Hardt, Royal Treasures and Representation in the Early MA, in: W. Pohl, H. Reimitz (Hrsg.), Strategies of Distinction. The Construction of Ethnic Communities, 300–800, 1998, 255–338. (28) W. Haubrichs, Nomen gentis. Die Volksbezeichnung der Alem., in: Festschr. W. Röll, 2002, 19–42. (29) A. Hettinger, Migration und Integration: Zu den Beziehungen von Vandalen und Romanen im Norden Afrikas, Frühma. Stud. 35, 2001, 121–143. (30) D. Hoffmann, Das spätröm. Bewegungsheer 1, 1969. (31) J. Jarnut, Zur Frühgesch. der Langob., Studi Medievali 3. Ser. 24, 1983, 1–16. (32) M. Kulikowski, Barbarians in Gaul, Usurpers in Brit., Britannia 31, 2000, 325–345. (33) C. Lepelley, Les Cités de l'Afrique romain au Bas-Empire 1–2, 1979–1981. (34) Ders., The Survival and Fall of the Classical City in Late Roman Afrika, in: J. Rich (Hrsg.), The City in Late Antiquity, 1992, 50–76. (35) J. H. W. G. Liebeschuetz, Gens inter regnum: The Vandals, in: wie [2], 55–83. (36) F. Lotter (unter Mitarbeit von R. Bratož, H. Castritius), Völkerverschiebungen im O-Alpen-Mitteldonauraum zw. Ant. und MA (375–600), 2003. (37) Ders., Die Grabinschr. des lat. Westens als Zeugnisse jüdischen Lebens im Übergang von der Ant. zum MA (4.–9. Jh.), in: Ch. Cluse u. a. (Hrsg.), Jüdische Gemeinden und ihr christl. Kontext in kulturräumlich vergl. Betrachtung (5.–18. Jh.), 2003, 87–147. (38) B. Maier, Die Relig. der Germ. Götter – Mythen – Weltbild, 2003. (39) F. Miltner, Vandalen, in: RE VIII A 1, 298–335. (40) A. Mandouze, Prosopographie de l'Afrique chrétienne (303–533), Prosopographie Chrétienne du Bas-Empire 1, 1982. (41) Y. Moderan, Les Maures et l'Afrique romaine. 4ᵉ–7ᵉ siècle, 2003. (42) R. Much, Wandal. Götter, Mitt. Schles. Ges. für Volkskunde 27, 1926, 20–41. (43) M. Overbeck, Unters. zum afrikanischen Senatsadel in der Spätant., 1973. (44) PLRE II, s. v. (45) W. Pohl, Die Namen der Barbaren: Fremdbezeichnung und Identität in Spätant. und Früh-MA, in: H. Friesinger, A. Stuppner (Hrsg.), Zentrum und Peripherie. Gesellschaftliche Phänomene in der Frühgesch., 2004, 95–104 (46) H. Rosenfeld, Die Dioskuren als LEUKO POLO und die Alces = Elch-Reiter der Vandalen, Rhein. Mus. für Philol. NF 89, 1940, 1–6. (47) Ph. von Rummel, Habitus Vandalorum? Zur Frage nach einer gruppenspezifischen Kleidung der Vandalen in N-Afrika, Antiquité Tardive 10, 2002, 131–141. (48) Ders., Zum Stand der afrikanischen Vandalenforsch. nach den Kolloquien in Tunis und Paris, ebd. 11, 2003, 13–19. (49) R. Scharf, Sebastianus – Ein „Heldenleben", Byz. Zeitschr. 82, 1989, 140–156. (50) Ders., Spätröm. Stud., 1996. (51) Ders., Der Dux Mogontiacensis und die Notitia Dignitatum. Eine Studie zur spätant. Grenzverteidigung, 2005. (52) G. Scheibelreiter, Die barbarische Ges. Mentalitätsgesch. der europ. Achsenzeit 5.–8. Jh., 1999. (53) Schmidt, Ostgerm. (54) Schmidt, Wandalen. (55) Schönfeld, Wb. (56) R. Schulz, Die Entwicklung des röm. Völkerrechts im 4. und 5. Jh. n. Chr., 1993. (57) A. Schwarcz, The Settlement of the Vandals in North Africa, in: A. H. Merrils (Hrsg.), Vandals, Romans and Berbers. New Perspectives on Late Antique North Africa, 2004, 49–57. (58) Schwarz, Stammeskunde. (59) O. Seeck, Gesch. des Untergangs der ant. Welt 6, 1920, Neudr. 1966. (60) R. Steinacher, Von Würmern bei lebendigem Leib zerfressen … und die Läusesucht Phtheiriasis. Ein Strafmotiv und seine Rezeptionsgesch., Tyche. Beitr. zur Alten Gesch., Papyrologie und Epigraphik 18, 2003, 145–166. (61) Ders., The so-called Laterculus Regum Vandalorum et Alanorum: A Sixth-century African Addition to prosper Tiro's Chronicle?, in: wie [57], 163–180. (62) Ders., Wenden, Slawen, Vandalen. Eine frühma. pseudologische Gleichsetzung und ihre Nachwirkungen, in: W. Pohl (Hrsg.), Die Suche nach den Ursprüngen. Von der Bedeutung des frühen MAs, 2004, 329–353. (63) K. Tausend, Lugier – Vandilier – Vandalen, Tyche. Beitr. zur Alten Gesch., Papyrologie und Epigraphik 12, 1997, 229–236. (64) L. Várady, Das letzte Jh. Pann.s 376–476, 1969. (65) Zs. Visy, Neue Forsch.sergebnisse an der Ripa Pannoniae Inferioris in Ungarn, in: N. Gudea (Hrsg.), Roman Frontier Studies. Proc. of the XVIIth Internat. Congress of Roman Frontier Studies, 1999, 139–150. (66) N. Wagner, Dioskuren, Jungmannschaften und Doppelkgt., ZDPh 79, 1969, 1–17. 225–247. (67) G. Waldherr, „Turba Maurorum". Byzantiner und Mauren in N-Afrika, in: Ad Fontes (Festschr. G. Dobesch), 2004, 829–839. (68) H. Wolfram, Die Goten. Von den Anfängen bis zur Mitte des sechsten Jh.s, [4]2001. (69) Ph. Wynn, Frigeridus, the British Tyrants and the Early Fifth Century Barbarian Invasion of Gaul and Spain, Athenaeum 85, 1997, 69–119.

H. Castritius

§ 2. Archäologisch. a. Przeworsk-Kultur. Insbesondere von der poln. Forsch. wurde in den letzten Jahrzehnten die → Przeworsk-Kultur in ihrem ‚Kern' je nach Autor mehr oder minder mit den *Lugii* und nach dem Verschwinden des Lugier-Namens aus den Schriftqu. im 3. Jh. mit den *Vandili* in Verbindung gebracht (s. u.) (zu den Schriftqu. vgl. § 1; zuletzt ausführlich 33; 48). Die Przeworsk-Kultur wurde samt ihrer Genese ab Ende des 3. Jh.s v. Chr. bis zu ihrem Ende an der Wende vom 4. zum 5. Jh. in Bd. 23 dieses Lex.s (S. 540–567) behandelt, so daß dies hier entbehrlich ist (ferner: 31; 34). Dieses Stichwort erfordert jedoch eine kurze Kennzeichnung der ethnischen Interpretation der Przeworsk-Kultur, dies um so mehr, da die ethnische Interpretation neuerdings insgesamt in Frage gestellt wurde (12; 13), was in dieser Ausschließlichkeit aber zurückgewiesen wurde (10). Godłowski beschrieb dieses Problem so: „Alle diese Tatsachen scheinen darauf hinzuweisen, dass die Przeworsk-Kultur nicht einfach nur als Summe der verschiedenen Elemente einer arch. Kultur zu betrachten ist. Vielmehr entspricht sie einem Gebiet, das von einer Bevölkerung bewohnt war, die gemeinsame Sitten und religiösen Vorstellungen besaß und durch mannigfaltige, stabile Bande wirtschaftlicher, aber vielleicht auch ethnischer und sogar politischer Natur verknüpft war. Freilich mussten nicht immer alle diese Faktoren zusammenkommen. Wahrscheinlich handelt es sich dabei um eine Art Gemeinschaft vieler kleiner Stämme, die den einzelnen so zahlreichen im Bereich der Przeworsk-Kultur ausgesonderten Siedelgebieten entsprechen. Es erhebt sich die Frage, ob wir diese archäologisch so deutlich erfassbare Gemeinschaft mit einem der in den Schriftquellen erwähnten Volksnamen identifizieren können", eine Frage, die er für die ält. Kaiserzeit glaubt beantworten zu können: „Wenn man dieses Bild [gemeint ist der zuvor erfolgte kurze Rekurs auf die Lugier] mit arch. Karten der ält. Kaiserzeit vergleicht [s. unten], so drängt sich der Gedanke auf, dass die Lugier mit dem großen, verhältnismäßig einheitlichen, aber gleichzeitig ohne Zweifel vielen Stammesgebieten entsprechenden Komplex der Przeworsk-Kultur nördlich der Sudeten und Karpaten im ganzen oder mindestens teilweise zu identifizieren sind" (25, 52 f.). Auch mit Blick auf die beginnende jüng. Kaiserzeit wertet er vorsichtig: „Ohne Zweifel befand sich das Ausgangsgebiet der Wandalen im Bereich der Przeworsk-Kultur ... Jedoch reicht das alles nicht aus, um, wie bisher üblich, die Przeworsk-Kultur restlos als wandalisch zu betrachten oder die Wandalen automatisch und vollständig mit den Lugiern zu identifizieren" (25, 56). Solche und ähnliche Wertungen, die mit Blick auf die Schriftqu. auch den polyethnischen Charakter der Przeworsk-Kultur betonen (s. o. § 1), bestimmen heute das Bild der arch. Forsch. (z. B. → Przeworsk-Kultur S. 565 f.; 31, passim; 23, 210; 39). Gleichwohl geht man davon aus, daß die Przeworsk-Kultur in ihrem Kernbereich von W. geprägt war. Entscheidend hierfür ist, wie Godłowski betonte, das Verbreitungsbild der Przeworsk-Kultur im Vergleich zu anderen ‚Kulturgruppen' im O des mitteleurop. Barbaricums, insbesondere zur → Wielbark-Kultur der ält. RKZ, die n. der Przeworsk-Kultur verbreitet ist: Sie ist in ihrem Kulturmodell, definiert durch die Gräberarch., mit ihren hochrangigen Kriterien wesentlich anders ausgeprägt, v. a. durch birituelle Nekropolen und regelhaft waffenlose Männergräber, die Przeworsk-Kultur hingegen durch Brandgräberfelder und Waffenbeigabe (→ Goten S. 407–412 mit Karten Abb. 67–68; ferner z. B. 6, 53–75 mit Abb. 6–7, 9; 18; 25, passim; 31, passim). V. a. mit Blick auf die Nachricht bei Tacitus *Trans Lugios Gotones regnantur, ... Protinus deinde ab Oceanu Rugii et Lemovii* (Tac. Germ. 44,1) wird deutlich, daß die Lugier (bzw. W.) s. der Goten siedelten, womit man sich jeweils im Verbreitungsraum beider Kulturgruppen befindet, woran auch die polyethnische Struktur von beiden grosso modo nichts ändert (an der Wielbark-Kultur waren außer Goten eben auch Rugier, Lemovier und → Gepiden beteiligt; → Goten S. 408 f.; 6, 72; 8). Daß diese beiden Kulturgruppen mit ihren hochrangigen Determinanten zurecht unterschieden werden, wird auch zum Ende der ält. RKZ und am Übergang zur jüng. RKZ bes. deutlich: Der weitestgehende Abzug von Wielbark-Populationen aus Pommern, Großpolen und aus dem unteren Weichseltal (Aufgabe der Nekropolen) und das erstmalige Aufscheinen der Wielbark-Kultur in den seit alters her von der Przeworsk-Kultur besetzten Gebieten ö. der mittleren Weichsel in Masowien und Podlasien bis zum Lubliner Gebiet im S. Beides ist kausal unmittelbar miteinander verknüpft, d. h. diese Gebiete sind als der erste Immigrationsraum der Wielbark-Kultur zu bezeichnen. Die Träger der Przeworsk-Kultur wurden größtenteils zur Abwanderung gezwungen, die Verbleibenden akkulturiert, d. h. ‚wielbarkisiert' (→ Przeworsk-Kultur S. 550 f., 554–557 und → Goten S. 412–415 mit Karten Abb. 67–68, 70; 6, 88–94 mit weit. Lit.; 31, 162–167; 20, bes. S. 122; 52, bes. 140 f.; 1, bes. 113 f.). Übereinstimmend bringt man diesen hier kurz skizzierten Vorgang mit der SO-Bewegung von Populationen der Wielbark-Kultur in Verbindung, die ihren Abschluß dann in der Etablierung der Černjachov-Kultur (→ Sântana-de-Mureş-Černjachov-Kultur) in der Ukraine (→ Ukraine § 2d) als zweitem Immigrationsraum fand (→ Goten 415 f.; 6, 99–117 mit Verweis auf Jord. Get. 26–27; 9). Trotz aller Kritik an der ethnischen Interpretation und an solchermaßen von der Arch. herausgearbeiteten und dann hist. interpretierten Wanderungsvorgängen, so auch an diesen mit den Goten verbundenen (13, 200 f. 255–262), wird dennoch zugestanden: „Eine Wanderung läßt sich nur dann identifizieren, wenn die Sachkultur [Hervorhebung: V. Bierbrauer] des Ausgangsraumes auf der Wanderschaft weitgehend unverändert erhalten bleibt" (13, 557), und genau dies ist hier der Fall, v. a. über die Sachkultur hinaus mit den hochrangigen Determinanten der Bestattungs- und Beigabensitte. Dieser so klare arch. Befund schließt den Austausch von Gütern (z. B. 13, 552–559) bzw. einen Kulturausgleich (z. B. → Germanen, Germania,

Germanische Altertumskunde S. 343) als alternative Möglichkeiten aus; er impliziert einen Kulturwechsel (zustimmend für dieses Beispiel: 14, 13 f.). Dieses Beispiel wandernder Populationen aus dem Bereich der Wielbark-Kultur in die Gebiete der Przeworsk-Kultur wurde nur erwähnt, um einerseits die prinzipielle Unterscheidbarkeit beider Kulturgruppen als jeweils „distinkte und homogene Gruppen" (→ Kulturgruppe und Kulturkreis S. 451) weiter zu betonen (zuletzt: 32) und um andererseits die Kritik an der ethnischen Interpretation nicht unerwähnt zu lassen.

b. Das Ende der Przeworsk-Kultur und die Zeit bis 429. Trotz einiger Unsicherheiten in der absoluten Chron. darf man die Aufgabe der Siedelgebiete (weitestgehender Abbruch der Nekropolen und Siedlungen) der Przeworsk-Kultur in die Zeit um 400 bzw. an den Anfang des 5. Jh.s datieren. Zurück blieb – wie üblich – nur eine Restbevölkerung, deren Spuren sich im Verlauf des 5. Jh.s verlieren (zuletzt 34; 35 mit Karte Abb. 3; 36). Zu dieser gehörte bemerkenswerterweise auch der ‚Herr von → Jakuszowice', dessen Grab am Oberlauf der Weichsel bei Krakau bereits 1911 entdeckt wurde; trotz starker reiternomadischer Komponenten in seinem Grabinventar, wurde hier ein Mitglied der einheimischen Oberschicht bestattet (24, 103 f. 126; 26; zuletzt mit Farbaufnahmen: 34, 189 Abb. 3), sehr wahrscheinlich noch im 1. Viertel des 5. Jh.s (26, 156 f.). Bis in diese Zeit bestand auch die dazugehörige Siedlung, die als ‚Fürstensitz' interpretiert wird (26, 157–162). Gleichfalls bemerkenswert ist ein Schatz- bzw. Hortfund von Swilcza in SO-Polen in einer niedergebrannten Hütte, u. a. mit Fibeln vom Typ Wiesbaden und Niemberg etwa aus derselben Zeit (34, 189 mit Farbaufnahme Abb. 4).

Nach dem Ende der Przeworsk-Kultur in der Zeit um 400 bzw. am Anfang des 5. Jh.s fehlt jegliche gesicherte arch. Evidenz, d. h., man weiß nicht, wohin die Träger dieser Kulturgruppe abgewandert sind. Das übliche methodische Instrumentarium mit dem Vergleich des Abwanderungsraumes mit einem zeitlich unmittelbar folgenden Einwanderungsraum, wie es z. B. mit dem zuvor erwähnten ersten Immigrationsraum der Wielbark-Kultur oder mit der langob. Abwanderung nach Italien (5; 10, 50 f.; 11, 24–28) (→ Langobarden § 12–13) gut erprobt ist, versagt hier. Spärlicher, aber ethnisch gesicherter arch. Nachweis betrifft dann erst das wandal. Reich in N-Afrika nach 429 (s. u. § 2c).

Auch wenn die absolute Chron. des Endes der Przeworsk-Kultur mit arch. Mitteln sich wie üblich in einer Zeitspanne von etwa 20–30 J. bewegt, wird man bis 429 noch von der Abwanderergeneration sprechen dürfen. Während dieser Zeitspanne ist die Mobilität der in den Schriftqu. genannten W. (→ Hasdingen, Silingen) so groß, daß man für Gallien (406–409 n. Chr.) und die iberische Halbinsel (409–429) auch keine arch. Evidenz erwarten kann (s. o. § 1; ferner zuletzt 41, 70–77; 48, 203–229). So sind nur zwei gesicherte Grabfunde von der iberischen Halbinsel bekannt, die vermutlich noch in das 1. Viertel des 5. Jh.s gehören: 1. Das Männergrab von Beja in S-Portugal, ein Ziegelplattengrab in einer Nekropole *extra muros* der Stadt mit einer Spatha mit cloisonnierter Parierstange (→ Cloisonné-Technik), zwei cloisonnierten Goldschnallen und einem Schwertanhänger (zuletzt: 30, 346–349 Abb. 20 und Taf. 52a–c); 2. ein Frauengrab aus dem röm. Theater von Málaga mit einem Paar goldener Polyedernadeln, zwei kleinen Goldschnallen ohne Beschlagplatte und einem Ring aus Drahtgeflecht (30, 31 Taf. 52h). Hinzukommen noch zwei cloisonnierte Goldschnallen mit unbekanntem FO, eine dritte ohne Beschlagplatte, angeblich aus Bueu, Prov. Pontevedra in NW-Spanien (30, 349 Taf. 52d–e, g) und eine goldene Halskette aus Granada, heute verloren ohne Kenntnis der

Fundumstände (49). Das Waffengrab von Beja weist Beziehungen zu Jakuszowice auf, wie schon Raddatz erkannte (43; ferner z. B. 2, 89), das Frauengrab von Málaga besitzt mit seinem Nadelpaar Parallelen sowohl im Donauraum (z. B. 30, 320 f.) als auch in N-Afrika (s. o.). Mit diesen wenigen, nur als ostgerm. zu bezeichnenden Funden und Fundstücken lassen sich jedoch keine W. (Hasdingen und Silingen) auf der iberischen Halbinsel nachweisen, auch nicht → Alanen und → Sweben; dies gelingt nur mit den Schriftqu. (s. o. § 1) (zuletzt 48, 222–229; 3). In die J. 415–418 fällt auch die kurze westgot. Episode unter Kg. → Valia gegen die Silingen und Alanen, v. a. in der *Baetica* in S-Spanien. Sie wird deshalb erwähnt, da aus der ehemaligen Slg. Calzadilla in Badajoz ein größerer Fundkomplex bekannt ist mit wechselnden Provenienzangaben ‚Prov. Badajoz', ‚Merida' oder ‚Prov. Sevilla', der also vermutlich aus S-Spanien (*Baetica*?) stammt. Es dürfte sich u. a. wegen zweier Blechfibelpaare um zwei Grabinventare handeln (29, 231–237, Taf. 60c–d bis 63), die in die Stufe D1 und D2 gehören (ca. 370/80–440/50) (zur Chron. z. B. 7). Obgleich das ält. Grab noch in die Zeit der westgot. Militäraktion unter Valia gehören könnte, kann auch dieser Fundkomplex ethnisch nur mit Ostgerm. verbunden werden.

c. Das W.-Reich in N-Afrika (429–533/34). Ostgerm. Gräber sind nun, wie schon erwähnt, vom Territorium des W.-Reiches in N-Afrika belegt, wenn auch nur in geringer Zahl. Es handelt sich um Grablegen einer Oberschicht (s. u.). Bestattungen des ostgerm. *populus* sind unbekannt; er wurde somit entweder beigabenlos oder mit ethnisch nicht signifikantem mediterranem Schmuck oder bronzenen Gürtelschnallen mit zellverzierten Beschlagplatten beigesetzt (s. u.), entweder in eigenen Bestattungsplätzen oder zusammen mit der einheimisch-roman. Bevölkerung. Damit ist das gleiche Phänomen zu beobachten wie bei anderen ostgerm. *gentes* ab dem 5. Jh., z. B. bei den O-Goten (→ Goten S. 418; 6, 137. 147). Auch unter diesem Aspekt ist das für Migrationen wichtige methodische Instrumentarium nicht mehr einsetzbar, den Auswanderungsraum (Verbreitungsgebiet der Przeworsk-Kultur) mit dem Einwanderungsraum in eine unmittelbare Beziehung miteinander zu bringen (s. o.), obgleich, auch unter Einschluß der iberischen Halbinsel, beide nur rund eine Generation oder etwas mehr zeitlich trennen: Grabsitte (Brandbestattung, Nekropolen) und Beigabensitte (Waffenbeigabe) haben sich grundlegend gewandelt, auch wenn sich in der Endphase der Przeworsk-Kultur in bestimmten Regionen bereits Veränderungen in der Grabsitte abzeichneten (→ Przeworsk-Kultur S. 562). Hinsichtlich der Alanen ist eine solche Koppelung ohnehin problematisch, da in ethnischer Hinsicht der alanische Auswanderungsraum nicht hinreichend klar beschrieben werden kann (→ Untersiebenbrunn).

Insgesamt handelt es sich in N-Afrika nur um vier FO mit sechs Frauengräbern (Körperbestattungen): Karthago mit → Koudiat Zâteur und Douar-ech-Chott (22) (Abb. 26,1–3), Annaba/Bône (lat. Hippo Regius) mit zwei Gräbern (30, 307 f.), Henchir Kasbat (lat. Thuburbo Maius) (30, 310–312) (Abb. 26,4–5), Ksantina/Constantine (30, 300. 314; 22, 354 mit Anm. 30) mit Fibelpaaren, dazu das Grab von Hippo Regius mit einem goldenen Nadelpaar wie in Málaga (s. o. § 2b), jedoch mit Ösen für ein Verbindungskettchen (30, 303 f.). Unter den Fibelpaaren sind unterschiedliche Typen belegt: cloisonnierte Scheibenfibeln (Hippo Regius), kleine goldene Armbrustfibeln (Karthago/Douar-ech-Chott und Thuburbo Maius) (Abb. 26,3 und 5) und cloisonnierte Bügelfibeln (Karthago/Koudiat Zâteur mit einer kleinen goldenen Armbrustfibel und Ksantina). In Hippo Regius und Koudiat Zâteur gehörten noch Gürtelschnallen zur Frauentracht, ferner in eini-

Abb. 26. 1–3 Douar-ech-Chott, Grabinventar (nach 32, Abb. 9); 4–5 Henchir Kasbat-Thuburbo Maius, Teile des Frauengrabes von 1912; 6–9 Inventar des Arifridos-Grabes. Nach Koenig (30, Abb. 6)

gen der sechs Gräber kostbarer Schmuck. Die Dame in Koudiat Zâteur trug zudem ein Haarnetz mit ca. 10 000 kleinen Goldblechhülsen und ein Gewand, das mit 169 Goldblechappliken besetzt war, letztere auch mit 18 erhaltenen Appliken am Gewand der Dame von Hippo Regius. Der Fundstoff aus diesen sechs Frauengräbern ist gut aufgearbeitet und daher hier entbehrlich (22; 28; 30; 45; 44). Hinsichtlich der absoluten Chron. ist man sich weitgehend einig: Die Inventare datieren ins 2. und 3. Viertel des 5. Jh.s. Somit wird mit ihnen vermutlich noch die ‚Landnahme'-Generation (ab 429) und die erste im Lande lebende Generation arch. erfaßt. Gleiches gilt für das einzige Männergrab des Arifridos von Thuburbo Maius mit einer kostbaren ovalen Einzelfibel, einem Schuhschnallenpaar und einer Gürtelschnalle (30, 312; 28, 125 Abb. 1; 45, 135 Abb. 1a) (Abb. 26,6–9); eingebracht war es in die ‚Tempelkirche' (30, 332 Abb. 11), mit der den Namen überliefernden Inschr. im Mosaik (30, Taf. 48c).

Ethnische Interpretation: Während Koenig alle Gräber mit Trachtzubehör, v. a. solche mit mediterranen bronzenen cloisonnierten Gürtelschnallen, auch als Siedlungs- und Einzelfunde, mit den ostgerm. W. in Verbindung brachte (30, passim), wurde dies zurecht zurückgewiesen (22; 28; 44; 45). Diese cloisonnierten Gürtelschnallen mit Beschlagplatte unterschiedlicher Form (z. B. 27; 46, 84–145) sind im gesamten Mittelmeerraum verbreitet und wurden meist von Männern getragen; in die Gräber gelangten sie nur dann, wenn die regelhaft beigabenlose roman. Bestattungssitte durchbrochen wurde (→ Romanen), und so handelt es sich meist um Siedlungsfunde (z. B. 27, 167 f.; 28, 128 f.). Mit Germ. wären diese Schnallen nur dann in Verbindung zu bringen, wenn – wie bei Arifridos – im Mosaikfußboden über dem Grab der germ. PN bekannt wäre; selbst eine Oval- bzw. Rundfibel wie im Grab des Arifridos sichert kein germ. Ethnikum (42). Als entscheidendes Kriterium für eine ethnische Interpretation bleibt somit, außer Inschr. (s. u.), nur die Peplostracht (→ Fibel und Fibeltracht S. 543 f. 557). Es ist völlig unstritten, daß diese seit der RKZ in der Germania die Frauentracht kennzeichnete, so auch in der Przeworsk-Kultur, auch wenn hier wegen der Brandgrabsitte keine Lagebefunde bekannt sind. Die Peplostracht blieb auch danach bei den ostgerm. *gentes* üblich (z. B. zuletzt 37, 206 f.). Da die Peplostracht bei Romaninnen nicht gebräuchlich war (→ Romanen S. 214 f.; → Fibel und Fibeltracht S. 543–549. 567–572), sind die Frauen mit Fibelpaaren (Peplostracht) in der roman. Umwelt als ‚Fremde' erkennbar, so auch im W.-Reich (ferner z. B. 22, 381–383. 386). Dieser Ansicht wurde zuletzt bei der Diskussion um die ethnische Interpretation heftig widersprochen, so auch im Kontext einer Studie über die W.: „Die Vorstellung, Kleidung habe in der Spätantike und im frühen MA in Form ‚nationaler Stammestrachten' in erster Linie die ethnische Identität des Trägers ausgedrückt, lässt sich jedoch nicht mehr aufrechterhalten … Entscheidender als der Ausdruck ethnischer Identität war in der Spätantike und im frühen MA vielmehr der sozial-hierarchische Zeichencharakter der Kleidung" (45, 133; ähnlich generell: 12, 168 f.; 13, z. B. 293–301. 308–318, bes. 390–412; 15). So wichtig und interessant zugleich diese Grundsatzdiskussion über die Relevanz der Tracht für die frühgeschichtl. Arch. in Verbindung mit Schriftqu. und deren Bewertung durch die hist. Forsch. (eher zustimmend z. B. 38, 22 f.; eher skeptisch z. B. 40, bes. S. 42) ist, so ist dieser Lex.artikel nicht der geeignete Ort, diese hier ausführlich zu führen (zur arch. Gegenposition z. B. 10, 53–57 mit Anm. 76). Immerhin liegt aber für das W.-Reich nun eine wichtige Schriftqu. vor, auf die auch in der Grundsatzdiskussion immer wieder verwiesen wird (z. B. 13, 298 mit Anm. 537): Victor von Vita, *Historia persecutionis Africanae provinciae,* niedergeschrieben 489. Victor war zunächst Priester in Karthago, erlebte dort die Ereignisse zw. 480 und 484 aus eigener Anschauung und war Teilnehmer am von → Hunerich für den 1. 2. 484 in Karthago einberufenen Relig.sgespräch zw. Katholiken und Arianern (→ Arianische Kirchen), später wurde er Bf., möglicherweise in seiner Heimatstadt Vita (47). Er berichtet von einer spezifischen Tracht (*in habitu barbaro, in habitu illorum* [= Vandalorum], *in specie suae gentis*) (Victor von Vita II, 8–9; dazu I, 39). Wer diese trug, dem sollte der Zutritt zu kath. Kirchen verweigert werden, erklärend ergänzt Victor von Vita, daß man nämlich wissen müsse, daß die Zahl „unserer Katholiken" bes. groß war, die in der Kleidung der Barbaren in die Kirche gingen, weil diese am Kg.shof Dienst taten. Insgesamt ergibt sich aus Victor von Vita: Ob Römer oder Wandale, ob Katholik oder Arianer, am Kg.shof verrichtete man seinen Dienst in wandal. Tracht (vgl. § 1). Trotz aller Skepsis über die Aussagekraft dieser Qu. (Barbarentopoi wegen der Ablehnung der arianischen W.) wird mit diesen Bezeichnungen zur Tracht nicht nur der Gegensatz zw. Arianern und Katholiken beschrieben (13, 298 mit Anm. 357), sondern auch zw. W. und Römern (45, 134). Ohne gemischt zu argumentieren, darf man diesen *habitus barbarus* somit auf die weibliche Peplostracht beziehen (s. o.). Dies wird auch von jenen eingeräumt, die der ethnischen Interpretation kritisch gegenüberstehen: „Einen *habitus Vandalorum* als spezifische Stammeskleidung hat es nicht gegeben, wohl aber eine E r k e n n b a r k e i t der herrschenden v a n d a l i s c h e n Oberschicht" (45, 141; Hervorhebungen: V. Bierbrauer). Die Trägerinnen der zunächst nur als ostgerm. gekennzeichneten Peplostracht (s. o.) dürfen somit mit Blick auf die Schriftqu. als Wandalinnen angesehen werden (22, 383. 386).

Trotz der offiziellen Betitelung des wandal. Kgt.s mit *rex Vandalorum et Alanorum* spielte der alanische Bevölkerungsanteil nur noch eine nachgeordnete Rolle, bestimmend waren die (hasdingischen) W. (z. B. 50, 79–87; zuletzt 16; 51, 243–245).

Soz. Bewertung: Die kurze Skizzierung der Frauengräber mit ihrem meist kostbaren Trachtzubehör und Schmuck sowie das goldbesetzte Haarnetz in Koudiat-Zâteur samt dem mit Goldblechappliken besetzten Gewand, letzteres auch im Frauengrab von Hippo Regius, belegen die Zugehörigkeit der hier Bestatteten zur wandal. Oberschicht; hinzukommen noch die Beisetzung in einer Kirche (Hippo Regius und Thuburbo Maius: 30, 310–312 mit Abb. 11 u. 303 f. mit Abb. 12 Nr. 3), was auch für das Grab des Arifridos gilt (30, 312 mit Abb. 11) (zur soz. Bewertung der beiden Gräber aus Karthago: 22, 387 f.). Die frühe Datierung der noch in ihrer Tracht bestatteten Frauen und auch von Arifridos in das 2. und 3. Viertel des 5. Jh.s zeigt die fortbestehenden Rückbindungen an die alten überkommenen Bestattungssitten, im Falle der Kirchengräber auf synkretistische Weise. Die Waffenbeigabe scheint, wenn die ohnehin schlechte Qu.lage nicht (weiter) trügt, im Verlauf des Romanisierungs- und Christianisierungsprozesses, der zweifellos schon auf der iberischen Halbinsel eingesetzt hatte (s. o.; Bestattung auf spätantiken Gräberfeldern; Grabformen), aufgegeben worden zu sein. In diesem Sinne ist das verlorengegangene Grabmosaik eines wohl wandal. und in röm. Tracht dargestellten Knaben († 508) in der Kirche von Tebessa/Theveste bezeichnend, dessen Grab zwar beigabenlos war, dessen Schwert (für einen Erwachsenen) aber im Mosaik wiedergegeben ist (30, 337–339 mit Abb. 9 und 14; 17, Taf. 22d).

Akkulturation: Die wenigen Grabfunde, die – wie zuvor dargelegt – mit W.

verbunden werden dürfen, weisen auf eine rasche Akkulturation bzw. → Romanisierung hin, zumal sie auch in die Frühzeit des W-Reiches gehören. Ab dem letzten Viertel des 5. Jh.s kennt man keine Bestattungen mehr, in denen Wandalinnen in ihrer Peplostracht beigesetzt wurden. Ob dies auch auf eine Aufgabe der Tracht zu Lebzeiten hinweist oder nur auf eine Angleichung an die christl.-roman. Bestattungssitte (z. B. 21; für Karthago z. B. 22, 381–383) bleibt unbekannt. W. sind nun in einiger Zahl nur noch durch Mosaikinschr. über ihren meist beigabenlosen Gräbern bzw. durch mit Namen beschriftete Grabsteine mit rund 40 Belegen (19, 178–185 mit Annex II, S. 365–388) nachweisbar, einige wenige von ihnen auch noch mit Schmuck (30, 304–306 mit Taf. 48a–b), also eine vergleichbare Entwicklung wie im ital. O-Gotenreich (4, 39 mit Karte S. 41) (→ Goten § 8b).

(1) J. Andrzejowski, Nadkole, 2. A cemetery of the Przeworsk-Culture in Eastern Poland, 1998. (2) B. Anke, Stud. zur reiternomadischen Kultur des 4. bis 5. Jh.s, 1998. (3) J. Arce, Los Vándalos en *Hispania* (409–429 A.D.), Antiquité Tardive 10, 2002, 75–85. (4) V. Bierbrauer, Die ostgot. Grab- und Schatzfunde in Italien, 1975. (5) Ders., Die Landnahme der Langob. in Italien aus arch. Sicht, in: M. Müller-Wille, R. Schneider (Hrsg.), Ausgewählte Probleme europ. Landnahmen des Früh- und Hoch-MAs 1, 1993, 103–172. (6) Ders., Arch. und Gesch. der Goten vom 1.–7. Jh. Versuch einer Bilanz, Frühma. Stud. 28, 1994, 51–171. (7) Ders., Das Frauengrab von Castelbolognese in der Romagna (Italien). Zur chron., ethnischen und hist. Auswertbarkeit des ostgerm. Fundstoffs des 5. Jh.s in SO-Europa und Italien, Jb. RGZM 38, 1991 (1995), 541–592. (8) Ders., Gep. in der Wielbark-Kultur (1.–4. Jh. n. Chr.)? Eine Spurensuche, in: Stud. zur Arch. des Ostseeraumes. Von der EZ zum MA (Festschr. M. Müller-Wille), 1998, 389–403. (9) Ders., Die ethnische Interpretation der Sîntana de Mureş-Černjachov-Kultur, in: G. Gomolka-Fuchs (Hrsg.), Die Sîntana de Mureş-Černjachov-Kultur, 1999, 211–238. (10) Ders., Zur ethnischen Interpretation in der frühgeschichtl. Arch., in: W. Pohl (Hrsg.), Die Suche nach den Ursprüngen. Von der Bedeutung des frühen MAs, 2004, 45–84. (11) Ders., Arch. der Langob. in Italien: ethnische Interpretation und Stand der Forsch., in: W. Pohl, P. Erhart (Hrsg.), Die Langob. Herrschaft und Identität, 2005, 21–65. (12) S. Brather, Ethnische Identitäten als Konstrukte der frühgeschichtl. Arch., Germania 78, 2000, 139–177. (13) Ders., Ethnische Interpretationen in der frühgeschichtl. Arch. Gesch., Grundlagen und Alternativen, 2004. (14) S. Burmeister, Migration und ihre arch. Nachweisbarkeit, Arch. Informationen 19, 1996, 13–21. (15) Ders., Zum sozialen Gebrauch von Tracht. Aussagemöglichkeiten hinsichtlich des Nachweises von Migrationen, Ethnographisch-Arch. Zeitschr. 38, 1997, 177–203. (16) F. M. Clover, The Symbiosis of Romans and Vandals in Africa, in: E. K. Chrysos, A. Schwarcz (Hrsg.), Das Reich und die Barbaren, 1989, 57–73. (17) J. Christern, Das frühchristl. Pilgerheiligtum von Tebessa, 1976. (18) K. Czarnecka, Zum Totenritual der Bevölkerung der Przeworsk-Kultur, in: wie [33], 273–294. (19) C. Courtois, Les Vandales et L'Afrique, 1956. (20) T. Dąbrowska, Kamieńczyk. Ein Gräberfeld der Przeworsk-Kultur in O-Masowien, 1997. (21) N. Duval, Les nécropoles chrétiennes d'Afrique du Nord, in: P. Trousset (Hrsg.), L'Afrique du Nord antique et médiévale. Monuments funéraires, institutions autochtones, 1995, 187–206. (22) C. Eger, Vandalische Grabfunde aus Karthago, Germania 79, 2001, 347–390. (23) K. Godłowski, Przemiany kulturowe i osadnicze w południowej i środkowej Polsce w młodszym okresie przedrzymskim i w okresie rzymskim, 1985. (24) Ders., Jakuszowice, eine Siedlung der Bandkeramik, ält. BZ, jüng. vorröm. EZ, RKZ und der frühen VWZ in S-Polen, Die Kunde NF 37, 1986, 103–132. (25) Ders., Die Przeworsk-Kultur, in: G. Neumann, H. Seemann (Hrsg.), Beitr. zum Verständnis der Germania des Tacitus 2, 1992, 9–90. (26) Ders., Das „Fürstengrab" des 5. Jh.s und der „Fürstensitz" in Jakuszowice in S-Polen, in: F. Vallet, M. Kazanski (Hrsg.), La noblesse romaine et les chefs barbares du IIIe au VIIe siècle, 1995, 155–179. (27) M. Kazanski, Les plaques-boucles méditerranéennes des Ve–VIe siècles, Arch. Médiévale 24, 1994, 137–198. (28) J. Kleemann, Quelques réflexions sur l'interprétation ethnique des sépultures habillées considérées comme vandales, Antiquité Tardive 10, 2002, 123–129. (29) G. G. Koenig, Arch. Zeugnisse westgot. Präsenz im 5. Jh., Madrider Mitt. 21, 1980, 220–247. (30) Ders., Wandal. Grabfunde des 5. und 6. Jh.s, ebd. 22, 1981, 299–360. (31) A. Kokowski, Die Przeworsk-Kultur – ein Völkerverband zw. 200 v. Chr. und 375 n. Chr., in: wie [33], 77–183. (32) Ders., Die Goten, in: wie [33], 325–357. (33) J. Kolendo, Die ant. Schriftquellen zur ältesten Gesch. der Vandalen, in: Die Vandalen. Publ. zur Ausstellung „Die Vandalen" in Schloss Bevern, 2003, 49–75. (34) M. Mączyńska, Das

Ende der Przeworsk-Kultur, in: wie [33], 185–201. (35) Dies., Die Endphase der Przeworsk-Kultur, Ethnographisch-Arch. Zeitschr. 39, 1998, 65–99. (36) Dies., La fin de la culture Przeworsk, in: J. Tejral u. a. (Hrsg.), L'Occident romain et l'Europe centrale au début de l'époque des Grandes Migrations, 1999, 141–170 (frz. Übs. von Nr. 35). (37) M. Martin, „Mixti Alamannis Suevi"? Der Beitr. der alam. Gräberfelder am Basler Rheinknie, in: J. Tejral (Hrsg.), Probleme der frühen MZ im Mitteldonauraum, 2002, 195–223. (38) J. Moorhead, The Roman Empire divided, 400–700, 2001. (39) M. Olędzki, Zu den Trägern der Przeworsk-Kultur aufgrund schriftlicher und arch. Qu., Ethnographisch-Arch. Zeitschr. 40, 1999, 43–57. (40) W. Pohl, Telling the difference: Signs of ethnic identity, in: W. Pohl, H. Reimitz (Hrsg.), Strategies of Distinction. The Construction of the Ethnic Communities 300–800. Transformation of the Roman World 2, 1998, 17–69, bes. 46 f. (41) Ders., Die Völkerwanderung. Eroberung und Integration, 2002. (42) D. Quast, Cloisonnierte Scheibenfibeln aus Achmim-Panopolis (Ägypten), Arch. Korrespondenzbl. 29, 1999, 111–124. (43) K. Raddatz, Das völkerwanderungszeitliche Kriegergrab von Beja, S-Portugal, Jb. RGZM 6, 1959, 142–150. (44) Ph. von Rummel, Die beigabenführenden Gräber im vandalenzeitlichen N-Afrika. Zum Problem des arch. Nachweises von Vandalen und Alanen im nordafrikanischen Vandalenreich. Ungedr. Mag.-Arbeit Freiburg, 2000. (45) Ders., *Habitus Vandalorum*? Zur Frage nach einer gruppen-spezifischen Kleidung der Vandalen in N-Afrika, Antiquité Tardive 10, 2002, 131–141. (46) M. Schulze-Dörrlamm, Byz. Gürtelschnallen und Gürtelbeschläge im RGZM 1, 2002. (47) A. Schwarcz, Bedeutung und Textüberlieferung der Historia persecutionis Africanae provinciae des Victor von Vita, in: A. Scharer, G. Scheibelreiter (Hrsg.), Historiographie im frühen MA, 1994, 115–140. (48) J. Strzelczyk, Die Vandalen auf dem Wege nach N-Afrika, in: wie [33], 203–246. (49) M. Tempelmann-Mączyńska, Der Goldfund aus dem 5. Jh. n. Chr. aus Granada-Albaicín und seine Beziehungen zu Mittel- und O-Europa, Madrider Mitt. 27, 1986, 375–388. (50) H. Wolfram, Intitulatio I. Lat. Kg.s- und Fürstentitel bis zum Ende des 8. Jh.s, 1967. (51) Ders., Das Reich und die Barbaren, 1990. (52) W. Ziemilińska-Odojowa, Niedanowo. Ein Gräberfeld der Przeworsk- und Wielbark-Kultur in N-Masowien, 1999.

V. Bierbrauer

Wandbehang s. Bd. 35

Wanderbauerntum → Nomadismus

Wandermotiv und Wandertheorie (Erzählforschung)

§ 1: Begriff und Forschungsgeschichte – § 2: Beispiele

§ 1. Begriff und Forschungsgeschichte. Während in der volkskundlichen Narrativistik unter ‚Motiv' allg. „the smallest element in a tale having a power to persist in tradition" (23; 24, 105; 29) verstanden wird, bezeichnet der Terminus ‚Wandermotiv' bes. jene international verbreiteten Elemente von Erzähltypen, die – einmal an einem Ort entstanden – über weite Teile der Welt, also über Sprach- bzw. Kulturgrenzen hinweg, gewandert sind. W.e können grundsätzlich in allen Gattungen (z. B. → Märchen, Sage [→ Sage und Sagen; → Saga], Anekdote, Rätsel [→ Rätsel und Rätseldichtung], → Witz) auftreten, können aber auch zw. verschiedenen Gattungen hin- und herwechseln.

Das Konzept der Motivwanderung verweist auf grundlegende Fragen der Entstehung und Verbreitung von Volkserzählungen, die bis in die 2. Hälfte des 20. Jh.s zu den Kernfragen der Narrativistik zählten. Die sog. Wandertheorie stellt dabei eine von im wesentlichen drei Möglichkeiten dar, die interessanterweise alle bereits bei W. Grimm (→ Grimm, Jacob und Wilhelm) angedacht waren. Im Bd. 3 der „Kinder- und Hausmärchen" (Ausgaben von 1850 und 1856) spricht er erstmals von Motivwanderung: „Ich leugne nicht die Möglichkeit, in einzelnen Fällen nicht die Wahrscheinlichkeit des Übergangs eines Märchens von einem Volk zum andern, das dann auf dem fremden Boden fest wurzelt: ist doch das Siegfriedslied schon frühe in den hohen Norden gedrungen und dort einheimisch geworden. Aber mit einigen Ausnahmen erklärt man noch nicht den großen Umfang und die weite Verbreitung des gemeinsames Besitzes." (13, 418). W. Grimm läßt also keinen Zweifel daran, daß er in der Wanderung – sofern sie als Monogenese verstanden wird, d. h. als einmalige Entstehung an einem Ort – nicht die Regel, sondern die Ausnahme sieht. Vielmehr gibt er den beiden anderen theoretischen Ansätzen den Vorzug: der Vorstellung eines gemeinsamen idg. Erbes, aber auch der polygenetischen Entstehung: „Es gibt aber Zustände, die so einfach und natürlich sind dass sie überall wieder kehren, ..." (13, 417).

Erster Verfechter der Wandertheorie war der Orientalist und Indologe Benfey (1809–1881), der im Zuge seiner Übs. des *Pañcatantra* (1859) zu der Auffassung gelangte, „dass ... eine große Anzahl von Märchen und Erzählungen von Indien aus sich fast über die ganze Welt verbreitet haben" (6, XXII). Benfey war es an vielen Beispielen gelungen, die Übertragung komplexer Motivverbindungen, aber auch ganzer Erzählslg. nachzuweisen. Für eine Reihe von Erzählungen des *Pañcatantra* konnte er deren Wanderung bzw. Übernahme aus dem Indischen des 6. Jh.s ins Arab., von dort ins Griech., Hebr., Lat. und weiter in spätere europ. liter. Fassungen aufzeigen. Benfeys Ansätze erfuhren durch spätere Forsch. zwar nachhaltige Erschütterungen. Seine primär auf liter. Qu. gestützte Theorie und Methode fanden dennoch bereits zu Lebzeiten der Grimms, aber auch noch lange danach viel Beachtung (22; 18).

Bezüglich der ‚besonderen Art' der Motivwanderungen kann mit Bausinger zw. strahlen- und wellenförmiger Ausbreitung unterschieden werden (5, 34). Erstere baut auf der bestimmenden Bedeutung der Lit. auf und nimmt eine strahlenförmige Ausbreitung von einem ganz bestimmten Ausgangspunkt, eben einem Buch, an (27). Letztere setzt primär auf die mündliche, wellenförmig verlaufende Überlieferung (3).

Ihre größte Bedeutung erfuhr die Wandertheorie in Mittel- und N-Europa in der geographisch-historischen Methode (2; 15; 20; 3). In den 70er und 80er J. des 19. Jh.s als eine positivistische Gegenreaktion auf die Spekulationen der romantisch. mythol. Schule des 19. Jh.s entstanden, auch als Antithese gegen die von der Völkerkunde entwickelte Theorie des Elementargedankens (4; 12) bzw. die Anthropologische Theorie E. B. Tylors und A. Langs (11) übernimmt sie von Benfey die Vorstellung der Märchenwanderung. Der geogr.-hist. Methode zufolge geht jedes Märchen, aber auch jede andere Erzählung, auf einen bestimmbaren Schöpfungsakt (Monogenese) zurück, d. h., es/sie ist einmal an einem Ort und zu einer bestimmten Zeit entstanden und beginnt von dort aus die Wanderung. Ungeachtet der berechtigten Kritik, u. a. an dem zentralen Anspruch der Rekonstruktion einer jeweiligen Urform einzelner Erzählungen, verdanken wir dieser Methode bis heute entscheidende Impulse für die Erzählforsch. Sie führte nicht nur zu einer großen Anzahl monographischer Unters. von Erzähltypen und -motiven, sondern auch zu einer Vielzahl von Typenkat. Ausgangspunkt bzw. Voraussetzung für beides war das 1910 erstmals publizierte und mehrmals erweiterte „Verzeichnis der Märchentypen" von Aarne (1; 25; 26). Aber auch der umfangreiche „Motif-Index of Folk-Literature" entstand im Kontext dieser Forsch.srichtung (23).

Der norw. Folklorist Christiansen legte 1958 den Vorschlag einer Erweiterung des Märchenverz.es von Aarne auf Sagen vor und verwendete für diese erstmals den Terminus ‚Migratory Legends', Wandersagen (10), ein Terminus, der sich bes. in der Erforschung gegenwärtiger Sagen als fruchtbar erweisen sollte (z. B. 14; 28). Neuere Forsch. zeigten in zunehmendem Maße, daß auch in gegenwärtigen Sagenstoffen immer wieder traditionelle W.e anzutreffen sind (21). Auch wenn mit Sicherheit noch mit der Entdeckung weiterer Motivverbindungen zu rechnen ist, und mittlerweile längst klar wurde, daß der Anteil der W.e wesentlich größer als zu Zeiten der Grimms vermutet ist, kann der Theorie der Wanderung dennoch nicht eine dominierende Stellung gegenüber den anderen Möglichkeiten der Entstehung und Verbreitung von Erzählstoffen eingeräumt werden. Man geht heute vielmehr davon aus, daß alle drei Theorien – gemeinsames Erbe, Polygenese (9) und Monogenese mit Wanderung – im internationalen Erzählgut ihre Berechtigung haben. Es gilt immer, jedes Motiv bzw. jede Motivgruppe und jeden Erzähltypus unabhängig von den Genres für sich zu analysieren. Nicht in jedem Fall wird man zu einem eindeutigen Ergebnis gelangen.

§ 2. Beispiele. Fest steht aber, daß wir auch in den Qu. der. Germ. Altkde (→ Germanen, Germania, Germanische Altertumskunde §§ 55–58) mit einer beträchtlichen Zahl internationaler W.e zu rechnen haben. An dieser Stelle können lediglich einige Beispiele angeführt werden, so etwa die bereits in der klass. Ant., aber eben auch im germ. Altert. und in neuzeitlichen Sagen belegten Ber. über Druckgeister (→ Verwandlung und Verwandlungskulte) oder Werwölfe (→ Werwolf). Bei beiden Motivkomplexen ist zwar von den jeweiligen Ausgangsvorstellungen polygenetischer Ursprung nicht auszuschließen. In den Details der entspr. Erzählungen, etwa den in der → *Völsunga saga* erwähnten Wolfshemden (19), dürften aber mit hoher Wahrscheinlichkeit W.e zu sehen sein. Andere Beispiele bilden die Sage von der Riesin Hulda, die 1265 von dem isl. Saga-Verf. Sturle Thordsson in Bergen dem Kg. Magnus Lagaboertir und seiner Gemahlin erzählt wird (8, 53), oder die Erzählungen vom Seelentier bzw. ‚zweiten Leib‘, erstmals greifbar in der Ende des 8. Jh.s von → Paulus Diaconus in der *Historia Langobardorum* niedergeschriebenen Gunthram-Sage (AaTh 1645 A) (16, 34; 17, I, 125 f. 375 f.). Auch in der Nibelungensage finden sich eine Reihe von W.en oder -sagen: z. B. AaTh 650 A Starker Hans / Strong John; AaTh 300 The Dragon-Slayer.

Auf eine bes. umfangreiche Überlieferungsgesch. kann das v. a. über den Tell-Mythos bekannte Apfelschuß-Motiv verweisen (23, Mot. F 661.3; → Egill [Meisterschütze]). Es wird bereits in der griech. Sage über Bellerophon und seine Söhne berichtet und ist aus dem 12. Jh. auch in einer pers. Form überliefert, nach der ein Kg. seinem Lieblingssklaven öfters einen Apfel auf den Kopf legte, um ihn herunterzuschießen (7, 880 f.). Im kontinentalgerm. Raum, England und Skand. finden wir das Apfelschuß-Motiv auf mehrere Helden übertragen, so in der → *Þiðreks saga af Bern* auf den Meisterschützen → Egill [Meisterschütze]. Dort verlangt Kg. Nidungr von Egill, einen Apfel vom Kopf seines dreijährigen Sohnes zu schießen. Egill nimmt wie Tell drei Pfeile zu sich. Hätte er gefehlt, hätte er den nächsten Schuß auf den Kg. abgeschossen. Bei → Saxo Grammaticus wird das Motiv über den Meisterschützen Toko und Harald Blauzahn erzählt. In der neuzeitlichen Sagenüberlieferung finden wir das Apfelschuß-Motiv auf verschiedene Volkshelden übertragen, so eben auch auf Wilhelm Tell (17, I, 140–142. 304 f.).

(1) A. Aarne, Verz. der Märchentypen, 1910. (2) Ders., Leitfaden der vergl. Märchenforsch., 1913. (3) W. Anderson, Geogr.-hist. Methode, in: Handwb. des dt. Märchens 2, 1934/1940, 508–522. (4) A. Bastian, Der Elementargedanke 1–2, 1885. (5) H. Bausinger, Volkspoesie, ²1980. (6) T. Benfey, Pantschatantra 1–2, 1859. (7) K. Beth, Sage, in: Handwb. dt. Abergl. VII, 871–889. (8) J. Bolte, G. Polivka, Anm. zu den Kinder- und Hausmärchen der Brüder Grimm, 4. Zur Gesch. der Märchen, 1930. (9) M. Chesnutt, Polygenese, in: EM X, 1161–1164. (10) R. Th. Christiansen, The Migratory Legends, 1958. (11) R. Dorson, Anthrop. Theorie, in: EM I, 86–591. (12) A. Fiedermutz-Laun, Elementargedanke, in: EM III, 1312–1316. (13) J. und W. Grimm, Kinder- und Hausmärchen 3, hrsg. von H. Rölleke, 1860. (14) B. af Klintberg, Modern Migratory Legends in Oral Tradition and Daily papers, Arv 37, 1981, 153–160. (15) K. Krohn, Die folkloristische Arbeitsmethode, 1926. (16) Paul. Diac., Historia Langobardorum, III. Übs. von O. Abel, Paulus Diaconus und die übrigen Geschichtsschreiber der Langob., 1888. (17) L. Petzoldt (Hrsg.), Hist. Sagen 1–2, 1976–1977. (18) M.

Pfeifer, Indische Theorie, in: EM VII, 151–157. (19) A. Raszmann, Die Sage von den Wölsungen und Niflungen in der Edda und Wölsungensaga, 1863. (20) L. Röhrich, Geogr.-hist. Methode, in: EM V, 1012–1030. (21) I. Schneider, Traditionelle Erzählstoffe und Erzählmotive in Contemporary Legends, in: Homo Narrans (Festschr. S. Neumann), 1999, 165–180. (22) G. von Simson, Benfey, Theodor, in: EM II, 102–109. (23) S. Thompson, Motif-Index of Folk-Lit. [...]. Revised and enlarged ed. 1–6, 1955–1958. (24) Ders., Purpose and Importance of an Index of Types and Motifs, Folk-Liv 2, 1938, 103–108. (25) The Types of the Folktale. A Classification and Bibliogr. Antti Aarnes Verz. der Märchentypen. Transl. and enl. by S. Thompson. Second rev., 1961. (26) H.-J. Uther, The Types of International Folktales. A Classification and Bibliogr. Based on the System of A. Aarne and S. Thompson, 2004. (27) A. Wesselski, Versuch einer Theorie des Märchens, 1931. (28) U. Wolf-Knuts, Modern Urban Legends Seen as Migratory Legends, Arv 1987, 1988, 167–179. (29) N. Würzbach, Motiv, in: EM IX, 947–954.

I. Schneider

Wandersiedlung s. Bd. 35

Wanderung → Völkerwanderung

Wanderverbände → Völkerwanderung

Wandilier → Wandalen

Wandmalerei

§ 1: Allgemein – a. Erhaltung – b. Technik – § 2: Spätantike und vorkarolingische W. – a. Voraussetzungen – b. Kontinuitätsfragen – § 3: Karolingische W. – a. Anfänge und verlorene Zyklen – b. Hauptwerke – c. W-Franken – d. Ausklang – § 4: Ottonische W. – a. Anfänge und verlorene Zyklen – b. Die Reichenau und der Bodenseeraum – c. Sonstige Zentren – § 5: Angelsächsische W.

§ 1. Allgemein. Die Darst. der W. im vorliegenden Lex. umfaßt Denkmäler zw. Alpen und Britischen Inseln. Den zeitlichen Rahmen dafür bildet das 1. Jt. vom Übergang einer prov.-röm. geprägten Kultur zur merowingerzeitlichen bis zu den Höhepunkten der ottonischen Malerei. Wie in anderen Gattungen der bildenden Kunst (→ Karolingische Buchmalerei; → Karolingische Kunst) treten auch in der W. neuere Elemente unterschiedlicher Herkunft neben das klass. Erbe der ant. Malerei, die im gesamten Zeitraum die wichtigste Basis und ein schier unerschöpflicher Hort dekorativer Gestaltungskonzepte bleibt, wobei aus den christl. geprägten neuen Bildthemen die entscheidenden Impulse für die Anverwandlung klass. Modelle im Sinne eines spezifisch ma. Charakters erwachsen.

a. Erhaltung. Schwerer als in anderen Gattungen spätant. und frühma. Kunst läßt sich von der W. ein einigermaßen zuverlässiges Bild ihres Wesens und ihrer Entwicklung gewinnen, da die Verlustrate naturgemäß bes. hoch ist und die wenigen Denkmäler, die als zufällig erhaltene Zeugen überhaupt in Betracht kommen, zudem in der Regel von den Folgen jüng. Übermalung und unsachgemäßer späterer Freilegung gezeichnet sind. Z. T. haben Abnahmen sowie entstellende Restaurierungen den Bestand weiter reduziert, während die vielerorts durch arch. Sondagen geborgenen Komplexe kleinteilig zerbrochener Frg. nur ausnahmsweise so weit bearbeitet und publiziert werden konnten, daß sie ein bewertbares Bild ergeben (Trier; Paderborn; Corvey).

b. Technik. In maltechnischer Hinsicht war das Spektrum sehr breit und zw. den Möglichkeiten eines klass. freskalen Aufbaus oder einer Temperamalerei über sekundär aufgebrachten Kalktünchen den jeweiligen Gegebenheiten in der Regel problemlos anzupassen, wobei die technischen Errungenschaften der röm. W. offenbar auf verschiedenen Wegen in einem gewissen Umfang weitertradiert und erneuert werden konnten (48; vgl. 6; 55). Je nach Stillage ist zudem mit der Ergänzung durch (stuck)plastische oder Metallauflagen sowie mit der Verwendung von Zirkeln und Schablonen zu rechnen, wie sie etwa aus karol. Zeit wiederholt belegt sind (20; 84, 77–110). Die handwerklichen und maltechnischen Fähigkeiten scheinen daher im wesentlichen innerhalb der Gattung über die polit. und kulturellen Einbrüche der VWZ und der Normannenstürme hinweg erfolgreich weitergegeben worden zu sein.

§ 2. Spätantike und vorkarolingische W. a. Voraussetzungen. Auf der Suche nach den Wurzeln frühma. W. ist v. a. an die Wirkung spätant. Monumentalmalerei zu erinnern, von der im 8. und 9. Jh. unzweifelhaft noch eine weitaus größere Zahl an Zeugnissen erhalten war, als dies heute erschließbar wird. In allen Teilen des vormals röm. Imperiums ist mit aufgehenden Bauten aus prov.-röm. Zeit zu rechnen, die mehr oder weniger aufwendigen Dekor im Sinne der reichen röm. W.-Tradition aufweisen. V. a. für die dekorativen Elemente ist auf diese Weise von einem schier unerschöpflichen Repertoire an Gliederungssystemen und Einzelmotiven auszugehen, aber auch figürliche W. ist bis zu den Britischen Inseln bezeugt (13; 58). Die Forsch. hat erst in jüng. Zeit mit einer systematischen Erfassung der Bestände begonnen, wobei vielfach die Funde aus Altgrabungen auszuwerten oder gar ält. Dokumentationen anstelle inzw. verlorener Originale heranzuziehen sind (54; 56). Umfassende Mat.zusammenstellungen liegen etwa für → Augsburg (82), den Kant. Freiburg (65), → Köln (77), die Prov. Narbonne (2) oder die Colonia Ulpia Traiana bei → Xanten vor (44), hinzu kommen zahlreiche Einzeldenkmäler wie die Villen in Bad Neuenahr-Ahrweiler (34), Bad Kreuznach und → Bingen-Kempten (36), Lullingstone (Kent: 58), Mülheim-Kärlich (35), Soissons (15), → Trier (an der Gilbertstraße: 56; 62) oder Vichten (Luxemburg: 6; 51). Bes. aufschlußreich sind großräumigere regionale Bestandskat., wie sie etwa für die Schweiz (18), Belgien (16), Frankreich (3), die Britischen Inseln (13), → Raetien (82, 103–117) oder das Mittelrheingebiet (n. Obergermanien: 37) vorgelegt wurden. Sie sind vielfach chron. geordnet und erweisen, wie eng die prov.-röm. Ausstattungssysteme den Phasen der klass. röm. Malerei des 1.–3. Jh.s folgen.

Neben die mehr oder weniger aufwendige Ausmalung luxuriöser Profanbauten treten seit dem 4. Jh. frühchr. Denkmäler, vielfach im Bereich spätant. Grabanlagen, wo nicht selten tonnengewölbte Grabkammern verschiedener Größe mit W.-Dekor ergraben wurden (Grenoble: 67, 11–24; → Saint-Maurice d'Agaune: 79, 364; Trier: 55; Pécs, Ungarn: 33; Tomis, Rumänien: 67, 25–47). Wiederholt bildeten solche Grabkammern auch Keimzellen von Kirchenbauten, in denen sie als Krypten integriert und weitergenutzt werden konnten (→ Genf/Saint-Gervais: 67, 55–62; Saint-Maurice-d'Agaune, Kant. Waadt: 78, 297–299; Vienne/Saint-Georges; Trier/St. Maximin) (→ Kirche und Kirchenbauten §§ 2–3). Aber auch die chr. Umnutzung und entspr. Neuausmalung profaner röm. Wohnbauten der Ks.zeit ist für das 4. Jh. dokumentiert (London, Britisches Mus., W. aus einer Villa in Lullingstone, ca. 364–378: 13, 138–145; 58, 11–46). Das berühmteste Zeugnis dieser Art wurde unter dem Dom zu Trier ergraben, wo sowohl die profane Vorgängerdekoration als auch die Deckengestaltungen der frühchr. Kirchenanlage von herausragender Qualität sind: Die in unregelmäßiger Kassettierung bemalte Decke eines reich ausgestatteten Repräsentationsraums, deren von tanzenden Eroten und Philosophenporträts umgebene Brustbilder nimbierter weiblicher Personifikationen auf Mitglieder der konstantinischen Ks.familie bezogen wurden (Trier, Bischöfliches Dom- und Diözesanmus., um 310/320: 73; vgl. jetzt 80) (Taf. 7a), mußte schlichteren Versionen gemalter Kassettierungen und den offenbar nur geometrisch-floral gestalteten Plafond-Decken der ersten Kirchenbauten weichen (ebd., um 330/340: 81). Für die figürliche W. chr. Inhalts bleibt man im 4. Jh. vornehmlich auf die röm. Katakomben oder isolierte Denkmäler wie Cimitile bei Nola angewiesen, und selbst die Schriftqu. lassen n. der Alpen erst seit dem 5. Jh. entspr. Dekorationen erschließen (Clermont-Ferrand/St. Stephan, Tours/St. Martin, → Paris/St. Vincenz: 47; Hinweise auf zwei frühe Mönchsbildnisse aus der Zeit um 400 bei Paulinus von Nola: 53). Auch bei den Denkmälern des 5.–6. Jh.s handelt es sich in der Regel um stark fragmentierte Grabungsfunde wie sie etwa für Chur (76), Zurzach (18, 71), → Säben (Hl. Kreuz: 72, 311–315) oder → Teurnia an der Drau (→ Noricum, 6. Jh.: 63; 85) dokumentiert und für Augsburg in Vorschlag gebracht worden sind (Röm. Mus., W. aus St. Gallus, Handauflegung [?]: 82, 99 f.). Nur s. der Alpen läßt sich ein christologischer Zyklus des späten 5. Jh.s auch im Bestand nachweisen, so in einem spätröm. Hypogäum in Valpantena bei Verona (S. Maria in Stelle: 17). In das 6. Jh. werden neuerdings die Frg. reich bemalter Stuckreliefs aus Vouneuil-sous-Biard bei Poitiers datiert (Poitiers, Mus. Sainte-Croix, Apostelfries [?]: 74). Mehrzonige Programme an Hochschiffwänden sind im hier behandelten Bereich aus vorkarol. Zeit hingegen nicht überliefert. So bleiben es primär die verlorenen, in Nachzeichnungen noch ansatzweise faßbaren Bilderzyklen der röm. Apostelbasiliken (4, 355 f.) (→ Rom) oder die → Mosaiken von → Ravenna, die unser Bild von der Vorlagenschicht des Wanddekors frühma. Kirchen bestimmen.

b. Kontinuitätsfragen. Im Bereich der W. sind konkrete Zusammenhänge spätant. und frühma. Denkmäler kaum je zu greifen oder gar nachzuweisen, da die Kontinuität ihrer Ausstattung fast durchweg durch jüng. Eingriffe gestört wurde. Eine Ausnahme, deren Bedeutung für unser Verständnis von den Anfängen der frühma. W. deshalb kaum zu überschätzen ist, bietet die Grabkammer von St. Stephan in Chur, weil hier nachgewiesen werden konnte, daß eine in das 5. Jh. datierbare frühchr. Ausmalung im 8.–9. Jh. mit einem, zumindest für die Stirnwand offenbar weitgehend identischen Programm wiederholt wurde (zu beiden Seiten einer kleinen Nische angeordnete huldigende Gestalten: 76, 136). Schon → Gregor von Tours hatte offenbar um 590 die 558 durch Feuer zerstörten W.en der Martinskirche von Tours, zu denen Tituli des → Venantius Fortunatus überliefert sind, wiederherstellen lassen (45). Ein weiteres Zeugnis, das durch die Reste seiner hist. Putz- und Malschichten die Kontinuität von Nutzung und Ausstattung hätte nachweisen lassen, wurde durch unsachgemäße Behandlung in der Nachkriegszeit praktisch zerstört: die Grabkammer des Titelhl. in der ehem. Abteikirche St. Maximin in Trier, wo im Freilegungszustand mindestens zwei, wahrscheinlich jedoch drei Vorgängerdekorationen der spätkarol. Ausmalung (s. u. § 3d) erschließbar waren (21, 51–62). Die spätant. Stuckfiguren aus Vouneuil-sous-Biard erhielten in frühma. Zeit eine erneuerte Fassung mit reduzierter Farbpalette (74).

Als bemerkenswert vollständige Nachahmung eines spätröm. Dekorationssystems verdient auch das außerhalb des hier behandelten Rahmens gelegene Oviedo (Asturien) Erwähnung, eine mehrzonige Architekturmalerei in der durch Schriftqu. für die Zeit Kg. Alfons' II. gesicherten Kirche San Julián de los Prados (812–842), die unter einem Konsolfries in drei Registern 38 gemalte Paläste und Säulenädikulen aufführt (1, 116–132).

Zu den ältesten gemalten Wanddekorationen nachant. Zeit, die uns im N überliefert sind, gehören durch Farbwechsel gestaltete Felderungen: In Saint-Maurice d'Agaune ist die Ausmalung einer Arkosolnische erhalten, die ein gemaltes Gemmenkreuz vor einer alternierend gelb, rot und grau angelegten Felderung in Gestalt stehender Rhomben zeigt (19, 17 f.; 49, 316) (Taf. 8a). Sie gehört zu einer im 10. Jh. zerstörten Memoria, deren 1947 ergrabene und in die heutige Abteikirche inkorporierte Reste aus arch. Sicht in das 7.–8. Jh. datiert werden (78, 300) (→ Saint-Maurice d'Agaune § 2). Dem 7. Jh. werden auch Befunde gemalter Inkrustationen im Sockelbereich der Apsis von Saint-Barthélémy in → Saint-Denis zugewiesen (67, 63–69), der 1. Hälfte des 8. Jhs. die Frg. einer bemalten Tumba aus Saint-Imier (Kant. Bern: 42, 73–84). Dagegen kann der bekannte Zyklus figürlicher W. in St. Prokulus zu → Naturns (Vinschgau: 61), der gelegentlich mit dem Bau schon für das 7. Jh. in Anspruch genommen wurde (4, 500), nach heutigem Forsch.sstand nicht vor dem 10. Jh. angesetzt werden (72, 287. 333–338). Eine Vorstellung von der stilistischen Entwicklung der Malerei im 7. und 8. Jh. ist heute nur mehr in Rom zu gewinnen (S. Maria Antiqua: 57, 93 ff.). Von dort hat Benedikt Biscop um 676/90 in mindestens zwei Etappen Bildwerke und Vorlagen auf die Britischen Inseln mitgebracht, wo sie in dem von ihm gegründeten Doppelkloster Wearmouth und → Jarrow die Produktion von W.en angeregt haben (46; 59). Es handelte sich dabei sowohl um Bilder *(picturae)* einzelner Hl., so ausdrücklich der Gottesmutter und der 12 Apostel, als auch um szenische Darst. *(imagines evangelicae historiae),* deren Inhalt sich durch die Nennung der daraus hervorgegangenen W.en noch präzisieren läßt: So gab es in der Peterskirche von Wearmouth auf der S-Seite neutestamentliche Bilder, denen auf der N-Wand ein Apokalypsenzyklus zugeordnet war, während sich in der Paulskirche von Jarrow alt- und neutestamentliche Szenen gegenüberstanden (genannte Beispiele: Isaak, das Opferholz tragend – Kreuzweg Christi; Errichtung der ehernen Schlange – Kreuzigung).

Es entspricht dem auch sonst zu gewinnenden Bild, daß Benedikt Biscop aus Gallien zwar Steinmetzen und Glashersteller zu rekrutieren wußte, die Bilderzyklen aber nicht auf diesem Wege erklärt werden können (59, 65).

§ 3. Karolingische W. a. Anfänge und verlorene Zyklen. Stilisierte Formen von Marmorierungen und andere fingierte Steinverkleidungen gehören zu den ältesten gemalten Wanddekorationen, die uns im Bereich der karol. Kunst überliefert sind. Als prominentestes Beispiel dürfen marmorierte Fensterlaibungen und gemalte Draperien am Sockel der Apsis von Saint-Denis gelten (Taf. 8b; 67, 63–69) (um 775). Liter. bezeugte Bilder → Karls des Großen und seines Vaters → Pippin des Jüngeren, die über dem Grab Pippins in Saint-Denis vermutet werden, wären dagegen erst eine Generation später anzusetzen, dem Caesaren-Titel Karls nach zu schließen zw. 801–814 (70, 150). Ergrabene Putzfrg. aus dem Dom zu → Paderborn können unterscheidbaren Gruppen zugewiesen werden, die für die zwei Jahrzehnte zw. dem um 780 angesetzten Bau I und dem 799 fertiggestellten Bau IIa eine Entwicklung von einer offenbar sparsamen, vorwiegend weißgrundigen Fassung mit rotem und schwarzem Liniendekor sowie Inschr.streifen zu einer polychromen Ausmalung mit Mäanderfries, Perlbändern, vegetabilen Ornamenten und Marmorierungen erkennen lassen (8; 11, 274–276). Dazu paßt, daß auch die ältesten ma. W.en Deutschlands, die noch in situ erhalten sind, sich auf ornamentalen Dekor und gerahmte Inschr.streifen beschränken: Zu dem nur partiell freigelegten Schmuck der Ringkrypta von → Sankt Emmeram in → Regensburg gehören ablinierte Fensterlaibungen sowie den Wölbungsansatz begleitende Friese, deren Flechtornamentfüllungen mit dem hist. und baugeschichtl. begründeten Datum Anfang 9. Jh. (nach 791) übereingehen (25, 102–

107; 26). Andererseits ist durch liter. Belege für die 765 von Bf. Chrodegang geweihte Klosterkirche zu Gorze ein Apsisbild mit Weltgerichtsthematik bezeugt (69, 312 f.). Figürliche Frg. aus Grabungsfunden, die teilweise offenbar gleichfalls noch dem späten 8. Jh. angehören könnten (→ Reichenau, Mittel- und Niederzell; Solnhofen, Sola-Basilika), sind in ihrer Zuordnung und Chron. zu wenig geklärt, um argumentativ herangezogen zu werden (43, 282–286; 25, 99–103; 26).

Ein reicheres Bild der Monumentalmalerei um 800 vermitteln in erster Linie die verlorenen Vorzeichnungen für den urspr. Kuppeldekor der Aachener Pfalzkapelle Karls des Großen (→ Aachen § 2), wenn auch die farbig ausgeführten Sinopien angesichts ergrabener Glastesserae auf ein ehemals dort angebrachtes Mosaik schließen lassen, wie es ähnlich in der Apsis des wohl 806 geweihten Oratoriums Theodulfs von Orléans in Germigny-des-Prés noch erhalten ist (5; 40, 32). Nach dem Zeugnis von Skizzen und Beschreibungen des 17. Jh.s waren es die 24 Ältesten, die in der Aachener Kuppel vor goldenem Grund in einem großen Kreis den thronenden Christus umstanden. Nachrichten von der Ausstattung der Pfalzkapelle durch alt- und neutestamentliche Darst. wie von der Wiedergabe der *artes liberales* und der Spanienkriege Karls des Großen im *palatium* der angrenzenden Pfalz, die sich nur auf zweifelhafte Qu. des 12. Jh.s zurückführen lassen und in den um 1900 freigelegten Spuren der Erstausstattung der Pfalzkapelle keine Bestätigung gefunden haben, müssen dagegen in den Bereich der Legende verwiesen werden (24, 106; 29).

Die Frage, ab wann im damaligen Reichsgebiet überhaupt mit mehrzonigen Bildsystemen und monumentalen Historienbildern zu rechnen sei, stellt sich auch bei der strittigen Einordnung verlorener Wandbilder in der Ingelheimer Pfalz (→ Ingelheim), die in einem an Ludwig den Frommen (814–840) gerichteten Lobgedicht beschrieben werden (MGH Poetae Latini II, 63–66). Das Programm der *aula regia* war demnach ganz auf die Legitimation der Karolinger abgestellt und umfaßte Reihen ant. und chr. Herrscher, die angeblich von Darst. ihrer bes. ruhmreichen Taten begleitet waren (52). Doch haben die noch andauernden Ausgr. bislang lediglich monochrom bemalte Putzfrg. geborgen, die eher für eine bilderlose Inkrustationsmalerei sprechen und damit wiederholt geäußerte Zweifel an der Existenz des von Ermoldus Nigellus geschilderten Bildprogramms nähren (24, 107; 41).

Leichter nachvollziehbare Angaben des Ermoldus zur Ausstattung einer zugehörigen Kirche, an deren Wänden sich Szenen des ATs und des NTs gegenüberstanden, bleiben in ihrer Lokalisierung zw. Mainz und Ingelheim unsicher (27, 128 f.). Immerhin sind mit dem liter. Zeugnis für die Zeit Ludwigs des Frommen Anhaltspunkte für die Vorstellung von Bildprogrammen gewonnen, in denen sich Szenen der Genesis und des Buches Exodus mit solchen der Jugendgesch. und des Wirkens Christi verbanden, während für Lüttich (Verse des Sedulius Scottus, Mitte 9. Jh.: 69, 335 f.) oder → Sankt Gallen primär neutestamentliche Zyklen überliefert sind (Ausmalung der Klosterkirche mit offenbar 40 Szenen unter Abt Hartmut, 872–883: 71).

b. Hauptwerke. Erhalten sind vergleichbare Bilderfolgen erstmals in Brescia (Lombardei, wohl 2. Drittel 9. Jh.: 25, 40–48; 29, 6–8) und → Müstair (Graubünden), wo man trotz des reduzierten Zustands noch eine Vorstellung von der Wirkung der mehrzonigen Bildstreifen gewinnen kann. In der Klosterkirche St. Johann in Müstair, einem ehemals flachgedeckten Dreiapsidensaal, fanden auf den Langwänden fünf Bildzonen Platz (entdeckt 1894), die von oben nach unten Szenen aus der Davidsgesch., aus der Jugendgesch., dem Wirken und der Passion Christi vorführen (Taf. 9a). Die unterste, fast völlig verlorene Zone enthielt offenbar Heiligen- (Apostel-?) Martyrien. Nicht alle überkommenen Bilder sind in situ erhalten: Die über dem got. Gewölbe entdeckten Malereien, David-Szenen und Reste einer Himmelfahrt Christi von der ö. Stirnwand, hat man 1908/09 abgenommen (Zürich, Schweiz. Landesmus.: 83). Die Apsiden zeigen im – stark restaurierten – Wölbungsbereich neben der *Maiestas Domini* die *traditio legis* und eine *crux gemmata,* im unteren Bereich Viten der Altarpatrone (Taf. 9b), die teilweise von roman. Malereien gleichen Inhalts überdeckt sind. Die W-Wand ist einer monumentalen Komposition des Jüngsten Gerichts vorbehalten, in der wesentliche Elemente der abendländischen Weltgerichtsikonographie erstmals überliefert sind (39; 84). Die ehemals rund 100 Szenen werden durch ein dekoratives System von vorwiegend mit Girlanden umwundenen Stäben getrennt, das z. B. aus dem byz. geprägten Castelseprio (Oberitalien: 4, 49–55) (→ Seprio, Castel § 4), aber auch aus der karol. Buchmalerei bekannt ist. Durch Dokumentation restauratorischer Unters. konnten neuerdings sowohl maltechnische Besonderheiten wie auch lange strittige Fragen der Chron. bis zu einem gewissen Punkt geklärt werden: Demnach war der nach dendrochron. Altersbestimmung bereits um 775 und noch vor den anschließenden Klostertrakten errichtete Kirchenbau bauzeitlich außen wie innen mit einer sparsam dekorierten Putzschicht überzogen worden, bevor in einer durch Verschmutzungshorizont abgesetzten zweiten Gestaltungsphase über schwarzen Sinopien und unter Verwendung von farbigen Schnurschlagmarkierungen, Zirkelschlägen und Schablonen eine vollflächige Ausmalung erfolgte (84, 77–93). Dies entspricht dem stilgeschichtl. Urteil, das zuletzt eine Entstehung im 2. Viertel des 9. Jh.s wahrscheinlich gemacht hat (14; 39).

Einen unmittelbaren Nachklang finden die Malereien von Müstair in Mistail (Kant. Graubünden), wo ein typol. verwandter Dreiapsidensaal gleichfalls Reste von W.en aufweist, die in der Weltgerichtsszene der W-Wand offenbar einer sehr ähnlichen Disposition folgten, sowie im nahegelegenen → Mals (60). Hier handelt es sich um eine kleine Saalkirche mit drei Flachnischen in der O-Wand, die von à-jour gearbeiteten und bemalten Stuckrahmen gefaßt sind (zugehörige Frg. im Stadtmus. Bozen: 64). Unter einem Fries halbfiguriger Engelsdarst. sind in der Mittelnische Christus zw. Erzengeln, seitlich ganzfigurige Bildnisse der Hl. Gregor und Stephanus dargestellt. Für die N-Wand sind zwei von Tituli getrennte Register mit je fünf Szenen gesichert, von denen allein die erste mit dem Autorenbild Papst Gregors sicher identifiziert ist. Die übrigen, stark fragmentierten Bildfelder werden neuerdings auf Vita und Bekehrung des Apostels Paulus bezogen (66). Dem von der O-Wand unterscheidbaren Stilcharakter gemäß ist die Kalkmalerei der N-Wand in maltechnischer Hinsicht sowohl von der mit Müstair übereinstimmenden Mischtechnik der Nischen als auch von der weitgehend freskalen Ausführung der beiden Stifterbilder abzusetzen (20) (Taf. 10a). Die nicht sicher identifizierbaren Darst. eines weltlichen und eines geistlichen Stifters haben ihre nächste Parallele in einem abgenommenen Wandbild aus San Vitale in Ravenna mit Bf. Martin (810–817) neben den Hl. Petrus und Apollinaris (Ravenna, Mus. Nazionale: 4, 159 f.) (→ Ravenna § 4).

Andere Beispiele lehren, daß solch erzählerischer Bilderreichtum keineswegs vorausgesetzt werden darf. Gleichzeitig bestanden daneben schlichtere Dekorationssysteme, etwa mit einem die wohl lediglich getünchten Wände zur Decke hin abschließenden Konsolfries (Steinbach im Odenwald, Einhard-Basilika, 815–827: 11, 283–285; 25, 67–83) oder mit einer monumentalen, aber kaum als Titulus von Bildern deutbaren

Inschr. unter einem Mäanderfries (Goldbach am Bodensee, Titulus des → Walahfrid Strabo, 838–849: 25, 191–218; 26, 19). Mäanderband und Fenstereinfassung zeigen auch fragmentierte Grabungsfunde aus Disentis (75), eine stark reduzierte, mit Tituli des Hrabanus Maurus in Zusammenhang gebrachte Ausmalung birgt die Krypta der Kirche auf dem Petersberg bei → Fulda, deren Einordnung indes umstritten blieb (11, 276–279).

In Corvey an der Weser, dessen Gründung auf eine Schenkung Ludwigs des Frommen (822) zurückgeht, ist einer der seltenen Fälle gegeben, die Aufschluß über die Gestaltung der zu den Kirchenräumen gehörigen Decken gewinnen lassen: Ö. der 844 geweihten Abteikirche wurde eine zweigeschossige Außenkrypta ergraben, aus deren im Abbruchschutt geborgenen Putzfrg. für den unteren Raum eine flachgeputzte Weidengeflechtdecke mit umlaufendem Rankenfries und für das Obergeschoß eine Flechtwerkwölbung mit gemaltem Dekor aus gegenständigen Schuppenmotiven ermittelt werden konnten (9; 11, 261–268).

Das wichtigste Zeugnis für technische Brillanz und Antikenrezeption der karol. Maler auf dem Gebiet bilderloser Raumfassungen bietet jedoch die Torhalle des ehem. Nazariusklosters → Lorsch (→ Karolingische Kunst Taf. 14). Die Architekturmalerei des Obergeschosses (Taf. 10b) offenbart nach Abnahme moderner Übermalungen ungeahnte maltechnische Finessen: Über einem Sockel aus verschiedenfarbigen Feldern gemalter Inkrustationen tragen wechselnd rote und graue Säulen vor hell getünchtem Grund ein hohes Gebälk, wobei die in kontrastierenden Farben flott aufgespritzten Sprenkelungen nach ant. Vorbild kostbare Steinmaterialien suggerieren sollen (22; 25, 17–34). Datierung und Bestimmung dieses ungewöhnlichen Torbaus sind umstritten. Eine Analyse der Einzelformen hat weniger Karl den Großen als vielmehr → Ludwig den Deutschen (833–76) oder sogar Ludwig den Jüngeren (876–82) als Bauherren ins Spiel gebracht, denen Lorsch seine privilegierte Stellung als Grablege des ostfrk. Hauses verdankt (79, 252 f.; 22; 25, 9–16).

Als figürliches Beispiel für das Fortwirken spätant. Dekorationsschemata dürfen Frg. aus St. Dionysius in Esslingen gelten, die dort in den ergrabenen Resten einer Bau II zugewiesenen Krypta freigelegt wurden (11, 268–270). An der W-Wand dieser Krypta fanden sich zu seiten einer zentralen Fenestella-Öffnung die Unterkörper zweier auf die Öffnung zum Reliquiengelaß ausgerichteter Figuren, in denen nach frühchr. Vorbild wohl die am Ort verehrten und in ihren Reliquien präsenten Patrone Vitalis und Dionysius zu sehen sind (3. Viertel 9. Jh.: 10). In welcher Form die Antikenrezeption auch in gelehrte Bildprogramme Eingang fand, zeigen die Tituli verlorener Wandbilder, die Reichenauer Maler in der von Abt Grimald errichteten St. Galler Otmarskirche geschaffen haben (um 867: 31).

c. W-Franken. Die Krypta von Saint-Germain in Auxerre, das einzige westfrk. Beispiel, das sich für das 9. Jh. anführen läßt, muß spätestens 859 fertiggestellt gewesen sein, als die Reliquien des hl. Germanus in Anwesenheit Karls des Kahlen in die zentrale Confessio überführt wurden. Der Bau und seine Ausstattung werden mit Bf. Heribald in Verbindung gebracht, der bereits 857 vor dem Altar des hl. Stephanus bestattet werden konnte. Von der urspr. Ausmalung zeugen noch die w. Joche eines kreuzgratgewölbten Rindganges und diesem im N und S angeschlossene Kapellen (68). Hier wird ein Dekorationssystem faßbar, das sich auf eine gemalte, von plastischen Kämpfern unterstützte Säulengliederung im Wandbereich, den ornamentalen Reichtum floraler Rahmenfriese und eine vollflächige Ausmalung allein in der Wölbungszone beschränkt. Die szenischen Darst. beziehen sich auf die Patrozinien der beiden Seitenkapellen, im N mit Begebenheiten aus der Stephanusgesch. in den Lünettenfeldern, im S mit einer Apsisdekoration, die zwei von Christus gekrönte Märtyrer wiedergibt, wohl die Hl. Laurentius und Vincenz.

d. Ausklang. Wenn der Zufall der Überlieferung nicht trügt, so spiegelt der Rückgang des Denkmälerbestandes im letzten Drittel des 9. Jh.s die polit. unstabile, von den Einfällen der Normannen mit der Zerstörung wichtiger kultureller Zentren geprägte Situation des Reiches wider (→ Normannen § 1e). Dem entspricht, daß das bedeutendste Dokument spätkarol. W. in einem der ostfrk. Rückzugsgebiete westfrk. Mönchtums erhalten ist, in einem weiteren Bau des Weserklosters Corvey. Die zweite Phase der Corveyer W.en beschränkt sich auf das Westwerk, einen annähernd quadratischen, mehrgeschossigen Anbau an die ält. Kirche, der 885 geweiht wurde (11, 261–268). Die Konzeption ist nicht ohne die Einbeziehung zugehöriger gefaßter Stuckplastik zu verstehen, von der noch Vorzeichnungen und in barocker Zeit abgeschlagene Frg. gefunden wurden (74, 188–191). Sie lassen sich zu stehenden Figuren in den Arkadenzwickeln ergänzen, die in ein System aus Architekturmalerei und floralen Friesen eingebunden waren (67, 99–113). Figürliche Malereien waren anscheinend der verlorenen Flachdecke und dem Wölbungsbereich seitlicher Anräume vorbehalten (Meerwesenfries mit das Ungeheuer Skylla bekämpfenden Odysseus: 12). Durch die gut überlieferten Baunachrichten ist diese Dekoration zw. 873–885 zuverlässig datiert.

Nur unwesentlich jüng. ist schließlich die Ausmalung der Krypta von St. Maximin in Trier. Der tonnengewölbte Raum hatte seit spätant. Zeit bereits zwei oder drei Ausstattungen erfahren, bevor er im Zuge einer Wiederherstellung nach der Normannenzerstörung von 882 neu ausgemalt wurde

(21). Die nach der Freilegung abgenommenen Malereien der W-Wand und einer davor errichteten Brüstung zeigen die Annagelung Christi am Kreuz sowie zwei auf einen Altar ausgerichtete Märtyrerprozessionen (Bischöfliches Dom- und Diözesanmus. Trier; Taf. 7b), die ehemalige Wölbung bot zudem einst Bilder stehender Propheten, schreibender Evangelisten und weiterer Sitzfiguren (Apostel?). Die Malereien dürfen wohl mit der Person Ebf. Radpods von Trier (883–915) in Verbindung gebracht und in das letzte Jahrzehnt des 9. Jh.s datiert werden.

§ 4. Ottonische W. Als Zeugnisse ottonischer W. werden primär die im Herrschaftsbereich der sächs. Kg. und Ks. gelegenen Denkmäler des 10. und frühen 11. Jh.s verstanden, wobei man sich der stilistischen Kontinuität wegen darauf verständigt hat, über das mit dem Tod Ks. Heinrichs II. (1024) gegebene Ende der Ottonenherrschaft hinaus auch noch die folgenden Jahrzehnte einzubeziehen. Mit Blick auf den hier gegebenen Rahmen sollen im folgenden jedoch die nach der Jt.wende entstandenen Denkmäler ausgeklammert, der Überblick über die Entwicklung der W. auf den Verlauf des 10. Jh.s begrenzt bleiben.

a. Anfänge und verlorene Zyklen. Die Wurzeln der ottonischen W. sind v. a. in der karol. Tradition zu suchen, auch wenn dies am Bestand nur noch schwer nachvollziehbar ist. Gerade die Anfänge in der 1. Hälfte des 10. Jh.s lassen sich angesichts der hohen Denkmälerverluste kaum mehr fassen. Über die Ausmalung der ältesten und der wichtigsten ottonischen Kirchenbauten ist nichts bekannt, aus dem Klausurbereich der Abtei St. Maximin in Trier sind allenfalls die Tituli verlorener W.en zu nennen, die angeblich im Kapitelsaal des Klosters Szenen aus der Vita des Titelhl. begleiteten (letztes Drittel 10. Jh.: 28, 327).

Auch das für die Frühgesch. zweifellos wichtigste Zeugnis, ein liter. überliefertes

Wandbild der Merseburger Pfalz Kg. Heinrichs I., ist verloren. Dem knappen Ber. Liutprands von Cremona zufolge ließ Heinrich I. dort „in der oberen Halle" seinen Sieg über die Ungarn im J. 933 darstellen (Antapodosis II,31; vgl. 24, 105 f.). Die Glaubwürdigkeit dieser Nachricht ist von philol.-hist. Seite wiederholt unterstrichen worden, doch läßt sich bislang nicht klären, was Liutprand dort tatsächlich gesehen und was er nach Ber. aus zweiter Hand erschlossen hat. Mit entspr. handwerklichen Möglichkeiten wird man zu Beginn des 2. Drittels des 10. Jh.s immerhin rechnen dürfen, da sich zumindest ein Zeugnis figürlicher monumentaler W. erhalten hat, das noch vor die Jh.mitte datiert werden kann, die in stark reduziertem Zustand überkommene Ausmalung des 943 geweihten Westwerks in der Abteikirche zu Werden bei Essen (28, 328 f.; 38). Zu dieser gehören neben einigen besser erhaltenen ornamentalen Partien in den Bogenlaibungen auch schemenhafte Untermalungen nicht mehr sicher deutbarer Szenen aus Hl.viten (stark restauriert). Im Vergleich mit den W.en in Corvey und Trier (s. o. § 3d) werden hier sowohl die Wurzeln im Karol. wie auch Tendenzen einer stilistischen Fortentwicklung deutlich, die eine Weitergabe der W.-Tradition über die polit. und kulturelle Zäsur am Beginn des 10. Jh.s hinweg erschließen lassen.

Wichtige Impulse gingen zudem zweifellos von Oberitalien aus. Durch liter. Überlieferung – wenn auch erst des 12. Jh.s – bezeugt ist dies für die (Neu-?)Ausmalung von Teilen der Aachener Pfalzkapelle, die Otto III., wohl 997, einem Iohannes *natione et lingua* Italus (nach einer Qu. des 13. Jh.s *gente Longobardus*) übertragen haben soll (24, 110–132). Die Reste dieses wichtigen Projekts, die im 19. Jh. vornehmlich in der W-Empore, der sog. Kaiserloge, freigelegt wurden, fielen 1911 einer historistischen Neuausstattung zum Opfer, sind aber in Aquarellkopien festgehalten (Brauweiler, Rhein. Amt für Denkmalpflege). Demnach umfaßte das Dekorationssystem eine reiche ornamentale Gliederung mit einer Vorliebe für perspektivisch angelegte geometrische Motive und gerahmte Bildnismedaillons sowie stehende Figuren.

b. Die Reichenau und der Bodenseeraum. Eine konkretere Basis für die Fragen nach den Wurzeln der ottonischen W. wie nach ihren künstlerischen Zielen, verbindet sich mit dem Hauptwerk der Gattung im 10. Jh., der Ausmalung der St. Georgskirche in Oberzell auf der Reichenau (→ Reichenau S. 337). Die schützende Lage im Bodensee ließ die Reichenau unversehrt die Ungarnstürme des 10. Jh.s überstehen, denen 924 selbst das nahegelegene St. Gallen zum Opfer fiel, so daß das Inselkloster sowohl das Überleben der geflüchteten St. Galler Bibl. als auch die Weitergabe handwerklicher und künstlerischer Errungenschaften sichern konnte. Qu.belege (31), in den Kirchen der Reichenau ergrabene Frg. und der Bestand aus Phase I im nahen Goldbach (s. o. § 3b) belegen eine weit in karol. Zeit zurückreichende lokale W.-Tradition. Daß auf diese Weise karol. Reminiszenzen im Stil der ottonischen Reichenau wirksam wurden, hat gelegentlich und jüngst erneut Anlaß zu einer inzw. zurückgewiesenen Umdatierung der Malereien in die Erbauungszeit der Georgskirche gegeben (um oder kurz nach 896: 50; dagegen 28; 32; 43).

Zu unterscheiden ist zw. der sparsamen Gestaltung der Oberzeller Krypta und der reichen, vollflächigen Ausmalung des Langhauses, einschließlich der Reste in der Vierung und in den Fensterlaibungen des erneuerten Chores. In der Krypta handelt es sich um zwei Darst. Christi am Kreuz, an der O-Wand zu seiten eines zentralen Fensters, von je einem adorierenden Hl. flankiert (als Altarbilder für ehem. davor aufgestellte Altäre zu deuten, wohl 3. Viertel 10. Jh.: 23). Die alle Wandflächen des Mittelschiffs füllende Langhausgestaltung vertritt demgegenüber eine andere Stillage. Trotz weitgehender Erneuerung der Malereien im Arkadenbereich, am Triumphbogen und am Obergaden im Zuge einer verlustreichen Freilegungs- und Restaurierungsgesch. ist das urspr. Dekorationssystem gesichert: Drei Mäanderfriese unterteilen die Hochschiffwände in drei Bildzonen, eine Folge von Büstenmedaillons mit Bildnissen Reichenauer Äbte in den Arkadenzwickeln, einen Zyklus neutestamentlicher Szenen in der Mitte und Reihen von je sechs stehenden Apostelfiguren zw. den Fenstern des Obergadens (die achsenverschobene Rekonstruktion durch partiell freigelegte Befunde gesichert: 43, 131 f.). Zwar sind die Bezugspunkte der Bilderfolge, in denen das christologische Programm urspr. zweifellos kulminierte, weder im O noch im W bekannt, doch darf der Zyklus selbst in dieser reduzierten Überlieferung als das in jeder Hinsicht vollständigste und repräsentativste Dokument ottonischer W. gelten (Taf. 11). An die Stelle des vielgliedrigen Wandaufbaus karol. Tradition mit seinen szenenreichen Registern trat in Oberzell ein zugleich dynamischeres und monumentaleres System. Nur je vier großformatige Bilder stehen sich gegenüber, von vertikalen Ornamentbändern getrennt und durch (fehlerhaft übermalte) Tituli erläutert. Es sind ausschließlich Wunderszenen aus dem öffentlichen Wirken Christi (43; 50). Neu und für die ottonische Kunst charakteristisch ist eine in den Szenen durchgängig zu beobachtende Monumentalisierung und Systematisierung sowie eine konsequent gesteigerte Dramatisierung in der Szenenauswahl (spätes 10. Jh., wohl aus der Zeit Abt Witigowos, 985–997: 28; 32).

Mit Oberzell stilistisch und ikonographisch eng verbunden ist die zweite Ausmalung der karol. Sylvesterkapelle in Goldbach bei Überlingen (s. o. § 3b), zu der ein neutestamentlicher Zyklus von ehemals 16 Szenen im Schiff, eine Folge thronender Apostel im Chor und die von Hl. empfohlenen Stifter zu seiten des Chorbogens an der O-Wand gehören (25, 191–218; 50).

Nur noch liter. belegte Zyklen im Bodenseeraum sind aus St. Gallen und aus Petershausen bekannt (32). In den weiteren Umkreis der Reichenauer Malerei gehören zwei inschriftlich als die Hl. Gallus und Magnus ausgewiesene Gestalten in der Krypta von St. Mang in Füssen (25, 107–109).

c. Sonstige Zentren. Auch im Falle Regensburgs sind in den fragmentierten Zeugnissen lokaler W. aus ottonischer Zeit Anhaltspunkte für einen bewußten Rückgriff auf Karol. vermutet worden: In der ehem. Klosterkirche St. Emmeram haben sich in einem tonnengewölbten Verbindungsgang zw. Ring- und Ramwoldkrypta Reste der urspr. Ausmalung erhalten, die aufgrund der Baudaten zw. 978–980 datierbar sind und mit Abt Ramwold (975–1000) in Verbindung gebracht werden können. Die Mt. 25,34 entlehnte Beischrift belegt, daß das durch Hacklöcher einer jüng. Überputzung schwer beschädigte Wandbild Teil eines Gerichtsszenariums war, dessen Umfang und Verteilung im Raum der Außenkrypta wir nicht mehr kennen (25, 109–113. 119–126; 26, 25–27. 31–36).

Mit der Salzburger Malerei der Zeit werden die monochromen Pinselzeichnungen monumentaler Standfiguren von ehemals sechs Erzengeln in der Michaelskapelle der Torhalle auf Frauenchiemsee in Zusammenhang gebracht (30). Die aus weiteren Zentren ottonischer Buchmalerei, aus Fulda, → Hildesheim, Köln oder → Echternach erhaltenen Zeugnisse der Monumentalmalerei gehören dagegen erst dem 11. Jh. an.

§ 5. Angelsächsische W. Im Bereich der Britischen Inseln verdienen neben den spätant. Denkmälern sowie kleinteiligen arch. Funden (z. B. Colchester, Essex: 67, 71–73) die Nachweise bemalten Putzes im ehem. Klausurbereich der Klöster Wearmouth und Jarrow besondere Beachtung, können sie doch die aus den Schriftqu. erschlossene Ausmalung der dortigen Kirchen im späten 7. Jh. (s. o. § 2b) auch aus arch. Sicht stützen (67, 71) (→ Jarrow § 2). Darüber hinaus sind bislang nur zwei Objekte aus vornormannischer Zeit bekannt geworden: Ein in → Winchester (New Minster) ergrabener bemalter Stein mit einer Rahmenbordüre aus gegenständigen Halbkreisen und Resten dreier ungedeuteter Figuren kann aufgrund der Fundumstände in die J. vor 903 datiert werden (Winchester, City Mus.: 7, 45–63), die Reste fliegender Engel um eine zentrale Mandorla am Chorbogen der Kirche von Nether Wallop (Gft. Hampshire) werden für eine vom Stil der Winchester-Schule geprägte Himmelfahrt Christi in Anspruch genommen (um 1000: 7, 89–104; 67, 72).

(1) A. Arbeiter, S. Noack-Haley, Christl. Denkmäler des frühen MAs vom 8. bis ins 11. Jh., 1999. (2) A. Barbet, Recueil général des peintures murales de la Gaule, I. Prov. de Narbonnaise, 1974. (3) Dies., J. Dugat, Peintures gallo-romaines dans les coll. publiques françaises, 1986. (4) C. Bertelli (Hrsg.), La pittura in Italia. L'Altomedioevo, 1994. (5) P. Bloch, Das Apsismosaik von Germigny-des-Prés, in: W. Braunfels (Hrsg.), Karl der Große. Lebenswerk und Nachleben 3, 1965, 234–261. (6) S. Brinkmann, W. aus Raum 7 der prov.röm. Palastvilla in Vichten (Luxemburg), Zeitschr. für Kunsttechnologie und Konservierung 16, 2002, 181–192. (7) S. Cather u. a. (Hrsg.), Early Medieval Wall Painting and Painted Sculpture in England, 1990. (8) H. Claussen, Die W.-Frg., in: U. Lobbedey, Die Ausgr. im Dom zu Paderborn 1978/80 und 1983, Bd. 1, 1986, 247–279. (9) Dies., Bemalte Putzfrg. einer Flachdecke und eines Gewölbes mit Flechtwerk. Grabungsfunde aus der karol. Klosterkirche Corvey, Boreas 17, 1994, 295–303. (10) Dies., Die W.-Frg. in der Krypta von St. Vitalis II, in: Die Stadtkirche St. Dionysius in Esslingen a. N. 1, 1995, 531–542. (11) Dies., M. Exner, Abschlußber. der Arbeitsgemeinschaft für frühma. W., Zeitschr. für Kunsttechnologie und Konservierung 4, 1990, 261–290. (12) Dies., N. Staubach, Odysseus und Herkules in der karol. Kunst, in: Iconologia sacra. Mythos, Bildkunst und Dichtung in der Religions- und Sozialgesch. Alteuropas (Festschr. K. Hauck), 1994, 341–402. (13) N. Davey, R. Ling, Wall-Painting in Roman Brit., 1982. (14) C. Davis-Weyer, Müstair, Milano e l'Italia carolingia, in: C. Bertelli (Hrsg.), Il Millenio Ambrosiano 1, 1987, 202–237. (15) D. Defente, Nouvelles trouvailles au château d'albâtre à Soissons, Kölner Jb. für Vor- und Frühgesch. 24, 1991, 239–253. (16) C. Delplace, Les peintures murales romaines de Belgique, 1991. (17) W. Dorigo, L'ipogeo di S. Maria in Stelle, Saggi e memorie di storia dell'arte 6, 1968, 7–31. (18) W. Drack, Röm. W. aus der Schweiz, 1986. (19) C. und D. Eggenberger, Malerei des MAs, 1989. (20) O. Emmenegger, H. Stampfer, Die W. von St. Benedikt in Mals im Lichte einer maltechnischen Unters., in: Die Kunst und ihre Erhaltung (Festschr. R. E. Straub), 1990, 247–268. (21) M. Exner, Die Fresken der Krypta von St. Maximin in Trier und ihre Stellung in der spätkarol. W., 1989. (22) Ders., Die Reste frühma. W. in der Lorscher Torhalle, Kunst in Hessen und am Mittelrhein 32/33, 1992/93, 43–63. (23) Ders., Die W. der Krypta von St. Georg in Oberzell auf der Reichenau, Zeitschr. für Kunstgesch. 58, 1995, 153–180. (24) Ders., Ottonische Herrscher als Auftraggeber im Bereich der W., in: G. Althoff, E. Schubert (Hrsg.), Herrschaftsrepräsentation im ottonischen Sachsen, 1998, 103–135. (25) Ders. (Hrsg.), W. des frühen MAs. Bestand, Maltechnik, Konservierung, 1998. (26) Ders., Gemalte monumentale Inschr. Kunsthist. Einordnung ausgewählter frühma. Denkmäler aus Bayern, in: W. Koch, C. Steininger (Hrsg.), Inschr. und Material, Inschr. und Buchschrift, 1999, 15–30. (27) Ders., Die W.-Frg. der Nazariuskirche und ihr Verhältnis zur Lorscher Buchmalerei, in: H. Schefers (Hrsg.), Das Lorscher Evangeliar, 2000, 121–129. (28) Ders., Ottonische W., in: M. Puhle (Hrsg.), Otto der Große, Magdeburg und Europa 1, 2001, 327–341. (29) Ders., Die W. im Reich der Karolinger, Kunsthist. Arbeitsbl. Zeitschr. für Studium und Hochschulkontakt 2002, H. 4, 5–16. (30) Ders., Die früh- und hochma. W. im Kloster Frauenchiemsee, in: W. Brugger, M. Weitlauff (Hrsg.), Kloster Frauenchiemsee 782–2003, 2003, 115–153. (31) Ders., „Insula pictores transmiserat Augia clara". Zur Rolle Reichenauer Maler bei der Ausstattung des St. Galler Klosters im 9. Jh., ZAK 61, 2004, 21–30. (32) Ders., Die ottonischen W.en in der Reichenau. Aspekte ihrer chron. Stellung, Zeitschr. des Dt. Ver.s für Kunstwiss. 58, 2004, 93–115. (33) F. Gerke, Die W. der Petrus-Paulus-Katakombe in Pécs (S-Ungarn), Forsch. zur Kunstgesch. und christl. Arch. I, 2, 1954, 147–199. (34) R. Gogräfe, Die Wand- und Deckenmalereien der villa rustica „Am Silberberg" in Bad Neuenahr-Ahrweiler, Ber. zur Arch. an Mittelrhein und Mosel 4, 1995, 153–239. (35) Ders., Die Geburt der Venus – eine Malerei aus der Villa rustica „im Depot" bei Mülheim-Kärlich, ebd. 5, 1997, 247–275. (36) Ders., Wand- und Deckenmalereien der Villen von Bad Kreuznach

und Bingen-Kempten, Mainzer Arch. Zeitschr. 4, 1997, 1–109. (37) Ders., Die Röm. Wand- und Deckenmalereien im n. Obergermanien, 1999. (38) F. Goldkuhle, Zum heutigen Bestand der W. in der Peterskirche, in: Die Kirchen zu Essen-Werden, 1959, 261–267. (39) J. Goll u. a., Müstair. Kat. der ma. Wandbilder, 2005. (40) A. Grabar, C. Nordenfalk, Das frühe MA, 1957. (41) H. Grewe, Die Ausgr. in der Königspfalz zu Ingelheim am Rhein, in: Dt. Königspfalzen 5, 2001, 155–174. (42) D. Gutscher (Hrsg.), Saint-Imier. Ancienne église Saint-Martin, 1999. (43) D. Jakobs, St. Georg in Reichenau-Oberzell. Der Bau und seine Ausstattung, 1999. (44) B. Jansen u. a., Die röm. W. aus dem Stadtgebiet der Colonia Ulpia Traiana I. Die Funde aus den Privatbauten, 2001. (45) H. L. Kessler, Pictorial Narrative and Church Mission in Sixth-Century Gaul, Studies in the Hist. of Art 16, 1985, 75–91. (46) E. Kitzinger, Interlace and Icons: Form and Function in Early Insular Art, in: M. Spearman, J. Higgitt (Hrsg.), The Age of Migrating Ideas, 1993, 3–15. (47) E. Knögel, Schriftqu. zur Kunstgesch. der MZ, Bonner Jb 140/141, 1936, 1–258. (48) A. Knoepfli u. a., Reclams Handb. der künstlerischen Techniken, 2. W., Mosaik, 1990. (49) F. Kobler, Farbigkeit der Architektur, in: Reallex. zur dt. Kunstgesch. 7, 1981, 274–428. (50) K. Koshi, Die frühma. W. der St. Georgskirche zu Oberzell auf der Bodenseeinsel Reichenau, 1999. (51) J. Krier u. a., Peintures romaines de Vichten, Archéologia 395, 2002, 44–55. (52) W. Lammers, Ein karol. Bildprogramm in der Aula regia von Ingelheim, in: Festschr. H. Heimpel 3, 1972, 226–289. (53) T. Lehmann, Martinus und Paulinus in Primuliacum (Gallien), in: H. Keller, F. Neiske (Hrsg.), Vom Kloster zum Klosterverband, 1997, 56–66. (54) J. Liversidge (Hrsg.), Roman Prov. Wall Painting of the Western Empire, 1982. (55) T. Lutgen, Die spätröm. Grabkammer auf dem Gelände der Grundschule Reichertsberg in Trier, Trierer Zeitschr. 64, 2001, 159–216. (56) W. von Massow (†), Die röm. W. aus der Gilbertstraße in Trier. „Das Kandelaber-Zimmer", ebd. 63, 2000, 155–201. (57) G. Matthiae, Pittura Romana del Medioevo 1, ²1987. (58) G. W. Meates (Hrsg.), The Roman Villa at Lullingstone, Kent 2, 1987. (59) P. Meyvaert, Bede and the church paintings at Wearmouth-Jarrow, Anglo-Saxon England 8, 1979, 63–77. (60) H. Nothdurfter, St. Benedikt in Mals, 2002. (61) Ders. u. a., St. Prokulus in Naturns, ³2003. (62) K. Parlasca, Die röm. W. aus der Gilbertstraße in Trier: Das „Apollo-Zimmer", Trierer Zeitschr. 64, 2001, 111–126. (63) R. Pillinger, Die malerische Innenausstattung frühchristl. Kirchen in Noricum, in: E. Boshof, H. Wolff (Hrsg.), Das Christentum im bair. Raum. Von den Anfängen bis ins 11. Jh., 1994, 231–240. (64) N. Rasmo, Karol. Kunst in S-Tirol, 1981. (65) Röm. Fresken aus dem Kant. Freiburg, 1996. (66) E. Rüber, St. Benedikt in Mals, 1991. (67) C. Sapin (Hrsg.), Édifices & Peintures aux IVe–XIe siècles, 1994. (68) Ders. (Hrsg.), Peindre à Auxerre au MA. IXe–XIVe siècles, 1999. (69) J. von Schlosser, Schriftqu. zur Gesch. der karol. Kunst, 1892, Neudr. 1974. (70) P. E. Schramm, Die dt. Ks. und Könige in Bildern ihrer Zeit. 751–1190, Neuaufl. 1983. (71) H. R. Sennhauser, Das Münster des Abtes Gozbert (816–837) und seine Ausmalung unter Hartmut, 1988. (72) Ders. (Hrsg.), Frühe Kirchen im ö. Alpengebiet. Von der Spätant. bis in ottonische Zeit, 2003. (73) E. Simon, Die konstantinischen Deckengemälde in Trier, 1986. (74) Le Stuc. Visage oublié de l'art médiéval, 2004. (75) W. Studer, Vorroman. Fenster und Mäander aus dem Kloster Disentis, Jahresber. des Arch. Dienstes Graubünden, 1998, 17–24. (76) W. Sulser, H. Claussen, St. Stephan in Chur. Frühchristl. Grabkammer und Friedhofskirche, 1978. (77) R. Thomas, Röm. W. in Köln, 1993. (78) Vorroman. Kirchenbauten. Kat. der Denkmäler bis zum Ausgang der Ottonen, 1966–1971. (79) Ebd., Nachtragsbd., 1991. (80) W. Weber, Constantinische Deckengemälde aus dem röm. Palast unter dem Trierer Dom, ^{4}2000. (81) Ders., „… wie ein großes Meer": Dekkendekorationen frühchristl. Kirchen und die Befunde aus der Trierer Kirchenanlage, 2001. (82) N. Willburger, Die röm. W. in Augsburg, 2004. (83) L. Wüthrich, Wandgemälde. Von Müstair bis Hodler. Kat. der Slg. des Schweiz. Landesmus. Zürich, 1980, 17–41. (84) A. Wyss u. a. (Hrsg.), Die ma. W. im Kloster Müstair. Grundlagen zu Konservierung und Pflege, 2002. (85) B. Zimmermann, Die W.-Reste der Bf.skirche von Teurnia und der frühchristl. Kirchen von Laubendorf und Duel, Mitt. zur christl. Arch. 1, 1995, 9–22.

M. Exner

Wandputz → Ingelheim; → Lisbjerg

Wanen

§ 1: Allgemeine Kennzeichen und Deutung – § 2: Krieg der Asen und W.

§ 1. Allgemeine Kennzeichen und Deutung. In der awnord. Dichtung und Mythol. kommt ein Göttergeschlecht vor, das vom übrigen Götterkreis (→ Asen) manchmal getrennt und außerdem mit einem eigenen Begriff als ‚W.' (Pl. *vanir* [Sing. *vanr*]) bezeichnet wird. Unter den namentlich bekannten Gottheiten, die sich mit Sicherheit mit dieser Gruppe verbinden lassen, sind → Njörðr, → Freyr und → Freyja die wichtigsten. Zusätzlich erscheinen aber die W. als eine größere Gruppe, die nach einzelnen Textbelegen auch andere Gottheiten (z. B. → Heimdall im Eddagedicht → Þrymskviða 15) umfassen kann. In der relig.geschichtl. Forsch. sind die W., bes. wegen ihrer Schlüsselposition in den von → Snorri Sturluson und in der → *Vǫluspá* (Vsp.) überlieferten Var. des unten erwähnten Mythos vom Krieg der Asen und W., häufig behandelt worden. Laut Snorris Fassung des Mythos sind die W. als Folge eines Friedensvertrags und eines dadurch vorgeschriebenen Austausches von Geiseln zu den Asen gekommen. In anderen Zusammenhängen bleibt aber die Grenze zw. den zwei Gruppen ziemlich unklar. Obwohl Snorri einerseits den Mythos vom W.-Krieg als Grund dafür anführt, die W. nicht dem Geschlecht der Asen zuzurechnen (Gylfaginning 11 [23]; → Edda, Jüngere), wird bei ihm *áss* andererseits als Bezeichnung typischer W.-Götter (z. B. Njörðr; Gylfaginning 11 [23]) gebraucht. Die Bezeichnung *goð*, die hier wohl als Synonym mit *áss* zu verstehen ist, kann in Einzelfällen der Bezeichnung *vanr* gegenüberstehen (vgl. mehrere Belege im Eddagedicht *Alvíssmál*; → Wissensdichtung). Eine andere Gruppe, die in der awnord. Lit. von den Asen getrennt und manchmal mit den W. verknüpft wird, anderswo aber auch von dieser Gruppe getrennt ist (Alvíssmál passim, Sigrdrífumál 18; → Jungsigurddichtung), bilden die → Alben. Darauf deutet teils der Name *Álfheimr* (Albenheim), die Bezeichnung für die Wohnung des Gottes Freyr, teils auch das Eddagedicht → *Lokasenna* [Ls.], wo die Götter in der Halle Ægirs (→ Wassergeister) unter der alliterierenden Wendung *ása ok álfa* (Gen. Pl.) bezeichnet werden (Eingangsprosa und Str. 2).

Die forschungsgeschichtl. Rezeption des Mythos vom Krieg der Asen und W. hat auch die allg. Interpretation der W. und ihrer Rolle in der altskand. Relig. geprägt. Weitere Grundlage für allg. Interpretationsversuche sind hervortretende Züge solcher Götter, die sicher zu dieser Gruppe gestellt werden können, bes. von Freyr. Die Deutung der W. als typische Vegetationsgötter (→ Fruchtbarkeitskulte) hat viele Anhänger gewonnen. Weniger Gewicht wird aber in dieser Deutungstradition direkt auf Njörðs Wirkungsbereich Seefahrt, Fischfang, See, Wind und Feuer gelegt (Gylfaginning 11 [23]). Dasselbe trifft auf die erotischen Hauptzüge Freyjas zu. In anderen alteurop. Relig., wie in der griech. und in der röm., die wesentlich zahlreichere schriftliche Primärqu. als die altskand. aufweisen, sind die typischen Liebesgöttinnen wie Aphrodite und Venus nicht deutlich mit Erde und Feldfrüchten verbunden. Jan de → Vries unterliegt einem Zirkelschluß, wenn er hervorhebt: „[s]chon die Zugehörigkeit dieser Göttin [Freyja] zu den Wanen bezeichnet sie als eine Göttin der Fruchtbarkeit." (11, § 536). Diese übliche, aber wie gezeigt nicht unproblematische Deutung der W., stützt sich v. a. auf die Rolle Freyrs als *árgoð* (Gott [der Ernte] des Jahres), bes. in Schilderungen seines Kultes in Uppsala (→ Gamla Uppsala) (→ Ynglinga saga 10; Gylfaginning 13 [24]; Skáldskaparmál 15; Adam von Bremen, Gesta 4,26–27). Freyr und Njörðr werden bestimmte kultische Aufgaben im Kreis der Asen zugeschrieben (Ynglinga s. 4) und sind auch in die myth. Genealogie der → Svear eingefügt (Ynglinga s. 9–10; Libellus Islandorum). Diese paarweise Erscheinung heben manche Forscher als einen ‚dioskurischen' Zug (→ Dioskuren) hervor. Sie sollte folglich eine ält. Vorstellung eines Bruderpaars widerspiegeln, die aber als Folge der Einfügung in die dynastische Genealogie als Vater und Sohn umgedeutet wurde (8, 130–141). Laut Snorris in der *Heimskringla* angeführter Schilderung des

Opferfests in → Tröndelag (Hákonar s. góða 14) wird Odin (→ Wotan-Odin) für den Sieg und die Macht des Kg.s zugetrunken, danach Njǫrðr und Freyr „für Jahr(esernte) und Frieden" *(til árs ok friðar)*. Man darf aber annehmen, daß andere Gottheiten, die traditionell mit dem Kreis der Asen verknüpft sind, auch mit Fruchtbarkeit und Ackerbau verbunden waren. Dies gilt bes. für Thor, denn er wird „Sohn der Erde" *(Jarðar burr)* (vgl. Þrymskviða 1 und Ls. 58) oder „Sohn Fjǫrgyns" *(Fjǫrgynjar burr)* (Vsp. 56) (→ Fjǫrgyn, Fjǫrgynn) genannt und man konnte ihm und den anderen Asen *til árbótar* (für Verbesserung [der Ernte] des J.es) opfern (Fornmanna søgur IV, 234 [vgl. 11, 439]).

Unter den wenigen Charakteristika der W. als Gesamtgruppe in der alten Lit. ist die Betonung besonderer Fähigkeiten, wie Weisheit (→ Vafþrúðnismál 39, → Skírnismál 17–18, Sigrdrífumál 18) und prophetisches Vermögen (Þrymskviða 15), feststellbar (9, 312). Snorri (Ynglinga s. 4) verbindet auch die Divinationstechnik *seiðr* (→ Zauber) mit der Aufnahme der W. in den Kreis der Asen. Noch ein Kennzeichen der Gruppe ist die frühere, seit der Aufnahme in den Götterkreis aber mit dem Bann belegte Sitte der Geschwisterehe (Ynglinga s. 4; Ls. 32, 36) (4, 56 ff.). In Ynglinga s. 4 und Ls. 36 wird zwar angedeutet, daß Freyr und Freyja aus einer derartigen Verbindung zw. Njǫrðr und seiner Schwester stammten. Laut einer anderen Textstelle (Gylfaginning 13 [24] 13) zeugte aber Njǫrðr diese Kinder in einer späteren, legitimen Ehe mit der Riesin → Skaði. Obwohl diese beiden Angaben widersprüchlich sind, können sie als Beispiele für die myth. Wahrnehmung der W. und nur für sie implizit gültige Regeln einer exogamen Ehe angeführt werden. Als Folge solcher Regeln durften die W. keine Ehen mit den Asen eingehen (4, 77–78).

Von der Bezeichnung *vanir* wird die gelegentlich vorkommende Sing.form *vanr* abgeleitet. Sie wird als dichtersprachliche Benennung Njǫrðrs oder Freyrs verwendet (Skáldskaparmál 14–15). Die Kenning *vana goð* trifft auf die drei Gottheiten Njǫrðr, Freyr und Freyja zu. Njǫrðr und Freyr können beide *vana nið* (Verwandter der W.) genannt werden und Freyja in einer entspr. Weise *vana dis* ([Schicksals]frau der W.) oder *vana bruðr* (Braut der W.) (Gylfaginning 22; Skáldskaparmál 29 und 45). Weder die Pl.- noch die Sing.bezeichnung *(vanir/vanr)* ist mit Sicherheit außerhalb von Skand. oder in den skand. ON belegt (10, 399–400). Götternamen, die mit dieser Gruppe in der awnord. Lit. verknüpft sind, tauchen aber sowohl in Ostskand. als auch außerhalb von Skand. auf. Die außerskand. Qu. kennen nicht nur Freyr (vgl. Beow. 1319: *frēa Ingwine*), sondern auch den lat.-germ. Namen Nerthus (→ Nerthus und Nerthuskult) *(Nerthum, id est Terram matrem)* (Tac. Germ. 40,2), der allem Anschein nach eine frühe Entsprechung des Namens Njǫrðr wiedergibt (urgerm. *Nerþuz). Es ist nicht auszuschließen, daß dieser Name eine Entsprechung im schwed. ON-Material findet, wo Namenformen wie *Nierdhatunum* oder *N(i)erdharbærgh-* (mit dem Namenelement aschwed. *Nierdh-*) vielleicht die relig.geschichtl. Realität hinter Snorris Ber. über die Schwester und Gattin Njǫrðs (Ynglinga s. 4) ahnen lassen. Problematisch ist in diesem Zusammenhang aber das unbestimmbare Genus der Namenform, was in der ält. Forsch. eine Reihe von spekulativen Theorien zur Folge hatte (10, 94–113).

Die Etym. von *vanir* ist umstritten. Unter deutlichem Einfluß der → Dumézilschen Dreifunktionentheorie, die die W. in Verbindung mit typischen Merkmalen der dritten Funktion (Fruchtbarkeit, Glück, Wollust, Reichtum usw.) setzt, wollen manche Forscher eine Beziehung zw. *vanir/vanr* und der idg. Verbalwurzel *$uenH$- ,liebgewinnen' befürworten. Wenn aber diese Wurzel als Teil von Götternamen oder Götterepitheta in anderen idg. Sprachen verwendet wird (vgl. lat. Venus), scheint sie (auch ohne Hinweis auf eine ganze Göttergruppe) ausschließlich eine erotische Bedeutung zu haben.

§ 2. Krieg der Asen und W. Die Position der W. in der Mythol. wird normalerweise von einem Ausgangspunkt in einem deutlich erkennbaren, durch verschiedene Var. aber stark differenzierten Erzählstoff bezüglich eines Krieges zw. Asen und W. aus diskutiert. Die Hauptqu. sind Vsp. 21–24; Skáldskaparmál 4; Ynglinga s. 4; 9–10. Einzelne Anspielungen auf dieses Motiv sind auch anderswo belegt (vgl. Njörðr als Geisel [Vafþrúðnismál 39; Ls. 34; Gylfaginning 11]).

Die älteste Qu. (Vsp. 21–24) läßt sich schwer deuten. Die Passage fängt mit einem Hinweis auf den ersten Krieg *(fólkvíg)* in der Welt an, behandelt aber danach Ereignisse (21–23), die einem bewaffneten Konflikt zw. Asen und W. vorausgehen und seinen Grund darzustellen scheinen (24). In der ersten Str. wird eine Frau namens Gullveig (Goldner Trank?) erwähnt, die die Asen ohne Erfolg mit Speer und Feuer zu töten versuchen. In der folgenden Str. 22 tritt allem Anschein nach dieselbe Gestalt unter dem Namen Heiðr als Wahrsagerin *(vǫlva)* und Zauberin (vgl. *seiðr*) in den Häusern der Menschen auf. Was die richtige Interpretation der zweiten Hälfte des Str. 23 betrifft, gehen die Meinungen auseinander. Im Licht jüng. Qu. scheint er aber auf einem Zögern der Asen hinsichtlich ihres bestehenden Rechts auf menschliche Götterverehrung zu beruhen, oder das Recht der W. zum Kreis der Asen zu gehören. Dies könnte also einerseits bedeuten, daß die Asen ein nicht näher bestimmtes Verbrechen gegen Götter begangen hatten, die nicht zur eigenen Gruppe gehörten, und sie diesen Göttern folglich den entstandenen Schaden ersetzen mußten. Anderseits könnte es bedeuten, daß die Asen mit dieser Göttergruppe um die Gunst der Menschen konkurrierten (5, 41; 9, 51–53).

In den *Skáldskaparmál* wird auf eine ähnliche Tradition angespielt, hier aber als Einleitung des Ber.s vom Ursprung und Erwerb des → Dichtermets gebraucht. In der kurzen Passage wird erzählt, daß die Götter, die sich im Krieg mit den W. befinden, Friedensverhandlungen mit dieser Gruppe veranstalten und eine Waffenruhe verabreden. Die beiden Verhandlungspartner werden rings um ein Trinkgefäß versammelt und spucken dann dort hinein. Als die Partner sich wieder trennen, bewahren die Götter das Zeichen des Vertrages *(griða mark)* auf und lassen daraus einen weisen Mann namens Kvasir zuschneiden. Kvasir wird auf einem Nebenweg der Götterwelt von zwei → Zwergen, Fjalar und Galar, ermordet. Aus Kvasirs Blut lassen die Zwerge den Dichtermet brauen, der schließlich in den Besitz der Asen übergeht.

Die ausführlichste Version des Mythos vom W.-Krieg eröffnet der Ber. über das schwed. → Ynglingar-Geschlecht in Snorris *Heimskringla* (Ynglinga s. 4). Die geogr.-historiographische Einrahmung der Schilderung, die für den sog. → Euhemerismus charakteristisch ist, lokalisiert den Ásgarðr (vgl. Einklang mit ‚Asien') in einem Land ö. vom Fluß Don (Tanakvísl) und in einer Zeit vor der Einwanderung der Götter als Häuptlinge Skand. Odin bekriegt die W., die aber ihr Land so gut verteidigen, daß die unentschieden kämpfenden Kontrahenten sich einigen, Frieden zu schließen und Geiseln auszutauschen. Die W. stellen den Asen ihre besten Männer: Njörðr, Freyr und den weisesten unter ihnen, namens Kvasir. Die Asen liefern den W. → Hœnir, der bes. geeignet zum Herrschen sein soll, und → Mímir, den weisesten unter ihnen, aus. Da aber Hœnir ohne Mímirs Hilfe unfähig scheint, zu entscheiden und zu regieren, glauben die W., von den Asen betrogen worden zu sein. Deswegen lassen sie Mímir köpfen und seinen Kopf zu den Asen schicken. Odin läßt dann Mímirs Kopf mit Kräutern behandeln, so daß er mit dem Kopf reden kann und er dadurch in den Besitz von Geheimwissen kommt. Odin läßt auch die W. Njörðr und Freyr als Opferpriester *(blótgoða)* der Asen einsetzen (danach auch als Thronfolger [9–10]), und Freyja lehrt in der Eigenschaft als Opferpriesterin den Asen ihre Divinations- und Zauberkunst *(seiðr)*.

Obwohl die drei Versionen deutliche Unterschiede und Umkehrungen im Handlungsgang aufweisen, sind sie zweifelsohne im selben Erzählstoff verwurzelt. Reflexe ähnlicher Ber. sind auch bei → Saxo Grammaticus, *Gesta Danorum* (I, 7) und vielleicht in der Gesch. vom Ursprung der → Langobarden in *Origio gentis langobardorum* (Kap. 1) und in → Paulus Diaconus' *Historia Langobardorum* (I, 7–10) zu finden. Die letzteren Belege scheinen aber nichts zu einer weiteren Erklärung des Motivkomplexes beitragen zu können. Es ist bemerkenswert, daß Kvasir so verschiedene Funktionen in SnE II und Hmskr. zugeschrieben werden, obwohl Snorri der einzige ist, der von dieser Gestalt ausführlich zu berichten weiß. Kvasir figuriert auch in Snorris Schilderung von der Verfolgung Lokis (Gylfaginning 36) und wird dort als „der weiseste der Asen" gekennzeichnet. Der Name kommt in der awnord. Dichtung nur einmal vor, und zwar in der Kenning *Kvasis dryeri* (Kvasirs Blut = Dichtermet) bei Einarr skálaglamm (→ Vellekla, Str. 1). Die drei awnord. Var. des Mythos des W.-Krieges haben durchgehend ätiologische und kulturstiftende Einschläge gemeinsam. Dort wird dargestellt, wie die sozialen Dimensionen der Götterwelt ihre definitive Struktur erhalten und bes. wie die Dichtkunst, esoterische Kenntnisse und bestimmte rituelle Techniken in der Götterwelt aufgenommen werden. Es gibt aber keinen Grund, den Mythos mit vorgeschichtl. Realität zu verbinden, was aber in der ält. Forsch. getan worden ist. Die geogr. Lokalisierung des Mythos bei Snorri läßt sich ohne weiteres der historigraphischen Gattung zuschreiben und hat wahrscheinlich nichts mit endemischen Aspekten des vorchristl. Stoffes zu tun.

Die historisierende Tendenz in der ält. Forsch. wurde vom Relig.shistoriker Dumézil ab 1939 (6) in einer Reihe von Publ. stark kritisiert. Seine Kritik haben auch andere, wie J. de Vries und W. Betz, in ihre Forsch. übernommen. Die Versuche, Snorris Ber. als einen Reflex vorgeschichtl. Völkerwanderungen (v. a. der idg. Einwanderung in Germanien) und Relig.skonflikte zu deuten, erschienen nach Dumézils Beurteilung bes. unsinnig, weil ein ähnlicher und altererbter Erzählstoff anscheinend auch bei anderen idg. Völkern zu finden war. Durch seine vergl. Analyse des W.-Kriegsmythos, einer epischen Schilderung von der Aufnahme der dioskurischen Zwillingsgötter, der Nāsatya, in den vedischen Pantheon (Mahābhārata III, 123–125) sowie der röm. Legende vom Krieg und der Vereinbarung zw. den Begleitern des Gottes Romulus und den Sabinern des Titus Tatius wollte Dumézil die darin enthaltene Darst. der drei Funktionen der idg. Theol. und Ideologie in ihrem Verhältnis sichtbar machen (vgl. 7, 249–291). Die W., die Nāsatya und die Sabiner entsprechen hier nach Dumézils Analyse der dritten Funktion im Schema der *idéologie tripartite* (1. die sakrale Herrschaft, 2. das Kriegerische, 3. die Fruchtbarkeit).

Die Annahme dieser Theorie wird bes. dadurch erschwert, daß sie eine altererbte und vielfältige idg. Ideologie postuliert, die aber keine gemeinsprachliche Erscheinungen und darum keine ‚idg.' Züge aufweist. Trotzdem werden solche Gemeinsamkeiten hauptsächlich als Erscheinungen eines gemeinsamen Erbes verglichen, und nicht weil sie relevante Übereinstimmungen hinsichtlich ihres Sitzes im Leben aufweisen. Dumézils Analyse von liter. Thematisierungen sozialer Funktionen verdient dennoch Aufmerksamkeit, auch wenn die Betonung der genetischen Perspektive nicht mehr im Mittelpunkt steht. Obwohl seine Deutung des W.-Kriegsmythos nie eine allg. Akzeptanz gewinnen konnte, bleibt sie trotzdem eine der bisher interessantesten und umfassendsten. Sie hat zu einer Vertiefung der Diskussion geführt, die auf jeden Fall in den Bereich der Mythosforsch. und nicht in den Bereich der vorgeschichtl. Arch. gehört.

Texte: (1) Edda. Die Lieder des Cod. Regius, hrsg. von G. Neckel, Vierte, umgearbeitete Aufl. von H. Kuhn, 1962. (2) Edda Snorra Sturlusonar, hrsg. von Finnur Jónsson, 1931. (3) Snorri Sturluson, Heimskringla I, hrsg. von Bjarni Aðalbjarnarson, Ísl. Fornr. 26, 1941.

Lit.: (4) M. Clunies-Ross, Prolonged Echoes. Old Norse Myths in Medieval Northern Soc., 1. The Myths, 1994. (5) U. Dronke, The Poetic Edda, 2. Mythol. Poems. Edited with Translation, Introduction, and Commentary, 1997. (6) G. Dumézil, Mythes et dieux des Germains, 1939. (7) Ders., Tarpeia. Essais de philol. comparative indo-européenne, 1947. (8) Ders., Le roman des jumeaux et autres essais. Vingt-cinq esquisses de mythol. (76–100) publié par J. H. Grisward, 1994. (9) J. Lindow, Norse Mythol. A Guide to the Gods, Heroes, Rituals, and Beliefs, 2001. (10) P. Vikstrand, Gudarnas plaster. Förkristna sakrala ortnamn i Mälarlandskapen, 2001. (11) de Vries, Rel.gesch. II.

P. Jackson

Wangerland. Das W. liegt in der Marsch an der s. Nordseeküste am nö. Rand der Ostfries. Halbinsel. Der Name *Wanga* (as. *wang* ‚Aue, Wiese') ist in zwei kirchlichen Qu. erstmals für das J. 787 belegt. Im hohen MA wurde Wanga eine fries. Landesgem. Heute ist das W. eine Gem. im Ldkr. Friesland (3; 11).

Arch. ist das W. bisher noch nicht sehr intensiv erforscht. Im 19. und frühen 20. Jh. wurden bei Bauarbeiten neben einigen besonderen Fundstücken verschiedentlich ma. Gräber entdeckt (s. u.). Schroller begleitete die geol. Unters. von Schütte 1933 an einigen Stellen mit arch. Ausgr. von Siedlungsplätzen (14; 16). 1955 ff. legte Marschalleck im Rahmen seiner Erfassung von arch. Denkmälern im W. gelegentlich kleine Schnitte an (9). 1990–1997 untersuchte das Ndsächs. Inst. für hist. Küstenforsch., Wilhelmshaven, mit Ausgr. in mehreren Wurten (→ Wurt und Wurtensiedlungen) die ma. Landschaftsentwicklung und Besiedlungsgesch. sowie den frühen Deichbau im W. (20).

Tiefe Einbrüche der Nordsee wie die Crildumer Bucht in der vorröm. EZ und die Harle-Bucht im frühen MA bzw. das Verschwinden dieser Buchten durch Verlandung und Eindeichung seit dem hohen MA haben das W. immer wieder stark verändert, bevor im späten MA die Küste durch die geschlossene Linie des Seedeichs geschützt wurde (2, 18 ff.; 6; 10, 58 ff.) (→ Damm und Deich § 8). Diese naturräumlichen Veränderungen bestimmten das Siedlungsgeschehen im W.

Die Besiedlung des W.s begann – soweit bisher bekannt – gegen Ende der vorröm. EZ (allg. → Marschenbesiedlung, Marschenwirtschaft, Küstenveränderung). Eine geringe Sturmflutgefährdung während einer Regression der → Nordsee erlaubte es, auf natürlich erhöhten Stellen Flachsiedlungen anzulegen. Die im 1. Jh. n. Chr. folgende Transgression zwang die Bewohner des W.s, die Flachsiedlungen zu verlassen oder zu Wurten aufzuhöhen. Hunderte von Wurten der RKZ und des MAs prägen das W. bis heute (21, Karte). Die Verbreitung der Wurten mit Funden der RKZ gibt einen Hinweis auf die Ausdehnung der ehemaligen Crildumer Bucht (13, Karte Beil. 23). Siedlungen der RKZ sind im W. noch nicht näher untersucht worden. In der VWZ scheint das W. weitgehend siedlungsleer gewesen zu sein, da hier bislang – wie fast überall in der dt. Marsch – Fst. dieser Zeit fehlen.

Mit dem frühen MA läßt sich die Besiedlung des W.s arch. wieder fassen. Sie wird jetzt nicht mehr von den → Chauken bzw. → Sachsen, sondern von den → Friesen getragen. Die Unters. in den Wurten Oldorf (13; 17), Neuwarfen (5; 18), Wüppels (19; 20, 537 f.) und Haukenwarf (20, 539 f.) zeigen, wie die Besiedlung seit spätestens der 1. Hälfte des 7. Jh.s nach O fortschritt und dabei dem Entstehen besiedelbaren Bodens in der verschwindenden Crildumer Bucht folgte. In der Wurt Wüppels konnte der weitgehend erhaltene Grundriß eines in Stabbautechnik errichteten dreischiffigen Wohn-Stall-Hauses des frühen 12. Jh.s freigelegt werden (→ Bauarten § 3c; → Wohn- und Wohnstallhaus; → Siedlungs-, Gehöft- und Hausformen § 14). Im späten MA standen im W. zahlreiche Steinhäuser der fries. Häuptlinge, die in den Landesgem. die Macht übernommen hatten (12; 20, 538 f.).

Bestattungsplätze mit Brand- und/oder Körpergräbern auf oder neben Wurten sind bislang nur aus dem MA bekannt (1; 8; 13; 15, 72 ff.; 16, 137 f.). In Oldorf konnte 1990 erstmals ein Bestattungsplatz arch. untersucht werden (13).

Aus dem MA stammen einige besondere Funde wie etwa eine Gemme wohl der 2. Hälfte des 8. Jh.s aus Suddens bei Waddewarden (7, 183) oder vier goldene Ohrringe des späten 10./11. Jh.s aus Haddien (4).

(1) R. Bärenfänger, Siedlungs- und Bestattungsplätze des 8. bis 10. Jh.s in Niedersachsen und Bremen 1–2, 1988. (2) K.-E. Behre, Die Veränderungen der ndsächs. Küstenlinien in den letzten 3000 J. und ihre Ursachen, Probleme der Küstenforsch. im s. Nordseegebiet 26, 1999, 9–33. (3) W. Brune (Hrsg.), Wilhelmshavener Heimatlex. 1–3, 1986–1987. (4) R. Busch, Der Schatzfund von Haddien, Gde. W., Ldkr. Friesland, Beitr. zur Mittelalterarch. in Österr. 20, 2004, 5–15. (5) J. Ey, Die ma. Wurt Neuwarfen, Gde. W., Ldkr. Friesland. Die Ergebnisse der Grabungen 1991 und 1992, Probleme der Küstenforsch. im s. Nordseegebiet 23, 1996, 265–315. (6) Ders., Früher Deich- und Sielbau im ndsächs. Küstengebiet, in: C. Endlich, P. Kremer (Red.), Kulturlandschaft Marsch. Natur, Gesch., Gegenwart, 2005, 127–132. (7) O. F. Gandert, Die Alsengemmen, Ber. RGK 36, 1956, 156–222. (8) J. Kleemann, Sachsen und Friesen im 8. und 9. Jh. Eine arch.-hist. Analyse der Grabfunde, 2002. (9) K. H. Marschalleck, Vorgeschichtl. Landesaufnahme Oldenburg. Kr. Friesland, Typoskripte zu den einzelnen Gem., verfaßt 1955 ff., Archiv Landesmus. Natur und Mensch, Oldenburg. (10) H.-J. Nitz, Die ma. und frühneuzeitliche Besiedlung von Marsch und Moor zw. Ems und Weser, Siedlungsforschung. Arch. – Gesch. – Geogr. 2, 1984, 43–76. (11) A. Salomon (Bearb.), Hist.-Landeskundliche Exkursionskarte von Niedersachsen, M. 1:50000, Blatt W./Hooksiel-West mit Erläuterungsh., 1986. (12) Dies., Burgen und Häuptlinge im W., Jb. der Ges. für bildende Kunst und vaterländische Altert. zu Emden 67, 1987, 38–54. (13) P. Schmid, Oldorf, eine frühma. fries. Wurtsiedlung, Germania 72, 1994, 231–267. (14) H. Schroller, Die Marschenbesiedlung des Jever- und Harlingerlandes. Ein Beitr. zur Küstensenkungsfrage, Oldenburger Jb. 37, 1933, 160–187. (15) Ders., Die Vorgesch. des Jeverlandes, in: K. Fissen (Bearb.), Tausend J. Jever, 400 J. Stadt, 1936, 55–81. (16) H. Schütte, Der geol. Aufbau des Jever- und Harlingerlandes und die erste Marschbesiedlung, Oldenburger Jb. 37, 1933, 121–159. (17) H. Stilke, Die ma. Keramik von Oldorf, Gde. W., Ldkr. Friesland, Nachr. aus Niedersachsens Urgesch. 62, 1993, 135–168. (18) Ders., Die früh- bis hochma. Keramik von Neuwarfen, Gmkg. Oldorf, Gde. W., Ldkr. Friesland, Probleme der Küstenforsch. im s. Nordseegebiet 23, 1996, 317–338. (19) E. Strahl, Das dreischiffige Wohn-Stall-Haus an der dt. Nordseeküste. Ein neuer Fund aus Wüppels, Gde. W., Ldkr. Friesland (Deutschland), in: J. Fridrich u.a. (Hrsg.), Ruralia 1, 1996, 29–32. (20) Ders., MA im W., in: M. Fansa u. a. (Hrsg.), Arch./Land/Niedersachsen, 2004, 534–541. (21) F.-W. Wulf, Zur Inventarisation arch. Baudenkmale im Ldkr. Friesland, Oldenburger Jb. 86, 1986, 267–289.

E. Strahl

Wangionen

§ 1: Namenkundlich – § 2: Ursprung der W. – § 3: Die *civitas Vangionum* – § 4: Spätantike

§ 1. Namenkundlich. Die Etym. des VNs ist durchsichtig: es handelt sich um eine Zugehörigkeitsbildung zu einem germ. **vanga-* ‚Feld, Wiese' (got. *waggs,* anord. *vangr,* as. *wang,* ahd. *-wangâ* [Pl.] – zur Bedeutung der Wortsippe und ihrer Verbreitung in ON siehe 8); der Name wird allg. als ‚Wiesen- oder Feldanwohner' gedeutet (11, 219 Anm. 1; 6, II, 301; 1, 136; 7, 256 f.; 9, 161; 5, 362) (vgl. weitere Überlegungen § 2).

Die ält. Deutungen Rudolf → Muchs (2, 108) ‚die Schlechten' zu einer Nebenform germ. **wangjaz* neben **wanhaz* (got. *wâhs,* as. *wâh,* ags. *wóh* ‚krumm, verkehrt, schlecht') bzw. (3, 44; 4, 27) ‚die Falschen, perversi' zu anord. *vangr* (s. 10, s. v. – es handle sich wahrscheinlich um eine Verschreibung für *vrangr*) wurden von ihm schrittweise aufgegeben.

Ebenfalls zum W.-Namen ist der Name der Οὐαργίωνες bei Ptol. 2,11,6 gestellt worden: Schönfeld (7, 256) nimmt Verschreibung für *Οὐαγγίωνες an; der Name ließe sich allerdings auch als ‚die Wölfischen' (s. 11, 99 Anm. 1 – zu anord. *vargr*) deuten.

(1) Th. von Grienberger, Rez. zu Bruckner ‚Sprache der Langobarden' und Reeb ‚Germanische Namen auf rheinischen Inschriften', Anz. für dt. Altert. und dt. Lit. 23, 1897, 129–136. (2) R. Much, Die Südmark der Germ., PBB 17, 1893, 1–136. (3) Ders., Germ. VN, ZDA 39, 1895, 20–52. (4) Ders., Die Herkunft der Quaden, PBB 20, 1895, 20–34. (5) Ders., Germania. (6) Müllenhoff, DAK. (7) Schönfeld, Wb. (8) E. Schröder, Wang und -wangen, NoB 21, 1933, 148–161. (9) Schwarz, Stammeskunde. (10) de Vries, Anord. etym. Wb. (11) Zeuß, Die Deutschen.

A. Sitzmann

§ 2. Ursprung der W. Unser Wissen über die W. stützt sich auf eine Kombination des liter., epigraphischen und arch. Befundes. Herkunft und ethnische Identität der 58 v. Chr. erstmals erwähnten W. bleiben aber rätselhaft (§ 1). Fast alle unsere Informationen zu den W. betreffen die *civitas Vangionum* des 1.–5. Jh.s n. Chr. (§ 3), aus der sich das Bt. Worms entwickelt hat (§ 4).

Die Frage nach dem Ursprung der W. und ihrer Ansiedlung auf der linksrhein. Seite im Wormser Raum (→ Worms) hat auf Grund einer problematischen Qu.lage zu sehr unterschiedlichen Hypothesen geführt (vgl. 1; 22, 42 f.). Mehrere Fragen müssen hier gestellt werden: Sind die W. → Kelten oder (keltisierte) Germ. – und was bedeutet der ant. Germ.begriff (→ Germanen, Germania, Germanische Altertumskunde § 1)? Gibt es eine Übersiedlung der W. in den Wormser Raum in frühröm. Zeit und wenn ja, woher kommen sie?

Schon im ersten J. des Gall. Krieges (58–51 v. Chr.) erreicht → Caesar den Rhein und trifft auf die W., die unter Führung des → Ariovist, dem ehemaligen *amicus populi Romani* (Caes Gall. 1,35.40.43) und *rex Germanorum* (Caes. Gall. 1,31), am 14. Sept. an der Entscheidungsschlacht teilnehmen, bei der Ariovist vernichtend geschlagen wird (Caes. Gall. 1,30–54; Cass. Dio 38,34–50). Ariovists Verbündete werden nach ihrer Aufstellung bei der Entscheidungsschlacht aufgezählt, wobei die W. im Zentrum stehen (Caes. Gall. 1,51,2: *Harudes, Marcomanos, Tribocos, Vangiones, Nemetes, Sedusios, Suebos*).

Diese Textstelle ist ausschlaggebend dafür, daß sich für die Übersiedlung der drei benachbarten Völker W., → Nemeter und → Triboker auf die linke Rheinseite so viele Theorien gebildet haben. Laut Caesar müßten alle hier genannten Volksgruppen als ‚germ.' eingestuft werden, vielleicht sogar als Teilstämme der *Suebi* (→ Sweben), da sich die → Treverer (laut Caes. Gall. 37) beklagen, daß 100 swebische Stämme am Rhein darauf warten würden, auf das linke Ufer überzusetzen, und man nahm an (wie z. B. 46, 129; 54, 35), daß die W. zu jenen Sweben gehören, die sich dann mit Ariovist verbündeten. Doch im Gegensatz zu Walsers Annahme (54, 35 Anm. 4) wird der Begriff Sweben in Caes. Gall. 1,51 eindeutig nicht als Oberbegriff für andere ‚germ.' Völker benutzt.

Da Caesar (Caes. Gall. 1,33) die Präsenz der Germ. in Gallien (d. h. auf der linken Rheinseite) als Bedrohung für das röm. Volk bezeichnet und er behauptet (Caes. Gall. 3,7,1), die Germ. aus Gallien vertrieben zu haben, schließt man üblicherweise, daß er keine Germ. auf der linken Rheinseite nach Ariovists Niederlage geduldet haben könne, und das beträfe dann auch W., Nemeter und Triboker. Somit stellt sich die Frage nach deren endgültiger Niederlassung auf der linken Rheinseite (irritierenderweise werden Triboker in Caes. Gall. 4.10 als Rheinanwohner erwähnt, was als spätere Textinterpolation erklärt werden könnte). Caesar berichtet auch, daß 58 v. Chr. schon 120 000 sog. Germ. auf der linken Rheinseite lebten (Caes. Gall. 1,31). Noch Gundel

(21, 550) nimmt an, daß die W. von Caesar in ihren linksrhein. Wohnsitzen belassen werden, was Much (34, 388) durch eine geheime Abmachung zw. Caesar und W. erklärt, die Caesar seinen Lesern in Rom verschwiegen habe – eine These, die man durch die von Lucanus (Lucan. Pharsalia I 430–1) erwähnten W., die unter Caesar in Pharsalos 48 v. Chr. kämpfen, stützen kann.

Einer Ansiedlung vor bzw. zu Caesars Zeiten wird seit 1950 verstärkt widersprochen, da es keine eindeutig germ. Funde im Raum Worms-Bingen-Landstuhl (der eindeutig ‚kelt.' sei) gibt (33; 51; 52). Also ein Argument *ex silentio*, woraus man schließen möchte, daß ‚Germ.' (und somit auch W.) zu Caesars Zeiten nicht auf der linken Rheinseite leben. Doch diese These basiert darauf, daß die W. eine arch. faßbare kulturelle Identität besitzen, die sie als ‚Germ.' demaskiert, aber da man sich einig ist, daß die W. stark ‚keltisiert' sind, kann man auch keine germ. Artefakte erwarten, wie man sie z. B. für die swebischen Völker im 1. Jh. n. Chr. auf der rechten Rheinseite findet (z. B. → Neckarsweben), so daß nichts gegen eine kontinuierliche Präsenz der W. im Gebiet der später nach ihnen benannten *civitas* spricht.

Zur Identität der W. als Germ. gibt es spätere Texte: Plin. nat. 31 (71 n. Chr.) erwähnt die W. zusammen mit Nemetern und Tribokern (doch in falscher geogr. Reihenfolge!) als germ. Bewohner *(germaniae gentium)* am Rhein. Tac. Germ. 28,4 (um 98 n. Chr.; idealisiert Germ.) schließt jeden Zweifel über die Herkunft der W. aus: *ipsam Rheni ripam haud dubie Germanorum populi colunt, Vangiones, Triboci, Nemetes,* schreibt dort aber auch, daß die für uns ‚kelt.' Treverer sich germ. Abstammung rühmen, was wieder zur Frage nach dem ant. Germ.begriff führt (→ Germanen, Germania, Germanische Altertumskunde § 1). Die Korrektur der in Isid. orig. IX 2,97 erwähnten, ansonsten unbekannten *Blangiani* in *Vangiones,* verweist nicht auf eine geogr. Herkunft der W. n. der Linie Niederrhein-Lippe, wie früher angenommen, da im selben Kontext von → Isidor von Sevilla auch *Marcomanni* (→ Markommen), *Quadi* (→ Quaden) und *Tolosates* – also eine sehr willkürliche geogr. Zusammenstellung von Völkern – erwähnt werden (2). Unklar ist der Informationsgehalt von Lucan. I 431 (*Commenta Bernensia,* ed. H. Usener 1869: *Vangiones: qui in Rheni insula habitabant [v.l. Vuarmacensis populi, qui]),* was sich höchstens auf die Lage ihrer Hauptstadt Worms am Ufer des Rheins (vielleicht auf einer Insel zw. den Rheinarmen Woog und Gießen) beziehen kann.

Wenn die W. sich tatsächlich erst nach Caesar im Wormser Raum niederlassen, stellt sich die Frage nach den vorherigen Bewohnern. Caes. Gall. 4.10 und Strab. 4,3,4 nennen Mediomatriker, Triboker (die laut → Strabon im Territorium der Mediomatriker leben) und Treverer als Rheinanwohner. Diese hätten theoretisch im späteren W.-Gebiet gelebt haben können; wegen der Geogr. erscheinen erstere wohl wahrscheinlicher. In jedem Fall wäre die wirtschaftl. und polit. so relevante Rheingegend und auch *Borbetomagus* mit großem Gräberfeld der späten LTZ dann sehr peripher zu beiden *civitates* gewesen, wie schon Stümpel (51) bemerkt. Ebenso überrascht, daß in diesem Fall die röm. Provinzgrenze mitten durch das hypothetische Treverer- bzw. Mediomatrikergebiet gezogen wird. Das ließe sich durch eine gewisse Eigenständigkeit des vorröm. Territoriums erklären, z. B. in Form eines *pagus,* der dann zu einer eigenständigen *civitas* wurde, was denkbar erscheint, da sowohl die Lage der 686 m hohen, spätlatènezeitlichen Höhensiedlung → Donnersberg in der geogr. Mitte der späteren *civitas Vangionum* als auch der arch. Befund für Siedlungs- und Bevölkerungskontinuität sprechen (s. u. § 3).

Wenn es eine endgültige Übersiedlung der W. auf die linke Rheinseite nach Caesar wirklich gegeben haben sollte, so stellt sich die Frage der Datierung. Im Gegensatz zur

Übersiedlung der →Ubier (Strab. 4,3,4), →Sugambrer u. a. auf röm. Reichsgebiet, wird eine Ansiedlung der W. (ebenso wie die der Nemeter und Triboker) liter. nicht überliefert, was überraschend ist, wenn man die intensive Berichterstattung über die rechtsrhein. Germ.kriege seit augusteischer Zeit berücksichtigt, in der eine germ. Ansiedlung sicherlich polit. sehr bedeutend gewesen wäre und der Befriedung der Rheingegend gedient hätte. Eine Umsiedlung der W., Nemeter und Triboker kann man zeitgleich mit den Sugambrern für 8. v. Chr. (8, 59) bzw. in den letzten Jahrzehnten v. Chr. (33, 142) vermuten. Da die ‚Germanisierung' wohl ein langer, „vielschichtiger Prozeß" war, ist die „Frage nach dem Ursprung und dem Zeitpunkt einer geschlossenen Übersiedlung" der W. falsch (nach 33, 338). Auch die Annahme, daß die Römer die W. auf linksrhein. Gebiet zum Schutz der Rheingrenze angesiedelt hätten (so z. B. 37, 79), erscheint unwahrscheinlich, da der Rhein bei Worms in augusteisch-tiberischer Zeit nur bedingt eine Grenze darstellt, denn röm. Aktivitäten lagen jenseits von Wetterau (→Wetterau § 2) und Odenwald, wie auch die augusteische Städtegründung →Waldgirmes (5) zeigt, so daß man auch keinen Bedarf an ‚Klientelvölkern' auf der linken Rheinseite hat.

Gegen die von Caes. Gall. 1,51 ausgehende Debatte einer Übersiedlung der W. spricht u. a. auch, daß der Rhein keine urspr. ethnographische Grenze zw. Germ. und Gall. (→Rhein § 2b), sondern eine von Caesar etablierte polit. Grenze war, der aus innenpolit. Gründen für seine Leser den Widerspruch zw. Germ. und Gall. rechts und links des Rheins aufbaut, den es in dieser Form wohl nie gegeben hat; *Germani* ist wohl ein von Caesar aufgegriffener, vermutlich kelt. Begriff, der nicht dem Selbstverständnis der mit diesem Begriff betitelten Völkern am Oberrhein entspricht (so schon 39; →Germanen, Germania, Germanische Altertumskunde § 1; zur Problematik, ethnische Kategorisierungen arch. zu erkennen, s. z. B. 13); Außerdem wird Ariovist nur von Caesar als *rex Germanorum* bezeichnet (bei Strab. heißt er Kg. der Kelten) und Caesar berichtet selbst, daß Ariovist Kelt. und Lat. spricht und auch eine kelt. Prinzessin aus →Noricum geheiratet hat (Caes. Gall. 1,52). Folglich ist es wahrscheinlich, daß Ariovist eine Koalition mehrerer Völker/Staaten gegen Caesar führt, die von Caesar propagandistisch als Rechtfertigung seines Gall. Kriegs mit einem neuen Feindbild (‚Germanen') belegt wird.

Die von Caesar erfundene, klare Trennung von Germ. und Kelten gab es folglich nicht. Erst als Folge der röm. Eroberung wird der Begriff ‚Germ.' zum Ausdruck eines lokalen Selbstverständnis benutzt (z. B. von Treverern, s. o.). Stümpel (53, 24–35) sah sowohl in Ariovist als auch in W., Nemetern und Tribokern Kelten. Und obwohl Bannert betont, daß die urspr. ethnische Zugehörigkeit der W. nicht festgestellt werden kann und sie „stark, wenn nicht völlig keltisiert waren", so kommt er überraschenderweise zu dem unbegründeten Schluß, daß es „sicher sei, daß ihre alten Wohnsitze auf germanischem Boden rechts des Rheins lagen" (1, 655 f.).

Vom ant. Germ.begriff unterscheidet sich der heutige arch. (→Germanen, Germania, Germanische Altertumskunde § 1h). Germ. Funde, die eine kulturelle Identität ihrer Träger erkennen lassen, wie im augusteischen Waldgirmes (5; 55) sowie auf der rechten Rheinseite ab Mitte 1. Jh. n. Chr. (→Neckarsweben § 2), werden auf Grund ihrer Beziehung z. B. zum elbgerm. Raum (→Elbgermanen) definiert. Im Gegensatz zu den benachbarten Nemetern und den *civitates* auf der rechten Rheinseite gibt es im Dreieck Worms-Bingen-Landstuhl keine Funde, die man eindeutig als germ. identifizieren könnte (33; 39, 204–207). Der arch. Befund kann eine gewisse Bevölkerungskontinuität nicht ausschließen, während eine Neuansiedlung wie im rechtsrhein. Raum nicht sichtbar ist. Der Name W. (kelt. laut 47, 51–54; zu anderen Herleitungen vgl. § 1) könnte sich durchaus auf ein im Raum Worms/Donnersberg etabliertes Stammesgebiet eines kelt. bzw. keltisierten Volkes beziehen. Vielleicht spiegelt der Name eine Identität des 1. Jh. v. Chr. wider, mit der man sich von Mediomatrikern und Treverern abzugrenzen versuchte.

Kontinuität zeigt sich in vielerlei Hinsicht: Siedlungskontinuität, materielle Kultur und Sprache. Kelt. Traditionen (d. h. der Latènekultur zugeschriebene Artefakte, Rituale usw.) sind in Rheinhessen wesentlich stärker erhalten als im S (33, 337), dennoch brechen viele spätlatènezeitliche Friedhöfe im 1. Jh. v. Chr. ab. Die Aufgabe wichtiger Gräberfelder der LTZ, wie an der Pfrimm-Mündung in Worms (57), kann mit der röm. Eroberung bzw. Nukleisierungsprozessen als Folge der röm. Besetzung zusammenhängen, so daß z. B. neue Nekropolen am Stadtrand der Stadt *Borbetomagus*, deren Aufstieg mit der endgültigen Aufgabe des Donnersbergs ca. Ende 1. Jh. einhergeht, entstehen. Das Abbrechen von Gräberfeldern läßt eine gewisse Mobilität der Bevölkerung vermuten, aber man erkennt Aspekte der Kontinuität insbesondere im Weiterleben kelt. Werkstatttraditionen, gerade bei Töpferware (33, 338). Auch Münzfunde weisen auf die ungebrochene Besiedlung vieler Orte zumindest bis in augusteische Zeit hin: Im Mus. Worms sind 1960 allein 277 voraugusteische Münzen und 143 Münzen des Augustus bekannt (18, 411–444). Kontinuität zeigen auch die Eliteresidenzen, deren Verteilung in der *civitas Vangionum* relativ konstant bleibt, denn in der Nähe der spätlatènezeitlichen Waffengräber finden sich seit der spätaugusteischen Zeit röm. → Villen bzw. Gutshöfe (22, 47–50).

Ein weiteres Indiz für Kontinuität sind die aus der *civitas Vangionum* überlieferten ON, die kelt. und nicht germ. sind: *Altiaiai*/Alzey (A. Holder, Altceltischer Sprachschatz 1, 1896, 109); *Bingium*/Bingen (ebd., 422 f.); *Borbetomagus*/Worms (ebd., 489); *Buconica*/Nierstein (Holder, ebd., Bd. 3, 995) und evtl. auch der VN W. Ebenso kelt. sind die vielen nicht-röm. PN des 1.–3. Jh.s n. Chr. sowohl in *Borbetomagus* und verstärkt im ländlichen Raum, bes. Alzey (22, 62–68. 82–88). Die Präsenz kelt. PN in der angeblich ‚germ.' *civitas* hat man durch Zusiedler zu erklären versucht (jene ‚Rekeltisierung' von Nesselhauf [35]), aber falls W. wirklich im kulturellen und linguistischen Sinne Germ. gewesen wären, so fragt es sich, warum sie in der nach ihnen benannten *civitas* keine Spuren hinterlassen haben.

Der Befund zeigt, daß die Bevölkerung der späteren *civitas Vangionum* am Vorabend von Caesars Eroberung kelt. bzw. stark keltisiert ist und daß eine mutmaßliche Übersiedlung der W. nicht nachweisbar ist. Falls die W. schon zu Caesars Zeit im Wormser Raum gelebt haben, hätten sie – ob sie sich nun selbst als Kelten, Germ., Sweben, Treverer oder → Belgae gesehen haben – durchaus unter Führung des Ariovist an der Entscheidungsschlacht nahe dem elsäßischen Mulhouse gegen die Eroberung Galliens teilnehmen können. Da W. laut Lucanus unter Caesar dienen (s. u.), ist es nicht auszuschließen, daß sie vor und nach dem Gall. Krieg auf der linksrhein. Seite leben.

§ 3. Die *civitas Vangionum*. Das einzige mit den W. assoziierte Siedlungsareal kennen wir aus der RKZ: die *civitas Vangionum* mit der *caput civitatis Borbetomagus* (Ptol. 2,9,9: Οὐαγγιόνων δὲ Βορβητόμαγος); bei Amm. 16,2 heißt es *Vangionae* statt *Borbetomagus*, ebd. 15, 11 *Vangiones*; ebenso *Vangiones/Vangionis* in Not. dign. occ. 41 (Bodleian Oxford MS Canon misc. 378 f. 165 verso).

Das Territorium der → *civitas* entspricht etwa dem frühma. Bt. Worms bzw. dem heutigen Rheinhessen und der N-Pfalz, begrenzt im N und O durch den Rhein, im W durch Nahe und Glan, im S durch die Isenach (vgl. K. Zangemeister, CIL XIII 2,

S. 178 f.; 1, 654; 7; 8, 108. 111; 46; 50). Die Straße von Worms nach → Metz hat bis Landstuhl ebenso dazugehört wie vermutlich → Bingen und Bad Kreuznach. Im S endet die *civitas* an einer approximativen Linie Rheingönnheim–Bad Dürkheim; in *Alta Ripa*/Altrip wurden Inschr. von Magistraten der *civitas Vangionum* im 4. Jh. sekundär verbaut, wobei fraglich ist, ob diese aus Altrip stammen oder stromaufwärts aus Worms transportiert wurden, obwohl dort zeitgleich ein Kastell ausgebaut wurde. → Vicus und Legionärslager von → Mogontiacum gehörten geogr. zu den W. (1; 50, 215), unterstanden aber wohl einer eigenen Militärverwaltung; erst um 300 n. Chr. wurde ein Gebiet der *civitas Vangionum* für die neugegründete *civitas* von Mogontiacum abgetrennt (8, 108 f.). Ptol. 2,9,9 zählt fälschlicherweise → Straßburg zu den W. Da *civitas*-Grenzen häufig auf vorröm. Strukturen zurückgehen, überrascht es nicht, daß das spätlatènezeitliche → Oppidum Donnersberg im Zentrum der späteren *civitas* in relativ gleicher Entfernung von deren Grenzen entfernt liegt, was für eine gewisse Kontinuität sprechen würde. (Für einen ersten arch. und hist. Überblick des. W.-Landes, siehe P. Goessler, Tabula Imperii Romani, 1940, M 32 Mainz; 6–10; 22; 23, 9–28; 28; 33; 44; 51; 52; für Borbetomagus vgl. → Worms; Inschr. in CIL XIII; 17; 35; 37; Reliefs und Skulpturen in 12; 16; 32; Münzfunde in 14; 18).

Nachdem Ariovists Koalition 58 v. Chr. auseinanderbrach, ist es möglich, daß die besiegten W. den Römern Hilfstruppen zur Verfügung stellen müssen. Tatsächlich werden W. bereits bei der Entscheidungsschlacht zw. Caesar und Pompeius bei Pharsalos 48 v. Chr. genannt (Lucan. Pharsalia I 430–1), wo sie in ihrer einheimischen Tracht, den langen → Hosen, kämpfen *(et qui te laxis imitantus, Sarmata, braci Vangiones, Bataviaque truces…)*. Hierbei handelt es sich um einen von Lucan aufgegriffenen Topos, der die *Galli bracati* mit Ovids Benutzung des Begriffs *braca* für die → Sarmaten kombiniert, und nicht um eine angebliche ostgerm. Abstammung der W. (38, 51–57).

Danach muß man bis zum J. 50 n. Chr. warten, bis *auxiliares Vangiones et Nemetae* unter P. Pomponius Secundus im Kampf gegen die → Chatten erwähnt werden (Tac. ann. 12,27,2). Im → Civilis-Aufstand 69/70 n. Chr. (→ Germanen, Germania, Germanische Altertumskunde § 4d) schlossen sich die W. zusammen mit Tribokern und *Caeracates* den aufständigen Treverern im Kampf gegen Rom an, gingen aber schließlich wieder zu den Römern über (Tac. hist. 4,70,3); das an der Grenze zu den Nemetern gelegene Kastell Ludwigshafen-Rheingönnheim wurde wohl in diesem Aufstand zerstört (48, 442, B 31).

In der Folgezeit werden Auxiliartruppen der W. nach Brit. verlegt, wie die *cohors I Vangionum milliaria equitata* (RIB 1231. 1234. 1242) bzw. *cohors I Vangionum* (AE 1959, 159 aus Kelvedon; RIB 1215–1217. 1230. 1241. 1243 aus *Habitancum*/Risingham; RIB 1328. 1350 aus Benwell; RIB 1482 aus *Cilurnum*/Chesters; und vermutlich auch RIB 205 von Brickwall Farm in der Nähe von *Camulodunum*/Colchester). Die *cohors I Vangionum* wird auch auf zahlreichen Militärdiplomen erwähnt, sowohl mit dem Zusatz *milliaria* (CIL XVI 70 p. 215; CIL XVI 48 = ILS 2001; CIL XVI 69 = AE 1931, 79) als auch ohne (AE 1997, 1001; M. Roxan, Roman Military Diplomas 3, 1994, 184). Ob ein Cognomen *Vangio* Auskunft über die Herkunft geben kann, wie im Fall des *signifer P. Aelius Vangio* aus Rom (CIL VI 31149 = ILS 4833), ist unsicher.

Durch seine geogr. Lage war die *civitas Vangionum* bis zum Bau des → Limes stark von Militär dominiert. Neben Bingen (s. u.) und Mainz sind auch für Worms Truppen epigraphisch belegt (z. T. aus tiberischer Zeit: 12, Nr. 47–50. 56), darunter die *ala Agrippiana, ala Hispanorum, ala Indiana Gallorum, ala Sebosiana, cohors VII Breucorum, cohors I Thracum, cohors Raetorum* und *cohors Vindeli-*

corum (20, 15–24; 22, 44–47). Frühröm. Kastelle konnten in Worms noch nicht lokalisiert werden, außer die Spitzgräben aus Worms-Horchheim, die auf ein Lager schließen lassen (20, 21). Auch in Eich (n. von Worms) lag Militär (1.–3. Jh.), wie arch. Funde zeigen (Militärhelme) (42).

Der Abzug großer Truppenverbände für Claudius' Eroberung Brit.s könnte zur Folge haben, daß der Schutz der Rheinübergänge auf rechtsrhein. Seite durch Ansiedlung von ‚Klientelvölkern' kompensiert wird (Neckarsweben, die erstmals Mitte des 1. Jh. n. Chr. faßbar sind, z. B. gegenüber von Worms im Raum Bürstadt/Ladenburg). Solange der Limes den rechtsrhein. Raum schützt, wurde das Militär aus Worms größtenteils abgezogen.

Man erkennt die typische Verwaltung einer *civitas* nach röm. Muster: *decuriones* (CIL XIII 6225. 6244, Worms; AE 1905, 58 Eisenberg); *de[c(urio) ci]vitatis Vang(ionum) omnibus honeribus(!) functus* (CIL XIII 6244); *aedil* (35, Nr. 77 = AE 1933, 115 = AE 1951, 133); sowie Priesterschaften: *sevir augustalis* (CIL XIII 6243) und *sacerdos M(atris) D(eum) M(agnae)* (35, Nr. 78). Ein *rei p(ublicae) civ(itatis) Vang(ionum) servus arcarius* wird zusammen mit einer Freigelassenen der *civitas* in Altrip erwähnt (12, Nr. 69; AE 1933, 113), eine *Vangionis li(berta)* ist in Aachen belegt (AE 1977, 544).

Die Frage, wann das Siedlungsgebiet der W. als *civitas* reorganisiert wurde, kann nicht sicher beantwortet werden. Erst der Abzug der Armee gab der Selbstrepräsentation der zivilen Bevölkerung neuen Aufschub, doch daraus kann man nicht schließen, daß die *civitas* erst im Zuge der ‚Gründung' der Prov. *Germania superior* reorganisiert worden ist (8, 107 f.), was im Hinblick auf den frühen Organisationswillen der Römer, wie das Beispiel Waldgirmes aus der augusteischen Zeit eindringlich zeigt, unwahrscheinlich erscheint, insbesondere da die Stadt *Borbetomagus* als (spätere) *caput civitatis* ja schon in augusteischer Zt. ein Bevölkerungswachstum zu verzeichnen hat (12 % aller röm. Münzen aus Worms stammen aus der Zeit des Augustus/Tiberius, 18; 22, 71. 89–93). Eine Inschr. aus dem *vicus* des Kastells Niedernberg am Main von Händlern oder Handwerkern der *civitas Vangionum,* die sich *municipes Vangiones* nennen, spricht für den Status der *civitas* als röm. *municipium* (40; AE 1978, 534) (→ Stadt § 5).

Mehrere wichtige Straßen durchqueren das Gebiet der W., insbesondere die Straße Strasbourg–Worms–Mainz–Köln aus augusteischer Zeit (15, 541 f.; Meilensteine aus Worms und Alsheim, CIL XVII² 620–622; Tab. Peut.; Itinerarium Antonini 353,3–355,5; Itinerarium Antonini 374,5–8), ebenso eine Straße von Worms über Eisenberg nach Metz sowie von Worms über Alzey nach Bingen (45, 261–270). Auch die Flüsse, insbesondere der Rhein (→ Rhein § 2c), werden für eine gute Infrastruktur ausgebaut, was den Transport von Waren vereinfacht und den Handel antreibt. Aus Worms ist z. B. ein *negotiator et caudiciarius* belegt (CIL XIII 6250 = AE 1994, 1301) und ein *nauta* aus Lyon: *C(aio) Novellio Ianuario | civi Vangioni nautae | Ararico curatori et | patrono eiusd[em c]orp(oris)* (CIL XIII 2020). Reliefs von einem Grabmonument aus Worms-Weinsheim mit Kontor- und Zahlungsszene zeigen den durch Geldgeschäfte erwirtschafteten Reichtum der lokalen Elite (12, Nr. 63).

Gebrauchskeramik wird lokal produziert, wie zahlreiche Töpferöfen belegen. In Worms entstehen um 300 n. Chr. einzigartige Gesichtskrüge (20, 57 f.). Roherz und Kupfererzgewinnung sowie Eisenverarbeitung finden im Raum Eisenberg, Ramsen, Göllheim sowie in Imsbach statt (45; 15). Steinbrüche gibt es u. a. in Bad Dürkheim und Altleiningen. Landwirtschaft spielt eine große Rolle zur Versorgung des Militärs und des urbanen Lebens; seit spätaugusteischer Zeit entstehen zahllose Gutshöfe bzw. Villen (22, 53–56).

Neben *Borbetomagus* finden sich zahlreiche sekundäre Agglomerationen in der *civitas*. Der *vicus Altiaiensium* (Alzey) entwickelt sich zur wohlhabenden Kleinstadt (im Schnittpunkt der Straßen Worms–Bingen und Mainz–Metz), ein wichtiges Kultzentrum mit bedeutenden Weihinschr. und Skulpturen, der kelt. Charakter der Bevölkerung ist auffallend deutlich (22, 65. 82). 352 n. Chr. zerstört und aufgegeben, wird um 367–370 ein → *burgus*/Kastell errichtet (27; 32; 15, 302–304). Der *vicus* Eisenberg entstand in frühröm. Zeit an der Straße von Worms nach Metz: Benefiziarierstation und Zentrum der Eisenverarbeitung; das Roherz stammt aus dem direkten Umfeld, insbesondere Ramsen. Zahlreiche Weihinschr. und Jupitersäulen zeigen die Organisation eines *vicus* mit relig. Zentrum für die Region; Ein *burgus* wird in der 2. Hälfte des 4. Jh.s erbaut, vergleichbar mit dem s. gelegenen Bad Dürkheim-Ungstein (15, 358–362). Ein von Ptol. 2,9,17 zw. Worms und Speyer lokalisiertes Ῥουφινίανα wird meist mit Eisenberg identifiziert, könnte sich aber auch auf Rheingönnheim beziehen. Unklar ist Lage eines *vicus magio vetus,* vermutlich n. von Alzey (CIL XIII 4085). Bad Kreuznach (ma. *Cruciniacum*) ist eine spätlatènezeitliche Siedlung, dann frühröm. *vicus,* um 270/275 n. Chr. zerstört und Anfang 4. Jh. wiederaufgebaut, wobei ein valentinianisches Kastell – wie in Alzey – den Großteil des ehem. *vicus* überbaut. *Bingium*/Bingen ist ein frühröm. Militärlager (drei *cohortes* belegt) sowie ein *vicus* mit röm. Brücke und Kaianlagen, nach 359 n. Chr. Kastell (15, 333 f.). In der Nähe ist eine röm. Villa aus dem 2.–3. Jh. mit Mosaiken bezeugt (15, 321–323). In *Buconica*/Nierstein – einer Straßenstation zw. Worms und Mainz – gab es ein Heiligtum (15, 509 f.). In Eich gab es zumindest eine röm. Flußstation (15, 358). Mainz-Weisenau ist eine keltoröm. Siedlung, die aber erst zu Beginn der Römerzeit entstand (24). Wie schon Bannert (1) gezeigt hat, müßte *Mogontiacum*/Mainz, geogr. gesehen, Teil der *civitas Vangionum* gewesen sein, unterstand aber wohl als Legionärslager einer eigenen Administration. *Vici* wie Alzey, Eisenberg und Weisenau dienen als administrative und relig. Zentren für *pagi* innerhalb der *civitas*. Sozialverbände, wie *Aresaces* und *Caeracates,* im n. Rheinhessen könnten als *pagi* organisiert gewesen sein; da sie nach dem 1. Jh. n. Chr. nicht mehr erwähnt werden, haben sie wohl ihre ethnische Identität und Eigenständigkeit verloren (8, 109).

Die in der *civitas Vangionum* verehrten Götter sind typisch für den ostgall. Raum. Iuppiter Optimus Maximus hat oft die Attribute des kelt. Taranis oder wird zusammen mit Iuno Regina als thronendes Götterpaar verehrt und dargestellt (z. B. 12, Nr. 7–8. 16). Verteilt auf die gesamte *civitas* finden sich zahllose Jupitersäulen bzw. → Jupitergigantensäulen (3; 4): neben Worms (12, Nr. 1–25, davon viele aus dem Forum/Dombereich) bes. auch in den *vici* Alzey (32), Eisenberg (16, 6053. 6060. 6064), Bingen sowie in kleineren Siedlungen wie Frettenheim und Eimsheim.

Ebenso typisch für die *civitas* ist die Verehrung von Mercurius und Rosmerta, z. B. in Eisenberg (16, Nr. 6054 und Nr. 6039 von einem *decurio* der *civitas*), in Worms (CIL XIII 6222) und in einem Heiligtum mit fast lebensgroßen Skulpturen nw. von Worms zw. Heßloch und Westhofen (12, Nr. 29–30). Typisch für W. auch Mars Loucetius, für den zwei Heiligtümer aus der *civitas* bekannt sind, in Ober-Olm/Kleinwinternheim (15, 511 f.) und Worms (12, Nr. 40). Hinweise auf die Verehrung von → Muttergottheiten finden sich in zahlreicher Form, z. B. das Matronenheiligtum (→ Matronen) in Kindsbach im W der *civitas* (15, 412–414). Interessant ist die prominente Rolle von Minerva, Vulcanus, Hercules und → Epona im lokalen Pantheon, ebenso wie die gemeinsame Widmung für Sucellus und Silvanus aus Worms (CIL XII 6224; 12, Nr. 39) und die gemeinsame Darst. von Venus und Vulcanus aus Alzey (kelt. Rigana und Sucellus/Esus?) (32, Nr. 28).

Außerdem gibt es mehrere Heilkulte. Eine Schwefelquelle begründet das Heiligtum für Apollo und Sirona in *Buconica*/Nierstein (1.–3. Jh. n. Chr.) (15, 509 f.; CIL XIII 6272). Ein relig. Zentrum war Alzey mit zahlreichen Weihinschr. und Skulpturen, die – wie schon die PN – eine gewisse kelt. Tradition widerspiegeln: die Widmung der *vicani altiaienses* an die Nymphen vom 22. 11. 223 (CIL XIII 6265); die Widmungen an Dea Sulis (CIL XIII 6266), an Apollo und die kelt. Heilgöttin Sirona (32, Nr. 14–15).

§ 4. Spätantike. Seit dem Fall des Limes (259/260) (→ Limes § 4.9) beginnt eine unruhige Zeit (für Münzschätze vgl. 8, 121). Röm. Truppen sind zur Verteidigung der Rheingrenze, insbesondere gegen die → Alemannen, stationiert. Seit 260 finden sich wieder Grabsteine von Soldaten, darunter der eines Katafraktariers in Worms (12, Nr. 55, siehe auch Nr. 54). Anfang des 3. Jh.s wird ein im Kampf gegen die Alem. gefallener *custos armorum* der *legio II Parthica* in Worms beerdigt (12, Nr. 59). Die Alem. haben Worms und sein Hinterland im 3.–4. Jh. mehrfach belagert und verwüstet (Amm. 15,11; 16,2): Münzschätze zeigen Folgen der Germ.einfälle in der gesamten *civitas*, insbesondere zw. 352–355 (vgl. 8, 141). Für das 4. Jh. belegt die Not. dign. occ. 41 einen *praefectus militum* der *legio secundae Flaviae* in Worms, das seit Diokletian zur *Germania prima* in der *dioecesis Galliarum* gehört (→ Germanen, Germania, Germanische Altertumskunde § 8; → Gallien [Frankreich] § 8d).

Mehrere spätant. Kastelle entstehen in der *civitas*, insbesondere als Folge der Grenzbefestigung Ks. → Valentinians I., mit dem Ziel, ein weiteres Eindringen der Germ. nach Gallien zu verhindern (→ Limes § 4o), neben Worms (Bauhofgasse) auch ein *burgus* in Eisenberg, Bad Dürkheim-Ungstein, Bad Kreuznach und Altrip. Alzey beispielsweise war ein comitatensisches Lager aus valentinianischer Zeit mit einer Besatzung aus dem Donauraum und Ostgerm. (41; 43). Gegenüber von Worms-Rheindürkheim auf der rechten Rheinseite entstand das spätant., noch in karol. Zt. benutzte Kastell ‚Zullestein' (Gem. Nordheim), auch zur Sicherung der Transportwege zum Odenwald (29). In Kindsbach entstand ab dem späten 3. Jh. eine befestigte Höhensiedlung (15, 410–412), ebenso auf dem Drachenfels in Bad Dürkheim (15, 316 f.).

Vor dem Toleranzedikt → Constantins des Großen 313 finden wir keine Hinweise auf Christen in der *civitas*, außer allg. liter. Hinweisen (Irenaeus von Lyon, *adversus haereses*, Ende 2. Jh.; Tertullian 7,4; *adversus Iudaeos*). 346 soll ein Bf. Victor aus Worms an einem Konzil in Köln teilgenommen haben (Conc. Galliae ed. C. Munier, Corp. Christ. Ser. Lat. 148 [1963] 27,5). Der röm. Tribun, und spätere Hl., Martinus, wird 356 in Worms am Ort der ma. Martinskirche vom späteren Ks. → Julian vor der Schlacht mit den Alem. eingesperrt (Sulpicius Severus, *Vita S. Martini* 4). Arch. Funde, wie Brotstempel mit Christogramm, z. B. aus den Kastellen Alzey und Eisenberg, sowie mögliche frühchristl. Kultbauten in Alzey (St. Severin) und Kreuznach (St. Martin) gehören zu den wenigen Indizien für Christen jener Zeit (11; 19; 25).

406/407 überqueren die → Wandalen bei *Borbetomagus* den Rhein und verwüsten Teile der *civitas*. Ihnen folgen neben Alem. auch die → Burgunden an den Rhein, die 413 als Föderaten (→ foederati) der Römer zum Schutz der Rheingrenze im Wormser Raum angesiedelt werden (30; Oros. 7,38,3; jene Epoche wird mythisch im → Nibelungenlied umgesetzt, siehe 23, 27–38). Zu den arch. Funden jener Zt. gehört eine burg. Gürtelschnalle in Worms-Abenheim (49); vermutl. sitzen Burg. auch im Kastell Alzey (41). Ca. 415 sollen die Burg. zum Christentum (vermutlich Arianismus [→ Arianische Kirchen]) übergetreten sein (Oros. 7, 32, 13; Sokr. 7, 30; unsicher der Wormser Bf. Rocholdus als Apostel der Burg.), während die von Worms ausgehende, rechtsrhein. Missionierung 428/429 (Sokr. 7,30) Hinweis auf eine tätige christl. Gem. gibt. Vermutlich durch Vorstöße der → Hunnen an den Rhein ausgelöst, fallen die Burg. in die *Gallia Belgica I* 435 ein und werden daraufhin vom röm. → Heermeister → Aetius 436 besiegt; die überlebenden Burg. werden 443 in Savoyen angesiedelt. Bei einem erneuten Einfall werden die Hunnen am 20. 9. 451 von Aëtius geschlagen. Mit dem Tod des Aëtius 454 endet die röm. Verteidigung am Rhein. Arch. Funde zeigen (8, 161–168), daß daraufhin Alem. im Wormser Raum siedeln, bis 496 das Gebiet der *civitas Vangionum*, das damalige Bt. Worms, frk. wird.

Ein Holzbecher mit christl. Szenen aus Worms-Wiesoppenheim steht für die Kontinuität christl. Glaubens in der Region. Die im 5. Jh. einsetzenden christl. Grabsteine zeigen die Integration germ. Immigranten (erkennbar am PN) in die galloröm. christl. Gem. (11; 19, 13–15). Ein Substrat der spätant. Bevölkerung ist in den urbanen Zentren am Rhein − neben Worms auch Mainz und Bingen − zu erwarten. So finden in Worms frk. Bestattungen in den röm. Friedhöfen statt. Worms bekommt aber auch polit. Bedeutung im Frankenreich. Hier werden Anfang des 6. Jh.s frk. *argentei* geprägt (→ Merowingische Münzen). Die unter den Merowingern (→ Brunichilde; → Dagobert I.) um 600 über dem ehem. röm. Forum erbaute und an diesem ausgerichtete Kathedrale von Worms wird bis zum roman. Neubau (Weihe 1018) immer wieder erweitert (26). 614 ist der Wormser Bf. Berhtulf auf der Reichseinheitssynode in Paris bezeugt (MGH Conc. I, S. 185−192); 628 wird das Patrozinium des Doms, St. Peter und St. Paul, erstmals bezeugt. St. Amandus von Worms soll 635 unter Kg. Dagobert Bf. von Worms geworden sein.

Die N-Grenze des Bt.s bei Oppenheim geht nicht auf merow. Gegebenheiten zurück (so 19, 16), sondern auf die Schaffung einer spätant. *civitas* für Mogontiacum (s. o. § 3). Das Bt. Worms erweitert sich durch die frühma. Missionierung auf rechtsrhein. Raum zuerst bis Ladenburg (628) und 670 unter Bf. Chrotold bis Wimpfen. Der Wormser Bf. Rupert geht um 696 zur Missionierung nach Bayern und gründet das Bt. → Salzburg. Die Bedeutung des Bt.s steigt in der KaZ mit zahlreichen einflußreichen Bf. am Kg.shof und bedeutenden Synoden (31). Der Wormser Raum gehört zum wichtigsten karol. Kg.sgut; das Lorscher Reichsurbar nennt zahlreiche Siedlungen im Raum Rheinhessen/N-Pfalz zum ersten Mal − viele davon mit Endung *-heim* sind in frk. Zeit ab dem 6. Jh. neugegründet worden (23, 37−42).

Die Erinnerung an die W. lebt weiter und erstarkt seit der Renaissance. Worms bezeichnet sich offiziell im 17. Jh. als *civitas libera vormatia metropolis vangionum imperii*, und die Stadtchronik von Zorn 1610 beginnt damit, daß „die Vangiones haben anfangen die statt Worms zu pawen am Reyne." (56). Aus diesem Interesse entwickeln sich die hist. und arch. Studien des 19.–20. Jh.s über das Germanentum der W.

(1) H. Bannert, Vangiones, in: RE Suppl. XV, 654−662. (2) Ders., Blagiani, in: ebd. XV, 79 f. (3) G. Bauchhenß, Die Jupitergigantensäulen in der röm. Prov. Germania superior, 1981. (4) Ders., Ein weiterer Viergötterstein aus Worms, Arch. Korrespondenzbl. 21, 1991, 405−407. (5) A. Becker, u. a., Die spätaugusteische Stadtgründung in Lahnau-Waldgirmes. Arch., architektonische und naturwiss. Unters., Germania 81, 2003, 147−199. (6) G. Behrens, Denkmäler des W.-Gebietes, 1923. (7) Ders., Neue Funde von der Westgrenze der W., Mainzer Zeitschr. 29, 1934, 44−55. (8) H. Bernhard, Die röm. Gesch. in Rheinland Pfalz, in: [15], 39−168. (9) K. Böhner u. a., Führer zu vor- und frühgeschichtl. Denkmälern, 13. Südliches Rheinhessen. Nördliches Vorderpfalz, 1969. (10) Ders. u. a., Führer zu vor- und frühgeschichtl. Denkmälern, 12. Nördliches Rheinhessen, 1972. (11) W. Boppert, Die Anfänge des Christentums, in: [15], 233−57. (12) Dies., CSIR 2, 10: Röm. Steindenk-

mäler aus Worms und Umgebung, 1998. (13) S. Brather, Ethnische Identitäten als Konstrukte der frühgeschichtl. Arch., Germania 78, 2000, 139–177. (14) H. Chantraine, FMRD IV.2 Pfalz, 1965. (15) H. Cüppers (Hrsg.), Die Römer in Rheinland-Pfalz, 1990. (16) E. Espérandieu, Recueil général des basreliefs, statues et bustes de la Germanie romaine, 1931. (17) H. Finke, Neue Inschr., Ber. RGK 17, 1927, 1–107 und 198–231. (18) P. R. Franke, FMRD IV.1 Rheinhessen, 1960. (19) U. Friedmann, Das Bt. von der Römerzeit bis ins hohe MA, in: F. Jürgensmeier (Hrsg.), Das Bt. Worms von der Römerzeit bis zur Auflösung 1801, 1997, 13–43. (20) M. Grünewald, Die Römer in Worms, 1986. (21) H. G. Gundel, Ariovistus, in: Kl. Pauly I, 549 f. (22) R. Häussler, The Romanisation of the civitas Vangionum, Bull. of the Inst. of Arch. London 30, 1993, 41–104. (23) Ders., Worms. Eine kleine Stadtgesch., 2004. (24) E. Heinzel, Zur kelto-röm. Siedlung Mainz-Weisenau, Mainzer Zeitschr. 66, 1971, 165–172. (25) P. Herz, Der Brotstempel von Eisenberg, Donnersberg Jb. 2, 1979, 83–86. (26) W. Hotz, Der Dom zu Worms, ²1998. (27) A. Hunold, Der röm. vicus von Alzey, 1997. (28) G. Illert, Das vorgeschichtl. Siedlungsbild des Wormser Rheinübergangs, 1952. (29) W. Jorns, Der spätröm. burgus Zullestein mit Schiffslände n. von Worms, in: Actes du IX Congrès international d'études sur les frontières romaines, 1974, 427–432. (30) R. Kaiser, Die Burg., 2004. (31) B. Keilmann, Das Bt. vom Hoch-MA bis zur frühen Neuzeit, in: wie [19], 44–193. (32) E. Künzl, CSIR 2, 1: Alzey und Umgebung, 1975. (33) G. Lenz-Bernhard, H. Bernhard, Das Oberrheingebiet zw. Caesars Gall. Krieg und der Flavischen Okkupation (58 v.–73 n. Chr.). Eine siedlungsgeschichtl. Studie, Mitt. des Hist. Ver.s der Pfalz 89, 1991, 1–347. (34) R. Much, Vangiones, in: Hoops IV, 387 f. (35) H. Nesselhauf, Neue Inschr. aus dem röm. Germanien und den angrenzenden Gebieten, Ber. RGK 27, 1937, 51–134. (36) Ders., Die Besiedlung der Oberrheinlande in röm. Zeit, Badische Fundber. 19, 1951, 71–85. (37) Ders., H. Lieb, Dritter Nachtrag zu CIL XIII: Inschr. aus den germ. Prov. und dem Trevererergebiet, Ber. RGK 40, 1959, 120–228. (38) R. Nierhaus, Zu den ethnographischen Angaben in Lukans Gallien-Exkurs, Bonner Jb. 153, 1953, 46–62 (= Ders., Stud. zur Römerzeit in Gallien, Germanien und Hispanien, 1977, 48–59). (39) Ders., Das swebische Gräberfeld von Diersheim, 1966. (40) H. U. Nuber, Municipes Vangiones, Germania 50, 1972, 251–256. (41) J. Oldenstein, Neue Forsch. im spätröm. Kastell von Alzey. Vorber. über die Grabungen 1981–1985, Ber. RGK 67, 1986 (1987), 289–356. (42) Ders., Zwei röm. Helme aus Eich, Kr. Alzey-Worms, Mainzer Zeitschr. 83, 1988, 257–270. (43) Ders., La fortification d'Alzey et la défense de la frontière romaine le long du Rhin au IVe et au Ve siècles, in: L'armée romaine et les barbares du IIIe au VIIe siècle, 1993, 125–133. (44) C. Pare, Bevor die Römer kamen. Kelten im Alzeyer Land, 2003. (45) O. Roller, Wirtschaft und Verkehr, in: [15], 258–296. (46) Schmidt, Westgerm. (47) K. H. Schmitt, Gall. nemeton und Verwandtes, Münchner Stud. zur Sprachwiss. 12, 1958, 49–60. (48) H. Schönberger, Die röm. Truppenlager der frühen und mittleren Kaiserzeit zw. Nordsee und Inn, Ber. RGK 66, 1985 (1986), 321–497. (49) M. Schulze-Dörrlamm, Arch. Funde der ersten Hälfte des 5. Jh.s n.Chr. aus Worms-Abenheim, Der Wormsgau 14, 1982/86, 91–96. (50) K. Schumacher, Siedlungs- und Kulturgesch. der Rheinlande, 2. Die röm. Epoche, 1923. (51) B. Stümpel, Latènezeitliche Funde aus Worms. Beitr. zur LTZ im Mainzer Becken VII., Der Wormsgau 8, 1967–1969, 9–32. (52) B. Stümpel, Beitr. zur LTZ im Mainzer Becken und Umgebung, 1991. (53) G. Stümpel, Name und Nationalität der Germ., 1932. (54) G. Walser, Caesar und die Germ., 1956. (55) D. Walter, Datierte Fundkomplexe kaiserzeitlich germ. Keramik aus röm. Siedlungen im Hinterland des Taunuslimes sowie vergleichbare Befunde vom mittleren Lahntal, in: S. Biegert u. a. (Hrsg.), Beitr. zur germ. Keramik, 2000, 127–138. (56) F. Zorn, Wormser Chronik mit den Zusätzen Franz Bertholds von Flersheim, hrsg. von W. Arnold, 1857. (57) D. Zylmann u. a., Arch. Ausgr. eines Latène-Gräberfeldes in Worms, Industriegebiet Nord (in Vorbereitung).

R. Häussler

Wansdyke

§ 1: Etymology of the name – § 2: History and Archaeology

§ 1. Etymology of the name. The name is formed of two elements of OE origin. The first part refers to the god Woden (→ Wotan-Odin), whereas the second element is OE *dic* 'ditch' (3, 17). While the second element is a straightforward description of a linear ditch, the first requires further consideration owing to its supernatural nature. Explanations for an attribution to Woden have varied from suggestions that pre-Christian early medieval populations ignorant of the dyke's builders associated its construction with one of their gods, while subsequent commentators have suggested its naming during the Christian period by which time Woden had been recast as a significant ancestor of the West Saxon kings (3, 17; 2, 3). The implications of the Woden label for the dating of the dyke system are considered further below. It is notable that the earthworks considered here represent the only linear earthworks in Brit. to be so-named, a feature that seeks to emphasise the political significance and related conception of both West and East W.

§ 2. History and Archaeology. W. comprises two linear earthworks known as West W., located in northern Somerset, and East W. in northern Wiltshire. The two sections of dyke are connected by the Bath (Aqua Sulis) – Mildenhall (Cunetio) Roman road and the three features determine a W to E line running from Somerset arguably as far as Berkshire. Both sections take the form of a bank with a ditch to the N. The West W. today begins at the hill-fort Maes Knoll in N Somerset, although it may once have begun further west, perhaps at Portishead, where the River Avon drains into the Bristol Channel (6). No references to this questionable latter stretch of W. appear in Anglo-Saxon charter boundary clauses, but it is noted in two early 14th-century deeds that surely represent a genuine documentary reference to W. along a course previously dismissed. Eastwards, between Maes Knoll and Horescombe in South Stoke Parish (2 km south of Bath), the dyke is near continuous, with a break of ca. 3 km where the River Chew marks the boundary line. On average, West W. maintains a width of 22–25 m; a bank 1.3 m high produces a scarp slope of about 8 m. The eastern section of W. is most impressive, particularly over the Wiltshire downs and is continuous for 19.5 km from Morgan's Hill to the western edge of Savernake Forest. On Bishop's Cannings Down, including the counter-scarp bank, it is over 45 m wide. A bank of ca. 5 m produces a scarp slope of 12.5 m. By comparison, → Offa's Dyke reaches a height of 2.44 m with a scarp slope of 9 m and is only 21 m wide.

West W. shares design characteristics with East W., most notably following the north-facing slope of the highest ground. This achieves the best defensive and visible line but allows for a series of strategic high points (including hillforts) to be either incorporated into the dyke or sited immediately south of it. East W. does not apparently incorporate prehistoric fortifications, although it runs close to Rybury hillfort near All Cannings and forms the northern side of a rhomboid enclosure of unknown date on Tan Hill nearby.

East W. currently terminates in Savernake Forest east of Marlborough, although antiquarian observation makes a case for its continuation further to the E to Inkpen Beacon at the county boundary between Wiltshire and Berkshire incorporating earthworks known as the Bedwyn Dykes (1, 120–129). As with the questionable stretch from Maes Knoll to the Bristol Channel, reference to the Bedwyn dyke in association with Woden occurs in the parish of Ham in eastern Wiltshire, where Old Dyke Lane is referred to on a Common Award map of 1733 as Wans Dyke.

Dating of the earthworks presents considerable difficulties and thus several options require consideration, while it remains a distinct possibility that sections of dykes of prehistoric or Roman origin were incorporated into the early medieval earthwork. Traditionally, W. has been dated to either the very end of the Roman period or to the immediately succeeding centuries. In part, such periodisation reflects a long-running tendency in British field arch. to attribute undated linear earthworks either to the Iron Age or the 5th to 7th centuries. The principal views as regards dating are summarised below.

Aubrey first recognised that the western termination of East W. overlay the Roman Road on Morgan's Hill, thus demonstrating its later Roman or subsequent origin, at least at that point (1). In the 16th century, Leland commented that the earthwork was built to separate the kingdoms of → Wessex and → Mercia (5), while Stukeley maintained conflicting views as to its date and origins (11).

Pitt-Rivers recognised that the only means to establish a chron. was targeted excavation. His two sections through East W. were cut at Old Shepherd's Shore and Brown's Barn. The first failed to retrieve dateable finds, although samian ware lay on the ground surface beneath the counterscarp. The second section yielded further samian ware and a late Roman sandal cleat from the ground surface sealed beneath the bank thus providing a t. p. q. (10). Subsequently, excavations have been undertaken at Red Shore and New Buildings and more recently just south of Marlborough at Wernham Farm. The full profile of the ditch at Wernham Farm was not revealed, although oak charcoal from a layer of flint rubble deposited near the base of the ditch yielded a 14C date of cal. A. D. 890–1160 at 2 sigma (BM-2405) (2). Taylor identified our t. a. q. by considering references to the dyke in 10th-century charters. Taylor's consideration of the relationship between royal grants of land and the course of the dyke suggested to him a mid-7th-century date for its construction (12). Myres, however, questioned the relationship between both earthworks and considered a late 6th-century date for the construction of East W. (7). Although Myres introduced the 'origins of Wessex' as a conceptual tool, it was not developed further than the early 7th century.

The dating framework provided by arch. evidence and written sources is too broad to allow W. to be placed in a specific political context. Additional evidence, however, such as the itineraries of Mercian and West Saxon kings up to the late 9th century (4, 83) and a consideration of the administrative background required to institute such a monumental exercise in frontier construction invites a later dating for the W. earthworks than previously suggested. The frontier described by both East and West W., linked by the Roman road and perhaps continued east by the unusually straight boundary between Berkshire and Hampshire, is best seen in the light of Mercian/West Saxon politics of the 7th to 9th centuries. The issue of the Woden name in a Christian context need not be problematic. For most commentators, the name can only indicate a pre-Christian origin for the monument yet, Woden was a 'live' figure in Christian Anglo-Saxon England appearing, as he does, in King Alfred's (→ Alfred der Große) genealogy not as a god but as an ancestor (8, 187–189). 10th century charters shows beyond doubt that clerics producing boundary descriptions were not troubled with such nomenclature, while the survival of the name into the 10th century indicates at least a memory that the dykes were once considered as elements of a common boundary line. The name Woden may have been connected with a desire to associate the frontier with a heroic ancestor, deeply rooted in the familial traditions of the West Saxon royal house. Yorke, drawing on work by Whitelock, has reviewed the possibility that the 8th-century king → Offa of Mercia may have been christened to associate him with the heroic ancestor of the same name (also a descendant of Woden in the so-called 'Anglian Coll.') (14, 16). Yorke also considers a possible link between references to the heroic Offa in the → Beowulf and → Widsith poems, with an inference to the creation of a boundary in the latter perhaps alluding to the later King Offa's dyke (14, 16; 13, 58–64). Parallels with W. are clear (see also → Grenze § 2.3).

Overall, both West and East W. are yet to be closely dated and a range of interpretations is possible. Although a strong case can be made for a late 8th or early 9th century dating in terms of appropriate political geogr. and administrative capability, only arch. fieldwork can further resolve the issue.

(1) J. Aubrey, Monumenta Britannica 2, ed. J. Fowles, 1980. (2) P. J. Fowler, W. in the Woods: An Unfinished Roman Military Earthwork for a Non-Event, in P. Ellis (Ed.), Roman Wiltshire and After, 2001, 179–198. (3) J. E. B. Gover et al., The Place-Names of Wiltshire, 1939. (4) D. Hill, An Atlas of Anglo-Saxon England, 1981. (5) J. Leland, The Itinerary of John Leland in or About the Years 1535–43, ed. L. Toulmin Smith, 1964. (6) A. F. Major, E. J. Burrow, The Mystery of W., 1926, 9–78. (7) J. N. L. Myres, W. and the Origins of Wessex, in: H. Trevor-Roper (Ed.), Essays in British Hist., 1964, 1–27. (8) J. Pollard, A. Reynolds, Avebury: The Biogr. of a Landscape, 2002. (9) A. Reynolds, A. Langlands, Social Identities on the Macro Scale: A Maximum View of W., in: W. Davies et al. (Ed.), People and Space in the Early MA AD 300–1300, 2006. (10) P. Rivers, Excavations in Bokerly and W., Dorset and Wilts 1888–1891, 1892. (11) W. Stukeley, Intinerarium Curiosum, 1776. (12) C. S. Taylor, The date of W., Transactions of the Bristol and Gloucestershire Arch. Soc. 27, 1904, 131–155. (13) D. M. Whitelock, The Audience of Beowulf, 1951. (14) B. A. E. Yorke, The Origins of Mercia, in: M. Brown, M. Farr (Ed.), Mercia: An Anglo-Saxon Kingdom in Europe, 2001, 13–22.

A. Reynolds

Wapentake. In the late OE period, the term *wæpenġetæc*, New English *wapentake*, corresponding to Old Norse *vápnatak* 'the taking of weapons', here used to denote the symbolic taking or brandishing of weapons at an assembly (cf. Langobardic *gairethinx* 'assembly of men in arms, legal act passed in such an assembly, legal donation' [8, 89 f.], the Lancashire place-name GARSTANG < Old Norse *geirstǫng* 'spear-shaft', here probably used to denote a symbolic planting of a spear in the ground to denote the site of a legal assembly [see 7, 125]) is the Danelaw equivalent of the term hundred used by the English as the subdivision of the shire with its court and administrative functions (11, 142). The 12th-century lawyers who drew up the so-called *Leges Edwardi Confessoris* §§ 30. 30,1 named Yorkshire, Lincolnshire, Nottinghamshire, Leicestershire and Northamptonshire up to Watling Street and eight miles beyond "sub lege Anglorum" as the counties in which the W. was the usual unit of local administration (*Et quod Angli uocant hundredum, supradicti comitatus uocant wapentagium* [§ 30, 1; 10, I, 652]). In fact, this statement requires qualification. By the time of Domesday Book (1086), Yorkshire (partly), Lincolnshire, Nottinghamshire, Derbyshire, Leicestershire and Rutland were divided into W.s (1, xxi f.). In 11th-century Northamptonshire, the double-hundred of *(to) Uptune grene, Opton(e)gren* is styled alternatively *hundred* and *wapentake* and is identical with the later double-hundred of Nassaborough which coincides with the Soke of Peterborough (1, 114; 9, 223 f.). In the latter part of the 12th century, the use of the term W. had spread to the whole of Yorkshire and to Lancashire, but the term had largely given way to 'hundred' in Rutland, Derbyshire and Leicestershire by the later Middle Ages. In Lancashire, the change back from 'wapentake' to 'hundred' did not occur until modern times (1, 28). In Derbyshire, Scarsdale Hundred is referred to as a W. until the 15th century, but from the 16th century it is called a hundred (2, 187), while Wirksworth Hundred in the same county is almost invariably referred to as a W. in the Middle Ages, the term being attested here as late as 1767 (2, 339). In Leicestershire, Framland Hundred is styled *wapentac, -tak, -taco, -tacum, -tagio* from 1086 to 1284, but already occurs as *hundred* in the Leicester Survey of c. 1130 (5, 1). In Rutland, Alstoe Hundred is styled *-wapentac* 1086, *-wapentagio* 1184, 1185, but *-hundred* 1195 and after (4, 4), while Martinsley Hundred occurs as *wapentac* 1086, 1190, 1202, *-tagio* 1179, 1188, but as *hundred* 1199, 1200 and thereafter (4, 171), and Wrangdike Hundred is always described as a hundred and never as a W. (4, 231). The ancient Rutland hundreds of *Hwicceslea east hundred* and *Hwicceslea west hundred,* which are known from the Northamptonshire Geld Roll of c. 1075, are treated as a single hundred, *Wicesle(a) Hund', Wice(s)lea Wapent',* in Domesday Book, but are not recorded thereafter (4, 222). Anderson (Arngart) believed that the W. was a Scandinavian innovation in England and remarks that "the wapentake organisation itself is generally acknowledged to have been founded by the Scandinavian immigrants of the 9th and 10th centuries" (1, xxi). However, there is evidence that the term W. was used to designate earlier territorial units. For example, [Upper and Lower] Claro W. in the West Riding of Yorkshire, which first appears as *wap' de Clarehov, -how(e)* 1166, occurs as *Bargescire, Borgescire wapentac* in Domesday Book (13, 1), Burghshire is certainly an ancient territory, a 'shire' of the traditional Northumbrian type (→ Scir). Its territorial integrity had already been tampered with by the time of Domesday Book, for the recapitulation of Domesday Book refers to *Gereburg wapentac',* whose name derives from a fortification situated in a triangular corner of land (Old Norse *geiri* + OE *burh*) and which was a block of territory in the western part of Upper Claro W. consisting of the berewicks of Otley which belonged to the Archbishop of York's estates north of the Wharfe and west of the Washburn as far as Middleton (13, 1). In south Lancashire, we find the term *scīr* used beside *hundred* and *wapentake*, cf. *Salford hvnd'* 1086, *Wapentachium de Sauford* 1203, 1204, *Salefordesire* 1243, *Saufordschire, Salfordschyre* 1246 (Salford Hundred: 6, 26); *Blachebvrn hund'* 1086, *(de) Blakeburne Wapentachio* 1188, *Blakeburnesire* 1243, *Blakeburneschyre* 1246 (Blackburn Hundred: 6, 65); *Derbei hundret* 1086, *(de) Derebi Wapentachio* 1188, *Derebiscire* 1197, *Derbisire* 1212, *Derebyschyre* 1246 (West Derby Hundred: 6, 93); *Lailand hund'* 1086, *(de) Lailand Wapentachio* 1188, *Lailondesire* 1226, *Leylandesire* 1243, *Leylaundschyre* 1246 (Leyland Hundred: 6, 126). We also find a connection between the sokes of the Danelaw and the W. Stenton rightly suggests that the sokes of Bolingbroke, Horncastle (both Lincolnshire [Lindsey]) and Newark (Nottinghamshire) resulted from the grant to their owners of the W.s to which these places gave the name and he goes on to point out that the Conqueror's grant of Well W. (Lincolnshire [Lindsey]) to St Mary of Stow was a transfer to that house of rights exercised by Countess Godgifu in King Edward's day (14, 44). We are in effect concerned with private jurisdiction here, but it should not be taken too far, for there are cases where the courts of soke and W. co-existed independently for centuries (14, 44). The evidence would seem to suggest that the 12th-century lawyers who drew up the *Leges Edwardi Confessoris* were correct in their assumption that the W. and the hundred were identical in function. The functions of the W. in the late OE period are occasionally mentioned in legal records. IV Edgar 6 provides for the witnessing of buying and selling "aþer oððe burʒe oððe on wæpenʒetace" (10, I, 210). The judicial functions of the W. are set out in some detail in III Æthelred 3, 1–3 (10, I, 228). III Æthelred 3, 1 is of particular importance, for it stipulates "þæt man habbe ʒemót on ælcum wapenkace (sic); ꝫ ʒán út þa yldestan xii þeʒnas ꝫ se ʒerefa mid, ꝫ swerian on þam haliʒdome, þe heom man on hand sylle, þæt hiʒ nellan nænne sacleasan man forsecʒean ne nænne sacne forhélan" (10, I, 228). The institution of the twelve senior thegns of the W. has been regarded as the direct ancestor of the jury of presentment in English law (11, 144). In the famous late-10th-century list of sureties from Peterborough, we find a land transaction in which Abbot Ealdulf of Peterborough (c. 966–992) bought twelve acres from a certain Orm (Old Norse *Ormr*) (12, no. 40). The sureties were Ulf [? Doddes sune] (Old Norse *Úlfr*, OE *Dodd*), Eincund "ꝫ siððon eal wepentac".

Robertson (12, 331) took this land to be in Maxey or its vicinity and pointed out that Nassaborough Hundred in which Maxey is situated is the only hundred in Northamptonshire which is also designated a W. (see above). The names of the W.s are fairly straightforward, but perhaps require more investigation from a typological point of view. In Lincolnshire, for example, it is interesting to note that the type consisting of an OE or a Scandinavian personal name compounded with a term for a natural feature is quite frequent. These are as follows: ASLACOE (Lindsey) (Old Norse *Áslákr* + Old Norse **haugr** masc. 'tumulus, mound' [1, 49 f.; 3, 5]). – ASWARDHURN (Kesteven) (Old Norse *Ásvarðr* + Old Norse *þyrnir* masc. 'thorn-bush' [1, 59 f.; 3, 5 f.]). – AVELAND (Kesteven) (Old Danish *Awi* + Old Norse **lundr** masc. 'small wood, grove' [1, 60 f.]). – BELTISLOE (Kesteven) (OE **Belt*, original byname based on OE *belt* masc. 'belt', + OE **hōh** masc. 'heel of land, hill-spur' [1, 61; 3, 13]). – CALCEWORTH (Lindsey) (Old Norse *Kálfr* + Old Norse **vað** neutr. 'ford' [1, 54 f.; 3, 27]). – CANDLESHOE (Lindsey) (OE **Calunōþ* + Old Norse **haugr** masc. 'tumulus, mound' [1, 55; 3, 27 f.]). – ELLOE (Holland) (OE *Ella* + OE **hōh** masc. 'heel of land, hill-spur' [1, 62 f.; 3, 41]). – HAVERSTOE (Lindsey) (Old Norse *Hávarðr* + Old Norse **haugr** masc. 'tumulus, mound' [1, 51; 3, 61]). – LAWRESS (Lindsey) (Old Norse **Lag-Úlfr* + Old Norse **hrís** neutr. 'brushwood' [1, 50; 3, 78 f.]). – WALSHCROFT (Lindsey) (Old Norse *Váli* or *Valr* + Old Norse **kross** masc. 'cross' [1, 51 f.; 3, 134]). – WRAGGOE (Lindsey) (Old Norse **Wraggi* + Old Norse **haugr** masc. 'tumulus, mound' [1, 52 f.; 3, 143 f.]). We also find renaming. The W. of Skirbeck in the Parts of Holland (< Old Norse *skirr* 'clear' + Old Norse **bekkr** masc. 'stream') occurs as *Scirebech Wap'* 1168, 1188, but as *Ulmerestig wap* 1086 (named from the lost *Wolmersty* < OE *Wulfmǣr* + OE **stīġ** fem./masc. 'path, way') (1, 61 f.).

(1) O. S. Anderson, The English Hundred Names [Pt. 1], 1934. (2) K. Cameron, The Place-Names of Derbyshire, 1959. (3) Idem, A Dict. of Lincolnshire Place-Names, 1998. (4) B. Cox, The Place-Names of Rutland, 1994. (5) Idem, The Place-Names of Leicestershire, 2. Framland Hundred, 2002. (6) E. Ekwall, The Place-Names of Lancashire, 1922. (7) G. Fellows-Jensen, Scandinavian Settlement Names in the North-West, 1985. (8) N. Francovich Onesti, Vestigia longobarde in Italia (568–774). Lessico e antroponimia, ²2000. (9) J. E. B. Gover et al., The Place-Names of Northamptonshire, 1933. (10) Liebermann, Ges. d. Ags. (11) H. R. Loyn, The Governance of Anglo-Saxon England 500–1097, 1984. (12) A. J. Robertson, Anglo-Saxon Charters, ²1956. (13) A. H. Smith, The Place-Names of the West Riding of Yorkshire, 5. The Wapentakes of Upper & Lower Claro, 1961. (14) F. M. Stenton, Types of Manorial Structure in the Northern Danelaw, 1910.

J. Insley

Waräger

§ 1: Sprachlich – § 2: Historisch – a. Definition – b. Widerspiegelung in den schriftlichen Qu. – c. W. in der Rus' – d. W. im Byz. Reich

§ 1. **Sprachlich.** *Waräger* ist die dt. Bezeichnung einer Volksgruppe, die im Awnord. *væringjar* mask. Pl. genannt wird. Das nord. Wort, das nur im Awnord. belegt ist, wird hauptsächlich von Skandinaviern in der Leibgarde des byz. Ks.s in Konstantinopel benutzt, die auch als *væringjalið* neutr. ‚Warägermannschaft' bekannt ist. In der → *Þiðreks saga af Bern* hat das Wort die allg. Bedeutung ‚Skandinavier' (20, III, 981; 29, 121 f.; 13, 720; 6; 1; 21, 507). Die letztgenannte ethnische Bedeutung, die eine Verallgemeinerung einer international bekannten Bezeichnung nord. Söldner beinhaltet, ist innerhalb Skand.s unbekannt (42, 373; vgl. unten über griech. Βαραγγία; B = V).

Der Bezug auf die W.-Garde in Konstantinopel kann aus hist. Gründen nicht urspr. sein. Schon lange, ehe Skandinavier in den Dienst des Ks.s traten, spielten die Nordleute, v. a. die → Svear, in der russ. Gesch. eine hervortretende Rolle (s. u. § 2b–c). Aus dem nord. Wort, in der Form *wāring-, hat sich aruss. *varęgъ > russ. *varjag* entwickelt (22, 1316 s. v. varjag). Dieses russ. Wort liegt seinerseits westeurop. Bezeichnungen zugrunde: dän. *varæger* (bes. im Pl.; 33, 927 s. v. Væring), dt. *Waräger*, frz. *varègue*, norw. *varjag, varæg*, schwed. *varjag, varäg*. In den modernen zentralskand. Sprachen lebt auch die einheimische skand., aus dem Isl. entlehnte Form weiter: dän., norw. *væring*, schwed. *väring*. Auch im Dt. ist *Wäringer* bezeugt (45, 671 s. v. væringi; 5, 754 s. v. Væringjar; → Normannen S. 364). Engl. *Varangian* geht von der griech. Form des Wortes (s. u.) aus.

Die Sing.form von awnord. *væringjar* ist *væringi*; neben dieser schwach flektierten Form kommt im Anorw. auch eine starke Variantform, *væringr*, vor (31, § 368; 21, 507), die am ehesten als analogisch zu betrachten ist. Ein entspr. PN, *Væringr*, scheint durch zwei schwed. Runeninschr. (offenbar auf ein und denselben Mann bezogen) bezeugt zu sein (34, 235; vgl. 25, 39). Mit dem Wort *væringjar* sind sowohl lautgeschichtl. wie semant. Probleme verbunden. Über den Ursprung von *vær-* besteht im großen und ganzen Konsens. Es ist auf awnord. *várar* fem. Pl. ‚Gelübde‘, ae. *wǣr*, ahd. *wāra* fem. ‚Vertrag, Schutz, Treue‘ zurückzuführen (19, 1403 f. s. v. væring; 22, 1395 s. v. väring; 26, 153 f.; 45, 671 f. s. v. væringi; 28, 1156 s. v. Væringi). Andere Vorschläge, die gemacht worden sind, sind abzulehnen (s. dazu 40, 39 ff.). Die Sing.form von *várar* tritt im Awnord. als Göttinnenname *Vár* auf. Diese Göttin hat Aufsicht über Eide der Menschen und über Verträge zw. Frauen und Männern; *því heita þav mal varar* (unnormalisiert), d. h.: ‚deswegen werden solche Verabredungen *várar* genannt‘ (24).

Russ. *varjag* setzt eine unumgelautete nord. Form, *wāring-*, als Ursprung voraus. Wenn wir hier mit einer *-ing-*Ableitung rechnen (zur Stammbildung vgl. unten), führt dies zu schwierigen chron. Erwägungen, sei es, daß eine urnord. Ableitung mit noch nicht durchgeführtem *i*-Umlaut, sei es, daß eine späte Ableitung mit nicht mehr durchgeführtem *i*-Umlaut angesetzt wird (40, 51 ff.; 23, 99). Das *-a-* in der ersten Silbe von russ. *varjag* ist aber kein Problem mehr, wenn *væringjar* nicht als Derivat, sondern als Kompositum aufgefaßt wird. Das ist auch heute eine übliche, jedoch nicht unbestrittene Meinung (26, 153 f.; 45, 671 f. s. v. væringi; 28, 1156 s. v. Væringi; vgl. 40, 53 ff. 60; 23, 98 ff.).

Aller Wahrscheinlichkeit nach gehört *væringi* zu einer Gruppe von Zusammensetzungen mit urnord. *-gangian-* > awnord. *-gengi* > *-(g)ingi* mask. als Zweitglied (31, §§ 149. 229). Dieses Wort ist ein Nomen agentis zum Vb. awnord. *ganga* ‚gehen‘. Bugge hat als erster diese in der nord. Wortbildungsgesch. wichtige Gruppe von Bildungen auf *-ingi* erkannt, die wie Ableitungen aussehen und die als Muster der typisch nord. Erweiterung des stark flektierten Suffixes *-ingr* mask. (< germ. *-inga-*) zum schwach flektierten *-ingi* haben dienen können (11, 222 ff.; 18, 352; 32, 36; 30a, 33 ff.; 43, 30; 30, 191). Zu den *-gengi*-Bildungen zählt Bugge u. a. *væringjar*, und dieser Auffassung des Wortes schließt sich Thomsen, der bekannte frühe Kenner der Frühgesch. des Russ. Reiches, an (42, 376 f.; vgl. 42, 436 ff.). *Væringjar* bezeichnet mit dieser Erklärung Männer, die als ‚Treuegänger‘ in einem Vertragsverhältnis stehen.

Die nord. *-gengi-*Komposita, die in der liter. Zeit auf *-ingi* ausgehen, treten meistens ohne *i*-Umlaut auf, z. B. awnord. *bandingi* ‚Gefangener‘ (zu *band* neutr. ‚Fessel‘), *foringi* ‚Führer‘ (zu *for-* ‚vor-‘; entspr. got. *fauragaggja* ‚Verwalter‘, ae. *foregenga* ‚Vorgänger‘) (11, 222 ff.; 28, 40. 201), aber Beispiele mit *i*-Umlaut, bewirkt durch das *i* in *-ing-*, kommen auch vor. So sind nach Magnússon awnord. *frelsingi* ‚freier Mann (im Gegensatz zu: Sklave)‘ zum Adj. *frjáls* ‚frei‘, *leysingi* ‚freigelassener Sklave; Landstreicher‘ (neben *lausingi*) zum Adj. *lauss* ‚frei, ungebunden' zu verstehen (28, 206. 549. 560). Die neben *leysingi* vorkommende, stark flektierte -*ing*-Ableitung *leysingr* mask. unterstreicht die Komplexität der nord. Wörter auf -*ingi* mask., einer Gruppe, die – u. a. gerade im Hinblick auf die Umlautfrage – näher zu untersuchen wäre.

Wenn *væringjar* als Kompositum aufgefaßt wird, ist z. Zt. der Entlehnung ins Russ. die erforderliche Form **wāring-* anzusetzen. Wie die unumgelauteten Komposita der **-gengi*-Bildungen zeigen, können wir nämlich damit rechnen, daß der Umlaut z. B. in *væringi* erst spät, vielleicht analogisch beeinflußt, eingetreten ist. Lautgeschichtl. gesehen stehen somit keine Hindernisse der Deutung von *væringi* aus urnord. **wāragangian-* im Wege (40, 55 f.).

Schwieriger zu beantworten ist die semant. Frage, was das Wort *væringjar* urspr. bedeutet hat. Mit der Erklärung aus awnord. *várar* ‚Gelübde' usw. ist als Grundbedeutung ‚Männer, die durch ein Treuegelübde verbunden sind' oder dgl. anzusetzen.

Zunächst ist die Frage zu stellen, was *varjag*, Pl. *varjazi*, in den russ. Qu. bedeutet. Vorherrschend ist jedenfalls die Bedeutung ‚Skandinavier', vornehmlich auf die Svear bezogen (42, 364 ff.; 35, 511 ff.). Die Ostsee wird in den russ. Chroniken *Varjažskoe more* ‚das warägische Meer' genannt. Dasselbe Bild zeichnet sich auch – durch russ. Vermittlung – in arab. Qu. ab: *warank* bezieht sich auf die Nordleute. Arab. *Baḥr warank* ‚Warägermeer' ist eine Entsprechung des russ. Namens der Ostsee (42, 365 f.; 29, 121; 8, 60. 98. 103. 105. 115 ff.; 35, 161 ff.; 40, 66; → Bīrūnī). Griech. βάραγγοι (β = *v*) hat sich wahrscheinlich auch urspr. auf die Skandinavier bezogen. Über den späteren norw. Kg. → Haraldr harðráði, der eine Zeitlang in der W.-Garde diente, heißt es in einer Qu., daß er aus dem Land Βαραγγία stamme, womit Norwegen oder überhaupt die skand. Halbinsel gemeint ist (42, 368 f.). Es handelt sich hier um eine Fremdbenennung, die in Skand. unbekannt ist (vgl. 17; 4).

Die ethnische Bedeutung ‚Skandinavier', die im O für die Entsprechungen des Wortes *væringjar* festzustellen ist, ist sekundär entstanden, weil die *væringjar* eben aus Skand. kamen. Das Wort hat wahrscheinlich die ält. Bezeichnung *Rus'* ersetzt, nachdem diese auf das einheimische slaw. Volk übertragen worden war (42, 371 f.; 40, 59 f. 64 f.; → Rus und Rußland S. 610). Im Gegensatz zu *Rus'*, das offensichtlich in einem schwed. ON wurzelt (→ Roslagen § 1), hat aber *væringjar* im O eine andere Vorgesch.

Nord. *væringjar* hat, wie schon Bugge gezeigt hat (11, 225), im Ae. eine genaue Entsprechung: *wǣrgenga* mask. ‚a stranger who seeks protection in the land to which he has come', ‚one seeking protection, stranger' (10, 1206. Suppl., 65 s. v. *wergenga*; 12, 394; 40, 54 Anm. 36). Auch in westgerm. Sprachen auf dem Kontinent treten in lat. geschriebenen Gesetzen verwandte Bezeichnungen (mit abweichender Stammbildung) auf: langob. *uuaregang* (E. Roth. c. 367; 2, 89; weitere Belege in 39, 133; → Leges Langobardorum S. 210), frk. *wargengum* Akk. (L. Cham. c. 9; 3, 90; → Lex Francorum Chamavorum S. 318). Ebenso wie im Ae. geht es hier um Fremde. Man nimmt an, daß sich die Wörter auf Fremde beziehen, die vertraglich in den Schutz eines Herrschers aufgenommen worden sind (42, 376 f.; 39, 134 f.; 40, 56). Näher hat sich aber die Bedeutung der kontinentalgerm. Termini nicht feststellen lassen (27, 1266 f.; s. auch 40, 54 Anm. 36).

Offensichtlich besteht hier ein nord. und westgerm. Zusammenhang auf dem Gebiet der sozialen Rechtsterminologie. Ob es sich um eine schon urgerm. Übereinstimmung, an der auch das Ostgerm. teilgenommen hat (urgerm. **wēr-*), handelt, läßt sich nicht ermitteln. Die westgerm. Wörter lassen sich einwandfrei aus der Vertrags- und Schutzbedeutung des Erstgliedes erklären. Sie helfen uns aber nicht, den näheren Inhalt von nord. *væringi* einzukreisen. Es ist ausgeschlossen, daß sich dieses Wort in Rußland auf schutzsuchende Fremde oder dgl. bezogen hätte. Hier müssen vielmehr Gruppen gemeint sein, deren Mitglieder sich durch ein Treuegelübde oder dgl. gegenseitig verpflichtet waren. So gesehen sind die W. als Eidgenossen zu betrachten (40, 56 ff.).

Der Bezug des Wortes *væringjar* auf die Leibgarde in Konstantinopel mag einen Hinweis auf dessen Ursprung geben. Hist. gesehen liegt der Gedanke am nächsten, daß dieses Wort in Rußland milit. Expeditionen oder dgl. aus Skand. (Schweden) bezeichnet hat, die in O-Europa tätig waren (40, 60; → Rus und Rußland S. 610).

Væringjar kann sich aber auch auf Handelsorganisationen, kaufmännische Gilden oder dgl. bezogen haben, was v. a. Stender-Petersen befürwortet hat (41; s. auch 9, 11 f.; 40, 58 ff.). Das Wort wäre dann mit nord. *kylfingar* vergleichbar, wenn dieses Wort urspr. nord. ist (→ Kylfingar). Eine Stütze für den kaufmännischen Hintergrund hat man darin sehen wollen, daß russ. *varjag* dialektal ‚Warenhändler, Hausierer' bedeutet (41, 35). Diese Bedeutung kann aber auch sekundär entstanden sein (40, 58 ff. 67).

Eine Kombination der beiden Erklärungen aus milit. Gruppen und kaufmännischen Gilden ist auch denkbar. Ebenso wie die Wikinger je nach Umständen als Räuber oder Kaufleute auftreten konnten, lassen sich vielleicht die W. als Kriegerhändler betrachten (vgl. → Izborsk S. 608; → Kiew S. 485; → Normannen S. 365). Es ist zu beachten, daß die Bezeichnung der W. in ON nicht nur auf russ., sondern auch auf poln. Gebiet Spuren hinterlassen hat (14–16; 41, 36; 36, 16 f.; 37; 38; 7, 180 f. s. v. Varjažanka).

Nach russ. Recht hatten die W., ebenso wie die Kylfingar, gewisse Privilegien (s. u. § 2b). Die soziale Stellung der W. hilft uns aber nicht, den urspr. Inhalt des Wortes *væringjar* besser zu verstehen. Die Art des Treueverhältnisses, das ihm zugrunde liegt, läßt sich einfach nicht mit Sicherheit feststellen. Vasmer begnügt sich mit dieser Definition von *varjag*: ‚Angehöriger eines Verbandes der Nordleute in Rußland' (44, 171). Auch Schramm findet in einer früheren Arbeit, das Wort habe einen „nicht mehr eindeutig rekonstruierbaren Sozialstatus" bezeichnet (40, 39 Anm. 2). Im Art. → Rus und Rußland S. 610 vertritt er die Meinung, *væringi* bedeute ‚Söldner aus Skand.'. Er hat auch einen ausführlichen Versuch unternommen, die Gesch. des Wortes *væringi*/*varjag* in O-Europa nachzuzeichnen, der für weitere semant. Studien eine natürliche Basis bildet (40, 53 ff.).

Qu.: (1) E. Ebel (Hrsg.), Die W. Ausgewählte Texte zu den Fahrten der Wikinger nach Vorderasien, 1978. (2) L. Lang. 843–866, bearb. von F. Beyerle, Germ.rechte NF, Westgerm. Recht 9, ²1962. (3) Lex Ribvaria, 2. Text und Lex Francorum Chamavorum, hrsg. von K. A. Eckhardt, Germ.rechte NF, Westgerm. Recht 8, 1966.

Lit.: (4) Th. Andersson, Roden – Ruotsi, NoB 89, 2001, 153 f. (5) W. Baetke, Wb. der anord. Prosalit. 2, 1968. (6) Jakob Benediktsson, Varjager. Vn. overlevering, in: Kult. hist. Leks. XIX, 537 f. (7) E. Bilut, Hydronymia Europaea, 10. GewN im Flußgebiet des Westlichen Bug, 1995. (8) H. Birkeland, Nordens historie i middelalderen etter arabiske kilder, 1954. (9) Sigfús Blöndal, Væringjasaga, 1954. (10) Bosworth-Toller, Anglo-Sax. Dict. (11) S. Bugge, Blandede sproghistoriske Bidrag, ANF 2, 1885, 207–253. (12) J. R. Clark Hall, A Concise Anglo-Sax. Dict., ⁴1962. (13) Cleasby-Vigfusson, Dict. (14) R. Ekblom, *Rus*- et *varæg*- dans les noms de lieux de la région de Novgorod, 1915. (15) Ders., Nordbor och västslaver för tusen år sedan, Fornvännen 16, 1921, 236–249. (16) Ders., Die W. im Weichselgebiet, Archiv für slav. Philol. 39, 1925, 185–211. (17) S. Ekbo, Rusernas namn, NoB 88, 2000, 165 f. (18) H. Falk, Rez. zu F. Kluge, Nominale stammbildungslehre der agerm. dialecte, 1886, ANF 4, 1888, 349–369. (19) Ders., A. Torp, Norw.-dän. etym. Wb., 1910–1911. (20) Fritzner, Ordbog. (21) L. Heggstad u. a., Norrøn ordbok, ⁴1990. (22) Hellquist, Ordbok. (23) G. Holm, Kylvingar och väringar. Etymologiska problem kring två folkgruppsnamn, in: Ord och lex. (Festskrift H. Jonsson), 1993, 85–101. (24) A. Holtsmark, Vár, in: Kult. hist. Leks. XIX, 529 f. (25) G. Jacobsson, La forme originelle du nom des varègues, Scando-Slavica 1, 1954, 36–43. (26) Alexander Jóhannesson, Isl. etym. Wb., 1956.

(27) B. Koehler, Fremde, in: HRG I, 1266–1270. (28) Magnússon, Orðsifjabók. (29) E. M. Metzenthin, Länder- und VN im aisl. Schrifttum, 1941. (30) L. Moberg, Ett fall av flexionsväxling i fornsvenskan, in: Florilegium Nordicum. En bukett nordiska språk- och namnstudier tillägnade S. Fries, 1984, 191–200. (30a) H. H. Munske, Das Suffix *-inga/-unga in den germ. Sprachen. Seine Erscheinungsweise, Funktion und Entwicklung dargestellt an den appellativen Ableitungen, 1964. (31) A. Noreen, Aisl. und anorw. gramm., ⁴1923. (32) E. Olson, De appellativa substantivens bildning i fornsvenskan, 1916. (33) Ordbog over det danske sprog 27, 1954. (34) L. Peterson, Nordiskt runnamnslex. (CD-ROM), 2002. (35) K. Rahbek Schmidt, Soziale Terminologie in russ. Texten des frühen MAs, 1964. (36) Ders., The Varangian problem. A brief hist. of the controversy, in: K. Hannestad u. a. (Hrsg.), Varangian problems, 1970, 7–20. (37) Ders., On the possible traces of Nordic influence in Russian place-names, in: wie [36], 143–146. (38) Ders., Varjager, in: Kult. hist. Leks. XIX, 534–536. (39) F. van der Rhee, Die germ. Wörter in den langob. Gesetzen, 1970. (40) G. Schramm, Die W.: osteurop. Schicksale einer nordgerm. Gruppenbezeichnung, Die Welt der Slaven. Halbjahresschr. für Slavistik 28, 1983, 38–67. (41) A. Stender-Petersen, Zur Bedeutungsgesch. des Wortes *væringi*, russ. *varjag*, APhS 6, 1931–1932, 26–38. (42) V. Thomsen, Samlede afhandlinger 1, 1919. (43) A. Torp, Gamalnorsk ordavleiding, ²1974. (44) M. Vasmer, Russ. etym. Wb. 1, 1953. (45) de Vries, Anord. etym. Wb.

Th. Andersson

§ 2. Historisch. a. Definition. Im weitesten Verständnis meint die Bezeichnung W. die etwa im 9.–11. Jh. in O-Europa in Erscheinung getretenen Skandinavier; daher fällt die Diskussion der ‚W.-Frage' (12, 157–164; 23; 7) mit der Frage nach der Herkunft der Rus' (→ Rus und Rußland) und der Normannenfrage zusammen. Soweit es dabei um die in den Qu. als W. bezeichneten Individuen oder Gruppen geht, ist ihre ethnische und soziale Zuordnung eindeutig: An ihrer nord. Herkunft können ebensowenig Zweifel bestehen wie an ihrer privilegierten Stellung, die v. a. auf ihrer Tätigkeit als Angehörige der → Gefolgschaften in der Rus' (aruss. *družina*) und in der kaiserlichen Leibgarde in Konstantinopel basierte. Als professionelle Waffenträger genossen die W. offenbar hohe Wertschätzung; auch mögen sie im Handel aktiv gewesen sein. In diesen Funktionen verdrängte der Gebrauch der Bezeichnung W. die ält. Benennung Rus', die zunächst synonym mit W. benutzt worden war, die aber seit dem Ende des 10. Jh.s für slavisierte Skandinavier reserviert blieb (25, 49. 65).

b. Widerspiegelung in den schriftlichen Qu. Der bei weitem größte Komplex von Nachrichten über die W. stammt aus der aruss. Chronik „Erzählung der vergangenen Jahre" (→ Nestorchronik), die das Geschehen in der Rus' für die Zeit seit der Mitte des 9. Jh.s schildert, dabei aber die Einschätzung des frühen 12. Jh.s widerspiegelt (1). Demnach kamen die W. „von jenseits des Meeres" (das ist die Ostsee), und der gesamte Handelsweg zw. der Ostsee und Konstantinopel wurde als Weg von den ‚W.n zu den Griechen' *(put' iz Varjag v Greki;* 1, Vorrede; 15) aufgefaßt. Die privilegierte Stellung der W. in der Rus' zeigt sich in der ältesten Fassung des „Russischen Rechts" (4, §§ 10, 11 der Kurzfassung, § 18 der längeren Redaktion) aus der Zeit des Fürsten Jaroslav Vladimirovič ‚des Weisen' (1019–1054). In den byz. Qu. treten die W. vor allem als Leibwache des byz. Ks.s hervor (zum J. 1034: 6, 394/71–75; außerdem 2, 63 = Kap. II/9; 7, 155. 181). In kalabrisch-apulischen Zeugnissen dokumentiert die Erwähnung von *guaran(g)i, gualani* ihren milit. Einsatz für die Byzantiner in S-Italien (25, 48). Erstmals zum J. 992 erscheint in der → *Njáls saga* ein „Hauptmann der W.-Mannschaft" *(hofðingi fyrir væringia liði)* in byz. Diensten (25, 48); der von den nord. Qu. legendär dargestellte spätere Kg. von Norwegen, Harald Sigurdsson (→ Haraldr harðráði), war der berühmteste jener W. in Konstantinopel, die aber aus den byz. Qu. sonst nicht als Individuen hervortreten. Wie zu Harald (9, 4–102; 20, 285–293) finden sich weitere Hinweise auf W. in Byzanz in der Sagalit. (9, 193–222; 8, 161–171) sowie in Inschr. auf Runensteinen (9, 224–230); es ist aber nicht gesichert, ob die Erwähnung der ‚Kriegerschar im Osten' *(liðr austr, austr i garþum)* und ihrer Führer *furugi* auf den Runensteinen (23, Nr. 39, 79, 174; 21, 393) sich tatsächlich auf die W.-Garde bezieht. Nach der Schilderung in → Snorri Sturlusons → *Heimskringla* (5, III, 90) stand den W.n in Konstantinopel eine anord. *pólútasvarf* genannte Steuer zu (9, 77 ff.); im Zusammenhang mit dem Einzug von Steuern zum Unterhalt der Söldnerarmeen gelangten die W. neben den Angehörigen anderer ethnischer Gemeinschaften (u. a. den → Kylfingar) als *Rhosovarangoi* auch in byz. Kaiserurk. (3, Nr. 946 [Juni 1060], 997 [Februar 1073], 1042 [April 1079] und 1147 [April 1088]; 25, Anm. 25; 16, 325).

c. W. in der Rus'. Gemäß der Schilderung der „Erzählung der vergangenen Jahre" hatten die Bewohner der Region zw. dem Finn. Meerbusen und der oberen Wolga („Čuden, Slovenen, Merier, Vesen und Kriviten") den W.n „von jenseits des Meeres" (das ist die Ostsee) schon vor der Ankunft Rjuriks (→ Rus und Rußland § 4) Tribut gezahlt (1, zum J. 859). Während die Chronik die W. für die Folgezeit synonym mit den Rus' erfaßt, wird eine allmähliche Differenzierung von den slavisierten Rus' seit der Mitte des 10. Jh.s spürbar, die ihren Anfang von Griechenland aus genommen haben mag, woher *(iz Grek)* auch ein nach Kiew übergesiedelter christl. W. kam, dessen Sohn den gentilen Gottheiten geopfert werden sollte (1, zum J. 983). Die Bezeichnung W. wurde dann in wachsendem Maße auf nord. Krieger angewandt, die meist auf dem Weg über Novgorod (→ Nowgorod) Aufnahme entweder in den Gefolgschaften und Militärverbänden der Rus' suchten oder von den Kiever Großfürsten nach Byzanz weitervermittelt wurden, zumal die W. den inneren Frieden in der Rus' bedrohten. Symptomatisch für das Verhältnis der W. zu den lokalen Gesellschaften in der Rus' waren die Ereignisse in Novgorod in den J. 1015/16, als die Gewalttätigkeiten der damals von Jaroslav Vladimirovič angeheuerten W. die blutige Reaktion der Novgoroder provozierte (1, zum J. 1015). Die Berücksichtigung der W. bei der Kodifizierung der ältesten Fassung des „Russischen Rechts" (s. oben § 2b) mag der Vorbeugung solcher Konflikte Rechnung getragen haben (10, 133). Im J. 1024 kam Jaroslav noch einmal nach Novgorod, um im Konflikt mit seinem Bruder Mstislav von jenseits des Meeres W. zu holen, an deren Spitze der Jarl Hákon (aruss. Jakun ‚Slepoj' = ‚der Blinde') stand; nach Jaroslav warb keiner der Fürsten der Rus' mehr W. an (16, 325; 1, zum J. 1024).

d. W. im Byz. Reich. Die Nachrichten über Skandinavier im Dienst von Byzanz setzen vor der Mitte des 10. Jh.s ein (20, 63; 25, 38–67), doch sind sie in größerer Zahl erst in der Zeit des Kiewer Großfürsten Vladimir Svjatoslavič (→ Wladimir) nach Konstantinopel weitergeleitet worden (1, zum J. 980). Im Winter 987/88 erhielt Ks. Basileios II. durch Vermittlung Vladimirs von Kiev Zuzug von 6 000 W.n; ihre Entlohnung als Söldner und ihre Herkunft spiegelt sich offenbar in den Funden zahlreicher hauptsächlich bis 989 geprägter byz. Münzen aus Basileios' Regierungszeit in Finnland, im Baltikum, in Schweden (v. a. auf Gotland) und im Gebiet von Novgorod, nicht aber im Bereich von Kiev oder in Polen wider (19, 651). Bald danach wurde in Byzanz ein selbständiges Garderegiment gebildet (9, 21. 45; 11), dessen Mitglieder im 11. Jh. mit dem Namen *Varangoi,* häufig aber auch synonym als *Pelekophoroi* (‚Axtträger' – 9, 22) bezeichnet wurden; sie verfügten über ihre eigenen Regeln (Aufnahmegebühr, sorgfältige Überprüfung der Kandidaten, striktes Bewahren der Traditionen) und Gesetze, in die allenfalls der Ks. als höchste Autorität eingriff (9, 43). Die W. wohnten in der Nähe des Ks.palastes, doch begleiteten sie den Ks. auch auf allen seinen Reisen und Kriegszügen (9, 45 ff.). Mit einer Ausnahme (im J. 1078, darüber 7, 155) waren die W. verläßliche Stützen des Ks.s und kontrollierten den Zugang zu ihm „solange der Herrscher lebte" (7, 181). Ihre Befehlshaber, die Palastränge innehatten, waren in der Regel keine Skandinavier, sondern Griechen (8, 169 f.; 11). Offizier der W.-Garde war aber Harald Sigurdsson, der eine eigene Gefolgschaft von 500 Mann in den Dienst des byz. Ks.s mit einbrachte und ein großes Vermögen errang. Außer der W.-Leibwache standen dem Ks. weitere „W. in der Stadt" (2, II/9) sowie „W. außerhalb der Stadt" zur Verfügung, die gewöhnlichen Militärdienst leisteten (9, 45 ff.). Z. Zt. Basileios' II. hatten die W. das Anrecht auf einen großen Anteil an der Kriegsbeute; später wurden Großgrundbesitzer und Klöster zum Unterhalt der Söldnerarmeen verpflichtet, in denen neben den W.n auch Angehörige anderer ethnischer Gemeinschaften dienten.

Qu. und Lit.: (1) Die aruss. Nestorchronik. Povest' vremennych let, übs. von R. Trautmann, 1931. (2) Anna Komnena: The Alexiad of the princess Anna Comnena, translated by E. A. S. Dawes, 1928, Reprint 1978. (3) F. Dölger, Regesten der kaiserlichen Urk. des oström. Reiches von 565–1453, 1924–1960. (4) B. D. Grekov (Hrsg.), Russkaja Pravda 1–2, 1940–1947. (5) Heimskringla. Nóregs konunga sǫgur, hrsg. von Finnur Jónsson, 1911. (6) Ioannis Scylitzae Synopsis historiarum, hrsg, von J. Turn, 1973. (7) E. Trapp (Hrsg.), Johannes Zonaras: Militärs und Höflinge im Ringen um das Kaisertum. Byz. Gesch. von 969 bis 1118, 1986.

Lit.: (8) M. V. Bibikov, K varjažskoj prosopografii Vizantii (Zur varägischen Prosopographie von Byzanz), Scando-Slavica 36, 1990, 161–171. (9) S. Blöndal, B. S. Benedikz, The Varangians of Byzantium. An Aspect of Byzantine military hist. Translated, revised and rewritten by B. S. Benedikz, 1978. (10) L. V. Čerepnin, Obščestvenno-političeskie otnošenija v Drevnej Rusi i Russkaja Pravda (Die polit.-gesellschaftlichen Verhältnisse in der Alten Rus' und im Russ. Recht), in: Drevnerusskoe gosudarstvo i ego meždunarodnoe značenie, 1965, 128–278. (11) S. Franklin, Varangians, in: A. P. Kažhdan u. a. (Hrsg.), The Oxford Dict. of Byzantium 3, 1991, 2152. (12) C. Goehrke, Frühzeit des O-Slaventums, 1992. (13) K. Hannestad u. a. (Hrsg.), Varangian Problems, 1970. (14) K. Heller, Die Normannen in O-Europa, 1993. (15) G. Jacobsson, Varjagi i Put' iz Varjag v Greki (Die Varäger und „der Weg der Varäger nach Griechenland"), Scando-Slavica 29, 1983, 117–134. (16) G. Labuda, Waręgowie (Die Varäger), in: Słownik starożytności słowiańskich 6, 1977, 323–329. (17) G. S. Lebedev, On the Early Date of the Way „From the Varangians to the Greeks", in: Fenno-Ugri et Slavi, 1980, 90–101. (18) Ch. Lübke, Fremde im ö. Europa (9.–11. Jh.), 2001. (19) B. Malmer, Münzen der WZ in Schweden. Ein Kurzber. zum Forsch.sstand, in: Oldenburg – Wolin – Staraja Ladoga – Novgorod – Kiev. Handel und Handelsverbindungen im s. und ö. Ostseeraum während des frühen MAs, 1988, 648–653. (20) E. A. Mel'nikova, V. Ja. Petruchin, Skandinavy na Rusi i v Vizantii v X–XI vekach: k istorii nazvanija „Varjagi" (Die Skandinavier in der Rus' und in Byzanz im 10. – 11. Jh.: Zur Gesch. des Namens „Varäger"), Slavjanovedenie 2, 1994, 56–68. (21) O. Pritsak, The Origins of Rus', 1. Old Scandinavian Sources other than the Sagas, 1981. (22) K. Rahbeck Schmidt, The Varangian problem. A brief hist. of the controversy, in: [13], 7–20. (23) A. Ruprecht, Die ausgehende WZ im Lichte der Runeninschr., 1958. (24) B. Scholz, Von der Chronistik zur modernen Geschichtswiss.: die W.-Frage in der russ., dt. und schwed. Historiographie, 2000. (25) G. Schramm, Die Wäräger: O-Europa-Schicksale einer nordgerm. Gruppenbezeichnung, Welt der Slaven 28, 1983, 38–67. (26) V. G. Vasilevskij, Varjago-russkaja i varjago-anglijskaja družina v Konstantinopol'e (Die varägisch-russ. und die varägisch-engl. družina in Konstantinopel), in: Ders., Trudy 1, 1908, 176–181.

Ch. Lübke

Warasci. Unter dem Namen *Warasci, -esci* u. ä. ist eine Personengruppe zu fassen, nach der zw. dem frühen 7. und dem 12. Jh. ein → *pagus* in der Franche-Comté benannt wurde, der im Landschaftsnamen *Varais* überlebte. Die in diesem Gau belegten Orte zeigen, trotz einiger verbleibender Identifizierungsschwierigkeiten, daß die Warasker die Region ö. Besançon auf beiden Seiten des Doubs (Vita S. Sadalbergae: *Duvii amnis fluenta ex utraque ripa incolunt*) und s. der Metropole der *provincia Sequanorum* bis in den Jura hinein, bis Arbois (Dép. Jura) und Pontarlier (Dép. Jura), und darüber hinaus bis fast an den Neuenburger See in der Schweiz bewohnten (11, 289 f.; 13, 283 f.; 3, 34; 22, 134; 30, 201 f.; 7, XXVII ff.; 4, 193; 14, II, 532 ff.; 36, 468 ff.). Die wichtigsten Belege sind: zu a. 615/29 *Warasquos,* Var. *-ascos* Akk. (Vita Columbani II, 8; MGH SS rer. Mer. IV, 121 a. 639/42 kopial); a. ± 690 *Warascos* Akk. (Vita S. Agili abbatis III, 13; AA SS Aug. VI, 580); 8. Jh., überarbeitet 9. Jh. *Warescos* Akk., *in pago ... Warescorum* (Vita S. Ermenfredi; AA SS Sept. VII, 107); 9. Jh. Anfang *ad Warascos* (Vita S. Sadalbergae 7; MGH SS rer. Mer. V, 54); a. 839 kopial *comitatum Wirascorum* (15, 32); a. 870 kopial *Warasch* (15, 173); a. 914 kopial *in comitatu Vuarasco* (21, Nr. LXXIX); a. 922 *in Comitatu Warasco* (6, 312 f. Nr. IV); a. 942 kopial *in pago Uuarascum* (MGH DD Konrad v. Burgund Nr. 64); a. 943 kopial *in pago Vuarascum* (18, Nr. 1022); a. 967/68 kopial *Warascus* (18, Nr. 1092); a. 969 kopial *in Pago Warracense* (6, Nr. V); nach a. 960 kopial *in pago rusticorum usu Warascum nuncupato* (Adso, Vita S. Waldeberti II; AA SS Mai I, 287); a. 1025 kopial *in comitatu Vuarasco* (2, Nr. 641); a. 1028 [1026?] kopial *in comitatu Guaraschensi* (MGH DD Rudolf III. von Burgund Nr. 119); a. 1040 *in pago Vuarasco* (38, 550); a. 1143 *archidiaconus de Varax* (ebd.; vgl. 7, XXXII). Seit dem späten MA hieß in Besançon die *porta de Varesco* (O-Tor der Zitadelle) nach diesem *pagus, comitatus* und Archidiakonat.

Die Personengruppenbezeichnung *Warasci* enthält das ungerm., aber in der Romania produktive Suffix *-ascus;* der Stamm **war-* dürfte jedoch zu germ. **waraz* ‚aufmerksam, wachsam' gehören und evtl. mit *-ska-* Suffix wie got. *malsks* ‚besonnen?', as. *malsc* ‚stolz, übermütig' < **malk-ska,* ahd. *rasco,* anord. *rǫskr* ‚mutig, kraftvoll' < **raþ-ska,* ahd. *horsc,* anord. *horskr* ‚rasch, klug' und wie wohl auch das Ethnonym *Cherusci* < **Herut-sko* (‚Hirschleute' oder ‚Hornleute') abgeleitet sein (31, 1337). Dann wäre **Warska* eine Parallelbildung zu dem früher bezeugten Ethnonym *Var-isti,* einer Elativbildung mit der Bedeutung ‚die Allerwachsamsten' (→ Naristen; 32, 259; 25, 71 f.; 26, 111; 27, 300 f.; 28, 536), die volksetym. in der neuen Heimat unter den Einfluß des roman. Suffixes gekommen wäre. Ein theodiskes Exonym *Warasch* zeigt sich (wie bei anderen Gaubezeichnungen) a. 870 im Vertrag von Merssen; eine roman. Adj.ableitung auf *-ensis* a. 969 und (mit roman. Lautersatz [gu] für germ. [w]) a. 1028.

Um a. 639/42 weiß Jonas von Bobbio (Vita Columbani II, 8) zu berichten, daß Abt Eustasius von Luxeuil (615–629?), Schüler des ir. Missionars → Kolumban, die *gentes* der Nachbarschaft des burg. Klosters bekehrt habe: *Progressus ergo Warasquos praedicat, quorum alii idolatriis cultibus dediti, alii Fotini vel Bonosi errore maculati erant.* Die ± a. 690 anzusetzende *Vita S. Agili* verstärkt die Bemerkungen über das partielle Heidentum der Warasken noch. Die Anhänger des Bf.s Photeinos von *Sirmium* († a. 376) und des Bf.s Bonosus von Naïssus (verurteilt a. 391) leugneten die Jungfrauenschaft Mariens und die Gottnatur Christi. Auch Kolumban verdammte die Gemeinschaft mit den *Bonosiaci* in seinem „Poenitentiale"; nach Avitus von Vienne (MGH AA VI, 2, 62 Nr. XXXI; 37, 165 f. 230 ff.; vgl. 41, 344 ff.; 42, 354 ff.; 23, 477 f.) wurde die bonosiakische Häresie bald nach a. 501/02 von einem arianischen Bf. von Genf in Burgund verbreitet. Sie dürfte von dort aus bei den Waraskern Eingang gefunden haben.

Die Vita des hl. Ermenfred von Cusance († ± a. 670), die zumindest in einer Vorfassung noch im 8. Jh. entstand (zu negativ 44, 392 ff.; 41, 585; vgl. 36, 401 ff.; 23, 95; 16, 450 mit Lit.), bietet eine kleine Origo der Warasker, der wegen ihrer bescheidenen Tendenzlosigkeit und der sonst dysfunktionalen genauen topographischen Angaben eine echte Grundlage zugeschrieben werden muß: *... qui olim de pago, qui dicitur Stadevanga, qui situs est circa Regnum flumen, partibus Orientis fuerant ejecti, quique contra Burgundiones pugnam inierunt, sed a primo certamine terga vertentes, dehinc advenerunt, atque in pugna reversi,* *victores quoque effecti, in eodem pago Warescorum consederunt* (AA SS Sept. VII, 107; vgl. 24, 477 f.; 10, 316). Die Überlieferung der *gens* enthielt also folgende Elemente: 1) Vertreibung aus dem O, aus einem Gau namens *Stadeuanga* < **Staþa-wangaz* ‚Uferfeld' (36, 402 f.; vgl. got. *staþa* ‚am Ufer, Gestade'), den man bei einem Fluß *Regnus* verortet, den man allg. zu Recht mit dem Regen identifiziert, der bei → Regensburg in die Donau mündet; 2) verlorener Krieg gegen die Burg.; 3) erneuter, diesmal siegreicher Kampf gegen die Burg.; 4) Siedlung im Varais. Eine Anknüpfung an die kaiserzeitlichen → Naristen/Varisten, die seit Zeuss (43, 117. 585 f.) gern vertreten wurde (25, 69 f.; 26, 111; 34, 187; 33, 380 ff.; 36, 399 ff. 454 f. 468 ff.; 35, 286 ff.), hat neuerdings ihre Prämisse, die Lokalisierung der Varisten im Chamer Becken, verloren und ist aufzugeben (1, 220 f.; → Naristen S. 551. 553).

Die Vita des Wiedergründers und Erben des Klösterleins *(cellula)* Cusance (Dép. Doubs, Ct. Baume-les-Dames) Ermenfred nennt diesen einen Nachkommen eines von Abt Eustasius vor 629 bekehrten Warasker *(valde dives)* namens *Iserius* < **Isa-harjaz* (‚Eisen-Krieger'), der ein Kloster für seine Tochter *Islia* < **Isil-jā* stiftete (8, 169; 23, 94 f.). In der *parentela* des Iserius fallen die Namen *Ermenricus, Ermenfredus* (so heißt auch der Hl. von Cusance) ebenso wie der Name der *Waldalena* (Gattin des Ermenricus) mit dem in Kg.snähe stehenden Sohn *Waldalenus* auf, die eine Beziehung zur frk.-roman. Mischfamilie des z. Zt. des Eustasius wirkenden → *dux* Waldelenus eines jurassischen Dukats (vor 610) nahelegen (5, 209 ff.; 39, 176 f.). Die Gattin des Iserius, *Randovero* (mit Kurznamen *Ramdo*) < **Randuwērō* (‚Schild-Schützerin') zu germ. **wēra*- (vgl. ae. *wer-genga*, langob. *ware-gang* ‚Schutzgänger, Schutzsuchende'; ahd. *wāra* ‚Schutzbündnis, Friedensgelübde', ae. *nær* ‚Übereinkunft, Gelübde') trägt (wegen der Endung auf ō und der Bewahrung von germ. [ē]) einen ostgerm. Namen (vgl. wisigot. *Requi-viro*: 20, 394), was sich leicht durch burg. Herkunft erklären mag.

Die Warasker gehören zu den in der Franche-Comté und im ö. Dijon, in der Nähe von Doubs, Ain und Saône in der MZ auffällig dicht bezeugten germ. *gentes* wie die → Chattwarier, → Chamaver und → Scutingi, die ebenfalls für die Namen von *pagi* und Landschaften (Atuyer, Amou, Escuens) begründend wurden. Bei Kombination aller Nachrichten wird man ihre Ansiedlung nicht mit einer „poussée alemannique du septième siècle" in Verbindung bringen (5, 771), sondern eher mit den Versuchen des frk. Kg.s → Chlodwig a. 491/92 und a. 500, die burg. Expansion einzudämmen bzw. die Selbständigkeit des konkurrierenden *regnum* zu zerschlagen (19, 57 ff.; vgl. 36, 402; 40, 44 f.) (→ Burgunden § 7). Die Ausbreitung der zu Beginn des 6. Jh.s im Rhône-Raum virulenten bonosiakischen Häresie unter den Waraskern würde mit dieser Datierung kongruieren.

(1) H. Bengtson, Neues zur Gesch. der Naristen, Historia 8, 1959, 213–221. (2) A. Bernard, Cartulaire de Savigny 1, 1853. (3) H. Bresslau, Jb. des dt. Reiches unter Konrad II. 2, 1884. (4) Abbé M. Chapatte, Saint-Ursanne aux bords du Doubs, 1951. (5) M. Chaume, Les origines du duché de Bourgogne 2, 1937. (6) F-F. Chevalier, Mém. hist. sur la ville et seigneurie de Poligny, avec des recherches relatives à l'hist. du comté de Bourgogne 1, 1767. (7) E. Clouzot, Pouillès des provinces de Besançon, de Tarentaise et de Vienne, 1940. (8) M. Dubois, Un pionnier de la civilisation: S. Colomban, 1950. (9) F. I. Dunod de Charnage, Hist. des Sequanois et de la province sequanoise, 1735. (10) J. Favrod, Hist. politique du royaume burgonde (443–534), 1997. (11) J. Finot, Note sur la contrée du comté de Bourgogne appelée *pagus Scodingorum*, Bibl. de l'École des Chartes 33, 1872, 289–294. (12) R. Fiétier (Hrsg.), Hist. de la Franche-Comté, 1977. (13) W. Gisi, *Scutingi* und *Warasci*, Anz. für Schweiz. Gesch. 15, 1884, 383–392. (14) M. Gorce, Occident 561–755. Arts et peuples 1–3, 1963. (15) F. Grat u. a. (Hrsg.), Annales de Saint-Bertin, 1964. (16) M. Hardt, The Bavarians, in: H. W. Goetz u. a. (Hrsg.), Regna and Gentes. The relationship between late antique and early medieval peoples and kingdoms in the transformation of the

Roman world, 2003, 429–461. (17) W. Haubrichs, Burgundian Names – Burgundian Language, in: The Burgundians from the Migration Period to the Sixth Century: An Ethnographic Perspective (im Druck). (18) B. Hidber, Schweiz. Urk.register 1, 1863. (19) R. Kaiser, Die Burg, 2004. (20) Kaufmann, Ergbd. zu Förstem. PN. (21) Ph. Lauer, Recueil des actes de Charles III le Simple roi de France 1, 1940. (22) A. Longnon, Atlas hist. de la France. Texte explicatif des planches, 1907. (23) G. Moyse, Les origines du monachisme dans le diocèse de Besançon, Bibl. de l'École des Chartes 131, 1973, 369–485. (24) Ders., La Bourgogne septentrionale et particulièrement le diocèse de Besançon, in: J. Werner, E. Ewig (Hrsg.), Von der Spätant. zum frühen MA. Aktuelle Probleme in hist. und arch. Sicht, 1978, 467–488. (25) R. Much, Die Südmark der Germ., PBB 17, 1893, 1–136. (26) Much, Stammeskunde, ³1920. (27) Ders., Naristi, in: Hoops III, 300–301. (28) Müllenhoff, DAK IV. (29) V. Orel, A Handbook of Germanic Etym., 2003. (30) R. Poupardin, Le royaume de Bourgogne. (888–1038), 1907. (31) L. Rübekeil, VN Europas, in: E. Eichler (Hrsg.), Namenforsch. Ein internationales Handb. zur Onomastik 1 (Handbücher zur Sprach- und Kommunikationswiss. 11), 1996, 1330–1343. (32) Schönfeld, Wb. (33) E. Schwarz, Baiern und Naristen in Burgund, Südostdt. Forsch. 2, 1937, 379–382. (34) Schwarz, Stammeskunde. (35) E. Schwarz, Neues und Altes zur Gesch. der Naristen, Jb. für frk. Landesforsch. 22, 1962, 281–289. (36) Ders., Die Naristenfrage in namenkundlicher Sicht, Zeitschr. für bayer. Landesgesch. 32, 1969, 397–476. (37) D. Shanzer, I. Wood, Avitus of Vienne: Letters and Selected Prose, 2002. (38) A. de Valois, Notitia Galliarum ordine litterarum digesta, 1675. (39) B. de Vregille, Les origines chrétiennes et le haut MA, in: C. Fohlen (Hrsg.), Hist. de Besançon, 1964, 145–321. (40) N. Wagner, Zur Herkunft der Agilolfinger, Zeitschr. für Bayer. Landesgesch. 41, 1978, 19–48. (41) J. Zeiller, Les origines chrétiennes dans les provinces danubiennes de l'Empire Romain, 1918. (42) H. Zeiss, Bemerkungen zur frühma. Gesch., Zeitschr. für bayer. Landesgesch. 2, 1929, 343–360. (43) Zeuß, Die Deutschen. (44) H. Zinzius, Unters. über Heiligenleben der Diöz. Besançon, Zeitschr. für Kirchengesch. 46, 1928, 380–395.

W. Haubrichs

Warburg-Daseburg. Die am N-Ufer der Diemel gelegene und vom Vulkankegel des Desenberges beherrschte Gemarkung von Daseburg (Stadt Warburg, Kr. Höxter, Nordrhein-Westfalen) fällt innerhalb der arch. reichen Warburger Börde durch eine Reihe von Fst. auf. Bes. zu erwähnen sind mittelpaläol. Funde, Siedlungsplätze der Linearbandkeramik, ein Kreisgraben der Rössener und eine Abschnittsbefestigung der Michelsberger Kultur, endneol. Gräber, Brandgräber der BZ und EZ, Siedlungsspuren der Spät-LTZ, ein merow. Friedhof und die ma. Burgruine auf dem Desenberg. 1973 kamen bei der Notgrabung eines Urnenfriedhofes die ersten Anzeichen einer frühkaiserzeitlichen Schmiedesiedlung hinzu.

Die germ. Siedlung von Daseburg dürfte 1973–1983 mit ihren zwei Höfen vollständig erfaßt worden sein (2; 3). Im SW ihrer knapp 1 ha großen Ausdehnung scheint zwar die abweichende Orientierung einer Grubenhütte ein weiteres Gehöft anzudeuten; seine frühere Existenz haben jedoch weder Suchschnitte noch Begehungen und Metallsondenprospektion bestätigen können. Im Gegenteil: die freigelegten Siedlungsreste lagen im Lößlehm und hörten im S etwa dort auf, wo der anstehende Muschelkalkfels die Lößschicht, die ihn im N überdeckte, durchbrach.

Bei den Ausgr. des Westf. Mus.s für Arch. unter Leitung von K. Günther wurden die Grundrisse von zwei Wohnstallhäusern (→ Wohn- und Wohnstallhaus) nachgewiesen sowie die teilweise kaum noch erhaltenen Sohlen von elf bis zwölf Grubenhütten (2-Pfosten-Typ) (→ Hütte), die Standflächen von sieben Pfostenspeichern (4- und 6-Pfosten-Typ), elf Vorratsgruben, einige Lehmentnahmemulden, sonstige Siedlungsgruben und sieben Befunde, die man als Reste von Öfen deuten kann (2, Beilagen 1 und 2). Beide Wohnstallhäuser lagen parallel zueinander im W des Siedlungsareals und waren von Pfostenspeichern, Ofenresten und einigen Grubenhütten umgeben. In diesem Bereich entsprach die Siedlung von Daseburg einer normalen Einzelhofsiedlung der frühen RKZ im freien Germanien (→ Siedlungs-, Gehöft- und Hausformen § 16). Dabei war allerdings der eine, vollständige Grundriß eines Wohnstallhauses mit lediglich 4–5 m Br. und 13 m Lg. relativ klein, was auf einen nur geringen Viehbestand folgern läßt. Hinzu kommt, daß die wenigen Tierknochen, die erhalten waren, zu einem Maultier sowie wenigen kleinen Rindern und Schweinen gehörten, während Belege für die sonst zu erwartenden Schafe und Ziegen nicht vorkamen. Im Fundmaterial der somit insgesamt kleinen, unauffälligen bäuerlichen Siedlung deuten aber ein eiserner Feinschmiedehammer (2, Abb. 4,1) und häufige Reste von Schmelztiegeln (2, Abb. 4,2.3) die besondere Bedeutung des Platzes an (→ Schmied, Schmiedehandwerk, Schmiedewerkzeuge; → Hammer § 1).

30–60 m von den Wohnstätten entfernt lagen im N und NO des ganzen Areals Grubenhütten und sonstige Befunde, die viel deutlichere Spuren von Handwerk enthielten. Demnach hat man dort, abseits des landwirtschaftl. Betriebes, nicht nur Textilien sondern v. a. Metall verarbeitet, und zwar in einem Umfang, der den eigenen Bedarf höchstwahrscheinlich übertraf.

Die Metallhandwerker von Daseburg haben nachweislich nicht nur Bronze und Eisen, sondern auch Silber und Blei verarbeitet. Nach der Grabung wurde durch gezielte Metallanalysen versucht, die räumliche Herkunft der betreffenden Rohstoffe zu ermitteln. Während das Eisenerz aus der näheren Umgebung zu stammen scheint (Rasen- oder Sumpferze), ergaben sich für Bronze und Blei Hinweise auf die Verwendung von Altmetall röm. Herkunft. Diese Vermutung wurde inzw. für das Blei in Frage gestellt, denn auch eine Nutzung der örtlichen Bleierze aus dem Sauerland ist für die frühe RKZ wahrscheinlich, was bisher noch nicht wirklich überprüft wurde (4).

Hergestellt wurden in den Daseburger Schmieden v. a. kleinere Gebrauchsgegenstände (belegt sind Messerklingen und Nägel aber auch eine Nadel und ein Stempel für die Verzierung von Keramik; 2, Abb. 8,10) und Trachtteile, insbesondere Fibeln, und zwar sowohl aus Bronze als auch aus Eisen oder aus der Zusammensetzung mehrerer Metalle. Bes. hervorzuheben ist die Bronzeproduktion, die von den Tiegelresten über Barren und Halbfabrikate bis zu den Fertigprodukten überliefert ist. Dabei wurden die Bronzefibeln ähnlich wie die eisernen nicht fertig gegossen, sondern vom Barren bis zum Endzustand geschmiedet (Abb. 27). Es entstanden kleine geschweifte Armbrustfibeln entweder mit breitem Bügel, schmalem Fuß und Bügelknoten/-scheiben, deren Bügel mitunter punzverziert sind, oder mit unverziertem drahtförmigem Bügel. Zusätzlich zu diesen Spangen, die offensichtlich für den germ. Markt bestimmt waren, ist als Lesefund auch das Frg. einer Fibel der Form Almgren 22 bekannt. Daß diese in Daseburg angefertigt wurde, ist jedoch durch nichts zu belegen.

Die Datierung der Handwerkersiedlung von Daseburg ergibt sich aus der Fibelproduktion, die auf Eggers Stufe B1 hindeutet, und aus den rhein-weser-germ. Gefäßscherben, die einige Profile der älterkaiserzeitlichen Form I nach Raphael von → Uslar aufweisen. Nach Schätzung des Ausgräbers weist dies auf die Zeitspanne 20/30–50/60 n. Chr. hin (3, 116). In diesen 30–40 J. könne man zwei Nutzungsphasen voraussetzen (wegen der beiden Haupthäuser, die eher nach- als nebeneinander bestanden) und auch anhand der Füllung der Siedlungsgruben (mit oder ohne Siedlungsabfall) unterscheiden. Die bauliche Reihenfolge dieser Phasen festzulegen, fällt allerdings schwer. Während die Argumentation im Vorber. aus dem J. 1983 für eine Siedlungsverlagerung von S nach N ausging (2, 8), wurde die Entwicklung am Schluß der Gesamtvorlage im J. 1990 genau umgekehrt eingeschätzt (3, 114). Daher stellt sich nun die Frage, ob diesen zwei Phasen, für

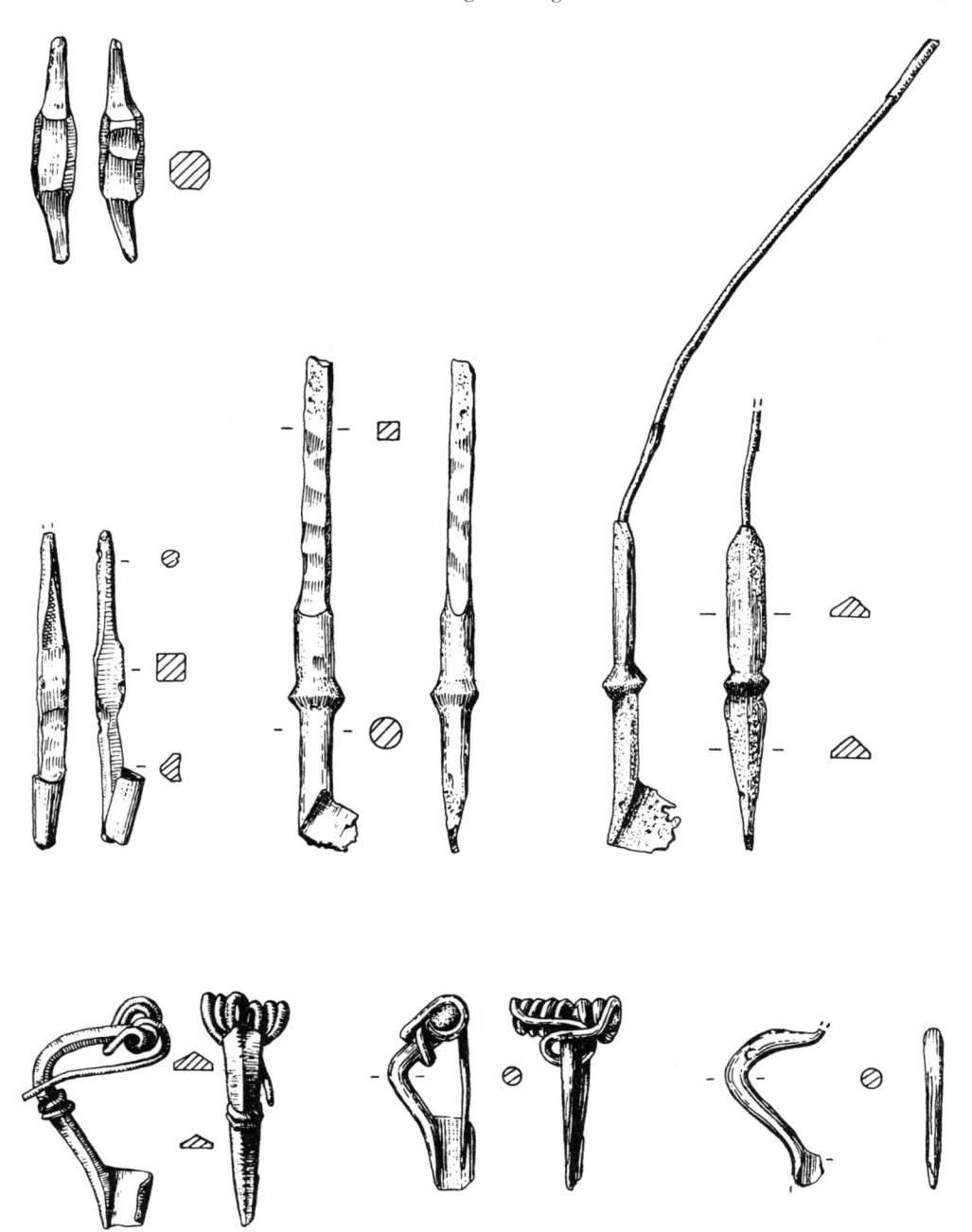

Abb. 27. Warburg-Daseburg. Geschmiedete Bronzefibeln, Barren und Halbfabrikate. Nach Günther (2, Abb. 6)

welche Schmiedetätigkeit und Gefäße der Form I nach Uslar gleichsam charakteristisch sind, nicht eine dritte Phase voranzustellen ist, während der ausgeprägtes Metallhandwerk noch nicht ausgeübt wurde. Die Tonware dieser rein bäuerlichen Phase weist nämlich keine Gefäße der Form I nach Uslar auf, sondern eher S-Profile (Typ Paderborn-Hecker), die noch „übergangszeitlich" (5, 77) sein sollen. Dementspr. müßte man mit einem früheren Beginn der Nutzung des Platzes rechnen. Mangels datierender Fibeln läßt sich dieser Beginn allerdings zeitlich nicht näher bestimmen.

Dieser neue Vorschlag, der noch der Überprüfung bedarf, verändert die bisherige Deutung des Gesamtbefundes, die für die Schmiedetätigkeit mehr oder weniger von einem Nebenerwerb einer Bauernfamilie ausging (1, 197; 2, 31). Impliziert wären nun eine stärkere Arbeitsteilung und somit eine entschiedene, weitgehend von den Römern unabhängige Marktwirtschaft im Freien Germanien in der Mitte des 1. Jh.s. Dies stimmt mit der heutigen (2005) Einschätzung des Bergbaues nach Bleierzen im benachbarten Sauerland eher überein (4).

(1) T. Capelle, Zu den Arbeitsbedingungen von Feinschmieden im Barbaricum, in: Arch. Beitr. zur Gesch. Westfalens (Festschr. K. Günther), 1997, 195–198. (2) K. Günther, Eine Siedlung der ält. RKZ mit Schmiedewerkstätten bei W.-D., Kr. Höxter (Westfalen), Germania 61, 1983, 1–31. (3) Ders., Siedlung und Werkstätten von Feinschmieden der ält. RKZ bei W.-D., 1990. (4) P. Rothenhöfer, Das Blei der Germ. Bemerkungen zu einer neuen Fundgattung und zur Aufnahme der Bleiproduktion durch Germ. während der ält. RKZ in Westfalen, Arch. Korrespondenzbl. 34, 2004, 423–434. (5) K. Wilhelmi, Beitr. zur einheimischen Kultur der jüng. vorröm. Eisen- und der ält. RKZ zw. Niederrhein und Mittelweser, 1967.

D. Bérenger

Warendorf

§ 1: Namenkundlich – § 2: Vorgeschichtliche Epochen – § 3: Völkerwanderungszeit und frühes Mittelalter – § 4: Die Anfänge der Stadt W. und des Stifts Freckenhorst

§ 1. Namenkundlich. Die erste schriftliche Bezeugung in der Form *van Warantharpa* findet sich im Heberegister des Klosters (späteren Stiftes) Freckenhorst (9, Nr. IX, S. 27 Z. 31); der entspr. Hs.teil im Nordrhein-westf. Staatsarchiv Münster gehört den letzten Jahrzehnten des 11. Jh.s an.

Der Name ist morphologisch als Kompositum mit dem geläufigen Grundwort *-dorf*, as. *thorp*, zu bestimmen. (Zum mehrfachen *tharp* im Heberegister und dem Übergang von *o > a* vor *r* + Konsonant s. 4, 71). Der mehrfach genannte Anschluß des Bestimmungswortes an einen PNstamm germ. **Warin-* (so z. B. 5, 84) als Kurzform (vgl. z. B. as. *Werin-bert, Werin-heri* usw. als Erstglied in zweigliedrigen PN) ist ausgeschlossen, weil weder ält. Schreibbelege noch die Lautgestalt bis zur Gegenwart Umlaut der Tonsilbe aufweisen und auch <i>-Schreibungen der Nebensilbe nicht vorkommen (s. 1, 115). Deshalb hat P. Derks (1, 116 ff.) das Bestimmungswort mit einem Appellativ, as. *wara* starkes Fem. ‚Fischwehr', identifiziert, das als volkssprachiges Wort in lat. Kontext neben einem starken Neutr. as. *war* nachweisbar ist (ausführlich 2, 8 f.). In der Flexionsform des Gen.s Pl. im Bestimmungswort bedeutete der Name demnach ‚Dorf der Fischwehre/an den Fischwehren'.

Gleichwohl ist ein PN im Bestimmungswort nicht völlig auszuschließen; es könnte auch eine schwach flektierte Kurzform **Waro* (mit Kurzvokal, aus der gleichen Wortsippe wie die oben genannten Appellative) vorliegen. Die mdal. Lautgestalt läßt den Ansatz von westgerm. /â/ nicht zu. Eine verläßliche Zuordnung ist allerdings mit einer Reihe von Unsicherheiten belastet (z. B. verbindliche Abgrenzung ält. Schreibbelege gegenüber Bildungen mit Langvokal, Adj. as. *wâr* ‚wahr', sowie Vermischung verschiedener Stammbildungen usw., vgl. 3, Sp. 1531 ff.; 6, 386 ff.). Außerdem fehlen sichere Bezeugungen dieser Kurzform, gerade auch im as. Sprachraum (8, 170 ff.; 7, 155 ff. 226 f.).

(1) P. Derks, Der Siedlungsname W. Ein Zeugnis ekbertinischer Herrschaft oder eine Sachbezeichnung?, in: P. Leidinger (Hrsg.), Gesch. der Stadt W. 1, 2000, 113–141. (2) W. Foerste †, Germ. *war-,Wehr' und seine Sippe, Niederdt. Wort 9, 1969, 1–51. (3) Förstem., PN I. (4) J. H. Gallée, As. Gramm., ³1993 (mit Berichtigungen und Lit.nachträgen von H. Tiefenbach), 1993. (5) F. Holthausen, As. Wb., ²1967. (6) Kaufmann, Ergbd. Förstem. PN. (7) W. Schlaug, Stud. zu den as. PN des 11. und 12. Jh.s, 1955. (8) Ders., Die as. PN vor dem J. 1000, 1962. (9) E. Wadstein (Hrsg.), Kleinere as. sprachdenkmäler, mit anm. und glossar, 1899.

E. Neuß

§ 2. Vorgeschichtliche Epochen. W. liegt im ö. Münsterland, etwa 25 km ö. von → Münster an der → Ems.

Hier kreuzen sich emsparallele Wege mit einer Fernstraße vom Hellweg bei → Soest nach → Osnabrück.

Ältester Fund ist der Teil einer Schädelkalotte aus einer Tiefentsandung in W.-Neuwarendorf, deren Zugehörigkeit zum Homo Neanderthalensis durch eine DNA-Analyse belegt werden konnte (1). Die Fundschicht konnte nicht genau datiert werden, ist aber in jedem Falle ält. als 32000 v. Chr. Aus demselben Horizont stammen auch Steingeräte. Weiterhin erbrachte die Tiefentsandung s. der Ems Reste eines Waldes aus dem Alleröd-Interstadial, 14C datiert 11600–11250 BP (3, 45; 22) und 13775–13575 BP (22, 8 f.), Nachgewiesen sind Kiefern, Birken und Weiden.

In den J. 1975–1987 wurde in W.-Neuwarendorf ein mehrperiodiger Friedhof mit insgesamt 341 Bestattungen ausgegraben, die sich beiderseits eines Weges gruppieren (23; 4, 120 ff.). Die Belegung beginnt am Ende des Neol.s mit → Baumsargbestattungen. In die ält. BZ datieren zwei größere Kreisgräben mit Körperbestattungen. Der Schwerpunkt des Gräberfeldes liegt in der jüng. BZ bis ält. EZ. Hier dominieren Urnenbestattungen mit unterschiedlichsten Einhegungen wie Langbetten, Schlüssellochgräben sowie ein- und mehrfachen Kreisgräben. Im Verlauf der EZ ist eine Tendenz zu kleineren Kreisgräben feststellbar. Am Ende der Belegung stehen jungeisenzeitliche Brandbestattungen ohne Urnen. In W.-Milte wurde 1995 ein Friedhof der ält. EZ entdeckt; ein Brandgrab enthielt ein Kettenplattengehänge (→ Kettengehänge) aus Bronze, Eisen und → Bernstein (3, 60–63; 14, 407–412).

§ 3. Völkerwanderungszeit und frühes Mittelalter. Nach einer siedlungsarmen Phase in der jüng. EZ und RKZ setzen die Funde im 5. Jh. langsam wieder ein. In W.-Milte (25, 298–301) wurde ein wohl einschiffiger Hausgrundriß von ca. 25 m Lg. in Teilen ergraben, der zum Typ → Peelo B gerechnet werden kann. Stempelverzierte → Buckelkeramik deutet die Anwesenheit von Siedlern aus NW an.

Die bedeutendsten Grabungen zum frühen MA haben aber wiederum in W.-Neuwarendorf stattgefunden. In den J. nach 1951 legte Winkelmann (26; 27) insgesamt ca. 190 Grundrisse von Wohn- und Speichergebäuden und Grubenhäusern (→ Hütte) auf zwei Grabungsflächen frei. Auf der sog. O-Fläche dominieren Häuser mit Wänden aus Spaltbohlen in Wandgräbchen, teilweise mit innen- und außenliegenden wandbegleitenden Pfosten. Lediglich am N-Rand der Fläche liegen mehrere Pfostengebäude aus mächtigen Pfosten, die wohl einer späteren Phase angehören, ebenso wie mehrere polygonale Heubergen.

Auf der W-Fläche gruppieren sich vier bis fünf Gehöfte in einer Reihe entlang der nahen Ems (3, 68 ff.). Zu jedem dieser Gehöfte – deren Gebäudebestand vielfach erneuert wurde – gehören neben den großen Wohnstallgebäuden (→ Wohn- und Wohnstallhaus) mehrere kleinere, meist rechtekkige Bauten, die als Scheunen, → Speicher oder – auf Grund von Herdstellen – als Wohnhäuser gedeutet wurden (26, 211; 27,

492 ff.). Die → Wasserversorgung funktionierte wohl nur über die Ems, denn Brunnen fehlen im Befund.

Auf der W-Fläche ließ sich erstmals für Westfalen die Entwicklung der großen Wohnstallhäuser des frühen MAs beobachten. Am Anfang steht ein Gebäude, dessen Wand zwar noch aus Spaltbohlen gebildet wird, das aber bereits in der Mitte der beiden Längswände jeweils einen rechteckigen Vorbau aufwies, der wohl den Eingang überspannte. Hieraus entwickeln sich einschiffige Pfostenbauten, die durch mehr oder weniger schiffsförmig ausbauchende Längswände und von außen angesetzte, schräge Stützpfosten gekennzeichnet sind; sie werden auch als Typ W. bezeichnet (17, 278 ff.). Nicht immer sind allerdings die Außenpfosten als Stützpfosten konzipiert, oft bilden sie auch teils oder ganz umlaufende Abseiten (15, 172; 16, 40). Hier sieht Reichmann eine Entwicklungslinie hin zum Nd. Hallenhaus.

Das Fundspektrum läßt die Siedlung als relativ autarke, durch Landwirtschaft geprägte Einheit erscheinen. Eine Flachshechel, Schafscheren und Spinnwirtel (18) betonen die Rolle der Textilherstellung. Daneben wurde aber auch Eisen hergestellt und verarbeitet, wie Schmiedeschlacken und eine Luppe belegen. Bei der Keramik überwiegt handgemachte, einheimische Ware (19), lediglich Muschelgrusware des Küstengebiets ist in einzelnen Befunden mit Anteilen bis zu 24% vertreten (19, 55). Rhein. Import ist hingegen extrem selten.

Die Neubearbeitung der Keramik durch Röber (19) führte auch zu einer chron. Neubewertung. Der Beginn der Siedlung ist in das letzte Drittel des 7. Jh.s zu setzen, was gut mit Beobachtungen im weiteren Münsterland korrespondiert (20, 284). Die jüngsten Funde stammen aus dem 2. Viertel des 9. Jh.s (19, 107), womit sich die Überlegung Winkelmanns (26, 200 ff.), das Ende der Siedlung mit der Eroberung des Münsterlandes durch → Karl den Großen kurz vor 800 zu verbinden (→ Sachsenkriege), heute nicht mehr halten läßt.

Etwa 300 m weiter s. wurde 1976 ein weiteres Gehöft erforscht (24). Der → Einzelhof gehört schon voll dem 9. Jh. an und schließt damit zeitlich an die Siedlungen auf der O- und W-Fläche an. N. der O-Fläche querte bis in die Neuzeit eine → Furt die Ems. Sie bildete gleichzeitig die W-Grenze der Fischereirechte auf der Ems um W. (28, 434). Am Rand der n. Niederterrasse der Ems, an einem noch heute bestehenden, zur Furt führenden Hohlweg, lag eine weitere frühma. Hofstelle (6, 497–500). Hier setzte die Besiedlung um die Mitte des 7. Jh.s – wiederum mit Wandgräbchenhäusern – ein und endete um 1200 nach Chr., vielleicht verlagert zu der heute noch bestehenden Hofstelle Dahlmann. Aus einem Grubenhaus der Zeit um 700 nach Chr. stammt einer der wenigen faßbaren Belege für Heidentum in Westfalen, ein Paar eiserne → Thorshammer-Anhänger (5). Ein fünfter Siedlungsplatz – wohl mit zwei Gehöften – lag etwa 700 m w. Er wird vorläufig vom 9. bis an den Beginn des 13. Jh.s datiert (6, 500 f.). Es ergibt sich somit das Bild einer dicht mit Einzelhöfen und kleineren Gehöftgruppen aufgesiedelten Landschaft (4, 125 ff.). Dabei ist eine Tendenz von Mehrgehöftsiedlungen zu Einzelhöfen zu bemerken, möglicherweise von Siedlungen, die inmitten ihrer Ackerflur lagen, hin zu Eschrandsiedlungen (→ Esch § 8).

§ 4. Die Anfänge der Stadt W. und des Stifts Freckenhorst. Als Keimzelle der späteren Stadt W. ist die erste Kirche St. Laurentius anzusehen. Obwohl sie erst 1139 urkundlich belegt ist (2, 155), wird sie u. a. wegen der Größe des urspr. Ksp.s zu den frühesten Kirchengründungen des Münsterlandes gezählt. Ob sie aus der Zeit des hl. Liudger (23, 144) (→ Mission, Missionar, Missionspredigt § 3c; → Münster § 3) stammt oder aus vorliudgeranischer Zeit (9; 10, 91 ff.) war bislang weder hist. noch arch.

zu klären. In der Kirche wurden bei Grabungen Fundamentreste eines roman. Vorgängers sowie eines ält. Estrichs (2, 155) sowie einige Pfosten (28, 435) gefunden. Allg. angenommen wird, daß die Kirche eine ekbertinische Gründung ist, als Grundlage diente der sog. ‚Freie Hof' s. der Kirche. Um die Kirche, den Freien Hof und einen bischöflichen Amtshof (9; 10, 98 ff.) bildete sich bis zur Stadtwerdung im 12. Jh. eine Marktsiedlung.

Um 860 wird 3 km s. von W. das Stift Freckenhorst gegründet. Als Stifter werden der mit hoher Wahrscheinlichkeit aus der Familie der Ekbertiner stammende Everword und seine Frau Geva genannt (7; 8; 13, 508 f.). Nach den Unters. Lobbedeys wurde zunächst auf einer Siedlungsschicht mit frühma. Fundmaterial eine Klausur errichtet, in dessen N-Flügel eine kleine, St. Vitus geweihte Kapelle integriert war. Die in einigem Abstand n. anschließende Stiftskirche St. Bonifatius wurde wohl erst später fertiggestellt. Ein in Resten ergrabener spätkarol. Bau überlagert bereits Bestattungen eines Baumsargfriedhofs, so daß ein Vorgängerbau erwartet werden kann. Ob dieser bereits in vorstiftische Zeit datiert (11, 12 ff.) läßt sich bislang aber nicht eindeutig belegen.

Der Stiftsbez. war großräumig von einer Wall-Graben-Befestigung umgeben, die aber bereits im 11. Jh. in W. von der Petrikapelle überbaut wurde (12a).

(1) A. Czarnetzky, L. Trellisó-Carreno, Le Frg. d'un os pariétal du Néanderthalien classique de W.-Neuwarendorf, L'Anthropologie 103, 1996, 237–248. (2) O. Ellger, Die W.er Kirchen und ihre Ausstattung, in: P. Leidinger (Hrsg.), Gesch. der Stadt W. Vor- und Frühgesch., MA, Frühe Neuzeit 1, 2000, 153–198. (3) J. Gaffrey u. a., Vom Neandertaler bis zu den Sachsen. Fst. im Raum W., in: wie [2], 39–86. (4) Ch. Grünewald, „Den rechten Weg finden" – Zur Wegeforsch. im Reg.-Bez. Münster aus arch. Sicht, in: Wege als Ziel. Kolloquium zur Wegeforsch. in Münster, 2002, 117–130. (5) Ders., Frühe Thorshammer-Anhänger aus W. an der Ems, in: Arch. Zellwerk. Beitr. zur Kulturgesch. in Europa und Asien (Festschr. H. Roth), 2001, 417–423. (6) Ders., Rechts und links der Ems. Frühgeschichtl. Siedlungen bei W., in: H. G. Horn u. a. (Hrsg.), Von Anfang an. Arch. in Nordrhein-Westfalen, 2005, 497–501. (7) W. Kohl, Das (freiweltliche) Damenstift Freckenhorst, Germania Sacra NF 10, 3, 1975, 53–71. (8) Ders., Gesch. des Klosters Freckenhorst bis zur Umwandlung in ein freiweltliches Damenstift (1452), in: K. Gruhn (Hrsg.), Freckenhorst 851–2001. Aspekte einer 1150jährigen Gesch., 2000, 11–30. (9) P. Leidinger, in: Westf. Städteatlas, hrsg. von H. Stoob u. a., Lfg. 2, Nr. 15, 1981. (10) Ders., Von der Kirchgründung zur Stadtwerdung (ca. 785–1200). Grundaspekte der Ortsentwicklung W.s in vier quellenarmen Jh., in: wie [2], 88–112. (11) Ders., Zur Christianisierung des O-Münsterlandes im 8. Jh. und zur Entwicklung des ma. Pfarrsystems, Westf. Zeitschr. 154, 2004, 9–52. (12) U. Lobbedey, Vorber. über die Grabungen s. der ehem. Stiftskirche zu Freckenhorst, Warendorfer Schr. 3, 1973, 19–24. (12a) Ders., Zur Baugesch. der Petrikapelle in Freckenhorst. Neue Grabungsfunde, ebd. 3, 1973, 25–27. (13) Ders., Der Kirchenbau im sächs. Missionsgebiet, in: Ch. Stiegemann, M. Wemhoff (Hrsg.), 799 – Kunst und Kultur der KaZ. Karl der Große und Papst Leo III. in Paderborn. Ausstellungskat. 3, 1999, 498–511. (14) H. Polenz, Als Eisen noch kostbar war. Ein außergewöhnliches Schmuckensemble in einem Grab der ält. vorröm. EZ von Milte bei W., in: Bildergesch. (Festschr. K. Stähler), 2004, 407–413. (15) C. Reichmann, Ländliche Siedlungen der EZ und des MAs in Westfalen, Offa 39, 1982, 163–181. (16) Ders., Zur Entstehungsgesch. des niederdt. Hallenhauses, Rhein.-Westf. Zeitschr. für Volkskunde 29, 1984, 31–40. (17) Ders., Die Entwicklung des Hausbaus in NW-Deutschland von der Vorgesch. bis zum frühen MA, in: wie [13], 278–283. (18) R. Röber, Die Spinnwirtel der sächs. Siedlung W., Ausgr. und Funde Westfalen-Lippe 6 B, 1991, 1–22. (19) Ders., Die Keramik der frühma. Siedlung von W. Ein Beitr. zur sächs. Siedlungsware NW-Deutschlands, 1991. (20) C. Ruhmann, Frühma. Siedlungen im Münsterland, in: wie [13], 284–290. (21) B. Rüschoff-Thale, Der späteiszeitliche Wald, in: Neandertaler und Co. Begleitschr. zur Ausstellung des Westf. Mus.s für Arch. Münster, 1998, 42–44. (22) Dies., Die Toten von Neuwarendorf, Bodenaltertümer Westfalens 41, 2004. (23) A. Schröer, Ma. Kirchengesch. W.s: Von der ags. Mission bis zur Reformation, in: wie [13], 143–152. (24) K. Wilhelmi, Zur Siedlungsarch. des frühen MAs im oberen Ems (Telgte, W.), Westf. Forsch. 28, 1976/77, 98–111. (25) W. Winkelmann, Eine Siedlung des 1.–5. Jh.s in Milte, Kr. W., Nachrichtenbl. für dt. Vorzeit 14, 1938, 298–301. (26) Ders., Eine westf. Siedlung des 8. Jh.s bei W., Kr.

W., Germania 32, 1954, 189–213. (27) Ders., Die Ausgr. in der frühma. Siedlung bei W. (Westf.), in: W. Krämer (Hrsg.), Neue Ausgr. in Deutschland, 1958, 492–517. (28) Ders., Vor- und frühgeschichtl. Siedlungsräume und Siedlungen und die polit. Raumbildung in Westfalen, Spieker 25, 1977, 427–436.

Ch. Grünewald

Wargus. Am Anfang der Diskussion über das sprachliche und rechtsgeschichtl. Problem, das der merow.-frk. Rechtsterminus *wargus* aufgibt, steht J. Grimms Bemerkung in seinen „Rechtsalterthümern" von 1828: W. bedeute Wolf und Räuber, weil der Verbannte gleich dem Raubtier ein Bewohner des Waldes sei und gleich dem Wolf ungestraft erlegt werden dürfe (10, II, 335). Sprachgeschichtl. hatte dies für gemeingerm. **wargaz* zum Ansatz einer Doppelbedeutung ‚Wolf' bzw. ‚Verbrecher' geführt. Rechtsgeschichtl. folgerte man daraus, daß *wargus* auf dem Hintergrund einer umfassenden Friedensgemeinschaft zu sehen sei, die den Missetäter dem Wolf gleichstelle, der als Friedloser von jedermann als Feind behandelt werden durfte (17). Doch war die → Friedlosigkeit sühnbar. Der Friedlose konnte sich „aus dem Walde" kaufen, wie Conrad formulierte (8, 51).

Die Qu.lage zeigt folgendes Bild: Im *Pactus legis Salicae* wird in Tit. 55 (§ 4) von der Ausgrabung und Ausplünderung einer schon bestatteten Leiche gesprochen. Der Grab- und Leichenschänder sei *wargus* genannt worden – und dies bis zu dem Zeitpunkt, da er mit den Verwandten des Verstorbenen eine Übereinkunft erreicht hätte (1; 2; 4; 27; 12, § 68, § 130, § 155). Eckhardt übersetzte *wargus* mit ‚wolfsfrei' bzw. ‚Würger'. In diesen Qu. des 6. und 7. Jh.s ist der Terminus allein auf die genannte Leichenschändung bezogen.

Unter den ags. Rechtstexten sind es nur die *Leges Henrici* I (§ 83,5), die vom Leichenräuber sagen: *wargus habeatur*. Liebermann sieht darin eine Abschrift aus der *Lex salica* (20, 414), so daß für das Ags. der Terminus nicht originär wäre. Die volkssprachige Form für *wargus* (= *wearg*) gebrauchen die nichtjuristischen Texte im Sinne von Wolf, Geächteter.

Die skand. Belege für den Rechtsterminus *vargr* beginnen relativ spät. Das Kompositum *morðvargr* (wörtlich: Mord-*vargr*) begegnet in der isl. → *Grágás* (Grg. I, 178). ‚Mord' definiert die *Grágás* als Missetat, bei der der Täter die Leiche hehlt oder hüllt oder sich nicht zur Tat bekennt (Grg. I, 154). Darauf steht Waldgang (*skóggangr*) (→ Waldgänger). Wer einen Waldmann erschlug, konnte ein Kopfgeld beanspruchen, das normalerweise eine Mark betrug, das sich aber auf 3 Mark erhöhte, wenn es Täter betraf, die sich (a) eines Totschlags auf dem Allding schuldig machten, (b) solche, die Leute in ihrer Behausung verbrannten, (c) Hörige, die wegen eines Totschlags an ihrem Herrn oder dessen Angehörigen in die Acht fielen und schließlich (d) diejenigen, die als *morðvargr* (d. i. Meuchelmörder) friedlos wurden (Grg. III, 673; Grg. I, 178; Grg. II, 348).

Die altnorw. Rechtstexte bieten weitere Belege. Das Simplex *vargr* verwenden die ält. Gesetze öfter als Synonym für *úlfr* = Wolf (vgl. die Belege in: 3). Die Komposita bezeichnen die Friedlosen und spezifizieren dabei die unterschiedlichen Kasus der Ächtung:

- *brennuvargr*: Ächtung wegen Gewaltausübung gegen jemanden durch Inbrandsetzung seines Hause
- *gorvargr*: Ächtung wegen Viehtötung (und damit Zerstörung einer Wirtschaft)
- *heimsóknarvargr*: Ächtung wegen Gewaltausübung gegen Hausbewohner

Zwei weitere Komposita charakterisieren den *vargr* generell:

- *morðvargr*: der Meuchelmörder, dem die letzte Ruhe in geweihter Erde verwehrt ist

— *uvísavargr:* der Friedlose, der als solcher nicht erkannt wird oder der selbst nicht um den Straftatbestand seiner Taten weiß.

Auch die aschwed. Gesetze kennen einen vergleichbaren Wortschatz.

Das Simplex *vargher* belegt Schlyter (25) für *Västgöta-, Östgötalagen* und weitere Qu. im Sinne von ‚Verbrecher'. Die Komposita *kasnavergher* und *gorvargher* stehen für ‚Mordbrenner, Brandstifter' und ‚Zerstörer einer Viehwirtschaft'.

Der kurze Überblick zeigt, daß W. und seine volkssprachigen Entsprechungen in den germ. Sprachen zum Fachwortschatz des Rechtes gehörten — ausgenommen ist das Got., dessen Überlieferung keine eigenen Rechtstexte kennt, und weitgehend auch das Ae. Die Belege reichen von der MZ bis in das hohe MA. Semant. sind gewisse Unterschiede bemerkbar: Die merow.-frk. Gesetze belegen den Gebrauch für Leichenschändung (vgl. zum Grabfrevel generell: 15). Die nord. Rechte greifen mit ihrem Wortschatz die verschiedenen Fälle der Friedlosigkeit auf.

Über die Rechtstexte hinaus ist *varg-* auch in anderen Textgattungen bezeugt:

Got. *launawargos*, nom., pl. (2. Thimoteus 3,2), übersetzt griech. ἀχάριστος (lat. *ingratus*) undankbar. Der Beleg ist bemerkenswert, nicht nur wegen der zeitlich frühesten Bezeugung von *varg-*. Warum hat Wulfila nicht eine verneinte Form gewählt (wie in den vorgegebenen Bibelsprachen — und den umgebenden *un-* Formen: *ungahvairbs* = ἀπειθής, *unairkns* = ἀνόσιος und weitere)? Lexeme für ‚Dank', ‚Dankbarkeit' hätten Wulfila zur Verfügung gestanden: *ansts, þanks, awiliuþ*. Benveniste (6, 132) hat bereits auf diese Merkwürdigkeit verwiesen. Was ist ein *launawargs**? Osthoff meinte „der den Lohn oder die Dankbarkeit Erwürgende, Unterdrückende, der Undankbare" (zitiert nach 5, 50 f.). Uhlenbeck übersetzte „verbrecher hinsichtlich des lohnes" (30). Benveniste interpretiert: „der seines Lohnes enthobene, derjenige, dem das *laun* verweigert wird". Ist der *wargs* der Schädiger oder der Geschädigte? — wohl doch der Schädiger! Zugrunde liegt vermutlich eine Mißachtung des Bezuges von Dankbarkeit und Lohngewährung. Der *launawargs* wäre dann derjenige, der eine gesellschaftliche Konvention allg. Gültigkeit mißachtet, verletzt. Sollte dies zutreffen, käme dem *laun,* dem Lohn, der auch ein Gunsterweis ist, wie Benveniste betont, tatsächlich ein hoher Rang im sozialen Gefüge zu.

Der got. Beleg ist eine starke Stütze für die Annahme, daß mit dem Stamm **warga-* in sehr früher Zeit eine Bedeutungskomponente verbunden war, die auf eine bestimmte Qualität zwischenmenschlicher Beziehung wies — und dies in einer negativen Konnotierung. Dafür spricht auch das got. *wargiþa* (Verdammnis), das ein zugrundliegendes Verbum *ga-wargjan* (verdammen, ächten — bzw. konkret: töten durch Hängen, Erwürgen) voraussetzt. Ende des 5. Jh.s spricht dann auch Sidonius Apollinaris, Bf. von Clermont-Ferrand, von W. als dem Verbrecher: *wargorum nomine indigenae latrunculos nuncupant* (epist. 1,4).

Nordgerm. Sprachen, die in einigen Zügen dem Got. nahestehen, bestätigen diesen Befund. Anzusetzen ist ein urnord. **warga-* Missetäter, Geächteter (aisl. *vargr í véum* = Schänder eines Heiligtums). Alle skand. Sprachen kennen das Lexem (7; 13). In das Finn. gelangte es als *varas* ‚Dieb' (16, 178). Nur die nordgerm. Sprachen verbinden mit **warga-* auch die Bedeutung ‚Wolf'. Es spricht vieles dafür, daß diese Bedeutungserweiterung eine nord. Sonderentwicklung darstellt — sei sie nun aufzufassen im Sinne einer Metaphorisierung oder als Ausdruck einer Änderung der Wesensqualität (28, 35; 18, 386).

Auch die westgerm. Sprachen liegen auf dieser Linie einer übertragenen Bedeutung: as. *warag* ‚Verbrecher, Frevler', ae. *wearg* ‚accused one, outlaw, felon, criminal', ahd. *warg*

‚Feind, der Böse, Teufel' (7, 1021 f.). Eine Ableitung liegt vor in ahd. *fur-uuergen* (Tatian), as. *giwaragean* (Heliand) und ae. *wiergan* ‚verfluchen, bestrafen' (d. i. zu einem Missetäter erklären und ihn bestrafen). Wenn aus diesen Belegen eine semant. Entwicklung von Würger zu Missetäter abzulesen ist, so ist eine weitere Progression zur Bedeutung ‚Wolf' nicht unmittelbar ablesbar. Bedeutung kommt hier ae. Belegen zu, die Liebermann unter *wulfesheved = lupinum caput* ‚Wolfskopf' notiert und und dazu erklärt: Wolfskopf tragen, d. h. friedlos, geächtet, vogelfrei sein. Weiter verweist Liebermann auf ein Rätsel aus dem *Exeter Book* (29, 41. 191), wo von *wulfheafedtreo,* dem ‚Wolfshauptbaum' die Rede ist, den er als ‚Verbrecherbaum' übersetzt und als ‚Galgen' interpretiert. Das *Exeter Book* ist in die 2. Hälfte des 10. Jh.s zu datieren. Jacoby schließt zwar, daß diese Belege es nicht notwendig machten, ‚Wolf' vor der Jt.wende als Missetäterbezeichnung anzunehmen (13, 62), doch fand dies auch Widerspruch (23; 26; 27).

Zur weiteren Wortbildung und Semantik ist anzuführen ein mhd. starkes Vb. (der e-Stufe): *erwergen* (erwürgen – belegt ist nur das Part. Praeteritum *erworgen.* Die schwache Bezeugung könnte freilich auch eine Sekundärbildung vermuten lassen), weiter eine kausative *jan*-Bildung der Bedeutung ‚ersticken machen, drosseln': ahd. *wurgen,* mhd. *würgen,* as. *wurgian,* ae. *wyrgan* (dazu ne. *worry*). Daneben steht ein urspr. intransitives *ēn*-Vb.: **worgēn:* mhd. *worgen* ‚erwürgt werden, ersticken'. Außerhalb der ‚westgerm.' Sprachen sind von dieser Basis nur Nominalbildungen zu nennen: aisl. *virgill* (bzw. *virgull*), as. *vurgil* (<**wergila/*wurgila-*) (‚Henkers-)Strick' (9; 19; 21, 177 f.).

Auch der Namenschatz wurde herangezogen, um das Verhältnis von W. und Wolf zu klären. PN und ON scheinen zu bestätigen, daß die *varg*-Terminologie (im Sinne von ‚Wolf') im N eine wikingerzeitliche Erscheinung war (14; 27, 194 f.). Frühe skaldische und eddische Dichtung rezipieren *vargr* als ‚Wolf' (auch im Sinne eines Walstatt-Tieres) und in der Bedeutung ‚Friedloser' (Zu den eddischen Belegen vgl. K. von See u. a., Kommentar zu den Liedern der Edda 4, 2004, 311. 755).

Die sprachlichen Belege lassen einige Deutungsmöglichkeiten zur W.-Diskussion zu:

a. Der W. gehört sprachlich zur Wortfamilie von germ. **werg-/*warg-/*wurg-.* Germ. **warga-,* das der latinisierten Form W. zugrunde liegt, kann als Nomen agentis zur 2. Ablautstufe des starken Vb.s verstanden werden – mit der primären Bedeutung Würger (sekundär Verbrecher). Auch ein urspr. Nomen actionis der Bedeutung ‚Würgung > todeswürdiges Verbrechen > Verbrecher' wäre zu bedenken. Sowohl die Terminologie der Verbrechensverfolgung wie der -bestrafung bediente sich dieser Wortfamilie. Eine gewisse öffentliche Strafpraxis könnte damit verbunden gewesen sein.

b. Die von Grimm postulierte Verbindung von W. und Wolf läßt sich mit Sicherheit in den nordgerm. Sprachen belegen. Die semant. Brücke, die vom ‚Würger' zum ‚Wolf' führt, belegt auch ein jüng. Sprachgebrauch – wenn z. B. von den ‚gescheckten Würgern', d. h. Tigern und Leoparden, die Rede ist, weiter der zum Töten ausgesandte Engel als ‚Würgengel' bezeichnet wird und ‚würgen' auch die Bedeutung von ‚töten' annimmt (vgl. die bedeutsamen sprachlichen Erörterungen von Wissmann [31]). Die genannten Belege des Ae. sprechen dafür, daß auch dort die Verbindung von Verbrecher = Wolf bekannt war.

c. Die dritte Grimmsche Annahme betrifft die Verbindung des W.-Wolf mit der Waldbehausung. Es ist kaum zu bezweifeln, daß diese Verbindung über den Wolf zustandekam – den Wolf, der eben nicht nur als Würger galt, sondern auch als Bewohner einer dem Menschen feindlichen Gegenwelt (24) (→ Wolf § 3). Auch hier liefert das Ae. mit *wealdgenga* (Räuber, Dieb) einen Beleg für die Vorstellung der Waldbehausung des Missetäters. Wenn andererseits die *Lex Ribvaria* den W. als *expulsus* erklärt, steht wohl auch hier bereits eine Vorstellung von Welt und Gegenwelt dahinter. Ausformuliert hat diese Vorstellung der N, wenn er vom Geächteten als Waldgänger *(skóggangsmaðr)* spricht und generell die Mittelwelt als Bereich des geordneten Lebens *(miðgarðr)* der Außenwelt als Ort des Menschenfeindlichen *(útgarðr)* gegenüberstellt (vgl. auch 11, 51 ff.) (→ Miðgarðr und Útgarðr).

Das Thema W. hat eine rechtsgeschichtl. Dimension (vgl. dazu → Waldgänger). Zu der in jüngster Zeit geführten indogermanistischen Diskussion (über etym. Verbindungen zu hethitischen Belegen) ist zu vergleichen: 7, 1021–1023 mit weiteren Lit.angaben.

Qu.: (1) Die Gesetze des Merowingerreiches 481–714, hrsg. von K. A. Eckhardt, Germ.rechte 1, 1935, 80 f. (2) (3) L. Rib., 2. Text und Lex Francorum Chamavorum, hrsg. von K. A. Eckhardt, Germ.rechte NF, Westgerm. Recht 8, 1966, 77. (3) NGL V, s. v. *vargr*. (4) Die Gesetze des Merowingerreiches 481–714, hrsg. von K. A. Eckhardt, Germ.rechte. Texte und Übs., 1. P. L. S. Recensiones Merovingicae, 1955, 160.

Lit.: (5) A. Bammesberger, Die Morphologie des urgerm. Nomens, 1990. (6) E. Benveniste, Ie. Institutionen, Wortschatz, Gesch., Funktionen, 1993. (7) H. Bjorvand, F. O. Lindeman, Våre arveord. Etymologisk ordbok, 2000. (8) Conrad, DRG I. (9) Grimm, DWb., s. v. würgen. (10) Grimm, Rechtsalt. (11) H.-P. Hasenfratz, Die Toten Lebenden. Eine relig.sphänomenologische Studie zum sozialen Tod in archaischen Gesellschaften, 1982. (12) W. van Helten, Zu den Malbergischen Glossen und den salfrk. Formeln und Lehnwörtern in der Lex Salica, PBB 25, 1900, 225–542. (13) M. Jacoby, *wargus, vargr* ‚Verbrecher' ‚Wolf', eine sprach- und rechtsgeschichtl. Unters., 1974. (14) Ders., Nord. ON mit *varg-* ‚Wolf' ‚Verbrecher' und *ulv-* ‚Wolf', BNF NF 11, 1976, 425–436. (15) H. Jankuhn u. a. (Hrsg.), Zum Grabfrevel in vor- und frühgeschichtl. Zeit. Unters. zu Grabraub und „haugbrot" in Mittel- und N-Europa, 1978. (16) E. Karsten, Die Germ., 1928. (17) E. Kaufmann, Acht, in: HRG I, 25–32. (17a) Ders., Friede, in: ebd. 1275–1291. (18) H. Kuhn, Kl. Schr. 2, 1971. (19) Lehmann, Dict., s. v. **launavargs*. (20) Liebermann, Ges. d. Ags. II/2. (21) R. Lühr, Expressivität und Lautgesetz im Germ., 1988. (22) H. H. Munske, Der germ. Rechtswortschatz im Bereich der Missetaten I, Die Terminologie der ält. westgerm. Rechtsqu., 1973. (23) Ders., Rez. zu [13], Studia Neophilologica 49, 1977, 172–178. (24) W. Schild, Wolf, in: HRG V, 1497–1507. (25) C. J. Schlyter, Ordbok till Samlingen af Sveriges Gamla Lagar, 1877. (26) R. Schmidt-Wiegand, Rez. zu [13], PBB 99, 1977, 100–104. (27) Dies., W. Eine Bezeichnung für den Unrechtstäter in ihrem wortgeschichtl. Zusammenhang, in: [15], 188–196. (28) K. von See, Kontinuitätstheorie und Sakraltheorie in der Germanenforsch., 1972. (29) F. Tupper (Hrsg.), The Riddles of the Exeter Book, 1910, Nachdr. 1968, 41, 191 f. (30) C. C. Uhlenbeck, Kurzgefasstes etym. Wb. der got. Sprache, ²1900, s. v. *launavargs*. (31) W. Wissmann, in: Grimm, DWb., s. v. würgen, Würgengel, Würger.

H. Beck

Warnebertus-Reliquiar. Das Reliquiar (Taf. 12a) wird im Schatz der Stiftskirche zu Beromünster (Kt. Luzern, Schweiz) aufbewahrt; wegen seiner Inschr. am Boden (s. u.) wird es als W.-R. bezeichnet (gute Farbabb.: 7, 89 Abb. 29). Es gehört zur Gruppe der bursaförmigen Reliquiare, gekennzeichnet dadurch, daß sie an den beiden Schmalseiten eine Vorrichtung zur Befestigung eines Riemens aufweisen, mit dem sie für Prozessionen, Reisen oder andere kirchliche Anlässe vor der Brust getragen werden konnten (6a). Als sog. hausförmige Schreine bilden sie die größte Gruppe frühma. Reliquiare, insbesondere im Alpenraum, in Gallien und im insularen Bereich (→ Reliquiare S. 471); viele von ihnen besitzen wie das W.-R. ein abgewalmtes Satteldach. Ober- und Unterteil sind durch ein an der Rückseite befindliches Scharnier miteinander verbunden (das ‚Hängeschloß' an der Vorderseite stammt aus späterer Zeit). Das W.-R. ist aus Kupfer gearbeitet und vergoldet. Maße: L. 12,5 cm, Br. 4,8 cm, Gesamthöhe 9,4 cm.

Vorderseite (Taf. 12a): Rahmung mit dichtgereihten Rundeln, z. T. noch mit Almandinen; seitlich des Mittelmedaillons je ein gleicharmiges griech. Kreuz gleichfalls

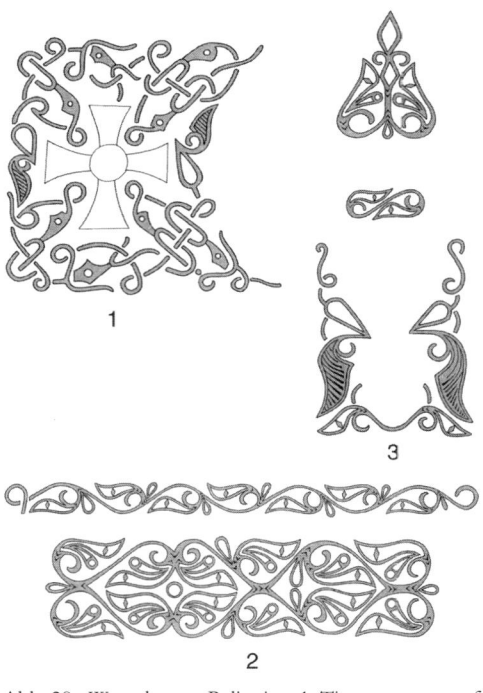

Abb. 28. Warnebertus-Reliquiar. 1 Tierornament auf der Frontseite; 2 Palmettenornamentik auf der Rückseite; 3 Ornament auf der Schmalseite. Nach Haseloff (5, Abb. 3, 7 und 10)

mit noch teilweise erhaltenen Almandinen, umgeben von flächendeckendem spätem germ. Tierstil (Abb. 28,1; s. u.); auf der Frontseite des Deckels ebenfalls gleichartiger Tierstil um ein Medaillon (im Zentrum blaßblauer Halbedelstein), daneben zu beiden Seiten schräg angeordnete, schlaufenartig ausgebildete Kreuze mit Almandinen.

Rückseite (Taf. 12b): klar komponierte, scharf geschnittene Ornamentik in Kerbschnitttechnik, in der Rahmenleiste mit einer Wellenranke, im Innenfeld mit Palmetten und Halbpalmetten, z. T. mit winkelförmigen Punzeinschlägen (Abb. 28,2); auf dem Deckel ein medaillonartiges gerahmtes Feld mit einer Kelchdarst., aus deren Cuppa eine Palmette mit Seitenblättern herauswächst, zu beiden Seiten wieder vegetabile Ornamentik mit der Besonderheit, daß die beiden Doppelpalmetten jeweils in einem großen gefiederten Blatt enden (s. u.).

Schmalseiten (Abb. 28,3): im giebelförmigen Feld des Daches eine Doppelpalmette, auf der Unterseite seitlich der Tragevorrichtung Tierornamentik im Stil II wie auf der Vorderseite, jedoch ohne Köpfe, aber mit schmalen bandartigen Körperteilen, die zu einem tropfenförmigen Tierschenkel führen, mit einem Fuß mit eingerollter Zehe und einer weiteren fächer- bzw. blattartig ausgebildeten Zehe (s. u.).

Kunstgeschichtl. Einordnung, Datierung, Werkstattproblematik. Baum, der sich als erster mit dem W.-R. befaßte, erkannte bereits 1953, daß dieses in einem Arbeitsgang geschaffen wurde, also die Rückseite keine karol. Zutat der Zeit um 800 ist, wie zuvor von ihm erwogen wurde (3). Ohne diese Arbeit zu kennen, führte dies Joachim → Werner weiter aus und stellte fest, daß das W.-R. durch die „gleichberechtigte Verbindung [der byz. Rankenornamentik] mit der gleichzeitigen germanischen Tierornamentik" gekennzeichnet sei (10, 108) und stellte ihm das Reliquiar aus der Umgebung von Tiel, Betuwe als Flußfund aus dem Rhein (im Katharinenkonvent von Utrecht; → Utrechter Reliquiar) (12) und eine silberne Riemenzunge als Siedlungsfund vom Domplatz zu Utrecht, Niederlande, (5, 211 f. Abb. 14) als engste Analogien zur Seite. Alle drei Goldschmiedearbeiten, also zwei kirchliche und eine profane, weist Werner einer Werkstatt mit einem Goldschmied zu, der am Ende des 7. Jh.s die byz. Rankenornamentik und die germ. Tierornamentik gleich souverän kannte und beherrschte, aber germ. Werkstatttradition entstammte. Trotz der überregional weiten Kontaktzone zw. Rankenornamentik und kontinentalem Stil II (so schon 1, 33) glaubte Werner, daß der Meister des W.-R.s am ehesten in der frz. Schweiz, vielleicht am Genfer- oder Neuenburgersee gearbeitet haben könnte. Sollte der Warnebertus der Inschr. (s. u.) mit dem Bf. von Soissons († um 676) identisch sein, so wäre auch ornamentgeschichtl. nichts gegen eine Entstehung des Reliquiars zu dieser Zeit in Soissons einzuwenden (10, 109), das dann, wie Baum vermutet, erst im 14. Jh. in den Aargau gelangt sei (3, 100). Letztlich betont Werner jedoch, daß die Lokalisierungsfrage offen bleiben müsse, erst recht, wenn es sich um einen Wanderhandwerker handelte (10, 109; so schon 1, 83).

Grundsätzlich einig ist sich die Forsch., daß die Tierornamentik auf dem W.-R. dem späten kontinentalen Stil II angehört, den Stein mit seiner ält. Phase als Beromünsterstil bezeichnete (11, 41–46) (→ Tierornamentik, Germanische § 4; → Germanen, Germania, Germanische Altertumskunde § 38g). Am ausführlichsten hat sich Günther → Haseloff mit dem W.-R. befaßt (5) und dabei mit der für ihn so kennzeichnenden Arbeitsweise die Ornamentik sehr sorgfältig beschrieben (mit Umzeichnungen) und analysiert. Der Kreis von Analogien ist der gleiche, auf den schon Werner verwies; hinzugefügt wird ein weiteres wichtiges Denkmal, ein Reliquiar aus einer Schweizer Privatsammlung in Basel (5, 211, Abb. 13). Bei der Analyse der Tierornamentik wird damit deutlicher als zuvor, daß diese durch folgende Merkmale gekennzeichnet ist: 1. Sie bildet mit den Köpfen und Füßen im Stil II nicht mehr eine rhythmische einheitliche Komposition wie im klass. Stil II („zoomorphisierter Flechtbandstil'), sondern der Tierornamentik fehlt das zugrundeliegende Flechtbandschema; statt dessen beherrscht das feine Bandwerk die Fläche. Damit stellt das „Tierornament ein Stadium dar, das sich vom klassischen Stil II entfernt hat, ein ‚Spätstadium' von Stil II", womit das W.-R. zu den letzten Arbeiten im Stil II vor seiner vollständigen Degeneration gehört (5, 208 f.; so auch schon 11, bes. 46; ferner 2). 2. Auf den Schmalseiten und auf der Vorderseite des Kästchens (Abb. 28,1.3) findet sich in der Tierornamentik sowohl der für Stil II kennzeichnende tropfenförmige Schenkel als auch der plastisch ausgeführte ‚gefiederte' Fuß in Form einer mediterran-‚byz.' Halbpalmette, so wie auf der Deckelrückseite (Taf. 12b) (vgl. hierzu z. B. 4, 119). Hiermit wird bes. deutlich, daß Tier- und Rankenornament organisch miteinander verbunden sind (5, passim, bes. 212; so schon 10, 107 f. Abb. 53), also das insgesamt Kennzeichnende an dem W.-R.

Die vorgeschlagene Bandbreite der Datierung schwankt nur wenig innerhalb der 2. Hälfte des 7. Jh.s (z. B. spätes 7. Jh. bzw. Ende des 7. Jh.s: 10, 110; 6, 120; kurz vor 700: 11, 44 mit Bezug auf den sog. Beromünsterstil; Mitte bzw. 2. Hälfte 7. Jh.: 5, 216; 2, 212). Die Inschrift auf dem Schiebeboden ist nach wie vor unklar hinsichtlich ihrer Lesung und Deutung (3, 99 f. mit Originaltext und lat. Ergänzung, auch bei 5, 216 mit Übs.): Gesichert ist nur, daß ein Warnebertus (+ UUARNEBERTUSP⁻P = PONTIFEX PRAEPOSITUS?) das Kästchen zum Aufbewahren von Reliquien anfertigen ließ, nicht gesichert ist jedoch die Verbindung mit Warinbert, zunächst Propst (PRAEPOSITUS?) des Klosters St. Medardus und dann Bf. (PONTIFEX?) von Soissons († 676). Zwar würde die ornamentgeschichtl. Datierung des Reliquiars dem nicht gravierend widersprechen (t. a. q.), wohl aber wäre die Werkstattlokalisierung von größter Bedeutung, falls die Verbindung der Inschr. mit Warinbert zuträfe. Da dies aber nicht der Fall ist, kann die Frage, wo das W.-R. hergestellt wurde, hierauf nicht rekurrieren. In breiter Abwägung aller Argumente kommt Haseloff, anders als z. B. Werner (s. o.), zu dem einleuchtenden Ergebnis, daß das W.-R. sehr wahrscheinlich in einem oberital.-langob. Zentrum geschaffen wurde (5, 216); hier wären am ehesten die Voraussetzungen für einen Goldschmied gegeben, auf diese vollendete Weise beide Stilrichtungen, Tierstil II und mediterran-‚byz.' Palmettenornamentik, zu verstehen und miteinander zu verbinden, bes. auf den Schmalseiten (so schon 1, 83). Daß eine Herstellung in (Ober-)Italien jenseits anderer Erwägungen (v. a. im ‚burg.' Teil der Schweiz: auch diskutiert bei 5, 215 f.; ferner 10) favorisiert werden sollte, zeigten u. a. außer dem Goldblattkreuz von Stabio (→ Stabio mit Taf. 17a) auch die Werkstatt in der Crypta Balbi in Rom mit einem Bleimodell einer palmettenverzierten Gürtelgarnitur und mit einem im Stil II verzierten tauschierten Gürtelbeschlag einer vielteiligen Gürtelgarnitur (9, 379. 381 f., jeweils mit Abb.; vgl. ferner: 8, 229–282).

Wie schon Stein ausführte (11, 40–46), ist das W.-R. stilistisch und ornamentgeschichtl. von großer Bedeutung für die Definition der späten ‚Entwicklungsstufe' von Stil II auf dem Kontinent in der 2. Hälfte des 7. Jh.s (Übergang vom integrierten zum desintegrierten Tiergeflecht); diese versuchte zuletzt Ament herauszuarbeiten (2), verbunden sodann auch mit der wichtigen Frage, ob zw. dem vermuteten Ende von Stil II spätestens gegen Ende des 7. Jh.s und dem Beginn des ‚insularen Stils kontinentaler Prägung' (‚Tassilokelch-Stil'; → Tierornamentik, Germanische § 5; → Tassilo-Kelch) eine mindestens halbhundertjährige ‚tierstillose' Zeit anzunehmen sei (2, 213), was neuerdings verneint wurde (4, 96. 121–126).

(1) N. Åberg, The Occident and the Orient in the Art of the Seventh Century 2, 1945. (2) H. Ament, Ein Denkmal spätmerow. Tierornamentik – Scheibenfibel aus Kaltenwestheim, Grab 1/1957, Jahresschr. für Mitteldt. Vorgesch. 72, 1989, 205–214. (3) J. Baum, Das Reliquiar von Beromünster, in: A. Alföldi u. a. (Hrsg.), Forsch. zur Kunstgesch. und Christl. Arch., 2. Wandlungen christl. Kunst im MA, 1953, 99–102. (4) V. Bierbrauer, Kontinentaler und insularer Tierstil im Kunsthandwerk des 8. Jh.s, in: M. Müller-Wille, L. O. Larsson (Hrsg.), Tiere, Menschen, Götter. Wikingerzeitliche Kunststile und ihre neuzeitliche Rezeption, 2001, 89–130. (5) G. Haseloff, Das W.-R. im Stiftsschatz von Beromünster, Helvetia Arch. 15, 1984, 195–218. (6) Ders., Stand der Forsch.: Stilgesch. Völkerwanderungs- und MZ, in: Festkrift til Th. Sjøvold. Universitets Oldsaksamlings Skr. Ny rekke 5, 1984, 109–124. (6a) K. C. Hunvald, The Warnebertus Reliquary: a study in early medieval metalwork, 2004. (7) P. Périn, in: Ders., L. C. Feffer (Hrsg.), La Neustrie. Les pays au nord de la Loire de Dagobert à Charles le Chauve (VIIe – IXe siècles), 1985, 141, Nr. 29. (8) R. Peroni, L'arte nell'età longobarda. Una traccia, in: G. Pugliese Caratelli (Hrsg.), Magistra Barbaritas. I Barbari in Italia, 1984, 229–297. (9) M. Ricci, F. Luccerini, Oggetti di abbigliamento e ornamento, in: M. Stella Arena u. a. (Hrsg.), Roma dall'antichità al medioevo. Archeologia e Storia, 2001, 351–387. (10) J. Werner, Zur ornamentlichen Einordnung des Reliquiars von Beromünster, in: L. Birchler u. a. (Hrsg.), Frühma. Kunst in den Alpenländern. Akten zum III. Internationalen Kongreß für Frühmittelalterforsch., 1954, 107–110. (11) F. Stein, Adelsgräber des achten Jh.s in Deutschland, 1967. (12) E. Steingräber, Ein merow. Taschenreliquiar, Münchner Jb. der bildenden Kunst. 3. Folge 7, 1956, 27–31.

V. Bierbrauer

Warnen

§ 1: Grundsätzlich – § 2: Die früheste Nennung der W. – § 3: Die W. der Völkerwanderungszeit und des Frühmittelalters – § 4: Die W. und das thüringische Rechtsbuch

§ 1. Grundsätzlich. Unter den W. ist eine germ. Personengruppe oder sind mehrere germ. Personengruppen zu verstehen. Man geht davon aus, daß die W. in der lat. Lit. des 1. nachchristl. Jh.s unter dem Namen *Varini* auftreten, in der Lit. des 6. und 7. Jh.s jedoch unter dem Namen *Varni* (lat.) und Οὐάρνοι/*Wárnoi* (griech.), wobei es aus dem 7. Jh. keinen griech. Beleg gibt.

Den Unterschied zw. den beiden Namenformen *Varini* und *Varni* erklärt Wagner durch „eine vulgärlatein. Synkope" (37, 402), also nicht durch eine germ. In der Tat hat sich auf dem germ. Festland der Name mit dem inlautenden *i* erhalten, das auch Umlaut bewirkte, wie die mlat. Form *Vuerinorum* (Gen. pl.) aus dem beginnenden 9. Jh. belegt (7, 57, Zl. 7) (siehe aber unten § 4 am Ende).

Im ae. Gedicht → *Widsith* (der Weitgereiste) finden sich dagegen die Formen *Wer-*

num und *Wærnum* (Instrumentalis pl. und Dat. pl.), die eine germ. Synkopierung (nach zuvor erfolgtem *i*-Umlaut) voraussetzen (13, 23 [v. 25]. 24 [v. 59] und 207; 37, 402). Außerhalb der *Widsith*-Dichtung werden die W. in keinem agerm. Text genannt.

Was das häufige PN-Glied *Warin* angeht (z. B. *Werner* < *Warin-hari*), das vielfach mit dem Namen der W. gleichgesetzt wird, bemerkte Förstemann: „Die *Varini* sind zwar ein in verschiedenen Gegenden vorkommendes Volk, doch kaum von solcher Bedeutung, daß sie Anlaß zu so vielen und *häufigen* Namen können gegeben haben" (16, 1539 f.). Wenn Förstemann recht hat, sind das PN-Glied *Warin* und der Name der W. zwar etym. verwandt, doch erlauben die PN mit *Warin-* nicht den Schluß, daß ihre Träger nach den W. benannt worden wären.

(Zur Etym. vgl. 21, 389; 37, 403 sowie § 2 am Ende). Unhaltbar ist die wohl auf Karl Victor → Müllenhoff zurückgehende Ansicht (24, 483), daß der Name der W. mit *Warnitz* (dän. *Varnæs*) im SO N-Schleswigs zusammenhänge – so argumentiert auch Ludwig → Schmidt (30, 24).

§ 2. Die früheste Nennung der W. Sie findet sich nach der herrschenden Ansicht bei → Plinius dem Älteren († 79 n. Chr.). Dieser Verf. teilte die *Germani* in fünf Gruppen ein. Die erste Gruppe bildeten die *Vandili* (→ Wandalen). Zu ihnen rechnete Plinius die *Burgodiones* (→ Burgunden), die *Varinnae*, die → Charini und die *Gutones* (→ Goten) (5, I, 330 [= Plin. nat. 4,99]).

Gewöhnlich gilt *Varinnae* als Verschreibung von *Varini*, obwohl diese Annahme nicht ganz zweifelsfrei ist, zumal *Charini* verdächtigt wird, ebenfalls für *Varini* eingetreten zu sein (vgl. H. Ditten, in: 5, I, 568). Goetz und Welwei setzen *Varinner* in ihre dt. Wiedergabe des Plinius (3, I, 109), was ein anderer Name als *Warnen* wäre. G. Perl hält die Beziehung der *Varinnae* zu den *Varini* und den *Varni* für „unsicher" (5, II, 238 f.).

Die nächste Stelle, die uns zu beschäftigen hat, findet sich in der *Germania* des → Tacitus. Das Werk ist 98 n. Chr. veröffentlicht worden. Nachdem Tacitus die → Langobarden erwähnt hat, nimmt er folgende Aufzählung vor: *Reudigni deinde et Aviones* (→ Nerthusstämme) *et Anglii* (→ Angeln) *et Varini et Eudoses* (→ Eudusii) *et Suardones et Nuhtiones*. Weiter schreibt er, daß die Genannten „gemeinsam Nerthus, d. h. die Mutter Erde, verehren" (5, II, 116 f. [= Tac. Germ. 40,2] (→ Nerthus und Nerthuskult).

Es leuchtet ein, daß mit den Angaben des Plinius nicht das Siedlungsgebiet der *Varinnae* und mit den Angaben des Tacitus nicht das der *Varini* bestimmt werden kann (39, 133) – unabhängig davon, ob die beiden Verf. dieselbe Personengruppe nennen.

Wenn den W. des 1. Jh.s n. Chr. ‚Sitze' zugewiesen werden, dann geschieht das anhand zweier Stellen der *Geographie* des Ptolemaeus († zw. 161 und 180), an denen die W. gleich dreimal genannt sein sollen. In Wirklichkeit kommt ihr Name hier überhaupt nicht vor.

An der ersten Stelle (im folgenden: Nr. 1) ist einerseits von Οὐίρουνοι/*Wírounoi* und andererseits von Αὔαρποι/*Aúarpoi* die Rede (5, III, 220 [= Ptol. Geogr. 2,11,9]), jedoch nicht von W.

An der zweiten Stelle (im folgenden: Nr. 2) setzen die Hrsg. gern Αὐαρινοί/*Auarinoí* in den Text (5, III, 234 [= Ptol. Geogr. 3,5,8]). „Die meisten Handschriften" haben jedoch Ἀβαρινοί/*Abarinoí* (27, I, 767). Die beiden Namenformen erinnern lebhaft an die → Awaren und zeigen, wie die handschriftliche Überlieferung der *Geographie* des Ptolemaeus unter den Einfluß jüng. VN geraten ist. Was der Geograph wirklich geschrieben hat, wissen wir nicht. Der Name der W. kommt jedenfalls auch an dieser Stelle nicht vor.

An der Stelle Nr. 1 führt Ptolemaeus aus, daß ‚Viruner' *(Wírounoi)* sich zusammen mit ‚Teutonoarern' (→ Teutonoaroi) zw. *Axones*

(o. ä.) und den → Sweben befänden, während Teutonen und ‚Avarper' *(Aúarpoi)* zw. ‚Faradinern' und den Sweben anzutreffen seien (5, III, 221). Die *Axones* (o. ä.) werden gewöhnlich für → Sachsen gehalten, so daß die Hrsg. Σάξονες/*Sáxones* in den Text setzen. Doch ist der Name wahrscheinlich aus dem der Avionen entstellt (20; 35, 27–29).

G. Ch. Hansen hält „die verbreitete Ansicht, sowohl bei *Viruni* wie bei *Avarpi* handele es sich um Entstellungen des Namens *Var(i)ni*," für „sehr bedenklich". Die „Viruner können etwa in der Westprignitz zu suchen sein," ... die „Avarper (oder Auarper) vielleicht in der Uckermark" (5, III, 571; siehe auch Perl in: 5, II, 238 f.).

Die Ausführungen des Ptolemaeus an der Stelle Nr. 2 betreffen dagegen ein sehr viel östlicheres Gebiet. Entweder gelten sie für das Land an der Weichselquelle (so 29, 127) oder für einen Raum ö. der mittleren → Weichsel (so Hansen, in: 5, III, 587).

Es ist befremdlich, daß Schmidt alle drei der behandelten Namen für Entstellungen des W.-Namens hielt, zugleich aber meinte, daß die Ortsangaben des Ptolemaeus verkehrt wären: Die an der Stelle Nr. 2 angeblich genannten W. würden nach Jütland gehören und nicht an die Weichselquelle (29, 127; 30, 24). Unter diesen – angeblich jütländischen – W. verstand Schmidt die ‚Ostwarnen'.

Von Jütland hätten sich die W. nach Schmidt in verschiedene Richtungen ausgebreitet: zum Niederrhein, nach Thüringen und nach Mecklenburg (30, 24). Dagegen Hansen: „Wegen ihrer aus Ptolemaios herausgelesenen Sitze in Mecklenburg konstruierte man sogar vermeintl. Zusammenhänge mit dem später hier eingewanderten slawischen Stamm der Warnawer sowie dem Flußnamen Warnow ... Im Text des Ptolemaios gibt es hierfür keinen Anhalt" (5, III, 571).

Von ‚Westwarnen' hat Schmidt wohl nicht gesprochen, jedoch von ‚Rheinwarnen' (29, 340). Allerdings findet sich der Ausdruck ‚Westwarnen' bei Schwarz (31, 116). Dieser Verf. hat übrigens die *Auarinoí* der Stelle Nr. 2 des Ptolemaeus mit den *Varinne* des Plinius gleichgesetzt und gemeint, daß ‚Warnen' tatsächlich an der Weichselquelle gelebt hätten, wohin sie aus dem O der jütischen Halbinsel gezogen wären (31, 66. 72).

Jedenfalls dürften sich die angeblichen Nennungen der W. bei Ptolemaeus als hinfällig erweisen. Zumindest sind die Schlüsse nicht aufrechtzuerhalten, die in bezug auf warnische Wanderungen aus seinem Werk gezogen worden sind.

Nun ist auf folgende Merkwürdigkeit hinzuweisen: In der *Geographie* des Ptolemaeus sind sowohl ein ‚Volksstamm' namens Οὐάρνοι/*Wárnoi* als auch ein Ort Οὐάρνα/*Wárna* belegt, nur nicht in Germanien. Der Volksstamm ist in Baktrien anzusetzen, „vielleicht im oberen Gebiet des Amu-Darja." Der Ort lag „im w. Medien". Die Namengleichheit des Ortes mit dem Volksstamm wird auf „ethnographische Beziehungen auf Grund früherer indogerman. Wanderungen" zurückgeführt (36 [mit den Belegen]; vgl. 27, 768). Ob eine etym. Verwandtschaft zw. dem iranischen und dem germ. W.-Namen besteht, vermag ich nicht zu beurteilen. Es ist aber die Mahnung Hermann → Hirts zu beherzigen, daß man sich bei der Erklärung germ. → Völker- und Stammesnamen nicht aufs Germ. zu beschränken habe, sondern andere indogerm. Sprachen einbeziehen müsse (18, 512 f.).

Daß jedoch der Name der W. mit dem der Varisten etym. zusammenhänge (23, 291 f.), dürfte eine unhaltbare Vorstellung sein (vgl. übrigens → Naristen, S. 551).

§ 3. Die W. der Völkerwanderungszeit und des Frühmittelalters. Von germ. W. ist nach dem 1. Jh. also erst wieder im 6. Jh. die Rede. Es sei daran erinnert, daß die jüng. Träger eines VNs keine leiblichen Nachkommen der ält. Namenträger zu sein brauchen. D. h., es ist müßig, Wanderungen der W. erfassen zu wollen.

Übrigens ist geäußert worden, *Anglevarii* in der → *Notitia dignitatum* sei eine Verschreibung aus *Angli Varini* (siehe die Belege bei Rübekeil [28, 358], der diese Ansicht jedoch ablehnt).

Mehrere der nunmehr zu behandelnden Nachr. des 6. Jh.s beziehen sich aufs 5. Jh. Die in ihrem Bezug (aber nicht in ihrer Entstehung) früheste Mitt. findet sich bei → Jordanes († nach 551) und besagt folgendes: Nachdem der westgot. Kg. Theuderid II. (reg. 453–466) die Sweben besiegt hatte, habe er seinen *cliens* ‚Achiuulf' über sie gesetzt, offenbar als eine Art von Unterkg. (zu den Vorgängen vgl. → Sweben § 12). ‚Achiuulf' sei aus dem → Geschlecht der W. gewesen: *Varnorum stirpe genitus* (6, 95). Dieser ‚Achiuulf' (lautgerecht wohl *Agil-wulf) wird von Jarnut als der Stammvater der → Agilolfinger angesehen (19, 10 f.). Damit ergäbe sich ein Zusammenhang zw. diesem Adelsgeschlecht und dem Warnentum. Daß ‚Achiuulf' in anderen Qu. als ‚Gote' erscheint (19, 37), steht nicht im Widerspruch dazu, denn solche Zuordnungen der VWZ oder des Früh-MAs sind nicht mit unseren Begriffen von der Volkszugehörigkeit zu vergleichen (→ Volk § 3). Auffällig ist in diesem Zusammenhang, daß Jordanes den Ausdruck *stirpe genitus* verwendet. Er sagt nicht, daß ‚Achiuulf' *e genere* *Varnorum* gewesen sei. Das Wort *stirps* läßt eher an einen Mannesstamm oder ein Herrschergeschlecht als ein ‚Volk' denken. Sonst kommt der Name der W. bei Jordanes nicht vor.

Ein namentlich nicht genannter Kg. der W. tritt in den *Variae* des → Cassiodor als der Empfänger eines Schreibens des ostgot. Kg.s → Theoderich ‚des Großen' († 526) auf, das vielleicht um 507 abgefaßt worden ist. Die handschriftliche Überlieferung zeigt roman. Einfluß. Folglich ist der Name der W. hier mit <*gu*> am Anfang geschrieben (8, XII, 79 [= Cassiod. var. 3, 3]). Es handelt sich um die einzige Erwähnung der W. bei Cassiodor.

Dasselbe Schreiben richtete Theoderich ‚der Große' an einen Kg. der → Heruler und einen Kg. der → Thüringer, deren Namen gleichfalls nicht genannt werden. U. a. erinnerte der ostgot. Kg. die Empfänger seines Briefes daran, daß sie (oder vielmehr ihre Untertanen) seinerzeit die (zumindest diplomatische) Unterstützung des ‚ält. Eurich' genossen hätten. Unter diesem Mann wird allg. der westgot. Kg. → Eurich (reg. 466–484) verstanden. Übrigens besagt der Brief nicht, daß Eurich den W., Thür. und Herulern mit Waffengewalt zu Hilfe gekommen sei – ohne daß diese Möglichkeit ausgeschlossen werden soll.

Der Brief Theoderichs ‚des Großen' führt zum Problem der ‚Westwarnen', das mit dem der ‚Westthüringer' zusammenhängt und hier nicht näher behandelt werden kann. Es geht um die Frage, ob ein W.-Reich in der Nähe der Rheinmündung bestanden hat, und wenn ja, ob dieses Staatsgebilde links oder rechts des Flusses lag (→ Thüringer S. 528 f.). Eine andere Sachlage ergibt sich, wenn man annimmt, daß Gebiete in der Nähe der Rheinmündung den Bestandteil eines W.-Reichs gebildet hätten, das einen sehr viel größeren Raum umfaßte (s. u.).

Im Gegensatz zur Dürftigkeit der bisherigen Belege steht die verhältnismäßige Ausführlichkeit, mit der → Prokop von Caesarea († nach 555) von den W. spricht (11, IV, 287 [Verweise]; 12, 1281 [Verweise]): Durchs Gebiet der W. sei ein Teil der von den Langob. besiegten Heruler gezogen, bevor er zu den → Dänen gelangte (11, II, 215; 12, 320 f. [= Prok. b. G. 2,15,2]). Die Niederlage der Heruler wird ins J. 508 gesetzt (→ Heruler S. 471).

Im Zusammenhang mit langob. Erbfolgestreitigkeiten, die in die Zeit um 535 gehören, erzählt Prokop, daß der Thronanwärter ‚Risiulfus' (< langob. *Rīcholf) zu den W. geflohen sei (11, II, 455; 12, 672 f. [= Prok. b. G. 3,36,15]; zum Namen *Risiulfus* [38]).

Aus den beiden Stellen geht nicht hervor, wo das Gebiet der W. lag. Dagegen schreibt Prokop, als er zum dritten Mal von den W. spricht, das Folgende: „Warnen (*Ouárnoi* [ohne Art., M. Springer]) wohnen jenseits der Donau und dehnen sich bis zum n. Ozean und zum Rhein hin aus …" (12, 862–865; 11, II, 589f. [= Prok. b. G. 4,20,1]). Es folgt ein Ber. über britisch/ engl.-warnisch-frk. Eheverwicklungen, der sich über mehrere Seiten hinzieht. Innerhalb dieser mit märchenhaften Bestandteilen durchsetzten Erzählung fallen die Namen der W.-Kg. *Hermegisklos* und seines Sohnes *Radigis*. Die Schilderung erweckt bei flüchtigem Lesen den Eindruck, als ob die betreffenden Ereignisse in die Zeit um 550 gehörten, doch haben sie sich wohl vor 533 abgespielt (19, 30 f.). Übrigens besagt die angeführte Prokop-Stelle nicht, daß der → Rhein auf seiner ganzen Länge die Grenze des Gebiets der W. gebildet hätte.

Prokop hat in seinem Tatsachenroman mindestens eine erdkundliche und mindestens eine erzählende Qu. ineinandergearbeitet. Die erste scheint einen anderen W.-Begriff gehabt zu haben als die zweite. Man veranschauliche sich einen solchen Sachverhalt daran, daß der neuzeitliche Begriff des Balt. innerhalb der Erdkunde und der Politik weiter und anders gefaßt ist als innerhalb der Sprachwissenschaft.

Wenn im 1. Drittel des 6. Jh.s von W. gesprochen werden konnte, die von der → Donau bis an den Rhein und an den Ozean lebten, drängt sich der Schluß auf, daß hier ihr Name für den der Thür. eingetreten ist (→ Thüringer S. 526). Karl → Müllenhoff hat in diesem Zusammenhang ausdrücklich „die Identität der Warnen und Thüringer" des 5. und 6. Jh.s behauptet (24a, 467). (Zu späteren Gleichsetzungen von W. und Thür. s. u. zur sog. Fredegar-Chronik sowie § 4). Es ist zu bemerken, daß die Austauschbarkeit von VN oftmals an bestimmte Voraussetzungen gebunden ist. So sind heute die Namen *Briten* und *Engländer* zwar in vielen Fällen, aber nicht durchgehend austauschbar.

Prokops Fortsetzer → Agathias erzählt in bezug auf die Spätzeit des Gotenkriegs (552/53), daß ‚der W. Wakkar' (Οὐάκκαρος Οὐάρνος) ein hervorragender Kriegsmann gewesen sei und daß nach seinem Tod sein Sohn ‚Theudebald sogleich mit den W., die ihm untertan waren' (Θευδίβαλδος ... ἅμα τοῖς ἑπομένοις Οὐάρνοις) in den Dienst des oström. Ks.s getreten sei und im Verein mit → Narses in Italien gekämpft habe (1, 37; 2, 29 [= Agathias 1,21,2]).

Von W. des 6. Jh.s ist schließlich in der sog. → Fredegar-Chronik (7. Jh.) die Rede: Der merow. Kg. Childebert II. habe (594 oder 595) ,W., die einen Aufruhr versucht hatten' (*Varnis* [Abl.], *qui revellare conaverant*) vernichtend geschlagen (10, II, 127; 4, 172 f. [= Fred. 4,15]). Wolfram und Kusternig haben diese *Varni* ausdrücklich als ‚Thür.' erklärt (4, 172 f. mit Anm. 69).

Rudolf → Much (24, 483) und Schwarz meinten, daß mit Childeberts II. Sieg „ein Warnen-Reich" sein Ende gefunden habe, das sich, „als 531 das Thüringerreich von den Franken zerschlagen worden ist, … östlich der Saale behauptet" habe (33, 107) – was doch wohl bedeutet, daß dieses W.-Reich vor 531 einen Teil des Thür.reichs gebildet haben müßte (siehe auch 32, 470 f.).

Die Raumangabe „östlich der Saale" beruht darauf, daß in einer Nachricht zum J. 805 ein Teil des elbslaw. Siedlungsgebiets unter dem Namen *Hwerenofeld* erscheint; und zwar erfolgt die Nennung im Zusammenhang damit, daß 805 mehrere frk. Heere Feldzüge über die Elbe hinaus unternahmen (9, I, 307, Zl. 36 und II, 258, 5). Der Name *Hwerenofeld*, der nie wieder vorkommt, dürfte überhaupt nichts mit den W. zu tun haben. (Wie ist das anlautende *h* zu erklären? Die Lesart ohne *h* kommt zwar auch vor: *werinefelda*, doch ist sie durch den Namen *Werinario* verursacht, der eine Zeile zuvor einen der frk. Heerführer bezeichnet, die die Feldzüge des J.es 805 leiteten.) Aus dem 18. Jh. ist nach Pertz eine Verlesung des ‚Gaunamens' *Vuucri* zu *Weri* belegt (9, I, 307, Anm. 50). Im 19. Jh. hat man *Hwerenofeld* mit dem Fluß *Querne* (davon *Querfurt*) in Verbindung gebracht (der Beleg bei [15, 892]). Diese Deutung paßt gut zu der Tatsache, daß ‚Gaunamen' auf *-feld* als Bestimmungswort häufig den Namen eines Flusses aufweisen (→ Länder- und Landschaftsnamen S. 552). Ganz unhaltbar ist die Ansicht, daß das *Hwerenofeld* deswegen so geheißen habe, weil von den Merowingern nach 531/34 W. dorthin umgesiedelt worden wären, worauf schon von Polenz hingewiesen hat (26, 120). Jedenfalls geht aus der Fredegar-Stelle nicht hervor, wo Childebert II. die W. besiegt hat.

Nun gab es tatsächlich die Gebilde *Uueringeuue* und *Werenfelt*. Die hießen aber nach der *Wer(r)n*, einem rechten Nebenfluß des → Mains (34, 188 f.). Offensichtlich haben ihre Namen jedoch Beyerle veranlaßt, das Reich des W.-Königs, mit dem Theoderich ‚der Große' brieflich verkehrte „am Mittelmain und Wern" zu suchen (14, 69).

§ 4. Die W. und das thüringische Rechtsbuch. Eines der frühma. Rechtsbücher, die man ‚Stammesrechte', → ‚Volksrechte' oder neuerdings → ‚Leges' nennt, ist unter zwei verschiedenen Überschr. überliefert. Die eine lautet *Lex Angliorum et Vuerinorum hoc est Thuringorum,* die andere einfach → *Lex Thuringorum* (Das Recht der Thür.). Wir wollen die erste, also längere Fassung als die Heroldsche bezeichnen, denn sie ist nur durch den Druck des Werkes bezeugt, den Johannes Basilius → Herold(t) (1514–1567) veranstaltet hat (7, 57, Zl. 7). Die andere Fassung wollen wir die Kurzfassung nennen. Auch für die Kurzfassung gibt es lediglich einen Textzeugen.

Das thür. Rechtsbuch wurde unter → Karl dem Großen im J. 802 angefertigt. Die Frage ist, ob die Heroldsche Fassung oder die Kurzfassung die urspr. Textgestalt der Überschrift wiedergibt (→ Thüringer S. 526) oder ob das keine der beiden Fassungen tut.

Die Heroldsche Fassung läßt mindestens zwei Deutungen zu: Bezeichnet das Wort *Thuringi* einen Oberbegriff, unter den die *Anglii* ebenso wie die *Vuerini* zu fassen sind? Oder bezieht sich *hoc est Thuringorum* nur auf die *Vuerini*? Im zweiten Fall müßte die Heroldsche Fassung den Schluß erlauben, daß das Recht einerseits für die Angeln und andererseits für die W. gelte, wobei die W. auch ‚Thür.' hätten genannt werden können (nicht aber die Angeln). Einige Forscher haben sogar gemeint, daß *Thuringi* in der Heroldschen Fassung gar keinen Oberbegriff bezeichnet hätte und folglich von drei Völkern die Rede wäre (24, 483; Schlesinger, in: 25, 319). Sei es, wie es sei: Es wirkt befremdlich, daß zwei oder gar drei ‚Stämme' dasselbe Recht gehabt hätten.

Was die Wortformen der Heroldschen Fassung angeht, so ist *Angliorum* auffällig (das und das Folgende nach 37, 396 f.). Zu erwarten wäre **Anglorum*. Eine Form des Namens der Angeln mit *i* im scheinbaren Stammauslaut kommt in der lat. Lit. sonst nur noch an der im § 2 behandelten Tacitus-Stelle vor. (Sonst lauten die lat. Formen *Angli, Anglorum* usw.) Andererseits kann das *Angliorum* der Heroldschen Fassung nicht aus der gesprochenen Sprache stammen, denn in diesem Fall wäre eine umgelautete Form mit einem Wortstamm **Engil-/*Engel-* o. ä. zu erwarten. So vermutet Wagner, daß die Form *Angliorum* unmittelbar nach dem Vorbild der *Germania* des Tacitus geschaffen worden ist. Wie dieser Forscher weiter meint, sei das bereits bei der Abfassung des thür. Rechtsbuchs, also 802, geschehen. Übrigens hält Wagner die Form *Anglii* in der *Germania* des Tacitus für eine Textverderbnis aus **Angili*.

Wenn *Angliorum* unmittelbar aus der *Germania* des Tacitus übernommen worden ist, dürfte das Wort wohl eher von Herold in den Text gesetzt worden sein als im J. 802. Abgesehen davon, daß → Rudolf von Fulda die *Germania* des Tacitus ausgebeutet hat, ist sie durchs MA gegangen, ohne daß sich bei einem anderen Verf. ihre unmittelbare Benutzung nachweisen ließe. Dagegen erweckte das Werk sofort die größte Aufmerksamkeit der dt. Humanisten, als es 1472 wieder ans Tageslicht kam (zu diesem Datum siehe Perl, in: 5, II, 64).

Vuerinorum lehnt sich dagegen wohl an die gesprochene Sprache an, denn es zeigt beim Stammvokal den *i*-Umlaut (*e* < *a*). *Vuerinorum* dürfte also wohl in der Urgestalt der Überschrift gestanden haben. Wenn *Angliorum* von Herold hinzugefügt worden ist, hätte die Überschrift urspr. folgendermaßen gelautet: **Lex Vuerinorum hoc est Thuringorum*. Demnach wäre im J. 802 der Name der W. als eine andere Bezeichnung der Thür. verstanden worden.

Die Annahme, daß *Angliorum* erst von Herold eingesetzt worden ist, müßte dann sehr an Wahrscheinlichkeit gewinnen, wenn die vermutete Textgestalt *Verinorum hoc est Thuringorum* ohne den Namen der Angeln irgendwo belegt wäre. Es gibt nun wirklich eine Überlieferung, in der *legem* [Akk.] *Werinorum id est Churingorum* [! M. Springer] steht (22, 55, Anm. 15). (*Churingorum* bildet natürlich eine Verschreibung aus *Thuringorum). Allerdings ist die Qu. trübe: Es handelt sich um einen 1587 erschienenen Druck des engl. Forstgesetzes, das sich als ein Werk → Knuts des Großen ausgibt (22, 7 f.). Falls die Nennung des thür. Rechtsbuchs in dem Druck von 1587 auf eine ma. Hs. zurückgeht, dürfte man behaupten, daß die Angeln in der Überschrift des thür. Rechtsbuchs urspr. nicht vorkamen und daß Herold nach dem Vorbild des Tacitus den Namen *Angliorum* hinzugefügt hat. Das Zustandekommen der Kurzfassung wäre dann so zu erklären, daß ein Abschreiber seine Vorlage *lex Uuerinorum hoc est Thuringorum* zu *Lex Thuringorum* kürzte, weil der Rest ihm unverständlich war. Daß in der Heroldschen Fassung der Überschrift die W. unter dem Namen der Thür. erscheinen, hatte schon Johann Kaspar → Zeuß behauptet (39, 363). Nun hat aber Liebermann, der Hrsg. des engl. Forstrechts, gemeint, daß das *Werinorum id est Churingorum* im Druck von 1587 erst durch Herolds Ausgabe des thür. Rechtsbuchs veranlaßt worden sei (22, 7 f.).

Schließlich sei erwähnt, daß es auch die Meinung gibt, die *Vuerini* des thür. Rechtsbuchs hätten nichts mit den W. zu tun. Vielmehr handele es sich bei ihnen „offenbar" um „ein anderes Volk, das vielleicht seinen Namen von der Werra hat" (17, II, 147 f.).

Qu.: (1) Agathias Myrinaeus, Historiarum libri quinque, hrsg. von R. Keydell, 1967. (2) Agathias, The Histories, übs. von J. D. Frendo, 1975. (3) Altes Germanien, hrsg. von H.-W. Goetz, K.-W. Welwei, 1995. (4) Fredegar, hrsg. von A. Kusternig, H. Wolfram, in: Qu. zur Gesch. des 7. und 8. Jh.s, 1982, 3–271. (5) Griech. und lat. Qu. zur Frühgesch. Mitteleuropas bis zur Mitte des 1. Jt.s u. Z., hrsg. von J. Herrmann, 1988–1992. (6) Jordanes, De origine actibusque Getarum hrsg. von F. Giunta, A. Grillone, 1991. (7) Lex Thuringorum, in: Leges Saxonum und Lex Thuringorum, hrsg. von C. Freiherrn von Schwerin, 1918, 57–66. (8) MGH AA. (9) MGH SS. (10) MGH SS rer. Mer. (11) Procopius Caesariensis, Opera omnia, hrsg. von J. Haury, 2. Aufl. von G. Wirth, I–IV, 1962–1964. (12) Prokop, Gotenkriege. Griech.-dt. von O. Veh, 1966. (13) Widsith, hrsg. von K. Malone, ²1962.

Darst.: (14) F. Beyerle, S-Deutschland in der polit. Konzeption Theoderichs des Großen, in: Grundfragen der alem. Gesch., ⁴1976, 65–82. (15) E. Förstemann, Altdt. Namenbuch, II. ON, 1872. (16) Förstem., PN. (17) Förstem., ON. (18) H. Hirt, Die Deutung germ. VN, PBB 18, 1894, 511–519. (19) J. Jarnut, Agilolfingerstud., 1986. (20) U. Kahrstedt, Die polit. Gesch. Niedersachsens in der Römerzeit (1934), in: W. Lammers (Hrsg.), Entstehung und Verfassung des Sachsenstammes, 1967, 232–250. (21) Kaufmann, Ergbd. Förstem. PN. (22) F. Liebermann, Über Pseudo-Cnut's Constitutiones de Foresta, 1894. (23) J. Loewenthal, Agerm. VN, PBB 47, 1923, 289–292. (24) R. Much, W., in: Hoops IV, 483 f. (24a) Müllenhoff, DAK IV. (25) H. Patze, W. Schlesinger (Hrsg.), Gesch. Thüringens 1, ²1985 (1968). (26) P. von Polenz, Landschafts- und Bez.namen im frühma. Deutschland, 1961. (27) H. Reichert, Lex. der agerm. Namen 1–2, 1987–1990. (28) L. Rübekeil, Diachrone Stud. zur Kontaktzone zw. Kelten und Germ., 2002. (29) Schmidt, Ostgerm. (30) Schmidt, Westgerm.

(31) Schwarz, Stammeskunde. (32) E. Schwarz, Die Naristenfrage in namenkundlicher Sicht, Zeitschr. für bayer. Landesgesch. 32, 1969, 397–476. (33) Ders., Sprachforsch. und Siedlungsgesch. in Sachsen, in: Festschr. W. Schlesinger 1, 1973, 102–119. (34) R. Sperber, Das Flußgebiets des Mains, 1970. (35) M. Springer, Die Sachsen, 2004. (36) H. Treidler, Varnoi, in: RE VIII A/2, 2393. (37) N. Wagner, Ang(i)li(i). Var(i)ni. Vandili(i), BNF NF 15, 1980, 393–403. (38) N. Wagner, ʽΡισιοῦλφος, BNF NF 36, 2001, 123–134. (39) Zeuß, Die Deutschen.

M. Springer

Wartau-Ochsenberg

§ 1: Allgemein – § 2: Forschungsgeschichte – § 3: Zur Besiedlung – a. Neol. und Kupferzeit – b. BZ – c. Früh-MA – § 4: Brandopferplatz – § 5: Römerzeit

§ 1. Allgemein. Der FO Ochsenberg im Gem.gebiet von Wartau (Kant. St. Gallen, Schweiz) liegt im Rheintal s. des Bodensees. Der Ochsenberg ist ein glazial überprägtes Kalksteinplateau, das zw. den beiden ma. Städtchen Werdenberg und Sargans an der w. Talflanke in die Rheintalebene vorspringt. Dieses Felsplateau weist eine näherungsweise dreieckige Form auf, ist ca. 125 m lg. und 30–65 m br. Sein höchster Punkt, die N-Spitze, liegt auf 661,64 m über NN und überragt die Talsohle um 200 m (13, 5). An die S-Spitze des Ochsenbergs schließt ein nach W vorgeschobener Felskopf an. Durch einen künstlich erweiterten Graben getrennt, steht hier die Ruine der um 1200 A. D. erbauten Burg (5).

Die exponierte topographische Situation des Sporns hoch über dem Tal erlaubt eine Fernsicht nach allen Seiten. Erreichbar ist die Anhöhe des Ochsenbergs nur über die S- und O-Flanken. Im N und W ist der Zugang über die steilen Felswände nicht möglich. Diese geschützte Lage und die optimale Sichtverbindung zur gegenüberliegenden Talflanke waren wohl Gründe für die Wahl des Ochsenbergs als Standort der spätma. Burg. Gegenüber Wartau liegt rechtsrhein. der Burghügel Gutenberg in Balzers, Fürstentum Liechtenstein. Diese Konstellation dürfte kein Zufall sein. Der zw. beiden Anlagen fließende Rhein ist gerade an dieser Stelle, beim heutigen Dorf Trübbach, relativ leicht zu überqueren. An der Route, die Bodenseeregion und Bündnertäler verbinder, dürfte Wartau die w. Flanke des Rheintals kontrolliert haben, Balzers den Aufgang zum Paßübergang der St. Luzisteig und die Umgehung der versumpften Rheinauen bei Sargans. Die Nutzung des Flußübergangs bei Trübbach, wo eine Fährenverbindung nach dem liechtensteinischen Balzers jahrhundertelang bestand, ist allerdings erst seit der Neuzeit belegt (13, 7).

Die arch. Unters. der letzten Dezennien des 20. Jh.s zeigten, daß der Ochsenberg ebenso wie Balzers (7) bereits in den ur- und frühgeschichtl. Epochen wegen seiner verkehrsstrategisch hervorragenden Lage und des geschützten und vielfältig nutzbaren Geländes um das Plateau ein attraktiver Siedlungsstandort war. Als limitierender Faktor für eine permanente Nutzung als Siedlungsstandort fällt hier allerdings die problematische →Wasserversorgung ins Gewicht (13, 7).

§ 2. Forschungsgeschichte. Die arch. Erforschung des Ochsenbergs begann mit der Burgrenovation unter der Leitung des Baumeisters Ludwig Tress im J. 1932. Tress legte auch am S-Ende des an den Burghügel angrenzenden Plateaus verschiedene Suchschnitte an und entdeckte dabei Grundmauern eines kleinen Sakralbaus und in unmittelbarer Nähe eine mit Steinen eingefaßte, jedoch beigabenlose Körperbestattung (13, 39). Das Grab und die ‚Kapelle' wurden für frühchristl. gehalten. Diese Einschätzung schien auch die Tatsache zu unterstützen, daß der Ochsenberg ehemals nach einem im Früh-MA sehr beliebten Heiligen St. Martinsberg genannt wurde (16, 90).

Im Rahmen des Projekts ‚Wartau' der Univ. Zürich, Abt. für Ur- und Frühgesch., das unter der Leitung von Margarita Primas 1984 mit Kontrollgrabungen in Oberschan-Moos (14, 159–195) und der Burgstelle Prochna Burg (14, 139–157) den Anfang fand, wurden 1985 auch auf dem Ochsenberg arch. Unters. eingeleitet. Eine erneute Freilegung des Sakralbaus führte zur Ansicht, daß die Kapelle nach der Form des Grundrisses und der Ausführung des Mauerwerks einem spätma. Bauschema entspricht (16, 92 f.). Die Zugehörigkeit der 1985 w. der Kapelle entdeckten beigabenlosen Körperbestattung und der beiden unvollständigen Skelette weiterer Individuen zum Sakralbau kann weder bewiesen noch abgelehnt werden (13, 43).

Die bereits von den Grabungen Tress' bekannten Funde der jüng. MZ und der röm. Epoche (13, 7, Taf. 1, 1–4, Taf. 25, 309) wie auch das danach über Jahrzehnte aufgesammelte Inventar an Streufunden aus Maulwurflöchern und von der Erosionskante am O-Rand des Plateaus deuteten auf eine Nutzung des Ochsenbergs zurück bis in die ur- und frühgeschichtl. Epochen. Die Richtigkeit dieser Annahme haben die sieben 1985–1996 durchgeführten Ausgrabungskampagnen bestätigt. Die Nutzung der zentralen Teile des Plateaus ist vom Neol. bis zum Früh-MA nachweisbar. „Die Nutzung des Areals blieb jedoch keineswegs konstant, und von einer lückenlosen Kontinuität kann nicht die Rede sein. Vielmehr spiegelt das wechselnde Aktivitätsspektrum, so scheint es beim gegenwärtigen Forschungsstand, recht eindrucksvoll die wechselhafte Geschichte des Tals und seiner Bewohner." (13, 8).

Zu einem Siedlungsstandort wurde der Ochsenberg in der Kupferzeit und wohl wiederholte Male während der BZ. Die mögliche Besiedlung des Ochsenbergs in der HaZ ist noch Gegenstand der laufenden Unters. (18). Mit Sicherheit ein weiteres Mal wurde der Ochsenberg als Siedlungsareal im Früh-MA aufgesucht.

Eine Nutzung von ganz anderem Charakter hat der Ochsenberg jedoch in der LTZ erfahren. Im zentralen Teil des Plateaus wurden eindeutige Spuren eines Brandopferplatzes gesichert. Dies ist eine Entdeckung von überregionalem Interesse. Ebenso spannend ist hier auch die Frage der Nutzung des gleichen Areals als Opferplatz in der röm. Epoche.

§ 3. Zur Besiedlung. a. Neol. und Kupferzeit. Zu den ältesten Besiedlungsphasen gehören ein im Grundriß dokumentiertes Grubenhaus sowie ein durch eine Brandstelle und verschiedene Gruben ausgewiesener Aktivitätsbereich (14, 73, Abb. 4.6–4.7). Nach Ausweis des spärlichen keramischen Materials aus dem Beginn des 4. Jt.s v. Chr. (14, 84, Abb. 4.17) ist eine jungneol. Siedlungsphase auf dem Ochsenberg zu vermuten (14, 197). Der Großteil des frühen Fundmaterials läßt sich ins späte 4. und frühe 3. Jt. v. Chr. einordnen (zeitgleich zu den Horgener Komplexen am Bodensee). Die 14C-Daten unterstützen diese Datierung (14, 197). In Anlehnung an die im Alpenraum gebräuchliche Terminologie (4, Abb. 3.1) wird dieser Zeitabschnitt als Kupferzeit bezeichnet. Mit Hilfe gewichteter Fundverteilungen ließen sich Werkplätze für die verschiedenen Gesteinsindustrien und die Knochen- und Geweihverarbeitung eruieren (14, Abb. 4.10–4.16). Auf überregionale Verbindungen Wartaus bereits in der Kupferzeit weisen die Silexvarietäten hin (14, 97, Abb. 4.27). Fehlender Nachweis von Hausstandorten mit Herdstellen einerseits und das Vorherrschen von Werkabfall und Bruchstücken in den Fundbeständen aus Stein und Knochen andererseits legen eine Interpretation des Platzes in erster Linie als Ort handwerklicher Produktionsaktivitäten nahe. Auch die geringe Zahl der Keramikscherben unterstützt diese Einschätzung. Die botan. und zool. Evidenzen lassen auf eine saisonale, aufs Sommerhalbjahr konzentrierte Nutzung des Platzes schließen (14, 198).

b. BZ. Die chron. Gliederung der bronzezeitlichen Baustrukturen und Funde stützt sich auf die Stratigraphie und die Plananalysen (14, 9). Dazu konnten von verschiedenen Befunden 14C-Daten gewonnen werden. Aufschlußreiche Hinweise auf die Nutzung des Plateaus als Siedlungsareal in der Früh-, Mittel- und Spät-BZ bieten die Verteilungspläne der verschiedenen Keramikformen und ihrer Merkmale (14, Abb. 34.3; 3.8; 3.13). Im N und in der Mitte des untersuchten Areals waren zwei frühbronzezeitliche Siedlungsphasen zw. 1900–1600 v. Chr. nachweisbar. Die ält. wird mit einer Randbefestigungsmauer assoziiert (14, 52, Abb. 2.5–2.6).

Die mittelbronzezeitliche Keramik kam im mittleren und v. a. im s. Teil der Ausgrabungsfläche zum Vorschein (14, Abb. 3.8). Für die Spät-BZ ergibt sich das gleiche Verteilungsbild (14, Abb. 3.13). Die spätbronzezeitlichen Baumaßnahmen (14, Abb. 2.14) haben offensichtlich das Terrain stark überprägt, so daß keine durchgehende mittelbronzezeitliche Schicht, sondern nur einzelne Befunde und deren Daten zur Diskussion stehen (14, 37).

Die spätbronzezeitliche Anlage umfaßt drei Phasen. Das Formen- und Dekorspektrum der Keramik weist auf Wechselbeziehungen in zwei Richtungen: zum n. Alpenvorland, und in den Phasen 1 und 2 auch zum südalpinen Gebiet (Laugen/Melaun-Stil) (14, 42 ff.).

Zusammen mit dem Areal auf dem Plateau scheint das Herrenfeld, eine Terrasse am Hangfuß des Ochsenbergs, seit der Früh-BZ besiedelt worden zu sein. Ein Survey des Herrenfelds mit seinen weiten Ackerflächen und Wasserzugang führte auch zur Entdeckung eher dörflicher Siedlungsstrukturen. Auf dem Ochsenberg selbst ist daher eine stärker spezialisierte Nutzung, beispielsweise für gewerbliche Tätigkeiten oder Sonderaktionen, nicht auszuschließen (14, 46).

c. Früh-MA. Die jüngste nachweisbare Nutzung des Plateaus vom Ochsenberg als Siedlungsstandort ist für die jüng. MZ belegt. Anhand der stratigr. Anhaltspunkte und unterstützt durch die 14C-Daten konnten zwei Bauphasen eruiert werden. Die ält. Anlage, von einer gemörtelten Randmauer abgeschlossen, dürfte im 7. Jh. A. D., und damit während Phase II der jüng. MZ, bestanden haben. Das Ende der jüng. Siedlungsphase, welches durch einen Brand verursacht wurde, dürfte in den Zeitraum zw. Mitte und Ende des 8. Jh.s A. D. fallen (13, 35). Diese Zeitansätze passen zu den geborgenen Kleinfunden (13, 57–65) und den beiden langob. Goldmünzen (13, 100, Taf. 18, 226). Die qualitätvollen Funde verraten auch, daß es sich hier um eine Anlage der Oberschicht handelt. Auch die dem Rhein zugewandte Randmauer, die mit einer Stärke von 80–90 cm als Befestigung einem Angriff kaum Stand gehalten hätte, ist im sozialgeschichtl. Kontext der Region zu sehen. Angesichts der weithin sichtbaren, zum Tal und zum Paßübergang der St. Luzisteig hin orientierten Lage der Siedlung wurde hier mit der Errichtung der Randmauer dem Aspekt der Präsenzmarkierung und der Repräsentation gefolgt (13, 36 f.). Von der überregionalen Bedeutung des Ochsenbergs im Früh-MA zeugen einige Kontaktfunde zum alam. N und insbesondere zum langob. S.

§ 4. Brandopferplatz. Der als ‚Brandopferplatz' angesprochene eisenzeitliche Befund wurde in der Mitte des Plateaus aufgedeckt, und zwar in einer Senke zw. zwei N-S orientierten Felsrippen. Die Argumente für eine solche Deutung bilden zum einen die auffällige Häufung klein zerteilter Objekte aus Bronze, gelegentlich auch aus Eisen und Glas, die auf einer eng begrenzten Fläche verteilt waren. V. a. aber lagerten diese Funde in einer mit Holzkohle sowie kalzi-

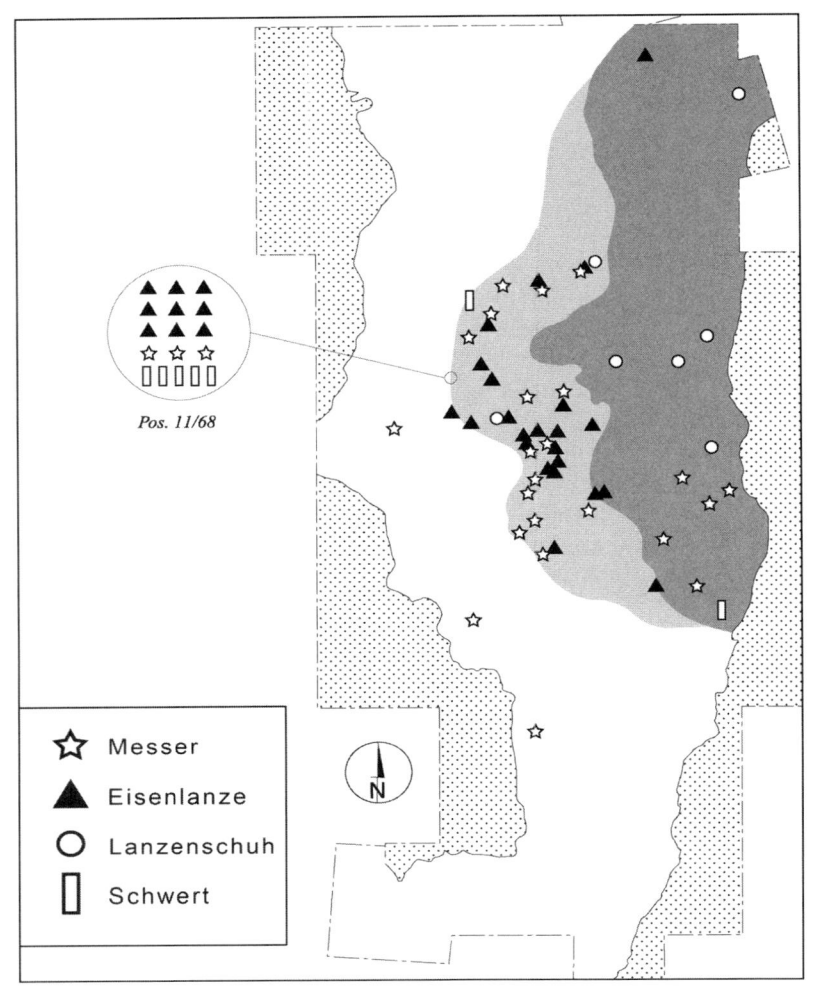

Abb. 29. Verteilung der Eisenwaffen und Eisengeräte im Areal des Brandopferplatzes Wartau-Ochsenberg. Nach Pernet/Schmid-Sikimić (11, Abb. 8)

nierten Knochen stark durchsetzten Schicht und trugen häufig selbst Spuren der Feuereinwirkung. Anfangs stand die Frage nach der Definition dieses Befundes auf dem Ochsenberg zur Diskussion, und zwar im Vergleich mit anderen alpinen Brandopferplätzen der EZ (17). Dabei wurde festgestellt, daß der Befund vom Ochsenberg neben

- der abgehobenen topographischen Lage
- der Deponierung auf eng begrenzter Fläche
- der intentionellen Zerstörung der Objekte und
- der Feuereinwirkung an den Gegenständen

weitere Gemeinsamkeiten mit den zum Vergleich herbeigezogenen Opferplätzen aufweist. Erstens belegt die große Menge an verbrannten Knochen das →Tieropfer. Zweitens sind unter den metallenen Weihegegenständen – wie an den anderen Orten auch üblich – die Objektgruppen Schmuck,

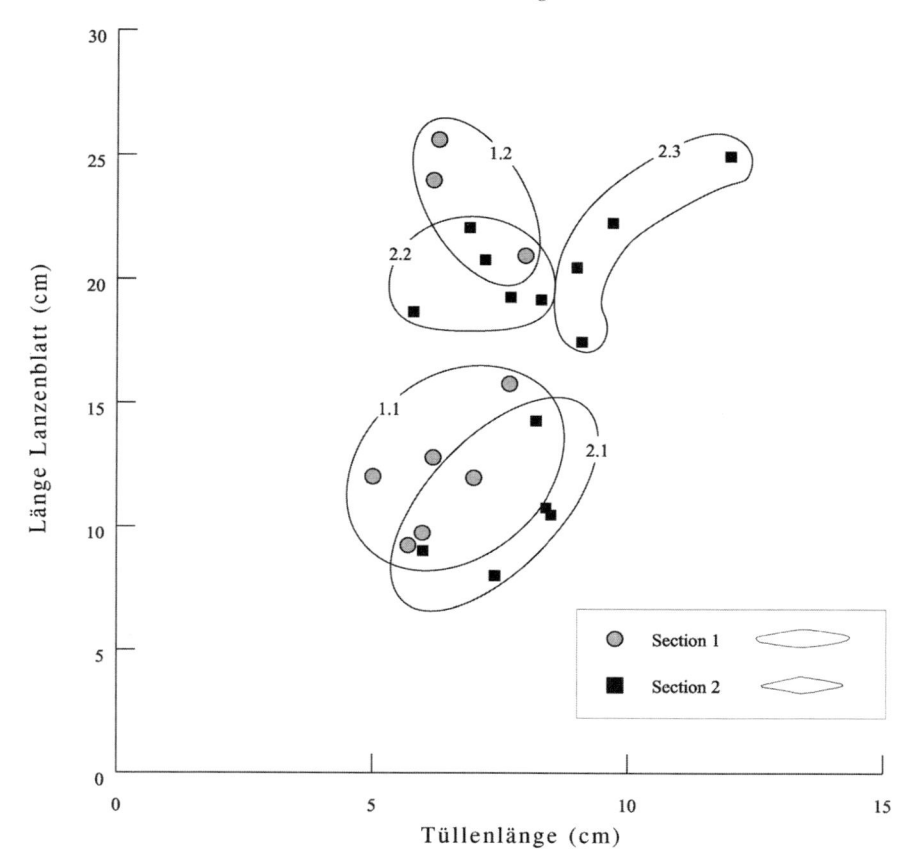

Abb. 30. Typol. der eisernen Lanzenspitzen von Wartau-Ochsenberg. Nach Pernet/Schmid-Sikimić (11, Abb. 6)

Waffen, Geräte und Bronzegefäße vertreten (→ Opfer und Opferfunde). Keramikscherben kommen dagegen eher selten vor. Am besten vertreten ist dabei die Graphittonkeramik.

In einem Punkt hebt sich aber der Fundkomplex auf dem Ochsenberg von vergleichbaren Deponierungen ab: Waffen als Weihegaben sind an anderen alpinen Brandopferplätzen zwar nicht unbekannt (→ Raeter S. 77). Die Häufigkeit aber, mit welcher auf dem Ochsenberg nicht nur Waffen, sondern auch Schutzwaffen in Form von Helmen auftreten (17, Abb. 9, Abb. 11–12), ist außerordentlich. Dazu kommt, daß die Eisenwaffen, Lanzenspitzen und Schwerter, sowie ein Großteil der Eisenmesser, im Unterschied zu den übrigen Weihegaben im w. Teil des Opferplatzes aufgefunden wurden (Abb. 29). Nachweise der intentionellen Zerstörung der Eisenwaffen und -geräte sind selten, auch wenn sich vereinzelte Beispiele von zerlegten Lanzenspitzen oder Einzelteile von Schwertern aufzählen lassen. Das gleiche gilt für die Spuren der Feuereinwirkung: Die Resultate der metallographischen Unters., welche die Frage beantworten sollten, ob die Eisenwaffen und Eisengeräte vor ihrer Niederlegung dem Feuer ausgesetzt waren, werden unterschiedlich bewertet (1; 19). Es ist mithin durchaus denkbar, daß im ö. und w. Teilbereich des Opferplatzes – zeitverschoben – unterschiedliche rituelle Hand-

| Typ 1.1 | Typ 1.2 | | Typ 2.1 | Typ 2.2 | Typ 2.3 |

| M 1079 | M 635 | | M 631 | M 630 | M 646 |

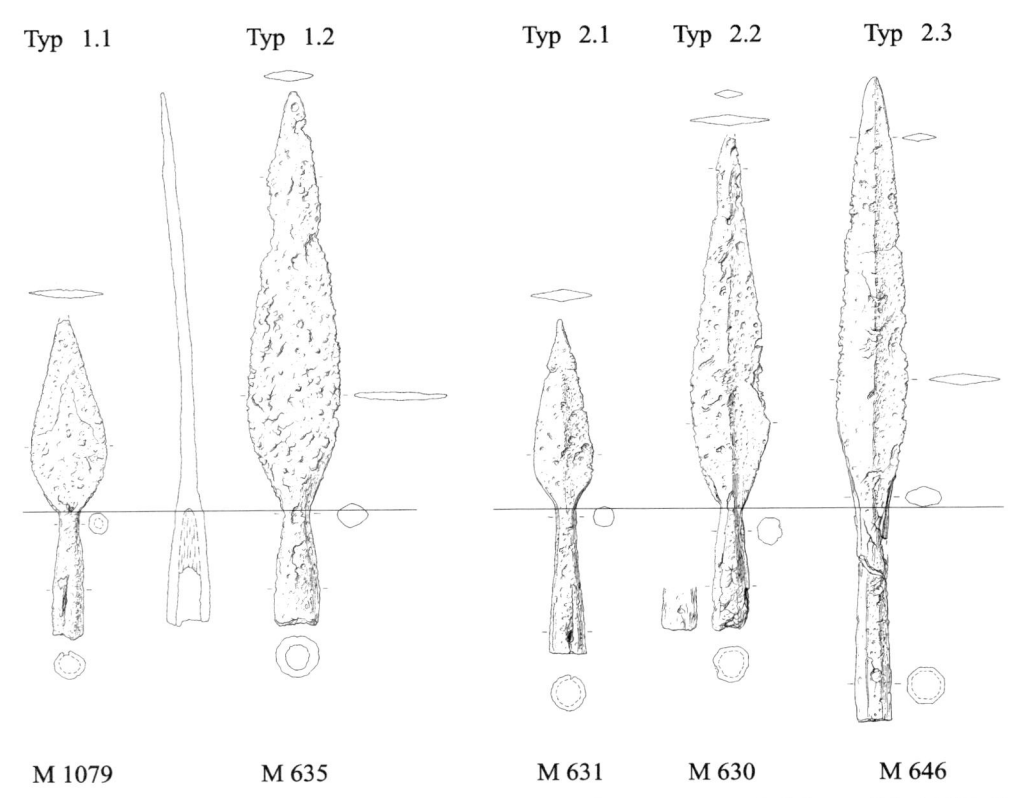

Abb. 31. Typol. der eisernen Lanzenspitzen von Wartau-Ochsenberg. M. ca. 1:4. Nach Pernet/Schmid-Sikimić (11, Abb. 6)

lungen vollzogen wurden. Der Fund einer fragmentierten Nauheimer Fibel (→ Fibel und Fibeltracht § 17 mit Abb. 91) im w. Bereich – die als einzige unter den Fibeln der vorröm. EZ auf dem Opferplatz keinerlei Feuerspuren aufweist – unterstützt die Hypothese eines Ritualwechsels, der wahrscheinlich gegen Ende der Spät-LTZ erfolgte. Obwohl diese Fibel auch schon als vom Typ Alesia oder als eine Vorstufe der Aucissa-Fibeln angesprochen wurde (13, 83, Taf. 28, 369), bringt sie ihr Bügeldekor eindeutig in die Nähe der großen Nauheimer Fibeln des Typs Giubiasco (20, 83, Taf. 38a–c).

Eine Datierung des ö. Teils des Brandopferplatzes in die vorausgehenden Phasen der LTZ ergibt sich aus dem Spektrum der gefundenen Fibeln (17, Abb. 6). Die vom Platz bekannten Glasringe und → Negauer Helme (17, Abb. 8, Abb. 11–12) widersprechen einer solchen Datierung nicht. Diese mit verschiedenen Typen und Var. belegten Fundklassen lassen sich in die Stufen LT A–D1 einordnen und in die Zeit vom späten 5. bis ins frühe 1. Jh. v. Chr. datieren.

Anders stellt sich das zeitliche Spektrum der Deponierungen im w. Bereich des Opferplatzes dar. Neuerdings ist es Pernet gelungen, eine typol. Gliederung der Lanzenspitzen sowie der Messer aus diesem Bereich zu erstellen (Abb. 30–32) und sie durch Vergleiche mit den entspr. Eisenfunden aus den Gräbern von Giubiasco im Tessin (10) einerseits und Sanzeno im S-Tirol (8) (→ Raeter S. 75) anderseits zu datie-

Typ 1. Griffplatte breit und flach

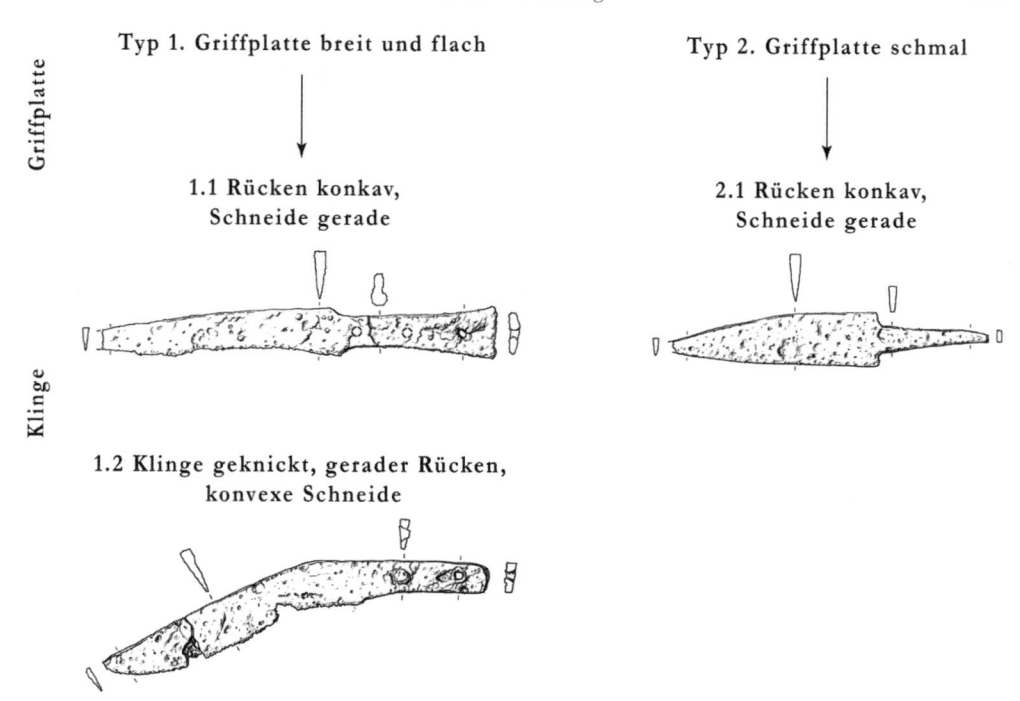

Typ 2. Griffplatte schmal

1.1 Rücken konkav, Schneide gerade

2.1 Rücken konkav, Schneide gerade

1.2 Klinge geknickt, gerader Rücken, konvexe Schneide

Abb. 32. Typol. der Eisenmesser von Wartau-Ochsenberg. M. ca. 1:4. Nach Pernet/Schmid-Sikimić (11, Abb. 6)

Objekt	Typ	LT C2	LT D1	LT D2	augusteisch	tiberianisch	
Eisenlanze	1.1						
Eisenlanze	1.2						
Eisenlanze	2.1						
Eisenlanze	2.2						
Eisenlanze	2.3						
Schwert	mit geradem Heftabschluß						
Gladius	spät-republikanisch						
Messer	1.1						
Messer	1.2						...
Messer	2.1			?...			...

Abb. 33. Typochron. der Eisenwaffen und Eisengeräte von Wartau-Ochsenberg. Nach Pernet/Schmid-Sikimić (11, Abb. 10)

ren (11). Daraus folgt, daß es sich hierbei um Produkte handelt, die von der Stufe LT C2 bis in die tiberische Zeit hergestellt wurden bzw. in Gebrauch standen (Abb. 33).

Die undifferenzierte Verteilung aller Lanzen- und Messertypen im w. Bereich und die Zusammensetzung der aus neun Lanzen, drei Messern und fünf Schwertfrg. bestehenden, gruppierten Deponie 11/68 innerhalb dieses Areals (17, Abb. 5), auch sie stets von verschiedenen Typen, legen nahe, daß es sich hier um eine einmalige oder allenfalls mehrere innerhalb kurzer Zeit vollzogene Waffenweihungen handelt. Dies geschah am wahrscheinlichsten am Ende der Spät-LTZ oder zu Beginn der augusteischen Epoche, da nur zu diesem Zeitpunkt alle hier vertretenen Waffentypen gleichzeitig im Umlauf waren (Abb. 33). Die große Zahl der Waffen, die in der zweiten Phase des Opferplatzes im 1. Jh. v. Chr. im Zentrum der kultischen Handlungen standen, werden in Zusammenhang mit der röm. Eroberung der Alpen im weitesten Sinne gebracht. Ungewiß bleibt, mindestens vorläufig, ob es sich um die eigtl. Bewaffnung der Opferdarbringer – ,einheimische Bewaffnung' – oder geopfertes Beutegut – ,fremde Bewaffnung' – handelt (11). Interessant dabei ist, daß die Rüstung des Kriegers aus Grab 119 von Giubiasco, zu der ein Negauer Helm des alpinen Typs, Var. Castiel, eine Lanzenspitze des Typs 1 und schließlich ein spätrepublikanischer Gladius gehören (12), gesamthaft ebenfalls Stücke einschließt, wie sie auf dem Ochsenberg mehrfach belegt sind. Damit wird die Identität der Benutzer des Opferplatzes zu einem wichtigen Thema, das im Rahmen einer abschließenden Publ. über W.-O. behandelt wird (18).

Seit dem Beginn der Nutzung des Opferplatzes auf dem Ochsenberg belegen Fibeln südalpiner Provenienz wie auch Frg. von Negauer Helmen des ital.-alpinen bzw. alpinen Typs die Bezüge zu den Gebieten s. der Alpen. Auch für die eisernen Lanzenspitzen und Messer, wie man sie vom Ochsenberg kennt, finden sich Parallelen im Tessin (Giubiasco) oder in Oberitalien (Ornavasso, Oleggio), wo sie vergesellschaftet in den Gräbern vorkommen (9). Die Kommunikationswege, die über verschiedene Alpenpässe von der s. Schweiz und Oberitalien bis ins St. Galler Rheintal führten, zeichnen sich in der Spät-LTZ auch bei der Kartierung von Lanzenspitzen ab (21). Bemerkenswert ist dabei, daß an manchen dieser FO Helme (17, Abb. 13) und auch Gladii (15) des späten 1. Jh.s v. Chr. in Erscheinung treten. Die Lanzenspitze des Typs 2.3 (Abb. 31) mit orthogonalem Schaft von Wartau ist unmißverständlich in die gleiche Zeit zu datieren, da solche Ex. etwa in Slowenien in den Gräbern mit Fibeln des Typs Alesia zusammen gefunden wurden (2; 3). Eine solche liegt auch vom Ochsenberg vor (13, Taf. 25.310). Weitere Belege für Fibeln vom Typ Alesia (6) ebenso wie für die Lanzenspitze des Typs 2.3 finden sich zudem in Graubünden (Lanzen aus Poschiavo und Rueun in: 11).

§ 5. Römerzeit. Die Auswertung des Fundmaterials der röm. Epoche ergab eine auffallende Konzentration mehrerer Fundgattungen im Areal des vorröm. Brandopferplatzes (13, Beilage D1–D2). Die umfangreichste Fundklasse bilden die Münzen, die bis auf zwei Stücke des frühen 5. Jh.s A. D. Prägungen des 3. und v. a. des 4. Jh.s A. D. sind (13, 99–103). Weit weniger zahlreich sind die Fibeln. Dabei handelt es um Produkte des 1.–4. Jh.s A. D. (13, 83). Im Unterschied zu den eisenzeitlichen Opferungen im ö. Bereich des Areals zeigen die röm. Fibeln und in der Regel auch die Münzen keine Feuereinwirkung. Eine Ausnahme scheint nur bei zwei Prägungen des 3. Jh.s A. D. vorzuliegen (13, 54). Das Opferritual hat sich wohl bereits im Laufe des 1. Jh.s v. Chr. verändert, ohne daß der Platz seine Funktion verlor. Das gleiche Phänomen läßt sich auch am Brandopferplatz Forggensee im Allgäu aufzeigen, wo sich ein spätlatènezeitlicher Kult während der röm. Epoche fortsetzte (22).

Das restliche Fundmaterial der spätröm. Zeit auf dem Ochsenberg, das auch eine ganz andere Verteilung zeigt, ist mengenmäßig sehr klein und als Siedlungsanzeiger zu werten.

(1) P. O. Boll u. a., Archäometallugische Unters. an kelt. Eisenwaffen von W. O., in: Ph. Della Casa (Hrsg.), Prehistoric Alpine Enviroment, Soc., and Economy, 1999, 283–288. (2) D. Breščak, Verdun pri Stopičah. Arheološke Razisk ave Antičnega Grobišča (1983–1988), Arheo 1989, 1–14. (3) Ders., Verdun pri Stopičah. Novo Mesto, ebd. 1990, 99–102. (4) Ph. Della Casa, Landschaften, Siedlungen, Ressourcen. Langzeitszenarien menschlicher Aktivität in ausgewählten alpinen Gebieten der Schweiz, Italiens und Frankreichs, 2002. (5) M. Gerber, Die Burg W. Baubeschreibung, Gesch., Rechte und Besitzungen, Urkundenslg., 2003. (6) M. Gustin, Les fibules du type d'Alesia et leurs variantes, in: A. Duval (Hrsg.), Les Alpes à l'âge du Fer. Actes du Xe colloque sur l'âge du Fer, 1991, 427–434. (7) A. Hild, G. von Merhart, Vor- und frühgeschichtl. Funde von Gutenberg-Balzers 1932/33, Jb. des hist. Ver.s für das Fürstentum Liechtenstein 33, 1933, 13–46. (8) J. Nothdurfter, Die Eisenfunde von Sanzeno in Nonsberg, 1979. (9) L. Pernet, L'armement républicain des nécropoles de Giubiasco et d'Oranavasso. Des tombes d'auxiliaires dans les vallées alpines, in: M. Poux (Hrsg.), Militaria cèsariens en contexte gouloise. Actes de la table ronde de Bibracte 2002 (in Vorbereitung). (10) Ders. u. a., La necropoli di Giubiasco (TI). II. Les tombe de La Tène finale et d'époque romaine (in Vorbereitung). (11) Ders., B. Schmid-Sikimić, Le Brandopferplatz de W. O. (SG) dans son contexte régional, in: P. Barral (Hrsg.), Dépôts, lieux sacrés et territorialité à l'âge du Fer. XXIXe colloque international de l'A.F.E.A.F., Biel 2005 (im Druck). (12) M. Primas, Grab 119 von Giubiasco und die Romanisierung der Poebene, in: A. Lippert, K. Spindler (Hrsg.), Festschr. zu 50j. Bestehen des Inst.s für Ur- und Frühgesch. der Leopold-Franzens-Univ. Innsbruck, 1992, 473–483. (13) Dies. u. a., W. – Ur- und frühgeschichtl. Siedlungen und Brandopferplatz im Alpenrheintal (Kant. St. Gallen, Schweiz), 1. Früh-MA und röm. Epoche, 2001. (14) Dies. u. a., W. – Ur- und frühgeschichtl. Siedlungen und Brandopferplatz im Alpenrheintal (Kant. St. Gallen, Schweiz), 2. BZ, Kupferzeit, Mesol., 2004. (15) J. Rychener, Die ur- und frühgeschichtl. Fst. Bot da Loz bei Lantsch/Lenz, Kant. Graubünden, 1983. (16) M. P. Schindler, Auf dem Ochsenberg in W. stand kein Kirchenkastel. Entdeckung und Deutung der Kapelle auf dem Ochsenberg, Werdenberger Jb. 1994, 88–107. (17) B. Schmid-Sikimić, W. O. (SG) – ein alpiner Brandopferplatz, in: wie [1], 173–182. (18) Dies. u. a., W. – Ur- und frühgeschichtl. Siedlungen und Brandopferplatz im Alpenrheintal (Kant. St. Gallen, Schweiz), 3. EZ (in Vorbereitung). (19) M. Senn Bischofberger, Das Schmiedehandwerk in der nordalpinen Schweiz von der EZ bis ins Früh-MA, 2005. (20) K. Striewe, Stud. zur Nauheimer Fibel und ähnliche Formen der Spät-LTZ, 1996. (21) R. Wyss, Arch. Zeugnisse der Gaesatten, ZAK 38, 1981, 227–238. (22) W. Zanier, Der spätlatène- und römerzeitliche Brandopferplatz im Forggensee (Gdm. Schwangau), 1999.

B. Schmid-Sikimić

Warzen → Krankheiten

Waschen

§ 1: Begrifflich, Etymologie – § 2: Anwendungen – a. Reinigung des Körpers – b. W. von Kleidern und Wäsche – c. Kirchlich – d. Werkstatt, Küche, Apotheke, ärztliche Praxis – e. Sprichwörtlich

§ 1. Begrifflich, Etymologie. Die im Hinblick auf toch. A *wäsk*, toch. B *wăsk* erwogene Grundbedeutung ‚in (fließendem) Wasser hin und her bewegen' ist in den 70er J. wieder aufgegeben worden. Eine etym. Verbindung zu Wasser ist angesichts der starken Stammbildung unsicher, ein gemeinsames, sowohl ‚Wasser' wie auch ‚Waschen' zugrundeliegendes Vb. läßt sich bisher nicht nachweisen (zu weiteren sprachgeschichtl. Erörterungen vgl. Grimm, DWb., s. v. waschen). Aus westgerm. *wask-a* ist ahd. *wascan* ebenso abgeleitet wie das gleichlautende ags. *wascan*. Auf anfrk. *wascan* geht afrz. *waschier* (guaschier) zurück, das ‚rühren', ‚rudern' bedeutet und das in *gâcher* ‚ausspülen' und *gâche* ‚Rührscheit', ‚Kalkschaufel' weiterlebt. – Anord. *vaska* scheint aus dem Westgerm. entlehnt zu sein (6, V, 2242; doch vgl. dazu Magnússon, Orðsifjabók, s. v. *vaska*).

§ 2. Anwendungen. a. Reinigung des Körpers. Die ma. Hygiene kennt zwei Verfahren der Körperreinigung, einmal das innerliche, das durch *vürben* allen *unvlât* aus dem Leibe hinaus-,purgiert' und sich dabei innerlicher Abführ- oder Brechmittel bedient, und zum andern das äußerliche, das in der Regel Wasser verwendet und durch die Verben *waschen* und *twahen/zwagen* bezeichnet wird.

Germ. wuschen sich (wenn wir → Ibn Faḍlān [921] glauben und das, was er über die → Waräger sagt, verallgemeinern) täglich, und zwar Kopf, Gesicht und Hände. Als Wasserbehälter diente eine Schüssel *(labil, becchin)*. Gleichzeitig reinigte man sich durch Räuspern und Schneuzen von Schleim (2). Üblich waren derartige Waschungen auch in Fließgewässern, wobei man ‚in den Fluß ging'. Dabei wusch man oft auch die Kleider (7, II, 2 f.). Säuglinge wurden von der Mutter gewaschen (→ Kinder § 5b). In der Regel fand das W. morgens vor dem Tagwerk statt. Die germ. Vorliebe für Wasser und W. war bereits den Römern aufgefallen (4, III, 35). Die reinigende Wirkung des Wassers unterstützten → Seife und Lauge (3). Diätetische Texte des Hoch- und Spät-MAs wirkten traditionsverstärkend, so der ‚Alexanderbrief' des *Secretum secretorum* (Verfasserlex. VIII, 993–1013) oder das ‚Gesundheitsregiment' Johann Heyses (Verfasserlex. XI, 656 f.), das an der Schwelle zur Neuzeit die gängigen Regeln zusammenfaßt mit den Worten „Wan du morgens vffstehest, so ... wesch dyn hende, dyn antlitz vnd dyn aůgen ..., wirff vß alle vberflussigkeit", und hinsichtlich Ganzkörperwaschungen fügt Heyse hinzu: „du salt dich dick weschen vnd baden in sůßen wasseren vff die zijt, daz die spise vß dem magen sij", also auf nüchternen, nicht auf vollen Magen (5). Zum Befeuchten diente der *bade-swamp,* zum Wischen der *wasch-lappe* oder *hudel,* zum Abtrocknen wurde die *twehele* benutzt.

b. W. von Kleidern und Wäsche. Gewaschen wurde am Ufer von Seen und Fließgewässern, aber auch in geschlossenen Räumen (Schuppen; Waschhaus [*wascherîe*] mit Warmwasser aus dem Kochhaus). Als Werkzeug diente das *wasch-bret,* das zum *rumpeln* der Wäsche in einen *wasch-troc* gestellt wurde. Auf berufliche Spezialisierung weist die *wescherinne,* die ihre ‚Wäschestücke' auf einem ‚Waschzettel' vermerkte. Als periodisch (wöchentlich) wiederkehrender Termin bestimmte der ‚Waschtag' das Alltagsleben.

c. Kirchlich. An hohen Feiertagen wurde nicht gewaschen, ebensowenig wie in der Zeit der Rauhnächte zw. Wintersonnenwende (Weihnachten) und Epiphanie (→ Jahresbrauchtum). Das „Seine Hände in Unschuld waschen" des *Missale Romanum* ist sprichwörtlich geworden und bedeutet ‚Mit einer rechtlich oder sittlich anstößigen Angelegenheit nichts zu tun haben' (8).

d. Werkstatt, Küche, Apotheke, ärztliche Praxis. Gewaschen wurden nicht nur Menschen, sondern auch Tiere (beispielsweise Pferde, die man in der ‚Schwemme' badete bzw. ‚schwimmen' ließ); gewaschen wurden Gerätschaften und Werkzeuge des Agrar- und Handwerkbereichs; gewaschen wurde Korn und Gemüse, was indessen nur teilweise gelang: wie die Abrasion frühma. germ. Gebisse zeigt, blieb der Silikatanteil in der → Nahrung – auch bedingt durch den Mahlvorgang – hoch (1, 41 f.) (→ Mehl und Mehlspeisen § 3). Bes. häufig wurden Apotheker und arzneimittelproduzierende Wundärzte (→ Arzt; → Wunden und Wundbehandlung) in den Rezeptvorschriften aufgefordert, die Arzneistoffe von Schmutz und Erdbeimengungen zu befreien („schüt die erd von der wurzen und wesch sie", „wesch die wol ûz wazzer" [6, V, 2242–2245]). ‚Waschungen' *(lotiones)* führte der Wundarzt aus traumatologischer, der Bader aus dermatologischer (9) Indikationsstellung durch, und selbstverständlich berücksichtigte man auch zahnmed. Indikationen. Gewaschen wurden Wunden, Geschwüre (→ Geschwulst und Geschwür), das Zahnfleisch sowie Flechten und borkige Beläge („die wunden ûzwendig weschen"; „den schaden sûberlîche weschen", „daz zantvleisch weschen"; „die grindig hût weschen" [‚Krätze'; 6]) (→ Krankheiten S. 306). Die Waschungen wurden nicht nur im Bereich der Läsionen, sondern auch außerhalb *(ûzwendig),* d. h. in angrenzenden Randgebieten vorgenommen. Gewaschen wurde mit Wasser, wäßrigen Absuden, Wein, Essig und – seit 1288 – auch mit Alkohol *([ge]brant wîn)* und alkoholischen Extrakten *(gebrantiu wezzer)* (→ Heilmittel und Heilkräuter).

e. Sprichwörtlich. Die schlaffe Gestaltlosigkeit des feuchten *hudels* wurde mit *waschlappicht* auf einen ‚mut- und willenlosen Menschen' übertragen. Die inhalts- und bedeutungsarme Unterhaltung geschwätziger Waschweiber wurde als *Gewäsch* abgetan. Die reinigende und damit Wesensmerkmale verstärkende Wirkung des W.s kommt in Wendungen wie *Ein Ding/Etwas, das sich gewaschen hat,* zum Ausdruck. Wer als Fahrensmann sich mit dem Wasser aller Meere gewaschen hat, ist *mit allen Wassern gewaschen* und entspr. ‚erfahren' bzw. ‚durchtrieben'. Wer auf das Mundspülen verzichtet und entspr. an üblem Mundgeruch *(foetor ex ore)* leidet, redet mit *ungewaschnem Maul* anstößig-fäkalisch bzw. anzüglich-unanständig und besudelt mit seiner Lästerrede sich und seine Umgebung. Indem er als Dreckschleuder mit dem Auswurf seines Mundes andere besudelt und Mitmenschen mit An- und Vorwürfen verunreinigt hat, bezeichnet er den Vorgang als *Schmutzige Wäsche waschen* („laver son linge sale"; 6, III, 1096 f.).

<small>(1) A. Czarnecki u. a., Menschen des Früh-MAs im Spiegel der Anthrop. und Med., 1982. (2) H.-J. Graff, Neues zur Heilkunde bei den Germ., Sudhoffs Archiv 56, 1972, 207–209. (3) B. D. Haage, Zu dt. Seifenrezepten des ausgehenden MAs, ebd. 54, 1970, 294–298. (4) M. Heyne, Körperpflege und Kleidung bei den Deutschen (= Fünf Bücher dt. Hausaltertümer 3), 1903. (5) St. Mayer-Schlagintweit, Johann Heyses ‚Regiment, sich in Gesundheit lange zu behalten', Diss. Würzburg 2005. (6) J. Mildenberger, Anton Trutmanns ‚Arzneibuch', 2. Wb. 1–5, 1997. (7) H. Reier, Heilkunde im ma. Skand. Seelenvorstellungen im Anord. 1–2, 1976. (8) L. Röhrich, Lex. der sprichwörtlichen Redensarten 1–3, ⁶1991. (9) I. Rohland, Das ‚Buch von alten Schäden', 2. Kommentar, Wörterverz., 1983.</small>

G. Keil

Wassenaar s. Bd. 35

Wassergeister

§ 1: Allgemein – § 2: Bezeichnungen und Vorstellungen – § 3: Forschungsgeschichte

§ 1. Allgemein. Unter dem Sammelbegriff W. werden verschiedene hist., inhaltlich und kulturgeogr. zu differenzierende Vorstellungen der niederen Mythol. und des Volksglaubens zusammengefaßt, die sich auf übernatürliche, weder menschliche noch göttliche Wesen (→ Geisterglaube) mit Sitz in → Quellen (→ Quellheiligtümer und Quellkult), Brunnen (→ Brunnen §§ 5–6) und Wasserfällen, Mooren, Sümpfen und → Mühlen, stehenden und fließenden Binnengewässern sowie Meeren beziehen (vgl. auch → Opfer und Opferfunde; → Flußfunde § 6). Gestalten dieser Art sind anthropomorph, aber auch (oft partiell) in verschiedene Tierformen wandelbar. Sie treten weder überall noch ausschließlich dort auf, wo Wasser vorhanden ist, sondern an Orten, an denen ein bestimmter kultureller Bezug zu diesem Naturbereich, wie z. B. die → Seefahrt oder → Fischerei, gegeben ist (2, 21).

Frühneuzeitliche Dämonologien faßten die W. v. a. als Personifikationen der sie umgebenden Natur auf (→ Dämonen). Als motivgeschichtl. einflußreiche Qu. gilt der *Liber de nymphis (...)* des Th. B. von Hohenheim, genannt Paracelsus (1493–1541). Neuplatonischen Lehren folgend sah der Verf. *Nymphen* und *Vndenen* als diejenigen Elementargeister an, die den Menschen am nächsten stehen (Liber de nymphis ...,

Tract. III). Im Unterschied zu Gespenstern (→ Spuk) besitzen sie einen Leib, der „ein subtil Fleisch" und sterblich ist (Liber de nymphis ..., Tract. I). Zur Akquisition einer Seele streben sie die Ehe mit Irdischen an (16, 67). Zugleich befinden sich mit den *Syrenis* und *Melosinen* unter den W. aber auch betrügerische *Monstra* und *Mißgewechs,* die vom Beelzebub besessen sind (Liber de nymphis ..., Tract. III–IV). Der Ambivalenz dieser Wesensbeschreibung wird die *Interpretatio christiana* (→ Interpretatio §§ 4–5) kaum noch gerecht. Sie mündet in die einseitige Diabolisierung bestimmter W., etwa als Unterschieber von Wechselbälgen (→ Wechselbalg) bei M. Luther (Tischreden, 1571, 440).

§ 2. Bezeichnungen und Vorstellungen. Die vorwiegend aus ma. Glossen stammenden Bezeichnungen für W. zeugen von einer Parallelisierung ahd. und lat. Begriffe. Etwa findet sich der im Dt. sowohl männliche als auch weibliche Ausdruck Nix(e) (ahd. *nihhus, niccus;* mhd. *nickese, waʒʒernixe*) zuerst als Fem. *(nichussa)* bei Notker v. St. Gallen (950–1022), wo er als Nymphe (lat. *nympha, nymphē;* griech. νύμφη; idg. *sneubh* ‚freien, heiraten'; 10, 938) übs. wird (6, 92 f.). Dagegen identifizieren Glossen des 11.–12. Jh.s *niccus* mit *crocodilus (cocodrillus, corcodrillus)* (6, 93). In ae. Qu., wie etwa im → Beowulf, ist *nicor* ein in Gestalt eines Flußpferdes, als → Untier oder anthropomorph auftretendes, bösartiges Wesen, das in Seen, Sümpfen und Mooren lebt und sich von Menschenfleisch ernährt (6, 94 ff.). Anord. *nykr* bedeutet ‚Wassergeist, Flußpferd, Walroß' (10, 927). Die skand. Überlieferung kennt den *Nykur* in Gestalt eines Schimmels oder mächtigen → Riesens (6, 95). Der estn. *näkk* tritt als Rind oder Pferd auf und ist darauf aus, Menschen anzulocken und unter Wasser zu ziehen (13, 4 ff.). Das Motiv der im Wasser Ertrinkenden findet sich schon in der → Skaldischen Dichtung, wo die Göttin Rán über das → Totenreich am Meeresgrund herrscht (7, 258 f.).

Urspr. wohlmeinende Charakterzüge besaßen dagegen die *álfar* (ahd. *alb,* ags. *ælf,* anord. *álfr;* lat. *albus* ‚weiß'; ie. **albh-* ‚glänzen, weiß sein'; → Alben; 5, 45 f.), die in den *Skáldskaparmál* (→ Edda, Jüngere) gemeinsam mit den *ásynjur* (→ Asen) beim Bankett von Ráns Gatten Ægir/Hlér (anord. ‚Meerriese' bzw. ‚Meer'; 7, 47) erscheinen. Zu Jól (→ Jul) wurde ihnen als *genii loci (landvættir;* → Vættir), z. B. von Quellen oder Wasserfällen, geopfert (*álfablót;* 5, 46). Eine allg. Bezeichnung elbischer Wesen enthält das ahd. Kompositum *merimanni* (‚Meereswesen') bzw. *merimenni (meriminni*, merimin** ‚Meerjungfrau') und *meriminna* (‚Meerweib'), das im 8. Jh. mit lat. *sirena* und *scylla* glossiert wird und sich in mhd. Qu. u. a. als *(wildeʒ) merwîp, merfrouwe, merfei(n)e, waʒʒerholde, wîse waʒʒerfeine, muome, mûme* wieder findet (1, I, 360 f.; 14, 409). Im → Nibelungenlied prophezeit das *merwîp* Sigelint → Hagen den Untergang der Burgunden (→ Burgunden § 3) (1, I, 360; 8, 318). Die urspr. nicht notwendigerweise als Wasserfrau gedachte Gestalt der Melusine, deren Sage zuerst im 12. Jh. belegt ist, wird als *bonne dame* und Ahnfrau der Lusignan verehrt (3, 83 f.). Der isl. *marmennill,* von dem u. a. die → *Landnámabók* (II, 5) berichtet, ist ein schweigsamer, männlicher Wassergeist in → Zwergengestalt, der die Gabe der Weissagung (→ Wahrsagen und Weissagen; → Mantik) besitzt, weshalb ihn die Menschen aus dem Meer fischen und in ihre Gewalt bringen wollen (1, I, 360; 8, 318).

Damit umfaßt der Sammelbegriff W. eine Reihe synkretistischer Gestalten, deren Bild sich aus verschiedenen soziokulturellen und psychomentalen Bezügen speist. Unabhängig vom Gesetz der Oikotypen ist den Ausläufern vorchr. Vorstellungen gemeinsam, daß sie die dritte Funktion der → Dumézilschen Dreifunktionentheorie repräsentieren (5, 47). Als einige weitere, häufig wiederkehrende Grundmuster seien hier nur genannt: die proteusartige Wandlungsfähigkeit der W.; der Glaube an ihr divinatorisches Vermögen; ihr grundsätzlich ambivalentes – und dabei vielfach erotisch aufgeladenes – Verhältnis zu Menschen; der Mythos von der an → Tabus gebundenen Vermählung eines übernatürlichen Wesens mit einem Irdischen („gestörte Mahrtenehe"; 3, 75); der „zug von *grausamkeit* u. *blutdurst*" (1, I, 409), wie er Seeungeheuern eigen ist; das Konzept der unterseeischen Totenwelt und das Bemühen, deren mythische Bewohner durch Opfergaben günstig zu stimmen. Weit verbreitet ist außerdem die Vorstellung von W.n als „Herren der Fische" (12, 173 ff.).

§ 3. Forschungsgeschichte. Die Vertreter der romantisch-mythol. Schule des 19. Jh.s und ihre Rezipienten konfrontierten das umfangreiche ethnographische Material über W. (vgl. 9) mit der abstrakten Idee eines Hineinragens vorchr. Mythen und Kulte in die Gegenwart (→ Waldgeister § 3). Postuliert wurde u.a. die Verwandtschaft von Gestalten der niederen Mythol. mit agerm. Gottheiten (vgl. z. B. 11, 134 f.). Auch schienen lokale W.-Überlieferungen die Kontinuität vorchr. Quellkulte (→ Quellheiligtümer und Quellkulte) zu bestätigen (17).

Demgegenüber kam schon Panzer zu dem Ergebnis, daß ein „Nachleben germ. Göttervorstellungen … in der Volksüberl. nirgends erweislich" und die „mythische Apperzeption der natürlichen Tatsachen … nach Ort und Zeit verschieden" sei (9, 189 f.). Vor diesem Hintergrund haben jüng. Forsch. über W. diese nicht allein als Resultat eines hist. Vermittlungsprozesses aufgefaßt, sondern als Bindeglieder bzw. Grenzhüter zw. Natur und Kultur in den Blick genommen, deren motivgeschichtl. Linie sich auf der Grundlage gesellschaftlicher Normen und Wertvorstellungen immer wieder neu generieren kann (15, 130).

(1) Grimm, Dt. Mythol. (2) L. Honko, Four Forms of Adaption of Tradition, Studia Fennica 26, 1981, 19–33. (3) C. Lecouteux, Zur Entstehung der Melusinensage, ZDPh 98, 1979, 73–84. (4) Ders., Eine Welt im Abseits. Zur niederen Mythol. und Glaubenswelt des MAs, 2000. (5) Ders., Zwerg: Ein Sammelbegriff, in: [4], 31–54. (6) Ders., Niccus – Nix, in: [4], 91–103. (7) J. Lindow, Handbook of Norse Mythol., 2001. (8) E. Mogk, Nixen, in: Hoops III, 317 f. (9) F. Panzer, W., in: Handwb. dt. Abergl. IX, 127–191. (10) W. Pfeifer, Etym. Wb. des Deutschen, ^{5}2000. (11) A. Quitzmann, Die heidn. Relig. der Baiwaren. Erster faktischer Beweis für die Abstammung dieses Volkes, 1860. (12) L. Röhrich, Europ. Wildwassersagen, in: Ders., Sage und Märchen, 1976, 142–195. (13) L. von Schroeder, Germ. Elben und Götter beim Estenvolke, 1906. (14) T. Stark, J. C. Wells, Ahd. Glossenwb., 1990. (15) J. Stattin, Näcken. Spelman eller gränsvakt, 1984. (16) I.-G. Stauffer, Undines Sehnsucht nach der Seele. Über Paracelsus' Konzeption der Beseelung von Elementargeistern im *Liber de nymphis, sylphis,* […], Nova Acta Paracelsica 13, 1999, 49–101. (17) K. Weinhold, Die Verehrung der Qu. in Deutschland, 1898.

R. Bodner

Wassermühle → Mühle

Wassernuß. Unter den Sammelpflanzen nimmt die W. (*Trapa natans* L.) als einjährige Wasserpflanze eine Sonderstellung ein. Auch systematisch steht die Art isoliert: Die Familie der W.-Gewächse (Trapaceae oder Hydrocaryaceae) besteht nur aus der Gattung *Trapa* mit, je nach Artabgrenzung, drei bis elf Arten (5). Die W. ist eine einjährige, wurzelnde Schwimmblatt-Pflanze (3). Die rautenförmigen Blätter sind an unterschiedlich langen mit Luftkammern versehenen Blattstielen befestigt und bilden dadurch eine auf der Wasseroberfläche schwimmende Rosette. Die Blüten sitzen einzeln in den Achseln der Schwimmblätter. Das Pollenkorn ist sphaeroidisch, tricolpat und mit drei merdional verlaufenden vesiculaten Wülsten versehen, welche die Colpen verdecken (1). Aufgrund dieser Wülste ist es unverwechselbar und außerdem fossil erhaltungsfähig.

Die 2–3 cm hohen und 2,5–4 cm br. Steinfrüchte sind mit dem Kelch verwachsen und von vier Kelchdornen umgeben, von denen die transversalen schräg aufwärts gerichtet, die medianen abwärts gerichtet, bisweilen auch gespalten, stumpf oder ganz verkümmert sind (3). Auch die Früchte sind leicht identifizierbar und in Seeablagerungen meist gut erhalten. Die leicht abbrechenden, etwa 0,5 cm lg. mit Borsten versehenen Spitzen der Kelchdornen treten auch verkohlt im arch. Kontext auf und sind gut ansprechbar. Die Samen der einfächerigen Frucht bestehen größtenteils aus dem Speicherkeimblatt. Sie sind eßbar, nahrhaft und von ähnlichem Geschmack wie die der → Edelkastanie. Die frischen Früchte enthalten etwa 37 % Wasser, 8–10 % Rohprotein, 1,3 % Rohfaser und 49 % stickstofffreie Extraktstoffe (v. a. Stärke, Dextrose und Gerbstoffe). Sie werden wie Kartoffeln in Salzwasser gekocht, gebacken, oder wie Kastanien geröstet, sind aber auch roh genießbar (3). Die W. kommt in Schwimmblattbeständen nährstoffreicher, sommerwarmer stehender, nicht zu seichter Gewässer der Tieflagen, meist in 1–2 m Wassertiefe über humosen Schlammböden vor (7). Die Ausbreitung der schwimmfähigen Früchte erfolgt durch das Wasser und durch Tiere, v. a. Wasservögel (Klettfrüchte). Die Keimung der auf den Gewässergrund abgesunkenen Früchte wird durch tiefe Temperaturen begünstigt und erfolgt im Winter oder Frühling (3). Die Samen bleiben mehrere J. keimfähig. Zur Blüte und Fruchtbildung sind sommerliche Wassertemperaturen von über 20 °C erforderlich. Das heutige Areal besteht aus zwei Teilarealen, einem zentral-osteurop. von Frankreich bis Rußland und einem südostasiatischen von Indien bis China (6). Das Vorkommen ist jedoch, wie bei vielen ornithochoren Wasserpflanzen, sehr lückig. Ihr holozänes Areal war größer als das aktuelle und reichte rund 850 km weiter nach N, weit nach Skand. hinein (5). Die aktuelle N-Grenze in Europa korrespondiert mit der Linie, n. von der die Zahl der Sommertage mit Tagesmitteln über 22 °C kleiner als 63 ist. Gegenwärtig beschränken sich die mitteleurop. Vorkommen im wesentlichen auf Altarme im n. Oberrheingebiet (2). Für den Rückgang wird in erster Linie die mittel-spätholozäne Klimaverschlechterung verantwortlich gemacht (5). Vermutlich spielt bei der Arealgesch. der W. auch die Verschleppung durch den vorgeschichtl. Menschen eine Rolle, doch dürfte sich dies eher durch eine stärkere Verdichtung innerhalb des bestehenden Areals als durch eine Erweiterung der Arealgrenzen ausgewirkt haben. Eine solche Arealverdichtung kann sogar die Besiedlung neuer, künstlich geschaffener Standorte wie ma.-frühneuzeitlicher Fischweiher bedeuten (8), wobei offen ist, ob in solchen Fällen die Neuansiedlung spontan durch Wasservögel oder gezielt durch den Menschen erfolgte. Für letzteres spräche gerade bei Fischweihern, daß die Blattrosetten zum Frischhalten von Fischsendungen verwendet wurden (3).

Bis in die Neuzeit gibt es hist. Qu. für die systematische Nutzung der W. als Nahrung, v. a. bei den ärmeren Schichten. Demgegenüber sind die Fruchtfunde aus arch. Kontext überraschend spärlich. In SW-Deutschland reichen sie vom Altneol. bis in die LTZ (Abb. 34). Die höchste Stetigkeit wird im Jung- und Endneol. erreicht. Die ält. Unters. vor 1960 mit zahlreichen Funden in den Feuchtbodensiedlungen des Alpenvorlandes (→ Seeufersiedlungen) wurden hierbei nicht einbezogen. Eine Auswertung über ganz Europa (4; 9) ergibt ein ähnliches Bild: Der Schwerpunkt liegt in Neol. und BZ, doch reichen die Nachweise hier bis ins MA (Abb. 35). Gemessen an der Gesamtzahl arch. Fundplätze mit botan. Unters. bleibt die Zahl der in Ausgr. nachgewiesenen W.-Funde jedoch gering. Die der hist. Sekundärlit. zu entnehmende große nahrungswirtschaftl. Bedeutung relativiert sich somit durch die arch. Funde zum lokalen

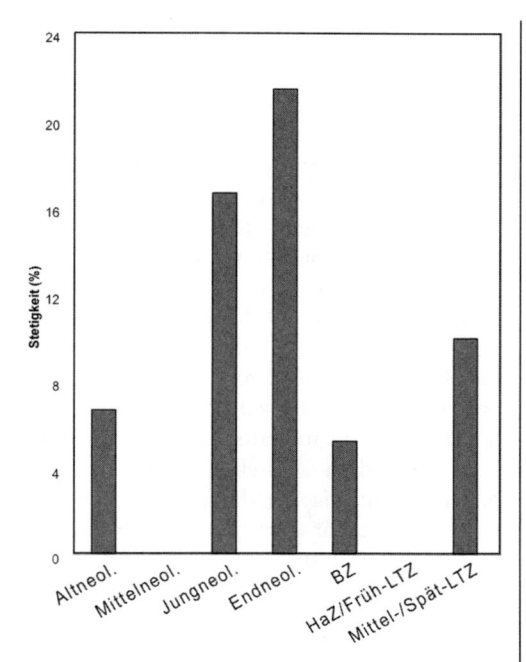

Abb. 34. Prozentuale Stetigkeit der Wassernuß am Beispiel SW-Deutschlands (288 Fundplätze ausgewertet)

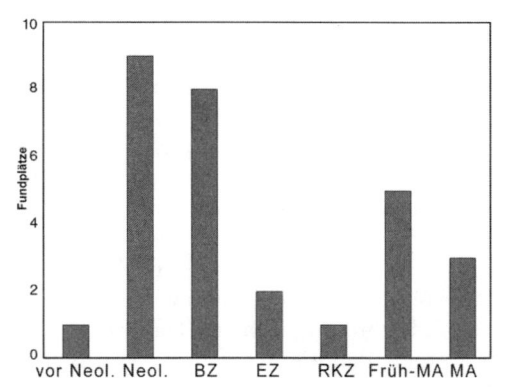

Abb. 35. Fundplätze in Europa mit Wassernußfunden. Zahl der Fundplätze je hist. Periode, aufgrund der Dokumentationen von Schultze-Motel (9) und Kroll (4)

Sonderfall im Umkreis nährstoffreicher Stillgewässer in sommerwarmer Klimalage.

(1) H.-J. Beug, Leitfaden der Pollenbestimmung für Mitteleuropa und angrenzende Gebiete, 2004, 126 f. (2) H. Haeupler, P. Schönfelder, Atlas der Farn- und Blütenpflanzen der Bundesrepublik Deutschland, 1988, 342. (3) G. Hegi (Begr.), Illustrierte Flora von Mitteleuropa 5, [2]1975, 882–894. (4) H. Kroll, Lit. on arch. remains of cultivated plants (1992/1993–1998/1999), Vegetation Hist. of Archaeobotany 4–9, 1994–2000. Ders., Lit. on arch. remains of cultivated plants 1981–2004. Ders., Lit. on arch. remains of cultivated plants 1981–2004. (5) G. Lang, Quartäre Vegetationsgesch. Europas, 1994, 208–210. (6) H. Meusel u. a., Vergl. Chorologie der zentraleurop. Flora. Karten 2, 1978, 301. (7) E. Oberdorfer, Pflanzensoz. Exkursionsflora, [8]2001, 681. (8) M. Rösch, Ein Pollenprofil aus dem ehemaligen Fischweiher des Hz.s von Württ. bei Nabern, Stadt Kirchheim/Teck, zur Kenntnis der Kulturlandschaftsgesch. des Späten MAs und der Frühen Neuzeit im Vorland der Schwäbischen Alb, Fundber. aus Baden-Württ. 23, 1999, 741–778. (9) J. Schultze-Motel, Lit. über arch. Kulturpflanzenreste (1965–1967–1987/1988)/Lit. on arch. remains of cultivated plants 1989/1990–1991/1992), Jahresschr. für Mitteldt. Vorgesch. 54–55/Kulturpflanze 21–37/Vegetation Hist. of Archaeobotany 1–3, 1992–1994.

M. Rösch

Wasserstraßen

§ 1: Definitionen und Forschungsverlauf – § 2: Schiffahrtstechnik – § 3: Aussagen von Verbreitungskarten – § 4: Schnittstellen im W.-Netz – a. Schnittstellen innerhalb einer Kultur – b. Schnittstelle Grenzaustausch – c. Schnittstelle Flußmündung – d. Schnittstelle Wasserscheide – § 5: Fahrstrecken auf W. – a. Vorgesch. – b. Arbeitsteilung in den Hochkulturen – c. Frühes MA – § 6: Überfälle und Schutzmaßnahmen an W. – § 7: W. im Kult

§ 1. Definitionen und Forschungsverlauf. W. sind regelmäßig befahrene Schiffsrouten der → Seefahrt und der → Binnenschiffahrt. Bei den lokalen Bootseinsätzen zur → Fischerei spricht man ebensowenig von W. wie beim Fährverkehr (→ Fähre). Da die W. der Seefahrt unter dem Stichwort → Seewege dargestellt sind, sind hier nur noch die Flüsse und Seen zu behandeln, die den Verlauf der möglichen vor- und frühgeschichtl. W. ebenso durch ihre Geogr. vorgeben wie die Küsten den Verlauf der frühen Seewege. Die Flüsse des europ. Kontinents zw. der frz. Atlantikküste und dem Ural sind wasserreich und fließen mit geringem Gefälle durch breite Talauen verhältnismäßig sanfter Mittelgebirge und weiter Flachländer und bieten damit optimale Voraussetzungen für die Nutzung als W. Da sich diese Flüsse nach Ende der Eiszeit nur noch im lokalen Detail ihrer Schleifen, nicht aber in ihrem generellen Verlauf verändert haben, und da sich die Veränderungen der Küsten für diesen Zeitraum mit einer für die W. ausreichenden Genauigkeit bestimmen lassen, sind die in Vor- und Frühgesch. möglichen W. weitaus besser und vollständiger bekannt als die Landwege (→ Wege). Das methodische Problem besteht darin, anhand arch. Indizien für jede vor- und frühgeschichtl. Kultur nachzuweisen, in welchem Umfang und mit welcher Infrastruktur sie diese naturgegebenen Voraussetzungen als W. nutzte. Eine zusammenfassende Darst. dieser Nutzung steht noch aus, so daß hier nur die Trends der bisherigen Forsch. exemplarisch vorgestellt werden können.

Bereits Oscar → Montelius (29, 274) sah 1910 richtig, „dass die natürlichen Wege, welche Flüsse und Flusstäler bilden", für den vorgeschichtl. Handelsverkehr „von größter Bedeutung sind", konnte aber noch nicht entscheiden, ob man dabei vorzog, im Boot zu fahren oder „längs des Ufers dem Weg zu folgen, welchen der Fluss gebrochen hatte, als sich durch den weglosen Wald zu schlagen". Spätere Forscher haben die Fundpunkte arch. nachweisbarer Fernhandelsware miteinander verbunden und daraus Fernverkehrswege über Land konstruiert (→ Handel § 6), wie die oft zitierte Bernsteinstraße (13; → Bernstein und Bernsteinhandel), die aber tatsächlich zu den W. gehört (s. u. § 5b). Noch 1991 wurde versucht, für die RKZ die Vorzüge des Landtransports gegenüber dem Transport auf dem Wasser herauszustellen (31).

Erst seit 1980 wurden von verschiedenen Seiten neue Ansätze erarbeitet, die eine methodisch abgesichertere Beurteilung der Nutzung von W. erlauben. Kunow (26, 53–55) berechnete die Relation der Transportkosten im Güterverkehr des Römerreichs. Trotz der gut ausgebauten röm. → Straßen kostete der Tonnenkilometer auf den Binnenwasserstraßen das sechsfache, auf der Straße dagegen das 62fache des Seetransports! Wo immer möglich transportierten die Römer deshalb ihre Güter auf den W. und nicht mehr als zehnmal so teuer auf den Straßen, die in erster Linie milit. Zwecken sowie dem schnellen Personen- und Nachrichtentransport dienten und für Gütertransporte nur dort genutzt wurden, wo W. fehlten. Im vorgeschichtl. Europa n. der Alpen, wo es die guten Straßen der Römer nicht gab, fiel die Aufwandrelation für Transporte noch stärker zugunsten der W. aus. Die Paläoethnobotanik steuerte als Ergebnis bei, daß diese Zone Europas nach ihrer natürlichen Vegetation im Mesol. das Waldland wurde, das es bis heute blieb (39, 50 f.) (→ Vegetation und Vegetationsgeschichte). Im nicht kultivierten → Wald bilden Wasserläufe die einzigen natürlichen Verkehrsbahnen, die nicht erst vom Menschen hergerichtet werden müssen und deshalb für die Fortbewegung von Personen und für Gütertransporte genutzt wurden (25, 185), seit Boote im Laufe des Magdalénien zum Einsatz kamen (→ Fellboot § 2). Wir können uns heute kaum vorstellen, welche Erleichterung sich für Transporte daraus ergab, daß die Menschen erstmals ihre Gegenstände nicht mehr mühsam zu tragen brauchten, sondern sie bequem und in Mengen, die die Traglast für einen Menschen weit überschritten, im Boot befördern konnten. Auf Landwegen mußte dagegen weiterhin alles getragen werden, bis der → Wagen (→ Rad § 2) im späten Neol. auch dort Transporte erleichterte (25, 183).

Gleichzeitig erarbeitete Eckoldt (5) eine Methode, aus den heutigen Durchflußmengen kleiner Flüsse zu berechnen, wie weit diese in vor- und frühgeschichtl. Zeiten aufwärts als W. nutzbar waren. Ergänzend machte Timpe (38) den Archäologen den ant. Schlüsseltext zu den Binnenwasserstraßen → Galliens in der LTZ bekannt. Danach hatten die Flüsse dort „eine so glückliche Natur, daß die Waren leicht aus einem Meer ins andere transportiert werden können, so daß man sie nur kleine Strecken über Land schaffen muß" (→ Handelsschiffahrt § 1a). Beide Ansätze zusammen ließen erkennen, daß die weit aufwärts schiffbaren Flußoberläufe nicht nur in Gallien, sondern auch weiter ö. bis zum Ural durch kurze Landwege von nur ein bis drei Tagesreisen über die Wasserscheiden miteinander zu einem engmaschigen transkontinentalen W.-Netz verbunden werden konnten (→ Schleppstrecken [für Schiffe]). Arch. ließen sich solche Verbindungswege zw. zwei Flüssen bis zur frühen Linearbandkeramik zurückverfolgen (8, 11 f.).

Schließlich wurde eine röm. Segelanweisung für Küstenschiffe veröffentlicht, die zur RKZ von der Rheinmündung bis zur Weichselmündung fuhren (→ Navigation § 3e). Darin sind nicht nur die an der Strecke liegenden Flußmündungen der Reihe nach aufgeführt, sondern ist auch angegeben, wie weit die wichtigsten Flüsse ins Landesinnere führen (9). An den Flußmündungen fand somit das Netz der Binnenwasserstraßen Anschluß an die Seewege, nämlich über → Rhône, → Donau und → Dnjepr an das Mittelmeer und das → Schwarze Meer, über → Loire und Seine an Atlantik und Kanal, über → Maas, → Rhein und → Elbe an die → Nordsee und über → Oder, → Weichsel und die balt.-russ. Ströme an die → Ostsee, um nur die wichtigsten Verkehrslinien zu nennen. Die Seewege dieser Meere hatten ebenfalls Netzwerkstruktur, wie die engl. Forsch. unabhängig von den hier vorgetragenen Argumenten herausgearbeitet hat (3, 27; 28, 200–202). Außer der Donau fließen die genannten Flüsse im Prinzip in S-N-Richtung, was den Querverkehr von W nach O und umgekehrt schwieriger, aber durch Nutzung verschiedener Nebenflüsse und der Übergänge über die Wasserscheiden immerhin möglich machte.

§ 2. Schiffahrtstechnik. Für die Nutzung als W. brauchte der vorgeschichtl. Mensch Flüsse und Seen nicht bes. herzurichten. Einzige technische Voraussetzung war die Verfügung über Wasserfahrzeuge, die im Laufe des Magdalénien eingeführt oder erfunden wurden (→ Fellboot § 2). Auch wenn wir die Entwicklung im → Schiffbau noch nicht lückenlos verfolgen können, steht fest, daß seitdem kontinuierlich Schiffe gebaut und allem Anschein nach zuerst auf Binnenwasserstraßen auch kontinuierlich eingesetzt wurden (→ Binnenschiffahrt). Ihr Einsatz auf dem Meer ist als ein wagemutiger zweiter Schritt zu werten. Seit dem Mesol. spielte in dem hier zu behandelnden europ. Waldland der Einbaum jahrtausendelang eine wichtige Rolle. Lediglich mit der Linearbandkeramik kam ein neuer Fellboottyp nach Mitteleuropa, der dort eine unbekannte Zeit lang neben dem Einbaum benutzt wurde (→ Fellboot § 3). In Skand. und Teilen von N-Deutschland dominierte seit der frühen BZ das → Rindenboot. Wann auf den einzelnen W. die Einbäume zu aus Planken zusammengesetzten Booten entwickelt wurden, ist noch eine offene Frage. Sicher ist nur, daß sehr unterschiedliche Fahrzeugtypen gleichzeitig nebeneinander auf den W. im Einsatz waren.

Auf den Flüssen konnte man sich in diesen Fahrzeugen mit der Strömung sehr bequem zu Tal treiben lassen, mußte sie dabei jedoch so steuern, daß sie in der Hauptströmung blieben, nicht an Hindernisse (Steine, Untiefen, treibende Baumstämme usw.) stießen und präzise den jeweils vorgesehenen Landeplatz anliefen. Dafür reichten die seit dem Mesol. überlieferten Stechpaddel

(→ Rudereinrichtung § 2a) problemlos aus. Erst seit der LTZ sind auch kompliziertere Ruder- und Steuertechniken nachweisbar. Zu Berg war die Flußfahrt dagegen sehr viel mühsamer, denn dafür stand nur das Paddeln (→ Rudereinrichtung § 2d) oder das → Staken zur Verfügung. Auf langsam fließenden Strömen konnten nach ethnographischen Parallelen Reise- oder Mannschaftsboote mit großer Besatzung von Paddlern gut vorankommen, insbesondere wenn sie die Zonen mit geringer Strömung nutzten. Boote mit geringer Besatzung mußten von dieser in der flachen Randzone mühsam zu Berg gestakt werden. Das effektivere → Treideln wurde erst von den Römern in ihren Prov. eingeführt und dort in der MZ und KaZ beibehalten. Ebenfalls seit der Römerzeit ist auch das Segel auf Flußfahrzeugen insbesondere des Rheins nachweisbar (→ Segeleinrichtung S. 91), ohne daß sich erkennen läßt, ob es nur die Talfahrt beschleunigte oder auch für die Bergfahrt eingesetzt wurde. Auf den Seen brauchte man weder zu staken noch zu treideln, dort kamen die unterschiedlichen Paddel- und Rudertechniken sowie das Segeln zum Einsatz.

Während man auf den Seewegen auch nachts fahren konnte, wäre die Fahrt auf den Binnenwasserstraßen bei nicht ausreichender Sicht viel zu gefährlich gewesen, so daß man dort jede Nacht an einem Landeplatz anlegen mußte. Deshalb hatten die Kastelle und *vici* (→ Vicus) der Römer am Rhein den Abstand einer Treideltagesstrecke (20, 382) (→ Treideln § 3). Ob sich auch in ält. Zeiten für die flußauf zu stakenden Schiffe bewohnte Landestellen in regelmäßigen Abständen eingespielt hatten, ist noch eine offene Frage. Sicher ausschließen kann man, daß den Bauern, die im Neol. die n. anschließenden Jägergruppen aufsuchten (s. u. § 5a) solche Plätze zur Verfügung standen; sie mußten an unbewohnten Uferstellen kampieren.

Als erste künstliche Eingriffe des Menschen in den Naturzustand der W. sind immerhin bereits seit der frühen Linearbandkeramik die Einrichtung, Unterhaltung und Infrastruktur der Verbindungswege von einem Flußoberlauf über die Wasserscheide zum nächsten zu belegen. Allerdings kennen wir nur ihre Auswirkungen, können aber noch keinen solchen Verbindungsweg der Linearbandkeramik oder jüng. vorgeschichtl. Kulturen im Gelände nachweisen. Den technischen Aufwand für die Einrichtung dieser Übergangswege mag man für gering halten, aber ihren Stellenwert kann man nicht hoch genug veranschlagen, hing doch von ihrer Funktionsfähigkeit die Aufrechterhaltung der erkennbaren Fernverbindungen ab (vgl. 34). Die arch. Erschließung der frühen Verbindungswege ist deshalb ein dringendes Anliegen künftiger Forsch. Erst mit den Römerstraßen, z. B. durch die Burg. Pforte oder von Ettlingen am Oberrhein nach Pforzheim oder von → Bregenz nach → Kempten, ist nicht nur der genaue Verlauf solcher Übergangsstrecken im Gelände, sondern auch ihre Betriebsweise durch Bereitstellung der nötigen Hilfsmittel seitens der an beiden Endpunkten errichteten Hafensiedlungen (→ Hafen § 3) der Forsch. zugänglich. Soweit man aus vorgeschichtl. Zeiten die entscheidenden Siedlungen an den Übergangsstellen kennt, sind auch dort aufschlußreiche Einblicke in Grundzüge der Organisationsformen möglich (s. u. § 4b).

Analog zu diesen Verbindungswegen muß es auch an Wasserfällen und Stromschnellen kurze Umgehungswege gegeben haben, da nur über sie die nachweisbare durchgehende Schiffahrt ermöglicht werden konnte. Arch. ist davon noch kein einziger erschlossen worden, obwohl man die Stellen (z. B. den Rheinfall bei Schaffhausen) kennt. Lediglich aus Schriftqu. der WZ wissen wir, wie man die Stromschnellen des Dnjepr umging (→ Schleppstrecken [für Schiffe] S. 167 f.; → Dnjepr § 5 mit Abb. 65). Kanalbauten an den Übergangsstellen über die Wasserscheide wurden erst von den Römern geplant und von → Karl dem Großen sogar begonnen, kamen aber in beiden Fällen letztlich nicht zustande (→ Kanal; → Fossa Carolina). Dagegen haben die Römer u. a. im Rheingebiet mit Erfolg lange Umleitungskanäle gebaut und genutzt, die nicht über eine Wasserscheide führten, sondern einen Flußunterlauf umlenkten, unter Beibehaltung der allg. Fließrichtung.

§ 3. Aussagen von Verbreitungskarten. In Kenntnis der allg. Aussagen zum hohen Nutzungswert der W. in § 1 und zu den technischen Bedingungen für ihre Nutzung in § 2 lassen sich aus den Verbreitungskarten aussagefähiger Artefakte die Wege, auf denen sie an ihren FO gelangten, sehr viel konkreter als früher ableiten (→ Verbreitungskarte §§ 2–3). Generell war die Donau seit der frühen Linearbandkeramik die dominierende Verbindung des Netzes der europ. W. zu den zeitweise höher organisierten Kulturen am Mittelmeer. Im Laufe der HaZ wurde die Rhône das entscheidende Einfallstor für Güter, Personen und geistige Anregungen aus dem Mittelmeerraum (25) (→ Handel S. 530; → Griechisch-etruskischer Import S. 34). Erst in der WZ kam die Verbindung über den Dnjepr und die russ. Stromwege zur Ostsee hinzu (→ Handel § 16).

An der Wende vom Mesol. zum Neol. nutzten die Träger der Linearbandkeramik (→ Bandkeramik) die W. der oberen Donau mit den Nebenflüssen für ihre Landnahme (25, 180). Auf ihnen konnten sie nicht nur Personen und Vieh, sondern auch die vielen schweren Behälter mit Saatgut und Vorräten, die bis zur ersten Ernte reichen mußten, problemlos in die noch unberührten Urwälder befördern. Die dafür benutzten verhältnismäßig leichten ovalen Fellboote ließen sich auch gut auf den kurzen Landwegen über die Wasserscheiden zu den Zuflüssen der Oder, Elbe und des Rheins transportieren, so daß schon die frühe Linearbandkeramik in gleicher Weise auch auf diesen W. weiter nach N und W vordringen konnte und über einen weiteren Übergangsweg auch ins Flußgebiet der → Weser gelangte. Dort stand dieser Fellboottyp in so hohem Ansehen, daß man ihn aus relig. Anlaß als Tonminiatur (→ Schiffsbilder und Schiffsminiaturen § 3a; → Fellboot Abb. 41) nachbildete. Über das auf diese Weise etablierte Netz von W. stellten seitdem Ferntransporte den ständigen Bedarf an Spondylusmuscheln aus dem Schwarzen Meer und an Felsgestein für Beilklingen aus dem Balkan sicher (8, 11–13; 22, 40 f.) (→ Handel § 9; → Neolithikum § 3b). Wir wissen noch nicht, wie es organisiert war, daß diese Güter regelmäßig bis zur SO-Grenze der Linearbandkeramik gelangten. Aber wir können erkennen, daß innerhalb dieser Kultur die W. ständig zu lebhafter Kommunikation genutzt wurden, denn nur so war die jahrhundertelange Einheitlichkeit der kulturellen Ausdrucksformen aufrechtzuerhalten (25, 185). In dieser Infrastruktur der Linearbandkeramik ließen sich Transporte jeder Art problemlos durchführen.

Die Verbreitung der nordwestalpinen Früh-BZ entlang des oberen Rheins und seiner Zuflüsse, der nordostalpinen Früh-BZ entlang der oberen Donau und ihrer Zuflüsse sowie der → Aunjetitzer Kultur in den oberen Flußgebieten von Elbe und Oder zeigt prinzipiell gleichartige Nutzungen dieser W. an (32, Karte 299a). Außenkontakte über diese W. zu den Nachbarkulturen werden durch dort gefundene Exportstücke ebenfalls angezeigt, wie z. B. durch Aunjetitzer Objekte in Mecklenburg (32, 182 f.). Horst erarbeitete für einen späteren Abschnitt der BZ aus Verbreitungskarten eine entspr. Nutzung der W. von Mittelelbe und Havel (24), und Kossack verfolgte die Rolle der Donau als Wasserstraße vom Übergang des Mesol.s zum Neol. bis zur KaZ (25), um nur einige einschlägige Arbeiten zu nennen.

§ 4. Schnittstellen im W.-Netz. Neue Ansätze, die genauere Aufschlüsse zu den unterschiedlichen Infrastrukturen für die Nutzung der W. versprechen, ergeben sich aus deren Netzwerkstruktur. In einem Netzwerk bilden ja die Schnittstellen die für das Funktionieren des Ganzen entscheidenden Punkte, weil über sie die einzelnen Stränge miteinander verknüpft sind. Für das Netzwerk der W. sind das die unterschiedlichen Hafenplätze, die im Gelände auffindbar sind und dadurch arch. erforscht werden können (→ Hafen § 4).

a. Schnittstellen innerhalb einer Kultur. Das Befahren der W. war kein Selbstzweck, sondern diente einer entspr. Bedarfsdeckung der Bevölkerung. Dabei sind zwei verschiedene Personengruppen zu unterscheiden. Für Bau, Einsatz (→ Schiffahrt § 3) und Wartung der Wasserfahrzeuge waren spezielle Kenntnisse und Fähigkeiten erforderlich, die nur an und auf den W. erlernt und praktiziert und auch nur dort von einer Generation zur nächsten weitergegeben werden konnten. Die Schiffahrenden lebten deshalb in den ständig oder nur zeitweise bewohnten Siedlungen unmittelbar an den W. (→ Hafen §§ 2–3). Von dort aus unternahmen sie ihre Fahrten zu anderen Landeplätze, an denen sie Güter ein- oder ausluden und Personen übernahmen oder absetzten. All diese Schnittstellen zw. den W. und dem Land lassen arch. Aufschlüsse über diesen Personenkreis erwarten. Es sei nur an die → Schiffsbilder und Schiffsminiaturen erinnert, die in solchen Siedlungen oder in bzw. auf den zugehörigen Gräbern gefunden wurden. Die früher sog. Pfahlbauten, die → Seeufersiedlungen, wurden sogar auf eigtl. siedlungsungünstigem Boden speziell zur Nutzung der Gewässer für Fischfang, Güter- und Personentransport angelegt.

Über dieselben Schnittstellen nahm aber auch der nicht direkt in der Schiffahrt aktive Bevölkerungsteil sowohl in den Hafensiedlungen als v. a. auch in deren mehr oder weniger großem Hinterland an der Nutzung der W. teil. Jede Verbreitungskarte von Fernhandelsgut zeigt, wie weit dieses Hinterland von den an den W. gelegenen Siedlungen der Schiffahrenden beliefert wurde. Gelegentlich gewähren die Befunde sogar Einblicke in die dafür aufgebaute Organisationsstruktur. So lag während der RKZ unter dem heutigen Stadtgebiet von → Minden an der Weser ein Ufermarkt, zu dem auf beiden Flußseiten Stichstraßen aus dem Hinterland führten, über die sich die dortige Landbevölkerung arch. nachweisbar mit Importware versorgte (6, 33 f.). Diese Stichstraßen zu den Landeplätzen an den W. hatten große Bedeutung für das Funktionieren des gesamten Systems. Je nach Lage der landwirtschaftl. Gehöfte zu den W. konnten sie bis zu mehreren Tagereisen lang sein (7, 323–329). Das direkte Umladen zw. Schiff und Lastwagen ist seit der Schnurkeramik (→ Neolithikum § 2.5) immer wieder belegt (→ Hafen § 2; → Handelsschiffahrt Abb. 79). Seit der LTZ kam auf Binnenwasserstraßen ein spezieller flachbodiger Schiffstyp zum Einsatz, der mit offener Bugpforte auf einer Uferböschung so landete, daß Fässer an Bord gerollt werden konnten (→ Handelsschiffahrt S. 605; → Dürrnberg Taf. 22b).

Die Siedlungen der jeweiligen gesellschaftlichen Oberschicht lagen bevorzugt nahe bei den W., so daß sie direkt mit Fernhandelsgut beliefert, aber auch leicht von vielen Personen auf dem Wasserweg aufgesucht werden konnten. Für die späte BZ ist das an den reichen Grabbeigaben aufzeigbar (37). In den zugehörigen Siedlungen sind auch diejenigen, die für die Oberschicht die Schiffahrt durchführten, gelegentlich im Fundgut zu erkennen (10). Die Burgen der → Lausitzer Kultur haben einen so auffälligen Bezug zu den W. (→ Burg § 13), daß für deren Bedienung durch eine durchgehende Schiffahrt bereits Staustufen in Erwägung gezogen wurden (17). Mittels der kurzen Landwege über die Wasserscheiden waren aber durchgängige Transporte weniger aufwendig zu erreichen (12). Detaillierte Einblicke in die überraschend vielfältige Nutzung der Mittelweser als Wasserstraße während der vorröm. EZ gewährt eine Analyse der dortigen arch. Befunde (10).

Arch. bes. gut erfaßbar sind die Exporthäfen (→ Hafen § 3.2), in denen oder deren Hinterland weiträumig begehrte Produkte wie bestimmte Steinsorten, Metalle, Salz oder anderes gewonnen wurden. Bei genau definierbaren Steinsorten läßt sich sogar das gesamte Absatzgebiet des betreffenden Exporthafens darstellen, so daß man die Nutzung der W. einschließlich der Übergänge über die Wasserscheiden und der Stichwege zu den nicht an den W. gelegenen landwirtschaftl. Gehöften gut nachvollziehen kann. So wurde der schokoladenbraune Silex aus den Świętokrzyskie-Bergen im Weichselbogen während der Linearbandkeramik auf der Weichsel und ihren Nebenflüssen verfrachtet (→ Weichsel § 2), aber auch in die Flußgebiete von Oder, March und Theiß hinübergeführt (22, 40 f.). Dies ist ein weiterer Beleg für die Selbstverständlichkeit, mit der die Linearbandkeramik das von ihr etablierte W.-Netz zu nutzen verstand.

b. Schnittstelle Grenzaustausch. Dort, wo die W. aus dem Gebiet einer Kultur oder Kulturgruppe herausführten, lagen die bes. wichtigen Schnittstellen für deren Außenkontakte (zu Grenzmärkten an den W. vgl. → Handelsschiffahrt § 1d und 2c; → Ports of Trade). Für die relativ kleinräumigen Kulturgruppen der späten BZ zw. Oder und Havel ließ sich anhand unterschiedlicher arch. Indizien zumindest in Umrissen ein System der Schnittstellen für Außenkontakte über die W. aufzeigen (12).

c. Schnittstelle Flußmündung. Während Seeschiffe im Prinzip weit flußauf fahren konnten (vgl. jedoch § 5a), endeten die Fahrten der Binnenschiffe an den Flußmündungen ins Meer, so daß dort Schnittstellen zw. Seewegen und Binnenwasserstraßen entstanden, von denen einige aufschlußreiche Spuren im Boden hinterließen (→ Seewege § 3; → Seehandelsplätze). Bes. reiche arch. Funde der Kupferzeit zeichnen das urspr. an einer tiefen Bucht des Schwarzen Meeres gelegene Varna aus, das nicht nur einen sicheren Schutzhafen (→ Hafen § 3.7) bot, sondern über Binnenwasserstraßen mit einer kurzen Landstrecke einen bes. günstigen Donauzugang bildete, durch den der lange Weg durchs Donaudelta wesentlich verkürzt wurde (14, Abb. 5). Zur RKZ brachten Seefahrer wie Binnenschiffer in den Heiligtümern der Göttin → Nehalennia im Rheinmündungsgebiet Weihesteine dar als Dank für Hilfe aus Gefahren (4). Im frühen MA war der arch. gut erschlossene Seehandelsplatz → Dorestad die Schnittstelle zw. den Binnenwasserstraßen des Rheins und den Seewasserstraßen nach England im W und nach Skand. im O.

d. Schnittstelle Wasserscheide. Während Historiker die Schleppstrecken der WZ an den russ. Stromwegen seit langem im Blick haben (→ Schleppstrecken [für Schiffe] S. 172 f.), sind die für das W.-Netz so wichtigen vorgeschichtl. kurzen Landwege, die in W- und Mittel- und SO-Europa einen Flußoberlauf über die Wasserscheide hinweg mit dem nächsten Flußoberlauf verknüpfen, praktisch noch unerforscht. Nicht einmal schon vorliegende arch. Befunde wurden dafür ausgewertet. So fand man in Slowenien in der über die Save in die Donau fließenden Ljubljanica mehr als 10 000 Gegenstände, die der Bearbeiter größtenteils zu Recht als Opferfunde deutet (15; 16). Er verschweigt aber, daß dieses Flüßchen deshalb eine so bedeutende Wasserstraße war, weil es von seiner großen Karstquelle bei Vrhnika (dem röm. Nauportus) an schiffbar war und von dort ein kurzer Landweg über den Birnbaumer Wald zu einem Zufluß in die Adria führte. Die Funde zeigen, daß diese Wasserstraße als zweites Tor zw. Donau und Mitttelmeer in der Kupferzeit, der → Urnenfelderkultur, der jüng. HaZ, der späten LTZ und der frühen RKZ bes. hohe Konjunktur hatte. In den Zwischenzeiten war der Fundanfall geringer; die mittlere LTZ ist gar nicht vertreten. In der späten HaZ standen andere Landpassagen zw. wichtigen Flüssen unter der Regie von → Fürstensitzen, die für die Gestellung der benötigten Landtransportmittel sorgten und mit ihren Burgen Schutz gewährten. Die bekanntesten sind der Mont Lassois (→ Vix) am Übergang von der Saône zur Seine oder die → Heuneburg am Weg von der oberen Donau zum Bodensee und Rhein. Die reichen Importfunde zeigen die lukrative Position der Fürsten und die intensive Nutzung der Passagen an (30) (→ Griechisch-etruskischer Import). Ein letztes Beispiel aus der schriftlichen Überlieferung betrifft Wiedenbrück an der oberen Ems. 952 verlieh der Kg. dem Bf. von → Osnabrück die Einkünfte aus dem dortigen Markt, bis zu dem die Emsschiffe fahren konnten und von dem aus Fuhrwerke in nur einer Tagesreise die ebenfalls schiffbare obere Lippe und damit den Anschluß an die Rheinschiffahrt bequem erreichten (33). In Innernorwegen wurde der Betrieb solcher Schnittstellen noch im 19. Jh. beobachtet (34).

§ 5. Fahrstrecken auf W. a. Vorgesch. Wie die Verbreitungskarten zeigen, wurden einzelne Güter innerhalb des transkontinentalen W.-Netzes über sehr weite Strecken transportiert. Die Boote sind aber keineswegs ebensoweit gefahren, denn für Flußbootsfahrten waren die Flußmündungen ins Meer und die Schiffbarkeitsgrenzen der Oberläufe natürliche Endpunkte. Boote werden nur selten über die Wasserscheiden in andere Flußnetze geschleppt worden sein (→ Schleppstrecken [für Schiffe] S. 169 f.). Wenn dort nur Güter ausgetauscht wurden, war freilich ein gewisses Maß an Organisation unerläßlich, denn die Tauschpartner von beiden Seiten mußten sich treffen und auf Landtransportmittel zurückgreifen können (34). Zwar konnte man theoretisch mit den relativ kleinen Seeschiffen sehr weit flußaufwärts fahren. Aber ihre tatsächliche Fahrstrecke in vorgeschichtl. Zeiten können wir nicht abschätzen. Wahrscheinlich drangen die Seeschiffe nicht sehr tief in das Gebiet eines anderen Ethnos ein, sondern suchten nur dessen Grenzmärkte (s. o. § 4b) auf. Denn aus der in § 3 erschlossenen lebhaften Kommunikation innerhalb einer Kultur oder einer Gruppe ergibt sich, daß die weitaus überwiegende Zahl der Fahrten auf die W. innerhalb dieser Grenzen beschränkt blieb und Außenkontakte an den Grenzen wahrgenommen wurden. Damit stimmt der Hinweis → Caesars (Caes. Gall. IV,20) überein, daß in der späten LTZ aus Gallien nur Handelsleute nach Brit. fuhren und weiter nichts kannten als die Küste und die Gegenden Gallien gegenüber, also auf den Flüssen nicht weit ins Landesinnere vorstießen.

Nur wenige arch. Befunde ermöglichen Aussagen zu zurückgelegten Fahrstrecken. Innerhalb des Gebietes einer Kultur unternahmen im späten Magdalénien die Rentierjäger von Gönnersdorf zur Materialbeschaffung Bootsfahrten stromauf und stromab zw. 35–280 km Lg. (→ Schiffahrt § 3d). Für die frühen Bauern des Neol.s sind auch Flußfahrten zu den Jägern außerhalb ihres eigenen Kulturbereichs erkennbar. Nachgewiesen sind für Leute der Linienbandkeramik Streckenlg. von 120 km und für die Bootsfahrer aus den Kulturbereichen Rössen/Baalberge überwundene Entfernungen von ca. 300 km (→ Schiffahrt § 4a). Diese wenigen nachweisbaren Streckenlg. auf Binnenwasserstraßen entsprechen den ebensowenigen für schwed. Küstenfahrten des Neol.s und der BZ zu fremden Kulturgruppen festgestellten Streckenlg. von ca. 250–400 km (→ Seewege § 2b).

b. Arbeitsteilung in den Hochkulturen. Längere Fahrten kennen wir nur aus Schriftqu. von Handelsreisenden aus den Hochkulturen des Mittelmeeres, die nicht mit eigenem Fahrzeug, sondern nacheinander auf verschiedenen einheimischen Booten und Landtransportmitteln die W.-Netze der ‚barbarischen Länder' durchquerten. So gelangte → Pytheas von → Massalia während der mittleren LTZ über Rhône und Seine (→ Handelsschiffahrt § 11a; → Entdeckungsgeschichte § 4) bis zur nördlichsten der Britischen Inseln (→ Seewege § 3), und ein röm. Ritter z. Zt. Neros über → Carnuntum zu den Gewinnungsstätten des Ostsee-Bernsteins (Plin. nat. 37,3). Aus dieser Nachricht wurde die Bernsteinstraße als Landweg konstruiert (→ Bernstein und Bernsteinhandel § 8). Tatsächlich aber mündet gegenüber von Carnuntum die Wasserstraße der March in die Donau, von deren Oberlauf ein kurzer Landweg über die Wasserscheide zur Oder führte. Über diese Verbindung gelangten bereits in der 1. Hälfte des 1. Jh.s n. Chr. zahlreiche röm. Erzeugnisse bis zur mittleren und unteren Oder (26, Karte 3) (→ Römischer Import S. 142). Ganz offensichtlich folgte der Ritter dem Weg dieser Importe, um dann von der Odermündung per Küstenschiff sein Ziel zu erreichen, denn an seinem Wege lagen *commercia et litora,* wie es wörtlich heißt. Unter den *commercia* sind u. a. die Umladestellen von einem Fahrzeug ins andere zu verstehen, denn wo ein einheimisches Fahrzeug seine Fahrt beendete und zurückfuhr, fand ein Warenaustausch statt (s. o. § 4b–d). Nur die nicht mit eigenem Fahrzeug reisenden Mittelmeerleute fuhren weiter. Ebenso verhielten sich die *negotiatores* der n. Prov. des Römerreichs, die von → Trier, → Köln oder → Rouen aus ihren Brit.handel trieben. Ihre Waren transportierten *nautae* (Binnenschiffer) und *actores navium* (Seeschiffer), die sie auch selbst mitnahmen (19, 43). Erst diese Arbeitsteilung der Hochkulturen ermöglichte solche längeren Reisen.

Unter vorgeschichtl. Verhältnissen ist mit einem anderen Tätigkeitsbild zu rechnen, das bes. deutlich auf dem Grabstein des einheimische Binnenschiffers Blussus aus Mainz zu erkennen ist (→ Binnenschiffahrt Taf. 1b). In der frühen RKZ, als die genannte Arbeitsteilung noch nicht vollen Umfangs durchgeführt war, konnte er sich noch mit einem Geldbeutel in der Hand eindeutig zugleich auch als unternehmender Kaufmann ausweisen (11, 100 f.). Nach der Arbeitsteilung begegnen die Binnenschiffer als Mitglieder von Verbänden, zu denen sie sich jeweils nur für einzelne Flußabschnitte oder einzelne Nebenflüsse größerer Ströme zusammengeschlossen haben, was auf eine auch weiterhin den vorgeschichtl. Verhältnissen entspr. Kleinräumigkeit ihrer Aktionsradien schließen läßt (→ Schiffahrt § 4a). Nur waren sie seitdem Dienstleister für die viel weiträumiger organisierten Kaufleute.

c. Frühes MA. Auch nach Ende des Römerreiches nutzen die Binnenschiffer die W. nur in der vorigen Kleinräumigkeit. Selbst in der Frühen Neuzeit galt für Kölner Schiffer noch die Fahrt nach Amsterdam oder Dordrecht als ‚große Fahrt' (35). Dagegen berichten Schriftqu. seit der frühen KaZ, daß die Friesen als Schiffer und friedliche Händler zugleich mit ihren Seeschiffen nicht nur entlang der Küsten, sondern auch weit flußaufwärts fuhren, z. B. auf der Seine bis → Saint-Denis und auf Rhein und Mosel bis ins Elsaß bzw. → Echternach oder von Trier nach England (→ Seewege § 3a). Die Wikinger drangen mit ihren Kriegsschiffen auf den Binnenwasserstraßen des Karolingerreiches sogar noch weiter vor (2, Abb. 3) (→ Normannen § 1e).

§ 6. Überfälle und Schutzmaßnahmen an W. Daß die mit reichem Importgut beladenen Boote auf den W. der ständigen Gefahr von Überfällen ausgesetzt waren, erscheint plausibel, ist aber arch. nicht unmittelbar nachzuweisen. Allenfalls läßt sich aus den vielen Burgen, die insbesondere seit der Urnenfelderkultur direkt an den W. angelegt wurden, ein Schutzbedürfnis des darauf stattfindenden Verkehrs ableiten. Aber für eine solche Lage von Burgen können auch ganz andere Gründe ausschlaggebend gewesen sein. Wir wissen nur aus Schriftqu., daß die Schiffahrenden bevorzugt an den Übergängen über Wasserscheiden oder an Umgehungswegen von Wasserfällen und Stromschnellen überfallen wurden, wenn sie ihre Aufmerksamkeit auf das Umladen konzentrierten (→ Schleppstrecken § 2). An solchen Stellen belegen Burgen der späten HaZ (30) (→ Fürstensitze § 2) oder der Lausitzer Kultur (12) den Schutz der Schiffahrenden zumindest durch die von den Burgen ausgehende Herrschaftsausübung.

Während der RKZ waren die W. von Rhein und Donau, zeitweise auch die des Neckar, Außengrenzen des Römerreiches (→ Rhein § 2b; → Donau § 9), die durch ein engmaschiges System milit. Stützpunkte überwacht wurden (→ Limes § 4). Auf diesen W. wurde jahrhundertelang der milit. Nachschub abgewickelt, wurden die Steine für die Lagerbauten transportiert und die Hölzer für den Bedarf der Truppe geflößt (→ Floß § 4) und operierten unterschiedliche Schiffstypen für Wach- und Kontrollaufgaben, Truppentransporte und Kampfeinsätze (1; 20; 21; 23; 40). Das Neumagener Weinschiff zeigt, wie die Übungsfahrt eines geruderten Kriegsschiffs zum Weintransport genutzt wurde (→ Neumagen Taf. 5a). Während der WZ nutzten die Wikinger die W., um mit ihren Kriegsschiffen tief ins Landsinnere vorzudringen (2) (→ Normannen).

§ 7. W. im Kult. Welch hohen Stellenwert vor- und frühgeschichtl. Menschen den W. beimaßen, zeigen sie in ihren kultischen Äußerungen. Die Fundplätze, deren arch. Befunde uns diese Äußerungen zumindest in Umrissen nachvollziehbar machen, sind sozusagen die Schnittstellen der W. mit der relig. Dimension. Durch ihre gezielte Erforschung können Selbstaussagen der Akteure zu den W. wiedergewonnen werden. Bereits die Linearbandkeramik, die erstmals nachweisbar die W. durch Landwege über die Wasserscheiden verknüpfte, hat allein drei relig. Brauchtumsformen initiiert, mit denen der vorgeschichtl. Mensch auch in den Folgezeiten sein Verhältnis zu den W. ausdrückte: Erstens weisen Tongefäße und Dechselklingen der Linearbandkeramik die Rhumequelle (18) als ältestes Quellheiligtum (→ Quellheiligtümer und Quellkult) mit eindeutigem Bezug auf die W. aus, denn die bei Northeim in die Leine mündende Rhume war bis zu ihrer großen Karstquelle mit einer Ausschüttung bis zu 5,5 m^3 pro Sekunde bequem schiffbar (Beispiele für jüng. Quellheiligtümer: → Schiffahrt § 6e). Zweitens ist das aus der Weser bei Uesen geborgene bandkeramische Tongefäß als ein Flußopfer zu interpretieren, das im Gebiet der Jäger ca. 120 Flußkilometer abwärts von der nördlichsten Siedlung der Linearbandkeramik dargebracht wurde (36). Ihm folgen die zahlreichen jüng. → Flußfunde, von denen viele als Opfer in den W. versenkt wurden (10; 27) (vgl. auch → Opfer und Opferfunde § 3). Ebenso sind die bandkeramischen bis Rössener Steingerätedepots an den Ufern der W. als darauf Bezug nehmende Opferungen zu deuten (→ Schiffahrt § 6e). Drittens ist die tönerne Schiffsminiatur der Bandkeramik von Einbeck (→ Fellboot Abb. 41) das älteste Zeugnis (22) all jener Schiffsbilder und Schiffsminiaturen, die ebenso wie die röm. Schiffsdarst. auf Weihesteinen und Grabmälern relig. veranlaßt sind und in hohem Maße die Binnenwasserstraßen betreffen. Selbst von den skand. → Felsbildern, die hauptsächlich der Seefahrt gelten, wurden zahlreiche entlang der Binnenwasserstraßen gefunden (→ Rudereinrichtung Abb. 34a; → Vinnan).

Nur bei den Kultstätten an den W. ist nicht von vornherein auf deren relig. Verehrung zu schließen; sie können dort auch deshalb angelegt worden sein, weil die Bevölkerung sie über die W. am bequemsten erreichte (→ Schiffahrt § 6c). Aber auch das ist ja ein wichtiger Aspekt der Nutzung von W. Immerhin ist aber die Verehrung der W. in der Form von Fluß- und Seegottheiten aus den röm. Prov. durch bildliche Darst. und inschriftliche Nennungen in so großem Umfang und mit eigenen Tempeln belegt (z. B. → Nehalennia § 2; → Rhein § 2d), daß man kaum berechtigt ist, in ält. Per. eine geringere relig. Scheu vor den W. anzunehmen, zumal die aus der RKZ überlieferten Namen der Flußgottheiten nicht röm. Neuprägungen, sondern ält. einheimische Namen sind (27, 316). Lediglich der generell für alle Binnengewässer zuständige Neptun und die ebenfalls im ganzen Reich gerne auch von Schiffern angerufene Fortuna wurden von den Römern neu eingeführt (→ Schiffahrt § 6 f.). Gelegentlich verraten die Inschr. röm. Weihesteine, daß sie aus Dank für die Bewahrung der Menschen an Bord oder der Ladung gestiftet wurden (4; 19), sprechen also die Gefahren und Risiken an, denen sich die Menschen bei der Nutzung der W. aussetzten. Die zahlreichen Funde untergegangener Einbäume (→ Einbaum §§ 1–3) und anderer Boote (→ Binnenschiffahrt § 3) sind weitere arch. Zeugnisse dieser Gefahren.

(1) W. Boppert, Caudicarii am Rhein? Überlegungen zur milit. Versorgung durch die Binnenschiffahrt im 3. Jh. am Rhein, Arch. Korrespondenzbl. 24, 1994, 407–424. (2) T. Capelle, Karol. Landratten und normannische Seefahrer, Dt. Schiffahrtsarchiv 25, 2002, 57–62. (3) B. Cunliffe, Hengistbury Head: a late prehistoric haven, in: S. McGrail (Hrsg.), Maritime Celts, Frisians and Saxons, 1990, 27–31. (4) Deae Nehalenniae. Gids bij de tentoonstelling, 1971. (5) M. Eckoldt, Schiffahrt auf kleinen Flüssen Mitteleuropas in Römerzeit und MA, 1980. (6) D. Ellmers, Frühe Schiffahrt auf Ober- und Mittelweser und ihren Nebenflüssen, in: J. Bachmann, H. Hartmann (Hrsg.), Schiffahrt, Handel, Häfen. Beitr. zur Gesch. der Schiffahrt auf Weser und Mittellandkanal, 1987, 17–50. (7) Ders., Die Arch. der Binnenschiffahrt in Europa n. der Alpen, in: H. Jankuhn u. a. (Hrsg.), Unters. zu Handel und Verkehr der vor- und frühgeschichtl. Zeit in Mittel- und N-Europa 5, 1989, 291–350. (8) Ders., Zwei neol. Bootsmodelle donauländischer Kulturen, in: Kulturen zw. Ost und West. Das Ost-West-Verhältnis in vor- und frühgeschichtl. Zeit und sein Einfluß auf Werden und Wandel des Kulturraums Mitteleuropa (G. Kossack zum 70. Geb.), 1993, 9–17. (9) Ders., Zeugnisse für röm. Küsten- und Binnenschiffahrt ins freie Germanien, in: C. Bride, C. Carnap-Bornheim (Hrsg.), Römer und Germ. – Nachbarn über Jh., 1997, 1–6. (10) Ders., Wasserfahrzeuge und Ufermärkte der vorröm. EZ im Wesergebiet, Stud. zur Sachsenforsch. 13, 1999, 113–137. (11) Ders., Der Mainzer Schiffer Blussus und sein Schiff, in: Studia Antiquaria (Festschr. N. Bantelmann), 2000, 99–109. (12) Ders., Die Aussagen der Goldschatzfunde von Langendorf, Eberswalde und Lienewitzer Forst zur Nutzung des Gewässernetzes zw. Elbe und Oder, in: Gold und Kult der BZ, 2003, 162–174. (13) F. Freising, Die Bernsteinstraße aus der Sicht der Straßentrassierung, 1977. (14) O.-H. Frey, Varna – ein Umschlagplatz für den Seehandel in der Kupferzeit?, in: J. Lichardus, Die Kupferzeit als hist. Epoche, 1991, 195–201. (15) A. Gaspari, Arch. of the Ljubljanica River (Slovenia): early underwater investigations and some current issues, International Journ. of Nautical Arch. 32, 2003, 42–52. (16) Ders., Bronzezeitliche Funde aus der Ljubljanica, Arch. Korrespondenzbl. 34, 2004, 37–50. (17) K. Goldmann, Die Lage der Burgen im Verkehrsnetz. Beitr. zum bronzezeitlichen Burgenbau in Mitteleuropa, 1982, 209–220. (18) K. Grote, Taucher und Funde. Eine erwartete Überraschung, Arch. in Niedersachsen 2, 1999, 16–19. (19) M. Hassal, Brit. and the Rhine provinces: epigraphic evidence for Roman trade, in: J. du Plat Taylor, H. Cleere (Hrsg.), Roman Shipping and Trade: Brit. and the Rhine provinces, 1978, 41–48. (20) O. Höckmann, Röm. Schiffsverbände auf dem Ober- und Mittelrhein und die Verteidigung der Rheingrenze in der Spätant., Jb. RGZM 33, 1986, 369–416 + Taf. 50–52 und Beil. 12. (21) Ders., Bemerkungen zur caudicaria/codicaria, Arch. Korrespondenzbl. 24, 1994, 425–439. (22) Ders., Schiffahrt in der Steinzeit, in: Omaggio a Dinu Adamesteanu, 1996, 25–60. (23) Ders., Roman river patrols and military logistics on the Rhine and the Danube, in: A. Nørgård Jørgensen, B. L. Clausen (Hrsg.), Military Aspects of Scandinavian Soc. in a European Perspective AD. 1–1300, 1997, 239–247. (24) F. Horst, Die jungbronze- und früheisenzeitlichen Hauptverbreitungswege im n. Mitteleuropa, in: Południowa strefa kultury łużyckiej i

powiązania tej kultury z Południem, 1982, 231–245. (25) G. Kossack, Die Donau als Handelsweg in vorgeschichtl. Zeit, Ostbair. Grenzmarken – Passauer Jb. 31, 1989, 168–186 + Taf. XV. (26) J. Kunow, Der röm. Import in der Germania libera bis zu den Markomannenkriegen, 1983. (27) J. Maringer, Flußopfer und Flußverehrung in vorgeschichtl. Zeit, Germania 52, 1974, 309–318. (28) S. McGrail, Prehistoric Seafaring in the Channel, in: Ch. Scarre, F. Healy (Hrsg.), Trade and Exchange in Prehistoric Europe, 1993, 199–210. (29) O. Montelius, Der Handel in der Vorzeit, PZ 2, 1910/11, 249–281. (30) L. Pauli, Der Münsterberg im überregionalen Verkehrsnetz, in: H. Bender, Der Münsterberg im Breisgau, 2. Hallstatt- und LTZ 1993, 110–170. (31) M. Polfer, Der Transport über den Landweg – ein Hemmschuh für die Wirtschaft der RKZ?, Helinium 31, 1991, 273–295. (32) K. Rassmann, Die BZ – Innovation und Beharrung, in: U. von Freden, S. von Schnurbein (Hrsg.), Spuren der Jt. Arch. und Gesch. in Deutschland, 2002, 158–189. (33) H. Schaub, Die obere Ems im Verkehrsnetz des 10. Jh.s, Heimatjb. Kr. Gütersloh 2004, 88–95. (34) U. Schnall, Fähre, Pferd und Wagen. Das innernorw. Verkehrssystem bei Jules Verne, Dt. Schiffahrtsarchiv 11, 1988, 43–58. (35) O. Schneider, Köln als Schiffahrtsort vom Ende des 18. Jh.s bis zum J. 1913, Diss. Köln 1928, 32–35. (36) D. Schünemann, W. Eibich, Aus der Vor- und Frühgesch. des Kr.es Verden, 1974, 17, Abb. 4. (37) P. R. Stary, Das spätbronzezeitliche Häuptlingsgrab von Hagenau, Kr. Regensburg, in: K. Spindler (Hrsg.), Vorzeit zw. Main und Donau, 1980, 46–97. (38) D. Timpe, Griech. Handel nach dem n. Barbaricum, in: K. Düwel u. a. (Hrsg.), Unters. zu Handel und Verkehr der vor- und frühgeschichtl. Zeit in Mittel- und N-Europa 1, 1985, 181–213. (39) B. Urban, Quartäre Vegetationsgesch. im norddt. Raum, in: H.-J. Häßler (Hrsg.), Ur- und Frühgesch. in Niedersachsen 1991, 38–53. (40) H. D. L. Viereck, Die röm. Flotte, 1975.

D. Ellmers

Wassersucht → Gagat; → Hase; → Schilf; → Schwangerschaft

Wasserversorgung

§ 1: Einleitung – § 2: W. römischer Siedlungen – § 3: W. vorgeschichtlicher und germanischer Siedlungen – § 4: W., Umweltrekonstruktion und Siedlungskontinuität

§ 1. Einleitung. Die W. ist eine Sammelbezeichnung für alle Maßnahmen und Einrichtungen, die der Versorgung der Bevölkerung und des Handwerks mit Wasser dienen (12). Die W. ist eine wesentliche Voraussetzung für die Gründung von Siedlungen seit dem Neol. Von Beginn an ist neben der Nutzung von Oberflächenwasser (Bäche, Flüsse, Seen, Teiche) die Nutzung von Regenwasser (Zisternen) und Grundwasser (→ Brunnen) nachzuweisen. Die Wasseranlagen entwickelten sich von den mesol. Wasserlöchern (5), über die neol. Brunnenanlagen (17), bis zu den ant., v. a. röm. W.s-Einrichtungen (14). Die Versorgung mit Trink- und Brauchwasser bildete die Lebensfrage der ma. Stadt (2). Die unterschiedlichen topographischen, geomorphologischen und naturräumlichen Faktoren der Siedlungsstandorte führten zu ganz verschiedenen Lösungen der W. in über 5 000 Jahren.

Die W.s-Einrichtungen stellen eine einzigartige Qu. dar. Sie spiegeln den technischen Entwicklungsstand, das handwerkliche Können und den Grad der Naturbeherrschung ihrer Erbauer wider. Aus den Verfüllungen wird häufig ein reichhaltiges Fundmaterial geborgen, das die materielle Kultur der Menschen widerspiegelt. Die Möglichkeit der naturwiss. Altersbestimmung von organischem Fundmaterial und Hölzern aus W.s-Einrichtungen mit Hilfe der 14C-Methode und der Dendrochron. kann das Einzelobjekt und die gesamte Siedlung datieren. Die günstigen Erhaltungsbedingungen für Blütenpollen und Großreste in den feuchten Sedimenten ermöglichen die Rekonstruktion der Vegetationsgeschichte (→ Vegetation und Vegetationsgeschichte; → Naturwissenschaftliche Methoden in der Archäologie §§ 5–6). Die überragende Bedeutung der W.s-Anlagen für die Bewohner der Siedlungen kommt zum Ausdruck durch kultisch-relig. Handlungen, die häufig an ihnen nachzuweisen sind (→ Brunnen § 5; → Quellheiligtümer und Quellkult § 4; → Fellbach-Schmiden).

§ 2. W. römischer Siedlungen. Die W. röm. Siedlungen erfolgte über Aquädukte, Brunnen oder Zisternen (Vitruvius, De Architectura VIII, 6). In Abhängigkeit von den natürlichen Voraussetzungen wurde die W. durch eine oder mehrere dieser Anlagen sichergestellt. Die Aquädukte wurden errichtet, um die Siedlungen mit fließendem Wasser aus oft mehrere Kilometer entfernten Quellen zu versorgen. Das Wasser wurde durch gemauerte Kanäle, Holz-, Ton- und Bleirohre her- und weitergeleitet (8). Dabei wurde überwiegend ein Gefälle von der Quelle bis zum Verbrauch genutzt. Selten kam die seit der hellenistischen Zeit bekannte Weiterleitung des Wassers mit einer Druckleitung zur Anwendung (3). Der hohe technische Stand der röm. W. ist an den Brunnenbauten abzulesen (→ Brunnen § 3). Die ohne Wandversteifungen gebauten Felsenbrunnen erreichten Tiefen bis zu 60 m (13). Ohne die geol. Voraussetzungen von anstehendem Felsgestein mußten die Brunnen mit einer Wandversteifung aus Holz oder Steinen versehen werden. Diese Brunnen waren bis zu 20 m eingetieft. In der Tendenz wurden die Holzbrunnen von den Steinbrunnen abgelöst, die eine bessere Wasserqualität und eine längere Nutzung gewährleisteten. Der Sauberkeit des Wassers und der Haltbarkeit der Brunnen dienten Brunnenschutzbauten wie Brunnenhäuser und einfache Überdachungen. Auch die durch Aquädukte oder durch aufgefangenes Regenwasser gespeisten Zisternen waren häufig abgedeckt.

§ 3. W. vorgeschichtlicher und germanischer Siedlungen. Das Bild der W. vorgeschichtl. und germ. Siedlungen ist sehr vielfältig. Neben Zisternen, Quellfassungen, Gruben und Gräben sind es überwiegend Brunnen (→ Brunnen § 4), die die W. sicherstellten. Die unterschiedlichen W.s-Anlagen besitzen keine chron. Relevanz und können in allen Epochen und Kulturen vorkommen. Dabei ist zu berücksichtigen, daß W.s-Einrichtungen bei weniger als der Hälfte der erschlossenen Siedlungen nachzuweisen sind (1). Die Gründe dafür sind in zu kleinen Unters.sflächen und schlechten Erhaltungsbedingungen zu suchen. Der Wasserverbrauch in ländlichen Siedlungen prähist. Zeit war beträchtlich (10). Neben dem Trinkwasser für Mensch und Tier wurde Wasser für die handwerklichen Tätigkeiten benötigt (Töpfern, Schmieden, Gerben [→ Gerberei § 3] etc.). Aus diesem Grunde ist in den meisten Fällen mit einer dualen W. aus natürlichen Gewässern und W.s-Anlagen zu rechnen. In der Nähe der natürlichen Gewässer, die der Viehtränke und Brauchwasserentnahme dienten, werden häufig Brunnenanlagen angetroffen. Auf Grund der besseren Wasserqualität in den Brunnen ist aus ihnen überwiegend das Trinkwasser entnommen worden.

Die W.s-Anlagen besaßen künstliche Wandversteifungen und Fassungen aus Holz, Geflecht, Steinen oder Grassoden (Beispiele: → Brunnen Abb. 3–4). Die Holzeinfassung in Form von ausgehöhlten Baumstämmen, Halbstämmen und Bohlen für verzimmerte Kastenbrunnen oder als runde senkrechte Fassung ist dabei am weitesten verbreitet. Auch Korbgeflechtbrunnen finden sich seit der BZ in den verschiedenen Regionen. Grassoden als Wandversteifung von Brunnen wurden bisher nur an der Nordseeküste (7) und in Berlin-Rudow (4) nachgewiesen. Steinfassungen kommen gehäuft im n. Mitteleuropa vor. Eine Schöpfstelle der RKZ in Hamburg-Farmsen war sorgfältig mit Steinen ausgekleidet (18), ebenso wie die Zisterne von Osterrönfeld, Kr. Rendsburg-Eckernförde (10). Zisternen zum Auffangen von Regenwasser können auch mit einer Lehmschicht ausgekleidet sein (7). Ein eindrucksvolles Beispiel für die Verwendung von Steinen im Brunnenbau stellt der kaiserzeitliche Brunnen mit Rampe von → Flögeln-Eckhöltjen dar (19). In Dallgow-Döberitz wurde ein Korbgeflechtbrunnen mit Steinfassung nachgewie-

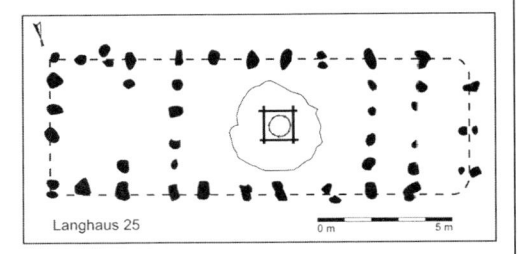

Abb. 36. Brunnenhaus von Dallgow-Döberitz, Ldkr. Havelland

sen (16). Die Deutung von W.s-Anlagen ohne Wandversteifung ist schwierig. Am Rande der Siedlung von Flögeln-Eckhöltjen konnte ein Viehtränkegraben nachgewiesen werden, und in dem eisenzeitlichen Gehöft von Grevenbroich-Gustorf, Kr. Neuss, wird ein Graben vom Ausgräber als Wasserzuleitung beschrieben (15).

Oberirdische Vorrichtungen für W.s-Einrichtungen wie Schutzbauten und Schöpfeinrichtungen waren sicherlich vorhanden, sind aber selten eindeutig nachzuweisen. Ein bisher singuläres Beispiel für die Bedeutung der W.s-Einrichtungen in den germ. Siedlungen stellt das Brunnenhaus von Dallgow-Döberitz dar (Abb. 36). Das Gebäude schützte das Wasser vor Verunreinigungen und ermöglichte eine witterungsunabhängige, ganzjährige Zugänglichkeit. Die W.s-Einrichtungen vorgeschichtl. und germ. Siedlungen wurden überwiegend gemeinschaftlich angelegt und genutzt. In wenigen kaiserzeitlichen und völkerwanderungszeitlichen Siedlungen ist ein Brunnen nur einem Gehöft zuzuordnen.

§ 4. W., Umweltrekonstruktion und Siedlungskontinuität. Die Gründung von Siedlungen war von den herrschenden orographischen, pedologischen und hydrographischen Verhältnissen und ihrem Zusammenwirken abhängig. Veränderungen dieser Verhältnisse führten häufig zur Aufgabe der Siedlungen. Die → Klimaveränderungen (Temperatur-, Niederschlags-, Grundwasserveränderungen) hatten Einfluß auf Ausbau- und Verödungsvorgänge in hist. Siedlungsräumen (→Wüstung) (9). In Brandenburg konnte ein Koinzidenz zw. dem Klimawandel und den Grundwasserständen für das flache Binnenland nachge-

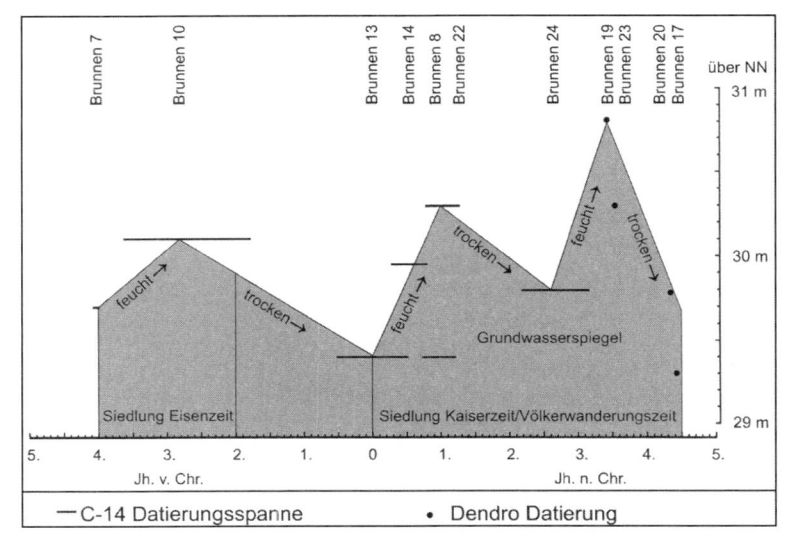

Abb. 37. Rekonstruktion des Grundwasserspiegels mittels der Sohltiefen der datierten Brunnen von Dallgow-Döberitz, Ldkr. Havelland

wiesen werden. Die holozänen Veränderungen wurden auf dem mesol.-neol. Moorgrabungsplatz von Friesack dokumentiert (6). Die eisenzeitlich-völkerwanderungszeitlichen Brunnen der germ. Siedlung von Dallgow-Döberitz (Abb. 37) und die germ.-slaw. Brunnen und Gruben von → Tornow spiegeln die Klimaentwicklung über einen Zeitraum von 400 BP bis zum 12. Jh. A. D. (11) wider.

Die W.s-Anlagen stellen eine der wichtigsten Qu. für die Rekonstruktion der Vegetations- und Umweltverhältnisse dar. Die in den feuchten Sedimenten erhaltenen Pollen erlauben den Nachweis der z. Zt. der Besiedlung vorhandenen synanthropen Vegetation. In den Pollenspektren können Trocken- und Feuchtphasen und im Verhältnis der Baum- zu den Nichtbaumpollen Hauptsiedlungsphasen sowie Beginn und Ende der anthropogenen Besiedlung nachgezeichnet werden.

(1) F. M. Andraschko, Stud. zur funktionalen Deutung arch. Siedlungsbefunde in Rekonstruktion und Experiment, 1995, 55. (2) S. Ciriacono, Wasser. B. Wirtschaftliche und Rechtliche Bedeutung, in: Lex. des MAs 8, 1997, 2063–2071. (3) G. Gabrecht, G. Holtorff, Wasserwirtschaftl. Anlagen des ant. Pergamon, 1973. (4) W. Gehrke, A. von Müller, Germ. Brunnenopfer in den Lasszinswiesen, Berlin-Spandau, Ausgr. in Berlin 3, 1972, 77–89. (5) B. Gramsch, Mesol. Wasserlöcher in Brandenburg, in: Brunnen der Jungsteinzeit, 1998, 17–25. (6) Ders., Arch. Indizien für natürliche und künstliche Wasserspiegelveränderungen in norddt. Urstromtälern während des Holozäns, Die jungquartäre Fluß- und Seengenese in N-Deutschland, Greifswalder geogr. Arbeiten 26, 2002, 191, Abb. 3. (7) W. Haarnagel, Die Grabung Feddersen Wierde. Methoden, Hausbau, Siedlungs- und Wirtschaftsformen sowie Sozialstruktur, Feddersen Wierde 2, 1979, 169, Taf. 151.2 und 152.1. (8) H. Jacobi, Die Be- und Entwässerung unserer Limeskastelle, Saalburg-Jb. 8, 1934, 32–60. (9) H. Jankuhn, Einf. in die Siedlungsarch., 1977, 82 ff. (10) H. Jöns, Ausgr. in Osterrönfeld. Ein Fundplatz der Stein-, Bronze- und EZ im Kr. Rendsburg-Eckernförde, 1993. (11) E. Lange, Botan. Beitr. zur mitteleurop. Siedlungsgesch., 1971. (12) Meyers enzyklopädisches Lex. 25, 1981, 68. (13) E. Neeb, in: Mainzer Zeitschr. 6, 1911, 143. (14) N. Pauly, s. v. W.; s. v. Wasserhebegeräte. (15) Ch. Reichmann, Ein mittellaténezeitliches Gehöft bei Grevenbroich-Gustorf, Kr. Neuss, Beitr. zur. Urgesch. des Rheinlandes 3, Rhein. Ausgr. 19, 1979, 561 ff. (16) P. Schöneburg, Neue Aspekte zum Brunnenbau im germ. Dorf von Dallgow-Döberitz, Lkr. Havelland, Veröffentl. des Brandenburgischen Landesmus.s für Ur- und Frühgesch. 30, 1996, 141–152. (17) J. Weiner, Neol. Brunnen – Bemerkungen zur Terminologie, Typol. und Technologie mit einem Modell zur bandkeramischen W., in: wie [5], 193–217. (18) F. Westhusen, Der Brunnen in der germ. Siedlung Hamburg-Farmsen, Hammaburg 4, 1953/55, 205–208. (19) W. H. Zimmermann, Die Siedlung des 1. bis 6. Jh.s nach Chr. von Flögeln-Eekhöltjen, Niedersachsen, Probleme der Küstenforsch. im s. Nordseegebiet 19, 1992.

P. Schöneburg

Wasserweihe

§ 1: Vorbemerkung und Quellenbefund – § 2: Die W., ihr ritueller und sozialer Kontext – § 3: Interpretationen

§ 1. Vorbemerkung und Quellenbefund. In mehreren Texten der awnord. Lit., die sich auf die vorchristl. Zeit beziehen, wird ein Ritus erwähnt, der darin besteht, daß ein neugeborenes Kind mit Wasser besprengt wird (Verz. der Textstellen in 5; 7; vgl. auch 9). Im Unterschied zur christl. Taufe, die mit *skíra* (im adän. und aschwed. mit *døbe* bzw. *døpa* [z. B. das → Upplandslag c. 11]) bezeichnet wird, erscheint die Wendung *ausa vatni* ‚mit Wasser begießen' fast als ein Terminus technicus für den nichtchristl. Ritus. In den → *Hávamál* Str. 158 lautet der entspr. Ausdruck *verpa vatni á*. Die Zeremonie wird konventionell als W. bezeichnet, wenngleich der wahre Charakter des Ritus jedoch unsicher bleibt. Die Qu. beinhalten keine nähere Beschreibung der Zeremonie. Klar ist aber, daß die W. sich in die Kategorie der Lebenszyklusrituale oder ‚rites de passage' einordnen läßt (→ Rituale).

Die allermeisten Belege finden sich in den → Isländersagas, den Fornaldarsögur (→ Fornaldarsagas) und den → Königssagas. Wichtige Stellen sind: Hmskr., s. *Halfdanar svarta* c. 7; Hmskr., *Haraldz s. ins hárfagra* c.

21 und 43; Hmskr., *Hákonar góða s.* c. 11; *Olavssaga Tryggvasonar* 123,19 (ed. Ólafur Halldorsson 1958); → *Eyrbyggja saga* c. 11, *Gíslasaga Súrssonar* c. 18.; → *Landnámabók* (H c. 314 s. 75); *Harðar s.* c. 8. In poet. Texten wird die W. in → *Rígsþula* Str. 7,21,34 und den *Hávamál* Str. 158 erwähnt. Eine Anspielung auf die W. mag sich in *Helgakviða Hundingsbana* I Str. 1 erhalten haben. Der einzige Hinweis auf eine W. bei den Südgerm. findet sich möglicherweise in einem Brief von Gregor III. an → Bonifatius im J. 732 (Text in 4, 116). Der Papst verordnet, daß Bonifatius diejenigen, die „von den Heiden getauft worden sind", aufs neue taufen soll. Was mit dieser paganen Taufe gemeint ist, läßt sich nicht feststellen. Es ist einleuchtend, daß Gregor sich etwas skeptisch zur Behauptung Bonifatius' über die Existenz einer solchen Taufe verhält *(si ita habetur)*.

§ 2. Die W., ihr ritueller und sozialer Kontext. Die Angaben der Qu. lassen darüber einige Schlüsse zu. Erstens ist zu bemerken, daß der Ritus der W. mit der Namensgebung eng verbunden erscheint (vgl. 5; 10, § 137) (→ Kinder § 5a). Dabei wird das Begießen als erstes Moment angeführt, dann folgt die Erwähnung der Namensgebung mit Angabe des Namens (Beispiel dieser Struktur s. u. in der → *Egils saga Skalla-Grímssonar*). Meistens gibt derjenige, der die W. vornimmt, dem Kind auch den Namen (5, 8). Gewöhnlicherweise wird die W. mit der passiven Wendung *(sá sveinn, mærin, hann* oder *hon) var vatni ausin(n)* erwähnt, ohne daß mitgeteilt wird, wer die Handlung ausführte.

Aus soz. Sicht ergeben sich einige interessante Fakten. Nicht nur Knaben, sondern auch Mädchen konnten die W. erhalten. Die *Egils. s.* c. 35 berichtet, daß Thora ein Mädchen gebar, das mit Wasser begossen wurde: *Þóra ól barn um sumarit, ok var þat mær, var hon vatni ausin ok nafn gefit ok hét Ásgerðr* (vgl. *Njáls s.* c. 14; *Holmverja s.* c. 8, wo auch Mädchen die W. erteilt wird). In den Fällen, wo die Person genannt wird, die den Ritus ausführt, ist es der Vater oder ein ihm nahestehender Mann (z. B. Hmskr., *Haraldz s. ins hárfagra* c. 21 und 43). In der *Rígsþula* wird auch dem Kind der unfreien Knechte die W. zuteil. Dieselbe Wendung *iósu vatni* ‚sie besprengten mit Wasser' wird für den Sohn aller drei Ges.sgruppen verwendet. Das Kind wird bei den unfreien Knechten *(þrælar)* und den Bauern *(karlar)* (→ Bauer § 3) mit *jóð* ‚(neugeborenes) Kind, Nachkomme' bezeichnet, bei den Herrschenden *(jarlar)* aber mit *sveinn* ‚Knabe'. Das deutet schon den Vorrang der *jarlar* an, der dann in der unterschiedlichen Bekleidung des Kindes zum Ausdruck kommt.

Ob es einen Zusammenhang zw. W. und dem Verbot zum Aussetzen des Kindes gibt, kann nicht unmittelbar durch die Qu. bestätigt werden (gegen 5, 9–11), ist aber an sich wahrscheinlich.

Über den rituellen Kontext der W. geben die Qu. wenig Auskunft. Man hat gemeint, daß die W. Teil eines rituellen Geschehens war, das verschiedene Momente umfaßte (5, 10 f.; vgl. → Rituale § 2a). Das neugeborene Kind wurde vom Boden gehoben, an die Brust der Mutter gelegt und in den Arm oder auf den Schoß des Vaters gesetzt, dann mit Wasser besprengt und schließlich erfolgte die Namensgebung. Nur die zwei letzten Momente finden sich jedoch in den Qu. regelmäßig aufeinander bezogen.

Die relig. Bedeutung der W. wird von einigen Texten angedeutet. In der Aufzählung der Krafttaten Odins (→ Wotan-Odin) in den *Hávamál* Str. 146–163 wird gesagt, daß der Gott einen jungen Mann *(þegn)* im Kampf schützen wird, den er mit Wasser besprengt hat. Der Charakter einer Weihe kommt hier klar zum Ausdruck, aber ob ein Geburtsritus (→ Rituale § 2a) oder eine Kriegerinitiation (→ Initiation und Initiationsriten; → Rituale § 2b) gemeint ist, läßt sich nicht entscheiden. Die *Eyrbyggja s.* c. 11 berichtet, daß Thorstein Dorschbeißer seinen Sohn dem Gott Thor (→ Donar-Þórr) weihte, nachdem er mit Wasser begossen worden war und seinen Namen bekommen hatte. Die Weihung an Thor gab dem Vater Anlaß, den Knaben Thorgrim zu benennen: *ok var Grímr nefnedr, er vatni var ausinn; þann svein gaf Þorsteinn Þór ok kvað vera skyldu hofgoða ok kallar hann Þorgrím*. Laut *Helgakviða Hundingsbana* I Str. 1 strömten bei der Geburt Helges hl. Gewässer (*heilog vǫtn*; derselbe Ausdruck in → Grímnismál 29) vom Himmelsgebirge herab. Die Erwähnung von hl. Gewässern im Zusammenhang mit der Geburt des Helden scheint einen bestimmten Sinn zu haben, der vielleicht auf eine W. hinweist (nach Sijmons/Gering [6] nur die Zeit der Geburt bei der Schneeschmelze angebend).

§ 3. Interpretationen. Was den Ursprung der W. anbelangt, lassen sich im großen drei Interpretationslinien unterscheiden. Die erste, von Konrad von → Maurer herausgearbeitet (gefolgt von 6, 158), sieht in der W. einen vorchristl. Ritus, der aber von der christl. Taufe inspiriert wurde. Die Skandinavier hätten durch ihre Kontakte mit christl. Völkern „bereits in ihrer heidnischen Zeit den Gebrauch der Wasserweihe" angenommen und die W. fortan als den „Beginn der vollen Rechtsfähigkeit" anerkannt (5, 80 f.). Die W. habe dann bei den nord. Völkern in der rechtlichen Bedeutung der ma. Taufe fortgewirkt, was auch in der Auffassung der Provinzialgesetze von Kindertötung zum Vorschein kommt (5, 71–78). Es fehlen aber sichere Anhaltspunkte für diese Hypothese, wie von Maurer selbst einzuräumen scheint. Gegen die Hypothese spricht ferner die Tatsache, daß die christl. Taufe durch ein Untertauchen vollzogen wurde. In Skand. und Island war noch im 13. Jh. das ganze oder teilweise Untertauchen (*submersio* bzw. *immersio*) des Kindes die vorherrschende Form der Taufe (vgl. 2).

Andere Forscher hingegen heben den liter. Charakter der W. hervor und betrachten sie als eine Rückprojizierung der christl. Taufe in die pagane Zeit (8) oder als eine Analogieschöpfung der Sagaverf. (1). Dabei wird zum einen die späte Attestierung der W. betont, keiner der Qu.belege wäre vor dem 12. Jh. entstanden (1; 7; 8), zum anderen wird die Beschränkung der Qu.belege auf Island als Argument gegen die Authentizität der W. benutzt (8). Problematisch wird hier, wie für von Maurers Hypothese, die unterschiedliche Form der christl. Taufe (s. o.). Die Bedeutung dieses Arguments wird auch anerkannt, aber letzten Endes doch beiseite geschoben (8). Die Erwähnung einer W. in *Hávamál* Str. 158 läßt sich jedoch schwerlich als so spät wie das 12. oder 13. Jh. abtun, und für die *Rígsþula* ist die Spätdatierung nicht überzeugend (→ Rígsþula § 6). Der Umstand, daß eine W. bei den ostnord. Völkern nicht belegt ist, kann kaum als Argument benutzt werden, da schriftliche Qu. der vorchristl. Relig. in Dänemark und Schweden fast ganz fehlen.

Die dritte Interpretationslinie, vornehmlich von Jan de → Vries vertreten (10, § 137), hält die germ. W. für einen altererbten Ritus. Für diese Annahme wird auf das Vorkommen ähnlicher Bräuche bei anderen ‚primitiven' Völkern verwiesen sowie auf Mitt. bei klass. Autoren, die eine W. der Südgerm. bestätigen. Das Vergleichsmaterial wird jedoch nicht näher angegeben, und die einzige Notiz der ant. Schriftsteller, die besprochen wird (Galen im 2. Jh. n. Chr.), ist ganz unsicher, wie auch Jan de Vries einräumt. Das Tauchen der Neugeborenen in kaltes Flußwasser deutet eher auf eine Härteprobe und steht im Widerspruch zum Begießen der Kinder bei den Skandinaviern.

Über die Funktion der W. lassen sich, abgesehen von ihrem generellen Charakter als ein Lebenszyklusritus, nur Vermutungen anstellen. Die Erwähnungen der W. in den *Hávamál* Str. 158 und in der *Eyrbyggja s.* c. 11 legen eine relig. Bedeutung nahe.

Zusammenfassend ergeben sich keine unwiderlegbaren Argumente für die eine oder andere Interpretationslinie. Doch deuten die Erwähnungen der W. in den *Hávamál* Str. 158 und der *Rígsþula* sowie die Form einer Begießung eher auf eine altererbte Zeremonie. Wir haben es wahrscheinlich mit einem vorchristl. Ritus zu tun, der sich vage im Gedächtnis der Isländer und Norweger erhalten hat. Die Kenntnis der rituellen Details der W. sowie ihre genaue relig. und kulturelle Bedeutung ging aber mit dem Relig.swechsel verloren. Im Hinblick auf das, was von den Geburtsriten der alten Relig. Europas und W-Asiens bekannt ist (Überblick in 3, 438–451), könnte man erwägen, die W. auch als eine Reinigungszeremonie aufzufassen. In Mesopotamien und Griechenland wurde das neugeborene Kind rituell gebadet als eine Art von Reinigung.

(1) W. Baetke, Christl. Lehngut in der Sagarelig., 1951. (2) H. Fæhn, Dåp, in: Kult. hist. Leks. III, 413–418. (3) S. I. Johnston (Hrsg.), Religions of the Ancient World, 2004. (4) W. Lange, Texte zur germ. Bekehrungsgesch., 1962. (5) K. Maurer, Ueber die W. des germ. Heidenthumes, 1880. (6) B. Sijmons, H. Gering, Kommentar zu den Liedern der Edda, 1. Götterlieder, 1927. (7) R. Simek, Die W. der heidn. Germ., 1981. (8) Ders., Relig. und Mythol. der Germ., 2003. (9) Jón Steffensen, Aspects of Life in Iceland in the Heathen Period, Saga-Book of the Viking Soc. 17, 1966–69, 177–205. (10) de Vries, Rel.gesch.

A. Hultgård

Wasserwesen → Wassergeister

Watchfield. The multi-period site at W., Oxfordshire, was excavated in advance of road works 1983–92 (3). Finds from the Mesolithic, Neol. and Bronze Age show a reasonably continuous (but marginal) use of the site until the early part of the middle Iron Age, when the finds become less exiguous within a settlement area of 2 ha. Romano-British finds are minimal although there is a Roman building some 700 m to the SE.

The most important finds comprise, however, the remains of a large Anglo-Saxon inhumation cemetery with an estimated total, by extrapolation of those actually found, of some 350 graves; the number is uncertain as many of the remains were slight due to later disturbances of the site (3, 159). Most burials appear to have been without a coffin and were oriented with the head to the S. Traces of two grave-markers were found. There are slight remains of cremations. The grave-goods generally span the period from the mid-5th to the mid-6th century. The earliest item is an openwork pendant in the Quoit-Brooch style and the assemblage in one of the richest graves, nr. 67 (with its shield, knife, buckle, balance and weights and old Roman coins, as well as a mount with a runic inscription) seems to be best paralleled in the 2nd quarter of the 6th century.

The finds include 18 brooches − saucer-brooches (including a pair of composite brooches), button-brooches, disc-brooches, small-long-brooches − five dress-pins, 249 beads (strings of beads were recognised in five graves), three (possibly four) girdle-hangers and a number of toilet implements. 18 or 19 knives were found, nine iron buckles and two of copper-alloy were also found. Two fragmentary pattern-welded swords, six spears (plus a spear socket) and seven parts of shields represent the male grave-goods. Domestic items include a variety of vessels including frg. of two sheet metal cauldrons, buckets and fittings from other organic vessels. A flat leather case, a sherd of a glass claw-beaker, and two funerary pots were among the more exotic items found (3).

A rare find was a copper alloy balance, complete with its pans and balance beam, and a series of weights of copper-alloy and of lead, with which were associated a number of Roman coins (→ Waagen und Gewichte; → Goldschmied, Goldschmiedekunst § 1e). The leather case mentioned above probably held this. Only eight other balances are known from Anglo-Saxon graves (2).

Another unusual find is a copper-alloy mount (19 cm long) with a runic inscription which reads: **haribo*i:wusa** (the runic character indicated by an asterisk is ^; this is otherwise unknown in England, but is likely to be an early form of **k**, 'c'). According to Page, "the first four letters would appear to be the word later recorded as *here*, 'army', which often forms the first element of a personal name, as it may do here. *Wusa* looks to me a possible hypocoristic personal name, derived from one beginning *Wulf*" (1, 82). The inscription is unique in that no other runic inscription has so far been found in Wessex, this suggests that it is an import into the region.

(1) R. I. Page, An Introduction to English Runes, ²1999, 82 f. (2) Ch. Scull, Scales and weights in early Anglo-Saxon England, The Arch. Journ. 147, 1990, 183–215. (3) Idem et al., Excavation and survey at W., Oxfordshire, 1983–92, ibd. 149, 1992, 124–281.

D. M. Wilson

Wate

§ 1: Überlieferung – § 2: Stoffgeschichte, Interpretation

§ 1. Überlieferung. PN (mhd. *Wate*, anord. *Vaði*, me. *Wade*, anglo-lat. *Gado*), der in der ma. Lit. in verschiedenen Zusammenhängen, oft aber nur in Anspielungen, faßbar ist.

Die mhd. Dichtung läßt den Waffenmeister ‚W. von Stürmen' in der → Hildedichtung und Hildesage eine Hauptrolle spielen. Mittels einer List lockt er die ir. Kg.stochter Hilde auf sein Schiff und entführt sie für Kg. Hetel. Hildes Vater → Hagen wird im anschließenden Kampf von W. hart bedrängt und laut der Fassung des „Alexanderlieds" (Mitte 12. Jh.) auch erschlagen. Im zentralen Teil der → Kudrun (1. Hälfte 13. Jh.) wiederholt sich die Hildegesch. unter umgekehrten Vorzeichen, indem W. hier die entführte Tochter für ihren Vater befreit. In der altjiddischen Fassung der Hildesage, dem *Dukus Horant,* ist ‚W. von den Griechen [!]' hingegen nur Statist; ein reicher Fürst, der in glänzender Rüstung auftritt, aber bei den Riesen im Wald wohnt. In einer Anspielung taucht W. auch in Konrads „Rolandslied" v. 7801 (um 1170) auf, wo der Däne Ogier als aus W.s Geschlecht stammend charakterisiert wird, und eine Nebenrolle kommt ihm in „Dietrichs Flucht" v. 3919 ff., 6215 ff., 6701 ff. (13. Jh.) zu, wo er im Zweikampf von Dietleib erschlagen wird (→ Dietrichdichtung).

In der anorw. → *Þiðreks saga af Bern* Kap. 84–89 bzw. 57–60 (13. Jh.), einer Kompilation vorwiegend dt. Stoffe, ist W. ein auf Seeland wohnender, Landbau betreibender Riese, Sohn des Vilcinus und eines Meerweibs und Vater von → Wieland dem Schmied (Velent, → Völundarkviða). Auf dem Weg zu den Zwergen, die seinen Sohn das Schmiedehandwerk lehren sollen, watet W. mit diesem auf den Schultern durch den Grœnasund. Als er ihn wieder zurückholen will, kommt er bei einem Bergsturz ums Leben. Wieland aber kann fliehen und reist auf einem von ihm gebauten Schiff über das Meer.

Ob der schon im ae. *Widsith* v. 22 (um 700) im Rahmen eines Kat.s von Völkern des w. Ostseeraums (→ Widsith) genannte *Wada*, Herrscher der → Hælsingas, im Zusammenhang mit dem W. der Sage steht, ist umstritten. In der hoch- und spätma. Dichtung Englands jedoch wird W. häufig genannt; eine explizite Gesch. ist allerdings allein in Walter Maps mlat. verfaßten *De nugis curialium* II 17 (*De Gadone milite strenuissimo,* um 1181/93) überliefert. Hier ist W. (Gado) der Sohn eines wandal. Kg.s, der mit dem mercischen Kg. → Offa Freundschaft schließt. Während W. aber in Indien nach dem Rechten sieht, wird Offa vom Röm. Reich angegriffen. Gott lenkt W.s Schiff nach England, wo der Held erfolgreich Offas Verteidigung organisiert. In der me. Dichtung dagegen wird W.s Name lediglich zitiert: Die Gesch. von *Sir Bevis of Hamtun* v. 2605 (um 1300) nennt W. einen Drachentöter; in der stabreimenden *Morte Arthure* v. 964 (um 1360), in Thomas Malorys Prosafassung *Le Morte Darthur* VII 9 (um 1470) sowie in der Vorrede zum *Laud-Troybook* (14. Jh.) wird er als berühmter Held erwähnt, und Geoffrey Chaucer spielt in *Troilus and Creseyde* III 614 (um 1385) auf „Wades tale" und in den *Canterbury Tales* IV 1424 (um 1393/94) auf „Wades boot" an. Thomas Speght liefert in seiner Chaucer-Ausgabe (1598) zwar den Namen von W.s Boot, ‚Guingelot', nach, verzichtet aber ausdrücklich darauf, die ganze Gesch. zu erzählen, da sie „long and fabulous" sei. Sir Francis Kynaston referiert in seinem *Troilus*-Kommentar (um 1635) offensichtlich Speght und versteht den Hintergrund der Zitate allem Anschein nach nicht mehr. Dunkel schließlich ist der Erzählungszusammenhang des in einer Homilie enthaltenen sog. *Wade-Fragments* (ca. 1300) der Peterborough-Bibl. in Cambridge.

§ 2. Stoffgeschichte, Interpretation. Seit Karl Victor → Müllenhoff (17) ist als W.s urspr. Wesen aufgrund des möglichen etym. Anschlusses des Namens an germ. *wad-a- ‚waten' und des anscheinend immer wiederkehrenden Motivs ‚Wasser' bzw. ‚Boot' vielfach dasjenige eines mythol. Meerriesen oder sonst eines Wasserdämons angenommen worden (10, 196; 11, XXXIII f.; 13, 99 f.; 16, 488; 19, I, 368; 21, LXXI) (→ Wassergeister). Die gemeinsame Nennung mit → Hagen und Hetel im *Widsith* wiederum soll die originäre oder zumindest frühe Zugehörigkeit W.s zur Hildesage bestätigen (10, 196; 16, 489; 19, I, 368; 20, 41 f.). Diese beiden Positionen sind allerdings seit langem umstritten. So kann nicht ausgeschlossen werden, daß der ae. *Wada* im ae. Völkerkat. nur zufällig in deren Nähe steht und mit dem W. der mhd., me. und anord. Sage gar nichts zu tun hat; in der Folge sind auch die Meinungen über eine urspr. Zugehörigkeit W.s zur Hildesage geteilt (skeptisch 11, XXXIV; 15, 392; 18, 115; 21, LXXI). Ebenso läßt sich die Interpretation W.s als Wasserriese aus den Qu. nicht erhärten (skeptisch 6, 194; 9, 288; 18, 118), auch wenn die Charakterisierung als Riese in der *Þiðreks s.* und die Behausung bei Riesen im *Dukus Horant* auf einen Traditionsstrang verweisen könnten, dem ein ins Märchenhafte weisender Zug nicht fremd war (18, 118). Jedenfalls ist das Schiffsmotiv in der ält. Forsch. überbewertet und zu Unrecht mythologisiert worden (23, 280 ff.).

Die verschiedenen Zeugnisse, die kaum Handlungsparallelen aufweisen, lassen eine eigtl. W.-Fabel nicht mehr erkennen. Aufgrund der je nach Interpretation minimalen oder inexistenten Übereinstimmungen zw. westgerm. und nordgerm. Zeugnissen vertrat Carles die These, daß es sich beim mhd. W. und beim anorw. Vaði um zwei verschiedene Sagengestalten handle (12, 239 ff.). Viel für sich hat auf jeden Fall Chambers und Schneiders Vermutung, W.s Vorkommen in der *Þiðreks s.* sei allein dem Aufbau einer alliterierenden Generationenabfolge Vilcinus – Vaði – Velent – Viðga zu verdanken (13, 100; 19, I, 369). Norman meinte, die engl. Zitate verwiesen darauf, daß es in Britannien von der Hildesage unabhängige Geschichten von W. gegeben habe (18, 116), und Stackmann folgerte daraus, die W.-Sage sei überhaupt engl. Herkunft (21, LXX). Chambers sah es für zwingend an, daß Chaucer in seinem Zitat von Gados Schiff sprach (13, 99), Bashe dagegen verband das Zitat mit Wielands Schiff (9, 284). Wentersdorf wiederum plädierte dafür, Chaucers Anspielungen bezögen sich auf die Hildesage, was durch die Erklärung des Schiffnamens ‚Guingelot' als romanisiertes ae. *win(n)-gelāc ‚Kriegslist' oder *win(n)-gelock ‚Feindesfalle' gestützt werden könne (23, 282 ff.). Dadurch würde zwar

Walter Maps Gado-Kapitel, wo mit W. und Offa zwei prototypische Helden die Protagonistenrollen einer phantasievollen Kurzgesch. einnehmen, isoliert, doch scheint hier W. ohnehin nur als Schablone für den großen Helden zu figurieren. Alles in allem läßt sich festhalten, daß W. eine in der ma. Lit. zwar bekannte Gestalt ist, über deren Herkunft und Fabel man wegen der disparaten und sich oft in Andeutungen erschöpfenden Überlieferung aber nichts Sicheres mehr sagen kann.

Qu.: (1) Kudrun, hrsg. von K. Bartsch, K. Stackmann, ^{5}1965. (2) Lamprechts Alexander, hrsg. von K. Kinzel, 1884. (3) Dukus Horant, hrsg. von P. F. Ganz u. a., 1964. (4) Alpharts Tod, Dietrichs Flucht, Rabenschlacht, hrsg. von E. Martin, 1866, Nachdr. 1975. (5) þiðriks s. af Bern, hrsg. von H. Bertelsen, 1905–1911. (6) Widsith, hrsg. von K. Malone, ^{2}1962. (7) Walter Map, De nugis curialium. Courtiers' Trifles, hrsg. und übs. von M. R. James, revidiert von C. N. C. Brooke, R. A. B. Mynors, ^{2}1994. (8) The Works of Geoffrey Chaucer, hrsg. von F. N. Robinson, ^{2}1957. – Die Frg., Anspielungen und Kommentare sind in: [10], 197 f.; [13], 96–98; [23], 274–279 wiedergegeben.

Lit.: (9) B. J. Bashe, Some Notes on the Wade Legend, Philol. Quarterly 2, 1923, 282–288. (10) G. Binz, Zeugnisse zur germ. Sage in England, PBB 20, 1895, 141–223. (11) B. Boesch, Einf., in: B. Symons, B. Boesch (Hrsg.), Kudrun, ^{4}1964, XIII–LXVI. (12) J. Carles, Le poème de Kûdrûn, 1963. (13) R. W. Chambers, Widsith. A Study in OE Heroic Legend, 1912, 95–100. (14) S. Echard, Clothes make the Man. The Importance of Appearance in Walter Map's ›De Gadone milite strenuissimo‹, in: Anglo-Latin and its Heritage (Essays in Honour of A. G. Rigg), 2001, 93–108. (15) Th. Frings, Hilde, PBB 54, 1930, 391–418. (16) A. Heusler, W., in: Hoops IV, 488 f. (17) K. Müllenhoff, Wado, ZDA 6, 1848, 62–69. (18) F. Norman, Die sagen- und literaturgeschichtl. Probleme, in: [3], 75–131. (19) H. Schneider, Germ. Heldensage, ^{2}1962. (20) F. R. Schröder, Die Sage von Hetel und Hilde, DVjs. 32, 1958, 38–70. (21) K. Stackmann, Einleitung, in: [1], VII–CII. (22) K. P. Wentersdorf, Theme and Structure in The Merchant's Tale, Publ. of the Modern Language Assoc. 80, 1965, 522–527. (23) Ders., Chaucer and the Lost Tale of Wade, JEGP 65, 1966, 274–286.

Ch. Landolt

Wau

§ 1: Botanisch-archäologisch – § 2: Kulturgeschichtlich – § 3: Archäobotanische Funde

§ 1. Botanisch-archäologisch. Der Färberwau oder das Gelb- oder Gilbkraut (*Reseda luteola* L.) ist eine zweijährige, bis zu 1,50 m hohe Pflanze aus der Familie der Resedengewächse (Resedaceae). Von den anderen W.-Arten (*Reseda lutea* L., *Reseda phyteuma* L.) unterscheidet sie sich durch die ungeteilten, mit verschmälertem Grunde ungestielten oder nur sehr kurz gestielten linealischen Blätter. Der Färberwau bildet im ersten J. die grundständige Blattrosette aus. Im zweiten J. entwickeln sich am Stengel lange, dichte, rutenartige, reichblütige Blütentrauben, an denen die hellgelben Blüten sitzen. In den Samenkapseln entwickeln sich kleine, schwarzbraune, nierenförmige Samen. Der Färberwau kommt an ruderalen Standorten auf nährstoffreichen, oft kalkhaltigen Böden vor. Er besiedelt sowohl Stein- und Sandböden wie auch reine Lehm- und Tonböden (20, 521). Er stammt urspr. aus W-Asien und dem Mittelmeergebiet, ist aber als Archäophyt sekundär in W- und Mitteleuropa und anderen temperaten Zonen der Welt eingebürgert und häufig aus ehem. Kulturen verwildert (42, 346 f.). Sein aktuelles Verbreitungsgebiet umfaßt in Europa den Mittelmeerraum sowie die temperate Zone von England über S-Schweden und Finnland bis zur Weichsel. Samen der W.-Arten sind anhand der Form und Größe voneinander zu unterscheiden. Die Pollenkörner sind tricolpat und reticulat; die einzelnen Arten sind pollenanalytisch jedoch nicht sicher zu trennen (38). Der Färberwau ist eine wichtige Färberpflanze (→ Farbe und Färben; → Waid). Bei seinem leuchtend gelben Farbstoff handelt es sich um das alkalilösliche Luteolin (3',4',7-Trihydroxyflavon; $C_{15}H_{10}O_6$), das Luteolin-7-glykosid ($C_{21}H_{20}O_{11}$) sowie um das 3'7-Diglykosid aus der Gruppe der Flavone oder Flavonidfarbstoffe (7; 22; 37; 42, 346; 43), die in allen oberirdischen Pflanzenteilen vorkommen (36, 6). Die verwandte Art Wilde Resede *(Reseda lutea)* enthält die gleichen Flavone, jedoch in schwächerer Konzentration und wird daher seltener als Färbepflanze eingesetzt (13; 42, 347). Der Farbstoffgehalt vorderasiatischer und mediterraner Pflanzen ist in der Regel höher als der im N angebauten. Ferner enthält W. Senfölglykoside.

§ 2. Kulturgeschichtlich. Bes. → Seide kann mit Färberwau dauerhaft und lichtecht leuchtend gelb gefärbt werden (29; 34, 221; 42, 346 f.). Zusammen mit den blaue Farben liefernden Arten Waid *(Isatis tinctoria* L.) und Indigo *(Indigofera tinctoria* L.) können grüne Farbtöne erzielt werden. → Wolle und Baumwolle sind weniger gut zu färben (26, 417). W. gehört zu den Beizenfarbstoffen, bei denen die zu färbenden Stoffe eine Vorbehandlung mit einer Beize, meist Alaun, Urin, Weinstein oder eine Lauge, benötigen, damit die Farbe aufgenommen wird. Heute sind Färberwau und andere Pflanzenfarbstoffe weitgehend durch synthetische Farben verdrängt und werden nur vereinzelt in der biologischen Landwirtschaft angebaut (19). Neben der Nutzung zum Färben von → Textilien (14; 35; 36; 47; 48; 49) und → Teppichen (13) wurde W. auch zur Herstellung gelber Farben für die Buch- und Glasmalerei sowie zur Herstellung von gelben Farbpigmenten für die Malerei eingesetzt (16). Bei der Herstellung von Farbpigmenten für die Malerei wurde W. auch mit Eierschalen oder weißem Blei angemischt. Bei laboranalytischen Unters. kann das Luteolin des W.s klass. analytisch oder mit Hilfe der Dünnschichtchromatographie oder Infrarotspektroskopie nachgewiesen werden (39; 40; 42, 612 ff.).

Färberwau diente vermutlich schon bei Griechen und Römern als Färbepflanze. Seine Verwendung als Färbe- und Heilpflanze läßt sich in den ant. Qu. jedoch bisher nicht sicher verifizieren. Es wird vermutet, daß sich das „Große Sesamoeides" des Dioskorides (Materia medica IV, c. 150 [1]) auf eine *Reseda*-Art bezieht (32, 626), jedoch kommt vermutlich nicht Färberwau, sondern *Reseda undata* L. in Betracht. Vitruv (De architectura VII, c. 14 [6]) berichtet von einem als *luteum* bezeichneten Kraut, das zusammen mit einem blauen Farbstoff ein brillantes Grün ergeben soll. → Plinius (Plin. nat. XXVII, 131 [3]) führt ein als *reseda* bezeichnetes Gewächs an, daß die Bewohner von Ariminum (Rimini) zur Heilung von Entzündungen verwendet haben sollen. Vergil nennt ein Gewächs namens *croceum lutum* (Verg. eclogae IV, 44 [5]), aber auch hier ist keine eindeutige Zuweisung möglich, da zahlreiche Pflanzen gelbe Flavonoide und Carotinoide enthalten und beispielsweise auch Safran *(Crocus sativus* L.) als Färbepflanze in Betracht kommt. Die Verwendung von W. zur Färbung wurde analytisch bei koptischen Textilien aus spätant. Zeit nachgewiesen (42, 60). Erste schriftliche Anleitungen zum Färben mit W. sind aus Rezepten für Handwerker in S-Italien bekannt, die in der *Mappae Clavicula* [2], einem karolingerzeitlichen Ms. aus der Zeit um 800 n. Chr., niedergelegt worden sind. Der Text ist im MA oft kopiert worden und fand weite Verbreitung (36, 1). Nachweise von importierten Textilien, meist aus Seide, die mit W. gefärbt wurden, stammen aus dem sächs. Kg.sgrab von → Sutton Hoo in England (11) sowie aus der WZ (47–49). Im MA und in der Frühen Neuzeit war W. die am weitesten verbreitete gelbe Färbepflanze, wie schriftl. Qu. belegen (10). Detaillierte Rezepte für Färbungen mit W. enthält die erste ausführliche Darst. des Färbens *Plictho de larte de Tentori* aus dem J. 1548 (4). Frühneuzeitliche W.-Anbaugebiete befanden sich in Sachsen, Thüringen, Bayern und Württ. (26, 418). Im 17. Jh. gab es große Anbaugebiete in S-England (Kent); W. wurde v. a. in den Londoner Färbereien verarbeitet. Bei seinem Anbau als Färbepflanze werden alle oberirdischen Pflanzenteile kurz nach der Blüte geerntet und in Garben getrocknet. Da die Samenkapseln bes. viel Farbstoff enthalten, wurden schlanke, bes. blütenreiche Pflanzen bevorzugt. Zum Transport werden die Garben nach dem Trocknen klein gehäckselt und in Säcke abgefüllt. Der heutige Trockenmasseertrag beträgt 0,7–2,7 t/ha (19). Beim Färben wird der zerkleinerte, getrocknete Färberwau mit Wasser erhitzt oder gekocht, bevor die mit Alaun vorgebeizte Seide oder Wolle hineingegeben wird. Später wird etwas Kalk hinzugesetzt, was die Farbgebung intensiviert. Der Anbau war einfach und kostengünstig. Neben der Nutzung als Färbepflanze wurden Kraut und Wurzel als *herba* und *radix luteolae* als harn- und schweißtreibende Heilmittel sowie gegen Bandwürmer eingesetzt (20, 521) (→ Heilmittel und Heilkräuter). Zum Sprachlichen vgl. Grimm, DWb., s. v. Wau, Wande.

§ 3. Archäobotanische Funde. Einzelne Samenfunde des Färberwaus sind noch kein sicherer Beleg für seine Nutzung zum Färben, da beim Anbau die Pflanzen meist vor der Samenreife geerntet werden. Samenfunde sind daher meist zu den Wildpflanzen ruderaler Standorte zu stellen, sofern nicht vegetative Reste von Blättern und Stengel oder weitere Nachweise anderer Färberpflanzen eine Nutzung wahrscheinlich machen. Vegetative Reste sind anhand morphologisch-anatomischer Merkmale der Blattepidermis und der Anordnung der Leitbündel zu identifizieren (15, 214 ff.; 45). Da sich diese bisher nur in wassergesättigten Sedimenten unverkohlt erhalten haben, sind sichere Nachweise einer Nutzung als Färbepflanze nur schwer zu erbringen. Samen konnten in verschiedenen jungsteinzeitlichen → Seeufersiedlungen nachgewiesen werden, so bei Robenhausen am schweiz. Pfäffiker See (26, 417), bei Brises-Lames/Auvernier am Neuenburger See (33) sowie im Bereich des Seefeldes am Zürichsee aus Schichten der Horgener Kultur und der Schnurkeramik (41, 290). In Ungarn stammen frühe Samenfunde aus der Csepel-Gruppe der Glockenbecherkultur (17). Eisenzeitliche Funde liegen aus Großbrit. von der eisenzeitlichen und romano-brit. Siedlung von Dragonby vor (46, 202) sowie aus Deutschland aus der späthallstatt-/frühlaténezeitlichen Siedlung von Eberdingen-Hochdorf (44) und der kelt. Viereckschanze von → Fellbach-Schmieden, Rems-Murr-Kr. (27). In → Hochdorf wurden auch andere Färbepflanzen wie Waid *(Isatis tinctoria)* gefunden, so daß eine Nutzung als Färbepflanze sowie eine Spezialisierung der eisenzeitlichen Siedlung auf das Textilhandwerk wahrscheinlich ist. Römerzeitliche Funde stammen aus einem Brunnen der Colonia Ulpia Traiana (→ Xanten) (25) sowie aus → Köln (24, 297) und Butzbach (28). In Großbrit. stammen angloskand. W.-Funde von verschiedenen Fundplätzen aus → York (18). Im MA sind Samenfunde des W.s häufig. Jedoch verweisen nur Samenmassenfunde wie der des 12. Jh.s aus einer Dränage von Dyer Lane, Beverley (Großbrit.) eindeutig auf die Nutzung als Färbepflanze (15, 214). Weitere ma. Samenfunde stammen von der Hafenfront von Redcliff, Bristol (15, 214), aus den Latrinen des 15. Jh.s von Paisley Abbey, Schottland (12), und in Deutschland aus dem ma. Göttingen (21), → Aachen (23, 230 f.) und → Köln (24, 340). Bemerkenswert sind unverkohlte Lagen von W.-Stengeln und -blättern des 12./13. Jh.s vom Korenmarkt in → Gent, Belgien (8). Beide Pflanzen gehörten dort vermutlich zu den Handelsgütern, die dort auf dem Markt verhandelt wurden. Zusammen mit dem aufblühenden Textilhandwerk und -export spielte der Handel mit Färbepflanzen und das Färberhandwerk, bes. im MA und in der Frühen Neuzeit, in den süd- und westeurop. Handelsstädten eine bedeutende Rolle (9; 30; 31). Erst im 19. Jh. erlebte der W.-Anbau einen bedeutenden Niedergang, da kostengünstigere synthetische Farben und Färbeverfahren zur Verfügung standen und sich W. zur Färbung von Baumwolle weniger eignet.

Qu.: (1) Pedanius Dioscorides, De materia medica, libri IV. (2) Anonymus, Mappae clavicula. M.S. 6514 der Bibliothéque Nationale, Paris. Ph. Thomas, Mappae clavicula: a treatise on the preparation of pigments during the MA; letter from Sir Thomas Phillipps ... addressed to Albert Way ... communicating a transcript of a MS. Treatise on the preparation of Pigments, and on various processes of the Decorative Arts practised during the MA, written in the twelfth century and entitled Mappae Clavicula, Archaeologia (London) 32, 1847, 183–244; Mappae clavicula. A little key to the world of medieval techniques, hrsg. und übs. von C. S. Smith, J. G. Hawthorne. Transactions of the American Philosophical Soc. NS 64, 1974, 3–128. (3) Plinii Secundi Naturalis Historiae liber XXVII, hrsg. von R. König, 1981. (4) Gioanventura Rosetti, *Plictho de larthe de Tentori*. The Plictho of Gioanventura Rosetti: Instructions in the art of the dyers which teaches the dyeing of woolen cloths, linens, cottons, and silk by the great art as well as by the common, Reprint hrsg. von S. M. Edelstein, H. C. Borghettym, 1969. (5) Publius Vergilius Maro, Bucolica/Hirtengedichte, hrsg. von F. Klingner, 1977. (6) Marcus Vitruvius Pollio, Ten Books on Architecture [De Architectura], hrsg. von I. D. Rowland, Th. N. Howe, 1999.

Lit.: (7) C. Andary u.a., Yellow dyes of hist. importance. II Chemical analysis of weld and sawwort, Dyes in Hist. and Arch. 14, 1995, 33–38. (8) J. Bastiaens, Verven met wouw en meekrap, Archeobotan. onderzoek van de Korenmarkt te Gent, Stadsarcheologie (Gent) 22, 2, 1998, 43–50. (9) W. Born, A. Leix, Dyeing and Dyers' Guilds in Mediaeval Craftsmanship, CIBA Review 1, 1937, 10–16. (10) D. Cardon, Yellow dyes of hist. importance: Beginnings of a long-term multi-disciplinary study. I Yellow dye-plants in the technical and commercial lit. from Southern Europe: Italian, French and Spanish sources of the 13th–18th centuries, Dyes in Hist. and Arch. 13, 1994, 59–73. (11) E. Crowfoot, The Textiles, in: A. C. Evans (Hrsg.), The Sutton Hoo Ship-Burial 3, 1983, 409–479. (12) C. Dickson, Food, Medicinal and Other Plants from the 15th Century Drains of Paisley Abbey, Scotland, Vegetation Hist. and Archaeobotany 5, 1996, 25–31. (13) Y. Doğan, A study on the autecology of *Reseda luta* L. (Resedaceae) distributed in Western Anatolia, Turkish Journ. of Botany 25, 2001, 137–148. (14) M. Fleury-Lemburg, The Vitalis Chasuble from the Archepiscopal Abbey of St. Peter, Saltzburg, in: Dies., Textile Conservation and Research, 1988. (15) R. Gale, D. Cutler, Plants in Arch. Identification manual of vegetative plant materials used in Europe and the southern Mediterranean to c. 1500, 2003. (16) K. M. Groen u.a., Scientific Examination of Vermeer's „Girl with a Pearl Earring", in: I. Gaskell, M. Jonker (Hrsg.), Vermeer studies, 1998, 175. (17) F. Gyulai, Archaeobotanical remains and environment of Bell Beaker Csepel-Group, in: J. Czebreszuk, M. Szmyt (Hrsg.), The Northeast Frontier of Bell Beakers, 2003, 277–282. (18) A. R. Hall, A Survey of Palaeobotanical Evidence for Dyeing and Mordanting from British Arch. Excavations, Quaternary Science Reviews 15, 1996, 635–640. (19) A. Hartl, C. R. Vogl, Dye plants in organic farming with potential use in the organic textile industry: Austrian experiences on cultivation and yields of Dyer's chamomile (*Anthemis tinctoria* L.), Dyer's knotweed (*Polygonum tinctorium* Ait.) and weld (*Reseda luteola* L.), Journ. for Sustainable Agriculture, 23, 2, 2003, 17–40. (20) G. Hegi, Illustrierte Flora von Mitteleuropa IV/1, ^{2}1958. (21) M. Hellwig, Plant remains from two cesspits (15th and 16th century) and a pond (13th century) from Göttingen, southern Lower Saxony, Germany, Vegetation Hist. and Archaeobotany 6, 1997, 105–116. (22) R. Kaiser, Quantitative analyses of flavonoids in yellow dye plant species Weld (*Reseda luteola* L.) and Sawwort (*Serratula tinctoria* L.), Angewandte Botanik 67, 1993, 128–131. (23) K.-H. Knörzer, Textilpflanzenfunde aus dem ma. Aachen, Decheniana 137, 1984, 226–233. (24) Ders., Gesch. der synanthropen Vegetation von Köln, Kölner Jb. Vor- und Frühgesch. 20, 1987, 271–388. (25) Ders. u. a., Archäobotan. Unters. zu einem Brunnen, Xantener Ber. 6, 1995, 111–118. (26) U. Körber-Grohne, Nutzpflanzen in Deutschland. Kulturgesch. und Biologie, 1987. (27) Dies., Der Schacht in der kelt. Viereckschanze von Fellbach-Schmiden (Rems-Murr-Kr.) in botan. und stratigr. Sicht, in: G. Wieland (Hrsg.), Die kelt. Viereckschanzen von Fellbach-Schmiden (Rems-Murr-Kr.) und Ehningen (Kr. Böblingen), 2001, 85–149. (28) A. Kreuz, Landwirtschaft und ihre ökologischen Grundlagen in den Jh. um Christi Geburt: Zum Stand der naturwiss. Unters. in Hessen, Ber. Komm. Arch. Landesforsch. Hessen 3, 1994/1995 (1995), 59–91. (29) W. F. Leggett, Ancient and Medieval Dyes, 1944. (30) A. Leix, Dyes of the MA, CIBA Review 1, 1937, 19–21. (31) Ders., Medieval Dye Markets in Europe, ebd. 10, 1938, 324–329. (32) H. O. Lenz, Botanik der alten Griechen und Römer, 1859, Nachdr. 1966. (33) K. Lundström-Baudais, Plant remains from a Swiss neolithic lakeshore site: Brise-Lames, Auvergnier. Ber. Dt. Bot. Ges. 91, 1978, 67–83. (34) M. Müller, Die Kleidung nach Qu. des frühen MAs. Textilien und Mode von Karl dem Großen bis Heinrich III., 2003. (35) M. C. Neuburger, Medieval Dyeing Technique, CIBA Review 9, 1938, 337–340. (36) C. Priest-Dorman, Dyeing with weld. Medieval Textiles 29, 2001, 1–6. (37) R. Paris, Presence of a luteolin glycoside in weld (*Reseda luteola*), Ann. Pharm. France 13, 1955, 485–487. (38) W. Punt, A. Marks, The northwest European Pollen Flora, 54 Resedaceae, Review of Palaeobotany and Palynology 88, 1–4, 1995, 57–59. (39) M. Saltzman, Analysis of dyes in Mus. Textiles or you can't tell a dye by its color, in: C. C. McLean, P. Connell (Hrsg.), Textile Conservation Symp. in honour of Pat Reeves, 1986. (40) Ders., Identifying dyes in textiles, American Scientist 80, 1922, 474–481. (41) J. Schibler u. a., Ökonomie und Ökologie neol. und bronzezeitlicher Ufersiedlungen am Zürichsee. Ergebnisse der Ausgr. Mozartstrasse, Kanalisationssanierung Seefeld, AKAD/Pressehaus und Mythenschloss in Zürich, 1997. (42) H. Schweppe, Handb. der Naturfarbstoffe, 1992. (43) S. Struckmeier, Naturfarbstoffe: Farben mit Gesch., Chemie in unserer Zeit 37, 2003, 402–409. (44) H.-P. Stika, Ackerbau und pflanzliche Nahrungsmittel zur Keltenzeit in SW-Deutschland, in: J. Biel (Hrsg.), Fürstensitze, Höhenburgen, Talsiedlungen. Bemerkungen zum frühkelt. Siedlungswesen in Baden-Württ., 1995, 80–87. (45) P. Tomlinson, Use of vegetative remains in the identification of dyeplants from waterlogged 9th–10th century A. D. deposits at York (England, UK), Journ. of Arch. Science 12, 1985, 269–284. (46) M. van der Veen, The plant macrofossils from Dragonby, in: J. May (Hrsg.), Dragonby I. Report on excavations at an Iron Age and Romano-British settlement in North Lincolnshire, 1996. (47) P. Walton, Dyes of the Viking Age: A Summary of Recent Work, Dyes in Hist. and Arch. 7, 1988, 14–19. (48) Dies., Textiles, cordage and fiber from 16–22 Coppergate, The Arch. of York 17, Fasc. 5, 1989. (49) Dies., Textile Production at 16–22 Coppergate, ebd. 17, Fasc. 11, 1997, 1766–1771.

J. Wiethold

Wealh

§ 1: Linguistic Aspects – § 2: History

§ 1. Linguistic Aspects. OE *w(e)alh* masc. 'foreigner, stranger; Briton, Welshman; slave' belongs to a Germanic wordgroup which also includes Old High German *wal(a)h* masc., Middle Low German, Middle Dutch *Wāle* masc. 'Roman, Romance-speaker', Old Norse *Valir* masc. pl. 'inhabitants of northern France'. Cf. also the adjective OE *w(i)elisc* 'foreign; British; servile', Old High German *wal(ah)isc*, Modern German *welsch* 'Romance(-speaking)' (see 12, 983a, s. v. welsch; 16, 1100b, s. v. Valir, 1101b, s. v. valskur; 25, 814, s. v. walnoot). It is generally agreed that the base of OE *w(e)alh*, etc., Germanic **walhaz*, nom. pl. **walhoz*, goes back to the tribal name of the Celtic → Volcae (see 27, 92). Weisgerber placed the borrowing of the tribal name to a date prior to the 4th century B. C. (27, 93). It was certainly borrowed before the First (Germanic) Sound Shift and the development of Indo-European /o/ > Germanic /a/. Weisgerber assumed that the tribal name *Volcae* was borrowed to give Germanic **walhaz* in the border regions on the Upper Rhine and Danube and the term was applied by the Germanic peoples on the Rhine-Danube frontier to the Celts on the other side and then, by extension, to the Roman provincials who followed them (see 27, 92–100). In early medieval German sources, the term has the sense 'Roman, Romance-speaker'. In the Kassel glosses, we find *Romani uualha, in Romana in uualhum* (27, 105) and we find the gloss *walaleodi* 'wergeld for a Romanus' in the *Pactus legis Salicae* (27, 106). The development of the word to a specific ethnonym would seem to be a secondary development and it would appear that the original sense of **walhaz* was 'foreigner'. There are traces of this in OE, e. g., *uualhh(a)ebuc* (= *wealhhafoc*) 'peregrine falcon' and *uualhu(u)yrt* (= *wealhwyrt*) 'elecampane', literally 'the foreign root' in the Épinal-Erfurt glossary (18, 27 [497]. 28 [518]. 92. 93). Among the exemptions granted by Burgred of Mercia to the bishop of Worcester for the monastery of Blockley in Gloucestershire in 855, we find *pastu hominum illorum quos saxonice nominamus . walhfæreld 7 heora fæsting* (1, no. 488 [489 for another version]; 20, no. 207). The second element of the term *walhfæreld*, OE *færeld* neutr. 'journey, expedition', is obvious enough, but the significance of *walh* is not entirely clear. It would be tempting to interpret this as 'Welsh expedition' and perhaps to follow a suggestion of Whitelock that the *walhfæreld* was a collective term used for messengers who passed between England and Wales or an English border patrol (28, 486 n. 5), but it is equally true that the term could merely denote a group of foreign travellers under the protection of the Mercian king. We should note the existence of the ethnonym OE *Bryttas, Brettas* masc. pl. 'Welshmen; Britons; Bretons' and the compounds *Brytwalas, Bretw(e)alas* masc. pl. 'Britons' and *Rūmwalas* masc. pl. 'Romans'. Note also OE **Cumbre* masc. pl. (in place-names and in the regional/county name CUMBERLAND < OE *Cumbraland*) 'the Cymry, the Welsh, the Cumbrian Britons' < Primitive Welsh **Cömmri* (Welsh *Cymry*) 'the Welsh' and the etymologically related personal name OE *Cumbra* (see 21, I, 119 f., corrected by Jackson [10, 46]). Interestingly, *Bret-, Bryt-* does not occur as a personal name element in OE, but the simplex *W(e)alh* and compounds in *W(e)alh-* are quite well attested, cf. [Signum] *Uuales.* praefecti 757 (copy, 11th century) 1, no. 183 (20, no. 55 Ms. 2), [Signum manus] *Uuales* praefecti 756 [for 777 × 779] (copy of lost original, 17th century) 1, no. 232 (20, no. 57). – *Wealh* (with initial 'wynn') (witness) 805 × 807 (contemporary) 20, no. 41 Ms. 2 (19, III, 8). – *Walh* (manumitted serf, Durham) early 11th century (copy, 17th century) 11, no. 176c (5, 190). – [Signum manus] *Uualhard* 778 (original) 4, no. 9 (20, no. 35). – *Uualhhun* (witness) 762 for 747 (copy, 1122 × 1124) 4, no. 4 (20, no. 30). We also find *-w(e)alh* as a second element in such names as OE *Æðelw(e)alh* and *Cānw(e)alh,* but such formations are relatively rare and early (see 24, 38). The adjective *w(i)elisć* occurs as a personal name in the form [Signum manus] *Velhisci* 679 (contemporary) 2, no. 182 (20, no. 8 Ms. 1). The substantive OE *w(e)alhstod* masc. 'interpreter, translator' also gave rise to a personal name (see 24, 48). The simplex

W(e)alh occurs as the first element of three names in *-hām,* namely NORTH WALSHAM and SOUTH WALSHAM in Norfolk and WALSHAM LE WILLOWS in Suffolk (26, 647a–b). We also have WALLINGFORD in Berkshire (OE **W(e)al(h)inʒaford* 'the ford of W(e)alh's people' (8, 535 f.) and WALSALL in Staffordshire < OE **Wālesh(e)alh* 'Walh's sheltered place' (26, 647a; see also 3, 25 f.), while the compound *W(e)alhhere* forms the first element of WALKERINGHAM in Nottinghamshire (OE **W(e)alhherinʒahām* 'the homestead of W(e)alhhere's people') (9, 41). It would seem that the Anglo-Saxons applied the concept of foreignness implicit in the term *w(e)alh* most immediately to their British neighbours and that it became to be understood primarily as an ethnonym (on this point, see the perceptive remarks of Pelteret [17, 319 f.]). OE *w(e)alh* has also been noted as the first element of place-names, notable habitational second elements being OE *cot* neutr. 'a cottage, a hut', OE *tūn* masc. 'an enclosure, homestead, village' and OE *worð* masc./neutr. 'an enclosure' (see the fundamental account of Cameron [3]). The compound WALTON < OE **W(ē)ala-, Wālatūn* 'the farmstead, village of the Britons or Welshmen' is particularly frequent. Cameron has noted examples in Berkshire (2×), Cheshire, Derbyshire (2×), Essex, Hampshire, Hertfordshire, Kent, Lancashire (4×), Leicestershire (3×), Lincolnshire, Shropshire, Staffordshire (3×), Suffolk, Surrey (2×), Sussex, Wiltshire, North Riding of Yorkshire, West Riding of Yorkshire (4×) (3, 44–46; for the distribution, see 3, 20–25). We should also note the curious place-name WALES in the West Riding of Yorkshire, which is identical with the ethnonym OE *Wēalas, Wālas* 'Britons, Welshmen' (22, I, 155 f.). Cameron has pointed out that this Wales is situated on the boundary between the West Riding of Yorkshire and Derbyshire, or, to translate it into early-7th-century terminology, that between the British kingdom of Elmet and the English group known in the Tribal Hidage as the *Pēcsǣtan* 'the Peak-dwellers' (3, 13). The place-name WALES is paralleled by the name of the principality of Wales itself, an elliptical formation denoting '(the land of) the Welshmen'. Cameron (3, 34) regarded the term *w(e)alh* in place-names as denoting Britons or Welshmen who had retained their ethnic identity long enough to have been recognized as such by their Anglo-Saxon neighbours, in some cases as late as the 8th century. However, Pelteret (17, 320) found the presence of *wealh-* place-names in Surrey and south-west of London puzzling in the light of the history of the Anglo-Saxon settlement and suggested that some of the WALTON-names may have denoted pockets of foreigners, such as Flemings, Norse or Normans, and that the WALCOT-names could be explained as denoting the dwellings of outsiders, such as traders. It may be significant that in Middle English, *wāle, wælh* (early, SW Midlands [Laȝamon]) had the sense 'foreigner, stranger; slave', but not that of 'Welshman' (13, s. v. wāle).

§ 2. History. The ethnonym *wealh* occurs in the laws of → Ine of Wessex (see 6, 20–23, for a full discussion). The wergelds (→ Wergeld) of the *wēalas* are inferior to those of the Anglo-Saxons in Ine's Wessex (see 6, 21), but it is also clear that there were British landowners of free status. Ine 24,2 stipulates: *Wealh, ȝif he hafað V hida, he bið syxhynde* (14, I, 100. 101). Ine 70 speaks of *twyhynde, syxhynde* and *twelfhynde* men (14, I, 118. 119). The first is the *ċeorl* with the 200 shilling wergeld and the third is the *ġesīðcund* nobleman (→ Gesith) with the wergeld of 1 200 shillings. Loyn believed that the *syxhynde* man was the British nobleman corresponding to the West Saxon *ġesīð* (15, 201). It is significant that Ine 24,2 (14, I, 100. 101) mentions the five hides of land as the qualification for the Welsh *syxhynde* man. Again, the Welsh peasant had a lower wergeld than the English *ċeorl* and this again was defined by property – if he held a hide, his wergeld was 120 shillings, if he held half a hide 80 shillings and if he had nothing 60 shillings (Ine 32; 14, I, 102. 103). The wergeld of the Welsh tribute-payer *(Wealh ȝafolȝelda)* was 120 shillings and that of his son 100 shillings (Ine 23,3; 14, I, 100. 101). This was of course less than the 200 shilling of the West Saxon *ċeorl*. On the other hand, we have the proviso that the king's *horswealh* (? Welsh master of horse) had a wergeld of 200 shillings (Ine 33; 14, I, 102. 103). We must fit this into its hist. context. The Anglo-Saxon Chronicle records that Ine and his ally, Nothelm of → Sussex campaigned against King Geraint of Dumnonia (29, 65). Aldhelm, while abbot of Malmesbury had corresponded with Geraint, and Geraint was remembered among the benefactors of Sherborne (29, 179). It would appear that Ine's reign marked a major phase of West Saxon expansion westward into Devon. Exeter was already in West Saxon hands in the 7th century and there was an English abbot there before 690 (see 23, 64 f.). Clearly, Ine's laws relating to the *Wēalas* of Wessex mark an attempt to regulate relations between a newly conquered, but not necessarily servile, British population and the English.

The application of the meaning 'slave' to OE *w(e)alh* appears to be limited to the S and in biblical translations it is only known from West Saxon (17, 320). In contrast, the Mercian Vespasian Psalter always glosses *seruus* with *þiow* and in the 10th-century Northumbrian glossary to the Lindisfarne Gospels, we find *esne, ðea* and the Scandinavian loan-word *þræl* (17, 320 f.). In Ælfric's Grammar, *wealh* glosses *mancipium*, though it is sometimes replaced by *þeowman* or *þeowa man* (17, 321). It seems that the use of *wealh* to denote a slave was a West Saxon usage which came about as a result of the late conquest and large-scale enslavement of British-speakers in western Devon and eastern Cornwall from the time of Ecgberht (802–839) onwards (see 17, 322; cf. 6, 23 for references to land *on Wealcynne* in King Alfred's will [20, no. 1507]). We have numerous cases of manumissions made at St Petroc's in Bodmin in Cornwall and entered in a gospel-book in which persons with Germanic names free persons with Cornish names. An interesting example is an OE document of the 2nd half of the 11th century (7, 91 f. [no. XXX]; for the dating see 11, 159 [no. 126]) by which Æilsiʒ (late OE *Ægelsiġe* < *Æðelsiġe*) purchased the freedom of a woman named Onʒyneþel and her son ʒyðiccael from a man with the Danish name *Thurkil (æt Þurcilde)*.

(1) Birch CS. (2) A. Bruckner, R. Marichal (Ed.), Chartae Latinae Antiquiores 3–4, 1963–1967. (3) K. Cameron, The meaning and significance of OE walh in place-names (with appendices by M. Todd and J. Insley), Journ. of the English Place-Name Soc. 12, 1979–1980, 1–53. (4) A. Campbell (Ed.), Charters of Rochester, 1973. (5) H. H. E. Craster, Some Anglo-Saxon records of the see of Durham, Arch. Æliana 4th Ser. 1, 1925, 189–198. (6) M. L. Faull, The semantic development of OE wealh, Leeds Studies in English NS 8, 1975, 20–44. (7) Idem, M. Förster, Die Freilassungsurk. des Bodmin-Evangeliars, in: A Grammatical Miscellany offered to O. Jespersen on his Seventieth Birthday, 1930, 77–99. (8) M. Gelling, The Place-Names of Berkshire, 1973–1976. (9) J. E. B. Gover et al., The Place-Names of Nottinghamshire, 1940. (10) K. [H.] Jackson, Addenda & Corrigenda: Vols. XXV & XXVI English Place-Name Elements, Parts I & II, Journ. of the English Place-Name Soc. 1, 1968–1969, 43–52. (11) N. R. Ker, Catalogue of Manuscripts Containing Anglo-Saxon, [1957], ²1990. (12) Kluge-Seebold, ²⁴2002. (13) H. Kurath et al., Middle English Dict., 1952–2002. (14) Liebermann, Ges. d. Ags. (15) H. R. Loyn, Anglo-Saxon England and the Norman Conquest, 1962. (16) Magnússon, Orðsifjabók. (17) D. A. E. Pelteret, Slavery in Early Mediaeval England, 1995. (18) J. B. Pheifer (Ed.), OE Glosses in the Épinal-Erfurt Glossary, 1974. (19) W. B. Sanders, Facsimiles of Anglo-Saxon Manuscripts 1–3, 1878–1884. (20) P. H. Sawyer, Anglo-Saxon Charters. An Annotated List and Bibliography, 1968 (S. E. Kelly, The electronic Sawyer: an online version of the revised ed. of Sawyer's Anglo-Saxon Charters [S1–1602], 1999). (21) Smith, EPNE. (22) Idem, The Place-Names of the West Riding of Yorkshire 1–8, 1961–1963. (23) F. M. Stenton, Anglo-Saxon England, ³1971. (24) H. Ström, OE Personal Names in Bede's Hist. An Etym.-phonol. Investigation, 1939.

(25) J. de Vries, Nederlands etymologisch woordenboek, 1971. (26) V. Watts (Ed.), The Cambridge Dict. of English Place-Names, 2004. (27) L. Weisgerber, Walhisk. Die geschichtl. Leistung des Wortes welsch, Rhein. Vjbl. 13, 1948, 87–146. (28) D. Whitelock (Ed.), English Hist. Documents, I. c. 500–1042, 1955. (29) B. Yorke, Wessex in the Early MA, 1995.

J. Insley

Wearmouth → Monkwearmouth

Weben, Webstuhl, Webschwert

§ 1: Allgemein – § 2: Webgeräte und Webstühle – § 3: Gewebebindungen – § 4: Webereivorbereitung – § 5: Materialien – a. Wollweberei – b. Leinenweberei – c: Baumwollweberei – d. Seidenweberei

§ 1. Allgemein. Zu den ältesten textilen Herstellungsverfahren gehört das Weben (W.) (→ Textilien). Die Entwicklung der Weberei läßt sich von der Ant. bis ins MA anhand von Gewebefunden, Bild- und Schriftqu. zwar gut verfolgen, doch gibt es regionale Unterschiede, wenn man den gesamten Produktionsablauf von der Faser bis zur Fertigware mit einbezieht (z. B. 11, 205–257).

Unter W. versteht man die Verkreuzung von rechtwinklig zueinander stehenden Fadensystemen, der Kette und dem Schuß. Die Kette wird entweder auf einem Webrahmen oder auf einem Webstuhl zw. den Waren- und den Kettbaum gespannt. Den Schuß trägt man von einer Spule oder dem Webschiffchen (-schützen) in das Webfach ein. Das Auseinanderspreizen der Kettfäden (Bildung des Webfachs) kann durch Litzenstäbe, durch Schäfte oder eine zusätzliche Zugvorrichtung erfolgen. Der Schuß wird mit einem Stab (Webschwert) oder einem Kamm (Webblatt) an den zuletzt gewebten Schuß angeschlagen (→ Gewebe § 2).

§ 2. Webgeräte und Webstühle. Vom Neol. bis in das MA sind mehrere Typen von Webgeräten und Webstühlen nachzuweisen. Die wichtigsten waren der senkrechte Gewichtswebstuhl, der waagerechte und der senkrechte Litzenstabwebstuhl, der Tritt- oder Schaftwebstuhl (→ Gewebe Abb. 9) und der Zug- oder Zampelwebstuhl.

Vollständige Webgeräte und Webstühle sind in Europa nicht erhalten geblieben, einige kennen wir jedoch aus alten Abb. Der Gewichtswebstuhl läßt sich außerdem durch eine Vielzahl von Webgewichten unterschiedlichster Form ab dem 6./5. Jt. v. Chr. nachweisen (z. B. durch Funde in einer bandkeramischen Siedlung in Bad Nauheim/Nieder-Mörlen im Wetterauk.; 15, 1–24). Auch aus den folgenden Jh. gibt es zahlreiche Belege für den Gebrauch des Gewichtswebstuhles. Neben Einzelfunden von Webgewichten sind es auch Reihen von Webgewichten, v. a. in Grubenhäusern (→ Hütte), die manchmal Rückschlüsse auf die Gewebebreite zulassen. Zu den ältesten Nachweisen gehören die ring- und pyramidenförmigen Tongewichte in einer Langgrube in Künzig, Ldkr. Deggendorf, aus dem 11. Jh. v. Chr. (16, 103–113). Der Gewichtswebstuhl war in manchen Regionen auch noch im Spät-MA im Gebrauch, was Webstuhlteile wie Litzenstabhalter und Kett-/Warenbäume, die in Grönland bzw. Norwegen ausgegraben wurden, bestätigen (3; 1).

Der Schuß wurde am Gewichtswebstuhl im allg. mit einen Webschwert angeschlagen. Solche Webschwerter lassen sich durch arch. Funde belegen. Sie waren meist aus Holz und noch im 20. Jh. in Norwegen im Gebrauch (9, 47). Diese Technik des Schußanschlagens war weit verbreitet. Das zeigt z. B. ein griech. Vasenbild aus dem 6. Jh. v. Chr., wo eine Frau mit einem länglichen Stab (Webschwert) den Schußfaden anschlägt. Ob jedoch alle sog. Webschwerter aus Eisen, die in Frauengräbern gefunden wurden, tatsächlich zum W. benutzt wurden, ist fraglich.

Der Tritt- oder Schaftwebstuhl ist durch zahlreiche Funde von Webschiffchen, Schaft-

rollen oder Webblättern ab dem 12./13. Jh. in N-, Mittel- und O-Europa nachgewiesen. Einzelfunde sprechen dafür, daß er im N schon im 11. Jh. verwendet wurde (17).

Ab wann auf dem Zugwebstuhl oder seinen Vorläufern großrapportige Gewebe entstanden sind, ist nicht gesichert. Daß es solche Webstühle gab, zeigen v. a. die großmustrigen Seidengewebe des Früh- und Hoch-MAs, die allerdings aus Asien und dem Mittelmeerraum stammen.

Außer diesen Webgeräten und Webstühlen für Breitgewebe gab es noch einfache Webvorrichtungen zum W. von Bändern, z. B. Webkämme und Webbrettchen.

Die → Brettchenweberei läßt sich in Europa durch Bänder, Gewebeanfangs- und -seitenkanten sowie Gewebeabschlüsse nachweisen. Die ältesten europ. Brettchengewebe stammen aus dem Mittelmeerraum. Aus Mitteleuropa sind es Funde aus hallstattzeitlichen Gräbern (2, 65 f.) (→ Gewebe S. 42). Webbrettchen sind im arch. Fundgut selten. Ein Knochenbrettchen, gefunden in einem Abri im Mühltal im Leinebergland im s. Niedersachsen zeigt, daß bereits in der BZ mit Webbrettchen gearbeitet wurde (10, 15). Brettchengewebe aus dieser Zeit gibt es allerdings in N-Europa nicht. Ab der röm. EZ kommen sie dann jedoch häufig im arch. Fundmaterial vor. Webbrettchen wurden in verschiedenen Formaten (Quadrate, Dreiecke) und aus verschiedenen Materialien (v. a. Holz und Knochen) hergestellt. Anhand von Funden aus dem röm. → London ließ sich sogar der Herstellungsprozeß erschließen (12, 157 ff.).

§ 3. Gewebebindungen. Die Art der Verkreuzung von Kett- und Schußfäden nennt man Bindung. Es gibt drei Grundbindungen, von denen sich alle übrigen ableiten (Abb. 38; → Gewebe Abb. 8). Die einfachste ist die Tuchbindung, wie sie in der Wollweberei genannt wird. Leinwandbindung heißt sie in der Leinenweberei, Kat-

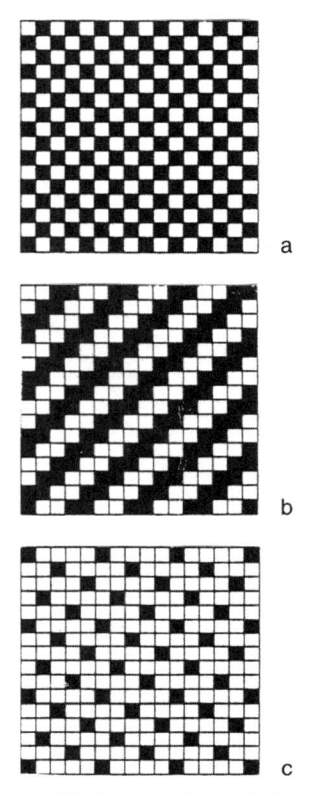

Abb. 38. Grundbindungen. a. Tuch-, Leinwand-, Kattun- oder Taftbindung (T 1/1); b. Köperbindung (K 2/2); c. Atlas- oder Satinbindung (A 1/4) (Zeichnung K. Tidow)

tunbindung in der Baumwollweberei und Taftbindung in der Seidenweberei. Hier werden die Schußfäden in regelmäßiger Folge einmal über und einmal unter den Kettfäden durchgeführt.

Die zweite Grundbindung ist die Köperbindung. Das typische Merkmal dieser Bindung ist der diagonale Grat, der nach rechts oder links durch das Gewebe laufen kann. Er entsteht dadurch, daß jeder Schußfaden mindestens über oder unter zwei Kettfäden durchgeführt wird, wobei der Durchgang sich jedesmal gegenüber der vorhergehenden Reihe um einen Faden nach rechts oder links verschiebt.

Die dritte Grundbindung ist die Atlasbindung, in der Seidenweberei auch Satinbindung genannt. Hier sind die Bindungspunkte so im Gewebe verteilt, daß sie sich nicht berühren.

Von diesen drei Grundbindungen lassen sich eine Vielzahl von neuen Bindungen ableiten. Sie entstehen durch das Verdoppeln von Fäden (Panama, Rips), durch das Wechseln der Köpergrate (Spitzgrat, Spitzkaro, Fischgrat, Diamantkaro) oder durch die Kombination von zwei Bindungen (zusammengesetzte Bindungen wie z. B. Tuch und Rips oder Kett- und Schußköper).

Außer diesen einfachen Geweben gibt es noch Gewebe mit großen Musterraporten wie Damast, Samit, Lampas, Broschier- und Lanciergewebe sowie Gewebe in besonderen Techniken wie Dreher und Samte (4; 7).

§ 4. Webereivorbereitung. Das Schären der Kette ist eine wichtige Vorarbeit zum W. Die Kettfäden können bei einigen Webgeräten direkt zw. dem Kett- und Warenbaum gespannt werden. Für die meisten Webgeräte und Webstühle benötigt man jedoch besondere Vorrichtungen, um die Kettfäden gleichmäßig auf die gewünschte Gewebebreite zu verteilen.

Wie so ein Schärgerät für den Gewichtswebstuhl ausgesehen hat, wissen wir nicht, da solche Geräte bisher arch. nicht nachweisbar sind (Abb. 39). Möglicherweise wa-

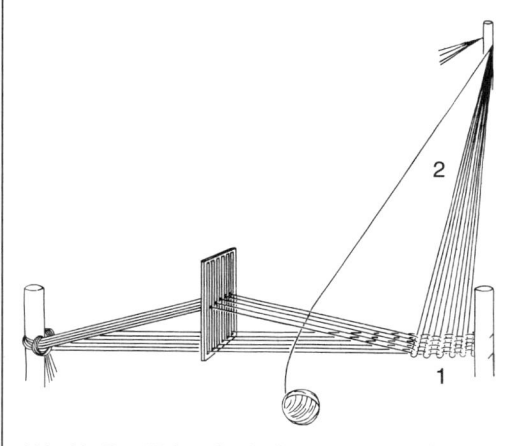

Abb. 39. Das Weben der Anfangskante (1) und gleichzeitige Schären der Kette (2) (Zeichnung K. Tidow)

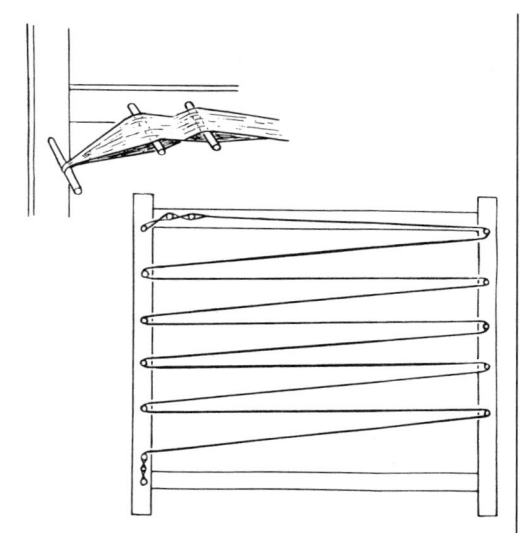

Abb. 40. Schären der Kette auf einem Rahmen (Zeichnung K. Tidow)

ren sie aber so konstruiert, wie sie im 20. Jh. noch in Norwegen im Gebrauch waren (9, 39 ff. 63 ff.). Es sind einfache, aber zweckmäßige Gestelle, auf denen kurze Ketten geschärt werden konnten. Schmale Anfangskanten in Bandweberei, die vom Neol. bis in das 11. Jh. durch viele Funde nachgewiesen sind, zeigen, daß diese Schärmethode im Europa n. der Alpen allg. üblich war (13, 56 ff.).

Mit der Verbreitung des Trittwebstuhles hat sich auch das Schären der Kette verändert. Das Schären auf rechteckigen Holzrahmen, die meist an Wänden befestigt waren, verbreitete sich sehr schnell. In die Seitenstützen des Schärrahmens waren kleine Holzpflöcke eingelassen, um die die zukünftigen Kettfäden gezogen wurden (Abb. 40). Sie wurden von Rollen abgewickelt, die sich in einem kleinen Rahmengestell befanden. Auch solche Schär- und Spulrahmen lassen sich bisher arch. nicht nachweisen. Wahrscheinlich haben sie aber so ausgesehen, wie wir sie aus spätma. Abb. kennen (6, 319 ff.).

§ 5. Materialien. a. Wollweberei. Seit wann Schafwolle zu Geweben verarbeitet wurde, ist unbekannt. Wahrscheinlich war die Zucht von Schafen mit spinnfähiger Wolle ab dem Neol. weit verbreitet. Die ältesten Wollgewebe stammen aus Vorderasien (10a, 142 ff.). Spätestens seit der BZ war die Verarbeitung von Wolle zu Geweben in den Ländern n. der Alpen allg. üblich, wenngleich aus dieser Zeit nur aus N-Europa eine größere Anzahl von Geweben überliefert ist. Dies liegt an den bes. günstigen Erhaltungsbedingungen für Wollgewebe in den Hügelgräbern mit Baumsärgen in Dänemark (→ Baumsargbestattung). Die dort geborgenen Textilien – außer Geweben auch Spranggeflechte – gehören fast alle zur Bekleidung. Einige sind auch als ganze Stücke, die als Decken benutzt wurden, erhalten geblieben (5). Diese Gewebe wurden alle in Tuchbindung gewebt und waren von grober Qualität. Bes. wichtig für die Rekonstruktion der Herstellungsvorgänge ist es, wenn sich an ihnen noch Kanten erhalten haben. Neben einfachen und verstärkten Seitenkanten und geflochtenen Gewebeabschlüssen sind es die schmalen Gewebeanfangskanten in Rips, die ein Beleg dafür sind, daß sie auf Gewichtswebstühlen entstanden sind. (Daß solche Ripskanten auch als Seitenkanten gewebt werden konnten, zeigen z. B. Funde aus der N-Schweiz und aus N-Deutschland).

Das Schären der Kette mit zwei Fäden in jedem Fach der Gewebeanfangskante führte sicherlich bald zum W. des vierbindigen Köpers K 2/2, da hier immer zwei Kettfäden gehoben und gesenkt wurden. Zwei der vier Webfächer ergaben sich durch die Teilung der Kettfäden in zwei Lagen. Die beiden anderen Webfächer entstanden durch den versetzten Einzug in die Litzenstäbe. So konnten mit drei Litzenstäben und einem Trennstab der Köper K 2/2 und seine Ableitungen gewebt werden (9, 183 ff.).

Die Tuchbindung, der Köper K 2/2 und seine Ableitungen waren vom Ende der BZ bis in das 11. Jh. die in der Wollweberei am häufigsten gewebten Bindungen. Andere Bindungen wurden zwar auch auf Gewichtswebstühlen — manchmal auch auf Rahmenwebstühlen — gewebt, jedoch spielten sie nur eine untergeordnete Rolle (→ Gewebe § 3).

b. Leinenweberei. Seit dem Neol. wurden Gewebe aus → Flachs/→ Lein hergestellt. Obwohl im Vergleich zu den Wollgeweben nicht so viele Gewebe bei Ausgr. geborgen wurden, läßt sich die Entwicklung der Leinenweberei von der Frühzeit bis in das MA im Europa n. der Alpen gut verfolgen. Andere pflanzliche Fasern wie → Hanf und Nessel (→ Spinnen) spielten in diesem Zeitraum nur eine untergeordnete Rolle.

Die ältesten Leinengewebe aus Mittel- und N-Europa sind Gewebe in Leinwandbindung aus den Ufersiedlungen an den Alpenseen (→ Seeufersiedlungen). Da einige von ihnen noch mit Gewebeanfangskanten und Seitenkanten in Ripsbindung versehen sind, können wir davon ausgehen, daß sie auf Gewichtswebstühlen gewebt wurden (→ Gewebe S. 40). Aus den folgenden Jh. gibt es nur wenige Leinengewebe, so daß nicht gesagt werden kann, wann sich andere Gewebebindungen durchgesetzt haben. Für die ersten Jh. n. Chr lassen sich dann allerdings Köpergewebe (K 2/2, K 2/2-Diamantkaro) nachweisen, die auf eine lange Tradition schließen lassen. Es sind überwiegen Grabfunde. Für einige war die Bestimmung des Rohstoffes allerdings nicht immer einwandfrei möglich. Im Früh-MA erweitert sich die Palette der Leinengewebe durch einige besondere Bindungen. Es sind v. a. ‚Rippenköper' und ‚Rosettenköper', die bes. oft in südd. Gräbern des 6. und 7. Jh.s gefunden wurden. Bis in die WZ sind jedoch Gewebe in Leinwandbindung und Köper K 2/2 sowie K 2/2-Diamantkaro die wichtigsten Produkte in der Leinenweberei. Ob sie jedoch alle auf Gewichtswebstühlen gewebt wurden, ist fraglich, da nur wenige mit den für dieses Webgerät typischen Anfangs- bzw. Seitenkanten überliefert sind. Einige können auch auf sog. Rundwebstühlen entstanden sein. So kann z. B. die Seitenkante in Brettchenweberei an einem K 2/2-Diamantkaro aus dem ndl. → Zweeloo (5. Jh. n. Chr) sowohl an einem Gewichtswebstuhl als auch an einem Rund-/Rahmenwebstuhl gewebt sein (19, 39).

Leinengarne wurden auch für Mischgewebe verwendet. Ein bemerkenswertes Beispiel dafür ist ein Gewebe von der Wurt → Feddersen Wierde, Ldkr. Cuxhaven, aus dem 1. Jh. n. Chr. Es zeigt eine Streifenmusterung, die durch die Kombination von drei Bindungen, nämlich Panama, Rips und gemischter Rips (Rosettenköper) entstanden ist. Nur die Schußfäden im gemusterten Rips sind aus Schafwolle, alle übrigen Fäden sind aus Flachs/Lein (18).

Vom 1. Jh. n. Chr. an lassen sich für die Leinenweberei die zwei Grundbindungen Leinwand und Köper K 2/2 sowie deren Ableitungen Panama und Rips bzw. Fischgrat und Diamantkaro nachweisen. Dazu kamen noch gemusterte (zusammengesetzte) Bindungen sowie Rippen- und Rosettenköper. Im 11. Jh. verschwanden wie auch in der Wollweberei Fischgrat und Diamantkaro, aber auch Rippen- und Rosettenköper. In Leinwandbindung wurde weiter gewebt, verhältnismäßig oft in Köper K 2/1 und K 3/1 und seinen Ableitungen.

c. Baumwollweberei. Baumwolle ist neben → Wolle und Flachs/Lein die älteste Kurzfaser, die versponnen und verwebt wurde. Baumwolle wurde in Indien bereits im 3. Jt. v. Chr. angebaut. Die ältesten Gewebe sind in der einfachsten Bindung, der Kattunbindung, gewebt worden.

In Europa gibt es bis in die frühe Neuzeit nur wenige arch. Funde, was auf die ungünstigen Erhaltungsbedingungen für Pflanzenfasern zurückzuführen ist. Die Entwicklung der Baumwollweberei in N- und Mitteleuropa ist deshalb noch nicht nachzuzeichnen, wenn man davon ausgeht, daß Baumwollfasern zwar eingeführt wurden, das → Spinnen und W. aber hier ausgeführt wurde. In S-Europa war Baumwolle bereits in der Ant. bekannt. Mit den Arabern verbreitete sie sich im Mittelmeerraum weiter.

Seit dem Spät-MA wurden Baumwollgarne v. a. im S zu Mischgeweben verarbeitet. Solche Gewebe (Barchente) waren eine wichtige Handelsware und kommen sowohl unter Bodenfunden als auch unter Gebäudefunden vor. Die Gewebebindungen (K 3/1 und seine Ableitungen Spitzgrat und Kreuzköper) und Gewebequalitäten lassen auf eine längere Entwicklung schließen, deren Anfänge aber noch nicht faßbar sind (14).

d. Seidenweberei. → Seide ist die vierte wichtige Textilfaser, die von der Frühzeit an eine Rolle gespielt hat. Bis in die ersten Jh. n. Chr. kamen die Seidengewebe aus China. Erst dann begann man auch in Vorderasien Seidenraupen zu züchten, aus den Kokons Seidengarne zu gewinnen und sie zu verweben.

Aus den Ländern n. der Alpen sind nicht viele Seidengewebe aus Ausgr. überliefert. Zu den interessantesten gehören die sog. Blöckchendamaste, die durch die Kombination von Kettköper K 3/1 und Schußköper K 1/3 entstanden sind (→ Gewebe S. 41).

Neben Geweben in der einfachsten Bindung, der Taftbindung, sind aus dem MA eine große Anzahl von Bildgeweben in verschiedenen Webtechniken (Samit, Lampas u. a) in Kirchenschätzen erhalten geblieben. Diese großrapportigen Gewebe stammen oft aus Werkstätten in den Ländern des Mittelmeerraumes (8).

Zum Sprachlichen und Kulturgeschichtl. vgl. auch Grimm, DWb., s. v. Weben, Webstuhl, Webschwert.

(1) J. Arneborg, E. Östergaard, Notes on arch. finds of textiles und textile equipment from the norse western settlement in Greenland, in: G. Jaacks, K. Tidow (Hrsg.), Textilsymp. Neumünster. Arch. Textilfunde – Arch. Textiles 1993, NESAT V, 1994, 162–177. (2) J. Banck-Burgess, Hochdorf IV. Die Textilfunde aus dem späthallstattzeitlichen Fürstengrab von Eberdingen-Hochdorf (Kr. Ludwigsburg) und weitere Grabtextilien aus hallstatt- und latènezeitlichen Kulturgruppen, 1999. (3) A. Batzer, L. Dokkedal, The Warp-Weighted-Loom: Some New Experimental Notes, in: L. Bender-Jørgensen, E. Munksgaard (Hrsg.), Arch. Textiles in Northern Europe. Report from the 4th NESAT Symp. 1990, NESAT IV, 1992, 231–234. (4) A. Beysell, W. Feldges, Lehrb. der Weberei, 1863. (5) H. C. Broholm, M. Hald, Danske Bronzealders Dragter, 1935. (6) D. Cardon, La Draperie au MA. Essor d'une grande industrie européenne, 1999. (7) H. Farke, Arch. Fasern, Geflechte, Gewebe: Bestimmung und Konservierung, 1986. (8) H. Herrmann u. a., Textile Grabfunde aus der Sepultur des Bamberger Domkapitels, 1987. (9) M. Hoffmann, The Warp-Weigthed Loom, 1974. (10) K. von Kurzynski, „... und ihre Hosen nennen sie bracas". Textilfunde und Textiltechnologie der Hallstatt und LTZ und ihr Kontext, Internationale Arch. 22, 1996. (10a) J. Lüning, Steinzeitliche Bauern in Deutschland. Die Landwirtschaft im Neol., 2000. (11) M. Müller, Die Kleidung nach Qu. des frühen MAs, 2003. (12) F. Pritchard, Weaving Tablets from Roman London, in: wie [1], 1994, 157–161. (13) A. Rast-Eicher, Die Entwicklung der Webstühle vom Neol. bis zum MA, Helvetia Arch. 23 (89–92), 1992, 56–70. (14) Dies., K. Tidow, Die Textilien aus dem Mühlbergensemble (Kempten), Manuskript 2003. (15) S. Schade-Lindig, A. Schmitt, Außergewöhnliche Funde aus der bandkeramischen Siedlung Bad Nauheim – Nieder-Mörlen, „Auf dem Hempler" (Wetteraukr.): Spinnwirtel und Webgewichte, Germania 81, 2003, 1–24. (16) K. Schmotz, Ein Webstuhl der UZ von Künzig, Ldkr. Deggendorf, in: Vorträge des 6. Niederbayer. Archäologentages, 1988, 101–103. (17) K. Tidow, Neue Funde von Webstuhlteilen und Geweben aus Ausgr. in Braunschweig (Niedersachsen) und Wiesloch (Baden-Württ.), in: J. Maik (Hrsg.), Priceless Invention of Humanity-Textiles, NESAT VIII, 2004, 145–151. (18) Ders., A. Rast-Eicher, Ein Mischgewebe aus der Wurt Feddersen Wierde, Ldkr. Cuxhaven, Probleme der Küstenforsch. im s. Nordseegebiet 27, 2001, 53–56. (19) S. Y. Vons-Comis, Een nieuwe reconstructie van de kleding van de „Prinses van Zweelo", Nieuwe Drentse Volksamanak 105, 1988, 39–74.

K. Tidow

Wechselbalg

§ 1: Allgemein – § 2: Überlieferung und Vorstellungen – § 3: Forschungsgeschichte

§ 1. Allgemein. Im gesamten germ. Raum wie auch in den angrenzenden slaw. Gebieten und im kelt. Raum ist die hist., inhaltlich und kulturgeogr. zu differenzierende Vorstellung verbreitet, daß Kinder von dämonischen oder elbischen Wesen geraubt und gegen deren eigene mißgebildete Kinder vertauscht werden (vgl. 9, III, F 321). Letztere werden als nhd. *Wechselbalg, Kielkropf, Butte,* mhd. *wehselkint,* engl. *changeling,* dän. *bytting,* anord. *skiptingr* bezeichnet (6; vgl. auch Grimm, DWb., s. v. W.).

§ 2. Überlieferung und Vorstellungen. Erste schriftliche Überlieferungen begegnen bei Notker von Sankt Gallen (950–1022), der den Ausdruck *uihselinga* als Umschreibung für *fremediu chint* verwendet (4, 717). Weitere Belege finden sich z. B. in den St. Pauler Bruchstücken und im „Sachsenspiegel" (7, 13) oder in Luthers Tischreden (z. B. 1539 bzw. 1571). Die Erzähltradition reicht in Form von Sagen (→ Sage und Sagen) und → Märchen (vgl. z. B. 5, 82. 83. 88) oder Balladen (8) bis in die Gegenwart. In der narrativen Überlieferung lassen sich zahlreiche christl. und vorchristl. Motive feststellen, die in den einzelnen Gebieten in den verschiedensten Schattierungen auftauchen (das Folgende nach 1; 7):

Die Gestalt der Kindertauscher ist in den meisten Fällen durch elbische Wesen (Unterirdische, → Hausgeister, → Zwerge oder auch häufig → Wasser- und → Waldgeister) repräsentiert; vielfach werden aber auch Teufel oder Hexen für Tauscher gehalten.

Als die günstigsten Tauschzeiten gelten die Nacht im allg. (v. a. Mitternacht) bzw. bestimmte Nächte (z. B. Rauhnächte), ebenso aber auch die Mittagsstunde, wobei die Zeit, solange das Kind ungetauft ist, als besonders gefährlich angesehen wird. Durch verschiedene Maßnahmen kann das Kind geschützt werden: Die verbreitetsten Abwehrmittel sind Lichter, Metalle (→ Amulett), bestimmte Pflanzen, bestimmte Farben, Brot, Salz oder religiöse Handlungen (→ Rituale).

Untergeschobene Kinder erkennt man an körperlichen Mißbildungen und unproportioniertem Körperbau; sie sind unersättlich, bleiben aber schwach und kränklich und lernen nicht zu gehen oder zu sprechen.

Die Überlieferung kennt mehrere Möglichkeiten, einen W. loszuwerden. Häufig trifft man auf Vorstellungen, denen zufolge Wechselbälge durch ungewöhnliche Handlungen (z. B. Bierbrauen in Eierschalen) zum Lachen oder zum Sprechen gebracht werden können. Dadurch verraten sie ihre Herkunft und nennen ihr wahres Alter, häufig in sog. Altersversen wie „Ich bin so alt wie der Westerwald, doch ich sehe zum erstenmal, daß man Bier braut in der Eierschal." (Zu den verschiedenen Formen der Altersverse vgl. 10). Weit verbreitet sind auch Erzählungen, in denen ein W. so lange mißhandelt und gequält wird, bis er wieder rückgetauscht wird.

§ 3. Forschungsgeschichte. Wenngleich gelehrte Schr. seit dem Hoch-MA, wie etwa die *Exempla* des Jacques de Vitry (ca. 1165–1240), versuchten, diesen ‚Aberglauben' zu beseitigen, bestand an der Existenz von Wechselbälgen bis weit ins 17. Jh. kein Zweifel. Auch die Einflußnahme der Aufklärung seit dem 18. Jh. konnte lange Zeit kaum etwas daran ändern, daß man bestimmten Geisteskrankheiten Erklärungen zugrunde legte, die auf dem Glauben an Wechselbälge basierten (2; 3).

(1) H. Appel, Die W.-Sage, 1937. (2) W. Bachmann, Das unselige Erbe des Christentums: Die Wechselbälge. Zur Gesch. der Heilpädagogik, 1985. (3) C. F. Goodey, T. Stainton, Intellectual disability and the myth of the changeling myth, Journ. of the Hist. of the Behaviour Sciences 37, 2001, 223–240. (4) E. G. Graff, Ahd. Sprachschatz oder Wb. der ahd. Sprache, 1834 (1963). (5) Grimm, DHS. (6) E. Mogk, W., in: Hoops IV, 492. (7) G. Piaschewski, Der W. Ein Beitr. zum Aberglauben

der nordeurop. Völker, 1935. (8) L. Röhrich, Die W.-Ballade, in: G. Heilfurth, H. Siuts, Europ. Kulturverflechtungen im Bereich der volkstümlichen Überlieferung, 1967, 177–185. (9) S. Thompson, Motif-Index of Folk-Lit. [...]. Revised and enlarged ed. 5, ³1975. (10) R. Wildhaber, Der Altersvers des W.s und die übrigen Altersverse, 1985.

K. Sohm

Wederath-Belginum

§ 1: Forschungsgeschichte – § 2: Gräberfeld ‚Hochgerichtsheide' – § 3: Siedlung – § 4: Lager

§ 1. Forschungsgeschichte. *Belginum* liegt auf einer der Hochflächen des Hunsrücks, 7 km ö. von Morbach im Kreis Bernkastel-Wittlich (Rheinland-Pfalz); es erstreckt sich über die Ortsbez. Wederath, Hinzerath und Hundheim der Gem. Morbach. *Belginum* umfaßt das kelt.-röm. Gräberfeld Wederath ‚Hochgerichtsheide' (§ 2), die römerzeitliche Siedlung mit mehreren Tempelbez. (§ 3) und das frühröm. Lager (§ 4). Die frühesten Nachr. über die an der Fernstraße von → Trier nach → Bingen liegende Siedlung datieren an den Anfang des 17. Jh.s. Im 19. Jh. beginnt eine erste Erfassung von ant. Funden. Im Zuge beginnender intensiver Forsch. zum Streckenverlauf röm. Straßen wird die ungefähre Ausdehnung und Struktur der Siedlung beschrieben, noch Anfang des 20. Jh.s sind viele Mauerruinen sichtbar. Seit dem Ende des 19. Jh.s werden zahlreiche ungewöhnliche und herausragende Objekte aus dem aufgelassenen Ort bekannt (47).
Systematische Ausgr. werden erstmals 1954 nach Rodungsmaßnahmen in der Gemarkung Wederath ‚Hochgerichtsheide' aufgenommen und in mehrjährigen Kampagnen bis 1985 annähernd der gesamte Friedhof arch. untersucht (30). Im *vicus* finden planmäßige Ausgr. erst 1969 bis 1973 und 1976 statt, bedingt durch Straßenbaumaßnahmen im Kreuzungsbereich von B 327 und B 50 (2–5; 36; 37; 50; 52). 1995 werden die systematischen Unters. im Vicusareal im Rahmen des Forsch.sprojekts ‚Romanisierung' wieder aufgenommen (14; 51) und seit 2000 jährlich fortgeführt (8; 10; 33).

§ 2. Gräberfeld ‚Hochgerichtsheide'. Ca. 400 m vom ö. Siedlungsende entfernt liegt ö. davon an einem leicht nach NW geneigten Hang 580 m über NN das kelt.-röm. Gräberfeld von W.-B. (Abb. 41). Die Nekropole von *Belginum* ist eine von insgesamt neun, die sich in einer dichten Folge von Grabhügelgruppen der ält. und jüng. → Hunsrück-Eifel-Kultur (HEK) zw. Hundheim und Hochscheid hinziehen (40). Die Fernstraße führte mitten durch das Gräberfeld. Auf beiden Seiten dieser 400 m lg. und bis zu 10 m br. Straße wurden ab 400 v. Chr. die ersten Hügelgräber aufgeschüttet. Von den annähernd 2 500 geborgenen kelt.-röm. Grabanlagen gehören chron. sieben Hügel und etwa 550 Brandgräber in die LTZ (15; 17; 18; 28; 29; 31; 49).
Die Belegung des Friedhofs beginnt mit Körpergräbern unter Hügeln in der jüng. HEK (HEK IIA/B) und endet mit Körpergräbern in der Spätant. Eine ununterbrochene Belegung über acht Jh. ist gesichert (32; 34; 36; 37; 48).
Auf das Hügelgräberfeld folgt ein Flachgräberfeld mit Brandbestattungen (43), zunächst Scheiterhaufenbestattungen und Brandgrubengräber. Gleichzeitig verschwinden die obertägig sichtbaren großen Hügel. Die Brandbestattung ist für die nächsten Jh. kennzeichnend. Grabformen und -größen sind allerdings wie die Beigabenausstattung sehr variabel. Zu Beginn der Brandbestattungssitte werden die Beigaben – Schmuck, Trachtteile und Gefäßkeramik – auf dem Scheiterhaufen mit verbrannt, ab der Spät-LTZ die Keramik nicht mehr.
In der Zusammensetzung des Beigabengutes ist auffallend, daß zu Beginn der Mittel-LTZ keine Waffen vorhanden sind. Teile vom Pferdegeschirr oder Wagen werden mitgegeben (23a). Dabei handelt es sich

Abb. 41. Gräberfeldplan Wederath-Belginum „Hochgerichtsheide", Grabungen 1954–1985

möglicherweise um eine Wiederaufnahme der späthallstattzeitlichen Wagengräbertradition des treverischen Adels (→ Wagen und Wagenbau, Wagengrab). Aus den zeitgleichen Frauengräbern sind Fibeln, Gürtelketten oder -haken, Armringe aus Bronze oder Glas bekannt.

In der Spät-LTZ erfährt die Waffenbeigabe eine Renaissance (54). Zum Waffenspektrum in Männergräbern kommen Werkzeuge und Gerät, Gürtelhaken und Fibeln hinzu, es gibt kaum Schmuck. In den Frauengräbern sind hingegen Ringschmuck, Amulette in vielgestaltiger Form als Anhänger zu finden, zwei bis drei Fibeln, zumeist aus Bronze, und Kästchenbeschläge. Anzahl und Qualität der Tongefäße steigt. Es werden serviceähnliche Ausstattungen mitgegeben, die Drehscheibenware überwiegt gegenüber der handgemachten Ware.

Zum Ende der Spät-LTZ ist eine Reduzierung des metallenen Beigabenspektrums zu verzeichnen, die Anzahl der Keramikgefäße bleibt vergleichsweise hoch. In den Männergräbern kommen bei ansonsten gleichbleibender Ausstattung Wagenteile hinzu.

Bestattungs- und Beigabensitte setzen sich bruchlos in frühröm. Zeit fort (19). Das Totenbrauchtum wird von der treverischen Bevölkerung den traditionellen kelt. Riten entspr. zunächst beibehalten. Die → Romanisierung ist an der Mitgabe von Münzen, Lampen oder Gläsern bemerkbar (25; 26). Erst ab der Mitte des 2. Jh.s n. Chr. ist dieser Prozeß weitestgehend abgeschlossen. Deutlich wird dies an der stark verringerten Anzahl von Beigaben, die sich vielfach auf die Kombination von einem Topf mit Leichenbrand und Teller oder Schüssel als Abdeckung beschränkt. Fundamente und Steinfrg. von 13 Grabdenkmälern des 2. Jh.s belegen eine weitere Möglichkeit der Außendarst. über den Tod hinaus. Reste von Pfeilergrabmälern (→ Römische Grabmäler S. 87; vgl. auch → Neumagen § 3 mit Abb. 13) finden sich v. a. an der Gräberfeldspitze im SW und im NW an der Straße nach Kleinich. Anfang des 4. Jh.s wird offenbar zeitweise die Brand- wie die Körperbestattung ausgeübt, bis die Belegung mit Körpergräbern in der 2. Hälfte des 4. Jh.s n. Chr. endet.

Die Nekropole wird in röm. Zeit von einem Graben und Innenwall eingegrenzt. Eine weitere Straße, im 2. Jh. n. Chr. eingerichtet, verläuft im S des Gräberfelds annähernd parallel zur Fernstraße. Vom Ende des 2. Jh.s v. Chr. bis um 150 n. Chr. werden quadratische Gräberbez. angelegt, die sog. Grabgärten (12). Ab dem 1. Jh. n. Chr. bestimmen die Grabgartenreihen entlang der Straße die Friedhofsstruktur. Im Innenbereich der quadratischen Grabgärten sind bis zu zehn Gräber angelegt; ein bis drei Erwachsene und mehrere Kinder deuten auf Familiengrabbez. hin. Einige Grabgärten blieben gräberfrei. Im Zusammenhang mit dem Totenkult stehen die etwa 500 Aschegruben mit verbranntem Ton- und Glasgeschirr, Münzen, Fibeln und Resten von Getreide und Tierknochen (1; 20; 22a; 38; 41; 42; 56; 57). Sie treten seit Anfang des 1. Jh.s und im 2. Jh. n. Chr. auf. Mehrere größere Ascheflächen, möglicherweise als Verbrennungsplätze (Ustrinen) zu deuten, liegen in der Nähe von Friedhofswegen.

§ 3. Siedlung. Die zum Gräberfeld gehörende vorröm. Siedlung ist noch nicht lokalisiert. Unter dem römerzeitlichen → Vicus sind bislang keine nachweisbaren kelt. Siedlungsspuren bekannt.

Die römerzeitliche Siedlung liegt in verkehrsgeogr. günstiger Lage an einer der wichtigsten Fernstraßen von Trier nach Mainz (Abb. 42) (→ Mogontiacum; zur Lage: → Tabula Peutingeriana Taf. 6) (27). Inschr. belegen nicht nur eindeutig den Namen des Ortes, sondern zeichnen ihn als Verwaltungsmittelpunkt eines → Gaues im 2. Jh. aus (53). Während das Auflassen der Siedlung Ende des 4. Jh.s gesichert ist, sind die Siedlungsanfänge unklar. Die Siedlung

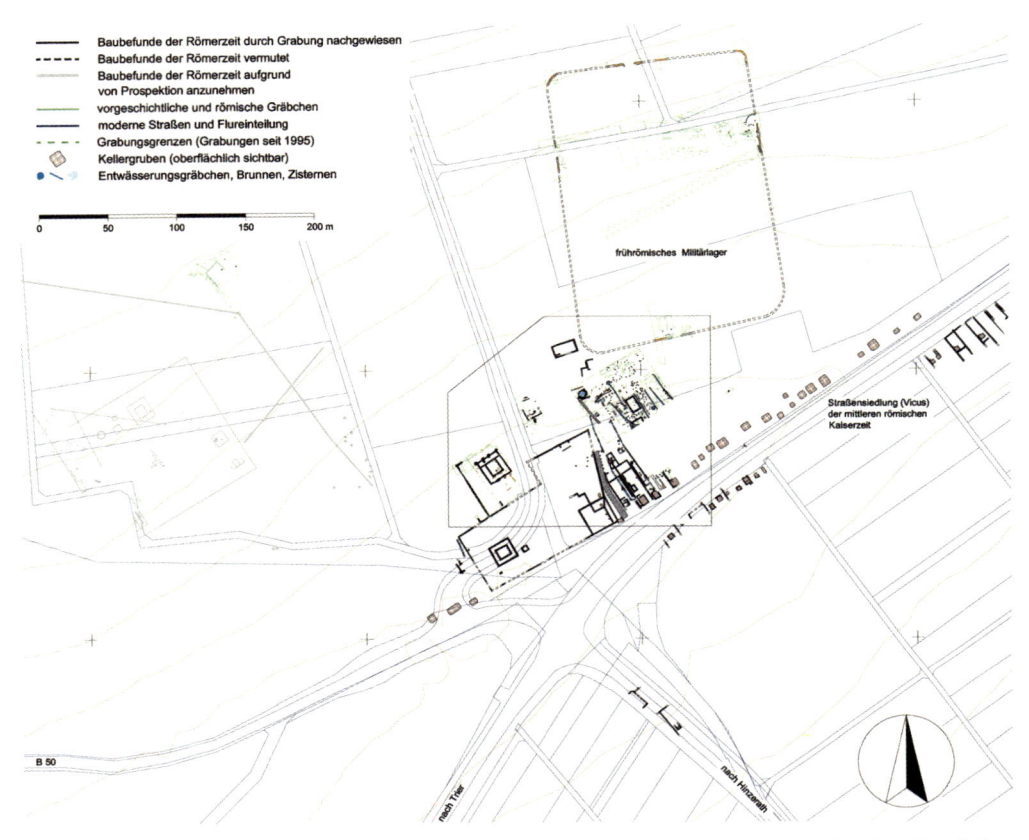

Abb. 42. Plan des Vicus Belginum mit der Bebauung entlang der Straße, drei Tempelbezirken im W und dem Lager im N, Grabungen und Prospektionen 1968–2000. Aus: Funde und Ausgr. im Bez. Trier 33, 2001, Beil.

umfaßt nach jetzigem Kenntnisstand etwa 35 ha Fläche. Nach den bisherigen arch. Unters. steht fest, daß der Ort mit einer Bebauung entlang der Straße eine Ausdehnung in SW-NO-Richtung von ca. 600 m hatte. Die typische Bebauung eines Straßenvicus ist in *Belginum* zu beobachten: beiderseits der Trasse stehen auf 8–12 m br. Parzellen dicht an dicht Langhäuser mit der Giebelseite zur Straße hin ausgerichtet (zum Haustyp: → Vicus § 2b). Die Fachwerkbauten auf Steinfundamenten sind verputzt und mit Schiefer oder Ziegeln gedeckt. Im rückwärtigen ummauerten oder umzäunten Hof- und Gartenbez. besitzt jede Parzelle ein sorgfältig ausgeführtes Wasserver- und -entsorgungssystem mit Brunnen, Zisternen und steinernen Kanälen. Zahlreiche Pfostenlöcher belegen kleine Wirtschaftsgebäude oder Stallungen in einfacher Holzbebauung im Hinterhofbereich.

Parallel zur ant. Hauptstraße verläuft in 85–90 m Abstand dazu ein 4–5 m br. Weg, der die Zuwegung zu den Parzellen ermöglichte (9; 11; 23; 45).

An die nw. zivile Wohnbebauung schließen w., getrennt durch eine Gasse, ein Kulttheater mit in die Mauer einbezogener Bühne (allg. → Gallien S. 392) und anschließendem Tempelbez. an (2; 55). Ein quadratischer → Umgangstempel, ein kleiner Quadrattempel ohne Umgang und ein freistehender Altar stehen im W des ummauerten Tempelbez.s. N. an den ersten schließt der zweite ummauerte Tempelbez. an, mit einem mächtigen Umgangstempel (11; 13). Arch. Befunde und Funde belegen, daß in diesem Tempelbereich ein vorröm. Kultbez. mit eingrenzenden Gräben existiert hat (7; 11; 16; 58). Im J. 2000 wurde ca. 150 m w. ein dritter großer Tempelbez. über geomagnetische Prospektionen erfaßt. Eine vermutlich vierte Kultanlage am O-Ende des sö. Siedlungsbereichs ist durch Weiheinschr. (6; 39), ein Bronzetablett mit Inschr. und kleine Götterfiguren (46) belegt. Die zeitliche Einordnung der Kultanlage reicht möglicherweise vom 2. Jh. v. Chr. bis zum 4. Jh. n. Chr. (zu Religion und Kult der Treverer allg.: → Treverer § 5 f.).

§ 4. Lager. Unmittelbar n. an die Siedlung anschließend befindet sich am N-Hang zu Wederath hin ein röm. Militärlager (35; 51). Geomagnetische Prospektionen und systematische Sondagen zeigen einen rechteckigen Grundriß von etwa 200 × 150 m. Spitzgraben und Erdwall schließen eine Fläche von etwa 3 ha ein. Die Innenbebauung ist aufgrund der starken Bodenerosion ungeklärt.

Die Auswertung der Befunde und Funde belegt eine kurzzeitige Nutzung des Lagers und anschließende systematische Räumung. Die Anlage ist wohl im Zusammenhang mit der Einrichtung der gall. Prov. und einem Ausbau der Fernstraßen unter Augustus in frühröm. Zeit zu sehen (→ Treverer § 4a; → Gallien § 8b).

(1) A. Abegg, R. Cordie-Hackenberg, Die kelt. Brandgräber und röm. Aschengruben mit Brot- und Gebäckresten von W.-B., Trierer Zeitschr. 53, 1990, 225–240. (2) W. Binsfeld, Ein Heiligtum in W.-B., ebd. 39, 1976, 39–44. (3) Ders., Der röm. Vicus W.-B., Arch. Korrespondzbl. 6, 1976, 39–42. (4) Ders., Wederath/Hinzerath-Belginum, Führer zu vor- und frühgeschichtl. Denkmälern 34, 1977, 196–202. (5) Ders., Eine frühkaiserzeitliche Grube im Vicus Belginum-Wederath, in: Stud. zur Arch. der Kelten, Römer und Germ. in Mittel- und W-Europa (A. Haffner zum 60. Geb.), 1998, 13–22. (6) Ders. u. a., Kat. der röm. Steindenkmäler des Rhein. Landesmus. Trier, 1. Götter- und Weihedenkmäler, 1988, Nr. 46, 66, 67, 290, 415, 443, 522. (7) R. Cordie, Kultplätze im Hunsrück, Arch. in Deutschland 5, 2002, 30–31. (8) Dies. (Hrsg.), Arch.park Belginum, 2004. (9) Dies., Die Grabung „Baufenster Mus." im vicus Belginum/Wederath, Kr. Bernkastel-Wittlich. Vorber., Trierer Zeitschr. 65, 2002 (2004), 81–90. (10) Dies. (Hrsg.), 50 J. Grabungen und Forsch. in Belginum, Internationale Tagung Juni 2004 im Arch.park Belginum, Schr. des Arch.parks Belginum 3, 2006 (im Druck). (11) Dies., Die Grabungen 2000–2004 im vicus und Tempelbez. 2 in Belginum, in: [10]. (12) Dies., Zu den latènezeitlichen Grabgärten von Wederath/Belginum, in: Stud. zur Lebenswelt der EZ (Festschr. Rosemarie Müller) (im Druck). (13) Dies., W.-R. Teegen, Ein Hund im Tempelbez. 2 von Belginum/Wederath, Funde und Ausgr. Bez. Trier 37, 2005 (2006) (im Druck). (14) R. Cordie-Hakenberg, Die ant. Siedlung von Belginum. Ber. über das Forsch.sprojekt im Vicusareal, Trierer Zeitschr. 61, 1998, 81–91. (15) Dies., Das kelt. Gräberfeld von W.-B., in: S. Rieckhoff, J. Biel, Die Kelten in Deutschland, 2001, 487–490. (16) Dies., Die Tempelbez. in Belginum, in: A. Haffner, S. von Schnurbein (Hrsg.), Kelten, Germ., Römer im Mittelgebirgsraum zw. Luxemburg und Thüringen. Arch. und naturwiss. Forsch. zum Kulturwandel unter der Einwirkung Roms in den Jh. um Chr. Geb., 2000, 409–420. (17) Dies., A. Haffner, Das kelt.-röm. Gräberfeld von W.-B., 4. Teil. Gräber 1261–1817, ausgegraben 1978–1980, 1991. (18) Diess., Das kelt.-röm. Gräberfeld von W.-B., 5. Teil. Gräber 1818–2472, ausgegraben 1978, 1981–1985, mit Nachträgen zu Bd. 1–4, 1997. (19) R. Cordie-Hackenberg, A. Wigg, Einige Bemerkungen zu spätlatène- und römerzeitlicher handgemachter Keramik des Trierer Landes, in: wie [5], 103–117. (20) Dies. u. a., Nahrungsreste aus röm. Gräbern und Aschengruben des Trierer Landes, Arch. Korrespondenzbl. 22, 1992, 109–117. (21) K. Dittmar u. a., Nachweis von Eingeweideparasiteneiern in einem Abfallschacht aus dem röm. Vicus von Belginum/Wederath, Kr. Bernkastel-Wittlich, ebd. 32, 2002, 415–425. (22) N. Geldmacher, Gräberanalysen des Trierer Landes. Gräber des Gräberfeldes von W.-B., ungedr. Diss. Kiel 2004. (22a) Ch. Gerdes, Die Tierknochen aus dem kelt.-röm. Gräberfeld von W.-B., Kr. Bernkastel-Wittlich. Mit besonderer Berücksichtigung der latènezeitlichen Gräber, ungedr. Diplomarbeit Kiel 1992. (23) K.-J. Gilles, Kelt. Münzen aus dem Trierer Land, Trierer Zeitschr. 55, 1992, 119–290. (23a) R. Gleser, Stud. zu sozialen Strukturen der hist. Kelten in Mitteleuropa aufgrund der Gräberanalyse, 2005, 343–371. (24) K. Goethert-Polaschek, Kat. der röm. Gläser des Rhein. Landesmus. Trier, 1977, s. Ortsregister „Wederath" 333. (25) Dies., Neue Glasfunde aus

W.-B., Trierer Zeitschr. 45, 1982, 279–288. (26) Dies., Kat. der röm. Lampen des Rhein. Landesmus. Trier. Bildlampen und Sonderformen, 1985, 50 und 279. (27) A. Haffner, Belgium, eine kelt.-röm. Siedlung an der Ausoniusstraße, Kurttrierisches Jb. 10, 1970, 203–222. (28) Ders., Das kelt.-röm. Gräberfeld von W.-B., 1. Teil. Gräber 1–428, ausgegraben 1954/55, 1971. (29) Ders., Das kelt.-röm. Gräberfeld von W.-B., 2. Teil. Gräber 429–883, ausgegraben 1956/1957, 1974. (30) Ders., Das kelt.-röm. Gräberfeld von W.-B., Führer zu vor- und frühgeschichtl. Denkmälern 34, 1977, 180–196. (31) Ders., Das kelt.-röm. Gräberfeld von W.-B., 3. Teil. Gräber 885–1260, ausgegraben 1958–1960, 1971 und 1974, 1978. (32) Ders., Zur absoluten Chron. der Mittel-LTZ, Arch. Korrespondenzbl. 9, 1979, 405–409, Taf. 68–72. (33) Ders., 50 J. Grabungen und Forsch. in Belginum, in: [10]. (34) Ders. u. a., Gräber – Spiegel des Lebens. Zum Totenbrauchtum der Kelten und Römer am Beispiel des Treverer-Gräberfeldes W.-B., 1989. (35) P. Haupt, Die Grabungen im Vicus Belginum 2000: Trassenbereich der B 50 (neu), Trierer Zeitschr. 63, 2000 (2002), 203–231. (36) E. Hollstein, Dendrochron. Datierung von Hölzern aus W.-B., ebd. 35, 1972, 123–125. (37) Ders., Mitteleurop. Eichenchron., 1980, 174–175. (38) M. Kaiser, Das kelt.-röm. Gräberfeld von W.-B. Die Aschegruben und Ascheflächen, 2006 (im Druck). (39) J. B. Keune, Weihinschr. vom Stumpfen Turm, Trierer Zeitschr. 2, 1927, 12–21. (40) W. Kimmig, Vorgeschichtl. Denkmäler und Funde an der Ausoniusstraße, ebd. 13, 1938, 74. (41) M. König, Die vegetabilischen Beigaben aus dem gallo-röm. Gräberfeld W.-B. im Hunsrück, Kurttrierisches Jb. 31, 1991, 11*–19*. (42) Dies., Überlegungen zur „Romanisierung" anhand der Pflanzenfunde aus den Gräberfeldern von Mainz-Weisenau und W.-B., in: wie [16], 349–354. (43) M. Kunter, Leichenbrandunters. in Wederath, in: [34], 415–426. (44) Ders., Zeitgruppenvergleich bei der kelt.-röm. Leichenbrandserie W.-B., in: wie [16], 345–348. (45) R. Loscheider, Ein Halbfabrikat zur Münzherstellung und metallurgische Produktionsreste aus Belginum, Trierer Zeitschr. 61, 1998, 93–99. (46) W. von Massow, Bronzestatuette einer Göttin aus Belginum, ebd. 15, 1940, 28–34. (47) J. Merten, Der röm. vicus Belginum und die rhein. Altertumsforsch. Von den Anfängen im 17. Jh. bis zum Beginn der systematischen Ausgr., in: [10]. (48) A. Miron, Das Gräberfeld von Horath. Unters. zur Mittel- und Spät-LTZ im Saar-Mosel-Raum, Trierer Zeitschr. 49, 1986, 149–151. (49) Ch. Möller, Die latènezeitlichen Gräber von W.-B. Ein Überblick über Forsch.sstand, Fragestellungen und Methodologie einer Auswertung, in: [10]. (50) A. Neyses, Eine röm. Doppelkolben-Druckpumpe aus dem Vicus Belginum, Trierer Zeitschr. 35, 1972, 109–121. (51) J. Oldenstein, Wederath/Belginum. Gräberfeld, Lager, Siedlung und Tempelbez., in: wie [16], 23–39. (52) K. Schroeder, Über den Brunnen von Belginum bei Wederath im Hunsrück und die darin enthaltenen Sämereien mit einem Vergleich anderer röm. Brunnen, Trierer Zeitschr. 42, 1979, 101–129. (53) L. Schwinden, Der vicus Belginum im Gefüge von Provinz, Civitas und Pagus, in: [10]. (54) M. Thoma, Das reich ausgestattete Brandgrab 1726 der Spät-LTZ aus Wederath. Eine antiqu., soz. und hist. Analyse, Diss. Kiel 1993. (55) M. Trunk, Anm. zum röm. Theater von Belginum, in: [10]. (56) M. Währen, Brot und Gebäck in kelt. Brandgräbern und röm. Aschengruben. Identifizierung von Brot- und Gebäckfunden aus dem Gräberfeld von W.-B., Trierer Zeitschr. 53, 1990, 195–224. (57) Ch. Wustrow, Die Tierreste aus den Gräberfeldern von Mainz-Weisenau und Hoppstädten-Weiersbach, in: wie [16] 355–366. Wederath: 361–365 Abb. 12–16. (58) Ders., Die Tierreste aus dem röm. Tempel von W.-B., in: [10].

R. Cordie

Wedrecii → Hessen

Wege s. Bd. 35

Wegemaße → Leuga; → Meile und Meilenstein

Wegerich

§ 1: Botanisch-archäologisch – § 2: Kulturgeschichtlich – § 3: Archäobotanische Funde

§ 1. Botanisch-archäologisch. W. bezeichnet die Gattung *Plantago* aus der gleichnamigen Familie der W.-Gewächse (Plantaginaceae), die heute mit rund 275 Arten weltweit verbreitet ist (16, 562). Die Flora von dt. und angrenzenden Gebieten führt elf einheimische oder eingebürgerte Arten mit zahlreichen Unterarten und Formengruppen an (25, 871 ff.). Als Zeigerpflanzen für menschliche Aktivitäten und eine geöffnete Landschaft sind bes. der auf

Ackerbrachen und im Grünland verbreitete Spitzwegerich (*Plantago lanceolata* L.) sowie die in Ruderalges. und in der Trittvegetation häufigen Arten Großer oder Breitwegerich *(Plantago major)* und Kleiner W. (*Plantago intermedia;* Syn. *P. major* ssp. *intermedia*) von Bedeutung. Der Mittlere W. (*Plantago media* L.) ist dagegen an Grünlandges. gebunden und eine Charakterart basiphiler Halbtrockenrasen und magerer Wiesen und Weiden (25, 872; 20). Strand-W. (*Plantago maritima* L.) und Schlitzblättriger W. (*Plantago coronopus* L.) kommen in halophilen Pionierges. sowie in den Salzwiesen der Küsten und an Salzstellen des Binnenlandes vor. Weitere W.-Arten sind ausschließlich alpin in Rohboden- und Rasenges. sowie Fettweiden verbreitet (*Plantago atrata* Hoppe, *P. alpina* L.). Spitzwegerich, Großer W., Kleiner W. und Mittlerer W. sind ausdauernde mehrjährige Arten mit grundständiger Blattrosette und langem, aufrechtem Blütenschaft, an dem die zahlreichen, braun-grünlichen Blüten dichtgedrängt in einer walzlichen Blütenähre angeordnet sind. Der Spitzwegerich wird bis zu 0,5 m hoch. Die anderen heimischen W.-Arten sind niedriger, meist mit der grundständigen Blattrosette niederliegend kriechend. Anhand ihrer derben, breit-ovalen Blätter können Großer, Kleiner und Mittlerer W. vom Spitzwegerich mit schlanken, lanzettlichen Blättern unterschieden werden. Der Mittlere W. hat im Unterschied zum Großen W. sitzende oder kurzgestielte Blätter und einen Blütenschaft, der viel länger als die Blütenähre ist. Diese W.-Arten kommen heute fast in ganz Europa, in Kleinasien sowie im gemäßigten Asien bis nach Kamtschatka vor. W.-Arten sind windblütig. Sie weisen deshalb in der Regel eine hohe Pollenproduktion und gute Pollenverbreitung auf und sind pollenanalytisch leicht nachzuweisen. Pollenmorphologisch lassen sich anhand der Aperturen, des Vorhandenseins oder Fehlens eines Anulus sowie weiterer Merkmale der Oberflächenstruktur verschiedene Pollentypen differenzieren, die jeweils mehrere Arten umfassen (*Plantago lanceolata*-Typ, *P. major/media*-Typ, *P. coronopus*-Typ, *P. maritima*-Typ; [13, 457 ff. u. Taf. 106–107; 14]). Anhand ihrer Samen sind *Plantago lanceolata, P. major* und *P. intermedia* eindeutig zu differenzieren. Spitzwegerich hat länglich-elliptische, kahnförmige Samen mit einer tiefen Furche auf der Bauchseite, in deren Mitte der dunkle Nabel liegt. Die Samen vom Großen und Kleinen W. sind hutförmig, im Umriß oval und tragen auf der Oberseite ein Muster aus gewellten, linienartigen feinen Leisten. Auf der Bauchseite des Samens laufen die gewellten Leisten zu der länglich-ovalen Nabelmarke mit zwei Nabeln strahlenförmig zusammen. Samen von *Plantago major* L. können an Hand ihrer größeren Länge und der mehr rundlichen Nabelmarke von denen des ähnlichen Kleinen W.s *Plantago intermedia* L. unterschieden werden. Samen des ähnlichen *Plantago coronopus* L. weisen nur eine kreisrunde Nabelmarke auf (21, 303). Als Inhaltsstoffe des W.s werden neben Labenzym, Glykosiden und Saponinen auch Gerb- und Bitterstoffe, Schleimstoffe, Polysaccharide, ätherisches Öl, Flavonoide, Vitamine und Harze angegeben (16, 596). Die wundheilende, antibakterielle Wirkung frischer und getrockneter Blätter wird auf das Aglykon des Glykosides Aucubin ($C_{11}H_{22}O_9$), das sog. Aucubigenin, zurückgeführt, das durch die in der Pflanze enthaltenen ß-Glucosidasen freigesetzt wird (15, 220).

§ 2. Kulturgeschichtlich. Die meisten W.-Arten (*Plantago major, P. intermedia, P. media*) sind vermutlich heimische Arten (Apophyten), die im Spätglazial und frühen Holozän zunächst nur an wenigen Sonderstandorten vorkamen, sich dann seit dem Neol. mit dem Einsetzen von Rodungen und landwirtschaftl. Tätigkeit im Siedlungsraum des Menschen rasch ausbreiten konnten (23, 256 Tab. 4.5.6–2). Beim Spitzwegerich wird diskutiert, ob er zumindest teilweise als adventiv, d. h. als mit dem frühen Ackerbau eingewanderter Archäophyt, betrachtet werden muß (29). Er gilt – wie auch in geringerem Maße die ruderal verbreiteten Arten Großer W. und Kleiner W. – im Pollendiagramm als typischer anthropogener Indikator und Zeigerpflanze für die Kulturlandschaft (11; 23, 229). *Plantago lanceolata* war zunächst ein Ackerunkraut, solange die mit dem Grabstock oder Ard bearbeiteten Anbauflächen auch mehrjährigen → Unkräutern noch Lebensraum boten und sich diese in anschließenden Zeiten der Brache ausbreiten konnten. Seit der EZ verdrängte der Einsatz des Streichbrett- bzw. Wendepfluges den Spitzwegerich wie andere mehrjährige Arten weitgehend aus den Äkkern (12, 148). In röm. Zeit, bes. jedoch im MA und in der Frühen Neuzeit, repräsentiert er deshalb überwiegend Grünlandges. In Teilen Skand.s, so im w. und n. Norwegen, ist der Spitzwegerich dagegen seit Beginn menschlicher Eingriffe wohl überwiegend als Weidezeiger zu interpretieren (27; 28). Abgesehen von ihrer Nutzung als Heilpflanzen und einer möglichen geringfügigen Nutzung als Wildgemüse (→ Gemüse) besaßen die in Grünland- und Ruderalges. weit verbreiteten W.-Arten keine wirtschaftl. Bedeutung. In röm. Zeit und im MA sollen Blattstengel des Großen W.s jedoch zusammen mit denen anderer Pflanzen zur Zubereitung eines Breis und als Gemüse gedient haben (10, 30 und Anm. 255).

Spitz- und Breitwegerich waren wichtige Heilpflanzen in der Volks- und Schulmed. (→ Heilmittel und Heilkräuter). Dioskorides beschreibt zwei verschiedene W.-Arten und ihre Anwendung als Heilmittel (De materia medica 2, c. 152 [4]), jedoch ist die artgenaue Zuweisung unsicher. Er hebt die wundheilende und adstringierende Wirkung der W.-Blätter hervor. Die gekochte Wurzel lieferte ein Mundspülwasser und linderte Zahnschmerzen. Wie ein Gemüse mit Salz und Essig zubereitet, dienten die Stengel zur Behandlung von Magenleiden. Gegen Blasen- und Milzgeschwüre wurden Wurzel und Blätter in Süßwein verabreicht (ebd. [4]). Die adstringierende Wirkung des W. wird auch bes. von → Plinius (Plin. nat. XXV,80 [6]) hervorgehoben, der W. auch gegen Schlangenbisse und Skorpionstiche empfiehlt. Im 12. Jh. führt Hildegard von Bingen *Plantago major* L. und *P. lanceolata* L. in ihrer *Physica* (Phys. I,101 [7]) als Heilpflanzen gegen Gicht, geschwollene Drüsen, den Biß giftiger Tiere, Knochenbrüche, aber auch als Gegenmittel gegen Liebeszauber und Zauberworte an (24, 198 f.). Der W. wird auch von Albertus Magnus (*De vegetabilibus* [1]) und in der ersten dt. Ausgabe des *Hortus Sanitatis* von 1485 (3) als vielfältiges Heilmittel aufgeführt. Auch Hieronymus Bock (Kreütterbuch, c. lxxxiiii [2]) und Leonhart Fuchs (New Kreüterbuch, c. XI [5]) behandeln die Heilkraft und die vielseitige Anwendung von W.-Arten in ihren Kräuterbüchern. Tabernaemontanus (Jacob Theodor, 1520–1590) beschreibt in seinem „Neuw Kreuterbuch" die Bereitung einer Salbe aus Spitzwegerichkraut mit Schweineschmalz zur Behandlung von Brandwunden (→ Wunden und Wundbehandlung) und Geschwüren (8). Die frischen oder getrockneten Blätter des Spitzwegerichs dienten als *Herba plantaginis lanceolatae* zur Bereitung eines Hustensaftes und wurden als Tee allg. bei Erkrankungen der Atmungsorgane wie Keuchhusten und Bronchitis, jedoch als Sud auch gegen Ohren- und Zahnschmerzen eingesetzt. Frische W.-Blätter wurden äußerlich zur Heilung kleiner Wunden aufgelegt (5, c. 11; 16, 596). Uffenbach empfiehlt in seiner dt. Ausgabe des *Dioskorides* von 1610 W. gegen verschiedene Geschwüre, die Blätter zusammen mit Salz äußerlich gegen Hundebisse oder innerlich, zusammen mit Essig und Salz gekocht, gegen Ruhr und Bauchfluß (9, 109 f.). Auch der Große W. wurde in der Volksmed. und Homöopathie gegen Husten, Hals- und Zahnschmerzen empfohlen. Die Droge, das frische oder getrocknete Kraut (*Herba plantaginis majoris),* hat jedoch einen geringeren Gehalt an Aucubin und deshalb eine etwas geringere Heilwirkung (29; 15, 222). Vgl. auch Grimm, DWb., s. v. W.

§ 3. Archäobotanische Funde. Pollen des *Plantago major/media*-Typs ist im Spätglazial und im frühen Postglazial nicht selten (16, 564). Er belegt, daß die dadurch repräsentierten W.-Arten zu den Apophyten, den heimischen Arten, gehören. Auch einzelne Pollenkörner des *Plantago lanceolata*-Typs liegen von verschiedenen Lokalitäten bereits aus dem Spätglazial vor (31, 187). Die artgenaue Zuweisung ist jedoch unsicher, so daß z. Zt. nicht sicher entschieden werden kann, ob der Spitzwegerich zu den Apophyten (heimische Arten) oder den Archäophyten (alteingewanderte, adventive Arten) zu stellen ist. Seit dem späten Atlantikum nehmen mit dem Einsetzen stärkerer menschlicher Eingriffe in die Wälder pollenanalytische Nachweise des Spitzwegerichs in den Altsiedellandschaften stark zu (23, 237 ff.). Im Neol. ist in Pollendiagrammen aus den Siedlungskammern oft bereits eine geschlossene *Plantago lanceolata*-Kurve ausgeprägt. In N- und NW-Deutschland zeichnet sich bes. in den neol. Siedlungskammern die sog. ‚landnam'-Phase der mittelneol. TBK, die im frühesten Subboreal einsetzt, durch eine geschlossene Pollenkurve von *Plantago lanceolata* mit z. T. sehr hohen Werten aus (12, 96; 30, 138).

Früheste Funde von verkohlten Samen des Spitzwegerichs stammen aus der Bandkeramik als ältester ackerbautreibender Kultur (22, 212). Weitere Funde von *Plantago lanceolata* und *P. major* liegen aus den neol. und bronzezeitlichen Seeufersiedlungen vor (18, 305 und Taf. 7, 13a–b, 14; 17, Abb. 79). Seit der BZ sind dann Samenfunde von W.-Arten aus vielen Kulturen und aus unterschiedlichen Gebieten Mitteleuropas bekannt (31, 186 ff.). Sie belegen, daß W.-Arten weitverbreitete Unkräuter im Acker, Grünland und an ruderalen Standorten im Siedlungsbereich waren. Ob die Makrorestnachweise der W.-Arten zu den Ackerunkräutern, den Arten des Grünlandes oder zur Ruderalvegetation zu stellen sind, ergibt sich erst aus der Interpretation des gesamten nachgewiesenen Artenspektrums und des Fundkontextes. Eindeutig dem Grünland zuzuordnen sind jedoch die Makrorestnachweise des Mittleren und des Spitzwegerichs aus römerzeitlichen und ma. Heufunden (20, 130 f.; 26, 78 ff.; 19, 219. 228 ff. Tab. 1).

Qu.: (1) Albertus Magnus: De vegetabilibus VI, 2 (Kräuter). Lat.-dt. Übs. und Komm. von K. Biewer, 1992. (2) Hieronymus Bock, Kreütterbuch, 1560, Reprint 1962. (3) Johann Wonnecke von Cube, Hortus Sanitatis, dt. Ausg. bei P. Schöffer in Mainz 1485, Reprint 1966. (4) Pedanius Dioscorides, De materia medica, libri II. (5) Leonhart Fuchs, New Kreüterbuch, 1543, Reprint 2001. (6) Plinii Secundi, Naturalis Historiae liber XXV, hrsg. von R. König, 1996. (7) H. von Bingen, Physica S. Hildegardis (1150–1157), nach der Textausg. von J. P. Migne, 1882, ins Dt. übs. von H. Reier, 1980. (8) Jacobus Theodorus Tabernaemontanus, Neuw Kreuterbuch. Mit schönen künstlichen und leblichen Figuren und Conterfeyten, aller Gewächs, der Kreuter, Wurtzeln, Blumen, Getreyd, Gewürtz, der Bäume, Stauden und Hecken […], 1588–1591. Faksimile der Ausg. Offenbach 1731, 1966. (9) P. Uffenbach, Kräuterbuch deß uralten und in aller Welt berühmtesten Griech. Scribenten Pedacii Dioscoridis Anazarbæi [….], 1610, Reprint 1964.

Lit.: (10) J. André, Essen und Trinken im alten Rom, 1998 (frz. 1961). (11) K.-E. Behre, Anthropogenic indicators in pollen diagrams, Pollen et spores 23, 1981, 225–245. (12) Ders., D. Kučan, Die Gesch. der Kulturlandschaft und des Ackerbaus in der Siedlungskammer Flögeln, Niedersachsen, seit der Jungsteinzeit, Probleme Küstenforsch. im s. Nordseegebiet 21, 1994, 11–227. (13) H.-J. Beug, Leitfaden der Pollenbestimmung für Mitteleuropa und angrenzende Gebiete, 2004. (14) G. C. S. Clarke, M. R. Jones, Plantaginaceae. The North-European Pollen Flora 15, Review of Palaeobotany and Palynology 24, 1977, 129–154. (15) H.-P. Dörfler, G. Roselt, Heilpflanzen, 1984. (16) G. Hegi, Illustrierte Flora von Mitteleuropa VI/1, ^{2}1975. (17) S. Hosch, S. Jacomet, Ackerbau und Sammelwirtschaft. Ergebnisse der Unters. von Samen und Früchten, in: S. Jacomet u. a., Die jungsteinzeitliche Seeufersiedlung Arbon-Bleiche 3, Umwelt und Wirtschaft, 2004, 112–157.

(18) S. Jacomet u. a., Archäobotanik am Zürichsee, 1997. (19) M. Klee, Spätma. Heu: Die botan. Proben aus der Brandschicht um 1400, in: R. Dubler, M. Klee, Ländliches Leben in der spätma. Neustadt – Ein Heuschober aus der Zeit um 1400 an der Neustadtgasse 9 in Winterthur. Arch. Kant. Zürich 1999–2000, 214–231. (20) K.-H. Knörzer, Verkohlte Reste von Viehfutter aus einem Stall des röm. Reiterlagers von Dormagen, in: Ausgr. in Dormagen 1963–1977. Rhein. Ausgr. 20, 1979, 130–137. (21) U. Körber-Grohne, Geobotan. Unters. auf der Feddersen Wierde, 1967. (22) A. Kreuz, Die ersten Bauern Mitteleuropas – Eine archäobotan. Unters. zu Umwelt und Landwirtschaft der ältesten Bandkeramik, Analecta Prähist. Leidensia 23, 1990, 1–256. (23) G. Lang, Quartäre Vegetationsgesch. Europas, 1994. (24) I. Müller, Die pflanzlichen Heilmittel bei Hildegard von Bingen, 1982. (25) E. Oberdorfer, Pflanzensoz. Exkursionsflora für Deutschland und angrenzende Gebiete, ^{8}2001. (26) A. Vanderhoeven u. a., Het oudheidkundig bodemonderzoek aan de Koninksemsteenweg te Tongeren (prov. Limburg). Eindverslag 1995, Archeologie in Vlaanderen 5, 1995/1996, 69–84. (27) K.-D. Vorren, Anthropogenic influence on the natural vegetation in coastal north Norway during the Holocene. Development of farming and pastures, Norwegian Arch. Rev. 12, 1979, 1–21. (28) Ders., The impact of early agriculture on the vegetation of northern Norway – a discussion of anthropogenic indicators in biostratigraphical data, in: K.-E. Behre (Hrsg.), Anthropogenic Indicators in Pollen Diagrams, 1986, 1–18. (29) A. Weinzierl, König am Wegesrand, Natürlich 2005, 4, 46–49. (30) J. Wiethold, Stud. zur jüng. postglazialen Vegetations- und Siedlungsgesch. im ö. Schleswig-Holstein, 1998. (31) U. Willerding, Zur Gesch. der Unkräuter Mitteleuropas, 1986.

J. Wiethold

Wegewitz, Willi (*8. 3. 1898 im Forsthaus Hollenbeck, Kr. Stade, †2. 1. 1996 in Hamburg-Harburg). W. begann sich schon während der Schulzeit unter Anleitung seines Lehrers J. Fitschen für Botanik zu interessieren. Seit 1912 besuchte er das Lehrerseminar Stade und wirkte ab 1920 als Volksschullehrer in Ahlerstedt. Seit dieser Zeit wandte er sich unter Anleitung des Heimatforschers Hans Müller-Brauel der Vorgeschichtsforsch. zu. Bei den Ausgr. eines eisenzeitlichen Urnenfriedhofes in Harsefeld, Kr. Stade, nahm als Helfer der Schüler Karl Kersten aus Stade teil. 1925 übertrug man W. die ehrenamtliche Leitung der Urgeschichtsabt. des Mus.s Stade sowie die Bodendenkmalpflege im ö. Kr. Stade. Seit 1922 besuchte er Ferienkurse für Vorgesch. an der Univ. Jena und seit 1924 war er Gasthörer an der Univ. Hamburg.

1930 übernahm er eine Lehrerstelle in Harburg-Wilhelmsburg. Noch im selben J. berief ihn der Heimat- und Mus.sverein Harburg e.V. zum ehrenamtlichen Leiter des Helms-Mus.s. Als dieses 1937 staatliches Hamburger Mus. wurde, berief man ihn zum hauptamtlichen Direktor und zum Bodendenkmalpfleger für den Kr. Harburg. Endlich konnte er den Lehrerberuf quittieren. Sogleich nahm er das Studium der Vorgesch., Völkerkunde und Geol. an der Univ. Hamburg auf, wo er mit einer Diss. über die Langob. im Gau Moswidi (1) promoviert wurde, und wo er alsbald als Lehrerbeauftragter fungierte bis er 1956 zum Honorarprofessor berufen wurde. Die starke Förderung der Vorgeschichtsforsch. durch das nationalsozialistische Herrschaftssystem ließ ihn Mitglied in der NSDAP werden, er trat aber polit. nicht öffentlich hervor. Seine Veröffentl. in diesen J. (14) hielt er frei von den völkischen Tendenzen der überregionalen Forsch. (16–18).

Mit Karl Waller und Albert Genrich war W. 1949 Mitbegründer des Sachsensymp.s. Anfang der 60er J. war W. eingebunden in die Bemühungen um ein permanentes Langobardensymp., das über Anfänge und eine Tagung 1964 in Italien nicht hinauswuchs.

W. verfaßte zahlreiche Aufsätze (14), 15 Monogr. (1–15) und war Begründer und Hrsg. (seit 1938) des „Harburger Jahrbuches". Neben der Heimatkunde war die Vorgesch. sein Thema in allen Zeiten bzw. Epochen. Keine Zeit blieb ihm fremd. Er sah sein Wirken im Raum seiner Heimat. Seine Publ. waren materialbezogen und beschreibend. Größere Zusammenhänge oder überregionale Darst. lagen nicht in seinem Blickwinkel. Er wirkte in seiner Region und dort in Wiss. und populärer Verbreitung seines Anliegens. Darin fand er hohe Anerkennung und Erfüllung. Als einzigen akademischen Schüler fand er Erich Plümer (Einbeck), aber um so mehr Bewunderer, die ihn auf seinen zahlreichen Ausgr. und Vorträgen begleiteten. Er war immer bestrebt, die gewonnenen Grabungsergebnisse rasch zu publizieren. In seiner Ferienzeit erschloß er sich die Welt der nord. Vorzeit, meist begleitet von Freunden, denen er eine fundierte Reiseleitung bot. Da zeigte sich, daß er durchaus über die engen Grenzen der eigenen Heimat hinaus sich orientieren konnte.

Seine wichtigste Monogr. behandelte die Reihengräber der spätsächs. Zeit im Kreis Harburg (9), die eine bis dahin spürbare Forsch.slücke schloß. 14 FO konnte er darin behandeln. Der Forsch.sstand hat sich seitdem (1968) nicht wesentlich verändert oder erweitert. Die Arbeit hat dann auch eine analytische Bewertung der Befundsituation beinhaltet.

Auch der Volkskunde und Heimatgesch. fühlte er sich verpflichtet (4). Sichtbaren Ausdruck fand dieses durch die Begründung des Freilichtmus.s am Kiekeberg 1953 als Außenstelle des Helms-Mus.s, wo durch Umsetzung von Bauten die Lebenswelt der Menschen in der Nordheide erlebbar gemachte wurde. Bald wurde dieses die größte Attraktion des Helms-Mus.s. W. hat dieses stets als Heimatmus. geführt und gestaltet, obwohl seine Forsch. der Facharchäologie galten. Erst sein Nachfolger Claus Ahrens hat dieses in ein arch. Fachmus. umgewandelt.

Als W. 1966 das Pensionsalter erreichte, hat er weiterhin publizistisch gewirkt. Seine letzte Monogr. trägt den Titel „Das Abenteuer der Archäologie" (15). Das war sein Lebensmotto. Bis in die letzten Tage seines Lebens hat er an seinen Lebenserinnerungen gearbeitet, die unvollendet blieben, aber eben das beinhalten sollten, was zuvor schon dargestellt war. Er hat die Erträge seines langen Forscherlebens abschließend dargestellt (15).

Monogr.: (1) Die langob. Kultur im Gau Moswidi (Niederelbe) zu Beginn u. Z., 1937. (2) Der langob. Urnenfriedhof von Tostedt-Wüstenhöfen im Kreise Harburg, 1944. (3) Die Gräber der Stein- und BZ im Gebiet der Niederelbe (Die Kreise Stade und Harburg), 1949. (4) Harburger Heimat. Die Landschaft um Hamburg-Harburg, 1950. (5) Die Urnenfriedhöfe von Dohren und Daensen im Kreise Harburg, 1961. (6) Der Urnenfriedhof von Ehestorf-Vahrendorf im Kreise Harburg aus der vorröm. Eisen- und der ält. RKZ, 1962. (7) Der Urnenfriedhof von Hamburg-Marmstorf, 1964. (8) Der Urnenfriedhof von Hamburg-Langenbek, 1965. (9) Reihengräberfriedhöfe und Funde aus spätsächs. Zeit im Kr. Harburg, 1968. (10) Der Urnenfriedhof von Wetzen, Kr. Harburg, und andere Funde aus dem 1. Jh. v. Chr. im Gebiet der Niederelbe, 1970. (11) Das langob. Brandgräberfeld von Putensen, Kr. Harburg, 1972. (12) Der Urnenfriedhof der ält. und jüng. vorröm. EZ von Putensen, Kr. Harburg, 1973. (13) Die Urnenfriedhöfe der jüng. Bronze-, der frühen Eisen- und der vorröm. EZ im Kr. Harburg, 1977. (14) Rund um den Kiekeberg. Vorgesch. einer Landschaft an der Niederelbe, 1986. (15) Das Abenteuer der Arch. Erlebte Vorgesch. Arch. Unters. und Funde im Gebiet der Niederelbe vom 18. Jh. bis zur Gegenwart, 1994.

Bibliogr.: in: [14], 235–244.

Biogr.: (16) R. Articus, Professor Dr. W. W. Informationsbl. Nr. 65 des Helms-Mus.s, 1986. (17) R. Busch, Abschied von Prof. Dr. W. W. (1898–1996). Direktor des Helms-Mus.s 1930–1966, Nachr. aus Niedersachsens Urgesch. 65, 1996, 233–234. (18) H. Wittig, in: Hamburgische Biogr. 2, 2002, 440 f.

R. Busch

Wehrfähigkeit. Der Begriff entstammt nicht dem Germ. sondern taucht erst im 19. Jh. auf (5, XIV, I/1, 259). Er meint das Recht, in Kriegs- und Friedenszeiten eine Waffe tragen zu dürfen (→ Waffenrecht) und ist zu unterscheiden von der Waffentauglichkeit, bei der es sich nicht um einen Rechtsbegriff handelt.

Voraussetzung für die W. war die Wehrhaftmachung (5, XIV, I/1, 266. 277). Bei den germ. Volksstämmen bestand der

Brauch, die freien jungen Männer durch Anerkennung ihrer Wehr- oder Waffenfähigkeit als vollberechtigte Mitglieder in die Gemeinschaft aufzunehmen (Tac. Germ. 13: *sed arma sumere non ante cuiquam: moris, quam civitas suffecturum probaverit*) (→ Gesellschaft § 1b). Dabei wurden dem Jugendlichen, nach erfolgter Waffenprobe, durch den Vater oder durch einen Verwandten auf der → Volksversammlung die Hauptwaffen Schild und Speer überreicht. Die Aufnahme in eine → Gefolgschaft war damit jedoch nicht zwangsläufig verbunden. Die Zeremonie (→ Mannbarkeit) konnte bei vornehmen Jünglingen von einem → Princeps übernommen werden, was vielleicht die Aufnahme in sein Gefolge bedeutete (8, 224). Besondere Altersbestimmungen sind nicht bekannt, ausschlaggebend waren wohl körperliche Konstitution und Waffenfertigkeit. → Tacitus vergleicht den Vorgang mit der röm. Zeremonie, bei der die jungen Männer die Knabentoga ablegten und die Männertoga anlegten (Tac. Germ. 13) (→ Initiation und Initiationsritus § 4). Eine Aufhebung der väterlichen Gewalt war damit vermutlich nicht verbunden. Von der W. war die volle Rechts- und Handlungsfähigkeit des Mannes abhängig. Nur der wehrhafte freie Mann durfte an der Volksversammlung teilnehmen, zu der man in Waffen erschien, und nur er unterlag einer Wehrpflicht (→ Wehrverfassung) und Dingpflicht (2). Das Recht des Waffentragens wurde als eine Ehre angesehen; so empfanden es von den Römern unterworfene Stämme als Schmach, nur unbewaffnet zur Volksversammlung erscheinen zu dürfen (Tac. hist. IV, 64). Die öffentliche Verleihung der W. an einen → Unfreien führte zu seiner Freilassung (→ Freigelassene). Die Langob. sollen in ihrer Frühzeit → Sklaven freigelassen haben, um die Zahl ihrer Krieger zu erhöhen (6, 13. 27) (→ Heerwesen S. 133). Wehrunfähige und Untaugliche wie Greise, → Knechte, Frauen (→ Frau § 10) und → Kinder standen unter Muntgewalt (→ Vormundschaft; → Gesellschaft § 1b) und wurden nur zur Verteidigung im äußersten Notfall bewaffnet.

Öffentliche Wehrhaftmachungen sind für spätere Epochen nicht belegt, obwohl es noch in frk. Zeit Heeresversammlungen gab, die Funktionen der ält. Stammesversammlungen bewahrt hatten (9, 129 f.). In der frühen MZ waren alle wehrfähigen freien Franken grundsätzlich heerespflichtig. Da jedoch die Wehrpflicht aus wirtschaftl. und waffentechnischen Gründen nicht mehr von allen Männern getragen werden konnte, wurde der Heeresdienst allmählich von der Leistungsfähigkeit des Einzelnen abhängig gemacht, so daß nur noch die wirklich Dienstfähigen Heeresfolge leisteten. Diese Entwicklung führte zur Herausbildung eines besonderen Kriegerstandes, der zunehmend Reiterdienste leistete, und zur Erniedrigung der Bauern zu Waffenlosen (3, 59). Unabhängig von der wirtschaftl. Leistungsfähigkeit war die Pflicht zur Landesverteidigung, die für alle Wehrfähigen bestand. Zur KaZ galten auch → Halbfreie und Unfreie, die von ihrem Herrn als → Vasallen zum Kriegsdienst ausgerüstet wurden, als wehrfähig und landfolgepflichtig. Bodmer (1, 62 ff.) betont die Präsenz der Waffe im Alltagsleben der MZ, in der nicht nur Klerus und Kaufleute mit ihrer Begleitung Waffen führten, sondern auch Gutsherren ihre an sich waffenunfähigen Knechte nach Bedarf bewaffneten. Jedoch konnte der Herr seinen Unfreien jederzeit die Waffe entziehen. Auch der Akt der Waffenreichung bei einer → Adoption (→ Waffensohn) und beim Einsetzen eines Gedingserben in frk. Zeit hängt mit der germ. Wehrhaftmachung zusammen (10, 72. 368). Mit der W. der Parteien hatte ebenfalls der gerichtliche → Zweikampf zu tun, der von Nichtwaffenfähigen nur mit Steinen und Stöcken geführt werden durfte (4, 113). Der Bauernstand, dem schon in nachfrk. Zeit Elemente des Waffenrechts entzogen wurden, verlor das Recht des Waffentragens endgültig im 12. Jh. unter dem Einfluß der Gottes- und Landfriedensbewegung, was eine Schutzstellung, aber auch eine Ehrenminderung bedeutete (4, 158 ff.).

Für das spätere MA ist die Wehrhaftmachung nur noch im Ritterstand belegt. Aber zw. der agerm. Zeremonie und der ma. Zeremonie der Schwertleite und des Ritterschlags scheint ein Verbindungsstrang zu bestehen. Aus der KaZ ist überliefert, daß Kg. und manche Adelige ihren Söhnen, sobald sie das Pubertätsalter erreicht hatten, ein Schwert überreichten und sie damit zu Erwachsenen machten (9, 361). Der älteste Ber. über eine Schwertleite stammt aus dem 12. Jh. Bei der Zeremonie, die mit einer kirchlichen Feier und einer Waffenweihe verbunden sein konnte, wurde der junge Ritteranwärter mit einem Schwert umgürtet sowie mit Sporen versehen und in die ritterliche Gemeinschaft aufgenommen (7, 101–127).

(1) J.-P. Bodmer, Der Krieger der MZ und seine Welt, 1957. (2) H. Conrad, Gesch. der dt. Wehrverfassung, 1939. (3) G. Duby, Krieger und Bauern. Die Entwicklung der ma. Wirtschaft und Ges. bis um 1200, 1984. (4) H. Fehr, Das Waffenrecht der Bauern im MA, ZRG GA 35, 1914, 111–211. (5) Grimm, DWb. (6) J. Jarnut, Gesch. der Langob., 1982. (7) M. Keen, Das Rittertum, 1987. (8) Much, Germania. (9) P. Riché, Die Karolinger, ²1991. (10) R. Schröder, E. Künßberg, Lehrb. der dt. Rechtsgesch., ⁷1932.

Th. Diembach

Wehrhaftmachung → Wehrverfassung

Wehringen, Ldkr. Schwabmünchen (Bayern). Bekannt wurde aus W. erstens eine röm. Straßenstation mit einem zugehörigen Gräberfeld 15 km (Meilenstein MP VIII[I]) s. von Augsburg und ein weiteres Gräberfeld, beide an der *via publica* nach Kempten gelegen. Die Plätze wurden im J. 1961 durch Kiesabbau angeschnitten und in den Folgejahren (bis 1972) durch das Bayer. Landesamt für Denkmalpflege (G. Krahe, N. Walke) ausgegraben (8); Fundmaterial und Dokumentation verwahrt die Arch. Staatsslg. München.

1. Von der Station, nach Ausweis der Funde Mitte 1. Jh.–4. Jh. in Betrieb und im frühen MA weiter genutzt (Grubenhaus, Töpferofen), sind mehrere Steingebäude erfaßt, darunter ein Speicherbau. 75 m sö., den Rand des Straßenpflasters teilweise tangierend, lag ein zugehöriges Brandgräberfeld (35 Bestattungen) der Mitte des 2. bis Mitte des 3. Jh.s; eine Grabstelle (65) war mit den zersplitterten Resten eines (?) Meilensteins der severischen Zeit umstellt (7, 574–576).
2. Durch einen Geländeeinschnitt getrennt, erstreckte sich 100 m nö. ein weiterer, nicht zugehöriger Bestattungsplatz. Hier reihten sich in ca. 40 m Abstand zur Straße fünf monumentale Grabanlagen (I–V), und darin bzw. in ihrem Umfeld waren noch 29 Gräber (darunter sieben Körperbestattungen) festzustellen.

Die Fundamente der Grabmonumente waren bis auf einzelne Tuff- und Kalksteine völlig ausgeraubt. Reliefierte Splitter mit floraler Kassettendarst. vom Oberbau erlaubten, 1975 im Fundament der Wehringer Pfarrkirche angetroffene Spolien als von hier stammende Bestandteile zu identifizieren. Grab I–III kennzeichneten auf der Schauseite bis zu 6 × 6 m messende, rechteckige Fundamentgruben, an die sich rückwärtig polygonale Mauerfundamente anschlossen. Deren runde, mit Halbwalzen abgedeckte Mauerringe (Dm. 13 m) umzogen Erdhügel. Grab IV, gleichfalls mit frontseitigem Monument, besaß rückwärts ein quadratisch ummauertes Areal von 13 m Seitenlg.; Grab V gab sich als Fundamentgrube von 4,7 auf 5,9 m zu erkennen.

Unter den Erdhügeln von Grab I–III lagen Grabgruben, in denen Steinossuare mit Abdeckungen (II, III) standen, in deren Höhlungen sich kugelige Glasurnen mit

Falzdeckeln aus Bleiblech fanden. Sie enthielten den Leichenbrand, im Falle von Grab 3 in chinesische Importseide eingeschlagen. In einer seitlichen Aussparung des Ossuars standen Lampen. In die Grabgruben hatte man verbrannte Scheiterhaufenreste geschüttet, deren Restaurierung im Falle von Grab III die Rekonstruktion des reichsten Primärbestandes (ca. 200 Objekte) eines Scheiterhaufeninventars um 200 n. Chr. erlaubte, das bisher aus der Prov. Raetia bekannt wurde. Manche Bronzen waren häufig dreifach vorhanden: drei Metallklapptische, drei Kanne-/Griffschale-Garnituren, drei kannelierte Becken, drei Krüge, vier Blechkannen; hinzu kommt ein reiches Glas- und Keramikensemble des Eß- und Trinkgeschirrs. Aus dem persönlichen Umfeld einer Frau stammen drei zierliche Strigiles, ein Bronzebalsamarium, eine Marmorschale mit Deckel, was ebenso wie der Leichenbrand auf eine erwachsene Grabinhaberin deutet.

Etwas isoliert nach O versetzt, aber als zugehörig erwies sich Grabgrube 26, die einen Steinsarg mit Deckel und darin die Skelettreste einer jüng. Frau enthielt. Sie war in verschiedene Lagen kostbarer Textilien, darunter einen purpurnen Wollmantel gehüllt. Das Sarginnere enthielt keine Beigaben, außerhalb standen unter einer Ziegelabdeckung eine Tonlampe und zwei Glasbalsamarien.

Zw. dieser Bestattung und Grabareal IV, senkrecht zu diesem und mit Blick nach O ausgerichtet, wurden drei Körperbestattungen angetroffen, die nach Position ihrer Gräber zur Dienerschaft gehört haben. Ein Erwachsener war beigabenlos, die Grablege einer erwachsenen Frau in einem ziegelumstellten Holzsarg war nach Aussage einer Störung am Fußende ant. beraubt; nur ein Set Beinnadeln war noch erhalten. Grab 7 erwies sich als Arztgrab (4). Einem sehr alten Mann mit genagelten Schuhen in einem Holzsarg hatte man sein Arzneikästchen mit Kräutern, Kollyrien und drei Silbermünzen (jüngste 238/239 geprägt) rechts neben den Kopf gestellt. Am rechten Ellenbogen standen ein Leder überzogenes Holzetui mit sechs chirurgischen Instrumenten sowie eine Salbenreibplatte mit Spatelsonde (3). Völlig vergangene Glasreste links und rechts des Kopfes zeigen die Mitgabe von Gefäßen an; links und rechts der Füße standen zwei Kannen aus grauer Keramik.

Die früheste (1. Hälfte 2. Jh., aufgrund der spätsüdgall. Terra Sigillata), am weitesten im NO gelegene Gräbergruppe könnte mit der Fundamentgrube des Grabmonuments V in Verbindung stehen. Dabei handelt es sich um sechs Urnengräber mit Brandschüttungen (13–17, 29). Aufgrund sekundärer Beeinträchtigung bei der Bergung sind sie nicht alle gleichermaßen gut überliefert.

Der Grabbrauch – Glasurnen mit Leichenbrand (darauf Glasbalsamarien sowie Grablampen) – und die Lebensweise (u. a. Strigiles, Weinamphoren) verraten ital. Einfluß (1; 6). Die Verbrennung der Toten in Kleidung, mit genagelten Schuhen und mit Gürteln, die ihre besten Parallelen im N (z. B. → Hamfelde) haben, sowie der mehrfache Hinweis auf Waffenbeigaben ,unröm.' Provenienz (Ringknaufschwert [→ Ringknaufschwert mit Abb. 3], Lanze, Schild) und die Existenz eines Trinkhornes verleihen dieser Gräbergruppe einen ,germ.' Einfluß (2).

Die Wohnsitze der Grabinhaber der nö. Gräbergruppen, die ihre Grabanlagen röm. Brauch entspr. möglichst nahe, aber in vorgeschriebenem Abstand an die Fernstraße plaziert hatten, sind unbekannt; man darf sie in den Villen am w. Talrand der Wertach vermuten.

(1) P. Fasold, G. Weber, Grabbauten in Rätien, in: Die Römer in Schwaben. Jubiläumsausstellung 2000 J. Augsburg, 1985, 198–201. (2) H.-J. Kellner, Zu den röm. Ringknaufschwertern und Dosenortbändern in Bayern, Jb. RGZM 13, 1966 (1968), 190–201. (3) E. Künzl, Med. Instrumente aus Sepulkralfunden der RKZ, Bonner Jb. 182, 1982, 1–131. (4) H. U. Nuber, Das Arztgrab aus W., in: wie

[1], 190 f. (5) Ders., Eine Grablege reicher Landbesitzer in W., in: L. Wamser (Hrsg.), Die Römer zw. Alpen und Nordmeer. Zivilisatorisches Erbe einer europ. Militärmacht. Ausstellungskat., 2000, 166–170. (6) Ders., A. Radnóti, Röm. Brand- und Körpergräber aus W., Ldkr. Schwabmünchen, Jahresber. Bayer. Bodendenkmalpflege 10, 1969 (1971), 27–49. (7) U. Schillinger-Häfele, Vierter Nachtrag zu CIL XIII und zweiter Nachtrag zu F. Vollmer, Inscriptiones Baivariae Romanae, Ber. RGK 58, 1977 (1978), 447–603. (8) N. Walke, Röm. Gräberfeld in W., Ldkr. Schwabmünchen, Schwaben, Germania 41, 1963, 122 f.

H. U. Nuber

Zum Wagengrab und Horizont der UZ und HaZ → Goldgefäße § 5; → Pferdegeschirr § 4; → Schwert § 2c; → Stader Räder; → Wagen und Wagenbau, Wagengrab § 4

Wehrturm → Burg

Wehrverfassung

§ 1: Begriff und historischer Hintergrund – § 2: Völkerwanderungszeit und frühes Mittelalter – § 3: Karolingerzeit – § 4: Fortgang bis zum Hochmittelalter

§ 1. Begriff und historischer Hintergrund. Die ält. dt. Rechts- und Verfassungsgesch. hat unter W. die „rechtliche Grundlage des deutschen Wehr- und Heerwesens" verstanden, „wie sie sich seit den Urzeiten unter dem Einfluß wirtschaftlicher, kultureller und kriegstechnischer Kräfte und Einrichtungen vollzogen hat" (18, Vorwort). Ziel zahlreicher Arbeiten waren die Rechtfertigung der allg. Wehrpflicht durch den Nachweis ihrer Verwurzelung in der germ. Frühzeit (39, 36; 17, 3; 40, 25; 18, 3; 19, 33 f. 151) oder die Absicherung der Meinung, ‚Heer- und Kriegswesen' hätten „den eigentlichen Brennpunkt für das öffentliche Leben der Germanen" gebildet (13, I, 180). Führerideologie spielte in diesen Darst. eine große Rolle (18, 24–28), und es wurde sogar die Eroberung „neuen Lebensraum[s] mit Blut" als Wesenseigenart der Germ. auch in ihrer W. herausgestellt (8, 9). Unter W. werden heute „Grundordnung, Organisationsstruktur und sonstige konstitutive Elemente" sowie der Zustand und die rechtliche Verankerung milit. Einheiten verstanden (15, 216).

Ein stehendes, mit Geld oder Landzuweisungen unterhaltenes Heer wurde von → Augustus aufgebaut *(constitutiones Augusti)*. Die von Auxiliareinheiten unterstützten Legionen waren an den Grenzen des Reiches (→ Limes) stationiert, in Italien verblieben lediglich die Prätorianerkohorten (→ Römisches Heerwesen). Im Zusammenhang mit den Partherkriegen des 3. und 4. Jh.s wurden Reitereinheiten immer wichtiger (27, 67–72). Als Konsequenz der Auseinandersetzungen an der O- und N-Grenze wurde von Diokletian neben den wohl nur in N-Afrika als Kolonen (→ Pacht § 2; → Grundherrschaft § 3) angesiedelten, in den übrigen Grenzgebieten dagegen regulär besoldeten, jedoch oft nicht bes. truppenstarken Einheiten des Grenzheeres *(limitanei)* (15, 221–226; 14, 19–28) auch ein Bewegungsheer *(comitatenses)* aufgestellt (→ Römisches Heerwesen § 2d; → Heerwesen § 4c). Beiden Heeren gehörten auf allen Ebenen zunehmend auch gentile Gruppen (→ Laeten und Laetengräber; → Gentilismus; → foederati) an, die eine in der Spätant. immer stärker bemerkbare Barbarisierung des vielleicht auch an Truppenzahl weiter reduzierten röm. Heeres verursachten (→ Römisches Heerwesen § 3d; → Heerwesen § 4b, 4d) (27, 84 f.; 29; 15, 229; 16). Die Kaiser, Funktionsträger und Heerführer (→ Heermeister) röm. ebenso wie barbarischer Herkunft sowie wirtschaftl. Vermögende sammelten in der Spätant. Buccelarier (→ Buccelarius) um sich, Gardegruppen verschiedenster gentiler oder reichsröm. Herkunft, die auch für die Militärorganisation der germ. Herrschaftsbildungen zum Vorbild wurden, welche die Traditionen des Weström. Reiches übernahmen (38; 48).

§ 2. Völkerwanderungszeit und frühes Mittelalter. In den *regna* der VWZ und des frühen MAs wurden milit. Unternehmen in starkem Maße von fürstlichen → Gefolgschaften (22, 4 f. 26–32) geprägt. Schon → Tacitus schilderte in der *Germania* (Tac. Germ. 13–15 [7, S. 92–95]) diese Formationen, deren Angehörige im Merowingerreich als Antrustionen (→ Antrustio), → Leudes (20, 2–4) oder anders bezeichnet wurden und aus denen die Vasallität (→ Vasall) erwuchs (20, 9). Neben diesen elitären milit. Kerngruppen existierten aus → Freien gebildete Heeresverbände (10, 107–111), in denen Reitereinheiten langsam zunehmende Bedeutung erhielten (13, I, 183 f.; 18, 18 f.; 36; 50, 173–175. 221. 302). Im Heerwesen der *gentes* (→ Stamm und Staat § 4; → Stammesbildung, Ethnogenese) der VWZ und der MZ wirkten vielfach spätantik-röm. Organisationsformen fort (→ Heerwesen § 4b).

Neben den Gefolgschaften konnten dementsprechend auch größere Heere in den Krieg geführt werden. Nach Angaben des Tacitus (Tac. Germ. 44 [7, S. 120–123]) unterhielten die skand. Suionen gut organisierte Land- und Seestreitkräfte mit Waffenkammern unter besonderer Aufsicht (46, I, 401–417). Schon die frühen got. Kg. und Richter boten Stammesheere auf, die wohl nach dem Dezimalsystem aufgegliedert waren (50, 106–109). Das Heer des W-Gotenreiches wurde nicht nur aus kriegsdienstpflichtigen freien → Goten und verpflichteten → Unfreien, sondern auch aus foederierten Gruppen, Laeten und Gentilen sowie senatorischen → Romanen gebildet, wobei Organisationsformen der röm. Heeresorganisation übernommen wurden (50, 221–223; 22, 13–17; → Heerwesen S. 132), z. B. ein nach dem Dezimalsystem stark differenzierter Heereskörper (50, 222 f.). Die Verpflichtung der freien männlichen Bevölkerung zum Heeresdienst übernahm noch das Kgt. von Asturien und Leon vom W-Gotenreich (37, 301).

Die Krieger des ostgot. Heeres in Italien (50, 302–306) wurden nach strategischen Gesichtspunkten angesiedelt und aus einem Drittel des Steueraufkommens und mit zusätzlichen, persönlich in → Ravenna abzuholenden kgl. Donativen unterhalten (50, 296–299; → Heerwesen S. 133). Durch die Zugehörigkeit zum in sozialer Hinsicht attraktiven Heer wurde auch im O-Gotenreich eine Vielzahl weiterer gentiler Verbände zu Goten (50, 300–302).

Im langob. Italien wurden heerdienstpflichtige, dem Kg. durch → Eid verpflichtete, an die Stadtbez. gebundene und *iudices* (→ Iudex) unterstellte Freie als *exercitales* oder → *arimanni* bezeichnet (11; 9; 23; 43; 30; 22, 24). Die ält. Forsch. nahm an, daß diese nach dem Vorbild postulierter Kolonien spätröm.-byz. Limitanverbände auf Fiskalland angesiedelt worden seien, während sie später als Gefolgsleute des langob. Kg.s angesehen wurden (9). Unter dieser Personengruppe befanden sich schon im 7. Jh. auch Romanen (30, 5–7). Kg. → Liutprand verfügte im J. 726 Erleichterungen für wirtschaftl. schlechter gestellte Freie, die zukünftig mit seiner Erlaubnis statt des Einsatzes im Heer Dienste bei kgl. Amtsträgern verrichten konnten, die an ihrer Stelle in den Krieg ziehen sollten. Immer weniger Freie waren also offenbar in der Lage, ihrer Heeresdienstpflicht tatsächlich nachzukommen (30, 7–9). Während noch Kg. Ratchis die *arimanni* verpflichtete, zu Pferd und mit Schild und Lanze bewaffnet zum Heeresdienst zu kommen (2, Ratchis 4, 340 f.), teilte Aistulf die Freien in drei Gruppen ein, die in unterschiedlich abgestuften Bewaffnungen zu erscheinen hatten (2, Aistulf I, 2, 358–361; 30, 21).

In der Gesetzgebung des Kg.s → Ine von Wessex (688–726) wurden bewaffnete Gefolgschaften in der Stärke von 8–35 Mitgliedern noch als kriminelle Banden bezeichnet, erst größere Gruppen fanden Anerkennung als Heer (Laws of Ine, 13,1 [3, S. 400]; 31, 288). Die Nachricht des → Beda venerabilis (Beda, Hist. V, 10, 459), die *satrapes* der → Sachsen auf dem Kontinent hätten im Kriegsfalle einen der ihren durch Loswurf zum Heerführer bestimmt, wird zunehmend kritisiert und in ihrer Glaubwürdigkeit in bezug auf die W. der Sachsen bezweifelt (42, 131–134). Aber auch in der slaw. Frühzeit scheinen die Anführer vereinigter Stammesheere für eine bestimmte Zeit gewählt worden zu sein; sie wurden mit dem semant. wohl vom got. Terminus für → Herzog übernommenen Wort *vojevoda* bezeichnet (32).

§ 3. Karolingerzeit. Über die KaZ informiert die Kapitulariengesetzgebung (→ Kapitularien). Schon → Karl Martell verstärkte die Bedeutung der Reiterei innerhalb des frk. Heeres in der Auseinandersetzung mit arab. Invasoren, und in der weiteren KaZ steigerte sich die Bedeutung berittener Einheiten innerhalb der frk. Kriegsverbände (46, IV, 542–547; anders → Heerwesen S. 128 und → Panzerreiter). Seit 755/756 sammelte sich das Heer im Frühjahr nicht mehr auf dem sog. → Märzfeld, sondern zwei Monate später auf dem Maifeld. Instrument zur Aufbietung des kgl. Heeres war der (Heer)bann des Frankenkg.s (46, IV, 547 f.; 28, 111), der sich auch auf die unterworfenen *gentes* bezog, wie etwa in den J. 782 und 806, als Sachsen zur Unterwerfung rebellierender Sorben aufgeboten wurden (46, IV, 538 f.; 18, 51). Der Kg. konnte über die Grafen (→ Graf/Grafio) durch Aufgebotsschreiben (Brief Karls des Großen an Abt Fulrad von St. Denis, MGH Cap I [5, S. 168]) oder Nachricht durch *missi* die Freien zu den Waffen rufen (*Capitulare missorum generale,* MGH Cap. I, c. 7 [5, S. 92/93]); in welchem Umfang dies jedoch geschah, kann nicht festgestellt werden (33, 178; 45, 141 f.; 28, 112). Immerhin ordnete Ludwig der Fromme im J. 829 an, „Stammrollen von Wehrpflichtigen anzulegen" (Conrad [18, 51] mit Bezug auf *Capitulare pro lege habendum Wormatiense,* MGH Cap. II,

19/20, c. 7: *ut veraciter sciant illos atque describant, qui in exercitalem ire possunt expeditionem*). Nicht immer wurde das ganze Heer aufgeboten, sondern kleinere Gruppen *(scarae)* wohl professioneller Krieger zogen ebenfalls in den Krieg. Dabei wurde zw. der Heeresfolge bei der Führung eines Angriffskrieges und der Landfolge *(lantweri)* zur Abwehr von Einfällen kriegerischer Gruppen in das Frankenreich unterschieden (26, 389–403). Waffen, Ausrüstung und Verpflegung hatten die Heerdienstpflichtigen selbst beizusteuern (z. B. Brief Karls des Großen an Abt Fulrad von St. Denis, MGH Cap I [5, S. 168]; 46, IV, 541 f.). Seit 807 ist überliefert, daß je nach der Entfernung des Ziels eines geplanten Kriegszuges und der Landausstattung der aufgerufenen Freien zw. zwei und sieben Personen je einen Krieger zum Waffendienst ausstatten und sog. Gestellungsverbände bilden konnten (MGH Cap. I, Nr. 48, [5, S. 134]; *Capitulare missorum de exercitu promovendo,* MGH Cap. I, Nr. 50 [5, S. 137 f.]; MGH Cap. II, Nr. 186, c. 7 [5, S. 7]; MGH Cap. II, Nr. 273, c. 27 [5, S. 321 f.]; 46, IV, 557–567; 18, 50; 19, 152; 28, 114 f.; 21, 323–330; 25, 117–120). Es sollte also eine Auswahl der Heeresfolgepflichtigen nach wirtschaftl. Gesichtspunkten vorgenommen werden, bei der weniger leistungsfähige Freie geschont und Eigentümer von Pferden bevorzugt herangezogen wurden (vgl. auch → Wehrfähigkeit). Die Grafen hatten diese Zusammenstellungen und die Ausgleichsabgaben der Verschonten zu überwachen (18, 57). Zunehmend wurde es möglich, die kgl. Vasallen und diejenigen anderer Herren einschließlich deren Diener zum Krieg aufzurufen (33, 181–189). Widerstand gegen kgl. Anordnungen zum Kriegszug sollte zur Strafe mit hohen Summen belegt werden (60 Solidi nach L. Rib. 68,1 [4, 119]; MGH Cap. I, Nr. 74, c. 1 [5, S. 166]; Cap. I, Nr. 98, c. 2 [5, S. 205]; 18, 74 f.), und der nicht genehmigte Abmarsch vom Feldzug (*herisliz;* → Harisliz), wie er dem → *dux* → Tassilo III. zum Vorwurf gemacht wurde, konnte mit dem Tod und der Konfiszierung des Besitzes bestraft werden (Cap. I, Nr. 74, c. 4 [5, S. 166]; Cap. I, Nr. 98, c. 3 [5, S. 205]; 28, 128 f.; 19, 153; 39, 152). Durch zahlreiche Verordnungen in Kapitularien versuchte → Karl der Große, die milit. Infrastruktur zur Versorgung und Mobilisierung des Heeres und die Bereitstellung von Reserven zu verbessern (28, 126 f.; → Heerwesen S. 126). Auch einer zunehmenden Tendenz zur Entziehung von der Heerfolgepflicht suchte die Kapitulariengesetzgebung entgegenzuwirken (46, IV, 555; 18, 59 f.). In den Grenzgebieten galten besondere Pflichten, etwa zum Wachdienst (*wacta;* → Wache [Wachehalten, Wachposten]) (*Edictum Pistense,* MGH Cap. II, c. 27 [5, S. 321]; 28, 120 f.; 26, 393). Als Reaktion auf die Überfälle nordgerm. Piraten beabsichtigte Ludwig der Fromme die Einrichtung spezieller Flottenverbände an der Kanal- und Nordseeküste (28, 121; 26, 396 f.).

§ 4. Fortgang bis zum Hochmittelalter. In der 2. Hälfte des 9. Jh.s wird das Bestreben erkennbar, nur noch *nobiles* das permanente Tragen von Waffen zuzugestehen. Die Angehörigen des vom Grafen angeführten Aufgebots eines → Pagus hatten ihre Waffen innerhalb von 40 Tagen nach der Rückkehr von einem Kriegszug niederzulegen (*Capitulare missorum Wormatiense,* August 829, c. 13, MGH Cap. II, Nr. 192 [5, S. 16]; *Edictum Pistense,* Juni 864, c. 33, MGH Cap. II, Nr. 273 [5, S. 324 f.]: *postquam comes et pagenses de qualibet expeditione hostili reversi fuerit, ex eo die super XL noctes sit bannus resisus, quod in lingua theodisca scaftlegi, id est armorum depositio, vocatur;* 31, 303 f.; 46, IV, 551). Zunehmend entwickelte sich nun die ins hohe MA führende Vorstellung von der Existenz eines eigenen Kriegerstandes *(ordo pugnatorum)* neben Bauern und Geistlichen (24, 752 f.). Außer den Feudalaufgeboten blieben aber weiterhin auch angeworbene Kriegergruppen Bestandteile kgl. Heere sowohl im w. Frankenreich, wie etwa jene Sachsen, die Karl der Kahle im J. 860 gegen Bretonen führte (Regino von Prüm, Chronica ad a. 860 [6, S. 79]; 18, 56; 12), als auch bei den → Angelsachsen vor der normannischen Eroberung im J. 1066 (47).

Für die W. Skand.s war die Organisation maritimer Verbände mit befestigten Ausgangsbasen, wie in der Frühzeit → Eketorp und → Ismantorp auf Öland und im 10./11. Jh. → Fyrkat, → Aggersborg, → Trelleborg und → Nonnebakken, von besonderer Bedeutung (34, 232–245. 254–261. 267–272); der navalen Verteidigung diente dort im hohen MA der *leidangr,* das gesetzlich festgelegte Aufgebot der einzelnen Regionen an zu entsendenden Schiffen und Mannschaften (34, 247. 278–287; 41).

Qu.: (1) Beda der Ehrwürdige, Kirchengesch. des engl. Volkes, hrsg. von G. Spitzbart, ²1997. (2) Die Gesetze der Langob. Übertragen und bearb. von F. Beyerle, 1947. (3) Laws of Ine, translated by D. Whitelock, English Hist. Documents 1, rev. Ed. 1979. (4) Lex Ribvaria, hrsg. F. Beyerle, R. Buchner, MGH LL I, Leges Nationum Germanicarum 3, 2, 1954, Neudr. 1997. (5) MGH Cap. Regum Francorum I, hrsg. von A. Boretius, 1883; II, hrsg. von A. Boretius, V. Krause, 1897. (6) Regino von Prüm, Chronicon, hrsg. von F. Kurze, MGH SS rer. Germ. in usum schol. [50], 1890. (7) Tac. Germ., Lat. und dt. von G. Perl, Griech. und lat. Qu. zur Frühgesch. Mitteleuropas bis zur Mitte des 1. Jt.s u. Z., hrsg. von J. Herrmann 2, 1990.

Lit.: (8) H. Aubin, Wehrkraft, W. und Wehrmacht in der dt. Gesch., 109. Jahresber. der Schlesischen Ges. für vaterländische Cultur. Geisteswiss. R. Nr. 2, 1937. (9) O. Bertolini, Ordinamenti militari e strutture sociali die Longobardi in Italia, in: [35], 429–629. (10) J.-P. Bodmer, Der Krieger der MZ und seine Welt. Eine Studie über Kriegertum als Form der menschlichen Existenz im Früh-MA, 1957. (11) G. P. Bognetti, Arimannie e Guariganghe, in: [49], 109–134. (12) J. Boussard, Services féodaux, milices et mercenaires dans les armées en France aux Xe et XIe siècles, in: [35], 131–168. (13) Brunner, DRG. (14) H. Castritius, Die Grenzverteidigung in Rätien und Noricum im 5. Jh. n.Chr. Ein Beitr. zum Ende der Ant., in: H. Wolfram, A. Schwarcz (Hrsg.), Die Bayern und ihre Nachbarn 1, 1989, 17–28. (15) Ders., Die W. des spätröm. Reiches als hinreichende Bedingung zur Erklärung seines Untergangs? – Zur Interdependenz von wirtschaftl.-finanzieller Stärke und milit. Macht, in: R. Bratož (Hrsg.), W-Illyricum und NO-Italien in der spätröm. Zeit, 1996, 215–232. (16) M. Cesa, Röm. Heer und barbarische Föderaten, Bonner Jb. 193, 1993, 203–217. (17) H. Conrad, Der Gedanke der allg. Wehrpflicht in der dt. W. des MAs, 1937. (18) Ders., Gesch. der dt. W., 1939. (19) Ders., Dt. Rechtsgesch., 1. Frühzeit und MA, 1954. (20) A. Dopsch, Die leudes und das Lehenswesen, in: Ders., Verfassungs- und Wirtschaftsgesch. des MAs. Gesammelte Aufsätze 1, 1928, Neudr. 1968, 1–10. (21) W. Erben, Zur Gesch. des karol. Kriegswesens, HZ 101, 1908, 321–336. (22) H.-J. Diesner, Westgot. und langob. Gefolgschaften und Untertanenverbände, 1978. (23) G. Dilcher, Arimannia, in: HRG I, 220–223. (24) G. Duby, Les origines de la chevalerie, in: [35], 739–761. (25) H. Fehr, Das Waffenrecht der Bauern im MA, ZRG GA 35, 1914, 111–211. (26) Ders., Landfolge und Gerichtsfolge im frk. Recht. Ein Beitr. zur Lehre vom frk. Untertanenverband, in: Festg. für R. Sohm, 1914, 387–427. (27) E. Gabba, Considerazioni sugli ordinamenti militari del tardo impero, in: [35], 65–94. (28) F. L. Ganshof, L'armee sous les Carolingiens, in: [35], 109–130. (29) D. Hoffmann, Das spätröm. Bewegungsheer und die Notitia dignitatum 1–2, 1969–1970. (30) J. Jarnut, Beobachtungen zu den langob. arimanni und exercitales, ZRG GA 88, 1971, 1–28 (= in: Ders., Herrschaft und Ethnogenese im Früh-MA. Gesammelte Aufsätze, 2002, 429–456). (31) R. Le Jan, Frankish Giving of Arms and Rituals of Power: Continuity and Change in the Carolingian Period, in: F. Theuws, J. L. Nelson (Hrsg.), Rituals of Power. From Late Antiqu. to the Early MA, 2000, 281–309. (32) Ph. Malingoudis, Zur W. der slav. Stämme im 7. Jh., Jb. der österr. Byzantinistik 44, 1994, 275–281. (33) H. Mitteis, Lehnrecht und Staatsgewalt. Unters. zur ma. Verfassungsgesch., 1933, Neudr. 1958. (34) L. Musset, Problèmes militaires du monde scandinave (VIIe–XIIe siècles), in: [35], 229–291. (35) Ordinamenti militari in occidente nell'alto medioevo I und II, Settimane di studio del Centro italiano di studi sull'alto medioevo 15, 1968. (36) C. Sánchez-Albornoz, La caballeria visigoda, in: [49], 92–108. (37) Ders., El ejército y la guerra en el reino Asturleonés 718–1037, in: [35], 293–428. (38) O. Schmitt, Die Buccellarii. Eine Studie zum milit. Gefolgschaftswesen in der Spätant., Tyche 9, 1994, 147–174. (39) R. Schröder, Lehrb. der dt. Rechtsgesch., ³1898. (40) C. Frhr. von Schwerin, Grundzüge der dt. Rechtsgesch., ²1941. (41) K von See, Das skand. Kgt. des frühen und hohen MAs: ein Beitr. zum Problem des ma. Staates, Diss. Hamburg 1953. (42) M. Springer, Die Sachsen, 2004. (43) G. Tabacco, Arimannia, Arimannen, in: Lex. des MAs 1, 1980, 932 f. (44) Ders., Der Zusammenhang von Macht und Besitz im frk. und langob. Reich, Saeculum 24, 1973, 220–240. (45) S. Uyehara, Gefolgschaft und Vasallität im frk. Reiche und in Japan, in: [49], 135–154. (46) G. Waitz, Dt. Verfassungsgesch., Bd. 1. Die Verfassung des dt. Volkes in ältester Zeit, ³1880; Bd. 4. Die Verfassung des frk. Reiches 3, ²1885. (47) C. Warren Hollister, Military Obligation in Late-Saxon and Norman England, in: [35], 169–186. (48) G. Wirth, Buc(c)ellarii, in: Lex. des MAs 2, 1983, 802. (49) Wirtschaft und Kultur (Festschr. A. Dopsch), 1938. (50) H. Wolfram, Die Goten. Von den Anfängen bis zur Mitte des sechsten Jh.s, ³1990.

M. Hardt

Weibull, Lauritz, schwed. Historiker, * 2. April 1873, † 2. Dezember 1960; Sohn von Martin Weibull (1835–1902), Prof. für Gesch. an der Univ. Lund, und dessen Frau Sophie, geb. Winberg (1842–1918). Als Historiker wird W. oft gemeinsam mit seinem Bruder Curt Weibull (1886–1991; Näheres s. u.) genannt. W. war von 1903–1919 Landesarchivar in Lund, von 1919–1938 Professor für Gesch. an der Univ. Lund.

W. ist einer der bedeutendsten nord. Historiker des 20. Jh.s. Mit ihm und seinem 13 J. jüng. Bruder Curt kam in der skand. MA-Forschung eine neue, radikale Qu.kritik zum Tragen. Dieser Wechsel in der wiss. Orientierung wird oft mit dem Terminus ‚Sagakritik' bezeichnet, doch ist diese Bezeichnung nicht umfassend genug. Der Unterschied zw. den Brüdern Weibull und ihren Vorgängern lag nicht nur in ihrem Verständnis der Sagalit., sondern vielmehr in der wiss. Sicht und den Arbeitsmethoden überhaupt (39, 335–366). Bes. im nachhinein tritt ihr Einsatz als ein Paradigmenwechsel hervor.

Als sie ab dem J. 1911 ihre neuen Gesichtspunkte und Bewertungen vorlegten, stießen sie auf bemerkenswert geringe Zustimmung; vielmehr war eine ausgesprochene Skepsis oder Gleichgültigkeit die übliche Reaktion. Nachdem jedoch 1919 W. in Lund und 1927 C. Weibull in Göteborg

Professoren geworden waren, prägten sie – nicht zuletzt durch ihre Schüler – zunehmend die schwed. Geschichtsforsch. Großen Einfluß hatten sie in Dänemark, wo der kritische Einsatz von W. durchweg positiver beurteilt wurde als in Schweden. W. war von den beiden Brüdern der Vorreiter und erzielte daher als erster durchschlagenden Erfolg. Das Verhältnis der Brüder war jedoch sehr eng, und nachdem auch C. Weibull seine Laufbahn als Historiker begonnen hatte, diskutierten sie untereinander alle fachlichen Fragen und Veröffentl.

1892 begann W. mit dem Studium in Lund. Seine Studien galten den Fächern Gesch. und Ästhetik, wobei letztere auch die Kunst- und Literaturgesch. umfaßte. 1899 schloß er sein Lizentiatexamen ab, das auf einer Abhandl. über Th. Thorild, einen Dichter des 18. Jh.s, beruhte, die ein J. zuvor im Druck erschienen war. Im gleichen J. verteidigte er bei einer Disputation eine Abhandl. über die diplomatischen Verbindungen zw. Schweden und Frankreich 1629–1631, jedoch nicht – wie üblich und auch in diesem Fall geplant – zur Erlangung der Doktorwürde, sondern zur Annahme als Dozent. Danach setzte er seine wiss. Arbeit fort. Als unbesoldeter Dozent hielt er im Herbst 1899 sechs Vorlesungen über „die Geschichte der schwedischen Geschichtsschreibung". Ein wesentlicher Punkt dieser Vorlesungen war, daß die erzählenden Qu. des MAs allesamt als Überreste einer Art von Geschichtsschreibung gesehen wurden.

Die humanistische Sektion der phil. Fakultät an der Univ. Lund hatte nur drei Anstellungen als Dozentenstipendiat zur Verfügung, und die Aussichten auf eine akademische Karriere an der Univ. waren gering. Statt dessen richtete W. sein Interesse auf den Dienst im neuen Landesarchiv in Lund, das damals – nach Vadstena – gerade im Aufbau begriffen war. Er sammelte Berufserfahrung im Reichsarchiv *(Riksarkivet)* in Stockholm und wurde 1903 zum Leiter des neuen Landesarchivs in Lund ernannt. Zu dem Zeitpunkt hatte er bereits die Aufgabe übernommen, Urk. für die Stadt Malmö und das Domkapitel in Lund herauszugeben. Die Arbeit an den Textausgaben nach strengen textkritischen Prinzipien war von großer Bedeutung für ihn (7, 1 f.; 39, 350). 1906 hielt er sich eine Zeitlang im Umfeld der „Monumenta Germaniae Historica" in Wien auf. Schon zu Studienzeiten hatte er Verbindungen zum dän. Archivdienst geknüpft, in dem die sog. ‚Faktenpositivisten' mit K. Erslev als maßgeblichem Vertreter dominierten.

Obwohl die Stellung als Landesarchivar einen gewissen Abstand zur Univ. bedeutete, war sie einer Karriere als Historiker keineswegs abträglich. Nach dem unerwarteten Tod des Vaters 1902 mußte W. indessen einen wesentlichen Teil der Zeit, die ihm neben dem anspruchsvollen Archivdienst noch verblieb, der Fertigstellung der vom Vater begonnenen, aber nicht mehr vollendeten Arbeiten widmen. So konnte er während dieser Zeit an eigenen Arbeiten nur kleinere Beiträge, v. a. in Anknüpfung an die schonische Gesch., schreiben, die er in der vom Vater gegründeten Zeitschr. „Historisk tidskrift för Skåneland" veröffentlichte. Daneben setzte er auch seine Hrsg.tätigkeit fort.

Durch seine Verf.tätigkeit und den Kontakt mit Kopenhagen führte W. eine markante skandinavistische – und zugleich schonisch-patriotische – Tradition des Vaters weiter. Schonen stellte in diesem Zusammenhang das Band zw. Dänemark und Schweden dar. Diese Tradition war zudem polit. liberal-radikal, stark beeinflußt von Georg Brandes; sie stand in deutlichem Gegensatz zu einer eher national und konservativ geprägten Richtung, die sich zu der Zeit mehr und mehr unter schwed. Historikern geltend machte. Diese Richtung fand bes. günstige Bedingungen in den J. nach der Unionskrise 1905 bis zum Ersten Weltkrieg. Sie war dominierend an der Univ. Uppsala, erfaßte nach dem Ableben Martin

Weibulls aber auch Lund. W.s Verbindung zu Dänemark wurde im übrigen durch die lebenslange Freundschaft zu dem polit. wie auch fachlich radikalen dän. Historiker Erik Arup verstärkt, die 1905 während eines Besuchs in Lübeck begonnen hatte (28).

W.s Studien und seine berufliche Laufbahn einschließlich seiner schriftlichen Produktion hatten lange Zeit keine klare Ausrichtung. Seine wiss. Arbeiten erstreckten sich über ein breites Feld von Studien zur Kulturgesch. sowie zur polit. Gesch.; viele zeigten eine bestimmte lokale Anknüpfung. Sie waren solide, doch zugleich auch traditionell.

Zw. 1908 und 1909 schlug er einen neuen Kurs ein. Ausschlaggebende Faktoren für den Wechsel scheinen die Freundschaft mit Arup und die beginnende Zusammenarbeit mit dem Bruder gewesen zu sein (38, 104; 40). 1909 erhielt W. die Erlaubnis, für ein halbes J. den Archivdienst zu verlassen und statt dessen eine Vertretung an der Univ. zu übernehmen, während der er Vorlesungen über die ält. dän. Gesch. hielt. 1910 beendete er ein Buchms., in dem er mehrere der in den Vorlesungen behandelten Themen aufgriff. Es wurde zur Durchsicht an wenige ausgewählte Personen geschickt, und im J. 1911 kam in einer Aufl. von 250 gedruckten Ex. ein schmales, kleinformatiges Buch von 200 Seiten heraus, das Epoche machen sollte: „Kritiska undersökningar i Nordens historia omkring år 1000" (Kritische Unters. zur Gesch. des Nordens um das J. 1000; 3).

Die Studien konzentrierten sich auf die dän. Gesch. unter Harald Blauzahn (→ Haraldr blátönn Gormsson) und Sven Gabelbart (→ Sveinn tjúguskegg). Aber auch andere hist. Persönlichkeiten wurden miteinbezogen, wie z. B. → Erik der Siegreiche und Sigriðr stórráða. Eine der Analysen galt der Schlacht bei Svolder. Neben den sechs Unters. gab es zwei Exkurse, einen zur Kg.schronik in der → *Hervarar saga* und einen über die Jómswikinger (→ *Jómsvíkinga saga*; → Wikinger).

Das Vorwort zu den „Kritiska undersökningar" klingt wie eine Fanfare: ‚Das vorliegende Buch stellt den Versuch dar, die moderne historische Methode auf ein Gebiet der nordischen Geschichte anzuwenden, wo dies nur in wenigen Fällen geschehen ist'. Das Resultat mußte nach Ansicht des Verf.s eine vollständige Umwertung sein, und dies unterstrich er in dramatischer Wortwahl. ‚Wenn Sage und Dichtung hinweggefegt sind, zeigt sich, daß nur einzelne Ereignisse und die gröbsten Linien in der Geschichte der Zeit wissenschaftlich nachweisbar sind' (3, 247).

Diese Worte – und natürlich auch der Inhalt des Buches – wirkten stark provozierend, auch wenn die Unters. ansonsten in einem äußerst nüchternen und sachlichen Stil gehalten waren. Die Darst. basierte unmittelbar auf dem Qu.material. Im großen und ganzen widerlegte W. die frühere Forsch. nicht, sondern zitierte vielmehr bisweilen seine Vorgänger, um einzelne Fragen im Blick auf den Umgang mit den Qu. zu verdeutlichen. Was W. zu Jómsburg und den Jómswikingern schreibt, illustriert die Methode und die Darst. Zwei Themen sind hier zentral, die Grundlegung der Jómsburg und die Aktivitäten, die die Qu. den Jómswikingern zuschreiben. Auf eine Art und Weise, die W. als typisch für die frühere Forsch. ansah, hatte P. A. Munch sich hauptsächlich auf den späten und ausführlichen – liter. stark ausgeschmückten – Teil der Überlieferung gestützt (die → *Heimskringla* von → Snorri Sturluson sowie die *Jómsvíkinga s.*), ohne dies in irgendeiner Weise als problematisch zu empfinden. Da, wo die Qu. voneinander abwichen, hatte er nach eigenem Ermessen versucht, die unterschiedlichen Angaben zu kombinieren und zu harmonisieren.

Nach Munch stützten sich andere Historiker, unter ihnen vor allem A. D. Jørgensen und Johannes → Steenstrup, verstärkt auf die ältesten norrönen wie auch auf dän. Texte (→ Sven Aggesen, → Saxo Grammaticus, → *Fagrskinna* und → *Knýtlinga saga*), deren Angaben nüchterner waren. Das schien ein Fortschritt zu sein, aber der Eindruck täuschte. Durch den Vergleich aller aktuellen Textstellen konnte W. nachweisen, daß die ält. Qu. nicht unabhängig voneinander waren; die Angaben über den Ursprung der Jómsburg fanden sich in nahezu identischem Wortlaut in sämtlichen Qu. wieder. Munchs Nachfolger bauten daher kaum auf sichererem Grund als Munch selbst. Zudem waren alle Qu. wenigstens 200 J. jüng. als die Ereignisse selbst. Und nicht genug damit: Im Grunde genommen war die gesamte Überlieferung über den Ursprung der Jómsburg eine Überlieferung. Die jüngste Qu., die Palna-Tóki und nicht Haraldr Blauzahn als den Gründer der Jómsburg nennt, hatte in einem ansonsten fast identischen Wortlaut nur die Namen ‚Haraldr' gegen ‚Palna-Tóki' ausgetauscht (3, 350 f.). Danach befaßte sich W. mit den Begebenheiten, die sich um die Jómswikinger rankten; dabei konnte er feststellen, daß zeitgenössische Qu. wie z. B. Skaldengedichte (→ Skaldische Dichtung), die bis zu einem gewissen Grad eben diese Ereignisse behandelten, die Jómswikinger gar nicht nannten. Die Schlacht auf dem Fyrisfeld war nur in einer wahrscheinlich unechten *lausavísa* belegt, und in dem beschriebenen Kampf zw. Stýrbjörn und Eiríkr kommen die Jómswikinger nicht vor. Eine Beschreibung der Schlacht in Hjörungavágr findet sich in mehreren zeitgenössischen Skaldengedichten, aber auch da sucht man vergebens nach den Jómswikingern. Die Flucht Haraldr Blauzahns und die Entführung Sven Gabelbarts verbindet sich in den frühesten Qu. nicht mit der Jómsburg und den Jómswikingern, sondern mit den slaw. Völkergruppen dieses Gebiets (3, 353 ff.).

Die kritische Sichtung der Texte hatte somit aufgezeigt, wie Dänen und Slawen von der 2. Hälfte des 12. Jh.s an allmählich – „Verfasser für Verfasser, Ereignis für Ereignis" – zu Jómswikingern gemacht worden waren. Damit hatte das Gesamtbild eine Form bekommen, die die modernen Historiker im großen und ganzen – mit einigen kleinen Anpassungen – einfach übernommen hatten. In Wirklichkeit handelte es sich um späte Heldendichtung. Auch wenn sich nicht ausschließen ließ, daß einzelne Personen und Namen, die in die Überlieferung Einlaß gefunden hatten, einen hist. Hintergrund hatten, so beruhte das Gesamtbild doch auf einer Illusion, wie W. schlußfolgerte: ‚Die nordische Jómsburg und die Jómswikinger, wie sie die dänische und isländische Überlieferung kennen, haben niemals existiert' (3, 357).

Nicht nur die Jómswikinger verschwanden, sondern auch Sigríðr Stórráða. Die Kriegsflotten der nord. Kg. wurden von Svolder in den Öresund verlegt; die schwed. Königsgesch. um die Jt.wende, wie man sie zu kennen glaubte, begann sich aufzulösen. Dies kam einer vollständigen Zerstörung liebgewonnener Vorstellungen gleich.

Als W. seine neuen Gesichtspunkte vorlegte, waren weder eine kritische Methode noch die Zweifel an der Glaubwürdigkeit der Sagas etwas Neues. Neu war jedoch die Art und Weise, mit der W. bei seinen Unters. vorging. Er bediente sich bekannter – aber nicht immer befolgter – methodischer Prinzipien mit einer radikalen Konsequenz, wie es sie zuvor nie gegeben hatte.

In einer an Qu. so armen Zeit wie dem MA wurden Anforderungen an eine Methode oft nur mit einer gewissen Vorsicht erhoben. Auch das Verständnis des Qu.materials war nicht eindeutig. W. verlangte seinerseits, daß der Historiker auch hier zu den Fakten finden müsse, um dann auf dieser Grundlage Schlußfolgerungen zu ziehen, und zwar nach ‚den strengsten Gesetzen einer strengen Logik', wie er es ausdrückte. Hinter der Formulierung läßt sich die Auffassung von Seignobos erahnen, was Gesch.

ist und welche wiss. Anforderungen zu gelten haben (7, 69 f.; 37, 201 f.; 39, 357).

Das Verständnis der Sagas hatte während des 19. Jh.s nicht gerade wenig geschwankt. Um 1900 schien sich das Vertrauen in ihre Glaubwürdigkeit auf eine ganz spezielle Art und Weise wieder zu festigen: Man stellte sich nicht länger eine mündliche Überlieferung in fester Form vor; vielmehr sollten volkskundliche Perspektiven neue Einsichten über die Entwicklung dieser Tradition vermitteln und somit die hist. ‚Kerne' des vorliegenden Materials herausschälen. Damit war W. überhaupt nicht einverstanden.

In der Diskussion, die den „Kritiska undersökningar" folgte, legte er seine methodischen Gesichtspunkte dar (4; 7). Seiner Auffassung nach hatte man früher – gegen wiss. Prinzipien – versucht, abweichende Textstellen nach Gutdünken miteinander in Einklang zu bringen, anstatt die einzelnen Qu. zu analysieren, um unter ihnen evtl. eine Auswahl zu treffen. Ferner hatte man Angaben aus den Sagas ohne reelle Grundlage mit Informationen aus anderen Qu. (z. B. mit Runeninschr., in denen zufällig der gleiche Name vorkam) sowie mit arch. Funden kombiniert. Zu guter Letzt hatte man – improvisiert und intuitiv – auf subjektiver und unsicherer Grundlage die Qu. mit mehr oder weniger scharfsinnigen Überlegungen zur Wahrscheinlichkeit ergänzt. Als Folge davon, so W., sei in diesem Teil der Gesch. im Laufe der J. ein undurchdringlicher „Urwald von Annahmen und Hypothesen" in einer unendlichen Reihe von Kombinationen angewachsen, in dem es unmöglich war, Fakten und Spekulationen auseinanderzuhalten (39, 353). Um nun damit aufzuräumen, brauche man „moderne historische Methoden".

Das Neue an W.s Qu.behandlung war die strikte Konsequenz, mit der er aufzeigte, wie die verschiedenen Berichte, wie z. B. Sagatexte, sich in einer liter. Tradition zueinander verhielten. Dadurch schwand das Vertrauen v. a. in die jüng. Qu., und W. stützte sich, wo er nur konnte, auf die zeitgenössischen Skaldengedichte. Für die Deutung der Qu. galt unausweichlich die methodische Anforderung, daß ein Text isoliert gelesen und verstanden werden mußte, ohne Berücksichtigung dessen, was man durch das Kombinieren mit anderen Qu. in ihn hineinlesen konnte.

W.s Widersacher wollten diese isolierende Perspektive auf die Texte nicht gelten lassen. Sie wollten weder den Überlegungen zur Wahrscheinlichkeit noch den Kombinationen quer durch die Qu.typen eine Absage erteilen. Sie stellten auch nicht die gleichen Anforderungen an ein zeitgenössisches Entstehen der Qu., solange sie an die Existenz einer lebenden mündlichen Überlieferung glaubten, die sich auch noch spät manifestieren konnte. (Gleichwohl ist es überraschend, daß sie nicht erkannten, wie deutlich die rein liter. Entwicklungslinien z. B. in der Jómswikinger-Überlieferung waren.) Durch weniger strikte methodische Anforderungen glaubten sie, die Angaben in den Qu. könnten in einer „neuen und reicheren Beleuchtung" (Stavenow, zit. nach 39, 357) hervortreten, während W. festhielt, entscheidend sei das „Neue und Richtigere" (39, 357). Nach W. mußte die Wiss. erkennen, daß es Zeiten und Per. gab, über die man nichts wußte, und daraus Konsequenzen ziehen. Die Widersacher hingegen verwahrten sich gegen die negativen Folgen einer solchen ‚Hyperkritik'.

W. räumte ein, daß sein Werk „Kritiska undersökningar" auf Grund der negativen Konklusionen in hohem Grad den Charakter von ‚Vorarbeiten' hatte. Die positive Version von der Gesch. dieser Per. sollte später der Bruder C. Weibull in seiner Abhandl. „Sverige och dess nordiska grannmakter under den tidigare medeltiden" (Schweden und die benachbarten nord. Mächte im frühen MA; 1921) ausarbeiten (16). Sechs J. zuvor hatte C. Weibull mit einer Abhandl. über Saxo disputiert (14), in der die Textdeutung von den gleichen Prinzipien ausging, wie W. sie zugrunde gelegt hatte; ansonsten stützte sich die Abhandl. v. a. auf eine Tendenz-Analyse bei Saxo. Als W. in einem 1917 veröffentlichten Beitrag die Erik-Legende untersuchte, war auch für ihn der Sinn des Textes ein Hauptanliegen. Ansonsten widmete sich W. in diesen J. weiter seinen kirchengeschichtl. Arbeiten und Qu.ausgaben, neben mehreren Arbeiten im Umfeld der „Kritiska undersökningar" und einigen Beiträgen zu der methodischen Diskussion. (Die Debatte war jedoch bei weitem nicht so umfassend, wie man hätte erwarten sollen.) Bei den kirchengeschichtl. Arbeiten ermöglichte es das Qu.material, ‚positivere' Gesichtspunkte aufzuzeigen. 1916 veröffentlichte er eine Abhandl. zu einem ganz anderen Thema, nämlich „Kung Valdemars jordebok" (Kg. Valdemars Grundbuch; 6). W. selbst hielt diese Arbeit für seine gelungenste. Auch vom Methodischen her war sie etwas Neues, da W. hier eine erdachte Hypothese konstruierte, die er mit Hilfe des Qu.materials zu verifizieren suchte (38, 233 f.). Die hier vertretenen Anschauungen – und die folgende ziemlich krasse Polemik – brachten ihn auf Abstand zu seinem früheren Gesinnungsgenossen K. Erslev.

1916 wurde der Lehrstuhl in Gesch., den der Vater einst innegehabt hatte, vakant, da der damalige Inhaber Sam Clason neuer Reichsarchivar wurde. W. bewarb sich um die Stelle, unter starker Konkurrenz anderer gut qualifizierter Anwärter. Der Streit um die Professur spielte sich im Komitee der Gutachter wie auch in den Univ.sorganen in der Weiterführung jener Debatte ab, die den „Kritiska undersökningar" folgte. Die Anschauungen prallten direkt auf- und gegeneinander. Unter W.s Schülern herrschte später verbreitet die Ansicht, der Kampf gegen W. sei einer ‚nationalistischen' und ‚zentralschwed.' Abneigung zu verdanken und in hohem Grad politisiert gewesen (35; 38, 245). Alles deutet jedoch darauf hin, daß es sich um eine fachliche Auseinandersetzung gehandelt hat – und um eine Beurteilung der wiss. Qualifikationen W.s. Gleichzeitig fällt auf, daß man kein größeres Gewicht auf die Archivpraxis W.s und seine Qu.ausgaben als Qualifikationsgrundlage gelegt hat. Es ist symptomatisch für die Situation, daß in den Univ.sorganen einige der stärksten Stimmen für W. von naturwiss. Seite kamen. Dort hatte man größeres Verständnis für seine strengen und kompromißlosen Methodenanforderungen und auch für ‚negative' Forsch.sergebnisse. Trotzdem verdankte W. – später der berühmteste skand. Mediävist des 20. Jh.s – seinen Eintritt in die akademische Welt mit der Berufung an die Univ. Lund am 16. Mai 1919 eher einem Zufall.

1927 wurde C. Weibull an der Hochschule in Göteborg Professor. Beide zusammen scharten nach und nach eine Gruppe tüchtiger Schüler um sich, die mit der Zeit herausragende Plätze in der schwed. Geschichtsforsch. einnahmen und die sog. ‚Weibull-Schule' begründeten.

1928 gründeten W. und C. Weibull zusammen mit Erik Arup (der 1916 Professor an der Univ. Kopenhagen geworden war) die Zeitschr. „Scandia", eine nord. hist. Zeitschr. mit der neuen hist.-kritischen Methode als ihrem Programm. W. gab diese Zeitschr., die sich zu einer der führenden Zeitschr. Skand.s entwickeln sollte, bis zum J. 1957 heraus. Eine Vielzahl seiner späteren Unters. zu einem breiten Themenspektrum wurde dort veröffentlicht. Mehrere dieser Arbeiten griffen zentrale und strittige Fragen aus der schwed. und nord. Gesch. auf (z. B. das Treffen in Kalmar 1397 [11], das Blutbad von Stockholm 1520 [9], den Tod Karls XII. 1718 [10]), die W. durch eingehende Qu.analyse neu beleuchtete. Auf diese Weise befanden sich die Studien in einer stetig voranschreitenden Forsch.sdebatte; sie alle waren geprägt von W.s prägnantem Stil und seiner Debattierfreude. Gleichzeitig setzte er seine Hrsg.tätigkeit fort – als Emeritus bes. mit Beiträgen zum dän. Diplomatarium.

In der Folgezeit hatte es den Anschein, als hätten die methodischen Prinzipien der Brüder Weibull vollständig gesiegt, aber dieses Bild täuscht (37, 216–244). In Dänemark begegnete man ihnen zwar mit Anerkennung, aber die Auffassungen unterschieden sich nicht sonderlich von dem, was schon durch Erslevs Einsatz statuiert worden war. In Schweden war W. noch 1920 entweder stark umstritten oder er blieb unbeachtet. In den darauf folgenden Jahrzehnten sollte sich allerdings unter den schwed. Historikern eine strengere Qu.kritik durchsetzen. Gleichzeitig sollten die schwed. Historiker nach und nach – bes. in der Nachkriegszeit – ihre Aufmerksamkeit in stetig wachsendem Maße späteren Per. zuwenden, in denen eine strenge Qu.kritik nicht sonderlich kontrovers war. Hinsichtlich der WZ und des frühen MAs fuhr die schwed. Arch. jedoch wie zuvor mit ihrer Arbeit fort, unbeeinflußt von den Brüdern Weibull. Die Kombination von Funden und unsicheren hist. Qu. blieb üblich, z. B. in Verbindung mit den Gräberfeldern bei Uppsala und der Ynglinger-Tradition.

Auch mehrere führende Relig.s- und Rechtshistoriker zeigten sich von der neuen kritischen Richtung so gut wie unbeeinflußt. Daher kann man die Frage stellen, ob es auf längere Sicht nicht eine Konsequenz der neuen methodischen Anforderungen war, daß sich die Historiker aus Forsch.sgebieten zurückzogen, in denen sie zuvor aktiv gewesen waren, und diese Disziplinen jenen überließen, die nicht so strenge Ansprüche erhoben. Gleichzeitig gibt es deutliche Verbindungslinien zw. W.s hist. Kritik und E. A. Kocks philol. Textkritik der 1920er J. Außerhalb Skand.s kam den Brüdern Weibull keine große Bedeutung zu. In der engl.sprachigen Welt blieb ihr Einfluß ganz marginal. In Deutschland wirkten sie auf nur wenige Philologen ein, und das überdies zu einem relativ späten Zeitpunkt, d. h. nach dem Zweiten Weltkrieg.

Nach Island kamen die Brüder Weibull nicht (34 [1972], 118). Dies ist in erster Linie dem energischen Einsatz von Finnur → Jónsson zu verdanken. Er gehörte zu jenen Gelehrten, die sich gegen die „Kritiska undersökningar" wandten, und stand alledem völlig abweisend gegenüber. Aber es spielte auch eine große Rolle, daß die Königssagas und die skand. Gesch. außerhalb dessen lagen, was die Isländer primär beschäftigte. In späteren J. des 20. Jh.s sollte Sigurður → Nordal durch seine Buchprosa-Theorie die Auffassung von den → Isländersagas, die die wichtigen Sagas zur Gesch. Islands darstellten, revolutionieren, und zwar auf eine Art und Weise, die Parallelen in W.s Neubewertung der Kg.ssagas hat.

Bes. interessant ist die Entwicklung in Norwegen (27). Das Qu.material, dessen Bedeutung W. schmälerte, bedeutete norw. Historikern mehr als allen anderen. Auch A. Bugge wollte die Sagas unter einem neuen Blickwinkel sehen, aber er war in erster Linie ein Fürsprecher der volkskundlichen Methode. Daher nahm er – zusammen mit E. Hertzberg, der auf dem gleichen Standpunkt wie F. Jónsson stand – sozusagen unmittelbar Abstand von den „Kritiska undersökningar". Im übrigen hatten sich mehrere norw. Historiker – nicht nur G. Storm (den W. als einen Vorläufer anerkannte), sondern auch Bugge und Y. Nielsen – lange Zeit einer recht umfassenden und kritischen Sagaforsch. gewidmet. Auf einzelnen Gebieten hatte Nielsen sogar Schlußfolgerungen gezogen, die ähnlich radikal waren wie die W.s.

1912–13 kam es in Norwegen zu einer eigenen, verstärkten Sagakritik, mit H. Koht als ihrem maßgeblichen Vertreter (30; 31). Diese Sagakritik wird in der norw. Historiographie oft als eine Parallele zu den Brüdern Weibull gesehen, aber Koht brachte seine Auffassungen unbeeinflußt von W. vor, und in der Tat handelt es sich auch um eine unterschiedliche Form von Qu.kritik. Nicht nur der Ausgangspunkt war verschiedenartig; Kohts Kritik zog auch ganz andere Konsequenzen nach sich.

Koht befaßte sich nur wenig mit der rein liter. Tradition. Statt dessen wollte er die Auffassung der Sagaverf. von Gesch. – insbesondere die von Snorri – und ihr Ganzheitsbild aufdecken. Nach eigener Aussage war sein Ausgangspunkt ‚psychologisch' (29, 113). Er wollte sich hineinversetzen, wie sich die Sagaverf. die hist. Entwicklung vorgestellt und was sie über die grundlegenden Unterschiede in der Ges. gedacht hatten. Waren die übergeordneten Gesichtspunkte der Sagas dann ausgeschaltet, wollte er – ohne bes. sagakritisch zu sein – die von den Sagas gegebenen Informationen nutzen, um ein alternatives, unserer Zeit und Analyse der Ges. angemessenes Bild zu zeichnen. Bei dieser Analyse spielte ein marxistischer Grundgedanke eine wesentliche Rolle – während W. programmatisch jede polit. Perspektive aus der Forsch. heraushalten wollte.

Kohts Vorhaben enthielt eine ebenso radikale Revision vertrauter Auffassungen wie die W.s. Daher erinnert der Widerstand gegen Koht in Norwegen an den Widerstand gegen die Brüder Weibull in Schweden. Aber Kohts Sagakritik war etwas ganz anderes: Er fühlte sich frei – nicht etwa Teile der Gesch. ‚verschwinden' zu lassen (wie W. prophezeite), sondern statt dessen sein eigenes Bild zu entwerfen. Da er nun wegen des geschwächten Ansehens der Sagas nicht mehr so viel Rücksicht auf sie nehmen mußte wie früher, benutzte oder verwarf er in der Praxis einzelne Angaben der Sagas, je nachdem, ob sie in sein neues Ganzheitsbild paßten oder nicht. Dieser Gebrauch oder Nicht-Gebrauch konnte methodisch ganz zufällig sein – quer durch die Texte und ohne eine kritische Bewertung liter. Zusammenhänge.

Der einzige norw. Historiker, der auf eher prinzipieller Grundlage den gleichen Standpunkt vertrat wie die Brüder Weibull, war E. Bull. Zwar war auch er stark vom Marxismus beeinflußt, aber es gab dennoch eine rein intellektuelle Verwandtschaft zw. W. und Bull, die es zw. W. und dem nationalistischen und bisweilen etwas schwülstigen Koht nicht gab, da Bull (Sohn einer dän. Mutter) in seiner Jugend eine starke Prägung durch Brandes und dessen radikalen Rationalismus empfangen hatte. Dieser Rationalismus zeichnete auch Bulls Forsch. aus, die weit weniger ideologisch geprägt war als die von Koht. 1920 beklagte Bull stark, daß W.s ‚fruchtbare und inspirierende Impulse von anderen Forschern [nicht] ernst genommen worden waren' – und damit meinte er nicht nur norw. (25, 29). Aber Bull arbeitete nur bedingt mit den liter. Qu.; er konzentrierte sich auf Themen, bei denen er sich in höchstmöglichem Maße auf Gesetzesmaterial stützen konnte.

In den 1970er J. kam es zu einer teils heftigen Diskussion über W. und die Qu.kritik (34; 37; 40; 41). Eine Reihe von Themen wurde erneut aufgegriffen, unter anderem die Frage, ob W. in erster Linie als Lit.historiker zu verstehen sei und ob er methodisch – ohne dies mitzuteilen – nicht einfach die Prinzipien des frz. Lit.wissenschaftlers J. Bédiers angewandt habe, dessen Hauptwerk 1908 (bis 1913; in vier Bänden) zu erscheinen begann.

Maßgebliche Vertreter dieser Diskussion waren R. Arvidsson und der fast 90 J. alte C. Weibull. 1975 gelang es B. Odén, durch eine grundlegende und gründliche Darlegung ein klareres Licht auf viele der Fragen zu werfen (38). Danach gibt es kaum Grund für die Annahme, daß W. Bédier gelesen hat, und es läßt sich auch keine scharfe Grenze zw. Gesch. und Literaturgesch. ziehen, wenn es um die Erforschung des frühen MAs zu Beginn des 20. Jh.s geht.

In einem Meinungsaustausch – einer Initiative der Redaktion von „Medieval Scandinavia" – wurde deutlich, daß heute viele jüng. Wissenschaftler dem, was die Brüder Weibull vertreten, eher reserviert gegenüber stehen – einige gar mit einer gewissen Aggression (34 [1972], 136). Diesen Abstand muß man z. T. vor dem Hintergrund sehen, daß die Forsch. internationaler geworden ist und die hist.kritische Methode, wie sie W. und C. Weibull praktizierten, international gesehen nie so alleinherrschend dagestanden hat, wie es oft den Eindruck macht. Auch hatte der ‚Faktenpositivismus' aus der 1. Hälfte des 20. Jh.s in den 1970er J. einer hermeneutischen Vorgehensweise weichen müssen. Ferner spielte es sicherlich auch eine Rolle, daß ‚interdisziplinär' das neue Losungswort der Zeit wurde. Viele waren davon angetan, sich über die Grenzen ihres Faches hinauszubewegen, mit Kombinationen und Aussichten, die auf Überlegungen und Schlußfolgerungen der Wahrscheinlichkeit beruhten – gerade des Typs, die W. verworfen hatte. Schließlich war von Bedeutung, daß W.s methodische Anforderungen am besten zu einer polit. Geschichtsschreibung zu passen schienen, mit Schwerpunkt auf der Ereignisgesch. Im Blick auf die Texte war W. einer traditionellen philol.-kritischen Tradition gefolgt. Die neue Richtung, die in der Entwicklung war, basierte in weitaus höherem Grad auf einem strukturalistischen Lit.verständnis – bisweilen auch ahist. – und umfaßte in der Analyse der Textinhalte auch gesellschaftswiss. Perspektiven, nicht zuletzt sozialanthrop.

Wenn der Ansatz der Brüder Weibull sich nicht als so wichtig erwies, wie es zuvor den Anschein gehabt hatte, so sind doch viele ihrer Einzelergebnisse von großem Wert, insbesondere die mit ihren methodischen Anforderungen verbundene Warnung vor einem allzu leichtfertigen, individuellen oder kollektiven Subjektivismus.

Bibliogr.: (1) (L. W.) in: [13] 3, 1949, 443–460. (2) (C. Weibull) G. Larsson (Ed.), in: Acta Bibliothecæ regiæ Stockholmiensis 28, 1976.

Wichtigste Arbeiten (L. W.): (3) Kritiska undersökningar i Nordens historia omkring år 1000, 1911 (= [13] 1, 1948, 245–360). (4) Historisk-kritisk metod och nordisk medeltidsforskning, 1913 (= [13] 1, 1948, 405–458). (5) Den skånska kyrkans älsta historia, Historisk tidskr. för Skåneland 5, 1914–17 (= [13] 2, 1948, 3–130). (6) Kung Valdemars jordebok, 1916. (7) Historisk-kritisk metod och nutida svensk historieforskning, 1918. (8) Scandza und ihre Völker in der Darst. des Jordanes, ANF 41, 1925. (9) Stockholms blodbad, Scandia 1, 1928 (= [13] 3, 1949, 147–226). (10) Carl XII:s död, Scandia, 2, 1929 (= [13] 3, 1949, 399–442). (11) Unionsmötet i Kalmar 1397, Scandia 3, 1930 (= [13] 3, 1949, 41–78). (12) Upptäcken av den skandinaviska Norden, Scandia 7, 1934 (= [13] 1, 1948, 71–126). (13) Nordisk historia. Forskningar och undersökningar 1–3, 1948–1949.

Wichtigste Arbeiten (C. Weibull): (14) Saxo. Kritiska undersökningar i Danmarks historia från Sven Estridssons död til Knut VI, 1915. (15) Sverige och dess nordiska grannmakter under den tidigare medeltiden, 1921. (16) Drottning Christina. Studier och forskningar, 1931. (17) Händelser och utvecklingslinjer. Historiska studier, 1949. (18) Källkritik och historia. Norden under äldre medeltiden, 1964.

Ed. (L. W.): (19) Diplomatarium diocesis Lundensis 3–6, 1900–39. (20) Diplomatarium civitatis Malmogiensis, 1901–17. (21) Necrologium Lundense, 1923.

Lit.: (22) R. Arvidsson, Källkritisk radikalism och litteraturhistorisk forskning, Scandia 37, 1971, 287–339. (23) Ders., L. W. och litteraturhistorien, ebd. 39, 1973, 114–138. (24) S. Bolin, L. W., ebd. 27, 1961, 1–8. (25) E. Bull, Norsk historisk forskning 1869–1919, in: Norsk historisk videnskap 1920, 52–129. (26) A. E. Christensen, L. W., (Dansk) Hist. Tidsskr. 11. R., 6, 1962, 695–699. (27) O. Dahl, Norsk historieforskning i 19. og 20. århundre, 1990. (28) I. Floto, Erik Arup og L. W., (Dansk) Hist. Tidsskr. 95, 1995, 241–297. (29) H. Koht, Historikar i lære, 1951. (30) Ders., Sagaernes opfatning av vor gamle historie, (Norsk) Hist. tidsskr. 5. R., 2, 1914, 379–396. (31) Ders., Innhogg og utsyn, 1921. (32) K. E. Löfqvist, Den store källkritikern, Sydsvenska Dagbladet 4. 12. 1960. (33) O. Moberg, Bröderna Weibull och den isländska traditionen, Scripta Islandica 25, 1974, 8–22. (34) Medieval Scandinavia 5, 1972, 96–136 und 10, 1977, 179–187 (mit Beitr. von R. Arvidsson, H. R. Loyn, L. Musset, Björn Þorsteinsson, A. Werin, K. Wührer, H. Yrwing, T. Nyberg, A. O. Johnsen). (35) S. A. Nilsson, L. W., Vetenskapssocieteten i Lund. Årsbok 1962, 130–141. (36) Ders., Curt Weibull, ebd. 1991, 207–217. (37) B. Odén, Ära, minne och vetenskapsteori, Scandia 39, 1973, 139–149. (38) Ders., L. W. och forskarsamhället, 1975. (39) R. Torstendahl, Källkritik och vetenskapssyn i svensk historisk forskning 1820–1920, 1964. (40) C. Weibull, L. W. Den källkritiska metodens genombrott i nordisk medeltidsforskning, Scandia 38, 1972, 1–25. (41) Ders., L. W. Historikern och litteraturhistorien, ebd. 39, 1973, 272–281.

C. Krag

Weichsel

§ 1: Namenkundlich – § 2: Archäologisch

§ 1. Namenkundlich. Wie bei der Erklärung eines jeden Namens hat diese von einer sorgfältigen Sichtung der ält. und ältesten Belege auszugehen. Die Forsch. hat sich um die Überlieferung sehr bemüht, so daß eine umfassende und ausreichende Zusammenstellung vorgelegt werden kann. Dabei lassen sich zwei große Überlieferungsstränge erkennen, zum einen mit einer Lautfolge *Wi-s-l-,* zum andern mit einem (eingeschobenen?) -*k*- oder -*t*- in *Wistla, Viscla, Vistla* u. ä. Aus der Fülle der Belege seien hier die bis ca. a. 1200 bezeugten genannt (v. a. nach 1, 311 f.; 21, 303 ff.; 22, 237 f.): um a. 15 n. Chr. (Agrippa) *Vistlam;* um a. 44 n. Chr. (Mela) *Vistula* (mehrfach); um a. 70 n. Chr. (Plinius) *Vistlam, Visculus sive Vistla;* 2. Jh. (Ptolemaeus) Οὐιστούλα ποταμοῦ ἐκβόλαι, τοῦ Οὐιστούλα ποταμοῦ, τοῦ Ἰουστούλα ποταμοῦ, τοῦ Ἰουστούλα ποταμοῦ; um 250 (Tab. Peut.) *Vistla, Vistula;* 3. Jh. (Iulius Solinus) *Viscla, Vistulus, Vistila;* 3. Jh. (Marcianus Heracliensis) ὁ Οὐιστούλας; 4. Jh. (Ammianus Marcellinus) *Bisula;* 6. Jh. (Jordanes) *Vistulae, Viscla, in insulam Visclae, Vistulae, Vistulae, Vistulae;* 8. Jh. (?, aus späterer Überlieferung) *Wistlawudu* (Widsith); nach a. 670 (Geogr. Rav.) *Vistula;* 8. Jh. *Ymb Vistla;* um a. 830 (Einhard) *ac Visulam;* 9. Jh. (Konstantin Porphyrogennetos) Βίσλας; 9. Jh. (sog. Pann. Legende) *vъ Vislěchъ;* 9. Jh. (Wulfstan) *Wisle, seo Wisle, Wisle, Wisle, Wislemûdan, Wisle-mûda;* 9. Jh. (Alfred der Große) *od Wislemuðan, benimð, Wisle, Wislemûða; Wisleland,* 9. Jh. (Bayer. Geograph) *Uuislane;* a. 1038–1039 *Wysla;* a. 1098 (?) *Wyslae, Wisle* (Gen.); a. 1076–1077 *Viselam;* um a. 1100 (Ekkehard) *Vistulae fluminis, Vistulae fluminis, inter Rhenam ac Visulam;* (a. 1107) *Wyslam;* (a. 1113?) *Wislae* (Gen.); 11./12. Jh. *Vistulae fluminis;* um a. 1106 *Visclam;* 2. Hälfte 12. Jh. *Vistulam, Iustulam;* a. 1145 (?) – (nach a. 1166?) *super Wizlam;* a. 1198 (Transsumpt a. 1262) *Visle, Vizle, super Vizlam.* Für die Beurteilung der dt. Form des Namens sind ferner von Bedeutung a. 1243 *Wixla, Wixla;* a. 1250 *Wixlam, Wizle;* a. 1460 *Wiitzele;* a. 1505 *Weichsel;* um 1550 *Vixel;* nd. Dialekt *Witsel;* nd. *Wiessel.*

Die Überlieferung bietet Probleme (15, 60). Sprachliche Grdf. und Etym. des Namens sind davon abhängig, welchem der beiden Überlieferungssträngen man folgen soll: den eher ält. Formen *Viscla, Vistla, Vistula* oder den eher jüng. *Visla, Wisla*-Belegen. Damit zusammen hängt die Frage, ob nicht in den aus dem Lat. stammenden Belegen ein Konsonanteneinschub erfolgt ist, denn -*sl*- „war dem Lateinischen völlig fremd" (13, 246). Parallelen dazu könnten sein *assula* ‚Holzspan' > **assla* > **astla,* daraus *astula, ascla* (Kritik an dieser Auffassung: 1, 314); *īnsula* > **īsola* > **īsla* > **ischa,* ital. *ischia;* auch der Name der *Slaven* und die griech. und lat. Wiedergaben Σθλαβηνοί, *Sclavi, Stlavi* (8; 9; weitere Lit. 21, 306) werden hier genannt. Zum Argument, die -*k*- oder -*t*-Einschübe gehörten der nachklass. Zeit an und seien daher als Vergleich nicht brauchbar (1, 314; 19, 8), vergleiche man die seit dem Beginn des 6. Jh.s einsetzende dichte Überlieferung des Namens der → Slawen, die durchgängig einen -*t*- bzw. -*k*-Einschub aufweisen (5).

Wichtig ist auch ein ae. Beleg *Wistlawudu* (Widsith), der vielfach als Beweis für eine urspr. Lautung *Wistla* angesehen wird (2, 96; 11, 102; 16, 11 f.). Somit hätte man weitab vom Mittelmeerraum einen weiteren Beleg für die urspr. Lautung -*stl*-. Die Kritik weist allerdings darauf hin (21, 306), daß Konsonanteneinschübe auch im Ae. zu beachten sind, etwa bei *hwistlian, elmestlic*. Dagegen wird angeführt (1, 315; 16, 11 f.), diese Belege seien zu jung und „Germanen hätten keinen Anlaß, sich die Folge *-sl-* durch Einschub von *-t-* mundgerechter zu machen". Zahlreiche Belege wie *mistlic, mistlice* für *mislic* (gegenüber as. *mislic*, dt. *mißlich*) und ae. *wist-lice* für *wislice* (4, 691. 1243) sollten jedoch beachtet werden. An einem Einschub von *-t-* in urspr. *-sl-*Verbindungen im Ae. ist daher nicht zu zweifeln. Wenn man sich entschließt, die *-skl-* und *-stl-*Belege als sekundäre Entwicklungen zu betrachten, bleibt für die Etym. des Namens ein Ansatz **Wis-l-ā* übrig. Es kommt also entscheidend darauf an, welcher Grdf. man den Vorzug geben will.

Für **Wislā* hat sich u. a. Schmid (15, 60) ausgesprochen, da in GewN ein Bildungselement *-tlo-/tla-* unbekannt sei und der Name daher als Bildung mit einem Element *-l-* zu der weitverbreiteten idg. Wurzel **u̯eis-/*u̯is-* ‚fließen' zu stellen sei. Dafür spräche auch der gute Nachweis von *-l-*Bildungen gerade in der osteurop. Hydronymie wie *Sula, Orel, Voskol, Psël, Chorol*. Ihm ist Udolph (21, 303–311), der auch mutmaßliche einzelsprachliche Herkunft des Namens, etwa aus dem Germ., Balt. oder Slaw. diskutiert und ablehnt, gefolgt.

Gegen einen Ansatz **Wislā* wurden die alten Belege wie etwa *Vistla* bei → Plinius ins Feld geführt (16, 12), auch die *Viskla-*Formen der hist. Überlieferung und *Viscla-, Visculus-*Schreibungen sprächen dagegen (14, 286 f. u. a.). In *Viskla* sah man z. T. balt. Entwicklungen, da hier *-skl-* für *-stl-* stehen könne. Die These, die balt. Besiedlung hätte nur bis zur Passarge/Pasłęka gereicht (19, 7) und diese Entwicklung hätte daher gar nicht eintreten können, ist verfehlt, wie die zahlreichen balt. ON des unteren W.-Gebiets zeigen.

Besondere Bedeutung mißt man den Schreibungen von a. 1243 und a. 1250 *Wixla* (Preuß. UB) bei, es lägen balt. Reflexe für *Wiksla* vor und damit auch Beweise für einen Ansatz **Wik-slā* (3, 259; 6, 204; 11, 102 f.; 13, 246, Anm. 1). Weit verbreitet ist auch die darauf aufbauende These, die hd. sprechenden dt. Siedler hätten den FluN dann als **Wichsel* übernommen und zu *Weichsel* umgestellt. Dagegen lassen sich gewichtige Argumente vorbringen. Zum einen stammen die Schreibungen von 1243 und 1250 aus Papsturk., die in Anagni bei Rom ausgestellt sind. Die Unzuverlässigkeit der Schreibungen in Papsturk. ist aber bekannt (21, 307; 22, 239). Zum anderen hat hd. *Weichsel* nichts mit diesen Belegen zu tun, denn dieser liegt eine Analogiebildung zu nd. *Wissel* zugrunde, entspr. etwa zu *foss : Fuchs, os : Ochse, lass : Lachs* (21, 308 f.; 22, 240 f. mit Hinweis auf Osthoff, E. Förstemann, Bach u. a.). Die Grundlage der dt. Benennungen ist poln. *Wisła* mit typischem Einschub eines *-e-* wie in *Oder, Stober, Bober* u. a. (21, 308). Zudem bietet Kolb (10, 159) hd. Schreibungen wie *Weisel, Weysel, Weiszel* und daran anschließend *Weixel, Weichsl* und vergleicht damit zutreffend *Mīsen* ‚Meißen' : *Mihsen*. Damit kann auch einem Einwand von Strumiński (19, 13) begegnet werden, eine hyperkorrekte Übernahme von hd. *Weichsel* aus nd. *Wissel* sei nicht zu akzeptieren, weil nicht nur *-ss-* durch *-chs-* ersetzt worden sei, sondern auch *-ī-* durch *-ei-*. Schließlich entsprechen sich ja auch nd. *dīsl* : hd. *Deichsel* sowie eben auch *Meichsen*, dialektal für *Meissen* (z. B. bei Martin Luther): 13. Jh. *Mīsen* ‚Meißen' (10, 154). Somit lassen sich keinerlei Spuren einer angeblich balt. Form **Viksla* nachweisen, was angesichts der zahlreichen Übernahmen von balt. ON und GewN in O-Preußen mehr als verwunderlich ist (21, 307 mit Lit.).

Für einen urspr. Ansatz **Vis-l-ā* spricht auch die mögliche Bildung des GewNs. Unstrittig ist die Basis, die in der idg. Wurzel **u̯eis-/*u̯is-* ‚fließen, zerfließen' zu suchen ist. Neben der Grdf. **Visa* sind auch noch *-n-, -nt-, -r-* und *-s-*Bildungen etwa in *Visa, Wiese, la Vèze, Wiesbach, Wisa, Wisznia, Vēzan, Bisenzo, Wiesaz, Visance, Weißandt, Vie-*

šintà, Visinča, Visjaty, Besançon, Visera/Weser, Vézère, Vesdre, Wear (*Wisuria), Vechra, Vézeronce, Vézonne, Vezouze bezeugt (11, 50 f.; 14, 264–276; 20, 24–26 [einschließlich Kartierung der -r-Ableitungen]). Hier läßt sich Wisła/Weichsel < *Wîsla mühelos anschließen.

Problematisch ist die Annahme einer Bildung mit -tl-Suffix (gegen 11, 102, auch vertreten von 3, 259; 6, 204; 13, 246, Anm. 1; 15, 12 f.), denn dieses ist hydronymisch bisher nicht nachgewiesen. Die Hoffnung von Schramm (16, 12), es könne in *Amstel* vorliegen, dürfte die Überlieferung des Namens a. 1105 *Amestello*, a. 1126, a. 1172, a. 1176 usw. *Amestelle* (6, 55) kaum stützen.

Vor die Frage gestellt, ob man von *Wis-l-ā oder *Wis-tl-ā ausgehen soll, spricht daher fast alles für die erste Var. Die Flucht in das Voridg. (1, 315) ist in jedem Fall unnötig. Vielmehr erweist der Name, daß er in die alteurop. Hydronymie idg. Herkunft bestens eingebunden werden kann und daß er, seiner Größe entspr., in einer Zeit entstand, als eine Differenzierung in die idg. Einzelsprachen, sei es Balt., Slaw. oder Germ., noch nicht erfolgt war. Allein der Vergleich zw. *Weser* < *Vis-r-ā (→ Weser) und *Wisła/ Weichsel* < *Vis-l-ā weist in diese Richtung.

(1) Z. Babik, Najstarsza warstwa nazewnicza na ziemiach polskich, 2001. (2) Bach, ON II. (3) L. Bednarczuk, Rez. zu [21], Onomastica 37, 1992, 250–261. (4) Bosworth-Toller, Anglo-Sax. Dict. I. (5) Das Ethnikon *Sklabenoi, Sklaboi* in den griech. Qu. bis 1025, 1988. (6) G. Gerullis, Die apreuß. ON, 1922. (7) Gysseling, Toponymisch woordenboek I. (8) J. Hanusz, *Vistula, Visla, Weichsel*, Zeitschr. für vergl. Sprachforsch. 28, 1885, 210–214. (9) M. Kawczyński, Co znaczy *Wisła*?, Ateneum 17, 1892, 544–548. (10) H. Kolb, Ostoberdt. Lautungskorrekturen an vermeintlich „sächs." Eigennamen, BNF NF 25, 1990, 153–162. (11) H. Krahe, Unsere ältesten FluN, 1964. (12) H. Osthoff, Die Lautgruppe *tl* und ihre ital. Umwandlungen, in: Ders., Forsch. im Gebiete der idg. nominalen Stammbildung 2, 1876, 22–38. (13) H. Petersson, Stud. über die idg. Heteroklisie, 1921. (14) J. Rozwadowski, Studia nad nazwami wód słowiańskich, 1948. (15) W. P. Schmid, Der Begriff „Alteuropa" und die GewN in Polen, Onomastica 27, 1982, 55–69. (16) G. Schramm, Ein erstarrtes Konzept der Flußnamenphilol.: Alteuropa, NoB 89, 2001, 5–20. (17) Ders., S. Zuflüsse von Ost- und Nordsee. Suffixe als Zeugen im Streit um Alteuropa, in: Th. Andersson, E. Nyman (Hrsg.), Suffixbildungen in alten ON, 2004, 129–135. (18) E. Schwyzer, Griech. Gramm. 1, 1939. (19) B. Struminski, Najstarszy wyraz Polski – *Wisła*, Onomastica 40, 1995, 5–14. (20) J. Udolph, Der Weserraum im Spiegel der Ortsnamenforsch., in: N. Humburg, J. Schween (Hrsg.), Die Weser. Ein Fluß in Europa, 1. Leuchtendes MA, 2000, 24–37. (21) Ders., Die Stellung der GewN Polens innerhalb der alteurop. Hydronymie, 1990. (22) Ders., Zum nd. Element in der poln. Hydronymie, in: A. Pohl, A. de Vincenz (Hrsg.), Dt.-poln. Sprachkontakte, 1987, 229–244.

J. Udolph

§ 2. Archäologisch. Die W. ist der längste Fluß (1047 km), der in die Ostsee mündet. Sie durchfließt in einem Einzugsgebiet von 194 400 km^2 versch. geogr. Regionen, die sich während der Vor- und Frühgesch. in der Regel auch als ziemlich deutlich abgesonderte Siedlungs- und Kulturzonen darstellten (vgl. 3; 9). Der Oberlauf der W. fungierte seit dem Frühneol. als Verkehrsader für Bevölkerungsgruppen, die aus s. Richtung über die Mährische Pforte ostwärts in die Lößbodengebiete Kleinpolens einwanderten. Das betrifft zuerst die Bevölkerung der Kultur mit → Bandkeramik (9, 63 Abb. 2) und danach die der späteren neol. Kulturen des Karpatenbeckens (10). Auch in der BZ blieb das obere W.-Gebiet in enger Verbindung mit den Gebieten s. der Karpaten (z. B. Chłopice-Vesele-Kultur (11, 29–49, Abb. 4). In der LTZ wanderten hier Kelten ein, deren Niederschlag sich sowohl in der → Púchov-Kultur (12; 13, 24–35. 47–51) als auch der polyethnisch zusammengesetzten sog. Tyniec-Gruppe (13, 41–44; vgl. 22) erkennen läßt. Während der RKZ bildet das obere W.-Gebiet einen Siedlungskern der → Przeworsk-Kultur mit ausgedehnten und langandauernden Siedlungen (z. B. Iwanowice [2]; → Jakuszowice [5, 110–126]). In der VWZ wurde dieses Gebiet zunächst kulturell und wohl auch polit. beeinflußt durch den hunnisch-germ. Staat im Theißgebiet („Attila-Reich'; → Hunnen § 4) (4, 117 f. 154 f.; 13, 67–100; vgl. 14), in der 2. Hälfte des 5. Jh.s erfolgte hier die früheste Einwanderung der → Slawen (17, 102–106, Abb. 21), die stromaufwärts und weiter nach W führte.

In seinem mittleren Abschnitt verläuft der Strom SSO-NNW, zw. der Mündung seines größten rechten Zuflusses, der San, und Kujawien. Beiderseits der W. bestehen hier enge Verbindungen mit ihrem Mündungsgebiet (vgl. 9), die wohl als Nebenrouten der sog. Bernsteinstraße zu bewerten sind (vgl. 20; → Bernstein und Bernsteinhandel §§ 6 und 8). Beispielsweise führte dieser Weg im Spätneol. vom Territorium der Złota-Kultur bei der Sanmündung (11, Abb. 1) bis zu den Bernsteinlagerstätten an der Küste der Danziger Bucht, die von der Bevölkerung der → Rzucewo-Kultur abgebaut wurden (15, 98–104, Karte II, V). In der LTZ verband der Mittellauf der W. wohl die zerstreute kelt. Besiedlung im Sangebiet (23) mit der kelt. Gruppe in Kujawien (sog. Krusza-Gruppe – vgl. 1). Für röm. Geographen bedeutete der Oberlauf der W. – wohl zusammen mit der San (8, 23 f.) – eine natürliche Scheidelinie für zwei große Teile des *Barbaricums* (7, 107–115). Der Mittellauf der W. bildete in der späten RKZ (Stufe C) eine Grenze zw. dem Territorium der Przeworsk-Kultur am linken und dem Gebiet der Wielbark-Kultur am rechten Ufer (21).

Der Unterlauf der W. von Kujawien und dem Kulmer Land stromabwärts fällt mit dem Endabschnitt der Bernsteinstraße zusammen, einer Verbindung, die hier während der Vor- und Frühgesch. maßgebend gewirkt hat. Als Folge des Bernsteinhandels sind im unteren W.-Gebiet Einflüsse der → Aunjetitzer-Kultur zu erklären, die zur Bildung der lokalen arch. Kultur der Früh-BZ führten (sog. Iwno-Kultur – vgl. 11, 150–161, Abb. 4, Taf. XXX–XXXI). In der entwickelten BZ und in der ält. EZ konzentrierten sich hier auch Funde mittelmeerischer Provenienz. Die in der HaZ im unteren W.-Gebiet entstandene arch. Kultur (sog. pommersche Kultur [→ Gesichtsurnenkultur]) enthält bes. starke Einflüsse aus dem Hallstattgebiet. Allerdings weisen die namengebenden Gesichtsurnen eher auf Kontakte mit dem w. Teil des Ostseebeckens und dem Elbgebiet (zu ält. Ansichten: 19).

Ganz bes. deutlich wird die Rolle der unteren W. als nördlichster Abschnitt der Bernsteinstraße während der jüng. vorröm. EZ und in der RKZ mit einer Konzentration röm. Importe zu beiden Seiten des Flusses (vgl. 9, 67 f. Abb. 11; 20).

Das Mündungsgebiet der W. ist oft mit einem Platz der mythischen Landung der Goten (vgl. dazu → Goten §§ 10–11; → Gothiscandza) verbunden worden. In der dort in der ält. RKZ entstandenen → Wielbark-Kultur lassen sich zwar neben skand. Einflüssen auch Ankömmlinge aus Skand. erkennen (21), doch stellte diese Immigration das Ergebnis eines langandauernden Prozesses dar (wohl von der Mitte des 1. Jh.s v. Chr. bis zur 2. Hälfte des 1. Jh.s n. Chr.). Im W.-Mündungsgebiet liegt während der RKZ der Kern des Verbreitungsgebietes der Wielbark-Kultur (→ Goten § 7) mit den größten, reichsten und am längsten belegten Gräberfeldern (21; vgl. 18). In der VWZ bestand hier bis zum 6. Jh. n. Chr. eine Siedlungskonzentration, die sich vom übrigen fast völlig entvölkerten Gebiet der Wielbark-Kultur deutlich unterschied (vgl. 6). Danach wurde das W.-Mündungsgebiet teils von → Slawen, teils von den balt. → Pruzzen besiedelt. Die Grenze zw. ihren Siedlungszonen verlief wohl entlang der unteren W., obwohl nicht auszuschließen ist, daß am Anfang des MAs Slawen auch das rechte W.-Ufer besiedelten (3; 16, 53–56), von dem sie dann von den Pruzzen verdrängt wurden.

(1) A. Cofta-Broniewska, Grupa kruszańska kultury przeworskiej, 1979. (2) H. Dobrzańska, Osada z późnego okresu rzymskiego w Igołomii,

woj. krakowskie, 1990. (3) A. Gieysztor, Wisła, in: Słownik Starożytności Słowiańskich 6, 1980, 486–487. (4) K. Godłowski, Przemiany kulturowe i osadnicze w południowej i środkowej Polsce w młodszym okresie przedrzymskim i w okresie rzymskim, 1985. (5) Ders., Jakuszowice, eine Siedlung der Bandkeramik, ält. BZ, jüng. vorröm. EZ, RKZ und der frühen VWZ in S-Polen, Die Kunde NF 37, 1986, 103–132. (6) W. Heym, Der ält. Abschnitt der VWZ auf dem rechten Ufer der unteren W., Mannus 31, 1939, 3–28. (7) J. Kolendo, Świat antyczny i barbarzyńcy. Teksty, zabytki, refleksja nad przeszłością 1, 1998. (8) Ders., Karpaty w koncepcjach geograficznych świata starożytnego, in: Okres lateński i rzymski w Karpatach polskich, 2004, 13–27. (9) J. Kostrzewski, Rola Wisły w czasach przedhistorycznych Polski, Przegląd Arch. V/1, 1933, 62–69. (10) J. Kruk, Studia osadnicze nad neolitem wyżyn Lessowych, 1973. (11) J. Machnik, Früh-BZ Polens (Übersicht über die Kulturen und Kulturgruppen), 1977. (12) R. Madyda-Legutko, Die Púchov-Kultur auf in poln. W-Karpaten, in: Z. Woźniak (Hrsg.), Kontakte längs der Bernsteinstraße in der Zeit um Chr. Geb., 1996, 183–197. (13) Dies., Zróżnicowanie kulturowe polskiej strefy beskidzkiej w okresie lateńskim i rzymskim, 1996. (14) Dies., K. Tunia, Rytro. Karpacka osada z okresu wędrówek ludów, 1993. (15) R. F. Mazurowski, Bursztyn w epoce kamienia na ziemiach polskich, Materiały Starożytne w Wczesnośredniowieczne 5, 1983, 7–134. (16) S. Mielczarski, Misja pruska świętego Wojciecha, 1967. (17) M. Parczewski, Początki kultury wczesnosłowiańskiej w Polsce. Krytyka i datowanie źródeł archeologicznych, 1988. (18) M. Pietrzak, Pruszcz Gdański, Fst. 10. Ein Gräberfeld der Oksywie- und Wielbark-Kultur in O-Pommern, 1997. (19) W. Szafrański, W sprawie Etrusków nad Bałtykiem, Pomerania Antiqua (Gdańsk) 2, 1968, 17–32. (20) J. Wielowiejski, Główny szlak bursztynowy w czasach Cesarstwa Rzymskiego, 1980. (21) R. Wołągiewicz, Kultura wielbarska – problemy interpretacji etnicznej, in: T. Malinowski (Hrsg.), Problemy kultury wielbarskiej, 1981, 79–106. (22) Z. Woźniak, Osada grupy tynieckiej w Podłężu, woj. krakowskie, 1990. (23) Ders., Zur Chron. der kelt. Siedlungsmaterialien aus Schlesien und Kleinpolen, in: K. Godłowski, R. Madyda-Legutko (Hrsg.), Probleme der relativen und absoluten Chron. ab LTZ bis zum Früh-MA, 1992, 9–17.

W. Nowakowski

Weide

§ 1: Sprachlich – § 2: Botanisch – § 3: Archäologisch

§ 1. Sprachlich. Mehrere Bezeichnungen für den Weidenbaum sind (mit der vorlagebedingten Ausnahme des Got.) gemeingerm. verbreitet. Beim Wort *Weide* selbst (11, IV, Sp. 8 f. s. v. *salix*) ist die Art der Bildung jedoch einzelsprachlich unterschiedlich. In der Basis erscheint stets germ. *$w\bar{\imath}p$-,* das in ahd. *wīda* einem Fem. der *ō*-Deklination (daneben auch in schwacher Flexion), in anord. *víðir* (8, 61. 86. 131) einem Mask. der *ja*-Deklination (anord. *ia*-Stämme) zugrunde liegt. Ae. *wīdig* (*a*-Deklination, 3, I, 143 f.; III, 259) zeigt ein auf idg. *-k-* zurückgehendes Suffix und entspricht somit genau lat. *vitex* (*-ī-*?) ‚Mönchspfeffer'.

Dieses Suffix (12, § 144a; 17, 469) liegt auch in dem W.n-Wort ahd. *sal(a)ha* vor (22, 504; 11, IV, Sp. 20 f. s. v. *salix caprea*), das bereits im 9. Jh. alternativ zu *uuīda* lat. *salix* glossiert (im Pflanzenglossar St. Gallen 184: 1, III,466,9 f.), mit dem germ. **sal(i)hō-* urverwandt ist. Noch ält. ist der Beleg *salaha* im Glossar Rb (Ende 8. Jh.; 1, I, 621,39 zum Lemma *saliuncula* Is 55,13). Dieses Wort ist gleichfalls gemeingerm.: anord. *selja* (*-jōn*-Fem.), ae. *sealh* (Mask. der *a*-Deklination; 3, I, 123; III, 203). Die verdeutlichende Komposition, die in nhd. *Salweide* auftritt, ist erst in Hss. bezeugt, die schon der mhd. Per. angehören.

Früh erscheinen ferner Belege in der ON-Gebung (bei 4, II, Sp. 1311 ff., mit einigen unberechtigten Fällen; für das Ae. 16, II, 271), etwa das häufige Kompositum mit dem GewN-Bestandteil *-aha* ‚Bach' in *Wīdaha* (bereits a. 779, Original, in St. Gallen, 21, Nr. 86, auch in den Salzburger Güterverz. des 8. Jh.s: 10, Register 183). Daneben treten Belege auf, die das Adj. ahd. *wīdīn* ‚von Weiden umstanden' (15, 322) enthalten, als Appellativ in der volkssprachigen Würzburger Markbeschreibung *(in den uuīdīnen sēo)*, als Namenbestandteil in *Wīdinpach* (10, Register 184). Nicht immer leicht, v. a. bei nur jüng. belegten oder nicht eindeutig einer modernen Forts. zuweisbaren Namen, ist die Scheidung von konkurrierenden Namenwörtern (etwa Adj. *wīd* ‚weit', bei altem Kurzvokal auch *witu* ‚Holz', PN *Wido*). Zuweisungsprobleme gelten in noch höherem Maße für ON, die zu *sala(h)a* ‚Salweide' gehören könnten (4, II, 659 ff.; 16, II, 96 s. v. *salh*).

Germ. *wīþ-* (das aus etym. Gründen daneben angenommene *wīþw-*, 9, XIV,1,1, Sp. 540 f., hat im Germ. keine Spuren hinterlassen) wird als Dentalformans-Erweiterung zu idg. *u̯ei-* (14, 1120–1122) angesehen, mit dem zahlreiche Wörter des Windens und Umwickelns gebildet werden. Bildungen mit idg. *t* sind in allen idg. Einzelsprachen (5, 55 f.) für Gewächse vertreten, deren biegsame Zweige sich zum Winden und Binden gebrauchen lassen. Direkt vergleichbare W.-Bezeichnungen sind gleichfalls vorhanden: avestisch *vaēiti*, griech. ἰτέα, apreuß. *witwan*. Etym. verwandte Wörter innerhalb und außerhalb der germ. Sprachen zeigen daneben Begriffe aus den Bereichen ‚Binde, Strick, Fessel', so das nullstufige got. *(kuna)wida* ‚Fessel', ahd. *wid* ‚Zweig, Strick, Fessel', anord. *viðja* ‚Weidenband, Fessel' (18, 659 f. mit einer Zusammenstellung der wurzelverwandten Bildungen).

Nur westidg. Bezeugung (lat., kelt., germ.) liegt bei *Sal(weide)* vor, dessen Etymon in der Regel mit dem Farbwort ahd. *salo* ‚dunkel' verbunden wird (14, 879). Eine andere, aber umstrittene Auffassung (20, II, 469; 5, 53–55) versucht, über den Ansatz von idg. *(s)u̯el-* mit *s*-mobile eine etym. Brücke zu dem folgenden Wort zu schaffen. Dieses zeigt eine recht enge geogr. Beschränkung: ae. *welig* (Mask. der *a*-Deklination, 3, I, 139; II, 126; III, 251), as. *wilgia* (Fem. der *jō*-Deklination), mndl. *wilghe* (13, 5725). Auffällig ist, daß sich mdal. Fortsetzer auch in der Pfalz und im Elsaß zeigen (9, XIV/2, 135 s. v. *wilge*; 11, IV, Sp. 10), woraus auf eine urspr. größere Verbreitung zu schließen ist. Etym. liegt gleichfalls eine Bildung mit idg. *k* vor; die Basis ist idg. *u̯el-* ‚drehen, winden' (14, 1140; 19, 839 f. s. v. *wilg*). Die gleiche Bildung zeigt griech.

ἑλίκη ‚Weide' (davon *Helikon* ‚Weidenberg'; 6, I, 494).

Nur hd. ist das W.-Wort ahd. *felawa* (2, III, Sp. 709), das auch als Mask. *feliwo* und (jüng.) in *felwāre* (2, III, Sp. 731 f.; zum Suffix: 7), der Grundlage von nhd. *Felber*, auftritt (ferner mehrfach in obd. ON: 4, I, Sp. 871 f.). Das älteste Zeugnis bietet bereits das Glossar Ib/Rd (überliefert im frühen 9. Jh., 1, I, 292,10). Es glossiert *salices* in Leviticus 23,40, wo von der Entnahme dichtbelaubter Zweige für das Laubhüttenfest die Rede ist. Etym. wird das Wort zu idg. *pel-* gestellt (14, 799), das in einer Reihe von Bezeichnungen für Sumpf und Sumpfpflanzen auftritt (lat. *palus* u. a.), so daß eine Bezeichnung nach dem Standort vorzuliegen scheint (anders 17, 26 f., der eine Motivation über den Begriff ‚Flechtwerk' annimmt).

Vgl. auch Grimm, DWb., s. v. W.

(1) Ahd. Gl. (2) Ahd. Wb. (3) P. Bierbaumer, Der botan. Wortschatz des Ae. 1–3, 1975–1979. (4) Förstem. ON. (5) P. Friedrich, Proto-Indo-European Trees, 1970. (6) H. Frisk, Griech. etym. Wb. 1–3, ²1973–1979. (7) N. O. Heinertz, Nhd. *Felber* und Verwandtes, Zeitschr. für dt. Wortforsch. 15, 1914, 240–243. (8) W. Heizmann, Wb. der Pflanzennamen im Awnord., 1993. (9) Grimm, DWb. (10) F. Lošek, Notitia Arnonis and Breves Notitiae, Mitt. der Ges. für Salzburger Landeskunde 130, 1990. (11) Marzell, Wb. (12) Meid, Wortbildungslehre. (13) W. J. J. Pijnenburg u. a., Vroegmiddelnederlands Woordenboek 1–4, 2001. (14) Pokorny, IEW. (15) R. Schützeichel, Ahd. Wb., ⁵1995. (16) Smith, EPNE. (17) J. Trier, Lehm, 1951. (18) de Vries, Anord. etym. Wb., ²1962. (19) J. de Vries, F. de Tollenaere, Nederlands etym. woordenboek, 1971. (20) A. Walde, J. B. Hofmann, Lat. etym. Wb. 1–2, ⁵1982. (21) H. Wartmann, UB der Abtei Sanct Gallen 1, 1863, Nachdr. 1981. (22) J. C. Wells, Ahd. Glossenwb., 1990.

H. Tiefenbach

§ 2. Botanisch. W.n sind Gehölze und stellen eine Gattung *(Salix)* der W.n-Gewächse (Salicaceae) dar. Die zahlreichen Arten kommen als Bäume, Sträucher und in alpinen und arktischen Gebieten auch als

Zwergsträucher vor. Alle W.n sind zweihäusig, ihre Bestäubung erfolgt durch Insekten, doch sind sie pollenanalytisch gut nachweisbar. Die W.n sind in ganz Europa sowohl in warmen wie auch in kalten Gebieten verbreitet, dabei liegen die Standorte der meisten Arten am Wasser. Unter natürlichen Bedingungen begleiten sie die Flüsse mit strauchigen und baumförmigen Arten. Die mit Abstand größte W. ist die Silber-W. (*Salix alba* L.), die 30 m erreichen kann; das Silberweiden-Gehölz (Salicetum albae) charakterisiert die Weichholzaue. Auch als Pionierhölzer auf frisch geschaffenen Böden spielen W.n eine Rolle.

Nach den Ergebnissen der Pollenanalyse gehören W.n zu den frühesten Einwanderern nach der letzten Eiszeit. Da jedoch sowohl das Holz als auch der Pollen nicht weiter als bis zur Gattung bestimmt werden können, läßt sich die Verbreitungsgesch. der einzelnen W.n-Arten nicht verfolgen.

Das W.n-Holz ist weich, wenig dauerhaft und von geringem wirtschaftl. Wert. Von Bedeutung sind jedoch die jungen Zweige, die wegen ihrer Biegsamkeit zum Flechten benutzt werden. Von alters her wurden sie deshalb zu Flechtwänden, Flechtzäunen und meist geschält zu Korbwaren verarbeitet, in der Vergangenheit wurden damit im Weinbau auch die Reben aufgebunden. Die regelmäßige Zweigentnahme führte zu den früher sehr häufigen Kopf-W.n. In Deutschland gab es seit dem 17. Jh. eine verbreitete Korbweiden-Kultur. Neben den Ruten wurde auch die Rinde gewonnen und zum Gerben benutzt (2).

§ 3. Archäologisch. In urgeschichtl. und ma. Kontexten wurde W.n-Holz vielfach nachgewiesen. Holzkohlenfunde gibt es seit dem Neol. regelmäßig, doch an den einzelnen Fst. meist nur spärlich. Bei guten Erhaltungsbedingungen in Feuchtbodensiedlungen sind oftmals Flechtwände, Flechtmatten und ähnliches ergraben worden (→ Flechten § 2). Z. B. kamen in der röm.-kaiserzeitlichen Wurt → Feddersen Wierde wie auch in anderen Wurten zahlreiche Flechtwände und Flechtzäune, die zum allergrößten Teil aus W.n-Zweigen geflochten waren, zutage (3). Ganz anders sieht es dagegen in der wikingerzeitlichen Siedlung Haithabu aus, wo sich zwar auch viel Flechtwerk erhalten hat, doch steht hier die W. mit nur 3 % weit hinter der Hasel, die 92 % erreicht (1). Die Wahl der jeweiligen Flechtwerkart richtet sich nach dem lokalen Vorhandensein. In den zahlreichen ma. Stadtgrabungen ist die W. als Flechtmaterial stets reichlich vertreten.

Außer dem Holz wurden von den W.n auch die Blätter genutzt, und zwar als Laubfutter für das Vieh. Die Laubfutterwirtschaft geht bis in das Neol. zurück. Bereits aus dieser frühen Zeit, aus der um 3000 v. Chr. datierten Pfahlbausiedlung Thayngen-Weier in der Schweiz, konnte der Nachweis erbracht werden, daß dort W.n-Laub verfüttert wurde, und zwar stand es der Menge nach an dritter Stelle hinter Esche und Linde (4) (vgl. auch → Viehhaltung und Weidewirtschaft).

(1) K.-E. Behre, Ernährung und Umwelt der ma. Siedlung Haithabu, Die Ausgr. in Haithabu 8, 1983. (2) G. Hegi, Illustrierte Flora von Mitteleuropa III/1, ²1957. (3) U. Körber-Grohne, Geobotan. Unters. auf der Feddersen Wierde, Feddersen Wierde 1, 1967. (4) P. Rasmussen, Leaf-foddering of Livestock in the Neolithic: Archaeobotanic Evidence from Weier, Switzerland, Journ. of Danish Arch. 8, 1989, 51–71.

K.-E. Behre

Weidewirtschaft → Viehhaltung und Weidewirtschaft

Weihe/Weihung

§ 1: Begriffe und Gegenstände – § 2: Zeitliches und räumliches Element – a. AT und NT – b. Patristik – c. Röm. und gall. Liturgie – d. Germ. und skand. Bereich – § 3: Bischofs-W. und Königs-W. – a. Bischofs-W. in Spätant. und Früh-MA – b. Königs-W. (W-Goten, Iren, Ags.; Franken) – c. Ideologie der Königs-W.: Hinkmar von Reims – § 4: Ausblick: Herrscher-W., *Ordines* – Bischofs- und Priester-W. in Kirchenrecht und liturgischer Praxis

§ 1. Begriffe und Gegenstände. W.n sind Rituale respektive Initiationsriten, die in ihrer Wirkung einerseits die grundlegende Änderung des relig. und sozialen Status einer Person, andererseits die Begründung einer besonderen Dignität (33, 1236) bzw. von deren Gegenteil (Bannung [→ Bann], → Fluch) zur Folge haben. Personen und Gegenstände der Lebenswelt werden in sakraler (sakral-magischer) Weise mit der Transzendenz in Verbindung gebracht. Zu unterscheiden sind Subjekt (sakral legitimierte Personen des Kultes bzw. diese als Handlungsvollziehende der [einer] Gottheit bzw. im vorchristl. N eine Gottheit selbst oder ein Zauberer), Mittel (bes. Öl, Chrisma), Handlung (Riten der Vorbereitung und Reinigung; Salbung; Insignien; Kleidung [Wechsel]; Hymnen; Gebete; Gelübde; Opfer – festgelegte zeitliche und räumliche Bestandteile), Objekt (Personen: Kg., Bf., Priester – Sachen [Statuen, Bilder] – Orte) und Wirkung (Markierung von Lebensabschnitten; Initiation in Mysterien; Aufnahme göttlichen Geistes und Schutzes; Übertragung von Macht) (vgl. 45; 36, 1562).

Termini aus verwandten, z. T. unterschiedlichen Begriffsfeldern des allg. und relig.-kultischen Sprachbereichs sind für die vorchristl. sakral-magischen Praktiken (*sacrare/consecrare, dedicare, benedicere, sanctificare, ordinare*; got. *weihan*, ahd. *wihan*, aisl. *vígia*; *wīhian) gebraucht, die lat. Termini sind in der Vulgata, dann kirchlich-liturgisch verwendet und kirchenrechtlich gefaßt worden. *Consecratio* bezeichnet die W. von Personen, *dedicatio* diejenige von Sachen schon in biblischer Distinktion, im Gegensatz zu beiden ist das auf Personen wie Sachen beziehbare *benedictio* schon vom Ursprung her nicht rechtlich gefaßt (49). In Blick auf die bes. interessierende Königs-W. ist wesentlich, daß die angeführten Termini durchweg Handauflegung und Segensgebete bezeichnen können, eindeutig erst durch Angabe des Mittels *(oleum, chrisma)* werden. Die damit bezeichnete → Salbung ist mit *ung(u)ere* und *unctio* unmißverständlich ausgedrückt.

Das got. Wort *weihan* gibt griech. ἁγιάζω wieder. *Weihen* hat im vorchristl. N nie die Bedeutung ‚*dedicare*, widmen, darbringen, übergeben'. Die Gottheit kann nur die ‚weihende' sein, nicht Empfänger des Geweihten. Die vorchristl. Unterscheidung zw. *vígia* und *helga* (heiligen) ist in der christl. Sprache Skand.s beibehalten. *Vígia* übersetzt lat. *consecrare*, z. T. *benedicere*, *helga* teils *sanctificare*, teils *dedicare*. Eine solche Trennung zw. *weihen* und *heiligen* ist dem Dt. fremd (36, 1562), wie auch das Dt. die in den lat. Termini *consecratio* und *dedicatio* vorliegende Unterscheidung in bezug auf Adressaten der Weihung nicht kennt.

§ 2. Zeitliches und räumliches Element. a. AT und NT. Die biblischen (wie auch die patristischen) Texte werden hier generell in funktionaler Zuordnung zur Intention dieses Lex.s behandelt. Logischerweise steht im Vordergrund die Septuaginta-, bes. aber die Vulgatafassung der Bibel. Die dingliche Übereignung von Gegenständen (Stiftszelt und Bundeslade) sowie von Personen (Aaron und seine Söhne) an Jahwe durch Salbung mit hl. Öl (Ex 30,22–33; 40,2–36) steht im AT neben der Übertragung geistiger Gewalt von Gott durch Handauflegung und Segen (Num 27,18–23). In der hier gegebenen Perspektive kommt der Salbung herausragende Bedeutung zu. Salbung als Zeichen göttlicher Erwählung wird Priestern zuteil (Ex 28,41; 29,7; 30,30; 40,13–15; Lev 8,1 f.; 1 Chron 29,22), den Propheten (1 Kön 19,16; Jes 61,1), bes. den Kg. (1 Sam 9,16; 10,1; 15,1; 16,3.12 f.; 2 Sam 2,4; 5,3; 2 Kön 9,3.6.12; 11,12; 23,30; 1 Chron 11,2 f.; 29,22). Wegen der christl.-ma. Nachwirkung sind zwei Momente herauszuheben: materiell die im Hinblick auf die AT-Praxis einen Sonderfall darstellende Salbung, die der Priester Zadok (und der Prophet Nathan) im Auftrag Davids an Salomo vollzog (1 Kön 1,39; zum Kontext: 31, 1289); ideell die Vorstellung vom Gesalbten des Herrn (Ps 2,2; 20,7; 89,35.52), dem als *christus Domini* transzendentale Immunität eignete, sowie die vom gottgesandten Retter-Messias (55).

Steht im NT bei W. die Geistverleihung durch Anhauchen (Joh 20,21 f.) sowie die Amtsbestellung (etwa von Diakonen zum Tischdienst unterhalb der Wortverkünder) (Apg 6,1–7; 13,1–3) im Vordergrund, so konnte namentlich die Salbung als Mitteilung des Gottesgeistes (χρῖσμα) erscheinen. Dem Selbstverständnis Jesu als Gottgesalbtem (Lk 4,18–21) korrespondierte seine Geltung als Messias (Mk 14,61 f.; Apg 4,26 f.; 10,38). Von der Salbung Jesu her bezeichnete Paulus die Getauften als „alle gesalbt" in spirituellem Sinn (2 Kor 1,21). Diese Stelle wie auch die metaphorische Rede vom χρῖσμα, vom Salböl Gottes, als Geist der Wahrheit (1 Joh 2,20.27; vgl. Joh 14,26; 16,13) haben noch nichts mit dem Vollzug einer Salbung im Rahmen der Taufhandlung zu tun (57, 713). Doch konnte hier eine Anknüpfung zur rituellen Taufsalbung gegeben sein, die gegen Ende des 2. Jh.s (Tertullian, Origenes) bezeugt ist (Konzeption und Ausgestaltung: 52, bes. 121 ff. 145 ff.).

Nicht wegen der Intention der Aussage, die klar die Erwähltheit des neuen Gottesvolkes zum Ausdruck bringen soll und keinen Bezug zu einer symbolischen oder materiellen Herrscher-W. hat, sondern wegen ihrer hohen Relevanz in der typol. Exegese und der modernen Interpretation muß auf die Stelle im ersten Petrusbrief hingewiesen werden, wo von den Christen als „auserwähltes Geschlecht, königliches Priestertum, heiliges Volk" (*genus electum, regale sacerdotium, gens sancta*) gesprochen wird (1 Petr 2,9; verwandt, doch anders akzentuiert Offb 1,6; 5,10; 20,6).

b. Patristik. Eine geistliche Analogie zw. den getauften Christen und dem geistlich gesalbten Christus zu sehen, ist den Kirchenvätern geläufig (s. etwa zu Leo dem Großen: 52, 584–595; 51, 163–166). In einer nicht genügend beachteten Exegese sieht Augustinus im Bild der zwei Fische bei Johannes (Joh 6,9) die beiden Gewalten des ATs, Kgt. und Priestertum, versinnbildet. Ihr Signum, die heiligste Salbung, präfiguriert Christus, der nach dem Beispiel des Priesterkg.s Melchisedek beide Würden in nicht wiederholbarer Weise vereinigte und (in geistlicher W.) in der Erlösung betätigte (3, 61,2 S. 121–125; u. a. Zitation von 1 Petr 2,24). Ambrosius von Mailand stellte Taufvorgang und die Stelle vom kgl. Priestertum zusammen, um sie geistlich zu deuten (1, VI,30 Sp. 398B: *omnes enim in regnum Dei et in sacerdotium unguamur gratia spirituali*). Der etwas spätere Zeitgenosse beider, Maximus II. von Turin (17), folgerte aus der zu Beginn des 5. Jh.s in Rom verfestigten postbaptismalen Chrismasalbung mit dem Bf. als Spender den konkreten Bezug: Öl und Chrisma als sichtbare Zeichen (s. die Belege bei 52, 595 f.) für die Übertragung einer *regalis et sacerdotalis dignitas* in der Taufe, die präfiguriert ist von der zeitliche Kg.s- und Priesterwürde verleihenden Salbung im AT (17, 777D–779A). Am Ende des 5. Jh.s brachte Papst Gelasius I. die bei Augustin artikulierte Vorstellung von der Konvergenz der alttestamentlichen Würden im alleinigen Kg. und Priester mit 1 Petr 2,9 zusammen. Letztere Stelle bekam eine gleichsam polit.-theol. Wendung, doch in dem Sinn, daß aus ihr die Kg. und Priester keine Prärogative der Gewaltenvereinigung mehr ableiten könnten (9, 14). Die Auslegung des Gelasius übersetzte → Isidor von Sevilla (13) in ekklesiale Gedanken, spirituelle und konkrete: Die mystische Salbung der Kg. und Priester im AT präfiguriert Christus. In zweifacher Weise ist dieser Bezugspunkt. Von seiner mystischen Salbung leitet sich die – metaphorisch zu verstehende (zur

Praxis von Handauflegung und Segen in Spanien s. 51, 83) – Salbung von Bf. und Kg. ab, von seiner Mechisedek-Funktion die der ganzen Kirche mit Chrisma als Glied des ewigen Kg.s und Priesters. Aus dem allen Getauften zugesprochenen priesterlichen und kgl. Geschlecht nimmt er die Grundlage ihrer Salbung nach der Taufe (13, II,26 S. 106 [im Passus zu 1 Petr 2,9 Aufnahme von Hieronymus, In Malachiam I,7] – zur Verbreitung der Verknüpfungen mit 1 Petr 2,9, doch pauschalisierend: 42, 279 f.; 46, 39 f.).

c. Röm. und gall. Liturgie. Daß in Rom den präbaptismalen exorzistischen Salbungen postbaptismale Chrisma-*Consignationes* folgten und daß diese Ordnung ab dem 5. Jh. installiert war, ist oben (vgl. § 2b) angedeutet. Das *Sacramentarium Gelasianum* sowie ein wohl aus der 2. Hälfte des 7. Jh.s stammender *Ordo* (Ordo Romanus XI) schrieben das liturgische Schema fest, nach dem der Taufe durch den Priester die konstitutiven Handlungen des Bf.s mit der Stirnsalbung folgten (42, 277; 16, 44,449–452 S. 74). Obwohl gall. Synoden des Südens bereits im 5. Jh. Stufen der Adaption der röm. Chrisma-Praxis bezeugen, belegen die aus dem N Galliens stammenden einschlägigen Sakramentare *(Gothicum; Missale Bobbiense; Gallicanum Vetus)* von der Wende vom 7. zum 8. Jh. bzw. aus dem 8. Jh. die Absenz der bischöflichen Salbung. Diese ist erst in Texten aus der Zeit um 800 (Sakramentare von Angoulême und St. Amand) belegt (42, 275–279). Zeugnisse aus dem westgot., engl. und frk. Raum für die Praxis postbaptismaler bischöflicher Salbung für die Zeit des 7. und 8. Jh.s sind nicht so zahlreich und so eindeutig, wie die Forsch. bisweilen glaubt. Gleichwohl liegen hier die Anfänge der sich verselbständigenden Firmung (26; die Reservation gegenüber ebd. 51–61).

Höchst aussagekräftig sind die Zeugnisse zur ideologischen Begründung und Aussage der Taufsalbung. Um 500 ließ ein röm. Diakon Johannnes (?Papst Johannes I., 523–526) die mit der Taufe verbundene Chrisma-Salbung von der Ölsalbung der Priester und Kg. im AT herkommen, flocht aber, verhalten gegenüber anderen Bibelstellen, die Aussage des ersten Petrusbriefs und der verwandten Apokalypsetexte hinein: *ut intelligat baptizatus regnum in se ac sacerdotale convenisse mysterium* (14, 174; s. 43, 520–522; 56, 29 f.). Nach der Praefatio des *Gelasianum* setzt die Taufsalbung in Bezug zum Ehrenrang von Kg., Priester und Prophet (Ms. Vat. Reg. 316: 46, 18 Anm. 19). Derselbe alttestamentliche Sonderkreis erscheint in demselben Text bei der W. des Chrisma für die Täuflinge und die Kranken (16, 40,378 S. 60; 388 S. 62; 382 S. 61). Dies war aus der gallikanischen Liturgie genommen. Überhaupt korrespondieren den genannten Motivierungen solche aus dem gall. Raum: bei der Chrisma-W. des *Missale Gallicanum Vetus* (20, 19,82 S. 25 f.) und weiteren Texten. In dem der Taufe vorausgehenden Gebet des (frühen) Bobbio-Missale ist das Salböl mit dem von Samuel bei der W. Davids zum Kg. und Propheten in Beziehung gesetzt (18, 243 S. 74). Im *Missale Francorum* ist eine Handsalbung in den nämlichen Kontext gestellt (19, 8,34 S. 10). In Analogie zu Gedankengängen Augustins ist im *Missale Gothicum* das kgl. Haus Davids Grund für die Würden Christi als Erlöser, Priester und Kg. Allein in diesem Text klingt, im Formular der Ostermesse, ein Hinweis auf das *genus regium et sacerdotale* der Getauften, der in Christus Gekrönten, an (21, 35,273 S. 70; 37,287 S. 73 f.; 33,265 S. 68). Eine Unters. der bei den Taufriten verwandten Schriftlesungen (46, 32–39) hat ergeben, daß 1 Petr 2,9 hier keine Rolle spielte. Breitere Einwirkung zeigt dieser Text bei Autoren im Umkreis Karls des Großen vorwiegend zu Beginn des 9. Jh.s (Alkuin; Odilbert von Mailand; Magnus von Sens; Theodulf von Orléans; Hildebold von Köln) (43).

d. Germ. und skand. Bereich. Die z. T. sehr schwer zu deutenden Zeugnisse, → Runeninschriften der vorchristl. Zeit aus N-Deutschland und Dänemark, lassen die oben gebrachte Feststellung über das Subjekt der W.-Handlung konkretisieren. Diese Inschr. aus dem 10. Jh. bieten die Formel ‚Thor weihte', wobei vereinzelt als Objekte ‚Runen' bzw. ‚Grabmal' spezifiziert sind. Dieselbe Formel bringt eine adän. Krankheitsbeschwörung, auch in aisl. liter. Belegen ist Thor (→ Donar-Þórr) der ‚Weiher'. In der *Snorra Edda* (→ Edda, Jüngere) ‚weiht' Thor mit seinem Hammer die Knochen seiner geschlachteten und verzehrten Ziegen, um sie wieder lebendig zu machen (→ Ziege § 1). Die besondere Funktion, die Braut zu weihen, haben Thor und sein Hammer in → *Þrymskviða*. Eine zauberische Bedeutung, wie bei der Weihung der Ziegenknochen oder der Bannung des Krankheitsdämons, läßt die → *Hervarar saga* in zwei Fällen erkennen: Die Toten im Grabhügel werden ‚geweiht' respektive gebannt, so daß sie bei Unholden im Hügel verwesen bzw., nach anderer Version, nie Ruhe bekommen sollen. Zwei Zwerge werden mit einem Schwert ‚geweiht', damit sie nicht wieder in ihren Stein verschwinden möchten (36, 1562).

§ 3. Bischofs-W. und Königs-W. a. Bischofs-W. in Spätant. und Früh-MA. Die Entwicklung des Episkopats (→ Bischof § 2) ist seit der Wende zum 2. Jh. in sicheren Qu. überliefert: Didache; 1. Clemensbrief; Ignatiusbriefe; Pastoralbriefe. Der zuerst in Kleinasien entwickelte monarchische Episkopat ist seit der Mitte des 2. Jh.s mit dem Gedanken der apostolischen Sukzession verknüpft. Ausdruck dieser Konzeption ist die seit der frühesten Bezeugung durch Bf. Hippolyt von Rom († 235), dann im *Sacramentarium Veronense* (6. Jh.), im *Sacramentarium Gelasianum Vetus* (6. Jh.) sowie in den *Ordines Romani* (ab Mitte des 8. Jh.s) belegte weihende Amtsübertragung durch Handauflegung und Segensgebet der übrigen Bf. bzw. des bischöflichen Hauptkonsekrators (50, 1–41; 51, 27–49). Die Texte von der *Traditio apostolica* an (παρά σου δύναμιν τοῦ ἡγεμονικοῦ πνεύματος) bis zum *Sacramentarium Veronense* vermitteln mit Rückbezug auf das als normbegründend angesehene Priestertum Aarons im AT die Wertung des Symbol- und Rechtsvorgangs als einer geistigen bzw. geistlichen Salbung (51, 57–59). Im Prinzip gehen hierin die frühesten gall. (*Statuta Ecclesiae Antiqua; Sacramentarium Gallicanum Vetus; Missale Francorum*) und die span. Qu. mit den röm. zusammen (51, 75–80. 81–106). In karol. Zeit wurden spezielle Priestersalbungen entwickelt, mit Hauptsalbung für den Bf. und Händesalbung für den Priester (→ Salbung). Es hat den Anschein, daß die Salbung des Bf.s am Haupt der Kg.ssalbung nachgebildet ist (50, 51 f.; 35, 30 ff.; Priestersalbung: 50, 52–54; zum Öl der Krankensalbung: 34, 715).

b. Königs-W. (W-Goten, Iren, Ags.; Franken). Erstmals sicher bezeugt ist die Kg.ssalbung im MA bei den W-Goten in Spanien in der 2. Hälfte des 7. Jh.s, doch ist sie im einschlägigen Ber. offenbar als bekannte Praxis referiert (15, c. 4 S. 503 f.; c. 3 S. 503.502). Es ist kaum anders denkbar, als daß das alttestamentliche Vorbild irgendwie zugrunde lag, doch sind die Konturen unscharf (sehr hypothetisch hierzu → Sakralkönigtum S. 250; eher bestätigend ebd. S. 251). Das Ausgießen des Salböls auf den Nacken des knienden Kg.s unter einer Fülle von Segnungen durch den Metropoliten Julian von Toledo klingt von fern an alttestamentliche Hauptsalbungen an (1 Sam 16,13; 2 Kön 9,3.6 bei Kg.; Ex 29,5–9 bei Priestern), das Haupt ist explizit erst in Zusammenhang mit einem Bienenwunder genannt, das eher an eine (germ.) Kg.sheilvorstellung denken läßt. Die W. (*sacrare*) war offenbar mit einer konstitutiven Übertragung eines Banners verbunden. Eindeutig alttestamentlich fundiert waren die Kg.ssalbungsvorstellungen, die in Irland um 700 von dem Kreis um Adamnan (38, 5–24. 27–78) in Texten der *Collectio Canonum Hibernensis* (6) propagiert wurden (32, 289 mit Anm. 52; die Salbung in der Coll. Can. Hib. [A] XXV, 1 S. 76, [B] XXVII, 3 fol. 41ᵛ; [A] XXVII, 32 S. 139 – [B] XXXIX, 36 fol. 77ᵛ; [A] XXV, 8 S. 78, [B] XXVII, 30 fol. 46ᵛ; [B] XXVII, 5 fol. 42ʳ; XXVII, 31 fol. 46ᵛ; XII, 1 fol. 13ᵛ–14ʳ). Die Königs-W. durch Salbung blieb in Irland kurzzeitige Ausnahme. In England ist sie entgegen neuester früher Ansetzung (47) mit Sicherheit erst für 787 bezeugt (48). Von größter Nachwirkung war die Aufnahme der W./Salbung des Kg.s bei den Frk. bei der Erhebung des arnulfingisch-pippinidischen → Hausmeiers → Pippin des Jüngeren 751 zum Kg. Es ist anzunehmen, daß in einen erschlossenen *Ordo sublimationis* des Herrschers in späterer merow. Zeit bischöflich-kirchliche Benediktionen integriert waren (→ Sakralkönigtum S. 262). Die Annahme, es habe sich dabei bereits um eine förmliche Salbung in Übernahme des westgot. Brauchs gehandelt (40), ist nicht aufrechtzuerhalten. In der Tradition der bischöflichen Gebetsbenediktionen erblickt die wichtigste Qu. zu 751, die → Fredegar-Forts., den Anteil der Bf. in der *consecratio* (zu dieser Qu. mit gewisser petitio principii: 28, 187–195). Doch ist entgegen neuester Bestreitung (54, 37–46) eine Salbung Pippins des Jüng. zum Kg. vollzogen worden, und zwar von gall.-frk. Bf. (8, Cont. 33,182; 2, zu 750 8/10; 4; zur Beweiskraft der Ann. s. Amandi [2a] zu 751 10 siehe 28, 189). Als unmittelbare Vorbilder wurden ir. und westgot. Vorläufer gesehen (→ Sakralkönigtum S. 263; → Königswahl § 5), bes. die postbaptismale Salbung im röm. (Firm-)Ritus (27). Bisweilen wurde ein Zusammenwirken dieser verschiedenen Elemente angenommen (37). V. a. die Vorstellung einer Anknüpfung an die röm. postbaptismale Weihung ist aufgegriffen worden (42; 56). Doch ist neuestens pointiert festgehalten worden, daß eine aktualisierende Orientierung am AT-Vorbild gegeben sei (31, 1290; 44; neuestens in diesem Sinn auch 28, 190–196) – und dies mit gutem Grund. Ein unter ir. Einfluß gestalteter Kg.sspiegel für einen Merowingerherrscher in der Mitte des 7. Jh.s verweist auf Kg. David und auf Salomo als gesalbten Kg. (32, 320–324). Die oben gebrachte Musterung liturgischer und liturgiebezogener Texte aus dem gall.-frk. Bereich im 8. Jh. ergab eine starke Orientierung am geweihten Kgt. des ATs; das mit der postbaptismalen Salbung verknüpfte Motiv 1 Petr 2,9 spielt (noch) kaum eine Rolle. Allem Anschein nach ist neben einer Fülle auf das AT zentrierter päpstlicher Bezugnahmen zur frk. Kg.ssalbung nur einmal eine Andeutung in der genannten Richtung zu erkennen (5, 45 S. 561; doch s. ebd. 39 S. 552). Dieses isolierte Zeugnis ist zum Angelpunkt gemacht worden, verbunden mit der waghalsigen Bemerkung, die Aufbewahrung des röm. *Gelasianum* in einem frk. Kloster könne u. U. auf die Königs-W. Pippins des Jüng. Einfluß gehabt haben (56, 24. 22). 751 hat man sich also wohl direkt an der Kg.ssalbung des AT orientiert.

Im J. 754 hat Papst Stephan II. eine erneute Salbung an Pippin vorgenommen, sie dabei auch seinen Söhnen Karl (→ Karl der Große) und → Karlmann gespendet. Es ist zwar schon längst eindrucksvoll herausgearbeitet, daß die päpstliche Kg.sweihevorstellung eindeutig an derjenigen des ATs, bes. an der Salbung Davids, ausgerichtet war (41, 66–69, bes. 68 f.), doch wurde neuestens dargelegt, der Papst habe eine postbaptismale Taufsalbung umgehend in eine Kg.ssalbung umzudeuten begonnen (54, 46–51). Das reiche Material von Papstbriefen in der Slg. Cod. Carolinus (Belege: → Sakralkönigtum S. 263) zeigt eindeutig: Mit bes. Bezug zum AT ist die Salbung als das Mittel verstanden, mit dem der Apostel Petrus durch seinen Stellvertreter das Kgt. überträgt, und zwar in einer die bischöfliche

W. überbietenden Form (zu diesem Aspekt nun vermengend 28, 196–204). Die Päpste sahen ihre Salbung als definitive Sicherung der von Gott zum Kgt. vorbestimmten Dynastie, die Karolinger verstanden die W. als direkt von Gott gewirkt (→ Sakralkönigtum S. 263 f.). 768 und (wohl auch) 771 wurden die Söhne Pippins des Jüngeren für ihre jeweiligen Reiche von Bf. erneut gesalbt. In der üblich werdenden Mehrfachsalbung der → Karolinger ist ein Rückbezug auf die alttestamentliche Praxis gesehen worden (55, 19 mit freilich wohl kaum verwertbarem Hinweis auf [Pseudo-] Beda 612D f.).

c. Ideologie der Königs-W.: Hinkmar von Reims. Hinkmar von Reims hat als maßgeblicher Propagator der Königs-W., die er auf bischöfliche Salbung und geistliche Gebets-W. zurückführte, klar von jener Chrisma-Salbung nach der Taufe unterschieden, die die Kg. mit allen Gläubigen gemäß 1 Petr 2,9 und Offb 5,10 gemeinsam hätten (11, 1040C/D; s. schon 10, 12 S. 188). Bei der Krönung und Salbung Karls des Großen zum Kg. in Lotharingien (→ Lothringen) 869 begegnet bei Hinkmar zum erstenmal das ideologische Konstrukt eines besonderen, vom Himmel gesandten Salböls, mit dem → Chlodwig gesalbt und zum Kg. geweiht worden sei: *coelitus sumpto chrismate, ..., peruncti et in regem sacrati*. Getrennt hiervon steht der nicht weiter spezifizierte Vorgang der Taufe Chlodwigs und seiner Großen (23, VII, S. 104; Fehlinterpretation: 28, 205). In der *Vita sancti Remigii* thematisiert Hinkmar das Himmelschrisma breit, doch bezieht er es lediglich auf den Taufvorgang, in dem Chlodwig mit den Großen zu dem erwählten Volk und kgl. Priestertum wurden (12, 297–300). In dem vielleicht von Hinkmar verfälschten größeren Remigiustestament nennt der fiktive Autor seine Aktion, mit Amtsbrüdern der Germania, Gallia und Neustria das neue Kg.sgeschlecht der → Merowinger zu erwählen, zu salben und zu firmen. In die massive Fälschung hinein ist in Bruch der Konstruktion noch eine Amplifizierung gesetzt, nach der Kg. Chlodwig mit dem Firmchrisma auch zum Kg. gesalbt worden sei (7, I, 18 S. 103). Bei der genannten Sachlage verbieten sich Folgerungen, wie sie bisweilen angestellt wurden (z. B. 53, 307 mit Anm. 48; 28, 204 f.).

§ 4. Ausblick: Herrscher-W., *Ordines* – Bischofs- und Priester-W. in Kirchenrecht und liturgischer Praxis. Nach der Vorstufe von Benediktions- und Gebetstexten für die Kg.ssalbung in liturgischen Sammelwerken aus der Zeit um 800 (29, 1439) formulierte Hinkmar von Reims als erster Krönungsordines, in denen sakral-liturgische und rechtliche Elemente miteinander verbunden sind. Er profiliert die Autonomie der kgl. Salbungs-W., die mit Plazierung, ritueller Gestaltung und ideologischer Befrachtung in das Zentrum des Vorgangs der Herrschererhebung gelangt. Bes. in der von Hinkmar in Gang gesetzten westfrk. Tradition – vollständige Ausführung zeigt der um 900 entstandene Erdmann-*Ordo* (westfrk. *Ordo*) – sind die sakral legitimierenden und erhöhenden Teile mit auf Gott als Urgrund der Kg.sherrschaft und auf die alttestamentlichen Vorbilder verweisenden Segensbenediktionen mit der Handlungsklimax in weihender Krönung und Hauptsalbung in Bezug gesetzt zu rechtlichen Partien, in denen die vertragliche Bindung des Herrschers gegenüber Kirche und Großen (Volk) dokumentiert ist (23, VII–X. XI–XIII; 30, 283 ff.).

In der wesentlich auf den im Mainzer *Pontificale Romano-Germanicum* um 960 überlieferten „Deutschen Ordo" zurückgehenden Ausgestaltung der Kg.s- und Ks.ordines im ottonisch-frühdt. Reich und im ma. Imperium wurden die Gesichtspunkte rechtlicher Bindung geschwächt, diejenigen sakraler Herrschaftstheol. gestärkt, wobei die konkrete W. in der Salbung eher zurücktrat (24; 23).

Seit der Ant. bildeten sich für den Klerus die sog. ‚höheren Weihen' für Bf., Priester und Diakone heraus, von denen die mit den ‚niederen Weihen' verliehenen Hilfsdienste unterschieden waren. Die urspr. mit segnender W. vollzogene Funktionseinweisung wurde in karol. Zeit durch die speziellen Ölsalbungen abgelöst, für die Bf. am Haupt, für die Priester an den Händen (50; 51). Durch Ausgestaltung und komplizierte Eingliederungen von liturgischen Elementen, v. a. aus dem altgall., altspan. bzw. kelt. Liturgiebereich, in die stadtröm. W.-Liturgie entwickelte sich ein komplexer Ritus, wie ihn das *Pontificale Romanum* von 1595/96 enthielt und wie er bis 1968 gültig war (Scholtissek, Müller, Hirnsperger, Feulner in 39).

Qu.: (1) Ambrosius, De mysteriis, Migne PL 16, 389–410. (2) Annales regni Francorum, hrsg. von F. Kurze, MGH SS rer. Germ. in usum schol. 6, 1895, Nachdr. 1950. (2a) Annales s. Amandi, hrsg. von G. H. Pertz, MGH SS 1, 1826, Nachdr. 1976, 6–14. (3) Augustinus, De diversis quaestionibus octoginta tribus, hrsg. von A. Mutzenbecher, CChrSL 44A, 1975, 9–249. (4) Clausula de unctione Pippini, hrsg. von A. J. Stoclet, Francia 8, 1980, 2 f. (5) Cod. Carolinus, hrsg. von W. Gundlach, MGH Ep. 3, 1892, Nachdr. 1994, 469–657. (6) Collectio Canonum Hibernensis, (A): Die ir. Kanonenslg., hrsg. von H. Wasserschleben, ²1885; (B): Ms. Oxford Bodleian Hatton 42 (s. IX), fol. 1ʳ–130ʳ. (7) Flodoard, Historia Remensis Ecclesiae, hrsg. von M. Stratmann, MGH SS 36, 1997. (8) Fredegar, Chronicon cum continuationibus, hrsg. von B. Krusch, MGH SS rer. Mer. 2, 1888, Nachdr. 1984, 1–193. (9) Gelasius, Tractat IV: Publizistische Slg. zum Acacianischen Schisma, hrsg. von E. Schwartz, Abhandl. Akad. der Wiss. München, Phil.-hist. Abt. NF 10, 1934, 7–19. (10) Hinkmar von Reims, De divortio Lotharii regis et Theutbergae reginae, hrsg. von L. Böhringer, MGH Conc. 4, Suppl. 1, 1992. (11) Hinkmar von Reims, Pro ecclesiae libertatum defensione, Migne PL 125, 1035–1070. (12) Hinkmar von Reims, Vita s. Remigii, hrsg. von B. Krusch, MGH SS rer. Mer. 3, 1896, Nachdr. 1995, 250–341. (13) Isidor, De ecclesiasticis officiis, hrsg. von Ch. M. Lawson, CChrSL 113, 1989. (14) Johannes Diaconus: A. Wilmart, Un florilège carolingien sur le symbolisme des cérémonies du baptême avec un Appendice sur la lettre de Jean Diacre, in: Ders., Analecta Reginensia, 1933, 153–179, 170–179. (15) Julian von Toledo, Historia Wambae regis, hrsg. von W. Levison, MGH SS rer. Mer. 5, 1910, Nachdr. 1997, 486–535 (= J. L. Hillgarth [Hrsg.] CChrSL 115, 1976, 213–255). (16) Liber Sacramentorum Romanae ecclesiae ordinis anni circuli (Sacramentarium Gelasianum), hrsg. von L. C. Mohlberg, Rerum ecclesiasticarum documenta. Series maior. Fontes 4, 1960. (17) Maximus II. von Turin, Tractatus IV: De baptismo, Migne PL 57, 777–782. (18) Missale Bobbiense, hrsg. von E. A. Lowe, The Bobbio Missal. A Gallican Mass-Book, 1920/1924, Nachdr. 1991. (19) Missale Francorum, hrsg. von L. C. Mohlberg, Rerum ecclesiasticarum documenta. Series maior. Fontes 2, 1957. (20) Missale Gallicanum Vetus, hrsg. von L. C. Mohlberg, Rerum ecclesiasticarum documenta. Series maior. Fontes 3, 1958. (21) Missale Gothicum, hrsg. von L. C. Mohlberg, Rerum ecclesiasticarum documenta. Series maior. Fontes 5, 1961. (22) Die Ordines für die W. und Krönung des Ks.s und der Kaiserin, hrsg. von R. Elze, MGH Fontes iuris Germanici antiqui in usum schol. 1960. (23) Ordines coronationis Franciae 1, hrsg. von R. A. Jackson, 1995. (24) Le Pontifical romano-germanique du Xᵉ siècle, hrsg. von C. Vogel, R. Elze 1–3, 1963–1972. (25) Pseudo-Beda, In Psalmum XXVI, Migne PL 93, 612–619.

Lit.: (26) A. Angenendt, Bonifatius und das Sacramentum Initiationis. Zugleich ein Beitr. zur Gesch. der Firmung (1977), in: Ders., Liturgie im MA, 2004, 35–87. (27) Ders., Rex et sacerdos. Zur Genese der Kg.ssalbung (1982), in: ebd., 311–332. (28) Ders., Pippins Kg.serhebung und Salbung, in: M. Becher, J. Jarnut (Hrsg.), Der Dynastiewechsel von 751. Vorgesch., Legitimationsstrategien und Erinnerung, 2004, 179–209. (29) H. H. Anton, Ordo III: Krönungsordines, in: Lex. des MAs 6, 1993, 1439–1441. (30) Ders., Verfassungspolitik und Liturgie. Stud. zu Westfranken und Lotharingien im 9. und 10. Jh. (1994), in: Ders., Kgt. – Kirche – Adel. Institutionen, Ideen, Räume von der Spätant. bis zum hohen MA, 2002, 253–292. (31) Ders., Salbung, in: Lex. des MAs 7, 1995, 1288–1292. (32) Ders., Kg.svorstellungen bei Iren und Franken im Vergleich, in: F.-R. Erkens (Hrsg.), Das frühma. Kgt. Ideelle und relig. Grundlagen, 2005, 270–330. (33) B. Th. Drößler, W., in: Evangelisches Kirchenlex. 4, 1996, 1236–1238. (34) M. Dudley, Salbung IV, in: TRE 19, 1990, 714–717. (35) E. Eichmann, Kg.s- und Bf.sweihe, SB. Akad. der Wiss. München. Philos.-philol. Kl. 6, 1928. (36) L. Ejerfeldt, W.n, in: RGG VI, 1561–1563. (37) R. Elze, Le consacrazioni regie, in: Segni e riti nella chiesa alto medievale occidentale, Settimane di studio del Centro italiano di Studi sull'Alto Medioevo 33, 1, 1987, 41–55. (38) M. J. Enright, Iona, Tara and Soissons. The Origin of the Royal Anointing Ritual, 1985. (39) H.-J. Feulner u. a., W.-Sakrament, in: LThK 10, ³2001, 1006–1015. (40) A. Th.

Hack, Zur Herkunft der karol. Kg.ssalbung, Zeitschr. für Kirchengesch. 110, 1999, 170–190. (41) D.-S. I, Cultura e ideologia nella prima età carolingia, 1984. (42) P. A. Jacobson, Sicut Samuhel unxit David: Early Carolingian Royal Anointings Reconsidered, in: L. Larson-Miller (Hrsg.), Medieval Liturgy. A Book of Essays, 1997, 267–303. (43) J. M. Joncas, „Mystic Veiling" of the Head of One Newly Baptized. A Baptismal Ritual in the Carolingian West?, Ecclesia orans 16, 1999, 516–546. (44) L. Körntgen, Salbung IV, in: RGG 7, ^{4}2004, 794 f. (45) M. Ladstätter, W., Weihung I., in: LThK 10, ^{3}2001, 1004. (46) J. L. Levesque, The Theol. of Postbaptismal Rites in the Seventh and Eighth Century Gallican Church, Ephemerides Liturgicae 95, 1981, 3–43. (47) J. L. Nelson, Politics and Ritual in Early Medieval Europe, 1986. (48) J. Prelog, Sind die W.-Salbungen insularen Ursprungs?, Frühma. Stud. 13, 1979, 303–356. (49) H. J. F. Reinhardt, W., Weihung III., in: LThK 10, ^{3}2001, 1005. (50) K. Richter, Die Ordination des Bf.s von Rom. Eine Unters. zur W.-Liturgie, 1976. (51) A. Santantoni, L'ordinazione episcopale. Storia e teologia dei riti dell'ordinazione nelle antiche liturgie dell'occidente, 1976. (52) V. Saxer, Les rites de l'initiation chrétienne du IIe au VIe siècle. Esquisse hist. et signification d'après leurs principaux témoins, 1988. (53) H. Schrörs, Hinkmar, Ebf. von Reims, 1884. (54) J. Semmler, Der Dynastiewechsel von 751 und die frk. Kg.ssalbung, 2003. (55) H. Strauß, Salbung II, in: TRE XIX, 709–711. (56) B. Uspenskij, In regem unxit. Unzione al trono e semantica dei titoli del sovrano, 2001. (57) W. Zager, Salbung III, in: TRE XIX, 711–714.

H. H. Anton

Weihedenkmäler

§ 1: Definition – § 2: W. in der Germania Magna – § 3: Form und Verbreitung der W. in den germanischen Provinzen – § 4: W. als historische Quelle

§ 1. Definition. Ein Denkmal (Monument) ist im weiteren Sinne jeder kunst-, kultur- oder allgemeingeschichtl. bedeutsame Gegenstand, enger gefaßt ist es nach der gängigen Definition ein künstlerisch gestaltetes Objekt, das mit dem Ziel geschaffen wurde, an ein Ereignis, einen Brauch, einen Menschen oder eine Gruppe über die Zeiten hinweg öffentlich zu erinnern. Es ist abzuheben von nicht künstlich geschaffenen Objekten. Denkmäler sind damit Qu. und Zeugnisse menschlicher Gesch. und Entwicklung (2, 418 f.). Die W. sollen hier als Denkmäler im engeren Sinne verstanden werden. Sie nehmen einen besonderen Platz ein, da ihre Adressaten in erster Linie nicht Menschen, sondern Götter waren und sie wohl auch die ersten Denkmäler überhaupt darstellen. Das erste bekannte polit. motivierte Denkmal der Ant. ist dasjenige der Tyrannenmörder in Athen aus dem J. 510 v. Chr. (ausführlich: 6), doch ist eine klare Trennung zw. sakralen und profanen Denkmälern für die Ant. nicht zu leisten (vgl. z. B. die Tropaia [→ Adamklissi; → Siegeszeichen § 1; → Tropaia Drousou]).

W. unterscheiden sich aber von einer Opfergabe dadurch, daß sie zunächst nicht dem unmittelbaren → Opfer dienen, sondern vielmehr an die Zeremonie selbst erinnern sollen (11; 19). Sie können zwar selbst Opfergaben sein, haben aber darüber hinaus den Zweck, Götter und Menschen auf eine sakrale Handlung hinzuweisen, die in der Regel mit einem Opfer verbunden war, und im Bewußtsein bleiben sollte. Damit sind für die Kulthandlung selbst benutzte Gerätschaften, Einrichtungen und Gebäude (→ Religion § 4c; → Tempel), die vergänglichen Opfergaben sowie auch die Objekte der direkten Anbetung (Kultbilder) im engeren Sinne keine W., können aber zu diesen werden, wenn sie etwa inschriftlich als solche ausgezeichnet werden. Eine geopferte Münze kann aber beispielsweise ein Weihedenkmal sein, zumal insbesondere in kelt. Heiligtümern eigenes Opfergeld angefertigt oder Münzen durch Einhiebe zu W.n gemacht wurden (3; 18, bes. 486 f.). Daß die Grenzen fließend sind, zeigen Funde aus verschiedenen Heiligtümern (z. B. Karden), wo sogar benutzte (Kult)Keramik mit Weihinschr. versehen wurde und damit auch als Weihedenkmal zu bezeichnen ist (z. B. 12, 144). Auch anatomische Exvotos aus verschiedenen Materialien, welche in großer Zahl v. a. in Quellheiligtümern gefunden wurden (→ Quellheiligtümer und Quellkult

S. 21), stellen ebenfalls W. dar, insbesondere wenn sie mit Inschr. versehen sind. Erinnert sei insbesondere an die hölzernen Exvotos von den Seinequellen (3). Damit erfassen die W. eine Spanne von einer Münze über ein Körperteil aus Holz bis zur Großen Mainzer Iupitersäule (→ Jupitergigantensäulen) oder ein inschriftlich dediziertes Kultgebäude.

§ 2. W. in der Germania Magna. Für die schriftlose EZ in Germanien kommen als W. nur Bildzeugnisse in Frage (→ Idole und Idolatrie). Wenn entspr. Funde überhaupt so gedeutet werden dürfen, dann waren Götterbilder (→ Götterbilder § 4) primitiv und schematisch (→ Figürliche Kunst mit Abb. 9; → Rude Eskilstrup mit Taf. 12; → Possendorf mit Taf. 18a). Dies zeigen z. B. die stark abstrahierenden Holzfiguren einer Frau und eines Mannes aus dem Wittemoor bei Neuenhuntdorf, Kr. Wesermarsch (→ Furt mit Abb. 34), die an einer gefährlichen Stelle eines → Bohlenweges durch das Moor aufgestellt waren (allg.: 5; vgl. 14, 122). Im Einzelfall ist schwer zu entscheiden, ob es sich um Kultbilder oder W. handelt. Das berühmteste Weihedenkmal aus der Germania Magna ist der Silberkessel von Gundestrup (→ Gundestrup mit Taf. 12–14), der allerdings kelt. Gottheiten zeigt und wohl nach Jütland verschleppt worden war (10, 153) (vgl. zur kelt. Latènekultur → Keltische Großplastik).

§ 3. Form und Verbreitung der W. in den germanischen Provinzen. Die weitaus größte Zahl der germ. W. stammt aus der RKZ. Hierunter sind die Weihinschr. am häufigsten, sind sie doch gerade dazu gedacht, die Erinnerung an einen Weihe- oder Stiftungsakt der Nachwelt zu erhalten. Inschr.träger können eigene Steinsockel (Altäre, Basen etc.) oder das Objekt selbst sein. Die Materialien sind mannigfaltig, wegen der Erhaltungseigenschaften sind Steininschr. am häufigsten überliefert, daneben findet man Votivinschr. auf Metall, Keramik (z. B. → Graffiti Taf. 20), Holz und Leder (7). Trotz der Fundlage ist davon auszugehen, daß W. aus Metall, Holz und anderen vergänglichen Materialien bei weitem überwogen haben. Diese sind entweder vergangen oder eingeschmolzen worden, so daß sie unwiederbringlich verloren sind. Verschleppte Hortfunde, Relikte germ. Beutezüge, lassen nur erahnen, wie Tempelschätze ausgesehen und welche Ausmaße sie gehabt haben können (→ Hagenbach; → Neupotz) (8).

In Rom setzten Weihinschr. ab dem 6. Jh. v. Chr. ein, die früheste bekannte aus den späteren germ. Prov. stammt aus *Lousonna/Vidy*, da sie *pro salute Caesarum* der Ceres geweiht wurde, womit wahrscheinlich die Augustusenkel oder → Drusus und → Germanicus gemeint waren. Damit ist der Stein in das 1. Viertel des 1. Jh. n. Chr. zu datieren. Ceres ist inschriftlich in Germanien nicht mehr bezeugt, sie erscheint in Grenzprov. insgesamt nur äußerst selten (15, 125).

Die Dedikation von W.n mit Inschr. war in allen Kulten ein öffentlicher Akt von gesellschaftlicher Relevanz. Er setzte neben der entspr. materiellen Potenz des Stifters auch dessen Bedürfnis nach der Veröffentl. seines Namens als Spender und seine Annahme der neuen Sprache und Kultur – also seine weitgehende → Romanisierung – voraus. Die inschriftliche Form der Weihung hatte so auch den Zweck, das soziale Ansehen des Stifters in der Gem. zu dokumentieren und zu steigern. Dies wurde zunächst nur von Soldaten und einer latinisierten Oberschicht praktiziert, fand aber dann immer mehr Anhänger in finanziell besser gestellten Kreisen der Provinzbevölkerung. Am größten ist die Funddichte von Votivinschr. überall da, wo auch Soldaten stationiert waren, also bes. am rechtsrhein. → Limes und in Mainz (→ Mogontiacum). Häufigstes epigraphisches Weihedenkmal waren dabei Weihealtäre der unterschiedlichsten Größen. Sehr häufig kommen in beiden

Prov. Jupiter- bzw. →Jupitergigantensäulen vor, von denen in Obergermanien 80, in der Regel auf ihren Viergöttersteinen oder Zwischensockeln, Inschr. tragen; die meisten Zeugnisse dieser Denkmalgruppe sind aber anepigraphisch. Dabei ist insbesondere zu beachten, daß zu vielen dieser Denkmäler Altäre gehörten, die zusammen mit der Säule aufgestellt wurden (vgl. 1, 42). Hier ergeben sich also größere Schnittmengen (15, 16 f.).

Wichtigstes Weihedenkmal Niedergermaniens ist der Aedicula-Altar, der in einer Nische meist oberhalb der Inschr. die Darst. der Gottheit(en) zeigt. Diese Denkmäler finden sich in großer Zahl bei den →Matronenweihungen, gelten aber auch mehrfach dem Mercurius und anderen Gottheiten. Im Kult der →Nehalennia an der Scheldemündung stellen sie sogar die Mehrzahl der Weihemonumente. Die bislang frühesten inschriftlich datierten Aedicula-Altäre sind zwei Genius-Weihungen aus Bad →Münstereifel-Iversheim, so daß mit gewissem Recht angenommen werden darf, daß dieser Typus des Votivdenkmals in der 1. Hälfte des 2. Jh.s aufkam (13, bes. 90 ff.; 16, 19 ff.; 9, 65). Die Masse der Götterdarst. Obergermaniens findet sich auf den Viergöttersteinen der Iupiter(giganten)-säulen. Die neue Verbreitungskarte zählt insgesamt 556 FO dieser Denkmalgruppe, davon 105 in *Germania inferior* und 451 in *Germania superior* und den jeweils angrenzenden Gebieten bis in den südfrz. Raum (17, 254 ff.). Aktuell zählt man 1776 Weihinschr. für Ober- und 1726 für Niedergermanien, außerdem ca. 1500 vorwiegend steinerne Bildzeugnisse für Obergermanien, davon 244 auf epigraphischen Weihungen, und ca. 500 für Niedergermanien, davon 202 auf epigraphischen Weihungen. Die meisten W. gelten dabei in Niedergermanien den Matronen, in Obergermanien Jupiter bzw. Mercurius (→Römische Religion; →Bilddenkmäler § 7). Es muß betont werden, daß es sich hier einerseits nur um einen Bruchteil der einstmals vorhandenen W. handelt, andererseits sind die noch vorhandenen W. aus Keramik, Metall, Holz etc., soweit erhalten, in ihrer Zahl kaum zu fassen.

In der Häufigkeit der W. ergeben sich zudem deutliche Unterschiede. In der *Germania inferior* stammt die weitaus größte Zahl der gefundenen W. aus der ehemaligen →*civitas* der →Ubier, die dann im Territorium der *Colonia Claudia Ara Agrippinensium* (→Köln) aufging, während ihre Zahl nach N stetig abnimmt. In der *Germania superior* liegt der Schwerpunkt ganz deutlich in der Hauptstadt *Mogontiacum*/Mainz und dem rechtsrhein. Limesgebiet, also den milit. dominierten Zonen, wobei inschriftliche W. in den ehemals kelt. Gebieten im SO der Prov. deutlich seltener sind. Während W. aus Stein im milit. Umfeld bzw. im stark romanisierten Köln und seinem Hinterland eine große Rolle gespielt zu haben scheinen, dominierten in den Gebieten, die noch auf eine vorröm. Siedlungstradition zurückblicken konnten, andere, vergänglichere W. (vgl. 15, 15).

4. W. als historische Quelle. Insgesamt sind die W. als hist. Qu. nur dann von Wert, wenn sie im Zusammenhang analysiert werden. Leider kann nur ein kleiner Teil des inschriftlichen Materials eindeutig einem Heiligtum zugeordnet werden. Die meisten Weihinschr. und Reliefs aus Mainz fanden sich beispielsweise in der um 250 n. Chr. erbauten Stadtmauer, so daß über den urspr. Aufstellungsort nichts mehr gesagt werden kann. Es ist daher ratsam, das Material möglichst kleinräumig auszuwerten, um zumindest auf der Ebene einer *civitas* oder eines größeren Ortes Tendenzen feststellen zu können. Z. B. war Mercurius zwar insgesamt gesehen nach Jupiter der meistverehrte Gott der Rheinprov., jedoch gilt das nicht allerorts und zu jeder Zeit gleichermaßen. Die unterschiedliche Qualität, Form und der Text der Inschr. müssen daher ebenso berücksichtigt werden wie der

Rang ihrer Stifter. Die Spanne reicht bei den inschriftlichen W.n vom 10 cm hohen Taschenaltar aus → Speyer bis zur Großen Iupitersäule aus Mainz und bei den Stiftern vom senatorischen Provinzstatthalter bis zum *servus arcarius* (15, 16).

(1) G. Bauchhenss, P. Noelke, Die Iupitersäulen in den germ. Prov., 1981. (2) Brockhaus Enzyklopädie in 20 Bänden 4, 1968, 418 f., s. v. Denkmal. (3) J.-L. Brunaux, Tradition celtique ou innovation gallo-romaine?, in: C. Bémont u. a. (Hrsg.), Les figurines en terre cuite gallo-romaines, Documents d'arch. française 38, 1993, 135–138. (4) S. Deyts, Les bois sculptés des Sources de la Seine, 1983. (5) D. Ellmers, Die arch. Qu. zur germ. Religionsgesch, in: H. Beck u. a. (Hrsg.), Germ. Religionsgesch. Qu. und Qu.probleme, ²1992, 95–117. (6) B. Fehr, Die Tyrannentöter – oder: Kann man die Demokratie ein Denkmal setzen?, 1984, 5–50. (7) H. Galsterer, Weihinschr., in: N. Pauly XII/2, 417 f. (8) E. Künzl, Röm. Tempelschätze und Sakralinventare: Votive, Horte, Beute, Antiquité Tardive 5, 1997, 57–81. (9) J. Hupe, Stud. zum Gott Merkur im röm. Gallien und Germanien, Trierer Zeitschr. 60, 1997, 53–227. (10) B. Maier, Lex. der kelt. Relig. und Kultur. Kröner Taschenausg. 466, 1994. (11) M. Mauss, Die Gabe: Form und Funktion des Austauschs in archaischen Gesellschaften, ⁴1996. (12) C. Nickel, Gaben an die Götter. Der gallo-röm. Tempelbez. von Karden (Kr. Cochem-Zell, D.), 1999. (13) P. Noelke, Ara et aedicula. Zwei Gattungen von Votivdenkmälern in den germ. Prov., Bonner Jb. 190, 1990, 79–124. (14) W. Spickermann, Götter und Kulte in Germanien zur Römerzeit, in: G. Franzius (Hrsg.), Aspekte röm.-germ. Beziehungen in der Frühen Kaiserzeit, 1995, 119–153. (15) Ders., Germania Superior. Religionsgesch. des röm. Germanien I. Relig. der Röm. Prov. 2, 2003. (16) P. Stuart, J. E. Bogaers, Nehalennia. Röm. Steindenkmäler aus der Oosterschelde bei Colijnsplaat, 2001. (17) R. Wiegels, Lopodunum II. Inschr. und Kultdenkmäler aus dem röm. Ladenburg am Neckar, 2000. (18) D. G. Wigg, Der Beitr. des Martbergs zur eisenzeitlichen Num., in: A. Haffner, S. von Schnurbein (Hrsg.), Kelten, Germ., Römer im Mittelgebirgsraum zw. Luxemburg und Thüringen, 2000, 485–496. (19) H. Zinser, Gabe, in: HRG II, 454–456.

W. Spickermann

Weihefunde → Opfer und Opferfunde

Weihekrone → Diadem → Krone

Weihgaben → Opfer und Opferfunde

Weihnachten

§ 1: Christliches Fest und Vorläufer – § 2: Bräuche

§ 1. Christliches Fest und Vorläufer. Die Hl. Nacht, in der Christus geboren wurde, markiert in vielen Gebieten weltweit den Anfang der Zeitrechnung (→ Zeitrechnung und Zeitbewußtsein). Neben → Ostern ist W. das höchste relig. Fest der Christenheit.

Die genaue Datierung der Hl. Nacht war über die Jh. hinweg nicht ganz festgelegt, und das gilt gewissermaßen heute noch, da die Evangelien keine genauen Angaben zum Tag der Geburt machen. In der Zeitrechnung der Kirche wurde der Weihnachtstag jedoch verhältnismäßig früh, um die Mitte des 4. Jh.s, als der Tag von Christi Geburt erklärt (354 durch Papst Gregor); hiervon zeugen noch die frz. und it. Bezeichnungen für das Fest *(noël, natale)*.

Bei den Römern hatte das Jahr früher mit dem 1. März begonnen; in der Mitte des 2. Jh.s v. Chr. wurde die röm. Zeitrechnung jedoch geändert und das Jahr begann fortan am 1. Januar. Die Römer pflegten den Jahreswechsel und Jahresbeginn mit einem prächtigen Fest, dem Neujahrsfest, zu begrüßen. Ein anderes großes und altes Fest, das die Römer zu unterschiedlichen Zeiten festlich und ausgelassen begingen, waren die Saturnalien, die zu Ehren des Erntegottes Saturn abgehalten wurden. Urspr. wurden die Saturnalien am Tag des 17. Dezembers gefeiert, aber im Laufe der Zeit erstreckte sich das Fest über mehrere Tage. Verschiedene Elemente dieses heidn. Festes wurden in das christl. Weihnachtsfest in Europa integriert (6; 7; 10).

Die Christen in Ägypten waren die ersten, die der Geburt Jesu gedachten. Als Tag der Geburt legten sie den 6. oder auch den 13. Januar fest, den sie von der Mitte des 3. Jh.s an festlich begingen. Die Wahl des 13. Januars verband sich mit der Taufe Jesu, die des 6. Januars mit der Verehrung der drei Weisen aus dem Morgenland; dieser Tag ist zugleich das Erscheinungsfest des Herrn und die Offenbarung seiner göttlichen Werke. In der Mitte des 4. Jh.s wurde der Tag der Geburt Jesu vom Erscheinungsfest des Herrn getrennt und auf den 25. Dezember festgesetzt. In den damaligen heidn. Relig. der Mittelmeerländer sowie der Ägypter, Syrer, Griechen und Römer war dieser Tag bereits eine Zeitlang zeremoniell als Geburtstag des unbesiegbaren Sonnengottes (Wintersonnenwende) gefeiert worden *(dies natalis Solis invicti)*. Auch der Geburtstag des Mithras (→ Mithras und Mithraskult), des alten pers. Gottes des Lichtes, dem in den Mittelmeerländern eine besondere Verehrung zuteil wurde, fiel auf den 25. Dezember. Die populären relig. Festivitäten und Zeremonien, die am 25. Dezember zu Ehren des Sonnengottes stattfanden, wurden nicht unmittelbar verboten, als das Christentum an Einfluß gewann, doch orientierten sich diese heidn. Feste nun am Christentum, und auch ihr Inhalt wurde christl. Anfangs hieß es, daß nun nicht länger die → Sonne selbst verehrt und angebetet würde, sondern vielmehr der Schöpfer der Sonne. Als im Laufe der Zeit das Christentum offizielle Relig. in Europa geworden war, gewann der Begründer der Relig. immer größere Bedeutung und Christus wurde als Sonne selbst verehrt, die den Menschen Licht und Wärme brachte. Beispiele für beide Auffassungen sind in der ma. isl. Lit. zu finden. In der → *Landnámabók* heißt es von Þorkell Máni, dem Enkel des ersten Landnahmemannes in Reykjavík, er habe sich in seiner Krankheit in den Sonnenstrahl tragen lassen und sich Gott anbefohlen, der die Sonne geschaffen habe. Die gleiche Episode begegnet in der *Vatnsdœla s.* In der *Óláfs s. helga* (→ Olaf der Heilige) verkündet der Kg. dem Dala-Guðbrandr bei Sonnenaufgang Christus mit folgenden Worten: „Seht nun hin und schaut in den Osten, dort kommt nun unser Gott mit großem Licht" (2–4).

Einzelne Elemente beim christl. Weihnachtsfest Europas haben ihre Wurzeln in den obengenannten Festen der Mittelmeerländer und im alten Julfest (→ Jul) des Nordens, während andere Einzelheiten des Weihnachtsfestes dem heimischen Boden einer Gegend oder einer Stätte entstammen. Große Feste waren bekanntlich besser als andere Zeiten geeignet, in die Zukunft zu schauen. In Ber. über das Feiern des christl. Weihnachtsfestes in Mitteleuropa und den n. Ländern wimmelt es nur so von derartigen Ratschlägen lebendigen → Volksglaubens, und einige Ratschläge dieser Art sind mit W. verbunden, andere mit einem anderen Fest. Man muß im Auge behalten, daß W. in späteren Jh. verschiedene religionsgeschichtl. Phänomene an sich gezogen hat, die urspr. anderen Bereichen angehörten (10). Viele Elemente und Symbole, die anfangs zum Jahreswechsel gehörten, wurden im Laufe der Zeit auf das Weihnachtsfest übertragen (8; 9).

§ 2. Bräuche. Auf verschiedene Art und Weise versuchte man zu ergründen, was die Zukunft mit sich bringen könnte. So fror man Wasser ein und beobachtete die Kristallbildungen in den Würfeln und versuchte darin künftige Ereignisse und v. a. künftige Ehepartner zu erblicken. Kirschbaumzweige, zu W. ins Wasser gestellt, blühten zu Neujahr und verkündeten für das kommende Jahr mildes Wetter. In der Absicht, eine redliche Antwort hervorzurufen, wurde geraten, zum nächsten Gehöft oder Haus zu gehen und dort am Fenster zu lauschen, sich dann das zu wünschen, wonach einem der Sinn stand; wenn das erste, was man nach Vorbringen des Wunsches hörte, ein ‚Ja' war, wurde einem der Wunsch erfüllt; war es hingegen ein ‚Nein', hatte sich der Wunsch für das J. erledigt (6; 10).

Der bemerkenswerteste Schmuck des christl. Weihnachtsfestes war der Weihnachtsbaum, ohne den das Fest in weiten Teilen Europas undenkbar gewesen wäre. Der mit Lichtern geschmückte Weihnachtsbaum ist jedoch kein alter europ. Brauch; er löste den Maibaum nicht vor dem 17. Jh. n. Chr. ab. Von Deutschland aus kam der Weihnachtsbaum kurz nach 1600 nach Dänemark und vom nö. Deutschland aus zu einem anderen Zeitpunkt nach Schweden (6; 7).

An W. war es beliebt, sich unterschiedliches Wissen über die Zukunft anzueignen, ohne sich dafür sonderlich anzustrengen. Man mußte nur auf verschiedene Zeichen und Vorboten achten, die es gab. So offenbarte sich dann zu W. so manches Omen in bezug auf Ereignisse, die es im kommenden Jahr, vor dem nächsten Weihnachtsfest, geben sollte. Diejenigen, die im Lesen der Zeichen geübt waren, konnten anderen erklären, was in nächster Zukunft in bezug auf Viehhaltung und Gesundheit, Ertrag und Auskommen zu erwarten war.

Nach altem heimischem Glauben suchten die verstorbenen Verwandten zu W. ihr ehemaliges Zuhause auf; solche Vorstellungen von Weihnachtsbesuchen Verstorbener sind auch aus dem N bekannt. Solche Besuche beschränkten sich nicht allein auf ihre ehemaligen Wohnsitze, sondern galten auch Kirchen (8). So wird in einer von Feilberg (7) erzählten Geschichte eine weihnachtliche Frühmesse als Gottesdienst der Toten bezeichnet (6).

Die Gefühle der Menschen gegenüber dem Besuch der Verstorbenen waren oft z. T. mit Furcht vermischt, aber es gab graduelle Unterschiede in dem Schrecken, der nach Aussage der Lebenden von den verstorbenen Weihnachtsgästen herrührte. Vorväter und -mütter galten als weniger gefährlich und zugleich als gewinnversprechende Besucher, andererseits waren den Menschen die fremden → Wiedergänger nicht ganz geheuer. Unter ihnen gab es viele gefährliche und böswillige Geister. In den dunkelsten Nächten kamen die in Bewegung, die außerhalb, ohne begleitende Zeremonie, nur unter Steinen beigesetzt oder in den Sumpf oder das Moor geworfen worden waren (→ Moorleichen § 5). Man vermutete, daß sie in der Absicht kamen, ihre Schmach zu rächen. Der bekannteste Ritt eines Wiedergängers im N war der Ritt des Ásgarðr (9; 10).

W. hat seine Wurzeln z. T. in ält. Winterfesten, die in den Mittelmeerländern den Neujahrsfesten der Römer und den Saturnalien entsprachen, die zu der Jahreszeit abgehalten wurden, in der die Sonne am kürzesten schien. Das nord. Julfest, der Vorläufer des Weihnachtsfestes in N-Europa, wurde zu unterschiedlichen Zeitpunkten begangen. Diese drei Hauptströmungen vermischten sich auf unterschiedliche Art und Weise mit Bräuchen des Zeitvertreibs und der Abwechslung. Aus diesem ungeformten Stoff entstand im Laufe der Jh. das Weihnachtsfest.

Qu.: (1) Íslenzkar þjóðsögur og ævintýri, gesammelt von Jón Árnason, neue Ausg. von Árni Böðvarssom, Bjarni Vilhjálmsson 1, 1961. (2) Landnámabók, hrsg. von Jakob Benediksson, Ísl. Fornr. 1, 1968 (3) Vatnsdæla s., hrsg. von Einar Ól. Sveinsson, Ísl. Fornr. 8, 1938. (4) Snorri Sturluson, Heimskringla II, hrsg. von Bjarni Aðalbjarnarson, Ísl. Fornr. 27, 1979.

Lit.: (5) Árni Björnsson, Saga daganna, 1993. (6) E. Fehrle, Feste und Volksbräuche im Jahreslauf europ. Völker, 1955. (7) H. F. Feilberg, Jul 1–2, 1962. (8) K. L. Johansson, De dödas julotta, en sägenundersökning, 1944. (9) M. P. Nilson, Stud. zur Vorgesch. des Weihnachtsfestes, Archiv für Religionswiss. 19, 1918, 50–150. (10) Ders., Julen, in: Nordisk kultur 22, 1938, 14–63.

Jón Hnefill Aðalsteinsson

Weihrauch

§ 1: Botanisch – § 2: Kulturgeschichtlich. Allgemein, Name, Herkunft und Handel – § 3: Vorrömische Zeit – § 4: Römerzeit – a. Privater Gebrauch – b. Öffentlicher Gebrauch – c. Gebrauch im Kult – § 5: Frühmittelalter

§ 1. Botanisch. Der Name W. bezeichnet die Pflanze, aus deren Harz (→ Pech) beim Verbrennen ein aromatisch duftender Rauch entsteht, ebenso wie das von ihr abgegebene Harz und das daraus hergestellte Produkt. (Bei den heute von Gärtnereien als W. verkauften Balkonpflanzen handelt es sich keineswegs um W.-Pflanzen).

Bei diesem kostbaren Stoff (s. u. § 2) handelt es sich um das getrocknete Harz von Pflanzen aus der Gattung *Boswellia,* die nach den Angaben verschiedener Autoren etwa 15 oder mehr als 20 Arten umfaßt. Diese Angaben hängen zusammen mit unterschiedlichen Auffassungen über die Zugehörigkeit der Pflanzen dieser Gattung zu Arten oder Unterarten. Alle Arten besitzen Harzgänge und gehören wie die Myrrhe (*Comiphora* sp.) zur Familie der *Burseraceae* (Balsam-Gewächse). Das Harz von *Boswellia sacra* wurde bevorzugt. Dies sind mittelgroße Sträucher bzw. Bäume, die 6–7 m hoch werden. Sie besitzen kleine, gefiederte Blätter und grünliche bis weiße Blüten. Das Harz wird von Blättern und Zweigen ausgeschieden. Durch Anritzen der Stengel bzw. Stämme läßt sich der Harzertrag erheblich steigern. In neuerer Zeit wird W. zweimal im J. durch Einschnitte in die Rinde gewonnen. Aus den Wunden sickert weißer Milchsaft heraus, der erhärtet und beim Herabsickern am Stamm die kleinen, mehr oder minder kugeligen Harztropfen bildet. Diese haben einen Dm. von 3–5 mm. Sie sind etwas durchscheinend elfenbeinfarben bis schwach gelblich oder rötlich gefärbt. Der W. besteht aus knapp 70 % Harz, etwa 30 % Gummi und ethält ca. 7 % etherische Öle.

Boswellia sacra stammt aus Somalia sowie von der sö. Küste Arabiens. Dort wächst sie auf den Kalkbergen in Höhen von ca. 500–2000 m über NN. Aus diesen Gebieten wurde W. von den Phöniziern durch Karawanen nach Palästina exportiert.

In Indien wird die baumförmig wachsende Art *Boswellia serrata* als Windschutzhecke gepflanzt. Ihr Harz besitzt einen weihrauchähnlichen Geruch und wird daher ebenfalls als W. eingesetzt. Das beeinträchtigte den ält. W.-Handel mit *Boswellia sacra,* ebenso wie den Gebrauch in der Heilkunde (→ Heilmittel und Heilkräuter). Außerdem findet das Harz dieser häufig als Indischer W. bezeichneten Art bei der Herstellung von Farben (→ Farbe und Färben) und Lacken Verwendung (1; 7; 3).

Nach linguistischen Befunden lautet die hebr. Bezeichnung für Weihrauch לְבֹנָה, *levonah* bzw. *ibonah,* das heißt weiß und bezieht sich offenbar auf die Farbe, den die Harztropfen bei ihrer Ausscheidung aus der Pflanze besitzen. Im Arab. wird er *lubam,* im Griech. λίβανος und im Lat. *olibanum* genannt (1; 3; 4; 8).

Bei dem Harz von *Boswellia sacra* handelt es sich um Ausscheidungen, wie sie von Balsam und Myrrhe bekannt sind. Vermutlich wurde auch von anderen *Boswellia*-Arten das Harz gewonnen und ebenfalls zum Räuchern verwendet.

Pedanios Dioskurides unterscheidet im ersten Buch seiner Arzneimittellehre (c. 81, Περὶ λιβάνου) verschiedene Sorten von W. Hinsichtlich ihres Verhaltens beim Verbrennen sowie bei der Entwicklung und Ausbreitung des Rauches und des Duftes gab es wohl keine Unterschiede. Sie wurden offenbar nach Größe, Form und Farbe eingeteilt:

— *Stagonia* ist rund, klein und weiß. Er verbrennt beim Räuchern rasch.
— Der ‚syagrische Weihrauch' stammt aus Indien und ist hellgelb bis dunkelfarben.
— *Orobias* ist dem Samen der Kichererbse (ὄροβος) ähnlich
— *Kopiskos* ist kleiner und stärker gelb gefärbt.
— *Amomites* ist weiß und gibt beim Kneten nach wie Mastix.

Theophrast und → Plinius (Plin. nat. 12,55 f.) beschreiben auf der Grundlage von Mitt. anderer den W.-Baum. Das gilt mehr oder weniger auch für die Aussagen weiterer Autoren der Ant., so für Herodot, → Strabon, Diodor, Vergil und Arrian.

Übereinstimmend berichten sie über die Heimat des W.-Baums in Arabien, speziell die Region um Saba. Außer wilden W.-Bäumen im Gebirge scheint es dort auch W.-Kulturen gegeben zu haben, die am Fuße des Gebirges lagen (5).

Nach Pedanios Dioskurides wurde auch der W. – wie viele andere Drogen (→ Rauschmittel) – verfälscht, indem man Fichtenharz und Gummi hinzugab. Derartige Machenschaften ließen sich aber am Geruch erkennen und auch experimentell erfassen: Beim Versuch, das Material auf seine Brennbarkeit zu prüfen, verqualmt Fichtenharz im Rauch, und Gummi brennt nicht an, während der W. sich entzündet und seinen charakteristischen duftenden Rauch entwickelt.

W. fand auch in der Heilkunde der Ant. Verwendung. Als *Olibanum* sollte er die Wundheilung (→ Wunden und Wundbehandlung) beschleunigen, da er die Bildung neuen Fleisches fördere. W. kam außerdem bei Hauterkrankungen, Frostbeulen, Ohrenschmerzen und Bronchialerkrankungen zur Anwendung (→ Krankheiten). Der Einsatz des W.s erfolgte durch Einatmen des bei der Räucherung entstehenden Rauches oder durch → Salben und Pflaster, denen neben anderen Substanzen auch W. zugefügt wurde. Neuerdings werden W.-Präparate durch alternativ eingestellte Mediziner auch in Mitteleuropa angewandt, bes. bei der Behandlung von Arthritis und rheumatischen Erkrankungen. Analysen haben inzwischen ergeben, daß im W.-Extrakt tatsächlich Inhaltsstoffe enthalten sind, die entzündungshemmend wirken. So läßt sich möglicherweise W. künftig bei entzündlichen Erkrankungen der Darmschleimhaut und bei Asthma erfolgreich einsetzen (2).

Mit der alten traditionellen Wertschätzung des W.s hing wohl vielfältiges Brauchtum zusammen. Er wurde beispielsweise zur Vertreibung böser Geister (→ Geisterglaube; → Mahr[t]) und Zauberer verwendet. Die Ausräucherung von Ställen erfolgte, um das Vieh vor Schäden zu bewahren, die durch böse Kräfte – insbesondere Hexen – bewirkt würden (6).

In den Kap. 82–84 des 1. Buches seiner Heilmittellehre berichtet Pedanios Dioskurides über drei weitere W.-Produkte:

– W.-Rinde (φλοιός λίβανου): Sie wird durch Rinde von → Fichte und Pinie verfälscht, die aber beim Verbrennen verqualmen und nicht – wie die W.-Rinde – Wohlgeruch verbreiten. Ihre Wirkung ist geringer als die von reinem W.

– Manna des Weihrauchs (μάννα λιβάνου): Damit sind abgefallene Bruchstücke und andere kleine Stücke der Harztränen gemeint. Ihre Wirksamkeit ist wiederum geringer als die des reinen W.s.

– W.-Ruß (ἀίδαλη λιβανωτοῦ): Die Verbrennung von W. erfolgt bei reduziertem Sauerstoffzutritt, so daß es zur Rußbildung kommt. Der wird mit der bei der Verbrennung entstandenen Asche vermischt und als Medikament verwendet (1).

(1) J. Berendes, Des Pedanios Dioskurides aus Anazarbos Arzneimittellehre in fünf Büchern, 1902, Reprint 1970. (2) W. Dressendörfer, Blüten, Kräuter und Essenzen – Heilkunst alter Kräuterbücher, 2003. (3) U. Heimberg, Gewürze, W., Seide – Welthandel in der Ant., 1981. (4) F. N. Hepper, Pflanzenwelt der Bibel, 1992. (5) H. O. Lenz, Botanik der alten Griechen und Römer, dt. in Auszügen aus deren Schriften, 1859, Reprint 1966. (6) U. Müller-Kaspar (Hrsg.), Handb. des Aberglaubens 3, 1996, 625–932. (7) J. Schultze-Motel (Hrsg.), Rudolf Mansfelds Verz. landwirtschaftl. und gärtnerischer Kulturpflanzen, 2, 1986, 579–1126. (8) M. Zohary, Plants of the Bible. A complete handbook, 1982.

U. Willerding

§ 2. Kulturgeschichtlich. Allgemein, Name, Herkunft und Handel. Die Verwendung von W. im Weström. Reich und seinen völkerwanderungszeitlichen Nachfolgestaaten läßt sich ausschließlich aus Schriftqu. und indirekt aus einigen erhaltenen Denkmälern erweisen. Direkte Sachzeugnisse von W. sind nicht im Fundzusammenhang erhalten oder erkannt. Bei den bekannten Acerrae (Aufbewahrungsgefäßen) und den Thymiaterien bzw. Turibula (Räuchergefäßen) ist auch die Nutzung durch andere brennbare Duftharze o. ä. denkbar. Die Gefäße liefern indirekte Anhaltspunkte für die oft in kultischem Zusammenhang geübte Praxis des Weihräucherns. In der ant. und frühma. Welt wurden Wohlgerüche durch Verbrennung verschiedener Pflanzen erzeugt (mit Nennung anderer Harze: 15, 30–37), wobei der W. schon früh Synonym für den Duft an sich war. Dies zeigt z. B. die Ableitung der Bezeichnung λιβανωτίς für das Rosmarin vom Namen des W.s (19, 270 f.; vgl. dt. ‚Weihrauchswurz').

Gänzlich unbekannt war W. in der Germania Libera und Skand. Hier darf erst nach der christl. Missionierung mit seiner Benutzung gerechnet werden. Die Verwendung von W. im Rahmen med. Anwendungen und in der Kosmetik kann als überwiegend byz. bzw. röm. Thema an dieser Stelle vernachlässigt werden (vgl. dazu § 1; dazu 16, 764 f. 768–772). In unserem Kulturraum kann W. als → Heilmittel erst in der KaZ wieder belegt werden, allerdings nur in unbedeutendem Rahmen.

Der W. heißt gr. λίβανος (Baum und Harz), λιβανωτός (Harz), lat. *tus* oder *thus* (mit weiteren Angaben 16, 703–709; 18, 17). Es handelt sich um das getrocknete Harz der W.-Pflanze (Olibanum) aus der Familie der Balsambäume (Burseraceae), der in bestimmten Arten (vorzugsweise Boswellia sacra in Arabien und Boswellia carteri in Somalia) im Zwei-Jahres-Rhythmus gewonnene verschiedene Qualitäten von W. liefert (15, 73–87). Zusammengesetzt ist er u. a. aus Harz und -säuren, Gummi, ätherischen Ölen und Bitterstoffen (16, 701 f.; ausführlich: 15, 153–168). Bei der Verbrennung des getrockneten Harzes entwickelt sich wohlriechender Rauch.

Durchgangs- und Produktionsregion für den W. ist seit der Ant. S-Arabien, insbesondere die Küstenregionen der heutigen Staaten Somalia und Jemen. Indien und Äthiopien spielten nur eine untergeordnete Rolle bei der Gewinnung (15, 43–72; 11). Versuche W. außerhalb seiner natürlichen Verbreitungsregion anzupflanzen, z. B. der von Königin Hatschepsut (1490/88–1468 v. Chr.), waren nicht von Dauer und beschränkten sich auf private Versuche im Gartenbau, etwa im ant. Rom (Columella 3,8,4).

Der primäre Handelsweg in Richtung des w. Mittelmeerraumes war die sog. W.-Straße, die durch das w. Arabien bzw. über das Rote Meer nach Ägypten und Gaza zum Mittelmeer führte (Plin. nat. 12, 56/65; vgl. 3; 11). Der W. hatte bedeutenden Anteil am Wohlstand der nabatäischen Metropole Petra, die am Kreuzungspunkt der W.-Straße mit anderen Handelsrouten lag (Diod. 19,94,4 f.). Die Offenbarung Joh. 18,13 nennt W. als röm. Luxushandelsgut. Im Früh-MA wird ein starker Rückgang des W.-Handels und v. a. des Zustroms in die w. Länder vermutet; bis ins 10. Jh. herrscht hierüber aber in nachant. Zeit relative Qu.armut (6).

§ 3. Vorrömische Zeit. Schon bei den Ägyptern fand W., belegt seit Snofru (2575–2551 v. Chr.), in Kult und Sepulkralwesen Anwendung (14; 16). Auch im Palästina des 1. Jt.s v. Chr. lassen sich zahlreiche Hinweise auf W. im Kult finden (28; 18, 22–30). Ebenso ist die Verbrennung von W. zur Verbesserung des Geruchs im privaten Umfeld schon früh und bes. seit der griech. Ant. belegt (2, 41–45; 8 [Lit.]; 10, 5; 18, 31; 19; 27). Im ost-mediterranen Raum war W. meist Bestandteil einer Mischung verschiedener Aromastoffe (Styrax, Räucherklaue, Galbanum, W.: 2. Mose 30, 34 f.).

§ 4. Römerzeit. a. Privater Gebrauch. Die arch. bekannten Räuchergefäße aus der RKZ dürften zu einem Teil privater Nutzung entstammen (25). Aber auch kultisch verwendete Thymiaterien sind z. B. aus ergrabenen Kultstätten der Mysterienrelig. bestimmbar (21) (→ Mithras und Mithrazismus S. 106).

Die in der RKZ übliche Verwendung von W. beim Begräbnis wird auch von Christen berichtet und durch die Kirchenväter goutiert (Tertullianus apologeticum 42 [CSEL 69, 100–102]; Tert., de idolatria 11,2 [ed. J. H. Waszink, J. C. M. van Winden 40–43] und öfters; mit Nachweisen: 10, 8–10; 18, 99). Der starke bei der Verbrennung von W. erzeugte Duft war in Mausoleen und Katakomben geeignet, den Verwesungsgeruch, der z. B. bei Nachbelegungen entstand, zu überdecken.

b. Öffentlicher Gebrauch. Licht und Wohlgeruch gehörten seit republikanischer Zeit zur Zeremonie des röm. Triumphes (19). Die Verbrennung großer Mengen von W. im Rahmen des kaiserlichen Triumphes in der RKZ legt die Verwendung von Kesseln nahe, wie sie z. B. auf dem Triumphbogen von Benevent abgebildet sind. Auch hier erfuhr der W. eine zeremonielle Steigerung seiner praktischen Anwendung zur Überdeckung unangenehmer Straßengerüche. Auch die Verteilung von W. auf Staatskosten ist belegt (Liv. 10,23,2).

Die Aufnahme dieser Gebräuche im christl. Zusammenhang ist in der Überlieferung späterer Zeit zum Leichenzug für Bf. Petrus von Alexandria im J. 311 genannt (Passio s. Petri episcopi Alexandrini [ed. J. Viteau 84 f.]).

c. Gebrauch im Kult. Nichtchristl. Nach Philon, *Quis rerum divinarum heres sit*, 197 (ed. P. Wendland 3,45) symbolisiert der W. das Feuer als eines der vier Elemente. Diese Bedeutungszuweisung zieht sich, in der Magiergesch. des NTs aufgegriffen, auch durch die spätere christl. Beurteilung des W.s. In verschiedenen röm. Kulten wurde W. beim Vor- oder Reinigungsopfer verwendet (*praefatio sacrorum*; Cato, de agri cultura 134,1) und fand vorzugsweise in der Ks.verehrung Platz. In der RKZ zählte ein wöchentliches Quantum W. nachweislich zum alltäglichen Bedarf einer röm. Familie (12, 6). Entspr. ist auch die Berufsgruppe des W.-Händlers bekannt (12, 7).

Noch 392 wurde im röm. Reich die Praxis verboten, Penaten mit W. zu ehren (Cod. Theod. 16, 10, 12; vgl. Lib. or. 30, 7).

Das Diptychon der Symmachi vom Ende des 4. Jh.s zeigt eine Priesterin, die W. aus einer → Pyxis ins Opferfeuer streut (22, 51 mit Taf. 29). Auch die *Expositio totius mundi* belegt die spätant. kultische Verwendung von W. (Exp. 36 [SC 124, 172 f.]).

In der Germania Libera lassen sich verschiedentlich Spuren von → Pech, sog. Urnenharz, in Brandgräbern finden. Die chem. Unters. erwiesen diese Stoffe jedoch als Birkenpech (13); W. ließ sich bislang nicht nachweisen (26, bes. 215), ebensowenig eine Herkunft dieser Rückstände von bei der Beerdigung verwandten Fackeln (5; Korrektur bei 26; vgl. 15, 29 f.).

Im pann. Kapospula-Alsóheténypuszta (Iovia?) war den in einem aufwendigen spätant. Grabgebäude beigesetzten hochrangigen Militärs des ausgehenden 4. Jh.s aus dem ostgerm. Milieu neben kostbaren Gewändern und Duftstoffen auch W. beigegeben (E. Tóth, Die spätröm. Festung von Iovia und ihr Gräberfeld, Ant. Welt 20, H. 1, 1989, 31–39, hier 34 und 37–39).

Christl. Räucherwerk ist als Bestandteil von Gebeten biblisch belegt (Offenbarung Joh. 5, 8). W. als Substanz, die die Göttlichkeit versinnbildlichte, war auch den Christen bekannt und wurde wegen der biblisch überlieferten Gaben der Magier an Christus positiv beurteilt (vgl. im 2. Jh. die Deutung bei Irenäus, Adversus haereses, 3,9,2 [SC 211, 106 f.]; 2, 81–96).

Im Zusammenhang mit den Christenverfolgungen der jüng. RKZ geriet W., der während des Ks.opfers, das die Christen vollziehen mußten, verwendet wurde, bei diesen in Verruf (Plin. epist. 10, 96, 5; Hieron. epist. 14, 5 [CSEL 54, 50 f.]). Dem Ks.bild und Kultstatuen W. darzubringen, bedeutete Verrat an der christl. Gemeinschaft und Ausschluß des *turificatus* aus derselben. Das Opfer nicht zu bringen, bedeutete Anklage und Todesstrafe. So wurden viele Christen zu Märtyrern (Prud. perist. 5,50–52 [CChrSL 126, 296]; Opt. Mil. c. Parm. 3,1 [CSEL 26, 68]). Verschiedene Kirchenväter verurteilten wegen dieses Hintergrundes die Benutzung des W.s durch im öffentlichen Dienst tätige Christen sowie ebenso den Handel mit W. (Tert. idol. 11,6 [ed. J. H. Waszink/J. C. M. van Winden 42 f.]; Cypr. epist. 60, 2 [CSEL 3, 2, 692 f.]; Cyril. cat. myst. 1,8 [SC 126, 94–99]) und natürlich die Verwendung von W. und Räucherwerk schlechthin (z. B. Athenag. legat. 13,2 [W. R. Schoedel 26 f.]; Lact. epit. div. inst. 53 [SC 335, 206 f.]; Aug. en. in Ps. 49,21 [CChrSL 38, 590]; mit weiteren Angaben: 18, 36–46). Vielleicht ist auch die Ablehnung des W.-Opfers durch den ansonsten den Heiden gegenüber toleranten Constantius II. während seines Besuches in Rom ein Reflex auf die zu dieser Zeit aktuelle Problematik (Ambr. epist. 73,32 [CSEL 82, 3, 51]; Symm. rel. 3 [MGH AA VI, 280–283]).

Die Nennung eines von Ks. → Constantin dem Großen für die Lateranbasilika gestifteten *thymiamaterium* aus Gold könnte natürlich auch ein späterer Einschub in die Schenkungsliste sein (Lib. pontif. 1,174 [Duchesne]). Philostorgios, hist. eccl. 2,17 (Die griech. christl. Schriftsteller der ersten Jh., Philostorg., ³1981, 28), dessen Werk um 430 red. sein dürfte, überliefert, daß die Christen vor dem Bild Constantins Rauchwerk verbrannt hätten.

Im Baptisterium (→ Taufkirchen) der Laterankirche wurde aber wahrscheinlich schon zu Zeiten Papst Sylvesters (314–335) auf einer Mittelsäule zum Osterfest W. verbrannt (Liber pontificalis 1,174 [ed. L. Duchesne]).

Die Ursprünge der christl. W.-Verwendung liegen jedoch sicherlich im byz. Raum, wo die Benutzung solcher Duftstoffe schon aufgrund des näheren Bezugs zum Ursprungsgebiet größere Tradition besaß.

W. im christl. Kult schildert z. B. Ephraem der Syrer um die Mitte des 4. Jh.s: W. stehe im Dienste Gottes seit der Darbringung durch die Magier an das Christuskind; Lieder und Gebete steigen wie W. empor; Ephraem erwähnt auch ein W.-Faß (mit Angaben: 4, 529; 18, 47 f.).

Einen frühen Beleg für die Verwendung von Thymiaterion und Wohlgerüchen im Zusammenhang mit der bischöflichen Würde gibt der Ber. der Pilgerin Egeria (um 384: Aether. peregr. 24, 10 [SC 296, 244 f.]; 18, 51 f.).

Die Verbrennung von W. im Rahmen des christl. Kultes ist also nach den Qu. seit dem 4. Jh. wahrscheinlich (6; 10, 10 f.; 20) und nicht erst ab dem 5. Jh. aufgekommen (so z. B. 16, 763). Es handelt sich, was ja auch in anderen Zusammenhängen beobachtet werden kann, um eine Übernahme von Bestandteilen des Ks.zeremoniells in die liturgischen Gebräuche der frühen Kirche.

Auf die Gaben der Magier an das Christuskind und damit auf den W. nehmen Darst. auf einigen Pyxiden des 5./6. Jh.s (22, 103–121) Bezug, die demnach als christl. Acerrae gedient haben könnten (20). Bes. im Märtyrerkult und beim Totenmahl hat W. in der Kirche Anwendung gefunden.

§ 5. Frühmittelalter. Die Verwendung von W. im Hofzeremoniell von Byzanz steht außer Frage (16, 764). Für das w. Gebiet fehlen jedoch eindeutige Belege. Vielleicht sind zwei Hängegefäße mit Standring nicht als Lampen, sondern als W.-Gefäße zu deuten, die im Cod. Aureus von → Sankt Emmeram innerhalb zweier Hängekronen zu Seiten des unter einer Baldachinarchitektur thronenden Karls des Kahlen dargestellt sind (um 870: 17, 37; vgl. ähnliche W.-Gefäße bei 14, 24–30, fig. 4066–4070).

Regelmäßig wurde W. bei Leichenzügen verbrannt, auch von den Bewohnern der Straßen, durch die ein solcher führte (Corippius, De Laudibus Iustini Augusti Minoris 3, 55 [ed. A. Cameron 62]).

Im privaten Bereich erwähnt Greg. Tur. virt. Mart. 2,38 (MGH SS rer. Mer. I/2, 172) die Verbrennung von Räucherwerk beim Begräbnis. Gleiches berichtet er über die Translation der Gebeine des hl. Lupicinus (Greg. Tur. vit. patr. 13 [MGH SS rer. Mer. I/2, 267]). Auch im christl. Gottesdienst hat die W.-Verbrennung zu dieser Zeit ihren Platz gehabt (2; 10, 13). Schon die ält. Passagen des *Ordo Romanus* erwähnen mehrfach W., so wurde im 7. Jh. z. B. der Träger des Evangelienbuches von Subdiakonen mit W.-Gefäßen begleitet (1; 14, 23; 18, 55–66). Genauso ist im byz.-langob. Italien der Gebrauch von W. üblich, wie anschaulich die → Mosaiken von San Vitale und San Apollinare in Ravenna (→ Ravenna § 3) zeigen (14, 22). Die Darst. mit Bf. Maximian und seinem Diakon mit W.-Gefäß in San Vitale läßt darauf schließen, daß den Bf. im 6. Jh. bereits W.-Behältnisse vorangetragen wurden (Taf. 13). Für den Papst ist dies seit dem späten 7. Jh. belegt (1; 6).

Bei verschiedenen liturgischen Anlässen werden *turibula* (Räuchergefäße) in den Qu. genannt (zu den Namen der W.-Gefäße: 7, 633 f.; im 6. Jh. *thuribulis:* vit. Caesarii 1,32 [MGH SS rer. Mer., III, 469], *iubeo turibulum:* Hincmar, vit. Remigii episc. Remensis 32 [MGH SS rer. Mer. III, 337]). In der KaZ (*thuribula argentea* werden neben anderem gottesdienstlichem Gerät erwähnt bei Abt Widolaicus von St. Wandrille [753–787] [Gesta abbatum Fontanellensium 15 (MGH SS II, 290)]; weitere Beispiele bei 7, 632; 23) wie im späteren MA sind diese Räucherfässer aus wertvollen Materialien gefertigt und kostbar verziert (7, 634–642; 9 [Lit.]; 24). Aus der Gegend von Mönchengladbach könnte nach allerdings unsicheren Herkunftsangaben ein bronzenes karol. Räuchergefäß mit Aufhängevorrichtung im Kölner Schnütgenmus. stammen (23; Taf. 14a), wie es sich ähnlich auch in Darst. karol. Kunst des frühen 9. Jh.s findet (Lorscher Elfenbeintaf.; → Stuttgarter Bilderpsalter: 23, 35 f.). In der Regel sind diese Stücke aber aus dem ostmediterranen Raum importiert worden.

(1) C. F. Atchley, Ordo Romanus Primus. The Library of Liturgiology & Ecclesiology for English Readers 6, 1905. (2) Ders., A hist. of the use of incense in divine worship, Alcuin Club Coll.s 13, 1909. (3) K. Bartl, W.-Straße, in: N. Pauly XII/2, 419. (4) E. Beck, Ephraem Syrus, in: RAC V, 520–531. (5) G. Behm, Neue Erkenntnisse über westgerm. Bestattungssitten, Forsch. und Fortschritte 24, 1948, 275–280. (6) R. Berger u. a., W., in: Lex. des MAs 8, 1997, 2110–2112. (7) J. Braun, Das christl. Altargerät in seinem Sein und in seiner Entwicklung, 1932. (8) C. J. Classen, W., in: Kl. Pauly V, 1354 f. (9) J. Engemann, M. Restle, W.-Gefäß, in: Lex. des MAs 8, 1997, 2112–2114. (10) E. Fehrenbach, Encens, in: Dict. d'Arch. Chrétienne et de Liturgie 5/1, 1922, 2–21. (11) N. Groom, Frankincense and Myrrh. A Study of the Arabian Incense Trade, 1981. (12) U. Heimberg, Gewürze, W., Seide. Welthandel in der Ant., 1978. (13) J. Junkmanns, Vom „Urnenharz" zum Birkenteer. Der prähist. Klebstoff Birkenpech, Tugium 17, 2001, 83–90. (14) H. Leclercq, Encensoir, in: Dict. d'Arch. Chrétienne et de Liturgie 5/1, 1922, 21–33. (15) D. Martinetz u. a., W. und Myrrhe. Kulturgesch. und wirtschaftl. Bedeutung. Botanik – Chemie – Med., 1988. (16) W. W. Müller, W., in: RE Suppl. XV, 700–777. (17) F. Mütherich, J. E. Gaehde, Karol. Buchmalerei, 1976. (18) M. Pfeifer, Der W. Gesch., Bedeutung, Verwendung, 1997. (19) R. Pfister, Rauchopfer, in: RE 2. R. I, 267–286. (20) C. Schneider, Acerra, in: RAC I, 63–66. (21) A. V. Siebert, Instrumenta sacra. Unters. zu röm. Opfer-, Kult- und Priestergeräten, 1999. (22) W. F. Volbach, Elfenbeinarbeiten der Spätant. und des frühen MAs, ³1976. (23) E. Wamers, Ein Räuchergefäß aus dem Schnütgen-Mus. Karol. „Renovatio" und byz. Kontinuität, Wallraf-Richartz-Jb. 44, 1983, 29–56. (24) H. Westermann-Angerhausen, Ursprung und Verbreitung ma. Bronze-W.-Fässer. Überlegungen zum Hittfelder Rauchfaß-Frg., Hammaburg NF 10, 1993, 267–282. (25) K. Wigand, Thymiateria, Bonner Jb. 122, 1912, 1–97. (26) Ch.-H. Wunderlich, Pech für die Toten: Die Unters. von „Urnenharzen" aus Ichstedt, Ldkr. Kyffhäuserkr., Jahresschr. für Mitteldt. Vorgesch. 82, 1999, 211–220. (27) C. Zaccagnino, Il thymiaterion nel mondo greco. Analisi delle fonti, tipologia, impieghi, 1998. (28) W. Zwickel, Räucherkult und Räuchergeräte. Exegetische und arch. Stud. zum Räucheropfer im AT, 1990.

S. Ristow

Weilbach s. Bd. 35

Weiler

§ 1: Begriffsbestimmung – § 2: Forschungsgeschichte

§ 1. Begriffsbestimmung. Der Begriff leitet sich ab von mhd. *wīler;* ahd. *wīlāri,* mlat. *villare,* ‚Gehöft'. In jüng. Qu. werden die Begriffe Dorf und W. weitgehend synonym gebraucht, inhaltliche Unterschiede sind nur vereinzelt, z. B. in der kirchenrechtlichen Organisation einiger bayer. Siedlungen des 16. Jh.s, belegt (5). Dementsprechend ist die Bedeutung des W.-Begriffs auf seine Verwendung als Fachterminus in der Siedlungsgeogr. zurückzuführen, wobei die Abgrenzung zu Bezeichnungen wie → Dorf, → Einzel- oder Doppelhof meist auf der Grundlage der Siedlungsgröße getroffen wird (→ Siedlungs-, Gehöft- und Hausformen). Zum Namenkundlichen vgl. Grimm, DWb., s. v. W.

Unter dem Aspekt der Siedlungsgröße und Berücksichtigung des Doppelhofes als eigenständiger Typus ergibt sich eine Mindestzahl von drei Höfen als einzig mögliche Untergrenze (14). Vorschläge für die obere Größengrenze variieren meist zw. zehn (10) und 20 Hofstellen (9). Gelegentlich ist statt von Höfen auch von Wohnstätten (9), Betrieben (8) oder Gehöften (17) die Rede, in manchen Fällen wird darüber hinaus auch die Zahl der Einw. berücksichtigt (9). Die Bebauung kann locker oder dicht sein.

Von größerer terminologischer Schärfe ist die Unterscheidung nach der funktionalen Struktur. Zur Versorgung der in erster Linie im landwirtschaftl. Sektor tätigen Bevölkerung verfügt das Dorf über einfache Einrichtungen wie Schule, Kirche und Einzelhandel, die beim W. für gewöhnlich fehlen (3; 9). Da sich diese Abgrenzung nur für jüng. Zeiten eignet, ist sie wie die Bestimmung nach statischen Größenangaben oder die Unterscheidung nach der Genese, die letztlich auf überholten Vorstellungen beruht (s. § 2), im prähist. Kontext kaum praktikabel. Der Begriff des W.s scheint deshalb – zumindest aus arch. Sicht – entbehrlich (5; ähnlich bereits 7). Aus forschungsgeschichtl. Gründen bleibt der Ausdruck aber weiterhin von Interesse, da er lange Zeit mit bestimmten siedlungsgeschichtl. Vorstellungen verknüpft war.

§ 2. Forschungsgeschichte. Bis in die 70er J. des 20. Jh.s spielte der Begriff des W.s eine wichtige Rolle in der Erforschung der verschiedenen Flur- und Siedlungsformen Mittel- und N-Europas (zusammenfassend 12). Die siedlungsgeschichtl. Diskussion über den Ursprung und die Genese des W.s beginnt mit der umfassenden Studie von Meitzen (1895), der diese Siedlungsform von den größeren Dorfsiedlungen des sw. Deutschlands abgrenzte, da sich die Gestalt der zugehörigen Flurformen unterscheidet. Meitzen stützte sich dabei auf die von der modernen Forsch. widerlegte Annahme einer weitgehenden Kontinuität des besitzrechtlichen Gefüges und auf die Vorstellung einer agerm. → Markgenossenschaft, d. h. eines urspr. Gem.eigentums an Grund und Boden (,Agrarkommunismus'). Die auf den frühen Katasterkarten des 19. Jh.s verzeichneten unregelmäßigen Gewannfluren der süddt. Haufendörfer wurden von ihm bis in germ. Zeit zurückprojiziert, ihre Zersplitterung und Gemengelage mit der gleichmäßigen Verteilung des Landes an gleichberechtige Markgenossen in Verbindung gebracht (u. a. 433). Ähnliche Auffassungen finden sich auch bei Schlüter, der die Entstehung der Gewannflur mit einem „beinahe ängstlichen Streben nach gleicher, völlig gerechter Besitzverteilung" erklärt (13, 251). Gewannflur und Haufendorf erscheinen aber auch in vielen anderen Arbeiten als typische Formen der germ. → Landnahme (,Gewanndorftheorie').

Als Gegenstück zu den ,urgerm.' Gewanndörfern stellte Meitzen die kleinen Gruppensiedlungen mit Blockfluren heraus, die nach ihrem bes. häufigen Grundwort als W. bezeichnet wurden. In diesen Siedlungen sah er grundherrliche Gründungen, da sich Unterschiede in der Größe und Lage der zugehörigen Fluren nicht mit der Verteilung unter gleichberechtigten Markgenossen erklären ließen. Aufgrund der vorwiegend westdt. Verbreitung führte er sie auf röm. Einfluß zurück (10, 431 ff.).

Trotz mancherlei Einwände an der von Meitzen entwickelten Theorie kam auch Gradmann (1; 2) zu dem Schluß, daß die Siedlungsform des W.s in erster Linie als das Ergebnis von → Rodungen, d. h. als Primärform entstanden sein müsse. Wenngleich er im Einzelfall auch einen früheren Ursprung nicht ausschloß, hielt er W.-Siedlungen und Blockgemengefluren für frühma. Erscheinungen.

Studien von Steinbach (15; 16) brachten schließlich die endgültige Abkehr vom immer wieder postulierten, tatsächlich aber gar nicht vorhandenen Gegensatz zw. Dorf und W. Nach und nach setzte sich die Anschauung durch, daß es sich um zwei Erscheinungsformen einer Entwicklungsreihe handelt, die infolge von Bevölkerungswachstum und Besitzteilungen vom Einzelhof oder W. bis zum Dorf verlaufen kann.

Anders als die von Steinbach beeinflußte mittelrhein. Siedlungsforsch., die ihre Beispiele aus nutzungsbedingt stark veränderten Weinbaugebieten (→ Wein und Weinbau) oder ma. Rodungslandschaften (6) bezog, richtete Müller-Wille den Blick auf die altbesiedelten Gebiete (→ Altlandschaftsforschung) NW-Deutschlands, da er hier den „Schlüssel für das Verständnis des westgerm. Siedelwesens" (11, 262) vermutete. Für eine bis in die Zeit der germ. Landnahme zurückreichende Siedlungsform hielt Müller-Wille die zw. Ems und Elbe bes. verbreiteten kleinen Gruppensiedlungen mit langstreifigen, meist als → Esch bezeichneten Gemengefluren. Aufgrund ihrer Flurform stellte er sie als eigenständige Ortsform, Drubbel genannt, dem süddt. W. gegenüber. Diesen wies er einer späteren ‚Rodezeit' zw. 500–1500 n. Chr. zu. Spätere Unters. zeigten jedoch, daß Blockfluren auch in NW-Deutschland keine Seltenheit sind (4; 5). Damit wurde auch die Unterscheidung von Drubbel und W. obsolet.

Die moderne Forsch. steht dem Versuch, einzelne Orts- oder Flurformen mit bestimmten Phasen oder Zeitschichten der Besiedlung zu verknüpfen, kritisch gegenüber. Gleichartige Siedlungserscheinungen können v. a. in Altsiedelgebieten das Resultat analoger Entwicklungen unter unterschiedlichen Ausgangsbedingungen darstellen, so daß allg.gültige Aussagen auf die Planformen in Jungsiedelgebieten beschränkt sind.

(1) R. Gradmann, Siedlungsgeogr. des Kgr.s Württ., 1913. (2) Ders., Die ländlichen Siedlungsformen Württ.s, Petermanns Geogr. Mitt. 56, 1910, 183–186 und 246–249. (3) G. Henkel, Der ländliche Raum, ^{4}2004. (4) H. Hambloch, Einödgruppe und Drubbel, 1960. (5) Ders., Langstreifenflur im nw. Altniederdeutschland, Geogr. Rundschau 14, 1962, 345–357. (6) A. Hömberg, Die Entstehung der westdt. Flurformen. Blockgemengeflur, Streifenflur, Gewannflur, 1935. (7) F. Huttenlocher, Gewanndorf und W., Verhandl. des Dt. Geographentages (München 1948) 27 (8), 1950, 147–154. (8) H. Jäger, Das Dorf als Siedlungsform und seine wirtschaftl. Funktion, in: H. Jankuhn u. a. (Hrsg.), Das Dorf der EZ und des frühen MAs. Siedlungsform – wirtschaftl. Funktion – soziale Struktur, 1977, 62–80. (9) H. Uhlig, C. Lienau, Die Siedlungen des ländlichen Raumes. Materialien zur Terminologie der Agrarlandschaft 2, 1972. (10) A. Meitzen, Siedelung und Agrarwesen der Westgerm. und Ostgerm., Kelten und, Römer, Finnen und Slawen, 1895. (11) W. Müller-Wille, Langstreifenflur und Drubbel. Ein Beitr. zur Siedlungsgeogr. W-Germaniens, Dt. Archiv für Landes- und Volksforsch. 8, 1944, 9–44. (12) H.-J. Nitz, Hist.-genetische Siedlungsforsch. Genese und Typen ländlicher Siedlungen und Flurformen, 1974. (13) O. Schlüter, Die Formen der ländlichen Siedlungen, Geogr. Zeitschr. 6, 1900, 248–262. (14) K. H. Schröder, G. Schwarz, Die ländlichen Siedlungsformen in Mitteleuropa. Grundzüge und Probleme ihrer Entwicklung, 1978. (15) F. Steinbach, Gewanndorf und Einzelhof, in: Hist. Aufsätze (Festschr. A. Schulte), 1927, 44–61. (16) Ders., Geschichtl. Siedlungsformen in der Rheinprov., Zeitschr. des Rhein. Ver.s für Denkmalpflege und Heimatschutz 30, 1937, 19–30. (17) Westermann-Lex. der Geogr., ^{2}1973, 918, s. v. W.

I. Eichfeld, W. Schenk

Weimar

§ 1: Namenkundlich – § 2: Naturräumliche Gliederung, Lage und Siedlungsbedingungen – § 3: Archäologie – a. RKZ – b. VWZ – c. Siedlungen – d. MA – § 4: Runologisch – a. Allg. – b. Grab Nr. 56 – c. Grab Nr. 57

§ 1. Namenkundlich. Für die Deutung und Etym. eines ONs ist eine sorgfältige Auflistung der hist. Belege unabdingbare Voraussetzung. (Die folgende Slg. stützt sich in erster Linie auf eine handschriftliche Slg. von H. Walther [Leipzig], ferner auf 7, 288 f.; 8, 1357; 27, 253):

(a. 899) (Kopie 18. Jh.) *Vvigmara*, (a. 975) (Kopie 12. Jh.) *Wimares* (Gen.-*s* wohl hineingedeutet nach 7, 288), a. 984 *Wimeri*, a. 1002 *Wimeri*, a. 1012/18 (Thietmar) *Wimari, Wimeri*, (nach 1150, Annalista Saxo) *Wimmeri, Wimmare, Wimmere*, a. 1218 *Wimar*, a. 1253 *Wimar*, a. 1278 *inferior Wimar*, a. 1307 *Wimar*, a. 1347 *in Winmar*, a. 1350 *in Wimar*; *districus Wymar*, a. 1378 *Wymar, Wymer castrum, Wymer civitas*, a. 1382 *Wymer*, um a. 1400 *Wymer*, a. 1404 *Wymar*, a. 1493 *Wimar*, 1501/02 *Wymar*, a. 1506 *Wymar*, 1512 *Weymar*, 1520 *Weymar*.

Hier anzuschließen ist der Ortsteil von *Oberweimar*: a. 1244 *Oberenwimar*, a. 1249 *Wimar*, a. 1254 *Obirwimar*, a. 1257 *villa forensis Wimar; Gebehardus de Superiori Wimar*, a. 1278 *Superior Wimar*, a. 1350 *Gernodus de Obern-Wimar*, a. 1378 *claustrum Wimar*, a. 1387 *Obirwymar, Obern-Wymer, de Obir-Wymar, von Obern-Wymare*, a. 1506 *Obirwymar, Wimar Superior, Oberwymar, Wimar superior, Wymar superior*, a. 1516 *Oberwaymar*.

Ferner ist unstritten, daß es Namenparallelen gibt. Es sind dieses:

Weimar bei Kassel: a. 1097 *capella in Wimar*, a. 1146 *villa Wimare, de Wimare*, a. 1209 *Wimar*, a. 1252 *Wimmare*, a. 1302 *Wimar*, a. 1310/11 *villa Wimaria*, 1319 *Wimar*, 1360 *Wimmar*, 1366, 1395 *Wymar*, 1415 *Wymar*, 1585 *Weinmar* (Belege nach 2, 234; 23, 61. Folge, 95).

Ober-, Nieder-, Cyriax-Weimar bei Marburg: a. 1138/a. 1139 *Wimere, de Wimare*, a. 1159 *Gvimare*, a. 1227 *Wimere, superior Wimere*, a. 1258 *Ciliacis Wymare*, a. 1280 *Wymare*, a. 1291 *Wimere*, a. 1294 *Wimer inferior*, a. 1313 *Oberwimere*, a. 1319 *de Mertinswymer*, a. 1320 *Niderwimere, Nyderinwymere*, a. 1326 *Wimere inferior*, a. 1344 *Sente Cyliacůs Wymar*, a. 1345 *Sente Cyriakis Wymere*, a. 1358 *Wymar*, a. 1359 *Mertines Wẙmer*, a. 1374 *Ciriaci Wimar*, a. 1458 *Cyriaci Wynber*, a. 1461 *Obirwemair*, a. 1470 *Wynber*, a. 1518 *Niddernweymar*, a. 1527 *Obernweymar*, a. 1577 *Ciriaxweimar*, a. 1630 *Oberweimar* (18, 326 f. 328 f.).

Davon zu trennen sind zahlreiche hess. FlN, die nach Debus (6, 40) z. T. auf PN beruhen sollen, die aber ihre Erklärung in hess. dialektal *Weiher, Weiwer, Weimer* zu finden scheinen (2, 234 f. mit Hinweis auf: 15, Kommentar zu Karte 112).

Für den thür. und die hess. ON ist schon länger vertreten worden und ist auch heute weit verbreitet die Auffassung, daß dem Namen ein Kompositum aus dem Bestimmungswort germ. **weiha-* ‚heilig', etwa in as. *wīh* ‚Heiligtum' und dem Grundwort **mar(i)* ‚Binnensee, stehendes Gewässer, Sumpf, sumpfiges Gelände, Quelle' zugrunde liegt (17, 27). Man sah darin einen Hinweis auf eine ‚heilige Quelle' (4, 409; 20, 183. 199), einen ‚heiligen Sumpf' und damit auf alte Kultstätten (21, 77; 22, 260; 2, 234), bzw. eine Stellenbezeichnung ‚bei dem heiligen See' (27, 253) und vermutete das Adj. *wīh* ‚heilig' auch in a. 901 *Wihinloh*, jetzt *Weillohe* bei Regensburg (‚bei dem hl. Hain'), a. 977 *Uuihanpuhile*, jetzt *Weihbühl* (Landshut), u. a. (4, 409) (siehe → Kultische Namen § 2c.2).

Nach H. Walther (handschriftliche Slg. thür. ON, Leipzig) geht der Name „auf **Wihmari* ‚heiliger Sumpf bzw. See' zurück und knüpft an altgermanischen Kult an. Die Germanen brachten Sümpfen und Seen Opfergaben dar. Die älteste Siedlung um die Jakobskirche war einst von einem sumpfigen und wasserreichen Gelände umgeben. Der ON *Weimar* ist zusammengesetzt aus ahd. *wīh* ‚heilig', das als religiöses Wort bereits dem Heidentum angehörte (4, 185) und ahd. *mari* ‚See, Sumpf', das auf germ. *mari ‚stehendes Gewässer, wässeriges Gelände' führt".

Abweichende Deutungen konnten und können sich nicht durchsetzen. So wurde die Deutung als ‚weicher, feuchter Wiesengrund' und die Verbindung mit *wic* ‚weich' (5, 195) schon von Förstemann für bedenklich gehalten und von Werneburg (28, 16) abgelehnt. Zahlreiche weitere falsche Deutungen hatte bereits Trautermann (24, 160 ff.) berichtigt (Hinweis von H. Walther, Leipzig).

Auch die Interpretation der auffälligen Schreibungen mit Doppelkonsonanz wie *Wimmeri, Wimmere* bei *Annalista Saxo*, in der Arnold (3, 116) eine urspr. Form *Win-marsah und an got. *vinja*, ahd. *win* ‚Wiese, Weide' und letztlich an einen ‚Weideborn' oder eine ‚Weidemarsch' dachte (auch übernommen von Werneburg [28, 17] und H. Engels [siehe 2, 234]), überzeugt nicht. Arnold (3, 538) führte weiter aus: „Die Schreibung *Winmare* findet sich zwar äußerst selten (z. B. in einer Hersfelder Urkunde von 1146 neben *Wimare*, wo Wenck unrichtig *Vinmare* eingesetzt hat), ... der Ausfall der einen Liquida vor der andern erklärt sich aber sehr natürlich und beweist nur für das hohe Alter des Namens", und versuchte auch die bei einer Verbindung mit got. *vinja*, ahd. *win* (jeweils mit Kürze des Vokals) unpassende hd. Diphthongierung mit Hinweis auf analoge Bildungen zu erklären. Eine unbegründete Ablehnung (2, 234) reicht allerdings nicht aus, man findet jedoch ein Gegenargument in der gut begründeten Annahme, daß einige Belege auf die urspr. Wendung *ze dem wīhen mare* (27, 253) zurückgehen, woraus sich eine Entwicklung *win-mar > *wim-mar zweifelsfrei ergeben kann.

V. a. am Anlaut scheitert die von Förstemann (8, 1293 f.) erwogene Verbindung mit mnd. *vy, fyg, vike* ‚Sumpf(wald), Bruch, Teich', das sich in Niedersachsen als *vie* in der Bedeutung ‚nasser, fruchbarer Ort; sümpfiges Land, ein nasser, aber fruchtbarer Ort' (19, 152) nachweisen läßt. Das zeigen inzw. auch erschienene Unters. zu den von Förstemann herangezogenen Parallelen wie *Wiebeck, Wiby* u. a.

Fern bleibt auch anord. *vigi* ‚Befestigung, Schanze', das Laur (14, 287) in dem ON *Großenwiehe* vermutet, in dem aber wohl letztlich eine nord. Sonderbedeutung zu *weihan, weigan* ‚kämpfen' vorliegt.

Abzulehnen ist auch der Versuch von Kaufmann, die *Weimar*-ON als genetivische Bildungen mit lat. Gen.endung zu einem PN *Winimār* zu stellen und darin einen frk. Stützpunkt in Thüringen zu sehen (10, 41; 11, 289; siehe 27 253; 25, 349).

Schließlich ist auch ein neuerer Gedanke kritisch zu betrachten. Bei der Behandlung von dt. *Weiher,* ahd. *wîwâri* ‚Teich, Fischteich', wird auf die v. a. hess. Var. *Weimer* verwiesen und weiter ausgeführt (15, Kommentar zu Karte 112, unter Verweis auf 6, 40): „Dieser Sachverhalt wirft ein neues Licht auf die umstrittene Deutung des SN *Weimar* ... Die histor. ON-Belege ... widersprechen nicht der Annahme, daß es sich hier auch um zum SN gewordene Weiher-Namen handeln kann, zumal gerade in der weiteren Umgebung der beiden Weimar-Siedlungen gehäuft *Weimer/Weimar*-Belege auftreten, die mit Sicherheit nicht auf die SN zurückzuführen sind". Gegen diese Auffassung spricht sowohl der Beleg von ca. a. 899 *Vvigmara* für *Weimar* in Thüringen wie auch die Überlieferungskette für die beiden hess. *Weimar*-Orte, denn deren *Wimar*-Belege setzen so früh und dicht ein, daß sie unmöglich als Folge einer Entwicklung von *wîwâri, wîhari, wiari* ‚Fisch, Fischteich' verstanden werden können, zumal die Herleitung von hess. *Weimar, Weimer* letztlich nicht klar ist (16, 972).

Es besteht somit kein Grund, die alte Deutung aufzugeben (2, 234 f.; 25, 349; → Kultische Namen § 2c.2), wobei allerdings eine Bedeutung ‚Quelle' für germ. **mar(i)* nicht bezeugt ist. Germ. **weiha-* ‚heilig, geweiht' bezeichnet Dinge und Personen, die Träger des Heiligen und Gegenstand relig. Verehrung sind und meint das Heilige im Gegensatz zum Profanen, u. a. bezeugt in got. *weihs,* ahd. *wīh,* as. *wīh,* mhd. *wīch* (Weihnachten) (9, 663 f.; 12). Es findet sich auch in dt. ON (→ Kultische Namen § 2c.2), zudem ist es „d i e Kultstättenbezeichnung in schwedischen ON" (1, 250) (zu nord. und schleswig-holsteinischen Namen → Sakrale Namen § 3h; 13, 208–211; 26, 298–365).

Das Grundwort *-mar(i), -mer(ie), -mer(e)* hat Udolph (25, 330–377, mit Kartierung S. 375) ausführlich behandelt (siehe auch → Geismar § 1; → Orts- und Hofnamen § 3a).

Eine Bestätigung könnte die Deutung als ‚Stelle am heiligen Gewässer' durch arch. Funden erhalten. Nach Schwarz (22, 260) scheint es Hinweise darauf zu geben, denn er notiert: „Die Quellenfunde in Weimar in Thüringen werden eine heidnische Tradition fortsetzen" (vgl. dazu § 2). Nicht zu Unrecht – man denke auch an die nord. Namen – erscheint es nach seiner Ansicht auch zweckmäßig, „*wīh* den heidnischen Germanen Deutschlands zuzusprechen" (22, 260).

(1) Th. Andersson, Haupttypen sakraler ON O-Skandinaviens; in: K. Hauck (Hrsg.), Der hist. Horizont der Götterbildamulette aus der Übergangsepoche von der Spätant. zum Früh-MA, 1992, 241–256. (2) K. Andrießen, Siedlungsnamen in Hessen. Verbreitung und Entfaltung bis 1200, 1990. (3) W. Arnold, Ansiedelungen und Wanderungen dt. Stämme, Nachdr. 1983. (4) Bach, ON. (5) P. Cassel, Türingische ON, Nachdr. 1983. (6) F. Debus, Zur Gliederung und Schichtung nordhess. ON, Hess. Jb. für Landesgesch. 18, 1968, 27–61. (7) E. Eichler, H. Walther, Städtenamenb. der DDR, 1986. (8) Förstem., ON. (9) F. Heidermanns, Etym. Wb. der germ. Primäradj., 1993. (10) H. Kaufmann, Genetivische ON, 1961. (11) Ders., Zu den Orts- und Landschaftsnamen auf *-marschen,* BNF 13, 1962, 285–292. (12) Kluge-Seebold, [24]2002 (CD-ROM). (13) W. Laur, Germ. Heiligtümer und Relig. im Spiegel der ON. Schleswig-Holstein, n. Niedersachsen und Dänemark, 2001. (14) Ders., Hist. Ortsnamenlex. von Schleswig-Holstein, [2]1992. (15) H. Ramge (Hrsg.), Hess. FlN-Atlas. Nach den Slg. des Hess. FlN-Archivs Gießen und des Hess. Landesamts für geschichtl. Landeskunde, 1987. (16) Ders. (Hrsg.), Südhess. Flurnamenb., 2002. (17) L. Reichardt, Siedlungsnamen: Methodologie, Typol. und Zeitschichten (Beispiele aus Hessen), in: Die Welt der Namen, 1998, 18–62. (18) U. Reuling, Hist. Ortslex. Marburg, 1979. (19) U. Scheuermann, Flurnamenforsch., 1995. (20) E Schröder, Dt. Namenkunde, [2]1944. (21) E. Schwarz, Dt. Namenforsch. 2, 1950. (22) Ders., ON um Regensburg, BNF 2, 1950/1951, 252–267. (23) F. Suck, Ein etym. Ortsnamenlex. für Kurhessen und Waldeck. Folge 1 ff., in: Heimatbrief – Heimatver. Dorothea Viehmann, 1989 ff. (24) K. Trautermann, Beitr. zur Siedlungs- und Namengesch. der Stadt Weimar, 1927. (25) J. Udolph, Namenkundliche Stud. zum Germ.problem, 1994. (26) P. Vikstrand, Gudarnas platser. Förkristna sakrala ortnmn i Mälarlandskapen, 2001. (27) H. Walther, Namenkundliche Beitr. zur Siedlungsgesch. des Saale- und Mittelelbegebietes bis zum Ende des 9. Jh.s, 1971. (28) A. Werneburg, Die Namen der Ortschaften und Wüstungen Thüringens, Nachdr. 1983.

J. Udolph

§ 2. Naturräumliche Gliederung, Lage und Siedlungsbedingungen. Der Ort W. liegt inmitten der Thür. Beckenlandschaft an der Ilm in einer nach O offenen Senke (W.er Mulde), die im N durch den 478 m hohen Ettersberg und in den Randlagen durch allmählich ansteigende Muschelkalkhöhen begrenzt wird. Im SO schließt das Ilmtal mit den Ortsteilen Oberweimar und Ehringsdorf an. Im Stadtgebiet stehen über Muschelkalk und Keuper Löß und Bodenausbildungen als Schwarzerde, tonige und flachgründige kalkreiche Böden an (20; 21, 24). Die hydrographischen Verhältnisse werden durch den Fluß Ilm und mehrere Bäche bestimmt, die das Siedlungsgebiet von W her durchfließen und in die Ilm münden. Die Bachniederungen waren ehemals versumpft, es gab stehende Gewässer und vermoorte Bereiche (26). Das quellen- und wasserreiche Gebiet und die fruchtbaren Böden boten in frühgeschichtl. Zeit und im MA eine günstige Siedlungsgrundlage. Verkehrsmäßig lag die W.er Mulde in dieser Zeit abseits alter Straßenzüge. Die Kupferstraße durchquerte 7 km nö. von W. das Ilmtal (2). Auf ihre

Nutzung im 5./6. Jh. und die Verbindung mit dem altthür. Siedlungszentrum Wîhmari weist das reich ausgestattete Adelsgrab aus der 2. Hälfte des 5. Jh.s wenige Meter w. der Straße bei Oßmannstedt hin. Die große W-O-Straße, die *via regia* oder Hohe Straße, verlief abseits n. des Ettersberges (1).

§ 3. Archäologie. Die Besiedlung des W.er Gebietes begann nach den Funden und Befunden der klass. Fundplätze von Ehringsdorf und Taubach bereits im Paläol. In der folgenden Zeit sind in diesem Raum und der unmittelbar angrenzenden Landschaft nahezu alle ur- und frühgeschichtl. Per. teils mit reichem Fundmaterial belegt, so daß von einer Siedlungskontinuität bis in die Frühgesch. auszugehen ist (10, 1–31; 19).

a. RKZ. In der Spät-LTZ und der RKZ siedelten in der W.er Mulde Germ., die zum elbgerm. Stamm der Hermunduren (→ Ermunduri) gehörten. Seit der Mitte des 1. Jh.s sind rhein-wesergerm. Einflüsse erkennbar (→ Rhein-Weser-Germanen). Während aus dieser Zeit Funde aus dem Stadtgebiet bisher fehlen, wird im 3. Jh. mit zahlreichen Fst. eine dichte Besiedlung deutlich (Abb. 43)(12).

Eine Siedlung lag in W.-Lützendorf am Ettersberg, weitere Siedlungsplätze wurden mit Bronzefibeln (Elbefibeln, Fibeln mit umgeschlagenem Fuß) (vgl. → Fibel und Fibeltracht § 28), röm. Importfunden, röm. Münzen und Drehscheibenkeramik, darunter solche vom Haarhäuser Typ (→ Haarhausen), am Rand des heutigen Stadtgebietes lokalisiert. Keramik, abgesägte Geweihstangen sowie Polier- und Schleifsteine aus einem Wohnplatz oberhalb der Asbachniederung (Brunnenstraße) deuten auf Knochenverarbeitung hin. Eine Siedlung auf dem Schloßhügel wird durch rhein-wesergerm. Keramik und eine Silbermünze (Ks. Hadrian 117–138 n. Chr.) in das 2.–3. Jh. datiert. Die Funde in der näheren Umgebung dieser Stelle zeigen einen Siedlungsbereich an, der sich nach W über die Wagnergasse bis zum Jakobshügel erstreckte.

Von einem bedeutenden hermundurischen Bestattungsplatz mit Brandgräbern, der 1912 in den Deckschichten des Travertins in W.-Ehringsdorf angeschnitten wurde, stammen Drehscheibengefäße der Zeitstufe C2, Reste eines Glasgefäßes und edle Metallbeigaben, darunter ein Bronzeteller röm. Herkunft mit dem eingeritzten PN ATTIANI (Typ Trebnitz Nr. 119) (→ Graffiti). Die Funde lassen Wohlstand der Siedler und Beziehungen zum Röm. Reich erkennen (3).

Der auf der Existenz eines vorchristl. Heiligtums basierende ON *Wîhmari* ist nach übereinstimmender Ansicht in der Zeit der germ. Besiedlung in den letzten Jh. vor Beginn der Zeitrechnung oder in der RKZ entstanden (10, 33; 7, 253). Schon im 2. und 1. Jh. v. Chr. bestand 6 km s. am Rande des W.er Siedlungszentrums bei Possendorf ein kleines Opfermoor, u. a. mit einem Holzidol (→ Possendorf mit Taf. 18a). 1859 wurde hier der Kultplatz mit einem Bronzekessel, sieben Tongefäßen und einem Holzidol aufgedeckt. Die Keramik weist in den ostgerm. Kreis (16).

Das namengebende See- oder Moorheiligtum Wîhmari wird im Bereich von Karstquellen, Versumpfungen oder stehenden Gewässern im W des heutigen Stadtgebietes gesucht. Für die engere Lage nimmt Behm-Blancke (7, Abb. 1) die Senke nw. der Innenstadt (Schwanseebad, W.-Hallenpark, Lottetal) in Anspruch, während Steiner es nach geol. Unters. im Bereich der heutigen Marktstraße bis zum Schloßhügel vermutet (27). Sichere arch. Zeugnisse liegen bisher von keiner Stelle vor. Vorstellungen über die von den Hermunduren hier ausgeübten Kulthandlungen geben das nahe gelegene Heiligtum von Possendorf und das Opfer-

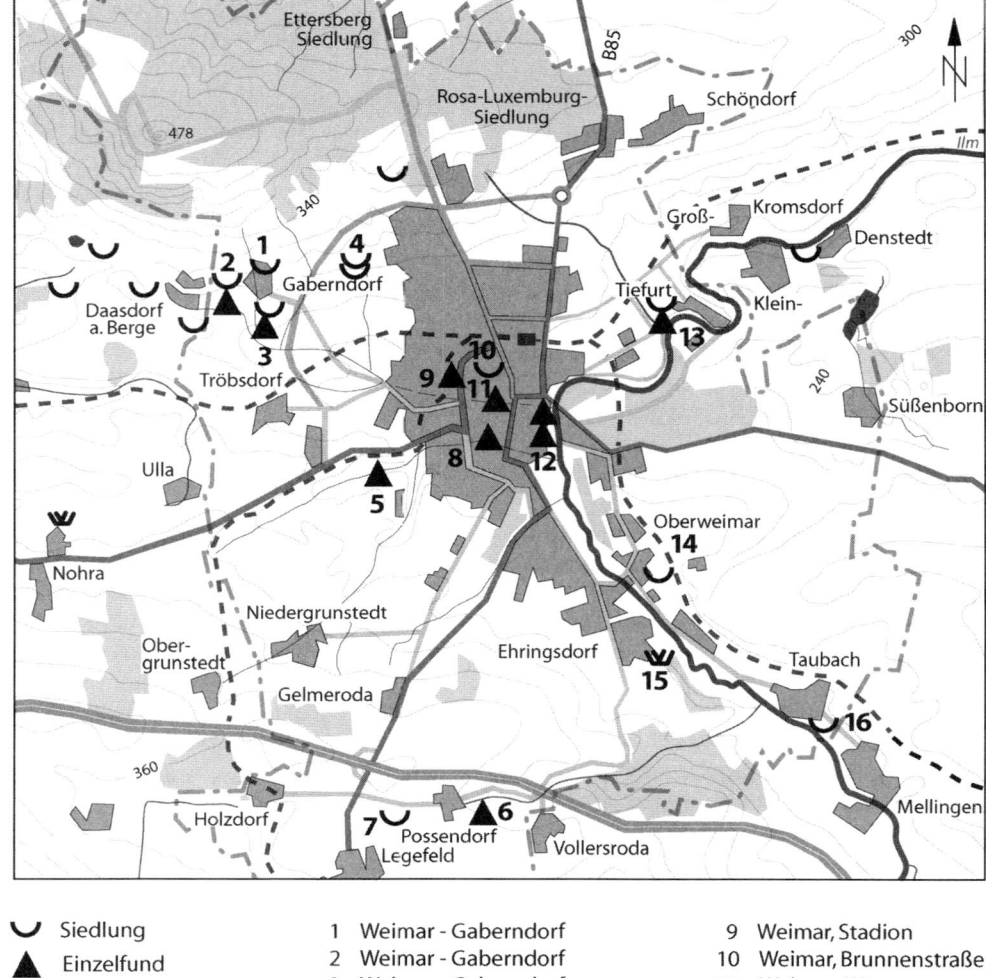

Symbol	Legend	Nr.	Name	Nr.	Name
⌣	Siedlung	1	Weimar - Gaberndorf	9	Weimar, Stadion
▲	Einzelfund	2	Weimar - Gaberndorf	10	Weimar, Brunnenstraße
♛	Flachgrab mit Körperbestattung	3	Weimar - Gaberndorf	11	Weimar, Wagnergasse
		4	Weimar - Gaberndorf	12	Weimar, Schloß
♕	Brandgrab	5	Weimar - Wallendorfer Mühle	13	Weimar - Tiefurt
		6	Weimar - Possendorf	14	Weimar - Oberweimar
		7	Weimar - Legefeld	15	Weimar - Ehringsdorf
		8	Weimar, Coudraystraße	16	Weimar - Taubach

Abb. 43. Weimar, RKZ 1.–4. Jh.

moor von → Oberdorla mit germ. Kultplätzen (11).

Der alte Kultname (→ Kultische Namen) ging wohl bereits in frühgeschichtl. Zeit auf den thür. und frühdt. Siedlungsplatz, den 700 m ö. gelegenen, hochwasserfreien Ja-

kobshügel über. Die intensive Besiedlung der W.er Mulde durch die Germ. in den ersten vier Jh. mit einem zentralen Kultplatz schuf mit die Voraussetzungen und Bedingungen für die Bedeutung von Wîhmari in der Zeit des Thür. Kg.sreiches (→ Thüringer § 3).

b. VWZ. W. gehört zur altthür. Kernlandschaft, von der bedeutende Funde aus dem 5./6. Jh. bekannt sind. So u. a. das nicht weit entfernt aufgefundene ostgot. Adelsgrab von → Oßmannstedt und das 20 km w. auf dem Kleinen Roten Berg bei Erfurt-Gispersleben untersuchte Wagengrab, in dem eine Adlige, vermutlich eine Angehörige des Thür. Kg.shauses, beigesetzt war (28) (→ Erfurt § 2; → Fahren und Reiten mit Abb. 17). Mehrfach kommt in diesem Raum Schmuck mit ostgot. Stileinflüssen vor (10, 38). Die auffallende Konzentration von acht zeitgleichen Bestattungsplätzen und mehreren Siedlungen des 5./6. Jh.s in W. und Oberweimar (Abb. 44) weist auf einen herausragenden Siedlungsmittelpunkt im Thür.reich hin.

N-Friedhof (Meyer-Fries-Straße) (Abb. 45, Taf. 15). Hier wurden seit der Entdeckung im J. 1886 88 Gräber vom Maurermeister O. Götze, dem Kustos des W.er Mus.s A. Möller, durch Prof. A. Götze, Berlin, und Dr. L. Pfeiffer, W., ausgegraben (15). Eine größere Anzahl bei Erdarbeiten entdeckter Gräber öffneten Nichtfachleute, die zahlreiche Funde verschleppten und keine Aufzeichnungen erstellten. 1956/57 erfolgte die Unters. weiterer 14 Gräber durch Behm-Blancke (5). 1999 wurden die bereits ausgegrabenen Gräber 39–41 erneut angeschnitten, dazu ein neues Kindergrab unter Grab 41 (17). Damit erhöht sich die Zahl der registrierten Bestattungen auf 103, darunter sechs → Pferdegräber, einmal ein Pferd mit Hund (→ Hund und Hundegräber) (Gräber und Inventare 2–46 und 89–103 im Mus. für Ur- und Frühgesch. Thüringens, W.; 1, 47–88 im Mus. für Ur- und Frühgesch. in Berlin [Schloß Charlottenburg]). Da wohl bisher nicht alle Gräber aufgefunden und weitere unerkannt zerstört wurden, ist die Gesamtzahl höher, mit etwa 130–150 Bestattungen, anzusetzen. Der N-Friedhof (Gruppe IIa–IV) gehört damit neben dem Gräberfeld von → Stößen zu den größten bekannten Nekropolen im altthür. Siedlungsgebiet. Das Gräberfeld wurde von der 2. Hälfte des 5. Jh.s bis in das 7. Jh. belegt (23, 75–87). Die Toten waren in Baumsärgen, schmalen verzapften Särgen in z. T. breiten Gruben unterschiedlich tief beigesetzt. In den alten Gräberbeschreibungen werden sehr häufig Holzreste und inkohlte Stellen erwähnt. Ein hölzernes Kammergrab und eine kleine Grabhütte mit Firstpfosten sind nachgewiesen (5). Die Datierung der einzelnen Gräber (22, Abb. 26) läßt erkennen, daß die Belegung nicht von einer Seite aus, sondern von verschiedenen Stellen aus begann und der Friedhof erst im 6. Jh. zusammenwuchs (22, 52). Es heben sich mehrere große Gräbergruppen mit dazwischenliegenden Freiflächen ab, die sich um einen größeren freien Platz gruppieren (5, 138). Die Ausstattungen der Gräber in den einzelnen Gräbergruppen zeigen deutliche Besitzabstufungen. Die Gruppierungen werden als Bestattungsplätze wohlhabender adliger → Sippen gedeutet, deren Angehörige auf offenbar reservierten Bereichen mit dem Gefolge eines Wirtschaftshofverbandes beigesetzt wurden. Die gehobene soziale Position einzelner Familien wird durch hervorragende Waffenausrüstungen, Pferdegräber sowie besondere Schmuck- und Gebrauchsgegenstände deutlich (9). Sie läßt sich in den verschiedenen Gräbergruppen nachweisen. Holzeimer und eine Feinwaage komplettieren die Grabausstattungen. Im NO, SO und NW des Bestattungsplatzes befanden sich reiche Gräber, die auch nach 531 angelegt wurden. Daneben sind → Freie mit Spathagräbern und gering bis arm ausgestattete → Unfreie oder → Knechte nachzuweisen. Der Mann in Grab 31 war mit der kompletten Waffenausrüstung, mit einer Trense, einem Bronzebecken, frk. Spitzbecher, einer Drehscheibenschale und Toilettengegenständen ausgestattet und trug zwei vergoldete Silberschnallen mit nielliertem Flechtband (→ Niello) und Goldzellwerk mit Almandinen, farbigem Glas und Emaille (→ Cloi-

⚰ Gräberfeld
∪ Siedlung
▲ Einzelfund

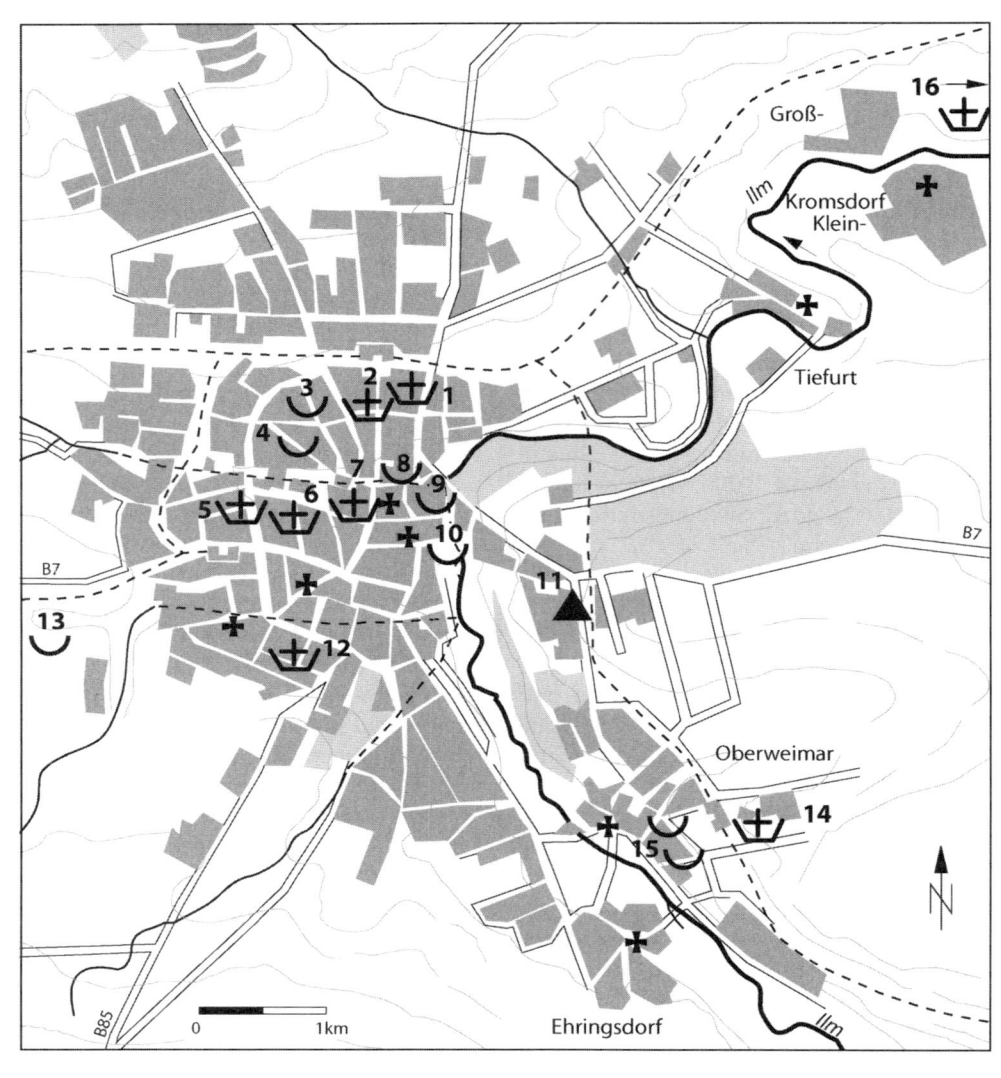

1 Weimar, Meyer-/ Friesstraße (Nordfriedhof)
2 Weimar, Kohlstraße
3 Weimar, Brunnenstraße
4 Weimar, Falkstraße
5 Weimar, Fuldaer Straße
6 Weimar, Brahmsstraße
7 Weimar, Coudray-/ Schwanseestraße
8, 9 Weimar, Jakobshügel/ Brühl
10 Weimar, Marstallstraße
11 Weimar, Am Horn
12 Weimar, Cranachstraße (Südfriedhof)
13 Weimar, Kirschbachtal
14 Weimar - Oberweimar
15 Weimar - Oberweimar
16 Oßmannstedt

Abb. 44. Weimar, VWZ 5.–7. Jh.

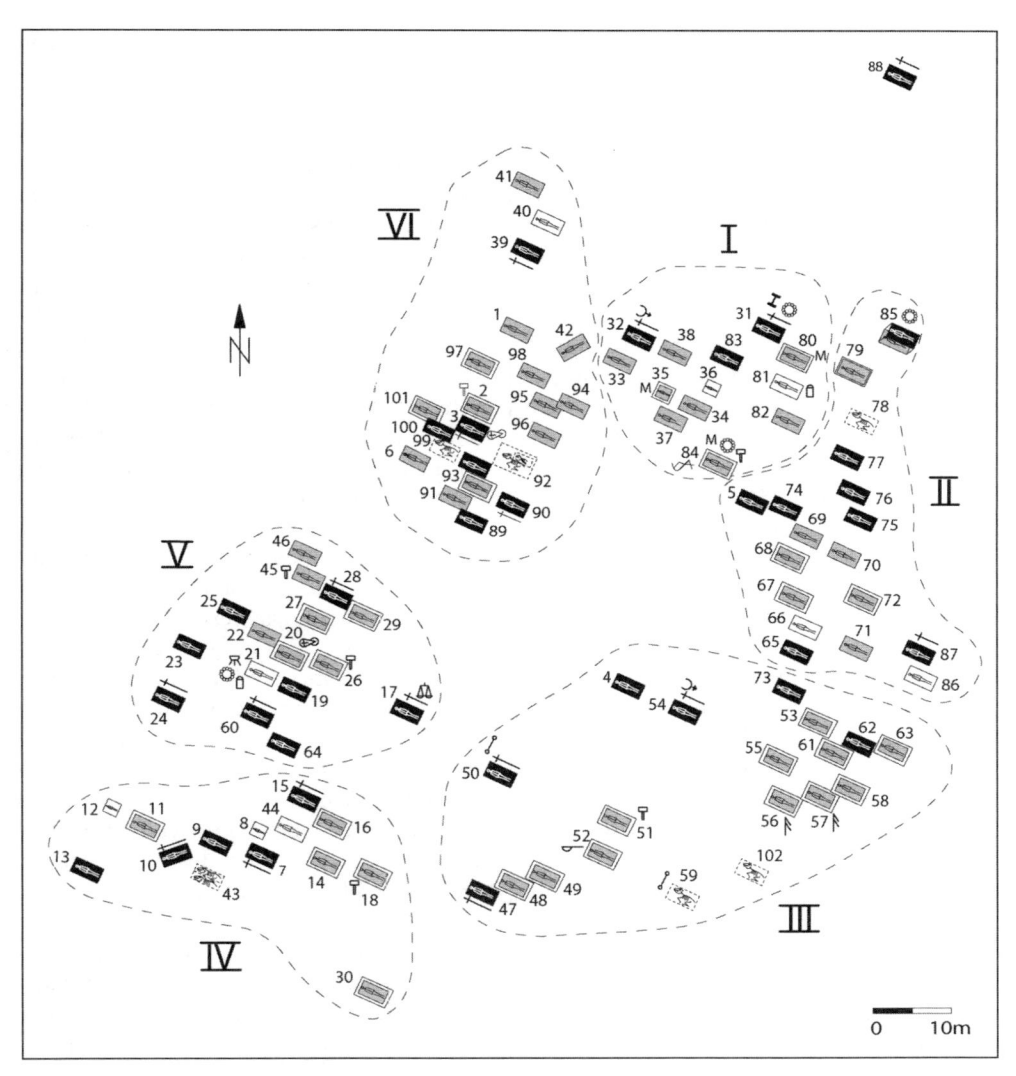

Abb. 45. Weimar, Meyer-Fries-Straße

sonné-Technik). Ein eiserner Bratspieß zeichnet ihn als adligen Hofbesitzer aus (→ Bratspieß S. 415). Die Zellenmosaikschnalle und die silberplattierte Pferdetrense belegen als ostgot. Erzeugnisse Beziehungen zum Reich → Theoderichs des Großen im 6. Jh. Mit einer Analyse der Waffenbeigaben stellte Behm-Blancke drei Gruppen von Waffenträgern heraus. Die Männergräber wurden dabei nach ihrer Ausstattung mit Spatha, Sax, Schild, Lanze, Pfeil oder Streitaxt und den zugehörigen Pferden schwerbewaffneten Reitern sowie schwer- und leichtbewaffneten Fußkämpfern zugeordnet. Die Ausrüstung entsprach der sozialen Stellung der Männer im jeweiligen Wirtschaftsverband (8). Die großen Unterschiede in den Waffenbeigaben auf den Gäberfeldern hat Windler (33) unter Einbeziehung des N-Friedhofes graphisch dargestellt.

Die reichen Beigaben in den Frauengräbern – vergoldete Silberfibeln, teils mit Almandineinlagen (Taf. 15), als Anhänger getragene Goldmünzen (Solidi des Valentinianus III. 425–455 n. Chr., → Theodosius I. 379–395 und des Zeno 475–491), Goldbrokat, Glasperlen sowie Bronze- und Drehscheibengefäße lassen Angehörige des Adels erkennen. Ein Webschwert (Grab 26), Bronzeschlüssel (Grab 27), Glaswirtel (Grab 18) und kreisaugenverzierte Knochenstäbe verkörpern als Wertbeigaben mit Symbolgehalt die gehobene Stellung dieser Frauen. 2 Fibeln und der Schnallenrahmen mit Runeninschr. (Grab 57 und 56) (s. u. § 4) sowie die Silberlöffel mit dem Namen BASENA und Christogramm (Grab 52) befanden sich alle in reichen Frauengräbern der Gräbergruppe 3 im SO des Friedhofes. Die Zangenfibeln mit Kerbschnitt- und Nielloverzierungen sowie Vogelkopffibeln mit Almandineinlagen (Taf. 15) (→ Fibel und Fibeltracht § 44) vom N-Friedhof und den anderen W.er Bestattungsplätzen zeigen die hohe Qualität und Eigenständigkeit des altthür. Kunstschaffens, das mit dem Untergang des Reiches 531 zum Erliegen kam. Ostgot. Fibeln, frk. Bügelfibeln und frk. Erzeugnisse wie Glasgefäße und Bronzebecken sowie Bügelfibeln vom nord. Typ belegen fremde Einflüsse im Thür.reich, die ihren Niederschlag im W.er Gräberfeld fanden. Die frk. Präsens nach dem Untergang des Reiches spiegelt sich mit weiterhin gut ausgestatteten Gräbern in der 2. Hälfte des 6. Jh.s nicht wider.

S.-Friedhof (Cranachstraße) (Abb. 46, Taf. 15). Funde und Befunde des Reihengräberfriedhofes im Süden W.s, von dem A. Götze und A. Möller 27 Gräber untersuchten, haben eine andere Zusammensetzung und Struktur als der N-Friedhof. Nur zwei Männer waren mit je einer Spatha, der eine zusätzlich mit einem Speer, der andere mit einer Streitaxt ausgerüstet. Berittene Krieger fehlen, allerdings weist die Mitgabe einer Eisentrense (Grab 23) auf den Besitz eines Pferdes hin. Schilde sind in keinem Grab nachgewiesen. Der Besitz von Nadeln und Pfriemen und die Zusammensetzung des Gräberfeldes haben zu der Vermutung Anlaß gegeben, daß es sich hier um einen Bestattungsplatz einer einfachen Bevölkerung mit Freien und Handwerkern handelt, die für die adlige Bevölkerung tätig waren. Künstliche → Schädeldeformationen der Frauen aus den Gräbern 3 und 11 (32) sowie eine dreiflüglige Pfeilspitze mit Schaftdorn bezeugen die hist. belegte zeitweilige Abhängigkeit der Thür. von den → Hunnen. Die ethnische Zugehörigkeit der Frauen ist ungeklärt, so daß nicht zu entscheiden ist, ob es sich um Thüringerinnen oder eingeheiratete Hunninnen handelt. Herausgende Funde aus dem Gräberfeld sind ostgot. Bügelfibeln aus den Gräbern 2 und 13 und ein vergoldetes kerbschnittverziertes Zangenfibelpaar aus Grab 11 (9, Abb. 77).

Oberweimar. Am Rande des Ilmtals wurden nahe des Bahnhofes Oberweimar 1897 und 1954–1957 25 Gräber (Gruppe II/III) freigelegt (24, 170). Die im Gräberfeld aus den Waffen zu erschließende Glie-

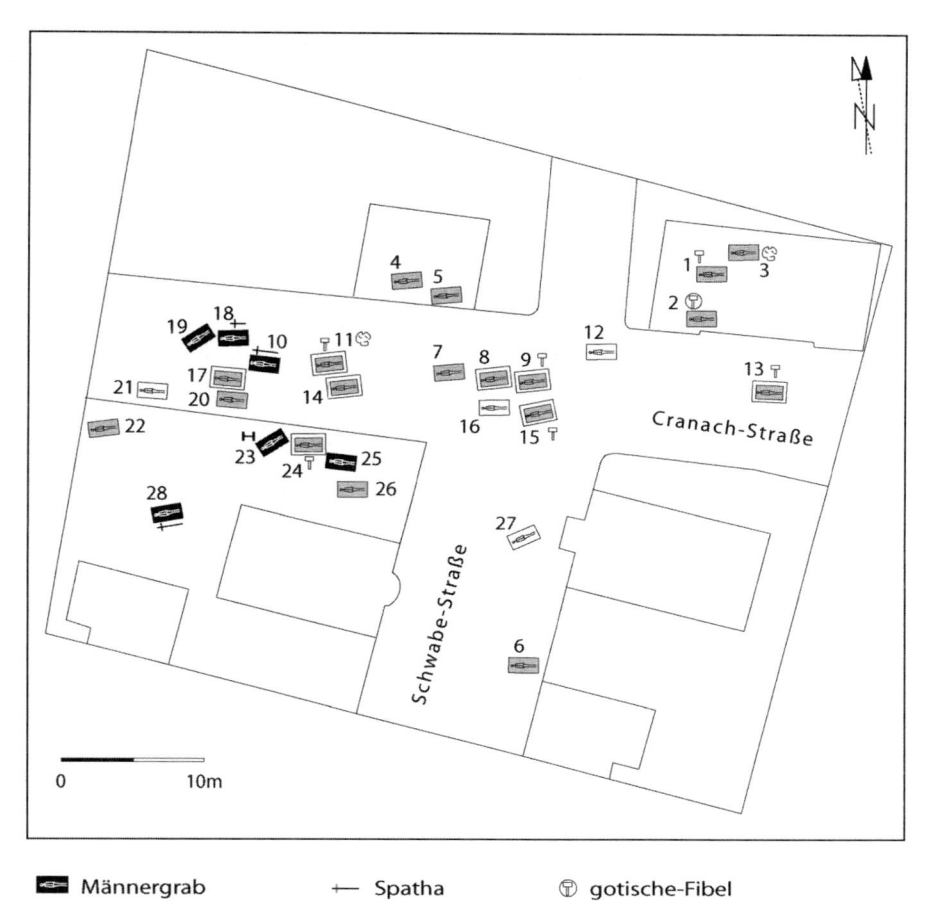

Abb. 46. Weimar, Cranachstraße

■ Männergrab
■ Frauengrab
■ Reich ausgestattetes Frauengrab
■ Unbestimmt
← Spatha
+ Kurzschwert
H Knebeltrense
M Münze
🛡 gotische-Fibel
🛡 Fibel
☉ deformierter Schädel

derung der Männer in Berittene mit Spatha, Speer und Schild, in Spathaträger und Leichtbewaffnete mit Bogen und Streitäxten entspricht weitgehend der des N-Friedhofes, doch fehlen hier Angehörige des Adels. Aus den Frauengräbern liegen Vogelkopffibeln, Thür. Fibeln mit Tierköpfen und Almandineinlagen sowie Relieffibeln vom nord. Typ vor (10).

Von weiteren thür. Gräberfeldern wurden 1912 in der Kohlstraße drei Gräber (Gruppe II) und im gleichen J. sechs Körpergräber in der Lassenstraße, heute Fuldaer Straße, (Gruppe II/III) freigelegt (Abb. 42). Die Gräber enthielten u. a. Bügelfibeln, Vogelfibeln, Halsketten, Schlüssel, einen Steinwirtel und Reste eines eisenbeschlagenen Holzeimers.

c. Siedlungen. Pfosten- und Grubenhäuser (→ Hütte) sowie ein → Speicher als Nebengebäude von Höfen belegen eine thür. Siedlung auf dem Jakobshügel, dem Bereich der späteren Jakobsvorstadt (10,

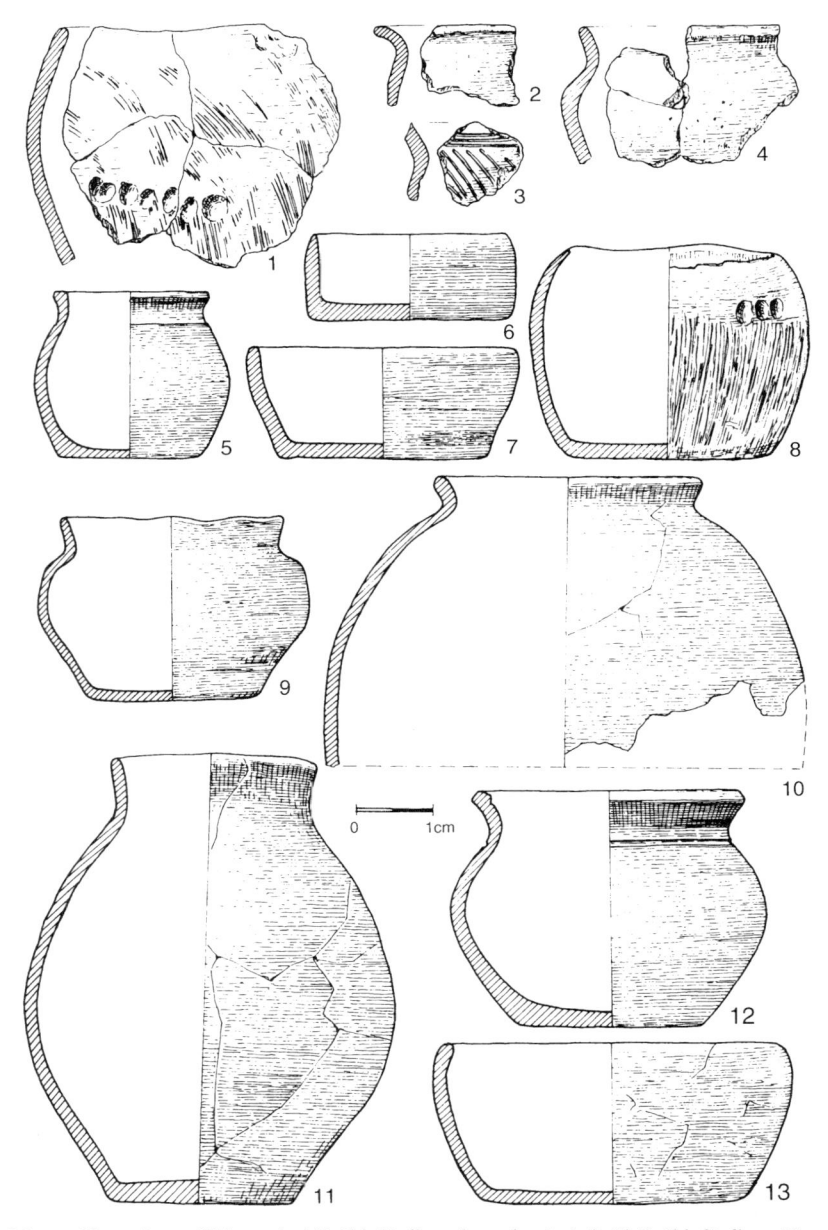

Abb. 47. Merow. Keramik aus Weimar. 1–4 Brühl, Siedlungskomplex 1; 6–8, 13 Brühl, Siedlung Haus 1; 10–11 Rollplatz, Siedlung, eingetieftes Haus; 5, 9, 12 N-Friedhof. Nach Behm-Blanke (4)

38). Ein von A. Möller 1929 ergrabenes Sechspfostenhaus aus dem 6. Jh. enthielt das Bruchstück einer Bügelfibel, einen Bronzeschlüssel und Keramik (Abb. 47) (18).

Weitere Befunde im ö. anschließenden Brühl, in der Wagnergasse und Marstallstraße haben zu der Aussage geführt, daß sich ein großes zentrales Dorf, zu dem der

N-Friedhof und weitere kleinere Gräberfelder gehörten, entlang der Ilm bis zum Schloß ausdehnte. Bisher ist nicht sicher zu entscheiden, ob es sich um eine Großsiedlung oder um kleinere Siedlungsplätze handelt. Die über dem Siedlungsbereich auf der gegenüberliegenden Seite der Ilm gelegene Altenburg wurde vermutlich von dessen Bewohnern bereits als Fluchtburg genutzt (30). Weitere kleine, nur teilweise untersuchte Siedlungen oder Höfe lagen in der Brunnenstraße (15, 70), im Kirschbachtal am sw. Rand des Stadtgebietes und unterhalb des Gräberfeldes Oberweimar.

d. MA. Die älteste frühgeschichtl. Kernsiedlung des 6. Jh.s auf dem Jakobshügel bestand im 8. und 9. Jh. weiter fort. Der Siedlungsbereich behielt im MA seine Selbständigkeit und entwickelte sich zur Jakobsvorstadt (urkundlich *antiqua civitas*) (13; 14, 55). Auch das Areal bis zur Ilm hat arch. Zeugnisse für eine kontinuierliche Besiedlung bis in das hohe MA erbracht. Ein am Brühl untersuchtes Gehöft mit dt. und slaw. Siedlungsanteilen bestand im 10. und 11. Jh. (4). Eine an Stelle der 984 erstmals erwähnten Burg auf dem Schloßhügel urkundlich erschlossene Kapelle mit altem Martinspatrozinium weist auf eine frk. Vorbesiedlung hin. Zur Agglomeration Wihmari gehörten weitere dt. und slaw. Siedlungskerne und Wohnplätze in der Rittergasse, in der Windischengasse und am w. Stadtrand (29; 31). Sie wuchsen in der Folgezeit zum 899 urkundlich als Vvigmara erwähnten Ort W. zusammen (13; 14).

(1) E. Bach, Das Verkehrsnetz Thüringens geogr. betrachtet, 1939. (2) B. W. Bahn, Die Kupferstraße. Geogr.-prähist. Unters. ihres Verlaufs in Thüringen, ungedr. Diplomarbeit Jena 1965. (3) S. Barthel, Brandgräber des späten 3. Jh.s von Ehringsdorf, Kr. W., Alt-Thüringen 7, 1965, 287–292. (4) G. Behm-Blancke, Die altthür. und frühma. Siedlung W., in: Frühe Burgen und Städte. Beitr. zur Burgen- und Stadtkernforsch., 1954, 95–130. (5) Ders., Neue merow. Gräber in W., Ausgr. und Funde 2, 1957, 136–141. (6) Ders., Forsch.sprobleme der VWZ und des frühdt. MAs in Thüringen, ebd. 8, 1963, 255–261. (7) Ders., Germ. Kultorte im Spiegel thür. ON, ebd. 9, 1964, 250–258. (8) Ders., Zur Sozialstruktur der völkerwanderungszeitlichen Thür., ebd. 15, 1970, 257–271. (9) Ders., Ges. und Kunst der Germ. Die Thür. und ihre Welt, 1973. (10) Ders., Ur- und frühgeschichtl. Kulturen im Stadtgebiet, in: Gesch. der Stadt W., 1976, 1–64. (11) Ders., Heiligtümer, Kultplätze und Relig., in: J. Herrmann (Hrsg.), Arch. in der Dt. Demokratischen Republik. Denkmale und Funde 1, 1989, 166–176. (12) S. Dušek, RKZ, in: W. und Umgebung. Von der Urgesch. bis zum MA, 2001, 82–95. (13) H. Eberhardt, Die Anfänge und die ersten Jh. der Stadtentwicklung, in: G. Günther, L. Wallraf (Hrsg.), Gesch. der Stadt W., 1975, 65–138. (14) Ders., Wechmar oder W.? Zur Ersterwähnung von W., Zeitschr. des Ver.s für Thür. Gesch. 46, 1992, 53–63. (15) A. Götze, Die altthür. Funde von W., 1909. (16) Th. Grasselt, Vorröm. EZ, in: wie [12], 72–81. (17) F. Jelitzki, Altthür. Gräber vom ehemaligen W.er N-Friedhof – Aufdeckung einer Altgrabung, Ausgr. und Funde im Freistaat Thüringen 6, 2001/2002, 30–33. (18) A. Möller, Ein merow. Haus an der Nordseite des Rollplatzes in W., Das Thüringer Fähnlein 3, 1934, 245–251. (19) G. Neumann, W. in vor- und frühgeschichtl. Zeit, ebd., 76–95. (20) M. Salzmann, Naturraum, in: W. und seine Umgebung. Ergebnisse der heimatkundlichen Bestandsaufnahme im Gebiet von W. und Bad Berka, 1999, 2–5. (21) Ders., Naturräumliche Voraussetzungen der Besiedlung, in: wie [12], 20–26. (22) B. Schmidt, Die späte VWZ in Mitteldeutschland, 1961. (23) Ders., Die späte VWZ in Mitteldeutschland, Kat. S-Teil 1970. (24) Ders., Die späte VWZ in Mitteldeutschland, Kat. N-O-Teil, 1976. (25) Ders., Zur Entstehung und Kontinuität des Thür.stammes, in: Germ. – Slawen – Deutsche. Forsch. zu ihrer Ethnogenese, 1969. (26) U. und W. Steiner, Geol. Aspekte zur Niederlassung der Menschen im Raum W. zu ur- und frühgeschichtl. Zeit, in: Symbolae Praehistoricae (Festschr. F. Schlette), 1975, 61–68. (27) W. Steiner, Zur Lage des namengebenden „wihmari" in W. (Thüringen), Ausgr. und Funde 29, 1984, 205–208. (28) W. Timpel, Das altthür. Wagengrab von Erfurt-Gispersleben, Alt-Thüringen 17, 1980, 181–240. (29) Ders., Eine slaw.-dt. Siedlung im Stadtgebiet von W., ebd. 18, 1983, 139–175. (30) Ders., P. Grimm, Die ur- und frühgeschichtl. Bodendenkmäler des Kr.es W., 1975. (31) H. Wenzel, Methodische Grundlagen der Wüstungsforsch., dargestellt am Beispiel der Wüstungsaufnahme im Gebiet des Stadt- und Ldkr.s W., ungedr. Diss. Weimar 1990. (32) J. Werner, Beitr. zur Arch. des Attila-Reiches, 1956, 112. (33) R. Windler, Das Gräber-

feld von Elgg und die Besiedlung der NO-Schweiz im 5.–7. Jh., 1994.

W. Timpel

§ 4. Runologisch. a. Allg. Im W.er N-Friedhof wurden spätestens 1902 (vgl. 1, 362) aus den zwei nebeneinanderliegenden Frauengräbern Nr. 56 und 57 insgesamt vier mit Runen versehene Gegenstände zutage gefördert; nach Martin (11, 186) sind die beiden Bestattungen in das mittlere 6. Jh. zu datieren. Von den Inschriftenträgern ist die Bernsteinperle aus Grab Nr. 56 noch immer verschollen; die übrigen Runenobjekte, ein bronzener Schnallenrahmen aus Grab Nr. 56 und ein Bügelfibelpaar aus Grab Nr. 57, werden im Mus. für Vor- und Frühgesch. – Arch. Europas (Schloß Charlottenburg) in Berlin aufbewahrt. Die insgesamt drei Inschr. – die Runenfolgen auf dem Bügelfibelpaar aus Grab Nr. 57 sind offenbar zu einem Text zusammenzufügen – wurden in der runologischen Lit. seit 1912 mehrfach behandelt (Bibliogr.: 17, 82 f.; neuere Lit. bei 12, 229. 258. 314).

W.-Nordfriedhof ist eine der wenigen Fundstätten im südgerm. Bereich, die nicht nur runenepigraphische Texte, sondern auch eine lat. Inschr. bietet (vgl. 3, 236 f.): aus dem in der Nähe der beiden ‚Runengräber' gelegenen, reich ausgestatteten Frauengrab Nr. 52 rührt ein Silberlöffel mit einer lat. niellierten Inschr. BASENAE her (CIL XIII 10036,81 = 7, Nr. 59), eine „inschriftliche Zueignung an eine Frau mit dem germ. Namen Basena" (15, 520; zum Suffix vgl. 12, 237). Ob es sich dabei um die Gattin des Thüringerkg.s → Bisinus (Bessinus) handelt (14, 116 f.), die später dem salfrk. Kg. → Childerich von Tournai angehörte (Greg. Tur. hist. Franc. II,12 u. ö.), bleibt jedoch ganz unsicher (3, 243).

Nach allg. Ansicht gilt W.-Nordfriedhof als thür.; jüngst hat aber Siegmund (19, 265 ff. mit Abb. 148, zusammenfassend 412. 415) mit einer Korrespondenzanalyse und quantitativen Argumenten gezeigt, daß die Nekropole dem alem. ‚Kulturmodell Süd' zuzurechnen ist. Solange die Frage der Ethnizität der in W.-Nordfriedhof bestatteten Personen (Thür.?, Alem.?, Mischbevölkerung?) noch nicht endgültig geklärt ist, kann auch nicht entschieden werden, ob die vor-ahd. Sprachformen der Runeninschr. als thür. oder alem. zu nehmen sind.

b. Grab Nr. 56. Aus dem reich ausgestatteten Frauengrab Nr. 56 (Inventar: 16, 84) wurden zwei Gegenstände mit rechtsläufigen Runeninschr. geborgen. Ob in beiden Fällen der/die gleiche Ritzer(in) am Werk war, ist unsicher: unterschiedliche Runenformen (z. B. Rune I,15 R auf dem Schnallenrahmen gegenüber Rune 20 R auf der Perle) können auch auf das unterschiedliche Beschreibmaterial (Bronze, Bernstein) zurückzuführen sein.

1. Ein bronzener Gürtelschnallenrahmen (Abmessungen: 3,7 × 3,9 cm) zeigt auf dem Mittelsteg (Zl. I auf der Vorderseite, Zl. II auf der Rückseite) und im rechten Winkel auf dem Rahmen der Rückseite fortgesetzt (Zl. III) folgende Runensequenzen:

I: **ida : bigina : hahwar :**
II: **: awimund : isd : lẹoḅ**
III: **idun :** (1, 370–372; 8, 289; 12, 228).

Der runenepigraphische Text vor-ahd. *Ĭda – Bigīna, Hāhwăr. Awimund isd leob Ĭdūn* ‚Ida – Bigina, Hahwar. Awimund ist lieb der Ida' enthält vier Anthroponyme. Krause (8, 290) sieht in den Namen des Eingangs besitzende und schenkende bzw. glückwünschende Personen: ‚Ida [besitzt dies]. – Bigina (und) Hahwar [schenken oder: wünschen Glück]'; zu anderen Lesungen und Deutungen vgl. kritisch Nedoma (12, 228 f.). Im zweiten Komplex der Inschr., der ein privates Verhältnis zw. Awimund und Ida thematisiert, ist in **isd** offenbar die Stimmhaftigkeitsopposition in der Stellung nach /s/ aufgehoben (= *ist* ‚ist'; 12, 350 f.); das Adj. ‚lieb' kehrt auch in anderen südgerm.

Runeninschr. wieder (4, 243 ff.; 12, 354 f. 357; → Runenfälschungen).

Die Inschr. enthält zwei Frauennamen; in beiden Fällen handelt es sich um einstämmige Bildungen. Es ist wohl die Schnallenbesitzerin, die den Kurznamen *Ĭda (-ūn* Dat.) trägt; die Bildung ist zwar gut bezeugt (frühester Beleg: got. i̯dons Gen., 4. Jh., Leţcani; ferner westfrk. *Ida* 7. Jh., ahd. *Ita* 8. Jh. etc.; 5, 943), die Etym. bleibt indessen unklar (12, LNr. 49). Für den zweiten Frauennamen, den mit Suffixkombinat **-īn-ōn-* gebildeten Kurznamen *Bĭgīna,* sind agerm. Anthroponyme wie got. *Bigelis** 5. Jh. (Jord. Rom. 336) oder westgot. *Bigesvindus* 7. Jh. (14, 141) zu vergleichen, das Nameneelement *Bĭg-* ist ebenfalls nicht ausreichend zu erhellen (12, LNr. 23).

Die beiden Männernamen sind zweigliedrig. Im Eingang genannt ist *Hāhwăr,* eine Bildung, für die in (mehrdeutigem) awnord. *Hávarr* (9, 498 f.) ein mögliches Gegenstück auszumachen ist. Das Vorderglied **Hanha-* > **Hāha-* gehört zu einem untergegangenen Wort für ‚Pferd‘ (vgl. mit grammatischem Wechsel ahd. *hengist* etc. < **hangista-*) (→ Pferd § 1), das Hinterglied ist ambig: es kann sich um *-wăr* (zu ahd. *gi-war* ‚aufmerksam, vorsorgend‘ etc.) oder um *-wār* (zu ahd. as. *wār* ‚wahr‘ etc.) handeln (12, LNr. 43). *Awimund* kann (ebenfalls mehrdeutigem) awnord. *Eymundr* (9, 250 f.) entsprechen. Im Vorderglied findet sich ein Nameneelement **Awja-,* das wohl zu urnord. **auja** (z. B. Raum Køge/Seeland II-C; 8, Nr. 127 = 6, Nr. 98; → Seeland § 3) ‚Glück, Hilfe, Schutz‘ o. a. gehört; im Hinterglied steckt das im agerm. Onomastikon frequent bezeugte Hinterglied **-mundu-* ‚Schutz, Schützer‘ (zu spät-ahd. *munt* ‚Vormund‘ etc.; 12, LNr. 22), das ferner auch in urnord. **kunimudiu** = *Kunimu(n)diu* Dat., Tjurkö I (8, Nr. 136; 6, Nr. 184; → Tjurkö § 3) entgegentritt.

2. Aus demselben Grab stammt ferner eine gelochte trommelförmige Bernsteinperle (7 mm hoch, 18 mm im Dm.), auf deren Außenseite folgende Runen zu lesen waren: **wiuþ:ida:×(×?)e××××a:hahwar:** (1, 376 f.; 12, 314; vgl. 8, 290; × bezeichnet eine nicht zu bestimmende Rune). Dabei ist Rune 1 ᛈ **w** wohl zu ᚦ **þ** zu bessern; *þiuþ* ist got. *þiuþeigs* ‚gut, gepriesen‘ etc. an die Seite zu stellen, so daß sich ein Glückwunsch vor-ahd. *þiuþ, Ĭda! (---) Hāhwăr* ‚Gutes, Ida! (---) Hahwar‘ ergibt. Angesichts der starken Materialbeschädigungen bleibt unsicher, ob in den Lakunen ein **leob** und ein zweites Mal **ida** gestanden hat, wie von Arntz (1, 377 ff.) und Krause (8, 290) vermutet wird (‚Gutes, Ida! Liebes, Ida! Hahwar [wünscht dies]‘).

Die beiden PN *Ĭda* und *Hāhwăr* sind auch in der Runeninschr. auf dem Schnallenrahmen (s. o.) genannt. Es ist anzunehmen, daß Ida die Besitzerin der Stücke war; in welchem Verhältnis sie aber zu Hahwar stand, läßt sich nicht entscheiden. Daß es sich um ein Ehe- oder Liebespaar gehandelt hat (13, 191), ist jedenfalls nur eine unverbindliche Möglichkeit.

c. Grab Nr. 57. Aus dem ebenfalls reich ausgestatteten Frauengrab Nr. 57 (Inventar: 16, 84) stammt ein silbervergoldetes Bügelfibelpaar, von dem jedes Ex. urspr. sieben profilierte Knöpfe auf der halbrunden Kopfplatte trug (1, 364. 368). Die Runenfolgen verlaufen von links nach rechts und stehen jeweils auf der Rückseite. Fibel A, von der zunächst drei feste und zwei lose Knöpfe erhalten waren, zeigt auf dem Fuß **haribrig**, die beiden losen Knöpfe (nun verschollen) bieten **hiþa:** und **leob·**, einer der festen hat **liubj:**; auf Fibel B, von der zunächst fünf feste und ein loser Knopf erhalten waren, findet sich am Fuß eine Folge **si$^g/_n$** (oder: $^g/_n$**is**) ohne Forts., auf dem losen Knopf (nun verschollen) **bubo:** und schließlich auf einem der festen Knöpfe **hiba:** (1, 364–366. 368 f.; 8, 287 f.; 12, 258). Die unklare Runenfolge **si$^g/_n$** (oder: $^g/_n$**is**; dazu 12, LNr. 71) auf dem Fuß von Fibel B ist womöglich von einer anderen, weniger geübten Hand angebracht.

Die Runenfolgen sind zu einem Text vor-ahd. *Haribrig. Hiba, Liubi leob* (oder: *Hiba, Liubi leob Haribrig*); *[...] Bŭbo, Hiba* (oder auch in anderer Reihenfolge: *Hiba, Bŭbo*) ‚Haribrig [besitzt die Fibel]. Hiba [und] Liubi [wünschen] Liebes (oder: Hiba [und] Liubi [wünschen] der Haribrig Liebes). [...] Bubo, Hiba (oder: Hiba, Bubo)' zusammenzusetzen (12, 258; vgl. 8, 288; 1, 367); wie im Falle der Inschr. auf dem Schnallenrahmen aus dem Nachbargrab Nr. 56 fällt auch hier die ‚geballte Namensprache' auf.

Von den beiden Frauennamen ist *Haribrig* eine zweigliedrige Bildung, die ahd. *Heripric* 10. Jh. (5, 766) entspricht. Das Vorderglied gehört zu ahd. *heri* ‚Heer, Schar, Menge' etc.; *-brig* ist eine metathetische Form von regulärem *-birg* < *-bergijō-*, eine spezifisch dt. Var. neben sonst herrschendem *-bergō-* (zu ahd. *-berga, -birga* ‚Schutz' etc.; 18, 158; 12, LNr. 46). *Hiba* fem. ist als zweistämmige Kurzform zu analysieren (vgl. ahd. *Hibo* mask., 8. Jh.; 5, 814), die aus den beiden initialen Segmenten von zweigliedrigen Namen wie *Hildi-birg, Hildi-burg* o. a. und einem zusätzlichen *n*-Suffix besteht (12, LNr. 47).

Für den ersten Männernamen, *Liubi,* sind Gegenstücke in westgerm. *Leubius* 1. Jh. (CIL XIII 11709; 14, 464) und westfrk. *Leobius* 7. Jh. (5, 1020) beizubringen; es handelt sich um eine mit Suffix *-(i)ja-* gebildete Kurzform zu einem zweigliedrigen Anthroponym mit Namenstamm **Leuba-* im Vorder- oder Hinterglied (zu ahd. *liob, liup* ‚lieb, angenehm, gewogen' etc.; 12, LNr. 60), der sich mit *n*-Suffix gebildetes **leubo** = vor-ahd. (obd.) *Leubo* mask. (Scheibenfibel von Schretzheim, 565–590/600; 8, Nr. 156; → Schretzheim S. 304) an die Seite stellt. *Bŭbo* schließlich – eine Bildung, die mit **bobo** = vor-ahd. (frk.) *Bōbo* mask. (Gürtelschnalle von Borgharen, um 600; 10, 389 ff.) und **boba** = vor-ahd. (obd.) *Bōba* fem. (Bad Krozingen, um 600; 4, 224 ff.) nicht direkt zu vergleichen ist (12, 250) – hat Entsprechungen in ahd. *Bubo* 8. Jh., *Pupo* 8./9. Jh. (5, 318 s. v. BOB), langob. *Pupo* 8. Jh. (2, 240) etc.; es handelt sich um einen ‚Lallnamen', der aus lautlichen Gründen von mhd. *buobe* ‚Knabe, Diener, liederlicher Mann' (**bōb-*), nhd. *Bube* fernzuhalten ist (12, LNr. 29).

Qu. und Lit.: (1) H. Arntz, H. Zeiss, Die einheimischen Runendenkmäler des Festlandes, 1939. (2) W. Bruckner, Die Sprache der Langob., 1895. (3) K. Düwel, Runische und lat. Epigraphik im südd. Raum zur MZ, in: Ders. (Hrsg.), Runische Schriftkultur in kontinental-skand. und -ags. Wechselbeziehung, 1994, 229–308. (4) G. Fingerlin u. a., Eine Runeninschr. aus Bad Krozingen (Kr. Breisgau-Hochschwarzwald), in: H.-P. Naumann u. a. (Hrsg.), Alemannien und der Norden, 2004, 224–265. (5) Förstem., PN. (6) K. Hauck u. a. (Hrsg.), Die Goldbrakteaten der VWZ 1 ff., 1985 ff. (7) St. R. Hauser, Spätant. und frühbyz. Silberlöffel, 1992. (8) Krause, RäF. (9) Lind, Dopnamn. (10) T. Looijenga, A Very Important Person from Borgharen (Maastricht), Prov. of Limburg, in: W. Heizmann, A. van Nahl (Hrsg.), Runica – Germanica – Mediaevalia, 2003, 389–393. (11) M. Martin, Kontinentalgerm. Runeninschr. und „alamannische Runenprovinz" aus arch. Sicht, in: wie [4], 165–212. (12) R. Nedoma, PN in südgerm. Runeninschr., 2004. (13) St. Opitz, Südgerm. Runeninschr. im ält. Futhark aus der MZ, ²1980. (14) H. Reichert, Lex. der agerm. Namen 1, 1987. (15) K. Schäferdiek, Germ.mission, in: RAC X, 492–548. (16) B. Schmidt, Die späte VWZ in Mitteldeutschland, 2. Kat. (Südteil), 1970. (17) U. Schnall, Bibliogr. der Runeninschr. nach FO, 2. Die Runeninschr. des europ. Kontinents, 1973. (18) G. Schramm, Namenschatz und Dichtersprache. Stud. zu den zweigliedrigen PN der Germ., 1957. (19) F. Siegmund, Alem. und Franken, 2000.

R. Nedoma, K. Düwel

Wein und Weinbau

§ 1: Botanische Grundlagen und natürliche Voraussetzungen – § 2: Rohprodukt und Verarbeitung – § 3: Geschichte des W.-Anbaus

§ 1. Botanische Grundlagen und natürliche Voraussetzungen. Bei den durch alkoholische Gärung entstandenen Getränken unterscheidet man W. und

→ Bier. Während Bier aus stärkereichen Früchten, v. a. der Süßgräser, gewonnen wird, wobei das Polysaccharid Stärke in einem technischen Prozeß, dem Mälzen, in Disaccharide wie Maltose aufgespalten und dadurch für die Hefen verwertbar gemacht wird, werden W.e aus Früchten gewonnen, bei denen der Zucker bereits als direkt vergärbare Mono- und Disaccharide in wässriger Lösung vorliegt. Grundlage solcher Obst- und Beeren-W.e (→ Obstwein) können unterschiedliche Früchte wie Äpfel (→ Apfel), → Birnen, Brombeeren (→ Beerenobst), Hagebutten, → Heidelbeeren usw. sein. Die größte Bedeutung für die Bereitung solcher Getränke hatte und hat jedoch die Weinrebe, deren vergorenes Produkt daher auch als W. in engerem Sinne verstanden wird. Der wichtigste Vertreter der 700 Arten zählenden Familie der Weinrebengewächse (Vitaceae) aus der Ordnung der Kreuzdorngewächse (Rhamnales) ist die Weinrebe (*Vitis vinifera* L.), eine alte, heute in zahlreichen Sorten gepflegte Kulturpflanze (8, 32). Als eine ihrer Stammformen gilt die in den Auenwäldern des Mittelmeergebietes und der angrenzenden gemäßigten Zone verbreitete europ. Wildrebe (*V. vinifera* ssp. *sylvestris*). Die Gattung *Vitis,* gliedert sich in zwei Untergattungen, von denen hier nur die Echten Reben (Euvitis) von Bedeutung sind (20). Diese umfaßt acht Artengruppen, von denen eine, die Gruppe der Europäerreben (Viniferae) rund um das Mittelmeer beheimatet ist, zwei weitere Gruppen, wozu u. a. die bes. frostharte *Vitis amurensis* Rupr. gehört, in Ostasien, und die restlichen fünf in Nordamerika (18). Die Artgruppe der Europäerreben besteht nur aus einer Art, nämlich der Weinrebe (Vitis vinifera L.) mit drei Unterarten, wovon die beiden wilden, die europ. und die kaukasische Wildrebe (*V. vinifera* ssp. *sylvestris* [C.C. Gmel.] Hegi und ssp. *caucasica* Vavilov), die Stammformen der Kulturrebe (*V. vinifera* ssp. *sativa*) sind. Die übrigen sieben Artengruppen der Echten Reben mit insgesamt 32 Arten spielen heute zur Züchtung resistenter Unterlagen sowie in der Kreuzungszüchtung für neue widerstandsfähige Rebsorten eine Rolle.

Die Rebe ist von Haus aus eine Auenwaldliane, ein ausdauerndes, tiefwurzelndes rankendes Holzgewächs (10). Sie ist sympodial aufgebaut, wobei die Spitze jedes von Knoten begrenzten Sypodialgliedes, auch Langtrieb oder Lotte genannt, in einer Sproßranke endet, die seitlich abgedrängt wird, während eine Achselknospe das Sproßsystem fortsetzt. Ferner gehen aus den Blattachseln Kurztriebe hervor, die als Geizen bezeichnet werden. Aus der untersten Niederblattknospe eines Geiztriebs, der sog. Lottenknospe, entwickelt sich im Folgejahr ein neuer Langtrieb. Die Sproßranken entsprechen morphologisch umgewandelten, reduzierten Infloreszenzen. Echte Blütenstände, sog. Gescheine, treten im Mai/Juni auf, und zwar an den Knoten der einjährigen Sympodien. Entgegen dem Sprachgebrauch handelt es sich nicht um Trauben, sondern um Rispen. Ihre zahlreichen grünlichen Blütchen werfen bei der Öffnung die an der Spitze miteinander verwachsenen Kronblätter als Haube ab, so daß nur die später ebenfalls hinfälligen fünf Kelchblätter, fünf Staubblätter und der aus zwei Fruchtblättern gebildete oberständige Fruchtknoten mit je zwei Samenanlagen in den beiden Fruchtfächern verbleiben. Zw. den Staubblättern sitzen fünf Nektardrüsen, deren Sekret Insekten zur Bestäubung anlockt. Es ist aber auch Wind- und Selbstbestäubung möglich. Die Wildrebe ist zweihäusig, die Kulturreben sind größtenteils einhäusig. Nach der Befruchtung entwickeln sich je Blüte ein bis vier saftige Beeren, die durch ihr Gewicht den Fruchtstand zum Hängen bringen. Der Pollen des W.s (Gattung *Vitis*) ist etwa 25 µm groß, sphaeroidisch bis schwach prolat, tricolporat und zumindest polar reticulat bis microreticulat (4). In Polsicht erscheint er abgeflacht oder apiculat mit konkaven Intercolpien. Er ist eindeutig identifizierbar. Ein Teil des Pollens verbleibt nach der Blüte auf allen Teilen des reifenden Fruchtstands und bleibt in allen Zwischen- und Endprodukten der Vinifizierung nachweisbar, sofern keine moderne Filtertechnik zum Einsatz kommt (26). Durchschnittlich werden in jeder Beere ein bis zwei fertile und weitere verkümmerte, sterile Kerne (Samen) ausgebildet. Die voll entwickelten Kerne sind sehr hartschalig, birnenförmig, 4,5–7 mm lg., 3–4,5 mm br. und 2–3 mm dick, mit einer flachen und einer gewölbten Längsseite. Die flache Seite hat einen dicken Randwulst, einen zentralen Längswulst und dazwischen je eine Naht, die gewölbte ist gekerbt (5). Samenmorphologisch sind die Unterarten knapp unterscheidbar, die Kultivare untereinander nicht (12, 33). Die Beerenhaut ist entweder grün oder durch Anthocyane rot gefärbt. Das Beerenfleisch ist stets farblos. Es enthält neben bis zu 79 % Wasser 21–30 % Zucker (Dextrose und Lävulose), Säuren (Gallussäure, W.-, Trauben-, Zitronen-, Salicyl-, Bernstein- und Apfelsäure), sowie Gerbstoffe, außerdem Invertin, Inosit, Kaliummalat, Pentosane, Lecithin, Quercitrin, Pektine, Pektose, Gummi, ätherische Öle, Leucin, Tyrosin, etwas Eiweiß, Gips, Kaliumsulfat, Kaliumphosphat, Borsäure, Fluor und weitere Spurenelemente (10). Während der Reife nimmt der Zuckergehalt der Trauben zu, die Gesamtsäure geht zurück und die Gerbstoffe verschwinden ganz. Die Weintraube gehört zu den Früchten mit der höchsten Zuckeranreicherung. Die Kerne sind öl- und eiweißreich. Das daraus gewonnene Traubenkernöl gilt als sehr hochwertig.

Die Rebe kann eine Höhe von 30 m und mehr erreichen. Von Natur aus zeigt sie ein ausgeprägtes Bestreben, in die Höhe zu wachsen. Die obersten Augen entwickeln sich daher stets am besten, und ohne Eingriffe klimmt die Rebe an ihrer Unterstützung immer höher und verkahlt unten zusehends. Dem wird im Weinbau mit einem Bündel von Maßnahmen gegengesteuert, das als Erziehung bezeichnet wird. Grundlage ist eine Unterstützung in Form eines Rebpfahls, eines Drahtrahmens oder eines Spaliers. Eine Rebanlage besteht aus zahlreichen Reben, die in regelmäßigem Muster über die Anbaufläche verteilt werden. Sehr verbreitet sind Drahtanlagen mit Rahmenhöhen von bis zu 2 m mit Reihenabständen in gleicher Größenordnung und Stockabständen zw. 0,8–1,2 m. Das mehrjährige Holz wird auf einer Höhe von 0,6–1 m angeschnitten, darüber entwickelt sich dann aus den einjährigen Trieben eine mindestens 1,5 m hohe, voll besonnte Laubwand, die optimale Photosyntheseleistung garantiert. Auf je weniger Trauben je Stock sich die Photosyntheseprodukte verteilen, desto besser kann die Weinqualität werden. Hinzukommt, daß das Wurzelsystem aus dem Boden die Aromastoffe, den Extrakt beschafft, der für die Qualität eines W.es noch wichtiger ist als sein Alkoholgehalt. Je niedriger also der Ertrag, desto bessere Qualität ist möglich. Ebenso liefern alte Stöcke mit ihrem besser entwickelten Wurzelsystem zwar geringeren Ertrag, aber bessere Qualität. Für beste Weinqualität geht man von einem Ertrag von 1 kg Trauben pro Stock oder weniger aus. Die oben skizzierte Anlage ergäbe so bei etwa 5 000 Pflanzen je Hektar einen Hektarertrag von 5 000 kg Trauben. Im modernen Erwerbsweinbau wird oft ein Mehrfaches erzielt, und entspr. fällt die Qualität aus. Ertrag und Qualität werden über den winterlichen Schnitt der Reben und über sommerliche Laub-, Binde und Ausdünnungsarbeiten reguliert. Je mehr Augen stehenbleiben, desto mehr Trauben werden gebildet. Die Rebe nähert sich in Mitteleuropa ihrer klimatischen Wuchsgrenze. Das liegt hauptsächlich an der zunehmenden Kürze der nutzbaren Sonnenscheindauer, die zur vollen Traubenreife erforderlich ist. Diese Zeit wird beschnitten durch vermehrte Spätfröste im Frühjahr sowie frühe Kälteeinbrüche, Nebellagen oder nasse, Pilzwuchs fördernde Witterung im Herbst, sowie durch längere Per. mit strahlungsarmen Tiefdruckwetterlagen im Sommer. Während im Mittelmeergebiet der Weinbau von der Hangneigung und der Exposition weitgehend unabhängig ist, zieht er sich nach N immer mehr auf immer steilere S-Hänge zurück (35). Dabei spielt die Hanglage für die Vermeidung von Spätfrösten eine größere Rolle als für die Insolation. Bezüglich des Bodens hat die Rebe keine besonderen Ansprüche. Sie gedeiht auf basischen wie auf sauren Böden, auf Kalk-, Ton-, Sand- oder Mergelböden unterschiedlichster geol. Entstehung. Lediglich Moor- und Stauwasserböden sind für Weinbau ungeeignet. Magere Böden sind jedoch der Weinqualität zuträglicher als fette: Die besten Getreideböden, gute Lößböden, wären keineswegs bes. geeignet für Weinbau. Im Weinbau sind weitere pflanzenbauliche Maßnahmen erforderlich, nämlich Bodenbearbeitung, Düngung und Pflanzenschutz. Bodenbearbeitung bedeutete früher Hacken. Dadurch entwickelte sich im Weinberg eine spezifische Hackfrucht-Unkrautges. als bezeichnende Ersatzges. wärmebedürftiger Wälder, die Weinbergslauchges. mit zahlreichen Geophyten wie Wilder Tulpe *(Tulipa sylvestris),* Traubenhyazynthe *(Muscari racemosum),* Weinbergs- und Roßlauch *(Allium vineale und oleraceum),* Milch- und Gelbstern (*Ornithogalum umbellatum* und *Gagea villosa*) sowie wenigen Einjährigen wie Rundblättrigem Storchschnabel *(Geranium rotundifolium),* Gekieltem Feldsalat *(Valerinalla carinata)* und Ringelblume *(Calendula arvensis)* (21). Da eine niederwüchsige Unkrautvegetation keine ernsthafte Nährstoff- oder Lichtkonkurrenz und nur ausnahmsweise eine Wasserkonkurrenz für ausgewachsene tiefwurzelnde Reben darstellt und andererseits Bodenerosion in Hanglage mindert, bevorzugt man heute differenziertere Verfahren der Bodenbearbeitung und Unkrautregulierung von zeitlich und räumlich begrenzter Teilbegrünung bis zu Dauerbegrünung. Reguliert wird mechanisch, chem. oder biologisch, durch Aussaat nützlicher Gründüngungspflanzen wie Ackerbohne (→ Bohne [Vicia faba L.]) oder Ölrettich (→ Rettich). Durch diese Änderungen der Bewirtschaftung wurden die meisten Weinbergsunkräuter verdrängt, und die Ges. ist nur noch fragmentarisch ausgebildet (23). Bei W. als Dauerkultur sind die Stoffentzüge deutlich niedriger als bei einjährigen Anbaupflanzen. Für die Hauptnährstoffe Stickstoff, Kalium, Phosphat und Magnesium betragen sie selbst ohne Tresterrückführung nur etwa ein Viertel der Stoffentzüge im Getreidebau (20, 13). Auch diese Entzüge müssen für nachhaltigen Anbau ersetzt werden, sei es durch Mist- oder Kompostdüngung wie im hist. und biologischen Weinbau, sei es durch Mineraldüngung (→ Düngung und Bodenmelioration). Die Misteinfuhr in ma.-frühneuzeitliche Weinbaugebiete ist jedenfalls nicht durch den bes. hohen Nährstoffbedarf der Rebanlagen zu erklären, selbst wenn man dort höhere Nährstoffauswaschung aufgrund der Hanglage annimmt, sondern dürfte eher darauf beruhen, daß die Wein- im Gegensatz zu den Ackerbauern zu wenig Vieh und Grünland/Waldweiderechte für den Eigenbedarf an → Mist hatten, anderseits aber genügend Geld einnahmen, um Mist zu kaufen. Für den frühneuzeitlichen europ. Weinbau bedeutete die Einschleppung der amerikanischen Rebschädlinge Reblaus, Echter und Falscher Mehltau eine Katastrophe, von der er sich nie mehr völlig erholt hat. Der Pflanzenschutzaufwand, der heute im Weinbau betrieben werden muß, ist mit den vorneuzeitlichen Verhältnissen in keiner Weise vergleichbar. Wegen der Reblausgefahr müssen Pfropfreben mit reblausresistenter Unterlage verwendet werden, während man früher die Rebe mit Stecklingen oder Ablegern vermehren konnte. Ein moderner Pfropfrebenweinberg hat eine mittlere Lebenserwartung von 30 J., wogegen wurzelechte Weinberge vergangener Zeiten praktisch unendlich alt werden konnten, da die Pflanzen durch Absenker laufend verjüngt wurden (34). Gegen Mehltau wird seit dem 19. Jh. – im biologischen Weinbau bis heute – mit Kupfer- und Schwefelverbindungen gespritzt, im konventionellen Weinbau mit organischen Pilzgiften, die von der Pflanze aufgenommen werden und lange wirksam bleiben. Im Vergleich zum Ackerbau oder zur Viehwirtschaft ist der Weinbau sehr arbeitsintensiv. Pro Hektar sind je nach Bewirtschaftung und Agrartechnik 1000 – 2000 Arbeitsstunden anzusetzen, die sich über fast das gesamte J. verteilen. Ein Einsatz von Zugtieren war, zumindest im Terrassenweinbau, kaum möglich. Diese Bedingungen prägten die wirtschaftl. und soziale Struktur der Weinbaugebiete, und die terrassierten Rebhänge prägten das Bild der Kulturlandschaft in den Weinbaugebieten. Diese droht heute zu verschwinden, da die Bewirtschaftung solcher Lagen nicht mehr rentabel ist. Die Folge ist Verödung oder Rebflurbereinigung.

§ 2. **Rohprodukt und Verarbeitung.** Rohprodukt der Rebe sind Trauben. Sie wurden urspr. und werden bis heute, nicht nur in den islamischen Ländern, als Obst verzehrt oder zu Traubensaft verarbeitet. Eine Konservierung durch Trocknen war und ist weit verbreitet. Da die alten Tafeltraubensorten nicht wie die heutigen kernlos waren und Rosinen gut gelagert und transportiert werden können, sind Funde von Traubenkernen nicht unbedingt ein Beleg für örtliche Rebkultur, wie Beispiele aus Gegenden wie z. B. der Mongolei, deren klimatische Bedingungen Weinbau ausschließen, klar aufzeigen (27). Tafeltrauben zeichnen sich durch große Beeren, wenige oder keine Kerne, dünne Häute und vergleichsweise geringen Zuckergehalt aus. Ihre Produktivität ist dementspr. höher: Manche Stöcke liefern 100 kg Trauben und mehr. Da Zuckerlösungen schwerer sind als reines Wasser, kann der Zuckergehalt des frischen Traubenmostes über sein spezifisches Gewicht ermittelt werden, mittels einer Senkspindel, z. B. der vom Pforzheimer Goldschmied Ferdinand Öchsle 1830 entwickelten Öchslewaage. Um aus gelesenen Trauben W. zu erhalten, muß mittels Weinhefe eine alkoholische Gärung erfolgen. Diese findet in flüssigem Milieu statt. Daher werden die Trauben entrappt, also die Beeren von den Stielen getrennt und dann eingemaischt. Weißwein und Weißherbst/Rosé werden sofort abgepreßt. Rotwein vergärt auf der Maische. Der Alkohol entzieht dabei den Beerenhäuten die roten Anthocyane sowie Gerb- und Aromastoffe. Erst kurz vor Abschluß der Gärung wird die Maische abgestochen und ggf. abgepreßt. Je höher Preßdruck und Ausbeute, desto schlechter die Qualität. Dem Weißwein und Weißherbst, die als Traubensaft vergoren werden, fehlen die Farb- und Gerbstoffe. Bes. beim Weißwein bilden statt dessen die Fruchtsäuren ein stabilisierendes und geschmacksprägendes Pendant zum Alkohol. Weißherbst wird oft aus überreifen Roten Trauben gewonnen, bei denen die Beerenfarbstoffe bereits durch Fäulnis oder Pilzbefall angegriffen sind. Der Trester ist vielfältig verwendbar: Er kann mit Wasser eingeweicht und erneut zur Erzeugung eines ‚Haustrunks' abgepreßt, als Viehfutter oder als Dünger im Acker oder Weinberg selbst verwendet oder auch, wie die Hefe nach dem Abstich, destilliert werden, um Trester-/Hefeschnaps/Grappa zu gewinnen. Hefezellen befinden sich bereits im Weinberg auf den reifen Beeren und leiten normalerweise eine spontane alkoholische Gärung ein. Damit diese jedoch zuverlässig und kontrolliert abläuft, ohne daß andere unerwünschte Mikroorganismen die Oberhand gewinnen und den W. möglicherweise verderben, werden heute meist Reinzuchthefen eingesetzt. Dabei gibt es Stämme, die einen höheren Alkoholgehalt, etwa bis zu 16 Vol.-% ertragen, weit mehr als bei spontaner Gärung erreichbar wäre. Bei der Gärung entsteht Kohlendioxyd, das schwerer ist als Luft, sich daher über der gärenden Flüssigkeit sammelt und diese auch im offenen Gefäß vom Luftsauerstoff abschirmt. Nach Abschluß der Gärung muß der W. vor Oxidation geschützt werden, denn diese ist nur bei Sherry erwünscht. Das geschieht durch spundvolle Lagerung in geschlossenem Gefäß und Zugabe eines Reduktionsmittels wie Kaliumdisulfid (Schwefelung). Die Gärung kommt zum Abschluß, wenn der Zuckergehalt unter 2 g je Liter sinkt oder der Alkoholgehalt die Toleranzgrenze der Hefe übersteigt. In der Regel tritt der erste Fall ein und man erhält trockene, durchgegorene W.e. Da dies nicht von allen Weintrinkern gewünscht wird, gibt es diverse, teilweise schon seit der Ant. bekannte kellertechnische Verfahren, um dem W. sog. Restsüße zu bewahren oder diese nachträglich wieder zuzuführen. Der Gärungsverlauf bestimmt die Weinqualität und kann durch die Temperatur gesteuert werden. Bei der raschen und heftigen Maischegärung des Rotweins können Temperaturen von 30 °C und mehr erreicht werden, während man bestrebt ist, Weißwein bei niedrigen Temperaturen langsam zu vergären. Aus den Einflüssen des Wärmeklimas sowohl auf die Entwicklung des Zucker- und Säuregehalts als auch auf den Gärverlauf folgt, daß ein mediterranes Klima eher für Rotwein-, gemäßigtes Klima eher für Weißweinproduktion günstig ist. Nach dem Abschluß der Gärung sinken die Hefen zusammen mit sonstigen Partikeln, z. B. den Pollen, auf den Gefäßboden ab und beginnen abzusterben. Längere Standzeiten auf der Hefe beeinträchtigen den Geschmack des W.s. Daher muß er abgestochen, d. h. in ein anderes Gefäß überführt werden, meist per Schlauch und mit minimalem Luftkontakt. Nach Abschluß der alkoholischen Gärung beginnt die Reife, oft mit der malolaktischen Gärung, einem biologischen Säureabbau, bei der Apfel- in Milchsäure umgewandelt wird und der W. milder wird. Während des weiteren, je nach Qualität Monate bis Jahre dauernden Reifeprozesses können sich solche Abstiche mehrfach wiederholen, bis er normalerweise in Flaschen abgefüllt wird, worin er – wiederum je nach Qualität – wenige bis viele J. trinkbar bleibt und noch weiter reift. W.e wurden früher und werden heute noch zumindest teil- und phasenweise in Holzfässern gelagert. Das bewirkt eine kontinuierliche aber mäßige Sauerstoffaufnahme durch die nicht völlig dichte Faßwand und eine Gerb- und Aromastoffaufnahme aus dem getoasteten Eichenholz, beides bei schweren Rotweinen erwünschte Vorgänge. Die Haupt-Weinerzeuger-Staaten sind heute Italien, Frankreich, Spanien (7).

§ 3. Geschichte des W.-Anbaus. Sie erschließt sich aus schriftlichen und ikonographischen Qu., die bes. für die RKZ und für Spät-MA/Neuzeit in großer Zahl vorliegen, sowie aus realen Qu. Das können arch. Befunde wie Kelteranlagen oder Funde wie Rebmesser, Amphoren, Fässer, aber auch Pollen oder Samen der Weinrebe sein. Die Anfänge des Weinbaus liegen im dunkeln. Die ältesten Weinkernfunde reichen im Mittelmeergebiet vor das Neol. zurück und setzen auch n. davon bereits im Neol. ein (Abb. 48). Man geht auch davon aus, daß es sich um gesammelte Wildreben handelt, die auch noch nicht vinifiziert wurden. Pol-

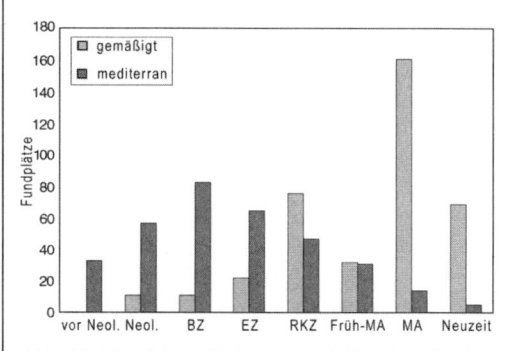

Abb. 48. Fundplätze in Europa mit Weinkernfunden. Zahl der Fundplätze je hist. Per., aufgrund der Dokumentationen von Schultze-Motel (30) und Kroll (16)

lenfunde belegen, daß die Wilde Weinrebe im s. Mitteleuropa während Neol. und BZ viel häufiger war als später. Als Ursachen für den Rückgang kommen Klimaänderungen, natürliche Veränderung der Böden und Vegetation in den Auen sowie schließlich deren zunehmende anthropogene Störung und Zerstörung seit der BZ in Frage. Die Wilde Rebe wurde aber offenbar nicht systematisch genutzt, sie ist auch in modernen Siedlungsgrabungen selten belegt, wie das weitgehende Fehlen von Traubenkernen in den Feuchtbodensiedlungen des Alpenvorlandes zeigt. Das erklärt sich durch die Schwierigkeit der Ernte (Höhe der Traubenzone und Freßkonkurrenz der Vögel) bei gleichzeitig geringem kulinarischen Wert der kernreichen, fruchtfleischarmen wilden Weintrauben. Die Zahl der Weinkernfunde nimmt im Mittelmeergebiet und den angrenzenden subtropischen Gebieten bis zur BZ stark zu und ist danach rückläufig, doch nicht als Folge eines zurückgehenden Weinbaus, sondern geringerer Grabungsaktivität für die jüng. Per. Die Ansicht über Herkunft und Ausbreitung der Rebe wird durch Funde von Kernen und arch. Indizien untermauert. Danach ist ihre Domestikation in Vorderasien gegen Ende des 5. Jt.s v. Chr. anzunehmen, von wo aus sie sich über das gesamte Mittelmeergebiet im Zuge der Entwicklung der Fruchtbaumkultur mit → Ölbaum, Dattel und → Feige (19; 39; 40) ausgebreitet hat. Erste schriftliche Qu. zum Weinbau aus Ägypten datieren in die Mitte des 4. Jt.s v. Chr. (3). Der Weinbau gelangte aus Vorderasien und Ägypten nach Griechenland und von dort nach Italien. Während die einschlägige griech. Lit. verlorenging, sind wir über den röm. Weinbau bis in technische Einzelheiten gut unterrichtet (36). Die wichtigsten Autoren zu diesem Thema sind Cato der Ält., Columella, Plinius der Ält. und Plinius der Jüng. sowie Varro. In ihren Werken werden bereits alle Fragen abgehandelt, die auch den heutigen Weinbau beschäftigen. Die Anlagen wurden als Monokulturen in strenger geometrischer Ordnung angelegt. Nur die Bauernweingärten enthielten W., Getreide und Ölbäume im Mischsatz, wie heute noch in Italien zu beobachten. Die Aufzucht erfolgte sowohl ohne als auch mit Unterstützungen in Form von Einzelpfahl, Pergola und rahmenartigen Hilfen, aber auch durch natürliche Stützhilfen durch lebende Bäumen. Gedüngt wurde mit Mist und Kompost, der Boden wurde etwa dreimal im J. gehackt und die Reben teilweise gepfropft. Die Erträge lagen im Mittel um 2 000, in der Spitze bei 30 000 l/ha. Die Trauben wurden mit den Füßen in Bottichen eingemaischt, abgepreßt und in großen, in den Boden eingelassenen Tongefäßen (doliae) vergoren. Qualitätswein wurde im Frühjahr abgestochen, doch die Masse des Tafelweines verblieb auf der Hefe und wurde innerhalb eines J.es ausgeschenkt. Über ein J. alte W.e galten als alt. Dazu zählten begehrte und weit verhandelte Qualitätsweine wie der Falerner. Es gab Rot- und Weißwein und bereits viele Sorten, v. a. unterschiedlicher geogr. Herkunft. Weinbau und Weinhandel bildeten wichtige Wirtschaftsfaktoren. Das übliche Transport- und Lagergefäß war die Amphore, im N auch das Faß aus Tannenholz; Haupt-Transportmittel das Schiff (vgl. → Neumagen Taf. 5). Weinpanscherei war schon weit verbreitet. Sehr beliebt war ein mit Honig versetzter W. (mulsum), der auch aus koptischen Amphoren belegt werden kann (26). In den gemäßigten Breiten nehmen die Funde in der EZ merklich und in der RKZ sprunghaft zu, um nach einem Rückgang im frühen MA im MA ihren Höchststand zu erreichen. Nach derzeitigem Kenntnisstand betrieben die Kelten keinen Weinbau, sondern importierten W. und möglicherweise Rosinen aus dem S (→ Trinkgefäße und Trinkgeschirr; → Trinkgelage und Trinksitten; → Trinkhorn). Röm. Weinbau ist für die linksrhein. Gebiete Mittel- und W-Europas gesichert, und zwar für die klass., heute noch bestehenden

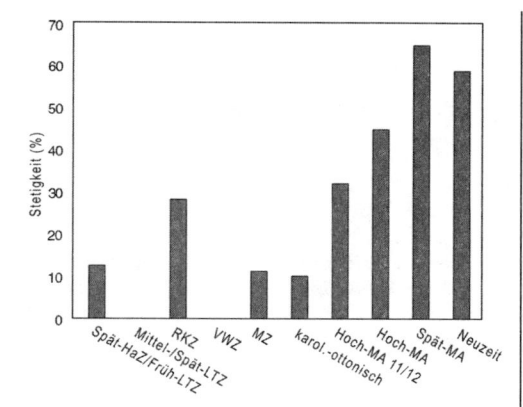

Abb. 49. Prozentuale Stetigkeit der Weinrebe am Beispiel SW-Deutschlands (288 Fundplätze ausgewertet)

Weinbaugebiete, z. B. an der Mosel (14), und auch für die rechtsrhein. Gebiete an Main und Neckar kann man aufgrund der Qu.lage Weinbau zumindest in kleinerem Umfang bereits in röm. Zeit annehmen (38). So sind im dt. SW die Traubenkernfunde in der RKZ nicht viel spärlicher als im Hoch-MA (Abb. 49). Ein Rückgang des Weinbaus im Früh-MA geht aus der abnehmenden Zahl der W.-Nachweise hervor. In SW-Deutschland fehlen bislang völkerwanderungszeitliche Funde. Da jedoch beim Gartenbau (→ Gartenbau und Gartenpflanzen) röm. Traditionen aufgegriffen und unmittelbar fortgeführt wurden (24), ist ähnliches für den Weinbau nicht unbedingt auszuschließen. Die ma.-frühneuzeitliche Weinbaugesch. liegt in zahlreichen Publ. nach versch. Kriterien umfassend aufgearbeitet vor (2; 9; 11; 15; 17; 22; 28; 29; 31; 37; 38). Der ma. Weinbau fußt auf dem ant., und alle ma. Verfahren und Geräte in Weinbau und Kellerwirtschaft waren schon in der Ant. bekannt. Im Früh-MA lagen die Rebanlagen noch in der Ebene. Die Erschließung kleinklimatisch günstiger und ackerbaulich nicht nutzbarer steiler S-Hänge war erst möglich mit der Einführung des Terrassenbaus im 10. Jh. Der Anbau erfolgte im MA üblicherweise im Gemischtsatz von roten und weißen Reben. Auch aus roten Trauben gekelterter W. war wegen kurzer Maischestandzeit eher hell. Die meisten Rebsorten waren kaum geeignet zur Erzeugung hochwertiger W.e. Sehr weit verbreitet war der reichtragende Heunisch. Sortentypische W.e waren nicht üblich, sondern man klassifizierte nach rot oder weiß, nach dem Herkunftsgebiet und der Qualität (sehr gut, gut, normal, schlecht). Im Spät-MA kamen gleichzeitig mit der Schwefelung, die es ermöglichte, W.e längerfristig geschmacks- und farbstabil zu halten, und der Maischegärung hochwertige Rebsorten wie Traminer/Clevner auf. Seit dem ausgehenden Hoch-MA wurde das im Früh-MA im arab. Kulturraum entstandene Verfahren der Destillation auch in Mitteleuropa zur Herstellung hochprozentigen Trinkalkohols eingesetzt (1). Als Ausgangsstoff diente neben Fruchtmaische verschiedener Obstsorten und Traubenwein auch Traubentrester, wie verkohlte Tresterreste nahelegen (25). Mit den Änderungen der Trinksitten und dem Bevölkerungszuwachs in den Städten nahmen Weinbedarf, Weinproduktion und Anbaufläche zu. Sie dehnte sich nach N über die heutigen Weinbaugrenzen bis fast zur Ostsee aus und erreichte weiter s. viel höhere Lagen als heute. Die spätma. Agrarkrise begünstigte den Weinbau zu Lasten des Ackerbaus. Es kam aber zu einer regionalen Differenzierung mit einer weiteren Ausweitung in den klimatisch günstigen Landschaften und einem Rückgang oder der Aufgabe in den weniger günstigen. Seine max. Ausdehnung erfährt der Weinbau im späten 15. und frühen 16. Jh. Der frühneuzeitliche Rückgang des Weinbaus wird durch Traubenkernfunde in Lehmgefachen hist. Gebäude gut nachgezeichnet (6) (Abb. 50). Die Ursachen für den anschließenden, sich bis ins 19. Jh. fortsetzenden Rückgang sind vielschichtig: Neben kurzfristigen Faktoren wie Kriegen, Seuchen, Mißernten, wirkten langzeitig demographische, klimatische und konjunkturelle Änderungen wie stärkere Konkurrenz durch

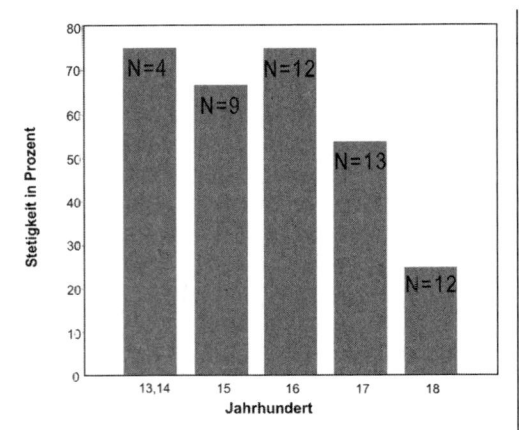

Abb. 50. Prozentuale Stetigkeit von Weinkernfunden in Lehmgefachen im Mittleren/Oberen Neckarraum nach Jahrhunderten (60 Objekte ausgewertet nach E. Fischer [6])

bessere Importweine oder billigere Getränke wie Bier oder Obstweine mit.

(1) H. Arntz, Weinbrenner. Die Gesch. vom Geist des W.es, 1975. (2) F. von Bassermann-Jordan, Gesch. des Weinbaus, 1923. (3) K.-G. Berger, E. Lemperle, Weinkompendium, [3]2001. (4) H.-J. Beug, Leitfaden der Pollenbestimmung für Mitteleuropa und angrenzende Gebiete, 2004, 328–329. (5) W. Brouwer, A. Stählin, Handb. der Samenkunde, [2]1975, 538. (6) E. Fischer, Pflanzenreste aus Lehmgefachen des 13.–18. Jh.s am mittleren und Oberen Neckar als Qu. hist. Landnutzung (in Vorbereitung). (7) W. Franke, Nutzpflanzenkunde, [2]1981, 255–258. (8) D. Frohne, U. Jensen, Systematik des Pflanzenreichs, 1973, 164. (9) A. Gerlich (Hrsg.), Weinbau, Weinhandel und Weinkultur, 1993. (10) G. Hegi (Begr.), Illustrierte Flora von Mitteleuropa 5, [2]1975, 350–426. (11) W. Herborn, K. Militzer, Der Kölner Weinhandel – seine sozialen und polit. Auswirkungen im ausgehenden 14. Jh., 1980. (12) C. Jacquat, D. Martinoli, *Vitis vinifera* L.: wild or cultivated? Study of the grape pips foundat Petra, Jordan; 150 B. C. – A. D. 40, Vegetation Hist. and Archaeobotany 8, 1999, 25–30. (13) E. R. Keller u. a. (Hrsg.), Grundlagen der landwirtschaftl. Pflanzenproduktion, 1997, 324. (14) M. König, Ein Fund römerzeitlicher Traubenkerne in Piesport/Mosel, Dissertationes Botanicæ 133, 1989, 107–116. (15) C. Krämer, Spätma. Weinbau am oberen Neckar und im Vorland der mittleren Schwäbischen Alb im Spiegel ausgewählter Qu., Unveröff. Mag.-Arbeit Univ. Tübingen 2003. (16) H. Kroll, Lit. on arch. remains of cultivated plants (1992/1993–1998/1999), Vegetation Hist. and Archaeobotany 4–9, 1994–2000. H. Kroll, Lit. on arch. remains of cultivated plants 1981–2004. Ders., Lit. on arch. remains of cultivated plants 1981–2004 http://www.archaeobotany.de/database.html:. (17) M. Matheus (Hrsg.), Weinproduktion und Weinkonsum im MA, 2004. (18) H. Meuse u. a., Vergl. Chorologie der zentraleurop. Flora. Karten 2, 1978, 280. (19) N. F. Miller, The Near East, in: W. van Zeist u. a., Progress in Old World Palaeoethnobotany, 1991, 146–150. (20) E. Müller u. a., Weinbau, [2]1999. (21) E. Oberdorfer, Süddt. Pflanzengesellschaften 3, 1983, 48–104. (22) F. Opll (Hrsg.), Stadt und W., 1996. (23) R. Pott, Die Pflanzengesellschaften Deutschlands, 1992. (24) M. Rösch, Archäobotan. Belege für frühma. Gartenbau in SW-Deutschland, in: R. Rolle, F. Andraschko (Hrsg.), Frühe Nutzung pflanzlicher Ressourcen, 1999, 61–69. (25) Ders., Der Graf, sein Schloß und der Trollinger – archäobotan. Unters. im Stuttgarter Alten Schloß, Arch. Ausgr. in Baden-Württ. 2003, 232–235. (26) Ders., Pollen analysis of the contents of excavated vessels – direct archaeobotanical evidence of beverages, Vegetation Hist. and Archaeobotany 14, 2005. (27) Ders. u. a., Human diet and land use in the time of the Khans – Archaeobotanical research in the capital of the Mongolian Empire, Qara Qorum, Mongolia, ebd. 14, 2005. (28) C. Schrenk, H. Weckbach (Hrsg.), Weinwirtschaft im MA, 1997. (29) H.-J. Schmitz, Faktoren der Preisbildung für Getreide und W. in der Zeit von 800 bis 1350, 1968. (30) J. Schultze-Motel, Lit. über arch. Kulturpflanzenreste (1965–1967-1987/1988)/Lit. on arch. remains of cultivated plants 1989/1990–1991/1992), Jahresschr. für Mitteldt. Vorgesch. 54–55/Kulturpflanze 21–37/Vegetation Hist. and Archaeobotany 1–3, 1992–1994. (31) R. Sprandel, Von Malvasia bis Kötzschenbroda. Die Weinsorten auf den spätma. Märkten Deutschlands, 1998. (32) E. Strasburger u. a. (Begr.), Lehrb. der Botanik für Hochschulen, [32]1983. (33) A. Stummer, Zur Urgesch. der Rebe und des Weinbaus, Mitt. anthrop. Ges. Wien 41, 1911, 283–296. (34) G. Ulrich, Hobby-Winzer, [2]2003. (35) W. Weber, Die Entwicklung der n. Weinbaugrenze in Europa. Eine hist.-geogr. Unters., 1980. (36) K.-W. Weeber, Die Weinkultur der Römer, 1993. (37) H.-G. Woschek, Der W., 1971. (38) R. Wunderer, Weinbau und Weinbereitung im MA, 2001. (39) W. van Zeist, Economic aspects, in: W. van Zeist u. a., Progress in Old World Palaeoethnobotany, 1991, 113–118. (40) D. Zohary, P. Spiegel-Roy, Beginnings of fruit growing in the Old World, Science 187, 1975, 319–327.

M. Rösch

Weingarten

§ 1: Allgemein – § 2: Beigabenausstattung – § 3: Chronologie

§ 1. Allgemein. 1952–1957 wurde w. der heutigen Stadt W., Kr. Ravensburg, einer der größten frühma. → Reihengräberfriedhöfe SW-Deutschlands freigelegt. Bei Kanalisations- bzw. Wasserleitungsarbeiten entdeckte man im September 1952 und im Mai 1953 erste Skelette. Seit Herbst 1953 wurde das Gräberfeld planmäßig vom Landesdenkmalamt ausgegraben, im Mai 1957 wurden die Arbeiten abgeschlossen. Da die Bergungsarbeiten teilweise unter widrigen Umständen im Winter stattfanden und darunter die Grabungsdokumentation litt, liegt leider nur ein unvollständiger Plan des Gräberfeldes vor. Reiche Beigabenausstattungen, zwei → Goldblattkreuze, exzeptionelle Goldscheibenfibeln und wertvolle Waffen zeigten schnell die Bedeutung des Fundplatzes an (17; 2; 8). Die Stadt W. hat ebenfalls frühzeitig den großen Wert des Gräberfeldes erkannt und 1976 im alten Kornhaus der Stadt ein Mus. errichtet, in dem ausschließlich Funde aus W. präsentiert werden.

Das Gräberfeld liegt in der Schussenebene, ö. der Schussen und w. von W. in einem Neubaugebiet der 1950er Jahre. Die Entfernung von rund 700 m zum alten Ortskern von W. (ma. und neuzeitlich ‚Altdorf') ist recht weit, doch wird es sich um den Bestattungsplatz des (früh)ma. Altdorf handeln (8).

Insgesamt konnten 801 Gräber mit 810 Bestattungen freigelegt werden. Eine erste anthrop. Unters. wurde schon in den 1960er J. durchgeführt (1), für die Publ. des Kat.s der Grabfunde wurde eine komplette Neubestimmung vorgenommen (Bestimmung durch J. Wahl in: 8). Es schlossen sich weitere naturwiss. Analysen an, die Hinweise auf die frühma. Ernährungsgewohnheiten geben (10; 11).

§ 2. Beigabenausstattung. Von den Toten können nach anthrop. und arch. Kriterien 383 als männlich bestimmt werden, dem stehen 317 weibliche Bestattungen gegenüber, 113 Verstorbene sind geschlechtlich nicht zuzuordnen. Lediglich 93 Bestattungen waren beigabenlos, die übrigen Toten waren zumindest mit wenigen Eisengeräten wie Messern oder einfachem Schmuck wie Perlen ausgestattet. Damit weist ein sehr hoher Anteil der Gräber Beigaben auf (14, 359), wie es auch im Gebiet der Schwäbischen Alb üblich ist, die Friedhöfe im Rheintal haben eine deutlich höhere Zahl beigabenloser Gräber. In dieses regionale Bild paßt auch die geringe Störungsrate in W. Nur in 40 Fällen wurden durch die Ausgräber alte Störungen in den Grabungsunterlagen vermerkt, eine Unterscheidung zw. Störungen und gezielten Beraubungen erfolgte in der Regel nicht.

Zu den herausragenden Bestattungen sind insbesondere die Frauengräber 615 (SW III G) (zur Chron. s. u. § 3 mit Tab.) und 620 (SW III F) sowie die evtl. zu diesem Familienverband zugehörigen Männergräber 612 (SW V K), 616 (SW II E) und 619 (SW II D) zu zählen. Aus Grab 615 (Abb. 51) stammen die beiden Goldblattkreuze sowie eine filigran gearbeitete (→ Filigran) Goldscheibenfibel, die nur wenige Parallelen hat, z. B. in → Lauchheim und → Gammertingen, des weiteren eine Perlenkette mit zahlreichen Millefioriperlen (→ Perlen S. 576) und Edelsteinen, ein umfangreiches Gürtelgehänge mit silberbeschlagenem Riemen, eine Cyprea, eine → Zierscheibe, ein Kamm, eine Schere und wohl eine Flachshechel (?). Auch das Gürtelgehänge aus Grab 620 war mit silbernen Beschlägen verziert, der Umfassungsring bestand aus Elfenbein, zum Gehänge selbst gehören ein Bergkristallanhänger und eine palmettenförmige Zierscheibe (Abb. 52). Weiterhin sind ein → Lavezgefäß und Frg. eines Ringkettgeflechts zu erwähnen. Die genannten Männergräber besitzen komplette Waffenausrüstungen mit Spatha, Sax, Lanze und Schild – lediglich in Grab 612

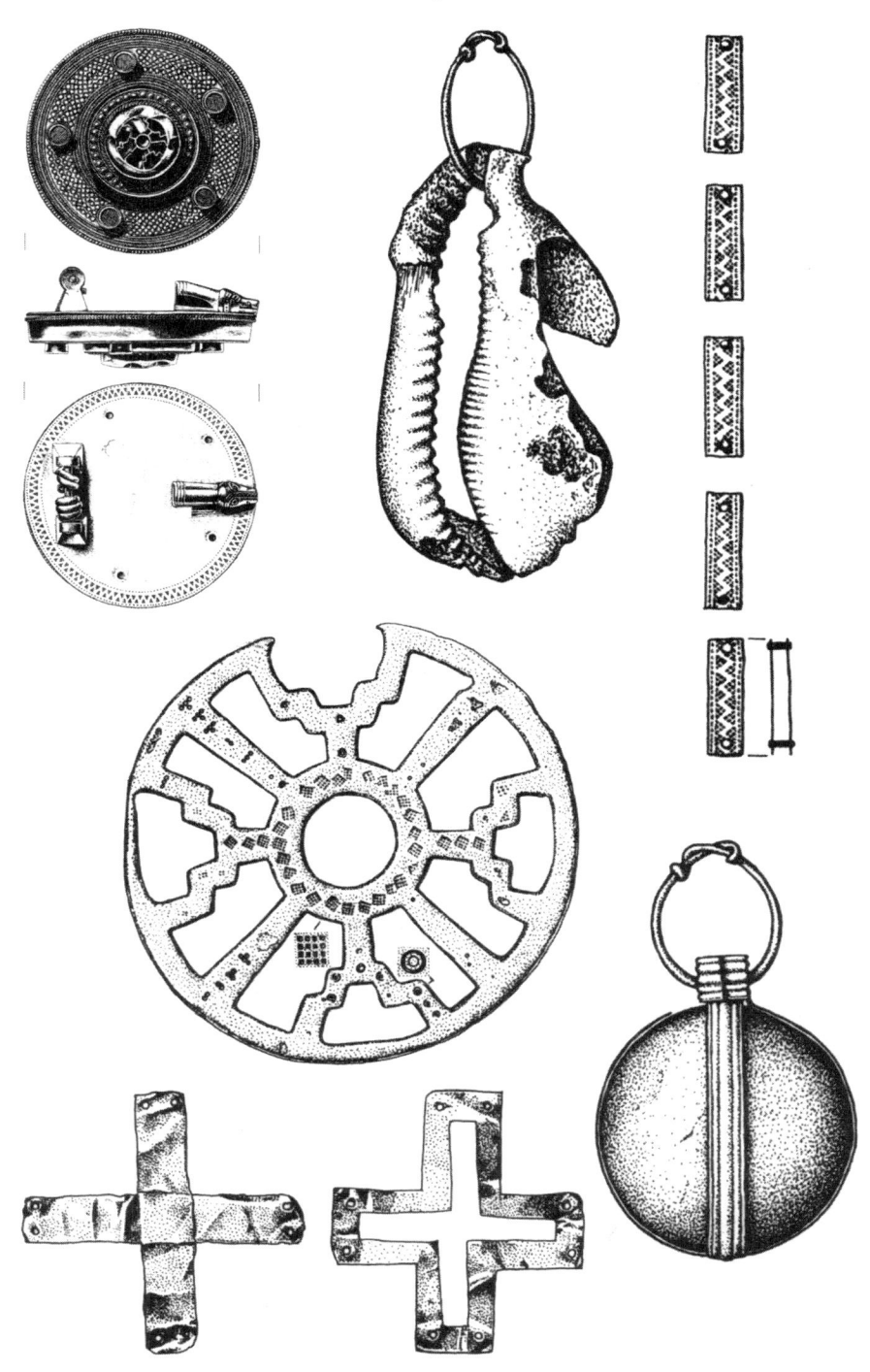

Abb. 51. Weingarten. Auswahl des Trachtschmuckes aus Grab 615. M. ca. 1 : 1. Nach Roth/Theune (8, Taf. 229; 230)

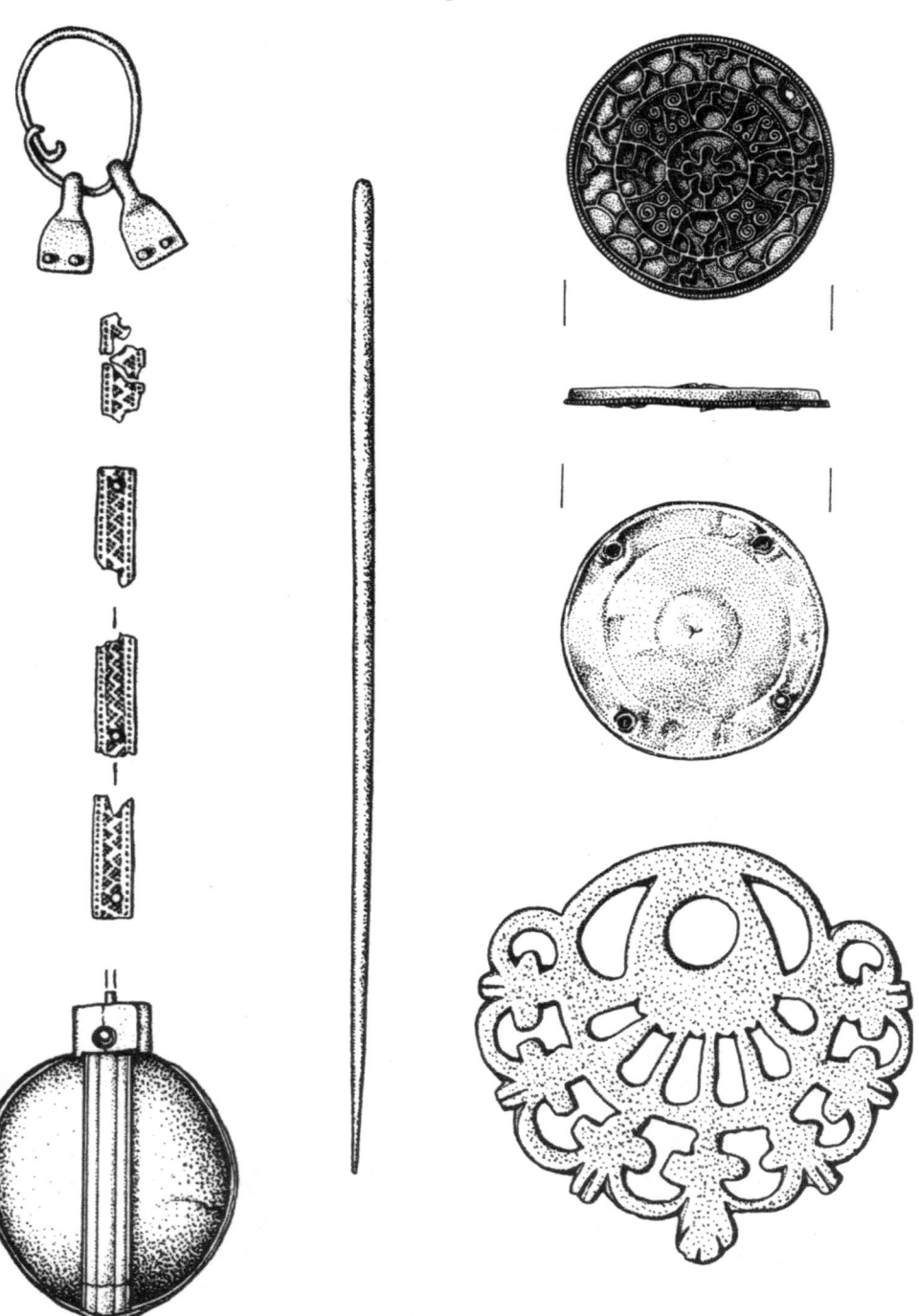

Abb. 52. Auswahl des Trachtschmuckes aus Grab 620. M. ca. 1:1. Nach Roth/Theune (8, Taf. 236)

fehlt ein Sax. In Grab 616 lag eine Spathagarnitur vom Typ Weihmörting (→ Schwert S. 582 und Abb. 126,1), in Grab 619 eine sehr früh zu datierende, feintauschierte zweiteilige Gürtelgarnitur sowie eine Trense und ein junges enthauptetes Pferd (→ Pferdegräber § 4), in Grab 612 fanden sich neben den drei Waffen (Spatha, Lanze, Schild) noch eine aufwendig silberplattierte vielteilige Gürtelgarnitur sowie ein Sporn mit einer bronzenen Riemengarnitur.

Aus 76 Frauengräbern stammen Fibeln, 15mal kommen Bügelfibeln vor, davon zehnmal gemeinsam mit Kleinfibeln, in 17 weiteren Gräbern sind ausschließlich Kleinfibeln niedergelegt worden. Große Goldscheibenfibeln bzw. Preßblechscheibenfibeln fanden sich in sechs Frauengräbern. Auffällig ist die große Varianz an Trachtbestandteilen in den einzelnen Gräbern. Regelhaft gehören Perlen, einfache Gürtel und evtl. einige Kleingeräte zur Ausstattung. Neben den Fibeln sind in den jüng. Modephasen weiterhin Ohrringe und Wadenbinden- und Schuhgarnituren geläufige Bestandteile.

Bei den Männern ist der Anteil der waffenführenden Gräber sehr hoch (76%). Allein in 208 Gräbern fanden sich außer Pfeilspitzen weitere Waffen, die Spatha ist 81mal vertreten. Standardwaffe ist der Sax, Kombinationen mit der Spatha und/oder einer Lanze sind häufig zu verzeichnen, 16mal konnte eine komplette Bewaffnung bestehend aus Spatha, Sax, Lanze und Schild belegt werden. Auffällig an den W.er Männergräbern ist der hohe Anteil an Kleingeräten, wie Messer, Pfrieme, Feuerstähle, Kämme und Pinzetten sowie auch einzelnen Feilen und Bohrer, eine Beigabensitte, die auch aus dem Raum am Hochrhein bekannt ist (14, 354 ff.).

Selten ist die Mitgabe eines Gefäßes oder eine Fleischbeigabe, von der sich noch die Tierknochen erhalten haben. Nur in 54 Gräber – mehrheitlich Frauengräbern – lagen komplette oder zerscherbte Tongefäße. Meist handelt es sich um handgemachte rippenverzierte Ware. Weitere Merkmale sind Dellen, Kammstrich und Stempeldekor. In über 80 Gräber lagen Reste von Tierknochen. Neben dem geläufigen Vorkommen von Schwein, Rind, Schaf/Ziege, sind noch Überreste von Hühnern, Pferden, Hunden (→ Hund und Hundegräber § 4c.2) und eines → Bibers zu vermerken. Hinzuzufügen sind noch Eierschalen (→ Ei § 4) aus den Gräbern 615 und 745 sowie das schon erwähnte enthauptete Pferd aus Grab 619.

Die Provenienz der Funde reicht über das gesamte frühma. Europa. Neben Angonen (→ Ango), Franzisken (→ Franziska) oder bronzenen Gürtelgarnituren, die mehrheitlich in der Francia vorkommen, sind Miniaturfibeln wie jene aus Grab 693 im thür. Gebiet häufig (→ Fibel und Fibeltracht § 44). Andere Gürtelgarnituren weisen in das langob. Italien (4), Adlerfibeln (→ Vogelfibel) stammen wohl aus dem got. Bereich, ein schmaler Langsax zeigt eine reiternomadische Komponente und eine Gürtelgarnitur läßt Verbindungen in den byz. Raum erkennen (3). Gerade in den frühen Belegungsphasen des Gräberfeldes ist diese Vielfältigkeit auffällig und entspricht daher dem Formenreichtum der kurzfristig belegten Gräberfelder. Im Verlauf des späteren 6. Jh.s und im 7. Jh. ist das Bild homogener.

§ 3. Chronologie. Die hohe Zahl beigabenführender Gräber erlaubt eine differenzierte chron. Analyse mittels Seriation (→ Chronologie § 3). Neben einer relativchron. Gliederung der Frauengräber (7; 5; 6; 13) liegt inzwischen auch eine Einteilung der Männergräber vor (12; 13).

Tab. Die chron. Gliederung nach Modephasen aufgrund der Funde aus Weingarten

SW I A	ca. 450–470
SW I B	ca. 470–490
SW I C	ca. 490–530
SW II D	ca. 530–550
SW II E	ca. 550–570
SW III F	ca. 570–590

SW III G ca. 590–610
SW IV H ca. 610–650
SW IV I ca. 650–670
SW V J ca. 670–690
SW V K ca. 690–720

Münzführende Gräber in W. selbst sowie aus SW-Deutschland und der Schweiz geben Hinweise auf die absoluten Daten.

Bei den Fraueninventaren wurden in erster Linie die Trachtschmuckbestandteile wie Fibeln, Nadeln, Ohrringe und Gürtel sowie in einer eigenen Unters. auch die Perlen seriiert (15; 16; 13). Die Belegung beginnt in der Mitte des 5. Jh.s mit spätröm. Formen, Armbrustfibeln bzw. Miniaturfibeln (Modephase I A) sowie mit der frühen Vierfibeltracht bestehend aus Dreiknopffibeln oder auch Fünfknopffibeln und Vogelfibeln sowie Tierfibeln (Modephase SW I B, C). Perlen sind in dieser Zeit selten, lediglich große Meerschaumperlen oder andere Prunkperlen zieren die Gehänge der Frauen, seit der Phase SW I C gibt es Perlenketten. In der Modephase SW II (D, E) dominiert die Vierfibeltracht mit späteren Bügelfibelformen und S-Fibeln, Halsperlenketten sind nun geläufig. Seit der Modephase SW II E bzw. III G tauchen erste Scheibenfibeln und Nadeln auf, der Trachtschmuck wird weiterhin ergänzt durch metallene Accessoires der Wadenbinden und Schuhe. Die Perlenketten der Zeit sind reich an unterschiedlichen monochromen und polychromen Typen. Neben den Scheibenfibeln können in der Phase IV H erstmals Ohrringe mit Polyederknopf festgestellt werden, in der Phase SW IV I sind einfache Hakenohrringe vorherrschend. Die Beigabensitte nimmt in der Modephase SW V deutlich ab. Lediglich wenige monochrome Perlentypen, einfache große Ohrringe werden beigegeben, späte Scheibenfibeln wie Preßblechscheibenfibeln oder Wadenbindengarnituren bzw. Schuhschnallen sind selten Funde der Zeit.

Bei den Männergräbern wurden für die Chron.findung die Waffen und die Gürtel (zur Gürtelentwicklung allg. → Gürtel § 2b.3 mit Abb. 126) sowie einige Geräte wie die Feuerstähle einbezogen. Auch hier zeigen völkerwanderungszeitliche Funde den Beginn der Belegung in der Mitte des 5. Jh.s an (SW I A, B). Nierenförmige Schnallen, z. T. mit Steineinlagen, der lange Schmalsax (vgl. zur Typologie → Sax § 2 mit Abb. 74), Angonen und zellenverzierte Taschenbeschläge sind in diese Zeit zu datieren. Etwas jüng. sind Grabausstattungen mit Kolbendornschnallen, Kurzsaxe und Franzisken der Form Böhner B (SW I C) (→ Franziska § 4 mit Abb. 69). Charakteristisch für die Phase SW II D sind Schilddornschnallen, Kurzsaxe, niedrige Schildbuckel mit Spitzenknopf, Lanzen mit langer geschlitzter Tülle und schmalem rautenförmigem Blatt bzw. Feuerstähle mit dreieckigem Mittelteil und aufgebogenen Enden. Später sind Schmalsaxe sowie Schildbuckel mit hoher konischer Haube. Zu den Leitfunden der Phase SW III F gehören ein- bis dreiteilige eiserne Gürtelgarnituren mit halbrunden und rechteckigen Beschlägen und Schmalsaxe. Im Verlauf der Phase SW III G finden sich vermehrt Gürtelgarnituren mit triangulären Beschlägen. Zu den geläufigen Tauschiermustern (→ Ziertechniken [Metall]) zählen verschiedene Flechtbänder. SW IV H und I sind durch Breitsaxe geprägt, auf verschiedenen Flächen werden Muster im germ. Tierstil II (→ Tierornamentik, Germanische § 4; → Germanen, Germania, Germanische Altertumskunde § 38g) aufgebracht, dazu zählen auch Spatha-Gürtelgarnituren vom Typ → Civezzano. Wie bei den Frauengräbern läuft in der Phase SW V J und K die Beigabensitte aus. Nur noch wenige Waffen und Gürtel liegen in den Gräbern. Neue Formen sind Sporen und Klappmesser, zuckerhutförmige Schildbuckel (→ Schild § 4e mit Abb. 24) sowie breite Langsaxe.

Durch verschiedene Verzierungsmuster wie Pilzzellendekor oder germ. Tierstil sowie einige wenige in Männer- und Frauengräbern gemeinsam vorkommende Objekte konnten beide Seriationen miteinander synchronisiert werden. Auch Vergleiche mit anderen chron. Systemen zeigen die Relevanz der Ergebnisse (13).

(1) N. M. Huber, Anthrop. Unters. an den Skeletten aus dem alam. Reihengräberfeld von W., Kr. Ravensburg, 1967. (2) E. Neuffer, Das alam. Gräberfeld von W., Kr. Ravensburg, in: Ausgr. in Deutschland, gefördert von der Dt. Forsch.sgemeinschaft 1950 – 1975, 1975, 238–253. (3) D. Quast, Ein byz. Gürtelbeschlag der Zeit um 500 aus W. (Lkr. Ravensburg) Grab 198, Fundber. aus Baden-Württ. 21, 1996, 528–539. (4) E. Riemer, Bemerkungen zu einer ital. Gürtelgarnitur aus W., Lkr. Ravensburg, ebd. 21, 1996, 555–563. (5) H. Roth, La chron. des tombes féminines mérov. d'Allemange du Sud à partir de bases statistiques, Bull. Liaison 17, 1993, 36–39. (6) Ders., La chron. des tombes féminines mérov. d'Allemagne du Sud à partir de bases statistiques, in: La Datation des structures et des objets du Haut MA, 1998, 117–122. (7) Ders., C. Theune, SW I–V. Zur Chron. merowingerzeitlicher Frauengräber in SW-Deutschland, 1988. (8) Diess., Das frühma. Gräberfeld bei W. I – Kat. der Grabinventare, 1995. (9) B. Sasse, C. Theune, Perlen als Leittypen der MZ, Germania 74, 1996, 187–231. (10) H. Schuttkowski, Gruppentypische Spurenelementanalyse in frühma. Skelettserien SW-Deutschlands, in: Beitr. Archäozool. und prähist. Anthrop., 1994, 117–124. (11) Ders., B. Herrmann, Diet, status and decomposition at W.: trace element and isotope analyses on Early Medieval skeletal material, Journ. of Arch. Science 26, 1999, 675–685. (12) C. Theune, On the chron. of Merovingian-Period Grave Goods in Alamanni, in: J. Hines u. a. (Hrsg.), The Pace of Change. Studies in Early-Medieval Chron., 1999, 23–33. (13) Dies., Zur Chron. merowingerzeitlicher Grabinventare in W. und der Alamannia, in: Arch. Zellwerk. Beitr. zur Kulturgesch. in Europa und Asien (Festschr. H. Roth), 2001, 319–344. (14) Dies., Germ. und Romanen in der Alamannia. Strukturänderungen aufgrund der arch. Qu. vom 3. bis zum 7. Jh., 2004. (15) C. Theune-Vogt, Chron. Ergebnisse zu den Perlen aus dem alam. Gräberfeld von W., Kr. Ravensburg, 1990. (16) Dies., An Analysis of Beads Found in the Merovingian Cemetery of W., in: H.-H. Boch, P. Ihm (Hrsg.), Classification, Data, Analysis and Knowledge Organisation. Models and Methods with Applications, 1991, 352–361. (17) G. Wein, Das alam. Gräberfeld in W., Kr. Ravensburg, Württ., in: W. Krämer (Hrsg.), Neue Ausgr. in Deutschland, 1958, 469–476.

C. Theune

Weiskirchen. In W., Kr. Merzig-Wadern, Saarland, wurden bereits im 19. Jh. drei sog. Fürstengräber der Früh-LTZ aufgedeckt (im folgenden 9, 217 ff.; 17). Da andere zeitgleiche Bodenfunde in diesem Bereich fehlen, ist anzunehmen, daß die Bestattungen zu einer kleinen, sog. Adelsnekropole gehörten. Soweit man es aus den alten Ber. und Vergleichen erschließen kann, handelte es sich um überhügelte Gräber in Holzkammern mit Steinummantelung. Bei Grab II ist eine Körperbestattung wahrscheinlich. Ob ein kleines, aus Steinen zusammengesetztes ‚rundes Behältnis' im Grab III eine Brandbestattung enthielt oder möglicherweise das untere Ende eines Holzpfostens umgab, muß offen bleiben. Die außergewöhnlichen Fundstücke aus Grab I, die nach Mainz und nach Trier gelangt waren, sind heute im Landesmus. in Trier vereinigt. Allerdings sind mehrere Gegenstände verschollen und nur aus ält. Aufzeichnungen bekannt. Die Funde von Grab II wurden dem Bonner Landesmus. übergeben. Diejenigen aus Grab III, das bis 1984 in der Forsch. unter dem Namen des Nachbarortes Zerf lief, befinden sich, soweit erhalten, ebenfalls in Trier.

Das 1851 geöffnete Grab in Hügel I (Taf. 16) enthielt eine aus Teilen verschiedener Gefäße zusammengesetzte Bronzeschnabelkanne (11), ein eisernes Kurzschwert in einer ebensolchen Scheide, welche mit Korallen und Gravuren geschmückte Bronzebeschläge samt einem bronzenen Ortband mit Vogelzier trägt (12, 354 f.). Ferner gibt es eine Gürtelgarnitur, bestehend aus einem prunkvoll mit Korallen und figürlichen Motiven verzierten Gürtelhaken und urspr. zwei mit Korallen geschmückten Koppelringen. Verloren sind drei Eisenlanzenspitzen, davon eine mit breiterem Blatt, ebenso ein eisernes Hiebmesser, das an eine vergangene Fleischbeigabe denken läßt (19; 20, 254 ff.). An Trachtbestandteilen sind zwei Fibeln zu nennen, von denen die symmetrische Maskenfibel mit Koralleneinlage erhalten ist (1, Nr. 200) (→ Fibel und Fibeltracht § 17). Hinzukommt ein Schmuckblech aus Gold- und Bronzeblech auf einer Eisenunterlage mit Einlagen aus Bernstein und Koralle, mit der Wiedergabe von vier ‚Masken', die mit Blattwerk umgeben sind (10, 289 f.). Abhanden gekommen sind eine kleine Bronzezier mit einem Löwen- oder Vogelkopf und zwei Widderköpfen (5; 15, no. 317), letztere von Jacobsthal – ausgehend von einer alten Photographie – als zwei Tierkörper interpretiert (15, 46 ff.), ebenfalls drei Bronzeknöpfe und ein Bernsteinknopf.

Grabhügel II wurde 1866 wohl zum zweiten Mal durchsucht. Geborgen wurden eine etr. Bronzeschnabelkanne und ein ebensolcher Bronzestamnos, ferner der Goldbesatz eines Trinkhorns (Taf. 18a) und Reste eines Eisenschwertes in einer Bronzescheide mit Goldappliken. Das Fehlen von Trachtbestandteilen läßt sich wohl durch die ält. Raubgrabung erklären.

Der Hügel III (Taf. 17) wurde ebenfalls 1866 aufgedeckt und erbrachte einen hohlen goldenen Armreifen und einen goldenen Fingerring mit großer Schmuckplatte, eine bronzene Maskenfibel und zwei verlorene bronzene Koppelringe – alles im Frühlatènestil verziert. Ein zu erwartender Gürtelhaken ist nicht überliefert, doch fanden sich Frg. eines eisernen Schwertes. Hinzukamen ein eisernes Hiebmesser und drei verzierte Plättchen von der „Aufhängung eines Trinkhorns" (?) (16, 198). Ferner gehören wahrscheinlich eine importierte Bronzeschnabelkanne und zwei etr. Bronzebekken zum Grabinventar (→ Griechisch-etruskischer Import).

Die drei Grablegungen, typische Beispiele der Stufe LT A, dürften sich über einen gewissen Zeitraum verteilen. Die spätarchaischen etr. Details der Kanne aus Grab I (3, 96) sind wenig ält. als die Schnabelkannen bzw. der Stamnos aus den beiden anderen Gräbern (22; 24). Doch muß es dahingestellt bleiben, ob dieses als ein Indiz für eine zeitliche Abfolge der gesamten Komplexe anzusehen ist. Denn gewöhnlich wird Grab II ält. als Grab I eingestuft.

Die Zusammensetzung der drei Grabinventare mit dem beigegebenen etr. Bronzegeschirr und mit der üppigen Auswahl an Waffen und Schmuck, teilweise aus Gold (9, 108) und mit ausgiebiger Verwendung von → Koralle, dazu viele Gegenstände reich im Latènestil (→ Stil § 7) dekoriert, spiegelt, soweit das der Erhaltungszustand deutlich macht, die charakteristische Ausstattung sog. Fürstengräber wider (zuletzt 4; 6, 175 ff.; 9, 136 ff.; 18, 33 ff.; 21) (→ Fürstengräber § 3). Auf einige besondere Fundstücke muß dabei näher eingegangen werden. Bei der → Schnabelkanne aus Grab I ist das Schnabelende sekundär durch einen Anguß verlängert, und die Kanne selbst ist aus Teilen mehrerer importierter Gefäße zusammengesetzt (2, 79 f.; 11). Die untere Partie stammt wohl von einer Stamnossitula, die obere von einer Schnabelkanne. Der angenietete Henkel wurde leicht aufgebogen, um dem jetzt sehr groß geratenen Gefäß zu entsprechen. Die beiden separat auf dem Rand befestigten Tiere gehörten urspr. einem weiteren Importstück an. Die untere Henkelattasche ist gut mit anderen etr. Arbeiten zu verbinden, doch ist die Herkunft der beiden Randtiere unklar (3, 96). Kaum lassen sie sich aber einer Werkstatt in Etrurien selbst zuweisen. Eine kelt. ‚Verschönerung' sind die geritzten Dreiecke auf den Henkelarmen und die Tremolierstichzier am Hals und auf der Schulter des Gefäßes, die ähnlich auch auf der etr. Kanne aus Grab II wiederkehren. Daß die Zusammenfügung der verschiedenen Gefäßteile n. der Alpen wohl in unmittelbarer Nähe des FOs geschah, macht wohl ebenfalls die etr. Schnabelkanne aus Grab III wahrscheinlich. Denn bei ihr ist an den einen der halb abgeschlagenen Henkelarme ein Endstück mit einem kaum genauer bestimmbaren Tierkopf angenietet (9, Taf. 165,4). Die in einem sekundären Arbeitsgang zusammengesetzten und verzierten Gefäße unterstreichen nachdrücklich die besondere Bedeutung, die speziell die fremde Form der Schnabelkanne im kelt. Totenritual des Raumes gewonnen hat (zusammenfassend 24).

Um eine Art ‚Mischprodukt' handelt es sich auch bei dem Goldband aus Grab II, das einst ein Trinkhorn schmückte (8). Es trägt einen Fries von zehn schematisch gereihten hockenden Sphingen, was sich nur durch die Benutzung eines einzelnen Models erklären läßt. Jedenfalls handelt es sich nicht um die freie Nachschöpfung eines ant. Vorbilds, was schon die qualitätvolle Formgebung verdeutlicht. Die stilistischen Bezüge weisen in den ostionischen Bereich, wobei an eine Vermittlung über den skythischen oder thrakischen Raum gedacht wurde. Doch sei auch eine Arbeit aus Etrurien aus der Zeit der ionischen Einflüsse in der 2. Hälfte des 6. Jh.s nicht ganz auszuschließen. Einer solchen Einordnung des ganzen Stücks scheint allerdings das Band der Andreaskreuze zu widersprechen, das den Fries oben und unten begrenzt (14, 186 f.). Wir kennen dazu gute Vergleiche aus der kelt. Welt, wo auch ähnlich mit Goldblech verzierte Trinkhörner zu Hause sind (16, 186 ff.) (→ Trinkhorn § 2b). Wurde das W.er Goldblech lokal hergestellt und nur ein fremder Model oder eine abformbare Vorlage importiert?

Mit dem Trinkhornbeschlag wurden ebenfalls die kleinen Goldrosetten als mögliche Zier der Aufhängung in Verbindung gebracht (9, 49 f.), die aber ein Accessoire des Schwertortbandes bildeten (13). Kleine Goldscheibchen begegnen wiederholt in kelt. Gräbern (z. B. 16, 197 ff., vgl. auch 8, 130 f.). Fremd ist aber die Zierform der Rosette. Es konnte gezeigt werden, daß dieser Besatz erst das zweite Stadium der Schmuckausstattung der Schwertscheide darstellt, die einen ält. Dekor mit Korallen innerhalb von Perlkränzen überdeckte. Handelt es sich bei dem Schwert um eine Waffe, die speziell für den Toten prunkvoller gemacht werden sollte?

Bei den umgearbeiteten ant. und bei den aufwendigen lokalen Funden wurde an die Produktion einer eigenen ‚W.er Werkstatt' gedacht (12; auch 21, 87 ff.), die nicht nur für die hier bestatteten ‚Fürsten' tätig war. Denn dazu scheinen auch noch andere Latènefunde des Raumes zu passen. Wie sich in W. örtliche Handwerkskunst mit fremden Impulsen verbindet, verdeutlicht bes. das Latèneornament auf der Scheide des Kurzschwertes aus Grab I. Denn es wird an den Seiten von Bändern mit aneinandergeketteten herzförmigen Motiven eingefaßt, die auch ganz entspr. an den Attaschen etr. Stamnoi begegnen (12, 354 f.; 15, 88). Ein solcher Stamnos stammt ebenfalls aus Hügel II. Es ist überzeugend, in den ‚Herzen' auf der Schwertscheide, für die es keine Parallelen auf anderen kelt. Werken gibt, die unmittelbare Nachahmung dieser fremden Zier zu sehen. Weniger klar ist eine direkte Übernahme des Sphingenmotivs des Goldbandes aus Grab II auf den Gürtelhaken aus Grab I (12, 357; auch 23, 94 f.), weil abgesehen von der üblichen Sitzhaltung die Ausführung der Details sehr verschieden ist (12, 357; auch 7, 514 ff.). Man mag hier nur an eine allg. Anregung denken. Das Haupt im Zentrum des Gürtelhakens wird von zwei S-Spiralen bekrönt. Zum Vergleich wurde abermals an die Attaschen der etr. Stamnoi mit ihren Satyrköpfen gedacht, über welchen häufig ebenfalls zwei, allerdings im Gegensinne eingerollte S-Spiralen erscheinen (12, 355; auch 23, 94 f.). Schon diese Abweichung legt nahe, daß es sich nicht um eine bloß dekorative Übernahme eines Fremdmotivs auf den Haken handelt, sondern die Spiralen müssen – ähnlich wie das Symbol der sog. Blattkrone – eine besondere Bedeutung erlangt haben, was auch weitere kelt. Werke mit ähnlichem Spiralschmuck verdeutlichen. Diese Hinweise zeigen wohl ausreichend, wie in der fortgeschrittenen Früh-LTZ immer wieder Impulse, die sich durch die Aneignung ant. Importgüter ergaben, die Entwicklung der kelt. Handwerkskunst beeinflußten. Dafür bilden die W.er Funde exzellente Beispiele.

Eine umfassende Würdigung der außerordentlichen W.er Grabensembles und damit der ‚W.er Werkstatt' wurde noch nicht publiziert. Doch bieten die verschiedenen Einzelunters. Haffners (9–14) zusammengenommen eine die wesentlichsten Aspekte ansprechende Übersicht und damit die Grundlage, auf der künftige Überlegungen aufbauen können.

(1) U. Binding, Stud. zu den figürlichen Fibeln der Früh-LTZ, 1993. (2) H. Born, Zum Forsch.sstand der Herstellungstechniken kelt. und etr. Bronzeschnabelkannen, in: Hundert Meisterwerke kelt. Kunst – Kunst, Schmuck und Kunsthandwerk zw. Rhein und Mosel, 1992, 67–84. (3) W. L. Brown, The Etruscan Lion, 1960. (4) R. Echt, Das Fürstinnengrab von Reinheim, 1999. (5) O.-H. Frey, Kelt. Eulen. Zum Bedeutungswandel eines ant. Motivs, in: Kotinos (Festschr. E. Simon), 1992, 53–55. (6) Ders., Die Fürstengräber vom Glauberg, in: Das Rätsel der Kelten vom Glauberg. Glaube – Mythos – Wirklichkeit, 2002, 172–185. (7) Ders., F.-R. Herrmann, Ein frühkelt. Fürstengrabhügel am Glauberg im Wetteraukreis, Hessen, Germania 75, 1997, 459–550. (8) L. Frey-Asche, Zu dem goldenen Trinkhornbeschlag aus W., in: Tainia (R. Hampe zum 70. Geb.), 1980, 121–132. (9) A. Haffner, Die w. Hunsrück-Eifel-Kultur, 1976. (10) Ders., Die frühlatènezeitlichen Goldscheiben vom Typ W., in: Festschr. 100 J. Rhein. Landesmus. Trier, Mainz 1979, 281–296. (11) Ders., L'oenochoé de W. I, étude technique, in: Les âges du fer dans la vallée de la Saône (VIIe–Ie siècles avant notre ère). Actes du septième colloque de l'Assoc. Française pour l'Etude de l'Age du Fer, 1985, 279–282. (12) Ders., Die kelt. Schnabelkannen von Basse-Yutz in Lothringen, Arch. Mosellana 2, 1993, 337–360. (13) Ders., Ein Schwert mit Vergangenheit. Zum Ortbandschlußstück aus Hügel II von W. im Saarland, in: Studia Antiquaria (Festschr. N. Bantelmann), 2000, 89–98. (14) Ders., Le torque – type et fonction, in: C. Rolley, La tombe princière de Vix, 2003, 176–189. (15) P. Jacobsthal, Early Celtic Art, 1944, Reprint 1969. (16) D. Krauße, Hochdorf III. Das Trink- und Speiseservice aus dem späthallstattzeitlichen Fürstengrab von Eberdingen-Hochdorf (Kr. Ludwigsburg), 1969. (17) J. Merten, Das dritte kelt. Fürstengrab von W., Arch. Korrespondenzbl. 14, 1984, 389–395. (18) H. Nortmann, Modell eines Herrschaftssystems. Frühkelt. Prunkgräber der Hunsrück-Eifel-Kultur, in: wie [6], 33–46. (19) U. Osterhaus, Zur Funktion und Herkunft der frühlatènezeitlichen Hiebmesser, 1981. (20) L. Pauli, Der Dürrnberg bei Hallein III, 1978. (21) W. Reinhard, Die kelt. Fürstin von Reinheim, 3004. (22) B. B. Shefton, Der Stamnos, in: W. Kimmig, Das Kleinaspergle. Stud. zu einem Fürstengrabhügel der frühen LTZ bei Stuttgart, 1988, 104–152. (23) M. Trachsel, Unters. zur relativen und absoluten Chron. der HaZ, 2004. (24) D. Vorlauf, Die etr. Bronzeschnabelkannen. Eine Unters. anhand der technologischtypol. Methode, 1997.

O.-H. Frey

Weissagung → Mantik

Weißdorn. Unter den zahlreichen Obstarten aus der Familie der Rosengewächse spielt der W. nur eine bescheidene Rolle. Gemeinsam mit → Apfel, → Birne, Quitte und Mispel gehört er zur Unterfamilie der Maloideae, die sich durch einen unterständigen Fruchtknoten auszeichnet (4). Von den weltweit 264 Arten der Gattung *Crataegus* L. (10) sind drei, nämlich der Zweigrifflige W. (*Crataegus laevigata* [Poir.] DC.), der Eingrifflige W. (*Crataegus monogyna* Jacq.) und der Großkelchige W. (*Crataegus rhipidophylla* Gand.) in Mitteleuropa heimisch, wobei der letztgenannte selten ist, die beiden anderen dagegen im ganzen Gebiet ziemlich häufig (5; 8). Es handelt sich um laubwerfende Sträucher oder kleine Bäume mit hartem Holz und meist verdornenden Zweigen (6). Die Blätter der einheimischen Arten sind gelappt oder fiederteilig. Die Blüten sitzen in meist reichblütigen, trugdoldigen Blütenständen. Die Kronblätter sind vorwiegend weiß. Die roten, gestielten bis 12 mm langen und von den Resten der abgefallenen Kelchblätter gekrönten Scheinfrüchte enthalten beim Zweigriffeligen W. 2–3, beim Eingriffeligen W. meist nur einen verhärteten Fruchtstein. Diese Fruchtsteine sind beim erstgenannten auf der Bauchseite abgeflacht, beim zweiten im Querschnitt rund. Das tricolporoidat-striate Pollenkorn des entomogamen W.s ist morphologisch nicht

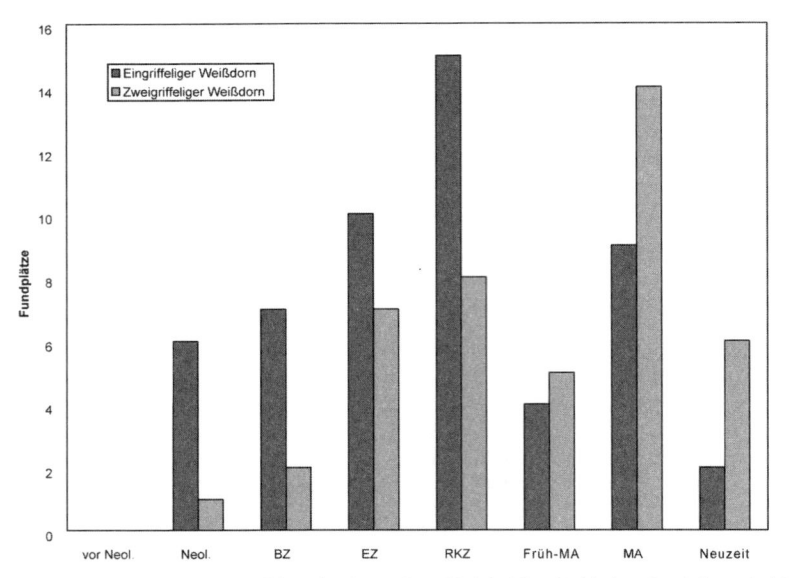

Abb. 53. Fundplätze in Europa mit Weißdornfunden (ohne Holzkohle). Zahl der Fundplätze je hist. Periode, aufgrund der Dokumentationen von Schultze-Motel (9) und Kroll (7)

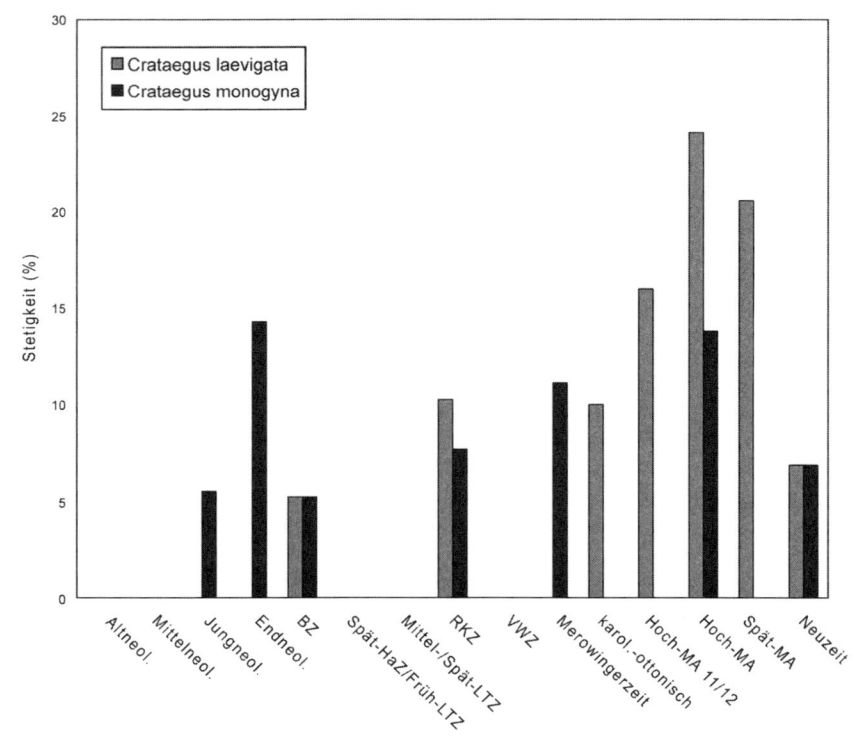

Abb. 54. Prozentuale Stetigkeit von Zweigriffeligem *(Crataegus laevigata)* und Eingriffeligem Weißdorn *(Crataegus monogyna)* am Beispiel SW-Deutschlands (288 Fundplätze ausgewertet)

von denen anderer holziger Rosengewächse zu unterscheiden und gehört zur *Sorbus*-Gruppe (1). Der tiefwurzelnde W. kommt häufig im Gebüsch, v. a. an Waldrändern, an Wegen, auf Felsen oder in lichten Laubwäldern auf trockenen bis frischen, nährstoff- und basenreichen Lehmböden vor (8). Die Standortansprüche beider sind ähnlich, doch steht der Eingriffelige W. gern etwas lichter und auf etwas trockeneren sowie basenreicheren Böden (2). Die Früchte werden durch Vögel verbreitet. Aufgrund ihrer Bewehrung sind die Gehölze weidefest und werden durch extensive Beweidung gefördert. W. wird als Heilpflanze (Herzmittel) genutzt. Blätter, Blüten und Früchte sind unter der Bezeichnung ‚Folia Crataegi cum floribus' und ‚Fructus Crataeg' offizinell. Als wirksame Inhaltsstoffe gelten oligomere Procyanide, Flavonoide, biogene Amine und Triterpensäuren (6). Das Holz wird für Werkzeugstiele, Spazierstöcke, Drechslerarbeiten u. ä. verwendet. Die Scheinfrüchte sind als Nahrung wenig ergiebig, da sie aus einem viel zu harten, unverdaulichen Steinkern und nur wenig eßbarem kohlenhydratreichem weichem Gewebe bestehen. Dieses ist mehlig und wenig geschmackvoll, weshalb die Früchte als minderwertiges Obst gelten und heute kaum noch verzehrt werden. Sie können jedoch zu Kompott oder Marmelade verarbeitet werden (3). Im europ. Raum ist eine Nutzung des W.s vom Neol. bis in die Neuzeit belegt (Abb. 53). Da die Fruchtsteine wie anderes Obst in der Regel unverkohlt überliefert werden, ist die Erhaltung an Feuchtbodenbedingungen gebunden. Das erklärt teilweise die verhältnismäßig geringe Zahl von Fundplätzen mit W.-Nachweisen. Aber auch beim Vergleich mit anderem Sammelobst wie → Himbeere, Walderdbeere u. a. (→ Beerenobst) bleibt die Funddichte verhältnismäßig gering, was darauf hinweist, daß der W. nie zu den bes. gern genossenen Obstarten gehörte. Der Eingriffelige W. scheint zu Beginn häufiger oder begehrter gewesen zu sein als der Zweigriffelige. Seine Stetigkeit nahm bis zur RKZ zu und ging dann wieder zurück, während die Stetigkeit des Zweigriffeligen W. ab dem Neol. erst langsam zunahm, im Früh-MA erstmals den Eingriffeligen W. überflügelte und erst im MA seinen höchsten Stand erreichte. Die Übersicht der Funde aus SW-Deutschland vermittelt ein ähnliches Bild (Abb. 54). Die Stetigkeit des Eingriffeligen W.s betrug bereits im Jung- und Endneol. bis zu 15 %. Der Zweigriffelige W. erschien erst in der BZ und nahm dann fast kontinuierlich bis ins Hoch-MA zu. In dieser Per. wurde er an jedem vierten Fundplatz nachgewiesen. Die Gründe für diese Entwicklung sind unklar, da die Arten sich ökologisch und in ihrer Nahrungsqualität wenig unterscheiden und zudem bastardieren.

(1) H.-J. Brug, Leitfaden der Pollenbestimmung für Mitteleuropa und angrenzende Gebiete, 2004, 278–282. (2) H. Ellenberg u. a., Zeigerwerte von Pflanzen in Mitteleuropa, 1991, 98. (3) W. Franke, Nutzpflanzenkunde, ²1981, 301, 404. (4) D. Frohne, U. Jensen, Systematik des Pflanzenreichs, 1973, 129–130. (5) H. Haeupler, P. Schönfelder, Atlas der Farn- und Blütenpflanzen der Bundesrepublik Deutschland, 1988, 276 f. (6) G. Hegi (Begr.), Illustrierte Flora von Mitteleuropa IV/ 2B, ²1994, 436–445. (7) H. Kroll, Lit. on arch. remains of cultivated plants (1992/1993– 1998/1999), Veget. Hist. and Archaeobotany 4–9, 1994–2000. Ders., Lit. on arch. remains of cultivated plants 1981–2004, http://www.archaeobotany.de/database.html. (8) E. Oberdorfer, Pflanzensoz. Exkursionsflora, ⁸2001, 506–509. (9) J. Schultze-Motel, Lit. über arch. Kulturpflanzenreste (1965–1967-1987/1988)/Lit. on arch. remains of cultivated plants 1989/1990–1991/1992, Jahrschr. für Mitteldt. Vorgesch. 54–55/Kulturpflanze 21–37/ Vegetation Hist. and Archaeobotany 1–3, 1992–1994. (10) R. Zander (Begr.), Handwb. der Pflanzennamen, ¹⁷2002, 331–333.

M. Rösch

Weißenburg

§ 1: Namenkundlich – § 2: Zur Lage und Forschungsgeschichte – § 3: Alenkastell und *vicus* – § 4: Holz-Erde-Kastell auf der Breitung – § 5: Keltischer Münzschatz

§ 1. Namenkundlich. Die auf der →Tabula Peutingeriana an der Straße von →Regensburg nach Rottenburg (→Sumelocenna) zu lokalisierende Station *Biricianis* wird mit W. in Bayern, Ldkr. W.-Gunzenhausen, identifiziert, wo ein Steinkastell ausgegraben wurde (s. u. §§ 2–3). *Biricianis* (im Abl.-Lok. Pl.) ist ein Praediename, der mit dem Suffix *-āno-* gebildet ist, eine Bildungsweise von ON der Römerzeit, wie sie in Bayern nicht selten ist (1, 8). Zugrunde liegt vermutlich der PN *Biracius* (> **Biracianum*), vorausgesetzt die Überlieferung auf der Tab. Peut. ist fehlerhaft und bietet eine für **Biracianis* stehende Verschreibung (1, 8). Im heutigen Namen W. (erstmals 867 *Uuizinburc*) (2, 406) wird durch das Grundwort *-burg*, mit dem Germ. gerne röm. Befestigungen aus Stein kennzeichneten (z. B. →Straßburg, →Neuburg, Regensburg, Deutsch-Altenburg [→Carnuntum]), auf das Steinkastell Bezug genommen. Für das Bestimmungswort (ahd.) *Uuizin-* kommt entweder der PN (ahd.) *Wizo*, im Gen. *Wizin-*, in der Bedeutung ‚Steinbefestigung des Wizo', in Frage, oder das Adj. (ahd.) *wiz* ‚weiß, glänzend' ist, wie in anderen Fällen (vgl. *Rottenburg* am Neckar, wegen der roten Ziegel), eine sprachliche Anspielung auf die helle Farbe der Steine des Kastells (2, 406).

(1) W.-A. Frhr. von Reitzenstein, Röm. ON auf -ānum in Bayern, Bl. für oberdt. Namenforsch. 14, 1975/77, 3–26. (2) Ders., Lex. bayer. ON., ²1991.

A. Greule

§ 2. Zur Lage und Forschungsgeschichte. Das röm. W., die *statio Biricianis* der Tab. Peut. (s. o. § 1), liegt im Vorland der Frk. Alb am Oberlauf der Schwäbischen Rezat nahe der Rhein-Donau-Wasserscheide (32). Am Ende des 1. Jh.s n. Chr. wird hier ein Auxiliarkastell gegründet (1, 289–292; 24; 36, 472 f.; 40, 81) (s. u. § 3). Aufgabe der am mittleren Abschnitt des rät. Limes (→Limes § 4) stationierten Reitereinheit war die Überwachung der sich nach N weit öffnenden Ebene zw. Altmühl und Rezat und den Albhochflächen im O. Die Truppe im später, um 115/125 n. Chr., erbauten Kleinkastell in Ellingen *(Sablonetum)* sicherte das Vorfeld bis zum ca. 6 km von W. entfernten Limes (47).

Das Kastell liegt w. der Altstadt in der Flur Steinleinsfurt auf einer leichten Anhöhe über der Schwäbischen Rezat (Abb. 55). Die Spuren der Zivilsiedlung um das Kastell erstrecken sich im W, S und O über ein Areal von über 30 ha (45, 53 ff.). Seit 2005 gehört es als Limeskastell zum UNESCO-Weltkulturerbe (→Limes § 3 f.).

Seit den 1880er J. vermutete man im Kesselfeld ein röm. Kastell. Der sichere Nachweis gelang 1890 bei einer Grabung des Weißenburger Altert.svereins unter dem Vorsitzenden Wilhelm Kohl (1848–1898). Er legte große Teile der Umwehrung und der Zentralbauten frei. 1892 wurde er zum Streckenkommissar der Reichs-Limeskomm. (→Limes § 3c, d) ernannt (3; 18; 29, 31–34). Nach dessen Tod übernahm Julius Tröltsch (1841–1910) die Leitung der Ausgr. bis 1905. Die Bearbeitung und Veröffentl. durch Fabricius im J. 1906 (10) beruht auf deren Aufzeichnungen. Weitere Unters. und konservierende Maßnahmen leitete bis 1913 Max Raab (1860–1946) (15, 23–28).

Durch den Ankauf des Kastellareals durch den Bez. Mittelfranken blieb das Kastell bis zur Neugestaltung Mitte der 1960er J. von weiteren Bodeneingriffen und Zerstörungen verschont. Heute ist das Kastell im Besitz der Stadt. Neue Ergebnisse zur Baugesch. des Kastells erbrachten die Unters. an der N-Umwehrung 1986–1987. Diese Ausgr. fanden im Vorfeld der 1990 abgeschlossenen Rekonstruktion des N-Tores statt (17).

Die Kastellsiedlung ist bis in die 1970er J. in großen Teilen unbeobachtet überbaut worden. Ein entscheidender Fortschritt für die Erforschung des *vicus* war 1977 die Entdeckung der großen →Thermen. Die repräsentative Badeanlage wurde vollständig untersucht und ist seit 1985 unter einem

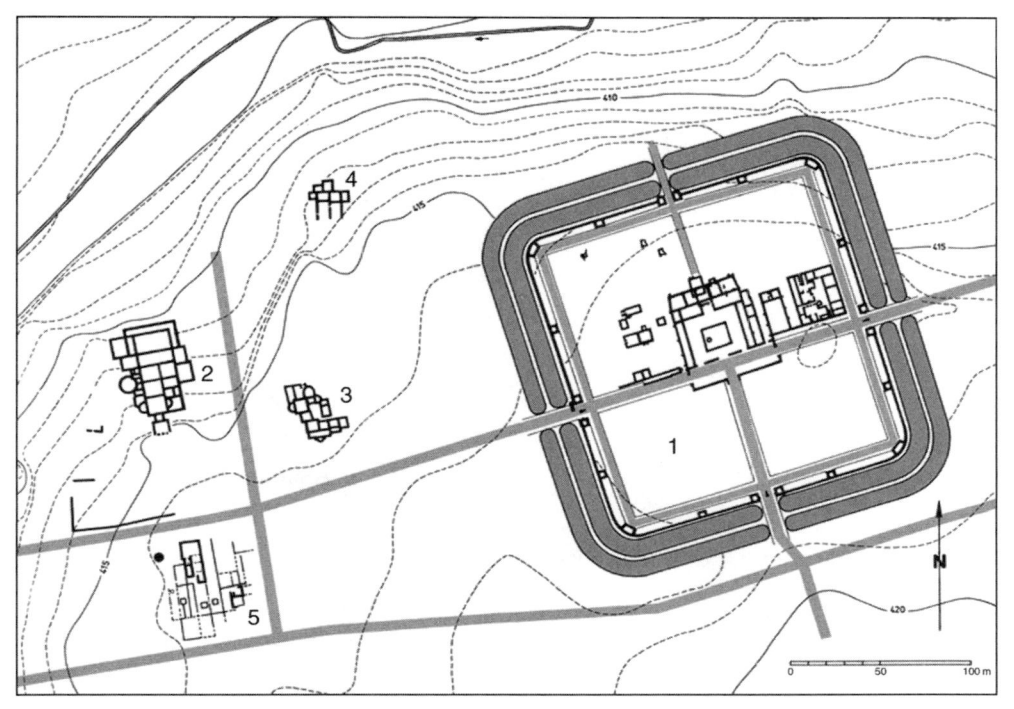

Abb. 55. Weißenburg in Bayern. Alenkastell im Kesselfels (1) und W-Vicus mit den großen Thermen (2), Gebäude 1926 (3) und 1977 (4), Ausgr. 1987/88 (5) und Fst. des Schatzfundes 1979 (Punkt)

Schutzbau als Thermenmus. zugänglich (30; 41; 44).

1979 entdeckte man bei den Thermen einen großen Schatzfund mit mehr als 100 Gegenständen aus Bronze, Silber und Eisen, darunter 18 Götterstatuetten, 11 Votivbleche (→ Votivbleche mit Taf. 28c), zahlreiche Gefäße, 1 Klappstuhl (→ Faltstuhl § 5), 3 Gesichtsmasken (→ Maskenhelm) und 1 Hinterhaupthelm von Paraderüstungen (25; 31). Der Fund bildete den Grundstock für das Römermus. in W., einem Zweigmus. der Arch. Staatsslg. München.

Seit 1976 ist durch Luftbildaufnahmen ein zweites, für einen kurzen Zeitraum belegtes Kastell im O von W. in der Flur Breitung bekannt (Abb. 56) (s. u. § 4). 1985–1991 wurde es nahezu vollständig untersucht (20; 28).

Bei den Ausgr. der letzten Jahrzehnte sowohl im Bereich des → Vicus des Alenkastells als auch im zweiten Weißenburger Kastell kamen Siedlungsreste der mittleren und späten LTZ zutage.

Die Gesch. W.s nach Aufgabe des Limes von der Mitte des 3. bis ins 6. Jh. ist noch weitgehend unbekannt (34, 132). Erst ab dem 6. Jh. ist eine merow. Neubesiedlung durch ein großes Reihengräberfeld (→ Reihengräberfriedhöfe) belegt (2, 193 f.; 5, 221 f.; 43). Erstmals urkundlich wird *Uuizinburc* 867 erwähnt (33, 225). Die jüng. Stadtgesch. wird im Reichsstadtmus. präsentiert.

§ 3. Alenkastell und *vicus*. Das Steinkastell hatte eine Innenfläche von 3,05 ha und wurde von zwei bzw. drei Gräben umschlossen (15, 37 ff.). Der Umbau in Stein erfolgte mit gleicher Ausrichtung an Stelle des ält. Holzkastells, das mit knapp 2,8 ha et-

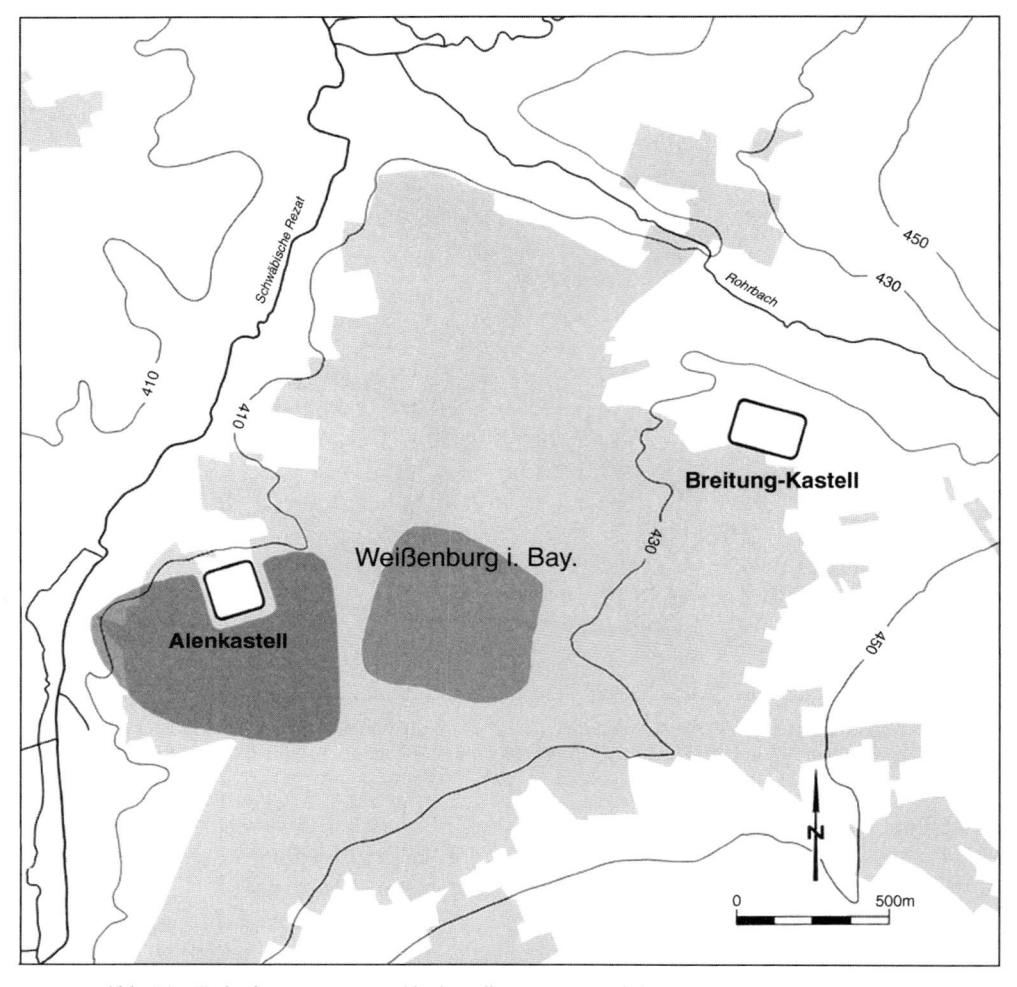

Abb. 56. Weißenburg in Bayern. Alenkastell mit Vicus und das Kastell in der Flur Breitung

was kleiner war und dessen N-Front mit zwei Gräben 1986/87 untersucht wurde (17).

Die *porta praetoria* lag im S, in der Verlängerung der Straße in Richtung der Provinzhauptstadt → Augsburg. Sie war wie die beiden Tore an der *via principalis* zweispurig.

Die *porta decumana* in Richtung Grenze besaß nur eine Torchurchfahrt. Die urspr. quadratischen Tortürme wurden später abgetragen und neu mit vorspringender halbrunder Form errichtet.

Von der Innenbebauung sind im wesentlichen die Zentralbauten der jüng. Steinbauper. bekannt, die → Principia mit Vorhalle sowie ein ö. anschließendes *horreum* (→ Getreidespeicherung S. 24 f. mit Abb. 6) und das → Praetorium. Das Stabsgebäude wurde zu einem nicht näher datierbaren Zeitpunkt deutlich verkleinert. Die Funktion der Gebäudereste w. der *principia* kann nicht sicher bestimmt werden.

Die weiterhin in Holzbauweise errichteten Unterkünfte für die etwa 500 Reitersoldaten und deren Pferde sind nur durch Estrichböden oder Feuerstellen bei den Grabungen um 1900 nachgewiesen worden (16).

Die Gründung des Kastells W. wird allg. in die Regierungszeit → Domitians, in die J. um 90 n. Chr. datiert (15, 20). Aus num. Überlegungen erwägt Kortüm eine spätere Gründung unter → Trajan (27, 44). Der Umbau der Umwehrung und der Zentralbauten in Stein erfolgte um die Mitte des 2. Jh. n. Chr., in der Zeit 140–150/60 n. Chr. (17, 52). Spätere Umbauten betrafen insbesondere die *principia* und das N-Tor.

Das Kastell war wohl von Beginn an bis Mitte des 3. Jh.s von der *ala I Hispanorum Auriana* belegt (23, 212). Ein Hinweis auf die frühe Anwesenheit dieser 500 Mann starken Reitereinheit ist das vollständige Militärdiplom des Mogetissa aus dem J. 107 n. Chr., das 1867/68 beim Bahnhof gefunden wurde (10, 31 f.) und die Anwesenheit dieser Truppe in → Raetien bezeugt. Der früheste sichere Beleg für die Stationierung der *ala* in W. ist ein Weihealtar eines *optio equitum* dieser Einheit, der ins J. 153 n. Chr. datiert (CIL III 11911; 10, 45).

Vor 162 n. Chr. war die Reitertruppe wahrscheinlich vorübergehend abgezogen worden (7, 142), um an den Parther- und Markomannenkriegen (→ Markomannenkrieg; → Marc Aurel) teilzunehmen. Jedenfalls fehlt sie auf rät. Militärdiplomen dieser Zeit.

Eindeutige Hinweise auf Zerstörungen im Kastell und *vicus* in der Zeit der Markomannenkriege fanden sich bei den Grabungen nicht. Brandreste und einige Gruben mit Holzkohle und verbranntem Hüttenlehm n. des Kastells stehen im Zusammenhang mit dem Umbau in Stein (17, 32).

Als zweite Truppe ist in W. die *cohors IX Batavorum equitata milliaria exploratorum* durch einen Weihestein (CIL III, 11918; 7, 142 f.; 10, 45; 6, 532 f.; 37) bezeugt. Man nahm an, daß diese Einheit die *ala* vorübergehend im Kastell auf dem Kesselfeld ersetzte bzw. als Verstärkung für Wiederaufbauarbeiten nach den Markomannenkriegen hierher verlegt wurde (45, 22) oder erst nach den ersten Alamanneneinfällen im 3. Jh. (→ Limes § 4.8; → Germanen, Germania, Germanische Altertumskunde § 5b) nach W. kam (23, 215). Nach den Ergebnissen der Grabungen im zweiten Kastell auf der Breitung scheint es möglich, daß die 1 000 Mann starke teilberittene Kohorte um 160 n. Chr. für kurze Zeit gemeinsam mit der *ala* an diesem exponierten Grenzabschnitt stationiert war, im Zusammenhang mit Baumaßnahmen am Limes unter Antoninus Pius.

Ein 1892 im Kastell gefundener Münzschatz mit 251/253 n. Chr. geprägten Antoninianen (FMRD I, 5 Nr. 5100) liefert den t. p. q. für die Aufgabe der Garnison im Kesselfeld.

Im W des Kastells lag ein Viertel mit repräsentativen, öffentlichen Steingebäuden. 1926 wurde ein Gebäude mit 2–3 Umbauper. untersucht und von W. Schleiermacher (35) als Kastellbad gedeutet. In einer Neubearbeitung nach der Entdeckung der großen Thermen interpretiert Burmeister dieses Gebäude als Unterkunftshaus (4, 134 f.).

Die 1977 entdeckte Badeanlage weist drei Hauptbauphasen vom Ende des 1. Jh.–3. Jh. n. Chr. mit jeweils mehreren Umbauten auf. In der Bauphase II wird das Bad vergrößert und die Anzahl und Anordnung der Bauräume geändert. Dies erfolgte etwa zeitgleich mit dem Ausbau des Kastells in Stein. In der dritten Bauphase erreichte es die Größe von 65 × 42,5 m. Nach einer Zerstörung im 3. Jh. wurde das Gebäude nur noch behelfsmäßig genutzt (41; 14).

Die Ausgr. 1987–1988 unweit der Fst. des 1979 entdeckten Schatzfundes zeigten die für einen Kastellvicus übliche Bebauung (8; 9): langrechteckige Holz- und Fachwerkbauten mit Kellerräumen aus Holz bzw. in jüng. Umbauphasen aus Stein. Diese sog. Streifenhäuser (→ Vicus § 2b) standen zw. der aus dem Kastell führenden Straße und der das Kastell s. umgehenden Durchgangsstraße von Theilenhofen nach Pfünz. Die Holzgebäude werden an dieser Stelle durch einen jüng. Steinbau abgelöst.

Zahlreiche Fundbeobachtungen und kleinere Notbergungen im *vicus* (11; 12; 19;

38; 39) belegen vielfältige handwerkliche Tätigkeit, v. a. im O und S des Kastells: Metall- und Holzverarbeitung, Textil- und Lederhandwerk sowie Töpfereien u. a. (26; 45, 53 ff.).

Zeugnis von der Götterverehrung der Bewohner geben neben dem Inventar des Schatzfundes auch die Bruchstücke von drei →Jupitergigantensäulen (9). W. liegt am ö. Rand des Verbreitungsgebiets dieser Säulen (46). Daneben sind eine Reihe Weiheinschr. an Gottheiten aus W. bekannt (10, 45 f.). Einen genaueren Hinweis auf den Standort eines Heiligtums geben sie nicht, da sie − wohl mit einer Ausnahme (42, 238 Nr. 88) − verschleppt bzw. in der St. Andreaskirche verbaut waren.

Die Lage der Gräberfelder an den Ausfallstraßen des *vicus* ist nicht bekannt.

Im Umland von W. sind auf den fruchtbaren Böden im Vorland der Frk. Alb zahlreiche röm. Gutshöfe bekannt, die die Versorgung der Truppen am Limes mit Nahrungsmitteln sicherstellten (allg. →Limes 4n; →Römisches Heerwesen § 3). Im S der heutigen Stadt wurden zwei *villae rusticae* (→Villa) großflächig untersucht (13; 21, 10 ff.).

§ 4. **Holz-Erde-Kastell auf der Breitung.** Das zweite Kastell in W. wurde 1976 durch Luftaufnahmen entdeckt. Es liegt 1,6 km ö. des Alenkastells auf einem weiten Plateau über dem Rohrbach in der Flur Breitung (21; 28). In sechs Grabungskampagnen bis 1991 konnte die knapp 3,2 ha große Innenfläche nahezu vollständig untersucht werden (22, 538).

Das Lager war von zwei 3,0−3,5 m br. und 2,4 m tiefen Spitzgräben umgeben. Dahinter lag wahrscheinlich ein etwa 4−5 m br., durch Rasensoden befestigter Erddamm. Die vier Tordurchfahrten waren durch kurze, vorgelagerte Gräben *(titula)* gesichert. Die einphasige Innenbebauung des Kastells bestand aus 17 Baracken in Pfostenbauweise. Spuren von Zentralbauten, vermutlich in anderer Bauweise mit Schwellbalken- oder Pfostengräben errichtet, fanden sich im tief umgepflügten Humus nicht. Der geringe Fundanfall ist auf die kurze Belegungszeit und planmäßige Räumung des Lagers zurückzuführen. Es fanden sich keine Abfallgruben, Brunnen oder Abwasserkanäle.

Der Gesamtplan erlaubt Aussagen über Stärke oder Zusammensetzung der stationierten Truppe. Nach Anzahl und Innengliederung der Baracken käme eine *cohors milliaria equitata* als Besatzung in Frage.

Die wenigen Funde aus den Kastellgräben gehören ins 2. Drittel des 2. Jh.s. n. Chr. Sie lagen zusammen mit verstreuten Menschen- und Tierknochen auf den unteren Einschwemmschichten. Die Menschenknochen stammen aus einer mittel- bis spätlatènezeitlichen Gehöftsiedlung mit →Viereckschanze an gleicher Stelle.

(1) D. Baatz, Der röm. Limes, ⁴2000. (2) K. Böhner, Hof. Burg und Stadt im frühen MA, in: Ldkr. W.-Gunzenhausen. Arch. und Gesch., 1987, 168−246. (3) R. Braun, Wilhelm Kohl als Römer- und Limesforscher, in: H.-H. Häffner, C.-M. Hüssen (Hrsg.), „In plurimis locis …". Wilhelm Kohl (1848−1898). Apotheker und Forscher am raet. Limes, 1998, 23−31. (4) S. Burmeister, Stud. zum W.er „Bäderviertel", BVbl. 55, 1990, 107−189. (5) H. Dannheimer, Die germ. Funde der späten Kaiserzeit und des frühen MAs in Mittelfranken, 1962. (6) K. Dietz, Kastellum Sablonetum und der Ausbau des rät. Limes unter Ks. Commodus, Chiron 13, 1983, 497−536. (7) Ders., Neue Militärdiplomfrg. aus Rätien, BVbl. 53, 1988, 137−155. (8) M. Dinkelmeier u. a., Ausgr. im röm. Kastellvicus von W., Das arch. J. in Bayern 1987, 1988, 114−118. (9) Ders. u. a., Neue Ausgr. im röm. Kastellvicus von W. i. Bay., Villa nostra 1989, 1, 237−242. (10) E. Fabricius (Bearb.), Das Kastell W., Der obergerm.-raet. Limes des Römerreiches, Abt. B 72, 1906. (11) R. Frank, Ausgr. im w. Vicus des Römerkastells W., Das arch. J. in Bayern 1998, 1999, 71−73. (12) Ders., Bauvorgreifende Unters. im w. Vicus des Römerkastells von W., Beitr. zur Arch. in Mittelfranken 5, 1999, 173−180. (13) J. Garbsch, Römerzeit − Zivile Besiedlung, in: wie [2], 109−121. (14) H.-Ch. Grassmann, Wirkungsweise und Energieverbrauch ant. röm. Thermen, ermittelt mit modernen wärmetechnischen Methoden für die Großen Thermen in W., Jb. RGZM 41, 1994 (1996), 297−321. (15) E. Grönke, Das röm. Alen-

kastell Biricianae in W. i. Bay. Die Grabungen von 1890 bis 1990, 1997. (16) Dies., Grundsätzliches zur Pferdehaltung in röm. Kastellen. Die Ställe im Alenkastell in W., in: M. Kemkes, J. Scheuerbrandt (Hrsg.), Fragen zur röm. Reiterei, 1999, 91–100. (17) Dies., E. Weinlich, Die Nordfront des röm. Kastells Biriciana-W. Die Ausgr. 1986/1987, 1991, 143 f. (18) H.-H. Häffner, Biographische Notizen zu Wilhelm Kohl, in: wie [3], 11–22. (19) C.-M. Hüssen, Grabungen im Kastellvicus von W. i. Bay., Das arch. J. in Bayern 1986, 1987, 118 f. (20) Ders., Das Holzkastell auf der „Breitung" in W. in Bayern, in: V. A. Maxfield, M. J. Dobson (Hrsg.), Roman Frontier Studies 1989, 1991, 191–195. (21) Ders., Röm. Okkupation und Besiedlung des mittelrät. Limesgebietes, Ber. RGK 71, 1990 (1991), 5–22. (22) Ders., Neue Forsch.sergebnisse zu Truppenlagern und ländlichen Siedlungen an der Donau und im raet. Limesgebiet, in: Ph. Freeman u. a. (Hrsg.), Limes XVIII. Proc. of the XVIIIth Intern. Congress of Roman Frontier Studies, 2002, 535–548. (23) H.-J. Kellner, Exercitus raeticus. Truppenteile und Standorte im 1.–3. Jh. n. Chr., BVbl. 36, 1971, 207–215. (24) Ders., Kastell und Vicus, in: W. Czysz u. a., Die Römer in Bayern, 1995, 534–536. (25) Ders., G. Zahlhaas, Der röm. Schatzfund von W., 1984, 49 ff. (26) R. Koch, U. Pfauth, Ein röm. Keramikbrennofen aus dem Vicus von W. i. Bay., Das arch. J. in Bayern 1994, 1995, 119 f. (27) K. Kortüm, Zur Datierung der röm. Militäranlagen im obergerm.-rät. Limesgebiet, Saalburg-Jb. 49, 1998, 5–65. (28) H. Koschik, Das röm. Feldlager von W. in Bayern, Jahresber. der Bayer. Bodendenkmalpflege 21, 1980, 138–154. (29) Ders., Gesch. der Forsch., in: wie [2], 15–50. (30) Ders., Zs. Visy, Die Großen Thermen von W. i. Bayern, 1992. (31) E. Künzl, Anm. zum Hortfund von W., Germania 74, 1996, 453–476. (32) O. Lehovec, Geol. und Landschaft, in: Im W.er Land, o. J. [1971], 7–27. (33) L. Löw, Hist. Stadtkern, in: Ldkr. W.-Gunzenhausen. Denkmäler und Fundstätten, 1987, 224–234. (34) W. Menghin, Spätröm. und frühma. Zeit, in: wie [2], 122–167. (35) W. Schleiermacher, Das röm. Kastellbad in W. i. B., BVbl. 27, 1962, 99–107. (36) H. Schönberger, Die röm. Truppenlager der frühen und mittleren Kaiserzeit zw. Nordsee und Inn, Ber. RGK 66, 1985 (1986), 321–497. (37) K. Strobel, Anm. zur Gesch. der Bataverkohorten in der Hohen Kaiserzeit, Zeitschr. Papyrologie und Epigraphik 70, 1987, 271–292. (38) J. Strobl, Die Terra sigillata der Ausgrabung an der Kohlstraße 1994 im W.er Vicus, in: wie [3], 33–49. (39) Ders., Die Grabung an der Kohlstraße in W. i. Bay., Beitr. Arch. Mittelfranken 4, 1998, 149–172. (40) G. Ulbert, Th. Fischer, Der Limes in Bayern, 1983. (41) Zs. Visy, Zur Baugesch. der großen Thermen von W., BVbl. 53, 1988, 117–135.

(42) F. Wagner, Neue Inschr. aus Raetien, Ber. RGK 37–38, 1956–1957, 215–264. (43) L. Wamser, Neue Ausgr. im W.er Reihengräberfeld, Villa nostra 1975/3, 17 ff. (44) Ders., Röm. Thermen in W. Ein Vorber., Jb. Bayer. Denkmalpflege 31, 1977, 69 ff. (45) Ders., Biriciana-W. zur Römerzeit. Kastell – Thermen – Römermus., 1984. (46) G. Weber, Jupitersäulen in Rätien, in: Forsch. zur Provinzialröm. Arch. in Bayer.-Schwaben, 1985, 269–280. (47) W. Zanier, Das röm. Kastell Ellingen, 1992.

C.-M. Hüssen

§ 5. Keltischer Münzschatz. Im Raitenbucher Forst bei W. in Bayern fand sich 1998 ein kelt. Münzschatz. Er bestand aus 433 süddt. Regenbogenschüsselchen aus Gold (→ Münzwesen, keltisches § 3), die in einer bronzenen Kanne vom Typ → Kappel-Kelheim verborgen worden waren (5, 312 Nr. 3c; 7, 87) (Taf. 18b). Der Hort wird jetzt in der Arch. Staatsslg. in München (E.-Nr. 1998,43) aufbewahrt. Da sich das Ensemble noch in Bearbeitung befindet, läßt sich vorläufig nur sagen, daß es sehr einheitlich zusammengesetzt war. Das Inventar umfaßt ausschließlich Statere des Typs mit Vogelkopf auf der Vorderseite und → Torques und Kugeln auf der Rückseite (2, Typenübersicht 1–2), welche am FO als einheimisch anzusprechen sind.

Die Münzen stammen aus nur wenigen Stempelpaaren und wurden wohl schon kurz nach ihrer Prägung gehortet. Das bedeutet, daß sie nie in den Geldumlauf eingeflossen sind. (Zu Vergleichsfunden sowie zur Interpretation ähnlicher Horte siehe → Saint-Louis, → Sontheim und → Wallersdorf [3]).

Da kelt. Goldmünzen nur äußerst selten in geschlossenen Funden zusammen mit anderem datierendem Material vorkommen, besitzen wir in diesem Hort einen weiteren Anhaltspunkt zur Chron. der süddt. Regenbogenschüsselchen. Die Datierung des Fundgefäßes in einen frühen Abschnitt der Spät-LTZ (1, 40) deckt sich sehr gut mit der vorgeschlagenen Präge- und Umlaufzeit der Regenbogenschüsselchen mit Vogelkopf von der 2. Hälfte des 2. Jh.s bis in die 1. Hälfte des 1. Jh.s v. Chr. (3; 4, 92 f.; 6, 126).

(1) Ch. Boube, Les Cruches, in: M. Feugère, C. Rolley (Hrsg.), La vaisselle tardo-républicaine en bronze, 1991, 23–45. (2) H.-J. Kellner, Die Münzfunde von Manching und die kelt. Fundmünzen aus S-Bayern, 1990. (3) M. Nick, Am Ende des Regenbogens … – Ein Interpretationsversuch von Hortfunden mit kelt. Goldmünzen, in: C. Haselgrove, D. Wigg-Wolf (Hrsg.), Iron Age Coinage and Ritual Practices, 2005, 115–155. (4) Ders., Gabe, Opfer, Zahlungsmittel – Zu den Strukturen kelt. Münzgebrauchs in Mitteleuropa 1, Diss. Freiburg i. B. 2001. (5) L. Wamser u. a. (Hrsg.), Die Römer zw. Alpen und Nordmeer. Zivilisatorisches Erbe einer europ. Militärmacht, 2000. (6) B. Ziegaus, Der Münzfund von Großbissendorf. Eine num.-hist. Unters. zu den spätkelt. Goldprägungen in S-Bayern, 1995. (7) Ders., Ant. Münzgold. Vom frühen Elektron zum merow. Triens, in: L. Wamser, R. Gebhard (Hrsg.), Gold – Magie, Mythos, Macht. Gold der Alten und Neuen Welt, 2001, 80–99.

M. Nick

Weißes Meer

§ 1: Namenkundlich – § 2: Historisch

§ 1. Namenkundlich. *Weißes Meer* ist der Name einer bedeutenden Einbuchtung der Barentssee s. der Halbinsel Kola und sw. der Halbinsel Kanin im nw. Rußland. Das Weiße Meer bildet mehrere große Buchten. In eine dieser Buchten mündet die Dwina bei dem heutigen Archangelsk, in eine andere die Onega. Eine dritte große Bucht erstreckt sich unmittelbar s. der Halbinsel Kola tief nach Karelien hinein; am innersten Teil dieser Bucht liegt die Stadt Kandalakša.

Der Name *Weißes Meer,* mit Entsprechungen in anderen Sprachen (russ. *Beloe more,* schwed. *Vita havet*), bezieht sich darauf, daß das Meer im Winterhalbjahr lange zugefroren ist (8, 119). In der awnord. Lit. gibt es für das Weiße Meer einen einheimischen Namen, *Gandvík* fem.

Der in ae. Sprache wiedergegebene Reisebere. des Ohthere (→ Ottar) bezeugt die erste bekannte norw. Fahrt in das Weiße Meer. Das Meer wird in dem Ber. nicht ausdrücklich genannt, aber Ohthere erwähnt zwei Völker, die mit ihm verbunden sind, nämlich *terfinnas,* ein samisches Volk auf der Halbinsel Kola, und *beormas,* awnord. *bjarmar,* ein Volk an der Küste des Weißen Meeres. Ohthere kam mit den *beormas* in so nahen Kontakt, daß er die Ähnlichkeit ihrer Sprache mit der der Samen in seiner Heimat feststellen konnte; er wohnte *ealra Norðmonna norþmest,* d. h. ‚am nördlichsten aller Nordleute', und stand zu Hause in stetem Kontakt mit Samen (2, 13 ff.; 12, 20 ff. 68. 73 mit Karte S. 28 f.; 16, 647 ff.; 5, 281 f.; → Bjarmaland).

In der awnord. Lit. ist Gandvík eine bekannte Örtlichkeit. Der Skalde Eilífr Goðrúnarson nennt in seinem Gedicht → *Þórsdrápa* Gandvík in einer Kenning (um 1000; 3 A I, 148; 3 B I, 139; 7, 170), und im Gedicht *Háttatal* (→ Háttalykill und Háttatal) lobt → Snorri Sturluson den norw. Kg. Hákon Hákonarson als den Herrscher über das ganze Land entlang der Küste zw. dem Strom *Elfr* (d. h. *Gautelfr,* schwed. *Göta älv*) und Gandvík (1222–23; 3 A II, 52; 3 B II, 61). Diese Aussage ist mit einer Angabe in → *Historia Norwegiae* zu vergleichen, nach der sich die norw. Landschaft Hálogaland bis Bjarmaland erstreckt: *juxta locum Wegestaf, qui Biarmoniam ab ea dirimit* (4, 78). Das Grenzzeichen awnord. *Vegestafr (Vegistafr, Ægisstafr)* zw. Norwegen und Bjarmaland wird in mehreren Qu. genannt. Es hat sich an der Küste der Halbinsel Kola befunden, aber eine genaue Lokalisierung ist nicht bekannt (s. weiter 4, 78 Anm. 3; 5, 282 mit Lit.).

Die Gegend um die Mündung der Dwina in Bjarmaland wird häufig als Ziel norw. Handelsfahrten und Raubzüge erwähnt; der Skalde Glúmr Geirason spricht im Gedicht → *Gráfeldardrápa* von einem Kampf gegen die *bjarmar* „a vínorboði", d. h. *á Vínu borði* ‚am Ufer der Dwina' (um 970; 3 A I, 76; 3 B I, 66 f.). In der Saga Olafs des Hl. (→ Olaf der Heilige) in der → *Heimskringla* wird eine Fahrt in das Weiße Meer beschrieben. Die Schilderung enthält märchenhafte Züge, aber die ON, *Gandvík, Bjarmaland* und *Vína* sowie noch ein paar andere, identifizierbare Namen, die Örtlichkeiten auf dem Weg um das Nordkap bezeichnen, machen eindeutig den Eindruck, daß der Seeweg an der Küste entlang von Norwegen in das Weiße Meer den Norwegern wohlbekannt war (1, II, 292 ff.), vgl. dazu § 2.

Bjarmaland ‚das Land der *bjarmar*' enthält als Erstglied Gen. Pl. der Volksbezeichnung *bjarmar*, die als Wiedergabe der finno-ugr. Bezeichnung *perm* betrachtet wird. Die *bjarmar* der nord. Lit. scheinen sich wenigstens in erster Linie auf Karelier zu beziehen (in russ. Qu. wird *perm* dagegen mit einem anderen finno-ugr. Stamm identifiziert). Der Gott der *bjarmar* wird *Jómáli* genannt (1, II, 294), das karelisch *Jumala* ‚Gott' wiedergibt (s. näher 16, 648 ff.; 6, 2; Kritik gegen die *perm*-Erklärung in 10, 33 ff.; unwahrscheinliche nord. Erklärung von *bjarmar* in 10, 49 f.).

Awnord. *Gandvík* enthält als Zweitglied awnord. *vík* fem. ‚Bucht', und wahrscheinlich hat der Name zunächst nur eine Bucht des Weißen Meeres bezeichnet, um allmählich auf das ganze Meer übertragen zu werden. Es wird allg. angenommen, daß *Gandvík* mit russ. *Kandalakša* zusammenzuhalten ist, das seinerseits auf karelisch *Kantalaksi* zurückgeht (6, 2 f.; vgl. 19, 30). Der karelische Name wird gewöhnlich und sicherlich zu Recht als der ält. Name betrachtet, der awnord. *Gandvík* zugrunde liegt (11, 115; 18, 155; 13, 229; vgl. 7, 170; 10, 47). *Kantalaksi* ist mit karelisch *laksi* (= finn. *lahti*) ‚Bucht' (17 III, 13) zusammengesetzt (6, 2 f.), und der Name hat wohl urspr. die obengenannte Bucht des Weißen Meeres oder den inneren Teil dieser Bucht bezeichnet. Das Erstglied dürfte karelisch *kanta* ‚Grund; Stamm' (17, II, 53 f.) sein; in finn. ON kommt *kanta* häufig vor, oft mit der Bedeutung ‚Landenge; schmaler Anfang einer Landspitze' (6, 3; 14, 212 ff.).

Gandvík ist also allem Anschein nach ein Lehnname, in dem das Zweitglied übersetzt, das Erstglied dagegen phonetisch angepaßt worden ist, und zwar im Anschluß an das awnord. Subst. *gandr* mask. Dieses Wort tritt im Awnord. in der Bedeutung ‚Zauberstab; Zauberei' auf (9, 137). Eine allg. Bedeutung ‚Stab' geht aber aus ON hervor, in denen sich das Wort auf stabförmige, gerade Naturerscheinungen bezieht (15, 24 f. mit Lit.).

Volksetym. ist das Erstglied von *Gandvík* allmählich offensichtlich mit *gandr* in der Bedeutung ‚Zauberei' verknüpft worden. Schon Eilífr Goðrúnarson (s. o.) scheint solche Assoziationen auszudrücken, wenn er in einer Kenning die Riesen als ‚Schotten (d. h. Einw.) von Gandvík' benennt: Þórr (→ Donar-Þórr) soll *gandvikr skotvm rikri*, d. h. ‚mächtiger als die Einw. von Gandvík (= Riesen)', sein (3, A I, 148; 3, B I, 139; s. o.). In späteren norw. Volksliedern wird das Weiße Meer *Trollebotn*, d. h. ‚die Bucht der Trolle', genannt (9, 137).

Qu.: (1) Hmskr., hrsg. von Finnur Jónsson, 1893–1901. (2) The OE Orosius, hrsg. von J. Bately, 1980. (3) Skj. (4) G. Storm (Hrsg.), Monumenta historica Norvegiæ. Latinske Kildeskrifter til Norges Historie i Middelalderen, 1880.

Lit.: (5) G. Authén Blom, Finnmark, in: Kult. hist. Leks. IV, 281–287. (6) B. Collinder, Birkarlar och lappar, NoB 53, 1965, 1–21. (7) Egilsson, Lex. Poet. (8) B. G. Gauffin, Vad betyder. Etymologisk ordbok över främmande ortnamn, 1966. (9) L. Heggstad u. a., Norrøn ordbok, ⁴1990. (10) V. Jansson, Bjarmaland, Ortnamnssällskapets i Uppsala årsskrift 1936, 33–50. (11) E. Lidén, Vermischtes zur wortkunde und gramm., Beitr. zur kunde der idg. sprachen 21, 1896, 93–118. (12) N. Lund u. a., Ottar og Wulfstan, to rejsebeskrivelser fra vikingetiden, 1983. (13) Magnússon, Orðsifjabók. (14) A. Räisänen, Nimet mieltä kiehtovat. Etymologista nimistöntutkimusta, 2003. (15) S. Strandberg, Kontinentalgerm. Hydronymie aus nord. Sicht, in: Th. Andersson (Hrsg.), Probleme der Namenbildung. Rekonstruktion von Eigennamen und der ihnen zugrundeliegenden Appellative, 1988, 17–57. (16) K. Vilkuna, Bjarmer och Bjarmaland, in: Kult. hist. Leks. I, 647–651. (17) P. Virtaranta u. a. (Hrsg.), Karjalan kielen sanakirja, 1968 ff. (18) de Vries, Anord. etym. Wb. (19) E. Wadstein, Nord. Bildungen mit dem Präfix *ga-*, Idg. Forsch. 5, 1895, 1–32.

E. Nyman

§ 2. Historisch. Wie oben in § 1 ausgeführt, ist davon auszugehen, daß der Seeweg von Norwegen in das Weiße Meer bekannt war. Dafür spricht auch die Unterscheidung von vier verschiedenen Zonen des Kauffahrerrechts im → Stadtrecht von Bergen (Stadtrecht des Kg.s Magnus Hakonarson für Bergen, hrsg. von R. Meißner, 1950, § 9/6, S. 265. 269), wovon eine Island, Grönland und die Ruś *(Gaurðum austr)* (→ Rus und Rußland) zusammenfaßt. Das dadurch bezeugte geogr. Verständnis, das seine Widerspiegelung noch in der norw. → Kartographie des 15. Jh.s findet, ist nur durch die Geläufigkeit der Route über das Weiße Meer und die n. Dvina in die Ruś zu erklären (1). Eine intensive Verbindung zw. dem Weißmeergebiet und → Alt-Ladoga/Aldeigjuborg bestand offenbar im 2. Viertel des 11. Jh.s, als der Handelsplatz am unteren Volchov dem schwed. → Jarl Eilíf unterstand und dieser „viele Norweger" in seine Truppe aufnahm. Die Skandinavier führten eine ziemlich selbständige Politik in Alt-Ladoga (3) und dehnten ihren Einfluß bis an das Weiße Meer aus (2, 58 ff.). Später organisierte → Nowgorod die Handelsbeziehungen in diese Region, und von hier aus erreichte seit dem 14. Jh. auch die ostslaw. bäuerliche Kolonisation die Weißmeerküste.

(1) M. Dreijer, Häuptlinge, Kaufleute und Missionare im Norden vor tausend Jahren: ein Beitr. zur Beleuchtung der Umbildung der nord. Ges. während der Übergangszeit vom Heidentum zum Christentum, 1960, 62–70. (2) A. N. Kirpičnikov, Ladoga i Ladožskaja zemlja VIII–XIII vv., in: I. V. Dubov (Red.), Istoriko-archeologičeskoe izučenie Drevnej Rusi – itogi i osnovnye problemy, 1988, 38–78. (3) E. Mühle, Die städtischen Handelszentren der nw. Rus'. Anfänge und frühe Entwicklung aruss. Städte (bis gegen Ende des 12. Jh.s), 1991, 68 f.

Ch. Lübke

Weißgold. Die älteste Bedeutung von W. ist die von → Elektron, einer natürlichen oder durch Legieren hergestellten (Plin. nat. XXXIII,80 f.) silberreichen Goldlegierung. In diesem Sinne taucht der Name ‚Weißgold', auch ‚weißes arab. Gold' und ‚Silbergold', seit dem 13. Jh. v. Chr. in Ägypten auf. Anfänglich wurde jedoch zw. verschiedenen silberreichen Goldlegierungen (nach Herkunft?) differenziert, so daß die Begriffe W. und Elektron auch nebeneinander Verwendung fanden (10, 264. 531). Eindeutig ist der Begriff W. (χρυσός λευκός) bei Herodot im Sinne von Elektron verwendet, der die von Krösus in Delphi als Opfer dargebrachten 113 Halbziegel aus lydischem W. erwähnt (Hdt. I,50) (8), aus dem gleichfalls die bekannten Elektronmünzen geprägt wurden (7; 19; 13) (→ Münze § 1). Im Dt. wird der Begriff W. zuerst 1546 von Agricola verwendet, der in einer lat.-dt. Wortliste „aurum argentosum, vel λευκός" mit W. übersetzt (3, 475). In gleicher Weise benutzt Bech 1557 den Begriff in seiner Übs. von Agricolas *De re metallica* ins Dt. Er verwendet die Schreibweise „weisses goldt" (4, CCCLXXXVI). Der als Synonym für W. verwendete Begriff ‚Bleichgold' findet sich erstmals 1565 in Johann Kentmanns *Nomenclatuae Rerum fossilium* (11, 237), konnte sich jedoch nicht durchsetzen. So spricht Schreittman 1578 wieder vom „weissen goldt" (14, 81v).

Die mit dem Wort W. verbundene Unsicherheit erhöhte sich mit dessen Bedeutungsübertragung auf Platin – und mit Stoffen, die mit diesem verwechselt wurden. Die erste mit Platin in Verbindung gebrachte Nachricht stammt von Erzhz. Ferdinand, der 1560 in einem Schreiben an den Leiter der Prager Münze von „weißem Gold" spricht, daß in den Goldgruben am

Berge Radlik in Böhmen gefunden würde (15, I.2, 39). Eindeutig berichtet Balbinus 1679 von einem weißen Gold *(aurum album)* aus Böhmen, das man für → Silber halten könnte, würde sein Gewicht uns nicht eines Besseren belehren (5, I, 40). Der schwed. Forscher Scheffer führte 1752 den Begriff W. als Titel seiner Schrift über Platin *Det hvita Gullet* auch in Wiss.skreisen ein (17, 56). Ihm folgte als erster Morin mit seiner Schrift *La platine. L' or blanc ou le huitième métal* (17, 62). Im Dt. wurde der Begriff durch die 1777 erschienene Übs. von Bergmans Platinschr. *Über das weiße Gold oder die Platina del Pinto* verbreitet (in 1).

Ende des 18. Jh.s setzte eine weitere Verunsicherung ein, als man unter Beibehaltung des Namens ‚Weißgold' schon zuvor so benannte böhmische Mineralien zu untersuchen begann und 1791 feststellte, bei dem ‚Offenbanyer Weisgold' (Siebenbürgen) handele es sich um ‚Nagyagit', auch Blättertellur, ein Mineral aus der Gruppe der Gold-Silber-Telluride (2, 475 f.; 12, 131; 9, 454). Der Metallhistoriker Zippe bezeichnete 1857 das Siebenbürger – bis heute so genannte – ‚Weißgolderz' richtig als ‚Sylvanit', auch Schrifterz genannt, hielt es aber irrtümlich für gediegenes Tellur (18, 298), während es sich tatsächlich gleichfalls um ein Gold-Silber-Tellurid der Zusammensetzung $AgAuTe_4$ handelt (12, 131; 9, 453). Diese Diskussion übte außerhalb von Mineralogenkreisen keinen bleibenden Einfluß aus, so daß Bucher 1884 eindeutig definierte „Weißgold = Platin" (6, 437).

Das als W. bezeichnete Elektron hatte im Grunde seinen Namen zu Unrecht getragen – daher Versuche der Umschreibung wie Hell- oder Blaßgold –, da es bestenfalls blaßgelb, aber eben nicht weiß war. Dem traten die Scheideanstalten zu Beginn des 20. Jh.s entgegen. Im J. 1912 brachte die Pforzheimer Firma Dr. Richter & Co. die erste, tatsächlich weiße Goldlegierung auf den Markt. Die weiße Farbe verdankte sie einem Legierungsanteil von 16 % Palladium (16, 47). Die als Ersatz für das kostspielige Platin entwickelten weißen Legierungen setzten sich schnell durch und bestimmen seitdem die Bedeutung des Begriffes W. im allg. Bewußtsein.

(1) Abhandl. einer Privatges. in Böhmen zur Aufnahme der Mathematik, der Vaterländischen Gesch. und der Naturgesch. (Bergman vgl. 3, 1777, 337 ff.). (2) Allg. dt. Bibl. 111, 1792 (Rez. von Lenz, Mineralogisches Handb. 1791), 475–477. (3) G. Agricola, Interpretatio Germanica uocum rei metallicae, addito Indice foecundissimo, in: Georgii Agricolae, De ortu & causis subterraneorum u. a. (Sammelbd), 1546, 471–487. (4) Ders., Vom Bergkwerck XII Bücher…, jetzund aber verteüscht durch den Achtparen vnnd Hochgelerten Herrn Philipum Bechium, 1557. (5) B. Balbinus, Miscellanea Historica Regnis Bohemiae, 1679. (6) B. Bucher, Real-Lex. der Kunstgewerbe, 1884. (7) J. F. Healy, Greek white gold and electrum coin series, Metallurgy in Numismatics 1, 1980, 194–215. (8) Herodot, Historien, übs. von A. Horneffer, neu hrsg. und erläutert von H. W. Haussig, [4]1971. (9) Klockmanns Lehrb. der Mineralogie, [16]1978. (10) E. O. von Lippmann, Entstehung und Ausbreitung der Alchemie, 1919, Nachdr. 1978. (11) H. Lüschen, Die Namen der Steine, [2]1979. (12) Mineralogische Tab. Mit einer Einf. in die Kristallchemie von H. Strunz, [6]1977. (13) E. Paszthory, Investigations of the early electrum coins of the Alyattes type, Metallurgy in Numismatics 1, 1980, 151–156, Taf. 12–17. (14) C. Schreittmann, Probierbüchlin, 1578. (15) Graf K. Sternberg, Umrisse einer Gesch. der böhmischen Bergwerke 1, 2. Abt., 1837. (16) J. Wolters, Der Gold- und Silberschmied, 1. Werkstoffe und Materialien, [9]2000 (1981). (17) Ders., Zur Gesch. der Goldschmiedetechniken, 2. Platin, 1988. (18) F. X. M. Zippe, Gesch. der Metalle, 1857. (19) U. Zwicker, Analytische und metallographische Unters. an ant. Münzen aus Ephesos, Jahresh. des Österr. Arch. Inst.s in Wien 66, 1997, 143–173.

J. Wolters

Weißstorch und Schwarzstorch s. Bd. 35

Weistümer

§ 1: Begriff – § 2: Forschungsgeschichte – § 3: Sachinhalt der W. – § 4: Editionen – § 5: W. als Geschichtsquellen

§ 1. Begriff. Die Bezeichnung ‚Weistümer' ist erst durch die Arbeiten von Jacob → Grimm üblich geworden. Das Wort selbst ist jedoch keine Kunstschöpfung der Wiss. sondern entstammt den Qu., v. a. des Mittelrheingebietes und des Mosellandes. In anderen Landschaften finden sich andere Bezeichnungen für diese Qu.gruppe wie *Ehaft* und *Ehafttaiding* in Bayern, *Taiding* und *Banntaiding* in Österr., *Offnung, Jahrding, Landrodel* in der Schweiz, *Dingrodel* im Elsaß, *Rüge* in Sachsen, *Beliebung* und *Willkür* im Nd. und andere mehr.

Mit W. bezeichnet man heute allg. eine Gruppe von RQu., die bei unterschiedlichem Inhalt durch die äußere Form ihrer Entstehung gekennzeichnet ist. Allen W.n ist gemeinsam, daß sie durch eine Weisung zustande gekommen sind. Dabei ist Weisung die Auskunft rechtskundiger Personen über einen bestehenden Rechtszustand oder über geltendes → Gewohnheitsrecht in einer hierzu einberufenen, auf Beratung eingestellten, oft auch feierlichen, öffentlichen Versammlung. Die Weisung dient also zunächst nicht der Festlegung neuen Rechts, sondern der Feststellung geltenden (Gewohnheits)rechts (21).

In der neueren Forsch. hat sich eine Unterscheidung von W.n im weiteren Sinn und W.n im engeren Sinn durchgesetzt. Die W. im weiteren Sinn sind nur durch die Form des Zustandekommens ‚durch Weisung' gekennzeichnet. Sie treten uns in Qu. aus weit auseinanderliegenden Epochen entgegen. Ihr Inhalt reicht von den Bußsätzen der → *Lex Salica* und der Weisung anderer Stammesrechte des 6.–9. Jh.s (→ Volksrechte) über die sog. *Reichsweistümer*, wobei die Abgrenzung zu den sog. Reichssprüchen im einzelnen fraglich sein kann (20), bis zu den W.n des Reichshofgerichts und der Kurfürsten, wie z. B. dem ‚Kurverein' zu Rhense aus dem J. 1338, bis hin zu solchen W.n, die als Bestandaufnahme des geltenden Rechts zur Vorbereitung herrschaftlicher Gesetze und Verordnungen erfragt wurden.

Dagegen sind W. im engeren Sinn ländliche RQu., die das Verhältnis zw. Grundherren und Bauern oder, in Dörfern mit mehreren Herren, das Verhältnis der Grund- und Gerichtsherren zueinander und zu den Bauern betreffen. Daneben finden sich auch Regelungen des Verhältnisses der Bauern zueinander. Diese waren jedoch eher Gegenstand herrschaftlicher Dorfordnungen, die von den W.n deutlich zu unterscheiden sind (13).

Die Frage des W.-Begriffs hat zeitweise zu heftigen Kontroversen geführt (19). Mit Recht hat Prosser 1991 festgestellt, daß bis heute keine Studie über die W. ohne ein Kap. über die Begriffsproblematik auskomme (29, 187). Nach Spieß (35, 4) hat die neuere Forsch. zu folgender Definition gefunden: „Weisung ist die gemeinschaftsbezogene Feststellung von wechselweise wirkenden Rechten und Pflichten der Herrschaft und der Genossenschaft in verfassungsmäßiger, d. h. in einer durch die Förmlichkeit des Fragens, des Weisens und des Versammelns bestimmten Weise, gültig für einen räumlich abgegrenzten Bezirk, die auf Veranlassung der Herrschaft zustande gekommen ist". Mit Blick auf den Inhalt der W. ist auch noch die Unterscheidung von Gerichts-W.n, von Hof-W.n und von Send-W.n zu nennen (39). Im ganzen ist freilich nicht zu verkennen, daß im Kanzleibetrieb des späten MAs und der frühen Neuzeit die Kategorisierung von Rechtstexten nicht das Gewicht hatte, die ihr heute zugemessen wird.

§ 2. Forschungsgeschichte. Sieht man von den wenigen Arbeiten ab, die sich mit den W.n als Qu. des vereinzelt im lokalen Bereich noch geltenden Rechts befaßten, wie z. B. Hofmanns Erörterung *De scabinorum demonstrationibus* von 1792 (25), so steht am Anfang der eigtl. W.-Forsch. Jacob Grimm. Ihm ist die erste räumlich umfassende und überwiegend diesem Qu.kreis gewidmete Slg. zu verdanken, die 1840–1869 in sechs Bde erschien, wozu 1878 ein von Richard Schröder erarbeiteter Registerbd. kam (2). Auch wenn Grimm zahlreiche Sätze aus den W.n in seine systematische Darst. der „Deutsche Rechtsalterthümer" (23) übernahm, so ist er zu einer Auswertung des gewaltigen Stoffes nicht mehr gekommen. Vom hohen Alter der Weistumssätze war Grimm überzeugt (23, X), eine Auffassung, die im Schrifttum lang vorherrschend blieb. Grimm sah in den W.n den Ausdruck eines unmittelbar aus dem Volke kommenden und vom Volk selbst gesetzten Rechts. Andere Forscher haben diese Linie fortgeführt und glaubten dann, in den W.n Belege für eine germ. Urdemokratie entdecken zu können, v. a. im Bereich von Mark und → Allmende. Sie zogen kühne Verbindungslinien über die Jh. hinweg von der *Germania* des → Tacitus bis zu den ländlichen RQu. des späten MAs und der frühen NZ. Über Georg Ludwig von Maurers „Einleitung zur Geschichte der Mark-, Hof-, Dorf- und Stadt-Verfassung und der öffentlichen Gewalt" (1854) haben Vorstellungen einer demokratischen Urzeit auch Einzug in die Schr. von Karl Marx und Friedrich Engels gefunden. Spätere Forscher haben dann das Dogma vom hohen Alter der W. erschüttert (28; 41). Sie haben vor dem Hintergrund der Auffassung eines alles beherrschenden Gegensatzes von Herrschaft und Genossenschaft mit Nachdruck auf den herrschaftlichen Einfluß auf die Weistumsbildung hingewiesen. Diese im Grundsatz heute allg. gebilligte Auffassung führte dann aber auch wieder zu Überspitzungen, wie etwa zu der Ansicht, die W. seien einseitige herrschaftliche Erzeugnisse, die ausschließlich zur Disziplinierung der Untertanen produziert worden seien und die grundsätzlich aus der Sicht der Herrschaft zu interpretieren seien (36). Inzw. ist die Forsch. aber wieder etwas von dem Gegensatz Herrscher und Beherrschte abgerückt und hat einer Betrachtungsweise Platz gemacht, die stärker auf den Inhalt dieser Qu. gerichtet ist (14; 13; 15; 17; 30; 31; 27), was zugleich den Blick für die polit. Funktion der Gem. gestärkt hat (17; 18).

§ 3. Sachinhalt der W. Der Inhalt der W.-Sätze ist so vielfältig, daß man von einem bestimmten oder spezifischen Sachinhalt nicht sprechen kann (41). Versucht man, sich quantifizierend dem Problem zu nähern, so stehen der Anzahl nach Regelungen des Verhältnisses von Grundherr und Gem. an der Spitze. Hier werden Abgaben, Fronen und Dienste geregelt und durch die schriftliche Fixierung zugleich als Obergrenze festgelegt. Die Banngewerbe werden in ihren Rechten und Pflichten beschrieben, z. B. die Nutzung der Mühlen oder Backöfen. Auch die Nutzung der Weiden, des Waldes und der Gewässer werden geregelt. Häufig werden die Besetzung, die Zuständigkeit, das Verfahren und die Strafgewalt der dörflichen Gerichte dargestellt, vielfach in eigens gewiesenen Gerichts-W.n. Strafrechtssätze sind nur vereinzelt und nur in der Frühzeit Gegenstand der W.

Neben den Regelungen des Verhältnisses der Herrschaft zur Gem. stehen solche im Verhältnis der Gem.mitglieder untereinander, betreffend die bäuerliche Wirtschaft wie die dörfliche Gemeinschaft. Dazu kommen Sätze zum Verhältnis der Gem. zum Vogt, zum Hochgerichtsherrn oder – seltener und nur in der Spätzeit der Weistumsbildung – zum Landesherrn. Schließlich weisen die bäuerlichen → Schöffen auch die Rechte und Pflichten mehrerer Grundherren oder Herrschaftsträger zueinander. Nicht zuletzt enthalten die W. eine Fülle von Einzelsätzen, die sich einer kategorisierenden Einordnung entziehen.

§ 4. Editionen. Wie erwähnt steht am Anfang der W.-Forsch. die Slg. von Jacob Grimm und seiner Helfer. Für Grimm war das Sammeln der W. aus den verschiedenen

Ländern des dt. Sprachgebiets eine „vaterländische Arbeit". Durch die Erhellung der gemeinsamen Wurzeln wollte er die Einheit des dt. Volkes bewußt machen und befördern. Grimms Interesse richtete sich vornehmlich auf den Inhalt der Rechtssätze. Deshalb hat er die Urk. häufig nicht vollständig wiedergegeben. Auch ist die Anzahl der aus einem bestimmten Gebiet beigebrachten Stücke höchst unterschiedlich. Sie richtet sich nicht nur nach dem archivalischen Befund, sondern auch nach dem persönlichen Einsatz und der Eignung der Helfer. Deshalb genügt diese Slg. heutigen wiss. Ansprüchen nur bedingt.

In der 2. Hälfte des 19. Jh.s sind mehrere Slg. begonnen worden. Von den größeren dieser Art ist bislang nur die „Sammlung österreichischer Weistümer" (10) zu einem gewissen Abschluß gekommen, 120 J. nach den ersten Anstößen. Noch immer erscheinen Nachtragsbde. Die großangelegte „Sammlung Schweizerischer Rechtsquellen" (9), die inzw. ihr 100jähriges Gründungsjubiläum feiern konnte, möchte nicht nur W. sondern alle RQu. erfassen. Diese umfassende Zielsetzung steht einem baldigen Abschluß im Weg. Für Deutschland hat 1977 Blickle (16) den Plan einer Gesamted. „Deutsche ländliche Rechtsquellen" entworfen. Wegen der Kosten und wegen der Schwierigkeit, qualifizierte Mitarbeiter für ein solches Projekt kurzfristig zu gewinnen, ließ sich das Vorhaben nicht realisieren.

Dagegen haben regionale Slg. ländlicher RQu. Fortschritte gemacht. Das gilt für Bayer.-Schwaben (7; 37), für das Saarland (22), für den Moselraum (6) und für das Mittelrheingebiet. Die Reihe der „Kurmainzischen Weistümer und Dorfordnungen" (4) ist seit kurzem abgeschlossen. Der Titel der Reihe zeigt an, daß in der gegenwärtigen Weistumsforschung Einigkeit darüber besteht, daß die zunehmende Ausdifferenzierung des W.-Begriffs nicht dazu führen darf, alle diesem Begriff nicht unterfallenden Qu. aus den Ed. auszuschließen. Die zur Ergänzung und zum Verständnis notwendigen Qu. sind mit aufzunehmen. Würde man in eine Deutschlandkarte die Gebiete einzeichnen, für die eine W.-Edition vorliegt, so würde anschaulich, daß nur ein sehr kleiner Teil der Fläche erfaßt wird (38; 39). Andererseits kann man hoffen, durch weitere Ed. und Einzelunters. zu landschaftlich übergreifenden Aussagen zur Erscheinung der W. zu kommen (34).

§ 5. W. als Geschichtsquellen. Die W. im engeren Sinn entstammen der Zeit vom 12. bis zum 18. Jh. mit Schwerpunkt in der Zeit vor 1500. In der Regel erfolgte die Weisung auf dem Jahrding durch die örtlichen Gerichtsschöffen. Nach schriftlicher Fixierung der W.-Sätze wurden diese meist jährlich verlesen. Die W. begleiten insofern den Übergang von der Mündlichkeit zur Schriftlichkeit (→ Mündlichkeit und Schriftlichkeit) in → Verwaltung und Rechtspflege. Wieweit der Inhalt der Rechtssätze in die Zeit vor ihrer Aufzeichnung zurückreicht, ist im Einzelfall zu prüfen und durch Qu. außerhalb der W. zu belegen. Generell voraussetzen kann man eine längere mündliche Tradition einzelner Sätze vor der Aufzeichnung nicht. Die Fortgeltung der W.-Sätze über die Zeit ihrer Aufzeichnung hinaus ist zwar vereinzelt bis zum Ende des Alten Reichs zu belegen. Für die Masse der W. aber gilt, daß sie einen Beleg der Rechtsgeltung nur für die Zeit ihrer Aufzeichnung und ihrer periodischen Verlesung erbringen, was ihren Qu.wert beschränkt. Auf der anderen Seite dürften die W.-Sätze in größerem Umfang tatsächlich befolgt worden sein als die Vorschriften rein normativer Qu., wie Dorfordnungen etc., weil die weisenden Schöffen auf der Seite der betroffenen Gem. standen. Ihr Spruch erzeugte eine Selbstbindung der Gem. Deshalb bedienten sich Grund- und Gerichtsherren auch in Zeiten veränderter verfassungsrechtlicher Grundlagen noch lang der altertümlichen W.-Bildung im hergebrachten Verfahren.

Wie dargestellt fehlt bislang eine Gesamtedition der dt. W. Dies hat dazu geführt, daß der Grad der Ausschöpfung der W. als Qu. für verschiedene Wiss.sdisziplinen unterschiedlich ist. Während der Wert der W. als Qu. für die → Volkskunde, die Sprachforschung und bes. die Rechtssprachgeogr. schon früh erkannt wurde, gibt es für die ländliche Sozial- und Wirtschaftsgesch. und allg. für die Rechts- und Verfassungsgesch. fast nur Auswertungen auf regional beschränkter Qu.basis.

Qu. (Ed. in Auswahl): (1) Badische W. und Dorfordnungen, Abt. I, Bd. 1–4, 1917–1985. (2) J. Grimm, Weisthümer 1–6 und Reg. 1840–1878, Repr. 2000. (3) Hohenlohische Dorfordnungen, 1985. (4) Kurmainzische W. und Dorfordnungen 1–3, 1996–2004. (5) Ländl. RQu. aus dem Kurmainzer Rheingau, 2003. (6) Ländliche RQu. aus dem Kurtrierischen Amt Cochem, 1986. (7) Die ländlichen RQu. aus den pfalz-neuburgischen Ämtern Höchstädt, Neuburg, Monheim und Reichertshofen, 1986. (8) Pfälzische W., Lfg. 1–7, 1957–1973. (9) Slg. Schweiz. RQu., 1903–1968. (10) Österr. W., 1870–1994. (11) Die W. der Rheinprov., 1900–1983. (12) Die Zenten des Hochstifts Würzburg 1–2, 1907.

Lit.: (13) K. S. Bader, Stud. zur Rechtsgesch. des ma. Dorfes 1–3, 1957–1974. (14) H. Baltl, Die österr. W. Stud. zur Weistumsgesch., MIÖGF 59, 1951, 365–410; 61, 1953, 38–78. (15) P. Blickle, Landschaften im Alten Reich. Die staatliche Funktion des gemeinen Mannes in Oberdeutschland, 1973. (16) Ders., Dt. ländliche RQu. Probleme und Wege der Weistumsforsch., 1977. (17) Ders., Die staatlichen Funktion der Gem. – die polit. Funktion der Bauern, in: [16], 205–223. (18) Ders., Stud. zur geschichtl. Bedeutung des Bauernstandes, 1989. (19) Th. Bühler-Reimann, Warnung vor dem herkömmlichen Weistumsbegriff, in: [16], 87–102. (20) B. Diestelkamp, Reichs-W. als normative Qu.?, Vorträge und Forsch. 23, 1977, 281–310. (21) W. Ebel, Gesch. der Gesetzgebung in Deutschland, ²1958. (22) I. Eder, Die saarländischen W. – Dokumente der Territorialpolitik, 1978. (23) Grimm, Rechtsalt., 1828, ⁴1899, Repr. 1992. (24) R. Hinsberger, Die W. des Klosters St. Matthias in Trier, 1989. (25) J. A. Hofmann, De scabinorum demonstrationibus aliorumque placitis, sermone patriae von Schoeffen- und anderen Weisthümern, 1792. (26) K. Kollnig, Über die Ed. von W., Heidelberger Jb. 28, 1984, 97–109. (27) A. Laufs, Zum Stand der Weistumsforsch., in: Festschr. K. Kollnig, 1990, 147–168. (28) E. Patzelt, Entstehung und Charakter der W. in Österr., 1924. (29) M. Prosser, Spätma. ländliche Rechtsaufzeichnungen am Oberrhein zw. Gedächtniskultur und Schriftlichkeit, 1991. (30) W. Rösener, Bauern im MA, 1986. (31) Ders., Frühe Hofrechte und W. im Hoch-MA., Probleme der Agrargesch. des Feudalismus und des Kapitalismus 23, 1990, 19–29. (32) R. Schmidt-Wiegand, Die ‚W.‘ J. Grimms und ihre Bedeutung für die Rechtswortgeogr., in: R. Hildebrandt, U. Knoop (Hrsg.), Brüder-Grimm-Symposion zur hist. Wortforsch., 1986, 133–138. (33) Dies., Rechtssprachgeogr. als Sonderform der hist. Wortgeogr., in: Ergebnisse und Aufgaben der Germanistik am Ende des 20. Jh.s (Festschr. L. E. Schmitt), 1989, 39–95. (34) Dies., Weistum, in: Reallex. der Dt. Literaturwiss. 2003, 821 f. (35) K.-H. Spieß, Die W. und Gem.ordnungen des Amtes Cochem im Spiegel der Forsch., in: Ch. Krämer, K.-H. Spieß (Hrsg.), Ländliche RQu. aus dem kurtrierischen Amt Cochem, 1986, 1–56. (36) H. Stahleder, W. und verwandte Qu. in Franken, Bayern und Österr., Zeitschr. für bayer. Landesgesch. 32, 1969, 525–605 und 850–885. (37) G. von Trauchburg, Ehehaften und Dorfordnungen: Unters. zur Herrschafts-, Rechts- und Wirtschaftsgesch. des Rieses anhand ländlicher RQu. aus der Herrschaft Oettingen, 1995. (38) D. Werkmüller, Über Aufkommen und Verbreitung der W. Nach der Slg. von J. Grimm, 1972. (39) Ders., W., in: HRG V, 1239–1252. (40) Ders., Einleitung zu J. Grimm, Rechtsalterthümer, Reprint 2000, 1–34. (41) H. Wiessner, Sachinhalt und wirtschaftl. Bedeutung der W. im dt. Kulturgebiet, 1934.

D. Werkmüller

Weizen

§ 1: Sprachlich – § 2: Botanisch-archäologisch

§ 1. Sprachlich. Die Entsprechung von *Weizen* kommt in allen germ. Sprachen vor. Got. *hvaiteis* ist ein mask. (oder neutraler?) *-ja*-Stamm, der nur im Gen. Sing. belegt ist: *kaúrno hvaiteis* ‚Weizenkorn‘ (Joh. 12,24). Allein bei dieser Gelegenheit übersetzt die got. Bibel σῖτος mit dem W.-Wort. An allen anderen erhaltenen Stellen (Mk. 4,28; Lk. 3,17; 16,7) verwendet sie *kaúrn*, unabhängig davon, ob die lat. Bibel *frumentum* oder *triticum* bietet. Das Getreidewort schlechthin scheint im Got. also *kaúrn* gewesen zu sein.

Die Verwendung von *hvaiteis* ist offenbar stilistisch motiviert, um ein *kaúrno kaúrnis zu vermeiden.

Zur gleichen Flexionsklasse gehört das Mask. ahd. *hweizi*. Auffällig ist die begrenzte Bezeugung dieses Wortes. → Otfrid von Weißenburg und Notker verwenden es, im Gegensatz zu dem unspezifizierten Getreidewort *korn* (1, V, 313–315), nirgends (25, 314). Einmal gebraucht es der Notkerglossator zu Ps 103,20 beim Bibelzitat von Lk. 22,31 (*daz er* [der Teufel] *dih ríteroti also uueîzze* für *triticum*, ebenso im bair. Wiener Notker: *also den uueize*), wo das Bild des feinen Aussiebens von Getreide offenbar dieses Wort begünstigt hat. Einen alem. Frühbeleg enthält die Übs. der Benediktinerregel ebenfalls für (nur hier, c. 64,21, übersetztes) *triticum*, das in Anlehnung an Lk. 12,42 gebraucht wird. Ausschließlich *uueizi* für *triticum* verwendet die ahd. Tatian-Übs., und die Frg. des Monseer Matthäus bieten gleichfalls *hueizi* im Gleichnis vom Unkraut unter dem W. (Mt. 13,25). Im Tatian wird *granum frumenti* (Joh. 12,24) mit *corn thinkiles* wiedergegeben. Das Appellativ *thinkil* ist ausschließlich im Ahd. belegt (1, II, 506 f.). Die ahd. Glossen (→ Glossen und Glossare) bezeugen *huuaizzi* usw. für *triticum* seit dem 8. Jh. im *Abrogans* (in der *Samanunga*, 9. Jh., für *frumentum*) und in der frühen Reichenauer Bibelglossierung. Auch jüng. Glossierungen verwenden es vorzugsweise für *triticum*, gelegentlich für *frumentum* und nur sehr vereinzelt für andere Lemmata (24, X, 477 f.). Anders als im sächs. Bereich scheint W. in der alten hd. ON-Gebung nicht aufzutreten. Als Heilmittel (→ Heilmittel und Heilkräuter) wird W. im frühmhd. „Züricher Arzneibuch" erwähnt, wo *weizine mél* (30, 60,272) als Bestandteil eines Fieberpflasters bezeugt ist.

Als Namenelement ist as. *huēti* in originaler Überlieferung seit dem Diplom 60 Arnulfs von a. 889 für Corvey in dem Gaunamen *Huueitago* bezeugt (die Graphie könnte z. T. auf hd. Einfluß beruhen). Ganz sächs. ist *Huetigo* im Diplom 27 Ottos I. von a. 940, das durch das nicht lange nach a. 945 angelegte Corveyer Kopialbuch überliefert ist. Schon die sog. Einhardsann., eine Überarbeitung der *Annales regni Francorum,* die das Namengut in einer stark saxonisierten Form enthalten, verzeichnen zu a. 784 *in pago Huettagoe* (mit altertümlicher Bewahrung der Geminata). Das Bestimmungswort im Namen des an der mittleren Weser gelegenen Gaues bildet gewiß die Getreidebezeichnung (23, 87. 171), da das Farbadj. as. *hwīt* ‚weiß', zu dem es H. Jellinghaus fälschlich stellt (in 9, I, 1537), schon wegen der Schreibungen des Vokals nicht in Frage kommt. Auch das Appellativ as. *huēti* ist bezeugt. In den Bibelglossen des Essener Evangeliars (10. Jh.) glossiert es das schon erwähnte Gleichnis vom Unkraut unter dem W., Mt. 13,25 f. Überaus zahlreiche Belege liefert sodann das volkssprachige Heberegister des Klosters Freckenhorst (um 1200), in dem das Wort immer im Gen. *huetes* (abhängig von einer Maßangabe) als Bezeichnung einer Abgabe erscheint.

Als weitere W.-Bezeichnung fungiert as. *hrēn-kurni*, eine Bildung aus dem Adj. *hrēn* ‚rein' und dem in *korn* vorliegenden Etymon, das mit *-ja-* suffixal abgeleitet ist (16, § 76). Bei der Erzählung vom Unkraut unter dem W. wird dieses Wort im → Heliand (v. 2390 ff.) verwendet, findet sich aber auch im Essener Evangeliar bei dem Gleichniswort an Petrus vom prüfenden Sieben des Teufels (Lk. 22,31). Da auch ahd. *reincurni* in alten Glossierungen erscheint (24, VII, 375), wird das Wort nicht rein lit.sprachlich sein (15, 223–226).

In zahlreichen ON-Zeugnissen erscheint ae. *hwǣte* Mask. (27, I, 271). Daneben sind Belege für das Appellativ sehr häufig (7 s. v., mit den Nachweisen). Als Übs. von *frumentum* (Ps 4,8; 64,14; 80,17; 147,14 [moderne Zählung]) und *triticum* (Deut 32,14) findet sich *hwǣte* bereits in der mercischen Interlinearglossierung des Vespasian-Psalters (1. Drittel des 9. Jh.s). Der ahd. Übersetzer

Notker hat an diesen Stellen (soweit er direkt übersetzt) stets *chorn* (und Komposita), die as. Psalmenauslegung („Gernroder Psalter") hingegen *vuetes* (Gen., Ps 4,8) verwendet. In den verschiedenen ae. Interlinearversionen der Evangelien findet sich in Übereinstimmung mit den oben genannten ahd. (frk.) Texten *hwǣte* zu Übs. der entspr. Bibelstellen (Mt. 13,25; Lk. 22,13; Joh. 12,24). Ebenso sind die Lemmata der sonstigen *hwǣte*-Glossierungen meist *triticum* und *frumentum* (2, III, 148). Häufiger treten W. und W.-Mehl als Bestandteile med. Rezepturen auf (2, I, 89 f. und II, 70).

Neutrales Genus zeigt awnord. *hveiti*. In der → *Rígsþula* wird bei der Bewirtung des Gottes Rígr durch das adlige Paar Faðir und Móðir erwähnt, daß deren Tafel erlesen ausgestattet war: Tischtuch, Silberschüsseln, Kelche aus Edelmetall, auch edle Speisen, Wein und *hleifa þunna / hvíta af hveiti* (Str. 31,6 f.) ‚dünne Brotlaibe / weiße, aus Weizen' (26, 603–605), offenbar Zeichen des Wohlstands. Beim Knechtsehepaar war der aufgetragene Brotlaib *þunginn sáðom* (Str. 4,4) ‚mit Getreidehülsen durchsetzt' (26, 533 f. mit weiteren Hinweisen). *Hveiti* kommt seit den Skaldenstrophen des 11. Jh.s in der Dichtung vor (12, 77). In der → *Egils saga Skalla-Grímssonar* werden *hveiti ok hunang* ‚Weizen und Honig' (c. 62,11, ähnlich c. 17,7; 19,6) als Ladung eines Handelsschiffs von England nach Norwegen erwähnt. Das Wort nebst Komposita findet sich daneben vielfach in Übs. und in der med. Lit. (12, 25–27).

Im Anfrk. ist das W.-Wort nicht belegt. Die einzige mit den oben genannten Übs. vergleichbare Stelle im Wachtendonck-Psalter übersetzt *frumentum* (Ps 64,14) mit *fruht*. Mndl. *weit(e)* (Mask. u. Fem., 28, IX, Sp. 2064 f., kein Beleg bei 21) lebt im heutigen Ndl. nur noch regional in n. und ö. Gebieten um Utrecht und längs der Maas. Schriftsprachlich gilt *tarwe* (29, 724). Dieses Wort für W. ist seit dem Frühmndl. gut bezeugt (21, 4683) und findet sich auch in der Namengebung (*Tarwedic*, Zeeland a. 1189; 17, 340). Als W.-Wort scheint es eine Besonderheit des Ndl. darzustellen. Es wird etym. mit ne. *tare* ‚Wicke, (bibl.) Getreideunkraut' verbunden, das seit dem Me. belegt ist (20 s. v., zu den idg. Verbindungsmöglichkeiten 22, 209).

Das in vielen Wörterbüchern als afries. *hwēte* aufgeführte Lexem existiert in dieser Form nicht (D. Hofmann in: 13, 161 zu 13, 48). Belegt ist der Gen. Sing. in *hlepen weyts* ‚Scheffel Weizen' in der Meldung der Fries. Chronik über den W.-Preis z. Zt. der Hungersnot a. 1316, überliefert in der westerlauwersschen Hs. des *Ius municipale Frisonum* (XXXI,11, Kopie ca. 1530; 5, 568).

Das gemeingerm. Wort *Weizen* ist ausschließlich in den germ. Sprachen belegt. Entspr. Wörter im Lit. und Lett. gelten als Entlehnungen aus dem Germ. (4, 516 f.; 8, I, 326). Für den Inhalt ‚Weizen' besitzen die verschiedenen idg. Sprachen und Sprachfamilien jeweils eigene Wörter (4, 515 f.), auch wenn teilweise vergleichbare Motivationen durch ein Farbwort auftreten (14, 356). Ausgangspunkt aller germ. Formen ist *$\chi wait$-ja-* (19, 197), eine Ablautform zum Farbadj. *$\chi w\bar{\imath}t$-a-* ‚weiß'. Regionalsprachlich sind daneben Var. belegt (10 s. v. *Weizen*, 18, IV, 810), die auch für *Weizen* eine Grundlage mit -*ī*- erkennen lassen und Nebenformen ohne Gemination, Typ *Weiß(en)* (zur Erklärung 3, § 160 Anm. 4). Der bereits in got. *hvaiteis* belegte Ablaut macht wahrscheinlich, daß *Weizen* offenbar nicht direkt vom Farbadj. herzuleiten ist. Vermutet wird eine substantivische, *o*-stufige Vṛddhi-Bildung aus dem Adj. mit der Bedeutung ‚Weißes', wohl für das Mehl. Dazu stellt die -*ja*-Ableitung eine Zugehörigkeitsbezeichnung dar: ‚das zu dem weißen Mehl gehörige (Getreide)' (11, 144 f.; 6, 117).

(1) Ahd. Wb. (2) P. Bierbaumer, Der botan. Wortschatz des Ae. 1–3, 1975–1979. (3) W. Braune, I. Reiffenstein, Ahd. Gramm., [15]2004. (4) C. D. Buck, A Dict. of Selected Synonyms in the Principal Indo-European Languages, [3]1971. (5) W. J.

Buma, W. Ebel, Westerlauwerssches Recht I, Jus municipale Frisonum 1–2, Afries RQu. 6, 1977. (6) A. Casaretto, Nominale Wortbildung der got. Sprache, 2004. (7) A. diPaolo Healey, R. L. Venezky, A Microfiche Concordance to OE, 1980. (8) E. Fraenkel, Lit. etym Wb. 1–2, 1962–1965. (9) Förstem. ON. (10) Grimm, DWb. (11) F. Heidermanns, *o*-stufige Vṛddhi-Bildungen im Germ., in: Th. Poschenrieder (Hrsg.), Die Indogermanistik und ihre Anrainer, 2004, 137–151. (12) W. Heizmann, Wb. der Pflanzennamen im Awnord., 1993. (13) F. Holthausen, Afries. Wb., 2. Aufl. von D. Hofmann, 1985. (14) Hoops, WuK. (15) P. Ilkow, Die Nominalkomposita der as. Bibeldichtung, 1968. (16) F. Kluge, Nominale Stammbildungslehre der agerm. Dialekte, ³1926. (17) R. E. Künzel u. a., Lexicon van nederlandse toponiemen tot 1200, ²1989. (18) Marzell, Wb. (19) V. Orel, A Handbook of Germanic Etym., 2003. (20) Oxford English Dict. (21) W. J. J. Pijnenburg u. a., Vroegmiddelnederlands woordenboek 1–4, 2001. (22) Pokorny, IEW. (23) P. von Polenz, Landschafts- und Bez.snamen im frühma. Deutschland, 1961. (24) R. Schützeichel (Hrsg.), Ahd. und As. Glossenwortschatz 1–12, 2004. (25) Ders., Ahd. Wb., ⁵1995. (26) K. von See u. a., Kommentar zu den Liedern der Edda 3, 2000. (27) Smith, EPNE. (28) E. Verwijs, E. Verdam, Middelnederlandsch woordenboek 1 ff., 1885 ff., Nachdr. 1990 ff. (29) J. de Vries, F. de Tollenaere, Nederlands etym. woordenboek, 1971. (30) F. Wilhelm (Hrsg.), Denkmäler dt. Prosa des 11. und 12. Jh.s, 1960.

H. Tiefenbach

§ 2. Botanisch-archäologisch. W. bezeichnet die Gattung *Triticum* aus der Familie der Süßgräser (Poaceae) zu der sowohl kultivierte wie auch wilde einjährige bzw. einjährig-überwinternde W.-Arten gehören. W. wird heute im Sprachgebrauch jedoch auch für die häufig angebaute Art Saat-W. *Triticum aestivum* s.l. benutzt.

Arten der Gattung W. gehören in der Vorgesch. wie auch heute zu den weltweit bedeutendsten kohlehydratliefernden Kulturpflanzen. Die systematische Gliederung der wilden und der kultivierten W. erfolgt heute vorwiegend auf Grundlage genetischer Erkenntnisse (55, 28). Die folgende kurze Übersicht folgt dabei der klass. Nomenklatur, bei der Wild- und Kulturarten noch als getrennte Arten aufgefaßt werden (vgl. dazu 55, 28 Tab. 3). Es wird zw. diploiden W.-Arten mit doppeltem Chromosomensatz (z. B. → Einkorn *Triticum monococcum* L., 2n = 14, mit Genom AA), tetraploiden Arten mit vierfachem Chromosomensatz (→ Emmer *Triticum dicoccon* Schübl., Hartweizen *Triticum durum* Desf., Rauhweizen *Triticum turgidum* L., 4n = 28, mit Genomen AABB und *Triticum timopheevi* Zhuk. mit Genomen AAGG) sowie hexaploiden W.-Arten mit sechsfachem Chromosomensatz (Saat-W. *Triticum aestivum* s.l. und → Dinkel *Triticum spelta* L., 6n = 42, mit Genomen AABBDD) unterschieden (Abb. 57). Der früher als eigene Art abgetrennte Zwerg- oder Binkel-W. *Triticum compactum* Host. (syn. *Triticum aestivo-compactum* Schiem.) wird heute als früher verbreitete dicht- und kurzährige Form des Saat-W.s interpretiert. Im Rahmen der Kulturpflanzenentwicklung erfolgt eine Entwicklung von diploiden über tetraploide zu hexaploiden Formen (19, 269). Die kultivierten W.-Arten sind vermutlich direkt aus den di- und tetraploiden Wildgetreiden (2n = 14: Wild-Einkorn *Triticum boeoticum* Boiss., *Triticum urartu* Tuman.; 4n = 28: Wild-Emmer *Triticum dicoccoides* Aschers. & Graebner, *Triticum araraticum* Jakubz.) entstanden. An der Entstehung der hexaploiden Kultur-W. waren vermutlich die tetraploiden kultivierten W.-Arten sowie das Wildgras *Aegilops tauschii* Cosson (syn. *Aegilops squarrosa*) mit Genom DD beteiligt. Als wesentliche Merkmale des Domestikationsprozesses der → Getreide gelten der Verlust der Brüchigkeit der Ährenspindel, der eine effektive Ernte erst ermöglichte, ein möglichst gleichmäßiges Erreichen der Ährenreife, eine Reduktion derber Grannen und Spelzen sowie die Steigerung des Ertrages durch eine steigende Anzahl fertiler Blüten und ihre dichtere Anordnung (55, 19).

Morphologisch kann bei den kultivierten W.-Arten zw. bespelzten und freidreschenden Arten unterschieden werden. Die sog. Spelz-W. Einkorn *Triticum monococcum* L., Emmer *Triticum dicoccon* Schübl. und Dinkel

Einkornreihe	Emmerreihe	Dinkelreihe
Diploidea	Tetraploidea	Hexaploidea
2 n = 14	4 n = 28	6 n = 42
Genom AA oder DD	Genom AABB oder AAGG	Genom AABBDD

Vermehrung der Chromosomenzahl bzw. Erbinformation (Polyploidisierung) →

Entstehung neuer Weizenformen

Wildformen Spelzweizen
fest bespelzt mit brüchiger Ährenachse

Aegilops-Formen
Aegilops squarrosa L. (= *tauschii*) (DD)
andere *Aegilops*-Arten (BB, SS)

Wildeinkornformen:
Triticum boeoticum Boiss. mit 1- o. 2-körnigen Ährchen, apophytisch (AA)
andere Einkornformen (AA)

Wildemmerformen:
Triticum dicoccoides (Körn.) Aarons. (AABB)
andere Emmerformen (AAGG)

Kulturformen Spelzweizen
fest bespelzt mit teils brüchiger Ährenachse

Einkorn
Triticum monococcum L.
(1- u. 2-körnige Formen) (AA)

Emmer
Triticum dicoccum Schübl. (AABB)

Dinkel
Triticum spelta L. (AABBDD)

Kulturformen Nacktweizen
locker bespelzt mit fester Ährenachse

Rauhweizen
Triticum turgidum L. (AABB)

Hartweizen
Triticum durum Desf. (AABB)

Saatweizen
Triticum aestivum L. (AABBDD)

Zwergweizen
Triticum compactum Host. (AABBDD)

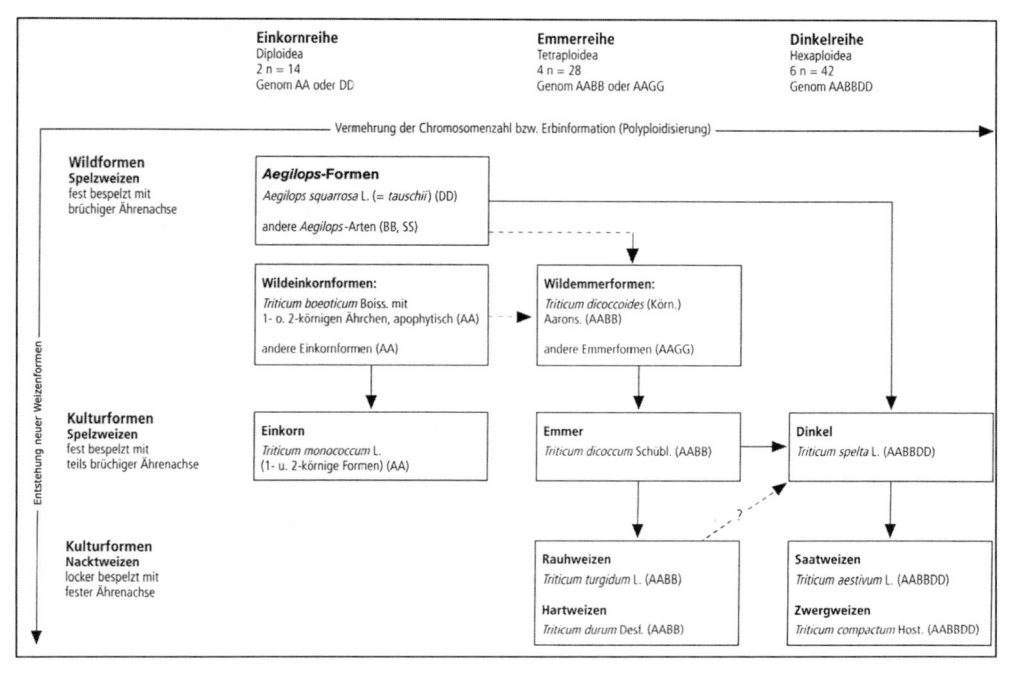

Abb. 57. Gliederung der wilden und der kultivierten Weizenarten. Nach Jacomet/Kreuz (19, 270)

Triticum spelta L. liegen nach dem → Dreschen in Form der Ährchen vor, die auch als ‚Vesen' bezeichnet werden. In den Ährchen werden die Körner noch fest von den Spelzen umschlossen. Zur Gewinnung der Körner müssen sie vor dem Vermahlen in einem eigenen Arbeitsschritt entspelzt werden. Spelzen und → Unkräuter werden anschließend durch Windsichtung, das sog. Worfeln, und verschiedene Siebvorgänge abgetrennt. Ihre Verarbeitung ist aufwendiger als die der Nacktweizen, jedoch sind sie besser zu lagern (→ Getreidespeicherung), da die Körner in den Ährchen durch die umschließenden Spelzen gegen Schimmel und Insektenbefall besser geschützt sind. Im Gegensatz zu den Spelz-W. fallen bei den freidreschenden W.-Arten Hartweizen, Rauhweizen und Saat-W. die Körner bereits beim Dreschen aus (‚Nacktweizen'); ihre verdickte Ährenspindel bricht irregulär, meist in Frg. mit 2–5 Spindelgliedern (55, 30). Die unterschiedliche Verarbeitung von Spelz-W. und freidreschenden W. führt auch zu einer unterschiedlichen Überlieferung archäobotan. Fundgutes. So sind im Gegensatz zu den Spelz-W. Spindelglieder und Spelzenreste freidreschender W. in prähist. Siedlungen meist sehr selten. Die folgende Betrachtung der archäobotan. Funde beschränkt sich auf die freidreschenden W.-Arten, da die wichtigsten Vertreter der Spelz-W. bereits behandelt wurden.

Saat-W. wird 0,70–1,60 m hoch; seine vierseitige Ähre ist dicht bis sehr locker mit den zwei- bis fünfblütigen Ährchen besetzt (12, 505 ff.). Wie bei den anderen Getreiden sind Fruchtwand und Samenschale verwachsen. Sie umschließen das stärkehaltige Nährgewerbe des W.-Korns, das Perisperm (35, 15 ff.; 37, 62 ff.). Die W.-Frucht wird deshalb botan. als Karyopse bezeichnet. Vom Saat-W. gibt es zahlreiche Landrassen und moderne Zuchtformen, die sich morphologisch deutlich voneinander unterscheiden. Je nach Varietät bzw. Landrasse kann er sowohl als Sommer- wie als Wintergetreide angebaut werden.

Der hexaploide Saat-W. enthält nach Anbauversuchen der Univ. Hohenheim in der Trockenmasse 70,8–73,4 % Rohstärke und Zucker, 11,32–14,4 % Rohprotein sowie 1,85–1,98 % Fett (24, 27). Er ist damit stärkereicher, aber eiweißärmer als die Spelz-W. Einkorn, Emmer und Dinkel. Saat-W. benötigt humusreiche, tiefgründige und gut nährstoffversorgte Böden und wird üblicherweise als Wintergetreide angebaut (→ Bodennutzungssyteme), da er dabei größere Erträge bringt. Im Anbau ist er das anspruchvollste Getreide. Saat-W. diente als wichtiges Brotgetreide. Je nachdem, ob und in welchem Umfang man durch Sieben Kleie und Feinmehl voneinander trennte, war die Herstellung feinerer oder gröberer → Brote möglich. Neben seiner Nutzung für Brot und Gebäck konnte W. wie andere Getreide auch zur Bierherstellung (→ Bier) dienen. Hartweizen ist im Vergleich proteinreicher und eignet sich damit bes. für die Herstellung von Teig- und Backwaren. Vom nahverwandten Rauhweizen *Triticum turgidum* L., der ebenfalls ein gutes Brotgetreide darstellt, gibt es sowohl typische Winter- wie Sommerformen (31, 46).

Die Bestimmbarkeit von verkohlten archäobotan. Nacktweizenfunden hängt entscheidend vom Erhaltungszustand und dem Vorhandensein der zur Artbestimmung wichtigen Spindelglieder oder besser ganzer Ähren ab. Ährenfunde liegen in der Regel nur aus neol. und bronzezeitlichen Feuchtbodensiedlungen (→ Seeufersiedlungen) mit ihren bes. günstigen Erhaltungsbedingungen vor (31, 44 Abb. 6; 33). Nackte Körner freidreschenden W.s können morphologisch nicht sicher tetra- oder hexaploiden Arten zugewiesen werden (13). Als Merkmale tetraploider W. gelten Spindelglieder mit geraden Kanten, die unterhalb der Hüllspelzenbasen wulstförmig verdickt sind und die häufig Reste der ansetzenden Hüllspelzen aufweisen. Dagegen sind bei Spindelgliedern des hexaploiden Saat-W.s die Hüllspelzen immer komplett abgebrochen, die Verdickungen fehlen und die Kanten der Spindelglieder sind meist geschwungen (16; 19, 273 Abb. 11.20). Je nach Fundplatz und Kulturgruppe zeigen die freidreschenden W.-Arten jedoch eine große Variabilität bei den morphologischen Merkmalen ihrer Ähren, der Anordnung der Ährchen sowie der Anzahl und Form der Körner je Ährchen (31, 46). Am Fundmaterial der neol. Feuchtbodensiedlung von Hornstaad-Hörnle IA konnten sechs verschiedene Typen tetraploiden Nacktweizens unterschieden werden, bei denen es sich vermutlich um Landrassen handeln dürfte (31, 44 f. Abb. 6 und Tab. 1; 33). Sind keine vollständigen Ähren vorhanden ist eine sichere Unterscheidung der beiden tetraploiden Arten *Triticum durum* und *Triticum turgidum* anhand von einzelnen Körnern und Druschresten nicht möglich, da es verschiedene Varietäten gibt und im Fundmaterial alle Übergänge zw. beiden Arten vertreten sein können (29, 60).

Unter Feuchtbodenbedingungen bleiben vom W. nur unverkohlte Druschreste sowie Getreidekornhäute (Perikarp- und Testareste der Körner) erhalten, die noch schwieriger zu bestimmen sind als verkohlte Funde. Bei Perikarp- und Testafrg. bereitet schon die Unterscheidung von W. und → Roggen anhand der Querzellen Probleme (10). Einzelne W.-Arten lassen sich anhand der Perikarp- und Testareste nicht sicher differenzieren.

Archäobotan. Funde. Die ältesten Funde von tetraploiden Nacktweizen stammen aus dem s. Anatolien und aus dem Nahen Osten, insbesondere aus Syrien und Jordanien (31, 47 Abb. 8). Sie gehören in die Stufe Pre-Pottery Neolitic B (PPNB) und datieren in das 8. Jt. v. Chr. (55, 46; 19, 254 Tab. 11.7, 271). Die ältesten Funde von Spindelgliedern hexaploiden Nacktweizens stammen aus dem südanatolischen Can Hasan III (ca. 6500 v. Chr.) und vom südostanatolischen Fundplatz Çatal Hüyük (ca. 7000–6000 B. C. [39]). (Eine Zusammenstellung früher Nacktweizenfunde im Nahen Osten und in Europa publizierte Maier [31, 48 f. Tab. 2]).

Die Ausbreitung der frühen Landwirtschaft und damit auch des W.s erfolgte nach derzeitigem Forsch.sstand über zwei verschiedene Routen, einerseits über das w. Mittelmeergebiet in den Adriaraum, nach S-Frankreich und S-Spanien zu den frühneol. Kulturgruppen mit Impressa- bzw. Cardialkeramik, die ihrerseits deutliche Beziehungen zu frühneol. Fundplätzen mit La Hougette-Keramik in Frankreich und Deutschland aufweisen. Anderseits verlief sie über die Bandkeramische Kultur (→ Bandkeramik; ab. ca. 5500 v. Chr.), die zunächst in der ältesten Bandkeramik vom w. Ungarn bis an den Rhein reichte und sich in ihren späteren Phasen bis in das Pariser Becken ausbreitete (→ Gallien § 2c mit Abb. 46). An den südfrz. und iberischen frühneol. Fundplätzen kommt Nacktweizen häufiger als in der bandkeramischen Kultur und den vorausgehenden neol. Kulturen in Bulg. (34) und Ungarn (→ Ungarn § 1d) vor.

Im n. Mitteleuropa wurde Nacktweizen sehr vereinzelt in Fundkomplexen jüngerbandkeramischer Siedlungen gefunden (21; 25, 170; 42, 128; 54, 436 ff. und Tab. 4). Da Spindelglieder in der Regel fehlen, ist nicht festzustellen, ob es sich dabei um tetraploiden Nacktweizen oder um hexaploiden Saat-W. handelt. Aus dem jüngerbandkeramischen Brunnen von Kückhoven im Rheinland stammen Spindelglieder, die sich hexaploidem Saat-W. zuweisen lassen (22; 31, 49). Im Vergleich zu den Spelz-W. Emmer und Dinkel besitzt Nacktweizen in der Bandkeramik keine Bedeutung und ist daher vermutlich als unkrauthaftes Beigetreide einzustufen.

Erst in den mittelneol. Kulturstufen von Großgartach und Bischheim sowie in der folgenden mittelneol. Rössener Kultur (→ Neolithikum) ist Nacktweizen so häufig und stetig in archäobotan. Funden vertreten (11; 8; 9, 45 Abb. 3), daß er als eigenständig angebaute Kulturpflanze angesehen werden muß. Dafür spricht auch der Fund eines ersten großen Nacktweizenvorrates aus Wahlitz in der Lausitz (47). Vermutlich handelt es sich bei diesen mittelneol. Funden um hexaploiden Nacktweizen, wie in der rössenzeitlichen Siedlung von Maastricht-Randwijk durch Spindelglieder eindeutig belegt ist (8; 9, 45 Abb. 3; 19, 297 f. und Abb. 11.34).

Dagegen stammen die ältesten Funde tetraploiden Nacktweizens im Schweiz. Mittelland aus Siedlungen der frühen Egolzwiler Kultur (→ Egolzwil) (4400–4200 v. Chr. [20, 92–113; 32, 213]). In den Feuchtbodensiedlungen der jungneol. Kulturen des 4. Jt. v. Chr. im Alpenvorland überwiegen allg. die Reste tetraploiden Nacktweizens (33; 15, 122). In der Siedlung von Arbon-Bleiche 3 am Bodensee (3384–3370 v. Chr.), die an den Übergang von Pfyn zu Horgen datiert wird (zu Chron. und Topographie allg. → Seeufersiedlungen § 2 mit Abb. 5; → Neolithikum § 2), war er wohl das wichtigste Getreide. 59 % aller verkohlten Druschreste und 36 % aller verkohlten Körner konnten Nacktweizen zugewiesen werden (15, 123 Abb. 93). Ein einziges Spindelglied aus Arbon-Bleiche 3 weist Merkmale hexaploiden Nacktweizens auf; ferner stammen zwei hexaploide Spindelglieder aus den endneol. Siedlungen von → Yverdon (Kant. Vaud), Avenue des Sports (48, 13 f.). DNA-Unters. an W.-Drusch der Cortaillod-Siedlung Zürich-Mozartstr., Schicht 6, konnten sowohl tetra- wie auch hexaploiden Nacktweizen bestätigen (49, 1117). Es wird allg. davon ausgegangen, daß tetraploider Nacktweizen vermutlich über Kulturkontakte mit dem w. Mittelmeergebiet in das n. Alpenvorland gelangte (32). Dagegen scheint der hexaploide Nacktweizen über die frühen neol. Kulturen des Donaugebietes in die Regionen n. der Alpen gelangt zu sein.

In der BZ und der EZ Frankreichs, der Schweiz und SW-Deutschlands tritt Nacktweizen meist nur vereinzelt und in geringen Fundmengen auf; Spindelglieder fehlen in der Regel (7; 26; 27; 52). Im Gegensatz zu den Spelz-W. Dinkel und Emmer war er nur von untergeordneter wirtschaftl. Bedeutung. Lediglich in der Spät-LTZ scheint regional begrenzt neben Spelzgerste (→ Gerste) und Echter → Hirse Nacktweizen wieder etwas häufiger vertreten zu sein, beispielsweise in der spätlatènezeitlichen Siedlung von → Basel-Gasfabrik (50, 28). Erst in röm. Zeit erreicht Nacktweizen n. und w. der Alpen wieder einen größeren Stellenwert, v. a. in den klimatisch begünstigten fruchtbaren Ebenen Galliens (51) sowie entlang von Rhein und Mosel, am Niederrhein, an der unteren Maas sowie im Schelde-Mündungsgebiet (23, 31). Die selten nachgewiesenen Spindelglieder deuten dabei auf hexaploiden Saat-W. Eine Zusammenstellung röm. Nackt- bzw. Saatweizenvorräte in den Gebieten von Donau, Rhein, Mosel und Neckar findet sich bei Küster (30, 134 Tab. 1). Da in röm. Zeit bereits der Handel mit Getreide eine wichtige Rolle spielte (z. B. → Rhein § 2c), kann von Vorratsfunden kaum auf die jeweilige Anbauregion geschlossen werden. → Plinius nennt zahlreiche verschiedene W.-Sorten bzw. W.-Varietäten in den unterschiedlichen Ländern und Regionen (Plin. nat., 18,67–70). In den ant. röm. Qu. wird mit Sauerteig zubereitetes Brot aus hochwertigem W.-Mehl *(panis siligineus)* bes. hochgeschätzt (6, 53 f.). Neben anderen Getreiden und Hülsenfrüchten wird Saat-W. auch im Rahmen des röm. Grabritus als Speise- oder Opfergabe bei der Totenverbrennung beigegeben (18). Im frühen MA gehört Nacktweizen neben Roggen, → Hafer, Emmer und Dinkel zum üblichen Getreidespektrum und ist an zahlreichen Fst. SW-Deutschlands und der Schweiz mit wechselnden Anteilen nachgewiesen (17; 44–46; 53). Bes. wichtig war Nacktweizen in der merowingerzeitlichen Siedlung von Mühlheim-Stetten (43;

46). Seine Bedeutung an einzelnen Fst. war von den regionalen und lokalen edaphischen Gegebenheiten sowie von lokalen und regionalen Traditionen abhängig. Auch im slaw. Siedlungsgebiet war Saat-W. nach dem Roggen das zweitwichtigste Brotgetreide. So war er in der ans Ende des 10. Jh. zu datierenden sog. Getreideschicht der slaw. Burganlagen von → Starigard/Oldenburg, Schleswig-Holstein (28, 141. 160 ff. Tab. 1), und Groß Lübbenau 4 (36) massenhaft vertreten. Große gut entwickelte Körner kamen in Oldenburg dabei neben rundlichen, kleinen vom *compactum*-Typ vor. In der Regel wird es sich bei den früh- und hochma. Funden um hexaploiden Saat-W. gehandelt haben, jedoch liegen von der Fst. Rosshof-Areal in Basel (29, 31 f.) und von 16 Fst. des 11.–14. Jh.s aus England (38) Nachweise von Nacktweizen-Spindelgliedern mit typisch tetraploiden Merkmalen vor, die auf Rauhweizen oder Engl. W. *Triticum turgidum* L. deuten. Für England berichtet Percival, daß vom 16.–18. Jh. diverse Varietäten von *Triticum turgidum* L. angebaut wurden (41). *Triticum turgidum* wurde 1539 von Hieronymus Bock erstmals in seinem „New Kreütter Buch" beschrieben (1) und von Leonhart Fuchs zunächst 1542 in seinem unveröffentlichten Ms. *De historia stirpium commentarii insignes* und dann im 1543 erschienenen „New Kreüterbuch" (3) unter der Bezeichnung *Welscher Weytzen* behandelt und abgebildet. Fuchs beschreibt auch die heilende Anwendung von W.-Mehlumschlägen (3, c. CCLI und Abb. 370).

Im hohen und späten MA und in der frühen Neuzeit war Saat-W. teurer als Roggen, der in dieser Zeit das wichtigste Brotgetreide darstellte. In vielen hochma. Fundkomplexen ist er meist nur mit geringen Fundzahlen vertreten (44). Umfangreiche Saatweizenvorräte liegen daher aus dem späten MA und der frühen Neuzeit nur vereinzelt vor, so beispielsweise aus Pasewalk, Kr. Uecker-Randow (um 1270/1280 [14]) und der Hansestadt Rostock (41). W.-Brot,

Wecken und Semmeln aus W. wurden bes. geschätzt; sie waren um so teurer, je feiner und kleieärmer das Mehl (→ Mehl und Mehlspeisen) war (2; 95 f.; 5, 13 f.).

Qu.: (1) Hieronymus Bock, New Kreütter B., 1539. (2) Johann Sigismund Elsholtz, Diaeteticon: das ist newes Tisch-Buch oder Unterricht von Erhaltung guter Gesundheit durch eine ordentliche Diät…, 1682, Nachdr. 1984. (3) Leonhart Fuchs, New Kreüterbuch, 1543, Reprint 2001. (4) Plinii Secundi Naturalis historiae liber XVIII, hrsg. von R. König, 1995. (5) Alexius Sincerus, Der wolbestehende Bekker, 1713, Nachdr. 1982.

Lit.: (6) J. André, Essen und Trinken im alten Rom, 1961, dt. Neued. 1998. (7) C. C. Bakels, Les graines carbonisés de Fort-Harrouard (Eure-et-Loire), Antiquités Nationales 14/15, 1982/83, 59–62. (8) Dies., The crops of the Rössen culture: significantly different from their Bandkeramik predecessors – French influence?, in: D. Cahen, M. Otte (Hrsg.), Rubané et Cardial, 1990, 83–87. (9) Dies. u. a., Botan. Unters. in der Rössener Siedlung Maastricht-Randwijck, in: 7000 J. bäuerliche Landschaft: Entstehung, Erforschung, Erhaltung (Festschr. K.-H. Knörzer), 1993, 35–48. (10) C. Dickson, The identification of cereals from ancient bran fragments, Circaea 4, 1987, 95–102. (11) J. Erroux, Les débuts de l'agriculture en France: les céréales, in: J. Guilaine (Hrsg.), La Préhist. Française 2, 1976, 186–191. (12) G. Hegi, Illustrierte Flora von Mitteleuropa 1, ²1965. (13) G. C. Hillman u. a., Identification of arch. remains of wheat: the 1992 London workshop, Circaea 12, (1965) 1996, 195–209. (14) V. Hoffmann, J. Wiethold, Pasewalks brennend interessante Gesch. Arch. und archäobotan. Unters. in Pasewalk, Kr. Uecker-Randow, Ueckerstr. 28–37, Arch. Ber. aus Mecklenburg-Vorpommern 6, 1999, 84–100. (15) S. Hosch, St. Jacomet, Ackerbau und Sammelwirtschaft. Ergebnisse der Unters. von Samen und Früchten, in: St. Jacomet u. a. (Hrsg.), Die jungsteinzeitliche Seeufersiedlung Arbon-Bleiche 3, Umwelt und Wirtschaft, 2004, 112–157. (16) St. Jacomet, Prähist. Getreidefunde. Eine Anleitung zur Bestimmung prähist. Gersten- und W.-Funde, 1987. (17) Dies., Verkohlte Pflanzenreste aus einem frühma. Grubenhaus (7./8. Jh. AD) auf dem Baseler Münsterhügel, Grabung Münsterplatz 16, Reischacherhof, 1977/3, Jahresber. Arch. Bodenforsch. Basel-Stadt 3, 1991 (1994), 106–143. (18) Dies., M. Bavaud, Verkohlte Pflanzenreste aus dem Bereich des Grabmonumentes («Rundbau») beim Osttor in Augusta Raurica: Ergebnisse der Nachgrabungen von 1991, Jahresber. Augst und Kaiseraugst 13, 1992, 103–111. (19) Dies., A. Kreuz, Archäobotanik, UTB 8158, 1999. (20) Dies. u. a., Archäobotanik am Zürichsee. Ackerbau, Sammelwirtschaft und Umwelt von neol. und bronzezeitlichen Seeufersiedlungen im Raum Zürich, 1989. (21) K.-H. Knörzer, Unters. der Früchte und Samen, in: U. Boelicke u. a., Der bandkeramische Siedlungsplatz Langweiler 8, Gem. Aldenhoven, Kr. Düren, 1988, 813–852. (22) Ders., Pflanzenfunde aus dem bandkeramischen Brunnen von Kückhoven bei Erkelenz. Vorber., in: H. Kroll, R. Pasternak, Res archaeobotanicae, 1995, 81–86. (23) U. Körber-Grohne, Nutzpflanzen in Deutschland. Kulturgesch. und Biologie, 1987. (24) Dies., Nährstoffinhalte und andere Stoffe in Körnern von Emmer, Einkorn und weiteren Getreidearten, ermittelt in kontrollierten Feldversuchen, in: Dies., H. Küster (Hrsg.), Archäobotanik, 1989, 41–50. (25) A. Kreuz, Die ersten Bauern Mitteleuropas – eine archäobotan. Unters. zu Umwelt und Landwirtschaft der ältesten Bandkeramik, Analecta Prähistorica Leidensia 23, 1990, 1–256. (26) Dies., J. Wiethold, Kontinuität oder Wandel? Archäobotan. Unters. zur eisenzeitlichen und kaiserzeitlichen Landwirtschaft der Siedlung Mardorf, Denkmalpflege und Kulturgesch. 23, 2002, 40–43. (27) H. Kroll, Die Pflanzenfunde von Wierschem, in: C. A. Jost, Die späthallstatt- und frühlatènezeitliche Siedlung von Wierschem, Kr. Mayen-Koblenz. Ein Beitr. zur eisenzeitlichen Besiedlung an Mittelrhein und Mosel, 2001, 531–546. (28) Ders., U. Willerding, Die Pflanzenfunde von Starigard/Oldenburg, in: Starigard/Oldenburg. Hauptburg der Slawen in Wagrien V. Naturwiss. Beitr., 2004, 135–184. (29) M. Kühn, Spätma. Getreidefunde aus einer Brandschicht des Basler Rosshof-Areales (15. Jh. AD), 1996. (30) H. Küster, Getreidevorräte in röm. Siedlungen an Rhein, Neckar und Donau, in: wie [9], 133–137. (31) U. Maier, Morphological studies of free-threshing wheat ears from a Neolithic site in southwest Germany, and the hist. of naked wheats, Vegetation Hist. and Archaeobotany 5, 1996, 39–55. (32) Dies., Der Nacktweizen aus den neol. Ufersiedlungen des n. Alpenvorlandes und seine Bedeutung für unser Bild von der Neolithisierung Mitteleuropas, Arch. Korrespondenzbl. 28, 1998, 205–218. (33) Dies., Archäobotan. Unters. in der neol. Ufersiedlung Hornstaad-Hörnle IA am Bodensee, Siedlungsarch. im Alpenvorland VI, 2001, 9–384. (34) E. Marinova u. a., Ergebnisse archäobotan. Unters. aus dem Neol. und Chalkolithikum in SW-Bulgarien, Arch. Bulgarica 6, 2002, 1–11. (35) A. Maurizio, Nahrungsmittel aus Getreide 1, 1917. (36) A. Medović, Zum Ackerbau in der Lausitz vor 1000 Jahren. Der Massenfund verkohlten Getreides aus dem slaw. Burgwall unter dem Hof des Barockschlosses von Groß Lübbenau, Kr. Oberspreewald-Lausitz, in: wie [28], 185–236.

(37) J. Moeller, C. Griebel, Mikroskopie der Nahrungs- und Genussmittel aus dem Pflanzenreiche, ³1928. (38) L. Moffet, The archaeobotanical evidence for free-threshing tetraploid wheat in Brit., in: E. Hajnalová (Hrsg.), Palaeoethnobotany and Arch., 1991, 233–243. (39) D. de Moulins, Les restes des plantes carbonisées de Cafer Höyük, Cahier de l'Euphrate 7, 1993, 191–234. (40) R. Mulsow, J. Wiethold, „… so zu des Menschen Nahrung und Lebens Unterhaltung eine höchstnöthige Speise ist" – Verkohlte Vorräte von Getreide und Leinsamen vom Alten Markt 18 in der Hansestadt Rostock, Arch. Ber. aus Mecklenburg-Vorpommern 11, 2004, 175–193. (41) J. Percival, The Wheat Plant, 1974. (42) U. Piening, Pflanzenreste aus der bandkeramischen Siedlung von Bietigheim-Bissingen, Kr. Ludwigsburg, Fundber. aus Baden-Württ. 14, 1989, 119–140. (43) M. Rösch, Pflanzenreste des frühen MAs von Mühlheim an der Donau-Stetten, Kr. Tuttlingen, Arch. Ausgr. in Baden-Württ. 1988, 211–212. (44) Ders., Hochma. Nahrungspflanzenvorräte aus Gerlingen, Kr. Ludwigsburg, Fundber. aus Baden-Württ. 19, 1994, 711–759. (45) Ders., Ackerbau und Ernährung. Pflanzenreste aus alam. Siedlungen, in: Die Alam. Ausstellungskat., 1997, 323–330. (46) Ders. u. a., The hist. of cereals in the region of the former Duchy of Swabia (Hzt. Schwaben) from the Roman to the Post-medieval period: results of archaeobotanical research, Vegetation Hist. and Archaeobotany 1, 1992, 193–231. (47) W. Rothmaler, Zur Fruchtmorphologie der W.-Arten (*Triticum* L.), Feddes Repertorium 57, 1955, 209–215. (48) H. Schlichtherle, Samen und Früchte. Konzentrationsdiagramme pflanzlicher Großreste aus einer Seeuferstratigraphie, in: Ch. Strahm, H.-P. Uerpmann (Hrsg.), Quantitative Unters. an einem Profilsockel in Yverdon, Avenue des Sports, 1985, Kap. 5.4, 7–43. (49) A. Schlumbaum u. a., Coexistance of tetraploid and hexaploid naked wheat in a Neol. lake dwelling of Central Europe: evidence from morphology and ancient DNA, Journ. of Arch. Science 25, 1998, 1111–1118. (50) B. Stopp u. a., Die Landwirtschaft der späten EZ. Archäobiologische Überlegungen am Beispiel der spätlatènezeitlichen Siedlung Basel-Gasfabrik, Arch. der Schweiz 22, 1999, 27–30. (51) J. Wiethold, Sieben J. archäobotan. Analysen im Oppidum von Bibracte/Mont Beuvray (Nièvre/Saône-et-Loire), in: V. Guichard u. a., (Hrsg.), Les processus d'urbanisation à l'âge du Fer, 2000, 103–109. (52) Ders., Verkohlte Pflanzenreste aus der späthallstattzeitlichen Siedlung von Borg „Seelengewann", in: A. Miron (Hrsg.), Arch. Unters. im Trassenverlauf der Bundesautobahn A 8 im Ldkr. Merzig-Wadern, 2000, 403–419. (53) Ders., Früher Ackerbau und Ernährung im Laufe von 1500 Jahren, in: V. Babucke u. a., Grubenhaus und Brettchenweber. Arch. Entdekkungen in Wehringen, 2005, 58–62. (54) U. Willerding, Zum Ackerbau der Bandkeramiker, in: Beitr. zur Arch. NW-Deutschlands und Mitteleuropas (Festschr. K. Raddatz), 1980, 421–456. (55) D. Zohary, M. Hopf, Domestication of plants in the Old World, ³2000.

J. Wiethold

Weklice

§ 1: Lage und Erforschung des Gräberfeldes –
§ 2: Funde und Datierung

§ 1. Lage und Erforschung des Gräberfeldes. W., der FO eines Gräberfeldes der → Wielbark-Kultur in NO-Polen, liegt ö. der Unterweichsel, 12 km von Elbląg entfernt, auf einem der Ausläufer des Preuß. Landrückens (Fst. 7). Die frühesten Hinweise auf Grabfunde aus dem früheren Wöklitz, Kr. Elbing, gehen bis in die 1820er J. zurück (11). Die damals von Laien geborgenen Funde wurden teilweise vermischt mit Materialien aus dem benachbarten Meislatein. Gemeinsam gelangten sie zunächst in die Kgl. Altertümerslg., die 1888 offiziell in das Prussia Mus. in Königsberg überging (2, 90 f. 97. 116. 122. 193. 201; 3, 44. 55. 81. 85. 93. 97. 106–109; 6, 43; 10, 133 f.). Später wurden weitere Funde entdeckt, so v. a. in den 1920er J. bei der Nutzung des Höhenrückens für den Kiesabbau. Große Verdienste um die Rettung von Altertümern durch die Beobachtung des Kiesgrubenbetriebes erwarb sich der Ortslehrer Wilhelm Klink, der in Kontakt mit Max → Ebert in Königsberg stand und auch selbständig Grabungen in W. durchführte. Die anläßlich einer solchen Freilegung in Anwesenheit von Ebert geborgenen acht Brandgräber gelangten in das Mus. nach Elbing. Teilpubl. liegen von Ebert und dessen Schüler Jakobson vor (8; 10). Das gesamte ält. Fundmaterial ging im Zweiten Weltkrieg verloren.

Ein Neubeginn setzte 1984 ein, als J. Okulicz-Kozaryn nach Unterlagen des preuß. Archivs die Fst. lokalisierte und dort bis 1998 Unters. vornahm. Grabungskampagnen werden bis zur Gegenwart fortgesetzt.

§ 2. Funde und Datierung. Die Grabungen haben bis zum J. 2005 eine Fläche von 17 Ar freigelegt mit einer Gesamtgräberzahl von 452, inklusive der vor dem Krieg geborgenen Bestattungen. Unterschiedlich angelegte Körperbestattungen dominieren (288 Gräber). Es handelt sich zumeist um gut ausgestattete Frauengräber überwiegend in N-S Lage (Kopf im N) und nur ausnahmsweise W-O orientiert. Die Toten wurden in einfachen Grabgruben mit und ohne Verwendung von langen Särgen bestattet. Einige Gräber enthielten Steinkonstruktionen oder einzelne Steine jeweils im Inneren oder an der Spitze der Grube. Hervorzuheben sind 13 Gräber mit Särgen in Bootform, einer Sitte, die vermutlich aus Bornholm stammt (vgl. → Bootgrab; → Schiffsbestattungen und Schiffsgräber). Bootgräber treten in allen Belegungsphasen auf. In der Phase B2a sind auch W-O orientierte Gräber nachzuweisen.

Unter den 164 Brandgräbern dominieren einfach in den Sandboden eingetiefte Urnengräber. Hervorzuheben sind einige große Gruben für Brandgräber wie sie für Körperbestattungen üblich waren. Diese Gruben enthalten den eingeäscherten Toten und seine unverbrannte Ausstattung.

Die Datierung des Gräberfeldes fällt in die Phasen B2a–C2, wobei die Grabausstattung eine Unterteilung in fünf Phasen nach der Chron. Eggers-Godłowski ermöglicht (4, 142; 17, 141):

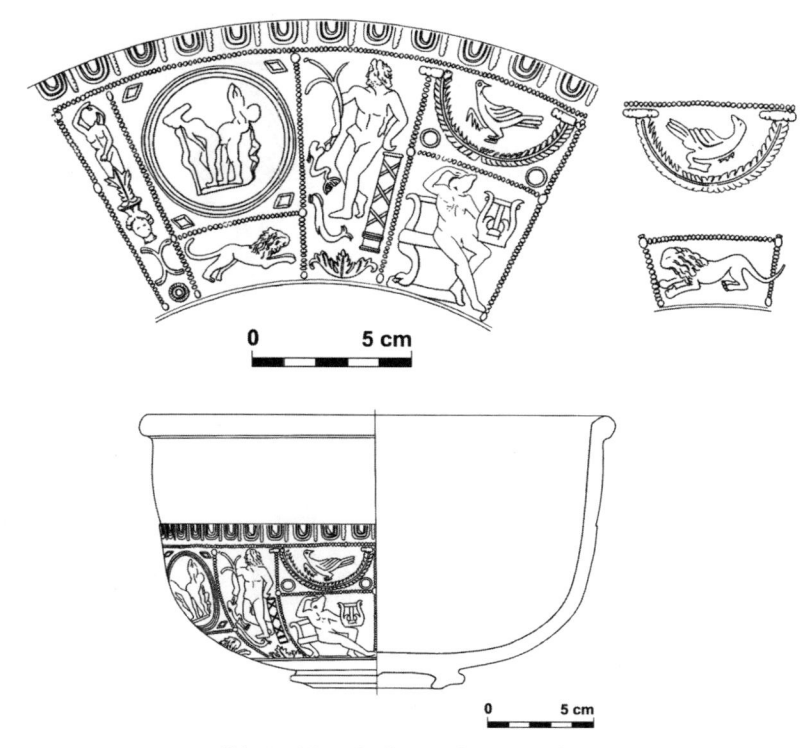

Abb. 58. Terra Sigillata Gefäß aus Grab 208

Phase I (B2a, ca. 70–100 n. Chr.) ist vertreten mit einer geringen Zahl an Körpergräbern und noch weniger Brandgräbern. Zur Ausstattung gehören Einzelfibeln, Armringe, Schnallen und Miniaturgefäße.

Zu Phase II (B2b–c, ca. 100–160) zählen 30% der ausgegrabenen, gut ausgestatteten Gräber. Nachgewiesen ist die Dreifibeltracht, die Fibeln sind manchmal mit Silberdekor geschmückt, außerdem liegen paarweise getragene Armringe und Gürtelgarnituren vor. An das Ende dieser Phase datieren Glas- und Bernsteinperlen, sowie S-förmige Haken aus Bronze und Silber.

Phase III (B2/C1–C1a, ca. 160–220) verkörpert das reichste Belegungsstadium des Gräberfeldes und wird überwiegend durch Frauengräber repräsentiert. Zu den üblichen Beigaben aus Bronze und Silber treten nun neue Ornamente. Zumeist bestehen Fibeln, Armringe, Anhänger und S-Haken aus Bronze oder Silber, seltener aus Eisen oder Gold. Die bronzenen und eisernen Schmuckstücke sind oft vergoldet. Der Schmuck ist im sog. Barock-Stil verziert, unter Verwendung von Filigran und Granulation, wie in der Wielbark-Kultur üblich. Zahlreiche Glas- und Bernsteinperlen von Halsketten liegen vor, sowie Holzkästchen mit Bronze- und Eisenbeschlägen und Schlüsseln. In dieser Belegungsphase des Gräberfeldes tritt in zwei Gräbern bes. reicher → Römischer Import auf. Hervorzuheben ist aus Grab 208 eine silberne Scheibenfibel mit Goldfolienbelag (Taf. 19b) und dem Doppelporträt von → Marc Aurel und Lucius Verus (14; 17, 142), deren Vorbilder auf Intaglien zu finden sind (15, 110 Nr. 138). Zum Grab gehören ferner eine → Terra Sigillata-Schüssel, Form Dragendorff 37 (Abb. 58) (7), aus dem Bereich der Werkstätten von → Lezoux und dem Umkreis des Töpfers Cinnamus (18, 20 Taf. XII:4; 19, 5–9; 20, Taf. 116:8,10, 126:14, 128:1, 155:21,25, 161:47,48,50), ein Skyphos ital. Provenienz aus Ton mit grüner Glasur (Taf. 19a) (5), ein Bronzekessel (Eggers Form 48) (9) sowie Schmuck mit heimischer Verzierung wie zwei Goldperlen, ein goldener S-Haken, vier Silberarmringe, drei Fibeln und eine bronzene Gürtelgarnitur. Das zweite reich mit Importen ausgestattete Grab, Nr. 495 (Taf. 19e), enthielt einen Trinkgeschirrsatz (12, 79 f.), zu dem eine Bronzekasserolle (Eggers Form 142) mit Werkstattstempel TALIO.F auf dem Griff (9, 52. 212; 16, 85), Kelle und Sieb aus Bronze (Eggers Form 161) (9; 13, 67 f.) sowie zwei breit ausladende Fußkelche aus Glas mit Schlangenfadenauflage (Eggers Form 188a) (9) gehören, vergleichbar dem Glas aus Grab 82 (Taf. 19d).

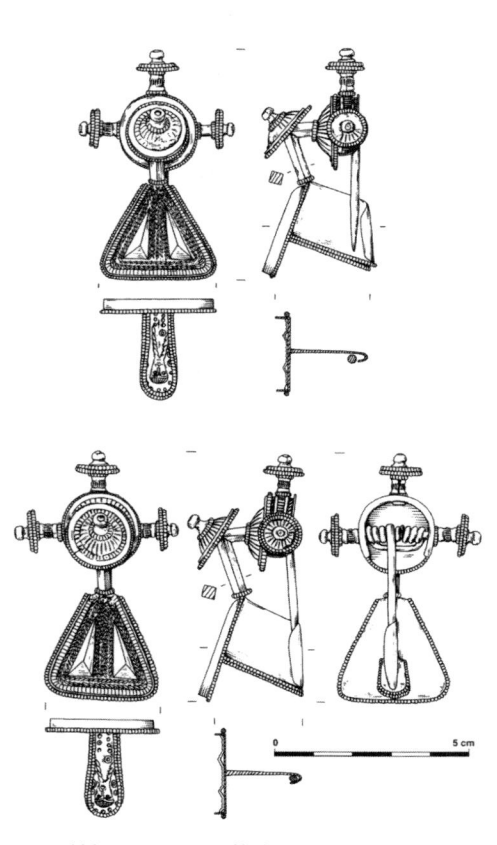

Abb. 59. Rosettenfibelpaar aus Grab 150

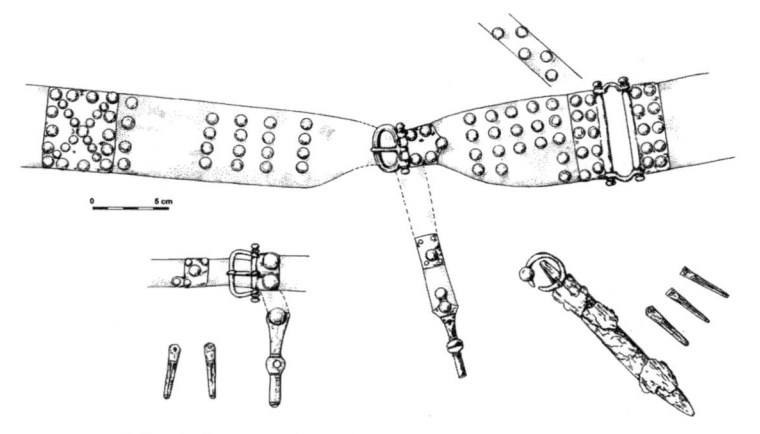

Abb. 60. Rekonstruktion der Gürtelgarnitur aus Grab 150

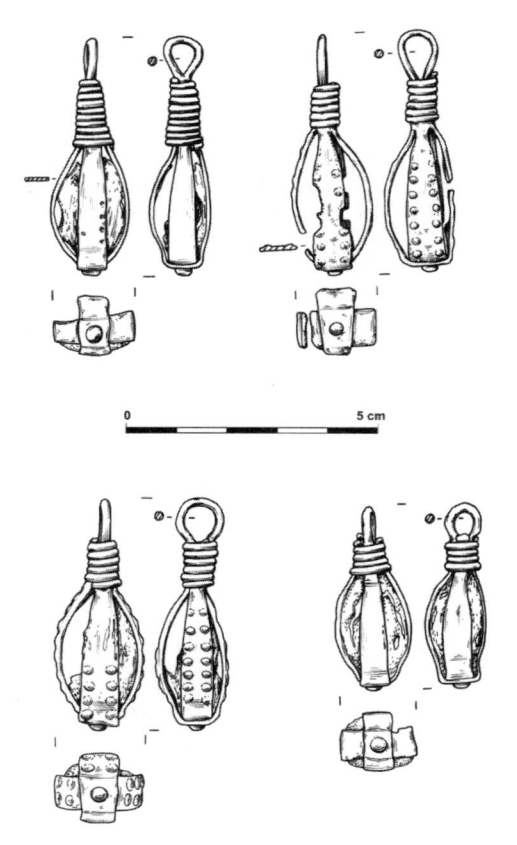

Abb. 61. Amulette aus Grab 150

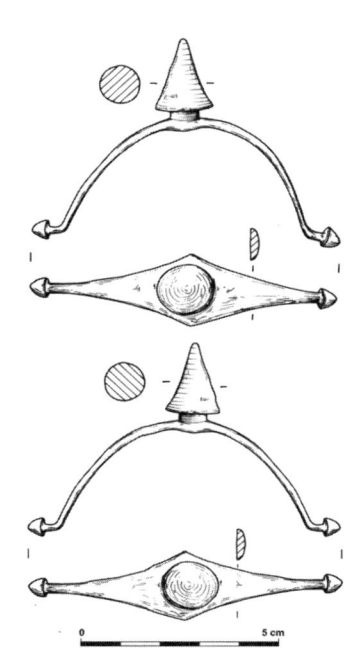

Abb. 62. Sporenpaar aus Bronze, Grab 82

In dieser Phase sind auch Brandbestattungen sehr zahlreich, manchmal mit scheibengedrehten Urnen heimischer Fertigung aus örtlichem Ton.

In Phase IV (C1b–C2, ca. 220–260) tritt ein Wandel im Bestattungsritus ein, indem die Toten nun nicht mehr in Rückenlage, sondern auf der rechten Seite liegend beerdigt werden. Nur wenige Brandbestattungen liegen vor. Wie für die späte RKZ typisch, wird auch in W. die Grabausstattung standardisiert, Armringe und S-Haken fehlen nun. Bei den Halsketten dominieren achtförmige Bernsteinperlen. Das reichste Grab, Nr. 150, bezeugt mit einem Paar gleichartiger Rosettenfibeln aus Silber mit Goldfolie und Filigranverzierung skand. Einfluß. Diese Fibeln (Taf. 19c; Abb. 59) ähneln der Form Almgren 216–217 (1), doch besitzen sie individuelle Elemente wie die trianguläre Fußkonstruktion und eine anthropomorphe Verzierung auf dem Nadelhalter (Taf. 19c) (17). Ferner gehören zur Grabausstattung zwei Halsketten aus achtförmigen Bernsteinperlen, zwei Gürtelgarnituren (Abb. 60) und ein Beutel mit Amuletten (Abb. 61).

Charakteristisch für die spätkaiserzeitliche Phase V (C2; ca. 260–300) sind Fibeln der Gruppe VI nach Almgren und späte Gürtelgarnituren, auch Halsketten aus Bernsteinperlen sind noch typisch. Amulette bezeugen sarmatische Kontakte. In dieser Phase werden keine Brandgräber mehr angelegt.

Wie in der Wielbark-Kultur üblich, enthalten die Gräber keine Waffen, gelegentlich Sporen (Abb. 62), und Beigaben aus Eisen sind ebenfalls selten. In W. ist Eisen bes. für Verzierungen bei Gürtelgarnituren und Geräten nachgewiesen. Die über 3 000 erhaltenen Ausstattungsstücke bestehen vorwiegend aus Bronze, aber auch aus Silber und reinem Gold. Hervorzuheben sind die große Zahl einheimisch gefertigter Bernsteinperlen, aber auch die röm. Importe.

(1) Almgren, Fibelformen. (2) E. Blume, Die germ. Stämme zw. Oder und Passarge zur RKZ 1, 1912. (3) Ders., Die germ. Stämme zw. Oder und Passarge zur RKZ 2, 1915. (4) A. Bursche, J. Okulicz-Kozaryn, Groby z monetami rzymskimi na cmentarzysku kultury wielbarskiej w Weklicach koło Elbląga, in: Comhlan. Studia z archeologii okresu przedrzymskiego i rzymskiego w Europie Środkowej dedykowane Teresie Dąbrowskiej, 1999, 141–163. (5) K. Domżalski, Central Italian lead-glazed vessels beyond the northern borders of the Roman Empire, Rei Cretariae Romanae Fautores Acta 38, 2003, 181–190. (6) R. Dorr, Uebersicht über die prähist. Funde im Stadt- und Landkreise Elbing, 1893. (7) H. Dragendorff, Terra sigillata, Bonner Jb. 96/97, 1895/96, 18–155. (8) M. Ebert, Truso, Schr. der Königsberger Gelehrten Ges. Geisteswiss. Kl. 3, H. 1, 1926. (9) H. J. Eggers, Der röm. Import im Freien Germanien, 1951. (10) F. Jakobson, Ein zerstörtes kaiserzeitliches Gräberfeld bei Wöklitz, Kr. Elbing, Elbinger Jb. 5/6, 1927, 123–135. (11) W. Krause, Über die Nachgrabungen zu Weklitz und Meislatein, Beitr. zur Kunde Preußens 7, 1825, 72–88. (12) J. Kunow, Der röm. Import in der Germania libera bis zu den Markomannenkriegen. Stud. zu Bronze- und Glasgefäßen, 1983. (13) U. Lund Hansen, Röm. Import im Norden. Warenaustausch zw. dem Röm. Reich und dem freien Germanien während der Kaiserzeit unter besonderer Berücksichtigung N-Europas, 1987. (14) T. Mikocki, Concordia. Archaeologorum, in: Concordia. Studia ofiarowane Jerzemu Okuliczowi-Kozarynowi, 1996, 13–21. (15) O. Neverov, Antique Intaglios in the Hermitage coll. Leningrad, 1976. (16) E. Nylén u.a., The Havor Hoard. The Gold – The Bronzes – The Fort, 2005. (17) J. Okulicz-Kozaryn, Centrum kulturowe z pierwszych wieków naszej ery u ujścia Wisły, Barbaricum 2, 1992, 137–155. (18) F. Oswald, D. Pryce, An introduction to the study of Terra Sigilata, 1966. (19) G. Simpson, G. Rogers, Cinnamus de Lezoux et quelques potiers contemporains, Gallia 27, 1969, 3–14. (20) J. A. Stanfield, G. Simpson, Central Gaulish Potters, 1958. (21) J. Wielowiejski, Die spätkelt. und röm. Bronzegefäße in Polen, Ber. RGK 66, 1985 (1986), 123–320.

M. Natuniewicz-Sekuła,
J. Okulicz-Kozaryn

Weland → Wieland

Welt → Weltbild

Weltbild

§ 1: Zur Problematik des Begriffs – § 2: Zur Frage der Rekonstruierbarkeit des germ. W.s – § 3: Archaisches Mittelalter – § 4: Raumauffassung – § 5: Zeitauffassung – § 6: Jenseitsvorstellungen als W.-Kategorie – § 7: Resümee

§ 1. Zur Problematik des Begriffs. Der Begriff des W.s wird in der gegenwärtigen hist. Forsch. in zwei unterschiedlichen Bedeutungen gebraucht: In der engeren und methodisch unverfänglicheren Definition umfaßt er die Kategorien der → Kosmographie und Kosmologie (→ Schöpfungsmythen; → Untergangsmythen), rekurriert also auf Vorstellungen der physischen Welt, wie sie sich etwa in Karten (→ Kartographie) und Weltbeschreibungen manifestieren (40) oder auch im Mythos kodifiziert werden. Im weiteren Verständnis gehören zum W. auch anthrop. Kategorien wie die – auch subjektive – Wahrnehmung von Zeit und Raum einschließlich der Jenseitskonzeptionen (→ Mythische Stätten, Tod und Jenseits). Ferner können je nach Erkenntnisinteresse Auffassungen von → Recht und Moral, von der Ordnung der Ges., von Herrschaft und Geschlechterrollen, aber auch Kosmogonie, Anthropogonie sowie Eschatologie zu Aspekten des W.s erklärt werden (so in 31, 57–64). Dabei spielen bewußte, in höherem Maße aber auch unbewußte Determinanten der Konstruktion von Wirklichkeit – Gurjewitsch spricht von ‚Bewußtseinsgewohnheiten' (22, 17) – eine Rolle, wie sie in den letzten Jahrzehnten von der Mentalitätsgesch. erforscht wurden (13, XV–XXXVII). Nicht selten wird der Terminus W. auch weitgehend synonym zu dem von Immanuel Kant eingeführten, in der 1. Hälfte des 20. Jh.s jedoch ideologisch diskreditierten Begriff der ‚Weltanschauung' (45) gebraucht (vgl. → Völkische Weltanschauung). Beide Begrifflichkeiten entstammen dem Kontext der „idealistischen Grundannahme von der welterzeugenden Subjektivität"; allerdings bezeichnet ‚Weltanschauung' eher das „transzendentale Vermögen, W. eher das Produkt dieses Vermögens" (46, 461). Heidegger wendet sich in seinem Aufsatz „Die Zeit des Weltbildes" (1938) gegen die Applikation dieses Begriffs auf vormoderne Epochen. Ihm zufolge kann überhaupt nur mit Bezug auf die Neuzeit von einem W. die Rede sein, denn „dies, daß überhaupt die Welt zum Bild wird, zeichnet das Wesen der Neuzeit aus". Während der moderne Mensch „sich selbst in die Szene [setzt], d. h. in den offenen Umkreis des allgemein und öffentlich Vorgestellten" (28, 90), sei für das MA der Mensch integraler Bestandteil der Schöpfung, von der er sich nicht distanzieren und sich ein Bild machen oder sie gar in seine Verfügungsgewalt stellen könne. Wenngleich Heideggers Kritik am W.-Begriff nicht zu Unrecht die fundamentalen Unterschiede in der Welt-Subjekt-Konzeption hervorhebt, scheint die Verwendung des Terminus, wie sie etwa von Cassirer in seiner „Philosophie der symbolischen Formen" vorgeschlagen wird, doch für jegliche Kultur möglich, da die „Kategorien des Gegenstandsbewußtseins … überall dort wirksam sein müssen, wo überhaupt aus dem Chaos der Eindrücke ein Kosmos, ein charakteristisches und typisches ‚Weltbild' sich formt" (12, 39).

Der Terminus, wie er – häufig unreflektiert – in der hist. und sozialwiss. Forsch. verwendet wird, ist durch eine gewisse definitorische Unschärfe gekennzeichnet, die einerseits heuristische Probleme aufwirft, andererseits aber gerade aufgrund seiner Offenheit auch die Möglichkeit bietet, durch das Zusammensehen sonst getrennter Forsch.sgegenstände neue Perspektiven, etwa auf hist. Texte und die in diesen aufscheinenden subjektiven Realitäten, zu gewinnen. Weitere Konstituenten des germ. W.s als die hier fokussierten werden u. a. in folgenden Lemmata – zumindest partiell – abgedeckt: → Kosmographie; → Schöpfungsmythen; → Recht.

§ 2. Zur Frage der Rekonstruierbarkeit des germ. W.s.

Die Rekonstruktion eines germ. W.s stößt aus verschiedenen Gründen auf erhebliche Schwierigkeiten: Zum einen gibt es für die Ant. und z. T. auch noch für das Früh-MA nur wenige Qu., aus denen sich verläßliche Anhaltspunkte gewinnen ließen; die ant. ethnographische wie auch die frühma. historiographische Lit. über die Germ. spiegelt eher das W. ihrer Autoren wider als das der Völker, die sie in den Blick nehmen (→ Germanen, Germania, Germanische Altertumskunde § 1; → Entdeckungsgeschichte). Noch problematischer erscheint indessen der Umstand, daß der Begriff des W.s notwendig statisch ist und sich im Grunde nur auf eine synchrone Datenmenge beziehen kann, wie etwa eine Fundgruppe, die sich einer räumlich und zeitlich genau eingrenzbaren Kultur zuordnen läßt, oder auch ein Text oder ein Ensemble von Texten, die Aussagen über die Vorstellungswelt eines Autors und evtl. dessen zeitgenössisches Publikum erlauben. Die diversen ethnogenetischen Prozesse, die die verschiedenen germ. Völker zw. Ant. und Frühma. durchliefen, die variierenden Kontakte mit anderen Ethnien und die daraus resultierenden, regional sehr unterschiedlich verlaufenen Akkulturationsphänomene (→ Germanen, Germania, Germanische Altertumskunde §§ 1–5, 21–34; → Stammesbildung, Ethnogenese) würden es auch dann verbieten, von einem germ. W. im Sing. zu sprechen, wenn reichlicheres Qu.material vorhanden wäre. W.-Forsch. erscheinen also am aussichtsreichsten, wenn sie auf ein überschaubares Feld begrenzt sind. Wenngleich mit Hilfe etwa der Arch. und der Toponymie gewisse Aussagen über das W. vor- und frühgeschichtl. Epochen namentlich im Hinblick auf die Raumauffassung möglich sind, erlaubt es die Qu.lage erst ab der VWZ, ein zusammenhängenderes W. im mentalitätsgeschichtl. Sinne zu rekonstruieren. Die von der ält. Forsch. unternommenen Versuche, aus oftmals weit verstreuten, als germ. definierten Überlieferungen, bisweilen auch mit rezenten Volksbräuchen in Beziehung gesetzt, ein zeit- und raumübergreifendes, spezifisch germ. W. zu gewinnen – den überzeugendsten Vorstoß in dieser Richtung hat zweifellos Vilhelm Grønbech unternommen – basieren im wesentlichen auf einem heute problematisch gewordenen substantialistischen Germ.bild, das von einem durch alle hist. Entwicklungen hindurch konsistent bleibenden Nukleus germ. ‚Anschauungen' ausgeht (→ Germanen, Germania, Germanische Altertumskunde § 57). Allerdings gebührt den Pionieren der anthrop. Germ.forschung und Altnordistik wie etwa Karl Weinhold das Verdienst, überhaupt die anord. Lit. erstmals als Reflex eines bestimmten Weltverständnisses wahrgenommen zu haben (6), während Grønbech mit seiner im germ.kundlichen Werk geübten Kritik an der Qu.kritik (32) den Blick konsequent von der ereignisgeschichtl. Ebene der Sagalit. weg auf die anthrop. Potentiale der historiographischen und poet. Traditionen des Nordens lenkte und namentlich auf das Eingebundensein des Individuums in die Regeln und Zwänge der archaischen Gemeinschaft hingewiesen hat – ein wichtiger Aspekt, der später in zahlreichen kultur- und literaturwiss. Unters. vertieft und ausdifferenziert werden sollte (vgl. z. B. 3; 37).

Eine großangelegte mentalitätsgeschichtl. Arbeit speziell über die Europäer der → Völkerwanderungszeit und → Merowingerzeit hat Scheibelreiter vorgelegt. Ausgehend von einer Vielzahl völkerwanderungszeitlicher und frühma. Qu. spricht er für die Germ. der Umbruchszeit zw. Ant. und MA von einer „barbarischen Wirklichkeit", die er als ein Bekenntnis zum „Agonalen, kämpferisch Unmittelbaren, zum Spontanen und Unsicheren" (37, 145) bestimmt und in einem Gegensatz zur Eigenwahrnehmung der mediterranen Völker sieht. Weitere mediävistische Ansätze zur hist. Anthrop. wie etwa die von Friedrich Ohly begründete Bedeutungsforsch. diskutiert Goetz (17, 262–329).

§ 3. Archaisches Mittelalter. Wenngleich ganzheitlich-morphologische Ansätze in der Erforschung der germ. Kultur, wie sie v. a. und mit weitreichendem Einfluß von Otto → Höfler repräsentiert werden (48), heute also nicht mehr ernsthaft verfolgt werden können, so lassen sich doch unter Heranziehung eines anderen epistemologischen Konzepts vorsichtige Schlüsse auf Vorstellungskategorien wenigstens innerhalb der völkerwanderungszeitlichen und frühma. Germania ziehen. Ausgangspunkt hierfür sind nicht länger ethnisch definierte psychische oder charakterliche Eigenheiten, sondern das von Borst, Gurjewitsch, Haubrichs und anderen Forschern postulierte ‚archaische Mittelalter'. So ist Borst zufolge „vieles, was uns Heutigen als mittelalterlich erscheint, in Wirklichkeit archaisch schlechthin" (7, 26). Der Archaik-Begriff ist freilich insofern durch eine gewisse Ambivalenz gekennzeichnet, als er einerseits vollständige Alterität, ein von unseren Sinnstrukturen elementar differierendes Gedankenuniversum evoziert, andererseits aber etym. doch auf ein teleologisches Modell rekurriert, welches das Archaische als Frühzustand, als den Ursprung des Späten, Entwickelten faßt (4). Tatsächlich sind die Charakteristika primitiver Ges. wie Formalismus, Materialismus und Archetypisierung im ma. W. keineswegs mehr in ‚Reinkultur' ausgeprägt, wie Angenendt im Hinblick auf das hist. Bewußtsein im MA ausführt, das zwar in seinem Rückbezug auf die apostolische Zeit als normsetzender Anfang einen mythisierenden Zug aufweise, dieser Anbeginn aber gleichzeitig hist. konkret in der „zivilisatorisch wie denkerisch hoch entwickelte[n] Antike" zu verorten sei (2, 45). Man wird das MA also nicht als eine zur Gänze archaische Welt betrachten dürfen, doch lassen sich im ma. W. eine Reihe von ‚primitiven' Vorstellungen erweisen, die als ‚longue durée'-Phänomene (10) mit einiger Vorsicht auch für die dem MA vorangehenden Jh. vorausgesetzt werden können und die namentlich dann als Elemente eines germ. W.s in Frage kommen, wenn sie mit den christl.-ant. Traditionen des MA.s nicht in Einklang stehen bzw. sich nicht aus diesen ableiten lassen. Haubrichs (26, 53–58) und Knut Schäferdiek (→ Christentum der Bekehrungszeit § 8) beschreiben den Formalismus in der ma. Frömmigkeitspraxis ebenso als archaisch wie der Rechtshistoriker Hattenhauer die ‚Anschauungsgebundenheit' des germ. Rechts (25, 3–6). Hintergrund dieses formalistischen und quasi-mechanistischen Denkens, das alle rechtlichen und relig. Akte wie überhaupt jegliches soziale Handeln bestimmt, ist die Vorstellung einer Welt, die von magischen, durch rituell geformte Akte aber positiv beeinflußbare Mächte erfüllt ist. Die frühma. Leistungsfrömmigkeit und die Überzeugung von der automatischen Wirkung des Heiligen sind gleichfalls noch Ausdruck der Vorstellung einer „doppelten Welt" des konkret Faßbaren einerseits und des unsichtbar Magischen andererseits (9). Relig. Praktiken, die auf den Schutz vor oder die Unterstützung durch magische oder numinose Mächte abheben und denen stets ein „mechanistisches Denkschema" zugrunde liegt (41, 213), lassen sich im heidn. wie im frühchristl. Qu.material vielfältig nachweisen, etwa in Form von Zaubersprüchen, Runenmagie oder schützenden → Amuletten etc. (→ Magie; → Brakteaten; → Brakteatenikonologie → Zauber, → Zauberspruch und Zauberdichtung) (41, 213–227). Nicht nur heilende, schützende oder auch den Gegner schädigende Kräfte konnten auf diese Weise mobilisiert werden, sondern etwa auch die Witterung erschien in diesem Denken als beeinflußbar (→ Wetterzauber) (36). In seiner Gesamtheit zeigt das höchst heterogene Qu.material, daß das W. des Menschen im germ. Sprachraum jedenfalls seit der Spätant. stark von der Überzeugung geprägt war, die alltägliche Existenz vollziehe sich in einem Spannungsfeld magischer Kräfte. Wie sehr es sich bei diesem Denken tatsächlich um ein ‚longue durée'-Phänomen handelt, erweisen beispielsweise auf eindrucksvolle Weise die Wandmalereien des sog. ‚Holzschuhmalers' und seiner Werkstatt in Landkirchen der Insel Fünen. Diese aus dem späten 15. Jh. stammenden, nicht im kirchlichen Auftrag von Handwerkern erstellten Kalkmalereien reflektieren nicht nur eine von der kirchlichen ordo-Ideologie deutlich abweichende Weltstruktur, sie weisen auch eine Vielzahl von magischen Zeichen und Bildformeln auf, wie sie bereits auf heidn. Bildträgern wie etwa den gotländischen Bildsteinen der VWZ und der VZ begegnen (→ Bilddenkmäler § 6) (42).

§ 4. Raumauffassung. Zu den ‚archaischen' Kategorien, die auch für die spätant. und frühma. germ. Kulturen in ihren verschiedenen Ausprägungen Gültigkeit besitzen dürften, zählt der ma. Raumbegriff (→ Raumbewußtsein), der deutlich topologischen Charakter aufweist und auf einer sinnlich-konkreten Auffassung des Raums basiert. Der schwed. Historiker Harrison beschreibt diese als erfüllt von symbolischen Bedeutungen (23, bes. 22–24); so wie der Kalender durch außerordentliche Tage gegliedert sei, werde auch der Raum durch Punkte massierter Bedeutsamkeit, v. a. durch hl. Orte wie etwa Opfer- und Kultplätze (→ Religion § 4c), strukturiert. Wie die → *Landnámabók* und andere Qu. zur Besiedlung Islands belegen, besteht ein wesentlicher Akt in der Umwandlung eines Naturraumes in einen strukturierten sozialen Lebensraum in der Namensgebung (→ Orts- und Hofnamen) (5, 141–147). Erst ein Raum, dessen markante Bestandteile und Punkte mit Namen versehen sind, ermöglicht die Erfüllung des primären menschlichen Bedürfnisses nach Orientierung (44, 11). Daß die Umwandlung einer Wildnis in einen semantisierten sozialen Raum als kosmogonischer Akt erfahren wurde, belegt etwa die → *Gutasaga* aus dem frühen 13. Jh., die die Besiedlung → Gotlands auf einen Zivilisationsheroen namens Thieluar zurückführt, der eine aquatische Weltschöpfung ins Werk setzt und mittels Feuer die Insel kultiviert, ein Motiv, das nicht nur aus der Ant., sondern auch aus diversen nord. Überlieferungen bekannt ist (39; 5, 147–153). Nicht speziell germ. ist die Vorstellung, daß eine Weltsäule das Firmament trage, wie sie in der sächs. → Irminsul oder in den prov.-röm. → Jupitergigantensäulen zum Ausdruck kommt, aber wohl auch in den meist mit dem Gott Thor (→ Donar-Þórr) assoziierten Hochsitzpfeilern der isl. Landnehmer. Als Gott der Kultur, des Hauses und der Bewahrung der göttlichen und menschlichen Ordnung vor den *útgarð*-Mächten erscheint Thor auch mit der Weltsäulen-Kosmologie korreliert (5, 174–176; 14, 679). Insofern ist Thor auch mit dem horizontalen Raummodell verbunden, bei dem *Miðgarðr* als die Welt der Menschen von *Útgarðr,* einem von → Riesen und anderen Chaosmächten erfüllten Raum umschlossen wird (→ Miðgarðr und Útgarðr). Seine soziale Entsprechung findet diese Auffassung im egozentrierten Verwandtschaftssystem, das auf der nämlichen Dichotomisierung von ‚Eigenem' und ‚Fremden' basiert (24). In der konkreten Lebenswelt bildet sich die primitive Raumauffassung in der Struktur des anord. Gehöfts ab, bei dem zw. ‚inneren' und ‚äußeren' Gebäuden (*innihús* und *útihús*) differenziert wird (19, 26). Das heimatliche Gehöft wurde mit dem Zentrum des Universums identifiziert (22, 48 f.). Auch bereits in nordgerm. Siedlungen der frühen EZ wie → Gudme oder → Uppåkra und den sie umgebenden ‚heiligen Landschaften' hat man solche mikrokosmischen Strukturen nachweisen wollen (27; 16).

§ 5. Zeitauffassung. Die nicht-euklidische, an die sinnliche Wahrnehmung gebundene Konzeption des Raumes findet ihre Entsprechung in der anthropomorphen Zeitauffassung, wie sie am deutlichsten in der Sagalit. (→ Saga) zum Ausdruck kommt. Sie ist typisch für schriftlose Kulturen und kann deswegen wohl auch für das germ. Altert. vorausgesetzt werden. Hist. Erinnerung wird primär genealogisch organisiert (→ Abstammungstraditionen; → Ahnenglaube und Ahnenkult); Ereignisse werden in Relation zu anderen weithin bekannten Geschehnissen oder aber zur Lebenszeit bedeutender Menschen oder – bei Familientraditionen – der Vorfahren gesetzt (38; 21). Daraus resultiert ein qualitativer Zeitbegriff, der sich v. a. an → Genealogien orientiert, die meist in eine mythische Zeit bzw. zu einem mythischen Spitzenahn zurückführen (20, 251). Während diese Form der Geschichts- und Traditionspflege ein Oberschichtenphänomen ist, ist die Zeitauffassung (→ Zeitrechnung und Zeitbewußtsein) wohl auch schon der Germ. der Frühzeit, wie sie in den Sagas noch greifbar wird, im hohen Grad von den verschiedenen Zyklen der Natur und der Landwirtschaft geprägt (22, 98 f.). Erhellend ist in diesem Zusammenhang die Bedeutung des Wortes *ár* (Jahr) in den skand. Sprachen, die üblicherweise mit ‚guter Jahresertrag, Ernteglück' angegeben wird. Hultgård geht davon aus, daß sich auf idg. Ebene die Denotation ‚Kalenderjahr' sekundär aus einer urspr. qualitativen Begrifflichkeit heraus entwickelt hat (29, bes. 304 f.). Gurjewitsch weist auf die urspr. temporäre Bedeutung des Begriffs *veröld* (vgl. engl. ‚world', schwed. ‚värld' usw.) hin, der Zeit im weitesten Sinne als die von Menschen konkret erfahrene und durchlebte Zeitspanne charakterisiere (20, 249). Der archetypisierende Zug in den Erzähltraditionen, wie er deutlich noch in der Sagalit. zum Vorschein kommt, führt häufig dazu, daß die zeitlichen Dimensionen vage erscheinen (5, 102 f.). Als ein Moment archaischer Zeitauffassung kann auch die von Steblin-Kamenskij benannte ‚Spatialisierung der Zeit' betrachtet werden, also die Vorstellung, die Zukunft stehe als das Ferne in der Zeit ebenso fest wie die Gegenwart als das Nahe, wie auch im Raum Nahes und Fernes gleichermaßen tatsächlich sind (43, 358 f.). Es sind v. a. die durchweg in Erfüllung gehenden Prophezeiungen in den Sagas, die eine solche Zeitkonzeption indizieren. Kaum haltbar erscheint indessen die Radikalisierung dieser These durch den amerikanischen Ethnologen Durrenberger, der in den → Isländersagas „time-denying artefacts" erblickt, in denen durch das Einordnen von Ereignissen und Konstellationen in das totemistische System der Klassen und Entsprechungen jegliche Zeitentiefe und auch jegliche Entwicklung konsequent negiert werde (15).

§ 6. Jenseitsvorstellungen als W.-Kategorie. Abhängig vom Raum- und Zeitmodell sind auch die verhältnismäßig heterogenen Jenseitsvorstellungen, die sich aus schriftlichen und arch. Qu. herauslesen lassen (→ Grab und Grabbrauch; → Totenglaube und Totenbrauch). Gegenüber den mythol. Jenseitsorten (→ Mythische Stätten, Tod und Jenseits § 2; → Óðáinsakr und Glæsisvellir) scheint die Vorstellung eines räumlich verhältnismäßig nahen Totenreichs (→ Totenreiche) (34, bes. 19–22) von größerer lebensweltlicher Relevanz gewesen zu sein, dessen Grenzen zu bestimmten Zeiten, an bestimmten, etwa durch ihre Situierung an der Grenzlinie zw. Kultur und Natur symbolisch aufgeladenen Plätzen (1, bes. 293 f.) sowie durch die Durchführung bestimmter kultischer Handlungen durchlässig werden konnten. Auch der Glaube an → Wiedergänger (34, 29–30; 30), der wohl auch schon für die vor- und frühgeschichtl. Phasen angenommen werden kann (→ Moorleichen § 5), setzt eine primitive Raumkonzeption voraus, die mit einer prinzipiellen Nähe der Toten rechnet (vgl. auch → Totenhaus § 1). Der lebende Tote wird dabei nicht als immaterielles Geistwesen, sondern in konkreter, oftmals sogar durch das Motiv der übernatürlichen Schwere noch gesteigerter Körperlichkeit gedacht. Ein Beispiel hierfür liefert die → *Eyrbyggja saga* in der Gestalt des Þórólfr bægifótr, der als Untoter die Häuser zum Erzittern bringt, indem er auf dem Dachfirst reitet, und dessen Leichnam mehrere Männer nur mit Mühe von der Stelle bewegen können (5, 117–124). Zweifellos in hohem Grade liter. ausgestaltet, aber doch auf archaischen Vorstellungskategorien basierend, ist die enge Verschränkung von Anders- und Alltagswelt, wie sie gleichfalls in der *Eyrbyggja saga* begegnet: Hier steigert sich das Eindringen der Jenseitsgestalten zur kosmischen Katastrophe, die ganz im Sinne der archaisch-formalistischen Denkweise nur durch einen verbindlichen Rechtsakt beendet werden kann, bei dem die Wiedergänger zur Rückkehr ins Jenseits verurteilt werden (5, 124–133; 35). Bei der Analyse der Toten- und Jenseitsvorstellungen sind auch die Seelenkonzeptionen zu berücksichtigen (→ Fylgja; → Hamingja) (5, 104–114; 47, §§ 158–171; 33; 8). Hingegen wäre zu erwägen, ob die bisweilen auch in der neueren Lit. noch begegnende Vorstellung von der pessimistisch-agonalen, den Tod verherrlichenden Einstellung der Germ. nicht auf der problematischen Verallgemeinerung des Selbstverständnisses einer kriegerischen Oberschicht basiert (11, 188; vgl. 5, 105).

§ 7. Resümee. Zusammenfassend läßt sich konstatieren, daß das W. der Germ. vor der VWZ aufgrund des Qu.mangels allenfalls in den allg. Umrissen rekonstruierbar ist, die auch für andere Ethnien auf vergleichbarer zivilisatorischer Stufe faßbar sind. Bei den anord. Qu. kann häufig zw. synkretistischen, heidn. und in die heidn. Zeit rückprojizierten Vorstellungen nicht sicher differenziert werden. Da die Konstituenten eines W.s aber weitgehend auf der ‚longue durée'-Ebene angesiedelt sind, können die ma. Qu. des Nordens – hier ist in erster Linie an die eddische Überlieferung (→ Edda, Ältere; → Edda, Jüngere) und an die Sagalit. sowie an Rechtstexte zu denken – mit einiger Vorsicht doch zu Rate gezogen werden. Auch den arch. Qu. kommt gerade bei der Analyse des Wandels im W. zentrale Bedeutung zu (18).

Das Potential dieser historiographischen und mythographischen Traditionen zur Rekonstruktion des germ. W.s ist indessen insofern begrenzt, als sie sich im wesentlichen in der Vorstellungs- und Wertewelt der gesellschaftlichen Eliten des nord. MAs bewegen, von denen überhaupt die mittellat. wie auch die volkssprachl. Qu. ganz überwiegend handeln. Umstritten ist indessen, ob die Differenz zw. den Eliten und den breiteren Bevölkerungsschichten so groß ist, daß letzteren eine distinkte ‚Volkskultur' zugewiesen werden muß (17, 334–339). Bis zu welchem Grade sich das aus den Qu. herauslesbare W. generalisieren läßt, hängt in erster Linie davon ab, ob die in den Blick genommenen Elemente der ‚longue durée'-Ebene zuzurechnen sind oder stärker im spezifischen hist. Kontext verankert erscheinen. Die gemeinsamen Grundzüge der z. T. höchst distinkten germ. W.er, die sich aus den früh- und hochma. Qu. ableiten lassen, bestehen wohl in erster Linie in der sinnlich-konkreten Auffassung von Raum und Zeit, einem primitiven Totenglauben sowie in der Vorstellung einer von magischen Kräften durchwalteten Welt, die der Mensch durch hochformalisierte Handlungsweisen zu manipulieren versucht.

(1) A. Andrén, Dörrar till förgångna myter – en tolkning av de gotländska bildstenarna, in: Ders. (Red.), Medeltidens födelse, 1989, 287–319. (2) A. Angenendt, Früh-MA. Die abendländische Christenheit von 400 bis 900, ²1995. (3) S. Bagge, Mennesket i middelalderens Norge. Tanker, tro og holdninger 1000–1300, 1998. (4) A. Bendlin, Archaik, in: RGG 1, ⁴1998, 707. (5) K. Böldl, Eigi einhamr. Beitr. zum W. der *Eyrbyggja* und anderer Isländersagas, 2005. (6) Ders., Anord. Leben. Zur romantischen Anthrop. Karl Weinholds, in: Ders.,

M. Kauko (Hrsg.), Kontinuität in der Kritik. Hist. und aktuelle Perspektiven der Skandinavistik, 2005, 91–106. (7) A. Borst, Lebensformen im MA, 1999. (8) R. Boyer, Hamr, Fylgja, Hugr: L'Ame chez les anciens Scandinaves, Heimdal 33, 1981, 5–10. (9) Ders., Le monde de double. La magie chez les anciens Scandinaves, 1986. (10) F. Braudel, Gesch. und Sozialwiss. Die lange Dauer, in: Ders., Schr. zur Gesch. 1, 1990, 49–87 (Erstveröffentl.: Hist. et sciences sociales. La longue durée, Annales E. S. C. 4, 1958, 725–753). (11) H. J. Braun, Das Jenseits. Die Vorstellungen der Menschheit über das Leben nach dem Tod, 1996. (12) E. Cassirer, Phil. der symbolischen Formen, 2. Das mythische Denken, [9]1994. (13) P. Dinzelbacher (Hrsg.), Europ. Mentalitätsgesch., 1993. (14) U. Dronke, Eddic poetry as a source for the hist. of Germanic relig, in: H. Beck u. a. (Hrsg.), Germ. Religionsgesch. Qu. und Qu.probleme, 1992, 656–684. (15) D. P. Durrenberger, The Icelandic Family Sagas as Totemic Artefacts, in: R. Samson (Hrsg.), Social Approaches to Viking Studies, 1991, 11–17. (16) Ch. Fabech, Samfundsorganisation, religiøse ceremonier og regional variation, in: Samfundsorganisation og regional variation. Norden i romersk jernalder og folkevandringstid. Beretning fra 1. nordiske jernalderssymp., 1991, 187–200. (17) H. W. Goetz, Moderne Mediävistik. Stand und Perspektiven der Mittelalterforsch., 1999. (18) A.-S. Gräslund, Ideologi och mentalitet. Om religionsskiftet i Skandinvien från en arkeologisk horisont, 2002. (19) Valtýr Guðmundsson, Privatboligen på Island i Sagatiden samt delvis i det øvrige Norden, 1889. (20) A. Y. Gurevich, Space and Time in the *Weltmodell* of the Old Scandinavian Peoples", Medieval Scandinavia 2, 1969, 242–253. (21) A. J. Gurevitj, Tiden som kulturhistorisk problem, in: Häften för kritiska studier 19, 1986, 13–28. (22) A. J. Gurjewitsch, Das W. des ma. Menschen, [3]1986. (23) D. Harrison, Skapelsens geografi. Föreställningar om rymd och rum i medeltidens Europa, 1998. (24) K. Hastrup, Culture and Hist. in Medieval Iceland. An Anthrop. Analysis of Structure and Change, 1985. (25) H. Hattenhauer, Europ. Rechtsgesch., [2]1994. (26) W. Haubrichs, Die Anfänge: Versuche volkssprachiger Schriftlichkeit im frühen MA (ca. 700–1050/60), Gesch. der dt. Lit. von den Anfängen bis zum Beginn der Neuzeit I/1, hrsg. von J. Heinzle, 1988. (27) L. Hedeager, Scandinavian ‚Central Places' in a Cosmological Setting, in: B. Hårdh, L. Larsson (Hrsg.), Central Places in the Migration and Merovingian Periods. Papers from the 52nd Sachsensymp., 2001 Uppåkrastudier 6, 2001, 3–18. (28) M. Heidegger, Die Zeit des W.s, in: Ders., Gesamtausg. I. Abt. Veröffentlichte Schr. 1910–1976, Bd. 5. Holzwege, 1977, 75–96. (29) A. Hultgård, *Ár* – „gutes J. und Ernteglück" – ein Motivkomplex in der anord. Lit. und sein religionsgeschichtl. Hintergrund, in: W. Heizmann, A. van Nahl (Hrsg.), Runica – Germanica – Mediaevalia, 2003, 282–308. (30) S. Lecouteux, Gesch. der Gespenster und Wiedergänger im MA, 1987. (31) B. Meier, Die Relig. der Germ. Götter – Mythen – Weltbild, 2003. (32) P. Meulengracht Sørensen, Objektivitet og indlevelse. Om metoden i Vilhelm Grønbechs *Vor Folkeæt i Oldtiden,* in: Ders., At fortælle Historien. Telling Hist. Studier i den gamle nordiske litteratur. Studies in Norse Lit., 2001, 249–261. (33) E. Mundal, Fylgjemotiva i norrøn litteratur, 1974. (34) A. Nedkvitne, Møte med døden i norrøn middelalder. En mentalitetshistorisk studie, 1997. (35) K. Odner, Þórgunnas testament: a myth for moral contemplation and social apathy, in: Gísli Pálsson (Hrsg.), From Sagas to Soc. Comparative Approaches to Early Iceland, 1992, 125–146. (36) A. Perkins, Thor the Wind-Raiser and the Eyrarland-Image, 2001. (37) G. Scheibelreiter, Die barbarische Ges. Mentalitätsgesch. der europ. Achsenzeit 5.–8. Jh., 1999. (38) R. Schott, Das Geschichtsbewußtsein schriftloser Völker, Arch. für Begriffsgesch. 12, 1968 166–205. (39) F. R. Schröder, Die Göttin des Urmeeres und ihr männlicher Partner, PBB 82, 1960, 221–264. (40) R. Simek, Anord. Kosmographie, 1990. (41) Ders., Relig. und Mythol. der Germ., 2003. (42) L. Søndergaard, Magiske tegn, figurer og former i senmiddelalderlige kalkmalerier – med udgangspunkt i træskomalerens verkstæd og sideblik til andre håndverkerbemalinger, in: L. Bisgaard u. a. (Hrsg.), Billeder i middelalderen. Kalkmalerier og altertavler, 1999, 165–216. (43) M. I. Steblin-Kamenskij, Tidsforestillingene i islendingesagaene, Edda 68, 1968, 351–368. (44) J. P. Strid, Kulturlandskapets språkliga dimension. Ortnamnen, 1999. (45) H. Thomé, Weltanschauung, in: J. Ritter, K. Gründer (Hrsg.), Hist. Wb. der Phil. 12, 2005, 453–460. (46) Ders., W., in: ebd., 460–463. (47) de Vries, Rel.gesch. (48) J. Zernack, Kontinuität als Problem der Wissenschaftsgesch., in: wie [6], 47–72.

K. Böldl

Welten → Mythische Stätten, Tod und Jenseits

Weltenbaum

§ 1: Der W. als religiöse Kategorie – § 2: Der W. in der vorchristlichen nordischen und germanischen Religion

§ 1. Der W. als religiöse Kategorie. Wie in vielen anderen Relig. der Welt spielte auch in der nord. Relig. und Kosmologie ein W. eine bedeutende Rolle. Der W. ist die Var. eines verbreiteten Phänomens, das man in der Relig.sphänomenologie als *axis mundi* bezeichnet, also eine Weltachse, auf der sich aufgrund ihrer Position in der Mitte der Welt die verschiedenen Schichten im Kosmos verbinden, zumindest die drei verschiedenen Ebenen Himmel, Erde und Unterwelt, aber oft auch weitere, nicht zuletzt in schamanistischen Kulturen. Neben seiner Funktion als Verbindungsglied zw. den einzelnen vertikal orientierten Welten verbindet sich in den verschiedenen Kulturen eine Vielzahl von Vorstellungen über den W.; Vorstellungen, die man nicht notwendigerweise überall finden muß, die aber in vielerlei Hinsicht in sehr unterschiedlichen Kulturen verbreitet sind, die keinerlei kulturgeschichtl. Beziehungen untereinander haben. So gesehen handelt es sich um eine Grundstruktur im relig. Bewußtsein, in dem gerade die Kommunikation zw. den verschiedenen Welten die zentrale Vorstellung überhaupt ist. Der Relig.shistoriker Eliade hat eine lange Reihe von Vorstellungen und symbolischen Funktionen beschrieben, die sich in den unterschiedlichen Relig. mit dem Baum verknüpfen (1, 265–326), jedoch nicht notwendigerweise in allen Fällen, in denen der Baum ein symbolischer Repräsentant ist, auch gegenwärtig sind.

Eine Auswahl dieser (und einiger am weitesten verbreiteten) Vorstellungen ist: Der Baum als Bild des Kosmos; der Baum als Lebenssymbol; der Baum als Kennzeichen der Weltmitte; der Baum als Symbol der Regeneration – alles zusammen symbolische Elemente, die wir auch in Skand. finden.

Neben dem Baum als verbreitetste symbolische Repräsentation der *axis-mundi*-Struktur können auch Berge, Pfähle, Steinsäulen und viele andere vertikal orientierte Formen als *axis mundi* fungieren.

§ 2. Der W. in der vorchristlichen nordischen und germanischen Religion. Auch im N begegnen wir mehreren Var. des *axis mundi* (als solcher fungiert z. B. der Berg in der Mythe über Odins Raub des Skaldenmets in Skáldskaparmál c. 4–6 [5]). Die häufigste und verbreitetste Var. ist der Baum, der normalerweise Yggdrasill genannt wird – Odins Pferd (die Bedeutung des Namens ist umstritten, siehe z. B. 3; 4) –, doch auch mit *Læraðr* (Grímnismál Str. 25 und 26) und *Mímameiðr* (Fjǫlsvinnsmál Str. 20) bezeichnet werden kann. Ob diese Identifizierung korrekt ist, bleibt offen, doch deutet vieles darauf hin (6, 467 f.). Yggdrasill besitzt alle Voraussetzungen für eine Einschätzung als W., nicht zuletzt, wenn wir Snorris Beschreibung in *Gylfaginning* c. 8 mit einbeziehen (→ Edda, Jüngere). Als solcher kann er (evtl. unter einem anderen Namen) eine sehr alte Vorstellung repräsentieren und nicht, wie z. B. Simek vermutet (7, 176 f.), als ein ma. Konstrukt gelten. An erster Stelle mißt er die kosmische Zeit wie auch den kosmischen Raum. Hinsichtlich der Zeit ist die → *Vǫluspá* unsere wichtigste Qu. Aus diesem Gedicht geht deutlich hervor, daß die Nennung des Baumes das Fortschreiten der Zeit zum Ausdruck bringt, vom Samen in der Erde bis hin zu dem Augenblick des Zusammenbruchs bei den → Ragnarök (8). Der Baum, der die Zeit abmißt, ist auch eine Verkörperung des Lebens an sich mit den Prozessen Geburt – Reifen – Tod. In den → *Grímnismál* ist es dagegen der ganze kosmische Raum, der von den Wurzeln des Baums umspannt wird; die eine Wurzel reicht zu den Menschen, die andere zu den Riesen, die dritte zu Hel in der Unterwelt (Grímnismál Str. 31). Dabei ist es auch wichtig, daß sich der Baum mit einer Quelle, dem *Urðarbrunnr* ‚Brunnen der Urð‘, verbindet, die – da der Baum nach oben strebt – eine vertikale Repräsentation nach unten verkörpert. In diesem Sinne repräsentiert der Baum den Kosmos in seiner Totalität. Aber in den → *Hávamál* Str. 138–139 hören wir auch, wie Odin (→ Wotan-Odin), im Baum hängend, Weisheit in Form von Runen erhält, die er von unten her ergreift (vermutlich aus der Unterwelt), so daß der Baum hier als Transportweg zw. den unterschiedlichen ‚Stockwerken' des Kosmos fungiert – eine Eigenschaft, die v. a. aus schamanistischen Kulturen in den zirkumpolaren Gebieten bekannt ist.

Der W. hatte jedoch auch sein kultisches Pendant, z. B. in der mächtigen Säule → Irminsul bei den Sachsen; → Adam von Bremen spricht dagegen von einem mächtigen Baum in → Uppsala (s. auch → Gamla Uppsala), der Sommer wie Winter grün war (und somit wie Yggdrasill für die Fruchtbarkeit steht). Auch dieser Baum war mit einer Quelle verbunden, so daß wir gleichsam eine ‚Landschaft' haben (2, 115 f.), die sich in kultischem und mythischem Material verkörpert – ein Phänomen, das in der ganzen Welt so verbreitet ist, daß es keinen Grund gibt, die Angaben der Qu. von einem hyperkritischen Zugang aus zurückzuweisen. Wenn die Verhältnisse in Skand. anders gewesen sein sollten, müßte die Beweiskraft der Erzählungen für diese unwahrscheinlichen Verhältnisse dienen. Welche Rolle der Baum genauer im Kult besaß, ist unbekannt. Nach Aussagen der Mythen, wonach die Götter am Fuße des Baums in ihrer Thingstätte zur Beratung saßen, ist davon auszugehen, daß Thing an oder in der Nähe eines kultischen ‚Weltenbaums' stattfand und wahrscheinlich von verschiedenen Ritualen begleitet wurde. Obwohl es nur geringe Nachweise für diese kultische Seite gibt, scheint alles darauf hinzuweisen, daß hier – wie von unzähligen anderen Relig. bekannt – unverkennbar das symbolische Konstrukt eines Mikrokosmos gemeint ist.

Die Vorstellungen vom W. enthalten sehr altes Gedankengut, zu dem wahrscheinlich im Laufe der Zeit viele Details hinzugekommen sind, z. T. vielleicht erst nach dem Erlöschen der heidn. Relig. Als Grundsubstanz ist zweifelsfrei von einem Baum mit dem oben skizzierten symbolischen Gehalt auszugehen und davon, daß diese Vorstellung bereits in der BZ bekannt war. Dafür sprechen Abb. von Bäumen in Felszeichnungen, auch wenn unbekannt ist, wie man die abgebildeten Bäume aufgefaßt hat. Auf jeden Fall scheint es vollkommen haltlos, bei der Beschreibung des W.s in den Eddaliedern einen Einfluß aus Christentum und Kreuzlegende anzunehmen. Ganz im Gegenteil darf man davon ausgehen, daß umgekehrt der Komplex, den man mit dem Kreuz verband und der sich in der frühen Gesch. des Christentums entwickelt hat, selbst aus verschiedenen Vorstellungen von einem W. rezipiert hat, die z. T. vermutlich so alt sind wie die Menschheit selbst.

(1) M. Eliade, Patterns in Comparative Relig., 1974. (2) J. Fleck, Die Wissensbegegnung in der agerm. Relig., 1968. (3) R. Nordenstreng, Namnet Yggdrasill, in: Festskrift till A. Kock, 1929, 194–199. (4) J. L. Sauve, The Divine Victim: Aspects of Human Sacrifice in Viking Scandinavia and Vedic India, in: J. Puhvel (Hrsg.), Myth and Law among the Indo-Europeans, 1970, 173–192. (5) J. P. Schjødt, Livsdrik og vidensdrik. Et problemkompleks i nordisk mytologi, Religionsvidenskabeligt Tidsskr. 2, 1983, 85–102. (6) R. Simek, Lex. der germ. Mythol., 1984. (7) Ders., Relig. und Mythol. der Germ., 2003. (8) G. Steinsland, Treet i Vǫluspa, ANF 94, 1979, 120–150.

J. P. Schjødt

Weltenburg → Kelheim

Weltsäule → Weltenbaum

Weltschöpfungsmythen → Schöpfungsmythen

Weltuntergangsdichtung → Muspilli; → Vǫluspá

Weltuntergangsmythen → Untergangsmythen

Wendelring → Vorrömische Eisenzeit

Wenden → Slawen

Wendenpfennig → Sachsenpfennig

Wenskus, Reinhard (* 10. 3. 1916 in Saugen [Memelland], † 6. 7. 2002 in Göttingen). Erst nach den Wirren des Krieges und der Nachkriegszeit konnte W. seine Schulbildung wieder aufnehmen und von 1949 an in Marburg das Studium der Vorgesch., Gesch., Ethnol. und Germanistik beginnen. Nach dem Staatsexamen und der Promotion (1954) habilitierte sich W. 1959 für Mittlere und Neuere Gesch. 1963 folgte er dem Ruf als ordentlicher Professor für Mittelalterliche Gesch. an die Univ. Göttingen. Die AdW zu Göttingen berief ihn 1969 zu ihrem ordentlichen Mitglied. Er blieb dieser Univ. treu bis zu seiner Emeritierung 1981 (9; 10).

Das umfangreiche Werk von W. ist geprägt von einem offenbaren Streben nach Universalität. Nicht nur seine frühesten Erfahrungen im Grenzgebiet von Dt., Balt. und Slaw., die eine lebenslange Offenheit gegenüber diesen Sprachen und Kulturen zur Folge hatte, begründen einen über die Grenzen weisenden Blick. Auch seine großen Arbeiten, die Habilitationsschrift „Stammesbildung und Verfassung" von 1961 (3), „Sächsischer Stammesadel und fränkischer Reichsadel" von 1976 (5), seine Arbeiten zur Ritterschaft des Preußenlandes (7) und seine Hrsg.tätigkeit beim „Reallexikon der Germanischen Altertumskunde", zeichnen sich dadurch aus, daß sie die fachlichen Grenzen sprengen und Interdisziplinarität praktizieren. Gesch. ist ihm ein Fach von übergreifender Dimension, die auch die Prähist. und Ethnol. ebenso einbezieht wie die Philol. und Sprachwiss. Auch in der Argumentation liebt W. die kritische Entfaltung von Forsch.sansätzen all dieser Disziplinen. Zeit seines Lebens galt W. als ein Fachvertreter von profunder Gelehrsamkeit.

Das universale Fachverständnis kam bes. zum Tragen, als W. als zweiter Vorsitzender der Komm. für die Altkde Mittel- und N-Europas der Göttinger AdW tätig war. In der konstituierenden Sitzung dieser Komm. am 25. 11. 1971 wurde Herbert Jankuhn als erster, W. als zweiter Vorsitzender gewählt. In dieser Funktion trug W. maßgeblich zur inhaltlichen Gestaltung und personellen Besetzung der insgesamt 35 Arbeitstagungen dieser Komm. bei. Zahlreiche Publ. in den „Abhandlungen der Akademie der Wissenschaften zu Göttingen" zeugen von dieser Arbeit (Vgl. den Rechenschaftsber. in der Gedenkschrift für H. Jankuhn, Abhandl. der AdW in Göttingen, Phil.-hist. Kl., 3. Folge, Nr. 218). Mit der Altkde Mittel- und N-Europas war W. bereits durch ein weiteres Göttinger Projekt verbunden – der Neuaufl. des „Reallexikons der Germanischen Altertumskunde", das mit der ersten Lieferung des ersten Bd.es 1968 an die Öffentlichkeit trat. Neben Herbert → Jankuhn, Hans Kuhn, Kurt → Ranke und Percy Ernst → Schramm gehörte W. zu den Gründungsvätern dieses Lex.s, das über eine lange und bewegte Gesch. – über einen gescheiterten Versuch während der nationalsozialistischen Zeit – bis zur ersten vierbändigen, von Johannes → Hoops betreuten Aufl. von 1911–1919 zurückreicht. Hatte bereits Hoops die Forderung nach „einer engeren Fühlung zwischen den verschiedenen Zweigen der germanischen Kulturgeschichte" (Hoops, Bd. 1, VI) erhoben, so hat W. in seinen 114 Art. in den ersten zehn Bd. dieses Lex.s (z. B. → Adel, → Bauer, → Fara, → Galinder) dies nach Kräften zu realisieren versucht – und dies nicht nur in der Präsentation des Forsch.sstandes, vielmehr auch in dem Versuch, eine Germ. Altkde methodisch zu fundieren – so auch in einem Beitrag von 1986 „Über die Möglichkeit eines allgemeinen interdisziplinären Germanenbegriffs" (6). Am Beispiel des Verhältnisses von Arch. und Historie spricht er der ersteren die Rolle einer Kontaktwiss. zu, die den Rahmen einer hist. Hilfswiss. weit übergreife und deren Bedeutung heute noch gar nicht absehbar sei. Hier deutet sich bereits die Erkenntnis an, daß eine Wiss. Altkde sich nicht in Interdisziplinarität (d. h. in Fühlungnahme, Kontakt) erschöpfen kann. Die bloße Addition von Disziplinen ergibt noch keine neue Wiss. Mit gleichem Nachdruck bindet W. auch die Ethnol., speziell die Ethnosoz., in eine Altertumswiss. ein. In seinem Beitr. „Probleme der germanisch-deutschen Verfassungsgeschichte" (zu Ehren Walter → Schlesingers, den W. als einen seiner bedeutenden Lehrer bezeichnete) diskutiert er die Sozialstruktur des n-alpinen germ. Raumes und stellt fest, daß die altertümlichen Züge dieser Kultur (im Blick auf Verwandtschaftsstruktur, Herrschaft und Gefolgschaft etc.) dem entsprechen, was die ethnosoz. Forsch. als Grundstrukturen der Naturvölker der Alten Welt festzustellen glaubte. Erst auf diesem Hintergrund lasse sich auch das „eigentlich Germanische" bestimmen (4). Wie ernsthaft W. diesen Forsch.sansatz nahm, zeigt sich auch darin, daß er es auf seinen insgesamt vier USA-Reisen nie versäumte, eigene Feldforsch. in den w. des Mississippi gelegenen Indianerreservaten zu betreiben.

Die Universalität Wenskusscher Prägung schloß auch eine Nahperspektive ein, d. h. die quellenkritische Konzentration auf räumlich oder zeitlich nahe Themen und Epochen. Unverkennbar ist die Nahperspektive bereits in der (unter der Obhut von Helmut Beumann verfaßten) Diss., 1956 unter dem Titel „Studien zur historisch-politischen Gedankenwelt Bruns von Querfurt" in den „Mitteldeutschen Forschungen" erschienen. Die „Studien" rückten die dt.-poln. Beziehungen um das J. 1000 mit der Person des Missionsmetropoliten Brun von Querfurt und die Frage nach dem Missionsprogramm, das mit der Erhebung Bruns zum Ebf. der Heiden durch Papst und Kg. gegeben war, in den Mittelpunkt (1). Heimatbezogen ist auch die fast 600 Seiten umfassende Akademieabhandl. „Sächsischer Stammesadel und fränkischer Reichsadel" von 1976. Die Fragestellung ist zunächst sehr speziell und ortsnah auf Abstammung und Herrschaftsbildung der Herren von Plesse gerichtet, eines Adelsgeschlechtes, dessen Burg an der oberen Leine gelegen war und dessen Güterregister auch Besitz in Bovenden aufwies (dem Wenskusschen Wohnsitz seit 1964). Die ortsgeschichtl. Anknüpfung weitet sich aber zu einer polit. Geogr. des Harz-Weserraumes und mündet letztlich in einer allg. Sozialgesch. des Früh-MAs (5).

Den Franken, dem ‚Schicksalsvolk Europas', widmete W. seine letzte umfängliche Unters. (erschienen 1994), ohne allerdings noch die Kraft zu haben, die Argumentation in jeder Hinsicht überzeugend auszugestalten. Speziell galt die Studie dem „Synkretismus in der vorchristlichen politischen Theologie" dieses Volkes (8). Es ist ein kühner Versuch, die Stammesrelig. der salischen Franken nach ihrer Niederlassung in Gallien mit einzelnen Elementen im Spannungsfeld hellenistisch-synkretistisch umgeformter orientalischer Mysterienkulte zu verorten. W. vertraute dabei in so hohem Maße den philol.-sprachgeschichtl. Konstruktionen über Raum und Zeit sowie Sprachen hinweg, daß dies auch Kritik hervorrief (18).

Ein weiteres heimatbezogenes Arbeitsgebiet war ihm eine Herzensangelegenheit, die Gesch. des Preußenlandes. Die Nachkriegsforsch. hat er auf diesem Gebiet in höchst eigener Weise geprägt – einerseits durch eine gewissenhafte und umfassende Orientierung an den Qu., andererseits durch eine Horizonterweiterung, die alle nationalen Perspektiven transzendierte. Von der prußischen Frühgesch. reichte sein Blick bis ins 20. Jh. (7). Untrennbar mit seinem Namen verbunden ist der „Historischgeographische Atlas des Preußenlandes". Dieses große Atlaswerk, das eigtl. eine in Karten gefaßte Qu.edition darstellt, führte er von der ersten (Wiesbaden 1968) bis zur derzeit letzten, 15. Lieferung weiter (2). Der Gesch. des Adels im Preußenland galt sein besonderes Interesse. Die Verhältnisse waren hier komplizierter als im Reich. Der Dt. Orden ließ in seinem Herrschaftsgebiet bis zur Mitte des 15. Jh.s keinen eigtl. Adel aufkommen. Der Frage nach dem sich in der Folgezeit bildenden landsässigen Adel widmete er grundlegende Aufsätze (bes. in der „Altpreußischen Geschlechterkunde"). Auch das Zusammenwachsen der verschiedenen Ethnien führte zu besonderen Entwicklungen, denen W. Beachtung schenkte.

Die Germ. Altkde (und damit auch das „Reallexikon") nannte W. einmal selbst – nebst Historiographie, Verfassungsgesch. (insbes. des frühen MA.s) und der Gesch. des Preußenlandes – als sein vornehmliches Arbeitsgebiet. Drei Gesichtspunkte seien aus diesem Bereich hervorgehoben:

In der Diskussion des Terminus ‚Germanisch' sind ihm zufolge konstative und präskriptive Begriffe zu unterscheiden – konstative sind ihm solche, die aus den Qu. selbst gewonnen werden und die im Laufe der Gesch. keineswegs konstant verbleiben (beispielhaft etwa die Germ.begriffe eines → Caesars und → Tacitus'; vgl. → Germanen, Germania, Germanische Altertumskunde § 1), präskriptive Definitionen heutiger Wiss. zeichnen sich andererseits durch Konstanz der Merkmale aus. Wenn von Germanität bzw. Germanizität gesprochen wird, präskriptive Begriffe also gebraucht werden, müsse Klarheit über das Merkmalbündel geschaffen werden, das hier vorausgesetzt wird. Für W. ist es die Aufgabe des Historikers, die konstativen Definitionen so deutlich wie möglich zu machen und ihre Geltung zeitlich und räumlich zu fixieren. Dabei müsse auch ins Bewußtsein gehoben werden, daß sich diese ‚quellenmäßigen' Germ.begriffe von einem hoffentlich bald zu erreichenden präskriptiv definierten unterscheiden und entspr. zu benützen sind. Nur dann würden wir zu wiss. vertretbaren Aussagen kommen (6).

Verfassungsgesch. ist ein zweites Stichwort, dem W. besondere Bedeutung beimaß. Es war die Habilitationsschrift, die diesen Begriff dem Prozeß der Stammesbildung zuordnete. Man darf mit Recht sagen, daß diese Arbeit von 1961 als ein epochaler Einschnitt empfunden wurde – ungeachtet der Tatsache, daß das romantische Konzept der Stämme als Bluts-, Sprach- und Kulturgemeinschaft im Laufe des 19. und beginnenden 20. Jh.s bereits deutliche Kritik erfahren hatte (3, 15 ff.). Unter dem Eindruck der zurückliegenden nationalsozialistischen Zeit aber – 1948 meinte z. B. der Sprachhistoriker Frings, sich von den Stämmen als einer romantischen Vorstellung generell lossagen zu müssen (11, 14) – versprach die ethnosoz. Ausrichtung und interdisziplinäre Sicht dieser gelehrten Arbeit, einen Neuanfang zu ermöglichen. In der allg. Ratlosigkeit hielt er an der hist. Realität der völkerwanderungszeitlichen (und frühma.) *gentes* fest (zur Terminologie vgl. 3, 46–54. 85, Anm. 438; → Stammesbildung, Ethnogenese; → Stamm und Staat § 4; → Volk § 2), begründet deren Genese und Existenz aber in einer Weise, die alle früheren Versuche auch in der methodischen Reflexion übertraf.

Stämme *(gentes)* werden – lehrte W. – einerseits getragen von einem gemeinsamen Bewußtsein der Zusammengehörigkeit – als Aspekte dieses Bewußtseins diskutiert W. verschiedene Daten wie die Vorstellung der Abstammungsgemeinschaft, die Heiratsgemeinschaft, die Friedens-, Rechts- und Siedlungsgemeinschaft usw. Die germ. *gentes* (sowohl die prähist. wie die völkerwanderungszeitlichen) sind für W. aber auch Realitäten der Verfassungsgesch. Damit ist gemeint: Stammesbildung ist in entscheidender Weise ein voluntaristischer, durch bewußte Setzung bestimmter Vorgang, eine nach Ordnung und Regeln organisierte Herrschaftsausübung, kein naturhaft-biologisches Werden. Stammesbildung ist daher ein geistesgeschichtl. Phänomen, kein biologisches.

Als drittes Stichwort sei der Begriff ‚Traditionskern' genannt, dem W. für die Stammestradition große Bedeutung beimißt (hierzu auch → Stammesbildung, Ethnogenese S. 510). Aus der Ethnol. führt W. Beispiele an, die zeigen, daß Überlieferungen und Stammeslehren keineswegs gleichmäßig über die ganze Bevölkerung verteilt sind und waren. Wer sich über Mythos, Glauben usw. unterrichten will, kann sich nicht an den erstbesten Vertreter eines Stammes wenden. Er muß vielmehr die führenden Persönlichkeiten konsultieren. Die eigtl. Träger der ethnischen Tradition sind also in Kernbereichen zu finden, den ‚Traditionskernen'. Es müsse – nach W. – eine Vermutung bleiben, ob die Hofdichter, die Priester, die Gefolgschaftsleute, die ‚Großen' eines Stammes oder die Herrscher, d. h. die Repräsentanten eines Ethnos, diese Funktion erfüllten (3, 64 ff.). Gewicht legt W. selbst auf die *stirpes regiae*. Auch die Wanderbewegungen führten solch relativ kleine traditionstragende Kerne, so wie sie auch zu Kristallisationspunkten von Großstammbildungen werden konnten (3, 75; → Germanen, Germania, Germanische Altertumskunde § 2e).

„Stammesbildung und Verfassung" hat zahlreiche Besprechungen erfahren, zustimmend und kritisch zugleich. Weite des Blicks, staunenswerte Materialfülle und breite Qu.kenntnis wurden gerühmt (12–14; 16). Die Unters. hat auch eine internationale Diskussion ausgelöst, die das Thema der barbarischen Identität und den Begriff der Ethnizität in Auseinandersetzung mit W. weiter zu fördern vermochte (15; 17) (→ Gentilismus; → Stammesbildung, Ethnogenese § 4).

Werke (in Auswahl): (1) Stud. zur hist.-pol. Gedankenwelt Bruns von Querfurt, 1956. (2) (gemeinsam mit H. und G. Mortensen), Hist.-geogr. Atlas des Preußenlandes, 1968 ff. (3) Stammesbildung und Verfassung. Das Werden der frühma. Gentes, 1961, 2. unveränderte Aufl. 1977. (4) Probleme der Germ.-Dt. Verfassungs- und Sozialgesch. im Lichte der Ethnosoziologie, in: H. Beumann (Hrsg.), Hist. Forsch. für W. Schlesinger, 1974, 18–46. (5) Sächs. Stammesadel und frk. Reichsadel, 1976. (6) Über die Möglichkeit eines allg. interdisziplinären Germ.begriffs, in: H. Beck (Hrsg.), Germ.probleme in heutiger Sicht, 1986, 1–21. (7) Ausgewählte Aufsätze zum frühen und preuß. MA. Festg. zu seinem siebzigsten Geburtstag, 1986. (8) Religion abâtardie. Materialien zum Synkretismus in der vorchristl. pol. Theologie der Franken, in: Iconologia Sacra. Mythos, Bildkunst und Dichtung in der Relig. und Sozialgesch. Alteuropas (Festschr. K. Hauck), 1994, 179–248.

Bibliogr.: Eine bio-bibliogr. Dokumentation zu R. W. ist zu finden in: (9) J. Petersohn (Hrsg.), Der Konstanzer Arbeitskr. für ma. Gesch. 1951–2001. Die Mitglieder und ihr Werk. Bearbeitet von J. Schwarz, 2001.

Würdigung: (10) H. Beck, Nachruf auf R. W., Jb. der Akad. der Wiss. zu Göttingen 2003, 2004, 345–352. (11) Th. Frings, Grundlegung einer Gesch. der dt. Sprache, ³1957. (12) F. Graus, Rez. zu [3], Historica 7, 1963, 185–191. (13) R. Hachmann, Rez. zu [3], HZ 198, 1964, 663–674. (14) Ders., Die Goten und Skand., 1970. Vgl. bes. die Einleitung und S. 217 ff. (15) A. Callander Murray, R. W. on „Ethnogenesis", Ethnicity, and the Origin of the Franks, in: A. Gillett (Hrsg.), On Barbarian Identity. Critical Approaches to Ethnicity in the Early MA, 2002, 39–68. (16) R. von Uslar, Bemerkungen zu „Stammesbildung und Verfassung" von R. W., Germania 43, 1965, 138–148. (17) H. Wolfram, Typen der Ethnogenese. Ein Versuch, in: D. Geuenich (Hrsg.), Die Franken und die Alem. bis zur „Schlacht bei Zülpich", 1998, 608–627.

H. Beck

Wergeld

§ 1: Sprachlich – § 2: Rechts- und Sozialgeschichtlich – § 3: Modalitäten und Folgen der W.- und Bußleistungen – § 4: Wirkungen und Bewertungen – § 5: Alter und Ursprung des W.s

§ 1. Sprachlich. Die Wortbildung ahd. *werigelt* Neutr. (9. Jh.), latinisiert *werigildus*

(8. Jh.) ‚Wergeld, Bußgeld, Lösegeld' (14; 12) ist im Südgerm. die am häufigsten schriftlich belegte Bezeichnung für das Bußgeld, das bei Tötung eines freien, waffenfähigen Mannes zu entrichten gewesen ist (15). Im Nordgerm. entsprach dieser Bezeichnung *mangæld* u. ä. Im Ags. ist neben *wergild* schon früh die Kurzform *wer(e)* mit der Bedeutung ‚Mann' bzw. ‚Mannwert', also ‚Wergeld', belegt (3).

Auf dem Kontinent gibt es hierzu eine bezeichnende Parallele: *leod* ‚Mann' (8. Jh.) mit mlat. *leudis, leodis* (7. Jh.), das in der → *Lex Salica* häufig, in den Rechtsaufzeichnungen der Chamaven, Friesen und Thür. vereinzelt, neben *weregeld* u. ä. belegt ist (1; 21; 24). Dieses *leod* oder *leudis* hat in der *Lex Salica* die Ableitung *leodardi* < westgerm. **leodwardī* ‚Verletzung' bzw. ‚Bußgeld von 15 Schillingen' neben sich (1, Pactus IV, 1 pass.); gegenüber *were-*, *wire-* in rechtssprachlichen Komposita ist *leod* als Simplex mit Rechtsbedeutung zweifellos das ält. germ. Wortbildungselement: germ. **leudi-* Mask. ‚dingberechtigtes Mitglied des Volksverbandes' (14), wie u. a. westgot. *leudes* ‚Leute', burg. ‚Gemeinfreier', aber auch bair. *leuda* für ‚Wergeld' zeigen.

Die Überlieferungslage spricht dafür, daß die Kurzformen *wer(e)* und *leod* ‚Mann', ‚Mannwert' = W. am Anfang einer sprachlichen Entwicklung stehen, die, von dem Kernbegriff ‚Mann' ausgehend, über die Bedeutungserweiterung zur Ableitung *leudī* bzw. *leuda*, zum Kompositum und damit zu einem Fachwort der Rechtssprache geführt hat, das auf andere Personengruppen von → Freien, auf Halbfreie, gehobene Dienstleute und Frauen übertragen werden konnte. Diese Erweiterung des Begriffs *wer(e)* in Komposita von ‚Mann' auf ‚Mensch' deutet sich auch in westgerm. **wiri-aldō* Fem. > ahd. *werald* ‚Mannalter, Zeitalter, Menschenalter' an, das dt. *Welt* zugrunde liegt.

§ 2. Rechts- und Sozialgeschichtlich. Das W. war in Spätant. und Früh-MA die Ausgleichsleistung (Buße), die von dem Totschläger eines Mannes, einer Frau, eines Unfreien an die Familie oder an den Herrn des Getöteten zu entrichten gewesen ist. Die Annahme des W.s verpflichtete die Familie zum Verzicht auf die Forts. von → Fehde und → Blutrache, durch die ganze Geschlechtsverbände vernichtet werden konnten (29). Von daher lag die Festlegung des W.s in einem → Kompositionensystem in herrschaftlichem Interesse (16). Die umfangreichen Bußkat. der → Leges oder → Volksrechte wie die Gesetze der langob. und got. Kg. sind Zeugnis für diese Bestrebungen, wie Belege für die unterschiedlichen Wege, die von den südgerm. Herrschern dabei beschritten worden sind. Da das W. nach dem Stand des Opfers berechnet worden ist, spiegeln die W.-Kataloge die sozialen Verhältnisse der Ges. mehr oder weniger genau wider. So erscheint in der *lex salica scripta* nur ein einheitlicher Stand der Freien *(ingenui, liberi)*, im Gegensatz zur → *Lex Burgundionum* Kg. Gundobads, in der beim W. zw. *proceres, mediocres* und *minores* unterschieden wird. Doch auch im frk. Recht trat zu der Grundbuße für den freien Salier oder Franken von 200 Schillingen für Freigelassene *(laeti)* oder Halbfreie, die dann gerichtspflichtig waren, wie zugewanderte kampffähige Barbaren *(barones)* ein W. von 100 Schillingen. Das W. für Unfreie von 35 Schillingen fiel an den Herrn. Die galloroman. *possessores* bezogen wie die Laeten das halbe W. Personen, die den besonderen Schutz des Kg.s genossen (→ Antrustionen, *pueri regis* und Dienstleute des Kg.s), konnten das dreifache W. ihres Geburtsstandes erhalten. Auch bei den Alem. wurde innerhalb der Freien zw. einem minderbemittelten Freien *(baro minoflidis)* mit einem W. von 170 Schillingen, einem Alem. mittleren Standes *(medianus)* mit 200 Schillingen W. und einem Alem. hohen Standes *(primus Alamanus)* mit 240 Schillingen unterschieden. Diese Dreiteilung nach dem Stand der Freien wurde auch der Berechnung des W.s bei Frauen und Kindern zugrunde gelegt (4; 27). Rechts- und Sozialgeschichtl. liegen dicht beieinander, wobei die Wiedergutmachung an dem Opfer und seiner Familie eindeutig Vorrang vor dem ‚staatlichen' Interesse hatte (32). Dies geht auch aus den Modalitäten der Ausgleichszahlungen hervor.

§ 3. Modalitäten und Folgen der W.- und Bußleistungen. W. war bei Tötung oder Entführung an die Verwandten des Opfers zu entrichten oder bei Unfreien an den Herrn. Bei Verwundung, Diebstahl, Raub und anderen Gewaltverbrechen war eine *Buße* (zu ahd. *buoza*, as. *bōta* Fem. < germ. *bōta* ‚Besserung, Wiedergutmachung') fällig, deren Höhe sich bei Verwundungen aus dem Funktionsausfall einzelner Gliedmaßen ergab, während bei Tierdiebstählen Fragen des Alters und Geschlechts, der Unterbringung im Stall und der Feldgängigkeit, der Leitfunktion in der → Herde und der Nachzucht den Ausschlag gaben. Diese Sühneleistung mußte außer dem Wertersatz (*capitale* oder *haubitgelt*) und dem Anzeigelohn, auch Weigerungsbuße (*dilatura, wirdria*) genannt, an die Familie des Geschädigten gezahlt werden. Hinzu kamen ein Friedensgeld *(fredus),* das an den Richter, → *comes* oder *grafio* als Buße für den Bruch des Kg.sfriedens abgeführt werden mußte, und gelegentlich ein Fehdegeld *(faidus),* das an die Familie des Geschädigten fiel, um diese zu einer Beendigung des Streits zu bewegen.

Man wird davon ausgehen können, daß in den meisten Fällen die Summe die Leistungsfähigkeit des Einzelnen überstieg. Der insolvente W.-Schuldner, für den auch die Verwandten nicht eintreten wollten oder konnten (sog. Magenhaftung), wurde dann dem Gläubiger zur Hinrichtung (oder Versklavung) übergeben. Das Verfahren ist in Titel 58 der *Lex Salica* → *Chrenecruda* ausführlich beschrieben. Dies zwang die beteiligten Parteien dazu, Verabredungen über die Ausgleichsleistungen zu treffen; ‚gezahlt' wurde wohl in der Regel mit Naturalien, Vieh und Erntegut, Waffen und Geräten etc., und dies u. U. auch ratenweise. Eine höchst bemerkenswerte Stelle in der → *Lex Ribuaria* (5, S. 149 zu Tit. 40) nennt als Zahlungsmittel das Schwert mit und ohne Scheide, Schild und Lanze, Brünne und Helm, Beinschienen (5). Erst an letzter Stelle kommt der Gesetzgeber auf geprägte Münzen zu sprechen: „Wenn er aber mit Silber zu zahlen vermag, statt einem Schilling *(solidus)* 12 Pfennige *(denarii) sicut antiquitus est constitutum*" (16).

§ 4. Wirkungen und Bewertungen. Die *Lex Ribuaria* zeigt, daß der Gesetzgeber oder Kompilator bewußt an die in der *Lex Salica* belegte Berechnung der Bußen in Schillingen und Pfennigen, die sich offensichtlich bewährt hatte, anknüpft. Bei einem Vergleich der Parteien mußte der Gegenwert in Sachgütern *(pretium)* geschätzt werden. Zu diesem Zweck waren Verzeichnisse in Umlauf, in denen die Anrechnungswerte von Vieh, Waffen, Gerät, Unfreien etc. auf gleicher Bußhöhe zusammengefaßt waren. Diese Verzeichnisse, die in einzelnen Hss. oder Fassungen der *Lex Salica* und im Humanistendruck des Johannes Herold (1557) überliefert sind, spiegeln die Entwicklung des Münzwesens auf gall. Boden von der MZ bis zu den Karolingern auf unterschiedliche Weise wider. Darauf ist hier nicht einzugehen (→ Lex Salica S. 331, Lit.-Nr. 27 und 29). Die informativsten Verzeichnisse (2) sind die *Septem causas* und die *Recapitulatio solodorum,* diese auch *Recapaitulatio legis Salicae* (26) genannt. Für Form und Inhalt ist die mit *Hoc sunt septem causas* überschriebene Aufstellung aufschlußreich, die in nur einem merowingerzeitlichen Text zw. Prolog und Titelverz. überliefert ist, aber in mehrere Hss. der karol. *Lex emendata* übernommen wurde. Dies zeigt die Wirkung an, die solche Zusammenstellungen hatten. Hier interessieren bes. die W.-Sätze, die das soziale Netz deutlich machen, das der Kg.

zur Erhaltung seiner Herrschaft zu stabilisieren hatte, aber auch in bestimmten Fällen nutzen konnte. Dazu gehörte das Problem der Migration; die Anerkennung des Mannes, der eine kgl. Urk. besaß und in eine *villa* zuziehen sollte; die Freilassung eines Unfreien ohne Wissen des Herrn vor dem Kg. durch Denarwurf; Entführung und Verkauf eines Franken usw. – dies sind Bestimmungen über Vergehen, für die das volle W. von 200 Schillingen zu entrichten war. Sie finden sich bereits in der *lex salica scripta,* werden aber durch die Voranstellung vor den Gesetzestext zusätzlich akzentuiert. Das Interesse der Administration wird am dreifachem W. von → *Graf* und → *Sakebaro* ‚Schultheiß' greifbar, wie auch an den Hochbußen von 1800 Schillingen für die Tötung eines Freien auf Kriegszug, eines Bf.s, eines Gesandten des Kg.s oder eines Gefolgsmannes, der zw. Kg. Verhandlungen zu führen hatte. Hier treten neben die vertrauten Regelungen auch neue, situationsbedingte Sätze, in denen sich erkennbar die Rechtsentwicklung abzeichnet.

Der Kg. konnte kraft Gesetz in das Recht eingreifen bis hin zu dem Verbot, mit einem Räuber *(latro)* den Vergleich einzunehmen, den *Lex Salica* 42 § 2 vorsah. Die *Decretio Childeberti* (594/95) schloß dies aus; sie verlangte für Totschläger und Räuber die Todesstrafe und für Personen, welche die Rechtsbrecher schützten, die Zahlung ihres eigenen W.es. Diese Regelung hat der gebürtige W-Gote Theodulf von Orléans (ca. 760–821) offensichtlich nicht gekannt, klagt er doch in seiner am Hof → Karls des Großen verfaßten Mahnrede *Contra iudices* über die Gesetze, die den Diebstahl mit körperlicher Züchtigung, gelegentlich sogar mit dem Tode bestraften, während Totschlag und Mord mit einer Geldzahlung abgelöst werden konnten. Diese scheinbare Unkenntnis des Dichters löste u. a. die These aus, daß die *Lex Salica* eine Fälschung aus karol. Zeit gewesen sei (33; 35). Dabei wurde übersehen, daß in den → Kapitularien (6; 18; 31) seit den Merowingern beide Regelungen der Friedensstiftung nebeneinander herliefen: die Durchsetzung von Lebens- und Leibesstrafen und die Ablösung und damit die Beendigung der Fehde durch W. und Buße. Die Diskussion darüber dauerte, wie die Kapitularien und Kapitulariensl. zeigen, bis in die Zeit Karls des Großen und darüber hinaus (24) an.

Die Diskussion um die Höhe von W. und Bußen erfaßte auch kirchliche Kreise. Nur ein Beispiel sei hier genannt: Die Konzilsväter von Reims (MGH Conc. II, 257 c. 41) baten 813 den Kaiser, den in der *Lex Salica* zugrunde gelegten Kurs von 1 *solidus* = 40 *denarii* zu senken, um dadurch der Häufigkeit von → Meineiden entgegenzuwirken. Dies zeigt, daß es die Unrechttäter bewußt vermieden, ihre Schuld zu gestehen und durch die Zahlung von W. und Buße abzulösen. Möglicherweise sind die *Capitula legi addita* (34; 35) aus dem J. 816 bereits eine Antwort auf diese Bitte, heißt es doch hier, daß bei Zahlung *(solitio)* und Ausgleichsleistung *(compositio),* entgegen der *Lex Salica,* künftig in Franken mit einem Kurswert von 1 *solidus* = 12 *denarii* beglichen werden sollte, ausgenommen bei Friesen und Sachsen, wo es bei 40 *denarii* = 1 *solidus* zu bleiben hätte. Unabhängig von den damit verknüpften münzgeschichtl. Problemen spricht der Bezug auf die *lex salica scripta* in beiden Redaktionen des Gesetzes für die Effektivität, die das Volksrecht besaß. Sie hat sich auch in den volkssprachigen Wörtern der karol. Kapitularien (31) niedergeschlagen. Die Kernbegriffe der staatlichen Friedensordnung *fredus* und *weregildus,* die bereits in den merow. Kapitularien begegnen, haben sich z. T. weit in die karol. Zeit hinein gehalten; *fredus* in einem für Italien bestimmten Kapitular von 818/19, das auf den Gesetzen von 816 beruht; *weregeldus* noch in den Beschlüssen des Konzils von Tribur im J. 895.

Fernzuhalten ist *widrigildus* ‚Gegengeld' das v. a. in langob. Gesetzen (23) und obd. Qu. Parallelen hat, sich aber auch dort nicht auf das W. bezieht, sondern in Zusammenhang mit der Werterstattung *(capitule)* und dem Anzeigelohn oder Weigerungsgeld *(delatura)* gesehen werden muß. Den Beweis liefert das Bruchstück einer ahd. Übs. Seine Entsprechung im Text der *Lex Salica* Tit. 2 § 4 verlangt für ein gestohlenes Ferkel den Gegenwert von 15 Schillingen, den *solidus* mit 40 Denaren (!) berechnet, außer *haubitgelt (capitale)* und *wirðriun (delatura)*. An anderer Stelle wird der lat. Text der Vorlage *de compositione homicidii* mit *hwe man weragelt gelte* wiedergegeben.

Die Bezeichnung *faidus* für das Fehdegeld, das an den Kläger für seinen Verzicht auf die Forts. des Streits fiel, hat die karol. Gesetzgebung nicht erreicht. In den Kapitularien wird der *faidus* nur im *Pactus pro tenore pacis* der Chlodwig-Söhne → Childebert I. und → Chlothar I. in Anknüpfung an den Text von *Lex Salica* Tit. 35 c. 9 erwähnt, ein Zusammenhang, der auch an der stabreimenden Formel *inter fredo et faido* in beiden Fällen zu erkennen ist.

Dies führt zur Frage nach der Akzeptanz des Kompositionswesens mit W. und Bußen bei den betroffenen Bevölkerungskreisen, die offensichtlich noch von den Wertvorstellungen einer längst vergangenen Epoche bestimmt gewesen sind. Die Rechtsvorstellungen in den *Leges* von Franken und Alem. (obwohl diese Texte erst nach ihrem Übertritt zum Christentum aufgezeichnet sind) reichen bis in die pagane Zeit zurück (28; 17): Während der organisierte Rachezug mit neunfachem W. gesühnt werden mußte (L. Alam. 41,1), wurden bei der Spontanrache W. und Buße gegeneinander aufgewogen und damit Reste einer Fehdepraxis toleriert, die sich bis in das späte MA fortgesetzt hat. Dies ist zusammen mit anderen Beispielen für Franken und Alem. (25; 28) untersucht. Den alten Zusammenhang zw. Fehderecht (→ Blutrache), Magenhaftung (s. o.) und W.-Zahlung spiegelt auch c. 27 der → *Lex Thuringorum* (802/03) wider (16): Derjenige, der das Erbe im Ganzen (Grundbesitz) nimmt, erhält auch die Ausrüstung *(vestis bellica)*, d. h. den Panzer *(id est lorica)*, zur Verfolgung der Angehörigen eines Totschlägers und das Recht, das W. *(solutio leudis)* entgegenzunehmen.

Aus den hist. Qu. ergibt sich, daß bei den Franken das W. eines Freien von 200 Schillingen dem Wert von 100 gesunden Rindern entsprach – eine Leistung, die den einzelnen um so mehr dem Ruin entgegenführte, als Wertersatz *(capitale)* und Weigerungsbuße *(dilatura)* noch hinzukamen. Von hier aus ergab sich für beide Parteien die Notwendigkeit zum Vergleich über die Einzelzahlungen der Ausgleichsleistungen, wie das Recht dies bereits vorsah und der *dominus* dies als der herrschende Kg. (12) bereits in der *lex dominica* erneut bestätigt hatte.

Der Kg. konnte kraft Gesetz in das Recht eingreifen: die einfache Dichotomie Freie *(leudes)*, Unfreie *(servus)* ‚Knecht' mit dem qualifizierten Unfreien *(ambahtman)* und dem Gefolgsmann *(thegan)* wie anderen Vertrauten aus seinem Umkreis erweitern, wobei Waffenfähigkeit und Kg.snähe für die Erhöhung des W.s um das Doppelte, Dreifache und Neunfache eine Rolle spielen konnten (22; 25).

Die Bußweistümer der *lex dominica* richten sich an den → Richter *(iudex, comes aut grafio)* und das Gremium der → Schöffen *(raginburgii, scabinii)*, die das Urteil zu finden und durchzusetzen hatten. Im *Pactus pro tenore pacis* (c. 113) wird das Verfahren bei echter Not *(sunnis)* genau geregelt, wie die damit verbundene Eintreibung der gelobten Zahlungen durch den Grafen, der dabei von einem Gefolge aus den Geschworenen des Gerichts begleitet wird (2; → Gerichtsverfassung), im einzelnen beschrieben.

§ 5. Alter und Ursprung des W.s. Zu den noch nicht restlos geklärten Fragen in der wiss. Forsch. gehört die nach dem Ursprung der Kompositionsregelung: röm. Vorbild oder traditionelles Verfahren? Für den alten Zusammenhang von Fehde, Blutrache und Gastung beruft man sich auf →Tacitus, Germ. c. 21 (19), wo gesagt wird, daß der Erbe in alle Forderungen und Verpflichtungen des Erblassers einzutreten hatte, mithin auch in die Streitigkeiten, die aus Ersatzansprüchen erwachsen waren und die oft nur mit Waffengewalt ausgetragen wurden. In diesem Zusammenhang ist von der *inimicitia* die Rede; hier ist nicht die Gesinnung, die *inimicitia mentis,* der haßerfüllte Sinn (ahd. *fiantscaft*) gemeint (12), sondern ganz konkret die Fehde, wie auch die Glosse im *Edictus Rothari* c. 74 *faida quod est inimicitia* (23; 8) zeigt.

Dies schließt nicht aus, daß sich ein Kg. oder Kleinkg. zur Festigung seiner Herrschaft des Kompositionswesens nach röm. Vorbild bedienen konnte, um gleichzeitig damit eine W.-Skala aufzubauen, die das Bild einer differenzierten gesellschaftlichen Entwicklung in verschiedenen Phasen abgibt. In ihr kommt den gehobenen Diensten in der Gefolgschaft des Kg.s *trustis dominica, antrustiones* ein besonderer Stellenwert zu (→ Trustis).

Hier ist ein Blick auf die skand. Verhältnisse aufschlußreich (30). So hat sich auf Island lange eine Bauernaristokratie gehalten, die scheinbar nur auf dem Gegensatz Freie/Knechte beruhte. Im Rechtsvergleich, bei der Verhandlung von Bußansprüchen, kam hingegen der *mannamunr* ‚Mannunterschied' hinzu, indem persönliches Ansehen, verwandtschaftliche Beziehungen und Wohlstand den Ausschlag gaben. Die Normalbuße konnte verdoppelt, verdreifacht oder auf das Neunfache erhöht werden. Viele dieser Bauernführer oder Kleinkg. (→ Jarl) gehörten im Norwegen des 11. Jh.s zu den Gefolgsleuten des Kg.s, der sie durch Landvergabungen als regionale Größen *(lendir menn)* bestätigte. Ihre besondere rechtliche Qualität aber erhielten sie als Angehörige im Kg.sdienst *(handgengnir menn),* als durch Treueid dem Herrn verbundene Krieger, was auch in der Höhe der Bußansprüche, die ihnen zustanden, zum Ausdruck kommt. Bei allen regionalen Unterschieden ergeben sich hier strukturelle Parallelen zum Kontinentalgerm., die für die Ursprungsfrage erhellend sein können.

Qu.: (1) P. L. S., hrsg. von K. A. Eckhardt, MGH LL nat. germ. IV,1, 1962; L. S., hrsg. von K. A. Eckhardt, MGH LL nat. Germ. IV,2, 1969. (2) P. L. S., hrsg. von K. A. Eckhardt, Germ.rechte NF. Westgerm. Recht. Einf. und 80-Titel-Text, 1955; Kapitularien und 70-Titel-Text, 1955. (3) Leges Anglo-Saxonum (601–925), hrsg. von K. A. Eckhardt, Germ.rechte NF. Westgerm. Recht, 1958. (4) L. Alam. Das Gesetz der Alam. Text-Übs.-Kommentar zum Faksimile aus der Wandalgarius-Hs., Cod. Sangallensis 731, hrsg. von C. Schott, 1993. (5) L. Rib., hrsg. von F. Beyerle, R. Buchner, MGH LL nat. Germ. III,2, 1954. (6) Capitularia regum Francorum, hrsg. von A. Boretius, V. Krause, MGH LL Cap. II,1 und II,2, 1883 und 1897, Nachdr. 1960.

Lit. (in Auswahl): (7) H. H. Anton, Franken, Frankreich. B. Allg. und pol. Gesch., in: Lex. des MAs 4, 1988, 693–703, bes. 695. (8) R. Bergmann, Verz. der ahd. und as. Glossenhs., 1973. (9) H. W. Böhme, Franken und Romanen im Spiegel spätröm. Grabfunde im n. Gallien, in: D. Geuenich (Hrsg.), Die Franken und Alem. bis zur „Schlacht bei Zülpich" (497/97), 1998, 31–58. (10) E. Ewig, Die Merowinger und das Frankenreich, [3]1997, insbes. 29. (11) Die Franken – Wegbereiter Europas, 1996. (12) H. Götz, Lat.-ahd.-nhd. Wb., 1999. (13) W. Haubrichs, Sprache und Sprachzeugnisse der merow. Franken, in: [11], 559–573. (14) Kluge-Seebold, [24]2002. (15) G. Köbler, Lex. der europ. Rechtsgesch., 1997. (16) K. Kroeschell, Dt. Rechtsgesch. 1, [11]1999. (17) S. Lorenz, B. Scholkmann (Hrsg.), Die Alem. und das Christentum. Zeugnisse eines kulturellen Umbruchs, 2003. (18) H. Mordek, Leges und Kapitularien, in: [11], 488–498. (19) Much, Germania. (20) H. Nehlsen, Aktualität und Effektivität in den ält. germ. Rechtsaufzeichnungen, in: P. Classen (Hrsg.), Recht und Schrift im MA 1, 1977, 449–502. (21) G. von Olberg, Leod ‚Mann'. Soziale Schichtung im Spiegel der Bezeichnungen, in: R. Schmidt-Wiegand (Hrsg.), Wörter und Sachen im Lichte der Bezeichnungsforsch., 1983, 91–106. (22) Dies., Die Bezeichnungen für soziale Stände, Schichten und Gruppen in den Leges Barbarorum, 1991. (23) F. van Rhee, Die germ. Wörter in den langob. Gesetzen, 1970. (24) R. Schmidt-Wiegand, Unters. zur Entstehung der Lex Salica (1951/52), in: Stammesrecht und Volkssprache. Ausgewählte Aufsätze zu den Leges barbarorum (Festschr. R. Schmidt-Wiegand), 1991, 9–38. (25) Dies., Frk. und frankolat. Bezeichnungen für soziale Schichten und Gruppen in der Lex Salica (1972), in: wie [24], 355–391. (26) Dies., Recapitulatio legis Salicae, in: HRG IV, 223 f. (27) Dies., Recht und Gesetz im frühen MA. Pactus und Lex Alamannorum, in: Die Alam. Ausstellungskat., 1997, 269–274. (28) Dies., Rechtsvorstellungen bei den Franken und Alam. vor 500, in: wie [9], 545–557. (29) W. Schild, W., in: HRG V, 1268–1271. (30) K. von See, Kgt. und Staat im skand. MA, 2002. (31) A. de Sousa Costa, Stud. zu den volkssprachigen Wörtern in karol. Kapitularien, 1993, 197–208. (32) F. Staab, Die Ges. des Merowingerreichs, in: [11], 479–484. (33) S. Stein, Lex und Capitula. Eine kritische Stud., MIÖGF 41, 1926, 289–301. (34) Ders., Étude critique des capitulaires Francs, Moyen Age, 1941, 1–75. (35) Ders., Lex Salica I und II, Speculum 22, 1947, 113–134 und 395–418.

R. Schmidt-Wiegand

Werkstatt und Werkzeug

§ 1: Werkstätten für Bunt- und Edelmetallverarbeitung – § 2: Werkzeuge – a. Begrifflich – b. Überblick zur Werkzeugentwicklung – c. Einteilung der Werkzeuge – d. Konstruktive Merkmale – § 3: Holzwerkzeug aus Porz-Lind (Stadt Köln)

§ 1. Werkstätten für Bunt- und Edelmetallverarbeitung. Spezielle Räume oder Plätze, in bzw. an denen der Handwerker (→ Handwerk und Handwerker § 3) seine Tätigkeit ausübte, sind im Gegensatz zu Werkstätten für die → Eisenverhüttung (→ Schmied, Schmiedehandwerk, Schmiedewerkzeuge; zuletzt 26) außerhalb des Röm. Reiches nur selten erkennbar (z. B. → Helgö § 4). Eindeutige Befundzusammenhänge von Bauten, technische Anlagen (Feuerstellen, Öfen) und Verarbeitungsnachweise (Rohmaterial, Gußtiegel, -formen, Werkabfälle, Halbfabrikate, Werkzeuge; → Goldschmied, Goldschmiedekunst § 2; → Metallguß; → Verhüttung und Metalltechnik) sind Ausnahmen (39, 132 f.; 2; s. auch → Haiðaby § 5b). So legen z. B. die in einem Grubenhaus der Siedlung Klein Köris, Ldkr. Dahme-Spreewald, deponierten Feinschmiedeabfälle zwar nahe, hier den Tätigkeitsbereich des Handwerkers in sowie vor diesem Gebäude anzunehmen, erwiesen ist dies jedoch nicht (15, 228; 14). Mehrere Grubenhäuser der ‚Schmiedesiedlung' → Warburg-Daseburg, Ldkr. Höxter, werden als Werkstatt (W.) eines Schmieds gedeutet (12, 110 f. Beilage 4), während der Arbeitsplatz des Schmiedes in der jüngerkaiserzeitlichen Siedlung Dortmund-Oespel wohl im Freien lag (5, 69 Abb. 8). Auf eine ebenerdige W. deutet ein Befund in Herzsprung (→ Herzsprung [Siedlung]), Ldkr. Uckermark, hin. Hier konzentrieren sich Metallgegenstände um einen 15 m² großen Lehmestrich, der sich innerhalb eines separat gelegenen, möglicherweise eingehegten Geländes befand, das auch ein Pfostenhaus mit Kalkbrennofen, ferner Feuerstellen und Grubenmeiler einschloß (Abb. 63; 34, 210 ff. Abb. 96). Zumeist manifestiert sich die Tätigkeit des Handwerkers mehr oder weniger ausgeprägt allein durch Verarbeitungsnachweise ohne Befundzusammenhang wie in der → Feddersen Wierde, Ldkr. Cuxhaven (35, 231; 36, 46 ff.), und weiteren Siedlungen (39, 350 ff.). Einige von ihnen schließen außerdem Hinweise auf Glasverarbeitung ein (→ Perlen S. 579; 22; zur Glasherstellung 27, 121 Abb. 5). Indirekte Nachweise von Werkstätten enthalten die Bestattungen von Handwerkern (18; 28; → Schmiedegräber; → Goldschmied und Goldschmiedekunst § 1b), Depotfunde mit Werkzeugen, Halbfabrikaten usw. (z. B. Depot von Génelard: → Punze Abb. 102) und nicht zuletzt die handwerklichen Erzeugnisse selbst. Das trifft beispielsweise für Fibeln zu (→ Fibel und Fibeltracht), bei denen nicht nur detailliert die Formenkunde sondern auch die Fertigungsweise untersucht wird, der *Modus operandi* des Handwerkers (11, 17 f.), um darüber hinaus Absatzgebiete (→ Formenkreis) und Werkstätten sowie W.-Kreise (Definitionen: 11, 18; 31, 96) herauszuarbeiten (11, 70 ff.; 32, 170 ff.; 33; mit Einschränkungen 23, 483 ff.; dto. 13, 105 ff.; dazu für die MZ kritisch 4, 446 f.). Gleiches

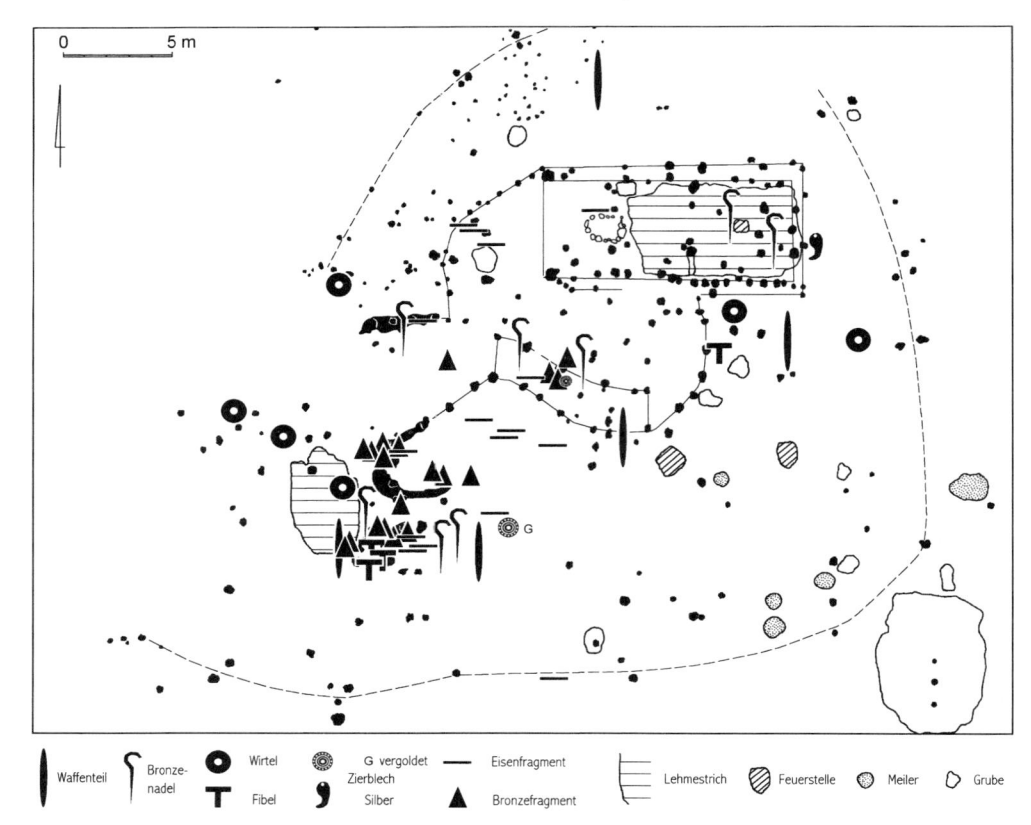

Abb. 63. Herzsprung. Werkstatt sw. von Haus 10. Verteilung der Kleinfunde

gilt für Goldschmiedearbeiten (1, 116 ff. 215 ff.), wie die zahlreich aus skand. Heeresbeuteopfern (→ Moorfund; → Waffenopfer), u. a. von → Illerup Ådal, überlieferten vergoldeten Silberpreßbleche (→ Preßblecharbeiten; → Preßblechornamentik; 20, 482; 10; 31).

Ein weiterer wichtiger Aspekt dabei ist die Unters. kunsthandwerklicher Traditionen, etwa die Beeinflussung durch prov.-röm. Werkstätten (8; 9; 39; z. B. → Kerbschnittbronzen § 6).

Schon seit der frühen RKZ sind Unterschiede hinsichtlich Spezialisierung und Professionalität der Feinschmiede (→ Handwerk und Handwerker § 3) erkennbar (11, 82; 39, 311; dagegen 42, 113; 6, 196), die in der Folgezeit ihren Ausdruck in der Bindung ‚qualifizierter' Werkstätten an ‚Herrenhöfe' (z. B.→ Dienstedt; 3, 337), ‚Adelssitze' (z. B. → Jakuszowice; → Mušov, 30, 511), Höhensiedlungen (z. B. → Runder Berg § 4; 24; 37, 137 ff.; 19, 216 ff. 230), → Zentralorte (z. B. → Gudme; → Lundeborg, 38; → Uppåkra; 7; 17, 52 ff.; 40, 180 ff.) oder im MA an Städte finden (9, 265; 25; 4, 446 f.). Seit wann und in welchem Umfang zumindest in diesem Bereich des Handwerks von Kommunikation zw. verschiedenen Werkstätten und Mobilität der Feinschmiede auszugehen ist, bedarf weiterer Klärung (41; 2; 4, 446; 31, 95 ff.).

(1) K. Andersson, Romartida guldsmide i Norden, 3. Övriga smycken, teknisk analys och verkstadsgrupper, 1995. (2) B. R. Armbruster, Goldschmiede in Haithabu – Ein Beitr. zum frühma.

Metallhandwerk, Ber. über die Ausgr. in Haithabu 34, 2002, 85–198. (3) G. Behm-Blancke, Kelt. und germ. „Herrensitze" in Thüringen, Wiss. Zeitschr. Friedrich-Schiller-Univ. Jena. Ges.- und Sprachwiss. R. 28, 1979, 325–348. (4) S. Brather, Ethnische Interpretationen in der frühgeschichtl. Arch., 2004. (5) H. Brink-Kloke u. a., Siedlungen und Gräber am Oespeler Bach (Dortmund), eine Kulturlandschaft im Wandel der Zeiten, Germania 81, 2003, 47–146. (6) T. Capelle, Zu den Arbeitsbedingungen von Feinschmieden im Barbaricum, in: Arch. Beitr. zur Gesch. Westfalens (Festschr. K. Günther), 1997, 195–198. (7) Ders., Zwei wikingische Modeln aus Stora Uppåkra, in: [16], 221–224. (8) C. von Carnap-Bornheim, Neue Forsch. zu den beiden Zierscheiben aus dem Thorsberger Moorfund, Germania 75, 1997, 69–99. (9) Ders., The Social Position of the Germanic Goldsmith A. D. 0–500, Konferenser. Kgl. Vitterhets Historie och Antikvitets Akad. 51, 2001, 263–278. (10) Ders., Zu den Prachtgürteln aus Ejsbøl und Neudorf-Bornstein, in: L. Jørgensen u. a. (Hrsg.), Sieg und Triumpf. Der Norden im Schatten des Röm. Reiches, 2003, 240–245. (11) E. Cosack, Die Fibeln der Ält. RKZ in der Germania libera (Dänemark, DDR, BRD, Niederlande, CSSR). Eine technologisch-arch. Analyse, 1979. (12) K. Günther, Siedlung und Werkstätten von Feinschmieden der ält. RKZ bei Warburg-Daseburg, 1990. (13) O. Gupte, Knieförmig gebogene Fibeln der RKZ, 2004. (14) S. Gustavs, Werkabfälle eines germ. Feinschmiedes von Klein Köris, Kr. Königs Wusterhausen, Veröffentl. Mus. Ur- und Frühgesch. Potsdam 23, 1989, 147–180. (15) Ders., Feinschmiedeabfälle, Fibeln und Importfunde der Siedlung Klein Köris, Ldkr. Dahme/Spreewald – Arch. Befund und Ergebnisse metallkundlicher Unters., in: [39], 217–230. (16) B. Hårdh (Red.), Fynden i Centrum. Keramik, glas och metall från Uppåkra. Uppåkrastudier 2, 1999. (17) B. Helgesson, Järnalderns Skåne. Samhälle, Centra och Regioner, 2002. (18) J. Henning, Schmiedegräber n. der Alpen, Saalburg-Jb. 46, 1991, 65–82. (19) M. Hoeper, H. Steuer, Eine völkerwanderungszeitliche Höhenstation am Oberrhein – der Geißkopf bei Berghaupten, Ortenaukr., Germania 77, 1999, 185–246. (20) J. Ilkjær, C. von Carnap-Bornheim, Illerup Ådal, 5. Die Prachtausrüstungen, 1996. (21) H. Jahnkuhn u. a. (Hrsg.), Das Handwerk in vor- und frühgeschichtl. Zeit 2, 1983. (22) R. Knöchlein, Gewerbliche Betätigung in einer Ansiedlung der späten Kaiserzeit bei Trebur, Hessen, Arch. Korrespondenzbl. 32, 2002, 105–115. (23) A. Koch, Bügelfibeln der MZ im w. Frankenreich, 1998. (24) U. Koch, Handwerker in der alam. Höhensiedlung auf dem Runden Berg bei Urach, Arch. Korrespondenzbl. 14, 1984, 99–105. (25) St. Krabath u. a., Die Herstellung und Verarbeitung von Buntmetall im karolingerzeitlichen Westfalen, in: Ch. Stiegemann, M. Wemhoff (Hrsg.), 799 Kunst und Kultur der KaZ. Karl der Große und Papst Leo III. in Paderborn Ergbd., 1999, 430–437. (26) A. Leube, in: Röm.-Germ. Forsch. 64, 2006 (im Druck). (27) Ch. Matthes u. a., Produktionsmechanismen frühma. Glasperlen, Germania 82, 2004, 109–157. (28) M. Müller-Wille, Der Schmied im Spiegel arch. Qu. Zur Aussage von Schmiedegräbern der WZ, in: [21], 216–260. (29) P. O. Nielsen u. a. (Hrsg.), The Arch. of Gudme and Lundeborg, 1994. (30) J. Peška, J. Tejral, Gesamtinterpretation des Kg.sgrabes von Mušov, in: Diess., Das germ. Kg.sgrab von Mušov in Mähren 2, 2002, 501–513. (31) A. Rau, Arkaden und Vögel. Form und Bildinhalt von Feinschmiedearbeiten als Indikatoren für die Beziehungen skand. Eliten des 4. Jh.s n. Chr., Arch. Korrespondenzbl. 35, 2005, 89–103. (32) M. Schulze, Die spätkaiserzeitlichen Armbrustfibeln mit festem Nadelhalter (Gruppe Almgren VI, 2), 1977. (33) Jan Schuster, Die „klass." Fibeln Almgren Fig. 181, in: J. Kunow (Hrsg.), 100 J. Fibelformen nach Oscar Almgren, 1998 (2002), 249–253. (34) Ders., Herzsprung. Eine kaiserzeitliche bis völkerwanderungszeitliche Siedlung in der Uckermark, 2004. (35) Jörn Schuster, Zur Buntmetallverarbeitung auf der Dorfwurt Feddersen Wierde, Lkr. Cuxhaven (Niedersachsen), in: [39], 230–233. (36) Ders., P. de Rijk, Zur Organisation der Metallverarbeitung auf der Feddersen Wierde, Ldkr. Cuxhaven, Probleme der Küstenforsch. im s. Nordseegebiet 27, 2001, 39–52. (37) H. Steuer, Handwerk auf spätant. Höhensiedlungen des 4./5. Jh.s in SW-Deutschland, in: [29], 128–144. (38) P. O. Thomsen, Lundeborg – an Early Port of Trade in South-East Funen, in: [29], 23–29. (39) H.-U. Voß u. a., Röm. und germ. Bunt- und Edelmetallfunde im Vergleich, Ber. RGK 79, 1998 (1999), 107–453. (40) M. Watt, Goldgubber og patricer til guldgubber fra Uppåkra, in: [16], 177–190. (41) J. Werner, Zur Verbreitung frühgeschichtl. Metallarbeiten (Werkstatt – Wanderhandwerk – Handel – Familienverbindung), Antikv. Arkiv 38 = Early Medieval Stud. 1, 1970, 65–81. (42) T. Weski, Zum Problem spezialisierter Handwerker in der RKZ, Arch. Korrespondenzbl. 13, 1983, 111–114.

H.-U. Voß

§ 2. Werkzeuge. a. Begrifflich. Um die Thematik zu behandeln, ist zw. Gerät, Werkzeug und Instrument zu unterscheiden. Im dt. Sprachraum ist der Begriff Gerät ein Sammel- und Oberbegriff für alle möglichen Dinge oder Gegenstände, mit denen etwas bearbeitet bzw. bewirkt werden soll. Unterhalb des Sammelbegriffes existieren einzelne Gattungen, wie Arbeitsgeräte, Landwirtschaftsgeräte, Handwerksgeräte oder Küchengeräte. So kann ein Gerät auch als ein spezielles Werkzeug bzw. als Arbeitsgerät angesehen werden (in diesem Sinne auch im vorliegenden Lexikon verwendet → Flint und Flintgeräte; → Holz- und Holzgeräte; → Tisch- und Küchengeräte; → Schmied, Schmiedehandwerk, Schmiedewerkzeuge).

Werkzeuge im eigtl. Sinne sind für bestimmte Zwecke geformte Gegenstände, mit denen etwas manuell hergestellt wird, im weiteren Sinne alle zu einer konkreten menschlichen Arbeitsverrichtung verwendeten Hilfsmittel. Sie werden von Hand bewegt (Handwerkzeug), mit ihnen kann etwas zerspant, getrennt oder spanlos verformt werden. Sie erleichtern oder ermöglichen erst eine bestimmte zielgerichtete Tätigkeit. Werkzeuge sind im Gegensatz zur Maschine nicht unabhängig vom Menschen einsetzbar. Sie erfüllen ihren Zweck nur im Rahmen ihrer Handhabung durch den Menschen bzw. als Teile von Maschinen innerhalb eines Produktionsvorganges. Werkzeuge müssen konstruktiv ausgereift und gut zu handhaben sein. Übergeordnet steht der Begriff auch für die Gesamtheit der Werkzeuge einer bestimmten menschlichen Tätigkeit, wie für solche des Tischlers oder des Schmiedes. Werkzeuge hinterlassen immer sichtbare materielle Spuren (z. B. Sägespäne).

Instrumente sind notwendige intellektuelle Ergänzungen zur handwerklichen Tätigkeit und hinterlassen keine materiellen Spuren. Sie dienen u. a. zum Messen, Anreißen, Markieren und beziehen sich auf Hilfsmittel wie Lineal, Winkel, Zirkel, Wasserwaage, aber auch Rötel oder Kohle zum Anzeichnen.

b. Überblick zur Werkzeugentwicklung. Im Gegensatz zum Tier, das einen Gegenstand nur hilfsweise benutzt und später wegwirft, bewahrt der Mensch Werkzeuge auf, verändert sie und paßt sie seinen Bedürfnissen an. Erste Werkzeuge aus Holz, Knochen/Horn und Stein wurden bereits im Paläol. eingesetzt, unter denen der Faustkeil aus Feuerstein als Universalwerkzeug diente (1, 9). Bereits im Mesol. wurden erstmals Werkzeuge für die Werkzeugherstellung entwickelt, wie Bohrer, Stichel und Meißel.

Die Menschen dieser Zeit erfanden eine neue Technologie in der Werkzeugherstellung, die für die weitere Entwicklung der Menschheit von grundlegender Bedeutung war und die Kombination unterschiedlicher Materialien zu einem Werkzeug, dem zusammengesetzten Werkzeug, ermöglichte: die Schäftung. Im Neol. erreichte diese bedeutsame Erfindung ihren Höhepunkt.

Wurde anfangs nur Silex zur Werkzeug- und Geräteherstellung verwendet, wandte der Mensch sich im Neol. auch dem Felsgestein zu. Außer der Schäftung bildeten das Bohren (z. B. das Öhr/Schaftloch der Axt) und Schleifen von Stein (Schneide) Ausgangspunkt und Voraussetzung der Entwicklung aller bis heute genutzten Werkzeuge (1, 13). Die Schäftung mit Öhr und Stiel bedeutet eine neue Dimension in der Technologie der Werkzeugherstellung. Sie ist bis heute die zweckmäßigste konstruktive, aber nicht die optimalste Lösung geblieben, wie z. B. die zahlreich überlieferten Destruktionen am Axthaupt zeigen.

Mit dem Werkzeugstiel, dem Holm, oder der Handhabe, dem Griff, erhielt z. B. die Arbeit durch günstigere Hebelverhältnisse einen höheren Wirkungsgrad. Mit dieser Erfindung wurde das Knochen- und Muskelsystem des Menschen weniger belastet, da die Kombination unterschiedlicher Materialien die Erschütterungen dämpft. Mit wenigen Ausnahmen bestehen fast alle Werkzeuge aus Material- und Gerätekombinationen. Es entstanden zusammengesetzte Werkzeuge und Geräte (→ Messer), die bereits einen hohen Spezialisierungsgrad aufweisen, wie z. B. die Dechsel, die nur zur Holzbearbeitung genutzt wurden. Am Ende des Neol.s waren die Grundformen vieler noch heute üblicher Werkzeuge ausgebildet. Mit dem Aufkommen erster Metallgegenstände in Form von Waffen und Schmuck wurden auch bald Werkzeuge aus Kupfer, danach aus Bronze und später aus Eisen sowie deren Legierungen hergestellt, und das Metall wurde nun zur Grundlage der Werkzeugherstellung. Die große Bedeutung des Metalls für den Menschen findet in zahlreichen Mythen und Sagen ihren Niederschlag (→ Wieland). Bereits in der BZ und verstärkt in der folgenden EZ wurden viele der noch heute genutzten konstruktiv ausgereiften und gut zu handhabenden Werkzeugformen entwickelt. Auch eine neue Schäftungsweise der Werkzeuge, die Tüllenschäftung, geht auf die BZ zurück und wurde gebietsweise im Bereich zw. Elbe und Weichsel noch bis weit ins 12. Jh. n. Chr. benutzt.

Der Grundbestand an Werkzeugen (2, 12) hat sich seit der späten LTZ im wesentlichen nicht mehr verändert, dagegen hat sich die Auswahl an Spezialwerkzeugen erhöht. Das wohl ursprünglichste und universellste Werkzeug bis ins MA hinein verkörpern Axt bzw. Beil, das schon Leonidas von Tarent im 3. Jh. v. Chr. treffend als Königin aller Werkzeuge hervorhob (6, 563–564, V. 205). Erst seit Beginn des späten MAs wurden weitere Werkzeuge mit neuen Funktionen und auch aus anderen Materialien geschaffen, so z. B. der Schraubstock und die → Schraube (dort zur Wiederentdeckung der Schraube und zu ält. Beispielen). Jt. hindurch gehörten organische Materialien zu den unabdingbaren Voraussetzungen zur Werkzeugherstellung, jedoch mit schwindender Bedeutung. Gelegentlich wurden dabei Metalle durch andere Materialien ersetzt, z. B. durch Holz (vgl. die hölzerne Schmiedezange aus Groß Raden [→ Zangen § 3c]; vgl. zu Holzwerkzeug auch unten § 3).

Werkzeuge werden durch den Einsatz des ganzen Körpers und der Extremitäten bedient. Sie sind so konzipiert, das sie in der Regel beidhändig oder einhändig von Rechtshändern geführt werden. Werkzeuge die bes. für Linkshänder angefertigt wurden (Linke Axt), zeigen einen für die damalige Zeit recht beachtlichen Entwicklungsstand in der Technologie und belegen gewisse Kenntnisse in der Ergologie. Auch andere Körperteile werden zum Bedienen der Werkzeuge eingesetzt: so der Fuß beim Drehen der Töpferscheibe (→ Töpferei und Töpferscheibe), die Brust beim Bohren mit der Bohrleier.

Die Qualität der eingesetzten Werkzeuge zeigte und zeigt noch immer den Stand des Spezialisierungsgrades im jeweiligen Gewerk und bestimmt letztlich damit auch die Qualität des Erzeugnisses.

c. Einteilung der Werkzeuge. Werkzeuge werden klassifiziert nach Konstruktion, Wirkungsweise, Schneidenanzahl, Schneidenform, Ansatz, Wirkung und nach dem technologischen Verwendungszweck (3, 244–246).

Konstruktion. Zu unterscheiden sind grundsätzlich einteilige, mehrteilige und Maschinenwerkzeuge. Arch. nachgewiesen sind im wesentlichen nur einfache einteilige Werkzeuge.

Unterschiedliche Wirkungsweisen der Werkzeuge deuten auf einen bestimmten Zweck in der Handhabung hin. Die Mehrheit der formverändernden Werkzeuge wirkt nach dem Prinzip der spanabhebenden Perkussion (5, 162). Perkussion meint hier die Kraftanwendung zur mittelbaren Formveränderung eines Gegenstandes (5, 42). Sie wird eingesetzt bei Werkzeugen zur spanenden, trennenden und zur spanlosen Verformung. Weitere Unterteilungen bilden die Druckperkussion für Bohrer, Meißel, Keil; sowie die Schwungperkussion bei Axt/Beil, Dechsel und Halte- bzw. Greifwerkzeugen wie → Zangen, Kornzange und → Amboß.

Schneidenanzahl. Zu unterscheiden sind ein- und mehrschneidige Werkzeuge. Zu letzteren zählen → Bohrer und Löffelbohrer, → Feile, → Raspel, Säge (→ Säge und Sägen), → Schere (→ Blech und Blechschere); und Ausdrehhaken.

Schneidenform. Man unterscheidet zw. der geometrisch bestimmten und der geometrisch unbestimmten Schneidenform. Die Grundform der Werkzeugschneide ist der Keil mit einer Span- und einer Freifläche (Abb. 64).

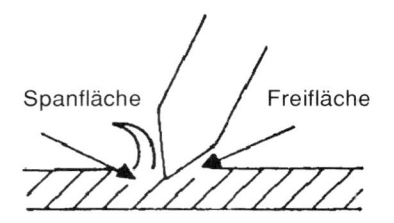

Abb. 64. Span- und Keilfläche der keilförmigen Werkzeugschneide. Nach Heindel (3, Abb. 1)

Werkzeugansatz mit Ansatzwinkel. Werkzeuge werden durch Druck-, Schwung- und kombinierte Perkussion (s. o.) betätigt (5, 42). Ausschlaggebend für die jeweilige Tätigkeit ist der Ansatzwinkel der Werkzeugschneide. Der senkrechte oder schräge Ansatzwinkel der Werkzeugschneide entscheidet, ob ein Werkzeug trennt oder spant (Abb. 65).

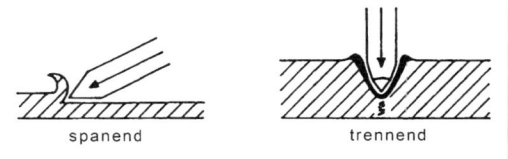

Abb. 65. Werkzeugansatz. Nach Heindel (4, Abb. 4)

Wirkung. Je nach Haltung eines Werkzeuges und damit seines Ansatzwinkels sind linear, flächig und punktförmig wirkende Werkzeuge neben solchen von kombinierter Wirkungsweise zu unterscheiden.

Technologischer Verwendungszweck. Unter diesem Gesichtspunkt sind Werkzeuge zur Metallbearbeitung wie -verarbeitung und solche zur Holzbearbeitung zu unterscheiden. Zu ersteren vgl. auch → Amboß; → Brechstange; → Meißel; → Punze: → Stemmeisen; → Stichel; → Zieheisen; → Dengeln und Dengelzeug; → Handwerk und Handwerker; → Verhüttung und Metalltechnik; zur Holz- und Knochenbearbeitung siehe auch → Hobel; → Böttcherei; Hausbau (→ Siedlungs-, Gehöft- und Hausformen); → Schiffbau, → Zimmermannskunst; zur Steinbearbeitung → Mühlsteinproduktion; → Steinbau; → Steinbrüche.

d. Konstruktive Merkmale. Ein mehrschneidiges spanendes Werkzeug mit einer geometrisch unbestimmten Schneidenform ist die → Raspel. Sie wirkt durch Druck.

Einschneidige spanende z. T. zusammengesetzte Werkzeuge mit einer geometrisch bestimmten Schneidenform sind → Meißel, Dechsel und Keil, die durch Schwungperkussion wirken. Säge, → Stichel, Schaber, Zugmesser und Beitel erzielen ihre Wirkung durch Druck.

Mehrschneidige spanende, z. T. zusammengesetzte Werkzeuge mit einer geometrisch bestimmten Schneidenform sind: Säge, Feile und Bohrer, sie wirken als Druckwerkzeuge.

Als Trennwerkzeuge, die z. T. zusammengesetzt sein können und mit einer geometrisch bestimmten Schneidenform ausgestattet sind, gelten Schere, Messer (Druckwerkzeuge), Axt/Beil und Meißel (Schwungwerkzeuge).

Zur spanlosen Verformung dienen → Hammer (Schwungwerkzeug), Dorn

(→ Dorn, Durchschlag), → Punze (Druck durch kombinierte Perkussion), → Zange, → Zieheisen, Polierstahl (Druck durch Zug oder Biegung) und die Gußformen (→ Metalltechnik).

Schließlich können sowohl trennende als auch spanende und treibende Tätigkeiten verrichtet werden mit Axt/Beil, Messer, Meißel oder Schere.

(1) E. Finsterbusch, W. Thiele, Vom Steinbeil zum Sägegatter, 1987. (2) W. Gaitzsch, Röm. Werkzeuge, 1978. (3) I. Heindel, Zur Definition und Typologie einfacher eiserner Handwerkszeuge aus dem westslaw. Siedlungsgebiet, ZfA 24, 1990, 243–268. (4) Ders., Werkzeuge zur Metallverarbeitung des 7./8. bis 12./13. Jh.s zw. Elbe/Saale und Bug, ZfA 27, 1993, 337–379. (5) W. Hirschberg, A. Janata, Technologie und Ergologie in der Völkerkunde, 1966. (6) Leonidas von Tarent, in: H. Beckby (Hrsg.), Anthologia graeca. B. VI, ²1965.

I. Heindel

§ 3. Holzwerkzeug aus Porz-Lind (Stadt Köln). Zw. 1973–1977 wurde an einem jüngerlatènezeitlichen Siedlungsplatz in einer Senke der Rheinniederterrasse w. der Wahner Heide (Mittelterrasse) eine Rettungsgrabung durchgeführt. Die Siedlung lag an einem Gewässer, das in der Folgezeit vertorfte. In dem Torfmoor kamen außer einer großen Anzahl anorganischer Relikte viele organische Materialien zum Vorschein. 23 Dendrodaten datieren die Siedlung in die Stufen LT C2–D1, mit den Eckwerten 189–111 ± 5 B. C. und deutlichem Fällungsdatum um 140 B. C. Die Siedlung bestand bis in das 1. Viertel des 1. Jh.s n. Chr. (1–4).

Aus dem Feuchtbodenbereich wurde in der Siedelphase Lind 4 neben 254 Pflanzentaxa die bislang größte Menge an jüngerlatènezeitlichen Holzgegenständen Mitteleuropas geborgen. Von diesen 1 196 Holzobjekten stammen hunderte aus dem Haus- und Hofbereich und seiner Einrichtung, dienten für Umzäunungen und zur Viehhaltung, gehörten zu Behältnissen bzw. stammen von Wagen und Waffen (allg. → Holzgefäße; → Mobiliar). Weitere weisen auf Backöfen, Getreideanbau, Milchzubereitung, Pflanzenfaserverarbeitung und Birkensaftgewinnung hin.

An Holzwerkzeugen (Taf. 20) sind zu nennen: Kämme (→ Kamm) bzw. Hecheln für die Hanf- und Flachsverarbeitung, eine Karde zum Auskämmen der Rohwolle, Keulen und Stampfer, Klammern, Klopfer, Kniehölzer (Beilholme), Hämmer, Knebel, → Schaufeln und Spaten (→ Spaten mit Abb. 58a), Schieber und Spatel, Schöpfer und Kratzer. Dabei wurden Gegenstände starker Beanspruchung aus Hartholz (Eiche), weniger beanspruchte aus Weichholz (Erle, Birke, Weide) hergestellt (allg. → Holz und Holzgeräte).

Diese Objekte besitzen weitreichende zeitgleiche Parallelen von Österr. bis England (z. B. → Dürrnberg § 2 mit Taf. 22a; → La Tène [auch → Axt mit Abb. 102 f.]; → Brücke § 5). Es ist erkennbar, daß die Siedlung von Porz-Lind ökonomisch auf Viehzucht und Viehhaltung basierte und ihre Bewohner den Wald im Umkreis bis zu 10 km Entfernung genutzt haben.

(1) H.-E. Joachim, Porz-Lind. Ein mittel- bis spätlatènezeitlicher Siedlungsplatz im ‚Linder Bruch' (Stadt Köln), 2002. (2) Ders., Ein Siedlungsplatz der jüng. EZ in Köln-Porz, „Linder Bruch", Rechtsrhein. Köln 29, 2003, 1–10. (3) Ders., in: Rhein.-bergischer Kalender 76, 2006, 75–85. (4) Ch. Möller, Rez. zu [1], Trierer Zeitschr. 65, 2002, 357–363.

H.-E. Joachim

Werkzeug → Werkstatt und Werkzeug

Werla

§ 1: Namenkundlich – § 2: Natürliche und historische Voraussetzungen – § 3: Archäologisch und historisch

§ 1. Namenkundlich. Die früh einsetzende Überlieferung des Namens der W. zeigt im 10. Jh. noch einige Schwankungen im hinteren Teil des Namens, ist danach aber stabil, wie die folgende Belegauswahl deutlich macht: zu 920 (12. Jh.) *Werlahon* (MGH SS VI S. 182), 936 *Uuerla* (MGH D Otto I Nr. 3), 937 *Uuerlaha* (MGH D Otto I Nr. 11), 975 *Uuerla* (MGH D Otto II Nr. 93), 1013 *Werla* (MGH D Heinrich II Nr. 255), 1086 *Werla* (MGH D Heinrich IV Nr. 378). Ab dem 12. Jh. lautet der Name fast ausschließlich *Werle*.

Die Deutung des Namens ist umstritten. Im zweiten Element wird überwiegend das Grundwort *-loh* ‚Wald' angenommen (4; 5, 375; 6; 7, 535), was von Flechsig (3) und Casemir (2, 355) unter Hinweis auf die Überlieferung des Namens W. einerseits und die von *-loh* in ostfälischen ON andererseits abgelehnt wird. Weitere Vorschläge sind ein Suffix *-ila, -ala* (3; 6) und *-aha* ‚Wasser(lauf)' (2; 3; 6), wobei *-aha* aufgrund der Namenüberlieferung am plausibelsten ist (2, 355 f.). Im ersten Teil des Namens wird meist entweder as. *wer* ‚Mann, Mensch' (5, 6) oder as. *werr* ‚Stauwerk, Fischwehr' (3; 4), z. T. in unklarer Abgrenzung bzw. Vermengung mit hd. *Wehr* ‚Verteidigung' (1, 255; 4), gesehen.

Unter Heranziehung einer Reihe von Namenentsprechungen wie Werl, Kr. Soest, Werle, Kr. Bad Doberan oder Werl, Kr. Lippe (2, 354) ist ein germ. Ansatz *Werl(a)- zu erschließen und als l-Erweiterung zur idg. *u̯er- ‚erhöhte Stelle' zu stellen. Zu dieser Wurzel gehörige Appellative sind im Germ. z. B. ahd. *warza* ‚Warze', ae. *wearte* ‚Warze', *wearr* ‚Schwiele' sowie vor allem die l-Erweiterung got. *waírilom* (Dat. Pl.) ‚Lippe' und ae. *weleras* (Pl.) ‚Lippe'. Daß es sich nicht nur um erhöhte Stellen an Körper handelt, belegt z. B. griech. ἕρμα ‚Riff, Hügel'. Unter Berücksichtigung der Lage ist im ON W. also eine „Erhöhung am Wasser(lauf)" und nicht etwa ein „Mannwald" oder „Verteidigungswald" zu sehen.

(1) H. Blume, Engere Heimat. Beitr. zur Gesch. der ehemaligen Ämter Liebenburg und Wöltingerode, ³1917. (2) K. Casemir, Die ON des Ldkr.es Wolfenbüttel und der Stadt Salzgitter, 2003. (3) W. Flechsig, Der Wortstamm „Wer" – in ostfälischen Orts-, Flur- und GewN. Ein namenkundlicher Beitr. zum Streit um die W., Braunschweigische Heimat 45, 1959, 15–21. (4) Förstem., ON. (5) T. Müller, Ostfälische Landeskunde, 1952. (6) E. Schröder, Der Name W., Zeitschr. des Harz-Ver.s für Gesch. und Altkde 68, 1935, 37–43. (7) J. Udolph, Namenkundliche Stud. zum Germ.problem, 1994.

K. Casemir

§ 2. Natürliche und historische Voraussetzungen. Die Königs- und Kaiserpfalz W., Gem. Schladen, Ldkr. Goslar, Niedersachsen, ist auf einer 17 m hohen Landzunge der Uferterrasse w. der Oker, s. von → Ohrum/Orhaim (Furt) gelegen. Wegen der leichten Zugänglichkeit sind die beiden w. gelagerten Vorburgen stark befestigt gewesen. Die Hauptburg liegt ö. am Steilhang.

W. wird von → Widukind von Corvey erstmals erwähnt, als Heinrich I. hier 926 Frieden mit den Ungarn schloß. Die → Pfalz muß zu dieser Zeit wohnlich und fortifikatorisch ausgebaut gewesen sein. Es folgen 18 Herrscheraufenthalte bzw. Landtage, zuletzt 1180, als Friedrich I. Barbarossa einen Landtag wegen Heinrich dem Löwen einberief. Heinrich IV. verschenkte 1086 das meiste Werlarer Reichsgut an den Bf. von → Hildesheim. Schon 1017 ging die Funktion weitgehend auf Goslar über (3). Einen Fürstentag auf der W. 1002 schildert → Thietmar von Merseburg V,3 f. sehr anschaulich, wogegen die Erwähnung der W. als sächs. Pfalz im „Sachsenspiegel" (um 1230) von Eicke von Repgow anachronistisch wirkt.

Die Suche nach der Lage der W. setzte 1747 ein (1). Erste Ausgr. fanden 1875 statt. 1926 folgte U. Hölscher. 1933 wurde die Werlakomm. ins Leben gerufen, deren Ziel die großflächige Unters. der Gesamtanlage war. Die Grabungen begannen 1934, der Durchbruch gelang aber erst H. Schroller 1937–39 und 1957–58, der die Vorburgen entdeckte und 1937 die Luftbildarch. zum

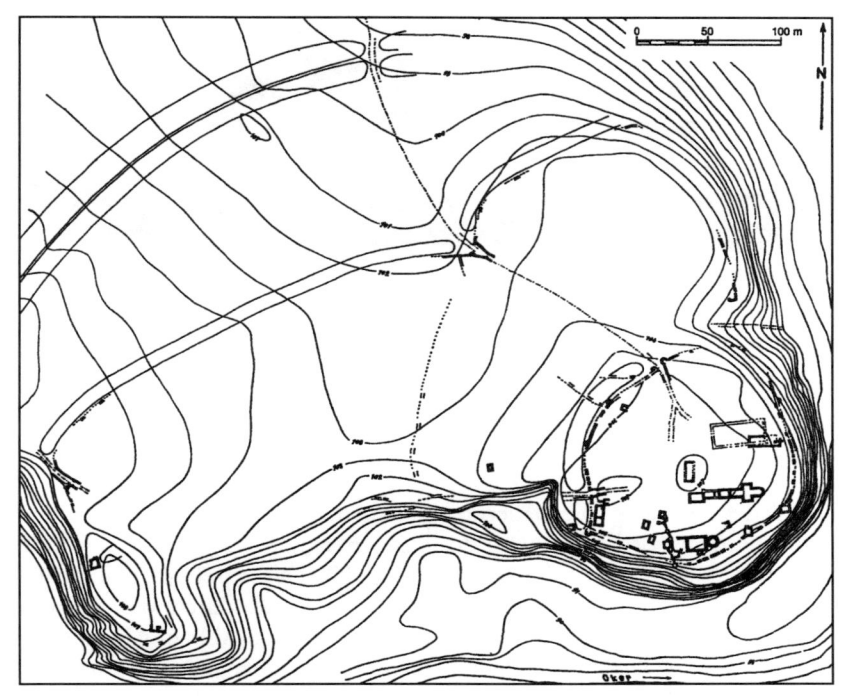

Abb. 66. Pfalz Werla bei Schladen. Die Gesamtanlage 10.–13. Jh. Nach Binding (2)

Einsatz brachte (8). Sein früher Tod unterbrach die Grabungen, die dann 1959–60 und 1964–66 durch G. Stelzer und Seebach zu einem vorläufigen Abschluß gebracht wurden (11). Die Hauptburg war vollständig freigelegt, die beiden Vorburgen aber kaum untersucht worden.

§ 3. Archäologisch und historisch. Die umwehrte Fläche beträgt ca. 18 ha und damit stellt sie eine der weitläufigsten Befestigungen N-Deutschlands dar. Die ringförmige Hauptburg weist einen Dm. von ca. 150 m auf (Abb. 66). Die Anlage und Befestigung der Hauptburg sind mehrphasig. Vorgeschichtl. Funde werden außer acht gelassen. Die ma. Bebauung beginnt in der Vorpfalzzeit:

I. Das Steinfundament eines einzigen Gebäudes wies Innenmaße von 11,6 × 4,2 m auf. Eng umschlossen war es von einem Erdwall. Diese Kernanlage wird ganz zu Recht als Wirtschaftshof des 9. Jh.s interpretiert, doch können die begleitenden Funde noch in das späte 8. Jh. gehören (9). Dieser Hof wurde niedergelegt, das Gelände planiert und mit einer Sandschicht überdeckt, die gegen die erste Ringmauer stößt. Beide sind als zeitgleich zu werten.

II. Die ält. Ringmauer aus Bruchsteinmauerwerk ist bis zu 1,75 m stark, streckenweise aber wesentlich schmäler und durchgehend schwach fundamentiert. Sieben halbkreisförmige Türme sind außen an die Mauer angelehnt, ohne im Mauerverbund zu stehen. Zwei davon flankieren das Haupttor. Vorgelagert ist ein Spitzgraben, dazwischen liegt eine 1–1,3 m br. Berme. Der Graben ist im ö. Teil nur an das Haupttor herangeführt, nicht aber bis an den

Abb. 67. Pfalz Werla bei Schladen. Modell der Hauptburg mit den Steinbauten, 10.–12. Jh. Nach Busch (5)

Steilabfall des Geländes. Die Datierung der ält. Ringmauer ist weder durch die Befundsituation noch durch Funde erklärbar. Allein Widukinds Bemerkung, der Kg. habe sich 926 „in der festen Burg Werlaon" aufgehalten, um mit dem Ungarnfürsten Frieden zu schließen, läßt den Schluß zu, daß diese Befestigung zuvor entstanden ist.

III. Anfang des 12. Jh.s wird die Ringmauer partiell erneuert und die Hauptburg vorübergehend flächenmäßig vergrößert.

IV. Eine gründliche Erneuerung der Ringmauer und die Errichtung von zwei rechteckigen Wachtürme erfolgte im weiteren Verlauf des 12. Jh.s, vermutlich in Verbindung mit dem Landtag von 1180 (2), wie auch an allen Gebäuden Restaurierungen erfolgten.

Die Errichtung der Gebäude im Inneren läßt sich mit den Bauphasen der Befestigung nicht korrelieren. Wir können zunächst nur umschreiben, was an steinernen Gebäuden vorhanden war. Das ist im 10. Jh. das Palasgebäude (9 × 12 m) mit angesetzter Rundkapelle (Dm. 10 m), die Kirche, Versammlungshalle (21,5 × 8 m) und drei kleinere Wohn- und Wirtschaftsbauten. Im 12. Jh. wurde die Halle auf 34,4 × 15 m bedeutend erweitert, ebenso die Kirche, wogegen einige ält. Gebäude verschwunden sind (5). Der repräsentative Charakter der Hauptburg ist durch die steinernen Gebäude bezeugt (Abb. 67), hingegen die Nutzung nur ungenügend umschrieben, da zahlreiche Pfostenlöcher zeitgleiche zusätzliche Holzbauten belegen, von denen nur einige im Grundriß umschrieben werden können. Chron. stellen sie keine Frühphase dar, sondern bestanden neben den Steinbauten.

Was Heinrich I. 926 an repräsentativen Bauten nutzen konnte, ist nicht erkennbar, unbedeutend wegen des herausragenden Ereignisses kann das aber nicht gewesen sein. Repräsentativ ausgestattet war der Palas durch seine Fußbodenheizung (9) und die Privatkapelle. Die große Halle wurde durch ihre Vergrößerung im 12. Jh. unter den Profanbauten hervorgehoben, wogegen die Wohn- und Wirtschaftsbauten (wie man sie bezeichnet, ohne Belege dafür zu haben) sowie Wächterhäuser (wegen der Nähe zu den Toren als solche verstanden) sich häufiger wandelten. Ohne Zweifel befanden sich in der Hauptburg zahlreiche Gebäude ohne repräsentativen Charakter. Handwerkliche Aktivitäten sind hingegen in ihr nicht nachzuweisen.

Diese lagen in den Vorburgen. Für die innere Vorburg ist Eisenverarbeitung nachgewiesen (4). Vermutlich ist auch Buntmetall verarbeitet worden. Damit erfüllt die W. jene Beschreibung, wie wir sie im → *Capitulare de Villis* überliefert finden und arch. umfassender in der Pfalz → Tilleda nachgewiesen sehen.

Die Tore der Hauptburg im SW und NO (Haupttor) sind als Kammertore ausgeführt und korrespondieren mit jenen der Vorburgen. Die innere Vorburg ist durch einen Graben und eine innen liegende Mauer bewehrt, die äußere dagegen durch Graben und Wall.

Durch Gauert (7) ist versucht worden, die Gebäude und ihre Funktion sowie Datierung einer Neubewertung zu unterziehen. Das ist von der nachfolgenden Forsch. teilweise eher unkritisch übernommen worden, wobei sich inzw. zeigt, daß man über den Kenntnisstand von Seebach (11) nicht hinauskommt. Insbesondere Ring (10) hat bei der Bearbeitung der Keramik verdeutlichen müssen, daß kaum intakte Stratigraphien vorliegen, die Befunde datieren könnten, und daß die zeitliche Einordnung der Keramik wenig präzise ist. So verbleiben hist. Eckdaten als maßgeblich. 1017 wurden die sächs. Landtage nach Goslar verlegt, die W. verliert ihre herausragende Stellung. Nur der Hoftag 1180 verleiht ihr noch einmal Glanz, hier zusammengerufen wohl wegen der Nähe zu Braunschweig.

Die Pfalz W. gehört zu einer jüng. Schicht von Pfalzen rund um den Harz aus sächs. Zeit (Zusammenstellung: → Pfalz und Pfalzen S. 642). Der abweichenden Interpretation von Gauert (7) hält Binding (2) entgegen, daß Seebachs (11) Interpretation der Gebäude „als verbindlicher Vorschlag" Bestand behält.

Das Gelände der Hauptburg wird nach 1180 weiter genutzt. Allerdings ist nicht ersichtlich, wie lange das geschah. Insbesondere das Ende der Kirchennutzung ist nicht ersichtlich. Immer da, wo Binding (2) die Kreuzkirche nennt, die tatsächlich in der inneren Vorburg lag, meint er die Kirche der Hauptburg. Die wirtschaftl. Aktivitäten konzentrierten sich in der inneren Vorburg. Wann hier die Kreuzkirche (Kirche auf dem Kreuzberg) entstand, ist nicht bekannt. Jedenfalls entwickelte sich in ihrer Nähe ein Dorf. Der verbliebene Restbesitz der Pfalz ging 1240 an das Kloster Heiningen über. Die Kreuzkirche ist letztmalig 1505 erwähnt, wurde aber erst 1818 wegen mangelnder Nutzung und Baufälligkeit abgebrochen.

Bibliogr.: (1) E. Ring, Harz-Zeitschr. 37, 1985, 11–35.

Lit.: (2) G. Binding, Dt. Königspfalzen, 1996, 168–178. (3) C. Borchers, W.-Regesten, Zeitschr. des Harz-Ver.s für Gesch. und Altkde 68, 1935, 15–27. (4) R. Busch, Zur Metallverarbeitung auf der W., Harz-Zeitschr. 37, 1985, 49–54. (5) Ders., Stadt im Wandel 1, 1985, Kat. Nr. 13 und 14. (6) Dt. Königspfalzen 1, 1963 und 2, 1965. (7) A. Gauert, Das Palatium der Pfalz W. Arch. Befund und schriftliche Überlieferung, Dt. Königspfalzen 3, 1979, 263–277. (8) Luftbild und Vorgesch., Luftbild und Luftbildmessung 16, 1938. (9) E. Ring, Heißluftheizungen im Harzgebiet, Harz-Zeitschr. 37, 1985, 37–48. (10) Ders., Die Königspfalz W. Die ma. Keramik, 1990. (11) C.-H. Seebach, Die Königspfalz W. Die baugeschichtl. Unters., 1967.

R. Busch

Werner, Joachim (* 23. 12. 1909 in Berlin, † 9. 1. 1994 in München). I. Biogr. und Werk: Aus großbürgerlichem Elternhaus stammend, besuchte er das Staatliche Frz. Gymnasium in Berlin, dessen humanistisches Erziehungs- und Lehrprogramm ihn zutiefst prägte. Schon als Gymnasiast war er nicht nur der heimatlichen Arch. eng verbunden, sondern er befaßte sich auch bereits mit weiterführenden Themen der Vor- und Frühgesch. wie der Titel seiner Jahresarbeit als Primaner dies deutlich macht: „Der II. Stil der altgermanischen Tierornamentik auf dem Festland". So war es nur folgerichtig, daß er 1928 als Fachdisziplin die noch vergleichsweise junge Vor-

und Frühgesch., ferner Klass. Arch., Mittlere und Alte Gesch. in Berlin bei Max → Ebert, Wilhelm → Unverzagt, Gerhard Rodenwaldt, Ernst Zahn und Robert Holtzmann studierte. Nach 2 Semestern (1929) in Wien bei Oswald Menghin und Rudolf Egger und zwischenzeitlicher Rückkehr nach Berlin fand er seine Heimat im umfassendsten Sinne ab dem Wintersemester 1930/1931 in Marburg bei Gero Merhart v. Bernegg; ihm blieb er zeitlebens eng verbunden (vgl. seine umfangreiche Korrespondenz, z. T. bei 5, passim). Ähnliches gilt für Hans → Zeiss, seinen Vorgänger auf dem Münchner Lehrstuhl (11). Wegen der frühgeschichtl. Interessen W.s empfahl Merhart ihm Zeiss, damals noch 2. Direktor der RGK und Privatdozent in Frankfurt, als Mentor, der auch W.s Diss. über „Die münzdatierten merowingischen Grabfunde in Süd- und Westdeutschland" anregte und als Gutachter für das Marburger Promotionsverfahren fungierte (5, 331 f.), das am 7. 12. 1932 zu Ende geführt wurde. Auch in Marburg behielt W. die in Berlin gewählten Nebenfächer bei, eben die Klass. Arch. (Paul Jacobsthal), Alte Gesch. (Anton von Premerstein) und Ma. Gesch. (Edmund E. Stengel). Schon in diesem mit gerade 23 J. vollendeten ‚Erstlingswerk', erschienen 1935 unter dem Titel „Münzdatierte austrasische Grabfunde" (14), wird sehr deutlich, was dann sein Lebenswerk insgesamt kennzeichnete: der Blick auf Alteuropa als Ganzes, als nicht ohne Schaden auflösbare Einheit einerseits und die fächerübergreifende Arbeitsweise mit Einbeziehung der althist. und mediävistischen Forsch. sowie der Num. andererseits. Mehr noch: Schon damals erkannte er, wie unverzichtbar ferner der Blick auf Eurasien bzw. auf die Reiternomaden zum umfassenden Verständnis der germ. Welt in der Spätant. und des Früh-MAs ist (z. B. 12; 13). Wegen seiner exzellenten Diss. erhielt er das Reisestipendium der RGK, das ihn 1933 bis Ende 1934 in den Irak, nach Syrien, Palästina, in die Türkei, in die Balkanländer und nach Italien führte; diese Reisetätigkeit mit Teilnahme an einer Grabung in Mesopotamien (Uruk/Warka) vertiefte sein Verständnis für die Bedeutung nachbarlicher ‚Hochkulturen', v. a. der mediterranen, die gleichfalls künftig einen seiner Forsch.sschwerpunkte bilden sollte. Von Februar bis April 1935 nahm er an der dt. Ausgrabung in Hermopolis (Ägypten) teil (17), und von Mai bis August 1935 bearbeitete er den völkerwanderungszeitlichen Schmuck der Slg. Diergardt, von dem dann nur ein Band über „Die Fibeln" 1961 erschien (57); diese Arbeit an der Slg. erfolgte „im Auftrag der Reichsführung der SS" (5, 333), da Heinrich Himmler diese für sein ‚Ahnenerbe' erwerben wollte, was durch die Stadt Köln verhindert wurde (57, VI: Vorwort von O. Doppelfeld). W., der Himmler durch die Slg. führen mußte, geriet hierbei erstmals sehr konkret in einen persönlichen ‚zeittypischen' Gewissenskonflikt, da der ‚Reichsführer SS' ihn unmißverständlich aufforderte, sowohl dieser „Lehr- und Forsch.sgemeinschaft ‚Das Ahnenerbe'" beizutreten (4, 4) als auch der SS selbst. W. lehnte ab und machte Kollegen gegenüber Gewissensgründe hierfür geltend (4, 4). Dies blieb ohne Folgen, da das Reichserziehungsministerium in Berlin weder seine Habilitation 1938 (s. u.) noch seine Übernahme in die RGK verhinderte, zunächst ab dem 16. 8. 1935 als wiss. Angestellter, dann ab 18. 2. 1938 als beamteter Assistent (s. u.). Bis Anfang 1942 wurde die RGK in Frankfurt W.s Arbeits- und Lebensmittelpunkt unter den Direktoren Gerhard Bersu und Ernst → Sprockhoff. Seine bereits als Student im Herbst 1930 unter Bersu und Egger erworbenen Grabungserfahrungen auf dem → Duel in Kärnten und in Hermopolis vertiefte er 1936 bei den Grabungen in Sadovec (Bulg.), einem dt.-bulg. Projekt unter Beteiligung des Österr. Arch. Inst., wiederum unter maßgeblicher Leitung von Bersu (von den Nationalsozialisten als Nichtarier 1935 aus der RGK entlassen und nun Referent für das Ausgrabungswesen in der Berliner Zentrale: 6, 40–60). W.s Teilnahme in Sadovec, eine jener nachgerade berühmt gewordenen Lehrgrabungen der RGK, zu denen auch der Goldberg und der Duel gehörten (6, 27–30. 57), war ein Glücksfall: Seinem Verantwortungsgefühl gegenüber der RGK und seinen in Sadovec tätigen Weggefährten und Freunden (außer Bersu noch I. Velkov, R. Egger und H. Vetters) ist es zu danken, daß er 1992 unter größten Mühen eine umfassende Publ. besorgte, zu der er u. a. die Grabungsgesch. und eine kritische Zusammenfassung der Ergebnisse beigesteuert hat (116).

Ende Februar 1938 habilitierte er sich an der Univ. Frankfurt mit der Schrift: „Die beiden Zierscheiben des Thorsberger Moorfundes. Ein Beitrag zur frühgermanischen Kunst- und Religionsgeschichte", erschienen 1941 (20). Werk und Habilitationsverfahren führten zu erheblichen Schwierigkeiten. Der Antrag auf Zulassung zum Habilitationsverfahren wurde am 16. 8. 1937 gestellt. Das Verfahren gestaltete sich höchst schwierig, sehr viel schwieriger als bei Fehr (5, 334 f. und 337 mit Anm. 118) dargestellt, da er den entscheidenden und umfangreichen Aktenbestand im Archiv der Univ. Frankfurt aus ‚Datenschutzgründen' nicht einsehen konnte (5, 334 Anm. 106; hierüber zusammenfassend: s. u. II). Auf die wichtigsten Schritte in diesem Verfahren sei bereits hier hingewiesen. Dieses zog sich auch wegen der beiden teilweise unglücklich formulierten Erstgutachten von Zeiss und bes. von Sprockhoff (beide mußten noch jeweils zweimal gutachten) und bes. wegen polit. gezielter Interventionen, v. a. durch den a. o. Prof. für Dt. Philol. an der Univ. Frankfurt Hermann Gumbel in seiner Eigenschaft als Fakultätsdozentenbundführer (5b, 112), bis zum 23. 2. 1938 hin (einstimmige Annahme der Habilitationsschrift durch den Fakultätsausschuß) mit dem Kolloquiumsvortrag am 26. 2. 1938 über „Die Bedeutung der Städte für die keltische Kultur der Spätlatènezeit" (2, 1–20). Am 1. 3. 1938 übersandte der Rektor Platzhoff den Antrag von Dekan Langlotz vom 26. 2. auf Verleihung des Dr. habil. mit der Habilitationsschrift, allen Anlagen und Gutachten an das Reichsministerium für Wissenschaft, Erziehung und Volksbildung in Berlin. In dem Antrag des Dekans ist mit Blick auf die Habilitationsschrift lediglich die Rede von „einigen formalen Änderungen, die den Inhalt nicht berührt haben" (nur die ‚bereinigten' Gutachten von Zeiss und Sprockhoff, die nach Berlin gelangten, konnte Fehr einsehen: 5, 334 Anm. 107). Dem Antrag von Langlotz, dem das größte Verdienst bei der ‚Rettung' der Habilitation zukommt (s. u. II), wurde am 19. 3. 1938 entsprochen, so daß bereits zum Sommersemester 1938 die Lehrbefugnis erteilt werden konnte. Die Antrittsvorlesung fand am 22. 6. 1938 statt, die Ernennung zum Dozenten erfolgte am 16. 7. 1938. Mitverantwortlich für die Schwierigkeiten des Verfahrens war auch eine Randbemerkung Sprockhoffs am Ende des Schlußkapitels von W.s Habilitationsschrift: „Ewiges Rom, unerschöpflicher Orient, armes Deutschland", die Sprockhoff später tilgte (s. u. II), aber auf die Gumbel (s. o.) in seiner Stellungnahme an den Dekan vom 18. 12. 1937 sich noch bezog. Die Formulierung „Heiliges Hellas, unerschöpfliches Rom, armes Germanien" (5, 337 Anm. 118) findet sich erst in einem Gutachten des Gaudozentenführers Frankfurt Prof. Dr. H. Guthmann (Gynäkologe an der Univ. Frankfurt), das am 19. 1. 1940 vom NSD-Dozentenbund Brünn im Zusammenhang eines Berufungsverfahrens an der TH Brünn angefordert wurde (beglaubigte Abschrift in Brünn vom 17. 2. 1940) (teilweise zitiert bei 5, 337 mit Anm. 118). Für welchen Anlaß der NSD-Dozentenbund Brünn das Gutachten der Frankfurter Gaudozentenbundführung benötigte, ist noch unklar; bemerkenswert ist, daß die Abschrift vom 17.2.1940 in die Personalakte des Reichserziehungsministeriums gelangte, die Fehr vorlag.

Mit der Rezeption röm. Bildgedanken, um die es W. zuallererst ging, berührte er einen Problemkreis, der ihn künftig immer wieder beschäftigen sollte, so insbesondere in einem Sitzungsbericht der Bayer. AdW über „Das Aufkommen von Bild und Schrift in Nordeuropa" (1966) (71).

Am 26.8.1939 wurde W. zum Heeresdienst einberufen. Zunächst in einer Fliegerschule der Luftwaffe dienend – er hatte sich bereits 1937 in der Fliegerübungsschule Mannheim drei Monate um die Methodik und Organisation systematischer arch. Luftbild-Prospektion bemüht (8, 215 f. mit Denkschrift S. 472 f.) –, wurde er zum 1.1.1941 zum Mitglied des Referates ‚Vorgeschichte und Archäologie' in der Militärverwaltung Frankreich im Range eines Kriegsverwaltungsrates ernannt und am 15.4.1941 als ‚Referent für Vorgeschichte und Archäologie' beim Militärbefehlshaber in Belgien und N-Frankreich nach Brüssel abkommandiert (Dienststelle der Abt. des Kunsthistorikers Graf Wolff Metternich: Kunstschutz). Hier arbeitete er bis zum 31.12.1941 (vgl. seinen Abschlußbericht: 8, 484–488; generell zur Dienststelle in Brüssel: 8, 219–227. 474–503; ferner 5, 339–345). Aus dem Gesamtprogramm für die Zeit vom 1.4.1941–31.3.1942 „unternahm Herr Werner in Zusammenarbeit mit ausländischen Fachgenossen die Erforschung der germanischen Laetensiedlungen spätrömischer Zeit in den gallischen Provinzen" (8, 222 f.). Seine Arbeiten erfolgten in enger und freundschaftlicher Zusammenarbeit mit den dortigen, v.a. belg. Kollegen (8, 487. 227), die sich bezeichnenderweise in der Nachkriegszeit fortsetzte (5, 343 f.: zu Haillot und Fécamp: 44; 64).

Vor seiner Berufung nach Straßburg war W. im September 1938 im Gespräch für die vorgeschichtl. Professur in Greifswald, gelangte aus mittlerweile nachvollziehbaren Gründen im Frühjahr 1939 nur auf Platz 2 der Berufungsliste der a.o. Professur für Vorgesch. in Rostock (Platz 1: Ernst Petersen) und im Dezember 1940 auf den zweiten Platz der Berufungsliste für eine a.o. Professur für Vorgesch. in Göttingen (Platz 1: Herbert → Jankuhn); ferner kam er in die engere Wahl für eine Professur an der TH Brünn (s.o.) und sodann auf Platz 1 der Berufungsliste für ein zum Oktober 1941 zu besetzendes Extraordinariat in Innsbruck (nur dieses von den genannten Berufungsverfahren ist Fehr bekannt: 5, 346). W. entschied sich für den neugeschaffenen Lehrstuhl an der ‚Reichsuniv.' Straßburg, wo er am 31.10.1941 mit der Vertretung beauftragt und am 18.2.1942 zum a.o. Professor ernannt wurde. Die auf Vorschlag von Zeiss eingeholten Gutachten von W. Sievers (Generalsekretär des ‚SS-Ahnenerbes'), von H. Jankuhn, K. Tackenberg und auch H. Zeiss waren positiv mit Hinweis auf die großen fachlichen Qualitäten (5, 348). Massiven Widerstand gegen W.s Berufung leistete H. Reinerth als Leiter des Reichsamtes für Vorgesch. im Amt Rosenberg, dies schon im Frühjahr 1941. Seit April 1942 versuchte er, in Unkenntnis der schon am 18.2.1942 erfolgten Ernennung W.s, die Straßburger Besetzung noch weiter massiv zu hintertreiben: am 17.4.1942 erhob er in einem mehrseitigen Pamphlet „schärfstens Einspruch", jenes Dokument, das Fehr in kurzen Auszügen nur nach H. Heiber zitiert (5, 348 f.; 5a, 248 vgl. ferner ebd. S. 226), in dem auch auf nichtarische Vorfahren hingewiesen und betont wird, „dass seine politisch-weltanschauliche Haltung keine Gewähr dafür [bietet], dass er aus dem umkämpften Boden des Westens eine Schülergeneration auf dem Gebiet der Vorgeschichte im nationalsozialistischen Sinne heranbilden wird". Hinzu kommen weitere Interventionen des Hauptamtes Wiss. im Amt Rosenberg, die bezeichnend sind für die nicht verläßliche polit.-ideologische Einstellung W.s (s.u. II).

Zusammen mit dem Lehrstuhl für Prov.-röm. Arch. (offizielle Bezeichnung ‚Westeurop. Arch.': H. Koethe) bildete das Straßburger Inst. für Vor- und Frühgesch. eine organisatorische Einheit, womit „die Möglichkeit bestand, ein für Deutschland einzigartiges Universitätsinstitut aufzubauen", so W. (9; ferner 5, 346–351). Diese programmatisch-inhaltliche Konzeption sollte dann erst später in München gelingen und bis heute Bestand haben. Während der 1 1/2 J. währenden Tätigkeit in Straßburg verfaßte er die Monogr. über das ‚Fürstengrab' von Ittenheim im Elsaß (21). Wieder ist es das weite Blickfeld W.s, das sein Œuvre zunehmend mehr kennzeichnet (s. u.), hier der mediterrane Raum (einschließlich des Sassanidenreiches), und so vermutet er eine Herkunft der drei Phalerae vom Pferdegeschirr aus einer ital.-byz. Werkstatt mit Einwirkungen aus der sassanidischen Kunst, die als Zeugnis persönlicher Kontakte zum mediterran-ital. Raum zu verstehen seien (zuletzt: 100, 45). Im Mai 1943 wurde er erneut zur Luftwaffe eingezogen. Am 4. April 1945 flüchtete W. angesichts der sinnlosen Forts. des Krieges und trotz großer Bedenken in die Schweiz, wo er interniert wurde. Durch die Vermittlung von Emil Vogt und Rudolf Laur-Belart konnte W. weiter wiss. arbeiten; hier entstand seine Monogr. über das Gräberfeld von → Bülach, auch als „Zeichen des Dankes für die Asylgewährung": „Helvetiae hospitali Fortunae reduci" ist auf dem Vorsatzblatt zu lesen (32, bes. Nachwort S. 144).

Aus der Schweiz entlassen, beauftragte man 1946 W., den Münchner Lehrstuhl von Zeiss zu vertreten, der in Rumänien als verschollen galt. Nachdem Gewißheit bestand, daß dieser am 23. 8. 1944 gefallen war, wurde W. 1948 auf das Ordinariat berufen, das er bis zu seiner Emeritierung 1974 innehatte. Über die schwierigen Anfänge, zusammen mit Vladimir Milojčić als Privatdozent und G. Kossack, seinem Nachfolger, als Assistent bzw. ‚Kanzleiangestellter', berichtete er in einer Feierstunde 1965 (11, 67 f.; 1, X [Vorwort von O. Kunkel]). Seit 1957 stand er der von ihm gegründeten ‚Komm. zur arch. Erforschung des spätröm. Raetien' bei der Bayer. AdW vor, deren ordentliches Mitglied er seit 1953 war und bei der er von 1966–1982 als Sekretär der Phil.-hist. Klasse wirkte (4, 1). Die von ihm vorgegebenen Ziele waren breit gefächert; dies wird deutlich durch eine immense Publ.tätigkeit mit 47 meist sehr umfangreichen Bänden der „Münchner Beiträge zur Vor- und Frühgeschichte" (MBV: seit 1951) und v. a. durch die ungewöhnlich große Zahl von meist mehrjährigen Grabungsprojekten, nämlich 15, vom Oberrhein über das schwäbisch-bayer. Voralpenland bis nach Italien, Österr. und Slowenien (aufgelistet bei 3, 14; 4, 7 f.), bewundernswert, da bis 1974 alles dies neben seiner Lehre und Forsch. an der Univ. betreut werden mußte. Bei seiner ersten Ausgrabung in Epfach (Abodiacum) (8a; 46; 48; 80) selbst noch ständig anwesend, überließ er mehr und mehr vertrauensvoll die anderen Projekte seinen Mitarbeitern an der Akad.-Komm. und anderen jungen Kollegen. Er sorgte mit unerbittlicher Strenge, aber auch großer Geduld dafür, daß alle Grabungen veröffentlicht wurden, die größeren meist in stattlichen Monogr. in MBV. – 1967 gelang es ihm, die Prov.-röm. Arch. als eigenständigen Studiengang mit Promotionsrecht (G. Ulbert) im Institutsverbund zu etablieren, was bis heute bewahrt werden konnte (M. Mackensen).

Seine Lehrtätigkeit, anfangs noch mit Kollegs über die Vorgesch. (4, 7), später auf die frühgeschichtl. Arch. konzentriert, umfaßte die gesamte thematische und überregionale Bandbreite des Faches und im Sinne vergl. Arch. auch weit darüber hinaus: zw. „Irland und Japan", wie sein Schüler und langjähriger Mitarbeiter in der Akad.-Komm. Ludwig Pauli (†) in einem Nachruf treffend schrieb (3, 14). Was W. seinen Schülerinnen und Schülern v. a. mit auf den

Weg gab, war somit die ständige Mahnung, die Vor- und Frühgesch. Alteuropas und Eurasiens als unauflösbare Einheit zu betrachten: Alles sei mit allem auf mannigfache Art und Weise miteinander verwoben, eine Mahnung, die trotz aller bekannten Widrigkeiten gerade heute noch von höchster Aktualität ist, und dies hat die sog. Münchner Schule vielleicht am meisten geprägt. Seine Lehrtätigkeit war, insbesondere im ‚Seminarbetrieb', geprägt durch ein hohes Maß an Vertrauen in die Leistungsfähigkeit, Eigenverantwortlichkeit und auch geistige Freiheit seiner Studierenden, die auch Widerspruch duldete, wenn man diesen engagiert und beharrlich vortrug. Trotz des hohen Anforderungsniveaus, das nicht selten verunsicherte, gab ihm der Lehrerfolg recht: Er promovierte 33 Studierende mit anspruchsvollen Themen, die z. T. weit über Mitteleuropa hinausführten (Italien, Frankreich, England, Bulg., S-Korea) und führte sieben Kollegen zur Habilitation (Liste bis 1974/75: 1, XXII–XXIV).

Hohe wiss. Auszeichnungen und Ehrungen wurden ihm zuteil: unter ihnen bes. die Ehrendoktorwürde der altehrwürdigen Jagiellonen-Univ. in Krakau am 15. 5. 1990, die ihn tief berührte, da im November 1939 184 Professoren dieser Univ. von den Nationalsozialisten verhaftet worden waren, von denen viele in Sachsenhausen und Dachau den Tod fanden. Außer seiner Mitgliedschaft in der Bayer. AdW war er auswärtiges und korrespondierendes Mitglied in sechs ausländischen Akad. sowie Mitglied in 12 Gelehrten Gesellschaften (3, 17). 1965 lehrte er als Gastprofessor in Berkeley. Große Verdienste erwarb er sich für sein stetiges Bemühen, die Kontakte zu osteurop., v. a. zu sowjetruss. Kollegen während des Kalten Krieges nicht abreißen zu lassen; so verband ihn z. B. lebenslang eine enge Freundschaft mit M. A. Tichanova (St. Petersburg). Instruktiv ist in diesem Sinne eine (zeitbedingt) unveröffentlichte (vertrauliche) Schrift über „Beobachtungen über die Organisation und Entwicklung der Sowjetischen Archäologie" (1963) als Ergebnis einer Reise als Gast der Sowjetischen AdW nach Moskau, Leningrad, Alma-Ata, Taškent, Samarkand und Buchara (20. 3.–18. 6. 1963; Ms. mit 28 S., im Besitz des Verf.). Sehr beeindruckten ihn ferner zwei Reisen mit seinem Schüler Akio Ito (Nagoya) nach S-Korea (1984) und Japan; Frucht dieser Reisen ist „das Experiment vergleichender Archäologie" (111, 3) mit der Akad.-Abhandl. von 1988 mit den verblüffenden religionsgeschichtl. Konvergenzen in der Beigabensitte adeliger Führungsschichten S-Deutschlands und S-Koreas, unmittelbar bevor Christentum bzw. Buddhismus die jeweiligen Glaubensinhalte hier wie dort verdrängten (111).

Das Œuvre von W., von dem schon teilweise zuvor einschließlich seiner Grabungstätigkeit die Rede war, in seiner inhaltlich-thematischen und überregionalen Breite, in seiner zeitlichen Tiefe oder gar in allen seinen Facetten läßt sich hier nicht angemessen und detailliert würdigen, sind doch zw. 1927–1994 17 Monogr. bzw. selbstständige Schr. (16; 20; 21; 23; 32; 33; 35; 38; 42; 57; 63; 71; 80; 104; 106; 111; dazu 92) und mehr als 320 Aufsätze und Rez., letztere z. T. mit Aufsatzcharakter, zu überblicken (bis 1979: 1, XIII–XXI; 2, XIII–XIV). Obgleich das breite Spektrum in überregionaler Breite und zeitlicher Tiefe sich nicht leicht rubrizieren läßt, kann man dennoch, aber leicht vergröbernd, folgende Schwerpunkte erkennen (genannt werden nur die wichtigsten Arbeiten): die kelt.-germ. Welt in den letzten drei Jh. vor Chr. Geb. (2), die RKZ im mittelosteurop. Barbaricum (18; 20; 25; 39; 54; 55; 68; 70; 71; 87; 90; 97; 108; 112), die Arch. in den germ. Stammesgebieten nordwärts der Alpen (19; 21; 23; 25–29; 32; 34; 37–38; 40; 43; 44; 55; 58; 59; 65; 69; 70; 72; 73; 76; 79; 82; 89; 91; 92; 109), Denkmäler und Kunststile der KaZ (53; 61; 62; 75; 81; 98), Spätant. und Früh-MA im ‚byzantischen' mediterranen und circummediterranen Raum (15; 16; 19; 26; 40; 41; 47; 49–51; 91; 92; 97; 100; 105; 109; 110; 113; 118) mit deren Einwirkungen auf die merowingerzeitlichen Stammesgebiete (16; 19; 21; 26; 27; 31; 37; 40; 49; 50; 73; 79; 89; 91; 92; 96; 97; 109; 113), O-Goten und Langob. (24; 27–31; 45; 50; 60; 63; 67; 78; 93; 100), Kontinuitätsproblematik von der Ant. zum MA (v. a. mit den Grabungsprojekten: s. o.; ferner z. B. 92; 95–97; 113), Bildmotive und Amulette bei den Germ. und deren Rezeption aus der mediterranen Welt (20; 21; 66; 68; 71; 87; 92), soz. Fragestellungen (18; 36; 39; 69; 70; 76; 77; 79; 82; 90; 101; 104; 109; 111; 112; 117), Mobilität von Sachen und Personen (generell: 83; ferner z. B. 93; 97) und damit teilweise verbunden Handelsgesch. und Geldwirtschaft (22; 35; 40; 47; 51; 58; 59; 109), Christianisierung und Christentum (23; 88; 92; 94; 96; 97), Ostgerm. (52; 73; 77; 102; 108); ferner verfolgte er kritisch die Editionen zu → Sutton Hoo (zuletzt: 107; 119). Seine Studien zum Childerich-Grab (→ Childerich von Tournai) (82; 84; 101; 114; 115) mündeten leider nicht in die lange geplante Monogr. Ein beträchtlicher Teil des Werkes von W. galt den Reiternomaden (Hunnen, Awaren, Bulgaren) samt deren Kontakten zu Byzanz (42; 74; 99; 104; 106; 117) sowie den Slawen und deren Ethnogenese (28; 33; 56; 85; 86; 103). Entscheidende Grundlage von alledem war seine einzigartige Materialkenntnis. Eine nähere Kennzeichnung seines Œuvres ist hier nicht möglich; griffe man die eine oder andere Arbeit je nach Standpunkt und Interessenlage heraus, so würde dies den Blick auf sein Gesamtwerk beeinträchtigen (vgl. z. B. 3; 4). Eigens sei aber dennoch als ein *exemplum* besonderer Art, auf das von ihm herausgegebene Werk über St. Ulrich und Afra von 1977, hingewiesen (92), in dem er die Notbergungen von A. Radnóti für die Wiss. rettete und – zusammen mit eigenen Ausgr. durch seinen Mitarbeiter G. Pohl – diesem nicht nur für die heimische Arch. und Gesch. so außerordentlich wichtigen Ort zusammen mit anderen Autoren ein würdiges Denkmal setzte. Diese wie Sadovec nur unter größten Mühen zustande gekommene Publ. zeugt wiederum von dem großen Verantwortungsbewußtsein, das andere Aufgaben und Ziele zurücktreten ließ, und wiederum steuerte er für die umfassende Kenntnis und Einordnung von St. → Ulrich und Afra (Lokalgeschichte, Christentum, Kontinuität, Mobilität von Personen, Romanen) gewichtige eigene Studien bei, v. a. zur Missionsgesch. (Luxeuil-Mission) (92, 141–189. 217–225. 275–351. 457–463. 574–577; ferner 97).

W. war letztlich ein dezidiert hist. arbeitender Archäologe, der das Selbstverständnis seines Faches in diesem Sinne bis an seine Grenzen ausgeleuchtet hat, ohne dabei gemischt zu argumentieren. Er prägte neben Herbert → Jankuhn zweifellos die dt. und internationale Frühgeschichtsforsch. wie kaum ein anderer, freilich mit anderen Schwerpunkten und einer anderen Arbeitsweise als dieser.

II. Joachim W. und die Zeit zw. 1933–1945. Hiermit hat sich Fehr ausführlich befaßt und, soweit ihm dies möglich war, auch recherchiert (5, 333–358), aber mit der Einschränkung: „auch wenn es insgesamt problematisch ist, aus wenigen, nur zufällig zur Verfügung stehenden Zeugnissen generelle Aussagen zu treffen" (5, 336). Da dies zutrifft, wird hier auf eine in Vorbereitung befindliche und für den Druck vorgesehene umfassende Dokumentation verwiesen, auf die die folgenden wie auch bereits vorausgehende Ausführungen teils auszugsweise, teils zusammenfassend sich beziehen. Insgesamt gesehen, kommt Fehr trotz seiner begrenzten Aktenkenntnis zu dem Ergebnis, daß „Werner dem Nationalsozialismus grundsätzlich nicht ablehnend gegenüberstand und zumindest mit Teilen der Ziele des nationalsozialistischen Staates – „Schaffung eines endgültigen Volksraumes" [Zitat im Zitat: Verf.; s. u.] –

übereinstimmte, anderersits aber offensichtlich große Schwierigkeiten hatte, sich mit den persönlichen Folgen der Diktatur — insbesondere die Einschränkung der persönlichen und wissenschaftlichen Freiheit — abzufinden. Manchen staatlichen Stellen galt er als politisch nicht eben zuverlässig, wie aus einem im Vorfeld seiner Berufung nach Straßburg eingeholten politischen Gutachten des zuständigen Gaudozentenbundführers deutlich wird" (5, 337; zu letzterem s. o.). Bei Fehr wurde manches angesprochen, was näher interessieren würde: worauf gründet dieses weitgehende Urteil, bzw. reicht hierfür die begrenzte Aktenkenntnis aus? Sicherlich nicht, worauf er ja selbst hingewiesen hat (s. o.). Hierzu sollen die folgenden Zeilen beitragen und zumindest bis zum Vorliegen der oben genannten Dokumentation einige Lücken schließen helfen.

Das oben verwendete Zitat, „Schaffung eines endgültigen Volksraumes", stammt aus einem Brief W.s an G. von Merhart vom 1. 2. 1940, u. a. bezogen auf seine Habilitation (s. u.), in Teilen wiedergegeben bei Fehr (5, 335 mit Anm. 112). Dieses außerordentlich wichtige Selbstzeugnis hätte um weitere Textpassagen erweitert werden müssen, so z. B.: „Mein persönliches Schicksal liegt nicht in meiner Hand, aber auch nicht in der Hand dieses Staates. Meine militärische Laufbahn sehe ich unter dem Gesichtswinkel der Verteidigung der Heimat. Das hindert nicht, dass ich das gesamte Geschehen nur als eine Zerstörung Europas durch sich selbst ansehen kann. Wir haben früher nicht gewusst, wie der damalige Krieg ausgeht, wir haben leider den Nachteil, uns vorstellen zu können, was aus Europa und dem europäischen Geist wird …". Von Interesse ist auch eine vollständigere Wiedergabe des von Fehr nur nach Heiber mit einigen Kürzeln und paraphrasierend zitierten Briefes von Reinerth vom 17. 4. 1942 (5, 348 f. mit Anm. 184), der hier mit einigen wichtigen Passagen zur Kenntnis gebracht wird: „Schon sein Studiengang zeigt deutlich seine geistige Abhängigkeit von den Gegnern der nationalsozialistischen Weltanschauung. Seine Lehrer waren der als Judenfreund bekannte Max Ebert, Berlin, Oswald Menghin, Wien und der Jesuitenzögling G. v. Merhart, Marburg, die beide der katholischen Front zumindest sehr nahe stehen […]. Dagegen liegt von W. keine einzige Arbeit vor, in der er sich im Sinne einer nationalsozialistischen Vorgeschichtsforschung geäußert hat […]". Es folgen dann Hinweise auf „aller Wahrscheinlichkeit nach nichtarische Vorfahren" seiner Schwiegermutter (angefragt am 23. 5. 1941 bei der Kreisleitung der NSDAP mit Antwortschreiben derselben vom 13. 6. 1941 an den „Beauftragten des Führers für die Überwachung usw." in Berlin; Qu.nachweis: s. u.). Reinerth schließt seinen Brief ab: „Es muss vielmehr festgehalten werden, dass entsprechend dem Vorschlag des Reichsleiters Rosenberg für die Besetzung des Strassburger Lehrstuhls die aus sachlich-wissenschaftlichen, persönlichen und weltanschaulichen Gründen geeigneten Bewerber [es folgen die Namen von zwei Professoren: V. B.] in die engere Wahl für eine endgültige Regelung gezogen werden". Reinerth bezieht sich dabei auf einen Brief Rosenbergs vom 7. 4. 1941 an den Gauleiter und Reichsstatthalter Robert Wagner, Chef der Zivilverwaltung, Straßburg, in dem es u. a. heißt: „Ich würde es begrüßen, wenn es sich in Ihrem Gau Oberrhein ermöglichen ließe, den weltanschaulich wichtigen Lehrstuhl der Vorgeschichte und germanischen Geschichte mit einer Persönlichkeit zu besetzen, die nicht nur wissenschaftlich den hohen Anforderungen entspricht, sondern auch in der Lage wäre, gleichzeitig die Leitung der Gauarbeitsgemeinschaft für Vorgeschichte der NSDAP und die damit zusammenhängenden Aufgaben an derer Arbeitsrichtung zu übernehmen"; A. Rosenberg schlägt hier die beiden Professoren vor, die auch Reinerth empfiehlt. Auf diesen Brief Reinerths wurde oben anläßlich der Berufung W.s nach Straßburg bereits mit einem weiteren Zitat hingewiesen. Dieser drei Seiten lange Brief Reinerths ist an das „Hauptamt Wissenschaft [im Amt Rosenberg] z. Hdn. von Pg. Dr. Härtle" gerichtet (dieser Brief und weitere Straßburg betreffende Dokumente [s. u.] gelangten mit den Akten des Amtes Rosenberg an das ‚Yiddish Scientific Inst.' in New York; die verfilmten Akten sind im ‚Inst. für Zeitgeschichte' in München einsehbar: hier MA 116/17, auch der Brief vom 13. 6. 1941 der Kreisleitung Cottbus). Das Hauptamt Wiss. im Amt Rosenberg, vertreten durch Dr. Erxleben aus dem hier angesiedelten ‚Amt Wissenschaftbeobachtung und -wertung', schloß sich diesem Einspruch vehement an und leitete dieses Schreiben vom 23. 4. 1942 an die Parteikanzlei in München weiter mit der Bitte, „gegen die Berufung Werners nach Straßburg Einspruch zu erheben". Bemerkenswert ist, daß Erxleben, der die „Angelegenheit Werner zuvor [anläßlich eines Besuches in München] mit der Reichsdozentenführung durchgesprochen [hatte]" mit Schreiben an Reinerth vom 26. 08. 1942 feststellte, daß „deren Stellungnahme anders lautete als die unsere". In der von Reinerth daraufhin erbetenen Überprüfung ließ dieser Herrn Dr. Erxleben durch seinen arch. Mitarbeiter Dr. Werner Hülle am 7. 9. 1942 wissen, daß W.s „Arbeiten zu weitaus überwiegendem Teil [sich] mit der römischen Kulturhinterlassenschaft beschäftigen" und „jedenfalls einwandfrei [fest steht], daß Werner besonders eng mit dem römisch-germanischen Kreis verflochten ist, und dass seine bisherigen Leistungen keineswegs die Gewähr dafür bieten, dass er als aktiver Nationalsozialist zu gelten hat". Als erster dokumentiert Fehr W.s Aufnahme in die NSDAP zum 1. 5. 1937 (5, 337 mit Anm. 119), ohne hierauf weiter einzugehen, v. a. nicht auf die doch naheliegende und auffällige Zeitnähe des am 16. 8. 1937 von W. gestellten Antrages auf Zulassung zum Habilitationsverfahren (s. o.) und mehr noch auf die am 22. 7. 1937 vom DAI-Präsidenten (M. Schede) beantragte Verbeamtung. Das Aufnahmegesuch in die Partei wurde am 25. 10. 1937 gestellt (BAB REM W 562 Nr. 7604 und Eintrag auf der NSDAP-Mitgliedskarte [BAB, ehem. BDC, NSDAP-Gaukarte] mit demselben Datum; BAB = Bundesarchiv Berlin-Lichterfelde = Bestände des ehemaligen Berlin Document Center; REM = Reichserziehungsministerium, W 562: Personalakte Joachim Werner). Wann die tatsächliche Aufnahme erfolgte, ist noch unklar; sie wurde jedenfalls auf den 1. 5. 1937 zurückdatiert. Der 1. Mai zählte zusammen mit dem 21. 4., dem 1. 9. und dem 9. 11. zu den festen Stichtagen für die Parteiaufnahme und gibt wie diese als „fiktives Eintrittsdatum" selten den konkreten Aufnahmetermin wieder (7, 186). W. Pape verweist ferner auf die erst zum 1. 5. 1937 wieder gelockerte Aufnahmesperre und betont: „Parteieintritte 1937 oder später sagen wenig aus, höchstens über Opportunismus" und vermerkt in Anschluß an Heiber (5a, 341) „de jure erst ab 1939, de facto wohl schon ab 1937 war Parteimitgliedschaft Voraussetzung um Beamter zu werden" (7, 186). Nur die Verbeamtung (und die Habilitation) konnten somit eine gesicherte Lebensgrundlage (und eine Perspektive für eine wiss. Laufbahn als Hochschullehrer) eröffnen.

Auch die Habilitation war, wie oben schon zusammenfassend ausgeführt, hoch gefährdet. Über den ausführlichen Briefwechsel zw. Sprockhoff, Zeiss und dem Dekan E. Langlotz in dieser Sache, in die sich auch der Rektor Platzhoff immer wieder einschaltete (auch mit seiner Anwesenheit in der entscheidenden Komm.ssitzung vom 26. 1. 1938, an der auch Gumbel [s. o.] teilnahm), informiert ein umfangreicher Aktenbestand (größtenteils im Archiv der Univ. Frankfurt und zu kleineren Teilen im Archiv der RGK; zu letzterem teilweise: 5, 335 mit Anm. 108; Einzelnachweise künftig in der oben genannten Dokumentation). Hierbei geht es auch um die oben schon zitierte Randbemerkung Sprockhoffs im Originalex. von W.s Habilitationsschrift „Ewiges Rom, unerschöpflicher Orient, armes Deutschland", auf das ja auch Gumbel (s. o.) sich bezog; diese Randbemerkung wurde von Sprockhoff dann getilgt (handschriftliche Randbemerkung des Dekans in der schon zitierten Stellungnahme Gumbels), was aus einem Brief Sprockhoffs an Dekan Langlotz vom 25. 1. 1938 auch deutlich wird, der hier aus Gründen der Objektivität teilweise zitiert sei: Nachdem Sprockhoff versichert, daß er davon ausging, das Originalex. (mit seinen Randbemerkungen) verbliebe nur in den Händen der Habilitationskomm., schreibt er: „Meine Ausführungen sind daher unter ganz falschen Voraussetzungen erfolgt und ich möchte mich deshalb von vorneherein gegen eine falsche Auslegung meiner Bemerkungen verwahren. Wenn ich gewusst hätte, dass das Originalmanuskript noch verschiedene Stellen in Berlin durchläuft, hätte ich meine Bemerkungen auf einen gesonderten Zettel gemacht. Ich möchte nun Wert darauf legen, dass das Originalmanuskript ohne wenigstens einen Teil meiner Bemerkungen nach Berlin geschickt wird. Es könnte sonst ein durchaus unbeabsichtigter Eindruck meiner Beurteilung dieser Schrift entstehen, was meiner Absicht und meinem Urteil in diesem Fall durchaus widerspricht".

Wohl noch im Dezember 1945 verfaßte W. eine Schrift „Zur Lage der Geisteswissenschaften in Hitler-Deutschland" (10), die „zu den insgesamt sehr seltenen Äußerungen deutscher Prähistoriker nach dem Krieg über die Zeit des Nationalsozialismus gehört" (5, 535) und auf die Fehr ausführlich eingeht (5, 353–357). Es bleibt dem Leser überlassen, ob diese Schrift – wie Fehr meint – apologetische und verharmlosende Züge trägt (5, 356 f.) oder nicht (einschließlich der Feststellung, daß „die RGK Teil der tiefgreifend politisierten Forschungslandschaft innerhalb nationalsozialistischer Diktatur und entsprechend ideologisch geprägt und instrumentalisiert [war]" [5, 356]; auf die RGK nimmt W. in seiner Schrift Bezug: 10, 76; zur RGK vgl. umfassend: 6; 8).

Fazit: Eine zu fordernde möglichst objektive Darst. über W. in der Zeit zw. 1933–1945 ist mit „den wenigen, nur zufällig zur Verfügung stehenden Zeugnissen", wie sie Fehr präsentiert hat (5, 336), gewiß nicht möglich. Hierzu bedarf es zunächst einer umfassenden Qu.sammlung, worauf hier mit einigen neuen Aktenfunden beispielhaft schon hingewiesen wurde. Diese umfassende und in Vorbereitung befindliche Dokumentation muß ferner sehr bedacht eingeordnet werden in die allg. zeitgeschichtl. Rahmenbedingungen, auch mit besonderem Bezug auf die Situation des Faches. Das schon jetzt vorliegende Aktenmaterial einschließlich wichtiger Selbstzeugnisse läßt nicht erkennen, daß, wie von Fehr behauptet, „Werner dem Nationalsozialismus *grundsätzlich* [kursiv: V. B.] nicht ablehnend gegenüberstand …" (Zitat: s. o.; 5, 337); deutlich wird hingegen eine patriotische Grundhaltung und dies ist etwas gänzlich anderes.

Bibliogr. und Festschr: (1) Stud. zur vor- und frühgeschichtl. Arch. (Festschr. J. W. zum 65. Geb.), 1974, XIII–XXI. (2) L. Pauli (Hrsg.), J. W. Spätes Keltentum zw. Rom und Germanien. Gesammelte Aufsätze zur Spät-LTZ, 1979, XIII–XV (Nr. 1 fortgeführt bis 1979 = Nr. 266).

Nachrufe: (3) V. Bierbrauer, BVbl. 59, 1994, 11–17 (= Byz. Zeitschr. 86/87, 1993/94, 665–669). (4) G. Kossack, Jb. Bayer. Akad. der Wiss. 1994, 1–12. Weitere, z.T. umfangreiche Nachrufe in: [5], 313 Anm. 6.

Sonst. Lit.: (5) H. Fehr, Hans Zeiss und J. W. und die arch. Forsch. zur MZ, in: H. Steuer (Hrsg.), Eine hervorragend nationale Wiss. Dt. Prähistoriker zw. 1900 und 1995, 2001, 311–415. (5a) H. Heiber, Univ. unter dem Hakenkreuz, 1. Der Professor im Dritten Reich, 1991. (5b) N. Hammerstein, Die Johan Wolfgang Goethe-Univ. Frankfurt am Main. Von der Stiftungsuniv. zur staatlichen Hochschule, Bd. 1. 1914–1950, 1989. (6) W. Krämer, Gerhard Bersu, ein dt. Prähistoriker, 1889–1964, Ber. RGK

82, 2001 (2002), 6–94. (7) W. Pape, Zur Entwicklung des Faches Ur- und Frühgesch. in Deutschland bis 1945, in: A. Leube (Hrsg.), Prähist. und Nazionalsozialismus. Die mittel- und osteurop. Ur- und Frühgeschichtsforsch. in den J. 1933–1945, 2002, 163–226. (8) S. von Schnurbein, Abriss der Entwicklung der RGK unter den einzelnen Direktoren von 1911 bis 2002, Ber. RGK 82, 2001 (2002), 137–289. (8a) G. Ulbert, Die frühröm. Militärstation auf dem Lorenzberg bei Epfach, 1965. (9) J. Werner, Das Seminar für Vor- und Frühgesch. und prov.-röm. Arch. an der Reichsuniv. Straßburg, Nachrichtenbl. für dt. Vorzeit 1943, 48–52. (10) Ders., Zur Lage der Geisteswiss. in Hitler-Deutschland, Schweiz. Hochschulzeitung 1945/46, H. 2, 71–81. (11) Ders., Feierstunde im Inst. für Vor- und Frühgesch., 20. November 1965. Anläßlich des 30. Jubiläums der Lehrstuhls- und Institutsgründung und des 70. Geb. von Hans Zeiss †, Ludwig-Maximilians-Univ. Jahreschronik 1965/66, 1967, 66–72.

Werke: (12) Bogenfrg. aus Carnuntum und von der unteren Wolga, Eurasia Septentrionalis Antiqua 7, 1932, 33–58. (13) Zur Stellung der Ordosbronzen, ebd. 9, 1934, 259–269. (14) Münzdatierte austrasische Grabfunde, 1935. (15) Zwei byz. Pektoralkreuze aus Ägypten, Seminarium Kondakovianum 8, 1936, 183–186. (16) Die byz. Scheibenfibel von Capua und ihre germ. Verwandten, Acta Arch. 7, 1936, 57–67. (17) Ber. über die Ausgr. der dt. Hermopolis Expedition 1935, Mitt. des dt. Inst.s für ägypt. Altkde in Kairo 7, 1937, 27–30 und 51–53. (18) Die röm. Bronzegeschirrdepots des 3. Jh.s und die mitteldt. Skelettgräbergruppe, in: Marburger Stud. Gero Merhart von Bernegg gewidmet, 1938, 259–267. (19) Ital. und koptisches Bronzegeschirr des 6. und 7. Jh.s nordwärts der Alpen, in: Mnemosynon Th. Wiegand, 1938, 74–86. (20) Die beiden Zierscheiben des Thorsberger Moorfundes. Ein Beitr. zur frühgerm. Kunst- und Religionsgesch., 1941. (21) Der Fund von Ittenheim. Ein alam. Fürstengrab des 7. Jh.s im Elsaß, 1943. (22) Zu den auf Öland und Gotland gefundenen byz. Goldmünzen, Fornvännen 44, 1949, 257–286. (23) Das alam. Fürstengrab von Wittislingen, 1950. (24) Die langob. Fibeln aus Italien, 1950. (25) Zur Entstehung der Reihengräberzivilisation. Ein Beitr. zur Methode der frühgeschichtl. Arch., Arch. Geographica 1, 1950, 23–32 (wieder abgedruckt mit einem Nachtrag und ergänzter Lit. in: F. Petri [Hrsg.], Siedlung, Sprache und Bevölkerungsstruktur im Frankenreich, 1973, 285–325). (26) Zur Herkunft der frühma. Spangenhelme, PZ 34/35, 1949/50, 178–193. (27) Die Schwerter von Imola, Herbrechtingen und Endrebacke, Acta Arch. 21, 1950, 45–81. (28) Slaw. Bügelfibeln des 7. Jh.s, in: Reinecke-Festschr., 1950, 150–172. (29) Ein langob. Schild von Ischl an der Alz, Gem. Seeon (Oberbayern), BVbl. 18/19, 1951/52, 45–58. (30) Langob. Grabfunde aus Reggio Emilia, Germania 30, 1952, 190–193. (31) Langob. Einfluß in S-Deutschland während des 7. Jh.s im Lichte arch. Funde, in: Atti del I. Congresso internazionale di Studi Longobardi, 1952, 521–524. (32) Das alam. Gräberfeld von Bülach, 1953. (33) Slaw. Bronzefiguren aus N-Griechenland, Abhandl. der dt. Akad. der Wiss. Berlin, Kl. Gesellschaftswiss. 1952, 2, 1953. (34) Zu den frk. Schwertern des 5. Jh.s (Oberlörick-Samson-Abingdon), Germania 31, 1953, 38–44. (35) Waage und Geld in der MZ, SB Bayer. Akad. der Wiss. Phil.-hist. Kl. 1954, 1, 1954. (36) Leier und Harfe im germ. Früh-MA, in: Aus Verfassungs- und Landesgesch. (Festschr. Th. Mayer) 1, 1954, 9–15. (37) Zur ornamentgeschichtl. Einordnung des Reliquiars von Beromünster. Frühma. Kunst in den Alpenländern, in: Akten zum 3. internationalen Kongreß für Frühmittelalterforsch., 1954, 107–110. (38) Das alam. Gräberfeld von Mindelheim, 1955. (39) Pfeilspitzen aus Silber und Bronze in germ. Adelsgräbern der Kaiserzeit, Hist. Jb. 74, 1955. (40) Zur Ausfuhr koptischen Bronzegeschirrs ins Abendland während des 6. und 7. Jh.s, VSWG 42, 1955, 353–356. (41) Byz. Gürtelschnallen des 6. und 7. Jh.s aus der Slg. Diergardt, Kölner Jb. für Vor- und Frühgesch. 1, 1955, 36–48. (42) Beitr. zur Arch. des Attila-Reiches, Abhandl. der Bayer. Akad. der Wiss. Phil.- hist. Kl. NF 38 A–B, 1956. (43) Frk. Schwerter des 5. Jh.s aus Samson und Petersfinger, Germania 34, 1956, 156–158. (44) mit J. Breuer, H. Roosens und A. Dasnoy: Le cimetière franc de Haillot. Arch. Belgica 34, 1957 = Ann. Soc. arch. de Namur 48, 1956, 299–339. (45) Die arch. Zeugnisse der Goten in S-Rußland, Ungarn und Spanien, in: I Goti in Occidente. Settimane di studio del Centro italiano di studi sull'alto medioevo 3, 1956, 127–130. (46) Vorber. über die Ausgr. auf dem Lorenzberg bei Epfach, Ldkr. Schongau (Oberbayern), Germania 35, 1957, 327–337. (47) Zwei gegossene koptische Bronzeflaschen aus Salona, in: Antidoron Mich. Abramić 1, Vjesnik Split 56/59, 1954/57, 115–128. (48) Abodiacum: Die Ausgr. auf dem Lorenzberg bei Epfach, Ldkr. Schongau (Oberbayern), in: Neue Ausgr. in Deutschland, 1958, 409–424. (49) Röm. Fibeln des 5. Jh.s von der Gurina im Gailtal und vom Grepault bei Truns (Graubünden), Der Schlern 32, 1958, 109–112. (50) Eine ostgot. Prunkschnalle von Köln-Severinstor (Stud. zur Slg. Diergardt II), Kölner Jb. für Vor- und Frühgesch. 3, 1958, 55–61. (51) Arch. Bemerkungen zum byz. Handel mit W-Europa im 7. Jh., in: Konstanzer Arbeitskr. für ma. Gesch. Protokoll der Arbeitstagung Byzanz und das Abendland, 24.–27. März 1958 (Konstanz 1958), 59–68. (52) Stud. zu Grabfunden des 5. Jh.s aus der Slowakei und der Karpatenukraine, Slovenská Arch. 7, 1959, 422–438. (53) Frühkarol. Silberohrringe von Rastede (Oldenburg). Beitr. zur Tierornamentik des Tassilokelches und verwandter Denkmäler, Germania 37, 1959, 179–192. (54) Die frühgeschichtl. Grabfunde vom Spielberg bei Erlbach, Ldkr. Nördlingen, und von Fürst, Ldkr. Laufen a. d. Salzach, BVbl. 25, 1960, 164–179. (55) Kriegergräber aus der 1. Hälfte des 5. Jh. zw. Schelde und Weser, Bonner Jb. 153, 1958 (1960), 372–413. (56) Neues zur Frage der slaw. Bügelfibeln aus südosteurop. Ländern, Germania 38, 1960, 114–120. (57) Kat. der Slg. Diergardt. Völkerwanderungszeitlicher Schmuck 1: Die Fibeln, 1961. (58) Fernhandel und Naturalwirtschaft im ö. Merowingerreich nach arch. und num. Zeugnissen, in: Moneta e Scambi nell'alto medioevo. Settimane di studio del Centro italiano di studi sull'alto medioevo 8, 1961, 557–618. (59) Fernhandel und Naturalwirtschaft im ö. Merowingerreich nach arch. und num. Zeugnissen, Ber. RGK 42, 1961 (1962), 307–346. (60) Ostgot. Bügelfibeln aus bajuwarischen Reihengräbern, BVbl. 26, 1961, 68–75. (61) Frühkarol. Schwanenfibel von Boltersen, Kr. Lüneburg, Lüneburger Bl. 11/12, 1961, 2–4. (62) Frühkarol. Gürtelgarnitur aus Mogorjelo bei Capljina (Herzegovina), Glasnik zemalskog Muzeja u Sarajevu NS 15/16, 1960/61, 235–247. (63) Die Langob. in Pann. Beitr. zur Kenntnis der langob. Bodenfunde vor 568, Abhandl. Bayer. Akad. der Wiss. Phil.-hist. Kl. NF 55 A-B, 1962. (64) Ein reiches Laetengrab der Zeit um 400 n. Chr. aus Fécamp (Seine-Maritime), Arch. Belgica 61 (Miscellanea arch. in honorem J. Breuer), 1962, 145–154. (65) Die Herkunft der Bajuwaren und der „östlichmerowingische" Reihengräberkreis, in: Aus Bayerns Frühzeit (F. Wagner zum 75. Geb.), 1962, 229–250 (= in: Zur Gesch. der Bayern, 1965, 12–43). (66) Tiergestaltige Heilsbilder und germ. PN. Bemerkungen zu einer arch.-namenskundlichen Forsch.saufgabe, Dt. Vjs. für Literaturwiss. und Geistesgesch. 37, 1963, 377–383. (67) mit G. Annibaldi: Ostgot. Grabfunde aus Acquasanta, Prov. Ascoli Piceno (Marche), Germania 41, 1963, 356–373. (68) Herkuleskeule und Donar-Amulett, Jb. RGZM 11, 1964 (1966), 176–197. (69) Frankish Royal Tombs in the Cathedrals of Cologne and Saint Denis, Antiquity 38, 1964, 201–216. (70) Zu den alam. Burgen des 4. und 5. Jh.s, in: Speculum Historiale (Festschr. J. Spörl), 1965, 439–453 (= in: W. Müller [Hrsg.], Zur Gesch. der Alam., 1975, 67–90). (71) Das Aufkommen von Bild und Schrift in N-Europa, SB Bayer. Akad. der Wiss. Phil.-hist. Kl. 1966, 4, 1966. (72) Spätröm. Schwertortbänder vom Typ Grundremmingen, BVbl. 31, 1966, 134–141. (73) Zu den donauländischen Beziehungen des alam. Gräberfeldes am alten Gotterbarmweg in Basel, in: Helvetia Antiqua (Festschr. E. Vogt), 283–292. (74) Zum Stand der Erforschung über die arch. Hinterlassenschaft der Awaren, in: Beitr. zur SO-Europa-Forsch., 1. Internationaler Balkanologenkongress in Sofia, 1966, 307–315 (= in: Študijné Zvesti, Arch. Ústav SAV 16, 1968 [Symp. über die Besiedlung des Karpatenbeckens im 7.–8. Jh. in Nitra] 279–286. (75) Zum Cundpald-Kelch von Petöháza, mit Beitr. von H. Fromm und B. Bischoff, Jb. RGZM 13, 1966 (1968), 265–278. (76) Bewaffnung und Waffenbeigabe in der MZ, in: Ornamenti militari in Occidente nell'Alto Medioevo. Settimane di studio del Centro italiano di studi sull' alto medioevo 15, 1968, 95–108 und 199–205 (= in: F. Petri [Hrsg.], Siedlung, Sprache und Bevölkerungsstruktur im Frankenreich, 1973, 326–338). (77) Namensring und Siegelring aus dem gep. Grabfund von Apahida (Siebenbürgen), Kölner Jb. für Vor- und Frühgesch. 9, 1967/68, 120–123. (78) Die Ausgr. im langob. Kastell Ibligo-Invillino (Friaul). Vorber. über die Kampagnen 1962, 1963 und 1965, zusammen mit G. Fingerlin und J. Garbsch, Germania 46, 1968, 73–110 (übs. als: Gli Scavi nel Castello Longobardo di Ibligo-Invillino [Friuli]. Relazione preliminare delle campagne del 1962, 1963 e 1965, Aquileia Nostra 39, 1968, 57–136). (79) Das Messerpaar aus Basel-Kleinhüningen, Grab 126. Zu alam.-frk. Eßbestecken, in: Provincialia (Festschr. R. Laur-Belart), 647–663. (80) Der Lorenzberg bei Epfach. Die spätröm. und frühma. Anlagen, 1969. (81) Sporn von Bacharach und Seeheimer Schmuckstück. Bemerkungen zu zwei Denkmälern des 9. Jh.s vom Mittelrhein, in: Siedlung, Burg und Stadt. Stud. zu ihren Anfängen (Festschr. P. Grimm), 1969, 497–506. (82) Das Grab des Frankenkg.s Childerich in Tournai, SB Bayer. Akad. der Wiss. Phil.-hist. Kl., 1970, Nr. 6, 6–10. (83) Zur Verbreitung frühgeschichtl. Metallarbeiten (Werkstatt – Wanderhandwerk – Handel – Familienverbindung), Early Medieval Studies 1 (Helgö-Symp. 1968). Antikv. Arkiv 38, 1970, 65–81. (84) Neue Analyse des Childerich-Grabes von Tournai, in: Hauptprobleme der Siedlung, Sprache und Kultur des Frankenreiches. Kolloquium Bonn 1969, Rhein. Vjbl. 35, 1971, 43–46. (85) Zur Herkunft und Ausbreitung der Anten und Sklavenen, in: Actes du VIIIᵉ Congrès international des Sciences Préhist. et Protohist., 1971, 243–252. (86) K proischoždeniju i rasprostraneniju Antov i Sklavenov, Sovetskaja Arch. 1972, 4, 102–115. (87) Zwei prismatische Knochenanhänger („Donar-Amulette") von Zlechov, Časopis Moravského Musea (Brünn) 57 (Festschr. V. Hruby), 1972, 133–140. (88) Christl. Denkmäler und alam. Kunst der vorkarol. Zeit, in: Kat. der Ausstellung Suevia Sacra. Frühe Kunst in Schwaben, 1973, 35–37, 65–80. (89) Rez. zu P. Paulsen, Alam. Adelsgräber von Niederstotzingen (Kr. Heidenheim), 1967, Germania 51, 1973, 278–289,

25–26. (90) Bemerkungen zur mitteldt. Skelettgräbergruppe Hassleben-Leuna. Zur Herkunft der *ingentia auxilia Germanorum* des gall. Sonderreiches in den J. 259–274 n. Chr., in: Festschr. W. Schlesinger 1, 1973, 1–30. (91) Nomadische Gürtel bei Persern, Byzantinern und Langob., in: La civiltà dei Longobardi in Europa. Atti del Convegno Internaz. Rom/Cividale 1971. Accademia Nazionale dei Lincei, Anno CCCLXXI, Quaderno 189, 1974, 109–139. (92) (Hrsg.), Die Ausgr. in St. Ulrich und Afra in Augsburg 1961–1968, 1977. Darin: XI–XVIII (Vorwort), 141–189 (Die Gräber aus der Krypta-Grabung 1961/1962), 203 (Metallanalysen), 217–225 (Ergebnisse der Krypta-Grabung 1961/1962 für die vorkarol. Zeit), 275–351 (Zu den Knochenschnallen und Reliquiarschnallen des 6. Jh.s), 457–463 (Die merow. Gräber und karol. Streufunde der Grabung 1963–1968), 575–577 (Zeittaf.). (93) Der Grabfund von Taurapilis, Rayon Utna (Litauen) und die Verbindung der Balten zum Reich Theoderichs, in: G. Kossack, J. Reichstein (Hrsg.), Arch. Beitr. zur Chron. der VWZ, 1977, 87–92. (94) Jonas in Helgö, Bonner Jb. 178, 1978, 519–530. (95) Einf. Von der Spätant. zum frühen MA, in: J. W., E. Ewig (Hrsg.), Aktuelle Probleme in hist. und arch. Sicht, 1979, 9–23. (96) Reliquiarschnalle, Schrankenplatten, frühchristl. Grabsteine aus Gondorf, in: wie [95], 364–368. (97) Die roman. Trachtprov. N-Burgund im 6. und 7. Jh., in: wie [95], 447–465. (98) Zur Zeitstellung der altkroatischen Grabfunde von Biskupija-Crkvina (Marienkirche), Schild von Steier 15–16, 1978–79, 227–237. (99) Die arch. Hinterlassenschaft der Hunnen in S-Rußland und Mitteleuropa, in: Nibelungenlied. Ausstellungskat. Vorarlberger Landesmus. 86, 1979, 273–286. (100) Stand und Aufgaben der frühma. Arch. in der Langob.frage. Discorso Inaugurale, in: Atti del 6° Congresso internazionale di studi sull' alto medioevo, 1980, 27–46. (101) Der goldene Armring des Frankenkg.s Childerich und die germ. Handgelenkringe der jüng. Kaiserzeit, Frühma. Stud. 14, 1980, 1–49. (102) Zu einer elbgerm. Fibel des 5. Jh.s aus Gaukönigshofen, Ldkr. Würzburg, BVbl. 46, 1981, 226–254. (103) Bemerkungen zum nw. Siedlungsgebiet der Slawen im 4.–6. Jh., Arbeits- und Forschungsber. zur sächs. Bodendenkmalpflege 16, 1981, 695–701. (104) Der Grabfund von Malaja Pereščepina und Kuvrat, Kagan der Bulgaren, Abhandl. der Bayer. Akad. der Wiss. Phil.-Hist. Kl. NF 91, 1984 (übs. ins Bulg.: Pogrebalnata Nachodka ot Malaja Pereščepina i Kubrat – Chan na Bulgarite, Sofia). (105) Ein byz. „Steigbügel" aus Caričin Grad, in: N. Duval, V. Popović (Hrsg.), Caričin Grad I, 147–155. (106) Der Schatzfund von Vrap in Alban. Beitr. zur Arch. der Awarenzeit im mittleren Donauraum, 1986, ²1989. (107) Nachlese zum Schiffsgrab von Sutton Hoo. Bemerkungen, Überlegungen und Vorschläge zu Sutton Hoo Bd. 3 (1983), Germania 64, 1986, 465–497. (108) Dančeny und Brangstrup. Unters. zur Černjachov-Kultur zw. Sereth und Dnestr und zu den „Reichtumszentren" auf Fünen, Bonner Jb. 188, 1988, 241–286. (109) Neues zur Herkunft der frühma. Spangenhelme vom Baldenheimer Typus, Germania 66, 1988, 521–528. (110) Eine goldene byz. Gürtelschnalle in der Prähist. Staatsslg. München. Motive des Physiologus auf byz. Schnallen des 6.–7. Jh.s, BVbl. 53, 1988, 301–308. (111) Adelsgräber von Niederstotzingen bei Ulm und von Bokchondong in Südkorea. Jenseitsvorstellungen vor Rezeption von Christentum und Buddhismus im Lichte vergl. Arch., Abhandl. der Bayer. Akad. der Wiss. Phil.-Hist. Kl. NF 100, 1988. (112) Zu den röm. Mantelfibeln zweier Kriegergräber von Leuna, Jahresschr. für Mitteldt. Vorgesch. 72, 1989, 121–134. (113) Die Beinschnalle des Leodobodus (mit Beitr. von E. Felder, D. Ellmers, H. Berke, G. Ziegelmayer), Kölner Jb. für Vor- und Frühgesch. 23, 1990, 79–119. (114) Données nouvelles sur la sépulture royale de Childéric, in: R. Brulet (Hrsg.), Les Fouilles du Quartier Saint-Brice à Tournai, 1991, 14–22. (115) Childerichs Pferde, in: H. Beck (Hrsg.), Germ. Religionsgesch. Qu. und Qu.probleme, 1992, 145–161. (116) Beitr. in: S. Uenze, Die spätant. Befestigungen von Sadovec (Bulg.), 1992: Vorwort S. 15–22; Münzschätze und Fundmünzen von Sadovsko Kale S. 335–338; Golemanovo Kale und Sadovsko Kale: Kritische Zusammenfassung der Grabungsergebnisse S. 391–420; Byz. Trachtzubehör des 6. Jh.s aus Heraclea Lyncestis und Caričin Grad S. 589–594. (117) Neues zu Kuvrat und Malaja Pereščepina, Germania 70, 1992, 430–436. (118) Byz. Trachtzubehör des 6. Jh.s aus Heraclea Lyncestis und Caričin Grad, Starinar NS 40/41, 1989/1990 (1991), 273–277. (119) A Review of The Sutton Hoo Ship Burial, 3. Some remarks, thoughts and proposals, Anglo-Saxon Studies in Arch. and Hist. 5, 1992, 1–24.

V. Bierbrauer

Werra (augusteisches Lager Hedemünden)

§ 1: Lage und Entdeckung – § 2: Lager, Aktivitätsbereich und Geländeterrassen – § 3: Fundmaterial und Datierung

§ 1. Lage und Entdeckung. Auf dem Burgberg am w. Ortsrand von Hedemünden im unteren W.-Tal befand sich in augusteischer Zeit ein röm. Militärstütz-

Abb. 68. Augusteisches Römerlager bei Hedemünden im unteren Werratal (Ldkr. Göttingen, Niedersachsen). Lageplan der einzelnen Teilbereiche I–V, der s. vorgelagerten Furt durch den Fluß sowie der im O benachbarten Fundplätze der jüngereisenzeitlichen, einheimischen Besiedlung mit zwei Großgrabhügeln (mutmaßlich der ält. vorröm. EZ). Stand September 2005

punkt, der im Zuge der Okkupationsvorstöße unter Drusus (→ Drusus [maior]) vom Mittelrhein (→ Mogontiacum/Mainz) aus ins rechtsrhein. Gebiet (9 v. Chr. bis zur → Elbe) angelegt wurde und vermutlich eine wichtige Funktion als vorgeschobene logistische Basis eingenommen hatte (1). Es handelte sich um eine mehrteilige Anlage mit einem gutbefestigten Standlager I, einem angegliederten kleineren Lager II, einem wohl unbefestigten vorgelagerten Aktivitätsbereich III, einem mutmaßlichen großen Marschlager IV sowie mit mehreren Terrassierungen (V) am Berghang (Abb. 68). Nach derzeitigem Kenntnisstand wurde so eine Fläche von ca. 25 ha belegt. Einbezogen wurde die Hochfläche des mit einem 60–80 m hohen Prallhang gegen die W.-Niederung vorgeschobenen Burgberges so-

wie dessen ö. Abhang. Die Lage bezieht sich auf eine strategisch wichtige Kreuzung ehemaliger überregionaler Verkehrslinien: der Überlandweg von N-Hessen (Raum Kassel-Fritzlar) in das südndsächs. Leinetal und weiter Richtung Elbe kreuzte hier den Schiffahrtsweg der W.-Weser, der die nordhess. und nordwestthür. Räume mit dem Weserraum und der Nordsee verband. Die ehemalige Flußübergangsstelle ist als → Furt unmittelbar s. vor dem Römerlager lokalisiert.

Die Entdeckung geht auf Meldungen über illegale Raubgrabungen unter Einsatz von Metallsonden zurück. Seit den 80er und 90er J. des 20. Jh.s waren auf diese Weise röm. Münzfunde und andere Metallobjekte verschleppt worden. Ziel war jeweils die sog. ‚Hünenburg', ein altbekannter Ringwall

(→ Ringwälle) jüngereisenzeitlicher Zeitstellung auf dem bewaldeten Burgberg bei Hedemünden. Die daraufhin seit 1998 vorgenommenen Geländemaßnahmen der Kreisarch. Göttingen, insbesondere die Probegrabungen und Fundprospektionen seit Herbst 2003, führten zur Herausstellung der ‚Hünenburg‘ als röm. Standlager I und zur Entdeckung der genannten Annexbereiche II–V.

§ 2. Lager, Aktivitätsbereich und Geländeterrassen. Am besten erhalten ist das Lager I mit seinem Befestigungswerk aus Wall und Graben. Es umschließt einen 3,215 ha großen Innenraum von rund 320 m Lg. und max. 150 m Br. Die Grdf. der schlanken, NNO-SSW-ausgerichteten Anlage läßt eine geplante Symmetrie erkennen. So sind zwei parallelverlaufende gerade W- und O-Flanken vorhanden, jeweils mittig darin ein Tordurchlaß. Die s. Schmalseite, als repräsentative Schauseite zum W.-Talgrund und zur dortigen Furt durch bastionsartige Abknickungen von den Längsflanken abgesetzt, zeigt bogenförmig ausschwingenden Verlauf und auch darin mittig einen breiten Tordurchlaß. Die n. Schmalseite als ‚Rückseite‘ des Lagers besitzt keine Torlücke, sie ist in halbrundem Verlauf geschlossen. Ist so durch die Tore eine Mittelachsengliederung des Innenraums angedeutet, befindet sich darüberhinaus in der sö. Lagerecke ein zusätzliches Tor, das durch seine Ausrichtung auf die hier angrenzenden nächsten Lagerbereiche II, IV und V, auf eine Frischwasserquelle und den heranführenden Hauptzuweg bedingt ist. Probeschnitte durch den heute noch 5–6 m br. und bis 1 m hohen Wall und die vorgelagerte Grabensenke erlauben die Rekonstruktion als urspr. bis 1,8 m hoher Erdwall mit – noch nicht näher bestimmbaren – hölzernen Aufbauten, davor ohne Berme ein rund 4 m br. und bis 1,5 m tiefer Spitzgraben. Der bewaldete und seit der Ant. offensichtlich nur stellenweise durch Steinbruchtätigkeiten gestörte Innenraum weist Spuren der ehemaligen Bebauung auf. Obertägig sind anthropogene Setzungen großer – unbearbeiteter – Sandsteinblöcke vorhanden, die als Punktfundamentierungen größerer Holzbauten mit schwebender, unterlüfteter Substruktion (Vorratsgebäude; vgl. → Getreidespeicherung S. 24 und Abb. 6) interpretiert werden. Ebenso weisen eiserne Bauklammern, viele Nägel sowie verziegelte Baulehmbrocken auf Holzgebäude hin. Daneben sind zahlreiche eiserne Zeltheringe als Belege röm. Zeltbebauung vorhanden. Die Magnetometerprospektion erster Teilflächen ergab zudem Hinweise auf unterirdische, verfüllte Grubenbefunde.

An die s. Schmalseite von Lager I schließt in fast gleicher Breite das kleinere Lager II an. Es umfaßt in annähernd quadratischem Grundriß eine nach S abfallende Fläche von rund 1,2 ha. Geschützt wurde es durch zwei gerade verlaufende O- und W-Flanken mit flachen Erdwällen und vorgelagerten Spitzgräben, die S-Flanke wurde durch den Beginn des Steilhanges zur s. angrenzenden W.-Talniederung gebildet. Hier ist der Wall erodiert, der eingeebnete Graben ist dagegen weiterhin nachweisbar. Die Wälle mit einer Br. von 3 m und heutiger Hh. von 0,2–0,4 m sowie die Gräben von 3 m Br. und ehemaliger T. von 1 m waren deutlich kleiner als beim Lager I dimensioniert. Die Spitzgrabenverfüllungen enthalten Brandschutt aus Flechtholz- und Baulehmresten, vermutlich von abgebrannten Wallaufbauten. Im Innenraum sind geringe obertägige Terrassierungsstrukturen sowie evtl. Steinsetzungen vorhanden. Dazu liegen Zeltheringe vor.

Im w. Vorgelände von Lager I zeichnet sich anhand einer auffälligen Konzentration von Metallfunden der Aktivitätsbereich III von rund 1 ha Flächengröße ab. Dessen Funktion, evtl. als Siedlungs- oder Handwerksannex, bleibt zu klären. Spuren einer ehemaligen Einhegung sind obertägig nicht erkennbar, ebenso keine Baureste. Das Fundspektrum ist durch Militaria (Pilumspitze und -zwinge [→ Bewaffnung § 8b mit Taf. 36], Katapultbolzen) gekennzeichnet, neben Kettenteilen, Beschlägen, wenigen Buntmetallobjekten und zwei Münzen.

Der ö., landwirtschaftl. genutzte Abhang des Burgberges weist vor dem auslaufenden Hangfuß noch eine großflächige abgesetzte Geländeterrasse auf, die zw. 15–20 m über der angrenzenden Talniederung gelegen ist. Anhand auffälliger anthropogener Überprägungen der Geländekanten mit Terrassierungen und flachen Erdwällen, abschnittsweise ergänzbar durch Luftbildbefunde, zeichnet sich hier ein großflächiges Lager IV ab. Es umfaßte in rechteckigem Grundriß mit abgerundet-rechtwinkligen Ecken eine geschätzte Innenfläche von 15–16 ha und grenzte unmittelbar an die Lager I und II an. Luftbildbefunde lassen mutmaßliche Binnenstrukturen erkennen. Diese wie auch die ant. Zeitstellung des Befundes müssen durch arch. Maßnahmen noch verifiziert werden. Der Anschluß im W an die höhergelegenen Lager I und II ist durch eine gestaffelte Serie von Geländeterrassen V gegliedert. Zumindest teilweise sind diese vorma., in einem Falle (V a) handelt es sich um eine viereckige kleine Wallstruktur mit vorgelagertem Graben und Brandresten.

§ 3. Fundmaterial und Datierung. Das bislang vorliegende Fundmaterial umfaßt mehrere hundert Metallobjekte, überwiegend aus Eisen, zu kleineren Anteilen aus Buntmetall und Blei. Bei den Keramikresten sind Belege für einheimische jüngereisenzeitliche Produktion (handgeformte, weichgebrannte Irdenware) sowie für importierte röm. Drehscheibenwaren vertreten. Daneben liegen eine Glasperle und Schleifsteinstücke, wenige Schlacken und in allg. Streuung im Lager I auch verziegelte Baulehmbrocken und Holzkohlen vor.

Die z. Zt. noch kleine Münzserie (bis September 2005: 13 Münzen, dazu um 1998 durch Raubgrabungen illegal verschleppt: ca. 15 Münzen) ist durch den Anteil an Nemaususprägungen (→ Nemausus) der Serie I (16/15–8 v. Chr.), mehrfach mit Kontermarkierungen (IMP, AVG, vierspeichiges Rad) (→ Gegenstempel), gekennzeichnet. Daneben sind zwei ält. republikanische Silberprägungen (Didrachme/Quadrigatus, um 225–212 v. Chr.; → Quinar, ca. 90–80 v. Chr.) (→ Römisches Münzwesen § 2a) sowie vier schlechterhaltene kelt. Kleinerze vorhanden.

Die Eisenfunde lassen sich in die Gruppen der milit. Waffen- und Ausrüstungsteile, des Zubehörs zur Anschirrung von Nutztieren (Pferd, Esel/Maultier, Ochse) (→ Pferdegeschirr) und der Wagenüberreste, der Geräte aus Handwerk und Alltagsleben, der Bebauungsüberreste sowie sonstiger Einzelteile einordnen. Auffällig ist dazu die Serie der Pioniergeräte. Zu den Waffen zählen Pilumspitzen, Tüllenlanzenspitzen unterschiedlicher Größen (von *hasta* und *iaculum;* → Bewaffnung § 8b), Lanzenschuhe, eine Gladiusklinge (→ Gladius; → Schwert § 4b) sowie schwere Bolzenspitzen von Katapultpfeilen. Zum Komplex Anschirrung und Wagen gehören eine Trense, ein Kummetbügel, Radnabenbüchsen und -ringe, Achsnägel, Schleifnägel, Ketten und sonstige Beschläge (vgl. → Wagen und Wagenbau, Wagengrab § 9 mit Taf. 3), ein Glockenklöppel. Als Geräteformen sind Ledermesser, Beitel, Pfrieme und Durchschläge, Sicheln, eine Sense, ein Laubmesser und Stücke unbestimmbarer Funktion vorhanden. Als Bauüberreste liegen viele Zeltheringe, dazu Bauklammern, Nägel und diverse Beschlagteile vor. Zahlreich sind auch die typischen Beschlagnägel der Legionärssandalen.

Die Pioniergeräte setzen sich zusammen aus vier Kreuzäxten (*dolabrae,* dazu kommt eine fünfte Axt, die im späten 19. Jh. gefunden und publiziert wurde, aber verschollen ist; Beispiel für eine *dolabra* → Oberhausen Abb. 62,5), zwei Dechselhämmern und einer Schaufelhacke. Alle wurden – an verschiedenen Stellen – an der Basis der Schüttung der Befestigungswälle bzw. auf dem überlagerten fossilen A-Horizont gefunden, und zwar in den Lagern I und II. Der Befund bleibt vorläufig unerklärlich, ein Verlust beim Schanzen erscheint bei der hohen Fallzahl (die längst nicht abschließend ist) eher unwahrscheinlich.

Die Datierung der Gesamtanlage stützt sich – neben 14C-Daten von Brandresten aus dem Lagergraben II sowie der Realientypol. des Fundstoffes – auf die num. Aussage, die über die Dominanz der Nemaususbronzen der Serie I (Asse/Dupondien) in den ‚Oberadenhorizont' (→ Oberaden; → Lippelager) verweist. Der Stützpunkt Hedemünden entstand demnach im Zusammenhang der frühkaiserzeitlichen Vorstöße unter Drusus in den J. 10 oder 9 v. Chr (→ Germanen, Germania, Germanische Altertumskunde § 4a). Er gehört damit zur frühesten Gruppe augusteischer Militärplätze im rechtsrhein. Germanien, zusammen z. B. mit Dangstetten, Rödgen, Oberaden. Die Dimensionierung der Wehranlagen des Lagers I, die Spuren der Innenraumbebauung und der Fundreichtum verdeutlichen, daß die Anlage für einen längeren Zeitraum vorgesehen war und auch tatsächlich bestanden hat. Ein Schlußdatum ist noch nicht erkennbar, hierfür müssen weitere Forsch., insbesondere auch neue Münzfunde, abgewartet werden. Ob der Stützpunkt planmäßig oder infolge von Kampfhandlungen aufgegeben wurde, bleibt vorläufig ebenso offen. Zumindest die Wallaufbauten von Lager II sind abgebrannt worden.

(1) K. Grote, Römerlager Hedemünden. Ein hervorragendes arch. Kulturdenkmal und seine Funde, 2005.

K. Grote

Zum Namenkundlichen → Weser

Werwolf

§ 1: Bezeichnung und Verbreitung – § 2: Überlieferung – § 3: Erzählmotive – § 4: Erklärungsmodelle

§ 1. Bezeichnung und Verbreitung. Die Bezeichnung W. setzt sich zusammen aus dem Appellativum *Wolf* und dem Vorderglied *wer-*, das vermutlich auf germ. *wera- ‚Mann, Mensch' zurückzuführen ist (vgl. z. B. inselschwed. *folkwarg* ‚Menschen-Wolf' oder altgriech. λυκάνθρωπος). Weitere Deutungen, wie etwa jene, der zufolge *wer-* aus got. *wasjan* ‚kleiden' auf einen ‚Kleidwolf, Wolfsfellbekleideten' (18, 667; 11, 83) zurückgehen soll (vgl. westf.-hess. *Böxenwolf* ‚Hosenwolf'), dürften zu vernachlässigen sein. Hinter der anord. Bezeichnung *vargulfr* steckt *vargr* ‚Übeltäter' (→ Wargus) als Deckname für den Wolf (7).

Bei den meisten Völkern der Erde findet man, teils belegt durch prähist. → Felsbilder, den Glauben an → Tierverwandlungen verschiedener Art (13, 139). Die hist., inhaltlich und kulturgeogr. zu differenzierende Vorstellung, daß Menschen – sei es beabsichtigt oder unfreiwillig – für bestimmte Zeit zu Wölfen werden, ist im gesamten europ. Raum verbreitet. Dabei löst sich nach anord. Auffassung eine Art ‚alter ego' vom Körper ab, das mit dem Begriff *hamr* umschrieben wird. Die Vorstellung von *hamr,* der ‚Haut' im eigtl. Sinne, stellt die innere, Aussehen und Charakter bestimmende Form der Menschen dar, wobei Menschen mehr als nur eine dieser *hamr* besitzen können (8, 211 f.; 15, 4).

Mit dem W.-Glauben verwandt sind auch Erzählungen von Wolfshirten, Wesen, die in ihrer Erscheinungsform sowohl Wölfe als auch Menschen sein können (14, 171).

§ 2. Überlieferung. Eine der frühesten europ. Überlieferungen stammt aus dem griech. Mythenkreis und erzählt vom arkadischen Kg. Lykaon, der von Zeus in einen Wolf verwandelt wurde, weil er ihm Menschenfleisch zum Verzehr vorgesetzt hatte

(6, 35 f.; 9, 214). Weitere ant. Belege finden sich bei Herodot (Hdt. IV,205), → Plinius (Plin. nat. VIII,80), Vergil (Verg. ecl. VIII, 97), Ovid (Ov. met. I,209 f.), Petronius (Petron. 62), Augustinus (Aug. civ. XVIII,17) oder → Isidor von Sevilla (Isid. orig. XI,4,1) (8, 217). Im MA vermischen sich Überlieferungen aus der Ant. und der germ. Mythol. mit christl. Einflüssen (12, 405). Auf germ. Vorstellungen lassen etwa Belege in der → *Völsunga saga* schließen. Erste schriftliche Überlieferungen im germ. Raum begegnen am Ende des Früh-MAs. In einer auf 950 n. Chr. datierten Predigt des Bf.s Wulfstan erscheint erstmals in der ae. Lit. ein *were-wulf* mit der Bedeutung ‚Teufel' (7, 77). In Deutschland bezeugt Burchard von Worms um ca. 1000 n. Chr. eine derartige Verwandlung, *quod vulgaris stultitia werwolf vocat,* die er also als eine volkstümliche Dummheit bezeichnet (4, 504). Die Belege häufen sich, als Werwölfe in der frühen Neuzeit mit dem Hexenglauben in Verbindung gebracht werden (vgl. die zahlreichen W.-Prozesse im 16. und 17. Jh. [z. B. 16] oder die Verbreitung von populären Flugblättern, die auf den W.-Glauben Bezug nehmen [dazu 1, 57 ff.]) und reichen in Romanen oder TV-Mystery-Serien bis in die Gegenwart.

§ 3. Erzählmotive. Überlieferungen von Verwandlungen in Wölfe begegnen in verschiedenen Gattungen und Schattierungen. Grundsätzlich sind zwei Arten von Werwölfen zu unterscheiden: jene, die sich freiwillig verwandeln (z. B. mit Hilfe eines Gürtels, Ringes, einer goldenen Kette oder eines Wolfsfelles), und solche, die ihre Gestalt unfreiwillig wechseln (etwa durch → Zauber, Verfluchung [→ Fluch], eine falsche Taufe oder durch Geburt als siebenter Sohn bzw. in den Zwölfnächten [→ Jahresbrauchtum] zw. → Weihnachten und dem Dreikönigstag).

Trotz der Vielfalt an Überlieferungen lassen sich einige wiederkehrende Erzählmotive festmachen (vgl. 6; 10; 11; 13): Allen Erzählungen ist gemein, daß es sich um eine periodische Verwandlung handelt und daß die abgelegten Kleider sorgfältig aufbewahrt werden müssen, da sie Voraussetzung für die Rückverwandlung sind (9, 216). Werwölfe sind gefräßige Wesen, die Menschen und Tiere angreifen; zerreißen sie einem Menschen die Kleidung, können sie – wieder als Menschen – an Fetzen zw. ihren Zähnen entlarvt werden; werden Werwölfe in einem Kampf verletzt, können sie ebenfalls an den zurückbleibenden Spuren erkannt werden. In manchen Überlieferungen springen Werwölfe – vergleichbar mit den Aufhockern – Menschen auf den Rücken. In einigen Fällen wird auch von Toten berichtet, die in Gestalt eines Wolfes wiederkehren. Hier verbindet sich der W.-Glaube mit jenem an → Wiedergänger. Durch verschiedene Mittel können Werwölfe in ihre menschliche Gestalt zurückverwandelt werden: etwa durch die Nennung ihres Taufnamens, dreimaliges Drehen in die Sonne oder den Wurf von Eisen oder Stahl über sie hinweg.

§ 4. Erklärungsmodelle. Eindeutige Aussagen der kirchlichen Lehre – wie etwa jene, die beim Konzil von Ankyra (314) getroffen wurden – verbieten den Glauben an Tierverwandlungen. Dennoch halten sich volkstümliche Vorstellungen von Werwölfen. Schon das AT weist ähnliche Szenen auf, wie etwa die Gesch. von Kg. Nebukadnezar (604–562 v. Chr.), nach der er in ein Rind verwandelt wurde (Daniel 4,30) (9, 228). Der Hexenhammer erwähnt Verwandlungen von Hexen in Wölfe, bei denen es sich um wirkliche und keine eingebildeten Umformungen handelt. Andererseits beschreibt er auch eingebildete, durch die Besessenheit von → Dämonen verursachte Veränderungen (19, 108 f.). An die Stelle des Einflusses von Dämonen auf den Geist des Menschen tritt allmählich die Ansicht, daß es sich hierbei um eine Krankheit handle. Ansätze, die eine Erklärung ausschließlich im med. Bereich finden wollen, sei es durch psychische Störungen, durch die sich Menschen einbilden, Tiere zu sein und sich tierisch verhalten, oder durch körperliche Störungen, die etwa vermehrten Haarwuchs zur Folge haben, sind schon aufgrund der Seltenheit solcher Erkrankungen unwahrscheinlich (vgl. 6, 19. 105 ff.; 9, 287 f.). Einige Theorien lehnen sich vermutlich an überlieferte Erzählungen über → Berserker, germ. Kriegerverbände, die in Bären- oder Wolfsfelle gehüllt wie Tiere kämpften, an. Diesen zufolge findet der Mensch in den bedrohlichen Eigenschaften der Wölfe auch seine eigene innere Natur wieder. Der Wolf symbolisiert bestimmte Eigenschaften des Menschen, und wer diese in besonderem Maße aufweist, kann mit dem Wolf identifiziert werden oder sich selbst mit ihm identifizieren (12, 404 f.) Ein W. ist demnach ein Mensch, der die Grenze zw. Zivilisation und Wildnis ‚in sich' auflösen kann (3, 141). Der Theologe Hasenfratz (5, 54) erklärt, daß Menschen, die aufgrund kultureller Normverstöße von der Ges. ausgeschlossen werden, Wolfsnatur haben, da sie zu den akosmischen Toten, zu den Wiedergängern zählen. Diese These stößt jedoch auf rege Kritik, zumal nicht anzunehmen ist, daß die Germ. in Ausgestoßenen, selbst in gefährlichen Übeltätern, werwölfische Wesen gesehen haben (17, 13).

V. a. in Anbetracht dieser mannigfachen Interpretationsmuster ist Daxelmüllers Bemerkung anzubringen, daß oft über oberflächlichen Ähnlichkeiten zw. verschiedenen kulturellen Phänomenen die Eigenart kultureller Dimensionen und Entwicklungen vergessen wird, und daß wohl kaum Rückschlüsse auf gemeinsame Grundstrukturen des W.-Glaubens und die Erkenntnisse evtl. Urängste oder archetypischer Vorstellungsmuster gezogen werden können. Allerdings kann leicht das Phantombild eines realen W.s entstehen, das zu bestimmten Handlungen, die Werwölfen zugeschrieben werden, führen kann (2, 204).

Zum W. im nordeurop. Volksglauben siehe auch → Wolf § 2c.

(1) R. W. Brednich, Hist. Bezeugung dämonologischer Sagen im populären Flugblattdruck, in: L. Röhrich (Hrsg.), Probleme der Sagenforsch., 1973, 52–62. (2) Ch. Daxelmüller, Der W. Ein Paradigma zur Gesch. der kulturellen Wahrnehmung, Zeitschr. für Volkskunde 82, 1986, 203–208. (3) H. P. Duerr, Traumzeit. Über die Grenze zw. Wildnis und Zivilisation, ²1984. (4) Grimm, Dt. Mythol. (5) H.-P. Hasenfratz, Die toten Lebenden. Eine religionsphänomenologische Studie zum sozialen Tod in archaischen Ges., 1982. (6) W. Hertz, Der W., 1862. (7) M. Jacoby, wargus, vargr ‚Verbrecher' ‚Wolf'. Eine sprach- und rechtsgeschichtl. Unters., 1974. (8) C. Lecouteux, Gesch. der Gespenster und Wiedergänger im MA, 1987. (9) E. M. Lorey, Heinrich der W. Eine Gesch. aus der Zeit der Hexenprozesse mit Dokumenten und Analysen, 1998. (10) W. Mannhardt, Germ. Mythen, 1858. (11) E. H. Meyer, Mythol. der Germ., 1903. (12) M. Rheinheimer, Wolf und W.-Glaube. Die Ausrottung der Wölfe in Schleswig-Holstein, Hist. Anthrop. 2, 1, 1994, 399–422. (13) A. Roeck, Der W. als dämonisches Wesen im Zusammenhang mit den Plagegeistern, in: wie [1], 139–148. (14) L. Röhrich, Sage und Märchen. Erzählforsch. heute, 1976. (15) Ders., Vorwort, in: [8], 1–7. (16) B. Schemmel, Der „Werwolf" von Ansbach (1685), Jb. für frk. Landesforsch. 33, 1973, 167–200. (17) W. Schild, W., in: Lex. des MAs 9, 1998, 13 f. (18) Schrader-Nehring, s. v. W., 667 f. (19) J. Sprenger, H. Institoris, Der Hexenhammer, 1998 (Nachdr. von ⁴1937/38).

K. Sohm

Wesel-Bislich s. Bd. 35

Weser. Namenkundlich. Der Name der *Weser* ist seit ca. 2000 J. bezeugt. Dabei zeigen die ant. Belege eine Endung, die nicht mit späteren Formen übereinstimmt: a. 18 n. Chr. (Kopie 12. Jh.) Βίσουργις, a. 44 n. Chr. (Kopie 10. Jh.) *Uisurgis,* a. 77 n. Chr. (Kopie 9. Jh.) *Uisurgis,* um a. 115 (Kopie 9. Jh.) *Visurgis,* um a. 170 (Kopie 13. Jh.) Οὐισουργοῦ resp. Οὐισούργου ποταμοῦ (Gen.), τοῦ Οὐσούργιος ποταμοῦ (Gen.);

um a. 229 (Kopie 11.Jh.) τὸν Οὐσίσουργον (lies Οὐίσουργον, Akk.), πρὸς Οὐεισουργον; zum J. a. 718 *Wisara,* zum J. a. 743 *Wisuraha, Wisurha,* 8. Jh. *super Wis(e)ram,* zum J. a. 753 *Wisura,* zum J. a. 772 *Wisoram,* 786 *super flumen Wirraham,* zum J. a. 810 *Wisurae flumini,* a. 813 *Wiseraa,* a. 933 *Wisaraha,* a. 1016 *Wirraha,* a. 1043 *Wisara,* 11. Jh. *Wirra,* a. 1063 *Wisera,* (um a. 1075) *Wisara, in loco Bremon vocato super flumen Wirraham,* a. 1122 *Wirraha, Quernhamele, quae sita est in ripa Wiserae, terram palustrem Albiae et Wirrae,* a. 1158 *inter Wisaram et Othmundam,* a. 1233 *per Weseram,* a. 1236 *iuxta Aleram et Weseram,* a. 1272 *ad Weseram,* a. 1325 *ad Wyseram,* a. 1387 *uthe der Wezere,* a. 1400 *Wesere,* a. 1436 *desser syd der Wesere,* a. 1488 *Wezer,* ca. a. 1500 *Wirra* (Belege nach 3; 8, II, 1404; 11, 1064; 23, 24 f.).

Dem ant. *Visurgis* samt Var. steht später *Wisara, Wisera, Wisra, Wisura,* woraus die heutige Form *Weser* entstammt, entgegen. Die Belege zeigen daneben aber auch zweifelsfrei, daß die heutige Aufteilung in ‚Weser' n. von Hannoversch Münden und ‚Werra' s. davon früher nicht galt: Fälle wie a. 775 *ad Salsunga super fluvium Uuisera,* a. 811 *inter Viseraha et Fuldaha,* (ca. a. 1075) *in loco Bremon vocato super flumen Wirraham* (Adam von Bremen) machen deutlich, daß die Form *Viseraha* auch für die heutige Werra galt (s. auch unten) und daß die W. bei Bremen noch im 11. Jh. als *Wirra(ha)* bezeichnet werden konnte. Bes. deutlich ist → Adam von Bremen: *Wisara qui nunc Wissula vel Wirraha nuncupatur.*

Überholt gelten heute Erklärungen des Namens aus dem Kelt., Illyr., ‚Lig.' oder Germ. (zu anord. *veisa* ‚Pfuhl, Teich', ahd. *wisa* ‚Wiese', ‚die Wiesen schaffende', die ‚Wiesenreiche', das ‚Wiesenwasser'), denn aus einer idg. Einzelsprache können die mit der *Weser* verwandten Namen (s. u.), die über weite Teile Europas verteilt liegen, nicht erklärt werden. Aus heutiger Sicht (zu den Einzelheiten s. 12, 38; 14, 50 f.; 16, 1134; 19, 218; zuletzt 23, 24 ff.) geht der Name auf eine Grdf. *$*Wisurī̆$,* Gen. *Wisur̥i̯ōs* (= *Visurgis* in den ant. Qu.) zurück und gehört zu der idg. Wurzel *$*u̯eis-/*u̯is-$* „zerfließen, fließen (oft in Flußnamen); auch vom tierischen Samen; besonders von der Feuchtigkeit und dem Geruch faulender Pflanzen, unreinen Säften, Gift", bezeugt etwa in anord. *veisa* ‚Sumpf', altiranisch *vaēša-ḥ* ‚Moder, Verwesung', aind. *veṣati* ‚zerfließt', *veṣyá-ḥ* ‚Wasser', lat. *virus* ‚zähe Flüssigkeit, Schleim, Saft, Gift', ahd. *wisa,* dt. *Wiese.* An diese Basis, die Wurzel, ist ein Bildungselement getreten, das als Suffix bezeichnet wird. Im Fall der Weser ist es ein -r-.

Die Einbindung in die von Hans → Krahe so genannte „alteuropäische Hydronymie" (→ Flußnamen § 3) gelingt v. a. dann, wenn man verwandte GewN auflistet und kartiert (Abb. 69). Hier sind u. a. zu nennen (zum Material: 4, 101 f.; 5, 546; 6, 96; 7, 53 f.; 10, 220; 12, 38; 13, 216; 14, 50 f.; 15, 57; 17, 267; 18, 213; 22, 303–311; 23, 24 ff.):

Grdf. *$*Visā$* in: *Visa,* FluN in Schweden; *la Vèze,* Fluß in Frankreich (Jura); *Visse, Nieder-, Ober-,* ON am Gewässer, a. 1284 *Niederwiese; Wiesbach,* 12. Jh. *Wiza; Wisa,* Zufluß der Biebrza in NO-Polen; *Wisa,* r. Zufluß zur → Oder; -*n*-haltiges Suffix in: *$*Wisina$* in *Wiese* (Zufluß des → Rheins), 1234 *Wisen; Wisznia,* r. Nebenfluß der San (SO-Polen), 1358 *Wyszna;* vielleicht auch hierher: *Vézan, Vézanne, Vézon, Vezou, Vésone,* Flüsse in Frankreich; -*l*-Bildung im größten Fluß Polens, der *Wisła,* dt. *Weichsel* (ausführlich: 22, 303–311) (→ Weichsel); Namen mit -*nt*-Suffix, eine wichtige Stütze der Alteuropa-Theorie Krahes, in: *Visance,* Fluß im Dép. Orne < *$*Visantia$; Wiesaz* (Württ.), < *$*Visantia$; Vesonze* (Wallis); *$*Visentios,$* jetzt *Bisenzo* (Toscana), auch ON *Bisenzo,* bei → Plinius: *Visentium; Weißandt,* alter GewN, heute auch ON. *Groß-, Klein-Weißandt* (bei Köthen), 1259 *Wizzand; Viešintà* (Baltikum), lett. *Viesīte; Visinča,* Fluß bei Wilna; *Visjaty,* See in Weißrußland; *$*Visonti-ōn-$* in *Besanon* (Frankreich), -*r*-Suffix im Namen der *Weser;* ferner in *Vézère* (Dordogne), 889 *fluvius Vi-*

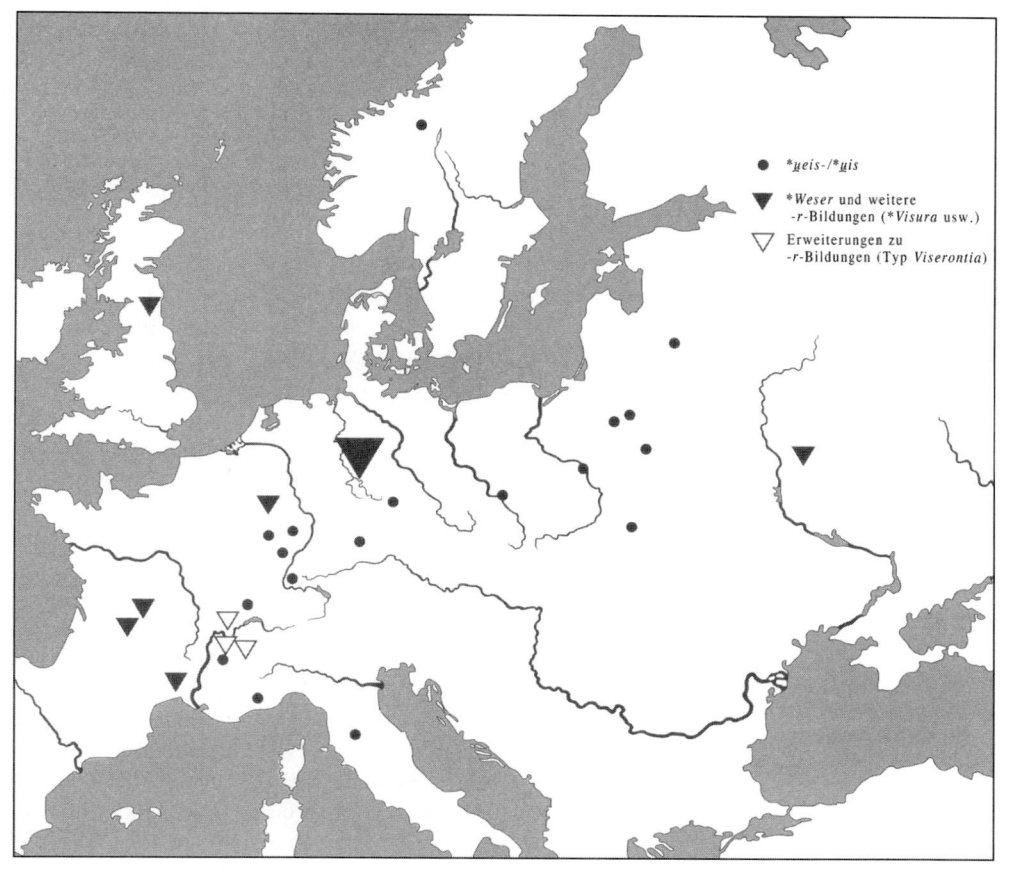

Abb. 69. Verwandte Gewässernamen der Weser in Europa. Nach Udolph (23, 27 Abb. 2)

sera; *Vézère,* Dép. Haute-Vienne, 9./10. Jh. *Visera; La Vis,* Dép. Gard u. Hérault, alt *Viser; Vesdre,* dt. auch *Weser,* Nebenfluß der Ourthe (→ Maas § 1 mit Abb. 10), a. 915 (Kopie 13. Jh.) *Ueserem; Wear,* ae. *Wēor,* ne. *Wear* (Sunderland), 720 *Wiuri,* aus **Wisuriā; Vechra* (→ Dnjepr-Gebiet), aus **Visura.* Dazu lassen sich auch Erweiterungen ermitteln wie *Vézeronce* (Nebenfluß der → Rhône, Dép. Isère), aus **Visurontia* od. **Viserontia; Vézeronce* (l. Nebenfluß zur Rhône, Dép. Ain), a. 524 *Visorontia; Vézonne,* Zufluß d. Gère (Isère), 10. Jh. *Veserona;* schließlich ist zu nennen eine -s-Bildung in *Vezouze,* Nebenfluß d. Meurthe, 9. Jh. *Vizuzia.*

Der Name der *Werra* ist mit dem der *Weser* eng verbunden. Hist. Belege für die *Werra* (s. 21, 116 mit Lit.hinweisen, vgl. auch 2, 274 f.; 9, 255; 20, 136; 21, 115 f.): 775 *ad Salsunga super fluvium Uuisera,* 811 *inter Uuiseraa et Fuldaa,* (1014) *in Werraha et de Werra,* 1016 *in fluvium Wirraha,* 1229 *in Wirra,* 1291 *versus Werram* usw., woraus erneut ersichtlich ist, daß Werra und W. urspr. einen Namen getragen haben, dessen Grdf. im frühen MA als *Wisara* angesetzt werden kann. Erst später, nach Aussage der hist. Qu. etwa seit dem 11. Jh., setzte sich allmählich für den Unterlauf der *Wisara* die Form *Wirra, Werra* durch. Zur Erklärung dieses Phänomens heißt es bei Bach (1, I, 245 nach 20, 136):

"Die Namen *Werra* und *Weser* beruhen auf demselben Worte *(Wesera),* das sich in [einigen] Mundarten zu der ersteren, in [anderen] zu der letzteren Lautform entwickelt hat". Schon Schröder (20, 181) wies auf den allg. verbreiteten Fehler hin, der u. a. auch zu der Aufschrift auf dem Weserstein bei Hannoversch Münden geführt hat: "[es] ist zu erwähnen, daß es unrichtig ist, wenn in den Schulen gelehrt wird, die Weser fließe aus Werra und Fulda zusammen. *Werra* und *Weser* sind vielmehr dasselbe Wort *(Wesera)* …". Zugrunde liegt ein Wandel von **Wesera > *Werera,* der dann zu *Werra* führte: „*-sr-* wurde > *-r-* … *Weseraha > Werraha > Werra*" (1, I, 146).

(1) Bach, ON. (2) D. Berger, Duden: Geogr. Namen in Deutschland, 1993. (3) Bremisches UB 1–6, 1873–1940. (4) M. Buchmüller u. a., Namenkontinuität im frühen MA. Die nichtgerm. Siedlungs- und GewN des Landes an der Saar, Zeitschr. für die Gesch. der Saargegend 34/35, 1986/87, 24–163. (5) K. Būga, Rinktiniai raštai 3, 1961. (6) A. Dauzat u. a., Dict. étym. de noms de rivières et de montagne en France, 1978. (7) E. Eichler, Alte GewN zw. Ostsee und Erzgebirge, BNF NF 16, 1980, 40–54. (8) Förstem., ON. (9) Th. Geiger, Die ältesten GewN-Schichten im Gebiet des Hoch- und Oberrheins, BNF 16, 1965, 233–263. (10) A. Greule, Vor- und frühgerm. FluN am Oberrhein, 1973. (11) Gysseling, Toponymisch woordenboek. (12) H. Krahe, Alteurop. FluN. 21. **Visantia* und Verwandtes. 21a. *Viserontia,* BNF 4, 1953, 38–40. (13) Ders., Alteurop. FluN, BNF 5, 1954, 201–220. (14) Ders., Unsere ältesten FluN, 1964. (15) T. Lehr-Spławiński, O pochodzeniu i praojczyźnie Słowian, 1946. (16) Pokorny, IEW. I. (17) J. Rozwadowski, Studia nad nazwami wód słowiańskich, 1948. (18) A. Schmid, Die ältesten Namenschichten im Stromgebiet des Neckar, BNF 13, 1962, 53–69, 97–125, 209–227. (19) J. Schnetz, Sind *Wipper* und *Weser* kelt. Namen?, ZCP 15, 1925, 212–219. (20) E. Schröder, Dt. Namenkunde, ²1944. (21) R. Sperber, Die Nebenflüsse von Werra und Fulda bis zum Zusammenfluß (= Hydronymia Germaniae, A 5), 1966. (22) J. Udolph, Die Stellung der GewN Polens innerhalb der alteurop. Hydronymie, 1990. (23) Ders., Der W.-Raum im Spiegel der Ortsnamenforsch., in: Die W. EinFluß in Europa. Leuchtendes MA, 2000, 24–37.

J. Udolph

Zum Arch. s. Bd. 35

Weserrunen

§ 1: Fund- und Forschungsgeschichte – § 2: Die Funde – § 3: Naturwissenschaftliche Untersuchungen – § 4: Vergleichende Untersuchungen und Experimente – § 5: Ikonographische Parallelen – § 6: Runographische Beobachtungen und Folgerungen – § 7: Historischer Hintergrund und Deutungsversuch

§ 1. Fund- und Forschungsgeschichte. Zw. Oktober 1927 und Juni 1928 veräußerte der Hobbysammler Ludwig Ahrens aus Brake an der Unterweser insgesamt 111 Artefakte, zumeist aus Feuerstein oder Knochen, an das nunmehr ‚Landesmus. für Natur und Mensch' benannte Mus. in Oldenburg. Der damalige Mus.sdirektor, Prof. Dr. Hugo von Buttel-Reepen (4), galt zwar als ausgewiesener Entomologe, war jedoch mit der Einschätzung arch. Sachgüter offenbar derartig überfordert, daß er eifrig auch die Flintgeräte seines zum Vertrauensmann aufgestiegenen Belieferers Ahrens aufkaufte, welche ihm das eben erst neudefinierte Mesol. für das Wesergebiet NW-Deutschlands zu belegen schienen, deren naturwiss. Fälschungsnachweis aber so einfach wie eindeutig war. Durch sie gerieten jedoch auch die W.-Knochen alsbald unter Fälschungsverdacht, der sich nach der Entlarvung der bis dahin prominentesten Parallele, der des Runenknochens vom Maria-Saaler Berg in Kärnten seit 1937 zusehends erhärtete (→ Fälschungen § 3; → Runenfälschungen). War dieses Objekt durch Selbstanzeige eines an der – lediglich als Grabungsulk gedachten – Fälschung Beteiligten sowie durch anschließende Chemoanalysen seiner anfänglich als hoch eingestuften Bedeutung beraubt, so vollzog man rasch den Analogieschluß, infolgedessen nun auch die W. in Ungnade fielen. Zwar hatte man die Verbandstagung der Dt. Archäologen gerade wegen der spektakulären Runenfunde 1928 eigens nach Oldenburg verlegt, wo etliche namhafte Vertreter dieser Disziplin (z. B. Carl → Schuchhardt, Gustav → Schwantes, Karl

Hermann Jacob-Friesen) die augenscheinliche Echtheit der Objekte sogar zu Protokoll gaben, doch wurden in den über 200 wiss. Publ. nach 1937 mehr und mehr Stimmen des Zweifels und überwiegend sogar der Ablehnung laut.

§ 2. Die Funde. Die W.-Knochen in der Reihenfolge ihrer Ablieferung und Vergütungen, sofern im Fundjournal des Mus.s vermerkt:

22. 10. 1927 OL 4989: (25,– RM); Metatarsus (Mittelfußknochen) Pferd, mit Darst. eines Mannes, dessen erhobene Axt wohl einen Stier (mit nach oben gerichtetem Besenschweif!) bedrohen soll. Das runenlose Stück ließ Ahrens durch den verdienstvollen Forscher Dr. Heinrich Schütte überbringen, ganz offensichtlich um herauszufinden, welches Honorar er für Runenknochen 4988 (s. u.) erwarten konnte, an dessen Bildgut das hier gezeigte – allerdings in sehr naiver Manier – angelehnt ist (Abb. 70).

09. 11. 1927 OL 4987: Femurfrg. (Oberschenkel) Rind, mit inschr.artigen Zeichen, die typographisch zw. Majuskeln und Runen stehen, nach den 14C-Messungen aber in das Spät-MA datieren, somit also nicht zur Gruppe der W. gehören (8, Abb. 26).

11. 11. 1927 OL 4988: Distales Tibiaende (Schienbein) Pferd, mit dreizeiliger Runeninschr., in fast allg. Transkription bis 1930 (4):

latam (:) hari
kunni (:) Ẏe
   hagal

Übs. etwa:
‚Lassen wir : Heer
Geschlecht: Weh
   Hagel'

also einer nicht eben einfach zu deuten, aber anscheinend auf → Schadenzauber weisenden Inschr., ferner einer ‚Marke' und der Bildgravur eines gehörnten Mannes, der – Axt oder Hammer im Gürtel – seine Lanze gegen einen – wiederum gehörnten – Tierkopf schwingt (Abb. 71).

03. 12. 1927 OL 4990: (30,– RM); Distales Tibiaende Rind, mit Runenzeile, die im Verhältnis zur Bildgravur eines röm. Schiffes kopfständig ausgeführt wurde und, eindeutig zu transkribieren, **lokom : her** ‚Schauen wir her' zeigt. Wie auch bei 4988 findet sich abermals eine ‚Marke', hier aber weisen zusätzlicher Wolfszahndekor und zwei parallele Wicklungsriefen am eröffneten proximalen Schaftende auf eine dezidiert gestaltete Befestigungsweise hin (Abb. 72).

21. 01. 1928 OL 5046: Radiusfrg. (Speiche) Rind, runenlos, aber mit völlig isolierter Abb. einer Axt, die – allerdings nur ganz entfernt – der auf 4988, noch weniger der stiellosen auf 4989 vergleichbar ist. Diesen Fund, der ebenfalls nicht dem Komplex der W.-Knochen zugehört, welchem ihn von Buttel-Reepen jedoch zuwies, ließ Ahrens unter einem per Post zugesandten Sammelsurium durch eine Angestellte im Mus. ‚entdecken' (8, Abb. 31a).

16. 02. 1928 OL 4991: (20,– RM); Metatarsus Rind, ohne Bilddarst., aber mit je einer einzeiligen Runeninschr. auf den sich gegenüberliegenden Schmalseiten, in Transkription: **ulu : hari**, was als PN *Uluhari* übersetzt wurde, dem wohl als Vb. **dede** zuzuordnen ist, also ‚tat, machte' o. ä.

Wie bei 4988 und 4990 ist auch bei diesem Knochen das proximale Schaftende abgesetzt und gibt mit der im Dm. 9 mm starken Durchbohrung den Hinweis auf eine ganz bestimmte, jedoch wiederum auch von den anderen deutlich abweichende Art der Befestigung bzw. Schäftung. Außerdem zeigt der Knochen cranial eindeutig Abschliff, und zwar ganz in der Art, wie er bei Schlitt-, Kufen- und Keitelknochen regelhaft beobachtet werden kann. Die auch hier vorhandene ‚Marke' ist in diesem Fall eine fälscherische Zutat, denen auf 4988 und 4990 eher schlecht als recht frei nachempfunden (Abb. 73).

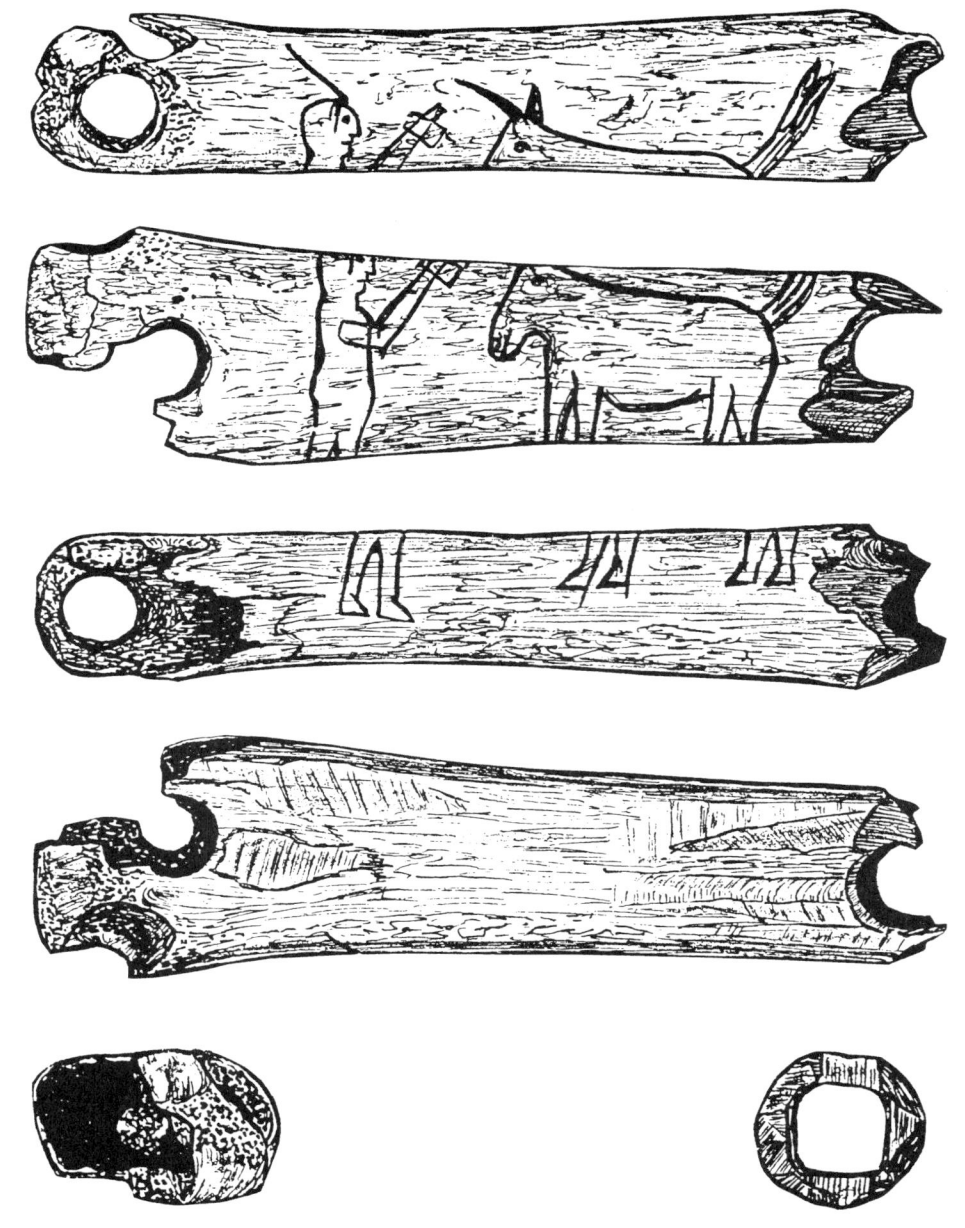

Abb. 70. Knochenartefakt mit Bilddarst., vier Teilansichten, Gelenkende, Mündung im Querschnitt (OL 4989). M. ca. 3:4. Nach Pieper (8, 115)

27. 06. 1928 OL 5127: Humerusfrg. (Oberarmknochen) Rind, runenlos, jedoch mit sehr unsicher ausgeführter Stiergravur nach Art von 4989, zudem im Zentrum des Bruchstücks, ebenso, wie schon die Axtgravur auf 5046. Mit diesem, selbst durch von

Weserrunen 497

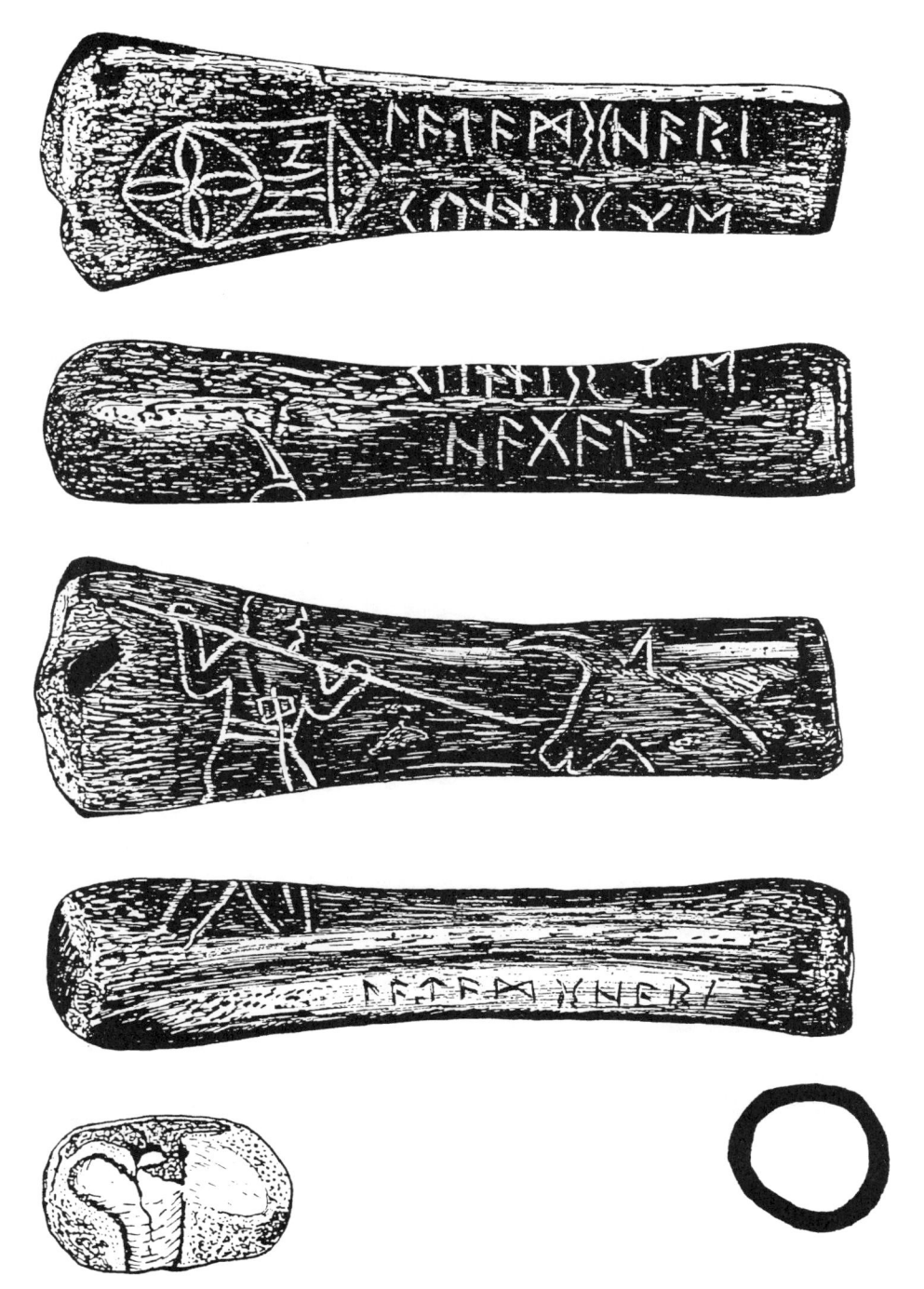

Abb. 71. LATAM-Runenknochen, vier Teilansichten, Gelenkende, Querschnitt (OL 4988). M. ca. 3:4. Nach Pieper (8, 113)

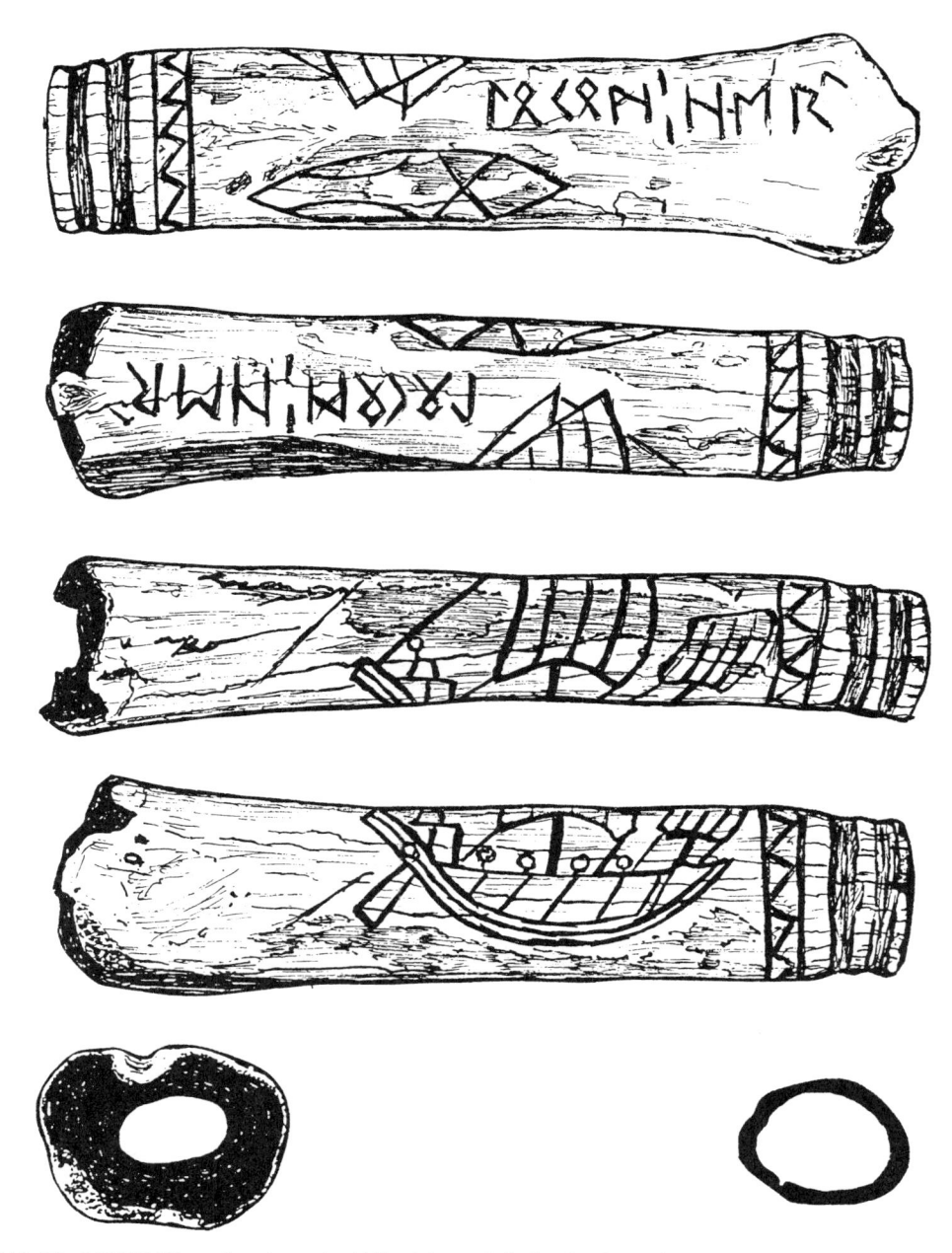

Abb. 72. LOKOM-Runenknochen, vier Teilansichten, Gelenkende, Querschnitt (OL 4990). M. ca. 3:4. Nach Pieper (8, 117)

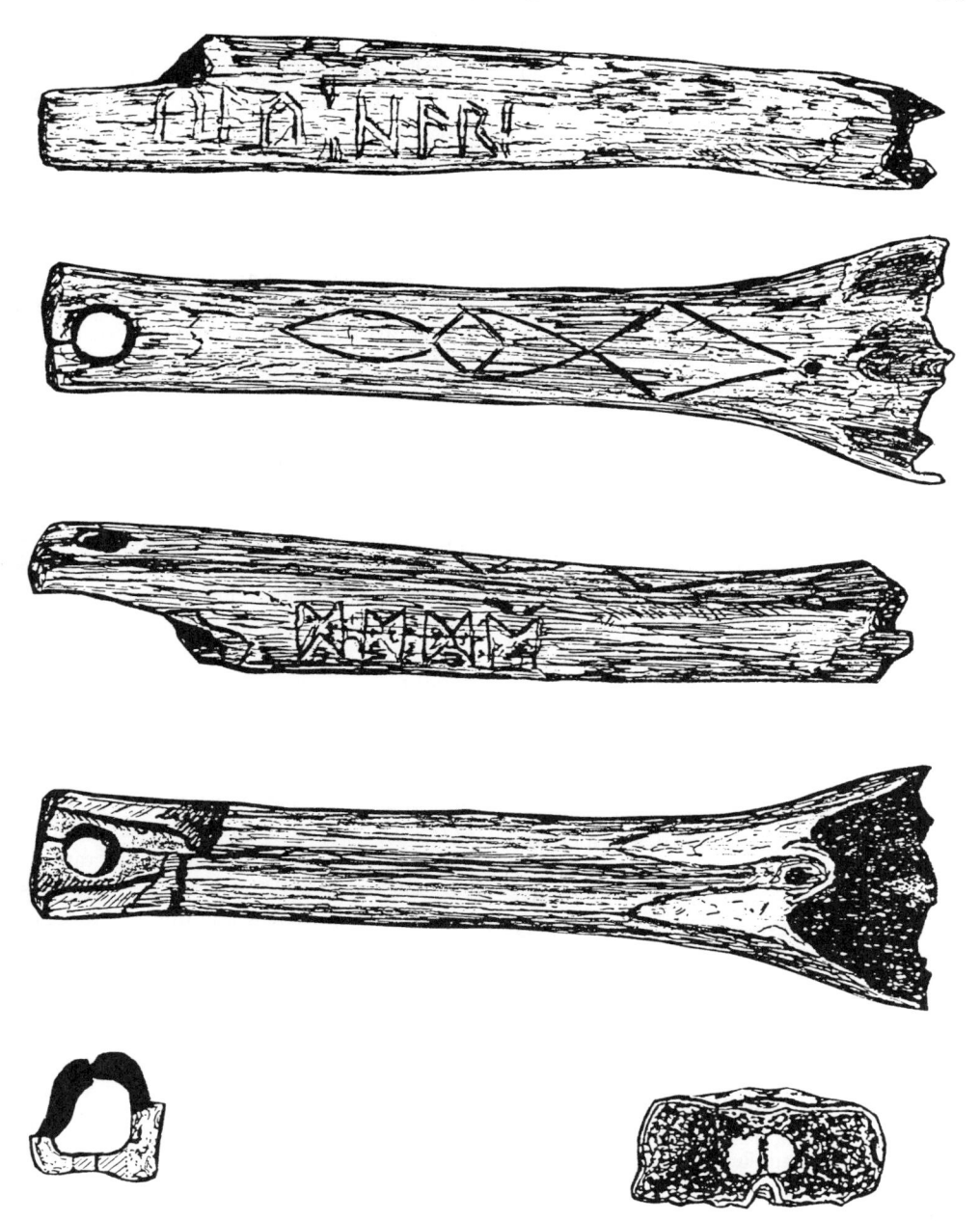

Abb. 73. ULU-Runenknochen, vier Teilansichten, Mündung im Querschnitt, Gelenkende (OL 4991). M. ca. 3:4. Nach Pieper (8, 119)

Buttel-Reepen sogleich als Fälschung erkannten und deshalb auch nicht publizierten Stück, bei dem es sich ganz offensichtlich um einen Komplementierungsversuch zu den W.-Knochen handelt, erlischt die Karriere von Ahrens schlagartig, wie Korrespondenz und auch Fundjournal im Mus.sarchiv ausweisen (8, Abb. 31b).

§ 3. Naturwissenschaftliche Untersuchungen. Angeregt durch den Runologen Düwel (5), erfolgten seit 1979 diverse Neuunters. der W. (8).

Zunächst gelang eine morphologische Klassifikation über bildgebende Verfahren im Sinne einer Differentialdiagnose:

Makroskopisch aufschlußreich war hierbei das Verhältnis zw. den Gravuren, also den anthropogenen Spuren der Bearbeitung einerseits, und den Usuren, also den Furchen u. a. Dekompositionserscheinungen als Folgen lagerungsbedingter, natürlicher Verwitterung andererseits. Die Gravuren der Bilder und Runen sind nämlich – mit Ausnahme der ‚Marke' auf 4991 – von solchen Usurierungen als untrüglichen Alterungsmerkmalen vollständig durchzogen, während die drei anderen Stücke zwar oberflächlich ebenfalls Usuren aufweisen, diese werden jedoch von den Gravuren durchschnitten (Taf. 21a–d) (8, Abb. 14–15). Diese Ritzungen wurden demnach in moderner Zeit auf bereits gelagertem Knochenmaterial angebracht, was durch den Befund rezenter Ausbrüche der äußeren Knochentafel (Kompakta) bes. im Bereich winkelstrebiger und runder Gravurlinien unterstrichen wird. Auch bewirkte der Chemismus der Bodenlagerung in den ant. Gravuren der drei Runenknochen Kennzeichen einer strukturellen wie auch farblichen Veränderung (sog. sekundäre Mineralisation), wie sie zum einen auf den Fälschungen nie zu beobachten sind und zum anderen einen langen Zeitraum der Entstehung benötigen, so daß sie als nicht fälschbar eingestuft werden müssen (8, Abb. 17a–d).

Auch die Ergebnisse der Lichtschnittmikroskopie, eines Verfahrens der noninvasiven Profildokumentation, das in der Metallphysik zur qualitativen Oberflächenprüfung herangezogen wird und in der Forensik erfolgreich bei der Überführung von Tatverdächtigen eingesetzt wurde, untermauerten bei den W. die Berechtigung zur Einteilung in die beiden Gruppen Originale und Fälschungen: Die Gravuren der Knochen mit Inschr. sind alle abgerieben und verwittert und zeigen im Profil ein flaches, wannenförmiges Schnittbild (u-Typen), wohingegen die der runenlosen Fälschungen scharfkantige, tiefe und spitzgründige Profile (v-Typen) im Lichtschnitt offenbaren, also keinerlei Abrieb (8, Abb. 19a, 19c, 20a–b).

Neben weiteren interdisziplinären Unters. (paläozool. Bestimmung, bodenkundliche und pollenanalytische Auswertung des Restmaterials in den Röhrenknochen, mikrobiologische Ansprache rhizomorpher Oberflächenbefunde etc.), kamen v. a. auch chemo-physikalische Analysen zur Klassifikation der urspr. Lagerungsverhältnisse und bes. zur Datierung zum Einsatz.

Die Emissionsspektrographie ergab zwar hinsichtlich der Echtheitsfragestellung keinerlei signifikante Abweichungen, jedoch immerhin im Vergleich zu mitgefahrenen Proben anderer Provenienz den Hinweis, daß alle sieben der Oldenburger Knochen tatsächlich aus der → Weser oder ihrem näheren Uferbereich stammen dürften, denn das Spektrum ihrer gemessenen Elemente ist im wesentlichen identisch.

Die Bestimmung der gebundenen Aminosäuren bestärkte hingegen die Vermutung einer originären Zusammengehörigkeit der drei eigtl. Runenknochen, da hier übereinstimmende Werte gemessen wurden, während die der anderen Knochen in ihren Konzentrationen entweder wesentlich höher oder deutlich niedriger lagen.

Vor dem eigtl. Datierungsunternehmen und der dazu erforderlichen Probengewinnung aus dem Inneren der Knochen wurden diese – erstmalig für arch. Funde – mittels Computertomographie (CT) radiologisch auf evtl. Schwachstellen in den Knochenwandungen geprüft. Die AMS-14C-Datierung selbst ergab dann ein Plateau um 400 ± 50 A. D.

§ 4. Vergleichende Untersuchungen und Experimente. Zur Überprüfung der am Oldenburger Material gewonnenen Ergebnisse boten sich die Deventer-Knochen aus dem Mus. van Oudheden te Leiden, Niederlande, an. Diese mutmaßlichen Baggerfunde aus der Ijssel waren mit bronzezeitlichem Bildgut, einer davon zusätzlich mit Runen – hier nun aber in sinnloser Anordnung – versehen und dem Mus. in der Zeit der dt. Besetzung während des 2. Weltkrieges zum Kauf angeboten worden. Die makroskopischen und lichtschnittmikroskopischen Befunde entsprachen exakt denen an den Fälschungen des Oldenburger Komplexes, die Vorlagen für die Bildritzungen konnten in Ex. des NS-Organs „Hamer" ermittelt werden, und das älteste der AMS-14C-Daten wies nicht in die BZ, sondern in das Hoch-MA. Die Deventer-Knochen können somit als klass. Beispiel für Fälschungen vor ideologischem Hintergrund gelten (10).

Experimente zur Fälschbarkeit von Alterungsmerkmalen, wie sie an den W. zu beobachten waren, führten zu keinem Erfolg, wohl aber Recherchen zur Person des mutmaßlichen Finders und Fälschers Ahrens, der sich als ein sehr vielseitig interessierter Mann entpuppte und sich seinerzeit in einer unverschuldeten sozialen Notlage befand.

§ 5. Ikonographische Parallelen. Für die Bilddarst. auf den Runenknochen ließen sich ikonographische und stilistische Vergleiche heranziehen, die sich freilich kaum mit den Interpretationen von Buttel-Reepens in Einklang bringen lassen. Anders als bei der Fälschung 4989 finden wir auf dem Bildstein von → Häggeby einen Mann, dem auf Runenknochen 4988 vergleichbar, in Wechselperspektive und mit doppelstrichigem Gürtel dargestellt. Er ist mit einem Fabeltier konfrontiert, das an sich an ein Pferd erinnert, jedoch Klauen an Stelle von Hufen und dazu eine schlangenartig sich aus dem Maul windende Zunge hat. Darüber hinaus trägt es, wie viele andere auf den C-Brakteaten, Hörner (→ Bilddenkmäler Taf. 54a; 8, Abb. 46d, 48a). Auch brachte die Ansprache des spitzen, rückwärts gebogenen Gegenstands auf der Stirn des Mannes auf Runenknochen 4988 als Feder von Buttel-Reepen den ironischen Kommentar ein, der Fälscher habe seine Kenntnisse über die alten Germ. vermutlich aus Indianerbüchern bezogen. Daß es sich hier aber in Wirklichkeit ebenfalls um einen Gehörnten handeln dürfte, legen Vergleiche mit denen auf Gallehus (→ Gallehus Abb. 43; 8, Abb. 46a), Torslunda (→ Torslunda Taf. XX, IV; 8, Abb. 47a), → Sutton Hoo (→ Dioskuren Abb. 48; 8 Abb. 47c) u. ä. nahe. Auch daß es sich bei dem Schiff auf W.-Knochen 4990 keineswegs um einen germ. Doppelmastsegler, sondern um ein röm. Handelsschiff mit schräggestelltem Vorsegel (Artemon) zur Verbesserung der Manövrierfähigkeit handelt, dessen Mast gleichzeitig als Ladekran genutzt wurde, belegen zahlreiche Vergleichsmöglichkeiten (Taf. 21e; Abb. 74–75; 8, Abb. 43 f., 44a–b).

Abb. 74. Vorzeichnungsspuren des Schiffsbildes auf Runenknochen 4990. M. 1:1. Nach Pieper (8, 148)

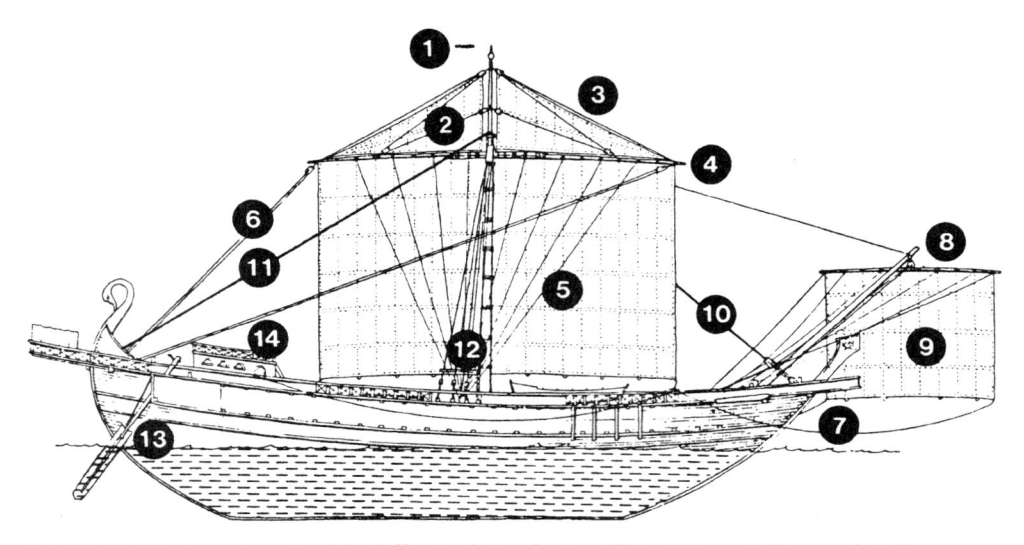

Abb. 75. Modell eines röm. Handelsschiffes (nach Landström 1961). 1 Topp; 2 Toppsegel; 3 Toppnanten; 4 Rah; 5 Geitaue (bzw. Gordings) am Rahsegel; 6 Brassen; 7 Schooten; 8 Fallen, Taue zum Heißen und Fieren, hier des 9 Artemon (artemen, kleines Vorsegel an einem Spierenmast als Steuerhilfe); 10 Vorstag; 11 Backstag; 12 Wanten; 13 Steuerruder; 14 Poopdeck. Nach Pieper (8, 189)

§ 6. Runographische Beobachtungen und Folgerungen. Im vorliegenden Fall hat der Fälscher die W.-Knochen zwar hinsichtlich ihrer Bildvorlage ‚Jagdszene' als – z. T. gründlich mißverstandenes – Modell benutzt, sich aber nicht an die Fälschung von Runen getraut, wohl wissend, daß es hierzu profunder philol. Kenntnisse bedurft hätte. Als vielleicht eine der interessantesten Neubeobachtungen an den W. dürfte die von Vorritzungen gelten, da solche auch später bei anderen runischen Neufunden angetroffen wurden (11; 1); offensichtlich hatten diese zum Ziel, den für die Runen vorgesehenen Platz bereits im Vorfeld der Endgravur festzulegen (Abb. 74; 8, Abb. 17d). Eine weitere wichtige Beobachtung ist sicherlich die, daß die drei W.-Knochen in bezug auf die Dimensionierung und den graphischen Duktus ihrer Inschr. einheitlich sind, somit gewiß von ein und derselben Hand geritzt wurden (8, Abb. 10, Abb. 18d).

Für eine urspr. Zusammengehörigkeit im Sinne eines Folgetextes sprechen ferner zwei Ungewöhnlichkeiten in der Schreibweise: Die **u**-Form ⋂ (sonst ⋂, ⋀, oder ⋀) erscheint in „k**u**nni" (4988) und „**u**lu:hari" (4991) und die **k**-Rune ⟨, sonst deutlich kleiner als die meisten anderen Runen ausgeführt, hat in „**k**unni" (4988) und „lo**k**om" (4990) die gleiche Höhe wie die anderen Runenzeichen. Diese u. a. Ungewöhnlichkeiten, wie z. B. die Konsonantendopplung ⊬⊬ (Gemination) in „ku**nn**i" wurden früher als Fälschungsindizien bewertet, dürften jedoch in der Retrospektive eher als Echtheitskriterien betrachtet werden, da kaum ein Fälscher durch unnötige Abweichungen von der Lehrb.norm in derart simpler Art und Weise auf sich aufmerksam gemacht hätte. Inzw. hat sich darüber hinaus die Gemination möglicherweise als voras. Eigenheit zu erkennen gegeben (→ Wremen § 3). Eine weitere Überlegung in dieser Richtung führte auch zu einem neuen Lesungsansatz. Da auf den W.-Knochen 4990 und 4991 Trennzeichen in etwa wie zwei die Runenzeile sprengende Doppelpunkte ⁞, also in standardisierter Form anzutreffen sind, lag die Vermutung nahe, daß die beiden übereinanderstehenden, auffälligen Zeichen ᛪ auf W.-Knochen 4988 nicht – wie bisher geschehen – einfach Trenner meinen können. Faßt man aber die gegenständigen Halbkreise inmitten der trennenden Langlinien rechts und links als runisch gedachte Kompositionsglieder auf, gelangt man zu einer überraschenden, neuen Deutungsmöglichkeit. Die einzige Rune, die hierin verborgen sein könnte, ist die **ing**-Rune. Als Begriffszeichen dieser Rune steht nämlich der Name eines der alten nord. Hauptgötter neben Odin und Thor, der des späteren Fruchtbarkeitsgottes **Ing**we-Freyr (→ Freyr). Die sprachgeschichtl. Forsch. der letzten J. stuft die W. als → ingwäonisch ein, ohne sich auf diesen neuen Deutungsvorschlag zu berufen, der als „möglich, aber nicht unumstritten" u. ä. eingestuft wird (6):

latam (ing) hari
kunni (ing) we
    hagal

‚Lassen wir [,] Inghari,
Geschlecht [des] Ingwe,
Hagel [Verderben].'

Demnach beinhaltet der Runentext auf Pferdeknochen 4988 einen Vernichtungszauber, den *Inghari (PN) aus göttlichem Geblüt des Gottes *Ingwe (stirps regia) entweder losläßt (dann wäre die Vb.form *latam* als Pl. majestatis aufzufassen) oder zu dem er durch seinen Stamm losgelassen wird (dann läge hier eine Ellipse vor). An die Textkonstellation **kunni**(i)**ng** ließe sich dann konsequenterweise auch der Versuch einer befriedigenderen Etym. des Kg.stitels (as. *kuning,* ags. *cyning,* engl. *king,* anord. *konungr,* adän. *kun(n)ing, kun(n)ung, koning,* dän. *konge,* aschwed. *konung,* schwed. *kung,* finn. *kuningaz,* lit. *kùningaz* etc.) knüpfen: Bisher wurde zum klaren ersten Wortbestandteil ‚Geschlecht, Stamm, Sippe' (got. *kuni,* as. *cunni,* ags. *cynn,* ahd. *chunni* etc.) der Zweitbestandteil *-ing* als patronymisches Suffix gestellt, eine Auffassung, nach der ein Kg. aus einem → Geschlecht stammt. Da dies aber nicht nur für den Kg., sondern für einen jeden gilt, ist diese Etym. wohl eher als tautologisch abzulehnen. Faßt man *-ing* aber als Determinativ auf, wonach der Kg. sich auf eine Abstammung von Ingwe-Freyr beruft, macht diese Etym. weit eher Sinn. Hierzu würde zwanglos passen, daß der Kg.stitel in dieser Form zuerst in dem Bereich anzutreffen ist, der nach Tac., Germ. c. 2 von den *Ingaeuones* besiedelt wird, und zwar *proximi Oceano*. Als genauer werden die bei Plin. nat. 4,96 und 99 anzutreffenden Schreibweisen *Inguaeones, Ingyeones, Incyeones* angesehen, die möglicherweise bereits von → Pytheas von Massilia als *Guiones* erwähnt werden und mit deren Existenz als Kultverband (→ Kultverbände) folglich schon gegen Ende des 4. Jh.s v. Chr. gerechnet werden muß (→ Ingwäonen). → Plinius rechnet diesen die Stämme der → Kimbern, → Teutonen und → Chauken zu, doch nennen sich noch die schwed. und norw. Kg. ‚Ynglinge', gelten die → Dänen nach → Beowulf 1045, 1320 als Freunde Ings, wird Ingui in der anglisch-northumbrischen Kg.sliste von Bernicia (→ Northumbria) als Urgroßvater von Kg. Ida (547–560) genannt und erscheint Ingueo in der frk. Völkertafel der → *Generatio regum et gentium* als Spitzenahn der sächs., wandal., thür. und bair. Kg.sgeschlechter. Auch heißt der Oheim des Cheruskerfürsten und Varusbezwingers → Arminius in den ann. I,60,68 des → Tacitus → Inguiomerus, was wohl so viel wie „der unter den Ingwionen Berühmte" bedeutet (8, 156 ff.).

Eine weitere Überlegung schließt sich an, nämlich wie sich der zweite PN *Uluhari* auf OL 4991 zu dem des *Inghari auf 4988 verhält, da die beiden Endglieder gleich gebildet sind und – wie etwa auch in Hildebrand und Hadubrand – noch zudem staben. Ist *Inghari tatsächlich im ersten Kompositionsglied vom Gott *Ingwaz u. ä.

abgeleitet – *hari* bedeutet soviel wie ‚Heeresmann, Krieger' –, so käme auch für den zweiten PN eine Gottheit in Betracht, die des Winter- und Bognergottes Ull(r) (→ Ull und Ullin), der als der geschickteste Schnee- und Schlittschuhläufer des nord. Götterhimmels galt (→ Ski § 2); die Zuarbeitung von Runenknochen 4991 als Schlittknochen (s. o.) fände so eine plausible Erklärung. Interessanterweise wird im skand. Schrifttum nicht selten hinter Ing und Ull das nord. Götterbrüderpaar der bei Tacitus *Alces* genannten → Dioskuren vermutet. → Eide schwor man bei Freys Eber (→ Eber § 8) und Ulls Ring (2) (→ Eidring § 1) und auch Ing(we Freyr) war wohl als alter Schwertgott gar Anführer des Kriegsvolkes der Götter, eine → Kenning für ‚Kampf, Krieg' etc. war ‚Freys Spiel' (3).

Auch auf eine weitergehende Überlegung hat sich die neuere Forsch. bislang nicht näher eingelassen, die über das bei den Germ. häufiger überlieferte doppelte Heerführertum, für welches hier die Beispiele → Raos und Raptos für die wandal. → Hasdingen, Ambris und Assis für die Wandalen, Ibor und Agio in der winnilischlangob. Überlieferung des → Paulus Diaconus und schließlich Hengest (Hengst) und Horsa (Stute, Pferd) (→ Hengest und Finn, Horsa) im Zusammenhang mit der ags. Landnahme genannt seien. Da alle diese Namen nicht als PN des profanen Bereichs vorkommen, sieht man in ihnen eher ‚kultische Decknamen' von Heerführern der VWZ. Bei letztgenannten werden hypothetisch die Angehörigen eines as. Kg.sgeschlechtes angenommen (12), wobei es sich bei den irdischen Repräsentanten der ‚dioskurischen Stutensöhne' Hengest und Horsa einer weitergehenden Hypothese zufolge durchaus um Inghari und Uluhari handeln könnte (8, 187. 236 f.).

Hierzu paßt zum ersten die sprachliche Klassifizierung der W.-Sprache durch Nielsen: „… The Weser runes … suggest that the language of northern Germany around A. D. 400 was not just West Germanic (cf. geminated *n* in -*kunni* ‚kin, clan') but perhaps pre-Old Saxon or Ingveonic West Germanic (cf. 3 pt. sing. ind. *dede* …)", der zum zweiten zur Datierung des Ingwäonischen ausführt: „… Århammar has provided greater chron. precision in dating ‚die gemeinnordseegermanische oder -ingwäonische Periode' … to roughly before the departure of the Angles, Saxons and Jutes from the Continent." (Zitat → Ingwäonisch S. 436 f.: vgl. auch 7).

Doch wenn nun der Text auf W.-Knochen 4988 nach einhelliger Meinung einen Fluchzauber (9) trägt, dürfte 4990 beinhalten, gegen wen dieser gerichtet ist. Die Aufforderung „Schauen wir (hier)her" macht nur Sinn, wenn als Objekt die Bilddarst. des eindeutig röm. Handelsschiffes in die Lesung einbezogen wird. Ganz wie in Beowulf XXIV,1652 ff.: … **saelac** … *þe þu* **her** *to* **locast** ‚Seebeute, auf die du hier blickst', wird hier offenbar solche vor Augen gestellt (8, 182 f.).

§ 7. Historischer Hintergrund und Deutungsversuch. Die in den W.-Texten angedeutete milit. Unternehmung am Übergang der RKZ zur VWZ dürfte sich am ehesten auf N-Gallien oder Brit. beziehen, wo die Römer trotz aller Befestigung ihrer → Litus Saxonicum genannten Gestade auf Dauer nicht dem Druck der aus NW-Deutschland und S-Dänemark in See stechenden → Angeln, → Sachsen und → Jüten standzuhalten vermochten. Die W.-Knochen, deren nur grobe Bearbeitungen sie etwa als Griffe für den praktischen Gebrauch ungeeignet erscheinen lassen, dürften allenfalls im Rahmen einer kultischen, rituellen oder magischen Praxis Verwendung gefunden haben, wie auch die Runentexte selbst nahelegen. Dabei ist eine eindeutige Zuordnung ihrer Funktion ohne den Fund parallelisierbarer Objekte kaum möglich, zumal z. B. die potentielle Nutzung im Rahmen einer Opferhandlung

(→ Opfer und Opferfunde) keine deutliche Differenzierung zw. den Bereichen Kult und → Magie zuläßt. Stammen die W.-Funde aber tatsächlich aus der Weser oder deren Uferbereich, wofür die spektralanalytischen Ergebnisse durchaus sprechen könnten, mag es sich vielleicht um Flußopfer oder Deponierungen tabuierter Gegenstände (→ Flußfunde § 6) an einem alten Flußübergang (→ Flußübergänge; → Furt), wie D. Ellmers in Erwägung zog, gehandelt haben. Heute verbindet die Weserfähre die Orte Brake und Sandstedt, wobei sie die ehemalige Bifurkationsinsel Harriersand passiert, worauf Ahrens als Bademeister tätig war und von wo er diverse Objekte von den Spülfeldern absammelte, die er allerdings z. T. verfälschte bzw. fälschte.

Bei den Weserknochen von Ahrens handelt es sich um zwei gut voneinander unterscheidbare Gruppen. Die erste umfaßt die drei eigtl. W.-Knochen OL 4988, 4990, 4991, am Übergang RKZ/VWZ im frischen Zustand beritzt – dazu das nicht zugehörige Stück OL 4987. Eine zweite Gruppe bilden die drei restlichen, sämtlich runenlosen Knochen OL 4989, 5046, 5127, welche im bereits subfossilen Erhaltungsstatus neuzeitlich, und somit in fälscherischer Absicht – graviert wurden. Für die Grundlagenforsch. kann man den Umstand, daß beide Komplexe von ein und demselben Finder stammen, durchaus als einen Glücksfall ansehen, da erst durch das Nebeneinander von Originalen und Fälschungen eine verläßliche Differentialdiagnose möglich war.

(1) V. Babucke u. a., in: A. Bammesberger (Hrsg.), Pforzen und Bergakker. Neue Unters. zu Runeninschr., 1999, 15–79 und 121–137. (2) H. Beck, Das Ebersignum im Germ. Ein Beitr. zur germ. Tier-Symbolik, 1965. (3) Ders., Waffentanz und Waffenspiel, in: Festschr. O. Höfler 1, 1968, 1–16. (4) H. von Buttel-Reepen, Funde von Runen mit bildlichen Darst. und Funde aus ält. vorgeschichtl. Kulturen, 1930. (5) K. Düwel, Runenkunde, ²1983. (6) H.-J. Häßler (Hrsg.), Ur- und Frühgesch. in Niedersachsen, 2002, 318 f., 541. (7) H. F. Nielsen, The Early Runic Language of Scandinavia. Studies in Germanic dialekt geogr., 2000. (8) P. Pieper, Die Weser-Runenknochen. Neue Unters. zur Problematik: Original oder Fälschung, 1989. (9) Ders., „Fluchweihe" oder „Weihefluch": Imitative Kampfesmagie bei den Germ. nach dem Zeugnis von Runeninschr., in: Die Altsachsen im Spiegel der nationalen und internationalen Sachsenforsch. (Gedenkschr. A. Genrich), 1999, 303–324. (10) Ders. u. a., Ideologie und Fälschung. Abschließendes zum Komplex der sog. Deventer-Knochen, Arch. Korrespondenzbl. 21, 1991, 317–322. (11) M. Weis u. a., Ein neuer Runenfund aus dem merowingerzeitlichen Gräberfeld von Stetten, Stadt Mühlheim a. D., Kr. Tuttlingen, Arch. Korrespondenzbl. 21, 1991, 309–316. (12) Wenskus, Stammesbildung.

P. Pieper

Węsiory. Das birituelle Gräberfeld der RKZ von W., Kr. Kartuzy, O-Pommern, am Długie See gelegen, ist seit Beginn der 40er J. des 20. Jh.s bekannt (8). Erste Ausgr. in den J. 1956–1961 gehen auf Kmieciński (7) zurück, weitere Unters. fanden 1997–2000 unter Leitung von Grabarczyk statt (5; 6). Die Nekropole der → Wielbark-Kultur umfaßt 20 Hügel mit 20 Gräbern, wahrscheinlich vier → Steinkreise mit sechs Gräbern und mehrere Grabsteine (Abb. 76). Bisher wurden 149 Bestattungen bekannt, darunter 123 Flachgräber, der gesamte Bestand liegt in publizierter Form vor (5–7).

Das Fundmaterial ist typisch für die Lubowidz(Luggewiese)-Phase der Wielbark-Kultur. Sie ist gekennzeichnet durch Steinhügel und Steinkreise, Körper- und Brandbestattungen, waffenlose Gräber, Beigaben aus Silber, Bronze und kaum aus Eisen. Zu ihnen gehören neben charakteristischen Formen der Fibeln auch Schlangenkopfarmringe (→ Schlangenkopfringe), Anhänger, Schließhaken und Riemenzungen (→ Wielbark-Kultur § 2).

Die charakteristischen Grabausstattungen der Stufe B1 (etwa 1. Hälfte 1. Jh. n. Chr.) enthalten frühe Augenfibeln (alle Fibeln nach Almgren = A; A 52–53); für die Stufe B2 (70/80 n. Chr. bis 160/170) ty-

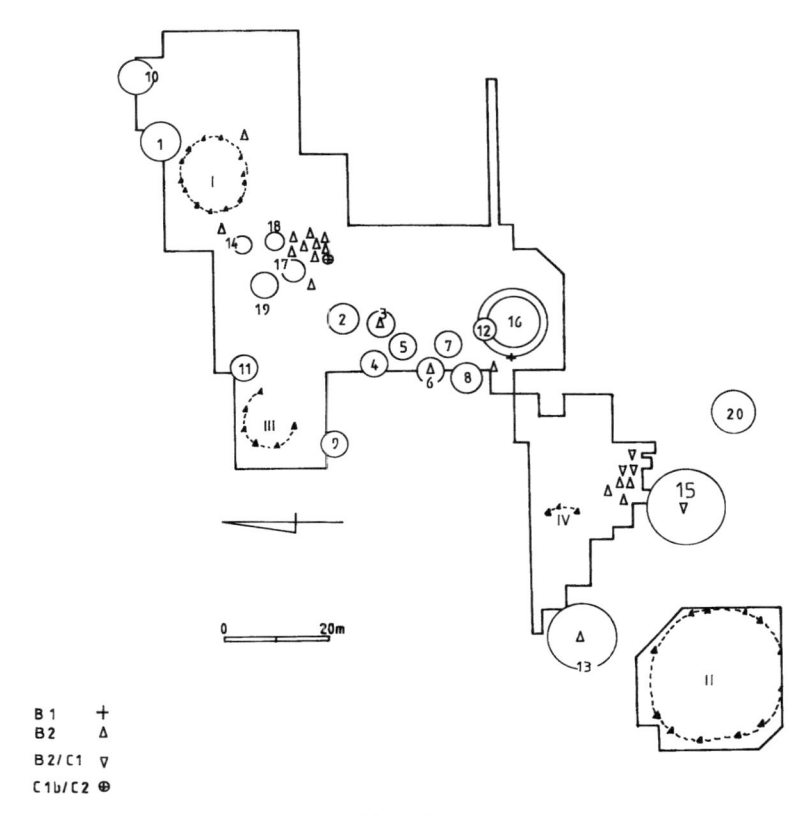

Abb. 76. Węsiory. Datierte Grabkomplexe; 1–20 Hügel; I–IV Steinkreise

pisch sind Kopfkammfibeln (A 120, 124 und 126), Rollenkappenfibeln (A 38–39), Augenfibeln (A 57–60), Riemenzungen der Gruppe O (nach Raddatz), Schließhaken vom Typ A und D (nach von Müller), birnen- und kugelförmige Anhänger, Drahtarmringe und Schlangenkopfarmringe Typ I (nach Blume). Stufe B2/C1 ist gekennzeichnet durch Kopfkammfibeln (A 128 und 130), Dreisprossenfibel (A 96), Armbrustfibeln mit hohem Nadelhalter (A VII, S. 1) und Rollenkappenfibeln (A 40 und 41), Schließhaken der Var. B (nach von Müller), Riemenzungen J.II.1 (nach Raddatz) und Schlangenkopfarmringe II (nach Blume). Stufe C1b/C2 ist allein repräsentiert durch ein Grab mit einer Fibel mit umgeschlagenem Fuß (A VI) (2–4).

Das Belegungsende auf dem Gräberfeld wird als direkte Folge der Abwanderung von Goten und anderer germ. Stämme aus diesem Teil O-Pommerns bewertet (9; 11, 92 f.).

Das Gräberfeld in W. enthält die in O- und Mittelpommern für die Wielbark-Kultur charakteristischen Steinkonstruktionen in Form von Erdhügeln mit Steinpflaster und umlaufendem, manchmal konzentrischem Steinkreis sowie Steinkreise aus großen Findlingen.

Die Planigraphie des Gräberfeldes hat die Ansichten über eine vorausgehende Nutzung der Steinkreise nicht zu Bestattungszwecken, sondern als Platz für öffentliche Versammlungen und dergleichen bestätigt. Nach drei Nekropolen mit solchen

Steinkonstruktionen werden sie als Gräberfelder vom Typ Odry-Węsiory-Grzybnica bezeichnet (1, 53–67; 10) (→ Wielbark-Kultur § 2).

Die Bestattung auf dem Gräberfeld ist verbunden mit der Anwesenheit von Goten und wahrscheinlich auch anderer germ. Stämme wie → Burgunden und → Rugier.

(1) V. Bierbrauer, Arch. und Gesch. der Goten vom 1.–7. Jh. Versuch einer Bilanz., Frühma. Stud. 28, 1994, 51–171. (2) K. Godłowski, The Chron. of the Late Roman and Early Migration Period in Central Europe, 1970. (3) Ders., Chron. okresu późnorzymskiego i wczesnego okresu wędrówek ludów w Polsce północnowschodniej, Rocznik Białostocki 12, 1974, 9–107. (4) T. Grabarczyk, Kultura wielbarska na Pojezierzach Krajeńskim i Kaszubskim, 1997. (5) Ders., Przyczynek do chronologii cmentarzyska w Węsiorach, in: COMHLAN. Studia z archeologii okresu przedrzymskiego i rzymskiego w Europie Środkowej dedykowane Teresie Dąbrowskiej, 1999, 189–192. (6) Ders., O Węsiorach trzydzieści pięć lat później, Pomorania Antiqua 18, 2000, 231–247. (7) J. Kmieciński u. a., Cmentarzysko kurhanowe ze starszego okresu rzymskiego w Węsiorach w pow. kartuskim, Prace i Materiały Muzeum Archeologicznego i Etnograficznego w Łodzi 12, 1966, 37–119. (8) P. Paschke, Vorgeschichtl. Steinkreise in W-Preußen, Weichselland 40, H. 2/3, 1941, 43–47. (9) R. Wołągiewicz, Zagadnienie stylu wczesnorzymskiego w kulturze wielbarskiej, in: Studia Archaeologica Pomeranica (Festschr. J. Żak), 1974, 129–152. (10) Ders., Kręgi kamienne w Grzybnicy, 1977. (11) Ders., Kultury oksywska i wielbarska. Problemy interpretacji etnicznej, in: T. Malinowski (Hrsg.) Problemy kultury wielbarskiej, 1981, 79–106.

T. Grabarczyk

Wessenstedt → Jastorf-Kultur; → Vorrömische Eisenzeit

Wessex

§ 1: Name – § 2: History and Archaeology

§ 1. Name. The name W. describes a geogr. region of SW England that by the late Anglo-Saxon period included the counties of Berkshire, Devon, Dorset, Hampshire, Somerset and Wiltshire. These shires describe what is known as the W. heartlands, although territorial expansion saw the development of 'Greater' W. which at various times encompassed southern England south of the Thames. The name is of OE derivation and contains two elements 'west' and 'Saxon'. The term came into regular usage during the 8th century.

§ 2. History and Archaeology. W. as a political entity developed from complex origins in the Upper Thames region into the longest surviving and most powerful kingdom of Anglo-Saxon England. The early hist. of W. is hard to reconstruct from written sources and many ambiguities remain, not least how the earliest ruling dynasties transferred their power base from the Upper Thames region southwards into the later W. heartlands. The Anglo-Saxon Chronicle annal (→ Angelsächsische Chronik) for 495 that relates the origin of the West Saxon dynasty raises a further complication. The annal records the arrival of a certain → Cerdic and his son → Cynric off the coast of W., probably the Solent, along with five ships, and their subsequent conquest of the Isle of Wight. While the story as related in the Chronicle is now appreciated as a typical Germanic 'origin myth' (→ Origo gentis § 6), other objections are apparent (14, 33). According to Bede (→ Beda venerabilis), the people of southern Hampshire and the Isle of Wight were of Jutish origin (→ Jüten § 2b), conquered much later by the West Saxons under King Cædwalla (→ Caedwalla von Wessex) in 686–8 (→ Angelsächsische Stämme § 5 mit Abb. 54).

Work on the so-called West Saxon Genealogical Regnal List suggests that Cerdic and Cynric arrived rather later than the Chronicle annal purports in 532, while it has been suggested that Cerdic's reign began in 538 (4). It seems that the Regnal List was massaged to give an impression of greater antiqu. to the early dynasty. The first West Saxon ruler mentioned by Bede was King → Ceawlin, whose length of reign has been much debated but which falls in the middle decades of the 2nd half of the 6th century. Bede also states that Ceawlin and the earliest West Saxon kings ruled a people known as the → Gewisse who were based in the Upper Thames by the later 6th century. A later member of the same dynasty, King Cynegils, was the first documented member of the West Saxon royal family to convert to Christianity and he established a bishopric at → Dorchester-on-Thames, Oxfordshire, in 635 strengthening the view that the early core of West Saxon territory lay in that region. By the 660s, however, the West Saxon Episcopal See lay at → Winchester, Hampshire, and the rulers of the Gewisse appear to have gained full control of the areas that developed into the hist. shires listed above. The westwards expansion of W. is reflected in the establishment of an episcopal see at Sherborne, Dorset in 705 with Aldhelm, formerly Abbot of Malmesbury, Wiltshire, as its first bishop.

Written sources such as the Anglo-Saxon Chronicle and the West Saxon Genealogical Regnal List present a selective and in some ways manipulated version of events designed to emphasise an unbroken chain of political control produced for a later political scene by contemporary compilers in the employ of the later West Saxon court. While this might be the case, the geogr. powershift to the south remains without explanation in early medieval written sources. Here arch. provides a chron. contrast to the view provided by written sources. Cemeteries of a Germanic character, but of an earlier date than that of conquest reported in the Chronicle are known throughout eastern W. and in the Upper Thames region.

From the 7th century a clearer picture of the development and consolidation of W. can be had, largely owing to the fact that churches founded by royal benefaction became repositories for charters, but also centres of learning, notably at Malmesbury, producing other forms of written material. King → Ine (688–726) appears to have been particularly influential in bringing administrative order to his kingdom and it is from his time that the first references to shires as sub-divisions of the kingdom are found. Ine's law code, the first to be issued by a West Saxon king, survives as an appendix to the later laws of King Alfred (→ Alfred der Große § 2). It is long and detailed and shares certain elements, notably relating to travel, with the laws of the contemporary Kentish King Wihtred. Ine's reign saw territorial consolidation notably to the east in → Sussex and → Surrey, building on the substantial conquests of his predecessor Cædwalla, who had (unsuccessfully) installed his brother Mul as King of → Kent, but from whose reign (685–88) the term Saxon or West Saxon begins to be used (13, 138). These early territorial gains were lost to the Mercians (→ Mercia) following Ine's death and it was with their northern neighbours that the West Saxons became increasingly engaged throughout the course of the 8th and 9th centuries in the struggle for territory, although warfare between the two kingdoms from the mid-7th century may ultimately have led to the abandonment of Dorchester-on-Thames in favour of Winchester. Berkshire, in particular, appears to have acted as a 'buffer' zone and was in Mercian hands for much of the 8th century, but became part of W. during the 9th century. Cornwall survived as an independent kingdom probably until 836 when King Ecgberth (→ Egbert) (802–839) defeated a combined force of Cornishmen and Vikings at Hingston Down, just inside the Cornish border.

While written sources such as the Anglo-Saxon Chronicle describe a world of competing branches of the royal house until the reign of Ecgberht, the succeeding period witnessed the rise of W. to political pre-eminence in England until the Viking incursions of the 9th century. Indeed, the first reference to Viking activity in Brit. is the arrival of three ships on the S coast, perhaps at Portland, Dorset, described in the Anglo-Saxon Chronicle entry for 789, although the raid is there noted to have happened in the lifetime of King Beorhtric (786–802) and not necessarily under the year of its mention (→ Wikinger § 2). The kings reeve at Dorchester was sent out to greet the party who summarily killed him.

King Alfred took the throne after succeeding his brothers' successive reigns in 871 until his death in 899. Largely due to his achievements, W. fared better than most other regions of early medieval Brit. in the face of Viking activity and was the only English kingdom to survive the upheavals. Although the events leading to King Alfred's retreat into the marshes of Somerset in 878, show that the kingdom suffered heavily from Viking military activity, a string of West Saxon rebukes is also recorded in the Anglo-Saxon Chronicle. For example, in 845 a Viking force on the Bristol Channel got no further inland than the Bridgewater area in N Somerset, and in 877 a Viking army at Exeter in Devon was forced to a truce in battle with King Alfred. Most notable, of course, is King Alfred's defeat of a Viking army under its leader Guthrum, whom Alfred brought to peace at the battle of Edington in Wiltshire in 878. The outcome of this event was the conversion to Christianity of Guthrum and a number of his leading thegns and their departure from W. (→ Wikinger § 2). From the late 9th century England was divided into the Danelaw (→ Danelag) in northern and eastern England, with the annexation of the remainder of Mercia without the Danelaw into an ealdormanry under the political control of the West Saxons. A description of the course of the Danelaw boundary is given in an undated treaty between Alfred and Guthrum. In 886 Alfred took London from the Vikings and, according to the Anglo-Saxon Chronicle, "all the English people that were not under subjection to the Danes submitted to him".

In arch. terms, the consolidation and organisation of the West Saxon heartlands can be viewed through a series of excavations. Apart from the early Anglo-Saxon cemetery evidence discussed above, the succeeding centuries are well represented by a series of key arch. sites that represent the increasing sophistication of the West Saxon state. As noted above, King Ine is credited with the creation of much of the administrative infrastructure of late 7th and early 8th century W. The international port of → Hamwic (Southampton, Hampshire) flourished from the late 7th century and is characterised not only by imports of ceramics from northern France and the Low Countries, but by its planned nature with frequently re-surfaced gravelled streets, houses and plots of regular dimensions and a settlement extent and density unparalleled in the region before this time (1). Hamwic arguably parallels the development of such trading centres in the other major kingdoms of Anglo-Saxon England during the 7th–9th centuries (→ Ipswich in greater Mercia, Eoforwic in Northumbria, Sandwich and Fordwich in Kent). The development of an enclosed high-status residence of the late 6th–7th centuries can be observed in the three phases of settlement development at the excavated site of Cowdery's Down, Basingstoke, Hampshire (6).

Winchester grew in importance as a mercantile centre with a dense population during the 9th century, particularly the second half when the city joined 29 other central places in the landscape of W. designated as *burhs* (fortifications) and listed in a contemporary document later named the → Burghal Hidage (→ Burg § 32). The Burghal Hidage dates to the reign of Alfred's son and successor, King Edward the Elder

(899–924), but the background to the military infrastructure that it describes is generally seen as a product of his fathers reign. As Hamwic declined, the urban process in W. accelerated, particularly in the insular economic climate of the 10th century. The return of Viking armies at the end of the 10th century and in the early 11th century saw several of the W. *burhs* refortified with the addition of stone walls to earthen banks, as attested at Wilton, Wiltshire (2).

One of the most important excavations in W. is that of the 9th-century and later royal palace at → Cheddar, Somerset, also the site of several witan meetings during the 10th-century (8). Cheddar provides the best-known excavated example of royal accommodation during the late Anglo-Saxon period. Royal holdings of land in the late Anglo-Saxon period were concentrated in the W. heartlands and in SE England, while the location of Royal manors can be investigated though textual references to witan meetings and other royal events (10).

Minster churches also played a pivotal role in the landscape of W. from the 7th–11th centuries and it is evident that many such establishments were royal foundations, for example Shaftesbury, Dorset, which was founded by King Alfred for one of his daughters. Many towns developed at places where monasteries had been founded in the 7th century or earlier, such as Bath in Somerset, Malmesbury and Wareham, Dorset. Monastic life in the earliest Christian centuries is complicated by the fact that W. from the 7th century included regions where a different hist. of conversion occurred, although the complexities of this situation lay beyond this brief consideration. While Devon and Cornwall experienced Christian influence from the late 5th or 6th century, eastern W. (including the original Upper Thames lands) was converted as a result of the evangelising activities of Birinus, a bishop, perhaps of Frankish origin, appointed under Pope Honorius to convert the pagan Anglo-Saxons, seemingly independently of the other known missionary movements in England at the time. The monastery at Malmesbury stands as an exception to this process having been apparently founded by a certain Maildubh, an Irish monk, in the mid 7th century. A rich female burial of late 7th or early 8th century date in an early Bronze Age barrow at Roundway Down in Wiltshire included a stud of Irish type and indicates that high-status barrow burial, typical of pre-Christian elites during the later 6th–7th centuries elsewhere, could still occur well within a period otherwise deemed Christian on the basis of written sources. The evidence of an Irish undercurrent in that region is of interest, occurring as it does in both ecclesiastical and secular high-status contexts.

Arch. survivals of Anglo-Saxon ecclesiastical remains are limited but impressive. Remains of minster churches are rare above ground, although Breamore, Hampshire and, less spectacularly, Avebury, Wiltshire provide examples of minster churches of ca. 1000 (11). The outline of the Old Minster, Winchester, can be seen marked out on the N side of the present cathedral as a result of Biddle's excavations there in the 1960s (3). At → Glastonbury, Somerset, excavations in the early 20th century revealed possible parts of the late 7th or early 8th century church built under King Ine, although this is questionable and there are no finds earlier than the 8th century from this excavation (7). At → Bradford-on-Avon, Wiltshire (11), the fine survival of St. Lawrence's Chapel should be seen as a frg. of the monastic layout there, the principal church no-doubt lying below the adjacent Holy Trinity church. Anglo-Saxon sculpture is rare when compared to northern and eastern England, although the coll. of decorated stones at Ramsbury, Wiltshire, seat of a bishop from 909, exceeds the sum total of six or so pieces from Devon. The potentially late 8th or early 9th century cross-shaft frg. at St. Peter's Church, Codford, Wiltshire, with its 'dancing man', is a notable survival as are the 8th or early 9th century structural and sculptural remains at Britford in south Wiltshire (5). The Anglo-Saxon memorial stones and other frg. excavated at Winchester Old Minster are a substantial coll. of high-quality (12).

From the 9th century onward, the pattern of village and town that was to persist into later centuries became established. Numerous examples of parish churches of the late Anglo-Saxon period survive, such as Alton Barnes, Wiltshire. Representative examples of manorial accommodation of the period have been revealed by excavation at Trowbridge, Wiltshire, Faccombe Netherton and → Porchester Castle, Hampshire (9, 111–157). The last ruler of the West Saxon royal line, Harold Godwinsson, was defeated by William the Conqueror (→ Wilhelm der Eroberer) at the Battle of Hastings on 14th October 1066. Much of the administrative infra-structure of the late Anglo-Saxon state remained intact during the Norman period and after the conquest what is often termed Anglo-Norman culture developed in an integrated way. The legacy of Anglo-Saxon W. is substantial today in terms of the overall framework of rural and urban settlement in its six core shires.

(1) P. Andrews, Excavations at Hamwic 2, 1997. (2) Idem et al., Excavations at Wilton 1995–6: St John's Hospital and South Street, Wiltshire Arch. and Natural Hist. Magazine 93, 2000, 181–204. (3) M. Biddle, Arch., architecture and the cult of saints in Anglo-Saxon England, in: L. Butler, R. Morris (Ed.), The Anglo-Saxon Church, 1986, 1–31. (4) D. M. Dumville, The West Saxon Genealogical Regnal List and the chron. of W., Peritia 4, 1985, 21–66. (5) R. Gem, Church Architecture, in: L. Webster, J. Backhouse (Ed.), The Making of England, 1991, 185–188. (6) M. Millett, S. James, Excavations at Cowdery's Down, Basingstoke, Hampshire, 1978–81, Arch. Journ. 140, 1983, 151–279. (7) C. A. R. Radford, Glastonbury Abbey before 1184: interim report of the excavations 1908–64, in: Medieval Art and Architecture at Wells Cathedral, 1981, 110–34. (8) P. Rahtz, The Saxon and Medieval Palaces at Cheddar, 1979. (9) A. Reynolds, Later Anglo-Saxon England: Life and Landscape, 1999. (10) P. Sawyer, The Royal *Tun* in Pre-Conquest England, in P. Wormald et al., Ideal and Reality in Frankish and Anglo-Saxon Soc., 1983, 273–299. (11) H. and J. Taylor, Anglo-Saxon Architecture, 1965. (12) D. Tweddle et al., Corpus of Anglo-Saxon Stone Sculpture, 4. South-East England, 1995. (13) B. A. E. Yorke, Kings and Kingdoms of Early Anglo-Saxon England, 1989. (14) Idem, W. in the Early MA, 1995.

A. Reynolds

Weßling

§ 1: Geographie, Forschungsgeschichte – § 2: Frühe und mittlere Römische Kaiserzeit – § 3: Späte Römische Kaiserzeit

§ 1. Geographie, Forschungsgeschichte. Die röm. Siedlung von W.-Frauenwiese liegt auf einem Hügel der Jungendmoräne etwa 25 km sw. des Stadtzentrums von München; mit 590 m über NN erhebt sich die Stelle nochmals um ca. 7–8 m aus dem stark gegliederten Gelände heraus. Wegebauarbeiten in einem Walddistrikt (Mischenrieder Forst) führten im J. 1957 zur Entdeckung eines röm.-mittelkaiserzeitlichen und spätant. Gräberfeldes, das im J. 1965 weiter untersucht wurde (3, 145–153). Das Gräberfeld des späteren 3. und 4. Jh.s umfaßt 25 Bestattungen und ein Brandgrab. Die zugehörige Siedlung, seinerzeit bei Geländebegehungen ebenfalls entdeckt und 250 m s. des Gräberfeldhügels gelegen, wurde in den J. 1973–1975 und 1978–1982 in großen Teilen untersucht (1).

§ 2. Frühe und mittlere Römische Kaiserzeit. Die Ausgr. haben neben Streufunden der BZ und LTZ, die immerhin anzeigen, daß altbesiedeltes Gebiet vorliegt, ergeben, daß mit einem Siedlungsbeginn noch im 1. Jh. n. Chr. zu rechnen ist. Die ältesten Funde gehören sogar noch in das mittlere Drittel dieses Jh.s. Irgendwelche Bauspuren lassen sich jedoch dieser ersten röm. Phase nicht zuordnen. Die mittlere RKZ ist schon stärker mit Befunden und Funden vertreten: Neben einem kleinen Keller ist es v. a. ein Brunnen, der mit Brandschutt, darunter Hausrat wie Teller, Schüsseln, Krüge, Töpfe und eine Amphore, verfüllt war. Es ist leider nicht möglich, den Untergang der Siedlung der mittleren RKZ präziser zu umschreiben als etwa Ende 2./Anfang 3. Jh. Zugehörig sind ferner eine Einhegung und ein weiteres, nur angeschnittenes Gebäude am nö. Hügelfuß.

§ 3. Späte Römische Kaiserzeit. Der Neubeginn fällt noch ins 3. Jh., den zahlreichen Münzen, Metallfunden und der Keramik nach zu urteilen etwa in die Zeit nach 280 n. Chr. Insgesamt drei sichere Bauper. ließen sich herausarbeiten. Während der gesamten Zeit war die Anlage von einer Palisade eingefaßt, die im N ein großes Tor und im S einen kleineren Zugang einschloß. Die W-O Ausdehnung betrug ca. 150 m, die N-S Erstreckung etwa 80 m; der Flächeninhalt berechnet sich für die 1. Hälfte des 4. Jh.s auf 10 420 m², für die 2. Hälfte auf 9 230 m². Damit kommt die W.er Anlage leicht an solche bekannten wie den → Moosberg bei Murnau oder den Schloßberg bei Altenstadt heran, während sie z. B. den Lorenzberg bei → Epfach ganz beträchtlich übertrifft. Die Bauten im Inneren umfassen jeweils pro Per. mindestens zwei Wohnhäuser (im W und O), jeweils eine Scheune, einen Stall mit Werkplatz und in der letzten Per. einen großen Speicherbau in der Mitte (Abb. 77). Durch eine genaue Kartierung aller relevanten Kleinfunde ist es gelungen, exakt zu umgrenzende Merkmalsareale und eine soziale Gliederung herauszuarbeiten.

Die Aufgabe der Siedlung liegt wohl in der 1. Hälfte des 5. Jh.s. Das Münzspektrum geht bis an den Beginn des 5. Jh.s, einige wenige Kleinfunde weisen aber über dieses Datum hinaus. Ein Vergleich von Gräberfeld und Siedlung zeigt, daß die in der Siedlung dokumentierte letzte Generation im Friedhof wohl nicht mehr vertreten ist (3, 149 f.).

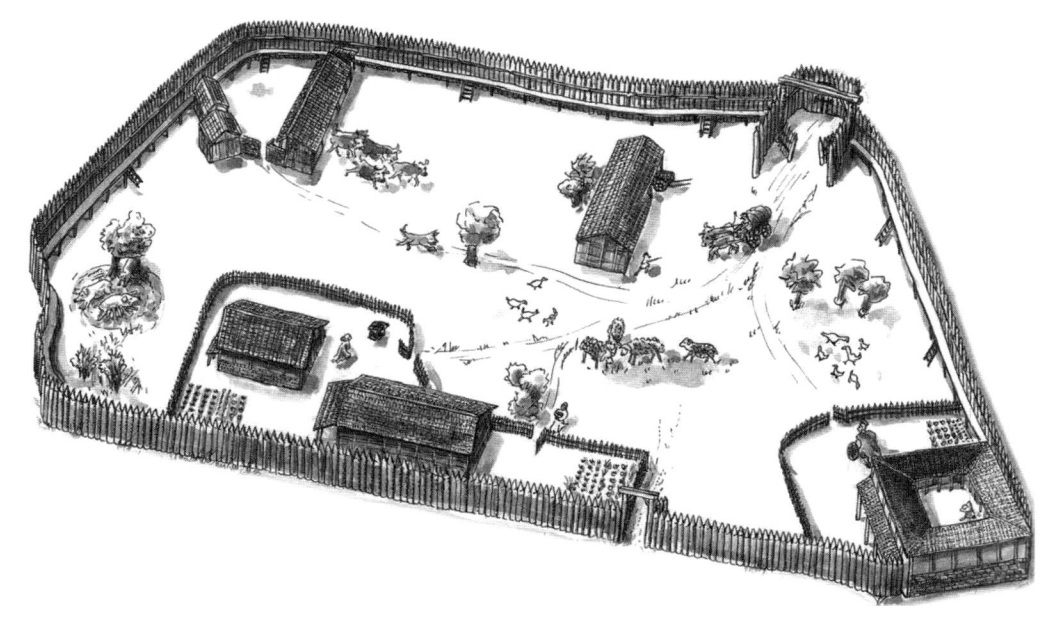

Abb. 77. Weßling-Frauenwiese, Ldkr. Starnberg, Bayern. Rekonstruktion der Siedlung der Periode 4 (= 2. Hälfte 4. Jh. n. Chr.). Nach Bender (1, Abb. 53) (Zeichnung A. von Krieglstein-Bender)

W.-Frauenwiese ist keine Höhenbefestigung. Sie stellt vielmehr mit Palisade, aber ohne Graben, einen Siedlungstyp dar, von dem wir bisher, jedenfalls in → Raetien, kaum etwas wissen (1, 216–233; 4). Das Umfeld ist mit dem Begriff der Siedlungskammer Gilchinger Ebene umschrieben, an der unsere Siedlung Anteil hat (2). Die bestimmenden Faktoren sind die mitten hindurchlaufende Straße von → Augsburg nach → Salzburg und die beiden Straßenorte Gauting *(Bratananium)* im O und Schöngeising *(Ambra)* im W. Die anderen Plätze, von denen bisher nur W.-Frauenwiese einigermaßen bekannt ist (Vorschlag: Siedlungstyp W.-Frauenwiese), die übrigen jedoch nur durch Notgrabungen und anhand von Funden des 4. Jh.s beurteilt werden können, lagern sich randlich um diese Ebene. Ihre Wirtschaftsareale lassen sich mittels Thiessen-Polygone eingrenzen. Mit geschätzten 1 250 ha sind sie eigtl. recht groß, so daß wir überwiegend mit Weide- und Viehwirtschaft (→ Viehhaltung und Weidewirtschaft) rechnen müssen. Dazu lassen sich gewisse Befunde und Funde aus W. anführen.

Eine Riemenzunge des 7. Jh.s und ein Reitersporen des 9. Jh.s lassen sich vorerst nur als Streufunde ansprechen.

Was die W.-Gilchinger Siedlungskammer so interessant macht, ist das Fortdauern der ländlichen Güter durch das ganze 4. bis ins 5. Jh. hinein. Von einer Siedlungsweise nur hinter schützenden, massiven Mauern und auf gesicherten Höhen kann für den inneren Bereich der *Raetia II* keine Rede sein. Es scheint sogar, daß die Landwirtschaft auf der Münchner Schotterebene und ihren Randbereichen während der Spätant. eine Blüte erlebte.

(1) H. Bender, Die röm. Siedlung von W.-Frauenwiese. Unters. zum ländlichen Siedlungswesen während der Spätant. in Raetien, 2002. (2) S. Burmeister, Die römerzeitliche Besiedelung im Ldkr. Starnberg, in: Prov.-röm. Forsch. (Festschr. G. Ulbert), 1995, 217–236. (3) E. Keller, Die spätröm. Grabfunde in S-Bayern, 1971. (4) M. Pietsch, Ganz aus Holz – Röm. Gutshöfe in Poing, Das arch. J. in Bayern 2004, 80–83.

H. Bender

Wessobrunner Schöpfungsgedicht. Das ahd. Sprachdenkmal (W. Sch.) wird wegen der abschließenden Oratio auch als ‚Wessobrunner Gebet' bezeichnet. Es ist das älteste überlieferte Stabreimgedicht (→ Stabreim) des Ahd. und gehört zu den wenigen Denkmälern dieser Sprachepoche, die diese traditionelle Formkunst noch zeigen. Schon im 9. Jh. wird sie vollständig vom → Endreim verdrängt, der sich bei *enteo ni uuenteo* auch im vorliegenden Text anzukündigen scheint (zu der Formel zuletzt 12). Überliefert ist das W. Sch. in einer vor der Säkularisation dem Kloster Wessobrunn zugehörigen Hs. (Bayer. Staatsbibl. München, Clm 22053, fol. 65v–66r; Ed.: 1, Nr. II, Vollfaksimile der ganzen Hs.: 2). Der Cod., der (abgesehen von jüng. Zufügungen) einheitliche Schriftzüge aufweist (6, 20 f.), sammelt nach der zu Beginn eingetragenen, illustrierten Legende von der Kreuzauffindung allerlei Exzerpte, darunter auch geogr. Namen (dazu 23) und ahd. → Glossen (3, IV, Nr. 459). Er wurde noch vor dem J. 814 fertiggestellt und scheint zusammen mit anderen paläographisch verwandten Cod. in den s. Teil der Augsburger Diöz. zu führen (6, 18–22).

Der Text des W. Sch.s (häufig abgebildet, mit paläographischen Kommentaren z. B. 18, Taf. I; 10, Taf. 14; farbig: 11, Nr. IX/3) ist mit DE POETA überschrieben, was als Hinweis auf ein Exempel der *ars poetica* aufgefaßt worden ist, von anderen (15, 632 f.) als Anknüpfung an den Ausdruck ποητής für den Schöpfer von Himmel und Erde im Symbol, der über ein Glossar vermittelt sein könnte, dessen Kenntnis dem sprachlich interessierten Sammler der Wessobrunner Hs. schon zuzutrauen ist (etwa eine Glossierung wie ποητής [*po*]*eta* und sodann ποητής ὁ κατασκευαστής *factor*; 13, II, 411,19/20). Der erhaltene Text folgt offenbar einer schriftlichen Vorlage, wobei mindestens in Zl. 3 f. Verluste eingetreten sind, die ein sicheres Urteil über die metrische Form sehr erschweren. Die Hypothesen zur Textbesserung sind überaus zahlreich (ein eigener Versuch: 22, 362), und noch reichhaltiger ist die Lit., die sich bemüht hat, die sprachliche Form, die liter. Hintergründe und die geistigen Räume zu ermitteln, in denen das Denkmal enstanden ist und in denen es niedergeschrieben wurde (Übersicht über die ält. Auffassungen: 9, 137–147; jüngste Zusammenstellung mit der Lit.: 21). Deutlich ist ein mehrteiliger Aufbau: 1.) Das Stabreimgedicht, das in der überlieferten Version neun Langzeilen umfaßt und durch ein fast zweizeiliges, rot markiertes unziales *D* eröffnet wird. Innerhalb dieses Teils tritt in Zl. 6 ein mit kleinerer Initiale (in *Do*) beginnender Abschnitt auf. 2.) Das Gebet (in Prosa), das ebenfalls mit kleinerer Initiale beginnt. Alle Textteile sind fortlaufend geschrieben. Die Halbverse werden meist mit Punkt abgesetzt, der auch im Prosateil zur Gliederung benutzt wird. Auf den dt. Text folgt nach einer Leerzeile wieder ein knapper lat. (mit rot markierter Initiale), der eine Mahnung zur Bußfertigkeit enthält.

Einige im Ahd. singuläre Besonderheiten der Niederschrift sind auf Einflüsse ae. Schreibtradition (→ Schrift und Schriftwesen § 3) zurückgeführt worden. Im Schriftbild wird das an dem Runenzeichen ᚷ sichtbar (kritisch zu der gängigen Erklärung als Ligatur der *g*- und der *i*-Rune: 19), die im W. Sch. den Lautwert *ga* haben muß, da sie außer als Verbalpräfix auch innerhalb eines Lexems (*for*ᚷ*pi* = *forgapi*) erscheint. Weiterhin kann die Verwendung des tironischen ⁊ (lat. *et*) für volkssprachiges *enti* auf insulare Vorbilder weisen. Der Eingang des Stabreimgedichtes stimmt mit *Dat* ᚷ*fregin* (ebenso *Dat* in Zl. 2) sprachlich nicht zu der sonst durchgängig bair. Schreibsprache, deren zeittypische Kennzeichen u. a. die Graphien <oo>, <o> für germ. /ō/, <au> für germ. /au/, *ga*- für das Präfix, *za* für die Präposition sind. Unverschobenes *dat* ist ebenso wie das lexikalisch im Ahd. sonst nicht belegte Vb. *gafregin* (1. Sing. Indikativ Präteritum, wohl mit Umlaut *e* < *a* durch das enklitische *ih*; 4, III, 1231) ‚erfuhr‘ auf den Einfluß des As. zurückgeführt worden, wo epische Eingänge wie *so/tho/thar gifragn ik, that* ... zum stereotypen Inventar der Dichtersprache gehören (20, 150, mit z. T. fehlerhafter Bestimmung als 3. Sing.). Doch müßten Pronomen und Konjunktion im As. die Form *that* haben (was für das Anfrk. gleichfalls gelten würde). Eine ähnliche Formulierung findet sich daneben im Ae. (etwa Beow. 1027 [16, IV]: *Ne gefrægn ic freondlicor feower madmas / ... gummanna fela / ... oðrum gesellan* ‚niemals erfuhr ich, daß ... viele Männer auf freundschaftlichere Weise ... vier Kostbarkeiten an andere überreicht hätten‘), wo das Vb. jedoch nicht in der gleichen stereotypen Formelhaftigkeit wie im → Heliand gebraucht wird.

Lexikalisch isoliert wie *gifregnan* ist im Ahd. auch *ero* ‚Erde‘ (17, 1146–1148). Ferner kommt *firahim* ‚Menschen‘ (mit guter Bewahrung des Dat. Pl. der mask. *ja*-Flexion) im Ahd. nur in den anderen Stabreimdichtungen (Hildebrandslied, Muspilli, 4, III, 903) vor. Das Wort ist auch im As. (20, 132 s. v. *firihos;* belegt sind nur Gen. Pl. und Dat. Pl., die beide keine eindeutigen *ja*-Flexionsformen mehr zeigen) und im Ae. (*firas*) ein ausschließlich poet. bezeugtes Wort, ähnlich anord. *firar.* Außer solchen Einzelwörtern gibt es Wortgruppen, die der heimischen Dichtungstradition zugerechnet werden können. Der kosmologischen Formel mit dem präfigierten Himmels-Wort als Stabträger *dat ero ni uuas noh ufhimil* ‚daß die Erde nicht war, noch der Oberhimmel‘ lassen sich Entsprechungen aus anderen germ. Sprachen zur Seite stellen: aus dem As. (Heliand V. 2886: *huand he ... erde endi uphimil ... selbo giuuarhte* ‚denn er hat die Erde und den Oberhimmel selbst erschaffen‘), dem Ae. (z. B. Andreas 798 [16, II]: *hwa æt frumsceafte furðum teode / eorðan eallgrene ond upheofon* ‚wer zu Anbeginn zuerst erschuf die frischgrüne Erde und den Oberhimmel') und dem Anord. (Vǫluspá 3,5: *iǫrþ fanzk æva né uphimenn* ‚Erde fand sich nirgends, noch der Oberhimmel'). Diese Formel mit ihrer vielerörterten Darst. des Chaos durch Negationsformeln (8) ist als Zeugnis einer gemeingerm. kosmologischen Vorstellung angesprochen worden (→ Himmel und Himmelsgott; → Schöpfungsmythen). Epische Formel ist ferner das Fürstenepitheton *manno miltisto* ‚der freigebigste aller Männer/Lebewesen (oder: gegenüber allen Lebewesen?)', die am Ende des → *Beowulf* (Beow. 3181: *cwædon þæt he wære wyruldcyninga / [m]anna mildust* ‚sie sagten, daß er [Beowulf] unter den Kg. der Welt der freigebigste aller Männer gewesen wäre') ein Gegenstück hat. Aus den Parallelen wird deutlich, daß das W. Sch. nicht nur metrisch der traditionellen heimischen Dichtkunst verpflichtet ist. Wie weit aus solchen Beobachtungen die Existenz konkreter Vorlagen aus anderen Sprachregionen zu folgern ist, muß offen bleiben. Zu erinnern ist an vergleichbare Probleme beim Hildebrandslied (→ Hildebrand und Hildebrandslied), wo sich ebenfalls die Frage stellt, wieweit ein bestimmtes Maß an sprachlicher Archaik (‚Rhapsodensprache'; 1, 19) zum Stil dieser Dichtungen gehört.

Thema des Stabreimgedichts ist die göttliche Präexistenz: Bevor irgendetwas war, Erde, Himmel, Gestirne und alles, was auf der Erde ist, war der eine, allmächtige Gott und die ihn umgebenden Engel (*cootlihhe geista;* 4, IV, 188; 8, 277). Der Gedanke ist völlig christl. Der eine Gott wird deutlich abgesetzt von den in mehrfacher Variation als nicht vorhanden bezeichneten kosmischen Objekten dargestellt: *enti do uuas der eino almahtico cot* ‚jedoch da war der alleinige, allmächtige Gott'. Sollte also ein Bezug zu einem vorchristl. Schöpfungsmythos bestehen, wie er aus vergleichbaren Negativaussagen der *Vǫluspá* gefolgert worden ist, so stellt das W. Sch. dem eine eindeutig formulierte Gegenposition gegenüber.

Das Prosagebet, das nach dem mitten im Satz mit *cot heilac* ‚der hl. Gott' abbrechenden Gedicht (wenn man den gängigen Textherstellungen folgt) angeschlossen wird, greift *Cot almahtico* ‚allmächtiger Gott' als Anrede auf und nimmt auf den Schöpfungsakt Bezug. Es bittet um Verleihung der Gnadengaben: rechten Glauben, guten Willen, Weisheit und Klugheit, die Kraft, den Teufeln zu widerstehen, das Böse zu meiden und Gottes Willen zu tun. Die Zweiteiligkeit des Denkmals ist wohl nicht zu Unrecht mit der zweiteiligen Anlage der frühen Zauber- und Segenssprüche (→ Zauberspruch und Zauberdichtung) verglichen worden. Auch dort wird zunächst die primordiale Vorbildhandlung der Gottheit berichtet, aus der die nachfolgende Segensbitte hergeleitet werden kann. Die Berufung auf ein biblisches Geschehen, in dem das göttliche Heilshandeln vorgebildet ist, ist dabei durchaus dem Aufbau kirchlicher Orationen gemäß. So entspricht etwa eine in zahlreichen frühma. liturgischen Hss. verbreitete *Collecta* nicht im Wortlaut, wohl aber im Gedankengang dem W. Sch.: *Omnipotens sempiterne deus, per quem coepit esse, quod non erat, et factum est visibile, quod latebat, stultitia nostri cordis emunda et, quae in nobis sunt, vitiorum secreta purifica, ut possimus tibi domino pura mente servire* (7, Nr. 3877, mit den Nachweisen).

Der Gebetsteil des W. Sch.s verbindet die Schöpfung des Kosmos sehr direkt mit dem, der diesen Text spricht (*forgip mir* ‚verleihe mir'). Diese individualisierend anmutende Wendung, die wie auch der nachfolgende lat. Schluß *(Qui non uult peccata sua penitere ...)* den Gedanken nahelegt, daß das Denkmal in den Zusammenhang einer Bußordnung gebracht worden sein könnte, muß dem Stabreimtext nicht von Beginn an zu eigen gewesen sein. Doch ist die Indienstnahme der einheimischen Dichtungstraditionen für Zwecke der kirchlichen Praxis an sich nichts Außergewöhnliches. Auf die Eignung der biblischen Schöpfungsaussagen zur Verwendung in der Germ.mission und zur Infragestellung der heidn. Götterwelt ist unter Verweis auf den Brief Bf. Daniels von Winchester aus dem J. 723/24 in der Briefsammlung des → Bonifatius (Nr. 23) verschiedentlich aufmerksam gemacht worden (dazu 14 mit weiteren Hinweisen). Ähnliche Argumente hatten bereits bei der Taufe des ersten Sohnes → Chlodwigs eine Rolle gespielt (Greg. Tur., Hist. Franc. II,29). Gänzlich anders motiviert ist dagegen der *sang scopes* im *Beowulf* (Beow. V. 90–98), der in der Festhalle vorträgt, wie *se ælmihtiga eorðan worh[te]* ‚der Allmächtige die Erde erschuf', und wieder anders das Lob des *halig scyppend* in → Caedmons Schöpfungshymnus (16, VI,106). In der Knappheit der Gestaltung ist das W. Sch. mit den ae. Stücken vergleichbar, und es ist schwer vorstellbar, daß es nur den Auftakt eines weit größeren Werkes überliefern sollte, wie sie in den sehr umfangreichen Genesisdichtungen des As. (nur in Auszügen erhalten), Ae. und Frühmhd. vorliegen, die die Präsenz des Themas in der Dichtung des Früh-MAs freilich deutlich vor Augen führen.

Ed.: (1) E. von Steinmeyer, Die kleineren ahd. Sprachdenkmäler, 1916, Nachdr. 1963. (2) Die Hs. des Wessobrunner Gebets. Faksimile-Ausg. von A. von Eckardt, 1922.

Qu. und Darst.: (3) Ahd. Gl. (4) Ahd. Wb. (5) R. Bergmann u. a. (Hrsg.), Ahd. 1–2, 1987. (6) B. Bischoff, Die südostdt. Schreibschulen und Bibl. in der KaZ 1, ³1974. (7) Corpus orationum, VI, CChrSL 160E, 1995. (8) C. Edwards, *Tōhuwābōhū*: the *Wessobrunner Gebet* and its Analogues, Medium Ævum 53, 1984, 263–281. (9) G. Ehrismann, Gesch. der dt. Lit. bis zum Ausgang des MAs 1, ²1932, Nachdr. 1959. (10) H. Fischer, Schrifttafeln zum ahd. Lesebuch, 1966. (11) J. Fried (Hrsg.), 794 – Karl der Große in Frankfurt am Main. Ein Kg. bei der Arbeit, 1994. (12) M. Gebhardt, Ahd. *enteo ni uuenteo*, in: Septuaginta quinque (Festschr. H. Mettke), 2000, 111–146. (13) G. Goetz (Hrsg.), Corpus glossariorum latinorum 2, 1888. (14) C. L. Gottzmann, Das Wessobrunner Gebet. Ein Zeugnis des Kulturumbruchs vom heidn. Germanentum zum Christentum, in: [5] 1, 637–654. (15) J. A. Huisman, Das Wessobrunner Gebet in seinem handschriftlichen Kontext, in: [5] 1, 625–636. (16) Krapp-Dobbie. (17) A. L. Lloyd u. a., Etym. Wb. des Ahd. 2, 1998. (18) E. Petzet, O. Glauning (Hrsg.), Dt. Schrifttafeln des IX. bis XVI. Jh.s 1, 1910. (19) U. Schwab, Die Sternrune im Wessobrunner Gebet. Beobachtungen zur Lokalisierung des clm 22053, zur Hs. BM Arundel 393 und zu Rune Poem V. 86–89, 1973. (20) E. H. Sehrt, Vollständiges Wb. zum Heliand und zur as. Genesis, ²1966. (21) H.-H. Steinhoff, ‚Wessobrunner Gebet', in: Die dt. Lit. des MAs. Verfasserlex. 10, ²1999, 961–965. (22) H. Tiefenbach, Zur sprachlichen Christianisierung im frühen Deutschen, in: M. Cybulski u. a. (Hrsg.), O doskonałości 1, 2002, 341–366. (23) N. Wagner, Zu den geogr. Glossen der Wessobrunner Hs. Clm 22053, in: [5], 1, 508–531.

H. Tiefenbach

West Heslerton. 1977–1987 an Anglo-Saxon cemetery was excavated at W. H. (sometimes simply referred to as 'Heslerton'), N Yorkshire. This became the core of an ambitious landscape survey of the Heslerton Parish Project which has examined the arch. remains, including a major Iron Age and Romano-British settlement, as well as an Anglo-Saxon village, on high ground which overlooks the Vale of Pickering. The earlier settlement was on lower ground which probably gradually became waterlogged and by 450 A. D. had been abandoned, the population removing to higher ground between the 50–60 m contours. The cemetery was placed at a lower level, between the 40–45 m contour. The settlement has not yet been publ., but it is known to consist of both rectangular timber halls (→ Halle) and sunken-featured buildings ('Grubenhäuser' [→ Hütte]). The halls measure up to 10×5 m, some of which seem to have been of two storeys; the sunken-featured buildings measure up to 3×4 m, and some of them apparently formed cellar-like features of rectangular halls, as at → West Stow. Crafts represented at the site include weaving, smithing, and the working of leather, horn and bone (3). The settlement was situated some 450 m SW of the W edge of a cemetery.

Excavation allowed an almost complete examination of the available area of the cemetery site (although some of it – perhaps as much as a quarter in area – is buried under a major road), the first time such a site in N England has been so thoroughly revealed (1). As with so many Anglian burial sites in Yorkshire, that at W. H. was associated with a number of earlier, prehistoric, ritual complexes – in this case a henge and at least one burial mound. 201 graves were excavated – 185 inhumations, 15 cremations (although up to another 20 may have been lost due to plough damage) and one horse-burial (→ Pferdegräber). The burials date to the late 5th until the early 7th century. About 50 % of the graves were oriented W-E with the heads to the W, the others are randomly oriented. A number of the graves were coffined, and there is some evidence of people being buried alive.

Finds include three square-headed brooches, 12 cruciform brooches, seven small-long brooches and 103 annular brooches (recovered from 53 graves) (→ Fibel und Fibeltracht § 50 mit Abb. 174). 16 dress-pins, 27 wrist-clasps, 2 113 beads, mostly of amber and glass with a few of jet, rock crystal, metal and bone, were found. Various pendants – scutiform and bucket pendants – and a beaver tooth were recovered; as were a brass necklet, two bangles, an anklet, two or three finger-rings and two walnut amulets. 62 buckles, 16 purse mounts, a chatelaine, three pairs of girdle-hangers, 42 latch-lifters, 86 knives, two whetstones and eight tweezers must be associated with belts or girdles. A single sword, eight shield-bosses and 28 spears represent male weapons. A certain amount of locally-made pottery was recovered, and eleven wooden vessels were also found. A single snaffle-bit and buckle were found between her legs of a young mare which had been decapitated. 150 textiles were recorded in detail.

A runic inscription on the back of one of the cruciform brooches reads **neim** or **neie**, which makes no obvious sense. (2, 161). Publ. continues.

(1) C. Houghton, D. Powlesland, W. H. The Anglian cemetery 1, 1999. (2) R. I. Page, An Introduction to English Runes, ²1999. (3) D. Powlesland, The Heslerton Anglo Saxon Settlement – a guide to the excavation of an early Anglo-Saxon settlement, 1987.

D. M. Wilson

West Stow. The Anglo-Saxon village of W. S., Suffolk, is one of the most important settlement sites of its period to be excavated in England (2), mainly because of its completeness, but also because it has an associated inhumation cemetery with normal Anglian-type finds which was excavated in the 19th century (1). The village, which was excavated 1965–1972, was situated on a 1.8 ha sandy knoll on the light-soil of the well-drained Breckland. The site was completely covered in the 14th century by blown sand which protected the settlement area. Finds demonstrate that it was in use from the end of the Roman period (Romano-British kilns were found close to the site, but were abandoned in the 2nd century; other later Roman objects of little significance – presumably salvaged as raw material or for use – were also found during excavation) until the middle of the 7th century. Reconstruction of a number of buildings on the site after excavation has greatly extended knowledge of the pagan Anglo-Saxon period.

70 sunken-featured houses (loosely labelled 'Grubenhäuser' [→ Hütte]) were found – of which 67 were on the hill itself – as well as a number of rectangular buildings, represented only by post-holes, which could not all be coherently interpreted (see also → Angelsachsen § 11). 87 other pits were dated to the Anglo-Saxon period on the basis of pottery found in them, but others may well belong to the same period. Among the

many post-hole groups seven multi-period rectangular structures ('halls') (→ Halle) have been recognised, but as elsewhere on the site associated finds were rare. The fillings of the sunken-featured buildings (both two- and six-post structures), the general lack of evidence of linings within the pits, their small floor area and the untrampled floors, suggested to the exacavator that some at least must have been 'cellars' with suspended floors above them. The irregular shape of the features would thus become irrelevant, as would the ambivalent nature of the evidence for doorways. Further, all the evidence points to hearths being situated at a higher level. The six-post structure of the sunken-featured houses recorded at W. S. is confined to a few sites in E England and is not found elsewhere in the country. There seem, at the outset of the settlement, to have been three hall groups with associated sunken-floored buildings; these were consistently replaced over time with slight shifts in position. There is a suggestion that the population of the village was about 100 at its maximum, but that this reduced towards the end of the settlement in the mid-7th century.

The lack of continuity of occupation from the Roman period demonstrates the fact that the Anglo-Saxon incomers tended to settle on the light soils and gravels of the Breckland, while the Romano-British population cultivated the heavier clay lands of the region. The economy of the settlement was based on mixed farming, with considerable flocks of sheep and a large number of cattle (probably the most important source of meat). Arable is evidenced by the presence of spelt (presumably taken over from the Romano-British farms of the neighbourhood), rye, barley and wheats. Spinning and weaving are represented among the finds by loom-weights and spindle-whorls, and there is some evidence of iron-working. There is a suggestion that there was pottery-making on site. Bone-working is also attested; among the artefacts made from this material were bone combs.

(1) S. Tymms, Anglo-Saxon relics from W. S. Heath, Proc. of the Burry and West Suffolk Inst. of Arch. 1, 1853, 315–318. (2) S. West, W. S., the Anglo-Saxon village, 1985.

D. M. Wilson

Westerhammrich. W. der ostfries. Stadt Leer liegt rechts der Ems eine W. genannte halbinselartige Geestkuppe, die zu Beginn der 1960er Jahre z. T. ausgesandet worden ist. Ohne arch. Beobachtungen wurden dabei Funde der TBK gemacht, die auf den ehemaligen Standort eines Großsteingrabes (→ Megalithgräber) hinweisen. Grabungen in den 1990er J. erbrachten am n. Rand der Kuppe seltene Brandbestattungen der späten TBK sowie das bisher in Niedersachsen größte Gräberfeld der → Einzelgrabkultur. Dieser neol. Horizont wurde von Siedlungsspuren der RKZ überlagert. Es konnte ein wirtschaftl. genutzter Bereich erschlossen werden, in dem sich diverse Aktivitäten in vielfältigen Befunden niedergeschlagen hatten (1; 2).

So existierten Ensembles von Gruben, die in ihrer Ähnlichkeit hinsichtlich der räumlichen Anordnung zueinander und in der wiederkehrenden Variation der Verfüllmaterialien mehrfach gleichartig abgelaufene Arbeitsprozesse erkennen lassen. Hinzu kam ein Dutzend Flachbrunnen im Umfeld dieser Gruben. Sie zeigten Holzeinbauten wie Flechtwerk oder ausgehöhlte Baumstämme oder exakt gearbeitete Holzrahmen (vgl. → Brunnen § 4). Auf einem der Rahmen lag eine Tutulus-Fibel (→ Fibel und Fibeltracht § 28), die den Hinweis auf eine Nutzung des Areals noch im frühen 4. Jh. gibt. Die dendrochron. aus den Brunnen gewonnenen Daten belegen ansonsten schwerpunktmäßig das 2. und v. a. das 3. Jh.

Während die Brunnen auf einen hohen Wasserbedarf hinweisen, lassen Holzkohle- und Aschebänder auf Feuerungsvorgänge in etlichen Gruben schließen, mehrfach belegten dabei Bruchstücke verziegelten Lehms mit Abdrücken von Flechtwerk ofenartige Überkuppelungen. Aus einer der Feuerungsgruben stammen Partikel von Bronzeschmelz, in ihrem Umfeld wurden Bruchstücke kleiner Schmelztiegel als auch vollständige Ex. gefunden. Eine andere Grube lieferte den Fund einer 8 cm hohen Bronzestatuette (Abb. 78,3), bei der sich aus der Körperhaltung auf den röm. Kriegsgott Mars schließen läßt.

Die besondere Stellung des Leeraner W. im Vergleich mit anderen bisher bekannten Siedlungskomplexen der RKZ in Ostfriesland wird durch weitere Funde bestätigt: der bronzene Griff eines Gerätes (Abb. 78,2), Glasbruchstücke von Gefäßen und Spielsteinen (Abb. 78,6–7), eine im oberen Teil mit filigranem Goldblech belegte Silbernadel (Abb. 78,1). Außerdem ist der hohe Anteil von importierter Drehscheibenware des 2./3. Jh.s auffällig (Abb. 78, 8–9). Als einheimische Gegenleistung werden landwirtschaftl. Produkte, v. a. wohl Vieh, über die Ems oder über Land zu den rhein. Zentren gelangt sein. Während der RKZ ergibt sich für den Bereich der unteren Ems das Bild einer wirtschaftl. sehr aktiven Zone. Unmittelbar am Fluß hatte sich anscheinend ein eher an Handel und Handwerk orientierter Platz herausgebildet, an dem sogar die röm. Zahlzeichen beherrscht worden sind, wie nach der Ritzung auf

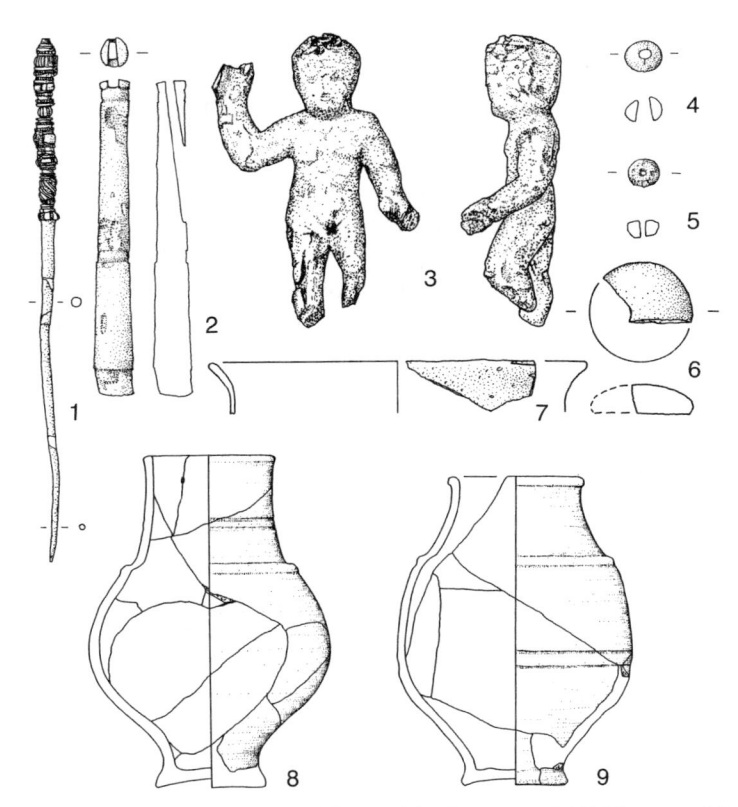

Abb. 78. Westerhammrich bei Leer: 1 silbervergoldete Nadel; 2 bronzener Griff; 3 bronzene Marsstatuette; 4–5 Glasperlen; 6 gläserner Spielstein; 7 röm. Glas; 8–9 Terra Nigra. 1–7 M. 1:2; 8–9 M. 1:4. Nach Bärenfänger (2, Abb. 27)

einer einheimischen Keramikscherbe zu schließen ist. Das Hinterland profitierte von diesen Strukturen; es ist anzunehmen, daß sich auf dieser Basis auch dort Mittelpunktsorte herausbildeten und die soziale Differenzierung zunahm.

(1) R. Bärenfänger, Der W. bei Leer. Ein bedeutendes Fundgebiet an der unteren Ems, Ber. zur Denkmalpflege in Niedersachsen 13, 1993, 52–55. (2) Ders., RKZ und VWZ, in: Ostfriesland. Führer zu arch. Denkmälern in Deutschland 35, 1999, 72–89.

R. Bärenfänger

Westerklief

§ 1: Site and find – a. W. I – b. W. II – c. Interpretation – d. Hist. context – § 2: W. and the changing function of silver in Scandinavia

§ 1. Site and find. W. is a hamlet 2 km south of Hippolytushoef on the former island of Wieringen in the Dutch province of North Holland. The island, which was joined to the mainland in 1932, has a core of glacial boulder clay and cover-sands, reaching a height of 9 m above sea level at W. In the Carolingian period, Wieringen gave its name to the → Pagus Wiron in the western part of Frisia, and a substantial part of it was occupied by royal and ecclesiastical demesnes. Its location on the shipping route from → Dorestad to Central Frisia and the North Sea allowed easy access to it by sea (cf. → Friesenhandel mit Abb. 8).

In 1996–1997 a metal detector user discovered a quantity of silver in a meadow west of W. which included ornaments of an unmistakably Scandinavian character. Subsequently, the Rijksmus. van Oudheden in Leiden was able to acquire all the objects belonging to this find, W. I. The Scandinavian character of the silver hoard aroused great interest on the island, and in the following years there was a considerable increase in the amount of metal detector activity. In 1999 and 2001, this led to new silver finds in the same meadow. These all belong to a second Scandinavian hoard, W. II. The whole find was acquired by the Municipality of Wieringen, and is now housed in the specially built Viking Information Centre in Den Oever.

a. W. I. W. I consists of 1663 g of silver, sherds of a medium-sized → Badorf pot with roulette decoration and a quantity of grass remains (Taf. 22a) (1; 2). Of the artefacts, the neckring and armring made of twisted rods, the 16 ingots and the three coin ornaments are of Scandinavian, probably Danish, origin. The six penannular armrings and the unusual strap-end are probably Carolingian. The composition of the silver hoard, which consists mainly of non-numismatic silver, is also typically Scandinavian. The 78 Carolingian coins do not alter this fact, and would have been added to the hoard last. They are representative of the coin distribution in Frisia around 850. The dates of the objects do not conflict with the coin dates. Analysis of the grass remains in the Badorf pot indicates that because of the huge quantity of grass pollen and the complete absence of seeds, W. I must have been buried in roughly the 2nd half of May, when the grass was flowering, but had not yet gone to seed (1, 211 f.).

b. W. II. W. II comprises 457 g of silver and the sherds of a very small Badorf pot (Taf. 22b) (3; 6). The artefacts are silver ingots and ornaments, all but one hacksilver (→ Hacksilber), and 95 Arabic coins, also largely fragmented. In addition, there are 39 Carolingian coins and a pseudo-coin fibula, all intact. Ornaments, ingots and Arabic coins indicate that they originated from or via Scandinavia, as do the deliberate fragmentation and testing traces. The Arabic coins are almost all from the Near East and Central Asia, and ended up on Wieringen via Scandinavia. The intact Carolingian coins in W. II were probably added last, in

Frisia itself. Their provenance and dates are rather diverse, but Dorestad coins, often imitations, predominate, while Italian coins have also been noted. The presence of coins, and especially the combination of Arabic and Carolingian coins, is extremely rare in 9th-century Scandinavian hoards (9, 25 f. and appendix 1), and provides a double dating for W. II. The latest Arabic coin is dated to 871/2, possibly 872/3 (16), and the latest Carolingian penny to 875–77 (10), so we may assume that the silver was buried ca. 880.

c. Interpretation. On the basis of their composition and character, and the origin of the objects and their traces of use, both W. hoards may be interpreted as Viking hoards with a Carolingian component probably added in Frisia. Despite their Scandinavian characters, W. I and W. II are two totally different hoards, which, in view of their composition and the nature of the objects (Tab.), must have been assembled by two Viking owners, probably Danes. The interval of 30 years, or at least one generation, between them supports this assumption. Because up to now no Viking hoards have been discovered far outside the areas in which they settled, an explanation linking the W. hoards with possible Viking settlement in Frisia is obvious. The two owners probably took their silver with them from the N to Frisia, because they intended to settle there. This hypothesis fits perfectly into the historical context of Frisia in the 2nd half of the 9th century.

d. Hist. context. The dates of W. I (ca. 850) and W. II (ca. 880) mark the beginning and the end of a period of Danish rule in West Frisia 850–885, which had a legitimate basis through the granting of large parts of West Frisia to the Danish leaders Rorik and Godfred by Carolingian kings. Wieringen, situated in the Danish sphere of influence, offered the Danes a safe place to settle and a strategic base for their activities in West Frisia and overseas (5, 103–105). This fits in with the interpretation linking the W. hoards to Danish settlement in Frisia. Consequently, W. I and II provide new arch. arguments in the hist. discussion (7; 11; 13) about the meaning and influence of Danish rule and the possible settlement of Danes in Frisia in the period 850–885 and modify the cautious conclusions of arch. research in 1970 (15, 61). Recent finds

Tab. Composition and weight of the silver hoards Westerklief I and Westerklief II

	Westerklief I (ca. 850)			Westerklief II (ca. 880)		
	number	weight	average weight	number	weight	average weight
Scandinavian origin						
neckring	1	151,8	151,8			
armring	1	67,7	67,7			
coin brooches	3	39,7	13,2			
ingots	16	729,3	45,6	1	36,8	36,8
hacksilver				24	163,0	6,8
Arabic coins				42	114,7	2,8
Arabic coins (fragments)				53	84,0	1,5
Carolingian origin (probably)						
armrings	6	564,8	94,1			
strap-end	1	14,3	14,3			
coin-brooch				1	7,3	7,3
coins	78	95,6	1,2	39	51,1	1,3
total	106	1663,2	15,7	160	456,9	2,8

of seven dirhams scattered over Wieringen confirm an active Danish presence, and show that silver transactions also took place (4).

W. I and II and the additional arch. information which ensued emphasize the fact that the period of Danish rule formed the culmination of two centuries of Viking contacts with Frisia. The period of Danish influence came to an end with Godfred's violent death in 885, and ran parallel to the construction of fortresses as a defence against the Vikings in the final quarter of the 9th century in the coastal area and inland. After this, there were only sporadic Viking attacks until 1010.

§ 2. W. and the changing function of silver in Scandinavia. With its predominance of complete ornaments and heavy silver ingots, W. I, dated ca. 850, is typical of the traditional Viking hoards in which the social significance of silver dominates, and complete ornaments and precious metal function as prestige items. The Carolingian coins were added last, dating the traditional Scandinavian component to a period prior to ca. 850. Early coin-dated hoards are extremely rare in Scandinavia, and it is uncertain whether the generally small coin element in these was added last. W. I shows that around 850, there was still no indication that the traditional function of silver was to shift to a more economic function as a means of payment, a feature which is dated in the lit. to the end of the 9th and especially to the 10th century (12, 85 f. 170 f.). From then on, silver was increasingly used as a means of exchange and was weighed in exact quantities and tested for quality (17, 406). Fragmentation and traces of testing are important features of this practice which coincides with the substantial import of coins from the Arab world via Eastern Europe (14, 20 f.; 8, 79) to satisfy the increased demand for silver.

W. II (ca. 880) displays all the characteristics of the economic importance of silver in Scandinavian as a means of exchange measured according to weight. Almost all the objects are deliberately fragmented, as is the majority of the dirhams (final coin date 871/2, possibly 872/3), though the Carolingian coins added in Frisia are not (final coin date 875–7). Hacksilver and testing traces prove that the silver was used in Scandinavia as a means of exchange, thereby demonstrating that the shift in the function of silver and the development of a money economy were already underway in Scandinavia in the 870s. These conclusions are confirmed by the discovery of several dozen dirhams, all within the dates of W. II, across the northern Netherlands, a distribution to which the Vikings themselves may have contributed, as is evident from the stray finds on Wieringen (5, 102), and which may conceal other Viking hoards (4, 35 f.). The influence of Scandinavian contacts may have contributed to a more pragmatic attitude of the Frisians to non-numismatic silver than the Carolingian coin monopoly permitted, as can be seen from the dirham finds and also from the popularity of Carolingian solidi imitations, (pseudo-)coin ornaments and mixed hoards of ornaments and coins in Frisia (4, 34 f.). In view of this, the importance of the W. finds is that they have opened up a new body of evidence for the elucidation of Viking activity in Frisia.

(1) J. C. Besteman, De vondst van W., gemeente Wieringen. Een zilverschat uit de Vikingperiode, OMRO 77, 1997, 199–226. (2) Idem, Viking silver on Wieringen. A Viking Age silver hoard from W. on the former isle of Wieringen (Prov. of North Holland) in the light of the Viking relations with Frisia, in: In Discussion with the Past (Arch. studies presented to W. A. van Es), 1999, 253–266. (3) Idem, Nieuwe Vikingvondsten van Wieringen: de zilverschat W. II, in: P. J. Woltering et al. (Ed.), Middeleeuwse toestanden: Arch., geschiedenis en monumentenzorg, 2002, 65–75. (4) Idem, Scandinavisch gewichtsgeld in Nederland in de Vikingperiode, in: E. H. P. Cordfunke, H. Sarfatij (Ed.), Van

Solidus tot Euro. Geld in Nederland in economisch-hist. en politiek perspectief, 2004, 21–42. (5) Idem, Two Viking hoards from the former island of Wieringen (the Netherlands): Viking relations with Frisia in an arch. perspective, in: J. Hines et al. (Ed.), Land, Sea, Home, 2004, 93–107. (6) Idem, W. II, a second Viking silver hoard from the former island of Wieringen, Jb. voor Munt- en Penningkunde (in preparation). (7) D. P. Blok, De Wikingen in Friesland, Naamkunde 10, 1978, 26–47. (8) S. Brather, Frühma. Dirham-Schatzfunde in Europa. Probleme ihrer wirtschaftsgeschichtl. Interpretation aus arch. Perspective, ZAM 23/24, 1995/96, 73–153. (9) S. Coupland, Carolingian coinage and Scandinavian silver, Nordisk Num. Årskrift 1985–86, 1–31. (10) Idem, The Carolingian coins in W. II, in: [6]. (11) I. H. Gosses, Deense heerschappijen in Friesland gedurende de Noormannentijd, in: I. H. Gosses, Verspreide geschriften, 1946, 130–151. (12) B. Hårdh, Silver in the Viking Age. A regional economic study, 1996. (13) P. A. Henderikx, De Ringwalburgen in het mondingsgebied van de Schelde in hist. perspectief, in: R. M. van Heeringen et al. (Ed.), Vroeg-Middeleeuwse ringwalburgen in Zeeland, 1995, 71–112. (14) A. E. Lieber, International trade and coinage in the Northern Lands during the Early MA: an introduction, in: M. A. S. Blackburn, D. M. Metcalf, Viking Coinage in the Northern Lands. The sixth Oxford symp. on coinage and monetary hist., 1981, 1–34. (15) H. H. van Regteren Altena, H. A. Heidinga, The North Sea region in the Early Medieval period, in: B. L. van Beek et al. (Ed.), Ex horreo, IPP 1951–1976, 1977, 47–67. (16) G. Rispling, The Islamic coins in the W. II hoard, in: [6]. (17) H. Steuer, Gewichtsgeldwirtschaften im frühgeschichtl. Europa, in: K. Düwel et al. (Ed.), Unters. zu Handel und Verkehr der vor- und frühgeschichtl. Zeit in Mittel- und N-Europa 4, 1987, 405–528.

J. C. Besteman

Westerne → Angelsächsische Stämme

Westerwanna. W. ist der w. Teil der Ortschaft Wanna, Samtgem. Sietland, Ldkr. Cuxhaven, ehem. Kr. Land Hadeln. Von dieser von Mooren und Niederungsgebieten umschlossenen Siedlungskammer gleichen Namens sind zahlreiche Denkmäler und Fundplätze bekannt.

Das Gräberfeld von W. schließt an einen mächtigen, ‚Gravenberg' genannten Hügel an, der nach pollenanalytischen Unters. in die RKZ datiert (Mitt. K.-E. Behre; 1). Erste Funde von dem Gräberfeld wurden anscheinend bereits Ende des 18. Jh.s geborgen (8, 20 Anm. 2), weitere sind für das ausgehende 19. Jh. zu vermerken. Es folgte eine Reihe von unsystematischen Grabungen u. a. von Mitgliedern des regionalen Heimatvereins ‚der Männer vom Morgenstern' und von Dritten, die z. T. im Auftrag oder unter Billigung von namhaften Museen, darunter das Hamburger Mus. für Völkerkunde und Vorgesch., tätig wurden (11, 1–3). Erst 1910 und 1912/1913 erfolgten erste wiss. Unters., bei denen auch Grabungspläne angefertigt wurden. Insgesamt waren bis dahin 1300 Urnen bekannt. Die publ. Flächenübersichten (22, Taf. 199B), v. a. aber die letzten Ausgr. durch Aust 1975/76 zeigen, daß das Gräberfeld W. bei weitem nicht vollständig freigelegt ist.

Die Funde werden heute überwiegend im Morgenstern-Mus., Bremerhaven, im Helms-Mus., Hamburg-Harburg, und im Mus. Burg Bederkesa, Ldkr. Cuxhaven, aufbewahrt. Einzelne Altstücke sind auch noch in anderen Slg. nachzuweisen.

Aufgrund der anfangs nicht fachgerechten Behandlung des Fundstoffes und verschiedener anderer Umstände, insbesondere bedingt durch den 2. Weltkrieg, wurde der Gesamtbestand stark beeinträchtigt und die Geschlossenheit der einzelnen Grabfunde weitgehend nicht gewahrt (8; 11, 1–8).

Die in Bremerhaven und in Hamburg-Harburg aufbewahrten Funde sind in Kat.-werken vorgelegt (11; 22). Es fehlt aber trotz verschiedener geplanter Publ.svorhaben (insbes 8, 17; 22, 7) immer noch eine abschließende Auswertung des Gesamtbestandes. Funde von W. fanden allerdings in zahlreichen Unters. Berücksichtigung (insbesondere 2; 10; 14: Verz. bei 11, 5 f.; Neufunde: 5, 527–529; 6).

Das Gräberfeld von W. gehört zu den gemischtbelegten Gräberfeldern, wie einzelne Körpergräber zeigen, die bei den Unters. 1975/76 freigelegt wurden. Die Belegung setzt im 1. Jh. n. Chr. ein und reicht bis mindestens in die 2. Hälfte des 5. Jh.s. Ob das Belegungsende im 6. Jh. liegt (22, 9), bleibt mangels sicher datierter Funde allerdings ungewiß. Als erster zeigte Plettke (10) u. a. anhand der Funde von W. die Entwicklung der einheimischen materiellen Kultur des 1.–5. Jh.s auf, wobei insbesondere die Keramiktypol. bis heute weitgehend Gültigkeit besitzt. Einige Autoren stellten v. a. die Verbindungen zur Spätant. (→ foederati) heraus, andere wiesen auf Funde hin, die sich mit nord. Material verbinden lassen (2; 12; 13).

In der Diskussion spielte lange Zeit die Frage eine Rolle, ob es sich bei W. um einen Friedhof mit zentralörtlicher Bedeutung handelt. Dies wurde einerseits mit der großen Anzahl von Bestattungen begründet, andererseits mit dem weitgehenden Fehlen von Gräberfeldern an den nur wenige km entfernten Wurten (→ Wurt und Wurtensiedlung) in den Marschen der Außenweser und der Unterelbe (21, 42). Forsch. der letzten J. haben aber gezeigt, daß damit zu rechnen ist, daß zu den Wurten jeweils mindestens ein Gräberfeld gehört hat (17–19; vgl. → Wremen § 2). Eine zentrale Bedeutung kann also derzeit nur noch für die Siedlungskammer von Wanna angenommen werden, wie zahlreiche Siedlungen zeigen, die durch die arch. Landesaufnahme hier erschlossen worden sind.

W. war namengebend für keramische Formen (10, 41–49; 21, 48; vgl. auch → Sachsen Abb. 8) und stand als Terminus für die VWZ in Niedersachsen (4, 93). Beides hat allerdings nur noch forschungsgeschichtl. Bedeutung. Mit ‚Gruppe von W.' wird auch der Teil der Altsachsen (→ Sachsen § 4) bezeichnet, der im NW des Elbe-Weser-Dreiecks lokalisiert ist. Diese Gruppe wird v. a. charakterisiert durch die Verwendung von engmündigen Gefäßen als Leichenbrandbehälter und unterscheidet sich dadurch von der Gruppe von → Perlberg, von der sie durch den kleinen Fluß Oste getrennt sei (7, 253 f.; 9; 15, 190–196). Im allg. wird immer noch das Aufkommen von Körpergräbern ab dem 4. Jh. / um 400 n. Chr. angenommen und darauf basierend mit gemischtbelegten Gräberfeldern gerechnet. Neuere Unters. haben demgegenüber gezeigt, daß die ältesten Körpergräber bereits um 300 n. Chr. datieren (18, 153–155; → Wremen § 2), und weiterhin, daß diese Bestattungssitte nicht unbedingt auf spätröm. oder nord. Einfluß zurückzuführen ist. Dabei ist für sie kennzeichnend, daß weder die Lage noch die Ausrichtung der Toten erkennbar allg.gültigen Regeln unterliegen (18, 149–161).

Für das Gebiet der Fundgruppe von W. rechnete die Forsch. lange mit weitgehender Siedlungsleere seit der Mitte des 5. Jh.s (3, 216–224; 16, 360 f.). Dagegen zeigen Grabfunde und Siedlungen, daß mit einer Fortdauer der Besiedlung bis in die 2. Hälfte des 5. Jh.s (um 500), z. T. auch bis in das 6. Jh. zu rechnen ist (20, 134 f.; → Flögeln; → Loxstedt). Möglicherweise ist auch in manchen Teilen des NW-Elbe-Weser-Dreiecks, mit Ausnahme der Marschen, eine Siedlungskontinuität bis in das frühe MA gegeben (Loxstedt, → Wittstedt).

(1) H. Aust, Wanna, Nachr. des Marschenrates zur Förderung der Forsch. im Küstengebiet der Nordsee 15, 1978, 28. (2) H. W. Böhme, Germ. Grabfunde des 4. bis 5. Jh.s zw. unterer Elbe und Loire, 1974. (3) Ders., Das Land zw. Elb- und Wesermündung vom 4. bis 6. Jh., Führer zu vor- und frühgeschichtl. Denkmälern 29, 1976, 205–226. (4) Ders., Der spätkaiserzeitlicher Urnenfriedhof am Gravenberg bei W., ebd. 31, 1976, 92–97. (5) Ders., Das Ende der Römerherrschaft in Brit. und die ags. Besiedlung Englands im 5. Jh., Jb. RGZM 33, 1986, 469–574. (6) Ders., Ein Tongefäß mit ant. Tierfries aus W., Die Kunde NF 38, 1987, 161–178. (7) Ders., Das n. Niedersachsen zw. Spätant. und frühem MA. Zur Ethnogenese der Sachsen aus arch. Sicht, Probleme der Küstenforsch. im s. Nordseegebiet 28, 2003, 251–270. (8) H. Gummel, Gesch. der W.-Funde im Morgenstern-Mus., in: [22], 15–

21. (9) F. Laux, Sächs. Gräberfelder zw. Weser, Aller und Elbe. Aussagen zur Bestattungssitte und relig. Verhalten, Stud. zur Sachsenforsch. 12, 1999, 143–171. (10) A. Plettke, Ursprung und Ausbreitung der Angeln und Sachsen, 1921. (11) I. von Quillfeld, P. Roggenbuck, W. II. Die Funde des völkerwanderungszeitlichen Gräberfeldes in Helms-Mus., 1985. (12) K. Raddatz, Rez. zu [22], Nachr. aus Niedersachsens Urgesch. 30, 1960, 133–134. (13) F. Roeder, Typol.-chron. Stud. zu Metallsachen der VWZ, Jb. des Provinzial-Mus. Hannover NF 5, 1930, 3–128. (14) O. Röhrer-Ertl, Unters. am Material des Urnenfriedhofs von W., Kr. Land Hadeln, 1971. (15) P. Schmid, RKZ und VWZ, Führer zu vor- und frühgeschichtl. Denkmälern 29, 1976, 173–204. (16) Ders., Siedlungs- und Wirtschaftsstruktur auf dem Kontinent, in: C. Ahrens (Hrsg.), Sachsen und Ags. Ausstellung des Helms-Mus. 32, 1978, 345–361. (17) M. D. Schön, Feddersen Wierde – Fallward – Flögeln. Arch. im Mus. Burg Bederkesa, 1999. (18) Ders., Gräber und Siedlungen bei Otterndorf-Westerwörden, Ldkr. Cuxhaven, Probleme der Küstenforsch. im s. Nordseegebiet 26, 1999, 123–208. (19) Ders., Samtgem. Land Hadeln, Neuenkirchen, Fst.-Nr. 119, Nachr. des Marschenrates zur Förderung der Forsch. im Küstengebiet der Nordsee 37, 2000, 26–26. (20) Ders., Grabfunde der RKZ und VWZ bei Sievern, Ldkr. Cuxhaven, Probleme der Küstenforsch. im s. Nordseegebiet 27, 2001, 75–248. (21) F. Tischler, Der Stand der Sachsenforsch. arch. gesehen, Ber. RGK 35, 1954 (1956), 21–215. (22) K. Zimmer-Linnfeld, W. I, 9. Beih. zum Atlas der Urgesch., 1960.

M. D. Schön

Westfalen → Sachsen

Westfränkisches Reich. Das W. R. entstand im 2. Viertel des 9. Jh.s in den Auseinandersetzungen der karol. Herrscherfamilie um die angemessene Teilung des Frankenreichs. Blutige Kämpfe Ks. Ludwigs des Frommen (814–840) mit seinen vier Söhnen Lothar, → Ludwig (,der Deutsche'), Pippin und Karl (,der Kahle') und heftige Auseinandersetzungen der überlebenden Brüder Lothar, Ludwig und Karl führten im August 843 in Verdun zur Reichsteilung. Das Teilreich Karls (des Kahlen, † 877) umfaßte den w. Teil des Frankenreichs mit den traditionsreichen Zentren im Pariser Becken und im Land zw. Loire und Maas (v. a. → Paris, → Orléans, Soissons, Reims, Sens). Die O-Grenze gegenüber dem lotharingischen Mittelreich (→ Lothringen) bildeten die Flüsse Schelde, Maas, Saône und Rhône. Als das Mittelreich Lothars aus dynastischen Gründen 869 unterging, blieb es bis ins 11. Jh. zw. den Kg. des ost- wie des westfrk. Reichs umstritten. Der Erwerb Lothringens durch den ostfrk. Kg. Heinrich I. 925 schuf lange ma. Kontinuitäten. So bewahrte das *regnum* Karls (des Kahlen) seine territoriale und polit. Integrität über die Jh. Erst spätere Beobachter sahen seit dem 12. Jh. im Vertrag von Verdun den Ausgangspunkt des W. R.s, das sich vom 10.–12. Jh. bei konsequenter frk. Namenkontinuität (*regnum Francorum*, später: *regnum Franciae*) zum ma. Frankreich ausformte (1; 5). Diese Dauerhaftigkeit ist wegen der unterschiedlichen ethnischen, kulturellen, sprachlichen und sozialen Voraussetzungen erstaunlich. Katalysator der Integration war im Verbund mit Adel und Geistlichkeit die Monarchie. Sie stützte sich auf einen Lehns- und Autoritätsvorrang im ganzen Reich (Legitimationsbereich) und dehnte in einem zähen Prozeß vom 9.–13. Jh. ihre direkte Herrschaft (Krondomäne, Sanktionsbereich) von bescheidenen Anfängen rund um das Pariser Becken auf weite Teile Frankreichs aus (6; 9; 10).

Versuche, die Vielfalt des W. R.s analog zum ostfrk. Reich aus dem Nebeneinander von ,frz. Volksstämmen' (voran Franken, Burg., Aquitanier) zu erklären (4), setzten sich nicht durch. Als Handlungseinheiten galten vielmehr polit. Räume (*regna*, Prinzipate), die in ihrer Summe das W. R. ausmachten (8). Zur territorialen Formierung im Vertrag von Verdun trat 843 der Herrschaftsvertrag Karls (des Kahlen) mit dem führenden Adel im Vertrag von Coulaines (3). Der Konsens der Getreuen prägte die Politikgestaltung. Von 843–987 rivalisierten karol. Kg. mit mächtigen Adelsfamilien von überregionalem Rang. In der *Francia*, der

Großlandschaft zw. Loire und Maas, setzten sich die Robertiner/Kapetinger durch, die gegen die → Karolinger 888–898 und 922–923 zwei Kg. stellten und seit 987 endgültig den Thron behaupteten.

Das W. R. wurde im 9. Jh. zum Ziel verheerender Normanneneinfälle. Vereinzelten Plünderungszügen folgte die zeitweilige und seit dem frühen 10. Jh. dauerhafte Seßhaftwerdung an der Atlantikküste (→ Normandie; → Normannen §§ 1e und 2). Die Kg.sherrschaft Karls (des Kahlen) und seiner Nachfolger stand zudem in Rivalität mit den ostfrk. Karolingern, die wiederholt von Adelsfraktionen zur Übernahme der Herrschaft im W eingeladen wurden. Karl III. („dem Dicken") gelang von 885–887 letztmals die Vereinigung der frk. Teilreiche. Die erneute Desintegration 887/888 (fünf Nachfolgereiche in O-Franken, W-Franken, Burgund und Italien) war dann endgültig.

Die regnogenetische Kraft des 9. Jh.s schuf also aus ganz unterschiedlichen Voraussetzungen langlebige Reiche, die ihre Identität im Handlungsverband von Kgt. und Adel ausbildeten. Versuche zur Reichsintegration im Stil → Karls des Großen (Entsendung von Sendboten zur Durchsetzung kgl. Gewalt, Gesetzgebung) mißlangen. Als Reaktion auf den Verlust von Handlungsmacht nutzte Karl (der Kahle) das Potential geistlicher Zentren seines Reichs zur Herrschaftsrepräsentation und befestigt die sakrale Stellung seines Kgt.s (→ Sakralkönigtum): 848 ließ er sich durch Ebf. Wenilo von Sens salben und krönen; die Formen des Herrschaftsantritts wurden in weiteren Weiheakten fortentwickelt. Höhepunkt war die röm. Kaiserkrönung am Weihnachtstag 875. Die Italienpolitik überforderte freilich die Möglichkeiten, so daß das kurze Kaisertum Karls (875–877) eine Episode westfrk. Politik blieb. Die Präzisierung der theoretischen Grundlagen der kgl. Amtsgewalt schuf dagegen das Fundament einer ‚Kg.stheologie', die der westfrk.-frz. Monarchie eine einzigartige Stellung einräumte (7). Nicht der einzelne Kg. in seinen persönlichen Begrenztheiten, sondern die Institution der Monarchie und die konsensuale Handlungsgemeinschaft mit Klerus und Adel sicherten über familiäre Brüche Bestand, Profil und Dauer des W. R.s.

(1) C. Brühl, Deutschland-Frankreich. Die Geburt zweier Völker, 1990. (2) M. Bull (Hrsg.), France in the Central MA 900–1200, 2002. (3) P. Classen Die Verträge von Verdun und Coulaines als polit. Grundlage des westfrk. Reiches, HZ 196, 1963, 1–35. (4) W. Kienast, Stud. über die frz. Volksstämme des Früh-MAs, 1968. (5) B. Schneidmüller, Nomen Patriae, 1987. (6) P. E. Schramm, Der Kg. von Frankreich. Das Wesen der Monarchie vom 9. zum 16. Jh. 1–2, ²1960. (7) N. Staubach, Rex Christianus. Hofkultur und Herrschaftspropaganda im Reich Karls des Kahlen, 1993. (8) K. F. Werner, Les origines (avant l'an mil), Hist. de France 1, 1984. (9) Ders., Naissance de la noblesse. L'essor des élites politiques en Europe, 1998. (10) Ders., Enquêtes sur les premiers temps du principat français (IXe–Xe siècles), 2004.

B. Schneidmüller

Westgermanen. Die Einteilung der Germ. in Westgerm., → Ostgermanen und → Nordgermanen ging von der Sprachwiss. aus, zu einer Zeit (→ Westgermanische Sprachen), als die Arch. noch nicht derart entwickelt war, daß sie eigene Stellungnahmen bieten konnte. Die Geschichtswiss. formulierte dann die Annahme, daß die Ostgerm. die aus Skand. ausgewanderten Goten, Wandalen, Burg. und andere sprachverwandte Gruppen seien, die Westgerm. die Völkerschaften, die im wesentlichen in das Frankenreich inkorporiert worden waren, während die Britischen Inseln sowohl von Nordgerm. wie Westgerm. germanisiert worden seien, eine Begrifflichkeit der Historiker, die damit in die „selbstgestellte Falle" geraten seien, weil sie auf anderen Qu. beruhende Fakten anderer Wiss. vorbehaltlos übernommen hätten (17, 22).

Die Bezeichnung Westgerm. ist also vieldeutig, je nachdem, ob der Begriff von sprachwiss., hist. oder arch. Seite verwendet wird. Westgerm. wurde anfänglich zwar von der Sprachwiss. formuliert, die dabei jedoch von der ant. Lit. ausging, in der hist. Sachverhalte mit polit., ethnischen oder kultischen Aspekten dargelegt werden. Nachdem sich die frühgeschichtl. Arch. als eigenständige Wiss. im 19. Jh. herausgebildet hatte, wurde der Begriff Westgerm. übernommen, nun aber mit einer rein geogr. Konnotation. Die Verknüpfung von sprachwiss., ethnischer und arch. Argumentation hat dazu geführt, das unter Westgerm. — ohne dies tatsächlich deutlich zu formulieren — in den beteiligten Disziplinen Unterschiedliches verstanden wurde und wird. Trotzdem wurden aus der jeweils anderen Disziplin die aufgrund von deren Qu. gewonnenen Befunde als gesicherte Fakten übernommen, um Aussagen und Ergebnisse in der eigenen Wiss. anscheinend absichern zu können.

Nach E. Seebold (→ Westgermanische Sprachen) ist Westgermanisch ein Rest-Kontinuum germ. Sprachen, das nach Abtrennung des Ost- und Nordgerm. — aufgrund von Wanderbewegungen von Bevölkerungen — im zentralen europ. Raum geblieben ist, aber keineswegs eine Einheit darstellte, was eine Gleichsetzung mit einer arch. Gruppe unmöglich erscheinen läßt (14).

Die Bedeutungsverschiebung vom 19. zum späten 20. Jh. ist in allg. Lexika nachzuvollziehen: Während in der 5. Aufl. von Meyers Konservations-Lex. aus dem J. 1897 nur das Stichwort „Westgermanisch" als sprachwiss. Eintrag aufgeführt ist und „die westliche, Englisch, Friesisch und Deutsch umfassende Gruppe der germanischen Sprachen" meint, bringt die 9. Aufl. von Meyers Enzyklopädischen Lex. 1979 das etwas ausführlichere Stichwort, betont aber, Westgerm. seien eine „im wesentl. aufgrund sprachl. Erscheinungen der VWZ definierte Gruppe der Germanen, unterteilt in: Rhein- und Wesergermanen (Batawer, Chamaven, Ubier, Usipeter, Tenkterer, Sugambrer, An-grivarier u. a., später Franken), Nordseegermanen (Kimbern, Teutonen, Chauken, später Angeln, Sachsen, Friesen) und Elbgermanen (sweb. Völker), Langobarden (auch zu den mit den Sweben verwandten Völkern gerechnet; für die Frühzeit auch zu den Ostgermanen) u. a. ... Einteilung sowie Zuordnung zu den Kultverbänden der Istwäonen, Ingwäonen und Herminonen sind stark umstritten". Von der rein sprachlichen Aussage ist der Übergang zur Völker- und Stammestafel der ant. hist. Überlieferung erfolgt, und zwar auf der Grundlage der Bücher von Ludwig → Schmidt.

Felix → Dahn (1834–1912) hat als Historiker und Rechtshistoriker seine „Urgeschichte der germanischen und romanischen Völker" (1881–1889) nur in die Kap. zu den Ostgerm. und den Westgerm. gegliedert, ein Schwergewicht auf die Westgerm. gelegt und den II. Teil „Die Westgermanen bis zur Errichtung des Frankenreiches" betitelt. Dieser setzt mit den Kimbern und Teutonen ein, behandelt die Germ.kriege der Römer und die frk. Stämme, mit dem erkennbaren Ziel, die Westgerm. als die Vorläufer der Dt. und des Dt. Reichs zu beschreiben. Er spricht von urspr. (dt.) Westgerm. (1, 139).

Von der vergl. Sprachforsch. ausgehend meint Dahn: „In neuerer Zeit ist eine Ansicht herrschend geworden, die Goten und Nordgermanen unter dem Ausdruck ‚Ostgermanen' den ‚Westgermanen' (d. h. den späteren Deutschen, dann den Langobarden und Burgunden) zusammenfassend entgegenstellt: doch fehlt es nicht an Bedenken wider diese Zweiteilung", womit Dahn sich auf Müllenhoff bezieht (1, 3).

Ludwig Schmidt (1862–1944) legte zu Beginn des 20. Jh.s als Historiker, bei den späteren Aufl. seiner Werke in Zusammenhang mit Prähist., seine „Geschichte der deutschen Stämme bis zum Ausgang der Völkerwanderung vor", zuerst die Gesch. der Wandalen (1901, ²1942, Nachdr. 1970), dann der Ostgerm. (1904–1910, ²1934,

Neudr. 1941, Nachdruck 1969) und schließlich der Westgerm. (1918, ²1938/1940, Neudr. 1970). Diese über das Jh. erfolgten Wiederauflagen – zumal bei den Neu- und Nachdrucken Archäologen mitgewirkt haben (12; 13) – erklären die Langzeitwirkung des Völkerkat.s der Westgerm., entnommen der ant. Überlieferung, auf das allg. Geschichtsbewußtsein seit dem frühen 20. Jh. Nach der Gliederung bei → Tacitus behandelte L. Schmidt im Band zu den Westgerm. – nach dem Inhaltsverz. – in eigenen Abschnitten die → Ingwäonen (auch → Ingwäonisch) mit den Stämmen der → Kimbern, → Teutonen, → Ambronen, → Haruden, den → Nerthusstämmen, den → Chauken und → Sachsen sowie den → Friesen und → Amsivariern, weiterhin die → Erminonen (auch Herminonen) mit den → Angriwariern, → Cheruskern und → Sweben (darunter auch die → Markomannen und → Quaden und sogar die Baiern [→ Bajuwaren], die → Semnonen und → Alemannen, Hermunduren [→ Ermunduri] und → Thüringer, die → Chatten und schließlich die → Bataver und → Kananefaten) und im dritten Abschnitt die → Istwäonen mit zahlreichen Stämmen (→ Sugambrer, → Marser, → Kugerner; Usipier, Tenkterer [→ Usipeten/Usipier und Tenkterer], → Tubanten, → Chasuarier, → Brukterer, Chattuarier [→ Chattwarier] und → Chamaven, → Salier und Twihanten [→ Tuihanti] sowie die → Ubier). Auch die Gesch. der → Franken gehört unter den Oberbegriff Westgerm. Wie bei → Ostgermanen oder → Nordgermanen (auch → Nordgermanische Sprachen) steht sowohl die sprachwiss. als auch die geogr. Gliederung hinter diesen Benennungen (vgl. auch allg. → Germanen, Germania, Germanische Altertumskunde). Während Tacitus von Ingwäonen sprach, also eher Sprach- oder auch Kultgemeinschaften vor Augen hatte, begann die moderne Forsch. mit der verhängnisvollen Beweisführung aus den verschiedenen Qu.bereichen, indem sie Völker- und Stammesgesch. zu schreiben als vordringliche Aufgabe ansah, und dafür die arch. Überlieferung zur Hilfe nahm, die wiederum ihre Argumentation zuvor aus der Sprachgesch. abgeleitet hatte. Wegweisend war dabei Friedrich → Maurer in seinem Buch „Nordgermanen und Alemannen" von 1942 (→ Westgermanische Sprachen; dazu: 14), der sich weitgehend auf die zur damaligen Zeit herausgearbeiteten arch. Fundgruppen, Formenkreise und Kulturgruppen stützte (vgl. auch Gustaf → Kossinna): → Rhein-Weser-Germanen, → Elbgermanen, Nordseegerm., Oder-Weichsel-Germ. [→ Oder-Warthe-Gruppe] (dazu 10). Von der prähist. Arch. wurde diese Aufgliederung wieder in die Sprachwiss. hinübergenommen (→ Rhein-Weser-Germanen § 1, S. 532).

Wie von L. Schmidt wurde allg. das genealogische Ordnungsschema nach Tacitus einfach übertragen und mit ethnographischen und philol. Forsch.sergebnissen aufgefüllt, obwohl es nicht gelang, diese Großgliederung in Ingwäonen, Istwäonen und Herminonen mit den hist. überlieferten Stämmen oder gar mit arch. oder sprachlichen Befunden zu verbinden, zumal Tacitus selbst diese Gleichsetzung nicht verwendet hat (11, 57).

Doch hält sich die seit dem ausgehenden 19. Jh. zur Gewohnheit gewordene geogr. Aufgliederung der germ. Völkerschaften (7) bis in die Gegenwart, v. a. auf arch. Seite, wobei der urspr. Einfluß der Sprachwiss. vergessen worden ist.

G. Kossack formuliert 1966 diese geogr. Sicht des Arch. (3, 302): „Einer nordgerm. Gruppe in Skand. steht eine Küstengruppe an der Nordsee gegenüber, dieser ein westgerm. Kreis, der vom Rhein bis zur Saale und vom Weserknie bis zum Main bei Würzburg reicht, ihm eine elbgerm. Gruppe vom ö. Niedersachsen bis zur Oder und eine ostgerm. zw. Oder und Weichsel, San und Bug". Diese geogr. Gruppierungen sind anhand des arch. Qu.materials beschrieben und ausführlich von Rafael von → Uslar in Kartenbilder erfaßt worden. Doch bleibt es problematisch, den Völkerkat. der ant. Überlieferung in eine moderne Karte einzutragen und dann mit den arch. Gliederungsversuchen zu kombinieren. Versucht man das, so zählen zu den Westgerm. dann „neben der Brukterer-Tenkterer-Gruppe noch die Chatten, die Cherusker und ein Teil der Hermunduren, zu den Elbgermanen die Langobarden …" (3, 302). Die Zuordnung der → Langobarden bleibt vieldeutig und wechselt, die Hermunduren werden normalerweise dieselbe Sprache gesprochen haben und nicht auf unterschiedliche Großgruppen aufgeteilt gewesen sein.

Hachmann fragt 1971 (2): „Wer waren die Germanen? … Die Sprachwiss. hat oft versucht, die Gliederung des Germanentums auf Grund sprachlicher und durch die Sprache faßbarer anderer kultureller Kriterien zu klären. So erschienen die Ostgermanen eine bes. Gruppe zu sein; denn in der von Tacitus überlieferten mythologischen Gliederung der Germanen in Ingvaeonen, Istvaeonen und Herminonen schienen sie nicht enthalten zu sein … Die übrigen kontinentalen Germanen erhielten von der Wiss., um sie von den Ostgermanen gehörig abzusetzen, den Namen Westgermanen". Man trennte dann aber aufgrund kultureller, d. h. arch. faßbarer Unterschiede, die Elbgerm. und die Nordseegerm. von den Germ. an Weser und Rhein, für die dann der Name Westgerm. blieb.

Diese arch. Gruppen sind zudem reine Grabsittenkreise, keine vielseitiger definierten Kulturgruppen, weil damals zwar Gräberfelder, aber noch kaum Siedlungen ausgegraben waren. Es war die „westgerm. Kultur zwischen Rhein und Weser sowie an der Nordsee, später auch in Thüringen" (2, 85 f. und 105), heute noch als Rhein-Weser-Germ. benannt.

Die Kartierungen von Rafael von Uslar (15; 16) oder Gerhard → Mildenberger (8) umreißen diese arch. Gruppen, ohne daß jedoch Bezeichnungen wie Westgerm. dazu eingetragen wurden. Das Handb. „Die Germanen" von 1976 und 1983 (5) gliedert sich nicht mehr nach dem Schema von L. Schmidt, jedoch nach den hist. überlieferten Stämmen, rückblickend von den Großgruppen seit dem 3. Jh. auf deren Wurzeln. Gegenwärtig wird also weiterhin von Westgerm. gesprochen und werden die Stämme im Sinne von L. Schmidt aufgezählt (6, 165 f. und 198), die Rhein-Weser-Germ. und Elbgerm., aus denen die sich im Laufe des 3./4. Jh.s formierenden westgerm. Großstämme der VWZ Franken, Alam., Thür. und auch Langob. hervorgegangen seien und sich früh nach W und SW orientiert hätten, hin zum Röm. Reich. Daraus hätten sich die fundamentalen Gegensätze zw. Westgerm. und Ostgerm. herausgebildet, die auch zu arch. Unterscheidungen geführt hätten, was sich sichtlich in der unterschiedlichen Frauentracht niedergeschlagen hätte. Doch die Langob. gehören nicht zu den Westgerm., ebensowenig wie die Burg. (→ Westgermanische Sprachen S. 536 f.). Wenn es heute in einer populären Gesch. der Germ. (4, 148) von Goten, Wandalen, Burgunden und Gep. heißt, die Wiss. würde sie als Ostgerm. bezeichnen, im Unterschied zu den Westgerm., mit denen die Römer es bisher fast ausschließlich zu tun bekommen hätten, und von den Nordgerm. in Skand., dann ist das ausschließlich geogr. gemeint. O-Goten gehören zu den Ostgerm., Thür. und Franken sind westgerm. Gruppen (4, 168). Das wiederum basiert seit Kossinna auf der ethnischen Deutung arch. Kulturgruppen, wenn vom Zug der Elbgerm., gemeint sind Langob., nach S als letzte große Wanderung der Germ. gesprochen wird; zuvor waren nur die Ostgerm., die Goten, Burg., Wandalen kreuz und quer durch die Alte Welt gezogen (4, 179).

Für die meisten der unter Westgerm. subsummierten Stämme und Völkerschaften bietet dieses Lex. eigene Stichwörter zur schriftlichen und arch. Überlieferung. Doch gibt es keine arch. Erscheinungen, Befunde oder Funde, die im Sinne einer ethnischen Deutung entweder für alle Gruppierungen oder für einzelne Stämme kennzeichnend sein könnten. Nur über die mehr oder weniger sichere Lokalisierung von Stämmen über die schriftliche Überlieferung werden ihnen Siedlungsgebiete anhand von einheitlich erscheinenden Grab- oder Siedlungsfunden zugeordnet, doch allein unter diesem geogr. Aspekt. Denn auch die von arch. Seite geprägten Kartierungen nach Gruppen wie Rhein-Weser-Germ. oder Elbgerm., Nordgerm., Nordseegerm., Oder-Weichsel-Germ. wurden nur anhand der Verbreitung ähnlicher Grabsitten für die ält. und jüng. RKZ geprägt und sind definitionsgemäß rein geogr. aufzufassen (z. B. 8, 22 f. Karte Abb. 1 und 2). Hier setzt wiederum die Kreisargumentation ein, wenn zur gegenseitigen Stützung der Theorien über Sprach- und Stammesentwicklungen die arch. Verbreitungsmuster herangezogen werden. Die Diskussion um das, was eigtl. arch. erkennbare Kulturgruppen (→ Formenkreise; → Kulturgruppe und Kulturkreis) einst gewesen sind, Grabsittenkreise als Ausdruck von Identifikations- und Selbstzuordnungsmöglichkeiten oder nur arch. Konstrukte, bewegt gegenwärtig die Forsch. So ist zu fordern, daß geogr. beschreibbare, begrenzt erscheinende Verbreitungsmuster keinesfalls linear mit Sprachgruppen oder ethnischen Einheiten gleichgesetzt werden.

Gegenwärtig wird von der Sprachwiss. nur von „westgermanisch" und nicht von Westgerm. gesprochen, von Historikern wird der Begriff Westgerm. nicht mehr verwendet, und aus arch. Sicht hat er ebenfalls keinerlei Bedeutung mehr und sollte vermieden werden, während statt dessen die ausschließlich als geogr. Gruppenbezeichnung gemeinten Benennungen wie Rhein-Weser-Germ. oder Elbgerm. zu bevorzugen sind. Man sollte sich auf eine geogr. Einteilung der Germ.völker einigen (17, 23).

(1) F. Dahn, Urgesch. der germ. und roman. Völker, ²1899. (2) R. Hachmann, Die Germ. Arch. Mundi, 1971. (3) G. Kossack, Die Germ., in: Das Röm. Reich und seine Nachbarn. Die Mittelmeerwelt im Altert. IV. Fischer Weltgesch. 8, 1966, 291–314. (4) A. Krause, Die Gesch. der Germ., 2002. (5) B. Krüger (Hrsg.), Die Germ. Gesch. und Kultur der germ. Stämme in Mitteleuropa, 1. Von den Anfängen bis zum 2. Jh. unserer Zeitrechnung, 1976; 2. Die Stämme und Stammesverbände in der Zeit vom 3. Jh. bis zur Herausbildung der polit. Vorherrschaft der Franken, 1983. (6) M. Martin, Kontinentalgerm. Runeninschr. und „alam. Runenprovinz" aus arch. Sicht, in: [9], 165–212. (7) A. Meitzen, Siedlung und Agrarwesen der Westgerm. und Ostgerm., der Kelten, Römer, Finnen und Slawen 1–3, 1895, Nachdr. 1963. (8) G. Mildenberger, Sozial- und Kulturgesch. der Germ., ²1977. (9) H.-P. Naumann (Hrsg.), Alemannien und der Norden, 2004. (10) H. F. Nielsen, Friedrich Maurer and the Dialectal Links of Upper German to Nordic, in: [9], 12–28. (11) W. Pohl, Die Germ., 2000. (12) L. Schmidt (unter Mitwirkung von H. Zeiss), Die W. (unveränderter Nachdr. 1970 von: L. Schmidt, Gesch. der dt. Stämme bis zum Ausgang der Völkerwanderung. Die W., 2. völlig neubearb. Aufl. 1. Teil, 1938, 2. Teil, unter Mitwirkung von H. Zeiss, Erste Lfg., 1940). (13) L. Schmidt (unter Mitwirkung von J. Werner, neu bearb. von E. Zöllner), Gesch. der Franken bis zur Mitte des sechsten Jh., 1970. (14) E. Seebold, Alemannisch und Nordgermanisch: Kriterien und Grundlagen für eine sprachgeschichtl. Beurteilung, in: [9], 1–11. (15) R. von Uslar, Arch. Fundgruppen und germ. Stammesgebiete, vornehmlich aus der Zeit um Chr. Geb., Hist. Jb. 71, 1951, 1–36 (= E. Schwarz [Hrsg.], Zur germ. Stammeskunde, 1972, 146–201). (16) Ders., Zu einer Fundkarte der jüng. Kaiserzeit in der w. Germania libera, PZ 52, 1977, 121–147. (17) H. Wolfram, Die Germ., 1995.

H. Steuer

Westgermanische Sprachen

§ 1: Wissenschaftsgeschichte – § 2: Stellungnahme von einem modernen Standpunkt aus

§ 1. Wissenschaftsgeschichte. *Westgerm.* ist urspr. ein Terminus der Sprachgeschichtsforsch., der zunächst nur eine Grobklassifizierung der germ. Sprachen (etwa in Westgerm. – Ostgerm. – Nordgerm.) ermöglichen sollte, andererseits aber auch zu der Vorstellung einer für diese Sprachen gemeinsamen Grundsprache (zeitlich zw. dem vorausgesetzten *Urgerm.* und etwa dem ältesten *Engl.* und *Dt.*) und ggf. einer zusammengehörigen Stammesgruppierung für die Träger dieser Sprache geführt hat. Da sich dieser Terminus in der späteren Zeit als ziemlich problematisch erwiesen hat, ist es angebracht, zunächst die Gesch. seines Gebrauchs in groben Zügen zu erfassen und die damit verbundenen Vorstellungen auf den Prüfstand zu stellen. (Ausführlicher zum Folgenden 6 und 15, deren Qu.angaben hier nicht wiederholt werden).

Die älteste sprachgeschichtl. Forsch. ging in der Regel von vier Gruppen germ. Sprachen aus: 1. die nord. (später *nordgerm.* genannt), 2. das Got. und verwandte Sprachen (später *ostgerm.*), 3. die hd. Sprachen einschließlich des Frk., denen z. B. Jacob → Grimm noch die → Langobarden und → Burgunden anschloß, und 4. die nd. Sprachen, zu denen meist auch die ae. und fries. Dialekte gezählt wurden (→ Sprachwissenschaft und germanische Altertumskunde). Schon Johann Christoph Adelung (1809), Rasmus Kristian → Rask (1818) und mindestens der Tendenz nach Jacob Grimm (1819) stellten dabei das Nord. gegen die übrigen Sprachen und sahen ggf. im Engl. ein Verbindungsglied zw. den dadurch gegebenen beiden Hauptgruppen. Die teilweise zu erkennende Nähe des Got. zum Nord. wurde als Ergebnis von Neuerungen erklärt, die Verschiedenheiten zw. Got. und den zu ihm gestellten Sprachen wurden mit dem zeitlichen Unterschied der Überlieferung begründet. Aber schon bald (zunächst v. a. durch Adolf Holtzmann 1839) wurde die Nähe des Got. zum Nord. stärker betont und die beiden Sprachen den übrigen gegenübergestellt. Deshalb zog man seit August Schleicher (1860) vor, von vornherein von einer Dreigliederung auszugehen, bei der die dritte Gruppe meist *Dt.* genannt wurde – sie entspricht dem späteren *Westgerm.* und wurde auch von Förstemann (1869), allerdings mehr nebenbei, so genannt. Beachtlich ist dabei der erstaunlich modern klingende Ansatz von Förstemann (2), der von einer gemeinsamen Ursprache ausging, die er *Alturdt.* nannte (= Urgerm.); von dieser habe sich zunächst das Got. abgespalten, so daß noch ein *Mittelurdt.* übrig blieb (es ist kennzeichnend, daß diese konzeptuell ganz wichtige Stufe nur bei Förstemann ausdrücklich bezeichnet wird); dann spaltete sich das Nord. ab, wonach das *Neuurdt.* übrigblieb (die später als *Westgerm.* bezeichnete Sprachform). Aber die übrige Forsch. dachte zu sehr in den Kategorien der Stammbaumtheorie, deshalb blieb Förstemanns Ansatz vereinzelt. Einflußreich wurde dagegen der Ansatz von Wilhelm Scherer („Zur Geschichte der deutschen Sprache", 1868) und v. a. von Karl → Müllenhoff, die von einer urspr. Zweiteilung in Westgerm. und Ostgerm. (= Got. + Nord.) ausgingen. Als terminologisch und konzeptuell grundlegende Darst. gilt die von Müllenhoff in der „Deutschen Altertumskunde" (IV, 1898, 121 f.). Diese Aufgliederung wird bis in die neuste Zeit vertreten, meist in der neutraleren Fassung einer urspr. Dreigliederung, wobei das Got. und Nord. als einander bes. nahestehend betrachtet werden.

Gegen das damit vorausgesetzte Konzept eines urspr. einheitlichen Westgerm. erhoben sich aber bald grundsätzliche Bedenken. Da sich diese Bedenken naturgemäß kleineren Einheiten innerhalb des fraglichen Gebiets zuwandten, sind sie nicht notwendigerweise ein Widerspruch zu dem Konzept des Westgerm., sondern könnten sich auch auf eine weitere Untergliederung der größeren Einheit beziehen. Sowohl in der Deutung der untersuchten Besonderheiten, wie teilweise auch in dem Versuch, außerhalb des ‚Westgerm.' Vergleichspunkte zu finden, sind diese Theorien aber auch als Kritikpunkte an dem Westgerm.-Konzept aufzufassen. Auf zwei Forsch.srichtungen sei dabei bes. hingewiesen: Die eine hat einen linguistischen Ausgangspunkt, nämlich die sprachliche Nähe des Fries. zum Engl. (obwohl in der Hauptüberlieferung der Besiedlung Brit.s die → Friesen keine Rolle spielten, wohl aber die → Sachsen, deren Sprache nicht die gleiche Nähe zum Engl. aufweist (vgl. hierzu → Ingwäonisch, wo auch die Lit. ausführlich genannt wird). Die Auseinandersetzung mit diesem Umstand beginnt mit Johann Kaspar → Zeuß (1837), der Engl. und Fries. als eigene Gruppe erfaßt und die Sachsen mit den übrigen Deutschen zusammenordnet. Als Bezeichnung für diese Gruppe wählt er die taciteische Benennung *ingwäonisch* (,ingaevisch'), die dann später auch für verschiedene andere Konzeptionen in Anspruch genommen wird. Auch Konzepte für einen engeren Zusammenhang von Engl., Fries. und (Alt-)Sächs. werden entwickelt, später v. a. unter der Bezeichnung *Nordseegerm.*

Die zweite Gruppe von Einwänden knüpft sich an die in mehreren Ansätzen vorgebrachte Auffassung von Friedrich → Maurer (6), daß es kein dem Got. und Nord. gegenüberzustellendes Westgerm. gab, daß vielmehr Einzelgruppen aus dem dt.-engl.-fries. Bereich durchaus selbständige Beziehungen zu Ost- oder Nordgerm. (→ Nordgermanische Sprachen) aufweisen konnten — daher der Titel seines Buches „Nordgermanen und Alemannen" (1942), dessen Titelverheißung vom Text allerdings nicht eingelöst wird. Maurers Argumentation stützte sich im wesentlichen auf arch. Einordnungen von Fundgruppen des germ. Gebiets (v. a. unter dem Einfluß von Gustaf → Kossinna) — seine sprachgeschichtl. Argumentation ist unzulänglich und geradezu widerlegbar (14). Seine Einordnung des ‚westgerm.' Bereichs ergibt die (arch. begründeten, sprachlich — abgesehen allenfalls vom Nordseegerm. — überhaupt nicht faßbaren)

Gruppen des Oder-Weichsel-Germ., Nordseegerm., Elbgerm. (→ Elbgermanen § 6) und Weser-Rhein-Germ. (→ Rhein-Weser-Germanen § 1) (7, bes. 14).

§ 2. Stellungnahme von einem modernen Standpunkt aus. Dafür ist auf Grund der schwierigen Sachlage zunächst auf einige grundsätzliche Punkte hinzuweisen:

1. Sinnvolle Aussagen über das frühe Germ. und seine Aufgliederung sind nur über Sprachen und Dialekte möglich, über die wir aussagekräftige Qu. besitzen. Deshalb können wir nichts zu den → Skiren und → Bastarnen sagen, etwas mehr (aber auch mit ganz erheblichen Problemen) zu → Kimbern und → Teutonen, fast nichts über ‚Völker zw. Germ. und Kelten', praktisch nichts über die Sprache von Stämmen, die wir nur dem Namen nach kennen — und es hat sicher viele ‚germ.' Sprachgemeinschaften gegeben, von denen wir nicht einmal den Namen überliefert haben.

2. Die meisten Diskussionen zu diesem Thema kranken an einer naiven Vorstellung von dem, was in diesem Zusammenhang ‚eine Sprache' (oder ggf.: ‚ein Dialekt') genannt wird. Vielfach geht man (vielleicht unbewußt) von ‚Sprachen' wie dem modernen Dt. oder Engl. oder Ndl. aus, ohne zu sehen, daß deren (relative) Einheitlichkeit auf einer durch den Gebrauch normierten Standardsprache beruht — aber solche Standardsprachen hat es im frühen Germ. nicht gegeben. Auch die Vorstellung von einheitlichen Stämmen, die eine (etwa im Sinne einer Ortsmda.) einheitliche Sprache sprechen, ist zumindest für die Zeit, in der es um Aufgliederungen und damit das Vorhandensein sprachlicher Verschiedenheiten geht, eine Illusion. Die Sprachen, mit denen wir es zu tun haben, sind ‚Gesamtsprachen', räumli-

che Kontinuen, bei denen benachbarte Sprachausprägungen („Mundarten') einander sehr ähnlich sind, aber innerhalb eines größeren Kontinuums zw. weit voneinander entfernten Sprachausprägungen durchaus ganz erhebliche Unterschiede auftreten können. Jedoch – und das ist prinzipiell wichtig – innerhalb eines Kontinuums gibt es zwar viele sprachliche Unterschiede, aber keine von der Sprachstruktur vorgegebene Binnengliederung. Man kann aus Zweckmäßigkeitsgründen eine Binnengliederung vornehmen, indem man bestimmte Verbreitungsmerkmale zu Abgrenzungskriterien erklärt. Aber man könnte selbstverständlich auch andere Verbreitungsmerkmale nehmen – im Prinzip ist eine solche Gliederung willkürlich. Um von *verschiedenen* Sprachen sprechen zu können, ist der Nachweis der Abgrenzbarkeit nötig; d. h. entweder räumliche Trennung ohne nennenswerte sprachliche Verständigungsmöglichkeit oder eine Sprachgrenze über die eine gegenseitige Verständigung in der jeweils eigenen Sprache nicht möglich ist. Und damit kann auch erst dann sinnvoll über verschiedene Sprachen gesprochen werden, wenn eine entspr. Verschiebung der Sprechergruppen eingetreten ist. Es gibt kein Ostgerm. bevor die → Goten und ihre Nachbarn das Kontinuum verlassen haben – allenfalls ö. Teile des Kontinuums, bei denen im übrigen keine Abgrenzung vorgegeben ist.

3. Werden im Zuge der Verschiebung von Teilen eines Kontinuums Sprechergruppen zu Nachbarn, deren Sprachen zwar deutlich verschieden, aber noch gegenseitig verstehbar sind, so werden sich diese Sprachen im Fall aktiver sprachlicher Kontakte immer aneinander angleichen: die Verschiedenheiten werden abgemildert und neue Gemeinsamkeiten mit eigener Verbreitung treten auf: Es entsteht ein „sekundäres' Kontinuum.

Dies war eindeutig der Fall bei der Entstehung des ae. Kontinuums aus anglischen, sächs. (und jütischen) Mda.; ebenso bei dem altdt. Kontinuum aus hd., nd. und niederfrk. Mda. (bei denen es viele interne Verschiebungen gegeben hatte).

Versuchen wir nun, die Entwicklung des germ. Kontinuums seit der Zeit vor der ersten großen Spaltung durch die Abwanderung der Goten usw. nachzuzeichnen (nähere Ausführungen mit Lit. → Germanen, Germania, Germanische Altertumskunde § 16h, sowie 9; 12): Es beginnt mit der Zeit deutlich vor der Zeitenwende; die → Goten sind die nächsten Nachbarn der Sprachgruppen, die später ostnord. Sprachausprägungen sprechen – sei es, daß die Goten auf dem Kontinent gegenüber Skand. sitzen oder (was vom sprachlichen Befund her näherliegt) in Skand. in der Nähe der Vorläufer des Gutnischen (→ Germanen, Germania, Germanische Altertumskunde § 16j). Nach der Abwanderung der Goten an das Schwarze Meer beginnt die erste faßbare Teilung der germ. Sprache Gestalt anzunehmen – man kann jetzt von einem ‚ostgerm.' Zweig gegenüber dem ‚Rest-Kontinuum' reden. Wichtig ist dabei die Beurteilung des Krimgot.: Seine Träger (→ Krimgoten) nehmen an dieser Abwanderung nach O teil, kommen aber aus einem deutlich anderen Teil des Kontinuums als die Goten; andererseits ist es an den späteren sprachlichen Entwicklungen des Got. beteiligt. Das zeigt zunächst, daß die verschiedenen Sprachausprägungen des Germ. (wenigstens soweit sie hier betroffen sind) um diese Zeit noch gegenseitig verstehbar waren. Durch die weitere Entwicklung wurde die Verschiedenheit der beiden Sprachausprägungen zurückgedrängt, aber nicht aufgehoben. Das Krimgot. ist also eine eigenständige Sprache geblieben. Es geht dabei auf eine (süd-)westliche Ausprägung des germ. Kontinuums zurück, hat aber sekundär ‚ostgerm.' Züge aufgenommen.

Das Rest-Kontinuum bleibt zunächst im wesentlichen bestehen, bes. im N, wo es allenfalls durch Abwanderungen geschwächt wird. Im S ist das Bild etwas bunter: Durch die Eingriffe der Römer haben sich sicher merkliche Verschiebungen des Sprachgebiets ergeben, die wir aber nicht konkret belegen können. Von sonstigen Völkerverschiebungen sei hier die der Langob. herausgegriffen, weil sie in späterer Zeit auch sprachlich faßbar sind. Ob sie nun aus Skand. oder Jütland kommen oder nicht – sie sind ungefähr entlang des ö. und s. Rands des Kontinuums schließlich nach Italien gezogen, haben also ihren Platz im Kontinuum fortlaufend verändert. Aber noch im S, in Italien, ist eine gegenseitige Verstehbarkeit mit den germ. Nachbarn (v. a. den Baiern; → Bajuwaren) gut denkbar, wenn auch die potentiell in diese Richtung weisende Tatsache einer langob. Lautverschiebung und ihres Verhältnisses zur hd. Lautverschiebung nur mit großer Zurückhaltung beurteilt werden sollte.

Um dieses für die weitere Beurteilung grundlegende ‚Rest-Kontinuum' speziell hat sich die Forsch. wenig gekümmert (eine Bezeichnung als ‚spät-gemeingerm.' etwa bei Kuhn [4]). Eine Ausnahme macht das Konzept des Nordwestgerm., das urspr. eine Reaktion gegen den Gebrauch war, frühe Runeninschr. in Jütland ohne weiteres als ‚nordgerm.' zu erklären. Der wichtigste Vertreter dieser Reaktion ist Antonsen (bes. 1), der aus dem Urgerm. (Proto-Germanic) nach Abzug der Goten durch bestimmte sprachliche Neuerungen ein Nordwestgerm. entstanden sein läßt, das dann später weiter aufgegliedert wurde. Das ist ein vertretbares Konzept, wenn es auch dem Gedanken der einheitlichen Sprachen zu stark verpflichtet bleibt.

Wirklich einschneidende Veränderungen des Kontinuums treten ungefähr im 5. Jh. im Nordseeraum auf: Germ. Stämme ziehen nach Brit. und setzen sich dort endgültig fest. Sprachlich entwickelt sich dort das ae. Kontinuum. Wie lange die ae. Sprachausprägungen noch mit denen von Jütland und dem Kontinent gegenseitig verstehbar waren, läßt sich nicht genau festlegen. Zu Beginn unserer Überlieferung waren sie es wohl nicht mehr (obwohl es gefährlich ist, dies aus einseitig ausgerichteten schriftlichen Denkmälern zu schließen). In der gleichen Zeit entwickelt sich eine Sprachgrenze zw. dt. Mda. und denen der ‚Dänen', wofür normalerweise der Abzug der → Angeln aus Jütland und ein Nachrücken ‚skand.' → Dänen verantwortlich gemacht wird – hist. oder arch. ist dies allerdings nicht zu erweisen (zuletzt zu den Qu.: 3 mit mageren Ergebnissen). Und schließlich muß irgendwann um diese Zeit die Sonderstellung der (auch untereinander stark unterschiedlichen) fries. Dialekte merkbar geworden sein (bezeugt ist dieser Gegensatz erst wesentlich später).

Damit sind wir beim Problem des Westgerm. angelangt: Das Ostgerm. (→ Ostgermanen) ist durch seinen Abzug eine eigene Gruppe geworden (das Krimgot. ist dabei immer auszunehmen); das Nordgerm. ist der bewahrte Rest des Kontinuums, der sich auch durch weitere Neuerungen, die bis an die neuen Sprachgrenzen reichen, als Einheit erweist (z. B. suffigierter Art., Mediopassiv) – was ist mit dem Rest, den zuletzt vom Kontinuum abgelösten Gruppen? Man kann sie, wenn das zweckmäßig erscheint (was durchaus immer wieder der Fall ist) als westgerm. oder südgerm. Sprachen zusammenfassen; aber was besagt dies? Setzt es den gleichen Zusammenhang voraus wie bei *nordgerm.* oder *ostgerm.*? Welche Gesichtspunkte können hier zu einer Beurteilung führen?

1. Die Feststellung, daß die ‚westgerm.' Sprachausprägungen auf räumlich zusammenhängende Sprachgebiete des alten Kontinuums zurückgehen. Aber das entscheidet leider gar nichts: Auch das Gutnische und das Bibelgot. müssen auf zu-

sammenhängende Sprachgebiete zurückgehen, und wir rechnen das eine zum Nordgerm., das andere zum Ostgerm. Maßgeblich ist das, was nach der Trennung geschieht, und da kann von einem Zusammenhang von dt., engl. und fries. nur sehr bedingt die Rede sein, weil zw. den Gruppen Sprachgrenzen auftreten. Aber mehr noch: Der hist. nicht erklärbare sehr enge sprachliche Zusammenhalt zw. Engl. und Fries. (8) und die hist. ebenfalls nicht erklärbare Sprachgrenze zw. Nd./Dt. und Fries. legen die Annahme des Einflusses einer anderen, nördlicheren germ. Sprachgruppe nahe (s. bes. 13), dem v. a. die Sprachformen zuzuschreiben sind, die gemeinhin als ingwäonisch erklärt werden. Für diese Annahme (die die nicht erklärbaren sprachgeschichtl. Probleme zu beseitigen sucht) gibt es hist. Anhaltspunkte, bes. in der Herkunftslegende der Sachsen. Wird dies aber vorausgesetzt, dann ist die Aufgliederung des s. Teils des ehemaligen Kontinuums nicht nur eine Sache der räumlichen Trennung, sondern auch Ergebnis eines äußeren Einflusses, der nur den n. Teil des Gebiets betrifft, sich aber im Sinne eines Kontinuums in den später dt. Teil des Kontinuums fortsetzt. Insofern hat die alte → Ingwäonen-Theorie durchaus eine Problemstelle des Westgerm.-Konzepts getroffen.
2. Die Feststellung, daß die ‚westgerm.‘ Sprachausprägungen gemeinsame Neuerungen zeigen. Die sind nun durchaus vorhanden, wie bei benachbarten und lange Zeit noch gegenseitig verstehbaren Sprachen auch anzunehmen ist. Als Beispiel sei die gemeinsame Neuerung der 2. Sing. Prät. der starken Vb. genannt, durch die die lautlich sehr unbequemen Folgen mit Konsonant + *t* vermieden wurden. Aber daraus weitgehende Schlüsse zu ziehen zeigt nur, daß hier eine subjektive Auswahl von Gemeinsamkeiten und Verschiedenheiten herangezogen wird – es gibt selbstverständlich auch Fälle, in denen z. B. das Engl. (Fries. und teilweise As.) gemeinsame Neuerungen mit dem N und gegen das s. Dt. aufweist, etwa die Personalpronomina mit anlautendem *h*- mit einer in ein Kontinuum passenden Verbreitungsgrenze, die sogar das Hd. noch erreicht. Auch Fälle wie die ‚westgerm. Konsonantengemination‘ zeigen nur sehr bedingt eine ausschließliche Gemeinsamkeit: Die Bedingungen für die Gemination sind nicht überall einheitlich und verändern sich auch vor unseren Augen (etwa nach Langvokal) – und unter anderen Bedingungen tritt sie auch im Nord. auf, nämlich bei *g* und *k* vor *j, w* und sporadisch vor *l,* andeutungsweise auch nach Langvokalen. Das sieht nicht nach einer auf das Westgerm. beschränkten Entwicklung aus. Deshalb auch von diesem Gesichtspunkt aus: Zu der Annahme einer einheitlichen westgerm. Gruppe gibt es keinen ausreichenden Anlaß.

Für die sprachlichen Verhältnisse ist es also sinnvoll, von einer nordgerm. und einer ostgerm. Gruppe und für diese von einer gewissen Einheitlichkeit zu reden. Für den Rest gibt es die engl. Gruppierung, die fries. und die kontinentale. Diese als west- oder südgerm. Gruppe zusammenzufassen, mag in manchen Zusammenhängen zweckmäßig sein, eine tieferliegende Gemeinsamkeit hat diese Zusammenfassung nicht. Von hist. oder arch. (ggf.: rassischen) Gesichtspunkten aus mag dies ggf. anders zu beurteilen sein; doch dürfte dies die Beurteilung des sprachlichen Befunds kaum betreffen.

Das Bild wäre nicht vollständig, wenn wir nicht auch die w. Gegenstücke zu dem Problem des Krimgot. in die Betrachtung einbeziehen würden, nämlich das Langob. und das Burg. Hier ist nun zu sagen: Es hat keinen Sinn, das Langob. den Ingwäonen zuzurechnen, und es hat keinen Sinn, das

Burg. als ostgerm. Sprache zu bezeichnen. Wenn wir überhaupt mit einer Gruppe der Ingwäonen rechnen wollen und wenn die Langob. aus dem entspr. Gebiet kommen (was ja keineswegs sicher ist), dann ist die Herausbildung des Ingwäonischen viel, viel später anzusetzen als die Abwanderung der Langob. nach O und S, und es hat keinen Sinn, die spätere Aufgliederung auf die früheren Nachbarn zu übertragen; entspr. die Burgunden: Selbst wenn sie aus Bornholm kommen und ungefähr um die gleiche Zeit wie die Goten aus dem n. Teil des Kontinuums ausgeschieden sind – das Ostgerm. hat sich nach der Aufgliederung vielleicht am Schwarzen Meer, vielleicht auf dem Weg dorthin herausgebildet, und die Burgunden (wenigstens die, die wir später kennen und von denen wir einige Sprachreste haben) sind nicht dorthin gekommen, sondern ähnlich wie die Langob. am ö., s. (und w.) Rand des Kontinuums entlanggezogen, vermutlich immer im Kontakt mit anderen germ. Gruppen. Krimgot., Langob. und Burg. sind nicht westgerm., ingwäonisch und ostgerm., sondern sie sind krimgot., langob. und burg. – und wenn ihre geschichtl. Stellung im Rahmen der germ. Sprachen zu beschreiben ist, dann ist ihr geschichtl. Weg zu beschreiben (so weit wir dazu in der Lage sind). Einordnungen als ingwäonisch und ostgerm. können da nur Unklarheit verbreiten.

(1) E. H. Antonsen, The earliest attested Germanic language, revisited, NOWELE 23, 1994, 41–68 (revidierter Abdruck in: Ders., Runes and Germanic Linguistics, 2002, Kap. 2). (2) E. Förstemann, Alt-, mittel-, neuhochdt., KZ 18, 1869, 161–188. (3) E. Hoffmann, Hist. Zeugnisse zur Däneneinwanderung im 6. Jh., in: [5], 77–94. (4) H. Kuhn, Zur Gliederung der germ. Sprachen, ZDA 86, 1955/56, 1–47. (5) E. Marold, Ch. Zimmermann (Hrsg.), Nordwestgermanisch, 1995. (6) F. Maurer, Nordgerm. und Alem., 1942. (7) H.-P. Naumann (Hrsg.), Alemannien und der Norden, 2004. (8) H. F. Nielsen, OE and the Continental Germanic Languages, ²1985. (9) E. Seebold, Die sprachliche Deutung und Einordnung der archaischen Runeninschr., in: K. Düwel (Hrsg.), Runische Schriftkultur in kontinental-skand. und -ags. Wechselbeziehung, 1994, 56–94, bes. 84–93. (10) Ders., Wer waren die Friesen – sprachlich gesehen?, Fries. Stud. 2, 1995, 1–17. (11) Ders., Völker und Sprachen in Dänemark z. Zt. der germ. Wanderungen, in: [5], 155–186. (12) Ders., Die Sprache(n) der Germ. in der Zeit der Völkerwanderung, in: E. Koller, H. Laitenberger (Hrsg.), Suevos – Schwaben, 1998, 11–20. (13) Ders., Wann und wo sind die Franken vom Himmel gefallen?, PBB 122, 2000, 40–56. (14) Ders., Alem. und Nordgerm.: Kriterien und Grundlagen für eine sprachgeschichtl. Beurteilung, in: [7], 1–11. (15) W. Streitberg u. a., (Grundriß der idg. Sprach- und Altkde. II. Die Erforschung der idg. Sprachen II) Germanisch. 1. Allg. Teil und Lautlehre, 1936, Stellung und Gliederung des Germ. S. 1–16 (Lfg. 1, bereits 1927 erschienen).

E. Seebold

Westgoten

§ 1: Alarich I. und die Entstehung der W. – § 2: Das Tolosanische Reich – § 3: Das Toledanische Reich

§ 1. Alarich I. und die Entstehung der W. Die Unterscheidung in W. und → Ostgoten, die die zeitgenössische Einteilung der außerröm. → Goten in → Terwingen/Vesier und → Greutungen/Ostrogothen fortsetzte, ist wahrscheinlich nicht älter als → Cassiodors Eintritt in die Dienste → Theoderichs des Großen. Er stellte den Ostrogothen-Ostgoten den Kunstausdruck Vesegothen im Sinne von W. gegenüber. Das System Cassiodors machte Schule, allerdings fast nur als Fremdbezeichnung; sich selbst verstanden „die beiden Völker desselben Stammes" (1, 98) als Goten. Trotzdem ist es aus praktischen Gründen sinnvoll, die Gesch. der W. entweder mit dem Ansiedlungsvertrag, den Theodosius 382 mit → Fritigern schloß, oder mit dem J. 391 zu beginnen, als die bisher königlosen donaugot. Terwingen den → Balthen → Alarich I. zum Kg. erhoben. Dieses erste barbarische Kgt. innerhalb des Röm. Reichs unterscheidet sich vom Kgt. außerhalb der Reichsgrenzen durch seine faktisch wie rechtlich unverzichtbare Verbindung mit dem Heermeisteramt. Alarich war nicht nur der erste Gotenfürst, sondern überhaupt der erste Germanenkg., der → Heermeister, d. h. oberster Befehlshaber einer oder der regulären röm. Armee wurde. Allerdings wechselten Verleihung wie Entzug dieses Amtes je nach Stärke der Reichsregierung so häufig ab, daß Alarich (391–410) den Kampf um die Niederlassung seiner Goten auf Reichsboden nicht mehr selbst zu Ende führen konnte. Selbst die Einnahme von Rom am 24. August 410 änderte daran nichts, weil Ks. Honorius nicht verhandlungsbereit war. Während der dreitägigen Plünderung der Ewigen Stadt, die der Kg. zuließ, fielen den Goten unermeßliche Reichtümer in die Hände, darunter wohl auch Teile des jüdischen Tempelschatzes, den Titus von Jerusalem nach Rom gebracht hatte. Angeblich nahm der Alarich-Schwager → Athaulf, der Befehlshaber ausgewählter Reiter, Galla Placidia, die Schwester des Ks.s, persönlich gefangen. Sie sollte später seine zweite Gemahlin werden. Die Goten gaben sehr rasch Rom wieder auf und setzten ihren Marsch in den S fort; ihr Ziel war das kornreiche Afrika. Aber bereits die Straße von Messina bereitete ein unüberwindliches Hindernis; die Goten Alarichs waren längst keine Seefahrer mehr. Darauf zogen sie sich in n. Richtung zurück. Sicher ist, daß die Goten in Kampanien überwinterten und den afrikanischen Plan zunächst selbst dann nicht aufgaben, als Alarich noch vor Jahreswechsel 410 auf 411 in Bruttium starb (3–5).

Bis heute hat sich an der Vorliebe für Alarich I. wenig geändert. Nach der Herkunftsgesch. hätten „die Seinen aus Liebe zu ihm getrauert" (1, 158). Aber auch als Attila starb, trauerten seine Völker, und der Tod eines Amalerherrschers bewirkte eine derart intensive Trauer, daß die Goten 40 J. lang keinen „König" nahmen (1, 251 und 254–258). Ein Gemeinplatz ist aber auch ‚Das Grab im Busento' (→ Fürstengräber § 1). Nach der Herkunftsgesch. wurde Alarich bei Consentia-Cosenza im Busento begraben, nachdem man vorher das Flußbett trockengelegt hatte. Die Arbeitskräfte, die das Werk errichteten, seien getötet worden. Das berichtet dieselbe Qu. aber auch von Attilas Begräbnis. Für das ‚Grab im Fluß' gibt es zahlreiche ‚skythische' Parallelen. Tatsächlich muß der Busento Alarichs Grab schon in der nächsten Trockenzeit freigegeben haben, wenn der Fluß zu einem bescheidenen Gerinne wird oder völlig versiegt. Aber auch diese geol.-klimatischen Gegebenheiten werden in Zukunft niemanden aufhalten, weiter nach den Schätzen des Alarich-Grabes zu suchen, ohne zu bedenken, daß der Kg. als Christ bestattet wurde und daher im Jenseits nicht übermäßiger materieller Schätze bedurfte.

§ 2. Das Tolosanische Reich. Alarichs Nachfolger führten die W. über Gallien nach Spanien und wieder nach S-Gallien zurück, wo ihnen im J. 418 die Aquitania II sowie einige Stadtbez. der benachbarten Prov. Novempopulana und Narbonensis I, deren Hauptstadt Toulouse war, übergeben wurden. Von dieser Basis aus gelang den W.-Königen die Errichtung des bedeutendsten Nachfolgestaates des Römerreichs. Innerhalb von zwei Generationen entstand das → Tolosanische Reich als ein gall.-span. Regnum, in dem auf einer Fläche von etwa 750 000 km^2 ungefähr zehn Millionen Menschen lebten. Das neue Kgr. übertraf das alte Föderatenland von 418 um mehr als das Sechsfache seines Umfanges. Trotzdem schieden die W. nicht aus dem Verband des Römerreichs aus, sondern setzten das Imperium in allen Bereichen des Lebens fort. In der Völkerschlacht auf den → Katalaunischen Feldern verteidigte Kg. → Theoderid (418–451) mit seinen Kriegern die Romanitas gegen Attilas Hunnenheer und bezahlte für den Sieg des Reichsfeldherrn → Aetius mit seinem Leben. Die tolosanischen Kg. waren die ersten Barbarenfürsten, die als Gesetzgeber auftraten, deren Kodifikationen den Sieg des röm.

Vulgarrechts und die endgültige Trennung von der Rechtsentwicklung des kaiserlichen Os bewirkten. Bereits Theoderid mußte erb- und vermögensrechtliche Bestimmungen in schriftlicher Form erlassen, die sein zweiter Sohn Theoderich (453–466) erweiterte und vielleicht schon sein vierter Sohn zum berühmten → *Codex Euricianus* ausbaute. Ob aber von Kg. Eurich (466–484) oder erst von dessen Sohn Alarich II. (484–507) kodifiziert, die epochale Leistung des Gesetzeswerkes wirkte noch als Vorbild der oberdt. → Volksrechte des Früh-MAs. Der *Cod. Euricianus* steht an Bedeutung und Nachwirkung der Bibelübs. → Wulfilas in nichts nach. Die große Leistung Alarichs II. ist eine Rechts- und Kirchenpolitik, der die Zukunft gehörte. Seinem Vater Eurich war es nie gelungen, die territoriale Gliederung der gallo-röm. Kirche den westgot. Reichsgrenzen anzugleichen. Dieses schwere Erbe suchte Alarich II. zu überwinden. Sein Breviarium, die Gesetzgebung für seine röm. Untertanen, stand in unmittelbarem Zusammenhang mit der Einberufung des got.-gall. Landeskonzils von Agde. Wie die Rechtkodifikation, so war auch diese Synode die erste ihrer Art in den röm.-barbarischen Nachfolgestaaten des Weström. Reiches.

Der Eurich-Sohn Alarich II. kämpfte 490 an der Seite der O-Goten Theoderichs des Großen in Italien gegen Odoaker (→ Odowakar), wurde der Schwiegersohn des Amalers, konnte aber dem frk. Druck, der von der Reichsgründung → Chlodwigs ausging, auf die Dauer nicht widerstehen. Bei → Vouillé, auf den Vogladensischen Feldern in der Nähe von → Poitiers, stießen die Heere Alarichs II. und Chlodwigs im Spätsommer 507 aufeinander. Alarich II. fiel, das Tolosanische Reich ging mit seinem Kg. zugrunde. Die W. verloren Gallien mit Ausnahme von → Septimanien, der heutigen Languedoc.

§ 3. Das Toledanische Reich. Der Schwerpunkt der got. Staatlichkeit verlagerte sich nach Spanien (→ Spanien und Portugal § 7), wo sie aber während der nächsten zwei Generationen mehrmals vom Untergang bedroht war. Erst mit → Leovigild (568/69–586) und seinem Sohn → Reccared I. (573/86–601) wendete sich das Blatt. Die mehr als 30 J. ihrer Herrschaft wirken wie aus einem Guß. Auch trügt der Eindruck, der Sohn habe mit der Relig.spolitik des Vaters gebrochen. Tatsächlich ging es beiden um die kirchliche Einheit des W.-Reichs. Was Leovigild mit einem moderaten und kompromißbereiten Arianismus nicht erreichte (→ Arianische Kirche), gelang dem Sohn 589 mit dem Übertritt zum Katholizismus, der Konfession der Mehrheitsbevölkerung. Der got. Glaube war gegenüber der röm. Orthodoxie sowohl im intellektuellen wie im Bereich der Volksfrömmigkeit vollends ins Hintertreffen geraten. Indem aber Reccared daraus die Lehre zog, blieb ihm nur die Bekehrung der W. zum Katholizismus, wollte er die Einheit des W.-Reichs erhalten. Im J. 586 starb Leovigild, und sein Sohn Reccared I. folgte ihm nach. Widerstand regte sich keiner. Bereits 587 wurde der Kg. Katholik. Nicht alle waren damit einverstanden. Aber nur in Septimanien gab es eine bewaffnete Rebellion, die jedoch bald zusammenbrach. Nach gründlichen Vorbereitungen trat 589 das Dritte Konzil von → Toledo zusammen. Es erschienen alle fünf Metropoliten des Reiches, fast 50 katholische und acht arianische Bischöfe, dazu zahlreiche arianische Geistliche und got. Große. Mit der feierlichen Conversio der anwesenden W. behielten die übergetretenen arianischen Bischöfe ihre Würden, auch wenn dadurch gegen das kanonische Recht manche Diöz. doppelt besetzt wurden. Die acht Bischöfe bekannten das nicänische Credo und unterschrieben es gemeinsam mit den got. Großen, was auch die Schriftlichkeit der letzteren bezeugt. Als Reccared 601 starb, folgte sein Sohn Liuva II. wie selbstverständlich nach. Der 18jährige Herrscher konnte jedoch das große Erbe des Vaters und Großvaters nicht bewahren und fiel bereits als 20jähriger einer Verschwörung zum Opfer. Im J. 603 endete die kurzlebige Dynastie Leovigilds, und die W. kehrten zur Wahlmonarchie mit all ihren mörderischen Mechanismen zurück. Von den 17 W.-Königen des 7. Jh.s wurden zehn mit Sicherheit oder wahrscheinlich abgesetzt oder ermordet. Trotzdem bestand das Reich fort. Das von der Kirche geheiligte Kgt. und die Macht des grundbesitzenden Adels schlossen an die starke röm. Tradition im Lande an und leiteten eine sozial-rechtliche wie wirtschaftl. Entwicklung ein, die den ma. Lehenstaat vorwegnahm. Der Ausgleich zw. Goten und Römern setzte einen Prozeß in Gang, der die Entstehung der ersten ma. Nation vorbereitete. Dazu diente auch die Kg.ssalbung, der höchste Ausdruck des Gottesgnadentums. Den Zeitgenossen schien das Sakramentale offenkundig von geringerer Bedeutung, da die westgot. Kg.slisten erst seit 680, d. h. vom Nachfolger Wambas (672–680) an, das Datum der → Salbung anführen. Keine westgot. Dynastie konnte ein Geblütsrecht beanspruchen, das auch nur entfernt an das der Merowinger herangereicht hätte. Diesen Mangel an polit. Kontinuität dürfte die Kg.ssalbung als eine der bischöflichen Konsekration entlehnte und vergleichbare Handlung behoben haben. Zum ersten Mal waren es die W., die einen der Ihren zum Kg. gesalbt und damit ein Vorbild für das europ. Kgt. geschaffen hatten. Das W.-Reich des 7. Jh.s war in seinen Stärken wie in seinen Schwächen der vollkommene Nachfolgestaat des Römerreiches. Die Zerrissenheit Italiens und Englands, die Schwäche sowohl der → Merowinger wie der von allen Seiten bedrohten Byzantiner ließen Toledo bald konkurrenzlos erscheinen. Dafür verlor man hier das Interesse am Rest der Welt. Im W.-Reich blühte die lat. Schriftlichkeit wie nirgendwo sonst in Europa, wo man erst, wenn überhaupt, mühsam wieder die Buchstaben lernte. Obwohl die meisten Bauten der W.-Zeit verschwunden sind, blieben doch einige nordspan. Kirchen aus dem 7. Jh. erhalten. Hier zeigt die Kirchenplastik sowohl byz. wie orientalischen Einfluß, während selbst in der Kleinkunst die germ. Traditionen, die im 6. Jh. noch gelebt hatten, aufgegeben wurden (→ Sarg und Sarkophag § 11c; → Taufbecken; → Toledo § 3). Die westgot. Wirtschaft scheint sich in einem klein gewordenen, nach zeitgenössischen Maßstäben aber immer noch großen Raum eingerichtet zu haben. Der Reichtum lag traditionell in der Landwirtschaft. Das spätant. Latifundienwesen setzte sich in einer Weise fort, die den Reichtum vermehrte und die Zahl der Abhängigen, ob nun kleine Freie oder Unfreie, wachsen ließ. Ein florierender Außenhandel wurde weder betrieben noch vermißt, sonst hätte man es sich nicht leisten können, das jüdische Element so nachhaltig zu verfolgen. Die antijüdische Gesetzgebung, die unmittelbar nach 589 von den toledanischen Reichskonzilien unter Vorsitz des Kg.s erlassen wurde, zählt zu den schrecklichsten und unsinnigsten Kodifikationen des Hasses, zu denen das MA, und nicht bloß das MA, fähig war. Im J. 625 hatte Kg. Suinthila (621–631) Cartagena, die Hauptstadt der byz. Provinz, eingenommen und war damit der erste W.-König geworden, der „die Herrschaft über ganz Spanien (diesseits der Straße von Gibraltar) besaß" (2, 62). Danach mußte Spanien jahrzehntelang keine fremden Heere mehr auf seinem Boden dulden; es herrschte Friede, sieht man von den üblichen Baskenkämpfen im N und den mittelmeerischen Piratenangriffen ab. Allerdings war unter den Seeräubern zw. 672 und 680 ein neues Element aufgetaucht, als nämlich eine arab. Flotte span. Küstenstädte verheerte. Seit der Mitte des 7. Jh.s hatte sich die Wahlmonarchie stark gewandelt. Zu Kg. gewählt wurden nur mehr → Wamba 672 und Roderich

710. Die anderen Kg. waren durch Designation oder Erhebung zum Mitregenten zur Herrschaft gelangt. Aber die Zahl der kg.sfähigen Familien hatte sich auf die beiden konkurrierenden Zweige einer einzigen Sippe reduziert. Beide leiteten sich von Chindasvinth (642–653) her und waren miteinander aufs heftigste verfeindet. Ihr Ahnherr, W.-König zw. seinem 79. und 90. Lebensjahr, hatte als großer Gesetzgeber, ideenreicher Reorganisator und rücksichtsloser Verfolger des Adels dafür gesorgt, daß nur mehr seine Nachkommen als Kg. in Frage kamen. In den J. 693/94 und 707/09 hatten schwere Pestepidemien das W.-Reich heimgesucht. Zw. 698 und 701 dürfte ein byz. Flottenverband nach der vorübergehenden Wiedereroberung von Karthago an der span. O-Küste gelandet sein, wurde jedoch zurückgeschlagen. Im Frühsommer 710 hatten die W. Roderich zum Kg. gewählt, nachdem sein Vorgänger Vitiza († vor 710) aus dem anderen Zweig der kgl. Familie gestorben war. Die Verwandten des toten Kg.s wollten aber die Wahl Roderichs nicht hinnehmen. So leisteten sich die W. den Luxus eines heftigen Streits zw. den beiden führenden Familien, während jenseits der Meerenge von Gibraltar der Hl. Krieg vorbereitet wurde. Nachdem Tarik mit seinem vorwiegend aus Berbern bestehenden Heer span. Boden betreten hatte, kam es am 23. Juli 711 am Flüßchen Guadalete s. von Arcos de la Frontera in der Prov. Cádiz zur denkwürdigen Schlacht. Roderich und seine Gegner waren gemeinsam in den Kampf gezogen und fanden gemeinsam den Tod. Die Dolchstoßlegende vom Verrat der Roderich-Gegner ist jüng. Ursprungs und hat daher nichts mit der Wirklichkeit zu tun. Die Katastrophe beendete jedoch keineswegs die westgot. Kampfbereitschaft s. wie n. der Pyrenäen. Es vergingen weitere 14 J., bis die Araber ihren Sieg von 711 tatsächlich gewonnen hatten. Die überlebenden Großen waren in ihren heimatlichen Regionen sehr wohl imstande, ihre Leute aufzubieten und hartnäckigen, keineswegs erfolglosen Widerstand zu leisten. Ob sie nun Muslime wurden oder nicht, sie galten den Arabern als tapfere Gegner und wurden mit Großmut behandelt. Die gall. Goten wurden dagegen anerkannte Angehörige des Frankenreichs, zumal ihnen Kg. Pippin (→ Pippin der Jüngere), der Vater → Karls des Großen, das got. Recht bestätigte, das hier bis an den Beginn des 13. Jh.s Gültigkeit besaß. Der Gote Vitiza († 821) war der zweite Gründer des benediktinischen Mönchtums; die Geschichtsbücher kennen ihn als Benedikt von Aniane. Auch in Spanien erhielt das Got., obgleich mit Unterbrechungen, seinen Identität stiftenden Wert: Der *godo* ist auf der iberischen Halbinsel wie in Übersee der „reinrassige Vornehme" und damit ein ideologischer Bestandteil des span. → Gotizismus geworden. Dieser war allerdings erst das Ergebnis einer bewußten Renaissance, reichte auch seine Wirkungsgesch. (fast?) bis in unsere Gegenwart. Der polit.-institutionelle Vorsprung Spaniens aber blieb – dank der Herrschaft von Goten und Arabern – bestehen.

Qu.: (1) Iordanes, Getica, hrsg. von Th. Mommsen, MGH AA 5, 1, 1882, Nachdr. 1982, 53 ff. (2) Isidor von Sevilla, Historia vel Origo Gothorum, hrsg von Th. Mommsen, MGH AA 11, 1894, Nachdr. 1981, 267 ff.

Lit.: (3) H. Wolfram, Die Goten. Von den Anfängen zur Mitte des 6. Jh.s, ^{4}2001. (4) Ders., Die Goten und ihre Gesch., ^{2}2005. (5) Ders., Das Reich und die Germ., ^{2}1992.

H. Wolfram

Westick. Die germ. Siedlung der RKZ bis VWZ/MZ in W., Stadt Kamen, Kr. Unna, wurde bereits 1910 entdeckt. Arch. Unters. und Sondagen erfolgten in den J.

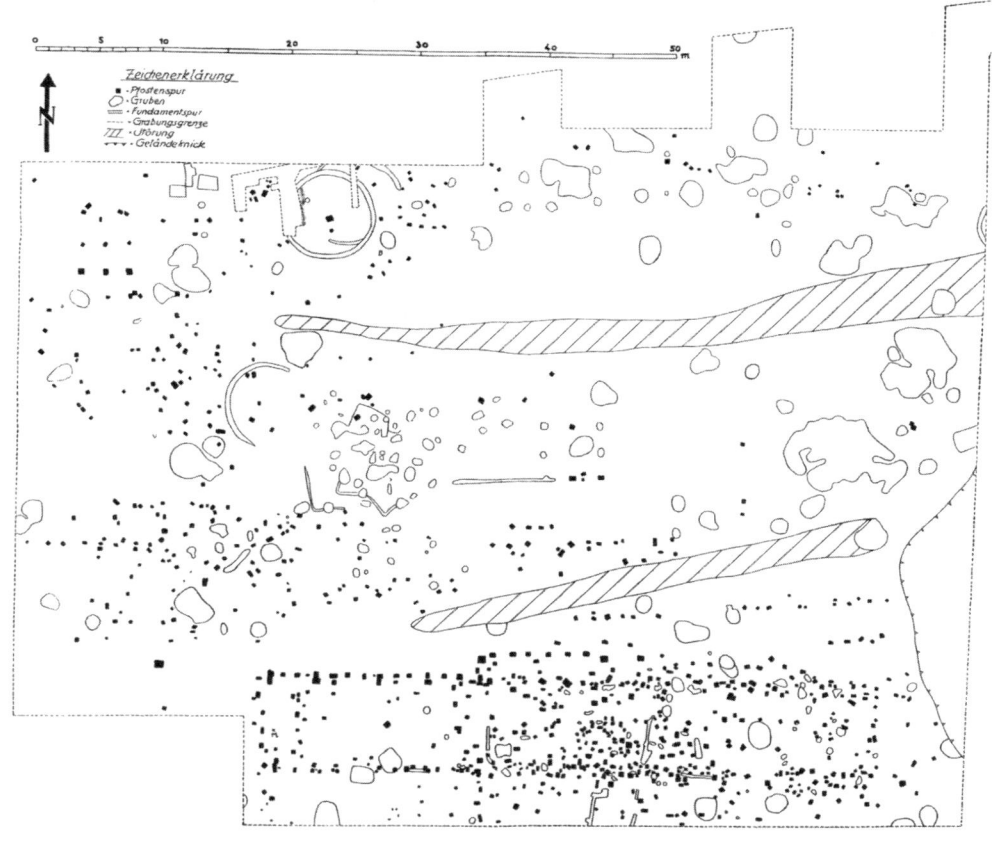

Abb. 79. Westick. Plan der s. Ausgrabungsfläche mit dem 48 m lg. Hausgrundriß. Nach Stieren 1936 (16)

1922–1924, 1926/27 und 1930–1935 (1). Zw. dem Fluß Seseke und dem Körnebach wurden auf einer n. und einer etwa 250 m entfernten s. Unters.sfläche Siedlungsspuren in Form von Pfosten- und Abfallgruben, Speicherbauten sowie die Grundrisse dreier Häuser freigelegt (15–17). Bei den Häusern handelt es sich um dreischiffige Wohnstallhäuser mit Ausmaßen von 15 × 7,5 m, 19 × 6,5 m (→ Franken Abb. 55) und 48 × 7,5 m. Besondere Aufmerksamkeit wurde in der Forsch. dem längsten Haus auf der s. Ausgrabungsfläche zuteil (Abb. 79), das im O-Teil dreischiffig ausgeführt ist, während im hallenartigen W-Teil keine innere Unterteilung durch Pfosten be-

obachtet werden konnte (16; 8; 17, 51 f. 101. 131 ff. 158). Ähnliches ist auch der Fall bei Häusern der kaiser- und völkerwanderungszeitlichen Siedlung von Bielefeld-Sieker (3). Im Hallenteil des Hauses kam ein in der 2. Hälfte des 4. Jh.s deponierter Schatz von 56 röm. Münzen (9, 12 ff.) in den Resten eines verkohlten Holzkästchens zutage.

Die herausgehobene Stellung der Siedlung wird durch die Menge und Qualität an Funden germ. sowie v. a. röm. Herkunft deutlich. Letzteres verbindet W. mit anderen Fst. im Ruhrgebiet wie → Erin (2, 65 ff.; 4) oder Bochum-Harpen (2, 122 ff.), die durch ihr Fundspektrum intensive Verbindungen zu den röm. Prov. erkennen lassen.

Die Funde datieren die Siedlung vom beginnenden 2. Jh. bis mindestens ins 5. Jh., wobei die Besiedlung der n. Fläche früher einsetzte als die im s. Teil, in dem nur das 4. und 5. Jh., die Blütezeit der Siedlung, faßbar war.

Die zahlreichen röm. Münzen decken eine Zeitspanne vom 1.–4. Jh. ab, wobei solche des 4. Jh.s deutlich am stärksten vertreten sind. Hinsichtlich des Münzspektrums läßt sich eine weitgehende Übereinstimmung mit den Fundmünzen aus Erin konstatieren (9). Die germ. Funde der Siedlung sind bisher nur sehr unvollständig behandelt worden (18), die röm. Objekte und die Glasreste wurden in zwei Aufsätzen vorgelegt (14; 6). Diese röm. Funde umfassen neben Bronzegegenständen, darunter Pferdegeschirrbestandteile, Bronzegefäße, Fibeln und Nadeln, in erster Linie eine große Menge keramischen Fein- und Gebrauchsgeschirrs. Terra Sigillata und Schwarzfirnisware treten gegenüber Terra Nigra und rauhwandiger Ware stark in den Hintergrund, es handelt sich hauptsächlich um Formen des 4. und frühen 5. Jh.s. Die Glasfunde beinhalten neben eher vereinzelten Bruchstücken von Perlen und Glasgefäßen der frühen RKZ v. a. spätröm. Formen des 4. Jh.s wie halbkugelige Becher mit Facettenschliff, Nuppenbecher und glattwandige Spitzbecher. Daneben treten auch Gefäßformen auf, die bis ins 5. oder frühe 6. Jh. reichen, darunter Rüsselbecher und Spitzbecher mit geriefter Wandung.

In den J. 1998–2001 wurden bei erneuten arch. Unters. in einem Bereich n. der ehemaligen Grabungsflächen und zw. der Siedlung und dem Körnebach weitere Besiedlungsspuren sowie Reste einer Uferbefestigung aufgedeckt (10–13; 5). Dabei wurden wieder zahlreiche Pfosten- und Abfallgruben ergraben, daneben zeichneten sich ein Graben und Reste von abgebauten Öfen ab. Zwei Hausgrundrisse von etwa 10,5 × 5,5 m sowie mindestens 7 × 4 m ließen sich rekonstruieren. Die zahlreichen Funde bestätigten das Bild der früheren Grabungen weitgehend und konnten eine kontinuierliche Besiedlung des Fundplatzes vom 1. bis ins 6. Jh. aufzeigen. Die Zahl der röm. Münzen wuchs durch die Neugrabungen auf 1 200 an. Unter den weiteren Funden röm. Provenienz sind exemplarisch eine Marsstatuette (7) und eine Millefiori-Scheibenfibel sowie das Laufgewicht einer Schnellwaage zu nennen (5, 58 f.).

Menge und Qualität der röm. Importfunde belegen die große Bedeutung der auf einer Terrassenkante zw. den beiden Wasserläufen Seseke und Körne gelegenen germ. Siedlung, der vermutlich eine Rolle als Warenumschlagplatz für das germ. Gebiet zukam (5, 58). Das Florieren des Platzes dürfte mit dem dort anstehenden fruchtbaren Lößboden, aber auch mit der verkehrsgeogr. günstigen Lage in der Nähe eines Handelsweges erklärt werden können (16, 413; 14, 24).

(1) L. Bänfer, Eine germ. Siedlung in W. bei Kamen, Kr. Unna. Westf. Entdeckungs- und Grabungsgesch., Bodenaltertümer Westfalens 5, 1936, 410–412. (2) H. Beck (Hrsg.), Spätkaiserzeitliche Funde in Westfalen, 1970. (3) A. Doms, Siedlung und Friedhof der RKZ und der frühen VWZ in Bielefeld-Sieker, in: H. Hellenkemper u. a. (Hrsg.), Arch. in Nordrhein-Westfalen, 1990, 264–270. (4) E. Dickmann, Der Handels- und Opferplatz der späten RKZ in Castrop-Rauxel, Erin, in: H. G. Horn u. a. (Hrsg.), Ein Land macht Gesch. Arch. in Nordrhein-Westfalen, 1995, 213–217. (5) G. Eggenstein, Die RKZ in Westfalen, Arch. in Ostwestfalen 9, 2004 (2005), 53–70, bes. 57–59. (6) F. Fremersdorf, Funde aus der germ. Siedlung W. bei Kamen, Kr. Unna. Die ant. Glasfunde, in: [2], 50–64. (7) Ph. R. Hömberg, Sorgfältig gearbeitete Marsstatuette, Arch. in Deutschland 1999, H. 4, 40. (8) A. Klein, Die Rekonstruktion des germ. Langbaues von W. bei Kamen, Kr. Unna, Bodenaltertümer Westfalens 5, 1936, 434–453. (9) B. Korzus, Die röm. Münzen von Erin, W. und Borken, in: [2], 1–21. (10) Neujahrsgruß Münster 1999, 52–53. (11) Neujahrsgruß Münster 2000, 41–42. (12) Neujahrsgruß Münster 2001, 48–49. (13) Neujahrsgruß Münster 2002, 42–43. (14) H. Schoppa, Funde aus der germ. Siedlung W. bei Kamen, Kr. Unna. Das röm. Handelsgut, in: [2], 22–49. (15) A. Stieren, Vorgeschichtl. Bauten in Westfalen, Bodenaltertümer Westfalens 3, 1934, 97–121, bes. 112–

116. (16) Ders., Eine germ. Siedlung in W. bei Kamen, Kr. Unna, Westf. Die bisher ergrabenen Bauten der Siedlung, Bodenaltertümer Westfalens 5, 1936, 413–433. (17) B. Trier, Das Haus im NW der Germania libera, 1969. (18) R. von Uslar, Westgerm. Bodenfunde des ersten bis dritten Jh.s nach Chr. aus Mittel- und W-Deutschland, 1938, bes. 247–248.

D. Menke

Westlandkessel. Namengebend für Gefäße aus Kupfer oder Kupferlegierung mit steilem, z. T. einziehendem oder abgesetztem Hals und gewölbtem Boden (Abb. 80) wurde ihr häufiges Vorkommen als röm. Importgut v. a. im Vestland/Norwegen (3, 237 ff. Abb. 1). Die W. (→ Kessel und Kesselhaken mit Abb. 42–43; → Römischer Import) lassen sich in eine ält. Gruppe mit Aufhängevorrichtungen aus Eisenring und angenieteten Attachen (Hauken 1) und eine jüng. Gruppe mit dreieckigen, aus dem Rand ausgeschmiedeten Attachen (Hauken 2) gliedern (1, 229; 2, 51 ff.). Ausgehend von den zahlreichen W.-Funden in skand. Gräbern und nur wenigen Nachweisen vom Kontinent läßt sich die ält. Gruppe der W. in das 3. und frühe 4. Jh., die jüng. Gruppe in die Zeit des 4. bis in die Mitte des 6. Jh.s datieren (1, 229 f.; 2, 51 ff. Fig. 38, 83 Fig. 47). Da eine typol. und chron. Analyse der W. auf dem Kontinent bisher nicht vorliegt, bezog man sich bei der Datierung auf dem Kontinent im wesentlichen auf diese Zeit. V. a. durch die ‚Alamannenbeute' von Neupotz (→ Neupotz mit Taf. 6b) aus dem 3. Jh. wird diese typol.-chron. Abfolge der W. nun in Frage gestellt, da hier beide Typen zusammen vertreten sind (5, 233 ff.). Weitere Beispiele für das gleichzeitige Vorkommen beider Typen im 3. Jh. sind die Depotfunde von Filzen (8, 259 ff.) und → Hagenbach. Daraus ergibt sich für den Typ Hauken 2 eine Laufzeit vom 3.–5. Jh., auf dem Kontinent z. T. sogar bis in das 7. Jh. (6, 132). Ob die W. nur in röm. Werkstätten produziert wurden oder die Produktion im 5.–7. Jh. in anderen Werkstätten fortgeführt wurde, läßt sich wohl nur mit Hilfe einer metallurgischen Analyse aller W. beantworten (6, 138). Eine Weiterentwicklung der W. stellen die sog. Gotlandkessel dar, die v. a. im 6./7. Jh. in England, wo auch ihr Produktionszentrum angenommen wird, verbreitet sind (7, 31 ff.; 3, 237).

In ihrer urspr. Funktion als Kochgefäße gedacht, finden sich W. in den n. röm. Prov. hauptsächlich in den Depot- bzw. Schatzfunden des 3. Jh.s. In Skand. und England dagegen werden sie in Brandbestattungen als Urnenbehältnis verwendet. Als Grabbeigabe in Körperbestattungen sind W. im 5. und frühen 6. Jh., vereinzelt auch noch im späten 6. und 7. Jh., sowohl aus Skand. als auch vom Kontinent bekannt. Die zumeist reich ausgestatteten Gräber zeigen, daß die W. trotz ihrer Massenproduktion und urspr. profanen Nutzung als Kochgerät in der germ. Welt ein Prestigeobjekt waren. Ebenso groß war ihr Wert für die Germ. als Altmetall, wie der Bronzegefäßschrott im Fund von → Neupotz andeutet. So stammen W.-Frg. auf dem Kontinent in großer Zahl v. a. aus den völkerwanderungszeitlichen Höhensiedlungen, wie Funde vom → Zähringer Burgberg, Runden Berg (→ Runder Berg bei Urach) und Geißkopf (4, 106 ff.) belegen. Daß dies aber auch für die röm. Welt zutrifft, zeigen die zahlreichen W.-Frg. aus spätant. Kastellen (3, 240 f.).

(1) G. Ekholm, Neues über die Westland-Kessel. Zugleich ein Beitr. zum Bronzekessel von Filzen (Kr. Saarburg), Trierer Zeitschr. 23, 1954/55, 224–230. (2) Å. Dahlin Hauken, Vestlandskittlar. En studie av en provinsialromersk importgrupp i Norge, 1984. (3) M. Hoeper, Kochkessel – Opfergabe – Urne – Grabbeigabe – Altmetall. Zur Funktion und Typol. der W., in: Arch. als Sozialgesch. Stud. zu Siedlung, Wirtschaft und Ges. im frühgeschichtl. Mitteleuropa (Festschr. H. Steuer), 1999, 235–249. (4) Ders., Völkerwanderungszeitliche Höhenstationen am Oberrhein. Geißkopf bei Berghaupten und Kügeleskopf bei Ortenberg, 2003. (5) E. Künzl, Die Alam.beute aus dem Rhein bei Neupotz. Plünderungsgut aus dem röm. Gallien, 1993.

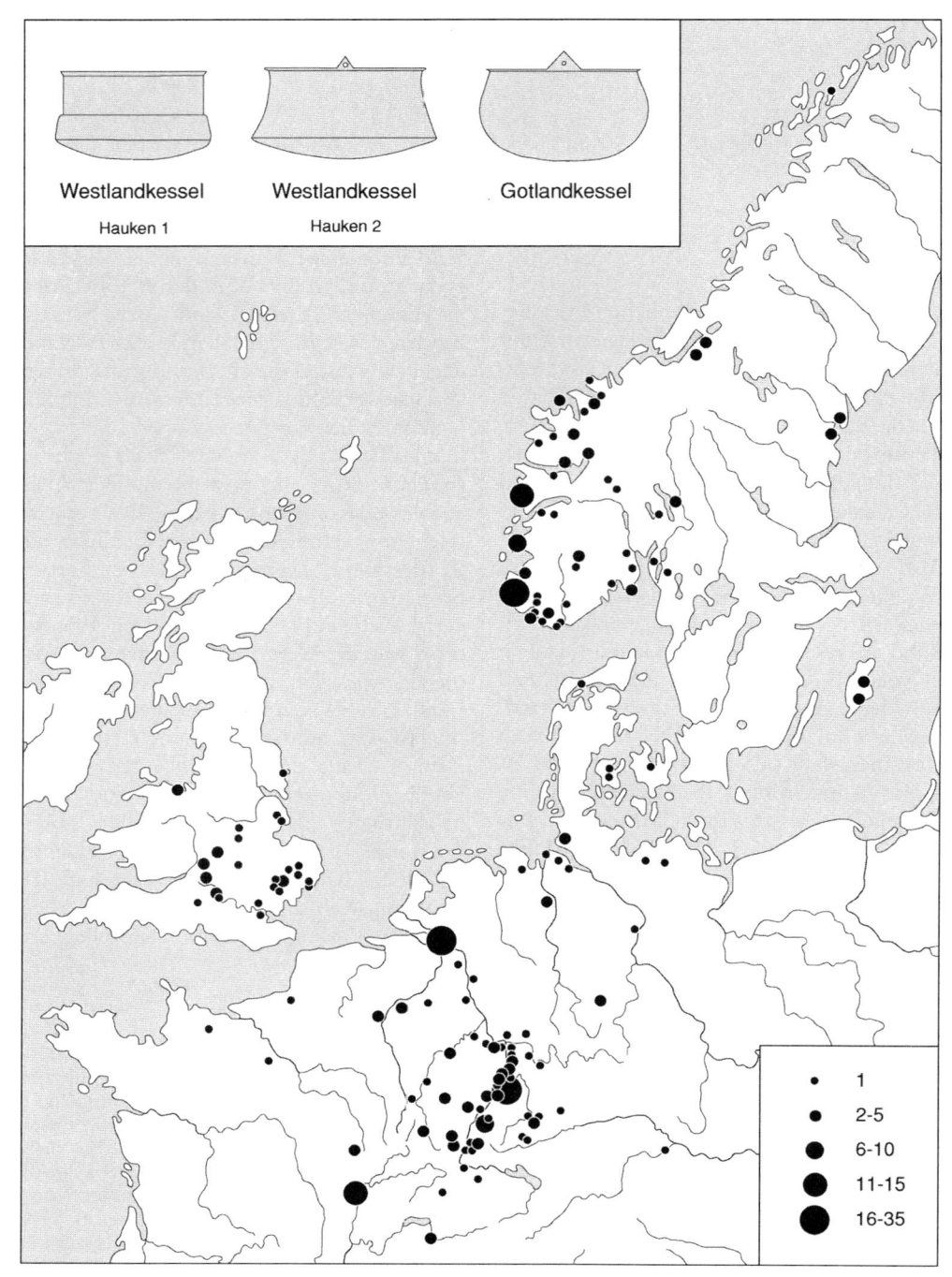

Abb. 80. Verbreitungskarte der Westland- und Gotlandkessel in Skandinavien, England, den Niederlanden, Belgien, Frankreich, Deutschland, Österr. und der Schweiz. Nach Hoeper (3, Abb. 2)

(6) E. Straume, H. J. Bollingberg, Ein W. der jüng. Kaiserzeit aus Bjarkøy in N-Norwegen. Eine Analyse eines alten Fundes, Arch. Korrespondenzbl. 25, 1995, 127–142. (7) H. Vierck, Rewalds Asche. Zum Grabbrauch in Sutton Hoo, Suffolk, Offa 29, 1972, 20–49. (8) J. Werner, Die röm. Bronzegeschirrdepots des 3. Jh.s und die mitteldt. Skelettgräbergruppe, in: Marburger Stud. (Gewidmet G. Merhart von Bernegg), 1938, 259–267.

M. Hoeper

Westness. W., on the island of Rousay in Orkney (→ Orkneyinseln), consists of a complex of sites situated on the Bay of Swandro which were excavated 1968–84, mainly by Kaland, but unfortunately have not yet been published (1–3). Among the sites were 32 graves, two rectangular stone buildings and a boat-house, all of Viking-age date. On the other side of the bay, on the Knowe of Swandro, is another possible series of Viking cist-graves, which, although not excavated, produced in 1826 a sword and a shield-boss of Scandinavian type (1, 135 f.).

The buildings excavated consisted of two rectangular structures (one of which consists of two conjoined buildings), set with their gables almost on the beach, and a boat-house. The largest building was 35 m long and was subdivided into three – two large rooms flanking a smaller space – it had been restructured from time to time. The two conjoined buildings were almost certainly used as byres and for storage. Artefacts found included frg. of knives, frg. of soapstone vessels, bone pins, combs, pottery and floats and sinkers for line-fishing. Animal bones (including whalebone and seal, deer and otter), bones of birds and fish (particularly cod and ling) were also found, as were carbonised grains of rye, barley and flax.

At the very edge of the water was a boat-house *(naust)* (→ Bootsschuppen § 2). It had been shortened by the action of the sea and now measures 8 m × 4,5 m.

The cemetery was on the highest part of the headland (as was the case with so many Norse cemeteries in Scotland, e. g. → Valtos (Bhaltos), Lewis, and → Pierowall, also in Orkney), some 50 m N of the boat-house, and had probably been in use before the arrival of the Vikings. The graves have been dated by 14C determination to the 7–9th centuries. Graves unaccompanied by grave-goods (some of which are formed as stone-lined cists [3, fig. 17,4], and some with plain headstones) have been assumed to be those of the pre-Norse (Pictish) inhabitants (→ Pikten), although the associated settlement has not been found and there is no reason why at least some of the graves should not be of Norse Christians (as, e. g. some of the graves from → Saint Patrick's Isle in the Isle of Man). Eight of the burials were accompanied by grave-goods.

Excavation of the site was triggered by the accidental find of the grave of a rich female and her child furnished with a pair of oval brooches, an 8th-century Irish hinged brooch-pin with gold and silver mounts and amber and glass settings (4), a unique gilt-bronze mount with insular decoration, two Anglo-Saxon strap-ends, a comb, a sickle, a bronze bowl, a weaving baton, shears and a pair of heckles (1, fig. 7,11). Two boat-graves contained the remains of clinker-built vessels (3,5 m and 4,5 m long), of the *færing*-type recorded at → Gokstad, → Scar and → Balladoole. One had four strakes and the other three. Both were male graves (3, fig. 17,7 and 8; 1, fig. 7,12) and contained typical accoutrements – both had a sword, a shield and arrows as well as a flint and strike-a-light; but one had agricultural tools (sickle, ploughshare). Other (oval) graves (e. g. 2, fig. 11) may also have represented boats; they were lined with stone slabs and had a taller (prow) stone at the head; another (3, fig. 17,9) was shaped as a square-sterned vessel. Information concerning the other graves is scanty, but a sort of outline inventory has been provided by Kalland (2, 94–97).

W. is mentioned in → *Orkneyinga saga* on a number of occasions in the early 12th century, as the home of Sigurd, who was married to the granddaughter of Earl Paul. It must, therefore be considered as a high status site. The excavations, unusually for the British Isles, have produced both buildings and graves in close relationship to each other. The buildings are unremarkable in terms of the N Atlantic settlements of the Vikings. In general terms, W. seems to belong to a group of cemeteries of warrior-settlers, of a type which is being increasingly recognised in the British Isles. The Scandinavian elements in the graves are all of 9th-century date, and the grave inventories, with their mixed insular and Scandinavian elements, presumably represent a population of settlers who rapidly converted to Christianity.

(1) J. Graham-Campbell, C. E. Batey, Vikings in Scotland. An arch. survey, 1998. (2) S. H. H. Kaland, Westnessutgravningene på Rousay Orknøyene, Viking, 37, 1973, 77–97. (3) Idem., The settlement of W., Rousay, in: C. Batey et al. (Ed.), The Viking Age in Caithness, Orkney and the North Atlantic. Proc. of the 11th Viking Congress, 1993, 308–317. (4) R. B. K. Stevenson, The W. brooch and other hinged pins, Proc. of the Soc. of Antiqu. of Scotland 119, 1988, 239–269.

D. M. Wilson

Wetterau

§ 1: Namenkundlich – § 2: Natürliche Voraussetzungen und archäologisch – § 3: Historisch

§ 1. Namenkundlich. Dank der frühen, bis ins 8. Jh. zurückreichenden Belege (1, 1292), z. B. 772 (Kopie Ende 12. Jh.) *in pago Wettereiba,* können als ahd. Formen des Landschaftsnamens *Wetreiba, Wetareiba;* mit Gemination: *Wettaraiba;* ohne Lautverschiebung: *Wedereiba* und weitere Schreibvar. festgestellt werden. Es handelt sich um eine Zusammensetzung mit dem FluN *Wetter* (rechts zur Nidda, zum Main), der die Landschaft der W. durchfließt, und mit (ahd.) *-eiba,* einem Wort, das im dt. Wortschatz sonst nicht belegt ist, aber mit großer Wahrscheinlichkeit ein germ. Raumnamen-Grundwort mit einer ähnlichen Bedeutung wie *-land, -feld* oder *-gau* darstellt (2, 164–166). Bei *Wettereiba* usw. handelt es sich um eine altertümliche, in die VWZ zurückreichende Namenbildung, was auch daraus hervorgeht, daß das unverstandene Grundwort *-eiba* später durch *-au,* die übliche Bezeichnung für Gegenden an Gewässern, ersetzt wurde. Der FluN *Wetter* (772, Kopie Ende 12. Jh. *iuxta fluuium Wetteraha*) (Belege: 1, 1292) kann auf eine vorahd. Ausgangsform **Wedra,* mit westgerm. Gemination **Weddra,* ahd. **Wettra,* oder mit Sproßvokal **Wedara,* ahd. *Wetera* zurückgeführt werden. Verdeutlichend wurde *-aha* angehängt, um den Fluß von der Landschaft, die mit *-eiba* gekennzeichnet wurde, zu unterscheiden. Das Simplex, 772 (Kopie Ende 12. Jh.) *in uilla Wetera,* liegt im Namen der Wüstung *Wetter* vor (3, 394 f.). Die rekonstruierte Form **Wedra* ist identisch mit dem in der „Geographie" des Ptolemaeus (Ptol. 3,3,4) überlieferten Namen *Vedra* für den heutigen Fluß Wear (zur Nordsee, Durham, Großbrit.), der im kymr. Namen des Flusses *Gweir* weiterzuleben scheint (4, 657). Man ist versucht, aufgrund der geogr. Verteilung **Wedra* für kelt. zu halten. Es gibt aber keinen direkten appellativischen Anknüpfungspunkt in den kelt. Sprachen, so daß der Name als voreinzelsprachliche Onymisierung von idg. **u̯edr-* ‚Wasser' durch Umbildung zum fem. *ā*-Stamm angesehen werden muß.

(1) Förstem., ON. (2) P. von Polenz, Landschafts- und Bez.snamen im frühma. Deutschland 1, 1961. (3) L. Reichardt, Die Siedlungsnamen der Kreise Gießen, Alsfeld und Lauerbach in Hessen, 1973. (4) V. Watts, The Cambridge Dict. of English Place-Names, 2004.

A. Greule

§ 2. Natürliche Voraussetzungen und archäologisch. Die W., eine zw. den

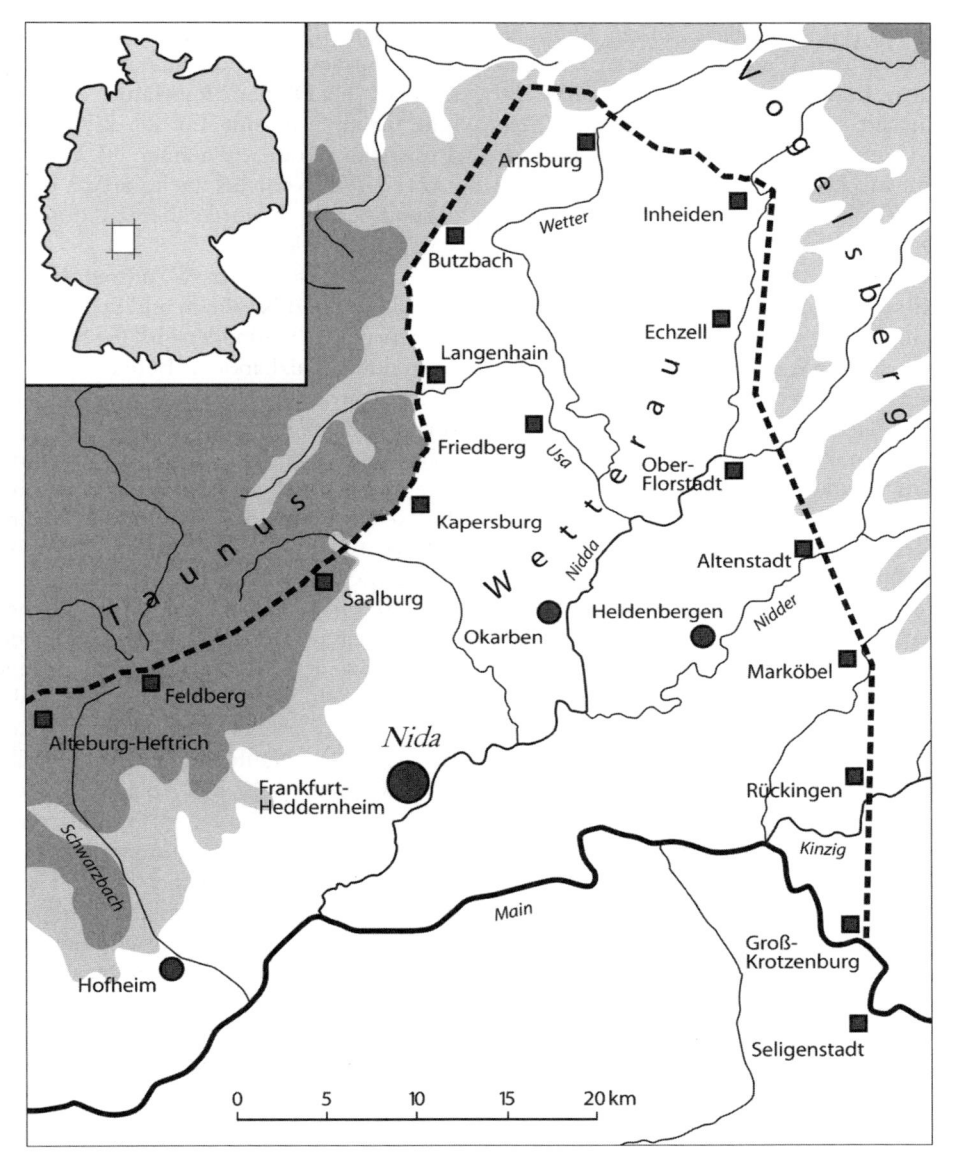

Abb. 81. Die Wetterau in röm. Zeit mit eingetragenen Kastellorten (Copyright Arch. Denkmalpflege Wetterau-kreis)

Mittelgebirgen Taunus und Vogelsberg liegende Lößlandschaft, geht nach S fließend in die Rhein-Main-Ebene über und zeichnet sich bes. durch ihre fruchtbaren Böden aus (Abb. 81) (3; 19). Der ackerbaulich gut nutzbare Boden sowie die verkehrsgeogr. Lage bedingen die überdurchschnittlich hohe Anzahl arch. Fst.

Früheste arch. Funde – altpaläol. Quarzitwerkzeuge aus der zentralen W. im Raum Münzenberg – lange vor den heute die W. prägenden Lößböden entstanden, werden auf typol. Grundlage auf ein Alter von 500 000 J. datiert (6; 10). Weitere altsteinzeitliche Fundplätze sind aus der ö. W. um Altenstadt und Büdingen bekannt. Ebenfalls kennt man zahlreiche Steinwerkzeuge aus mesol. Zeit von mehreren Plätzen in der W. (5).

Die → Bandkeramik konnte durch eine umfangreiche neuere Siedlungsgrabung in Friedberg-Bruchenbrücken (früheste Bandkeramik) sowie weitere Grabungen und neue Forsch.sarbeiten erfaßt werden (15; 22). Als weiterer für die Forsch. überregional bedeutender Platz der Jungsteinzeit ist der großflächig ergrabene Zentralort ‚Am Hempler' in Bad Nauheim-Nieder-Mörlen hervorzuheben, in dem v. a. zahlreiche Tonidole unter dem umfangreichen Fundmaterial bemerkenswert sind (23). Auch weitere Stufen der Jungsteinzeit wie Hinkelstein, Großgartach, Planig-Friedberg, Rössen und Michelsberg lassen sich an Wetterauer Plätzen belegen. Genannt sei hier die Siedlung Friedberg ‚Pfingstbrunnen', deren charakteristische Keramikfunde namengebend für die Stufe Planig-Friedberg waren. Der Übergang zu den Metallzeiten wird v. a. durch Grabfunde der Becherkulturen belegt. Beispielhaft hierfür sei das glockenbecherzeitliche Grab eines ‚Bogenschützen' aus Münzenberg-Gambach sowie das schnurkeramische Gräberfeld von Bad Nauheim-Nieder-Mörlen genannt (14; 20) (zu den erwähnten neol. Kulturen allg. → Neolithikum mit Abb. 7).

Lassen sich Siedlungsplätze der frühen und späten BZ bisher nicht sicher nachweisen, so ist die mittlere BZ sowohl durch Gräber als auch durch Siedlungsfunde in der W. gut belegt (16). Namengebend für eine Stufe der jüng. BZ (BZ D) ist das Gräberfeld in Wölfersheim (11). Die UZ gehört mit ihren zahlreichen Fundplätzen zu den verbreitetsten Zeitstufen, die nur von den Fst. der RKZ noch übertroffen wird (7).

Als bekanntester FO der nachfolgenden HaZ ist der → Glauberg am O-Rand der W. mit seinen weitläufigen Wallanlagen, den reich ausgestatteten Fürstengräbern der späten HaZ (Ha D), den Steinstatuen (→ Keltische Großplastik mit Taf. 20–21) und der ‚Prozessionsstraße' zu nennen (4). Der Berg war seit dem Neol. bis ins hohe MA durchgehend besiedelt, wurde aber v. a. durch die kelt. Funde bekannt.

Die LTZ ist in der W. untrennbar mit dem FO → Bad Nauheim und den dortigen Salinenanlagen verbunden (28) (→ Salz, Salzgewinnung, Salzhandel). Bereits im 5. Jh. v. Chr. wurde am Übergang von der HaZ zur LTZ die Nauheimer Sole genutzt. Erstmals läßt sich mit dieser in industriellem Maße durchgeführten Salzgewinnung der Kelten neben Ackerbau und Viehzucht ein Wirtschaftszweig erkennen, der neben weitreichenden Handelsverbindungen zu Reichtum geführt haben muß. In welchem Maße weitere Bodenschätze, v. a. in den Randlagen der W., in vor- und frühgeschichtl. Zeit genutzt wurden, ist bisher nicht bekannt. Außer der bekannten spätlatènezeitlichen Nauheimer Fibel (→ Fibel und Fibeltracht § 17 mit Abb. 90–91) wird ein Quinar als Nauheimer Typus bezeichnet, der sein Hauptverbreitungsgebiet in der W. hatte und wahrscheinlich im → Heidetränk-Oppidum am O-Rand des Taunus geprägt wurde. Im Verbreitungsbild der Münzen zeichnet sich wohl das zum Heidetränk-Oppidum in dieser Zeit (LT D1) gehörende Territorium ab. Neben dem berühmten Bad Nauheimer spätlatènezeitlichen Gräberfeld und der Saline gibt es in der W. weitere Fundplätze, bei denen es sich überwiegend um Hofstellen der Ackerbau betreibenden Bevölkerung handelt (26).

Die J. um Christi Geburt bis in das letzte Drittel des 1. Jh.s n. Chr. sind geprägt durch die röm. Militäraktionen und die Okkupation der Lößlandschaft W., deren Ränder im N, O und W den späteren → Limesverlauf widerspiegeln.

In den Gemarkungen der benachbarten Städte Friedberg und Bad Nauheim konnten gleich an mehreren Fundplätzen röm. Militärlager der augusteischen Feldzüge nachgewiesen werden. Beide Städte liegen auf der Vormarschroute, die von Mainz (→ Mogontiacum) aus durch die W. in Richtung Lahntal führte (→ Germanen, Germania, Germanische Altertumskunde § 4). Aus der frühen Okkupationszeit (→ Oberaden-Horizont) ist v. a. das Versorgungslager bei Bad-Nauheim-Rödgen zu nennen (24). Die späteren Militäraktionen unter Augustus sowie die seiner Nachfolger haben weitere zahlreiche Spuren in Form von Lagergräben und entspr. datierenden Fundmaterialien hinterlassen, so im Bereich des Friedberger Burgberges sowie in der Kernstadt von Bad Nauheim, wo die Schichten der kelt. Saline mehrfach von röm. Lagergräben geschnitten werden (27).

Die autochthone Bevölkerung ist in der W. ab den letzten Jahrzehnten v. Chr. bisher nur vereinzelt zu fassen. Mit dem Rückgang kelt. Elemente und dem Einsetzen von germ. Funden zeichnet sich ein grundlegender Wandel der Population in der W. ab. Er findet seinen Höhepunkt in der massiven Aufsiedlung durch galloröm. Bevölkerungselemente nach Errichtung des Limes und der Einrichtung der *civitas Taunensium* (13).

An der die W. bogenförmig umschließenden Limeslinie (Strecke 4 nach ORL [„Der obergermanisch-raetische Limes des Roemerreiches", 1894–1938]), die die nördlichste Ausbuchtung der Prov. *Germania Superior* bildet, liegen die Kastellorte Kapersburg, Langenhain, Butzbach, Arnsburg, Inheiden, Echzell, Ober-Florstadt und Altenstadt (25). Die zivile Besiedlung der W. in röm. Zeit wird durch ländliche Betriebe geprägt, von denen mehrere hundert bekannt sind (12). Im Zuge der Auflassung der rechtsrhein. Gebiete werden auch die Wetterauer Kastellstandorte sowie die in dieser Zeit landschaftsprägenden röm. Gutshöfe geräumt. Für die röm. Zeit erwähnenswert ist die sog. Wetterauer Ware, eine charakteristische Feinkeramik, die nach ihrem Hauptverbreitungsgebiet benannt wurde (17).

Ab dem letzten Drittel des 3. Jh. n. Chr. lassen sich an mehreren Plätzen alam. Siedlungen nachweisen, häufig in unmittelbarer Nachbarschaft zu den aufgelassenen röm. Kastellorten und Gutshöfen (29). Teilweise untersucht sind die Flachlandsiedlungen unmittelbar nö. des Echzeller Kastellortes, in direkter Nachbarschaft zu röm. Landgütern am s. Ortsrand Bad Nauheims und in Münzenberg-Gambach. Die bedeutendste alam. Höhensiedlung des späten 3.–5. Jh.s n. Chr. mit überregionaler Bedeutung ist auf dem Glaubergplateau zu finden, das wohl als Sitz eines Stammesfürsten zu sehen ist. In frk. Zeit wurde der Berg wiederum befestigter Mittelpunkt eines größeren Gebietes; er wird zu den sog. ‚Stadtbergen' der MZ gezählt (32).

Seine letzte Blüte erlebte der Glauberg im 12./13. Jh. als Standort einer staufischen Reichsburg mit zugehöriger Siedlung. Das Ende der Besiedlung fällt wahrscheinlich in das J. 1256, als die Burg zerstört wurde (9). Die MZ ist, abgesehen von vereinzelten Siedlungsfunden, in der W. v. a. durch Reste von → Reihengräberfriedhöfen belegt. Ein Anstoß zur Unters. der ma. Siedlungsentwicklung der W. kam von der Wüstungsgrabung Nieder-Hörgern, in der u. a. Strukturen des 7.–9. Jh.s erfaßt werden konnten, von Feldbegehungen auf weiteren Wüstungsplätzen sowie der Auswertung vorhandener Urk. (1). An frühma. Gräberfeldern sind neben Friedberg-Bruchenbrücken mit 20 erfaßten Bestattungen des späten 5.–7. Jh.s Karben-Okarben mit 40 dokumentierten Gräbern des 6.–7. Jh.s sowie 31 zw. 1949 und 1976 in Nieder-Mörlen ergrabene Bestattungen derselben Zeitstellung zu nennen (2; 21; 31). Als zweiter hervorragender Ort der W. im Früh-MA ist auf dem w. von Bad Nauheim gelegenen Johannisberg mit seiner durch einen Abschnittswall gesicherten Höhensiedlung des 7.–8. Jh.s und der vor 779 gegründeten Kirche, die zunächst die Tauf- und Mutterkirche der gesamten n. W. war, hinzuweisen (8). Nach der Nutzung der Sole durch Kelten und Römer setzte Mitte des 7. Jh.s die Salzgewinnung in Bad Nauheim wieder ein. Eindrucksvollstes Beleg des frühma. Söderhandwerkes bildet die karol. Saline im S der Stadt (30).

Die große Zahl arch. Fundplätze aller Zeitepochen führte v. a. in den letzten Jahrzehnten zu einer Vielzahl von Arbeiten mit dem Schwerpunkt Siedlungsarch., so daß die W. insgesamt zu den am besten untersuchten Landschaften Europas zählt.

(1) M. Austermann, Erste Ergebnisse der Wüstungsgrabung Nieder-Hörgern, Ber. der Komm. für Arch. Landesforsch. in Hessen 3, 1994/95, 145–159. (2) H. W. Böhme u. a., Karben-Okarben, Wetteraukr. Grabfunde des 6.–7. Jh.s, 1985. (3) K. Brunk, Die Entstehung des Naturraums W. Mit Berücksichtigung des seit dem Eiszeitalter gegenwärtigen Menschen, Wetterauer Geschichtsbl. 33, 1984, 1–31. (4) Das Rätsel der Kelten vom Glauberg. Kat. Ausstellung des Landes Hessen in der Schirn Kunsthalle Frankfurt, 2002. (5) L. Fiedler, Alt- und mittelsteinzeitliche Funde in Hessen, Führer zur hess. Vor- und Frühgesch. 2, ⁵1994. (6) Ders., Ält. Paläol. aus dem Gebiet zw. Mittelrhein, Main und Werra, in: L. Fiedler (Hrsg.) Arch. der ältesten Kultur in Deutschland, 1997, 49–79. (7) F.-R. Herrmann, Die Funde der Urnenfelderkultur in Mittel- und Südhessen, 1966. (8) Ders., Der Johannisberg bei Bad Nauheim in vor- und frühgeschichtl. Zeit, Wetterauer Geschichtsbl. 26, 1977, 1–15. (9) Ders., Der Glauberg am Ostrand der W., 1985. (10) H. Krüger, Die altpaläol. Geröllgeräte-Industrie der Münzenberger Gruppe in Oberhessen, 1994. (11) W. Kubach, Die Stufe Wölfersheim im Rhein-Main-Gebiet, 1984. (12) J. Lindenthal, Die ländliche Besiedlung des n. W. in röm. Zeit, Materialien zur Vor- und Frühgesch. von Hessen 23 (in Vorbereitung). (13) Ders., V. Rupp, Forsch. in germ. und röm. Siedlungen der n. W., in: Kelten, Germ. und Römer im Mittelgebirgsraum zw. Luxemburg und Thüringen, 2000, 67–75. (14) Ders., K. M. Schmitt, Das Grab eines Bogenschützen der späten Jungsteinzeit im Gambacher Baugebiet „Brückfeld IV", Hessen-Arch. 2003, 2004, 51–53. (15) J. Lüning (Hrsg.), Ein Siedlungsplatz der ältesten Bandkeramik in Bruchenbrücken, Stadt Friedberg/Hessen, 1997. (16) B. Pinsker, Bronzezeitliche Siedlungen in der W., in: V. Rupp (Hrsg.), Arch. der W., 1991, 161–174. (17) V. Rupp, W.er Ware – Eine röm. Keramik im Rhein-Main-Gebiet, 1987. (18) Dies., Die W. in röm. Zeit, in: wie [16], 207–216. (19) K. J. Sabel, Ursachen und Auswirkungen bodengeogr. Grenzen in der W. (Hessen), 1982. (20) E. Sangmeister, Gräber der Becherkultur bei Nieder-Mörlen, Kr. Friedberg, Wetterauer Fundber. 1, 1941–1949, 59–64. (21) Ders., Gräberfeld der MZ bei Nieder-Mörlen, Kr. Friedberg, ebd. 1, 1941–1949, 46–59. (22) C. C. J. Schade, Die Besiedlungsgesch. der Bandkeramik in der Mörlener Bucht/W., 2004. (23) S. Schade-Lindig, Idol- und Sonderfunde der bandkeramischen Siedlung von Bad Nauheim-Nieder-Mörlen „Auf dem Hempler" (W.), Germania 80, 2002, 47–114. (24) H. Schönberger, Das augusteische Römerlager Rödgen, Limesforsch. 15, 1976, 11–49. (25) Ders., Die röm. Truppenlager der frühen und mittleren Kaiserzeit zw. Nordsee und Inn, Ber. RGK 66, 1985 (1986), 322–497. (26) M. Seidel, Die jüng. LTZ und ält. RKZ in der W., Fundber. aus Hessen 34/35, 1994/95 (2000), 1–355. (27) H.-G. Simon, Die Funde aus den frühkaiserzeitlichen Lager Rödgen, Friedberg und Bad Nauheim, Limesforsch. 15, 1976, 51–262. (28) Sole und Salz schreiben Gesch. 50 J. Landesarch. – 150 J. Arch. Forsch. in Bad Nauheim, 2003. (29) B. Steidl, Die W. vom 3. bis 5. Jh. n. Chr., 2000. (30) L. Süß, Die frühma. Saline von Bad Nauheim, 1978. (31) A. Thiedmann, Die Grabfunde der MZ in der W., Materialien zur Vor- und Frühgesch. von Hessen 23 (in Vorbereitung). (32) J. Werner, Merow. vom Glauberg, Fundber. aus Hessen 14, 1974 (1975), 389–392.

J. Lindenthal

§ 3. Historisch. Die Landschaft zw. Taunus und Vogelsberg (im N bis zur Wasserscheide von Lahn und → Main, im S bis zum Main) mit ihren fruchtbaren Lößböden wurde bis zum Ende des 1. Jh.s n. Chr. in den röm. Reichsverband eingegliedert und durch den Limes gesichert (von Arnsburg im N über Altenstadt nach Seligenstadt am Main). Seit dem letzten Drittel des 3. Jh.s folgten bei zunächst anhaltenden röm. Kontinuitäten (3; 9; Relativierung des ‚Limesfalls' um 260 n. Chr.) eine alem., seit dem 5. Jh. eine frk. Herrschaftsbildung. Der Glauberg und wohl auch der → Dünsberg könnten alem. Herrschaftsmittelpunkte gewesen sein, die zunächst von → Franken übernommen wurden und später der Expansion unter → Chlodwig zum Opfer fielen. Von hier setzte sich die frk. Herrschaftsausweitung auf Althessen (→ Chattengebiet) und dann unter den Chlodwigsöhnen auf Thüringen fort (1). Bedeutung gewann die W. im früheren MA als Durchgangslandschaft nach N und S, im 8. Jh. als frk. Aufmarschgebiet für die → Sachsenkriege → Karls des Großen. Die Etappen der Siedlungsgesch. in der frk. Randlandschaft sind auf Grund widersprüchlicher Deutungen von Siedlungsnamen und problematischer Rückschreibungen späterer Befunde umstritten (7; 8). Die polit.-geogr. Begrifflichkeit belegt als Reflex sich wandelnder Herrschaftsverhältnisse eine unterschiedliche Ausdehnung: Im Früh-MA begrenzten Maingau, Niddagau und Lahngau die W., die über den Vogelsberg bis zur Fulda und Kinzig reichte. Seit dem Hoch-MA wurden der Niddagau und das Land an der Lahn bis Wetzlar zur W. gerechnet, aber nicht mehr der NO mit dem Vogelsberg (2).

In der KaZ erwiesen sich neben Kgt. und Adel das Ebt. Mainz sowie die Klöster → Lorsch und → Fulda als gestaltende Kräfte. Aus dem Lorscher und Fuldaer Urk.material lassen sich seit der 2. Hälfte des 8. Jh.s eine Vielzahl von Tradenten und ON belegen. Die Missionstätigkeit des → Bonifatius und seiner Schüler schuf die kirchlichen Strukturen; die administrative Zuordnung auf das Rhein-Main-Gebiet mit der Pfalz → Frankfurt am Main steckte den Rahmen für den kgl. Zugriff ab, der die W. bis in die Stauferzeit zu einer monarchischen Zentrallandschaft des Reichs machte (13. Jh.: *terra imperii que dicitur Wederawe,* MGH SS 22, S. 536), auch wenn sich in unterschiedlichen Jh. das Krongut in wechselnden Gestaltungsmöglichkeiten der Kg. wandelte. Die ält. Forsch. ging noch von einem urspr. umfassenden kgl. Besitz in der W. mit allenfalls jüng. Schichten adligen Eigenguts aus. In neuerer Zeit setzt sich dagegen die Vorstellung von einem dauerhaften Nebeneinander der kgl., geistlicher und adliger Besitzrechte durch. Den führenden adligen Rang nahmen bis zur Mitte des 9. Jh.s die am Mittelrhein begüterten Rupertiner ein. Ihnen folgten nach 840 die Konradiner, die auch Grafenrechte in der W. innehatten. Der Einzug der konradinischen Besitzungen durch Ks. Konrad II. 1036 verhinderte eine ausgreifende adlige Raumbildung. Heinrich III. gab einen Teil des Konradinerbesitzes als Gft. Malstatt 1043 an das Kloster Fulda (später Gft. Nürings oder W.); andere Teile verblieben beim Kgt. und gelangten später an Ministerialenfamilien (6). Im Hoch-MA vollzog sich an den Rändern der W. eine vielschichtige adlige Herrschaftsbildung (im W Grafen von Nürings, Solms, Diez, Nassau, später Herren von Eppstein; im O Grafen von Nidda, Herren von Büdingen, Buchen-Hanau). Räumliche Strukturen schufen die Formierung der vier kgl. Städte Frankfurt, Friedberg, Gelnhausen und Wetzlar sowie den Aufstieg ministerialischer Geschlechter (5; 10). Auch wenn die regionale Einheit der W. niemals als Handlungskonzept vor Augen stand, bot sie seit dem 8. Jh. den Namen wie den Rahmen für vielfältige herrschaftliche, soziale und wirtschaftl. Bezugssysteme.

(1) H. Castritius, Die spätant. und nachröm. Zeit am Mittelrhein, im Untermaingebiet und in Oberhessen, in: Alte Gesch. und Wissenschaftsgesch. (Festschr. K. Christ), 1988, 57–78. (2) W.-A. Kropat, Reich, Adel und Kirche in der W. von der Karolinger- bis zur Stauferzeit, 1965. (3) V. Rupp (Hrsg.), Arch. der W., 1991. (4) B. Schneidmüller, W., in: HRG V, 1333–1337. (5) F. Schwind, Die Landvogtei in der W., 1972. (6) Ders., in: Lex. des MAs 9, 1998, 44–46. (7) F. Staab, Unters. zur Ges. am Mittelrhein in der KaZ, 1975. (8) J. Steen, Kgt. und Adel in der frühma. Siedlungs-, Sozial- und Agrargesch. der W., 1979. (9) B. Steidl, Die W. vom 3. bis 5. Jh. n. Chr., 2000. (10) R. Stobbe (Hrsg.), Gesch. von W. und Vogelsberg 1, 1999.

B. Schneidmüller

Wetterfahne

§ 1: W.n als Fundgattung und ihre Funktion – § 2: Archäologische Beispiele

§ 1. W.n als Fundgattung und ihre Funktion. Bis 1916 waren W.n als Fundgattung im arch. Sachstand des skand. Kulturgebietes überhaupt nicht bekannt, obwohl sie in der WZ und dem frühen MA sicher zu Tausenden angefertigt und zu den vornehmsten Statusobjekten der Zeit zählten. Doch wußte man seit langem aus der anord. Lit., daß die berühmtesten Kriegsschiffe der WZ – die Schiffe von Kg. und Schiffshäuptlingen – solche goldglänzenden Gegenstände mit sich geführt haben. Blindheim hat der Kulturgesch. dieser Gegenstandsgruppe eingehende Studien gewidmet (4–6; vgl. auch 18; 20; 22; 24; 31–33), und im vorliegenden Lexikon sind Einzelbeispiele erörtert und abgebildet (→ Källunge mit Abb. 15; → Söderala mit Taf. 7a). Inzw. gehört die Wiedergabe einer W. zum Standard nahezu jeder illustrierten Buchausgabe zur WZ.

Während der WZ und im frühen MA waren in der Seefahrt zwei Arten von W.n gebräuchlich. Die anord. Lit. erwähnt die am Vordersteven des Schiffs geführten *veðrviti* (Wetteranzeiger) sowie die an der Mastspitze befestigten *flaug*. Während die *veðrviti* auf einer im Winkel von 110° gestellten Stange befestigt wurden, um an ihrem Standort am Bug eine horizontale Stellung zu erhalten, wurden die *flaug* im rechten Winkel auf dem Mast angebracht. Dies geht aus einer Betrachtung der hinteren Fahnenpartie und ihrem Winkel zur horizontalen Oberseite hervor (9, 177).

Insbesondere die *veðrviti*, von kunstfertigen Formgebern komponierte Objekte, verkörpern einen so hohen Statuswert, daß sie oft von den anord. Verf. erwähnt wurden (27, 18 f.). Sie wurden von nicht weniger fähigen Handwerkern geschmiedet, gegossen und vergoldet, wobei möglicherweise alle diese Tätigkeiten von demselben Meister ausgeführt wurden. Die Fahnen besaßen ihren Platz an Bord der Schiffe und dienten als Erkennungszeichen des Besitzers wie als Befehlsflagge. Alle erhaltenen Beispiele sind vergoldet, was mit den Angaben in der anord. Lit. übereinstimmt. Ihre charakteristische Grundform ist dreieckig. Die Ränder der konvex gebogenen Grundlinie weisen kleine Löcher auf zur Aufnahme von Metallanhängern oder Stoffbändern.

Eine gute Vorstellung vom Bild einer Flotte in Kampfbereitschaft bzw. vor dem Auslaufen aus dem Hafen vermittelt die meisterhafte Momentschilderung auf einem Holzfrg. mit eingeritzter Runeninschr. aus einem Kontext des 12. Jh.s auf Bryggen im norw. Bergen (Abb. 82) (17; 23; 29). „Hier

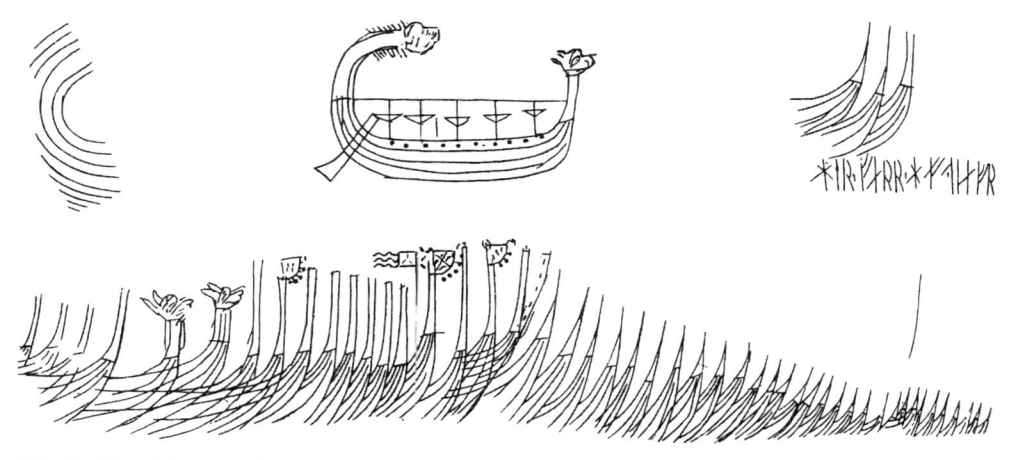

Abb. 82. Ritzzeichnung auf einem Holzfrg. von Bryggen in Bergen, Norwegen (12. Jh.) mit der Darst. einer wikingerzeitlichen Flotte und Runeninschr. Nach Lamm (20, 33 Bild 1)

kommt der Meerbezwinger" verkünden die Runen. Die Darstellung vermittelt das Bild einer Flotte aus 48 Wikingerschiffen, von denen viele eine W. am Bug führen, andere tragen den traditionellen Drachenkopf oder überhaupt keinen Stevenschmuck. Das perspektivisch gezeichnete Motiv vermittelt einen konkreten Eindruck: Man geht auf Bryggen die Reihe der vertäuten Schiffe entlang und versucht, anhand des kunstfertig und individuell gestalteten Stevenschmucks die Besitzer der verschiedenen Schiffe herauszufinden. Im Wind hört man das charakteristische Geklapper der Blechanhänger oder ‚Blätter' der vergoldeten *veðrviti*. Bei einem Blick an den Masten empor wird man vermutlich auch dort die eine oder andere *flaug* entdecken.

Eine Vorstellung über die Funktion vermittelt auch die Darst. der Fahne eines prächtigen Wikingerschiffs auf dem gotländischen Bildstein von → Smiss, Ksp. Stenkyrka (→ Bilddenkmäler mit Taf. 50 b [9, Fig. 14; 25, 128 f. Fig. 521, 523; 27, Fig. 20]). Indessen sind auch Theorien vorgebracht worden, die zw. Wimpeln am Mast aus Textilien und den Schiffsfahnen aus Metall ausschließlich am Steven unterscheiden (9, 176; 1, 31–36). Auch heute noch sind Segelboote an der Mastspitze mit einem Wimpel oder einer Fahne ausgestattet, dem sog. Klicker, der dem Schiffer die richtige, nicht immer mit dem segelfüllenden Wind übereinstimmende Windrichtung anzeigt.

Die Ritzung von Bryggen ist zwar die beste, wenn auch nicht einzige Wiedergabe der W. des wikingerzeitlichen Typs, denn auch in einigen norw. → Stabkirchen sind ähnliche Darst. auf Graffiti zu finden (4, Abb. 10–13).

§ 2. Archäologische Beispiele. Erst 1916 wurde im arch. Material aus → Söderala eine authentische W. bekannt (27). Die Ausgr. Hjalmar → Stolpes auf Björkö im Mälarsee (→ Birka) hatten zuvor bereits im 19. Jh. eine Miniaturform der W.n bekannt

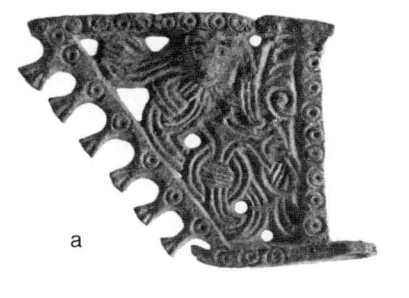

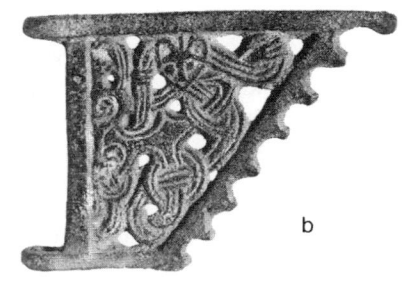

Abb. 83. Wikingerzeitliche Miniaturfahnen. a. Birka; b. Tingsgården; c. Menzlin. Nach Lamm (20, 37 Bild 4)

gemacht, die sich allerdings von den großen Fahnen nach Material, Form und Dekor unterscheidet (s. u.). Etwa gleichzeitig wurde eine sehr ähnliche Miniatur in einem Brandgrab aus Tingsgården bei Rangsby in Saltvik auf Åland gefunden (27, Fig. 4 und 1; 3; 21). Sie ist 5,2 cm lg., 3,75 cm hoch und wiegt 17,6 g. Die übrigen kleinformatigen W.n (20, Bild 4, vgl. hier in Auswahl Abb. 83) besitzen ein ähnliches Maß und Gewicht. Sie sind alle aus Bronze in durchbrochener Arbeit gegossen und in dem für das 9. Jh. charakteristischen Borrestil ausgeführt. Ihre Zahl hat sich seit 1971 noch um weitere sechs Ex. erhöht. Dazu zählen die Frg. von zwei W.n aus einem stark beschädigten Brandgrab der WZ bei Syrholen im Ksp. Dala Floda in Dalarna, Schweden (16, 25–30). Von dem einen Ex. liegt nur noch ein Stück des gewellten Randes sowie ein Rest der wohl im Borrestil ausgeführten Ornamentik vor. Das zweite, besser erhaltene Ex. besitzt wie die großen und vergoldeten W.n zwei Befestigungsösen. Ihre Verzierung besteht aus senkrechten Reihen konzentrischer Kreise, von denen die untersten jeweils durchbrochen sind und dem gebogenen Rand der Fahne zu folgen scheinen. Eine weitere Miniatur-W. wurde 1984 auf dem Handelsplatz der WZ bei Bandlundeviken auf der Fundstelle Häffinds im Ksp. Burs, an der s. O-Küste Gotlands, gefunden (7, 38, Fig. 44; 8, 244, Fig. 54; 20, Bild 4g). Abweichend besitzt sie drei Ösen, und die Spitze der dreieckigen Form schließt mit einem vorspringenden Tierkopf ab. Damit erhält die Fahne von Bandlunde eine gewisse Ähnlichkeit mit den großen W.n der späten WZ mit ihren bekrönenden vorwärts blickenden gegossenen Tierskulpturen. Im Unterschied zu den genannten Miniatur-W.n, denen ein Neufund aus Menzlin in O-Vorpommern anzuschließen ist (28, 474, Abb. 136:1), weist sie einen gebogenen Rand mit fünf sehr kräftigen, stachelähnlichen Auswüchsen auf. Sie ist durchbrochen gegossen und mit einer flächendeckenden, bereits stark verwaschenen Bandtierornamentik versehen. Eine spezielle Eigenart stellen die Ösen auf der Schmalseite dar, die nicht durchbohrt worden sind. Dies deutet auf ein Halbfabrikat hin, das möglicherweise vor Ort gefertigt worden ist. Weitgehend identisch mit der Fahne von Badlunda auf Gotland ist eine im J. 2002 in Söderby im Ksp. Lovö auf der Mälarinsel gleichen Namens gefundene weitere W. aus Bronze. Sie stammt aus einem Brandgrab, vermutlich aus dem 10. Jh. (12; 20, Bild b). Trotz der großen Übereinstimmung sind beide jedoch nicht in einer identischen Form gegossen worden, vielmehr unterscheiden sie sich in der Ausformung des Tierkopfes und in den Details der Bandornamentik, die nach der erforderlichen Konservierung noch deutlicher hervortreten wird. Diese W. hat eine ‚praktische' Verwendung gefunden, wie aus den durchbohrten Ösen hervorgeht, durch die ein rundes Bronzestäbchen gesteckt worden ist, das an beiden Enden abgebrochen ist. Es ist daher eher unwahrscheinlich, daß sie als Anhänger gedient hat, am ehesten ist sie an einem Objekt befestigt gewesen. Ein achtes vergleichbares Beispiel aus Novoselki bei Smolensk, Rußland (Brandgrab 4, Kulturhist. Mus. Smolensk, arch. Slg., Inv. Nr. SMZ 23656/1) entstammt einem in das 10. Jh. datierten Grab (22, Fig. 7). Es weist mit seinem hervorspringenden Tierkopf und der Gestaltung der Grundlinie seiner dreieckigen Gestalt Übereinstimmung mit den Ex. von Bandlunde und Lovö auf, besitzt andererseits aber nur zwei Ösen.

Für die Verwendung der Miniatur-W.n bestehen unterschiedliche Hypothesen. Eine Nutzung als Modell ist zu erwägen, das bei der Bestattung als Symbol für das reale Schiff beigegeben wurde. Ein Andauern solcher Vorstellungen bis hin zu bootförmigen Lichterschiffen in einigen norw. Stabkirchen bis in das MA ist denkbar, doch nicht zu beweisen. Diese Schiffe mit Spitzgatter tragen an jedem Steven eine Fahne (9, 177, Abb. 15). Kleine, exakt ausgeführte Modelle mögen als Vorlagen im Schiffbau oder als exklusives Spielzeug geeignet gewesen sein, wie der *Kröka-Rafns s.* entnommen wird (11). Die Interpretationsvorschläge reichen weiterhin von Navigationsinstrumenten (10; 13) bis zu Amuletten (19, 71).

Aus der WZ sind derzeit neben den genannten Miniatur-W.n vier in natürlicher Größe bekannt (Heggen und Tingelstad in Norwegen, Källunge und Söderala in Schweden), hinzu kommen einige Ex. des frühen MAs aus Norwegen.

Die Schiffsfahnen sind große und schwere Gegenstände. Die Fahne aus Söderala ist 25 cm hoch und 34,5 cm lg. Sie wiegt 1,5 kg. Noch schwerer ist die W. aus Tingelstad mit 2,15 kg. Sie sind alle aus Kupfer gefertigt, wobei die Löwen, die im Falle von Söderala und Heggen aus einer Messinglegierung bestehen, vielleicht aus besonderen Werkstätten stammen (4, 104).

Der Erhalt von vier Schiffsfahnen der WZ ist ihrer sekundären Verwendung im Kirchengebrauch zu verdanken. Eine alte antiquarische Zeichnung der Kirche in Heggen zeigt die W. auf dem Kirchendach in derselben Position, wie sie einst am Schiffsbug befestigt war. Ein Hintergrund für ihre sekundäre Verwendung ist in der Ledungsorganisation zu suchen (→ Ledung), nach der Segel und andere Ausrüstungsteile der Ledungsschiffe in Kirchen aufzubewahren waren (Königlich norw. Verordnung des 13. Jh.s; 4, 107). Nach dem Ende der Ledungspflicht im 15. Jh. wurden dann wahrscheinlich nur exzeptionelle Stücke in den kirchlichen Gebrauch übernommen.

Die W.n von Källunge, Söderala und Heggen (9, 162–166; 4, Fig. 4 und 16) sind in stilistischer Hinsicht skand. Arbeiten. Die W. aus Tingelstad hingegen ist in roman. Stil ausgeführt und wahrscheinlich die Arbeit eines Handwerkers aus England oder der Normandie (4, Fig. 6,19,21; zu einer Analogie vgl. 9, 169 fig. 10).

Von den W.n zu unterscheiden sind nach Gestalt und Fertigung Standarten oder Lanzenfahnen, wie etwa im Fund von Grimsta in Uppland aus einem Körpergrab des 11. Jh.s (2; 3).

Praktische Versuche haben die Unbrauchbarkeit der Schiffsfahnen als Wetteranzeiger erwiesen. Als vergoldete Reflektoren können sie aber als Signalinstrumente für die Kommunikation zw. Schiffen wie zw. Schiff und Land eine wichtige Funktion gehabt haben (14, 4), v. a. scheint ihnen, wie in der anord. Lit. hervorgehoben, ein hoher Symbolwert eigen gewesen zu sein. Das deuten auch miniaturförmige Fahnen und ebenso Riemenbeschläge in dieser Gestalt u. a. aus Borre (→ Borre Taf. 17a–b) und → Gnezdovo (22, 140 f. Fig. 8–9) an.

(1) L. M. Åmell, Söderalaflöjeln, in: Från pottskåp till praktmöbler. En antikhandlares minnen, 1955. (2) K. Andersson, Grimstavimpeln – en förbisedd dräktavbildning från vikingatiden, Fjölnir 3, 1985, 79–97. (3) M. Biörnstad, Bronsvimpeln från Grimsta, Antikv. arkiv 10, 1958. (4) M. Blindheim, De gylne skipsfløyer fra sen vikingetid. Bruk og teknikk, Viking 46, 1983, 85–111. (5) Ders., De yngre middelalderske skipsfløyer i Norge, in: R. Zeitler u. a. (Hrsg.), Imagines Medievales. Studier i medeltida ikonografi, arkitektur, skulptur, måleri och konsthantverk, 1983, 47–59. (6) Ders., Gylne fløje, in: Skalks gæstebog, 1985, 57–72. (7) B. Brandt, Bandlundeviken – en vikingatida handelsplats på Gotland. Grävningsrapport och utvärdering. Seminarieuppsats i arkeologi, 1986. (8) Ders., Bandlundeviken – a Viking Trading Centre on Gotland, in: G. Burenhult (Hrsg.), Remote Sensing. Applied techniques for the study of cultural resources 2, 2002, 243–311. (9) A. Bugge, The Golden Vanes of Viking Ships. A Discussion on a Recent Find at Källunge Church, Gothland, Acta Arch. 2, 1931, 159–184. (10) A.-E. Christensen, The Viking weatervanes were not navigation instruments, Fornvännen 93, 1998, 202 f. (11) T. Edgren, Om leksaksbåtar från vikingatid och tidig medeltid, in: Festskrift till Olaf Olsen, 1988, 157–162. (12) V. Ekberg, På resa till en annan värld. C-uppsats i arkeologi. Stockholms univ., 2002, 88. (13) J. Engström, P. Nykänen, New Interpretations of Viking Age Weather Vanes, Fornvännen 91, 1996, 137–142. (14) O. T. Engvig, A Symbol of Kings. The Use of Golden Vanes in Viking Ships I., Viking Heritage Magazine 2003, 1, 3–7. (15) Ders., A Symbol of Kings. The Use of Golden Vanes in Viking Ships II., ebd. 2003, 2, 20–26. (16) Y. Frykberg, Syrholen i Dala-Floda socken. Seminarieuppsats i arkeologi. Stockholms univ., 1977. (17) A. Herteig, Kongers havn og handels sete: fra de arkeologiske undersøkelser på Bryggen i Bergen 1955–68, 1969. (18) H. Johannsen u. a., Vindfløj, in: Kult. hist. Leks. XX, 92 f. (19) M. Koktvedgaard Zeitzen, Miniaturanker aus Haithabu, Ber. über die Ausgr. in Haithabu 34, 2002. (20) J. P. Lamm, De havdjärvas märke – Om vikingatidens skeppsflöjlar, Gotländskt Arkiv 2002, 33–42. (21) Ders., Die Wikingerzeitliche Miniatur-W. aus Menzlin und verwandte Funde, Bodendenkmalpflege in Mecklenburg – Vorpommern, Jb. 50, 2003, 69–84. (22) Ders., Vindflöjlar, Åländsk Odling 2001–2002, 2003, 129–143. (23) L. Le Bon,

The Bryggen „Ship Stick": a challenge in art and ship technology. The Bryggen Papers. Suppl. ser. 7. Ships and Commodities, 2001, 9–34. (24) S. Lindgrén, J. Neumann, Viking wind vanes, Meteorologische Rundschau 37, 1984, 19–28. (25) S. Lindqvist, Gotlands Bildsteine 1–2, 1941/42. (26) J. Roosval, Acta angående Källungeflöjeln, Fornvännen 25, 1930, 1–22. (27) B. Salin, Förgylld flöjel från Söderala kyrka, ebd. 16, 1921, 367–372. (28) M. Schirren, Menzlin, Lkr. O-Vorpommern. Kurzer Fundber. Bodendenkmalpflege in Mecklenburg-Vorpommern 47, 1999. (29) T. Spurkland, Seafarers from Bryggen. The Bryggen Papers. Suppl. ser. 7. Ships and Commodities, 2001, 35–41. (30) L. Thunmark Nylén, W.n. Die WZ Gotlands 3 (Manuskr.). (31) H. Trætteberg, Merke og fløi, in: Kult. hist. Leks. XI, 549–555. (32) L. Törnquist, Sjökonungens märke och riddarens banér. Nordiska, särskilt svenska fälttecken i ett internationellt perspektiv under forntid och medeltid. C-uppsats i konstvetenskap. Stockholms univ., 1993. (33) S. Wigren, Tre förgyllda flöjlar. Seminarieuppsats i arkeologi. Stockholms univ., 1971.

J. P. Lamm

Wetterregeln

§ 1: Sprachlich – § 2: Altertumskundlich

§ 1. Sprachlich. Ahd. *wetar,* mhd. *wet(t)er,* as. *wedar,* anord. *veðr,* ae. *weder,* afries. *weder* weisen auf germ. **wedra-* ‚Wetter' (4, s. v. Wetter). Mit der Einbeziehung der außergerm. Etyma akslaw. *vedro* ‚schönes Wetter', akslaw. *vedrŭ* ‚klar', aruss. *vedro,* russ. *vëdro* ‚schönes Wetter' ist die Rückführung auf die idg. Wurzel ** h₂ueh₁-* (8, 287) ‚wehen', die auch dem dt. Wort *wehen* zugrunde liegt, möglich. Damit gilt die bisherige Ableitung von idg. **uedhro-,* eine mit dem idg. Suffix *-dhro* erweiterte Bildung von idg. **uē* ‚wehen, blasen, hauchen' (7, 82–84; so 6), die allerdings mit problematischer vokalischer Kürze anzusetzen wäre, als veraltet. Die urspr. Bedeutung von *Wetter* dürfte demnach ‚bewegte Luft, Lufthauch, Wind' gewesen sein (4, s. v. wehen, Wetter; 6, s. v. Wetter). Bis ins Mhd. bedeutete die Kollektivbildung *Gewitter,* ahd. *giwitri,* as. *giwidiri,* ae. *gewider,* mhd. *gewiter(e)* dasselbe wie *Wetter* (man vgl. die Redewendung *ein Wetter machen* ‚einen Zornausbruch haben, eine Strafpredigt halten') (3), sie erhielt erst im Spät-MA die heutige Bedeutung. Parallel dazu entwickelten sich die Negationsbildungen *Unwetter* und das heute veraltete *Ungewitter* (4, s. v. Gewitter, Ungewitter). ‚Blitz' für *Wetter* ist seit dem Mhd. bis ins 18. Jh. üblich (so noch bis Adelung *Wetterableiter* für späteres *Blitzableiter:* 1; 3). In der Bergmannsprache bedeutet *Wetter* ‚(frische) Luft in der Grube', es ist seit dem 15. Jh. belegt (5, s. v.) und wurde im 19. Jh. zu *schlagende Wetter* ‚explosive Gase' erweitert. *Wetterleuchten* ‚blitzen ohne Donner' ist eine volksetym. Angleichung von frühnhd. *wetterleichen* ‚blitzen wie in einem Gewitter' an *leuchten* (6).

§ 2. Altertumskundlich. Für eine in Friedenszeiten primär agrarisch ausgerichtete Ges. ist die Wetterbeobachtung und -vorhersage von grundlegender Bedeutung, können doch Mißernten oder Ernteausfälle rasch zur Bedrohung der Existenzgrundlagen werden. So wird auf arch. nachweisbare Unterernährung an Knochenfunden aus germ. Zeit als eine der Ursachen der stets s. gerichteten Stammeswanderungen hingewiesen (zur Problematik → Paläodemographie; → Völkerwanderung). Es darf angenommen werden, daß die Wettervoraussage und die Möglichkeit der Wetterbeeinflussung den sakralen Würdenträgern des Stammes zufiel, die – im Sinn des Kg.sheils (→ Sakralkönigtum) – auch selbst den Göttern geopfert werden konnten, wenn keine der vorhergehenden Maßnahmen zum Erfolg führte (→ Menschenopfer; → Moorleichen § 5, Beispiel hierfür vielleicht der Tollund-Mann [→ Tollund § 2]). Da die Germ. zumindest in der Frühzeit das Düngen (→ Düngung und Bodenmelioration) nicht kannten, laugte fruchtbarer Boden oft schnell aus, was selbstverständlich dem Einwirken böser Mächte zugeschrieben wurde.

Konkret und auch ohne Meßwerkzeuge beobachtbare Wetterphänomene sind

Sonne, Wolken, Niederschlag, Wind, Blitz, Donner und Regenbogen. Auch der → Mond wurde für das Wetter auf der Erde verantwortlich gemacht (siehe auch → Wetterzauber). Die Bedeutungsentwicklung des Wortes *Wetter* von konkretem ‚Wind, -hauch' zu abstrakter ‚Witterung' und schließlich zu ‚meteorologische Konstellation' zeigt die Interpretation vom sinnlich Wahrnehmbaren zu abstrakten Vorstellungen über die Vorgänge in der Atmosphäre. Da die grundlegende Bedeutung zw. Sonnenschein und Regen für das Pflanzenwachstum, aber auch für die → Jahreszeiten, leicht durchschaubar ist, können bereits für die Jungsteinzeit entspr. Beobachtungen und ihre mündliche Weitergabe vorausgesetzt werden. Solche Wahrnehmungen können in germ. Zeit durchaus in Form von Regelmäßigkeiten mündlich überliefert worden sein, wobei diese allerdings nicht in Form unserer heutigen ‚Bauernregeln' imaginiert werden dürfen; jedenfalls besitzen wir keinen Beleg dafür. Die Grundvoraussetzung des Sonnenscheins und seiner Wärme für alle Formen des Lebens spiegelt sich in der kultischen Verehrung der → Sonne, die in allen frühen Kulturen anzutreffen ist, wider (→ Sonnensymbol). Auch die Germ. bilden hier keine Ausnahme. Inwieweit jedoch ein früher Sonnenkult, der von der späteren Mythol. verdrängt worden ist, anzunehmen ist (fraglicher Beleg in Caes. Gall. 6,21) läßt sich nicht entscheiden.

Die Gewalt über das Wetter wurde wie bei allen frühen Kulturen den Göttern zugesprochen, wobei Thor (→ Donar-þórr) als oberster Wettergott, bei den Römern Jupiter, die Blitze als Himmelsstrafe sendet (→ Gewitter). In christl. Umformung wurde der Blitz dann zum Strafwerkzeug Gottes. Vom umfassenden Wissen der griech.-röm. Ant. über das Wettergeschehen, das von einer genauen Beobachtung der Umwelt zeugt (z. B. in der *Naturalis historia* von → Plinius dem Älteren), hatten die Germ. keine Kenntnis bzw. sie erhielten sie erst durch die Kontakte mit den Römern. Die ant. Tradition wurde von christl. Schriftstellern fortgesetzt, wenn auch nicht so intensiv wie im arab. Raum. Erste Andeutungen finden sich bei → Isidor von Sevilla, → Beda Venerabilis und → Adam von Bremen. So kannte man im christl. MA für die Landwirtschaft W., die auf Wetterprognosen anhand von Wolkenbildungen, Winden und der Farbe der Gestirne beruhten. Im 13. Jh. setzt auch die skand. Überlieferung ein (5, s. v. Winde, Wetterbeobachtung). Anhand von Lostagen, die zumeist mit christl. Hl. verbunden waren, wurden die Regeln allmählich ausgegliedert und fanden in den spätma. bäuerlichen W. ihren Niederschlag, die schließlich ab dem 15. Jh. in Kalendern, aber auch in eigenen ‚Wetterbüchlein' schriftlich festgehalten wurden. Die sog. ‚Donnerbücher' (Brontologien) enthalten weniger Regelhaftes als vielmehr Wetterorakel im Rahmen eines weit verbreiteten Donnerglaubens, dem man zumindest teilweise germ. Ursprünge (vgl. Thor) zusprechen möchte. In ihnen wurden, ausgehend von einem bestimmten Zeitpunkt des ersten Donners im J., allg. Vorhersagen zum Jahresablauf oder zum Geschehen an einem bestimmten Wochentag, ja sogar einer bestimmten Stunde gemacht (5, s. v. Donnerbücher). Die christl. Kirche knüpfte mit dem Wetterläuten und anderen Bräuchen (Wetterkreuze, -kerzen, -segen, -prozessionen, und -heilige) an heidn. Traditionen an. Insbesondere der Glaube, Glockengeläute könne Gewitter vertreiben (auf der Glocke des Schaffhauser Münsters von 1486: VIVOS VOCO, MORTVOS PLANGO, FVLGVRA FRANGO; → Glocke S. 216) war bis in die Neuzeit weit verbreitet (5, s. v. Wetterkreuz; → Glocke § 3). Ein noch nicht näher geklärter Zusammenhang besteht auch zw. den späteren Wetterfähnchen (→ Wetterfahne) und dem Wetterhahn auf dem Haus und den von den Germ. hochgeschätzten Galionsfiguren. Ursprünge dürften in dem gut belegten germ. Brauch zu sehen sein, Pferdeköpfe und -schädel, oft mit weit aufgerissenem Maul, als Schutz vor bösen Geistern aufzustellen, wobei der Schädel in Richtung der Geister (also vom Haus weg) schauen mußte. Sie werden auch als Neidstangen oder -köpfe bezeichnet (→ Níð). Dieselbe Funktion wird dann den Galionsfiguren, die oft die Form realistischer oder stilisierter Pferdeköpfe aufweisen, zugeschrieben. Wenn ein Schiff aufgegeben werden mußte, hieb man oft als letztes die Galionsköpfe ab und nahm sie mit. Es verwundert daher nicht, daß sich in späterer Zeit Pferdekopfdarst. auf täglichen Gebrauchsgegenständen wie Truhen, aber bes. auch in Form gekreuzter Pferdeköpfe auf den Dachgiebeln finden (→ Giebel und Giebelzeichen § 2) – eine stilisierte Darst. hat bis heute im Firmenlogo der Raiffeisen-Gruppe überlebt. Ihre offenkundige Funktion ist, das Haus und seine Bewohner zu schützen und Übles abzuwenden, wobei darunter v. a. auch Mißernten, Überschwemmungen, Blitzeinschläge und andere wetterbedingte Naturkatastrophen zu verstehen sind. Im MA können auch Hirschgeweihe diese Aufgabe übernehmen. Auf den Giebeln großer und wichtiger Bauten, v. a. öffentlicher Säle (den sog. ‚Hornsälen') findet man sie nicht selten; so ist noch 1551 die Anbringung von acht Hirschgeweihen auf dem S-Turm von St. Stephan in Wien bezeugt (9, 95).

(1) J. Ch. Adelung, Grammatisch-kritisches Wb. der hochdt. Mundart 4, 1808 (Originalausg. 1801), 1512, s. v. Wetterableiter. (2) Ch. Baufeld, Kleine frühneuhochdt. Wb., 1996. (3) Grimm, DWb. 29, ²1960, s. v. Wetter. (4) Kluge-Seebold, ²⁴2002, s. v. wehen, Wetter, Gewitter, Ungewitter. (5) Lex. des MAs 2, 1983; 3, 1986; 9, 1998. (6) W. Pfeifer, Etym. Wb. des Deutschen, 1993, s. v. Wetter. (7) Pokorny, IEW. (8) H. Rix, Lex. der idg. Verben, ²2001. (9) R. Wolfram, Die gekreuzten Pferdeköpfe als Giebelzeichen, 1968.

P. Ernst

Wetterzauber

§ 1: W. als Bestandteil des Zauber- und Hexenglaubens – § 2: Abwehr und Abwendung von Unwettern

§ 1. W. als Bestandteil des Zauber- und Hexenglaubens. Die Germ. standen bereits in der Ant. im Ruf, große Anhänger des Zauber- und Hexenglaubens zu sein. Daß sie tatsächlich über einen reichhaltigen Vorrat an Zaubersprüchen (→ Zauberspruch und Zauberdichtung) für jede Gelegenheit verfügten, bezeugen zahlreiche Erwähnungen. V. a. den christl. Würdenträgern war ihr Weiterleben ein Dorn im Auge, so daß wir über die Strafen für die Anwendungen gut unterrichtet sind (zu den Qu. vgl. → Indiculus superstitionum et paganiarum, S. 374). Allerdings haben sich die Sprüche selbst leider nur in Ausnahmefällen (z. B. → Merseburger Zaubersprüche) erhalten, und zum W. ist kein einziger darunter. Dabei bleibt jedoch stets zu beachten, daß nach Überzeugung der Germ. dem Menschen selbst nicht die Möglichkeit zur Wetterbeeinflussung zugeschrieben wurde: Es sind die Götter, die das Wetter machen, und der Mensch kann nur über sie und ihren Willen mit Hilfe magischer Rituale (→ Magie) auf das Wetter einwirken. Diese Vorstellungen änderten sich in spätma. Zeit, als dem eigenständigen Wirken von Zauberinnen und Hexen mehr Macht zugestanden und dadurch die Grundlage für die kommenden Hexenverfolgungen gelegt wurde (so ist bis in die Neuzeit *Hagelkocherin* für *Hexe* als Verweis auf den magischen Brauch des ‚Hagelkochens' im Dt. weit verbreitet; vgl. 1).

Auch der W. war in der gesamten Germania verbreitet und sehr beliebt. Sprüche für das Erzeugen eines bestimmten Wetters hat es mit Sicherheit gegeben, wir wissen über seine Praktiken jedoch herzlich wenig. Die → *Njáls saga* erzählt von einem W., bei dem ein Zauberer seinen Kopf mit einem Ziegenfell umhüllt und mit einer Beschwörungsformel die verfolgten Hauptpersonen vor ihren Verfolgern schützt, indem diese in dichten Nebel gehüllt werden und sich verirren (dazu → Magie S. 146). Burchard von Worms berichtet um 1000 von folgendem Regenzauber: „Wenn sie keinen Regen haben und ihn brauchen, so versammeln sie eine Anzahl Jungfrauen, die sich ein kleines Mädchen als Führerin erkiesen. Dieses ziehen sie nackt aus und geleiten es an einen Ort außerhalb des Dorfes, wo das Kraut *jusquiamum* wächst, das zu deutsch *belisa* heißt. Das muss das nackte Mädchen mit dem kleinen Finger der rechten Hand herausziehen, und zwar mit der Wurzel; dann wird es ihm mit einem Faden an die kleine Zehe des rechten Fußes gebunden. Darauf geleiten sie das Mädchen im Zuge, bei welchem jede Teilnehmerin einen Zweig in der Hand trägt, an den nächsten Fluss und besprützten mit den Zweigen das im Wasser stehende: und so hoffen sie, durch ihre Zaubergesänge Regen zu bekommen. So dann geleiten sie das immer noch nackte Mädchen zurück, wobei es rückwärts gehen muss" (Zit. nach 2, 44). Das Herbeirufen der durch Wolken verhangenen Sonne mittels Nachbilden der Sonnenscheibe oder der Erzeugung von Wärme, also durch das Anzünden von Feuern, gehört in den Zusammenhang des Sonnenzaubers, der bei frühen Kulturen weit verbreitet ist – Reste des Zusammenhangs zw. → Sonne und Feuer sind bis zu den heutigen Sonnwendfeuern vorhanden.

§ 2. Abwehr und Abwendung von Unwettern. Weitaus besser belegt sind allerdings die Tatsache der Abwehr und die Handlungen zur Abwendung von Unwettern. Die Kontrolle über Stürme war einem Seefahrervolk wie den Germ. offenbar sehr wichtig, denn das Motiv wird verhältnismäßig oft angesprochen, so in → *Hávamál* Str. 154 oder *Fóstbrœðra s.* (→ Fóstbrœðra saga S. 365). Der W. gehörte ebenso wie gewisse Formen des Heils-, Fruchtbarkeits- und Gesundheitszaubers, der Weissagung (→ Mantik) und der Astrologie zur weißen Magie, die nicht immer genau von der Volksmed., wie sie sich z. B. im Umhängen von → Amuletten und Steinen manifestiert, zu scheiden ist. Das Tragen von Amuletten, deren Keulenform mit dem röm. Fruchtbarkeitsgott Herkules, schließlich aber mit dem blitzeschleudernden Jupiter und seinem germ. Gegenstück Thor in Verbindung gebracht wurde (→ Gewitter S. 52; → Thorshammer), ist durch Grabfunde für das 4.–7. Jh. belegt. Den Germ. galt diese Form des → Zaubers als nicht verboten (→ *Leges Visigothorum*; → *Lex Baiuvariorum*), da nur der durch Zauberei verursachte Schaden, nicht aber die Zauberei selbst bestraft wurden. Anders zu beurteilen ist hingegen der Schadenzauber (→ Schadenzauber S. 566), der bei den Germ. streng verfolgt wurde. Die frühen skand. Rechte, die – allerdings bereits unter christl. Einfluß – um 1100 aufgezeichnet werden – verbieten bereits jede Art von Zauber (3, 211). So verdammen natürlich auch die christl. Schriftsteller jede Art von heidn. Zauber und legten die z. T. strengen Strafen in den zahlreich erhaltenen → Bußbüchern fest, aus denen wir unser Wissen um die Art des Zaubers, nicht jedoch die Zauberformeln selbst – die aus Furcht vor Nachahmung stets ungenannt bleiben –, beziehen. Nach der Qu.lage bestand die häufigste Maßnahme zur Vertreibung schlechten Wetters in der Erzeugung von großem Lärm, z. T. mit diversen Instrumenten wie Hörnern, Trompeten und Glocken. Letztere weisen darauf hin, daß diese Bräuche auch noch in christianisierten Gebieten üblich waren (→ Glocke § 3). Auch kam man dem → Mond bei seiner Verfinsterung mit Lärm und Zurufen zu Hilfe – offenbar war man der Ansicht, Vollmond würde für schlechtes Wetter verantwortlich sein. (Der ausführlichste Ber. dazu findet sich bei → Hrabanus Maurus, vgl. → Indiculus superstitionem et paganiarum, S. 375.)

Letztlich sind, wie bereits angedeutet, die Übergänge zw. Wetterorakel, -vorhersage (→ Wetterregeln), Volksmed., Weissagung, Astrologie und Zaubersprüchen fließend und können nicht im einzelnen bestimmt werden.

Zum Sprachlichen → Wetterregeln

(1) Grimm, DWb. 10, 1877, s.v. Hagelkocherin. (2) H. Paul, Germ. Literaturgesch. 1, 1901, Nachdr. 1984. (3) R. Simek, Relig. und Mythol. der Germ., 2003.

Ausführliche Lit.angaben bei → Indiculus superstitionem et paganiarum; → Magie; → Schadenzauber; → Sonne; → Wetterregeln; → Zauberspruch.

P. Ernst

Wettkämpfe und Wettspiele → Sport

Wetzstein s. Bd. 35

Wharram Percy. The medieval village of W. P., E Yorkshire, has been deserted since the 16th century, and has been examined over a period of more than 40 years from 1950 by arch. excavation, supervised by Hurst and Beresford (1). The site, which is the most completely recorded deserted medieval village in England (→ Wüstung § 10), is complex but the pre-Conquest settlement has been traced in two areas. Middle Saxon pottery is spread over much of the site and two sunken-featured houses ('Grubenhäuser' [→ Hütte]), dated to the late 8th or early 9th centuries, were excavated on the northern fringes of the medieval village (2). Other similar houses were found cut into a Roman hollow way and dated to the late 8th or 9th century, associated with a midden in which there was evidence for non-ferrous metalworking in the form of crucible and mould frg. A frg. of an 8th-century cross slab was also found (3, 195).

Excavation of the site of the medieval south manor produced the best evidence of continuity of settlement into the post-Conquest period (3). The south manor site (of which some 900 m^2 were excavated) had its origin within an area recognised as part of the field-system (→ Acker- und Flurformen § 1) of a Romano-British farmstead. The Middle Saxon hall (→ Halle) on this site was of post-hole construction and, although small, clearly represents a high-status building; the associated pottery is of 6th- or 7th-century date − the first predecessor of the medieval manor complex. Finds included a → sceatta and mounts and frg. of swords (which may have been debris from a sword-furbishing workshop). Ephemeral remains of other buildings on the site were supplemented by a pit containing what is probably a ritually-deposited ox skull. There seems to be a gap in the continuity of the site after the 9th century; but the presence of a Borre-style (→ Wikinger § 3) belt-slide and strap end, a sword guard and schist and phyllite hones and pottery would seem to indicate an Anglo-Scandinavian presence in the 10th century. The gap might be explained by the presence of buildings resting on sill-beams. It seems likely that the nucleated village plan, as it survived into the MA, was formed at this period which was a time of change, as land passed from the original owners into the hands of the incoming Scandinavians.

A small timber church was established in W. P. in the 10th century, this was replaced by a small two-cell stone church in the late 10th or early 11th century. Among the burials to the S of the church are three high-status burials of Anglo-Scandinavian type, marked by limestone slabs with head- and foot-stones (1, pl. 7), which might represent the 11th-century family of the proprietors of the manor. The stones were slighted by the succeeding Romanesque church.

The economy of W. P. at this period was based on mixed farming. Sheep were the commonest animal, but cattle were clearly important − there was little pig. Exotic foods are represented by oysters (→ Auster) brought from the coast. Cereals were wheat, barley and oats (there were also traces of rye). Peas were cultivated as – probably – was flax. Most of the pottery is of a local type also found at → West Heslerton. Five sherds of Ipswich ware (→ Ipswich § 1) and one frg. of Tating ware (→ Tatinger Keramik) were also found, indicating more distant connections. Hones and quern stones were imported from abroad. There were traces of smithing on the site, with 28 partially-forged objects and 35 iron bars or rods.

Publ. continues.

(1) M. Beresford, J. Hurst, English Heritage Book of W. P. Deserted Medieval Village, 1990. (2) G. Milne, Two Anglo-Saxon Buildings and Associated Finds, Wharram. A study of settlement on the Yorkshire wolds 7, 1992. (3) P. A. Stamper, R. A. Croft, The South Manor Area, ibd. 8, 2000.

D. M. Wilson

Whitby

§ 1: Historische Entwicklung – § 2: Synode von W. – § 3: Runologisch

§ 1. Historische Entwicklung. Die ehemalige Benediktinerabtei W. (Gft. Yorkshire) ist um 657 von Kg. → Oswiu von → Northumbria auf einem Felsen oberhalb eines der wenigen schiffbaren Häfen an der Küste von N-Yorkshire gegründet worden (13). 655 hatte Oswiu vor einer kriegerischen Auseinandersetzung mit → Penda von → Mercia gelobt, im Falle seines Sieges seine Tochter Ælfflæd dem geistlichen Dienst zu weihen und außerdem zwölf Besitzungen für den Bau von Klöstern zu stiften (1, III,24). Oswiu gewann und hielt sein Versprechen, wobei er die Schenkungen gleichmäßig auf Bernicia und Deira aufteilte, um so die neue Einheit der Teilreiche zu fördern (34, 80). Auf einer davon wurde W. gegründet, das bei → Beda venerabilis stets unter dem Namen Streanæshealh erscheint. Dieses Doppelkloster von beachtlichen Ausmaßen stand in enger Verbindung mit dem northumbrischen Kg.shaus (24, 149 ff.; 11; 12). Denn die erste Äbtissin war die aus kgl. Familie stammende Hild, deren Vater Hereric ein Neffe Kg. → Edwins war (1, IV,23). Am northumbrischen Hof aufgewachsen, empfing sie nach dessen Relig.swechsel 627 von Bf. Paulinus die Taufe. Nachdem Hild ein J. im Kloster → Chelles bei Paris zugebracht hatte, in dem sich auch ihre Schwester Hereswith aufhielt, wurde sie von Bf. Aidan zurückgerufen und übernahm die Leitung des Klosters → Hartlepool, um dann ab 657 W. aufzubauen. Dort wurde auch Oswius Tochter Ælfflæd zur Nonne erzogen. Außerdem ist ihre Mutter Eanflæd, eine Tochter von Kg. Edwin und die zweite Gemahlin von Oswiu, nach dessen Tod 670 in W. eingetreten. Diese drei Damen haben nacheinander das Kloster geleitet, Eanflæd ab 680 und Ælfflæd ab 685. In ihnen spiegeln sich auch die konkurrierenden relig. Orientierungen der Zeit, denn Hild war von dem Iren Aidan geprägt (1, IV,23), während Eanflæd ihre Kindheit am röm. bestimmten Hof in → Kent verbracht hatte (1, III,15) und unter Ælfflæd in W. die auf Traditionen aus → Canterbury zurückgreifende *Vita Gregorii* entstand (4).

Unter Hild, der Beda in seiner Kirchengesch. eine Kurzvita gewidmet hat (1, IV,23), war W. berühmt für seine weitreichenden Kontakte, so daß *reges ac principes nonnumquam ab ea consilium quaererent et invenirent,* und für sein herausragendes Bildungswesen (19). Ein deutlicher Beleg dafür war nach Beda, daß immerhin fünf Bf., allesamt *singularis meriti ac sanctitatis viros,* aus dem Kloster hervorgegangen sind, nämlich Bosa von York, Ætla von Dorchester, Oftfor bei den → Hwicce in Worcester, Johannes von Hexham und später York sowie → Wilfrid von York, Hexham und Leicester (1, IV,23). Für die Bedeutung von W. spricht ferner seine Wahl als Grablege von Oswiu und Edwin (23, 305–311). Erwähnenswert ist auch der Dichter und Sänger → Cædmon, der als Laienbruder in W. lebte und neben vielen Gedichten biblischen Inhalts einen Hymnus zum Lob des Schöpfers in ae. Sprache verfaßt hat (1, IV,24; 14). Über die weitere Gesch. der Abtei versiegen nach Hilds Tod 680 die Qu., offenbar hielt Beda ihren Beitrag zum Aufbau der ags. Kirche für abgeschlossen (32, 174). Ælfflæd ist 713 verstorben, möglicherweise kann ein in W. gefundenes Epitaphfrg. ihr zugeordnet werden (7, 315). 867 ist W. bei einem Überfall von → Dänen zerstört worden. Vor 946 haben Mönche aus → Glastonbury Reliquien, angeblich die von Oswiu und Hild, aus den Ruinen geborgen (21). Diese waren immer noch sichtbar, als spätestens 1077 ein neues benediktinisches Kloster von Reinfrid von Evesham errichtet worden ist, der zum Invasionsheer von → Wilhelm dem Eroberer gehört hatte und bewußt an die ags. Tradition anknüpfen wollte (3, III,22; 9).

Die Gesch. dieses neuen Klosters, das unter Piratenüberfällen zu leiden hatte, war turbulent. Viele Mönche haben es bald verlassen, um das monastische Leben in Lastingham und später in der großen Abtei St. Mary in → York einzuführen. Trotz einsamer Lage war W. im 12./13. Jh. aufgrund seines Landbesitzes recht wohlhabend, aber der Konvent nahm immer mehr ab und sank 1393 auf 20 Mönche. Als die Abtei 1539 der Krone übergeben wurde, gab es nur noch 22 Mönche in W. (13, 55).

Diskussionswürdig ist schließlich noch die Lokalisation des Klosters und damit auch des Ortes der Synode. Bei Beda (1, III,24 u. 25, IV,23 u. 26, V,24) sowie in der *Vita Wilfridi* (5, c. 10) und der *Vita Gregorii* (4, c. 18) ist nur von Streanæshealh die Rede, und dieser Name korrespondiert mit der modernen Form Strensall, einem Ort n. von York, der jedoch ca. 40 km von W. entfernt liegt. Der Name *Whitby* erscheint erstmals im → Domesday Book und muß aufgrund seiner skand. Form aus dem 9. Jh. stammen (2, I,309a und 380c; 7, 313). Die Gleichsetzung von Streanæshealh und W. wird erst im 12. Jh. von Simeon von Durham vorgenommen (3, III,22; 7, 314). Beda übersetzt Streanæshealh mit *Sinus Fari* (1, III,25; 10, 141 f.; 15, 189), was auch nicht weiterhilft, so ansprechend auch die These ist, das sei eine exegetische Interpretation von W. als dem Ort, von dem das Licht der röm. Kirche über ganz Brit. scheine (19, 11 f.). Immerhin könnte dafür auf die Sonnenfinsternis vom 1. 5. 664 verwiesen werden, die die Teilnehmer der Synode beeindruckt haben mag (1, III,27; 25). Auch ein röm. Leuchtturm konnte in W. nicht gefunden werden (8). Nun haben Ausgr. eindeutig erwiesen, daß sich das Kloster in W. an der Küste befunden hat (27; 11), weshalb die Frage geklärt werden muß, wie der zur modernen Form Strensall passende Name Streanæshealh mit W. kombiniert werden kann. Nach einer neueren These, „that the topographical evidence of Strensall contains possible hints of an ecclesiastical enclosure", läßt sich nicht eindeutig sagen, ob die mit Streanæshealh verbundenen Ereignisse in W. oder in Strensall stattgefunden haben, zumal letzteres in bequemer Nähe zu York liegt (10; 7, 321). Denkbar wäre, daß in Strensall schon vor 657 ein Kloster existierte, das dann nach W. verlagert wurde und seinen Namen dorthin übertragen hat (7, 323).

§ 2. Synode von W. Neben der Sonnenfinsternis am 1. Mai und einer → Pestepidemie war die Synode von W. das wichtigste Ereignis des J.es 664 in Northumbria. Diesen Eindruck vermittelt zumindest Bedas dramatische Schilderung (14), obwohl es sich nicht um eine regelrechte Synode, sondern eher um ein Treffen der northumbrischen Kirche handelte (30, 48–57; 31, 55). Angesichts unterschiedlicher, ir. bzw. röm. geprägter kirchlicher Bräuche ging es um die Frage, welche als richtig anzusehen und fortan zu befolgen seien (17, 63 ff.). Dazu hatte es kommen können, weil die

Missionierung des Landes unter Edwin zunächst von Kent und damit röm. orientiert ausgegangen war, dann aber von dessen Nachfolger →Oswald ir. Mönche bevorzugt und →Lindisfarne unter Aidan und Finan zum Bf.ssitz für Northumbria ausgebaut wurde (31). Unter deren Nachfolger Colman *gravior de observatione paschae necnon et de aliis ecclesiasticae vitae disciplinis controversia nata est* (1, III,25). Die unterschiedliche Berechnung des Osterfestes hatte praktische Auswirkungen, denn der ir. erzogene Kg. Oswiu feierte an einem anderen Tag als seine in Kent aufgewachsene Gemahlin Eanflæd (24, 106: Oswiu „would generally be feasting while his wife was still fasting") (→Ostern § 2). Das scheint allerdings jahrelang kein Problem gewesen zu sein und man fragt sich, warum sich die Situation seit Colmans Amtsantritt 661 plötzlich verschärfen konnte (24, 106 f.). Die Ursache dafür liegt nicht in Fragen der kirchlichen Disziplin, sondern in der polit. Situation Northumbrias (6; 18, 250 ff.). Oswius Sohn Alhfrith, zunächst ir. orientiert, stand als Teilkg. von Deira in einem Machtkonflikt mit seinem Vater und hatte unter dem Einfluß des streng röm. denkenden Wilfrid die Seiten gewechselt (20, 41). Alhfrith dürfte es auch gewesen sein, der auf die Einberufung der Synode drängte. Nicht die reine Liebe zur Wahrheit über den Ostertermin bewegte ihn, vielmehr hoffte er wohl, die Position seines Vaters in Bernicia schwächen und selbst die Macht gewinnen zu können. Insofern war die Synode eine rein northumbr. Angelegenheit, die die traditionelle Rivalität zw. Bernicia und Deira sowie das Streben ihrer Kg. nach Alleinherrschaft spiegelt (24, 108; 34, 80). Das gelang Alhfrith nicht, und da er nicht offen rebellieren wollte, hört man nach 664 kaum noch etwas von ihm (24, 107 f.; 18, 252 ff.).

Offensichtlich ahnte Oswiu die Falle und war von vornherein entschlossen, zugunsten von Canterbury und Rom den Iren seine Unterstützung zu entziehen und damit seinen Sohn Alhfrith ins Leere laufen zu lassen. Deshalb bestimmte er die Spielregeln des Treffens, übernahm den Vorsitz, hielt die Eröffnungsansprache und ließ von Anfang an erkennen, daß seine Entscheidung endgültig sein würde (18, 258). Auch wenn die Synode von Alhfrith künstlich angezettelt worden ist (24, 107; 30, 50), so haben die Theologen sie dennoch ernst genommen, obwohl die Debatte kaum ergebnisoffen geführt worden ist. Nach Beda waren die Disputanten auf ir. Seite Colman von Lindisfarne und auf röm. Agilbert, der frk. Bf. der W-Sachsen und zukünftige Bf. von →Paris. Er entschuldigte sich jedoch wegen seiner mangelhaften Sprachkenntnisse und überließ Wilfrid das Wort, der sowieso die treibende Kraft war. Beda rekonstruiert die Reden der Kontrahenten vollkommen ungleichgewichtig zugunsten der röm. Sicht. Colman berief sich danach eher unbeholfen auf Columba und den Evangelisten Johannes, während Wilfrid in langen Ausführungen Petrus ins Feld führte (30, 52 ff.; 26, 79 f.). Damit war die Sache entschieden und Oswiu beendete die Debatte mit der rhetorischen Frage, wer im himmlischen Kg.reich größer sei, Columba oder Petrus. Eddius Stephanus merkt in der *Vita Wilfridi* ironisch an, der Kg. habe dies mit einem Lächeln getan (5, c. 10). Nach Beda wollte er den Anordnungen des Petrus folgen, „damit nicht dann, wenn ich zufällig zur Pforte des Himmelreiches komme, niemand da ist, der aufmacht, weil der sich abgewendet hat, der erwiesenermaßen die Schlüssel besitzt" (1, III,25; 22, 102 f.).

Das Ergebnis der Synode von W. hatte für das ags. England hist. Folgen, denn der 668 von Rom entsandte Theodor konnte ohne Widerstände als Ebf. von Canterbury die röm. Observanz in allen Kg.reichen durchsetzen (16; 24, 117 ff.; 33; 26, 80). Colman verließ nach seiner Niederlage mit etlichen Getreuen Northumbria und kehrte nach Irland zurück und sein Nachfolger Tuda akzeptierte die Entscheidung für Rom

(1, III,26). So plötzlich wie der Konflikt aufgeflammt war, so schnell verlöschte er nach 664 auch wieder (24, 112). Die Bedeutung der Iren für die Entwicklung der ags. Kirche hat er nicht schmälern können (28; 29).

Qu.: (1) Beda, Hist., hrsg. von G. Spitzbart, 1997. (2) Domesday Book, hrsg. von J. Morris, 1975 ff. (3) Simeon von Durham, Libellus de exordio atque procursu istius, hoc est Dunhemlensis ecclesie, hrsg. von D. M. Rollason, 2000. (4) The Earliest Life of Gregory the Great by an Anonymous Monk of W., hrsg. und übs. von B. Colgrave, 1968. (5) Vita Wilfridi episcopi Eboracensis auctore Stephano, hrsg. von W. Levison, MGH SS rer. Merov. 6, 1913 (= 1997), 163–163.

Lit.: (6) R. Abels, The Council of W.: A Study in Early Anglo-Saxon Politics, Journ. of British Studies 23, 1983, 1–25. (7) P. S. Barnwell u. a., The Confusion of Conversion: Streanæshalch, Strensall and W. and the Northumbrian Church, in: M. Carver (Hrsg.), The Cross goes North. Processes of Conversion in Northern Europe, AD 300–1300, 2003, 311–326. (8) T. W. Bell, A Roman Signal Station at W., Arch. Journ. 155, 1998, 303–313. (9) J. Burton, The Monastic Revival in Yorkshire: W. and St Mary's York, in: D. Rollason u. a. (Hrsg.), Anglo-Norman Durham 1093–1193, 1994, 41–53. (10) E. Cambridge, Arch. and the Cult of St Oswald in Pre-Conquest Northumbria, in: C. Stancliffe, E. Cambridge (Hrsg.), Oswald, Northumbrian King to European Saint, 1995, 128–163. (11) R. J. Cramp, A Reconsideration of the Monastic Site at W., in: R. M. Spearson, J. Higgitt (Hrsg.), An Age of Migrating Ideas: Early Medieval Art in Northern Brit. and Ireland, 1993, 64–73. (12) Ders., P. A. Rahtz, The Building Plan of Anglo-Saxon Monastery of W., in: D. M. Wilson (Hrsg.), The Arch. of Anglo-Saxon England, 1976, 459–462. (13) R. B. Dobson, W., in: Lex. des MAs 9, 1998, 54 f. (14) D. K. Fry, The Art of Bede: Edwin's Council, in: Saints, Scholars and Heroes (Studies in medieval culture in honour of Ch. W. Jones), 1979, 191–207. (15) M. Gelling, Signposts to the Past: Place-Names and the Hist. of England, ³1997. (16) K. Harrison, The Synod of W. and the Beginning of the Christian Era in England, Yorkshire Arch. Journ. 45, 1973, 108–114. (17) Ders., The Framework of Anglo-Saxon Hist. to AD 900, 1976. (18) N. J. Higham, The Convert Kings, 1997. (19) P. Hunter Blair, W. as a Centre of Learning in the Seventh Century, in: M. Lapidge, H. Gneuss (Hrsg.), Learning and Lit. in Anglo-Saxon England, 1985, 3–32. (20) E. John, Social and Political Problems of the Early English Church, in: Land, Church and People (Essays presented to H. P. R. Finberg), 1971, 39–63. (21) C. E. Karkov, W., Jarrow and the Commemoration of Death in Northumbria, in: J. Hawkes, S. Mills (Hrsg.), Northumbria's Golden Age, 1999, 129–135. (22) D. P. Kirby, The Earliest English Kings, ²2000. (23) K. H. Krüger, Kg.sgrabkirchen der Franken, Ags. und Langob. bis zur Mitte des 8. Jh.s, 1971. (24) H. Mayr-Harting, The Coming of Christianity to Anglo-Saxon England, ³1991. (25) D. McCarthy, A. Breen, À propos du synode de W. Étude des observations astronomiques dans les Annales irlandaises, Ann. de Bretagne et des Pays de l'Ouest 107, 3, 2000, 25–56. (26) L. E. von Padberg, Die Christianisierung Europas im MA, 1998. (27) C. Peers, C. A. R. Radford, The Saxon Monastery of W., Archaeologia 89, 1943, 41–44. (28) F. Prinz, Zum frk. und ir. Anteil an der Bekehrung der Ags., Zeitsch. für Kirchengesch. 95, 1984, 315–336. (29) A. Thacker, Bede and the Irish, in: L. A. J. R. Houwen, A. A. MacDonald (Hrsg.), Beda Venerabilis. Historian, Monk & Northumbrian, 1996, 31–59. (30) H. Vollrath, Die Synoden Englands bis 1066, 1985. (31) Dies., W., Synode v. 664, in: Lex. des MAs 9, 1998, 55 f. (32) J. M. Wallace-Hadrill, Bede's Ecclesiastical Hist. of the English People. A Hist. Commentary, 1988. (33) P. Wormald, The Venerable Bede and the ‚Church of England', in: G. Rowell (Hrsg.), The English Relig. Tradition and the Genius of Anglicanism, 1992, 13–32. (34) B. Yorke, Kings and Kingdoms of Early Anglo-Saxon England, 1990 (= 1997).

L. E. von Padberg

§ 3. Runologisch. At the mediaeval abbey site of W. were found, mainly in the excavations of the 1920s, several frg. of carved stones from the Anglo-Saxon period (1). Some have indications of inscriptions, but so damaged that it is not possible to determine either the language or the script. Others are in Latin and in roman lettering, and these are interpreted as the remnants of memorials (2). One or two others, again, have been interpreted as possibly runic, though no certain identifications have been made, or even whether English or Norse runes were used. Indeed, to my knowledge there are no certain rune stones derived from this site. However, English runes were used there, since two portable objects with the script survive.

The W. comb, now in the Mus. of the W. Literary and Philosophical Soc., was found in 1857 (3). The mus. record notes its discovery "in the Almshouse Close, near to the site of the 'Kitchen Midden' … about two feet below the surface". Other early reports differ in slight detail, but the general effect of all is that the comb comes from an area south of the Abbey ruins, and is a casual find, likely to be linked to the rubbish dump of the monastery of Streoneshalh, founded in 657 and destroyed by Vikings in the 2nd half of the 9th century.

The comb's teeth were cut from one or more bone plates, to be held by rivets between two side-pieces of the same material. These side-pieces are identified as split ribs, perhaps two halves of the same bone, probably of a cow. The centre plate (with the teeth) was a slice of a large bone, perhaps from the same animal. Both ends of the comb, and most of its teeth are lost. One of the side-pieces holds the runes; it is ca. 9 cm long, with four rivet holes, the middle two retaining parts of their rivets. Between the holes is spaced the extant runic text, thus divided into three parts. They were cut with the point of a sharp knife, set radially to the gentle curve of the bone, bases towards the teeth. The text breaks off abruptly at the end, and there was presumably one more group of runes before the final (lost) rivet hole. The inscription has several bind-runes (→ Runenschrift § 3).

The surviving text reads:

(d̂). (u)s mæus | godaluwalu | d̂o helipæcy | [

The symbol ⌒ defines the binding of two or more runic forms; **(u)** records a seriously damaged but readable graph; . indicates a rune that cannot be identified from what survives (though it may be inferred from the context); [records that the inscription breaks off here, with no evidence of what followed.

The sense of the inscription is clear enough: *dæus mæus: god aluwaludo helipæ Cy-*, 'My God, God Allruling help Cy-'. The last two letters presumably open the name of the owner or inscriber of the comb. This is easily explained as the first element (perhaps *Cyni-*) of a dithematic name, one of eight or so letters.

The inscription obviously derives from a society with some learning, appropriate to Streoneshalh Abbey. The spelling **mæus** (and presumably **dæus**) reproduces a common usage, *æ* for *e*, of Anglo-Saxon non-runic Latin texts. Glide vowels have formed between **l** and following consonant in **-waludo** and **helipæ**; something that occurs, usually intrasyllabic, early in OE, and is particularly common in epigraphical texts. The final rune of **alu-** may also indicate a glide, this time in the group **lw**. Alternatively, the final letter of **alu-** may begin the second element of the compound, which then has **uw** for the labial – again there are parallels to this usage in OE inscriptions.

The dialect is appropriately Anglian (→ Angeln § 2), with retraction rather than breaking before **l** + consonant in **aluwaludo**. The ending -*æ* rather than -*e* in **helipæ** very tentatively suggests a date before the end of the 9th century, but there can be no certainty in a single example. However, all these tend to confirm the relationship between this inscription and the Abbey.

A second W. find was made, this time during excavations made in the 1920s on the site of the Anglo-Saxon monastery, to the N of the later mediaeval church site. Unfortunately no detailed find-report survives. It is a disc of jet, perhaps a spindle whorl, and is now in the keeping of the British Mus. (3, 170 and fig. 61). Its diameter is 3.9 cm, with a thickness of 8 mm. Its outer edge is grooved, and it has a rough central hole ca. 9 mm in diameter. One of the faces has three runes, cut very faintly and set approximately radially, bases to the disc centre. They are neatly formed and are clearly preserved, but unfortunately the radial layout makes the identification of two of them uncertain. Rune 1 is either **u** or, less likely, **l**. Rune 2 is **e** (unless it is roman M which would be out of context here). Rune 3 is ambiguous. If rune 1 is **u**, rune 3 may be **r**. If rune 1 is **l**, it could be **u**. Thus the possible readings are **uer**, **ler**, **leu**. As they are set out on the disc, the runes look to be a meaningful group. A word beginning **ue** would be problematic unless the first rune represents the semivowel /w/, which would be unusual but not unexampled elsewhere. Perhaps **uer** could be a northern form of *wær* 'token of friendship' 'pledge'. Or it could perhaps be a personal name. Compound names with *Wær-* as the first element are relatively common, but a simplex seems rare. Alternatively, **leu** could be a crude form of *Leof* or some related name, perhaps a feminine *Leofu;* or maybe it could be a name *Hleow* (not certainly evidenced in OE sources). In these cases the runes could simply give an owner's mark. A quite different suggestion would relate **leu** to a form of *hleo(w)* 'shelter' 'protection' 'protector'. If the disc were some sort of amulet, to be suspended about the owner's body, this would be an appropriate text. Traditionally jet has protective qualities against serpents and evil beings (→ Gagat § 3).

From this range of inscribed objects we might deduce (though there is probably not a statistically significant number to judge by) that in this community Latin and roman script were thought appropriate for formal and public uses, as on memorials. Runes and the vernacular language were kept for less formal, more personal uses. But it seems likely many members of the society could use both scripts and both languages.

(1) H. Marquardt, Bibliogr. der Runeninschr. nach FO, 1. Die Runeinschr. der Britischen Inseln, 1961, 134. (2) E. Okasha, Hand-List of Anglo-Saxon Non-Runic Inscriptions, 1971, 121–125. (3) R. I. Page, An Introduction to English Runes, ²1999, 164 f. and fig. 56.

R. I. Page

Zum Arch. s. Bd. 35

Whithorn

§ 1: General – § 2: The 'monastic town'

§ 1. General. By the end of the 6th century W., Kirkcudbrightshire, Scotland, was almost certainly the site of a bishopric of British origin, probably taking its name from a lime-washed building at the site (the *ad candidam casam* of Beda, Hist. iii,4). → Beda venerabilis reports the tradition that the apostle of the Picts (→ Pikten), St. Ninian, had a see at W. at an earlier date and that he was buried there in a church dedicated to St. Martin. This tradition of an early Christian site is supported by a stone found within the precincts of the early monastic site at W. (1, fig. 2.5) bearing an inscription in Latin capitals invoking the deity (TE DOMIN[VM] LAVDAMV[S]) to the memory of a man Latinus and his daughter, which is probably of 5th-century date. The function of the stone is uncertain (4, 3–7). There are otherwise no physical remains – other than small finds – of this early period at W.

The topography of W. is important. The early monastery, and the medieval priory which eventually replaced it, are situated some 5.5 km from the sea and from the Isle of W., which is recorded as a medieval 'port'. A cave on the Isle has crosses incised on the face of the living rock, which suggests that veneration of the cave goes back at least to the 8th century. There are, however, no physical traces of ecclesiastical structures on the Isle which may be dated to the first millennium A. D.; excavations on the site of a chapel on the Isle suggest that it is of 13th-century date. Finds from the Isle of W. itself attest to trade in the early

6th century and in the medieval period. It certainly continued as a major harbour until modern times; Finds at the monastic site and on the Isle of W. would suggest that the complex was a major market of the Irish Sea, related to and like those known at Meols, on the Wirral peninsula, and 9th century → Dublin (→ Handel § 17).

1984–1991 major excavations took place to the S of the medieval cathedral and Premonstratensian monastery. The earliest remains found on the site are Roman, but are scattered throughout the later levels and were probably introduced there in post-Roman times, although some would see in them the remains of a Romano-British settlement, possibly of a Christian nature. The site was certainly settled by the 5th century, when small stake-walled rectangular buildings, some of an industrial nature, were erected. Among the artefacts found were fragments of imported Mediterranean amphorae and Germanic glass claw-beakers, objects which show W.'s wide connections. A remarkable find consisted of a number of pebbles from the sole or mould-board of a wooden plough in 5th century levels (perhaps the earliest recorded from Britain). There was much industrial activity on the site during the late 5th and early 6th and 7th centuries; traces were found of glass-making, using debris from imported glass vessels, and silver- and gold-smithing. Imported Gaulish E-ware of a type found throughout western Britain was also uncovered. An enclosed graveyard was now brought into use to the W of the houses, which ultimately developed together with the first buildings into an elaborate monastic site, and a major building – possibly lime-washed – was constructed (perhaps the origin of the name of the site).

§ 2. The 'monastic town'. The site developed into an elaborate ecclesiastical complex – which has been described as a 'monastic town' – throughout the following century; one element of which may be interpreted as the inner part of an oval monastic precinct, together with three 'shrines', graves (with burials in stone cists and – rather later – tree-trunk coffins), a burial chapel and a range of ecclesiastical buildings remodelled and reconstructed in the mid-8th century around the putative site of a church. Two of three oratories seem to have been united to form a large timber church. A stone, possibly of 7th- or early 8th-century date, which reads LOCI PETRI APVSTOLI, is also decorated with an arciform cross, embellished by a chi-rho symbol on the top right of the arm (4, fig. 5) and was found at some distance from the monastic site in the 19th century. Less elaborate stones with arciform crosses and compass drawn patterns found in the excavations suggest a 7th-century date for the Petrus stone. The monastic buildings were associated with a large number of 8th- and 9th-century Anglo-Saxon coins, which help to date them. Outside the monastic precinct an outer zone contained workshops and other buildings. In this zone buildings dating from the late 7th and early 8th centuries, with opposed timber-framed doorways in a Northumbrian tradition, were found. The major developments of the ecclesiastical part of the site, together with this detail of vernacular architecture, have been interpreted as marking the arrival of clerics of the Northumbrian church prior to the establishment of a Northumbrian bishopric there ca. 730 – the first bishop being Pecthelm, a monk of Malmesbury.

Altogether about 34 sculptured stones have been found at W. Other than the early stones mentioned above, most of them are decorated with ornament (disc-headed cross-slabs with 'stopped-plait' interlace on the shaft [1, 441]) which is essentially Northumbrian in origin; there is no trace of Norse ornament (2, 7–11) (although some elements of native British forms may survive). The crosses seem to date from the 9th and 10th centuries, but the interlace ornament is not sufficiently diagnostic to give a more precise dating. Two pieces of stone sculpture from this period bear short fragmentary inscriptions in Anglo-Saxon runes, each recording names or bynames (3, 144). These confirm the essentially Northumbrian character of the stones. None of the later stones came from the latest excavations (they were mostly found during excavation at the east end of the priory church in the late 19th century); their position might suggest a northwards shift in burials.

Records of W. fade after the naming of a bishop (Heathored) in the early 830s, at which time the see was still under the archdiocese of → York. This was the period when the Vikings began to be active in the Irish Sea (→ Wikinger § 2) and it is probable that the monastery suffered from their attentions. Indeed, the burning of the church, ca. 845, may be associated with one of their raids. Although there is silence in the hist. record concerning W. until the 12th century, the arch. remains would suggest that the monastery continued in use throughout the Viking Age, and that the Vikings – so active at this time in the Irish Sea – do not seem to have destroyed or taken over the site, despite the fact that the coastline around W. (Galloway) has a small number of Scandinavian place-names, some of which may be explained as a landward expansion from the Danelaw (→ Orts- und Hofnamen § 15). On the other hand the Norse may have been more interested in the harbour provided at the Isle of W.

Excavation has shown that some ecclesiastical buildings were restored during the Viking centuries (although the centre of gravity of the monastic precinct seems to have shifted to the SW) after the burning of the mid-9th century. Finds from the late period include a few objects of Norse type and the remains of comb-making industry based on the use of antler. Buildings of Irish-Norse character dating towards the end of the 10th century have been found, as have a number of artefacts, but these do not occur in sufficient quantity to be significant of more than normal Irish Sea trading contacts.

The 11th century saw the beginning of the re-generation of W., when it once again enters the hist. record; the bishopric – if it had indeed disappeared – re-emerged and the medieval cathedral was built.

(1) P. Hill, W. and St. Ninian. The excavation of a monastic town, 1984–91, 1997. (2) J. Graham-Campbell, W. and the Viking World, 2001. (3) R. I. Page, An Introduction to English Runes, ²1999. (4) C. Thomas, W.'s Christian Beginnings, 1992.

D. M. Wilson

Wichte → Zwerge

Wichulla. In W./Gosławice, Kr. Oppeln/Opole (auch Grobla, während der NS-Zeit Ehrenfeld genannt, heute Opole-Gosławice) stieß man im J. 1885 beim Bau eines Stalles auf eine rechteckige Steinfassung mit dem Inhalt eines frühkaiserzeitlichen Fürstengrabes. Der Steinschutz bedeckte eine schwarze Kulturschicht mit den nachfolgend genannten Gegenständen: Silberskyphos E 170 mit Seeungeheuer- und Delphinendarst. (Taf. 23); Bronzegefäße (zwei vom Typ E 24 und ein Gefäßfuß E 100); Kelle und Sieb E 140 und 160; bronzener Mundbeschlag eines Trinkhornes Andrzejowski K.3 (1, 47, 77); Bronzemesser mit eingelegten Silberdrähten auf dem Rücken und verzierte Bronzeschere (21; 7, 83–86. 117–121, Abb. 2–5, 25, Taf. 1; 8, 131; 16; 20; 4, Nr. 781; 18, 10. 12. 19. 63. 72. 76 f. 80. 83. 97. 179. 187; 5, 346 f.; 6, 192 f.; 23, Nr. 20, 21, 170, 209, 235–236; 24, Nr. 1; 1, 77, Nr. 82; 22, 240; 9; 10, 120, Abb. 23, 24 [Abb. 24 fälschlich unter Masów]; 3, 111 f., Abb. 3,4). Nach der Angabe des Entdeckers sollen sich im Grab urspr. noch „3 oder 4 kleine silberne Schüsseln oder Becher mit figürlichen Darstellungen" befunden haben (21, 414).

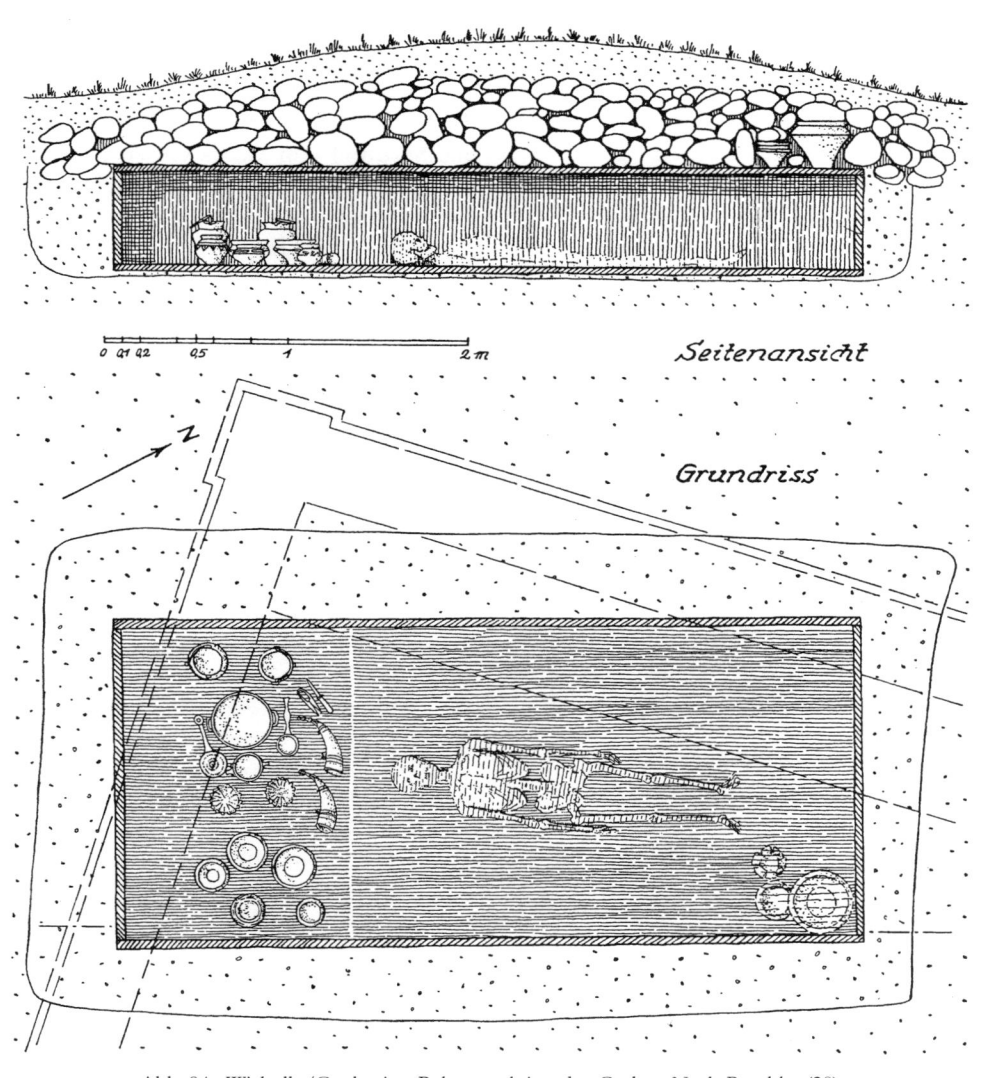

Abb. 84. Wichulla/Gosławice. Rekonstruktion des Grabes. Nach Raschke (20)

Im J. 1933 erfolgte eine Nachgrabung durch den damaligen Direktor des arch. Landesamtes in Ratibor, Raschke (16, 329 f.), die eine Rekonstruktion des Grabes ermöglicht hat. Die Grabgrube (4,90 × 2,70 m) war 1 m tief, in der Mitte befand sich eine schwarze Schicht. Diese enthielt Skelettreste einer gestreckten Bestattung mit dem Kopf im SW (Abb. 84). Die Beigaben waren hinter dem Kopf niedergelegt und befanden sich teilweise in den Eimern E 24. Raschke konnte bei seinen Unters. weitere zum Grab gehörende Objekte ausgraben: 5 schwarzglänzende, scharf profilierte Tongefäße, 2 Glasschalen E 182, weitere Reste von Bronzeeimern, darunter 3 Füße und weitere Trinkhornbeschläge von 2 Trinkhörnern (zweiter? Mundbeschlag Andrzejowski K.3, 2 Endbeschläge D.1d Var. 2, Riemenbeschlag S.3, Wandbeschlag), eine

Riemenzunge Raddatz O 17 (19, 88 f.), verzierte Bronzebüchse (?), ovaler Bronzebeschlag mit zwei Nietlöchern, 6 Bronzenägel, Knochen von Mensch und Tier, darunter der Zahn eines jungen Ebers (20, 62–64). Zu Füßen des Bestatteten, doch nicht auf gleichem Niveau, sondern wesentlich höher, standen zwei Tongefäße, von denen eine große Vase Reste einer tierischen Speisebeigabe enthielt, ein dritter Topf war stark verbrannt. Die ebenfalls gefundenen Holzreste weisen auf eine Grabkammer mit vier verstärkenden Eckpfosten. Darüber lagen Feldsteine, die später in die Kammer hineinstürzten. Die geringe Tiefe der Grabgrube läßt darauf schließen, daß über der Steindecke urspr. ein Hügel aufgeschüttet war (20, 71), der im Laufe der Jh. fast gänzlich verschliffen worden ist.

1957 führte Godłowski für die Univ. Krakau eine zweite Nachgrabung durch (5, 346, mit vollständiger Lit. bis 1960, inkl. Aufsätze in den schlesischen Lokalzeitschr.), die kein weiteres Fundmaterial aus dem Grab erbrachte. Allerdings konnte dabei etwa 300 m vom Fundplatz (Fst. 1) entfernt ein frühkaiserzeitlicher Hausgrundriß (?) festgestellt werden. Die dabei außerdem gefundene Keramik der Stufe B 1 (Fst. 2; 5, 351; 6, 207 f., Taf. 16–17, s. auch 20, 54 f., Abb. 1) gehörte vermutlich nicht zu einem weiteren zerstörten Grab, sondern vielmehr zu einer Siedlung, auf die bereits im J. 1926 gestoßen worden ist. Außerdem konnte Drehscheibenkeramik in Form von Oberflächenfunden festgestellt werden. Eine weitere kaiserzeitliche Siedlung wurde in einer benachbarten Sandgrube entdeckt (Fst. 4).

Als aussagefähigster Fund des ‚Fürstengrabes' ist der silberne, teilweise vergoldete Skyphos zu bewerten (drei weitere gingen während der ersten Grabung verloren), dessen Herstellung nach der Mitte des 1. Jh.s v. Chr., möglicherweise in frühaugusteischer Zeit, erfolgte (24, 215; 15, 339). Solche Skyphoi gelangten noch vor der Varus-Niederlage in das Barbaricum, wo sie repariert und nachgeahmt lange im Umlauf waren (14), bis sie von mehreren Generationen genutzt, zuletzt als Grabbeigabe dienten. Wielowiejski (24, 221) interpretiert den Skyphos (bzw. die Skyphoi) von W. als Geschenk für ein lokales Stammesoberhaupt und führt seine/ihre Herkunft auf die überlieferte Expedition eines röm. Ritters unter Nero zurück (11). Die Eimer E 24 mit Frauenkopfattaschen der Form Belin-Homnes, ‚ohne Kopfkissen', datieren vor 79 n. Chr. (18, 212–215. 228). Mit ihnen liegen erste Anzeichen auf röm. Aktivität entlang der Haupttrasse des Bernsteinweges vor (23, 178 f.).

Das Grab wurde feinchron. unterschiedlich datiert: in die Stufe B 1 (4, 162. 172; 13, 80, Anm. 666), nach B 1b (25, Abb. 3; 17, 197), aber auch nach B 1c (24, 198. 202). Ryszard → Wołągiewicz hat das Grab mit der ‚slowakischen' Importwelle während des Vannius-Reiches verbunden und in die claudisch-neronische Zeit, 40–70 n. Chr., datiert (25, Abb. 3). Dagegen hat Godłowski (6, 193 f.) für einen etwas jüng. Zeitansatz plädiert, an den Beginn der Stufe B 2, aufgrund der Glasschalen E 182 (bzw. 183) sowie von Kelle und Sieb E 160, ähnlich Andrzejowski (1, 26. 77). Dafür läßt sich auch die Riemenzunge O 17 heranziehen.

Das Grab von W. gehört nach seiner Ausstattung und der Körperbestattung dem Horizont der Fürstengräber vom Typ → Lübsow an (→ Fürstengräber § 4), für die Przeworsk-Kultur der frühen RKZ ist dagegen eine solche Elitebestattung (2, 281) untypisch. Das Trinkservice der Grabausstattung ist nach ‚barbarisierter' Auswahl zusammengestellt, die vom Standard mit Eimer, Kelle/Sieb, Trinkgefäß(en) abweicht, indem ein Trankeimer durch einen Kocheimer ersetzt wird (13, 79 f.). Das ‚Fürstengrab' in W. ist eine der frühesten Elitebestattungen entlang der Bernsteinstraße.

Verbleib: Arch. Mus. Wrocław; Mus. Śląska Opolskiego, Opole (12, 140–142; 9).

(1) J. Andrzejowski, Okucia rogów do picia z młodszego okresu przedrzymskiego i okresu wpływów rzymskich w Europie Środkowej i Północnej (próba klasyfikacji i analizy chronologiczno-terytorialnej), Materiały Starożytne i Wczesnośredniowieczne 6, 1991, 7–120. (2) K. Czarnecka, Zum Totenritual der Bevölkerung der Przeworsk-Kultur, in: A. Kokowski, Ch. Leiber (Hrsg.), Die Vandalen. Die Kg. Die Eliten. Die Krieger. Die Handwerker, 2003, 273–294. (3) Dies., Arystokraci bursztynowego szlaku – władcy, wodzowie czy kapłani?, in: J. Andrzejowski u. a. (Red.), Wandalowie. Strażnicy bursztynowego szlaku, 2004, 107–119. (4) H.-J. Eggers, Der röm. Import im freien Germanien, 1951. (5) K. Godłowski, Materiały kultury przeworskiej z obszaru Górnego Śląska. Część I, Materiały Starożytne i Wczesnośredniowieczne 2, 1973, 255–382. (6) Ders., Materiały do poznania kultury przeworskiej na Górnym Śląsku (część II), ebd. 4, 1977, 7–237. (7) M. Jahn, Die oberschlesischen Funde aus der RKZ, PZ 10, 1918, 80–149. (8) Ders., Die oberschlesischen Funde aus der RKZ, PZ 13/14, 1921/22 (1922), 127–149. (9) B. Jarosz, Opole-Gosławice, in: wie [2], 439 f. (10) A. Kokowski, Die Przeworsk-Kultur. Ein Völkerverband zw. 200 vor Chr. und 375 nach Chr., in: wie [2], 77–183. (11) J. Kolendo, A la recherche de l'ambre baltique. L'éxpedition d'un chevalier romain sous Neron, 1981. (12) I. Kramarkowa, Rzymskie naczynia brązowe w zbiorach Muzeum Archeologicznego we Wrocławiu, Silesia Antiqua 23, 1981, 137–148. (13) J. Kunow, Der röm. Import in der Germania libera bis zu den Markomannenkriegen. Stud. zu Bronze- und Glasgefässen, 1983. (14) S. Künzl, Mušov – zu kostbaren Beigaben in germ. Gräbern der frühen Kaiserzeit, in: C. Bridger, C. von Carnap-Bornheim (Hrsg.), Römer und Germ. – Nachbarn über Jh., 1997, 37–42. (15) Dies., Röm. Silberbecher bei den Germ.: Der Schalengriff, in: J. Peška, J. Tejral, Das germ. Kg.sgrab von Mušov in Mähren, 2002, 329–349. (16) H. Lendel u. a., Das wandal. Fürstengrab von Goslawitz-W. bei Oppeln OS., Mannus 27, 1935, 300–329. (17) U. Lund Hansen, Röm. Import im Norden. Warenaustausch zw. dem Röm. Reich und dem freien Germanien während der Kaiserzeit unter bes. Berücksichtigung N-Europas, 1987. (18) K. Majewski, Importy rzymskie w Polsce, 1960. (18) E. Poulsen, Röm. Bronzeeimer. Typol. der Henkelattachen mit Frauenmaske, Palmette und Tierprotomen, Acta Arch. 62, 1992, 209–230. (19) K. Raddatz, Der Thorsberger Moorfund. Gürtelteile und Körperschmuck, 1957. (20) G. Raschke, Die Ausgrabung des Fürstengrabes von Ehrenfeld im Kreise Oppeln, Altschlesien 8, 1939, 52–72. (21) H. Seger, Der Fund von W., Schlesiens Vorzeit A. F. 7, 1898, 413–439. (22) T. Stawiarska, Naczynia szklane z okresu rzymskiego z terenu Polski, 1999. (23) J. Wielowiejski, Die spätkelt. und röm. Bronzegefässe in Polen, Ber. RGK 66, 1985 (1986), 123–320. (24) Ders., Die römerzeitlichen Silbergefässe in Polen. Importe und Nachahmungen, ebd. 70, 1989 (1990), 191–241. (25) R. Wołągiewicz, Der Zufluß röm. Importe in das Gebiet n. der mittleren Donau in der ält. Kaiserzeit, ZfA 4, 1970, 222–249.

M. Mączyńska

Wicingas → Wikinger

Wicke. Zusammen mit Platterbse *(Lathyrus),* → Linse *(Lens)* und → Erbse *(Pisum)* gehört die Gattung *Vicia* (W.) mit weltweit 140 Arten zur Tribus Viciae innerhalb der großen Familie der Schmetterlingsblütler (Fabaceae) (5; 13). Diese Tribus hat paarig gefiederte Blätter, meist mit Endranke. 21 W.-Arten sind in Mitteleuropa heimisch oder alt eingebürgert (7). Darunter sind mit der Linsen-W. (*Vicia ervilia* [L.] Willd.) und der Acker-Bohne (*V. faba* L.) (→ Bohne) zwei Kulturpflanzen. Die Vertreter der Gattung sind einjährige oder ausdauernde Kräuter ohne Rhizome oder Wurzelknollen. Die Blüten sind blattachselständig, blauviolett, purpurn, weißlich oder hellgelb. Die Staubfadenröhre ist aufwärts gebogen und schief abgeschnitten. Die Hülsen sind ungefächert, die Samen kugelig bis eiförmig, bisweilen schwach abgeflacht, mit linealem oder länglich-elliptischem Nabel. Die Pollenkörner sind tricolporat-suprareticulat-prolat. Aufgrund von Größe und morphologischer Feinmerkmale können, gemeinsam mit der Gattung Lathyrus, engere morphologische Gruppen gebildet werden, doch sind Artbestimmungen am Pollenkorn nur in seltenen Fällen möglich (2). Die meisten der einheimischen Wildarten sind Saumarten (10). Wenige Arten kommen in Grünland oder ruderal vor. Auch unter den Getreideunkräutern sind mehrere W.n vertreten, so die Viersamige (*V. tetrasperma* [L.] Schreb.) und

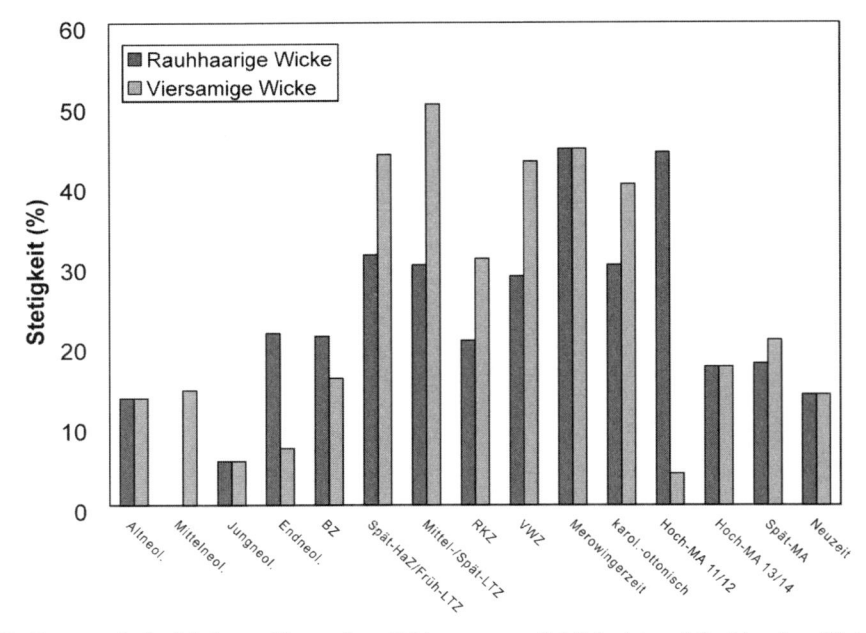

Abb. 85. Prozentuale Stetigkeit von Viersamiger (*Vicia tetrasperma* [L.] Schreb.) und Rauhhaariger Wicke (*Vicia hirsuta* [L.] S. F. Gray) am Beispiel SW-Deutschlands (288 Fundplätze ausgewertet)

die Rauhhaarige W. (*V. hirsuta* [L.] S. F. Gray), die seit dem Neol. zu den meistverbreitesten Ackerunkräutern zählen (Abb. 85). Wie bei allen Leguminosen besteht in den Wurzelknöllchen der W.n eine Symbiose mit Knöllchenbakterien, die Luftstickstoff fixieren können. Dadurch gedeihen sie auch auf stickstoffarmen Rohböden. Daher gewannen sie teilweise in der Neuzeit Bedeutung bei der Besömmerung der Brache im Rahmen der verbesserten Dreifelderwirtschaft (1) (→ Bodennutzungssysteme). Die eiweißreichen Samen aller Arten sind eßbar. Sie sind in arch. Kontext verkohlt erhalten. Außer den beiden genannten, als Nahrungspflanzen kultivierten Arten werden noch einige Arten als Grünfutterpflanzen angebaut, möglicherweise schon seit der Ant., hauptsächlich aber erst neuzeitlich, darunter auch die Futter-W. (*Vicia sativa* L.) (12). Sowohl die Futter-W. als auch die eng verwandte und anhand der Samen nur schwer abgrenzbare Schmalblättrige W. (*Vicia an-*

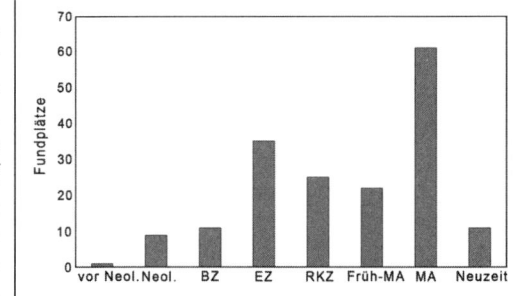

Abb. 86. Fundplätze in Europa mit Funden der Saatwicke (*Vicia sativa* L.). Zahl der Fundplätze je hist. Periode, aufgrund der Dokumentationen von Schultze-Motel (11) und Kroll (9)

gustifolia Grufb.) kommen segetal, ruderal oder in Rasengesellschaften vor. Ihre neol. und bronzezeitlichen Funde (Abb. 86) sind wohl auf solche spontanen Wildvorkommen zurückzuführen. In der EZ nahmen die Stetigkeit und teilweise auch die Stückzahlen deutlich zu, was als Hinweis auf einen möglichen Anbau oder zumindest eine systematische Nutzung als Nahrung dienen

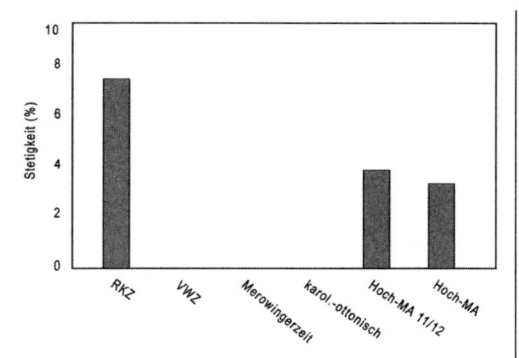

Abb. 87. Prozentuale Stetigkeit der Saatwicke (*Vicia sativa* L.) am Beispiel SW-Deutschlands (288 Fundplätze ausgewertet)

kann. In der EZ war ja auch die Linsen-W., die auch heute v. a. als Grünfutterpflanze genutzt wird (8), sehr viel häufiger als in allen übrigen Per. Nach der EZ ging die Häufigkeit der Saat-W. wieder zurück und nahm erst im MA wieder zu, was im Zusammenhang mit dem Anbau als Futterpflanze stehen könnte. Für SW-Deutschland liegen nur Nachweise für die RKZ und das Hoch-MA vor, jeweils nur mit geringer Stetigkeit (Abb. 87).

(1) W. Achilles, Dt. Agrargesch. im Zeitalter der Reformen und der Industrialisierung, 1993, 51–61. (2) H.-J. Beug, Leitfaden der Pollenbestimmung für Mitteleuropa und angrenzende Gebiete, 2004, 278–282. (3) H. Ellenberg u. a., Zeigerwerte von Pflanzen in Mitteleuropa, 1991, 98. (4) W. Franke, Nutzpflanzenkunde, [2]1981, 301, 404. (5) D. Frohne, U. Jensen, Systematik des Pflanzenreichs, 1973, 129–130. (6) H. Haeupler, P. Schönfelder, Atlas der Farn- und Blütenpflanzen der Bundesrepublik Deutschland, 1988, 276–277. (7) G. Hegi (Begr.), Illustrierte Flora von Mitteleuropa IV/2B, [2]1994, 436–445. (8) U. Körber-Grohne, Nutzpflanzen in Deutschland, 1987, 363–365. (9) H. Kroll, Lit. on arch. remains of cultivated plants (1992/1993–1998/1999), Vegetation Hist. and Archaeobotany 4–9, 1994–2000. H. Kroll, Lit. on arch. remains of cultivated plants 1981–2004, http://www.archaeobotany.de/database.html:. (10) E. Oberdorfer, Pflanzensoz. Exkursionsflora, [8]2001, 506–509. (11) J. Schultze-Motel, Lit. über arch. Kulturpflanzenreste (1965–1967·1987/1988)/ Lit. on arch. remains of cultivated plants 1989/ 1990–1991/1992), Jahresschr. für Mitteldt. Vor-gesch. 54–55/Kulturpflanze 21–37/Vegetation Hist. and Archaeobotany 1–3, 1992–1994. (12) Ders., Rudolf Mansfelds Verz. landwirtschaftl. und gärtnerischer Kulturpflanzen (ohne Zierpflanzen) 2, [2]1986, 615–630. (13) R. Zander (Begr.), Handwb. der Pflanzennamen, [17]2002, 331–333.

M. Rösch

Wideringas → Angelsächsische Stämme

Widiwarier → Vidivarier

Wiðmyrgingas → Myrgingas

Widsith

§ 1: Inhalt, Aufbau und Funktion – § 2: Namenkundlich

§ 1. Inhalt, Aufbau und Funktion. Das im neuerdings auf ca. 960–980 datierten Exeterbook (Ms. Exeter, Cathedral 3501) überlieferte, 143 Langzeilen umfassende Gedicht *Widsith* (,Weitfahrt' als Name des Sängers) repräsentiert zusammen mit dem Runenlied (→ Runengedichte S. 521 f.) die kleine Gruppe der ae. → Merkdichtung, gehört zugleich der Gattung des → Preisliedes an und steht darüber hinaus formal und inhaltlich dem zweiten, den Elegien zuzurechnenden Kataloggedicht → *Deor* nahe.

Im neunzeiligen Prolog stellt der Dichter einen fiktiven, weitgereisten und reich belohnten Skop (→ Dichter § 6) vom Stamme der → Myrgingas mit dem sprechenden Namen W. vor und läßt den von Hof zu Hof wandernden → Sänger dann in Ich-Form über seine Fahrten und Erlebnisse berichten. Der aus drei formelhaften Merkreihen (anord. *þulur*) bestehende Hauptteil (V. 18–126) enthält einen Kg.s-, einen Völker- und einen Heldenkat. mit ca. 160 paarweise oder in Dreiergruppen durch → Stabreim verbundenen Namen von Herrschern und ihren Völkern, von denen W. sagen hörte, von Ländern und Völkern, die er aufgesucht, und von Helden (→ Held, Heldendichtung und Heldensage), die er an → Ermanarichs Hof angetroffen haben will. Kurze erzählende Ausblicke auf den Angelnkg. → Offa, auf Gūðhere (Gunther) und Wudga (Witich) verknüpfen die Kat. miteinander. Zwei etwas längere autobiographische Zwischenstücke umrahmen die Kat. und verbinden sie zugleich mit dem Einleitungs- und dem moralisierenden Schlußteil, in dem der Dichter das Leben des fahrenden Sängers würdigt, der überall freigebige Gönner findet, deren ruhmreiche Taten er in seinen Liedern besingt und der Nachwelt bewahrt.

Der symmetrisch gestaltete und in sich geschlossene Aufbau zeugt von hoher dichterischer Kunstfertigkeit. Im Zentrum stehen die mnemonischen Kat., die die heroische germ. Geschichts- und Sagentradition der VWZ widerspiegeln. Da die aufgeführten Herrscher, soweit wie Eormanric (Ermanarich, † 375) und der letzte Langobardenkg. Ælfwine (→ Alboin, reg. 565–72/73) hist. bezeugt, im 4.–6. Jh. regierten, nahm man lange an, W. habe urspr. wenig mehr als die drei Merkreihen umfaßt, sei wegen der Altertümlichkeit seines Namengutes schon im 7. Jh. entstanden und somit eines der frühesten ae. Gedichte (3; 6; 16). Ein späterer, wohl geistlicher Redaktor habe den metrisch anspruchsvolleren episch-lyrischen Rahmen geschaffen und u. a. die biblischen Namen aus dem AT (V. 75, 82–86/87) ergänzt. Die neuere Forsch. betont dagegen zu Recht die Einheitlichkeit des überlieferten Textes und verlegt seine Entstehung in das 10. Jh. (12; 14; 19), wenngleich manche Namenformen wie *Eatul* (< *Itālia*), *Rūm* (< *Rōma*) oder *Moidas* mit <oi> für /ǣ/ wesentlich ält. sind. Damit reduziert sich auch die Zahl der zuvor postulierten Interpolationen. Wiewohl das Gros der Namen kontinentalgerm. Herkunft ist, zeigt sich die ags. Perspektive zum einen in der Nennung der → Pikten *(Peohtas)* und → Scoten *(Scottas)*, zum andern in der Feststellung, W. sei *ēastan of Ongle* (V. 8), vom O, von den (kontinentalen) → Angeln aus zu seiner ersten Reise, die ihn zu Ermanarichs Hof führte, aufgebrochen.

Die Deutung des Gedichtes, das zunächst als liter. Artefakt galt, ist bis heute umstritten. Die auf Pro- und Epilog gestützte Interpretation als Bittgedicht, mit dem der Skop W. einen neuen Mäzen sucht und daher seine Erfahrung und seine dichterische Fähigkeit unter Beweis stellt (8), greift zu kurz, denn sie läßt Bedeutung und Funktion der Kat. außer acht (5). Ebensowenig ist W. nur eine Verteidigung des Wesens und der Macht der zu Unsterblichkeit verhelfenden Dichtkunst (20) noch auch eine Folie, die dem Dichter zur Darst. des Dualismus heidn.-germ. und christl. Wertordnung dient (10), von dem er nirgends spricht. Die jüngste, anthrop. begründete Interpretation, die im W. eine hist. Projektion des ags. Staatsbildungsprozesses im 10. Jh. sieht, welche auf den Ursprung der ethnischen Vielfalt zurückweise (19), basiert auf der kühnen Annahme, die Rezipienten hätten die Myrgingas als Teil des sächs. Stammesverbandes erkannt und W. selbst als Proto-(Angel)sachsen wahrgenommen. Am ehesten überzeugt die textnahe Interpretation Howes (13, 166–190), der über die unterschiedliche Gestaltung der Kat. die kommemorative Funktion des Gedichtes erschließt.

§ 2. Namenkundlich. Das Namengut des W.s umfaßt knapp 90 VN (→ Völker- und Stammesnamen), nahezu 50 Herrscher- und fast zwei Dutzend Heldennamen. Hinzu kommen zwei Ländernamen (→ Länder- und Landschaftsnamen), *Ongel* ‚Angeln‘ und *Eatul* ‚Italien‘, der Landschaftsname *Wīstlawudu* ‚Wald der (got.) Weichselanwohner‘ (→ Weichsel § 1), der → Flußname *Fīfeldor,* der den Mündungstrichter der → Eider bezeichnet, der aus dem → Beowulf bekannte Name der dän.

Kg.shalle → Heorot sowie der Name Ealhhilds, die W. zu Ermanarich begleitet, und schließlich der auch im nordhumbrischen *Liber Vitae Dunelmensis* (ca. 840) bezeugte Name W.s.

Sieht man von den alttestamentlichen Ethnonymen ab, erstreckt sich die Namenlandschaft des W.s über weite Teile Europas. Soweit die Denotate der Ethnika identifizier- und lokalisierbar sind, konzentrieren sie sich jedoch zum einen auf das germ. Siedlungsgebiet an Nord- und Ostsee und zum andern auf den osteurop. Raum, den ostgerm. *gentes* auf ihren Wanderungen durchzogen. Dabei muß jedoch bedacht werden, daß die Kat. Namengut aus drei, wenn nicht vier Jh. vereinigen. Südskand. ist mit den *(Sǣ-, Sūþ-)dene, Gēatas* (anord. *Gautar*), *Heaþo-Rēamas* (anord. *Raumar*), *Hælsingas* (anord. *Helsingar*), *Swēon* (anord. *Svíar*), den *Wen(d)las* und wohl auch den *Þrōwend* (anord. *Þrøndr*) vertreten. Auf anglofries. Gebiet schließen sich die *Engle* (→ Angeln), *Frēsan ~ Frȳsan* (→ Friesen), *Seaxan* (→ Sachsen), *Wærne ~ Werne* (→ Warnen), *Ȳtan* (→ Jüten) und wohl auch die *Swǣfe* (→ Sweben) an. Weiter s. folgen die niederrhein. *Hætwere* (lat. *Chattuarii;* → Chattwarier), die *Froncan* (→ Franken) und die *Þyringas* (→ Thüringer).

Da Ermanarich und sein Hof im W. eine bedeutende Rolle spielen, nennt der Dichter auch die *Hūnas* ‚Hunnen‘, die *(Hrēð-)gotan ~ Hrēðas* (→ Hreiðgoten) und die *Wīstle** ‚Weichselgoten‘ zusammen mit den *Burgendan* (→ Burgunden), ferner die *Geflpan* (→ Gepiden), die *Holmrygas ~ Rugas* (→ Rugier) und die *Winedas* ‚Wenden‘ (lat. *Venet(h)i;* → Slawen). Am Rande von W.s geogr. Horizont liegt gen N die Heimat der *Finnas* und der *Scridefinnas* (→ Schrittfinnen [Schridfinnen]; 22), gen S die der *Lidwīcingas* (lat. *Letavici*) in der Bretagne, der *Longbeardan* (→ Langobarden) und der *Rūmwālas* ‚Römer‘ in *Eatul,* wogegen *Crēacas* ‚Griechen‘ die Bewohner des Oström. Reiches meint.

Etliche Namen von hist. nicht oder nicht sicher bezeugten *gentes* teilt der W. mit dem „Beowulf", so die der → Heaðobeardan oder der skand. *Brondingas* und *Wulfingas* (anord. *Ylfingar*). Andere, z. B. der Gentilname → *Herelingas* (→ Harlungen) und der VN → *Hundingas* kehren nur im Anord. oder in der mittelhd. Epik wieder. Nicht wenige Namen entziehen sich bisher sicherer Deutung, sei es, daß sie wie die der *Ǣnenas,* → *Bāningas, Gefflēgan* oder *Wōingas* nur im W. vorkommen, sei es, daß es sich wie im Falle der *Hronan* (zu ae. *hran* ‚Wal‘), der *Rondingas* (zu ae. *rand* ‚Schild‘; → Schild § 1) oder der *Sweordweras* ‚Schwertleute‘, die man mit den taciteischen *Suardones* (→ Nerthusstämme) identifizieren wollte, wohl um fiktive Ethnika ohne onymische Basis handelt, während die *Hæleþas* ‚Helden‘ und *Hǣðnas* ‚Heiden‘ (V. 81) wie die *Wīcingas* ‚Seeräuber‘ Appellativa darstellen, denen nur mühsam ein konkreter hist. Bezug abgerungen werden kann.

Erschwerend kommt hinzu, daß sich die nicht selten spekulativen Deutungen der drei noch immer maßgeblichen Unters. (3; 6; 14) oft widersprechen und daß die germanistische Forsch. einer anfechtbaren Etym. Malones mitunter eher vertraut als der soliden Herleitung Langenfelts. Der VN *Eolas,* der zusammen mit dem der *Idumingas* ‚Edomiter‘ (zu ae. *Idumea* ‚Edom‘) die Aufzählung biblischer Namen beschließt, bezeichnet schwerlich die Ἐλουαίωνες des → Ptolemaeus oder die *Helvecones* des → Tacitus (→ *Elouaiones*), sondern wohl die Elam(it)er (14, 80). Problematisch ist die angeblich gesicherte Identifizierung der *Hǣðnas* mit den anorw. → *Heinir,* den Bewohnern von → Hedemark (anorw. *Heiðmǫrk*), denn sie setzt die anthroponymische Deutung der *Hæleþas* voraus, die sich indes nur durch Emendation von < *Hæleþum* > zu *Hæreþum* mit Anschluß an das am Hardangerfjord (→ Hardanger) gelegene *Hereðaland* der Ags. Chron. E a. 787 (anorw. *Hǫrðaland*) oder an das jütländische *Hǫrð,* heute

Hardsyssel, gewinnen läßt, denn Malones Identifizierung mit adän. *Hallæheret* (zu anord. *hallr* ‚Halde' < **halþaz;* 3, 157 f.), heute Nør- und Sønderhald am Randersfjord, scheitert aus lautlichen Gründen. Ähnliche Schwierigkeiten bereitet die Verbindung des VN *Myrgingas* mit dem Distriktnamen *Mauringa* bei → Paulus Diaconus (1, 77). Methodisch bedenklich ist schließlich die geradlinige Rückführung ae. VN auf nur von ant. Autoren wie Ptolemaeus und Tacitus bezeugtes Namengut, wie sie die Verknüpfung von → *Eowan* und *Aviones* (→ Nerthusstämme) (4) oder von *Ymbran* und → Ambronen impliziert.

Bei den Herrschernamen ist der Anteil sagenhafter und fiktiver, mitunter nur im W. überlieferter Namen höher. Neben den Namen hist. burg., frk., got. und langob. Kg. wie *Ælfwine* und *Ēadwine* (→ Audoin), *Gūðhere* (→ Gundahar), *Þēodrīc* (→ Theoderich; → Theoderich der Große), *Þēodrīc* (→ Theuderich I.) und dem des Hunnenkg.s *Ætla* (→ Attila) stehen Namen sagenhafter anglischer, fries., dän. und schwed., burg., got. und langobard. Herrschergestalten: *Offa; Folcwalda, Fin Folcwalding* und *Hnæf; Hrōðgār* (anord. *Hróarr*) und *Hrōþulf* (anord. *Hrólfr*); *Ongendþēow; Gifica* (Gibica) und *Gīslhere* (Gislahar); *Ēastgota* (→ Ostrogotha); *Ægelmund* (Agilmund). Manche Namen von Kg. und ihrer Völker kommen wie *Breoca* ‚Brecher' (vgl. *wiðerbreca* ‚Feind') und *Brondingas* auch im „Beowulf" vor, andere bleiben auf W. beschränkt: *Becca – Bāningas, Meaca* (zu *gemaca* ‚Gefährte') – *Myrgingas, Wald – Wōingas*. Der Heldenkat. besteht dagegen durchweg aus Namen sagenhafter oder fiktiver Helden. Zur ersten Gruppe zählen die Brüder *Emerca* und *Fridla* aus dem Geschlecht der *Herelingas, Hagena* (→ Hagen), *Hāma* (→ Heime), → Ingeld, *Unwēn* (17), *Wudga* und *Wyrmhere* (anord. *Ormarr*), zur zweiten gehören *Rǣdhere* (zu ae. *rǣd* ‚Rat'), *Rondhere* und *Sceafthere* (zu ae. *sceaft* ‚Speer'), die nur im W. auftauchen.

Das heterogene Namengut des W. setzt sich demnach aus dreierlei Komponenten zusammen. Die wichtigste besteht aus hist. gesicherten Namen germ. Völker und Herrscher des 4.–6. Jh.s. Wie die meisten biblischen Namen bezeugt sie die spätant. Historiographie (→ Geschichtsschreibung §§ 2–3). Die zweite Komponente wurzelt in der germ. Geschichts- und Sagentradition der VWZ (→ Sage und Sagen) und schließt daher auch heldische Namen ein. Etliche Namen dieser Schicht kommen auch anderswo in der ags. Poesie, namentlich im „Beowulf" vor. Die dritte Komponente umfaßt meist auf den W. beschränktes und oft fiktives Namengut mit bis auf Kurznamen vom Typ *Becca* erkennbar appellativischer Grundlage. Seine Existenz und seine Einbettung in den poet. Kontext kennzeichnen die Fiktionalität des W.s

Ed.: (1) J. Hill (Hrsg.), OE Minor Heroic Poems, ²1994. (2) Krapp-Dobbie, III. Exeter-Book, 1936. (3) W., hrsg. von K. Malone, 1936, rev. ed. ²1962.

Lit.: (4) A. Bliss, The Aviones and W. 26a, Anglo-Saxon England 14, 1985, 97–106. (5) R. Brown, The Begging Scop and the Generous King in W., Neophilologus 73, 1989, 281–291. (6) R. W. Chambers, W. A study in OE heroic legend, 1912. (7) R. P. Creed, W.'s Journey Through the Germanic Tradition, in: Anglo-Saxon Poetry (Festschr. J. C. McGalliard), 1975, 376–387. (8) N. E. Eliason, Two OE Scop Poems, Publ. of the Modern Language Assoc. 81, 1966, 185–192. (9) R. Frank, Germanic legend in OE lit., in: M. Godden, M. Lapidge (Hrsg.), The Cambridge Companion to OE Lit., 1991, 88–106. (10) D. K. Fry, Two Voices in W., Mediaevalia 6, 1980 (1982), 37–56. (11) R. Gameson, The origin of the Exeter Book of OE poetry, Anglo-Saxon England 25, 1995, 135–185. (12) J. Hill, W. and the Tenth Century, Neuphilol. Mitt. 85, 1984, 305–315. (13) N. Howe, The OE Catalogue Poems, 1985. (14) G. Langenfelt, Studies in W., NoB 47, 1959, 70–111. (15) Ders., Some W. Names and the Background of W., in: G. Rohlfs, K. Puchner (Hrsg.), VI. Internationaler Kongress für Namenforsch., 1960–61, III, 496–510. (16) K. Malone, The Franks Casket and the Date of W., in: Nordica et Anglicana (Festschr. S. Einarsson), 1968, 10–18. (17) E. Marold, Hunwil, Sprache 17, 1971, 157–163. (18) B. J. Muir (Hrsg.), The Exeter Anthology of OE Poetry, ²2000. (19) J. D. Niles, W.

and the Anthrop. of the Past, Philol. Quarterly 78, 1999, 171–213. (20) D. A. Rollman, W. as an Anglo-Saxon Defense Poem, Neophilologus 66, 1982, 431–439. (21) G. Schramm, Wanderwege des Hunnenschlachtstoffes und das Schicksal seiner osteurop. Szenerie, skandinavistik 28, 1998, 118–138. (22) I. Whitaker, Scridefinnas in W., Neophilologus 66, 1982, 602–608.

K. Dietz

Widukind

§ 1: Sprachlich – § 2: Name und Titel – § 3: Leben und Taten – § 4: Nachkommen und Nachleben

§ 1. Sprachlich. Erstmalig ist der Name anläßlich der Nachricht der *Annales regni Francorum* (1) zu a. 777 belegt, wo die Abwesenheit des als *rebellis* bezeichneten und *in partibus Nordmanniae* geflohenen W. auf dem von → Karl dem Großen zu → Paderborn anberaumten *synodus publicus* hervorgehoben wird, sodann zu a. 778 und a. 782, wo der Bericht W. als Anführer des sächs. Widerstands (→ Sachsenkriege) nennt, bis er zu a. 785 letztmalig anläßlich seiner Taufe in Attigny zusammen mit *Abbi* (dies die sächs. Namenform, daneben frk. *Abbio*) auftritt. Bei der ersten Erwähnung wird der Name bei den meisten Textzeugen mit dem Flexiv -*is* latinisiert (*UUidochindis;* die Graphie *ch* sichert nach roman. Gewohnheit die *k*-Aussprache), teilweise auch mit -*us,* das sich bei den weiteren Nennungen durchsetzt und in derjenigen Fassung der Reichsann., die als „Einhardsannalen" bezeichnet wird, ausschließlich Verwendung findet. Auch jüng. Belege des Namens (15, 1566 f., wo die lat. Flexive allerdings prinzipiell ausgespart sind; 27, 175; 28, 159; alle W.-Namenträger bis zum 10. Jh. bei 12, 258 ff.) latinisieren nach den Mask. der *o*-Deklination. Schon daraus ergibt sich das Problem einer Vereinbarkeit des Namenletztgliedes mit dem Appellativ *kind* ‚Kind', das im As. und Ahd. nur als Neutr. auftritt. In der Diskussion um den Namen ist dem bisher wenig Gewicht beigemessen worden. Dem semant. Problem begegnet man mit dem Hinweis, daß *kind* neben ‚Kind' auch den jungen Mann bezeichnet (zur Bedeutung des Appellativs: 22).

Eine weitere formale Hürde besteht darin, daß ahd. *kind* auf eine Vorform **kinþa*- zurückführt, etym. wohl eine Partizipialbildung aus idg. **ĝen*- ‚erzeugen' (20 s. v., dort auch zum Problem des Vokals). Diese Vorstufe ließe im As. Nasalausfall mit Ersatzdehnung nach dem Muster ahd. *sind* : as. *sīð* ‚Weg' erwarten (‚Nasalspirantengesetz'). Das as. Wort ist daher nach einer verbreiteten Auffassung (33, 26 ff.) aus dem hd. Sprachgebiet entlehnt. Falls dies zutrifft, hätte das auch Auswirkungen für das Verständnis von *Widukind* und würde den Namen als wenig geeignet erscheinen lassen, ein Zeugnis des Selbstverständnisses vorchristl. Führungsschichten (dazu 23, 540) abzugeben. Allerdings ist auch sonst im As. gelegentlich zu beobachten, daß das ‚Nasalspirantengesetz' nicht in der erwarteten Weise realisiert ist. Außer Entlehnung sind dafür noch andere Ursachen benennbar. Im Falle von *kind* könnten Formen aus grammatischem Wechsel eingewirkt haben. Ein Ausgleich zugunsten von *nd* kann im As. einen Zusammenfall des Wortes mit as. *kīð* ‚Keim' (ae. *cīð,* zu ae. *cīnan,* as. ahd. *kīnan* ‚keimen' 25, 355) verhindert haben.

Die in den germ. Sprachen bezeugten Wörter für ‚Kind' sind vielfach erst einzelsprachlich entwickelt (→ Kinder § 1). Das gilt offenbar auch für ahd. as. *kind,* dem ein lauthist. Äquivalent im Ae. fehlt. Ae. *cild* (Neutr.) gehört zu got. *kilþei* ‚Mutterleib' (14, 218). Anord. *kind* ist ein Fem. (*i*-Stamm bzw. konsonantisch flektiert) mit der Bedeutung ‚Art, Geschlecht, Lebewesen'. Auffällig ist es, daß *kind* in der Namengebung sehr enge Beschränkungen zeigt. Als Letztglied taucht es, von *Widukind* abgesehen, in gesicherten Belegen in größerer Zahl erst etwa ab der Wende zum ersten Jt. auf, und zwar zunächst mit Erstgliedern, die selbst schon hypokoristische Kurzformenbildungen (sog. ‚Koseformen') sind (Typ *Azekind,* erstmalig 965–991). Hier fungiert *-kind* suffixähnlich, vergleichbar Fällen wie *Azaman, Azawib.* Vermutlich sind diese Neutr. auf *-kind, -wib* dem Muster der *-man*-Namen (13 § 109; zur Notwendigkeit differenzierter Betrachtung dieser Bildungen: 36) mit dem schon frühkarol. auftretenden *Carlomannus* nachgebildet. Die Tendenz zur Suffixhäufung ist für die Kurzformenbildung der jüng. Epoche durchaus typisch. Aber auch bei manchen unsuffigierten Erstgliedern kann aus semant. Gründen das Vorliegen eines altererbten Vollnamens bezweifelt werden. So werden *Liubchind* (im Reichenauer Verbrüderungsbuch) o. ä. *Trutchindus* (im Erfurter Pseudo-Original einer angeblichen Dagoberturk. von a. 706, Mitte des 12. Jh.s [8, Nr. 70]) urspr. Beinamen (hier Zusammenrückungen) sein. Den zu a. 1069 in die Fuldaer Totenann. eingetragenen Diakonus *UUillikindus* rechnet Geuenich (17, 88) gleichfalls zu den Suffixbildungen, obgleich formal kein Unterschied zu einer zweigliedrigen Komposition besteht, die zudem semant. stimmig ist (‚Wunschkind'). Problematisch bleibt hier das Genus, falls die *-us*-Latinisierung nicht nur ganz mechanisch erfolgte. Einen sicheren Beinamen dieses Typs trägt der Zeuge *Brunstenus Sconekint* in einer Urk. Ebf. Brunos III. von Köln (um 1192, vielleicht ein Westfale; 9, Nr. 536). Wenn man *Widukind* zu dieser Gruppe stellt, wäre der Name am ehesten als Übername zu werten, wie das bereits Socin angenommen hat (34, 220: ‚Waldkind').

Als Vorderglied von Namen kommt *kind* offenbar nur in der westgot. Namengebung vor (anders 19, 81), wobei der Kg.sname *Chindasuindus* der bekannteste, nicht aber der einzige Vertreter ist (24, 188 f.). Der Fugenvokal weist auf einen germ. *a-, ō-* oder *n*-Stamm. Ob hier das vorauszusetzende Appellativ das in ahd. *kind* ‚Kind' vorliegende Wort ist, kann nicht nur deshalb bezweifelt werden, weil es unter den im Bibelgot. für diesen Wortinhalt belegten Lexemen nicht vertreten ist. Bereits Holthausen (18, 56) hatte (neben einer kelt. Etym.) einen Bezug zu got. *kindins* ‚Statthalter' (in der got. Bibel für das Amt des Pilatus verwendet) erwogen. Dieses Wort ist eine Ableitung mit dem Suffix *-na-* zu dem schon genannten anord. *kind* ‚Geschlecht' (21, 109 f.). Im Namen müßte jedoch eine andere Bildung vorliegen. Vielleicht ist in **kind-a-* Mask. eine exozentrische Ableitung (21, 62) zu *kind* bewahrt, der die Bedeutung ‚Stammesgenosse, Angehöriger eines (vornehmen) Geschlechts' zuzusprechen wäre. Die altertümliche, appellativisch nicht bezeugte Bildung könnte auch das Grundwort und das mask. Genus von *Widukind* erklären.

Für einen zweigliedrigen Namen mit diesem *kind* als Grundwort läßt sich (falls der fuldische *UUillikindus* sicher auszuscheiden wäre) nur noch eine einzige, nicht ganz unproblematische Parallele nennen, der Name des Abtes *Bosochindus,* der in der Teilnehmerliste einer auf 688/9 datierten, fiktiven Synode zu Rouen verzeichnet ist, die in der *Vita Ansberti* mitgeteilt wird (c. 18; 10, 632, Hss. ab dem 10. Jh.). Die Vita wurde nicht lange vor dem Ende des 8. Jh.s verfaßt und verarbeitet Archivmaterial. Die Liste ist vermutlich einem Spurium entnommen, da die Synode anderweitig nicht bekannt ist. Doch muß der Name *Bosochindus* mindestens zeitgleich mit *Widukind* sein. *Boso-* als Vorderglied zweigliedriger Namen ist allerdings überaus selten (15, 330) und scheint auf Qu. im Umkreis W-Frankens beschränkt zu sein. Mit dem jüng. Kosesuffix *-kind* ist dort jedoch nicht zu rechnen. Ebensowenig wird *Bōso-* mit der häufig auftretenden Kurzform zu identifizieren sein (so offenbar 23, 535, der mit chron., sprachgeogr. und morphologisch ganz anders gelagerten Namen parallelisiert). Vielmehr handelt es sich um die Stammform des diesem Kurznamen zugrunde liegenden Namenwortes, bei dem die altertümliche Bewahrung von Fugenvokal nach langer Silbe gerade für westfrk. Belege kennzeichnend ist (wie etwa *Chrodoberthus*).

Die Konkurrenz mit *kind* ‚Kind' mag bewirkt haben, daß das Vollnamenglied frühzeitig außer Gebrauch gekommen ist. Es fällt jedenfalls auf, daß in der Namengebung der nachweisbar zur Verwandtschaft W.s gehörigen Personen (man vergleiche die Übersicht bei 29, 29) ebensowenig wie anderwärts *kind* als Element der Namengebung verwendet wird. Nur der gesamte Name *Widukind* selbst taucht bei den Angehörigen der *stirps magni ducis Widukindi qui bellum potens gessit contra Magnum Karolum per triginta ferme annos*, wie der gleichnamige und vielleicht zu seinen Nachkommen zählende Corveyer Mönch (4) mit sichtlichem Stolz formuliert (I,31) (→ Widukind von Corvey), gelegentlich auf, erstmalig anscheinend bei einem Vatersbruder der Königin *Mahthilda*, deren Verwandtschaftsverhältnisse der Geschichtsschreiber an der genannten Stelle darlegt. Jedoch ist nicht für alle Träger des Namens *Widukind* die Zugehörigkeit zur Sippe des Sachsenhz.s nachweisbar. Da auslautendes *-d* im Sächs. nach *n* öfters schwindet oder assimiliert wird (16, § 278), nimmt das Namenglied in jüng. Zeugnissen häufig die Gestalt *-kin (-kinnus)* an, so daß es mit dem Suffix *-k-* + *-īn* (unbetont *-in*) vollständig zusammenfällt. Eine solche Schreibung bietet bereits die Überlieferung der Reichsann. (*UUidochinnus* in Wien 612, 11. Jh.).

Noch auffälliger ist es, daß auch das Erstelement *Widu-* bei keinem einzigen Angehörigen der bekannten Nachfahren W.s als Glied der PN-Gebung erscheint, wiederum mit Ausnahme des Gesamtnamens *Widukind* selbst. Die üblichen Mittel zur Namenbindung wie Alliteration, Variation und Nachbenennung sind in der Stifterfamilie von Wildeshausen bei den unmittelbaren W.-Nachfahren *UUi(h)breht, UUaltbraht, UUibertus* (darüber hinaus im Bestimmungsglied des ONs *UUigildeshuson/ UUigaldinghus*) in mindestens drei Generationen deutlich vertreten, nicht aber *Widu-*, das im 8. und 9. Jh. durchaus noch als Namenelement erscheinen kann. Diese Beobachtung kann zu der Vermutung führen, daß *Widukind* nicht einer der üblichen PN sei, sondern ein Bei- oder Übername (35, 195 f.). Solche Benennungen sind seit der VWZ bekannt (34, 226–232. 457), und in manchen Fällen ist es reiner Zufall, wenn neben dem im Gebrauch befindlichen Beinamen noch der ‚eigtl.' Name genannt wird. Der a. 760 in Weißenburg urkundende Schenker *Graobardus* ‚Graubart' ist in der Zeugenliste lediglich mit seinem Beinamen aufgeführt. Daß er auch *UUolueradus* heißt, erfährt man nur aus der Adresse (6, Nr. 170).

Das Erstglied *widu-* ist gesamtgerm. bereits in sehr frühen Namenzeugnissen anzutreffen (30, 264 ff.; 26, I, 775 ff.), etwa nordgerm. im runischen **Widuhu(n)daʀ** (→ Himlingøje § 2), westgerm. im Namen des Quadenkg.s *Viduarius* (= *-harius*). Die zahlreichen ostgerm. (got., auch burg.) Namen zeigen hingegen durchgehend *Vidi-* (daneben die roman. Schreibvar. *Vide-*), was angesichts der Stabilität der *u-*Deklination im (Bibel-)Got. verwundert, wo ein Appellativ *widu* (vorlagebedingt?) nicht bezeugt ist. Daher sind für diese Namen noch andere Etyma erwogen worden. Eingewirkt haben könnte etwa das in anord. *við* ‚Weidengerte, Band' vorliegende *jō-*Fem., das die häufigen *-th-*Schreibungen besser erklärbar machte.

Im Falle *Widukind* lassen die ahd. und as. Zeugnisse (bereits bei den Überlieferungsvar. der Reichsann.) klar einen Übergang von ält. *Widu- (Wido-)* zu jüng. *Widi-* erkennen. Das stimmt zur Aufgabe der *u-*Deklination in diesen Sprachen und zur Überführung der einschlägigen Lexeme in andere Klassen, etwa auch in die *i-*Deklination. Die ahd. Namenform *UUitukind* ist in der durch die Nachfahren des Sachsenhz.s in Fulda in Auftrag gegebenen → *Translatio Sancti Alexandri* (→ Rudolf von Fulda

S. 410 f.) in originaler Überlieferung aus der Mitte des 9. Jh.s bezeugt (3, 426; alle Namenschreibungen aus dieser Ed. nach handschriftlichem Befund korrigiert). Das As. scheint die Schreibung *Widu-* erst im Laufe des 10. Jh.s aufzugeben. Der Zeuge *UUidukind* (nach a. 890, Buldern) im Werdener Urbar A (7, 43,3) zeigt diese Graphie ebenso wie der Name des Sachsenhz.s in der ältesten Version der *Vita Liudgeri* (11, c. I,21, im Kapitelverz. *UUidukindus*). Doch schon deren Werdener Überarbeitung (Vita III, in Hss. seit dem 10. Jh.) schreibt *UUidikindus* (c. I,18). Den Fugenvokal *-i-* verwendet dann → Thietmar von Merseburg in seiner original erhaltenen Chronik (2) beim Namen des Sachsenhz.s (*ex Uidicinni regis tribu exortam* I,9, zur Herkunft der Königin *Mathildis*) und bei einem weiteren Namenträger (*UUidikindi* V,8, zu a. 1002, wohl ein Vasall des Markgrafen Ekkehard von Meißen). Im letztgenannten Fall ändert die Corveyer Bearbeitung des 12. Jh.s zu *Widu-*, gewiß eine Traditionsschreibung, die auch für das Geschichtswerk des gleichnamigen Corveyer Verf.s der Sachsengesch. anzunehmen ist (zu den Überlieferungsvar. 4, VI Anm. 3). In noch zeitnaher Eintragung erscheint der Name des Autors in der nach St. Bertin gesandten Corveyer Konventsliste als *Vuidukindus* (unter Abt Folkmar, 916–942), die auch in dem in der Mitte des 12. Jh.s begonnenen *Liber vitae* weiterhin verwendet wird (*Widukint,* 5, 59).

Appellativisch ist *widu* im As. nur als Erstglied im Kompositum *uuiduhoppe* ‚Wiedehopf' bezeugt. Als Simplex kommt ahd. *uuitu* (Neutr., nach dem Genus von ahd. *holz*?) ‚Holz (Brennholz)' einmal bei → Otfrid von Weißenburg und daneben mehrfach in Glossen vor (32, 327; 31, XI, 237 f.). Die Zugehörigkeit zur *u-*Deklination wird ferner aus ae. *wudu* (Mask., *-u-* aus *-i-* nach *w* bei *u-*Umlaut), anord. *viðr* (Mask.) ‚Wald, Baum, Holz' erkennbar. Die Eignung als Namenwort kann auf einer poet. Speer(schaft)bezeichnung (Beowulf 398) beruhen, aber auch andere Motivierungen sind möglich. Abhängig ist das vom Gesamtverständnis des Namens *Widukind.*

Hält man *Widukind* für ein frühes Zeugnis der Suffixoidbildungen vom Typ *-kind,* so kann jeder mit dem als Erst- und Zweitglied verwendeten *widu* gebildete Name zur Anknüpfung dienen. Betrachtet man *Widukind* als einen zweigliedrigen Vollnamen, so ist die Deutung mit *kind* ‚Kind' wegen des neutralen Genus dieses Wortes unmöglich. Legt man hingegen das aus den westgot. Erstgliedern herleitbare Mask. zugrunde, so würde es in den wohlbekannten Bedeutungsbereich ‚Stammesgenosse' (möglicherweise auch ‚Fürst') führen. Die Koppelung ‚Speer' – ‚Genosse' hat zahlreiche Parallelen. Aber auch von *widu* ‚Wald' aus ist eine Deutung möglich. ‚Wald' – ‚Genosse' (‚Wald' – ‚Fürst') ließe sich ferner als Wolfsmetapher fassen, was für den Namen (mit z. T. anderen Begründungen) ebenfalls vermutet worden ist (23, 538–540). Diese Deutung ist auch vertretbar, wenn *Widukind* als Bei- oder Übername verstanden wird, dem das neutrale Genus von *-kind* dann nicht mehr im Wege stünde. Wie im Falle des runischen **WidugastiR** wäre ‚Waldkind, Waldsproß' als verhüllende Benennung des Wolfs ebenso erklärbar wie aus einer Bezeichnung für ‚Vertriebener, Geächteter' (→ Recke), die, gut passend zu den Lebensumständen W.s, zum Kriegs- und Ehrennamen geworden wäre.

Qu.: (1) Ann. regni Francorum, hrsg. von F. Kurze, MGH SS rer. Germ. [6], 1895, Nachdr. 1950. (2) Die Chronik des Bf.s Thietmar von Merseburg und ihre Korveier Überarbeitung, hrsg. von R. Holtzmann, MGH SS rer. Germ. [9], 1935, Nachdr. 1980. (3) B. Krusch, Die Übertragung des H. Alexander von Rom nach Wildeshausen durch den Enkel W.s 851, Nachr. von der Ges. der Wiss. zu Göttingen. Philol.-hist. Kl., 1933, 405–436. (4) Die Sachsengesch. des W. von Korvei, hrsg. von P. Hirsch, H.-E. Lohmann, MGH SS rer. Germ. [60], [5]1935, Nachdr. 1989. (5) M. Sandmann, Die Liste der Corveyer Klosterangehörigen im MS. 153 der Bibl. Municipale zu Saint-Omer, in: K. Schmid, J. Wollasch (Hrsg.), Der Liber Vitae der Abtei Corvey, 2.

Stud. zur Corveyer Gedenküberlieferung und zur Erschließung des Liber Vitae, 1989, 39–60. (6) Traditiones Wizenburgenses, hrsg. von K. Glöckner, A. Doll, 1979. (7) Die Urbare der Abtei Werden a. d. Ruhr. A. Die Urbare vom 9.–13. Jh., hrsg. von R. Kötzschke, 1906, Nachdr. 1978. (8) Die Urk. der Merowinger, hrsg. von Th. Kölzer, MGH DD regum Francorum e stirpe Merovingica 1–2, 2001. (9) UB für die Gesch. des Niederrheins, hrsg. von Th. J. Lacomblet 1, 1840–58, Nachdr. 1960. (10) Vita Ansberti episcopi Rotomagensis, hrsg. von W. Levison, MGH SS rer. Merov. 5, 1910, 613–643. (11) Die Vitae Sancti Liudgeri, hrsg. von W. Diekamp, 1881.

Lit.: (12) G. Althoff, Der Sachsenhz. W. als Mönch auf der Reichenau, Frühma. Stud. 17, 1983, 251–279. (13) Bach, PN. (14) S. Feist, W. P. Lehmann, A Gothic Etym. Dict., 1986. (15) Förstem., PN. (16) J. H. Gallée, As. Gramm., ³1993. (17) D. Geuenich, Die PN der Klostergemeinschaft von Fulda im früheren MA, 1976. (18) F. Holthausen, Got. etym. Wb., 1934. (19) Kaufmann, Ergbd. zu Förstem. PN. (20) Kluge-Seebold. (21) Meid, Wortbildung. (22) B. Meineke, CHIND und BARN im Hildebrandslied vor dem Hintergrund ihrer ahd. Überlieferung, 1987. (23) G. Müller, Der Name *Widukind*, Frühma. Stud. 20, 1986, 535–540. (24) J. M. Piel, D. Kremer, Hispano-got. Namenb., 1976. (25) Pokorny, IEW. (265) H. Reichert, Lex. der agerm. Namen 1–2, 1987–1990. (27) W. Schlaug, Die as. PN vor dem J. 1000, 1962. (28) Ders., Stud. zu den as. PN des 11. und 12. Jh.s, 1955. (29) K. Schmid, Die Nachfahren W.s, Dt. Archiv für Erforschung des MAs 20, 1964, 1–47 (= in: Ders., Gebetsgedenken und adliges Selbstverständnis im MA, 1983, 59–105). (30) Schönfeld, Wb. (31) R. Schützeichel (Hrsg.), Ahd. und As. Glossenwortschatz 1–12, 2004. (32) Ders., Ahd. Wb., ⁵1995. (33) W. Simon, Zur Sprachmischung im Heliand, 1965. (34) A. Socin, Mhd. Namenbuch, 1903, Nachdr. 1966. (35) M. Springer, Die Sachsen, 2004. (36) L. Voetz, Zu den PN auf *-man* in ahd. Zeit, BNF NF 13, 1978, 382–397.

H. Tiefenbach

§ 2. Name und Titel. Der sächs. Hz. oder wenigstens Anführer († nach 785) und Gegenspieler → Karls des Großen, bildet den frühesten Träger des Namens *Widukind* (dazu ausführlich § 1).

Wenn das Wort *Widukind* als ‚Kind des Waldes' aufzufassen ist, dürfte es eine → Kenning zur Bezeichnung des Wolfs gebildet haben (41, 56 f.). Daraus ergibt sich die Frage, ob *Widukind* überhaupt der eigtl. Name des Hz.s war oder ob das Wort einen Übernamen bildete, wie schon Socin meinte (38, 220).

In den *Annales Mettenses priores* zum J. 777, also bei seiner ersten Erwähnung, erscheint der Hz. unter dem Namen *Witing* (2, 65, Zl. 30). Diese Namenform läßt an das Adelsgeschlecht denken, das die neuzeitliche Wiss. als die Widonen bezeichnet. (Zu den <-*t*->-Schreibungen von Widonennamen siehe 25, 1563). *Wĭdo*- ist zwar etym. verschieden von *Widu*- (30, 398); doch braucht ein Über- oder auch ein Kosename mit dem eigtl. Namen seines Trägers etym. nicht zusammenzuhängen. In einem gefälschten Brief Karls des Großen an den mercischen Kg. → Offa wird W. *Withimundus* genannt (5, 4, Nr. 269). Den Namen *Widmund* hat es gegeben (25, 1572), womit nicht gesagt sein soll, daß W. so geheißen haben müßte.

Was die Widonen angeht, so werden sie zuerst am Ausgang des 7. Jh.s faßbar, und zwar „im Bereich der mittleren Mosel, Saar und Nahe" (27, 72). Nun hat Wenskus in einem anderen Zusammenhang gemeint, daß es seit der MZ sächs.-süddt. Beziehungen gegeben habe, wobei er allerdings die Bergstraße vor Augen hatte, also ein rechtsrhein. Gebiet (44, 162). Abgesehen davon, daß derartige Zusammenhänge, wenn sie bestanden haben, schwerlich auf die sog. ‚merow. Staatssiedlung' (→ Staatssiedlung) zurückzuführen sind (was Wenskus glaubte), ist die Denkweise zu begrüßen, die von der Voraussetzung ausgeht, daß lange vor Karl dem Großen Verbindungen zw. Sachsen und dem Frankenreich bestanden hätten (siehe auch 42, 351; 39, 166 ff.). Nach Wenskus hätte (auch) „die Widukind-Sippe … Beziehungen zum ‚fränkischen' Raum schon vor den Sachsenkriegen" unterhalten (44, 313).

Wie sein Name bleibt auch die Stellung unklar, die W. bekleidete. In Altfrids († 849) Lebensbeschreibung des hl. Liudger wird er *dux Saxonum eatenus gentilium* genannt (17, 24

[= I, 21]). Die Aussage bezieht sich auf die Zeit vor W.s Unterwerfung.

Nun vermochte → *dux* im Mittellat. die Entsprechung des Titels → Herzog zu bilden, mußte es jedoch nicht in jedem Fall tun. Umgekehrt können ahd. *herizogo* und as. *heritogo* auch für andere lat. Wörter stehen als *dux* (dazu → Herzog S. 479; → dux S. 297). Die Mehrdeutigkeit des Wortes *dux* hat die Ansicht aufkommen lassen, W. sei nicht Hz. gewesen, sondern nur „Heerführer" oder „Führer" der Sachsen (19, 272). Diese Meinung war vor einigen Jahrzehnten die herrschende (z. B. 24). Sie findet sich auch heute noch (z. B. 36, 74). Andererseits nimmt man gegenwärtig keinen Anstoß mehr daran, W. als Hz. zu bezeichnen (etwa 22, 76). In der Tat dürfte *dux* in der Geschichtsschreibung des Frankenreichs ein Titel gewesen sein, der mit ‚Herzog' wiederzugeben ist. Von der amtlichen Geschichtsschreibung wurde das Wort unter Karl dem Großen gemieden, denn der Ks. wollte diesen Titel offensichtlich nicht vergeben.

Altfrids oben angeführte Worte besagen wohl, daß W. ‚der Hz. der damals noch heidn. Sachsen' oder ‚ein Hz. der damals noch heidn. Sachsen' gewesen sei. Eine andere Frage ist die, welche Beweiskraft die Aussage Altfrids aus der Mitte des 9. Jh.s für W.s Lebenszeit hat.

Es sei darauf hingewiesen, daß die *Annales Mettenses priores* den sächs. Machthaber ‚Theoderich', der sich 743 dem Hausmeier → Karlmann unterwerfen mußte, als „Herzog der Sachsen" (*ducem Saxonum* [Akk.]) bezeichnen (2, 35 [z. J. 743]) (Zu den betreffenden Vorgängen siehe → Hochseeburg; → Seeburg; 39, 170 f.). Die „Reichsannalen", die hier die Vorlage der *Annales Mettenses priores* bilden, hatten den Mann nur „den Sachsen Theoderich" genannt (3, 4 [z. J. 743]).

In ähnlicher Weise gehen die „Reichsannalen" mit W. um: Sofern sie sich nicht mit der bloßen Nennung seines Namens begnügen, bezeichnen sie ihn als „den Aufrührer [*rebellis*] Widukind". *Rebellis* ist hier gewissermaßen zum Titel geworden (3, 48. 60 [z. J. 777 u. 782]).

Wenn Qu. des 10. und 11. Jh.s W. mit dem Titel *dux* versehen (s. u. § 4), bedeutet das ohne Zweifel ‚Herzog'. Bei → Thietmar von Merseburg († 1018) heißt W. sogar ‚König': *regis Widikinni* (Gen.) (15, 14 [= B. 1, 9]).

§ 3. Leben und Taten. In zeitgenössischen Qu. und in deren unmittelbaren Ableitungen wird W. zuerst zum J. 777 und zuletzt zum J. 785 genannt. Das letzte J. bildet also den t. p. q. für die Berechnung seines Todesdatums, wobei logisch nicht auszuschließen ist, daß W. noch 785 den Tod gefunden haben mag. Als zeitgenössisch gelten hier die Qu., die zu Lebzeiten Karls des Großen († 814) entstanden sind, was bedeutet, daß die Mitt., die W. betreffen, einige Jahrzehnte jüng. sein können als die geschilderten Ereignisse. Die erste Fassung der „Reichsannalen" ist während der späten 80er oder während der frühen 90er J. des 8. Jh.s entstanden (31, 158).

In bezug auf W. macht sich ein Grundübel der amtlichen oder halbamtlichen → Geschichtsschreibung aus dem Zeitalter Karls des Großen bes. störend bemerkbar, nämlich von mißliebigen Personen am liebsten überhaupt nicht zu sprechen oder, wenn sich ihre Erwähnung nicht vermeiden läßt, alle näheren Angaben zu verheimlichen.

Nach den „Reichsannalen" hätten sich 777 in → Paderborn „alle Franken und aus allen Teilen Sachsens von überall her Sachsen versammelt, abgesehen davon, daß W. mit wenigen anderen im Aufruhr verharrt und mit seinen Gefährten in Gebieten der *Nordmannia* Zuflucht gesucht" habe *(excepto quod Widukindis rebellis extitit cum paucis aliis: in partibus Nordmanniae confugium fecit una cum sociis suis)* (3, 48). Vorher war von W. keine Rede. Unter der *Nordmannia* ist Dänemark zu verstehen.

Die sog. „Einhard-Annalen" (→ Einhard [Einhart]) ergänzen die Angaben ihrer Vorlage, indem sie mitteilen, daß Widukind „einer der Großen Westfalens" gewesen sei *(unum ex primoribus Westfalaorum)*, „der im Bewußtsein seiner zahlreichen Verbrechen aus Furcht vor dem König [nämlich Karl dem Großen, M. Springer] zu Siegfried, dem König der Dänen, geflohen war" (3, 49). Was das für Untaten gewesen sein sollen, erfahren wir nicht. D. h., wir können bloß vermuten, daß W. einen erheblichen Anteil am Widerstand der Sachsen schon vor dem J. 777 hatte. Daß die „Einhard-Annalen" W. den Westfalen (→ Sachsen § 3 f.) zuordnen, hat einige Forscher zu der Ansicht gebracht, er sei lediglich der „Führer der Westfalen" gewesen (19, 272. 697). Diese Beschränkung seines Wirkungsgebiets dürfte kaum richtig sein. Nach Altfrid (s. o. § 2) hätte W. sogar die → Friesen zum Aufruhr gegen Karl den Großen veranlaßt (17, 24 f. [= I, 21]). Demnach wäre sein Einfluß über die Grenzen Sachsens hinausgegangen.

Was die Folgezeit betrifft, so wird W. in den „Reichsannalen" zu den J. 778, 782 und 785 genannt, in den „Einhard-Annalen" zu 782 und 785 (3, 52. 60 f. 62 f. 70 f.).

Bei den von einigen Forschern vermuteten sächs.-süddt. Beziehungen (s. o. § 2) erscheint es bemerkenswert, daß die Sachsen 778 während ihrer großen Erhebung (→ Sachsenkriege § 4), die unter W.s Führung stattfand, einen Vergeltungszug unternahmen, der, wie die „Einhard-Annalen" ausdrücklich mitteilen, auf der rechten Seite des Rheins von Deutz bis in das Gebiet gegenüber der Moselmündung ging (3, 53). W. wird als Führer des Aufstands von den „Reichsannalen" genannt (3, 53).

782 entging W. dem ‚Blutbad von Verden', indem er wiederum nach Dänemark floh (3, 62). Daß er den vorhergehenden Aufstand der Sachsen angeführt hatte, sagen die „Einhard-Annalen", ohne jedoch genauere Angaben zu machen (3, 63). So vermögen wir nur zu mutmaßen, daß W. es war, der in jenem J. am → Süntel den berühmten Sieg über die Franken erfocht. Das J. 785 brachte W.s Unterwerfung. Mit ihm zusammen ergab sich Abbi/Abbio. In den „Reichsannalen" und den „Einhard-Annalen" ist sonst von diesem Mann keine Rede. Man kann bloß vermuten, daß er neben W. der bedeutendste Anführer der Sachsen war. Der Überrest eines unbekannten Annalenwerks, den die neuzeitliche Wiss. *Fragmentum Vindobonense* genannt hat, bezeichnet Abbi/Abbio als W.s *gener* (10, XIII, 31, Zl. 56 f.). Aus dieser Nachricht hat man geschlossen, Abbi/Abbio sei der Schwiegersohn W.s gewesen. Der Schluß kann zwar richtig sein, ist aber nicht zwingend, denn *gener* vermag zumindest auch den Schwager zu bezeichnen.

W. und Abbio empfingen zu Attigny die Taufe: „Damals wurde ganz Sachsen unterworfen", heißt es in den „Reichsannalen" (3, 70). Nach heutigen Begriffen liegt Attigny im frz. Dép. Ardennen, 10 km n. Vouziers. (Zur Frage, warum W.s Taufe in Attigny stattfand, siehe 26, 26 f., unabhängig davon, ob die dort gegebene Begründung richtig ist.) Die Vorgesch. des Ereignisses ist in den „Reichsannalen" völlig verzerrt (39, 194). Aus den „Einhard-Annalen" erfahren wir wenigstens, daß W. und Abbi/Abbio sich im „rechtselbischen Sachsen" *(in Transalbiana Saxonum regione)* aufgehalten hätten, während Karl der Große 785 das übrige Land heimsuchte (3, 71).

Mehrere der kleinen Jahrb. geben an, Karl der Große habe als Widukinds Taufpate gewirkt (siehe die Belege bei 4, Nr. 268i). Diese Nachricht findet sich weder in den „Reichsannalen" noch in den „Einhard-Annalen". Wenn sie den Tatsachen entspricht, hat der Kg. wenige J. später nichts mehr von seiner Patenschaft wissen wollen. Anderenfalls hätten die „Reichsannalen" davon gesprochen.

Karl der Große muß 785 der Überzeugung gewesen sein, ganz Sachsen unterworfen zu haben. Seine Siegesmeldung veranlaßte Papst Hadrian I. (reg. 772–795), ein Dankfest zu veranstalten. Der Papst legte es auf den 23., 26. und 28. 6. 786 fest und wollte, daß es nicht nur im gesamten Kirchenstaat, sondern auch in allen Ländern gefeiert würde, die Karl dem Großen untertan waren, sowie darüber hinaus in England. Von diesen Feierlichkeiten wissen wir nur aus einem Brief des Papstes (9, III, 608). Die „Reichsannalen" oder andere Qu. erwähnen sie mit keinem Wort. D. h., auch an jene Festtage wollte Karl der Große später nicht mehr erinnert werden. Anscheinend war er bitter enttäuscht, weil sich seine Vorstellung als falsch erwies, 785 einen endgültigen Sieg über die Sachsen erfochten zu haben (→ Sachsenkriege § 6).

Nach dem J. 785 verschwindet W. aus der zeitgenössischen Geschichtsschreibung – wie so viele andere, die Karl dem Großen im Weg gestanden hatten. Wahrscheinlich hatte der Kg. seinen großen Gegner unschädlich machen lassen. Vor etlichen J. hat Althoff die Meinung vorgetragen, daß W., nachdem er sich ergeben hatte, als Mönch auf die → Reichenau verbracht worden sei (20). Man kann sich lebhaft vorstellen, daß Karl der Große den sächs. Hz. ins Kloster sperren ließ. Mit → Tassilo III. von Bayern verfuhr der Kg. 788 in eben dieser Weise. Allerdings unterschied sich das Schicksal der Nachkommen des bair. Hz.s von dem der Nachfahren W.s (s. u. § 4). Gegen Althoffs Gleichsetzung des Reichenauer Mönchs namens Widukind mit dem Hz. W. sind chron. Einwände geltend gemacht worden (23; vgl. 37, 35 f.).

Eine nachträgliche Erfindung bildet die Angabe der jüng. Lebensbeschreibung der Königin Mathilde, daß „der Herzog W." nach der Taufe „in seine Heimat" zurückgekehrt sei *(Dux autem Witikinus* [so! M. Springer] *in propriam remeavit patriam)* (7, 149). Diese Qu., die zw. 1002 und 1014 entstanden ist (7, 42), spinnt hier die märchenhaften Erzählungen der ält. Lebensbeschreibung der Königin Mathilde weiter (zu diesen s. § 4).

§ 4. Nachkommen und Nachleben. In seinem Ber. von der → *Translatio Sancti Alexandri* von Rom nach Wildeshausen, die 851 erfolgte, stellte der Mönche Meginhard aus dem Kloster → Fulda zw. 865 und 888 ausdrücklich fest, daß W. einen Sohn namens Wikbert *(Wibreht)* und dieser wiederum einen Sohn namens Waltbert *(Waltbraht)* hatte (16, 427; 14, 4 f.). Andere Teile desselben Werkes stammen übrigens von → Rudolf von Fulda († 865) (vgl. 32, 127–134. 395).

Waltbert hatte (mindestens) zwei Söhne, die also Urenkel W.s waren. Beide werden in einer Urk. erwähnt, die Waltbert 872 für die ‚Alexanderkirche' in Wildeshausen ausstellte. Der eine hieß wie sein Großvater Wikbert *(Wibertus)*. Der andere wird in der Urk. ohne Namennennung aufgeführt ebenso wie ein Sohn dieses namentlich nicht genannten Waltbert-Sohnes (12, 32 f. [Nr. 46]). Damit sind wir bei einem Ur-urenkel W.s angekommen. Übrigens nennt Waltbert in der betreffenden Urk. namentlich auch seinen Vater Wikbert sowie die Namen von dessen und seiner eigenen Ehefrau. Wikbert, der Sohn des Waltbert und Urenkel des W. wurde Bf. von Verden (reg. 873/74–908?). Dieser Sachverhalt geht eindeutig aus einer Urk. Papst Stephans V. vom J. 891 hervor (6, 534; 28, 434 [Nr. 3472]). Als Sohn des Waltbert ist Wikbert übrigens auch in einer Urk. → Ludwigs des Deutschen für Wildeshausen aus dem J. 871 (?) bezeugt. Er erscheint hier als Diakon des Kg.s (11, I, 199 [Nr. 142]). Damit verstummen die sicheren Nachr. über W.s Mannesstamm. 922 bestimmte eine in → Koblenz tagende Synode u. a., daß die Zehnten vom Erbgut „des seinerzeitigen Grafen oder Herzogs Widukind und seiner Nachfolger" *(antiqui comitis vel ducis Widukindi decimationem sue hereditatis eiusque successorum ab episcopis ex-*

quiri) von den Bischöfen eingezogen werden sollten (8, VI/1, 72 [Lit.]).

Vielfach wird vermutet, daß der Geschichtsschreiber → Widukind von Corvey († nach 973) ein Nachfahre des Hz.s gewesen sei. Dafür gibt es keine andere Grundlage als die Namengleichheit – was nicht heißt, daß die Vermutung unberechtigt sein müsse. Wenn jedoch der Name *Widukind* einen Hinweis darauf bildet, daß seine Träger vom Hz. W. abstammten, dann sind alle Persönlichkeiten, zumindest des 10.–11. Jh.s, die Widukind hießen, dieser Abstammung verdächtig, was erhebliche Weiterungen mit sich bringt (zu den Trägern des Namens bis ins 10. Jh. siehe 20; darüber hinaus 40).

Nun schreibt Widukind von Corvey ausdrücklich das Folgende: Die Königin Mathilde (etwa 896–968), die Gemahlin Kg. Heinrichs I., sei die Tochter eines Thiadrich gewesen. Dieser Mann und seine drei Brüder namens Widukind, Immed und Reginbern hätten aus dem Geschlecht des ‚Großherzogs' W. gestammt, der „fast dreißig Jahre lang einen gewaltigen Krieg gegen Karl den Großen" geführt habe. Die Aussagen über den Ahnherrn der Mathilde sind um so bemerkenswerter, als der Corveyer Mönch über so frühe Vorfahren Heinrichs I. nichts mitteilt. Den Titel ‚Großherzog' *(magnus dux)* hat Widukind von Corvey erfunden. Einige Zeilen zuvor hatte er den jüngsten Sohn der Königin Mathilde, den Ebf. Brun von Köln († 965), ebenso genannt (18, 44 [B. 1, 31]). Widukind von Corvey umschrieb damit Bruns Stellung als „Herzog von Lothringen".

Gleich dem Corveyer Geschichtsschreiber hob die (wohl um 974 entstandene) ält. Lebensbeschreibung der Königin hervor, daß Mathildes Vater ein Nachkomme W.s gewesen sei (7, 114, zur Entstehungszeit des Werkes siehe ebd. 9 f.). Daneben bringt diese Qu. völlig erdichtete Nachr.: W. sei von Karl dem Großen im → Zweikampf besiegt und von → Bonifatius getauft worden (7, 113). In Wirklichkeit hatte Winfried-Bonifatius bereits 754 den Tod gefunden. Übrigens behauptet Mathildes ält. Lebensbeschreibung, daß W. u. a. eine Kirche *(cellula)* in Enger gegründet hätte (7, 114). Später galt Enger als W.s Begräbnisort (34). Allerdings erscheint auch Paderborn in dieser Stellung (33, 264).

Ob Mathildes Vater im Mannesstamm oder über weibliche Vorfahren von W. abstammte, ist aus den Qu. nicht ersichtlich. Die Mehrzahl der Forscher geht von der zweiten Möglichkeit aus. Jedenfalls haben die genealogischen Mitt. des Corveyer Mönchs lebhafte Erörterungen ausgelöst (35; 44, 115 ff.; vgl. auch 21).

Richer von Reims schreibt in seinem Geschichtswerk, das „im wesentlichen ... 996 abgeschlossen" war (Hoffmann, in: 13, 2), der westfrk. Kg. Odo (reg. 888–898) habe im Mannesstamm von einem Witichin abgestammt, der ein Ankömmling aus dem Gebiet rechts des Rheins gewesen sei (*Uuitichinum advenam Germanum* [Akk.]) (13, 41 [= B. 1, 5]). Wenn Richers Aussage den Tatsachen entspricht und wenn die Annahme richtig ist, daß die Träger des Namens *Widukind* von W. abstammen, dann gehören die Capetinger zu den Nachkommen W.s. Im 13. Jh. behauptete der Geschichtsschreiber Alberich von Trois Fontaines, daß der Adel *(nobilitas)* ganz Sachsens, Italiens, Germaniens, Galliens, der Normandie, Baierns, Schwabens, Ungarns, Böhmens, Rußlands und Polens von W. abstamme (10, XXIII, 756; 35, 103).

Auch sonst wurde W. in der spätma. und weiter in der frühneuzeitlichen Geschichtsschreibung eine ganz außerordentliche Stellung zugesprochen (siehe 19, 499–509; 33; 34; zum W.-Bild in neuerer Zeit z. B. 29).

Im 15. Jh. gelangte W. sogar in den Ruf, ein Hl. zu sein (33, 265 f.). Als solcher wurde er 1643 in die *Acta Sanctorum* aufgenommen (1, 380–385).

Qu.: (1) Acta Sanctorum I, 1643. (2) Ann. Mettenses priores, hrsg. von B. von Simson, 1979 (= 1905).

(3) Ann. regni Francorum, hrsg. von F. Kurze, 1950 (= ³1895). (4) J. F. Böhmer, Regesta imperii I/1, hrsg. von E. Mühlbacher, 1908. (5) M. Bouquet (Hrsg.), Recueil des historiens des Gaules et de la France 5, ²1869. (6) Die Kaiserurk. der Prov. Westfalen 1, hrsg. von R. Wilmans, 1867. (7) Die Lebensbeschreibungen der Königin Mathilde, hrsg. von B. Schütte, 1994. (8) MGH Concilia. (9) MGH Epistolae. (10) MGH Scriptores. (11) MGH Die Urk. der dt. Karolinger. (12) Osnabrücker UB I, hrsg. von F. Philippi, 1892. (13) Richer von Saint-Remi, Historiae, hrsg. von H. Hoffmann (= 10, XXXVIII), 2000. (14) Rudolf von Fulda und Meginhard, Translatio S. Alexandri, hrsg. von H. Härtel, 1979. (15) Thietmar von Merseburg, Chronik, hrsg. von R. Holtzmann, 1980 (1935). (16) Die Übertragung des H. Alexander von Rom nach Wildeshausen durch den Enkel W.s 851, hrsg. von B. Krusch, Ges. der Wiss. in Göttingen. Phil.-Hist. Kl., 1933, H. 4, 1933. (17) Die Vitae Sancti Liudgeri, hrsg. von W. Diekamp, 1881. (18) W. von Corvey, Die Sachsengesch., hrsg. von H.-E. Lohmann, P. Hirsch, ⁵1935.

Lit.: (19) S. Abel, Jb. des frk. Reiches unter Karl dem Großen 1, 2. Aufl. bearb. von B. Simson, 1969 (1888). (20) G. Althoff, Der Sachsenhz. W. als Mönch auf der Reichenau, Frühma. Stud. 17, 1983, 251–279. (21) Ders., Immedinger, in: Lex. des MAs 5, 1991, 389 f. (22) Ders., W. von Corvey, in: ebd. 9, 1998, 76–78. (23) M. Balzer, W. Sachsenhz. und Mönch auf der Reichenau?, in: Stadt Enger. Beitr. zur Stadtgesch. 3, 1983, 9–29. (24) W. Eggert, W., in: Biographisches Lex. zur Dt. Gesch., 1967, 496. (25) Förstem., PN. (26) E. Freise, W. in Attigny, in: [29], 12–45. (27) E. Hlawitschka, Widonen, in: Lex. des MAs 9, 1998, 72–74. (28) Ph. Jaffé u. a., Regesta pontificum Romanorum 1, 1956 (Nachdr. von ²1885). (29) G. Kaldewei (Hrsg.), 1200 J. W.s Taufe, 1985. (30) Kaufmann, Ergbd. Förstem. PN. (31) R. McKitterick, Die Anfänge des karol. Kgt.s, in: W. Pohl, M. Diesenberger (Hrsg.), Integration und Herrschaft. Ethnische Identitäten und soziale Organisation im Früh-MA, 2002, 151–168. (32) H. Röckelein, Reliquientranslationen nach Sachsen im 9. Jh., 2002. (33) E. Rundnagel, Der Mythos vom Hz. W., Hist. Zeitschr. 155, 1937, 233–505. (34) O. Schirmeister, U. Specht-Kreusel, W. und Enger. Rezeptionsgesch., 1992. (35) K. Schmid, Die Nachfahren W.s (1964), in: Ders., Gebetsgedenken und adliges Selbstverständnis im MA, 1983, 59–105. (36) B. Schneidmüller, W., in: Lex. des MAs 9, 1998, 74–76. (37) B. Schütte, Unters. zu den Lebensbeschreibungen der Königin Mathilde, 1994. (38) A. Socin, Mhd. Namenbuch, 1966 (1903). (39) M. Springer, Die Sachsen, 2004. (40) D. Trapp, Die Träger des Namens W. und ihre hist. Einordnung. Mag.-Arbeit, Magdeburg, 2001 (masch.). (41) N. Wagner, Ostgot. PNgebung, in: D. Geuenich u. a. (Hrsg.), Nomen et gens. Zur hist. Aussagekraft frühma. PN, 1997, 41–57. (42) H. J. Warnecke, Sächs. Adelsfamilien in der MZ, in: Ch. Stiegemann, M. Wemhoff (Hrsg.), 799 – Kunst und Kultur der KaZ. Karl der Große und Papst Leo III. in Paderborn. Ausstellungskat. 1, 1999, 348–355. (44) R. Wenskus, Sächs. Stammesadel und frk. Reichsadel, 1976.

M. Springer

Widukind von Corvey

§ 1: Leben und Werk – § 2: Die ‚sächsische Frühgeschichte'

§ 1. **Leben und Werk**. W. wurde wohl 933/35 (und nicht um 925) geboren. Sein Tod ist mit Sicherheit nach 968, mit großer Wahrscheinlichkeit erst nach 973 anzusetzen. Zur Berechnung der Jahre s. u. Qu. für W.s Leben sind einerseits ein Mönchsverz. des Klosters Corvey aus dem 10. Jh. und andererseits die Aussagen, die er über sich selbst in seinem Gesch.swerk macht, das von der neuzeitlichen Wiss. als „Die Sachsengeschichte des Widukind von Corvey" bezeichnet wird.

Dieser dt. Titel lehnt sich an die Überschr. des ersten und des zweiten Buchs von W.s Werk an: (*liber* o. ä.) *rerum gestarum Saxonicarum* o. ä. (1, 4. 61; 2, 22. 98; 3, 20. 82). Das dritte, also letzte Buch trägt nur einen Anfangsvermerk ohne den Werktitel (1, 100; 2, 156; 3, 130). Die Überschr. stehen nicht in allen Textzeugen und stammen wahrscheinlich nicht von W. Mit Sicherheit sind die Inhaltsverz. und Kapitelüberschr. der ‚Sachsengeschichte' spätere Zutaten (24, 1002). Auf diesen Sachverhalt hinzuweisen ist nötig, damit nicht die in den Kapitelüberschr. enthaltenen Aussagen als von W. stammend angesehen werden.

Den drei Büchern der ‚Sachsengeschichte' hat W. je eine Vorrede vorangestellt. Diese Vorreden bilden zugleich Widmungsschreiben. Alle drei sind an die Äbtissin Mathilde von Quedlinburg (955–999) gerichtet (s. u.). In der Vorrede zum ersten Buch stellt sich W. unter Nennung seines Namens als Mönch des Klosters Corvey vor (1, 1; 2, 16; 3, 16 f. [= Buch 1, Vorrede]). Nun nennt ein Corveyer Mönchsverz. aus der Zeit des Abtes Folkmar (917–942) einen Widukint/ Uuidukindus (5, I, 36 [mit weiteren Lesarten]). Dieser Mönch wird mit dem Geschichtsschreiber W. gleichgesetzt. Da W. in dem betreffenden Verz. „als vorletzter von rund 50 Brüdern erscheint, dürfte er erst in" Folkmars „letzten Abtsjahren aufgenommen worden sein" (Hirsch, in: 1, VI; vgl. 22, 946). Unter der ‚Aufnahme ins Kloster' verstand die ält. Forsch. die Ablegung der Mönchsgelübde. Man nahm an, daß W. diese Handlung mit etwa 15 J. vollzogen habe, und berechnete folglich sein Geburtsjahr auf ungefähr 925 (Hirsch, in: 1, VII; 22, 946). Nach neueren Forsch. ist jedoch davon auszugehen, daß W. „als Knabe von 6 bis 8 Jahren" in die Corveyer Liste eingetragen wurde, nämlich in dem Alter, in dem die zum Mönchsdasein bestimmten Kinder ins → Kloster gegeben wurden (Honselmann, in: 5, I, 11. 36). Demnach ist W.s Geburtsjahr auf etwa 933/35 anzusetzen.

Aus W.s Namengleichheit mit dem Hz. → Widukind († nach 785) wird gefolgert, daß der Gesch.sschreiber ein Nachkomme (22, 946) oder zumindest Verwandter des Hz.s gewesen sei. Die Folgerung dürfte richtig sein (→ Widukind § 4).

Nach der herrschenden Meinung hatte W. sein Werk urspr. mit Ereignissen enden lassen, die ins J. 967 gehören. Deswegen und weil er keine Silbe über die im Herbst 968 erfolgte Gründung des Ebt.s → Magdeburg verlauten läßt, wird geschlossen, daß W. die ‚Sachsengeschichte' in ihrer urspr. Fassung 968 vollendete. Der Zeitansatz soll nicht bezweifelt werden. Nur sei darauf hingewiesen, daß in bezug auf W. jedes Argumentum e silentio mit ganz besonderer Vorsicht zu gebrauchen ist. Z. B. sagt W. kein Wort davon, daß Otto I. 962 in Rom die Kaiserwürde erlangt hat. Ebenso schweigt er von den Bistümern Brandenburg und Havelberg, obwohl diese vor 968 gegründet worden waren und obwohl er vom Ort Brandenburg erzählt. Die Gründe seines Schweigens sind im vorliegenden Zusammenhang gleichgültig.

Zu einem nicht näher zu bestimmenden Zeitpunkt nach 968 ist die ‚Sachsengeschichte' bis zum J. 973 weitergeführt worden, nämlich bis zum Ableben Ottos I. Vorausgesetzt, daß die Forts. von W. stammt, bildet das Ende des Ks.s den t. p. q. für die Berechnung von W.s Todesjahr. Es ist zwar durchaus möglich, daß W. selbst (und kein anderer) sein Werk fortgesetzt hat; beweisen läßt sich das jedoch nicht.

Wie W. am Anfang der ‚Sachsengeschichte' mitteilt, hatte er zuvor andere Schr. verfaßt (1, 4; 2, 22; 3, 20 f. [= B. 1,1]). Diese sind verloren. Nach Sigebert von Gembloux († 1112) dürfte es sich um zwei Hl.leben o. ä. (in elegischen Distichen?) gehandelt haben (vgl. Hirsch, in: 1, IX–XI; 27, 26). Sigeberts Behauptung, W. hätte auch noch eine Lebensbeschreibung Ottos I. geschaffen, beruht auf einem Mißverständnis (Hirsch, in: 1, XI mit Lit.).

Es ist zu vermuten, daß W. sein Geschichtswerk im Auftrag der Königin Mathilde († 968) begonnen hat, der Gemahlin des ostfrk.-dt. Kg.s Heinrich I. und Mutter Ks. Ottos I. Als zweiter Auftraggeber kommt der Ebf. Wilhelm von Mainz († 968) in Frage, ein Sohn des Ks.s. Sowohl die Königin Mathilde als auch der Ebf. Wilhelm verstarben im März 968. W. geriet nun in die Lage, sein Werk der Äbtissin Mathilde von Quedlinburg zu widmen (8, 77). Diese Mathilde, die 955 das Licht der Welt erblickt hatte, war eine Enkelin der gleichnamigen Königin und eine Tochter Ottos I. Als W. 968 sein Werk abschloß, befand sich außer ihr kein Mitglied der engeren Kaiserfamilie n. der Alpen.

Es gibt keinerlei Anzeichen dafür, daß Otto I. sich um ein lat. Lit.werk gekümmert hätte (im Unterschied etwa zu → Karl dem Großen [† 814] oder Friedrich Barbarossa [† 1190]). Folglich dürfte W. überhaupt nicht auf den Gedanken gekommen sein, sein Werk dem Ks. vorzulegen.

Die Frage, für wen W. schrieb, hat die neue Forsch. eingehend beschäftigt (9). So verdienstvoll die betreffenden Unters. sind, erwecken sie doch mitunter den Eindruck, als ob W. einen Sonderfall gebildet hätte, indem er bei seiner Schriftstellerei entweder einem Auftrag folgte oder sich von vornherein im Hinblick auf eine bestimmte Leserin an die Arbeit machte. Seitdem jedoch der Lit.betrieb des klass. Altert.s sein Ende gefunden hatte, waren liter. Schöpfungen bis ins Zeitalter des Investiturstreits regelmäßig Auftragswerke oder entstanden sie deshalb, weil ihr jeweiliger Verf. auf einen ihm bekannten Leser oder Leserkreis einwirken wollte. Die damaligen Schriftsteller schufen ihre Werke nicht für eine ihnen unbekannte Öffentlichkeit. Obendrein verfolgten sie bei ihrer Leserschaft bestimmte Zwecke. Z. B. versuchte W. in einer reichlich plumpen Weise, der Äbtissin Mathilde die Verehrung des hl. Veit ans Herz zu legen, des Corveyer Haupthl. (1, 48; 2, 80; 3, 68 f. [= B. 1, 34]). (Zu den Fragen, die damit zusammenhängen siehe 10; 22a).

Was W.s Wert als lat. Schriftsteller angeht, so bemerkte A. Hauck (1845–1918): „Gespreizt u. unnatürlich bewegt sich W.s Rede in der fremden Sprache ... das Fremde blieb ihm fremd, er wußte es nicht frei zu beherrschen" (20, III, 310). Dieses Urteil ist zwar treffend, steht heute aber ziemlich vereinzelt da. Wegen der Bedeutung, die der ‚Sachsengeschichte' für die Erforschung der Zeit Heinrichs I. und Ottos I. zukommt (16, 615 f.), sind viele Gelehrte geneigt, W. als eine geistig hervorragende Persönlichkeit anzusehen. Bes. gerühmt wurde der Corveyer Mönch in einem 1950 erschienenen Buch von Beumann (11). Im Anschluß an dieses Werk erwecken manche Darst. den Eindruck, als ob es sich bei W. um → Tacitus und Ranke in einer Person gehandelt hätte (anders 12, 421–424). Man vergleiche auch Lintzels Urteil: „Mir kommt der gute Mönch von Korvey in Beumanns Buch manchmal vor wie ein armes Bäuerlein vor seinem gestrengen Untersuchungsrichter: der beweist dem Delinquenten, was er alles mit seinen Worten gesagt und gemeint haben soll; das Bäuerlein aber versteht von alledem nichts, weil es eine andere Sprache spricht als der Richter" (23, 350).

Wie W. selbst feststellt, wollte er *principum nostrorum res gestas litteris ... commendare* ‚die Geschichte unserer Fürsten niederschreiben' (1, 4; 2, 22; 3, 20 [= B. 1,1]). Die Ausdeutung des Wortes *principes* ist umstritten (z. B. 11, 23; 22, 949). Daß W. eine Volks- oder Stammesgesch. hätte abfassen wollen, hat er jedenfalls nicht gesagt. Nach einleitenden Bemerkungen behandelt W. zunächst die ‚sächsische Frühgeschichte', wie dieser Teil seines Werkes hier fortan genannt wird: Buch 1, Kap. 2–14 (1, 4–25; 2, 22–49; 3, 20–43). Das Kap. 15 macht Bemerkungen über Karl den Großen. Mit dem Kap. 16 springt der Verf. in die Zeit Ludwigs des Kindes (reg. 900–911), spricht über Heinrichs I. Großvater (Liudolf), Vaterbruder (Brun) sowie Vater („Oddo") (→ Liudolfinger) und schließt mit der Kg.serhebung Konrads I. (911). Der übrige, also größte Teil des ersten Buches (Kap. 17–41) beschäftigt sich mit der Zeit Heinrichs I. von der Geburt bis zum Tod des Kg.s (936). Die Bücher 2–3 sind Otto I. vorbehalten. Die Forts. des Werkes endet, wie gesagt, mit dem Tod des Ks.s (973). (Vgl. die Inhaltsübersicht bei 13, 417–424).

Mit Nachdruck ist darauf hinzuweisen, daß sich in W.s ‚Sachsengeschichte' keine Jahresangaben finden. Zu der nicht ganz einfachen handschriftlichen Überlieferung, den Textfassungen, nämlich A, B und C, sowie den Textausg. s. 24, 1001 f. (und natürlich 1, XXX–XLII, XLVI–XLVIII). Die in Dresden befindliche Hs. (J 38 der Sächs. Landesbibl./Staats- und Universitätsbibl.)

ist durch Kriegseinwirkungen so sehr beschädigt, daß sie abgesehen von ganz wenigen Stellen nicht mehr lesbar ist. Damit ist die Ausg. von Hirsch und Lohmann (1) zum Textzeugen für die Fassung A, die sog. Widmungsfassung, geworden.

Im Gegensatz zur herrschenden Meinung hat J. Fried jüngst Folgendes vorgetragen: W. habe seine ‚Sachsengeschichte' urspr. mit dem 968 erfolgten Tod der Königin Mathilde enden lassen, das Werk jedoch 968 noch nicht veröffentlicht; vielmehr habe er es weitergeführt und erst nach dem Ableben Ottos I. der Äbtissin Mathilde übergeben. Folglich sei die Fassung B die Widmungsfassung. Dagegen stamme die Fassung A gar nicht von W. Bei ihr handle es sich vielmehr um eine „Ableitung" seines Werkes, die „am ehesten in Mainz entstanden" sei (17a, 54. 59).

§ 2. Die ‚sächsische Frühgeschichte'. Die Forsch. der letzten J. hat sich vornehmlich den Teilen der ‚Sachsengeschichte' zugewandt, die der Regierung Heinrichs I. sowie Ottos I. gewidmet sind und eindeutig den Hauptteil des Werkes bilden. Doch bleiben diese Abschnitte hier unberücksichtigt. Im folgenden geht es um die ‚sächsische Frühgeschichte', also um die Kap. 2–14 des ersten Buchs. W. schildert hier Ereignisse, die, wenn sie stattgefunden hätten, in die Zeit vom 4. Jh. v. Chr. bis ins 6. Jh. n. Chr. fallen müßten. Der Anfang des Zeitraums ergibt sich daraus, daß W. die Sachsen als Nachkömmlinge versprengter Reste des makedonischen Heeres ansieht, das sich nach dem Tode Alexanders des Großen († 323 v. Chr.) über die ganze Welt zerstreut hätte. W. hält diese Meinung nicht nur für richtig, sondern hat sie auch erfunden (dazu 25, 78). Die letzten Begebenheiten, auf die W. in der ‚sächsischen Frühgeschichte' eingeht, gehören ins 6. Jh. Es sind dies der Untergang des Thür.reichs (→ Thüringer § 3) und der Einzug der Langob.

(→ Langobarden § 8) in Italien: Buch 1, 13 und 14 (1, 22–25; 2, 46–51; 3, 20–43).

Anhand der betreffenden Abschnitte wird von heutigen Wissenschaftlern zwar vielfach noch die angebliche Gesch. der → Sachsen während der VWZ und der MWZ dargestellt; doch finden W.s Ausführungen als ‚Text', d. h. als liter. Schöpfung, z. Zt. geringe Aufmerksamkeit (siehe aber 25, 75–89). Es herrscht nach wie vor die Gewohnheit, aus W.s Erzählung willkürlich einzelne Züge herauszugreifen und sie als den ‚historischen Kern' eines sonst sagenhaften Ber.s hinzustellen, ohne daß man fragt, in welche Zusammenhänge W. sie gesetzt hat.

Der Sachverhalt hat die befremdliche Folge, daß der aus dem frühen 19. Jh. stammende Glaube, W. hätte mündliche Überlieferungen, nämlich ‚eine Herkunfts- und Landerwerbssage' aufgezeichnet, als das Ergebnis neuerer Forsch. erscheint, während die Einwände gegen diese romantische Sicht, die während des 20. Jh.s wiederholt erhoben worden sind, als ‚die ältere Forschung' mißverstanden werden (so bei Giese, in: 4, 117 f. mit Anm. 298; zur Abhängigkeit W.s von → Rudolf von Fulda s. u.).

Übrigens hatte K. Haucks 1970 erschienenes Buch „Goldbrakteaten aus Sievern" (21) in bezug auf die ‚sächsische Frühgeschichte' lebhafte Erörterungen ausgelöst (z. B. 18; 19; 15; → Goldbrakteaten; → Sievern); doch ist die Diskussion leider verhallt.

Auf W.s ‚sächsische Frühgeschichte' berufen sich etliche Wissenschaftler bes. dann, wenn sie den Untergang des Thür.reichs darstellen. Es geht v. a. um die angebliche Beteiligung der Sachsen (→ Sachsen § 3d) als Verbündete der → Merowinger bei der Niederwerfung der Thür. (Zu den tatsächlichen Ereignissen, die 531/34 erfolgten; siehe → Theuderich I.; 25, 57–97).

Der Corveyer Mönch gilt deswegen als Kronzeuge, weil er angeblich Lieder oder sonstige mündliche Ber. „aufgezeichnet" hätte. Dasselbe wird von Rudolf von Fulda († 865) und von den Jahrb. von Quedlinburg behauptet, die im 1. Drittel des 11. Jh.s entstanden sind (4, 56 f.). Alle drei Qu. gäben „verschiedene Fassungen der sächs. Stammessage" wieder (→ Origo gentis S. 203–206). Damit ist der Nebengedanke verbunden, daß von 531/34 bis 865, 967 oder 1030 mündlich die lautere Wahrheit überliefert worden wäre. Es dürfte der einzige Fall innerhalb der Geschichtswiss. vorliegen, daß Erzählungen, die 330 J., 430 J. oder beinahe 500 J. jüng. als die Ereignisse sind und die nach einhelliger Meinung Sagen (→ Sage und Sagen) darstellen, für bare Münze genommen werden, obwohl sie im genauen Gegensatz zu den zeitgenössischen oder zeitnahen Qu. stehen. (Zu den Qu. der MZ siehe 25, 60–62). Dem Glauben, daß eine mündliche Überlieferung sich durch mehr als 400 J. inhaltlich unverzerrt erhalten hätte, ist wohl durch neueste Veröffentl. endgültig der Boden entzogen worden (14; 17).

Nun geht es hier nicht darum, die Sachsen des Altert.s oder das Ende des Thür.-reichs darzustellen, also einerseits die tatsächlichen Gegebenheiten und andererseits die Erdichtungen des 9., 10. und 11. Jh.s zu schildern (dazu 25, 57 ff.). Es geht darum, W.s Schriftstellerei zu würdigen, also zu fragen, mit welcher Absicht er seine ‚sächsische Frühgeschichte' verfaßt hat und welchen Vorlagen er gefolgt ist. (Zu W.s Arbeitsweise vgl. übrigens 26).

In der Vorrede zum ersten Buch, die zugleich das Widmungsschreiben des Gesamtwerks bildet, teilt W. der 12- oder 13jährigen Mathilde von Quedlinburg das Folgende mit: Er habe die Taten ihres Vaters und ihres Großvaters (Heinrichs I.) geschildert, damit Mathilde noch besser als gut und noch ruhmwürdiger als ruhmwürdig werde. Aber auch über die Ursprünge der Leute, unter denen Heinrich I. als erster die Kg.swürde erlangt habe, hätte er es sich angelegen sein lassen, einiges zu schreiben. Die letztgenannten Ausführungen – also die ‚sächsische Frühgeschichte' – sollten „das Gemüt" seiner Leserin „erfreuen", sie „von Sorgen befreien und" ihr „eine schöne Muße gewähren" (1, 1 f.; 2, 16 f.; 3, 16 f.). W. hat also zuerst die Zeiten Heinrichs I. und Ottos I. geschildert und anschließend die ‚sächsische Frühgeschichte' verfaßt. Was wir als den ersten Teil von W.s Werk lesen, bildet entstehungsgeschichtl. den letzten. Außerdem verkörpern die beiden Bestandteile nach W.s eigenen Aussagen unterschiedliche literar. Gattungen. Nach heutigen Begriffen wäre die ‚sächsische Frühgeschichte' Unterhaltungslektüre und der Hauptteil ein Lehrb.

Die ‚sächsische Frühgeschichte' verdankt ihr Dasein anscheinend der Notwendigkeit, das Gesamtwerk auf die Bedürfnisse der Äbtissin Mathilde zuzuschneiden, nachdem die urspr. Auftraggeber tot waren. In den Kap. 2–14 seines ersten Buches unterlaufen W. stilistische und andere Mißgriffe, die es wahrscheinlich machen, daß der Verf. die betreffenden Abschnitte seines Werkes in großer Eile aufs Pergament gebracht hat.

Es ist W. nicht gelungen, die beiden Bestandteile seiner ‚Sachsengeschichte' innerlich zu verschmelzen. Womöglich hat er sich auch gar nicht darum bemüht. Eine Verknüpfung der beiden Teile hätte hergestellt werden können, indem Persönlichkeiten der Frühzeit als Vorfahren oder wenigstens Verwandte der Kg. des 10. Jh.s geschildert worden wären. So stellt z. B. → Beda venerabilis (673/74–735) in seiner *Historia ecclesiastica gentis Anglorum* zeitgenössische Kg. als Angehörige desselben Mannesstammes vor, dem Hengest und Horsa (→ Hengest und Finn, Horsa) entsprossen waren, die angeblichen Anführer der (nach unseren Begriffen) germ. Besiedler Brit.s (vgl. → Oiscingas; → Angelsachsen). Die Bemühungen neuzeitlicher Wissenschaftler, den Widukindschen Helden Hathagat als

„mythischen Spitzenahn" der Liudolfinger anzusehen (22, 952), entbehren der Grundlage.

W. scheint seine ‚sächsische Frühgeschichte' selbst nicht ganz ernst genommen zu haben. Wie er nämlich ausführt, müsse die Tatsächlichkeit des von ihm Erzählten dahingestellt bleiben, denn er könne bloß der *fama* folgen (1, 4; 2, 22 f.; 3, 20 f. [= B. 1, 2]). Am Ende des 13. Kap.s stellt er den Lesern nochmals anheim, ob sie dem Erzählten glauben wollen (1, 23; 2, 48 f.).

Fama darf nicht etwa mit ‚Sage' übersetzt werden – ebensowenig, wie *infans* aus einer Schrift des 10. Jh.s mit ‚Vorschulkind' wiederzugeben ist. Jenes Zeitalter kannte den Begriff der Sage ebensowenig wie den des Vorschulkindes und hatte folglich auch keine Wörter mit den entspr. Bedeutungen.

Bes. bemerkenswert ist der Sachverhalt, daß Thietmar von Merseburg († 1018) (→ Thietmar von Merseburg § 2) zwar W.s Werk benutzt hat, aber mit keiner Silbe auf die ‚sächsische Frühgeschichte' eingeht. Offenbar hat der Merseburger Bf. den Märchen des Corveyer Mönchs keinerlei Wert zuerkannt. Oder lag Thietmar etwa eine Fassung des Widukindschen Geschichtswerks vor, die erst mit Heinrich I. begann? Die Vermutung, Thietmar habe die ‚sächsischen Frühgeschichte' deswegen nicht beachtet, weil sich seit W.s Zeit das sächs. Selbstbewußtsein geändert habe (17, 271), ist deswegen unberechtigt, weil die Jahrb. von Quedlinburg, die sogar noch etwas jüng. als Thietmar sind, aus W.s ‚sächsischer Frühgeschichte' geschöpft haben (4, 412–414).

Wie es nun mit der Entstehungsweise der ‚sächsischen Frühgeschichte' stehen mag: W. zeigt sich in diesem Teil seines Werkes von bestimmten polit. Vorstellungen beherrscht, die ebenso im Hauptteil der ‚Sachsengeschichte' auftauchen (s. u.).

Was die Vorlagen der ‚sächsischen Frühgeschichte' im allg. und der Erzählung vom Ende des Thür.reichs im besonderen angeht, so ist der Corveyer Mönch unmittelbar von Rudolf von Fulda abhängig, genauer: von demjenigen Teil der → *Translatio Sancti Alexandri,* den Rudolf verfaßt hat. Rudolfs Werk bildet den „Ausgangspunkt für die Geschichtsschreibung W.s v. Corvey u. Adams v. Bremen" (10a, 263 f.).

Von W. sind im gegebenen Zusammenhang wiederum die Jahrb. von Quedlinburg abhängig. Zum Beweis genügt, daß alle drei Schilderungen vom Untergang des Thür.reichs damit enden, daß sie Mitt. über Zwangsabgaben machen. Wer glaubt, daß alle drei Qu. „verschiedene Fassungen der sächsischen Stammessage aufgezeichnet" hätten, muß auch glauben, daß germ. Sagen regelmäßig Mitt. über grundherrliche Abgaben oder Kg.szehnte (und auch über polit. Grenzen) enthalten hätten. Übrigens gibt es noch andere Beweise für die Abhängigkeit W.s von Rudolf und der Quedlinburger Jahrb. von W. (Zur Gesamtthematik und zum folgenden s. 25, 57–96; vgl. Härtel, in: 6, VIII f.).

Eine andere Frage ist die, welche Vorlagen W. und der Verf. (oder die Verfasserin) der Quedlinburger Jahrb. sonst noch ausgebeutet und welche Erdichtungen sie eigenverantwortlich hinzugefügt haben. In seiner ‚sächsischen Frühgeschichte' macht W. inhaltliche Anleihen bei Lucanus, Hegesippus, Beda und Nennius (25, 78–81). Die drei letzten Namen nennt er ebensowenig wie den des Rudolf von Fulda. Ferner tauchen bei W. der Sagenheld Iring (→ Thüringer § 4) und eine sonst unbekannte Heldengestalt namens *Waldricus* auf („Waldrich"; zu diesem 25, 82). Daraus folgt nicht, daß das, was W. von Iring erzählt, die ‚Aufzeichnung' einer alten Sage sein müsse: „Die literarische Sagengestalt garantiert kein hohes Alter des Inhalts" (17, 283). W. kann sehr wohl eine Erzählung erdichtet haben, in der er dem Helden Iring die Hauptrolle zuwies. Die Erfindungsgabe des Corveyer Mönchs wird unterschätzt. Sie beweist sich eindrucksvoll in der Gesch. vom sterbenden

Kg. Konrad (1, 37 f.; 2, 66–69; 3, 56 f. [= B. 1, 25]) – aber nicht nur hier.

Übrigens ist es irreführend, zu behaupten, daß W. „thür. Sagen überliefert" hätte. Abgesehen davon, daß die germ. Heldensagen gerade nicht ‚stammesgebunden' waren, beseelte W. ganz gewiß nicht das Bestreben, thür. Überlieferungen festzuhalten. Er wollte nämlich beweisen, daß Thüringen seit eh und je zur *Saxonia* gehört habe, also dem polit. Sachsen des 10. Jh.s. Dieser Gedanke durchzieht sein gesamtes Werk, auch die ‚sächsische Frühgeschichte'.

W.s ‚sächsische Frühgeschichte' bildet eine wertvolle Qu. für die Gedankenwelt ihres Verf.s und den Lit.betrieb des 10. Jh.s. Als Qu. für die VWZ oder die MZ ist sie völlig unbrauchbar (vgl. auch → Irminsul).

Textausg. und Übs.: (1) W. von Korvei, Die Sachsengesch., hrsg. von H.-E. Lohmann, P. Hirsch, 1935. (2) W. von C., Res gestae Saxonicae / Die Sachsengesch., übs. und hrsg. von E. Rotter, B. Schneidmüller, 1992. (3) W.s Sachsengesch., 2002, in: Qu. zur Gesch. der sächs. Kaiserzeit, ⁵2002.

Qu.: (4) Die Ann. Quedlinburgenses, hrsg. von M. Giese, 2004. (5) K. Honselmann, L. Schütte (Hrsg.), Die alten Mönchslisten und die Traditionen von Corvey 1–2, 1982–1992. (6) Rudolf von Fulda und Meginhard, Translatio S. Alexandri, hrsg. von H. Härtel, 1979. (7) Die Übertragung des H. Alexander von Rom nach Wildeshausen durch den Enkel W.s 851, hrsg. von B. Krusch, Ges. der Wiss. in Göttingen. Phil.-Hist. Kl., 1933, H. 4, 1933.

Darst.: (8) G. Althoff, W. v. C., in: Lex. des MAs 9, 1998, 76–77 (Lit.). (9) Ders., W. v. C. Kronzeuge und Herausforderung, Frühma. Stud. 27, 1993, 253–272. (10) M. Becher, Vitus von Corvey und Mauritius von Brandenburg, Westf. Zeitschr. 147, 1997, 235–249. (10a) W. Berschin, Biogr. und Epochenstil im lat. MA 3, 1991. (11) H. Beumann, W. v. C., 1950. (12) C. Brühl, Deutschland-Frankreich, 1990. (13) F. Brunhölzl, Gesch. der lat. Lit. des MAs 2, 1992. (14) A. S. Christensen, Cassiodorus Jordanes and the Hist. of the Goths, 2002. (15) R. Drögereit, Die „Sächsische Stammessage", Stader Jb. 1973, 7–57. (16) B. Freudenberg, W.s Sachsengesch., in: [3], 615–624 und 635–636 (Lit.). (17) J. Fried, Der Schleier der Erinnerung, 2004. (17a) Ders., ‚... vor fünfzig oder mehr Jahren'. Das Gedächtnis der Zeugen in Prozeßurkunden und in familiären Memorialtexten, in: Ch. Meier u. a. (Hrsg.), Pragmatische Dimensionen ma. Schriftkultur, 2002, 23–65. (18) A. A. Genrich, Kritische Betrachtungen zu neuen Theorien über „Stammesbildung und Stammestradition am sächs. Beispiel", Jb. der Männer vom Morgenstern 51, 1970, 41–57. (19) F. Graus, Bespr. zu [21], Bl. für dt. Landesgesch. 108, 1972, 517–521. (20) A. Hauck, Kirchengesch. Deutschlands, ⁷1952. (21) K. Hauck, Goldbrakteaten aus Sievern, 1970. (22) Ders., W. von Korvey, in: Die dt. Lit. des MAs. Verfasserlex. 4, 1953, 946–958. (22a) J. Laudage, W. v. C. und die dt. Geschichtswiss., in: Ders. (Hrsg.), Von Fakten und Fiktionen. Ma. Geschichtsdarst. und ihre kritische Aufarbeitung, 2003, 193–224. (23) M. Lintzel, Bespr. zu [11], in: Ders., Ausgewählte Schr. 2, 1961, 347–350 (zuerst 1953). (24) K. Naß, W. v. C., in: Die dt. Lit. des MAs. Verfasserlex. 10, ²1999, 1000–1006 (Lit.). (25) M. Springer, Die Sachsen, 2004 (Lit.). (26) N. Wagner, Irmin in der Sachsen-Origo, GRM NF 18, 1978, 385–397. (27) W. Wattenbach, R. Holtzmann, Deutschlands Geschichtsqu. im MA. Die Zeit der Sachsen und Salier 1, Neuausg. von F.-J. Schmale, 1967 (zuerst 1938).

M. Springer

Zum Namen → Widukind

Wiedererstehungsmythen

§ 1: Altskandinavische Überlieferung – a. Die *Voluspa* – b. Weitere Eddalieder – c. Snorris *Gylfaginning* – § 2: W. zwischen altererbter Mythologie und christlicher Eschatologie – § 3: Weitere Probleme der Forschung

§ 1. Altskandinavische Überlieferung. Mit W. werden hier solche Mythen bezeichnet, die sich auf eine Wiedererstehung vergangener Zustände oder eine Erneuerung der zerstörten oder verunreinigten Welt (→ Untergangsmythen) beziehen. Die W. sind gewöhnlicherweise als Teilmythen größerer eschatologischer Mythenkomplexe überliefert, die auch vom Schicksal des Menschen nach dem Tod erzählen können. Das Motiv der Auferstehung oder Wiederbelebung toter Menschen ist davon zu unterscheiden, kommt aber auch in eschatologischen Zusammenhängen vor.

a. Die *Vǫluspá*. In erster Linie sind die Vorstellungen des Gedichtes → *Vǫluspá* zu behandeln, da sie zu einer zusammenhängenden Darst. geformt sind. Mit der Str. 59 beginnt die Schilderung der neuen Welt (1, 14 f.). Die Erde taucht ein zweites Mal *(ǫðro sinni)* aus dem Meer empor, und sie ist *iðjagrǿnn*. Die Bedeutung dieses Worts, das nur hier vorkommt, hängt wahrscheinlich mit dem Stamm *ið-* ‚wieder‘ zusammen (vgl. 13; 3, 18; 4, 37; anders 41, 9) und besagt so etwas wie ‚immer wieder aufs neue grünend‘ (3, 18), ‚wieder grünend‘ (4, 37; 5, 59), ‚lebendig grün‘ (31), aber nicht notwendigerweise ‚immergrün, ewig grün‘. Ein Bild aus der Natur folgt: Strömende Gewässer und der Adler, der darüber fliegt, um auf dem Hochland Fische zu fangen. Der realistische Charakter dieses Bilds und der Zusammenhang mit einigen Verslinien in den → *Tryggðamál* ist betont worden und kann als Ausdruck einer gemeinsamen Vorstellung der alten Skandinavier von der Welt und dem Raum interpretiert werden (31).

Die Götter treffen sich wieder auf dem Iðavǫllr (zur Bedeutung s. 4, 37; 5, 59) und sprechen von der mächtigen Midgardschlange *(moldþinur mátkan)* (→ Miðgarðr und Útgarðr). Sie erinnern sich an die großen Ereignisse (des Weltuntergangs?) und an die Geheimnisse Óðinns *(rúnar fimbultýs)*. Sie werden die wunderbaren goldenen Tafeln im Gras wiederfinden, die sie einst gehabt hatten (Str. 60). Der mythische Ort Iðavǫllr ist derselbe, auf dem die Götter laut Str. 7 im Beginn der Zeit zusammenkamen und ihre schöpferische Tätigkeit ausübten. Im folgenden (Str. 61) wird prophezeit, daß die Äcker wachsen werden, ohne besät zu sein, daß alles Böse sich bessern werde *(bǫls mun allz batna)* und daß → Balder kommen wird. Er und → Hǫðr werden zusammen auf den Wohnstätten ihres Vaters Óðinn (→ Wotan-Odin) leben.

Dann wird → Hœnir den Losstab *(hlautviðr)* wählen können, und ‚die Söhne zweier Brüder‘ werden den weiten Himmel (?), *vindheimr*, bewohnen. Wer diese Brüder sind, geht nicht unmittelbar hervor. Balder und Hǫðr (so 5, 152; 45, 128) oder Hœnir und Lóðurr (34, 106) oder Vili und Vé (20, 338) sind vorgeschlagen worden. Der Ausdruck *burir brǿðra tveggja* kann auch als ‚die Söhne von Tveggis (d. h. Odins) Brüdern‘ interpretiert werden (zuerst von Svend Grundtvig; 41, 75; 4, 19; 20, 338; vgl. 4, 110). Die Strophe, die auf unbekannten Mythenstoff anzuspielen scheint, ist dunkel und läßt unterschiedliche Interpretationen zu (vgl. 34, 108; 41, 74; 3, 19; 4, 110; 5, 60. 152).

Nun (Str. 64) sieht die Völva (→ Seherinnen § 4) eine schöne Halle *(salr)* mit goldenem Dach an einem Ort, der → Gimlé heißt (nur diesem Gedicht eigen; Snorri hat ihn von der *Vǫluspá* übernommen). Dort werden treue Scharen *(dyggvar dróttir)* wohnen und alle Zeit das Glück genießen *(yndis nióta)*. Die Version der *Hauksbók* läßt hier eine weitere Halbstrophe folgen (Str. 65), die das Erscheinen eines Mächtigen *(hinn ríki)* ankündet, der von oben *(ofan)* kommt und über allem waltet. Die Str. 66 schildert die Ankunft des Drachen Niðhǫggr, der von den düsteren Bergen der unteren Welt mit Leichen unter seinen Flügeln fliegend kommt. Das Gedicht endet mit der Bemerkung, daß die Völva jetzt versinken *(søkkvaz)* wird. Die Interpretation der Str. 66 im Kontext des ganzen Gedichts ist umstritten und hat auch Bedeutung für die Frage nach dem zyklischen Charakter der skand. Vorstellungen vom Untergang und von der Erneuerung der Welt (→ Ragnarök § 4).

b. Weitere Eddalieder. Die → *Vafþrúðnismál* bringen eine Reihe von Strophen, die auf den eschatologischen Mythenkomplex anspielen (2, 7–9). Sie kennen die Erneuerung der Menschheit durch ein Menschenpaar, Líf und Lífþrasir, die sich im Hain Hoddmímis verstecken, während der große Winter *(fimbulvetr)* die Erde verheert (vgl. 24). Von ihnen kommen neue Menschengeschlechter *(þadan af aldir alaz;* Str. 44–45). Bevor der Fenriswolf (→ Fenrir, Fenriswolf) die Sonne bei den → Ragnarök verschlingt, gebiert sie eine Tochter, die auf den Wegen der Mutter fahren wird, wenn die Götter sterben (Str. 46–47). Nach dem Weltbrand *(Surtalogi)* wird eine neue Generation von Göttern an den hl. Stätten leben *(byggja vé goða),* es sind Víðarr und Váli, die Söhne Óðinns, und Móði und Magni, die Söhne Þórrs (→ Donar-Þórr) (Str. 50–51). Die Aussage der Str. 39, daß → Njörðr in *aldar røk* wieder nach Hause zu den → Wanen kommen wird, ist wahrscheinlich in den Kontext von der Erneuerung der Welt nach den Ragnarök zu stellen (34, 107 f.; 14, 239).

Die → *Hyndluljóð* Str. 35–44 (Text in 2, 86 f.) stellen durch Inhalt und Stil eine kleine ‚Apokalypse' dar, die Schöpfung, Untergang und Welterneuerung andeutet (vgl. 43, 287–291). Die Str. 42 kündigt die Ragnarök an (43, 287; 39, 807; 24), und in den Str. 43–44 wird das Erscheinen zweier mächtiger Gestalten prophezeit. Der erste Mächtige, der als ‚allerreichster Herrscher' *(stillir stórauðigastr)* bezeichnet wird und der Verwandtschaft mit allen ‚Wohnsitzen' *(sjǫt* wohl im Sinn von ‚Familien') hat, trägt die Züge des Gottes → Heimdall (Diskussion der Str. 43 in 43, 283–286; 39, 810–817). Dieser Herrscher gehört der Vergangenheit an *(varð einn borinn),* aber seine Erwähnung an dieser Stelle muß doch eine eschatologische Beziehung haben (vgl. 43, 303; 14, 239 f.). Die zweite Gestalt wird für die Zukunft erhofft *(þá kemr annarr),* und dieser ‚andere' ist noch mächtiger *(enn mátkari),* aber er wird nicht näher beschrieben. Die Seherin wagt seinen Namen nicht zu nennen und gesteht, daß wenige weiter in die Zukunft sehen können als bis zur Begegnung Óðinns mit dem Wolf.

c. Snorris *Gylfaginning.* Die Darst. → Snorri Sturlusons in der *Gylfaginning* c. 53 (6, 75–76) ist von den W. der *Vǫluspá* und der *Vafþrúðnismál* abhängig und bietet keinen neuen Mythenstoff. Die *Vǫluspá* wird paraphrasiert, aber nicht im ganzen, die Str. 63 über Hœnir und die zweite Halbstrophe von Str. 59 sind von Snorri übergangen worden, weil der Inhalt ihn wohl nicht interessierte (vgl. 4, 113). Das Wort *iðjagrǿnn* wird mit ‚grün und schön' umschrieben, aber vielleicht hat Snorri den Sinn dadurch näher bestimmen wollen, daß er die Aussage der Str. 62 ‚die Äcker wachsen ohne besät zu werden' an diesen Platz rückt. Die *Vafþrúðnismál* werden hingegen explizit zitiert (Str. 45, 47, 51). Die Schilderung im c. 52 von den guten und schlechten Jenseitsorten, die nach dem Weltbrand da sind, ist zwar teilweise von der *Vǫluspá* inspiriert, aber steht nach Aufbau und sonstigem Inhalt unter christl. Einfluß (23).

§ 2. W. zwischen altererbter Mythologie und christlicher Eschatologie. Die Darst. Snorris leitet zur vielumstrittenen Frage nach dem christl. Einfluß auf die altskand. Eschatologie über. Die Diskussion bewegt sich in erster Linie um die Zukunftschilderung der → *Vǫluspá* und der damit zusammenhängenden Strophe der → *Hyndluljóð*. Es wird fast allg. angenommen, daß der Dichter Kenntnis vom Christentum hatte und daß dies auf irgendeine Weise das Gedicht beeinflußt habe (34; 4; 48, 328; 50, § 598; 5, 93–104; 42, 179–182; 44; 45, 124–132). Es muß jedoch präzisiert werden, in welchem Umfang und auf welche Weise dieser Einfluß sich ausgewirkt hat (vgl. 4, 134). Es kann sich dabei um christl. Vorstellungen handeln, die vom Dichter selbst aufgegriffen wurden oder im Verlauf der Tradierung dem Gedicht angehängt wurden. Meistens wird angenommen, der Dichter habe sowohl ‚heidnische' als auch christl. Elemente zu einer großartigen Zukunftsvision verarbeitet (34; 50, § 598; 5, 93–104; 29, 43 f.; 42, 179–181). Es ist aber auch behauptet worden, daß es sich nur um einen indirekten Einfluß handelt. Der Dichter hätte sich bei der Auswahl, Ordnung und Interpretation des traditionellen Mythenstoffes von seiner Kenntnis des eindringenden Christentums inspirieren lassen (4; 11; 37; 45), oder er hätte bewußt ein altskand. Gegenstück zur christl. Apokalyptik geschaffen, um den alten Glauben zu revitalisieren (27; 44). Hinzu kommt das Problem späterer Zusätze während der Überlieferungsgesch. des Gedichts. Es geht aber nicht nur um das Problem ‚Heidnisches' und Christliches, die Frage ist auch, in welchem Grad der Dichter den altererbten Mythenstoff frei gestaltet hat und wieviel dabei als Neuschöpfung seiner eigenen mythischen Imagination aufzufassen ist (zur Diskussion s. 4; 11; 50, §§ 592, 593).

Die Schilderung der neuen Welt in der *Vǫluspá* trägt Züge, die sich auffällig mit der christl. Eschatologie berühren (34, 4; 48, 328; 27, 43 f.; 50, § 598; 5, 98; 42, 180); insbesondere hat man auf die Str. 64 über die künftige Glückseligkeit in → Gimlé hingewiesen. Bezeichnend ist die Aussage von Axel → Olrik, „daß Gimlé zwischen Christentum und Heidentum schwebt" (34, 124), und die Mehrzahl der Forscher neigt dazu, in der Vorstellung der *Vǫluspá* eine Kenntnis oder eine Beeinflussung durch das Christentum zu sehen (34, 124; 48, 328; 29, 43; 4, 152; 49, 282). Im Hinblick auf das komparative Material und auf die verschiedenen Jenseitsvorstellungen der altskand. Relig. (→ Mythische Stätten, Tod und Jenseits) ist auch zu erwägen, ob die *Vǫluspá* doch nicht altererbte Vorstellungen zum Ausdruck bringt (vgl. 45, 128; 23). Die Schilderung von Gimlé läßt sich nicht allein nach dem Gedanken an Strafe und Belohnung *post mortem* interpretieren. Vor dem Hintergrund der Str. 44–45 der → *Vafþrúðnismál* kann Gimlé auch als das Land, wo das glückliche Leben der neuen Menschheit sich abspielen wird, verstanden werden (45, 128; vgl. 41, 74; 3, 19).

Schwieriger zu beurteilen ist die Vorstellung vom Mächtigen, der in der Endzeit kommen wird (Str. 65 der *Vǫluspá*). Die Frage, ob diese Strophe zum urspr. Bestand des Gedichts gehört hat, ist umstritten. Am gründlichsten hat sich Sigurður → Nordal dafür eingesetzt, daß die Strophe vom Dichter der *Vǫluspá* verfaßt wurde (4, 112–115; gefolgt von 44; 45, 129 f.), was einige Forscher unabhängig von ihm behauptet, aber immerhin auf fremden Ursprung zurückgeführt hatten (34, 124 f.; 36, 203; 28, 65 f.; 41, 76). Die Mehrzahl der Forscher sieht jedoch in Str. 65 eine spätere Zutat (z. B. 3, 19 f.; 48, 328; 38; 5, 152 f.). Die Ähnlichkeit mit der Erwähnung von ‚einem anderen noch mächtigeren' in den *Hyndluljóð* Str. 44 legt den Schluß nahe, daß es sich um dieselbe eschatologische Vorstellung handelt (43; vgl. 39, 818). Die Annahme einer bloß liter. Abhängigkeit ist unbefriedigend, eher haben wir es mit zwei verschiedenen Ausdrükken einer bestimmten Interpretationstradition oder Zukunftskonzeption zu tun. Die Identität des zukünftigen Mächtigen wird unterschiedlich interpretiert. Gewöhnlich sieht man in dieser Figur Gott oder Christus, der am jüngsten Gericht erscheinen wird (3, 20; 28; 38, 95; 5, 153). Dagegen ist eingewendet worden, daß ein späterer Christ es kaum zulassen würde, seinen eigenen Gott in die Gesellschaft der zuvor (Str. 62–63) wiedererschienenen ‚heidnischen' Götter hineinzuführen (36, 203; 44). Nordal, der nur die *Vǫluspá*-Strophe berücksichtigt, hebt den dichterischen Charakter des Mächtigen hervor: „*Hinn ríki* ist weder Christus noch Odin, es ist die persönliche Vorstellung des Dichters von einem höchsten göttlichen Wesen" (4, 153). Wenn man von den *Hyndluljóð* ausgeht, spräche der Kontext eher für eine künftige Heimdall-Gestalt (so 43, 292–303; 14, 239 f.; vgl. 39, 818). Die dunkle Ausdrucksweise der Str. 44 der *Hyndluljóð* könne auch als Problem eines christl. Dichters interpretiert werden, der die Ankunft einer neuen mächtigeren Relig. durch die ‚Heidin' Hyndla ankünden will (39, 819). Die Versuche, den Mächtigen mit einem präsumptiven Hochgott *Einríkr* >

Eiríkr zu identifizieren (so 47, 197–200) oder durch Beeinflussung einer iranischen Erlöserfigur (so 35, 5–8) zu erklären, überzeugen nicht.

§ 3. Weitere Probleme der Forschung. Mit der Frage nach dem christl. Einfluß hängt auch das Problem der Kohärenz und Entstehung der altskand. Eschatologie zusammen. In der Forsch. treten dabei vier unterschiedliche Interpretationslinien hervor, die sich alle einer vergleichenden Methode bedienen.

— Laut der ersten ist der Ragnarök-Mythus mit der Erneuerung der Welt eine relativ späte Erscheinung, die erst durch die *Vǫluspá* geschaffen wurde, wo Motive sehr verschiedenen Ursprungs eingeflossen wären (zusammenfassend 34, 130–132; 49, 284 f.). So wird behauptet, daß die Ähnlichkeiten zw. den skand., pers. und kelt. W. sich nicht durch einen gemeinsamen Hintergrund erklären lassen, die Mythen „müssen gewandert oder nachgebildet sein von Land zu Land" (34, 107).

— Die zweite Linie betont mehr die Kohärenz der skand. Eschatologie, aber diese Kohärenz lag schon den Vorstellungen zugrunde, die von den Nordleuten übernommen wurden. Der Kontakt mit einer fremden eschatologischen Tradition, die letzten Endes aus dem Iran herrührt, wäre von Manichäern und orientalischen Christen vermittelt worden (36, 194 f. 203 f.; 35, 29–37).

— Zu einer dritten Linie kann man die Versuche zusammenführen, die in unterschiedlichem Grad das aufkommende Christentum als Katalysator im Prozeß der Gestaltung einer zusammenhängenden skand. Eschatologie in den Blick nehmen (u. a. 4; 41; 45; 5; 30, 61 f.; s. ausführlicher oben § 2).

— Die vierte Interpretationslinie greift, genauso wie die erste, eine Fülle von komparativem Mythenstoff auf, der aber vornehmlich aus ie. Traditionen geholt wird. Dabei spielen epische Texte eine hervorragende Rolle. Das Erklärungsmodell ist hier die Annahme eines alten ie. Mythenkomplexes vom Untergang der Welt sowie ihrer Erneuerung, dessen Reflexe sich in den verschiedenen Einzeltraditionen wiederfinden lassen. Die Forsch. von Georges Dumézil (→ Dumézilsche Dreifunktionentheorie) und Stig Wikander stehen hier im Vordergrund (16; 17–19; 51; 52).

Die von Dumézil durchgeführte Analyse von der Balder- und Ragnaröksmythe im Licht vom Plot des *Mahābhārata* und der ossetischen Überlieferung von den Narten hat ein unerwartetes Licht auf die skand. Tradition geworfen (16, 78–105; 17, 222–230; 18, 233–256). Für die Vorstellungen von der Erneuerung der Welt ist seine Analyse jedoch weniger ergiebig. Zu diesem Punkt bietet die iranische Überlieferung ein geeigneteres Material an, das aber dem Forscher besondere methodische Schwierigkeiten aufgibt (vgl. 26). Der Vergleich zw. der *Vǫluspá* und dem mitteliranischen Text *Bundahišn* ergibt zwar viele Parallelen (44), aber die meisten sind ziemlich vage, und diejenigen, die übrigbleiben, müssen genauer ausgewertet werden, bevor sie den Schluß einer gemeinsamen ie. Mythenquelle zulassen.

Ein besonderes Problem stellt die Interpretation der breit angelegten Schilderungen von einer großen ‚historischen' Schlacht dar, in welcher die Kämpfenden (vom Standpunkt der Erzähler) sich gerne in eine ‚gute' oder ‚böse' Seite aufteilen lassen. Nach dem Sieg der ‚guten' Seite folgt eine neue Herrschaft. Die bekanntesten und für die religionshist. Diskussion wichtigsten Texte finden sich in den Erzählungen von der Schlacht bei Kurukshetra in *Mahābhārata* (s. 16; 17; 51; 52), vom Kampf zw. Iranern und Turanern im pers. Epos *Shāhnāmēh* (s. 51; 52) und von der Schlacht zw. den Tuatha Dé Danann und den Fomoire im air. *Caith Maige Tuired* (8). Diese Schilderungen verwerten sagenhaftes und z. T. auch mythisches Material, das als Pseudo-Geschichte präsentiert wird. In der skand. Überlieferung ist als Parellele auf die Erzählungen → Saxo Grammaticus' (Gesta Danorum VIII,1–5) und der *Sǫgubrot af Fornkonungum* (Ísl. Fornr. 35, 1982, S. 46–71) hingewiesen worden. Beide Texte, die auf eine gemeinsame Qu. zurückgehen (s. 37), schildern die Schlacht bei Brávellir in Schweden (zur Diskussion s. 51; 53). Es ist aber nicht ganz offensichtlich, daß diese epischen Texte sich als Reflexe einer eschatologischen Tradition erklären lassen. Mit der möglichen Ausnahme des *Mahābhārata* geben sie sowieso wenig Ertrag für eine Rekonstruktion ie. W. Die Erzählung in *Cath Maige Tuired* verarbeitet eher einen primordialen Mythus vom Konflikt zweier Göttergeschlechter (vgl. 33, dort Analyse des Mythus), der u. a. mit dem Krieg zw. Æsir und Vanir verglichen worden ist. Spuren von vorchristl. kelt. W. sind hingegen in den Prophezeiungen von der Schlachtgöttin Morrígain in *Cath Maige Tuired* (8, § 166) und vom Weisen Néde in *Immacallam in dá Thuared* zu finden (vgl. 8, 113 f.; 9).

In der Nachfolge von Wikander und Dumézil haben vergleichende Mythenforscher weitere Einzeltraditionen und Motive zum ie. eschatologischen Vorstellungskomplex hinzugefügt, der auch die Wiedererneuerung der Welt umfaßt (32; 10; 12). Die ie. Annäherungsweise an das Problem vom Ursprung der altskand. Eschatologie ist an sich berechtigt, aber die methodische Grundlage dieser Interpretationslinie sollte schärfer ins Auge gefaßt werden (s. dazu 25). Eine vergleichende ie. Analyse könnte in der Tat einige Aspekte der altskand. W. erhellen. Im Licht der altiranischen Eschatologie wird die Handlung Hœnirs (durch den Ausdruck *hlautvið kiósa* angedeutet) als ein Opferritual deutlicher, das die Wiedererneuerung der Welt einleitet (s. 26). Laut der iranischen Vorstellungen wird die Welterneuerung (avestisch *frašō.kərəti,* mittelpersisch *frašgird;* s. dazu 22, 56–60) durch Kulthandlungen entscheidend gefördert, die vom endzeitlichen Saošyant vollführt werden. In der Erzählung Hesiods von den fünf Geschlechtern von Menschen (Ἔργα καὶ Ἡμέραι 106–201), die als eine Art Weltalterlehre aufgefaßt werden kann, wird von der Zeit des ersten goldenen Geschlechtes auch gesagt, daß die Äcker reichen Ertrag (καρπόν) von selbst (αὐτομάτη) brachten (s. 25).

Die poet. Belege zeigen, daß verschiedene Var. von altskand. W. in Umlauf waren (vgl. 7, 193). Die Schilderung der neuen Welt in der *Vǫluspá* zielt nicht auf Vollständigkeit, sie ist allusiv und schöpft wahrscheinlich aus einer reicheren Überlieferung von W. Es finden sich mehrere Wörter und mythische Namen, die der *Vǫluspá* eigen sind *(fimbultýr, iðjagrœnn, iðavǫllr, moldþinurr, hlautviðr, vindheimr, gimlé),* die dieser Mythentradition entstammen können. Zudem verwendet der Dichter ein vorchristl. Vokabular, das sich eng an einen bestimmten Kreis von → Skalden des ausgehenden 10. Jh.s anschließt (s. ausführlicher 11; vgl. 37). Aber auch die Strophen der *Vafþrúðnismál* lassen sich als Hinweise auf einen zusammenhängenden Mythenkomplex von Weltuntergang und Welterneuerung deuten.

Die eschatologischen W., wie sie sich in der *Vǫluspá* und den *Vafþrúðnismál* finden, sind als genuiner Bestandteil der Ragnarök-Vorstellungen aufzufassen (vgl. 4; 15–17; 14; 45; 51; 26). Nach dem Untergang erfolgt die Erneuerung. Dieser Glaube liegt allen großen Endzeiterwartungen zugrunde, wie die der christl.-jüdischen Eschatologie, der indischen Weltalterlehre und der altiranischen Eschatologie. Die skand. W. verarbeiten altererbten Mythenstoff, der aber in der mündlichen Überlieferung variiert und in Einzelheiten verändert werden konnte. In der späten Phase dieses Prozesses (etwa 11.–13. Jh.) kann christl. Beeinflussung nicht ausgeschlossen werden.

Qu.: (1) Eddadigte, 1. Vǫluspá. Hávamál, hrsg. von Jón Helgason, ²1971. (2) Eddadigte, 2. Gudedigte, hrsg. von Jón Helgason, ³1971. (3) De gamle Eddadigte, hrsg. von Finnur Jónsson, 1932. (4) Vǫluspá, hrsg. und kommentiert von Sigurdur Nordal, 1980. (5) The Poetic Edda, 2. The Mythol. Poems, hrsg. von U. Dronke, 1997. (6) Snorri Sturluson. Edda. Gylfaginning og prosafortellingene av Skáldskaparmál, hrsg. von A. Holtsmark, Jón Helgason, 1968. (7) L'Edda. Récits de mythol. nordique par Snorri Sturluson, traduit du vieil-islandais, introduit et commenté par F.-X. Dillmann, 1991. (8) Cath Maige Tuired. The Second Battle of Mag Tuired, hrsg. von E. A. Gray, 1983. (9) The Colloquy of the Two sages (Immacallam in dá Thuared), hrsg. von W. Stokes, Revue celtique 26, 1905, 4–64.

Lit.: (10) S. Ahyan, Indo-European Mythical Theme of the Final Battle in the ‚History of the Armenians' by Movses Khorenatsi, Journ. of Indo-European Studies 26, 1998, 447–457. (11) H. de Boor, Die relig. Sprache der Völuspá und verwandter Denkmäler, in: Ders., Kleine Schr. 1, 1964, 209–283. (12) D. Bray, The End of Mythol.: Hesiod's Theogony and the Indo-European Myth of the Final Battle, Journ. of Indo-European Studies 28, 2000, 359–371. (13) S. Bugge, Stud. über die Entstehung der nord. Götter- und Heldensagen, 1889. (14) M. Clunies Ross, Prolonged Echoes, 1. The Myths, 1994. (15) H. R. E. Davidson, Gods and Myths of Northern Europe, 1964. (16) G. Dumézil, Les dieux des Germains, 1959. (17) Ders., Mythe et épopée. L'idéologie des trois fonctions dans les épopées des peuples indo-européens, 1968. (18) Ders., Loki. Nouvelle éd. efondue, 1986. (19) Ders., Mythes et dieux de la Scandinavie ancienne, 2000. (20) H. Güntert, Der arische Weltkg. und Heiland, 1923. (21) A. Hultgård, Old Scandinavian and Christian Eschatology, in: T. Ahlbäck (Hrsg.), Old Norse and Finnish Relig.s and Cultic Place-Names, 1990, 344–357. (22) Ders., Persian Apocalypticism, in: J. J. Collins (Hrsg.), The Encyclopedia of Apocalypticism 1, 1998, 39–83. (23) Ders., Fornskandinavisk hinsidestro i Snorre Sturlusons spegling, in: U. Drobin (Hrsg.), Relig. och samhälle i det förkristna Norden, 1999, 109–123. (24) Ders., Fimbulvintern – ett mytmotiv och dess tolkning, Saga och Sed 2003, 51–69. (25) Ders., The Comparative Study of Indo-European Relig.s – Presuppositions, Problems and Prospects, in: E. Jerem (Hrsg.), Language and Prehist. of the Indo-European Peoples – a cross-disciplinary perspective, 2006 (im Druck). (26) Ders., Ragnarök och Domedagen. Föreställningar om världens slut i det vikingatida och medeltida Norden (im Druck). (27) Finnur Jónsson, Völuspá. Völvens spådom tolket, 1911. (28) B. Kahle, Der Ragnarökmythus [Schluss], Archiv für Religionswiss. 9, 1906, 61–72. (29) Jónas Kristjánsson, Eddas and Sagas, 1988. (30) B. Maier, Die Relig. der Germ., 2003. (31) P. Meulengracht Sørensen, Flygr ǫrn yfir. Til strofe 59 i Voluspá, in: International Scandinavian and Medieval Studies in Memory of G. W. Weber, 2000, 339–346. (32) S. T. O'Brien, Indo-European Eschatology: a Model, Journal of Indo-European Studies 4, 1976, 295–320. (33) D. Ó hÓgáin, The Sacred Isle. Belief and Relig. in Pre-Christian Ireland, 1999. (34) A. Olrik, Ragnarök: Die Sagen vom Weltuntergang, 1922. (35) E. Peuckert, Germ. Eschatologien, Archiv für Religionswiss. 32, 1935, 1–37. (36) R. Reitzenstein, Weltuntergangsvorstellungen. Eine Studie zur vergeichenden Religionsgesch., Kyrkohistorisk årsskrift 1924, 129–212. (37) K. Schier, Zur Mythol. der Snorra Edda: Einige Qu.probleme, in: Specvlvm Norroenvm (Norse Studies in Memory of G. Turville-Petre), 1981, 405–420. (38) J. P. Schjødt, Vǫluspá – cyklisk tidsoppfattelse i gammelnordisk relig., Danske Studier 1981, 91–95. (39) K. von See u. a. Kommentar zu den Liedern der Edda 3, 2000. (40) D. A. Seip, Bråvallakvadet, in: Kult. hist. Leks. II, 295–297. (41) B. Sijmons, H. Gering, Kommentar zu den Liedern der Edda, 1. Götterlieder, 1927. (42) R. Simek, Relig. und Mythol. der Germ., 2003. (43) G. Steinsland, Det hellige bryllup og norrøn kongeideologi, 1991. (44) Dies., Religionsskiftet i Norden och Vǫluspá 65, in: G. Steinsland u. a. (Hrsg.), Nordisk hedendom. Et symp., 1991, 335–348. (45) Dies., Norrøn relig. Myter, riter, samfunn, 2005. (46) G. Storm, Vore Forfædres Tro paa Sjælevandring og deres Opkaldelsesystem, ANF 9, 1893, 199–222. (47) Å. V. Ström, Idg. in der Völuspá, Numen 14, 1967, 167–208. (48) Einar Ól. Sveinsson, Íslenzkar bókmenntir í fornöld, 1962. (49) G. Turville-Petre, Myth and Relig. of the North: The Relig. of Ancient Scandinavia, 1964. (50) de Vries, Rel.gesch. (51) S. Wikander, Germ. und indo-iranische Eschatologie, Kairos 2, 1960, 83–88. (52) Ders., Bråvellir und Kurukshetra, in: K. von See (Hrsg.), Europ. Heldendichtung, 1978, 61–74. (53) M. Wistrand, Slaget vid Bråvalla – en reflex av den indoeuropeiska mytskatten?, ANF 85, 1970, 208–222.

A. Hultgård

Wiedergänger

§ 1: Grundzüge – § 2: Materialität der Leiche – § 3: Manifestationen der Seele – § 4: Tod und Wiedertod – § 5: Vorkehr und Abwehr – § 6: Geschichtlichkeit

§ 1. Grundzüge. Mit dem Begriff W. (2) wird auf verschiedene hist., inhaltlich und kulturgeogr. zu differenzierende Vorstellungen des Toten- und → Geisterglaubens (→ Totenglaube und Totenbrauch) Bezug genommen, in deren Mittelpunkt menschliche Wesen stehen, die nach ihrem biologischen Tod nicht zur Ruhe kommen, sondern für befristete oder unbefristete Zeit im Diesseits fortleben, im näheren oder weiteren Umkreis ihrer Grabstätte umgehen, an den Ort ihres irdischen Daseins zurückkehren und fallweise auch die Macht haben, Lebende in den Tod nachzuholen (→ Nachzehrer; → Vampirismus) (8; 32; 35, 100 ff.). Im Unterschied zu Gespenstern (→ Spuk) und Trugbildern geben sich W. den hinterbliebenen Mitgliedern ihrer Gemeinschaft in der realen Körperlichkeit, die sie zu Lebzeiten besessen haben, zu erkennen (12, 40; 15, 225. 227; 17, 79); ob im Traum- oder Wachleben (→ Traum und Traumgesichte) (10, 3 f.; 12, 5 ff.; 16, 112–170). Sie sind aber auch in der Lage, sich in verschiedene Tier- und vereinzelt Dinggestalten zu wandeln (→ Seelenvorstellungen S. 38; 12, 24–26). Anders als ‚unheimliche Leichname' – z. B. Unbestattete, die sprechen, sich bewegen oder gegen Grabraub (→ Grabraub § 4) verteidigen (16, 81–98) – müssen sie nicht durch Ruhestörungen oder Beschwörungen zum Leben erweckt werden; vielmehr erscheinen sie von selbst. Dabei behalten sie nicht nur menschliche Gefühle und Bedürfnisse (z. B. Hunger oder Sexualität; 1, 67; 30, 350), sondern oft auch ihre Wahrnehmungs-, Sprach- und Handlungs-, ja sogar Geschäfts- und Erwerbsfähigkeit, ihren sozialen Status, familiären Bezug, individuellen Charakter und persönlichen Namen (1, 67; 13, 84; 21, 303 f.; 30, 343–370. 19–46; 31). Darüber hinaus wird ihnen vielfach eine gesteigerte Kraft- und Wissensfülle zugeschrieben, die – im Unterschied zu jener des ‚gewöhnlichen Toten' – als gefährlich und bösartig gilt (1, 67; 7, 571; 12, 47). Das hohe Alter solcher und verwandter Vorstellungen belegen anord. Bezeichnungen wie *draugr* (‚gefährlicher Toter, W., lebende Leiche'; idg. **dreugh-* ‚schaden, trügen'), *ganga viðara* (‚wiedergehen'), *reimast* (‚spuken'; verwandt mit *reimlikr* ‚Wiedergängerei'; idg. **erei-* ‚aufstehen, erstehen'), *aptrgangr/aptrganga* (‚Umgehen, Spuk'; *aptrgöngumenn* ‚die Umgehenden'; neuisl. *apturgöngur*, dän. *gjenganger*, schwed. *gengångare* ‚Wiedergänger') und *vafa/vofa* (Subst., verwandt mit *vafa* ‚schwanken, wanken' und *vafla* ‚wackeln, umherstreifen'; mhd. *wabern/webren* ‚sich bewegen, wanken'; nhd. *wafeln* ‚spuken') (12, 20; 15, 221; 16, 109; 23, 207; 34, 73 f.).

Für die Rekonstruktion agerm. W.-Vorstellungen sind neben arch. und ethnol. Daten v. a. die im 12. und 13. Jh. aufgezeichneten → Isländersagas und das → *Landnámabók* (vgl. 16, 117 f.) sowie die ma. Visions- und Exempellit. (vgl. 3, 101–105; 15, 219. 222. 229) von großer Bedeutung. Zwar vermengen sich in vielen der in diesen Qu. enthaltenen liter. ausgestalteten Spukgeschichten vorchristl. Reminiszenzen mit kirchlich-didaktischen Unterweisungen (20, 93; 22; 23; 34, 414); mit auffälligen Übereinstimmungen zeichnen sich aber die von Meuli entwickelten – und neu zu entdeckenden (vgl. 29, 72 ff.) – „Drei Grundzüge des Totenglaubens" (21; vgl. auch 8, 451 f.) ab: 1. „Der Tote lebt weiter"; die Lebenden können – und wollen – seinen Tod nicht fassen (vgl. 20, 99); er verbleibt in ihrer Gemeinschaft, nimmt aktiv an ihrem Leben teil und wird von ihnen umsorgt. – 2. „Der Tote ist mächtig"; er wacht über die gesellschaftliche Ordnung und ahndet Normverstöße (vgl. 15, 230 f.; 17, 80; 27, 718); er kann Glück verleihen oder versagen, wandelt seine Gestalt, wechselt seinen Aufenthaltsort, besitzt divinatorische Fähigkeiten (vgl. 12, 48; 23, 208; 34, 414) und muß mit großem Aufwand gnädig gestimmt oder abgewehrt werden. – 3. „Der Tote ist gut und böse zugleich"; die Beziehung zw. ihm und den Lebenden bleibt unabgeschlossen (vgl. 20) und ist durch hohe Ambivalenz geprägt; so heftig die Lebenden Tod und Tote fürchten, so ausgeprägt ist umgekehrt die Gier des Toten nach Leben und Lebenden.

§ 2. Materialität der Leiche. Über geogr. Räume, sprachliche Grenzen und historische Epochen hinweg findet sich in verschiedenen alten Kulturen die Vorstellung von der „Einheit des lebenden Körpers vor und nach dem Tode" (5, 1027) und vom Fortleben des Toten im Grab (→ Grab und Grabbrauch) (1, 66 ff.; 10, 3 f.; 31, 339): Er verschwindet nicht, sondern bleibt; wenngleich das Bleibende nicht dauert, sondern Veränderungen durchläuft (verwest) und verändert wird (z. B. durch Konservierung oder Zerstörung) (18, 103; 30, 347). Der paradoxe Status des Toten, seine „Anwesenheit in Abwesenheit", hat also ursächlich mit der beständigen und zugleich veränderlichen Materialität seiner → Leiche zu tun (18, 99). Zum einen kann er als identisch mit ihr wahrgenommen werden: Ertrunkene erscheinen völlig durchnäßt, Erschlagene treten blutig und verwundet auf u. a. m. (12, 40; 34, 414). Zum anderen mögen bestimmte, in biologischer Hinsicht außergewöhnliche Beobachtungen beim Anblick einer Leiche dazu beigetragen haben, daß ein Toter in den Verdacht geriet, ein W. zu sein. Schriftl. Qu. und mündliche Überlieferung berichten von Graböffnungen, bei denen der tote Körper einen vollkommen oder nahezu unverwesten Eindruck hinterließ. Beobachtet wurden z. B. das Ausbleiben von Leichengeruch oder Leichenstarre, das Rotbleiben der Haut, das Nachwachsen von Nägeln und Haaren (30, 352, Anm. 6; vgl. aber → Grab und Grabbrauch S. 495), das Herausquellen frischen Blutes aus Augen, Nase, Mund und Ohren, seufzende, schmatzende und schreiende Lautäußerungen oder das aufgerichtete männliche Glied (1, 68; 5, 1030 f.; 35, 104 f.). Auch auffällige Farberscheinungen und Fettleibigkeit zählen zu den gängigen Beobachtungen: Z. B. wird die Leiche des Thórolfr Hinkefuß in der → *Eyrbyggja saga*

(c. 63) schwarz wie Hel *(blár sem hel)* und dick wie ein Ochse *(digr sem naut)* vorgefunden (16, 130; 22, 108; 36, 270). Aus Ber. dieser Art lassen sich Rückschlüsse auf Phänomene ziehen, die mit Abläufen des Verwesungsprozesses — im Wechselspiel mit jahreszeitlichen Temperaturverhältnissen — zusammenhängen, wobei u. a. dem Flüssigkeitsverlust und der Gasentwicklung im Körper des Verstorbenen besondere Bedeutung beizumessen ist (14, 55; 35, 104).

In enger Verbindung dazu stehen jene Vorstellungen, denen zufolge der Tote im profanen wie relig. Bereich seine angestammten Rechtsverhältnisse behält, bevor er endgültig in eines der → Totenreiche (vgl. 17, 80) eingeht: Er erscheint als Kläger oder Beklagter vor Gericht, verteidigt seine Besitztümer und ist in der Lage, ein von oder an ihm begangenes Verbrechen, das zu seinen Lebzeiten ungesühnt geblieben ist, zu büßen oder zu rächen (→ Rache) (7, 571; 10, 13 f. 16 f.; 30, 154–208). Der Rechtshistoriker Schreuer prägte für diese „Art Schlaf" (31, 339) den — gleichermaßen einleuchtenden wie irreführenden — Begriff des → Lebenden Leichnams (30, bes. 343–370; 31, bes. 339 f.; vgl. 5, 1025–1028; 8, 427 f.; 12, 2–4; 33; 35, 99; 38; → Präanimismus S. 333). Bemerkenswert ist, daß das dahinterstehende theoretische Konzept den „richtigen Wiedergänger" ganz ausdrücklich nicht zu integrieren sucht, da es sich hierbei um „ein Gespenst" handle, „eine Sinnestäuschung, die man für den Toten, für den Leichnam hält" (30, 349. 2 f. Anm. 1).

§ 3. Manifestationen der Seele. Im Unterschied zu Schreuers eingegrenzter Begriffsverwendung setzt(e) sich in altertumskundlichen Studien oft die Tendenz durch, alle körperlich vorgestellten Erscheinungen von Verstorbenen, also auch W., mit dem Lebenden Leichnam zu identifizieren (vgl. dazu 33, 817; 38, 162 ff.). Daraus ergeben sich einige begriffliche Unsicherheiten (vgl.

8, 427 f.; 38, 165 f.), die letztlich wohl den Verzicht auf scharfe Abgrenzungen – als ein notwendiges Mittel wiss. Verständigung – erfordern (33, 818): Zum einen kennt ein Großteil der Qu. den W. zwar als körperlich (4, 165), aber nicht zwingend als materiell. Deshalb ist es in vielen Fällen angemessener, von einem „materielosen Körper" auszugehen (26, 47; 10, 4), der keine Merkmale der Leiche (wie Blässe, Geruch, eingeschränkte Bewegungsfähigkeit oder Gerippe) aufweist, sondern einem „(fort)lebenden Toten" gehört (6, 1024; 28, 20 f.; 38, 163). Zum anderen ist die mit dem Begriff des Lebenden Leichnams in Verbindung gebrachte Annahme einer dem Seelenglauben vorgelagerten, ‚primitiveren' Vorstellungsschicht zur hist.-faktischen Beschreibung der rel. Vorstellungswelt des germ. Altert.s nicht geeignet (28, 20–23; → Präanimismus S. 333). Im Gegenteil kann die doppelte Eigenschaft des W., „tot und doch lebendig" (15, 229) zu sein, nicht ohne Rücksicht auf den tiefgreifenden Wandel vorchristl. und christl. → Seelenvorstellungen interpretiert werden:

Während das dualistische Konzept einer vom Leichnam getrennt weiterlebenden Seele bei den N-Germ. kaum oder nur verzögert Verbreitung fand (34, 414), war die mit aisl. *hugr* verbundene (lat. *animus* und *spiritus* vergleichbare) hochkomplexe Auffassung im gesamten germ. Bereich bekannt. Als ‚Ich-' bzw. ‚Freiseele' (external soul) zieht sich der *hugr* nach dem biologischen Tod aus dem Körper zurück und nimmt die Form des *hamr* an. Derselbe gilt als ‚innere Gestalt' des Menschen, die sein Wesen und Aussehen bestimmt. Nun tritt er als eine Art Körperersatz in Erscheinung. Sobald er unabhängig zu agieren beginnt, verzeichnet er eine beträchtliche Kräftesteigerung, die im Falle einzelner, ganz besonderer Toter als gefährlich gilt (15, 229 f.; 16, 203–231, bes. 209–216; 17; 20, 97 ff.). Insofern besteht keine Identität des körperlich vorgestellten W.s mit dem Lebenden Leichnam

(17, 80; 33, 818). Vielmehr kann für das germ. Altert. vom Neben- bzw. Ineinander (→ Synkretismus) monistischer und vorchristl.-seelenartiger Todesauffassungen ausgegangen werden (4, 166; 34, 414 f.). Deren Unterscheidung, die erst neuzeitliche Beitr. zur Altkde vornahmen, ergab sich von den zeitgenössischen Qu. her nicht unmittelbar (25, 58–65). Wie sich „die Dinglichkeit der Totenvorstellung ... mit der Intensität des Erlebnisses" zu steigern vermochte (4, 166; 37, I, 229 f.), so konnte umgekehrt auch der allmähliche Körperverlust eines W.s eintreten und in seine „Spiritualisierung" (31, 340) münden.

§ 4. Tod und Wiedertod. In ihrer Bestimmung von ‚Tod' und ‚Leben' weisen relig. und folkloristische Traditionen dem biologischen Tod vielfach eine geringere Bedeutung zu als anderen Kriterien: Während Verstorbene aufgrund eines ‚unseligen Todes' weiterleben müssen, können Lebende schon zu Lebzeiten den ‚sozialen Tod' sterben (9, 223; 35, 103 f.). Beides spiegelt, ob in relig. oder weltlicher Hinsicht, bestimmte kulturell geprägte Verhältnisse zu Normverstoß und Normalität wider (15, 230 f.; 27) und bringt – oft, aber nicht immer – W. hervor:

Im Fall des ‚unseligen Todes' (9, 223–226) ist ein W. frühzeitig, also vor Ablauf der ihm vorausbestimmten Lebenszeit (7, 572; 10, 6), um sein Leben gekommen; etwa durch den „tragische[n] Mißerfolg eines Übergangsritus" (16, 33; z. B. Mißoder Totgeburten, Tod der Schwangeren [→ Wöchnerin], Tod vor der Taufe, Tod vor der Heirat; → Gennep, Arnold van), durch Gewalt (z. B. in einer Schlacht), unter einer unerfüllten Verpflichtung oder einem → Fluch, durch ein Unglück (z. B. bei der Jagd, durch Ertrinken oder Blitzschlag) oder durch → Selbsttötung (4, 160. 171 f.; 7, 572 ff.; 10, 5 f. 8 ff.; 27, 718; 35, 100. 114 ff.). Aber auch der frevelhafte Verstoß gegen übliche Grab- und Totenbräuche läßt ihn nicht ruhig liegen (anord. *liggja eigi kyrr;* 12, 20; 16, 109) (7, 570 f.; 13, 84; 27, 718; 35, 100). Ähnliche Vorstellungen waren bereits in der Ant. verbreitet: Etwa wendet sich Tertullian (um 200) gegen die verbreitete Anschauung, Unbestattete (ἄταφοι) sowie frühzeitig und gewaltsam Verstorbene (ἄωροι und βιαιοθάνατοι; vgl. 21, 316) seien ruhelose Tote (19, 239).

Dagegen hat der W. im Fall des ‚sozialen Todes' (9, 227–229) seine Existenz schon vor dem biologischen Tod außerhalb oder am Rande der Gemeinschaft der Lebenden gefristet. Als potentielle (also nicht grundsätzlich dazu bestimmte) W. gelten u. a. Verbrecher, Zauberer, Bettler, Geisteskranke, Epileptiker und Aussätzige (4, 159 ff.; 10, 9 f.; 14, 55; 17, 79; 27, 719). Öfters scheinen Menschen aufgrund bösartiger Charakterzüge oder auffallender Häßlichkeit für ein unruhiges Nachleben prädestiniert zu sein (17, 79). Umgekehrt kann es in anderen Fällen erst ein ‚schlimmer Tod' sein, der ans Licht zu bringen scheint, daß jemand „immer schon ein Feind gewesen ist" (4, 163; 11, 384).

Während der ‚gute Tote' nach einer bestimmten Frist (oft der siebte, neunte, 30. und 40. Tag) ins Jenseits eingeht, seiner → Familie und → Sippe aber vom ‚Exil' des Todes aus als Schutzgeist *(fylgja)* (→ Schutzgeister) verbunden bleibt (15, 230), verwest der W. länger als üblich bzw. gar nicht (7, 571), verläßt für kürzere oder längere Zeit sein Grab (12, 40) und treibt vor allem z. Zt. der Zwölften sowie bei Mondschein (→ Mond § 3) sein zwanghaftes Unwesen. Er bringt Schaden, Unglück und → Krankheiten über Mensch und Vieh, poltert im Haus, quält die Lebenden im Traum (Alp; Aufhocker; → Mahr[t]) und zieht viele in den Tod nach (7, 574; 12, 20 ff.; 22, 112; 35, 103). Ganze Siedlungen veröden dadurch. Sein Fortleben kehrt sich in der Gemeinschaft der Lebenden wider sie. Erst nachdem es einem Irdischen gelungen ist, den *hamr* des W.s zu vernichten – vergleichbar der idg. Vorstellung vom ‚zweiten Tod' oder ‚Wiedertod' *(punarmrtyu;* vgl. 36, 270) –, ist seinem Treiben ein Ende gesetzt.

§ 5. Vorkehr und Abwehr. Die dem W. zugeschriebene Macht zwang jene, die sich damit konfrontiert sahen, zu „ungeheuerlichen Mittel[n] der Abwehr" (21, 306): Um gegen seine Rückkehr vorzukehren, galt es die Leiche im Grab zu immobilisieren und unschädlich zu machen (1, 67; 9, 224). Dabei kann vielfach von einer engen Verbindung zw. Sonderbestattungen (→ Grab und Grabbrauch §§ 2–3) und Bannriten ausgegangen werden (35, 105). Schon die frühesten nordeurop. Grabfunde (datiert zw. Paläol. und Neol.) zeugen von Leichenverstümmelungen, die auf Angst vor W. schließen lassen (16, 26 ff.). Bes. das Pfählen oder Köpfen wurde von den Vollzugsarten der → Hinrichtung auf die Maßnahmen zur Sicherung gegen potentielle W. ausgeweitet (4, 157 ff.; 22, 111); Belege dafür finden sich bei Burchard von Worms (Corrector 180, 181) und → Saxo Grammaticus (I,15; V,135 f.). Auch unübliche Totenlagen (etwa die Niederlegung auf den Bauch oder Hockergräber, z. T. mit Fesselungen; 10, 5; 37, 104 ff. 286 ff.) sind oft in diesem Zusammenhang interpretiert worden. Aufgrund fehlender Kontexte müssen monokausale Deutungen aber meistens umstritten bleiben; zumal es vielfach auch Interpretationsansätze gibt, die in andere Richtungen weisen (35, 111). Ähnliches gilt für mögliche Abwehrmaßnahmen wie das Festheften der Haare am Sarg, das Umhüllen des Schädels mit Tüchern, das Durchbohren, Abtrennen (→ Dronninghoi) oder Zertrümmern von Schädeln, das Zudrücken der Augen (→ Böser Blick; 1, 67; 10, 7 f.; 12, 48; 22, 108), das Verstopfen von Mund und Nasenlöchern, das Zusammenbinden der Füße, das Umbinden von Höllenschuhen *(helskór;* 15, 226), das Einnähen in Häute oder Matten, das Ausstaffieren von Gruben mit Dornen, das Begraben an der Flutgrenze zum Meer, das Einschlagen von Nägeln in die Fußsohlen oder das Beschweren mit Steinen, Holzknüppeln und Flechtwerk. Oft scheinen Zerstückelungen nicht genügt zu haben, um den ruhelosen Toten zu bannen. Er muß **gemordet** werden (10, 18 f.), um zur Ruhe zu kommen. Seine Leiche gilt es möglichst restlos zum Verschwinden zu bringen, etwa durch Vergraben, Verbrennen (→ Leichenbrand und Brandbestattung) oder Versenken in Mooren und Sümpfen (vgl. → Moorleichen S. 225; 4, 167; 15, 228; 22, 114 f.). Weitere Maßnahmen können bis zum vollständigen Wüstfallen von Haus und Dorf des Verstorbenen reichen. (Für Beispiele und Belege vgl. → Abwehrzauber S. 30 f.; 1, 67-69; 4, 163 ff.; 5, 1031 ff.; 7, 574 ff.; 10, 10 f.; 11, 385; 16, 26-32; 17, 79; 21, 304 f.; 23, 208 ff.; 35, 105-113.)

Die Angst vor den Toten und die besondere Wucht des Kampfes mit dem W. findet sich in den Isländersagas ausgestaltet: Tote, deren Wiederkehr man fürchtete, wurden nicht durch die Haustür, sondern durch ein Loch in der Wand hinausgetragen (Eyrbyggja s., c. 33; Egils s. Skalla-Grímssonar, c. 58; vgl. 22, 108). − In der *Flóamanna s.* (c. 13) erschlägt Thorgil Björns Vater, der als W. umgeht, nach langem Kampf mit der Axt und bespricht ihn (16, 124 f.). − Der W. Hrappr in der → *Laxdœla saga* (c. 17. 24) entkommt Óláfr Pfau zunächst, indem er in der Erde versinkt. Erst durch das Verbrennen der Leiche und das Zerstreuen der Asche im Meer ist dem Spuk ein Ende bereitet (7, 575 f.; 10, 4; 16, 125-127; 22, 109). − Dem umgehenden Thormóðr in der *Hávarðar s. ísfirðings* (c. 2 f.) wird nach langem Kampf das Rückgrat gebrochen. Dann wird seine Leiche im Meer versenkt (4, 160; 16, 127-129). − In der *Eyrbyggja s.* (c. 33 f., 63) kann selbst die Verbrennung dem Treiben des Thórolfr Hinkefuß kein absolutes Ende bereiten. Um sein zweites Grab wird ein hoher Wall gezogen, den nur Vögel überfliegen können (4, 161; 16, 129-132; 22, 108; 34, 73). − Der Leiche des Klaufi in der *Svarfdœla s.* wird zunächst der Kopf abgeschlagen und an die Fußsohlen gesetzt (c. 22). Schließlich wird sie ausgegraben und verbrannt. Die Asche wird in einer heißen Quelle versenkt (c. 28) (16, 129-132; 22, 111 f.). − In einem erbitterten Zweikampf gelingt es Grettir in der → *Grettis saga Ásmundarsonar* (c. 32-35) den von *meinvættir* getöteten W. Glámr zu köpfen und ihm seinen Kopf an das Gesäß zu setzen. Glams Leiche wird verbrannt und die Asche in möglichst großer Entfernung zu den Wohnstätten von Mensch und Vieh vergraben (4, 160; 12, 22-24; 16, 135-139; 20, 93 f.; 22, 109 f.; 34, 73).

§ 6. Geschichtlichkeit. Obwohl der W. zw. dem 9. und 12. Jh. unter wachsendem Einfluß der Kirche in den Bereich der Sinnestäuschungen, Traumerscheinungen und Vorspiegelungen *(praestigia)* ,gebannt', dämonisiert oder euphemisiert wurde (15, 221; 20, 93), konnte sich der Glaube an ihn als ein körperliches Unwesen bis ins 19. Jh. hinein erhalten (vgl. 24). Viele der dazugehörigen Motive erwiesen sich als überaus anpassungsfähig (15, 230 f.). Sie wurden in die − weitgehend auf mündliche Überlieferung zurückgehende − ma. Exempellit. übernommen, mit christl. Elementen ergänzt und v. a. als Strafe für irdische Vergehen − mit der Möglichkeit zur Erlösung − gedeutet (7, 571; 15, 222). Insbesondere die im Hoch-MA entstandene Vorstellung vom Fegefeuer *(purgatorium)* konnte den Glauben an wiederkehrende Tote neu beleben (3, 101-105; 7, 571; 15, 219 f. 228; 35, 102 f.). Mit Blick auf diesen und jüng. Prozesse der ,Wiederkehr' bzw. Transformation von Tradition kann nicht von homogenen heidn. oder christl. Glaubenswelten und einer linearen Entwicklung daraus hervorgehender Vorstellungen ausgegangen werden. Vielmehr zeigt sich, daß Elemente des Totenglaubens sich als „Reflexe der Gefühle, die den Lebenden beherrschen" (21, 324; 29, 73) immer wieder neu herausbilden können, ohne dabei auf die Grundlage eines lückenlosen hist. Vermittlungsprozesses verweisen zu müssen.

(1) S. Berg u. a., Der Archäologe und der Tod. Arch. und Gerichtsmed., 1981. (2) G. Bohne, W., Muttersprache. Zeitschr. des Dt. Sprachver.s 42, 1927, H. 1, 335. (3) P. Dinzelbacher, Vision und Visionslit. im MA, 1981. (4) D. Feucht, Grube und Pfahl. Ein Beitr. zur Gesch. der dt. Hinrichtungsbräuche, 1967. (5) P. Geiger, Leiche, in: Handwb. dt. Abergl. V, 1024–1060. (6) Ders., Tote (der), in: ebd. VIII, 1019–1034. (7) Ders., W., in: ebd. IX, 570–578. (8) G. Grober-Glück, Der Verstorbene als Nachzehrer, in: M. Zender (Hrsg.), Atlas der dt. Volkskunde NF, Erl. II, 1966–1982, 427–456. (9) H.-P. Hasenfratz, Tod und Leben: der unselige Tod und der soziale Tod, in: J. Assmann, R. Trauzettel (Hrsg.), Tod, Jenseits und Identität. Perspektiven einer kulturwiss. Thanatologie, 2002, 223–229. (10) R. His, Der Totenglaube in der Gesch. des germ. Strafrechtes, 1929. (11) A. S. Jensen, Mythos und Kult bei Naturvölkern. Religionswiss. Betrachtungen, 1951. (12) H.-J. Klare, Die Toten in der anord. Lit., APhS 8, 1933/34, 1–56. (13) B. af Klintberg, „Gast" in Swed. Folk Tradition, Temenos. Stud. in Comparative Relig. 3, 1968, 83–109. (14) K. Lambrecht, W. und Vampire in O-Mitteleuropa. Posthume Verbrennung statt Hexenverfolgung?, Jb. für dt. und osteurop. Volkskunde 37, 1994, 49–77. (15) C. Lecouteux, Gespenster und W. Bemerkungen zu einem vernachlässigten Forsch.feld der Altgermanistik, Euphorion 80, 1986, 219–231. (16) Ders., Gesch. der Gespenster und W. im MA, 1987. (17) Ders., W., in: Lex. des MAs 9, 1998, 79 f. (18) Th. Macho, Tod und Trauer im kulturwiss. Vergleich, in: J. Assmann, Der Tod als Thema der Kulturtheorie. Todesbilder und Totenriten im Alten Ägypten, 2000, 91–120. (19) M. Meier, Funktion und Bedeutung ant. Gruselgesch. Zur Erschließung einer bisher vernachlässigten Qu.gruppe, Gymnasium 110, 2003, 237–257. (20) M. Meister, Unabgeschlossene Beziehungen zw. Lebenden und Toten. Gespenster und W. im interkulturellen Vergleich, Beitr. zur Hist. Sozialkunde 3, 1991, 93–99. (21) K. Meuli, Drei Grundzüge des Totenglaubens, in: Ders., Gesammelte Schr. 1, 1975, 303–331. (22) E. Mogk, Agerm. Spukgesch. Zugl. ein Beitr. zur Erklärung der Grendelepisode im Beowulf, Neue Jb. für das klass. Altert., Gesch. und dt. Lit. 22, 1919, 103–117. (23) Ders., Spuk, in: Hoops IV, 207–209. (24) I. Müller, L. Röhrich, Der Tod und die Toten (Dt. Sagen-Kat.), Dt. Jb. für Volkskunde 13, 1967, 346–397. (25) H.-P. Oexle, Die Gegenwart der Toten, in: H. Braet, W. Verbeke (Hrsg.), Death in the MA, 1983, 19–77. (26) W. F. Otto, Die Manen oder Von den Urformen des Totenglaubens, ²1958. (27) J. Pentikäinen, Revenant, in: Th. A. Green (Hrsg.), Folklore. An Encyklopedia of Beliefs, Customs, Tales, Music, and Art 2 (I–Z), 1997, 718–720. (28) K. Ranke, Idg. Totenverehrung, 1. Der dreissigste und vierzigste Tag im Totenkult der Idg., 1951. (29) M. Scharfe, W. Die Lebenden sterben, die Toten leben – Anm. zu einer flüssigen Kultur-Grenze, in: J. Rolshoven (Hrsg.), „Hexen, W., Sans-Papiers…" Kulturtheor. Reflexionen zu den Rändern des sozialen Raumes, 2003, 66–90. (30) H. Schreuer, Das Recht der Toten. Eine germanistische Unters. I, Zeitschr. für vergl. Rechtswiss. 33, 1916, 333–432; II, ebd. 34, 1916, 1–208. (31) Ders., Totenrecht, in: Hoops IV, 339–342. (32) T. Schürmann, Nachzehrerglauben in Mitteleuropa, 1990. (33) W. Seidenspinner, Lebender Leichnam, in: EM VIII, 815–820. (34) R. Simek, Lex. der dt. Mythol., 1984. (35) A. Stülzebach, Vampir- und W.-Erscheinungen aus volkskundlicher und arch. Sicht, Concilium medii aevi 1, 1998, 97–121. (36) E. O. G. Turville-Petre, Myth and Relig. of the North, 1964. (37) de Vries, Rel.gesch. (38) G. Wiegelmann, Der „lebende Leichnam" im Volksbrauch, Zeitschr. für Volkskunde 62, 1966, 161–183.

R. Bodner

Wiedergeburt s. Bd. 35

Wiege s. Bd. 35

Wieland

§ 1: Person – § 2: W.-Sage – a. Allg. – b. Bilddenkmäler – c. *Deor* (Deors Klage) – d. *Vǫlundarkviða* – e. Velentabschnitt der *Þiðreks s. af Bern* – f. Mhd. Zeugnisse – § 3: Altenglische Version der Sage

§ 1. Person. W. der Schmied gehört zu den großen Figuren des west- und nordgerm. Sagenkreises (→ Schmied, Schmiedehandwerk, Schmiedewerkzeuge § 1e) (ae. *Weland/Welund,* ahd. *Walant/Wielant,* anord. *Vǫlundr/Velent,* afrz. *Walant/Galan(t)/Wa-*

lander; zum Namen vgl. → Völundarkviða § 1) (6; 7, 117 ff.; 26, 58–70; → s. u. § 2b). Zahlreiche Text- und Bildbelege zeugen von der Verbreitung vielschichtiger Überlieferungen bezüglich des hervorragenden, zauberkräftigen Schmiedes, seiner sprichwörtlichen Kunstfertigkeit und seiner fürchterlichen Rache.

Eben eine Rachefabel bildet den Kern der Handlung (4, 31; 5, 92; 24, 107; 35, 173. 181): Der überaus kunstfertige Schmied W. wird von einem Kg. (Niðuðr/Niðungr/Nīðhad) gefangengehalten, zur Arbeit für ihn gezwungen und durch Lähmung (Durchtrennung der Sehnen) an der Flucht gehindert. Doch der vermeintlich unschädlich Gemachte rächt sich: Er tötet zwei kleine Söhne des Kg.s, vergewaltigt und schwängert die Tochter und entflieht, nachdem er dem Kg. seine Handlungen mitgeteilt hat, triumphierend in die Lüfte – meist mit Hilfe eines selbstgemachten Flugapparates bzw. Federkostüms. Eng mit diesem Handlungsstrang verbunden ist die stoffliche Thematik des Meisterschmiedes, dessen herausragende, für die meisten Menschen jedoch nicht nachvollziehbare Arbeit im geheimnisvollen Raum zw. innovativer Technik und unverständlicher Magie angesiedelt ist (5, 94 ff.; 13, 231; 15, bes. 85–114; 20; 21; 24, 100; 26, 151–173).

So ist W. innerhalb der germ. Sagen- und Mythenfiguren eine ungewöhnliche, ja zwielichtige Gestalt. Er ist weder ein typischer Held, noch gehört er trotz seiner übernatürlichen Abkunft zu den Göttern. Zw. den Gattungen der Helden- und Göttersagen angesiedelt (5, 81; 16, 5; 24, 108; 26, 111 f. 128. 191; 32, 380 f.; → Held, Heldendichtung und Heldensage; → Götterdichtung), gab der W.-Stoff vielleicht gerade aufgrund seiner Rätselhaftigkeit immer wieder Anlaß zur Schaffung neuer Dichtungen bzw. Bilddarst., die das Thema verarbeiteten und variierten.

Während der N mit der → *Völundarkviða* (5) und der → *Þiðreks saga af Bern* die ausgeschmücktesten Textqu. zur Sage liefert (ausführlich dazu § 2), ist eine wahrscheinlich im nd. Sprachraum entstandene Urqu. dieser beiden Dichtungen nicht überliefert (dazu 3, 371. 377; 6, 91; 32, 382–389. 392; 35, 175 ff. 194–198). Erst recht ist eine got. Urqu. nicht mehr erhalten, für die unter anderem die Ansippung Wittichs (mhd. *Witegouwe/Witege,* ae. *Widia/Wudga,* anord. *Viðga*) an W. spricht: Der urspr. got. Held aus dem Kreise der Dietrichsgefährten wird in den nord. Überlieferungen als Sohn W.s eingeführt (26, XIII, 45 ff.; 32, 379 f.; 35, 187 f.). Doch zeugen solche Beziehungen allg. auch für das hohe Alter der W.-Tradition in der Germania. Für die großräumige Verbreitung des Stoffs bieten Bilddarst. wichtige Belege (8, 18; 4; 7; 16; 26; dazu ausführlicher §§ 2–3), so auf dem gotländischen Bildstein von Ardre VIII (→ Ardre mit Abb. 71, Taf. 32; → Bilddenkmäler § 9c), der im 8. Jh. in noch heidn. Zeit des N.s entstand, oder auf dem wahrscheinlich etwas ält. Kästchen von Auzon (→ Auzon, das Bilder- und Runenkästchen mit Taf. 41–42; → Amboß mit Taf. 20), das bereits in die frühchristl. Epoche Englands fällt und als Gesamtkunstwerk unterschwellig die Ablösung der ält., heroischen Geschichtserfahrung durch das neue christl. Geschichtsverständnis illustriert (17). Der W.-Stoff überstand also den Relig.swechsel, wenn auch nicht ohne Veränderungen (16). Exemplarisch machte er christl. (Heils-)Gesch. als Gegenprinzip, als Antithese zur vorherigen Weltordnung vorstellbar (→ Auzon, das Bilder- und Runenkästchen S. 522; 17, 326).

Der Variantenreichtum der W.-Sage in den überlieferten Zeugnissen belegt die über Jh. lebendig gebliebene Tradition des Stoffes und seine anhaltende Beliebtheit.

Bei Neugestaltungen geschahen – unbewußt oder beabsichtigt – Parallelisierungen mit verwandten Stoffkreisen, die in mündlichen Überlieferungen oder Schr. vorlagen. Mythen, heroische → Fabeln, Sagenstoffe (→ Sage und Sagen), Märchenmotive

(→ Märchen) und Volkserzählungen mischen sich in der W.-Sage (4; 28; 35), die daher in der Gesamtheit ihrer vorliegenden Ausprägungen als interkulturelles und intertextuelles Konstrukt zu sehen ist (vgl. 5, 96). Häufig diskutiert wurden die strukturellen und motivischen Parallelen zur griech. Mythol. (3; 6, 83 ff.; 26, 137–141; 32, 382. 390–393; 35, 177. 182. 186 f.; vgl. auch 22), v. a. zur Gesch. vom kunstfertigen Daedalus und seiner Flucht vor Kg. Minos, aber auch zum Schmiedegott Hephaistos und seiner Beziehung zu Athene (worin auch die uralte, toposartige Lahmheit des Schmiedes auftaucht, die auf der Realitätsebene möglicherweise durch giftige Metallzusätze wie Arsen ausgelöst wurde, dazu allg. 29, 362 f.; vgl. auch 6, 82 f.; 35, 182 f.; anders 26, 171 ff. 192). Aus dem germ. Bereich stammen Anklänge an die Sigurd-/Siegfrieddichtungen (→ Sigurdlieder; → Sigfrid), die Drei-Walküren- und Drei-Meister-Sagen, den Mythos vom → Dichtermet und andere eddische Liederstoffe (→ Edda, Ältere; → Edda, Jüngere). Dazu kommen Wanderfabeln wie die Schwanenjungfrauengesch. (→ Schwanjungfrauen) (4, 17–19; 5, 96) und einzelne Motive, die z. B. auch in der Tristansage oder im Wilhelm Tell-Stoff (Apfelschuß durch den Meisterschützen → Egill, W.s Bruder, dazu kurz Nedoma [26, 260–263]) auftreten. Während es sich bei manchen dieser stofflichen Verbindungen ebenfalls um alte Überlieferungen handelt, die schon früh mit der W.-Sage verknüpft waren, so gibt es auch viele jüng. Schichten, die teilweise einzelnen Kompilatoren oder Dichtern zuzuweisen sein mögen (35, 180).

Es verbietet sich von selbst, die Person W.s auf eine hist. Persönlichkeit oder den Stoff auf ein konkretes Ursprungsgebiet zurückzuführen (vgl. dazu 3, 377; 28, 133; 35, 176 f.), selbst wenn sich aus hist. Ereignissen Verbindungen zur Sage ziehen ließen (zur oft in diesem Zusammenhang genannten → *Vita Severini* um 511 mit Königin Giso und ihren gefangenen Schmieden → Völundarkviða § 4; 26, 133–136; 32, 377). Vielmehr wurde die weitbekannte W.-Sage mehrfach sekundär verortet, so daß sich beispielsweise um die Balver Höhle in Westfalen lokale W.-Traditionen bilden konnten (26, 42. 47 ff.; 35, 188). Dennoch kann die Sage in Details auch altes technologisches Wissen beinhalten, wie die Episode der Schwertschmiedung zeigt (31).

In der Vorstellung des Meisterschmiedes sind verschiedene Arten des Schmiedehandwerks vereinigt, v. a. das der Fein- bzw. Goldschmiede einerseits und das der Schwertfeger bzw. Klingenschmiede andersseits – obwohl deren Arbeitsrealität sich durch die jeweilige Ausbildung, die angewandten Techniken der Metallbearbeitung wie auch die Werkzeuge und Werkstätten grundsätzlich unterscheidet (→ Goldschmied, Goldschmiedekunst; → Schmied, Schmiedehandwerk, Schmiedewerkzeuge). Dazu kommen übernatürliche, teils magische Fähigkeiten, wie sie in Sage und Mythos immer wieder für Schmiede überliefert sind (20; 21; 13, bes. 236 ff.). In der Tat muß es sich zumindest bei denjenigen germ. Goldschmieden, die für die höchsten Kreise der Ges. arbeiteten, um Spezialisten mit hoher Mehrfachqualifikation gehandelt haben. Sie erlernten nicht nur die umfangreichen und komplizierten handwerklichen Seiten ihres Tuns, sondern notwendig waren auch tiefe Kenntnisse bezüglich der Tradition, der Bedeutung und des Stils der damals überregional gebräuchlichen Objektformen sowie der bei ihrer Herstellung verwendeten Bildchiffrensprache (vgl. → Heilsbild; 35, 184). Letztlich sind Schmiede die Träger der überregionalen Bildkultur der Germania gewesen. Dieses besondere Wissen macht hochrangige Schmiede zu den ‚Gelehrten' ihrer Zeit (30, 142 f. 146; 9; vgl. auch → Germanen, Germania, Germanische Altertumskunde § 35; → Sakralkönigtum S. 297; zur umfassenden Bedeutung des germ. Vb.s *smiða* → Schmied, Schmiedehandwerk,

Schmiedewerkzeuge § 1; 27, 10 f.; zur Person des Goldschmiedes Eligius im 7. Jh. siehe → Eligius von Noyon § 3; 34, 309–380; vgl. auch 1, 96; 2, 109; 30, 28 f. 124 ff. 135, dort auch allg. zu Klerikern als Goldschmiede 41). Darüber hinaus mußten solche Schmiede sich in den Kreisen ihrer Auftraggeber bewegen können und deren zur Verfügung gestellte Rohstoffe wie Gold und Edelsteine treuhänderisch verwalten: All dies rückt sie selbst in die Nähe der Oberschichten (vgl. 2; 12; 27, 95–103; 30, 41. 124–135; 32, 77. 380 f.; 37), denen sie durchaus angehören konnten.

So verwundert es nicht, wenn in zahlreichen Bilddenkmälern und Sagen Schmiede eine herausragende Rolle spielen und sogar Kg.ssöhne, darunter auch größte Helden wie Sigurd/Siegfried, als Schmiede auftreten. Die sozial hohe Position vieler Schmiede belegen auch Grabfunde, welche die Handwerker gleichzeitig als Waffenträger auszeichnen (→ Schmiedegräber; 25, 165–168. 193; 18, 76; 19, 216–260).

Überhöht spiegelt sich das hohe Prestige der Schmiedekunst in der mythischen Vorstellung der primordialen Schmiedetaten der Götter, wie sie die → Vǫluspá in Str. 7 überliefert. Übrigens wird noch in ma. Texten Christus als Schmied vorgestellt (→ Schmied, Schmiedehandwerk, Schmiedewerkzeuge S. 194; 20, 259). Doch sind ansonsten selbst die Götter von Schmieden abhängig (→ Schmied, Schmiedehandwerk, Schmiedewerkzeuge S. 195; 13, 231 ff.), die ihnen ihre wichtigsten Waffen anfertigen wie auch Geschmeide und zauberische Hilfsmittel (z. B. Flughemden), und damit deren Überlegenheit garantieren (32, 381 f.). Diese Sicht reflektiert wahrscheinlich irdische Realität in dem Sinne, daß germ. Gefolgschaftsführer in ihrem milit. geprägten Umfeld von ihren Schmieden abhängig waren, von denen sie einerseits gute Waffen zum Sieg wie auch Schmuck und Gerät zur Repräsentation und zur Ausübung kultischer Rituale bekamen. Anderseits waren hochspezialisierte Schmiede natürlich auf die Gunst ihrer Auftraggeber angewiesen, und darauf, von ihnen Material wie Gold und Edelsteine für ihre Arbeiten zu bekommen (12, 276). Es mag sein, daß sich mancher Anführer guter Schmiede versicherte, indem er sie auch gegen ihren Willen festhielt und zur Arbeit zwang; auch in diesem Punkt mag sich hist. Realität in der W.-Sage spiegeln. Doch wahrscheinlicher ist es, zumindest bei den Goldschmieden, von grundsätzlich freien, evtl. wandernden Spezialisten auszugehen. Auch durch ihre große Mobilität (→ Goldschmied, Goldschmiedekunst § 1c; 2, 109; 12; 18, 76; 33; 36, 68; anders 10; 14, 404) trugen sie dazu bei, daß sich so innerhalb der Germania eine einheitliche Sachkultur mit ihrer spezifischen Bildersprache ausbilden konnte und daß sich Neuerungen jeweils mit ganz unerwarteter Schnelligkeit durchzusetzen vermochten (11). In sagenhaften Figuren wie dem Meisterschmied W. ist dieses gesellschaftliche Phänomen bis heute lebendig.

(1) B. Arrhenius, Die technischen Voraussetzungen für die Entwicklung der Tierstile, Frühma. Stud. 9, 1975, 93–109. (2) Dies., Why the King needed his own Goldsmith, Laborativ Arkeologi 10–11, 1998, 109–111. (3) G. Baesecke, Die Herkunft der W.-Dichtung, PBB 61, 1937, 368–378. (4) H. Beck, Der kunstfertige Schmied – ein ikonographisches und narratives Thema des frühen MAs, in: F. G. Andersen u. a. (Hrsg.), Medieval Iconography and Narrative, 1980, 15–37. (5) Ders., Die Vǫlundarkviða in neuerer Forsch., in: ÜberBrücken (Festschr. U. Groenke), 1989, 81–97. (6) G. A. Beckmann, E. Timm, W. der Schmied in neuer Perspektive, 2004. (7) E.-M. Betz, W. der Schmied. Materialien zur W.-Überlieferung, 1973. (8) T. Capelle, Sagenstoffe kontinentalen Ursprungs auf vendelzeitlichen, wikingischen und spätwikingischen Denkmälern, Mare Baltikum 1969, 10–18. (9) Ders., Handwerker – Kunsthandwerker – Künstler?, Boreas 5, 1982, 164–171. (10 Ders., Zu den Arbeitsbedingungen von Feinschmieden im Barbaricum, in: Arch. Beitr. zur Gesch. Westfalens (Festschr. K. Günther), 1997, 195–198. (11) C. von Carnap-Bornheim, Zur Übernahme und Verbreitung innovativer Techniken und Verzierungsgewohnheiten bei germ. Fibeln – Eine Skizze, Forsch. zur Arch. im Land Brandenburg 5, 1998, 467–473.

(12) Ders., The Social Position of the Germanic Goldsmith A. D. 0–500, in: B. Magnus (Hrsg.), Roman Gold and the Developement of the Early Germanic Kingdoms, 2001, 263–278. (13) Ch. Daxelmüller, Zw. Mythos und Realität. Der Schmied im Volksglauben, in: Vom heißen Eisen. Zur Kulturgesch. des Schmiedes, 1993, 229–240. (14) J. Driehaus, Zum Problem merowingerzeitlichen Goldschmiede, Nachr. der Akad. der Wiss. Göttingen, Philol.-Hist. Kl., 1972, 389–404. (15) M. Eliade, Schmiede und Alchemisten, ²1980. (16) K. Hauck, W.s Hort. Die sozialgeschichtl. Stellung des Schmiedes in frühen Bildprogrammen nach und vor dem Relig.swechsel, Antikv. Arkiv 64, 1977. (17) W. Haug, Die Grausamkeit der Heldensage, in: Stud. zum Agerm. (Festschr. H. Beck), 1994, 303–326. (18) J. Henning, Schmiedegräber n. der Alpen. Germ. Handwerk zw. kelt. Tradition und röm. Einfluß, Saalburg-Jb. 46, 1991, 65–82. (19) H. Jankuhn (Hrsg.), Das Handwerk in vor- und frühgeschichtl. Zeit 2, 1983. (20) Jungwirth, Schmied, in: Handwb. dt. Abergl. IX (Nachträge), 257–265. (21) Ders., Schmiede, in: ebd., 265–267. (22) J. Leack, The Smith God in Roman Brit., Arch. Aeliana 40, 1962, 35–45. (23) E. Marold, Der Schmied im germ. Altert., Diss. (ms.) 1967. (24) Dies., Die Gestalt des Schmiedes in der Volkssage, in: L. Röhrich (Hrsg.), Probleme der Sagenforsch., 1973, 100–111. (25) M. Müller-Wille, Der frühma. Schmied im Spiegel skand. Grabfunde, Frühma. Stud. 11, 1977, 127–201. (26) R. Nedoma, Die bildlichen und schriftlichen Denkmäler der W.-Sage, 1988. (27) H. Ohlhaver, Der germ. Schmied und sein Werkzeug, 1939. (28) F. Panzer, Zur W.-Sage, Zeitschr. für Volkskunde NF 2, 1931, 125–135. (29) E. Rosner, Die Lahmheit des Hephaistos, Forsch. und Fortschritte 29, 1953, 362 f. (30) H. Roth, Kunst und Handwerk im frühen MA. Arch. Zeugnisse von Childerich I. bis zu Karl dem Großen, 1986. (31) H. Rüggeberg, Werkstattklatsch oder Wahrheit? W. schmiedet das erste Ganzstahlschwert des Abendlandes, Die Kunde NF 9, 1958, 96–100. (32) F. R. Schröder, Die W.-Sage, PBB (Tübingen) 99, 1977, 375–394. (33) E. Straume, Smeden i jernalderen, Universitetets Oldsaksamlings Årbok 1984–85, 1986, 45–58. (34) H. Vierck, Werke des Eligius, in: Stud. zur vor- und frühgeschichtl. Arch. (Festschr. J. Werner) 2, 1974, 308–380. (35) J. de Vries, Bemerkungen zur W.-Sage, in: Edda, Skalden, Saga (Festschr. F. Genzmer), 1952, 173–199. (36) N. Wicker, On the Trail of the Elusive Goldsmith, Gesta 33, 1994, 65–70. (37) Dies., The Organisation of Crafts Production and the Social Status of the Migration Period Goldsmith, in: P. O. Nielsen u. a. (Hrsg.), The Arch. of Gudme and Lundeborg, 1994, 145–150.

A. Pesch

§ 2. W.-Sage. a. Allg. Die Sage von W. dem Schmied (→ Schmied, Schmiedehandwerk, Schmiedewerkzeuge) verarbeitet zwei Themenkomplexe: zum einen kommt es zum Konflikt mit einem Wesen aus der ‚anderen Welt' (42, 323 ff.), zum anderen wird die Reziprozität von Rechtsverletzung und -wiederherstellung dargestellt (34, 189 ff.; 38, 101 ff.; 39, 208). Nach Ausweis der bildlichen und liter. Qu. der W.-Sage hat die Fabel folgenden Kern: W. (zu den Namenformen s. o. § 1 und unten) ist ein äußerst kunstfertiger Schmied, der in der Außenwelt lebt und dort offenbar beträchtliche Schätze angesammelt hat. Er wird von dem Gewaltherrscher Nidhad (ae. *Nīðhad,* aisl. *Níðuðr,* mnd.-anorw. *Níðungr*) zuerst beraubt, dann gefangengenommen und schließlich gezwungen, für ihn in der Schmiede zu arbeiten; um dem geheimnisvollen Handwerker keine Gelegenheit zur Flucht zu bieten, durchtrennt man ihm die Beinsehnen. Der gelähmte W. nimmt jedoch grausame Rache: zuerst enthauptet er die beiden Kg.ssöhne, dann schwängert er die Kg.stochter Baduhild (ae. *Beadohilde,* aisl. *Bǫðvildr*), und schließlich flieht er in Vogelgestalt bzw. mit einem Flugapparat, nachdem er dem Kg. triumphierend seine Rachetaten offenbart hat.

Was das Aufeinandertreffen mit dem Fremden betrifft, so ist die Grundkonstellation in der W.-Sage in zweifacher Weise abgewandelt: der Protagonist ist kein bedrohter menschlicher Krieger, sondern der bedrohliche unmenschliche Gegner; die Konfrontation findet nicht in der Außenwelt statt, sondern in der eigenen Lebenswelt, in die der außerweltliche Widersacher hereingeholt wird (42, 324). Die W.-Sage realisiert also in dieser Hinsicht eine Art inverse Var. der ‚Urfabel' vom Kampf gegen das Ungeheuer (64, 103 f.).

Das → Recht ist schließlich insofern wiederhergestellt, als der ‚Bastard', den Baduhild in sich trägt (ae. *Widia,* mnd.-anorw. *Viðga,* mhd. *Witege*), später W.s Reichtümer erben wird, denn Nidhad hat sonst keine männlichen Nachkommen. Das Racheschema wird in der W.-Sage konsequent durchgespielt (vgl. 38, 103), wobei W.s Rachetaten durch Gnadenlosigkeit und gräßliche Details hervorstechen (die Kinderschädel etwa verarbeitet er zu Trinkgefäßen [→ Schädelbecher], die er dem unwissenden Vater überbringen läßt; dazu 3, 216 ff.).

Rache (und Triumph) sind zwar typisch für die germ. Heldendichtung, in ideologischer Hinsicht besteht jedoch ein ziemlicher Abstand zu althergebrachten ‚heroischen Lebensformen' (→ Held, Heldendichtung und Heldensage §§ 2–4). Männliche Ideale wie → Ehre und → Treue werden in der W.-Sage nicht thematisiert, wie denn auch der Protagonist kein (hoch)adeliger Krieger ist, dessen Handeln an diesen Werten gemessen würde, sondern eben ‚nur' ein geheimnisvoller Handwerker – eine Kluft also auch in soz. Hinsicht. Ferner fehlt es an dem charakteristischen inneren Konflikt der Hauptfigur, und das Heraufbeschwören des Unheils bleibt W.s Gegenspieler Nidhad überlassen, schließlich stirbt der Protagonist auch keinen ‚Heldentod'. Wolf (87, 228) bezeichnet die W.-Sage daher als „unkönigliche Nichtuntergangsfabel", die sich zwar als Heldensage gibt, ohne Heldensage im engeren Sinn zu sein (ähnlich zuvor 50, 274; vgl. ferner unten § 2d).

Dazu paßt auch der Umstand, daß die W.-Sage entweder tatsächlich keine hist. Wurzeln (→ Held, Heldendichtung und Heldensage § 5) hat oder sich von diesen bereits sehr bald und vollständig entfernt hat. Eine geschichtl. ‚Matrix' der W.-Sage wollte man in einer von → Eugippius stammenden Notiz erblicken (z. B. 69, 209 f.; 75, 91 f.; weitere Lit. bei 62, 133 ff.; 3, 84 f.): mehrere von der rugischen Königin Giso versklavte ‚barbarische Goldschmiede' hätten den Kg.ssohn Fredericus gefangengenommen und gedroht, ihn mit dem Schwert zu durchbohren, wenn sie nicht in die Freiheit entlassen würden (Vita sancti Severini, c. 8; 10, 11 f.; → Rugier S. 456; → Goldschmied, Goldschmiedekunst § 1d). Die Parallelen zw. → *Vita Severini* und W.-Sage sind indessen zu wenig substantiell, um die Historizität der Fabel schlüssig stützen zu können. Wenn man überhaupt einen Zusammenhang erwägen will, dann hat die bereits von Jiriczek (49, 30 f.) aufgezeigte Möglichkeit, daß die Schilderung des Eugippius letztlich fiktiv und von der W.-Sage beeinflußt sei, mindestens genausoviel für sich.

Auf Parallelen aus der ant. Überlieferung ist früh aufmerksam gemacht worden (29, 47 ff.; weitere Lit. bei 4, 83 f.): der lahme göttliche Schmied (griech. Hephaistos, röm. Vulcanus) versucht Athene (Minerva) zu schänden; der kunstfertige griech. Daidalos wird von Kg. Minos gefangengesetzt, entflieht jedoch zusammen mit seinem Sohn mit Hilfe künstlicher Flügel (aus Federn und Wachs). Strenggenommen handelt es sich aber lediglich um Einzelzüge, die keine genauen Entsprechungen in der W.-Sage haben; wenn auch kaum plausibel gemacht werden kann, daß sich die W.-Sage direkt aus der griech.-röm. Mythographie herausentwickelt hat (so aber 17, 376 ff.), sind sekundäre Einflüsse im Laufe des Überlieferungsprozesses durchaus nicht unwahrscheinlich (18, 19 ff.; 62, 137 ff.; 33, 60 f.; 66, 179 f.).

Die Heimat der W.-Sage hat man – mit unterschiedlichen Argumenten – bei den Goten (82, 187 f.), im frk. Gebiet der MZ (69, 209; 40, 517) oder auch im nd. Raum (76, 725 ff.; 59, 64 f.) gesucht. Eine Entscheidung zw. den einzelnen Verortungen zu treffen, ist mangels echter Handhabe schwer möglich.

Der Name der Hauptfigur vermag – erwartungsgemäß – kein zusätzliches Licht auf die Herkunft der W.-Sage zu werfen. Fest steht, daß es sich um einen „Heldennamen in mehrfacher Lautgestalt" (46, 97 f.) handelt, sowohl was den Haupttonvokalismus (/$\bar{e}_2$/ : /ă/) als auch die Folgesilbe (/ă/ : /ŭ/) betrifft. Dabei stehen einander ae. *Wēland* (62, 40 ff.), mnd.-anorw. *Vēlent* (Þiðreks s.), mhd. *Wielant* und ae. *Wēlund* (Deor) auf der einen Seite, afrz. *Walandus, Galan(t)* u. ä. (21, 9 ff.) und aisl. *Vǫlundr* (auch appellativisch *vǫlundr* ‚hervorragender Schmied, Handwerker, Künstler'; 62, 51 f.) auf der anderen Seite gegenüber. Schon aus agerm. Zeit ist der Name bezeugt: **wela₂du** = vor-afries. *Wēla(n)dę* (PN oder Appellativ?) auf dem Solidus von → Schweindorf, um 600 (68, 770), VELANDU Gen., 7. Jh., CIL XIII 7260 (22, 60 ff.; 68, I, 770); vgl. ferner *Wilandus* bei → Gregor dem Großen, um 600 (68, I, 778; nach 83, 264 mit spätostgerm. *ī < ē*). Für die Namenformen mit haupttonigem /ē₂/ bietet (seinerseits etym. unklares) aisl. *vél* fem. ‚handwerkliches Geschick, Kunst(fertigkeit), List, Hinterlist, Betrug' Anschluß (vgl. das Wortspiel *vél gorði hann [Vǫlundr] … Níðaði* in der *Vǫlundarkviða*, Str. 20,3–4); die Morphologie des Namens ist indessen nicht zufriedenstellend zu erhellen (Kompositum **Wēla-handuz?*, Partizipialbildung **Wēlandaz?*). Die Diskussion ist noch im Fluß (71, 382 ff.; 62, 61 ff.; 79, 442 ff.; 48, 371 ff.; 21, 9 ff.).

Aufgrund ihrer metallurgischen Kenntnisse bzw. ihrer Fähigkeit, Schmuck, Werkzeug und v. a. Waffen zu produzieren, hatten Schmiede in archaischen Sozietäten eine besondere Stellung. Man begegnete ihnen mit einer Mischung aus Wertschätzung, Respekt und Furcht, mitunter wurden Schmiede auch mit → Magie in Zusammenhang gebracht, und nicht selten lebten Schmiede daher außerhalb der Gemeinschaft (dazu v. a. 31, 103 ff. passim) – ohne Zweifel hallt einiges davon in der W.-Sage nach (kühne Spekulationen bei 21, 78 ff.). Die Sonderstellung der Schmiede als hochspezialisierte Handwerker spiegelt sich jedenfalls auch in den Bodenfunden Mittel- und N-Europas wider: die ab der vorröm. EZ nachweisbaren → Schmiedegräber (dazu 60, 216 ff.; 45, 65 ff.; ferner → Poysdorf) stehen insofern für sich, als andere Handwerker in der Regel ohne Werkzeugbeigaben beigesetzt wurden.

b. Bilddenkmäler. Franks Casket. Das früheste auf uns gekommene Denkmal der W.-Sage ist eine pluriszenische Abb. auf der linken Vorderseite des sog. Franks Casket (→ Auzon, das Bilder und Runenkästchen mit Taf. 41–45). Nach herrschender Ansicht um 700 in Northumbrien (→ Northumbria) aus Walknochen angefertigt, wurde das Kästchen wohl zur Aufbewahrung von Geld, Gold und/oder anderen Kostbarkeiten verwendet; an sich deutet nichts darauf, daß es speziell als ‚paraliturgische' Reliquienkassette gedient hat. Bei der Auswahl des Bildmaterials hat der Schnitzer augenscheinlich eine synkretistische Konzeption (→ Synkretismus) verfolgt: neben christl., röm. und germ. Traditionsgut sind womöglich auch kelt. Überlieferungen verarbeitet (30, 615 ff.; 73, 759 ff.; 74, 504 ff.). Auf jeder Seite des Franks Casket sind ae. Runeninschr. angebracht (teils Umschriften, teils Zuschriften deiktischen Charakters; → Schrift und Bild S. 311), dazu eine kurze lat. Unzialinschr. auf der Rückseite (Titus-Platte).

Art und Weise der Beziehungen zw. den einzelnen Abb. auf dem Franks Casket waren und sind umstritten, ohne daß man bislang zu einem Konsens gelangt wäre. Es hat sich allerdings gezeigt, daß umfassende Bildprogramme, in denen den einzelnen Abb. ein fix umrissener Stellenwert in Hinblick auf ein größeres Ganzes zukommt (‚Puzzle-Modell'), nicht wirklich plausibel zu machen sind. So etwa hat man gemeint, das Kästchen visualisiere Stationen einer Drei-Brüder-drei-Schicksalsfrauen-Überlieferung als (hypothetische) Groß- und Urform der W.-Sage (41, 9 ff.; 54, 2 ff.) oder – ein ganz anderer Ansatz – eine Serie von Wendepunkten der jüdisch-christl. Gesch. (67, 17 ff.); aufgrund der Problematik der rekonstruierenden Deutung von Bildelementen (ohne stichhaltige Anhaltspunkte in der liter. Überlieferung) und wegen der mangelnden Kontiguität der in Frage kommenden Kon-Texte sind derartige Interpretationen indessen kaum tragfähig.

Eher wird man von mehr oder weniger für sich stehenden Abb. auszugehen haben, die durch eine lose geartete ikonologische Rahmenthematik miteinander verknüpft sind (20, 116 f.; 62, 7 ff.; 66, 181). Erst vor kurzem ist es gelungen, eine oder die Vorlage des Runenkästchens ausfindig zu machen (30, 618 ff.): es handelt sich um die Lipsanothek von Brescia (2. Hälfte 4. Jh.) mit Szenen aus dem AT und dem NT. Diese kunsthist. bedeutende Erkenntnis wirft indessen für das Verständnis der Bild-Schrift-Textur auf dem Franks Casket nur wenig ab, denn der germ. Künstler hat eine Art Kontrafaktur geschaffen, indem er vorgegebene Bildstrukturen in neue Kontexte überführt und mit neuen Bildinhalten ‚aufgefüllt' hat (66, 181 Anm. 13). Auffällig ist zwar, daß in vielen (allen?) Bildszenen des Franks Casket Situationen fern der Heimat dargestellt sind, in der Frage aber, welche Funktion einem abstrakten Rahmenthema ‚Fremdheit' bzw. einem konkreten Rahmenthema ‚fremde Orte' nun genau zukommen würde (Stationen auf einem Pilgerweg?; 74, 490), gelangt man letzten Endes zu keinen verbindlichen Ergebnissen.

Wenn auch das Bild auf der linken Vorderseite (→ Auzon, das Bilder- und Runenkästchen Taf. 41; 20, 274 Abb. I; 25, Taf. 16) mit keinem Ko-Text vergesellschaftet ist – die Umschrift auf der Vorderseite bezieht sich auf das Stranden eines Wals, und eine Zuschrift fehlt –, so steht seit Elseus Sophus → Bugge (23, 281 f. 302 f. = 24, 44. 66 ff.) dennoch außer Frage, daß es sich um eine Darst. von W.s Rachetaten handelt (s. u.v. a. 87, 238 ff.; 20, 77 ff.; 62, 10 ff [mit Lit.]). Zwei Ornamente beiderseits des Kopfes der rechten Frauenfigur indizieren eine szenische Gliederung des Bildfeldes (so zuerst 72, 178; 77, 105): das Nebeneinander dreier Einzelszenen vermittelt eine zeitliche Sukzession und damit einen narrativen Verlauf.

Im rechten Teil hat eine (wegen der Aussparung für den Verschluß kleiner abgebildete) männliche Gestalt zwei Vögel am Hals gepackt, zwei weitere Tiere erfreuen sich (noch) ihrer Freiheit; am ehesten handelt es sich um einen der beiden Nidhad-Söhne auf der Jagd (49, 19 f.; 87, 241; 62, 14 ff. [mit Lit.]). Nach verbreiteter Ansicht (Lit. bei 62, 11 f. Anm. 15) ist hier → Egill (Meisterschütze) abgebildet, der auch – als a_1**gili** = ae. *Ægili* (dazu 65, 166) individualisiert – auf dem Deckel des Franks Casket erscheint (→ Auzon, das Bilder- und Runenkästchen Taf. 42; 20, 280 Abb. VII; 25, Taf. 17) und v. a. in der *Þiðreks s. af Bern* als Bruder W.s entgegentritt (s. u. § 2e). Aus ikonographischen Gründen hat diese Identifizierung wenig für sich, denn das Äußere des Bogenschützen auf dem Deckel unterscheidet sich beträchtlich von dem des Vogelfängers auf der linken Vorderseite, so daß keine bildliche Koreferenz gegeben ist.

Das mittlere Segment zeigt sodann eine Frauenfigur, die in ihrer Tasche einen Gegenstand hat. Es kann sich um Baduhild handeln, die ihren zerbrochenen Ring zu W. in die Schmiede trägt (vgl. Vǫlundarkviða, Str. 26; 77, 109 ff.; 62, 17), oder, etwas weniger wahrscheinlich, um eine in den liter. Denkmälern nicht erwähnte Rachehelferin, die das Bier bringt, mit dem W. die Kg.stochter betäubt (87, 242 f.; 20, 87; 41, 11). Kaum in Frage kommt eine Dienstmagd (Lit. bei 62, 11 ff. mit Anm. 15).

Im linken Teil schließlich steht W. in seiner Werkstatt und überreicht einer Frauengestalt, Baduhild, einen Gegenstand – wohl einen Becher Bier, mit dem er sie betrunken macht (vgl. Vǫlundarkviða, Str. 28,1: *bar hann hana biori*): danach wird er sich an ihr vergehen (20, 89; 62, 19 [mit Lit.]). Mit der Zange in der linken Hand umfaßt W. den Schädel eines der beiden Prinzen; der enthauptete Körper liegt zu seinen Füßen unter dem Amboß (→ Amboß mit Taf. 20).

Beide Racheakte sind hier also in einer Szene zusammengefaßt: „die Bildformel ‚Rache' verlangt die parallele Darst. beider Taten" (62, 18; → Schrift und Bild S. 310).

Darst.sprinzip (Sukzession durch Seriation) und Bildinhalte (Szenen vor und nach der Ermordung der beiden Kg.ssöhne, Szenen vor und am Beginn der Vergewaltigung der Kg.stochter) liegen offen zutage. Die pluriszenische Darst. auf der linken Vorderseite des Franks Casket ‚schildert' die durchgeführten bzw. durchzuführenden Rachetaten (66, 182 f.); Stellenwert und Funktion des Rachethemas innerhalb des Bildensembles auf dem Franks Casket sind indessen nicht ausreichend zu erhellen.

Ardre VIII. ‚Eingängiger' ist eine Szene auf dem gotländischen Bildstein Ardre VIII (→ Ardre mit Abb. 71 und Taf. 32; 25, Taf. 7), ein Vertreter des Typs D, der in das späte 8. Jh. (53, I, 121) oder eher in das 9. Jh. (vgl. zuletzt 85, 49 ff.) gehört. Es handelt sich wohl um einen Gedenkstein (25, 110 f.), der sich jedenfalls durch reiches Bildwerk auszeichnet; runenepigraphische Ko-Texte fehlen.

Der untere Teil des Steins enthält verschiedene Szenen aus der (nord)germ. Heldensage und Mythol. (dazu 25, 32 ff.; 15, 206 ff.); dabei ist eine ‚Leseordnung' nicht erkennbar und wohl auch nicht intendiert. In der Mitte findet sich eine Schmiede (mit zwei Hämmern und zwei Zangen) abgebildet. An den Bilddetails ist zu erkennen, daß es sich um W.s Werkstatt handelt: rechts liegen die Rümpfe der beiden Nidhad-Söhne, und auf der linken Seite entfliegt ein großer Vogel, vor (oder unter?) dem sich eine Frau, Baduhild, nach links entfernt (25, 70 ff. 62, 29 ff.).

Wie auf dem Franks Casket sind hier W. und die Opfer seiner Rache abgebildet; in beiden Fällen fehlt der eigtl. Widersacher, Kg. Nidhad. Anders aber als das engl. Runenkästchen visualisiert die monoszenische Abb. auf dem gotländischen Bildstein nur den Endpunkt der Rachehandlung und referiert von da aus virtuell auf das Vorher. In thematischer Hinsicht fügt sich die Darst. von W.s Rache und Flucht jedenfalls nahtlos in das Bildensemble des unteren Teils von Ardre VIII ein, das große Taten von Göttern und Helden thematisiert.

Bilanz. Die überlieferungsgeschichtl. Bedeutung von Franks Casket und Ardre VIII — andere Bildqu. haben demgegenüber weniger Aussagekraft (vgl. 62, 32 ff.) — ist von zweierlei Art: Zum einen wird in beiden Bilddenkmälern aus der W.-Sage die Rachehandlung exzerpiert, die sich somit in Übereinstimmung mit den liter. Denkmälern als der (oder zumindest ein) narrativer Kristallisationspunkt der Fabel erweist. Zum anderen hält Ardre VIII offenbar die ‚außerweltliche' Natur des Protagonisten fest: daß W. hier als Vogel erscheint, ist wohl kaum anders denn als Ausdruck eines Gestaltwandels bzw. eines ‚magischen Flugs' (dazu 33, 58 ff.) zu fassen. Damit bietet die ikonische Äußerung des gotländischen Bildsteins eine plausible Möglichkeit, die korrespondierende ‚leere' Textstelle der eddischen *Vǫlundarkviða* (Str. 29,5–6 = 38,1–2: *Hlæiandi Vǫlundr hófz at lopti* ‚Lachend erhob sich Völund in die Luft') ‚aufzufüllen'.

c. *Deor (Deors Klage)*. Das früheste liter. Denkmal der W.-Sage stammt ebenfalls aus England. Es handelt sich um eine Elegie, die im Exeter Book (um 975?, jedenfalls spätes 10. Jh.) überliefert ist: der Text, → *Deor*, auch *Deors Klage* genannt (Ed.: 7; 8; Übs.: 9), gibt sich als Monolog eines fiktiven Sängers namens Deor, der die Gunst seines Gefolgsherrn verloren hat. Reizvoll ist das Gedicht v. a. wegen seiner produktiven Auseinandersetzung mit dem liter. Traditionshorizont; in den ersten fünf (von sechs) Str. wird an verschiedenen Gestalten aus der germ.-ae. Heroik exemplifiziert, daß Leid aller Art vorübergeht; in dem Refrain *Þæs oferēode, þisses swā mæg!* ‚Das ging vorüber, so mag [auch] dieses!' wird dieser Gedanke zur Sentenz erhoben und weist damit über den Text hinaus.

Die Fremdtextreferenzen der beiden ersten Str. betreffen die W.-Sage. – In Str. 1 wird Welunds/W.s Elend geschildert: wie das lyrische Ich, Deor, ist er ein Künstler, und wie das lyrische Ich erfährt er von seinem Kg. hartes Leid. Eine sich durch den ganzen Text ziehende Assoziativkette ist indessen nicht ohne weiteres auszumachen (84, 293 ff.; anders 36, 245 f.), so daß unklar bleibt, ob und inwieweit die Gemeinsamkeiten zw. Welund (in Str. 1) und Deor (in Str. 6) für das Textgefüge relevant sind. Str. 1 birgt einige ,Offenheiten', etwa was die Qualen Welunds *be wurman* (Zl. 1) betrifft: ,durch die Schlange (= Nithhad)'?, ,bei den Schlangen'?, ,inmitten der Schlangen(-ringe)'? (vgl. zuletzt 26, 257 ff.; 63, 134 ff.; 28, 1 ff.). Dem Text ist indessen zu entnehmen, daß Welund – wie übrigens auch in Kg. Alfreds ae. Boethius-Version (11, 46. 165; → Alfred der Große § 2) – menschliche Natur hat (*ānhȳdig eorl* ,tapferer Mann, Held' Zl. 2; *sylla monn* ,besserer Mann' Zl. 6) und nicht wie in den skand. Qu. Ardre VIII (s. o. § 2b) und *Vǫlundarkviða* (s. u. § 2d) als ,außerweltliches' Wesen erscheint.

In Str. 2 werden Beadohildes Kalamitäten angesprochen, die daraus resultieren, *þæt hēo ēacen wæs* ,daß sie schwanger war' (Zl. 11; ~ *nú gengr Bǫðvildr barni aukin,* Vǫlundarkviða, Str. 36,5–6; dazu 63, 138). Wie es weitergehen soll, weiß Beadohilde nicht; doch auch für sie gilt: *Þæs oferēode, þisses swā mæg!* Die ,Personenzitate' sind im *Deor* hintereinander montiert, aber unverbunden belassen: dem ae. Text geht es nicht um *narratio*, sondern um die Aneinanderreihung von *exempla*. So wird auch nicht gesagt, daß es gerade Welund war, der Beadohildes Kummer verursacht hat: die Funktion als exemplarisch Leidende(r) im ,Folgetext' überlagert den Antagonismus im ,Prätext' (66, 185).

d. *Vǫlundarkviða*. Wohl aufgrund der fehlenden Historizität und sonach auch einer zumindest tendenziell fehlenden Faktizität scheint die W.-Sage offenbar prädestiniert für die Integration von Erzählstücken, Motiven, einzelnen Zügen und Personen aus Fremdtexten verschiedenen Zuschnitts gewesen zu sein, abhängig von der Art und Weise der jeweiligen Aktualisierung. Dabei läßt sich die Rachefabel als fester und unveränderlicher Kern erkennen, der unfestes Erzählgut sozusagen angezogen hat (18, 16 ff.). Diese ,Variation durch Attraktion' (66, 185) läßt sich bereits an dem altertümlichsten vollwertigen liter. Denkmal der W.-Sage beobachten, der in der aisl. Lieder-Edda (→ Edda, Ältere) überlieferten → *Vǫlundarkviða* (Ed.: 1; Ed., Übs.: 2; 3; Lit. bei 62, 105 ff.; 19, 81 ff.; 2, 239 ff.; 3, 77 ff.). Dieses Lied mag letztlich aus dem 9. oder 10. Jh. stammen (eine Transposition aus dem Ae.?; so zuletzt 58, 1 ff.); der Protagonist, Völund, ist ein Albe (*álfa lióði,* Str. 10,3; *vísi álfa,* Str. 13,4. 32,2; → Alben) und damit ein übernatürliches Wesen: im Cod. regius der Lieder-Edda erscheint die *Vǫlundarkviða* demzufolge auch im mythol. Teil.

Die *Vǫlundarkviða* gibt – über die Bilddenkmäler mit ihren in puncto Narrativität limitierten Möglichkeiten (→ Schrift und Bild S. 309. 312) hinausreichend – nicht nur der Darst. von Völunds Rachetaten Raum, sie richtet ihr Augenmerk v. a. auf die Demütigung des grausamen Kg.s bzw. auf den abschließenden Triumph des geknechteten Wesens. Die Flucht selbst wird im Text nur erwähnt, aber nicht beschrieben (*Hlæiandi Vǫlundr hófz at lopti* ,Lachend erhob sich Völund in die Luft', Str. 29,5–6 = 38,1–2); was die Art des Entfliegens betrifft (dazu 62, 155 ff.; 3, 230 ff. [jeweils mit Lit.]), wird offenbar ein entspr. Traditionswissen der Rezipient(inn)en vorausgesetzt.

Wenn auch die *Vǫlundarkviða* ohne Zweifel eine ganze Reihe heroischer Elemente enthält, so sind dennoch Unterschiede zu einer Gruppe ält. eddischer Heldenlieder, zu denen v. a. *Atlakviða* (→ Atlilieder), → *Hamðismál* und → Hunnenschlachtlied zählen, kaum zu übersehen. Schon was die Struktur betrifft, steht die *Vǫlundarkviða* mit ihrem ‚erzählerischen Gegengewicht' – intratextuell ein Präludium, das zur Ausgangssituation der Rachehandlung führt – für sich. Diese Auftaktgeschichte, in der das bekannte Schwanenfrauenmotiv (78, II, 34 sub D 361.1; dazu v. a. 37, 267 ff.; weitere Lit. bei 64, 111 Anm. 28; 3, 87 f.; → Schwanjungfrauen) verarbeitet ist, findet sich in der *Vǫlundarkviða* mit dem ‚Urgestein' der Rachefabel durch Wortparallelen und motivische Details wie übernatürliches Wesen, Gefangenschaft, Flugfähigkeit und abschließende Flucht verknüpft (vgl. etwa 27, 4 ff.; 62, 129 ff.; 3, 107 ff.). Womöglich war auch ein Außenwelt-Eigenwelt-Abstich, und zwar der Kontrast zw. Völunds Glück in den Wolfstälern und seinem Unglück am Hofe Niduds, für die Attraktion der in das Textgefüge der *Vǫlundarkviða* reduziert eingespeisten Schwanenfrauenfabel mit ausschlaggebend. Die Annahme, daß es sich um einen urspr. Bestandteil der W.-Sage handelt (47, 383 f.; die Schwanenfrauen als urspr. Walküren bei: 41, 7 ff.; 54, 4 f.), läßt sich jedenfalls nicht erhärten (ablehnend zuletzt 3, 85 f. 100. 107 [mit Lit.]; 66, 186), zumal es auch in anderen Denkmälern oder Zeugnissen der W.-Sage zu keiner Verknüpfung von Schwanenfrauenmotiv (bzw. -fabel) und Rachesage gekommen ist. (Zum spätma. *Friedrich von Schwaben* s. u. § 2 f.)

Die *Vǫlundarkviða* unterscheidet sich von den (anderen) ält. eddischen Heldenliedern auch in den Darst.smustern (86, 81 ff.; 87, 231 ff.; 62, 146 ff.; 66, 186 f.). Insbesondere zwei szenische Gestaltungstypen können als charakteristisch für die ält. heroische und heroisch inspirierte Dichtung gelten (86): zum einen ist es die *hvǫt* (‚Aufreizung'; Frau als Hetzerin), zum anderen das Gelage in der Kg.shalle. Die (namenlose) Königin hat in der *Vǫlundarkviða* zwar durchaus Züge einer Femme fatale (auf ihr Betreiben hin wird Völund gelähmt; Str. 17), zu einer tatsächlich ‚wirkenden' *hvǫt*-Szene, in der eine unheilvolle Frau den/die Helden provoziert, kommt es jedoch nicht, eine Anstiftung zur Tat fehlt. Die *Vǫlundarkviða* hat auch Hallenszenen (Str. 7, 16 und 30), aber es handelt sich ebenfalls um keine prägenden Elemente, die das Geschehen in eine bestimmte Richtung ‚zwingen' würden; zudem mangelt es an typischen Details wie Lärm, Gelage, Vermessenheit des Kg.s etc. Intertextuell betrachtet, werden die Schablonen der ält. Heldendichtung in der *Vǫlundarkviða* zwar aktiviert, aber nicht entfaltet (66, 187) – es handelt sich also um eine Art ‚Schemaanfang-Zitate' (im Anschluß an 51, 23).

Ähnlich wird mit den für die Heroik typischen ‚machtvollen' Gegenständen verfahren (vgl. 86, 84; 87, 234 f.): ein Schatz Völunds und sein Schwert werden zunächst angesprochen (Str. 13–14; Prosa zw. Str. 16/17 und Str. 18), im weiteren jedoch nicht mehr erwähnt. Eine handlungsverdichtende Rolle scheint indessen ein Ring zu spielen, der urspr. Völunds Schwanenfrau Hervör gehört hat (Str. 10). Nidud stiehlt ihn (Str. 8) und schenkt ihn seiner Tochter Bödvild (Prosa zw. Str. 16/17); später zerbricht ihr das Kleinod, so daß sie es von Völund reparieren lassen muß (Str. 26). Inwieweit dieser Ring in der *Vǫlundarkviða* eine konkrete Funktion hat bzw. auf einer ält. Sagenstufe gehabt hat (eine Art Glücks- und Flugring?; 35, 18 ff.; 87, 232. 234; 18, 17 f.), ist letztlich auch deswegen nicht zu erhellen, weil das Stück dann in der entscheidenden Szene, bei Völunds Flucht, ganz unerwähnt bleibt. So aber läßt sich kaum entscheiden, ob der Ring tatsächlich sagenhist. ‚markiert' ist oder ob es sich ‚nur' um ein im obigen Sinn aktiviertes, aber nicht voll entfaltetes motivisches Detail (vgl. 3, 108) handelt.

Was man in der ält. Forsch. als einen zerrütteten Text bezeichnet hat (z. B. 82, 190), erweist sich als Näherungsform. Die *Vǫl*-

undarkviða zeigt intendierte und markierte intertextuelle Referenzen auf die ält. eddische Heldendichtung; die Disposition der alten Fabel von der Gefangennahme, Rache und Flucht eines dämonischen Schmieds hat indessen nicht genug Spielraum für eine durchgreifende Heroisierung gelassen (66, 187).

e. Velentabschnitt der *Þiðreks s. af Bern*. Das zweite vollwertige liter. Denkmal der W.-Sage ist ein Abschnitt der wohl um die Mitte des 13. Jh.s, und zwar im wesentlichen auf mnd. Grundlage(n) verfaßten anorw. → *Þiðreks saga af Bern*. Die Erzählung von Velent (Ed.: 4; 6; Übs.: 5) fungiert im Rahmen des Gesamtwerks als biographischer Exkurs, in dem der Vater von Þiðreks Kampfgefährten Viðga vorgestellt wird.

Die Velenterzählung läßt eine Gliederung in vier Teile erkennen (62, 210 ff.; anders 55, 55 ff.; dagegen 66, 188 Anm. 29), wobei Beginn und Schluß der Verschränkung im Gesamtwerk dienen. Der erste Teil (c. 84–90) schlägt eine Brücke zum vorangegangenen Erzählstück der *Þiðreks s.*: Kg. Villcinus ist der Großvater von Velent. Im letzten Teil (c. 135–136) wird die Disposition der alten Rachefabel insofern entschärft, als sich Velent mit einem dritten Sohn und Nachfolger Kg. Nidungs aussöhnt und die von ihm geschwängerte Kg.stochter heiratet: Viðga, von dem das darauffolgende Erzählstück der *Þiðreks s.* handelt, ist damit untadeliger Abkunft.

Der zweite und umfangreichste Teil der Velenterzählung (c. 91–119) gibt sich als eine Art *summula artificii*: in einer Anzahl von (z. T. miteinander verwobenen) Episoden tritt Velent als vielseitiger Handwerker-Künstler auf. Dieses Thema wird mit Hilfe eines dreischrittigen Handlungsschemas Problem – Kunststück – Anerkennung realisiert: Velent gerät am Hofe Kg. Nidungs in mißliche Lagen, kann sich aber durch wundersame Taten (mit Hilfe wundersamer Dinge) jedesmal aus seinen Schwierigkeiten befreien und steigt in Nidungs Gunst (62, 224 ff.). So etwa gewinnt er einen Wettkampf gegen den Hofschmied, indem er das Wunderschwert Mimung schmiedet, das dann den Helm seines Kontrahenten ohne weiteres durchdringt (c. 109 f.). Im letzten Glied der Episodenkette (c. 119) wird die Erzählschablone insofern nicht ‚erfüllt', als Velent seine Fertigkeiten gegen Kg. Nidung einsetzt und ihm ein Kunststück mißlingt (er mischt in das Essen von Nidungs Tochter *svic* ‚Betrug, Verrat', was offenbar als Liebeszauber gedacht ist; die List wird jedoch entdeckt). Die Darst. der einzelnen Hss. sind hier in sich widersprüchlich (81, 87 f.; 82, 174; 62, 247 ff.), und diese Widersprüche liegen offenbar in der Kollision zweier gegenläufiger Handlungselemente (vgl. allg. 43, 167 ff. 203 f.) begründet: die Künstlerschablone würde an sich ein gelungenes Kunststück nebst Anerkennung des Kg.s erfordern, der widerständige Plot der Rachesage muß indessen mit der Bestrafung (Lähmung, Zwangsarbeit) des Schmieds beginnen (62, 211 f.; 66, 189).

Der dritte Teil der Erzählung, der von Velents Rache handelt (c. 120–135), enthält zwei weitere, nach dem Muster des zweiten Teils gebaute Künstlerepisoden (scil. Apfelschuß, Schuß auf den flüchtenden Bruder; 62, 258 ff.; 61, 75 ff.), in deren Mittelpunkt der Bruder des Meisterschmieds, der Meisterschütze Egill, steht. Nachdem Velent dem Kg. seine Rachetaten offenbart hat, entfliegt er mit einem zuvor angefertigten *flygill* ‚Flügel' (Sing.!; c. 130), der an anderer Stelle als *fjaðrhamr* ‚Federhemd' beschrieben ist (c. 130 ff.); bei diesem letzten Kunststück, mit dem sich Velent endgültig befreit, handelt es sich um eine Art mechanistisches Gegenstück der geheimnisvollen Flucht (bzw. des ‚magischen Flugs').

Der fabulierfreudige Velentabschnitt der *Þiðreks s.* zeigt gegenüber der eddischen *Vǫlundarkviða* v. a. in thematischer und struktureller Hinsicht Differenzen; so etwa umfaßt die alte Rachefabel nur mehr knapp ein Drittel des Texts. Für die hochma. Aktualisierung der W.-Sage ist der Episodenblock im zweiten Teil kennzeichnend; dabei hat der Sagamann nicht aus einer alten, sonst unbezeugten ‚Großsage' geschöpft, sondern Elemente aus ganz verschiedenen liter. Traditionszusammenhängen aufgenommen, variiert und kombiniert. Um welche Fremdtexte es sich handelt (*Naturalis historia* → Plinius' des Ält., Salman und Morolf, Basler Alexander, *Tristrams s.*), läßt sich im Einzelfall zwar vermuten, aber nicht immer sicher bestimmen (62, 227 ff. [mit Lit.]).

Auch die Figur des Protagonisten ist aktualisiert. Von dem geheimnisvollen und dämonischen Schmied aus der ‚anderen Welt' ist in der hochma. *Þiðreks s.* jedenfalls nicht viel übriggeblieben: Velent ist hier ein Tausendsassa und Karrierist, der mit der höfischen Hierarchie und letztlich auch mit dem Kg. in Konflikt gerät.

f. Mhd. Zeugnisse. Aus mhd. Zeit sind weder liter. noch bildliche Denkmäler der W.-Sage überliefert. Dieser Umstand braucht nicht unbedingt auf der Ungunst der Qu.lage zu beruhen, denn in Anbetracht des vom hochma. liter. Standpunkt aus zweifellos ‚sperrigen' und im höfischen Sinne schwer aktualisierbaren Plots bleibt es durchaus ungewiß, ob die W.-Sage im Mhd. überhaupt jemals literarisiert wurde (62, 44 ff.; 64, 105 ff.; 66, 190 f.). In der ält. Forsch. pflegte man ein mhd. W.-Lied zu postulieren (so u. a. 70, II,2, 78 f.; 82, 189; 44, 41 f.), doch ist ein aus der höfischen ‚Gegenwelt' stammender unheimlicher Schmied, der sich durch die Roheit seiner Rache hervortut, nicht leicht als Protagonist eines mhd. Heldenepos vorstellbar. Zur Frage, ob im ma. Deutschland ein *Wielandes liet* im Umlauf war, kann der wohl aus dem späten 14. Jh. oder frühen 15. Jh. stammende Minne- und Aventiureroman *Friedrich von Schwaben* (Ed.: 12) jedenfalls nichts beitragen. Zwar nennt sich der Protagonist (nur) in zwei Hss. kurzfristig *Wielant,* doch gerade in der Taubenfrauenepisode tritt er als Friedrich auf; genauer betrachtet, erweisen sich die Parallelen zw. *Friedrich von Schwaben* und *Vǫlundarkviða* als wenig substantiell (Näheres s. 64, 106 ff. [mit Lit.]; zustimmend 3, 85 f. 100 f.; anders → Schwanjungfrauen S. 420).

Dennoch ist W. in der mhd. Heldendichtung präsent, und zwar in der Dietrichepik (→ Dietrichdichtung), wo er als ‚Figurenzitat' in einer Reihe von Zeugnissen als Schmied hervorragender Waffen und als Vater des Dietrich-Helden Witege genannt wird (Belege: 62, 44 f.). Noch die späte, aus dem 15. Jh. stammende sog. Heldenbuchprosa enthält eigenartig ‚verdrehte' Reflexe der W.-Sage (Ed.: 13, 3; 14, I, 2. II, 227 f.); wenn auch einige Züge zur Velentgesch. der *Þiðreks s.* passen würden, ist die Gestalt W.s hier zweifellos bereits vom alten Sagenkern abgelöst.

In der Folgezeit erscheinen Figur und Fabel in verschiedenen europ. Volkstraditionen (56, 22 ff. 44 ff. 58 ff.; 32, 146 ff.; 52, 169 ff.). Die produktive liter. Rezeption der W.-Sage setzt dann in der Romantik des 19. Jh.s ein (die Werke verbucht 56, 94 ff.; 57; Überblick: 3, 101 ff.; 66, 191 ff.; vgl. speziell 16, 509 ff.; 80, 183 ff.); als ‚Rezeptionspotential' dienen v. a. die Gestalt des schöpferischen Künstler-Schmieds sowie das Rachethema.

Qu. (Ed., Übs.): *Vǫlundarkviða:* (1) Edda. Die Lieder des Cod. regius nebst verwandten Denkmälern, hrsg. von G. Neckel, H. Kuhn, 1. Text, ^{5}1983, 116–123. (2) U. Dronke, The Poetic Edda, 2. Myth. Poems, 1997, 241–328. (3) K. von See u. a., Kommentar zu den Liedern der Edda, 3. Götterlieder, 2000, 77–265.
Velentabschnitt der *Þiðreks saga af Bern:* (4) Þiðriks s. af Bern, hrsg. von H. Bertelsen, SUGNL 34, 1905–1911, I, 73–133 („Af Velent"; Mb, anorw.; A und B, isl.). (5) Die Gesch. Thidreks von Bern, übs. von F. Erichsen, Thule 22, 1924 (Nachdr. 1967), 121–143 („Die Gesch. von Welent dem Schmied"; Mb). (6) Sagan om Didrik af Bern, hrsg. von O. Hyltén-Cavallius, Samlingar utgifna af Svenska Fornskrift-Sällskapet 5,1–3 (H. 14. 15. 22), 1850–1854, 40–57.

Deor (Deors Klage): (7) The Exeter Book, Krapp-Dobbie 3, 1936, 178 f. (8) Deor, hrsg. von K. Malone, ⁴1966. (9) Ae. Lyrik, hrsg. und übs. von R. Breuer, R. Schöwerling, 1972, 34–37.

Andere Qu.: (10) Eugippii Vita sancti Severini, hrsg. von H. Sauppe, MGH AA 1,2, 1877, Nachdr. 1985. (11) King Alfred's OE Version of Boethius, De consolatione philosophiae, hrsg. von W. J. Sedgefield, ²1899, Nachdr. 1968. (12) Friedrich von Schwaben, hrsg. von M. H. Jellinek, Dt. Texte des MA 1, 1904. (13) Das dt. Heldenbuch. Nach dem muthmaßlich ältesten Drucke, hrsg. von A. von Keller, Bibl. des litter. Ver. in Stuttgart 87, 1867. (14) Heldenbuch. Nach dem ältesten Druck in Abb., hrsg. von J. Heinzle, Litterae 75, I–II, 1981–1987.

Lit.: (15) S. Althaus, Die gotländischen Bildsteine: ein Programm, 1993. (16) G. J. Ascher, Hauptmanns *Veland* als moderne Umdichtung einer agerm. Sagentradition, Journ. of English and Germanic Philol. 81, 1982, 509–525. (17) G. Baesecke, Die Herkunft der W.-Dichtung, PBB 61, 1937, 368–378. (18) H. Beck, Der kunstfertige Schmied – ein ikonographisches und narratives Thema des frühen MAs, in: F. G. Andersen u. a. (Hrsg.), Medieval Iconography and Narrative, 1980, 15–37. (19) Ders., Die Vǫlundarkviða in neuerer Forsch., in: ÜberBrücken (Festschr. U. Groenke), 1989, 81–97. (20) A. Becker, Franks Casket. Zu den Bildern und Inschr. des Runenkästchens von Auzon, 1973. (21) G. A. Beckmann, E. Timm, W. der Schmied in neuer Perspektive, 2004. (22) W. Boppert, Die frühchristl. Inschr. des Mittelrheingebietes, 1971. (23) S. Bugge, The Norse Lay of Wayland („Vǫlundarkviða") and its Relation to English Tradition, Saga-Book of the Viking Soc. 2, 1897–1900, 271–312. (24) Ders., Det oldnorske Kvad om Vǫlund (Vǫlundarkviða) og dets Forhold til engelske Sagn, ANF 26, 1910, 33–77. (25) L. Buisson, Der Bildstein Ardre VIII auf Gotland. Göttermythen, Heldensagen und Jenseitsglaube der Germ. im 8. Jh. n. Chr., 1976. (26) A. Bundi, Una crux in *Deor* 1, Atti Accademia Peloritana dei Pericolanti [Messina], Classe di Lettere, Filosofia e Belle Arti 62, 1986 (1988), 257–284. (27) A. Burson, Swan Maidens and Smiths: A Structural Study of *Vǫlundarkviða*, Scandinavian Studies 55, 1983, 1–19. (28) R. Cox, Snake Rings in *Deor* and *Vǫlundarkviða*, Leeds Studies in English NS 22, 1991, 1–20. (29) G. B. Depping, F. Michel, Véland le Forgeron, 1833. (30) H. Eichner, Zu Franks Casket/Rune-Auzon (Vortragskurzfassung), in: A. Bammesberger (Hrsg.), OE Runes and Their Continental Background, 1991, 603–628. (31) M. Eliade, Schmiede und Alchemisten, 1960 (frz. 1956). (32) H. R. Ellis Davidson, Weland the Smith, Folklore 69, 1958, 145–159. (33) H. Fromm, Schamanismus? Bemerkungen zum W.-Lied der Edda, ANF 114, 1999, 45–61. (34) C. L. Gottzmann, Das alte Atlilied. Unters. der Gestaltungsprinzipien seiner Handlungsstruktur, 1973. (35) Halldór Halldórsson, Hringtǫfrar í íslenzkum orðtökum, Íslenzk tunga 2, 1960, 7–31. (36) J. Harris, Die ae. Heldendichtung, in: K. von See (Hrsg.), Europ. Früh-MA, Neues Handb. der Literaturwiss. 6, 1985, 237–276. (37) A. T. Hatto, The Swan Maiden: a folk tale of north Eurasian origin? (1961), in: Ders., Essays on Medieval German and Other Poetry, 1980, 267–297, 354–360. (38) W. Haubrichs, Von den Anfängen zum hohen MA. Die Anfänge: Versuche volkssprachlicher Schriftlichkeit im frühen MA (ca. 700–1050/60), ²1995. (39) Ders., Helden und Historie. Vom Umgang mit der mündlichen Vorzeitdichtung an der Wende zum 2. Jt., in: A. Hubel, B. Schneidmüller (Hrsg.), Aufbruch ins 2. Jt., 2004, 205–226. (40) Ders., „Heroische Zeiten?" Wanderungen von Heldennamen und Heldensagen zw. den germ. *gentes* des frühen MAs, in: A. van Nahl u. a. (Hrsg.), Namenwelten. ON und PN in hist. Sicht, 2004, 513–534. (41) K. Hauck, W.s Hort. Die sozialgeschichtl. Stellung des Schmiedes in frühen Bildprogrammen nach und vor dem Relig.swechsel, Antikv. Arkiv 64, 1977. (42) W. Haug, Die Grausamkeit der Heldensage, in: Stud. zum Agerm. (Festschr. H. Beck), 1994, 303–326. (43) J. Heinzle, Mhd. Dietrichepik, 1978. (44) Jón Helgason, Tvær kviður fornar: Vǫlundarkviða og Atlakviða, 1962. (45) J. Henning, Schmiedegräber n. der Alpen. Germ. Handwerk zw. kelt. Tradition und röm. Einfluß, Saalburg-Jb. 46, 1991, 65–82. (46) A. Heusler, Heldennamen in mehrfacher Lautgestalt, ZDA 52, 1910, 97–107. (47) M. Ishikawa, Das Schwanenjungfraumotiv in der W.-Sage – ein notwendiges Glied der Schmiedesage?, in: E. Iwasaki (Hrsg.), Begegnung mit dem ‚Fremden'. Grenzen – Traditionen – Vergleiche. XI, 1991, 376–384. (48) Ders., War W. der Schmied ein „Weiser"? Über die Herkunft seines Namens, in: wie [42], 371–381. (49) O. L. Jiriczek, Dt. Heldensagen 1, 1898. (50) Hans Kuhn, Heldensage vor und außerhalb der Dichtung, in: Edda, Skalden, Saga (Festschr. F. Genzmer), 1952, 262–278. (51) Hugo Kuhn, Tristan, Nibelungenlied, Artusstruktur (1973), in: Ders., Liebe und Ges., Kl. Schr. 3, 1980, 12–35. (52) J. Kühnel, W. der Schmied. *Guielandus in urbe Sigeni* und der ON Wilnsdorf, in: K. Riha u. a. (Hrsg.), Einfach Schmidt. Interdisziplinäres zu einem populären Namen, 1998, 169–181. (53) S. Lindqvist u. a., Gotlands Bildsteine 1–2, 1941–1942. (54) E. Marold, Egill und Ǫlrún – ein vergessenes Paar der Heldendichtung, skandinavistik 26, 1996, 1–19. (55) Dies., Die Erzählstruktur des *Velentspáttr*, in: S. Kramarz-Bein (Hrsg.), Hansische Lit.beziehungen. Das Beispiel der *Þiðreks saga* und verwandter

Lit., 1996, 53–73. (56) P. Maurus, Die W.-Sage in der Lit., 1902. (57) Ders., Die W.-Sage in der Lit. und Kunst. Weitere neuzeitliche Bearbeitungen 1–6, 1910–1949. (58) J. McKinnell, The Context of *Vǫlundarkviða*, Saga-Book of the Viking Soc. 23, 1990, 1–27. (59) L. Motz, New Thoughts on *Vǫlundarkviða*, ebd. 22, 1986, 50–68. (60) M. Müller-Wille, Der Schmied im Spiegel arch. Qu., in: H. Jankuhn u. a. (Hrsg.), Das Handwerk in vor- und frühgeschichtl. Zeit 2, 1983, 216–260. (61) H.-P. Naumann, Der Meisterschütze Egill, Franks Casket und die *Þiðreks saga*, in: wie [55], 74–90. (62) R. Nedoma, Die bildlichen und schriftlichen Denkmäler der W.-Sage, 1988. (63) Ders., The Legend of Wayland in *Deor*, Zeitschr. für Anglistik und Amerikanistik 38, 1990, 129–145. (64) Ders., *Es sol geoffenbaret sein / Ich bin genant wieland. Friedrich von Schwaben, W.-Sage und Vǫlundarkviða*, in: Ders. u. a. (Hrsg.), Erzählen im ma. Skand., 2000, 103–115. (65) Ders., PN in südgerm. Runeninschr., 2004. (66) Ders., W. der Schmied, in: U. Müller u. a. (Hrsg.), MA-Mythen, 4. Künstler, Dichter, Gelehrte, 2005, 177–198. (67) L. Peeters, The Franks Casket: A Judeo-Christian Interpretation, Amsterdamer Beitr. zur ält. Germanistik 46, 1996, 17–52. (68) H. Reichert, Lex. der agerm. Namen 1–2, 1987–1990. (69) H. Rosenfeld, W.-Lied, Lied von Frau Helchen Söhnen und Hunnenschlachtlied, PBB (Tübingen) 77, 1955, 204–248. (70) H. Schneider, Germ. Heldensage 1, ²1962; 2/1–2, 1933–1934. (71) F. R. Schröder, Die W.-Sage, PBB 99, 1977, 375–394. (72) H. Schück, Studier i nordisk litteratur- och relig.shistoria 1, 1904. (73) U. Schwab, Runentituli, narrative Bildzeichen und biblisch-änigmatische Gelehrsamkeit auf der Bargello-Seite des Franks Casket, in: W. Heizmann, A. van Nahl (Hrsg.), Runica – Germanica – Mediaevalia, 2003, 759–803. (74) Dies., Zu den vielen fragwürdigen Tieren und dann zur letzten Szene auf dem kymr. Teil des Bilderkästchens von Auzon (Bargello): Ein Versuch der Weiterentdeckung von Bild- und Schriftsinn, in: Vom vielfachen Schriftsinn im MA (Festschr. D. Schmidtke), 2005, 487–520. (75) K. von See, Germ. Heldensage. Stoffe, Probleme, Methoden, 1971, ²1981. (76) B. Sijmons, Heldensage, in: PGrundr. III, 606–734. (77) R. Souers, The Wayland Scene on the Franks Casket, Speculum 18, 1943, 104–111. (78) St. Thompson, Motiv-Index of Folk-Lit. A Classification of Narrative Elements in Folktales, Ballads, Myths, Fables, Mediaeval Romances, Exempla, Fabliaux, Jest-Books, and Local Legends 1–6, ²1955–1958. (79) T. V. Toporova, Jazyk i mif: germ. *Walundaz, *Wēlundaz, Izvestija. Akademija nauk SSSR, Ser. literatury i jazyka 48, 1989, 442–453. (80) H. Van der Liet, ‚A fleeting glimpse of former times'. Holger Drachmann's melodramas: *Vǫlund Smed* and *Renæssance*, Scandinavica 33, 1994, 183–199. (81) J. de Vries, Betrachtungen zum W.-Abschnitt in der Þiðrekssaga, ANF 65, 1950, 63–93. (82) Ders., Bemerkungen zur W.-Sage, in: wie [50], 173–199. (83) N. Wagner, Zu einigen Germ.namen bei Papst Gregor dem Großen, BNF NF 34, 1999, 255–267. (84) G. Wienold, Deor. Über Offenheit und Auffüllung von Texten, Sprachkunst 3, 1972, 285–297. (85) D. Wilson, The Gotland Picture-Stones. A Chron. Re-Assessment, in: Stud. zur Arch. des Ostseeraumes (Festschr. M. Müller-Wille), 1998, 49–52. (86) A. Wolf, Gestaltungskerne und Gestaltungsweisen in der agerm. Heldendichtung, 1965. (87) Ders., Franks Casket in literarhist. Sicht, Frühma. Stud. 3, 1969, 227–243.

R. Nedoma

§ 3. Altenglische Version der Sage. The earliest English references to the W.-Sage occur on the Franks Casket (s. o. § 2b; → Auzon mit Taf. 41–42), an artefact which was already described in detail (with photographs) by Napier in 1900 (19, 362–381). Napier showed that the dialect of the epigraphic material is Northumbrian and he dated the casket to the beginning of the 8th century (19, 379–381). This dating is supported by more recent commentators, such as Page, who dates it to ca. 700 (22, 25). Weland's revenge is depicted on the left side of the front panel of the Franks Casket (see 19, 368 and Plate II; 22, 173 f.). This contrasts curiously with the Adoration of the Magi on the right hand side of this panel. On the top of the casket, there is a scene in which a group of armed men attack a house defended by an archer (19, 365–367 and Plate I; 22, 177). A woman is depicted behind the archer and the name **ægili** is written in runes behind his shoulder (see the following for the form: 5, 6 [ægili]; 19, 366 [ægili]; 20, 166 [$a_1$gili ("ægili")]; 22, 177 ['ægi/i']).

As regards the etym. of the name, Page is notably cautious, remarking that it must belong to either the *ja-* or *i-*stem and that it is not the same name as Old Norse *Egill* (22, 177). He goes on to suggest that "it may be a name created within Old English itself, as such names as *Winele, Dudele, Hem-*

elë" (22, 177). He normalizes the form to *Ægil(i)*, and thus, by implication, takes the initial vowel to be OE /æ/. The most recent account of the personal nomenclature of the OE runic corpus, that of Waxenberger, takes the base of runic **ægili** to be Germanic **agilijaʐ* (30, 949). However, Germanic **Aʐilijaʐ* would give rise to OE **Egili* (> **Egele*) (compare OE *ege* masc. 'fear' with such cognates as Old Norse *agi* and Gothic *agis* [10, 89]; for the *i*-mutation of OE /æ/ [< West Germanic /a/] > /e/, see 4, 76 [§ 194]). For this reason, it is preferable to interpret runic **ægili** as standing for OE **Ǣgili* (> *Ǣgele*) < Germanic **Aiʐiljaʐ*. This is a side-form of **Aiʐilaʐ*, a name attested in Old High German as *Eigil*, and in 'pre-Old High German' as runic **aigil**, which occurs in an inscription on a buckle of the period 567 × 600 found in the cemetery at → Pforzen (Ldkr. Ostallgäu, Regierungsbez. Schwaben, Bavaria) (see the account of Nedoma [20, 158–167]). Nedoma (20, 166) takes both **Aʐiljaʐ* and **Aiʐiljaʐ* to be possible etyma for the **ægili** of the Franks Casket, but, for the reasons given above, it is clear that we are concerned with the second of these two alternatives.

The **ægili** of the Franks Casket has been identified with → Egill (Meisterschütze), brother of Weland/Vǫlundr in the Prologue to → *Vǫlundarkviða* and in → *Þiðreks saga af Bern* (19, 366; 27, 136 f.). Page (22, 177) rightly stresses that the *Ǣgili* of the Franks Casket and Old Norse *Egill* are not merely different reflexes of the same name, but Nedoma (20, 166) plausibly suggests that in the Scandinavian versions of the W.-Sage the rare **Aiʐil(j)aʐ* was replaced by the more common *Egill* (< **Aʐilaʐ*). Interestingly, OE **Ǣgel(e)* is attested as the first element of several English place-names, including AILSWORTH in Northamptonshire (9, 228 f.), AYLESBURY in Buckinghamshire (15, 145), AYLESFORD in Kent (see 29, 286–288, though it should be noted that Wallenberg [29, 287 f.] wrongly suggests an unrecorded topographical term **æg(e)l-*, **eg(e)l-* 'pointed feature' instead of the personal name) and AYLSHAM in Norfolk (24, 50).

The prime English witness to the W.-Sage is the OE poem *Deor* (→ Deor; s. auch oben § 2c) which is recorded on fol. 100a–100b of the Exeter Book of OE poetry (Exeter Cathedral 3501, folios 8–130, dated by Ker to 's. x^2' [11, no, 116]). This poem has no title in the manuscript and was first designated 'Deor' by Thorpe in 1842 ("Deor the Scald's Complaint") (see 14, 2 f.). The date of *Deor* cannot be reconstructed, though there are indications that it may have been composed around 900 (14, 22; for further discussion, see 14, 3 f.). The text as we have it contains several typical West Saxon forms, namely, *sefan*, dat. sing. of OE *sefa* masc. 'spirit, mind, heart' (line 9a) (Anglian and Kentish would have <eo> spellings as a result of back mutation, see 4, 88–90 [§ 210]), *onʒieten*, past participle of *onʒietan* 'to get, realize' (line 10b) (see 4, 69 [§ 185]) and *dyre* (West Saxon *dȳre* [line 37a] for *diere* 'dear'; see 13, 238 f. [§ 263]) (14, 18). The change *wyr-* > *wur-* manifested in [be] *wurman* (line 1a) is also a West Saxon feature (see 4, 133 [§§ 320. 322]). On the other hand, the name form *Heodeninga* (gen. pl.) (line 36b) shows back mutation and is therefore of Anglian or Kentish provenance, while *Beadohilde* (dat. sing.) (line 8a) is Mercian, though these forms could have been part of the stock of heroic names available to a West Saxon poet (for the difficulties involved in the dialectology of the poem, see 14, 18 f.).

The allusions to the W.-Sage begin the catalogue of misfortunes with which the narrator, Deor, compares his own fate. The first line ("Welund him be wurman wræces cunnade") has been the subject of much discussion centred on the meaning of the phrase "be wurman" (see 12, 318 f.; 14, 6 f.; s. o. § 2c). The idea that is a metaphor connected with snakes comes up against the objection that OE *wyrm* masc. 'worm, snake, dragon' belongs to the Germanic *i*-declension, whereas the form *wurman* would seem to imply the weak *n*-declension. A way round this would be to assume that the dative pl. ending *-um* of OE *wyrmum* had undergone late OE weakening to *-an*. Malone interpreted the form as belonging to the dat. pl., though he wrongly assumed that the word was a neuter of the *a*-declension and gave the base as **wurm** (14, 35b). Alternatively, we might tentatively take *wurman* to represent the dat. sing. of a weak personal name/byname, OE **Wyrma,* which here functioned as a byname for Welund's captor Niðhad. It is perhaps more plausible to interpret [be] *wurman* to be an elliptical reference to (arm)rings formed like snakes, cf. *lindbauga* in *Vǫlundarkviða* 5/6 (see the discussion of von See et al. [27, 153–156] and, for a different view, that of Dronke [6, 308 f.]).

In *Deor* (lines 1–12), we find the core of the W.-Sage, namely W.'s imprisonment by Niðhad, the murder of the king's sons and the rape and pregnancy of Beadohild. The story is cast in the form of allusions which the audience/reader would have been expected to understand. There is no mention of Ægili/Egill, though, as is indicated by the Franks Casket, his presence in the story seems to have been old.

Character of Weland/Welund in English Sources. In the English tradition, Welund/Weland is not a supernatural being, but a particularly competent smith, a 'resolute gentleman' (6, 278). In *Deor,* he is described as *anhydiʒ eorl* 'resolute, single-minded nobleman' (line 2a) and, in comparison with Niðhad, as *syllan monn* (acc.) 'the better man' (line 6b). The Alfredian translation of Metrum VII of Liber II of Boethius, *De Consolatione Philosophiae* mentions 'the wise Weland' (6, 271). Alfred sets Weland's name in place of that of Fabricius, a Roman consul of proverbial probity, in Boethius's Latin original, and asks: "Hwær sint nu þæs wisan Welandes ban, þæs ʒoldsmiðes, þe wæs ʒeo mærost?" (6, 284). In → *Beowulf,* the hero describes his corslet, an ancient heirloom of the Geatish king Hrethel, as *Welandes ʒeweorc* (Beow. 455). Similarly, in Waldere (I, line 2a–b), the sword Mimming is described as *Welandes worc* (for the sword Mimming, which Waldere II, 4a–5a, implies that Ðeodric [→ Dietrich von Bern] intended to send to Widia, see 25, 89 f. 92–95). The smith image in popular tradition is reflected in the Berkshire name Wayland Smith's Cave (in the parish of Ashbury), the site of a neolithic burial place, which occurs in the Anglo-Saxon bounds of Compton Beauchamp attached to a charter of 955 in the form [be eastan] *welandes smidðan* '[east of] Weland's smithy' (8, 347. 692. 694).

The OE material contrasts strongly with → *Vǫlundarkviða* (s. auch oben § 2d) in which the smith has supernatural qualities. He is designated *álfa lióði* 'prince of elves' (Vkv. 10/3; see 27, 170–173) and *vísi álfa* 'leader of elves' (Vkv. 13/4. 32/2; see 27, 182 f.). In → *Þiðreks saga af Bern,* the father of Velent (= Vǫlundr) is named as Vaði, a giant who was the son of a king (Villcinus) and a mermaid (27, 171). A remnant of the Scandinavian tradition of elvish smiths is preserved in the 13th-century Middle English Brut by Laʒamon, a text from the South-West Midlands. Here we find a reference to King Arthur's coat of mail "þe makede on aluisc smið mid aðelen his crafte./ he wes ihaten Wygar þe Witeʒe wurhte" (Laʒamon Caligula Ms. [British Library Ms. Cotton Caligula A. ɪx] lines 10544 f. [3, 550]; for the version in the Otho Ms. [British Library Ms. Cotton Otho C. xɪɪɪ], see 3, 551). The 'elvish smith' Witeʒe is identical with Widia, the son resulting from Weland/Vǫlundr's rape of Beadohild/Bǫðvildr, who is described in Waldere II, 8b–9a, as "Niðhades mæʒ,/Welandes bearn" (for Widia, the Viðga of *Þiðreks s*. and the Witege of Middle High German tradition, see 21, 32 f.; 25, 160–162). Interestingly, the name *Widia* passes into general use in OE. It occurs independently and has been noted as the first element of the place-name WITHINGTON in Gloucestershire (23, 159 f.; 28, I, 186 f.). Note also the form *Uydiga* found in the early-9th-century part of the Northumbrian *Liber Vitae* (London. British Library Cotton Domitian A.VII, fol. 27r).

Origins and Connections. The W.-Sage has often been interpreted as having a Continental (Old Saxon, Low German) origin (see 27, 88 f.). *Vǫlundarkviða* also shows clear signs of OE influence in the form of the loanwords *kista* fem. 'chest' (Vkv. 21/1. 23/5) (< OE *ciest* fem.) and *iarknasteinn* masc. 'precious stone' (Vkv. 25/2. 35/6) (< OE *eorc(n)anstān* masc.) and perhaps also *alvitr* fem. (nom. pl.) 'alien beings' (Vkv. 1/3. 3/9. 10/7. Prol. 2, 7 & 9) (cf. OE *ælwiht* fem./neutr. 'alien being' (27, 128 f.; cf. 6, 277. 302–304). The phrase *barni aukin* 'big with child' (Vkv. 36/6), referring to Beadohild/Bǫðvildr's pregnancy, is directly paralleled by OE *ēacen* 'pregnant' in the same context in *Deor* line 11a, but we also find the verb *ôkan* 'to make pregnant' and its past participle *ôcan* 'pregnant' in the Old Saxon → *Heliand* (see 27, 253 f.). Again, *gim-* in [við] *gimfastan* (Vkv. 5/4) can only be an English loan in Scandinavia (Old Norse *gimr* masc.) if we take it to have the sense 'gem' (OE *gimm* masc. < Latin *gemma*), a sense which only otherwise occurs in Old Norse *gimsteinn* masc., and the alternative Old Norse *gim* neutr. 'fire' is equally plausible (see 27, 150–153).

The personal names in the text, insofar as they can be localized, speak for a Continental West Germanic origin for the W.-Sage. Weland/Vǫlundr's captor and enemy occurs as *Nīðhad* in *Deor* (line 5a) and as *Níðuðr* (< *Níðhǫðr) in *Vǫlundarkviða* (Vkv. 6/1, etc.). The name corresponds to Old High German *Nîdhad* (see 27, 157 f.). Again, the name of the king's daughter, *Beadohild* in *Deor* (*Beadohilde* [dat.] Deor line 8a) and *Bǫðvildr* in *Vǫlundarkviða* (*Bǫðvildi* [dat.] Vkv. 16 pr., etc.) corresponds to Old High German *Baduhilt,* though the name element *B(e)adu-* is well attested in OE (see 27, 191). *Hlǫðvér* in *Vǫlundarkviða* (*Hlǫðvés* [gen.] Vkv. 10/6, etc.) corresponds to Latino-Frankish *Chlodouechus* and is an early loan from the Continent in Scandinavia (see 27, 173) and is attested in England as the first element of the Suffolk place-name LOWESTOFT (7, 305b). *Þak[k]ráðr* (Ms. *þacráþr*) in *Vǫlundarkviða* (Vkv. 39/1) is compared by von See et al. (27, 259) with Old High German, Middle High German *Dankrât,* 'OE *Tancradus/Tancred/Thancred',* Norman *Tancred.* Here, Searle (26, 440. 443) is cited as the source for the name in OE, but this is incorrect, since names in *Þanc-* are not native to OE. Interestingly, a similar error occurs in Dronke's edition of the poem (6, 328), where the existence of an 'OE *Þancrēd* "probably borrowed from Germany" is assumed. Old Norse *Þakkráðr* derives from an earlier *Þankráðr which is clearly a Norse rendering of Old Saxon *Thancrâd.* The names are compatible with a Frankish/Low Franconian/Old Saxon origin for the English and Scandinavian renderings of the W.-Sage.

In 1990, McKinnell went further and suggested that *Vǫlundarkviða* was composed in the Scandinavian settlement area in Yorkshire in the 10th or 11th century (16, 13). More recently, he has described *Vǫlundarkviða* as having an "Anglo-Norse origin" (17, 333. 338). He cites OE elements in the vocabulary of the Norse poem (though here he is less cautious than von See et al.) and the use of the type of alliteration found in late OE verse in support of his view (see 17, 331–333).

There is also the evidence of Anglo-Scandinavian sculpture. The escape of Weland/Vǫlundr is depicted on a cross in Leeds parish church, on a hogback from Bedale and on fragments from Leeds and Sherburn, but this escape differs from that portrayed in *Vǫlundarkviða* in that Weland/

Vǫlundr flies as a bird-man with attached wings and tail and holds an outstretched woman who appears to be pushed through the air (see 2, 103–116; 6, 271). This motif and the composition of the scene is similar to that on the Gotland picture-stone Ardre VIII (→ Ardre mit Abb. 71 und Taf. 32; s. o. § 2b; 2, 105 f.; 6, 271 f.). Ardre VIII is dated to the late 8th or 9th century (s. o. § 2b), so it long predates the Yorkshire carvings (10th century) and shows that the saga was of high antiquity in Scandinavia. Interestingly, the Leeds shaft depicts Weland/Vǫlundr in the company of evangelists and ecclesiastics and this mixture of Germanic and Christian motifs is also found on the Franks Casket (2, 116; see also 6, 280–285). Dronke (6, 277) suggests that *Deor* and *Vǫlundarkviða* most probably drew on a common OE source, but this is in itself no proof that the Norse poem was composed in the Northern Danelaw.

In the Middle English period, Weland/Welund is primarily known as a legendary swordsmith. In the early-14th-century tail-rhyme romance "Horn Childe and Maiden Rimnild", Rimnild gives Horn the sword Bitterfer, of which she says: "It is the make of Miming,/Of al swerdes it is king/ & Weland it wrouʒt" (18, 91 [lines 400–402]), and in the 15th-century "Torrent of Portyngale", the king of Pervense gives Torrent a sword made by Weland ("Thorow Velond vroght yt wase" [1, 16 (line 427]) (31, 14). In Geoffrey of Monmouth's *Vita Merlini,* there is a reference to the "Pocula que sculpsit Guielandus in urbe Sigeni" (31, 14).

(1) E. Adam (Ed.), Torrent of Portyngale, 1887. (2) R. N. Bailey, Viking Age Sculpture in Northern England, 1980. (3) G. L. Brook, R. F. Leslie (Ed.), Laʒamon: *Brut,* 1963–1978. (4) A. Campbell, OE Grammar, 1959. (5) B. Dickins, A System of Transliteration for OE Runic Inscriptions, 1950 (= Leeds Studies in English 1, 1932, 15–19). (6) U. Dronke (Ed.), The Poetic Edda, 2. Mythol. Poems, 1997. (7) E. Ekwall, The Concise Oxford Dict. of English Place-Names, ^{4}1960. (8) M. Gelling, The Place-Names of Berkshire, 1973–1976. (9) J. E. B. Gover et al., The Place-Names of Northamptonshire, 1922. (10) F. Holthausen, Ae. etym. Wb., 1934. (11) N. R. Ker, Catalogue of Manuscripts containing Anglo-Saxon, 1957. (12) Krapp-Dobbie, III. The Exeter Book, 1936. (13) K. Luick, Hist. Gramm. der engl. Sprache, 1914–1940. (14) K. Malone (Ed.), Deor, ^{4}1966. (15) A. Mawer, F. M. Stenton, The Place-Names of Buckinghamshire, 1925. (16) J. McKinnell, The Context of Vǫlundarkviða, Saga Book of the Viking Soc. 23, 1990, 1–27. (17) Idem, Eddic Poetry in Anglo-Scandinavian Northern England, in: J. Graham-Campbell et al. (Ed.), Vikings and the Danelaw. Select Papers from the Proc. of the Thirteenth Viking Congress, 2001, 327–342. (18) M. Mills (Ed.), Horn Childe and Maiden Rimnild, 1988. (19) A. S. Napier, Contributions to OE Lit., 1. An OE Homily on the Observance of Sunday; 2. The Franks Casket, in: An English Miscellany presented to Dr. Furnivall in Honour of his Seventy-Fifth Birthday, 1901, 355–381. (20) R. Nedoma, PN in südgerm. Runeninschr., 2004. (21) F. Norman (Ed.), Waldere, ^{2}1949. (22) R. I. Page, An Introduction to English Runes, ^{2}1999. (23) M. Redin, Studies on Uncompounded Personal Names in OE, 1919. (24) K. I. Sandred, The Place-Names of Norfolk, 3. The Hundreds of North and South Erpingham and Holt, 2002. (25) U. Schwab (Ed.), Waldere. Testo e commento, 1967. (26) W. G. Searle, Onomasticon Anglo-Saxonicum. A list of Anglo-Saxon proper names from the time of Beda to that of King John, 1897. (27) K. von See et al., Kommentar zu den Liedern der Edda, 3. Götterlieder, 2000. (28) A. H. Smith, The Place-Names of Gloucestershire 1–4, 1964–1965. (29) J. K. Wallenberg, Kentish Place-Names, 1931. (30) G. Waxenberger, The Non-Latin Personal Names on the Name-bearing Objects in the OE Runic Corpus (Epigraphical Material): A Preliminary List, in: W. Heizmann, A. van Nahl (Ed.), Runica – Germanica – Mediaevalia, 2003, 932–968. (31) R. M. Wilson, The Lost Lit. of Medieval England, ^{2}1970.

J. Insley

Wielandlied → Vǫlundarkviða

TAFEL 1

a

b

c

d

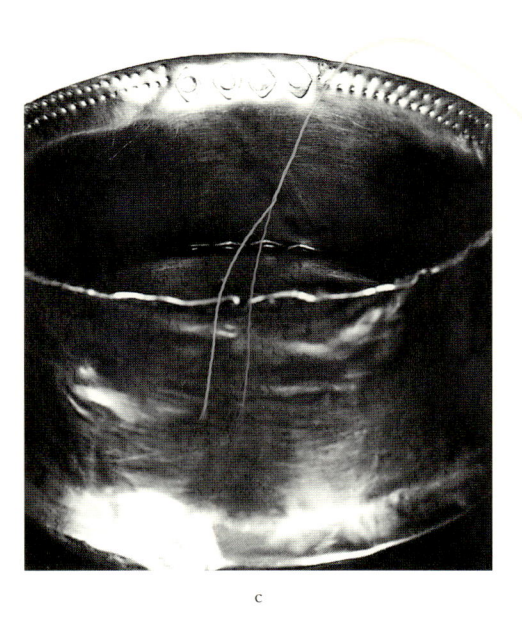

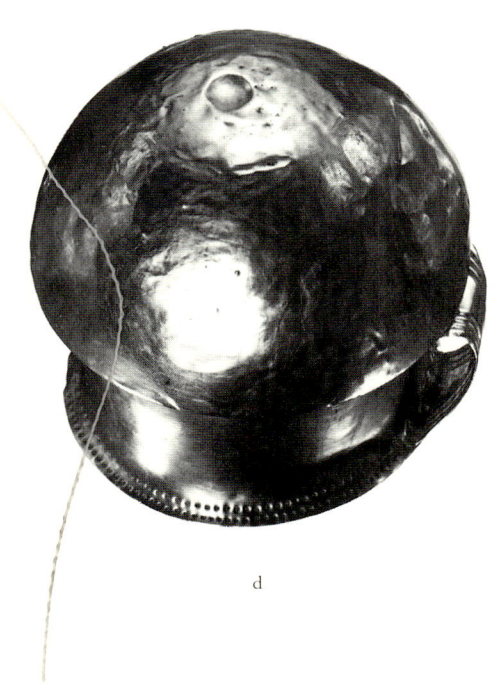

Wachtberg-Fritzdorf. Goldbecher von Fritzdorf. a. Gesamtansicht; b. Ansicht Henkel;
c. Ansicht Innenseite, Henkelbefestigung mit Unterlegscheiben; d. Bodenansicht (Copyright Rhein. Landesmus. Bonn)

TAFEL 2

a

b

Wagen und Wagenbau, Wagengrab. a. Grabstele aus Padua, Nekropole Via Ognissanti, Vicolo San Massimo. Hh. 78 cm. Nach Frey 1968, Taf. 39; b. Diarville, Dép. Meurthe-et-Moselle, Hügel 7, 1, Rekonstruktion der Vorderansicht des vierrädrigen Wagens. Nach Egg/Lehnert (20, Taf. 25)

TAFEL 3

a

b

Wagen und Wagenbau, Wagengrab. a. Wagenteile. Nach Künzl (19, Taf. 37);
b. Nabenringe, Nabenbüchsen und Achsnägel. Nach Künzl (19, Farbtaf. 40)

TAFEL 4

a

b

Wagen und Wagenbau, Wagengrab. a. Einachsiger Wagen mit Zugtier und Kutscher vor einem Meilenstein (Relief in Trier). Nach Bender (2, 51); b. geschlossener Reisewagen. Grabrelief aus Virunum. Maria Saal, Kärnten, um 150 n. Chr. Nach Treue (18, 151)

TAFEL 5

a

b

Wallerfangen. a. Goldplattierter Ringschmuck der Stufe Ha D aus dem Fürstinnengrab von Wallerfangen
(Photo H. Lilienthal, Rhein. Landesmus. Bonn);
b. Urnenfelderzeitlicher Hort von Wallerfangen (Photo Musée des Antiquités Nationales, Saint-Germain-en-Laye)

TAFEL 6

a

b

c

Wallerfangen, St. Barbara, Oberer Emilianus-Stoller.. a. Blick in den Stollen, der in seinen Ausmaßen röm. Bergbaustandard entspricht. Die Stöße zeigen die fußbreiten Vortriebsschritte deutlich. Die originale Sohle wird durch einen Steinplattenbelag geschützt (Stand 1992); b. Unterer Emilianus-Stollen mit aufgegebener Ortsbrust. Die höhere Ausnehmung oben rechts zeigt, daß die eingesetzte Keilhaue von einem Rechtshänder geführt worden war; c. Mundloch des Oberen Emilianus-Stollens bei der Ausgrabung, oben links im Bild zu sehen sind Kultnischen. Die Inschr. befindet sich etwa in gleicher Höhe weiter links. Der Wetterschacht zum Unteren Emilianus-Stollen vorne links ist mit Bohlen gesichert

TAFEL 7

a

b

Wandmalerei. Trier, Bischöfliches Dom- und Diözesanmus., a. ergrabene Deckenmalerei aus dem röm. Palast unter dem Trierer Dom. Ausschnitt: Dame mit Nimbus und Schmuckkasten, um 310/320 (Photo Bischöfliches Dom- und Diözesanmus. Trier); b. abgenommene Wandgemälde aus der Krypta von St. Maximin in Trier: Kreuzigung Christi sowie Prozession weiblicher und männlicher Märtyrer, 883–915 (wohl letztes Jahrzehnt des 9. Jh.s) (Photo Bischöfliches Dom- und Diözesanmus. Trier, R. Schneider)

TAFEL 8

a

b

Wandmalerei. a. Saint-Maurice d'Agaune (Kant. Wallis), Abteikirche, N-Wand, Arkosolnische einer ergrabenen Memorie: Gemmenkreuz auf Rautengrund: 7./8. Jh. Nach Eggenberger (19, 18, Abb. 12); b. Saint-Denis, Basilika, Krypta des ergrabenen karol. Kirchenbaus, Fensterlaibung: Scheininkrustation, um 775 (Photo Unité d'arch., Saint-Denis, O. Meyer)

TAFEL 9

Wandmalerei. Müstair (Kant. Graubünden), St. Johann, Klosterkirche. a. N-Wand, zweites und drittes Register mit christologischem Zyklus, Ausschnitt: Traum Josephs, Flucht nach Ägypten, Speisung der Fünftausend, Verklärung am Berge Tabor, sowie Laibung und Sohlbank des w. Fensters, wohl 2. Viertel 9. Jh.; b. N-Apsis, Kalotte: *traditio legis*, wohl 2. Viertel 9. Jh. (Photos Stiftung Pro Kloster St. Johann, Müstair)

TAFEL 10

a

b

Wandmalerei. a. Mals (Vintschgau), St. Benedikt, O-Wand, Detail mit Darst. eines Stifters in weltlicher Tracht, wohl 2. Viertel 9. Jh. (Photo Museo Civico, Bozen); b. Lorsch, ehem. Kloster St. Nazarius, Torhalle 6, Obergeschoß. Blick nach NO: Architekturmalerei mit Säulengliederung über gemalter Sockelinkrustation, wohl gegen Mitte 9. Jh. (Copyright Verwaltung der Staatlichen Schlösser und Gärten Hessen, Bad Homburg; Photos R. von Götz)

TAFEL 11

a

b

Wandmalerei. Reichenau-Oberzell, St. Georg, Langhaus, S-Wand. a. Heilung eines Aussätzigen, Detail: Dankopfer des Geheilten, letztes Viertel 10. Jh. (Copyright Landesamt für Denkmalpflege im Regierungspräsidium Stuttgart, Esslingen; Photo T. Keller); b. Auferweckung des Jünglings von Naïm, letztes Viertel 10. Jh. (Copyright Landesamt für Denkmalpflege im Regierungspräsidium Stuttgart, Esslingen; Photo I. Geiger)

TAFEL 12

a

b

Warnebertus-Reliquiar. Vorder- (a) und Rückseite (b). Nach Périn (7,89 Abb. 29)

TAFEL 13

Weihrauch. Ausschnitt aus einem Mosaik von San Vitale, Ravenna. Um 547. Nach P. J. Nordhagen (in: C. Bertelli, Die Mosaiken. Ein Handb. der musivischen Kunst von den Anfängen bis zur Gegenwart, 1989, S. 79)

TAFEL 14

a

b

a. Weihrauch. Rauchfaß aus dem Umkreis von Aachen (?), um 800. Bronze, durchbrochen gegossen. Hh. 10,6 cm. Nach Ch. Stiegemann, M. Wemhoff (Hrsg.), 799 – Kunst und Kultur der KaZ. Karl der Große und Papst Leo III. in Paderborn 2, 1999, S. 801;
b. Waldalgesheim. Frühlatène Goldringe von Waldalgesheim (Photo Rhein. Landesmus. Bonn)

TAFEL 15

Weimar. Silberne vergoldete Prunkschnallen und Fibeln mit Almandineinlagen und Kerbschnittverzierungen, 6. Jh., aus den Gräberfeldern von Weimar, Meyer-Friesstraße (N-Friedhof) und Cranachstraße (S-Friedhof)

TAFEL 16

Weiskirchen. Hügel I (Copyright Rhein. Landesmus. Trier)

TAFEL 17

Weiskirchen. Hügel III (Copyright Rhein. Landesmus. Trier)

TAFEL 18

a

b

a. Weiskirchen. Goldblechbeschlag eines Trinkhorns (LT A) (Photo St. Taubmann, Rhein. Landesmus. Bonn);
b. Weißenburg. Münzschatz vom Raitenbucher Forst bei Weißenburg. Nach Katalog Die Römer zw. Alpen und Nordmeer,
S. 312. Copyright Arch. Staatsslg. München

TAFEL 19

a

b

c

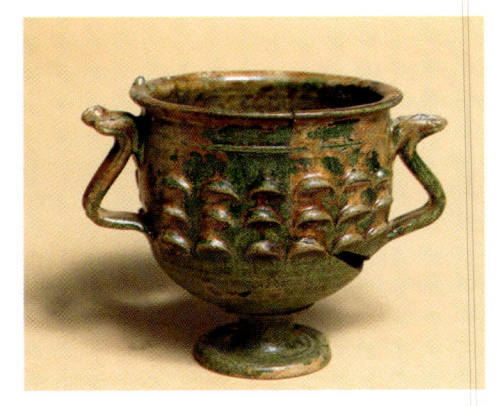

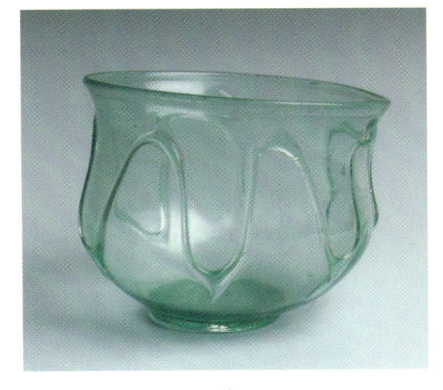

d

e

Weklice. a. Skyphos aus Ton, Grab 208; b. Scheibenfibel aus Grab 208; c. eine der beiden Rosettenfibeln aus Grab 150; d. Glaskelch aus Grab 82; e. Röm. Importgefäße aus Grab 495 in Originallage

TAFEL 20

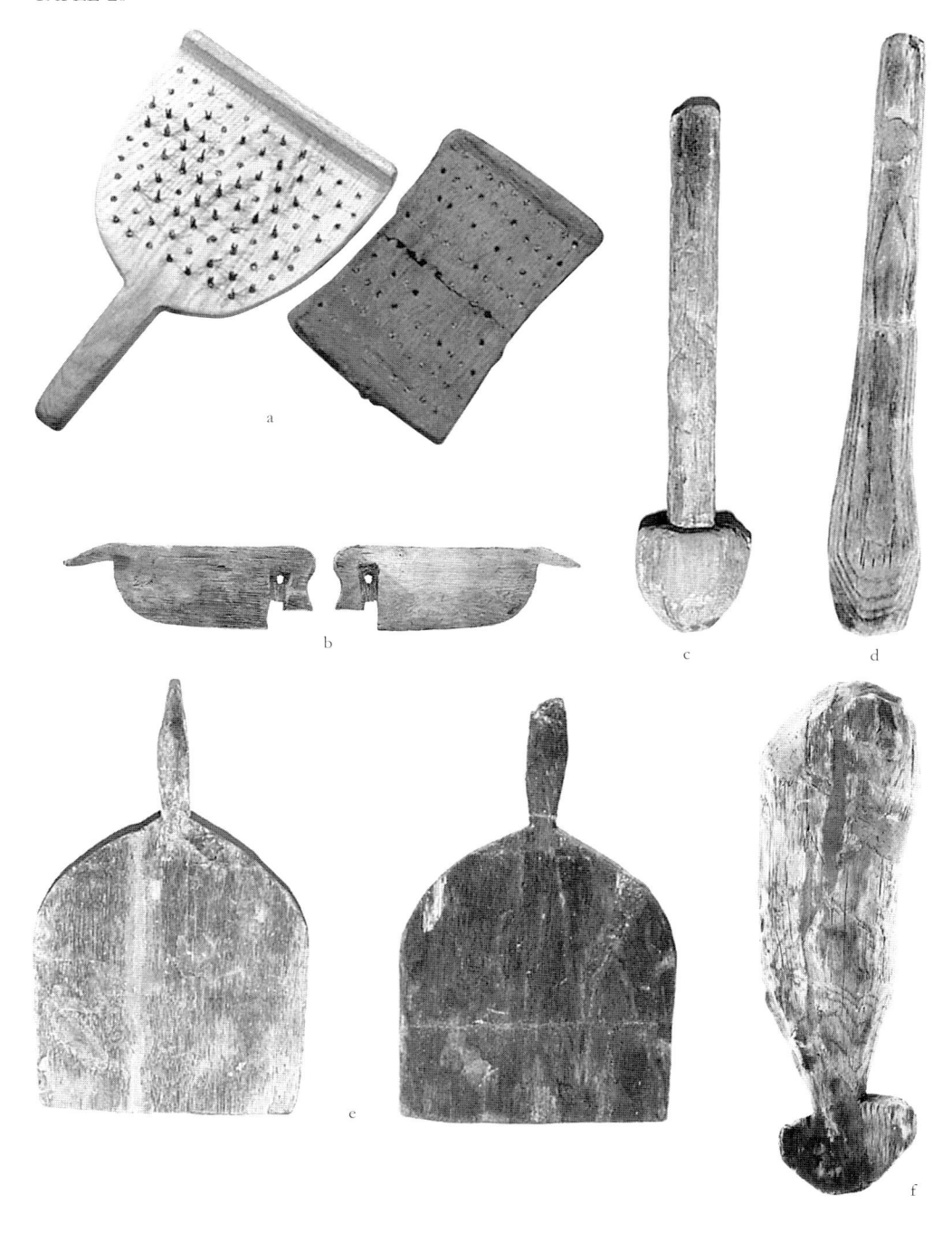

Werkstatt und Werkzeug. Holzgeräte aus Porz-Lind. a. Karde zur Bearbeitung von Wollgeweben mit Rekonstruktion; b. Fallriegel (?); c. Stampfer; d. Keule; e. Klopfer; f. Pfahlstumpf. M. ca. 1:4. Nach Joachim (1, Abb. 20b und Taf. passim)

TAFEL 21

Weserrunen. a. Detail Axt (OL 4988); b. Detail Tierkopf (OL 4988); c. Detail Axt (OL 4989); d. Detail Tierkopf (OL 4989); e. Odysseus-Mosaik

TAFEL 22

Westerklief. a. Viking hoard Westerklief I (Photo A. de Kemp, Rijksmus. van Oudheden, Leiden);
b. Viking hoard Westerklief II (Photo A. Dekker, Amsterdam Arch. Centre)

TAFEL 23

Wichulla/Gosławice. Silberskyphos. Nach Wielowiejski (24, Taf. 67)